钢结构的平面外稳定

（修订版）

童根树 著

中国建筑工业出版社

图书在版编目（CIP）数据

钢结构的平面外稳定（修订版）/童根树著.
北京：中国建筑工业出版社，2012.11（2024.2 重印）
ISBN 978-7-112-14611-6

Ⅰ. 钢… Ⅱ. 童… Ⅲ.①钢结构—结构稳定
性—研究 Ⅳ.①TU391

中国版本图书馆 CIP 数据核字（2012）第 197970 号

钢结构的平面外稳定

（修订版）

童根树 著

*

中国建筑工业出版社出版、发行（北京西郊百万庄）
各地新华书店、建筑书店经销
北京永峥印刷有限公司制版
北京圣夫亚美印刷有限公司印刷

*

开本：787×1092 毫米 1/16 印张：39¼ 字数：954 千字
2013 年 1 月第一版 2024 年 2 月第四次印刷
定价：99.00 元
ISBN 978-7-112-14611-6
（39340）

本书系统介绍了开口和闭口薄壁构件线性理论，绕强迫轴的弯扭，均匀受力下薄壁构件的弯扭屈曲，介绍了板件的线性屈曲理论，截面的屈曲以及工字钢梁腹板在各种应力状态下的屈曲。由浅入深，推导了薄壁梁的总势能和弯扭失稳的平衡微分方程，介绍了简支梁和悬臂梁的临界弯矩，发展了薄壁构件弯扭屈曲的一般理论。研究了侧向支撑梁和柱的屈曲，特别是论述了隅撑—檩条支撑体系对梁和柱的支撑作用，设置水平隅撑的钢吊车梁的稳定性，被吊车桥架相互支撑的吊车梁的稳定性，两跨连续吊车梁的稳定性等等。论述了薄壁构件弹塑性弯扭非线性分析的刚体检验，发展了非线性分析理论和弹塑性非线性分析的有限元方法和程序，提供了三种最常用薄壁梁柱节点中梁柱之间翘曲位移的传递规律。对楔形变截面梁和压弯杆的弯扭屈曲提出了计算公式，对上翼缘有楼板刚性铺板支撑的梁的畸变屈曲进行了理论分析，提出了设计建议和构造措施。详细展开了板件屈曲后刚度和强度分析，对冷弯型钢的畸变屈曲和局部屈曲的分析进行全面介绍。

本书可作为结构工程专业的硕士和博士研究生教材，可供工程力学、建筑结构与机械、航空、造船、桥梁、货架仓储、电力建设、设施农业钢结构学生参考。简支和连续吊车梁、楔形变截面梁稳定性计算一系列新的公式、隅撑—檩条支撑体系下梁柱弯扭屈曲计算方法、框架梁负弯矩区稳定的计算公式，冷弯型钢畸变屈曲公式，货架截面性质等等，可以直接供工程技术人员应用。

*　　*　　*

责任编辑：赵梦梅　田立平
责任设计：张　虹
责任校对：肖　剑　关　健

修订版前言

修订版对第一版进行了较大的修改和补充，主要是：

1. 原第 1 章的大部分内容进行压缩，作为第 5 章的一个附录，以便对历史感兴趣的学生阅读。

2. 薄壁构件弯曲和扭转线性理论部分：原第 2 章经扩充，变为第 1 章和第 2 章；增加的内容有：翼缘变厚度薄壁构件的弯扭计算，多室闭口截面的自由扭转，闭口截面沿长度规则开孔时的弯曲与扭转，冷弯 C 形和 Z 形截面设置拉条和无拉条，绕固定轴扭转的计算。

3. 第 3 章增加了有初始变形杆的二阶分析。

4. 第 4 章进行了大幅度扩充，增加多种应力联合作用下板件的屈曲、截面屈曲部分的内容；增加了半无限空间上弹性地基梁模型计算吊车梁腹板局部承压应力采用 Fourier 变换获得的解析解。

5. 第 5 章除了从原第 1 章移来作为附录外，增加了弹塑性分析和钢梁稳定性设计内容，使之更加实用，增加了冷弯 C 形和 Z 形檩条绕强迫轴扭转失稳的临界弯矩。

6. 第 6 章改进了各种切线和半切线力矩的叙述，增加了一个悖论的介绍，以激发思考。

7. 第 11 章增加了箱形柱柱中侧向支撑有偏心时的屈曲，角钢压杆两肢交替侧向支撑时的屈曲。

8. 全面修改了第 12 章。

9. 第 13 章增加了井字梁模型对标准梁柱节点和斜加劲节点中翘曲的传递规律的研究。

10. 第 16 章楔形梁的弯扭屈曲理论重新进行了推导；增加了楔形梁和楔形压弯杆的弹塑性稳定计算，更加实用。

11. 增加第 18 章，板件屈曲后刚度和强度分析，板件屈曲和整体屈曲的相互作用。

12. 增加第 19 章，冷弯型钢的局部屈曲和畸变屈曲。

13. 增加习题，使之适合于做教材。

未提及的章节也均有少量修改。

本书有很强的理论性，但是理论都围绕实际工程问题展开，最终的结果也有很强的实用性，可以供建筑结构与机械、航空、造船、桥梁、货架仓储、电力建设、设施农业钢结构等各个领域的工程技术人员参考。本书也是为浙江大学结构工程专业研究生的《薄壁结构稳定》课程而撰写总结的，适宜的课时是 35 个，课时分配可参考下表。

章	学时	章	学时	章	学时	章	学时
1	5	5	4	13	2	19	2
2	3	6	2	16	2	总计	35
3	4	8	2	17	2	7, 9, 10, 12, 14, 15	泛读
4	4	11	2	18	2		

对本书有关章节的修改做出贡献的有倪闻昊、罗澎、李兰香、董诗忆、彭国之、陶文登、徐媛杰，他们在攻读硕士和博士学位期间获得的成果，对于完善钢结构稳定理论，拓展稳定理论的应用，促进人们对特定结构体系稳定性的认识、改善钢结构构件和结构的设计和分析方法具有重要的价值。在本书的撰写过程中，饶芝英女士给予了大力支持，在此对他们表示感谢。

本书也许存在不足或谬误，希望读者发现后不吝指正。

童根树

2012 年 7 月 12 日于浙江大学

第一版前言

钢材强度高，延性好，是优良的建筑结构材料。由于经过复杂炼制工艺才能获得钢材，因此钢材的应用应该精打细算，在满足安全性要求的前提下，减小单位建筑面积的用钢量应该是每一个结构设计人员追求的目标。为了节省用钢量，实际工程中的钢构件相对混凝土构件要细长和壁薄。细长和薄壁的结构容易发生失稳现象，对稳定理论的掌握是做好钢结构设计的关键。

近十年来钢结构在我国得到广泛的应用，作为钢结构应用基础的《钢结构稳定理论》也得到快速的发展。有些成果已经反映在《钢结构设计规范》GB 50018—2003 中，有些则只能在国内外的期刊学报上零星地呈现。在薄壁构件的弯扭失稳的理论和应用方面，几十年来，各国学者进行了大量的研究。但是零散的为了解决某个具体问题而提出的理论，各种理论之间存在不统一的观点，导致了许多国家规范、行业标准和重要著作之间的不一致。本书第1章对薄壁构件稳定理论的发展进行了回顾，依据经典的稳定问题的变分原理，对各种理论进行了比较。由于阅读这些内容需要对薄壁构件理论有比较全面的了解，第1.3节的内容只适合学习完本书以后再参考。

第2章介绍了经典的开口和闭口薄壁构件线性理论，利用薄壁中面微元体的平衡条件，补充推导了任意开口薄壁截面上的横向正应力的表达式，并研究了横向正应力对截面强度的影响。研究了加强工字形截面抗扭能力的措施。

第3章介绍了均匀受力的压杆、梁和压弯杆的扭转屈曲和弯扭屈曲。本章的理论特别提出了屈曲前截面上的应力，其方向随屈曲后纤维方向改变而随动变化这样一个观点，并依此思想统一了各种构件的弯扭屈曲理论的推导方法。本章提供了各种问题的临界荷载的解，并且对任意截面的双向压弯构件，提供了一个精确解。

与其他著作在介绍完弯扭失稳理论及其各种解答和应用后，再介绍板件屈曲理论的编排不同，本书第4章首先介绍板件的屈曲理论。这是因为，在截面上存在剪应力的情况下，剪应力对弯扭屈曲的影响需要从板件屈曲理论来理解。本书的薄壁构件弯扭屈曲的系统理论，均以板件的屈曲理论作为基础。本章介绍了截面作为整体的局部屈曲，对轮压作用下工字钢梁腹板内的应力分布，各种应力作用下考虑翼缘对腹板约束的腹板局部屈曲提供了精度很高的计算公式。

利用壳体有限元方法对单轴对称截面简支梁的屈曲进行了分析，与现有各种理论进行了对比。根据稳定问题的变分原理，本书**摒弃荷载的非线性功的概念，引入横向正应力的非线性应变能**，提出了薄壁受弯构件弯扭屈曲问题的新的总势能。利用它，对承受各种荷载的简支梁和悬臂梁的弯扭屈曲进行了分析。分析了目前各种理论对同样问题得到不同临界弯矩的原因，将理论与试验结果进行了比较。特别在第6章，借助悬臂梁端部承受弯矩时的屈曲这一古老问题的求解，详细讨论了弯矩作为一种荷载的保守和非保守性质，为第12章的非线性分析理论打下基础。

第7章建立了任意截面薄壁构件弯扭失稳的一般理论，分别采用了能量法和假想荷载法进行推导，还采用了壳体理论的表述方法。特别是，本书的假想荷载法，引入了微元体侧面剪应力和横向正应力对假想荷载的贡献，从而完善了假想荷载法。

接下去的四章是弯扭屈曲理论的各种应用。第8章对侧向支撑梁的弯扭失稳进行研究，提出了完全支撑和非完全支撑的概念，介绍了相互支撑的梁的屈曲和剪切膜支撑的平行梁系的屈曲，特别对轻钢厂房中的隔撑—檩条支撑体系对门式刚架斜梁的约束作用进行了分析和举例，提出了计算长度取值的具体要求。第9章则对吊车梁的稳定性进行特别的关注，研究了支承桥式吊车的两根吊车梁的相互支援，简支吊车梁设水平隔撑后的稳定性。第10章是两跨连续梁在移动荷载作用下的屈曲，为连续吊车梁的应用提供了稳定性计算的方法。第11章则对侧向支撑压杆的弯扭失稳进行了分析，提出了支撑的有效性问题，顺便解决了单角钢压杆跨中仅在一个肢平面内有侧向支承的屈曲问题，对隔撑—墙檩条体系对刚架柱稳定性的影响问题也进行了分析，提出了设计建议。

第12章详细地展开讨论了建立薄壁构件弯扭弹塑性非线性大变形分析理论的刚体检验要求，提出了为满足刚体检验要求而必需的、对第7章的弯扭屈曲理论的应变能补充项，提出了完整的基于UL描述法（Updated Lagrangian Formulation，现时拉格朗日格式）的薄壁构件弹塑性及几何非线性大变形分析的变分原理。推导了有限元分析的物理刚度矩阵，几何刚度矩阵，基于第6章介绍的弯矩的特殊性质，补充了节点弯矩几何刚度矩阵，给出了非线性分析的增量—迭代过程中不平衡力的计算方法。对特征值问题，总结了简化的刚度矩阵。在第15章介绍了有限元法的计算机实现问题，结合广义刚度参数法和最小不平衡位移准则的荷载增量策略以及塑性应变增量可逆的要求，对工字形截面薄壁构件的弹塑性大变形编制有限元分析程序，并提供了算例。

对于有限元分析应用于空间钢框架，还需用解决有限元分析中翘曲未知量（扭转角的导数）的整体坐标转换问题，第13和14章提供了两种常用梁柱节点的柱端翘曲位移和梁端翘曲位移的关系。

第16章则详细推导了楔形变截面构件的弯扭屈曲理论，对弯矩线性变化的楔形变截面梁的临界弯矩，提出了一个计算公式。

最后对上翼缘有混凝土楼板刚性约束的工字钢梁，在负弯矩区的畸变屈曲问题进行了分析，提出了稳定性计算公式，并且还对避免畸变屈曲提出了构造措施。

通过本书对薄壁构件弯扭屈曲理论的详尽论述，读者可以认识到，**线性理论中因为量级小而被忽略的应力分量，在失稳问题中是不能轻易地被忽略的**。这种观点不仅在本书的薄壁构件弯扭失稳的研究中取得了成功，在圆弧拱在径向保向压力下的弯曲失稳问题中应用，使得我们得到了正确的临界荷载。

本书既有很强的理论性，也有很强的实用性，是为结构工程研究生的《薄壁结构稳定》课程而总结的，适宜的课时是35个，重点介绍第2~7章，第8~11章、第13~17章是应用部分，属泛读内容，选一部分在课堂上讲授，第12~15章则是为钢结构的非线性分析准备的。书中附有大量参考文献供读者继续查阅。

在本书出版之际，向张磊和任涛博士、颜潇潇、朱群红、林南昌、夏俊等同学表示感谢，在作者的指导下，他们对本书的部分章节涉及的内容进行了仔细研究，特别是张磊博士，对发现横向正应力在弯扭屈曲问题中的影响起了重要作用。他们获得的成果对于完善钢结构稳定理论，拓展稳定理论的应用，促进人们对特定结构体系稳定性的认识、改善钢结构构件和结构的设计和分析方法具有重要的价值。

童根树

2006 年 7 月 12 日于浙江大学

目　　录

11

18

第1章 开口薄壁构件的线性理论

1.1 薄壁构件的工程应用

钢材具有自重轻、强度高、延性好、可回收等优点。与传统的建筑形式相比,钢结构建筑由于建设周期短,能够满足外形美观、大开间、灵活分割的建筑要求,所以在工业和民用建筑中被广泛应用。

钢结构的应用主要可分为多层和高层钢结构、大跨度钢结构、轻型钢结构和各种工业和民用构筑物。世界上的许多高层尤其是超高层建筑都采用钢结构,比如1931年建成的美国纽约帝国大厦(高381m),1971年建成的美国纽约世界贸易中心(高417m),1972年建成的美国芝加哥西尔斯大厦(高443m)以及1996年建成的马来西亚双塔石油大厦(高

(a) 低层厂房

(b) 多层和小高层住宅

(c) 高层钢结构

图 1.1　钢结构的应用

450m），这些超高层建筑见证了世界建筑技术的发展。大跨度钢结构主要用于多功能体育场馆，会议展览中心，博览馆，候机厅，飞机库等，这些结构很多已成为某一地区的标志性建筑，比如国家大剧院。轻型钢结构被广泛应用于工厂、仓库、体育馆、展览馆、超市等建筑，钢结构工期短、自重轻、易于标准化的特点在这种结构中得到了很好的体现。而多层公共建筑钢结构和中高层钢结构住宅也正在迅速发展之中。

根据结构形式、受力形式、材料性质等方面具体条件的不同，一个结构的承载能力可能取决于材料所能达到的最大强度、结构或构件的平衡丧失稳定、材料发生疲劳或脆断等各种不同因素。钢材强度很高，具有极好的延性，而且质地相对均匀，为了充分发挥钢材的性能，通常使用的钢结构构件壁薄修长，构造轻巧，在相当多的情形下，钢结构及其构件的极限承载能力取决于稳定条件。

钢构件的广泛应用促进了薄壁构件线性和非线性理论的不断发展，本章主要对薄壁构件的线性理论进行研究和讨论。Vlasov（1961）限定薄壁构件为满足如下尺寸要求的构件：

$$t/d \leqslant 0.1 \text{ 和 } d/L \leqslant 0.1$$

式中 t 是壁厚，d 是横截面的代表性尺寸（如截面宽度、高度或任一板件的宽度等），L 是构件的长度。当构件符合上述尺寸限制时，下面所介绍的薄壁构件理论具有足够的精度。由于壁厚与横截面的其他尺度相比很小，弯曲应力和约束扭转的翘曲应力沿厚度方向的变化也很小，实用上可以认为应力沿厚度方向均匀分布。所以，在薄壁构件理论中常用横截面板件的中线作为截面的代表。

1899 年，Prandtl 和 Michell 就对高而窄的矩形截面梁的扭转问题进行过研究，1905 年 Timoshenko 将他们的结果扩展到工字形截面梁的弯曲和扭转理论，随后 Wagner 在 1929 年对各种不同形式的开口薄壁构件的约束扭转进行了研究。20 世纪 50、60 年代，Vlasov 第一次系统地研究了弹性开口薄壁构件的强度、稳定和振动问题，对开口薄壁构件理论的发展做出了重要的贡献。同一时期的 Bleich（1952）也对薄壁构件的屈曲问题做过系统研究。目前通用的经典薄壁构件理论是以他们的研究为基础的。

薄壁构件理论在求解横截面上任意点的应力时，对不同的应力采用不同的方法：通过应力—应变关系求解纵向正应力；通过微元体的平衡条件确定薄壁中面上的剪应力。这是因为薄壁构件理论的基本假定之一是假设薄壁中面上的剪应变为 0（$\gamma = 0$），这使得无法采用剪切模量乘以剪应变的方法得到剪应力。但是，微元体要求存在剪应力来维持微元体纵向的力平衡。薄壁中面的剪应力在整个截面上的宏观表现为截面的剪力。纵向正应力、薄壁中面的剪应力和自由扭转剪应力就是目前经典薄壁构件理论所考虑的截面应力。

从薄壁中面微元体的切向平衡可以发现，薄壁构件中还存在着另外一种应力：横向正应力。由薄壁构件的另一基本假定——"刚周边"假定可知，横向正应力对应的线性应变也为零，所以横向正应力的求解也必须从平衡条件出发。根据微元体在截面中面曲线坐标方向的平衡，可得到与中面剪应力的关系，从而求得横向正应力的表达式。目前的观点普遍认为，与截面中的其他应力相比，横向正应力的数值要小得多，所以横向应力对截面强度的影响长期以来一直没有得到重视，唯一被认为需要考虑的是集中荷载作用处和支座处的局部承压应力，《钢结构设计规范》GB 50017—2003 要求进行局部承压应力的验算。

很少有文献对横向正应力进行过深入研究。Gjelsvik（1981）从壳体理论出发，给出过曲线坐标方向的薄膜力与薄壁中面的剪力之间的关系，但是他对这个薄膜力的研究没有进一步深入。

本章将在经典薄壁构件的范畴内，精确地推导薄壁构件截面上的纵向正应力，剪应力和横向正应力。通过薄壁构件的弯曲，引出剪切中心的概念和确定剪切中心的方法。对横向正应力对截面强度的影响进行深入研究，以进一步完善薄壁构件的线性理论。

1.2　任意开口薄壁截面构件的弯曲

1.2.1　坐标系

对如图 1.2 所示的典型的薄壁构件，建立如下三个空间笛卡儿坐标系，三个坐标系均采用右手螺旋法则：

1. X—Y—Z 为空间固定的整体坐标系，其位置不随构件的变形和运动而改变，可用于确定构件变形前后的空间位置。

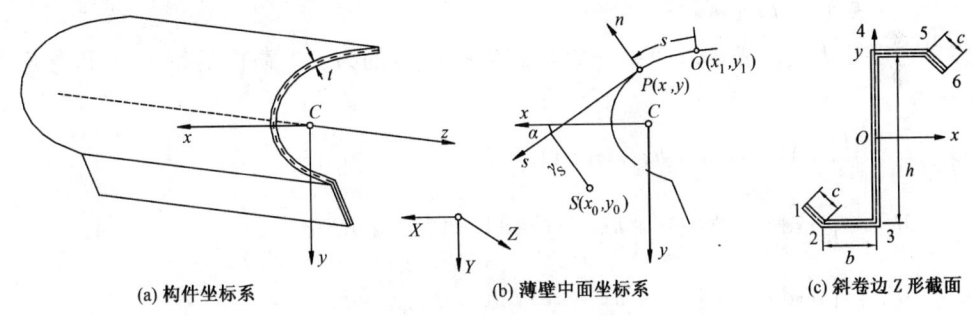

(a) 构件坐标系　　　　(b) 薄壁中面坐标系　　　　(c) 斜卷边 Z 形截面

图 1.2　开口薄壁构件

2. x—y—z 为截面形心坐标系，各个截面上该坐标系在构件的变形和运动过程中始终跟随各截面的运动而运动，相互之间保持"相对静止"的状态。在各个截面上，坐标系的原点位于各截面的形心，x 和 y 轴分别为截面的两个主轴，z 轴与构件的纵轴平行。

3. n—s—z 为各截面的曲线坐标系，该坐标系建立在各截面的薄壁中面上，在各截面上，坐标系的原点随所研究点的位置而改变。坐标轴 s 的方向为中面的切线方向，n 为中面的法线，其正方向的选择应使坐标系符合右手螺旋法则。

记薄壁中面上的任意点 $P(x,y)$ 在 x、y 方向上的位移为 $\bar{u}$、$\bar{v}$，在 s、n 方向上的位移为 v_s、v_n，z 方向的位移为 $\bar{w}$。P 点处薄壁中面的曲率半径为 R_s。杆件变形时剪切中心 S 的沿 x、y 方向的位移为 u、v，截面的扭转角为 θ，转动方向当按右手螺旋法则，大拇指与 z 轴正方向一致时为正。剪切中心 S 坐标为（x_0，y_0），s 轴与 x 轴的夹角为 α。

1.2.2　基本假定

任何薄壁构件实际上都是由若干壳体组合而成的，但如果用壳体理论来分析薄壁构件，结果精确，但工作量很大，对于一些由多个此类构件组成的结构体系，壳体理论的分析就变得不现实。可以利用薄壁构件长度方向的尺寸比横截面尺寸要大得多的特点，引入适当的假定，把它作为一根构件进行研究，得到的结果也已经很精确。

Vlasov（1961）首先提出了开口截面薄壁构件的两条基本假设：

（1）在构件受力而变形的过程中，其横截面的形状始终保持不变。也就是说，尽管各横截面可能产生垂直于截面的翘曲，但在其自身平面内的投影则始终保持固定的形状，只是像刚性盘一样移动或转动。这一假设通常称为"刚周边假定"。

（2）假定构件中面内的剪应变为零。在符合前面给定的尺寸限制的条件下，弯曲时和约束扭转时产生的中面内剪应变对构件内应力分布的影响很小。

在推导薄壁构件的基本方程时，除了上面的两条基本假定之外，还有以下假定：①材料为理想弹性各向同性均质材料；②小变形分析。

1.2.3　弯曲时的正应力

下面先研究薄壁构件的弯曲，不考虑扭转。薄壁构件弯曲时，平截面假定同样成立。此时任意一点的纵向应变为

$$\varepsilon_z = a + bx + cy$$

记材料弹性模量为 E ，纵向正应力为

$$\sigma_z = E(a + bx + cy)$$

设轴力以拉为正，弯矩以在第一象限产生拉应力的为正。截面的轴力 N 和弯矩 M_x，M_y 分别为

$$N = \int_A \sigma \mathrm{d}A = \int_A (a + bx + cy)\mathrm{d}A = EAa$$

$$M_y = \int_A \sigma x \mathrm{d}A = E\int_A (a + bx + cy)x\mathrm{d}A = EI_y b + EI_{xy} c$$

$$M_x = \int_A \sigma y \mathrm{d}A = E\int_A (a + bx + cy)y\mathrm{d}A = EI_{xy} b + EI_x c$$

式中 A 是截面面积，$I_x = \int_A y^2 \mathrm{d}A$，$I_y = \int_A x^2 \mathrm{d}A$，$I_{xy} = \int_A xy \mathrm{d}A$ 分别为惯性矩和交叉积。从以上三式得到

$$Ea = \frac{N}{A}, \quad Eb = \frac{M_y I_x - M_x I_{xy}}{I_x I_y - I_{xy}^2}, \quad Ec = \frac{M_x I_y - M_y I_{xy}}{I_x I_y - I_{xy}^2}$$

回代得到纵向正应力与内力的关系为

$$\sigma = \frac{N}{A} + \frac{M_y I_x - M_x I_{xy}}{I_x I_y - I_{xy}^2}x + \frac{M_x I_y - M_y I_{xy}}{I_x I_y - I_{xy}^2}y \tag{1.1a}$$

或表示为

$$\sigma = \frac{N}{A} + \frac{I_y y - I_{xy} x}{I_x I_y - I_{xy}^2}M_x + \frac{I_x x - I_{xy} y}{I_x I_y - I_{xy}^2}M_y \tag{1.1b}$$

当 x 和 y 是截面的形心主轴时：

$$\sigma = \frac{N}{A} + \frac{M_y}{I_y}x + \frac{M_x}{I_x}y \tag{1.2}$$

需要采用形心轴而不是形心主轴进行计算的冷弯卷边 Z 形截面，冷弯截面的特点是各个部分板厚都相同，因此冷弯 Z 形截面（图 1.2b）的性质如下

面积 $A = (h + 2b + 2c)t$

$$I_x = \frac{1}{12}th^3 + \frac{1}{2}bth^2 + \frac{2t}{3\sin\alpha}\left[\frac{1}{8}h^3 - \left(\frac{1}{2}h - c\sin\alpha\right)^3\right]$$

$$I_y = \frac{2}{3}tb^3 + \frac{2ct}{3}\left[3b^2 + 3bc\cos\alpha + c^2\cos^2\alpha\right]$$

$$I_{xy} = \left(\frac{1}{2}hb^2 + bhc + \frac{1}{2}hc^2\cos\alpha - bc^2\sin\alpha - \frac{1}{3}c^3\sin2\alpha\right)t$$

式中 α 是斜卷边与翼缘的夹角。

1.2.4 弯曲时的剪应力

参考图 1.3(a)、(b)，薄壁中面微元体的纵向平衡条件为

$$\frac{\partial(\sigma t)}{\partial z} + \frac{\partial(\tau t)}{\partial s} = 0 \tag{1.3}$$

参考图 1.3 中内力正负号的规定，可以得到 $Q_x = \dfrac{\mathrm{d}M_y}{\mathrm{d}z}$，$Q_y = \dfrac{\mathrm{d}M_x}{\mathrm{d}z}$。因此上式得到

$$\tau t = (\tau t)_0 - \int_0^s \frac{\partial(\sigma t)}{\partial z}\mathrm{d}s = (\tau t)_0 - \int_0^s \frac{\partial(\sigma t)}{\partial z}\mathrm{d}s$$

$$= (\tau t)_0 - \int_0^s \left(\frac{Q_x I_x - Q_y I_{xy}}{I_x I_y - I_{xy}^2}x + \frac{Q_y I_y - Q_x I_{xy}}{I_x I_y - I_{xy}^2}y\right)\mathrm{d}s$$

通常取曲线坐标的起点在薄壁截面边缘上，在自由边缘上有 $(\tau t)_0 = 0$，记

$$S_x = -\int_0^s yt\mathrm{d}s \quad, \qquad S_y = -\int_0^s xt\mathrm{d}s \tag{1.4a，b}$$

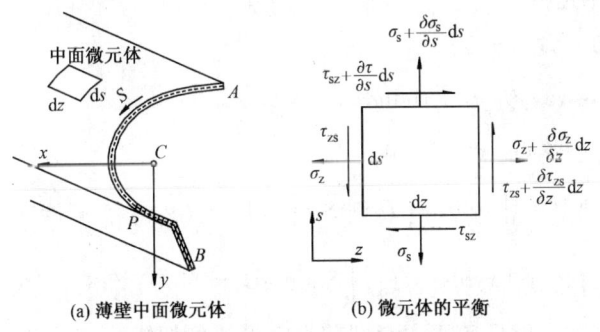

(a) 薄壁中面微元体   (b) 微元体的平衡

图 1.3　薄壁构件上微元体的平衡

则得到

$$\tau t = \frac{Q_x I_x - Q_y I_{xy}}{I_x I_y - I_{xy}^2}S_y + \frac{Q_y I_y - Q_x I_{xy}}{I_x I_y - I_{xy}^2}S_x \tag{1.5a}$$

或表示为

$$\tau t = \frac{I_y S_x - I_{xy} S_y}{I_x I_y - I_{xy}^2}Q_y + \frac{I_x S_y - I_{xy} S_x}{I_x I_y - I_{xy}^2}Q_x \tag{1.5b}$$

在形心主轴的情况下

$$\tau t = \frac{Q_x S_y}{I_y} + \frac{Q_y S_x}{I_x} \tag{1.6}$$

注意到，求弯曲剪应力需要开始用到曲线坐标 s，这个坐标用来帮助定义剪应力的方向（正负）。曲线坐标 s 的应用是薄壁构件理论中的一个难点。原因是，s 不总是相对于形

5

心是逆时针的；当三块及以上板件汇交于一点时，有多个曲线坐标 s 。实际上，可以对每一块板件定义自己的曲线坐标 s ，即每块板件的曲线坐标有自己的起点 O 。此时求剪应力的公式是：

$$\tau t = (\tau t)_0 + \frac{Q_x I_x - Q_y I_{xy}}{I_x I_y - I_{xy}^2} S_y + \frac{Q_y I_y - Q_x I_{xy}}{I_x I_y - I_{xy}^2} S_x \text{ 或者 } \tau t = (\tau t)_0 + \frac{Q_x S_y}{I_y} + \frac{Q_y S_x}{I_x}$$

可以把起点处的剪力流表示为

$$(\tau t)_0 = \frac{Q_x I_x - Q_y I_{xy}}{I_x I_y - I_{xy}^2} S_{y0} + \frac{Q_y I_y - Q_x I_{xy}}{I_x I_y - I_{xy}^2} S_{x0} \text{ 或者 } (\tau t)_0 = \frac{Q_x S_{y0}}{I_y} + \frac{Q_y S_{x0}}{I_x}$$

因此必须事前或者事后把 S_{x0} 和 S_{y0} 加以确定，此时，有自由边的板件（外侧板件）必须利用自由边剪应力为零的条件确定汇交点处的面积矩，对于没有自由边的内部板件，则要利用"流入板件汇交点的剪力流与流出板件汇交点的剪力流必须相等"的条件。这个条件的依据是

$$\int_{\sum A_i} x dA = \sum \int_{A_i} x dA, \int_{\sum A_i} y dA = \sum \int_{A_i} y dA$$

注意，S_x 计算公式中的 dA ，作为计算技巧，既可以表示为 $dA = t ds$ ，也可以根据板件是否平行于坐标轴而表示为 $dA = t dx$ 或者 $dA = t dy$ ，相应的积分上下限取为对应的曲线坐标、x 坐标或者 y 坐标。

1.2.5　剪切中心

下面确定剪应力的合力：

$$Q_x = \int_A \tau t \cos\alpha ds, Q_y = \int_A \tau t \sin\alpha ds$$

注意到（B 代表积分的终点，见图 1.4）：

$$\int_A S_x \cos\alpha ds = (S_x x)\big|_0^B + \int_A xy t ds = I_{xy}, \int_A S_y \cos\alpha ds = (S_y x)\big|_0^B + \int_A x^2 t ds = I_y \quad (1.7a, \ b)$$

$$\int_A S_y \sin\alpha ds = (S_y y)\big|_0^B + \int_A xy t ds = I_{xy}, \int_A S_x \sin\alpha ds = (S_x y)\big|_0^B + \int_A y^2 t ds = I_x \quad (1.7c, \ d)$$

可以得到剪力的恒等式。但是还要注意到剪力对形心的扭矩：

$$M_{zc} = \int_A \tau t r_c ds = \int_A \left(\frac{Q_x I_x - Q_y I_{xy}}{I_x I_y - I_{xy}^2} S_y + \frac{Q_y I_y - Q_x I_{xy}}{I_x I_y - I_{xy}^2} S_x \right) r_c ds$$

上式出现了如下两个积分

$$\int_A S_y r_c ds \text{ 和} \int_A S_x r_c ds$$

参照式(1.7a)的积分方法得到

$$\int_A S_x r_c ds = \left[S_x \cdot \int_0^s r_c ds \right]_0^B + \int_A \left[y \int_0^s r_c ds \right] t ds = \int_A \left[y \int_0^s r_c ds \right] t ds$$

定义

$$\omega_c = \int_0^s r_c ds \quad (1.8)$$

ω_c 称为以形心为极点的扇性坐标。名称冠以扇性，是因为 ω_c 代表图 1.5(a)所示形心和中面上点的连线，当点从 O 点（曲线坐标起点）到 P 点（曲线坐标为 s ）移动时所扫过的扇形面积的 2 倍，称它为坐标，是因为曲线坐标起点给定，按照式(1.8)计算，中面上任

意一点具有确定的 ω_c 值，仿佛是可以加以定位的坐标。

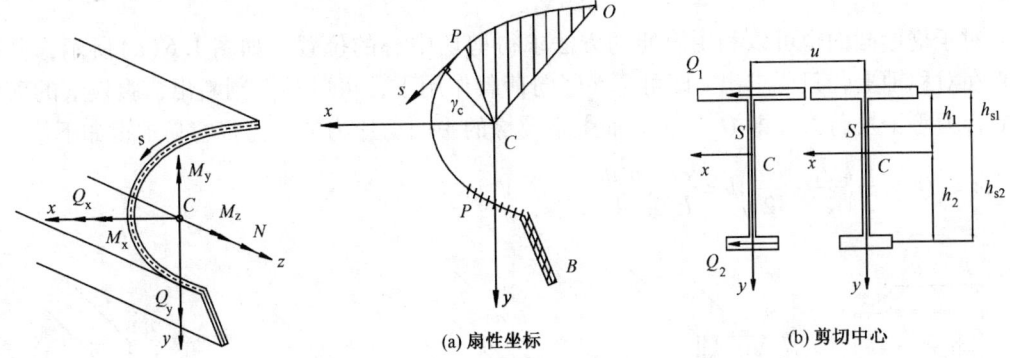

图 1.4　截面上的正号内力　　　　图 1.5　以形心为极点的扇性坐标及工字形截面剪切中心

引入 ω_c 的定义后，可以记

$$I_{\omega cx} = \int_A S_x r_c ds = \int_A y \omega_c t ds, \quad I_{\omega cy} = \int_A S_y r_c ds = \int_A x \omega_c t ds \qquad (1.9a，b)$$

则弯曲剪力流对形心的扭矩为

$$M_{zc} = Q_x \frac{I_x I_{\omega cy} - I_{\omega cx} I_{xy}}{I_x I_y - I_{xy}^2} + Q_y \frac{I_y I_{\omega cx} - I_{\omega cy} I_{xy}}{I_x I_y - I_{xy}^2} \qquad (1.10)$$

因此截面上剪应力的合力对截面形心的扭矩不为零。

设剪应力合力 Q_x 和 Q_y 的作用点为 (x_0, y_0)，则可以得到合力对形心的扭矩为

$$M_{zc} = -Q_x y_0 + Q_y x_0$$

上式应该和式(1.10)相等，因此得到

$$x_0 = \frac{I_y I_{\omega cx} - I_{\omega cy} I_{xy}}{I_x I_y - I_{xy}^2}, \quad y_0 = -\frac{I_x I_{\omega cy} - I_{\omega cx} I_{xy}}{I_x I_y - I_{xy}^2} \qquad (1.11a，b)$$

当坐标轴是形心主轴时

$$x_0 = \frac{I_{\omega cx}}{I_x}, \quad y_0 = -\frac{I_{\omega cy}}{I_y} \qquad (1.12a，b)$$

点 (x_0, y_0) 称为截面的剪切中心。它的物理意义是：构件只弯曲不扭转时，截面上剪应力的合力作用点。由于内外力平衡的需要，此时要求外荷载的合力作用点也要通过剪切中心，构件才会只弯不扭。

在计算剪切中心时，ω_c 的起点可以取中面上的任意点而不影响结果。

有时根据剪切中心的物理意义来确定剪切中心的位置更加方便。例如单轴对称工字形截面的剪切中心的位置可以如下确定：参照图 1.5(b)，假设整个截面产生位移 u，没有扭转角。则上翼缘绕 y 轴弯曲产生剪力 $Q_1 = -EI_{y1} u'''$，下翼缘产生剪力 $Q_2 = -EI_{y2} u'''$，这里 I_{y1} 和 I_{y2} 分别是上下翼缘绕 y 轴的惯性矩。只要求出这两个剪力的合力位置，就可以得到剪切中心。这个合力位置离开上翼缘的距离为 h_{s1}，则

$$h_{s1} + h_{s2} = h$$
$$Q_1 h_{s1} = Q_2 h_{s2}$$

由以上两式得到

7

$$h_{s1} = \frac{I_{y2}}{I_{y1} + I_{y2}} h$$

对于槽形截面也可以利用简便的方法求得剪切中心的位置。如图 1.6(a) 所示，剪切中心在对称轴上，只要求出 e 即可。在竖向荷载作用下，可以马上判断出，腹板上的剪应力的合力等于外剪力，即 $Q_w = Q_y$。而上下翼缘的中面剪应力的合力很容易求得如下

$$Q_f = \frac{1}{2} \left(\frac{Q_y}{I_x} \cdot \frac{bth}{2} \right) b = \frac{Q_y}{I_x} \cdot \frac{b^2 th}{4}$$

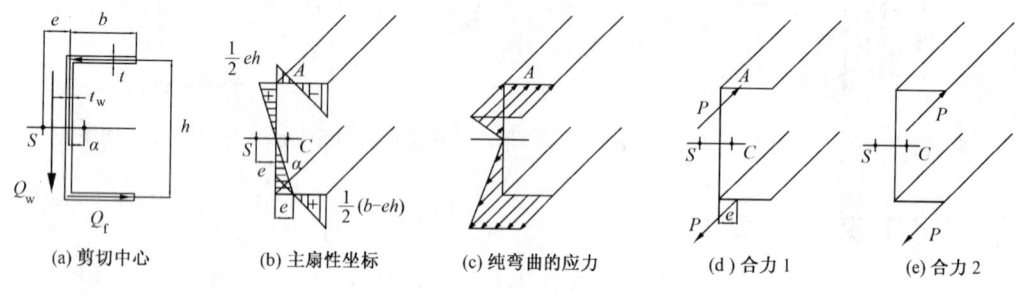

(a) 剪切中心   (b) 主扇性坐标   (c) 纯弯曲的应力   (d) 合力 1   (e) 合力 2

图 1.6　槽形截面

上下翼缘的剪力和腹板上的剪力合成为通过剪切中心的竖向剪力，因此有 $Q_f h = Q_y e$，从而得到

$$e = \frac{b^2 h^2 t}{4 I_x}$$

再加上形心到腹板中心线的距离，就可以得到剪切中心的坐标。

有了槽形截面的剪切中心，还可以确定上翼缘是槽钢截面的单轴对称工字形截面的剪切中心，如图 1.7 所示，在发生水平弯曲时，上翼缘的槽钢内剪力流的合力必然通过槽钢自己的剪切中心，这样有

$$Q_1(e + h_{s1}) = Q_2 h_{s2}$$

即 $-EI_{y1} u'''(e + h_{s1}) = -EI_{y2} u'''(h - h_{s1})$

从而得到

$$h_{s1} = \frac{I_{y2} h - I_{y1} e}{I_y}$$

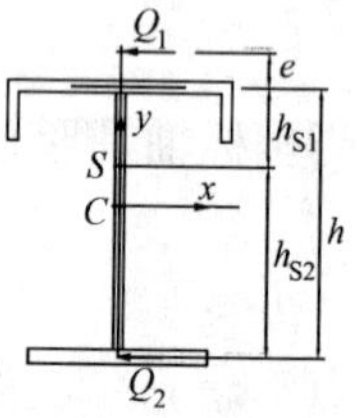

图 1.7　组合工字形截面

以形心为极点的扇性坐标只用于求剪切中心。在求得剪切中心后，以后只用到以剪切中心为极点的扇性坐标。

在纯弯的情况下，截面上没有剪力，薄壁构件是否会发生扭转？假设纯弯的弯矩是一对作用在截面上的拉压力引起的，那么这对拉压力是否可以作用在任意位置而不会使薄壁构件产生扭转？答案是可能产生扭转。如图 1.6(d) 和图 1.6(e) 所示均能够产生纯弯作用，图 1.6(d) 的作用方式不会使构件扭转，而图 1.6(e) 的作用方式会使构件产生扭转，这要在下面学习了约束扭转后才能够理解。

下面介绍一个求剪切中心坐标的例子。如图冷弯卷边 C 型钢，尺寸记号如图 1.8 所示。图中分别画出了 y 坐标图和 ω_c 坐标图，以便于进行图乘运算：

$$A = (h + 2b + 2c)t, \quad d = \frac{b + 2c}{h + 2b + 2c}b$$

$$I_x = \frac{1}{12}th^3 + \frac{1}{2}bth^2 + \frac{1}{12}t[h^3 - (h - 2c)^3]$$

$$I_y = htd^2 + 2ct(b - d)^2 + \frac{2}{3}t[d^3 + (b - d)^3]$$

$$I_{\omega cx} = t\left[-\frac{1}{12}h^3d - \frac{1}{4}bh^2(2d + b) - \frac{1}{2}h(d + b)ch + hdc^2 + \frac{2}{3}(b - d)c^3 \right]$$

代入式(1.12a)得到:

$$x_0 = \frac{I_{\omega cx}}{I_x} = -d + \frac{bt}{I_x}\left[\frac{2}{3}c^3 - \frac{1}{4}bh^2 - \frac{1}{2}ch^2 \right]$$

剪切中心到腹板中线的距离是

$$e = \frac{bt}{I_x}\left(\frac{1}{4}bh^2 + \frac{1}{2}ch^2 - \frac{2}{3}c^3 \right)$$

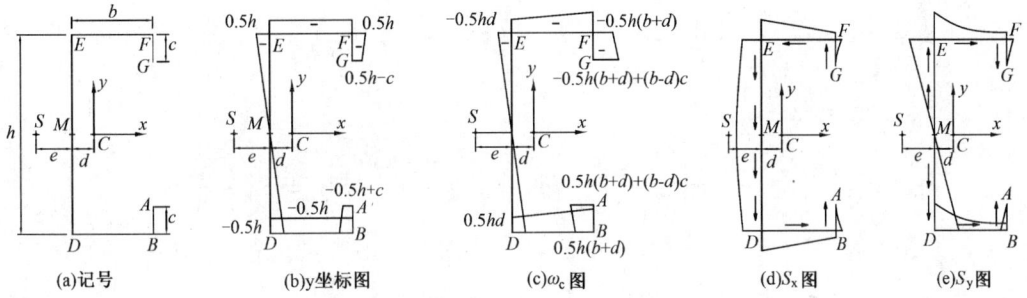

| (a)记号 | (b)y坐标图 | (c)ω_c图 | (d)S_x图 | (e)S_y图 |

图 1.8　卷边槽钢的截面性质计算

冷弯 C 形截面的剪切中心　　　　　　　　　　　　表 1.1

截　　面	h	b	c	A (mm^2)	I_x (mm^4)	e	e/b
C150 × 60 × 20 × 2.5	147.5	57.5	18.75	750	2623542	28.07	0.488
C160 × 65 × 20 × 2.5	157.5	62.5	18.75	800	3205898	30.01	0.480
C180 × 70 × 20 × 2.5	177.5	67.5	18.75	875	4416823	31.43	0.466
C200 × 75 × 20 × 2.5	197.5	72.5	18.75	950	5891497	32.87	0.453

下面求面积矩 S_x。

$$S_{xG} = S_{xA} = 0$$

$$S_{xF} = S_{xB} = -\int_{0.5h-c}^{0.5h} ytdy = -\frac{1}{8}t[h^2 - (h - 2c)^3]$$

在卷边 GF 上是抛物线变化。

$$S_{xE} = S_{xD} = S_{xF} - \int_0^b 0.5htds = S_{xF} - 0.5bht$$

在翼缘 EF 上是线性变化。腹板中点的面积矩：

$$S_{xM} = S_{xE} - \int_0^{0.5h} yt\mathrm{d}s = S_{xE} + \int_{0.5h}^0 yt\mathrm{d}y = S_{xE} - \frac{1}{8}th^2$$

在腹板 ED 上是抛物线变化。S_x 图见上图。S_y 的推导如下

$$S_{yG} = S_{yA} = 0$$

$$S_{yF} = -\int_0^c xt\mathrm{d}s = -(b-d)ct, S_{yB} = -\int_0^c xt(-\mathrm{d}s) = (b-d)ct$$

S_y 在卷边 GF 上是线性变化：

$$S_{yEF} = S_{yF} - \int_0^b xt\mathrm{d}s = S_{yF} + \int_{b-d}^{-d} xt\mathrm{d}x = S_{yF} + 0.5t[x^2 - (b-d)^2]$$

$$S_{yE} = -0.5dth, S_{yM} = 0, S_{yD} = 0.5dth$$

S_y 在翼缘 EF 上是抛物线变化，在腹板上是线性变化。

冷弯卷边 Z 形截面的面积矩是

$$S_{xA} = S_{xG} = 0$$

$$S_{xB} = S_{xF} = -\int_{0.5h-c}^{0.5h} yt\mathrm{d}y = -\frac{1}{8}t[h^2 - (h-2c)^2]$$

$$S_{xE} = S_{xD} = S_{xF} - \frac{1}{2}htb$$

$$S_{xC} = S_{xE} - \int_0^{0.5h} yt\mathrm{d}s = S_{xE} + \int_{0.5h}^0 yt\mathrm{d}y = S_{xE} - \int_0^{0.5h} yt\mathrm{d}y = S_{xE} - \frac{1}{8}th^2$$

$$S_{yA} = S_{yG} = 0$$

$$S_{yB} = S_{yF} = -\int_0^c xt\mathrm{d}s = -btc$$

$$S_{yE} = S_{yD} = S_{yF} - \int_0^b xt\mathrm{d}s = S_{yF} + \int_b^0 xt\mathrm{d}x = S_{yF} - \int_0^b xt\mathrm{d}x = S_{yF} - \frac{1}{2}tb^2$$

$$S_{yC} = S_{yE} - \int_0^{0.5h} xt\mathrm{d}s = S_{yE} = S_{yD}$$

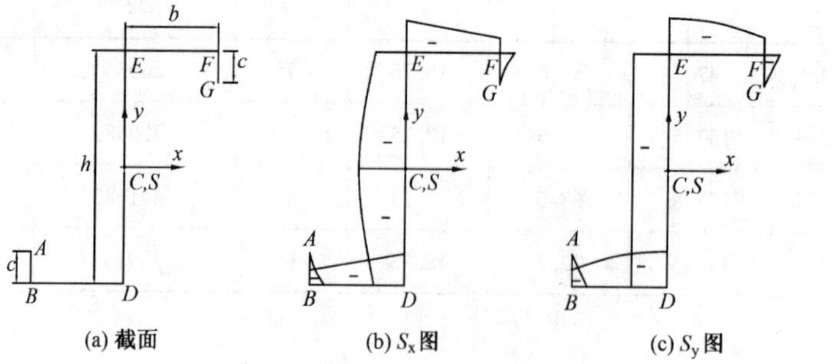

(a) 截面   (b) S_x 图   (c) S_y 图

图 1.9　冷弯卷边 Z 形截面的截面性质

1.3　薄壁截面构件的自由扭转和翘曲变形

所谓自由扭转是指扭转时不产生纵向正应力的扭转。薄壁截面的自由扭转属于弹性力

学的空间问题，可以采用薄膜比拟法分析。对于细长的薄壁截面，有简化的计算方法。

利用薄壁中面上的 n—s—z 坐标系，垂直中面的横截面上的任意点的自由扭转剪应力为：

$$\tau_{st} = 2G\theta'n \tag{1.13a}$$

式中，G 是材料的剪切模量，θ' 称为扭率，n 是截面上任意点的法向坐标。相应的自由扭转剪应变为：

$$\gamma_{st} = 2n\theta' \tag{1.13b}$$

从式（1.13a，b）可以看出，在薄壁中面处的自由扭转剪应力和剪应变的数值均为零，在边缘处最大，边缘处的最大自由扭转剪应力为：

$$\tau_k = G\theta't \tag{1.14}$$

在薄壁板件半个厚度的单位长度上剪力流为 $0.5(Gt\theta')(0.5t) = \dfrac{1}{4}Gt^2\theta'$。

参考图 1.10 最左边，矩形截面长边的剪应力合成的扭矩为

$$\int_0^b \int_{-0.5t}^{0.5t} 2Gn\theta' \cdot n\,ds\,dn = \frac{1}{4}Gbt^2\theta' \cdot \frac{2}{3}t = G\left(\frac{1}{6}bt^3\right)\theta'$$

矩形截面的两个短边上单位长度上剪应力合力也是 $\dfrac{1}{4}Gt^2\theta'$，这是矩形截面角部纵向平衡的要求。角部合成为 $\dfrac{1}{4}Gt^2\theta'$ 部分的长度为 $\dfrac{2}{3}t$，所以这部分合成的扭矩为

$$\frac{1}{4}Gt^2\theta' \cdot \frac{2}{3}t \cdot b = G\left(\frac{1}{6}bt^3\right)\theta'$$

总的扭矩为

$$T_{st} = GJ\theta' \tag{1.15}$$

式中 $J = \dfrac{1}{3}bt^3$ 称为自由扭转常数。

对于由多块板件组成的工字形截面，式（1.15）依然成立，自由扭转常数为

$$J = \frac{1}{3}\sum_i b_i t_i^3 \tag{1.16}$$

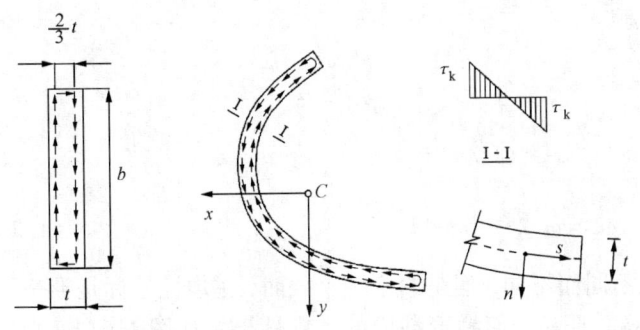 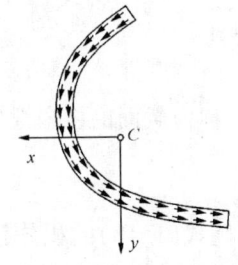

图 1.10　自由扭转时截面上的剪应力　　　　图 1.11　约束扭转时的翘曲剪应力

下面推导薄壁构件自由扭转时中面的纵向位移。由图 1.10 所示的自由扭转时的剪应力分布可知，中面上是没有剪应力的，因此中面上的自由扭转剪应变为 0。

11

截面中线上任意点 P 的位移可用 n、s 和 z 轴方向的三个位移分量 v_n、v_s 和 $\bar{w}$ 来表示。薄壁中面剪应变为

$$\gamma_{sz} = \frac{\partial \bar{w}}{\partial s} + \frac{\partial v_s}{\partial z} \tag{1.17}$$

要从上式得到翘曲位移 $\bar{w}$，必须知道中面切向位移 v_s。

首先采用结构力学中介绍的互等定律论证弯曲时的剪切中心就是扭转时的扭转中心，

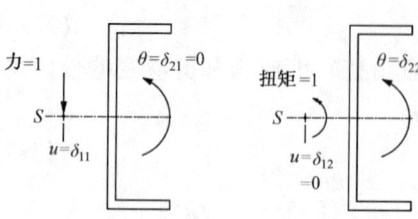

图 1.12　扭转中心就是剪切中心的论证

如图 1.12 所示，在 1 处作用单位力在 2 处产生的位移 δ_{21} 等于在 2 处作用单位力在 1 处产生的位移 δ_{12}。在这里 1 代表剪心，2 扭转中心。在剪心 1 作用单位力，使得截面产生绕 2 的转角为 δ_{21}，由剪切中心的定义知道整个截面没有扭转，因此不管扭转中心在何处都有 $\delta_{21} = 0$。绕扭转中心作用单位扭矩，在剪心产生的位移是 δ_{12}，由互等定律，$\delta_{12} = 0$。即施加单位扭矩，剪切中心不产生位移。根据扭转中心的定义，剪切中心就是扭转中心。

采用截面形状在扭转过程中保持不变的假定，薄壁中面任意一点在中面切线方向的位移为：

$$v_s = r_s \theta$$

式中 r_s 是扭转中心到 P 点切线的距离。代入式(1.17)，令其等于 0，得到

$$\frac{\partial \bar{w}}{\partial s} = -\frac{\partial v_s}{\partial z} = -r_s \theta'$$

定义以剪心为极点的扇性坐标：

$$\omega = \int_0^s r_s \mathrm{d}s \tag{1.18}$$

所以

$$\bar{w} = w_0 - \omega\theta'$$

全截面的平均纵向位移记为 w，则

$$w = w_0 - \frac{1}{A}\int_A \omega \mathrm{d}A \cdot \theta'$$

回代得到

$$\bar{w} = w - \omega_n \theta' \tag{1.19}$$

ω_n 称为截面的主扇性坐标：

$$\omega_n = \omega - \frac{1}{A}\int_A \omega \mathrm{d}A \tag{1.20}$$

ω 随式(1.18)的积分起点选取不同而不同，但是给定一个截面，主扇性坐标是唯一的。工字形截面的主扇性坐标如图 1.13(a)所示，而槽形截面的主扇性坐标如图 1.6(b)所示，冷弯卷边 C 形钢的主扇性坐标如图 1.13(b)所示。冷弯卷边 Z 形截面的主扇性坐标是图 1.13(c)，图中

$$\omega_C = \frac{1}{2}b \cdot \frac{bh + 2hc + 2c^2}{h + 2b + 2c} \tag{1.21a}$$

由 $\omega_c - 0.5he = 0$ 可以得到翼缘上扇性坐标为零的点的位置：

$$m = \frac{b}{h} \cdot \frac{h + 2b \ (hc/b^2) \ + 2c \ (c/b)}{h + 2b + 2c} b < \frac{b}{h} \cdot b \tag{1.21b}$$

自由扭转是不产生正应力的扭转。由式（1.19）得到的纵向正应变应该为0，即

$$\varepsilon_z = \overline{w}' = w' - \omega_n \theta'' = 0$$

从而纵向位移沿杆长方向是常量。

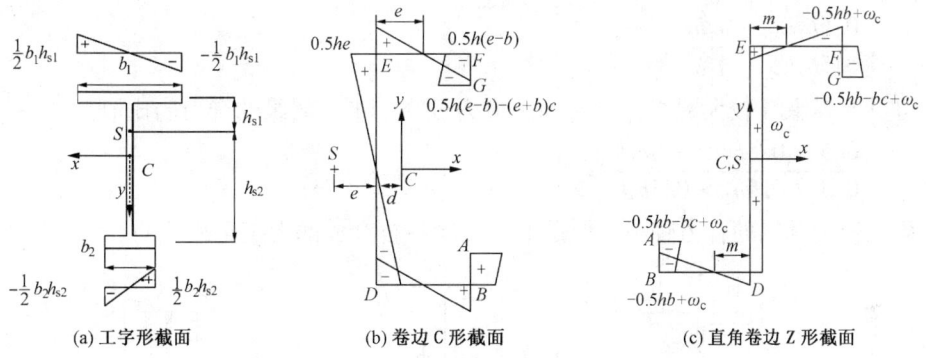

(a) 工字形截面　　　　(b) 卷边 C 形截面　　　　(c) 直角卷边 Z 形截面

图 1.13　单轴对称工字形截面的主扇性坐标

1.4　开口薄壁截面构件的约束扭转

约束扭转是截面的纵向翘曲位移受到约束，翘曲位移沿纵向不再是常量。以一端固支一端自由的悬臂杆为例，自由端纵向的翘曲位移不受任何约束，而固定端的翘曲位移完全不能产生。中间段则处于自由和完全约束之间。

在研究薄壁构件的约束扭转时，采用 1.2.2 中给出的两个基本假定。从这两个基本假定出发，可以发现约束扭转时的翘曲位移仍然由式（1.19）给出。但是此时纵向应变不再为0。

注意到在本节只研究扭转问题，$w' = 0$，所以

$$\varepsilon_z = -\omega_n \theta''$$

翘曲正应力

$$\sigma_z = -E\omega_n \theta'' \tag{1.22}$$

与定义弯矩类似，可以引入如下的力素，称为双力矩 B_ω：

$$B_\omega = \int_A \sigma_z \omega_n dA = -E\left(\int_A \omega_n^2 dA\right)\theta'' = -EI_\omega \theta'' \tag{1.23}$$

式中 $I_\omega = \int_A \omega_n^2 t ds$ 称为翘曲惯性矩，对于单轴对称工字形截面（图 1.9），

$$I_\omega = \frac{I_{y1}I_{y2}}{I_{y1} + I_{y2}} h^2 \tag{1.24}$$

双力矩从其字面意义上解释就是力矩的力矩，其正负号由式（1.22）确定:使拉应力在 ω_n 是正值的区域内产生的双力矩是正的。根据这个规律，工字形，C 形和 Z 形截面上正的双力矩，采用两个弯矩来表示，如图 1.14 所示。可以总结规律：**当剪切中心位于构成双**

力矩的两个弯矩（两个弯矩大小必须相等，用双箭头表示方向，则两者反方向平行）之间时，弯矩的箭头从剪切中心向外指向时，双力矩为正。当剪切中心位于两个弯矩的一侧时，两个弯矩的双箭头相对时双力矩为正。以后双力矩的符号可以记为≪≫，并且按照剪切中心在两个弯矩的两侧还是一侧来理解这个记号代表的双力矩的正负号。

工字形截面上下翼缘尖点的扇性坐标的比值代表了约束扭转时翘曲正应力大小的比值：

$$\frac{0.5b_1h_{s1}}{0.5b_2h_{s2}} = \frac{t_2b_2^2}{t_1b_1^2}$$

可见上翼缘（较大翼缘）的翘曲正应力较小。半个翼缘的合力的比值是

$$\frac{0.5 \times 0.5b_1 \times 0.5b_1h_{s1} \times t_1}{0.5 \times 0.5b_2 \times 0.5b_2h_{s2} \times t_2} = \frac{b_2}{b_1}$$

可见较大翼缘的合力较小。但是上下翼缘各自合成的弯矩是相等的。

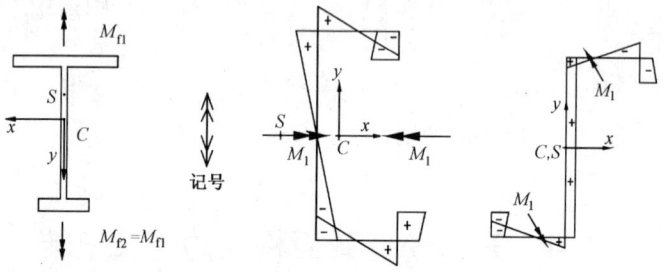

图 1.14　截面上正的双力矩对应的弯矩对

根据中面微元体的平衡条件式(1.3)，可以得到与翘曲正应力平衡的翘曲剪应力：

$$\tau_\omega t = -\int_0^s \frac{\partial(\sigma_\omega t)}{\partial z}ds = E\left(\int_0^s \omega_n t ds\right)\theta''' = -ES_\omega\theta''' \tag{1.25}$$

式中 $S_\omega = -\int_0^s \omega_n t ds$ 是扇性面积矩，注意积分起点必须是自由边，并且 $\int_0^B \omega_n t ds = 0$，积分上下限从 0 到 B 表示全截面积分。翘曲剪应力沿壁厚方向均匀分布，如图 1.15 所示，在单轴对称工字形截面上的分布如图 1.15(a)所示，S_ω 在翼缘中按照抛物线变化，其中点的值是

上翼缘：$S_{\omega 1} = -\int_0^{0.5b_1} \omega t_1 ds = \int_{0.5b_1}^0 \omega t_1 dx = -\int_0^{0.5b_1}(-h_{s1}x)t_1 dx = \frac{1}{8}h_{s1}t_1b_1^2$

下翼缘：$S_{\omega 2} = -\int_0^{0.5b_2} \omega t_2 ds = -\int_{-0.5b_2}^0 \omega t_2 dx = -\int_{-0.5b_2}^0 h_{s2}xt_2 dx = \frac{1}{8}h_{s2}t_2b_2^2$

图 1.15(b)给出了冷弯卷边 C 形钢的 S_ω 图,各点的值是

$$S_{\omega G} = 0$$

$$S_{\omega F} = -\int_0^c \omega t ds = -\frac{1}{2}[h(e-b) - (e+b)c]ct = \frac{1}{2}ct[h(b-e) + (e+b)c]$$

$$S_{\omega EF,max} = S_{\omega F} - \frac{1}{2}(b-e)0.5h(e-b) = S_{\omega F} + \frac{1}{4}ht(b-e)^2$$

$$S_{\omega E} = S_{\omega F} + \frac{1}{4}ht[(b-e)^2 - e^2] = S_{\omega F} + \frac{1}{4}htb(b-2e)$$

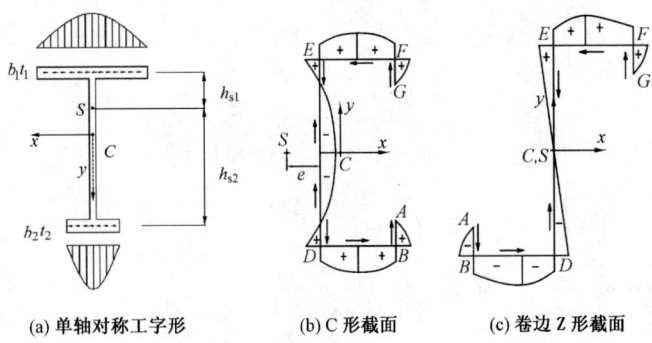

(a) 单轴对称工字形   (b) C 形截面   (c) 卷边 Z 形截面

图 1.15   翘曲剪应力分布—S_ω 图

$$S_{\omega m} = S_{\omega E} - \frac{1}{8} eth^2 = S_{\omega F} + \frac{1}{4} htb(b - 2e) - \frac{1}{8} eth^2$$

其余部分利用对称性得到。冷弯卷边 C 形截面的翘曲惯性矩是：

$$I_\omega = \frac{1}{12} e^2 h^3 t + \frac{1}{6} h^2 [e^3 + (b - e)^3] t + \frac{1}{2} cth^2(b - e)^2 + htc^2(b^2 - e^2) + \frac{2}{3} c^3 t(b + e)^2$$

$$(1.26)$$

图 1.15(c)给出冷弯卷边 Z 形截面的 S_ω 图，各点的值是[ω_C, m 见式(1.21a, b)]：

$$S_{\omega G} = 0$$

$$S_{\omega F} = -\int_0^c \omega t \mathrm{d}s = -\frac{1}{2}[-bh - bc + 2\omega_C]ct = \frac{1}{2}ct[b(h + c) - 2\omega_C]$$

$$= \frac{1}{2}ctb(h + c) - c\omega_C t$$

$$S_{\omega EF,max} = S_{\omega F} - \frac{1}{2} \frac{(0.5bh - \omega_C)}{0.5hb} b(-0.5bh + \omega_C)t = S_{\omega F} + \frac{t}{h}(\omega_C - 0.5bh)^2$$

$$S_{\omega E} = S_{\omega F} + \frac{t}{h}[(-0.5bh + \omega_C)^2 - \omega_C^2] = \frac{1}{2} h\omega_C t$$

$$S_{\omega m} = S_{\omega E} - \frac{1}{2} h\omega_C t = S_{\omega F} - bt\omega_C + \frac{1}{4} b^2 ht - \frac{1}{2} h\omega_C t = 0$$

$$S_{\omega D} = -\frac{1}{2} h\omega_C t$$

$$S_{\omega DB,max} = -\frac{1}{2} h\omega_C t - \frac{t}{h} \omega_C^2$$

$$S_{\omega B} = -\frac{1}{2} h\omega_C t - \frac{t}{h} \omega_C^2 + \frac{t}{h}(\omega_C - 0.5bh)^2 = -S_{\omega F}$$

$$S_{\omega A} = -\frac{1}{2} h\omega_C t - \frac{t}{h} \omega_C^2 + \frac{t}{h}(\omega_C - 0.5bh)^2 + \frac{1}{2} ctb(h + c) - c\omega_C t = 0$$

冷弯卷边 Z 形截面的扇性惯性矩是：

$$I_\omega = \frac{b^2 t^2}{12A}[h^2 b(2h + b) + 2ch(3h^2 + 6ch + 4c^2) + 4cbh(h + 3c) + 4c^3(4b + c)] \qquad (1.27)$$

在后面的稳定性计算中要用到如下一个性质

$$\beta_\omega = \int_A \omega(x^2 + y^2)\,\mathrm{d}A$$

对冷弯 Z 形截面有

$$\beta_\omega = \frac{1}{I_\omega}\left[\begin{array}{l}(\omega_{\mathrm{C}} - bh)b^2 - \dfrac{b^3}{2}(h-c) + (\omega_{\mathrm{C}} - bh)\left(\dfrac{1}{4}h^2 - \dfrac{1}{2}hc + \dfrac{1}{3}c^2\right)\\[2mm] -\dfrac{b}{4}(h-c)\left(\dfrac{1}{2}h^2 + c^2 - hc\right)\end{array}\right]ct$$
$$+ \frac{bt}{I_\omega}\left(\frac{h^2\omega_{\mathrm{C}}}{4} - \frac{h^3 b}{16} + \frac{\omega_{\mathrm{C}} b^2}{3} - \frac{hb^3}{8}\right) + \frac{\omega_{\mathrm{C}} th^3}{24 I_\omega}$$

翘曲剪应力的合力为

$$Q_{\mathrm{x}} = \int_A \tau_\omega t\cos\alpha\,\mathrm{d}s = -E\theta'''\int_A S_\omega \cos\alpha\,\mathrm{d}s = -E\theta'''\left[(S_\omega x)\big|_0^B + \int_A \omega_{\mathrm{n}} xt\,\mathrm{d}s\right] = -EI_{\omega y}\theta''' = 0$$

式中 $I_{\omega y} = \int_A \omega_{\mathrm{n}} xt\,\mathrm{d}s = 0$。同样可以得到

$$Q_{\mathrm{y}} = \int_A \tau_\omega t\sin\alpha\,\mathrm{d}s = -E\theta'''\int_A S_\omega \sin\alpha\,\mathrm{d}s = -E\theta'''\left[(S_\omega y)\big|_0^B + \int_A \omega_{\mathrm{n}} yt\,\mathrm{d}s\right] = -EI_{\omega x}\theta''' = 0$$

式中 $I_{\omega x} = \int_A \omega_{\mathrm{n}} yt\,\mathrm{d}s = 0$。

$I_{\omega x} = 0$，$I_{\omega y} = 0$ 是主扇性坐标的一个性质。当不知道扭转中心时可以利用它来求扭转中心的坐标。要证明 $I_{\omega x} = I_{\omega y} = 0$，须用到以剪心为极点的扇性坐标和以形心为极点的扇性坐标之间的关系以及式(1.11)或式(1.12)。下面加以验证。

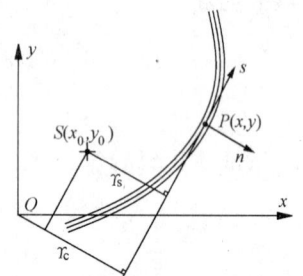

图 1.16　形心和剪切中心
　　　　到中面切线距离

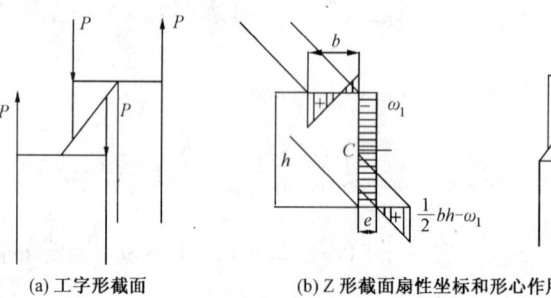

(a) 工字形截面　　　　　(b) Z 形截面扇性坐标和形心作用力

图 1.17　轴压杆端部双力矩作用

如图 1.16 所示，形心到中面上任意一点 (x,y) 的中面切线的距离：

$$r_{\mathrm{c}} = x\sin\alpha - y\cos\alpha$$

剪切中心 (x_0, y_0) 到这一点的切线的距离

$$r_{\mathrm{s}} = (x - x_0)\sin\alpha - (y - y_0)\cos\alpha = r_{\mathrm{c}} - x_0\sin\alpha + y_0\cos\alpha$$

因此，以剪切中心为极点的扇性坐标 ω_{s} 和以形心为极点的扇性坐标 ω_{c} 的关系是：

$$\omega_{\mathrm{s}} = \int_0^s r_{\mathrm{s}}\,\mathrm{d}s = \int_0^s (r_{\mathrm{c}} - x_0\sin\alpha + y_0\cos\alpha)\,\mathrm{d}s = \omega_{\mathrm{c}} - x_0\int_0^s \sin\alpha\,\mathrm{d}s + y_0\int_0^s \cos\alpha\,\mathrm{d}s$$

$$\omega_{\mathrm{s}} = \omega_{\mathrm{c}} - x_0(y - y_{\mathrm{start}}) + y_0(x - x_{\mathrm{start}})$$

$$I_{\omega y} = \int_A \omega_{\mathrm{n}} xt\,\mathrm{d}s = \int_A \left(\omega_{\mathrm{s}} - \frac{1}{A}\int_0^B \omega_{\mathrm{s}} t\,\mathrm{d}s\right)xt\,\mathrm{d}s = \int_A \omega_{\mathrm{s}} xt\,\mathrm{d}s$$

$$= \int_A \left[\omega_c - x_0 (y - y_{start}) + y_0 (x - x_{start}) \right] xt \mathrm{d}s$$

$$I_{\omega y} = I_{\omega cy} - x_0 I_{xy} + y_0 I_y$$

同理得到

$$I_{\omega x} = I_{\omega cx} - x_0 I_x + y_0 I_{xy}$$

令 $I_{\omega x} = 0$，$I_{\omega y} = 0$，得到

$$x_0 I_x - y_0 I_{xy} = I_{\omega cx}$$

$$x_0 I_{xy} - y_0 I_y = I_{\omega cy}$$

从上式再次得到式（1.11a，b）。这再次说明，扭转中心就是剪切中心。

翘曲剪应力对扭转中心的力矩为

$$T_\omega = \int_A \tau_\omega t r_s \mathrm{d}s = -E\theta''' \int_A S_\omega r_s \mathrm{d}s = -E\theta''' \left[(S_\omega \omega) \big|_0^B + \int_A \omega_n \omega t \mathrm{d}s \right] = -EI_\omega \theta''' \quad (1.28)$$

利用 B_ω 和 T_ω，正应力和剪应力可以表示为

$$\sigma_\omega = \frac{B_\omega \omega_n}{I_\omega} \quad (1.29)$$

$$\tau_\omega = \frac{T_\omega S_\omega}{I_\omega t} \quad (1.30)$$

翘曲扭矩和双力矩有如下的关系

$$T_\omega = \frac{\mathrm{d}B_\omega}{\mathrm{d}z} \quad (1.31)$$

这样薄壁截面上有两个扭矩，一个自由扭转力矩，一个为翘曲扭矩，薄壁梁微段的平衡微分方程为

$$\frac{\mathrm{d}T_{st}}{\mathrm{d}z} + \frac{\mathrm{d}T_\omega}{\mathrm{d}z} = GJ\theta'' - EI_\omega \theta^{IV} = -m_z \quad (1.32)$$

m_z 是梁上的分布外扭矩，以右手法则大拇指指向坐标正方向为正。

与梁弯曲问题不同的是，薄壁梁的扭转不再区分静定和超静定问题。因为在一个截面内就有两个扭矩未知量，因此它是一个内部超静定问题。求解式（1.32）需要用到边界条件：

自由端无翘曲正应力，因此 $\theta'' = 0$；

简支端不能转动，没有纵向约束，因此翘曲正应力为零，所以 $\theta = 0, \theta'' = 0$；

固定端不能转动，也不能产生翘曲位移，所以 $\theta = 0, \theta' = 0$。

下面来解释为什么图 1.6(e) 的荷载作用方式会使构件发生扭转。注意到双力矩的定义，在这个荷载作用截面上，因为只有集中力，双力矩的计算就变为

$$B_\omega = \int_A \sigma_z \omega_n \mathrm{d}A = \sum P_i \omega_{ni} = P(b-e)h$$

因此，构件的扭转平衡微分方程就有了非齐次的边界条件，就会得到非 0 解，即截面会发生扭转。

那么，为什么图 1.6(d) 的一对集中力就不会使构件产生扭转？这是因为，集中力作用的部位的扇性坐标正好是 0，代入式（1.23）的双力矩的定义公式计算得到的双力矩为 0。

因此如果要求槽钢构件只发生纯弯曲，如图 1.6(c) 所示，则纵向外力必须通过 A 点，

17

或者荷载以弯曲应力的分布方式作用在杆端截面上。

在工字形截面和 Z 形截面中也会出现类似的情况。如图 1.17(a)是工字形截面的四个翼缘尖端作用拉压力，虽然它们不合成为轴力和弯矩，但是它们合成为双力矩，从而这个构件将发生扭转。如果只剩下对角的一对竖向力，则不仅产生轴压变形，还会产生扭转变形。

图 1.17(b)示出的是等厚度的 Z 形截面的主扇性坐标，注意在形心上扇性坐标不等于 0，因此如果在形心上作用集中的轴压力，或分布的轴压力仅作用在腹板上，则按照式(1.23)定义计算的双力矩不等于 0，轴压杆在轴向压缩（拉伸）的同时产生扭转。

1.5 截面性质算例：货架截面和斜卷边 Z 形截面

图 1.18(a)所示的是货架结构的立柱截面，冷弯成型，两个立柱口口相对，之间安装斜腹杆，组成一片宽度为 600～1200mm 的 upright，一片片按照一定的间距排列（纵梁跨度），之间安装水平纵梁，一层层纵梁就形成了可以一层层存放货物的货架，货物可以采用自动化机械设备自动存取，大规模生产企业(牛奶，饮料，轮胎，家用电器等)均有大量使用。本节在此确定其翘曲截面惯性矩等性质。

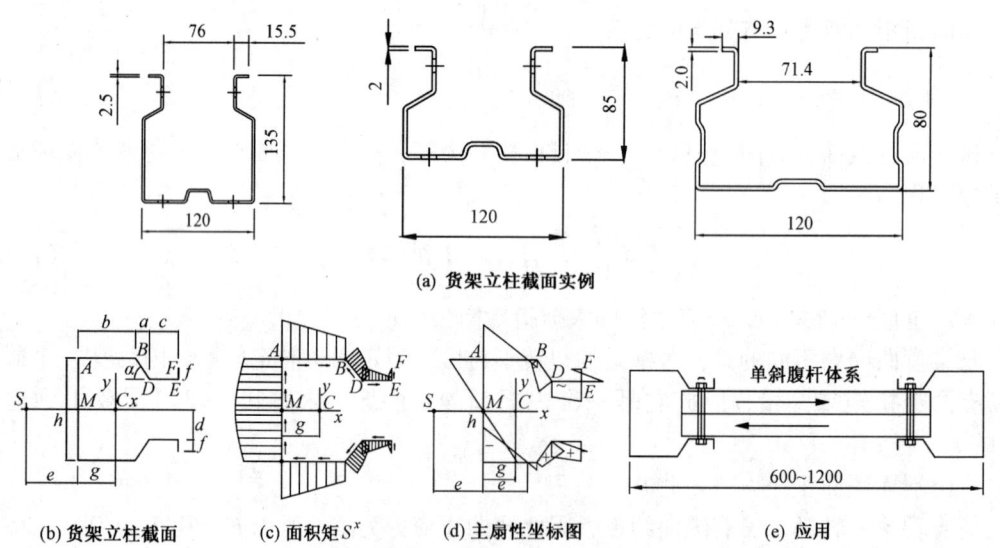

(a) 货架立柱截面实例

(b) 货架立柱截面　(c) 面积矩 S^x　(d) 主扇性坐标图　(e) 应用

图 1.18　货架立柱截面性质计算

BD 斜长　$l_{\text{BD}} = \sqrt{a^2 + (0.5h - d)^2}$

截面面积　$A = (h + 2b + 2l_{\text{BD}} + 2c + 2f)t$

形心位置　$g = \dfrac{t}{A}\big[b^2 + 2l_{\text{BD}}(b + 0.5a) + 2c(b + a + 0.5c) + 2f(b + a + c) \big]$

1. 剪切中心位置

求剪应力需要的面积矩 $S_x = \displaystyle\int_0^s yt\mathrm{d}s$：

18

EF 段：$S_{xF} = 0$，在这一段 $ds = -dy$，

$$S_{x,EF} = \int_0^s yt\,ds = -\int_{d+f}^y yt\,dy = -\frac{1}{2}ty^2\big|_{d+f}^y = \frac{1}{2}t\big[(d+f)^2 - y^2\big], d \leqslant y \leqslant d+f$$

$$S_{x,E} = f(d+0.5f)\,t$$

EF 的弯曲剪应力合成为剪力记为 $Q_{y,EF} = \int_0^s \frac{Q_y}{I_x} S_x\,ds = -\int_d^{d+f} \frac{Q_y}{I_x} S_x\,dy = \frac{Q_y}{I_x}\overline{Q}_{y,EF}$

$$\overline{Q}_{yEF} = \frac{1}{2}t\Big[(d+f)^2 f - \frac{1}{3}(d+f)^3 + \frac{1}{3}d^3\Big]$$

DE 段：

$$S_{xDE} = S_{xE} + t\int_D^s d \cdot ds = S_{xE} - t\int_D^x d \cdot dx = S_{xE} + t\int_x^D d \cdot dx = S_{xE} + td(b-g+a+c-x)$$

$$S_{xD} = S_{xE} + tdc$$

$$\overline{Q}_{xDE} = S_{xE}c + \frac{1}{2} \times c \times dct = S_{xE}c + \frac{1}{2}tdc^2$$

BD 段：α 是 BD 段与 x 轴的夹角（$\leqslant 90°$）。

$$S_{xBD} = S_{xD} + t\int y \cdot ds$$

$$y = d + s\sin\alpha$$

$$S_{xBD} = S_{xD} + t\int(d + s\sin\alpha) \cdot ds = S_{xD} + dts + \frac{1}{2}ts^2\sin\alpha$$

$$l_{BD} = a/\cos\alpha$$

$$S_{xB} = S_{xD} + dtl_{BD} + \frac{1}{2}tl_{BD}^2\sin\alpha$$

$$\overline{Q}_{BD} = S_{xD}l_{BD} + \frac{1}{2} \times l_{BD} \times dtl_{BD} + \frac{1}{3} \times l_{BD} \times \frac{1}{2}t\sin\alpha l_{BD}^2$$

$$\overline{Q}_{BD} = S_{xD}l_{BD} + \frac{1}{2}dtl_{BD}^2 + \frac{1}{6}t\sin\alpha l_{BD}^3$$

$$\overline{Q}_{xBD} = \overline{Q}_{BC}\cos\alpha$$

$$\overline{Q}_{yBD} = \overline{Q}_{BC}\sin\alpha$$

AB 段

$$S_{xAB} = S_{xB} + 0.5hts$$

$$S_{xA} = S_{xB} + 0.5hbt$$

$$\overline{Q}_{xAB} = S_{xB}b + \frac{1}{2}b0.5hbt = S_{xB}b + \frac{1}{4}hb^2t$$

MA 段

$$S_{xMA} = S_{xA} + \frac{1}{2}t(0.25h^2 - y^2)$$

$$\overline{Q}_{yMA} = S_{xA}h + \frac{2}{3}h\frac{1}{8}th^3 = S_{xA}h + \frac{1}{12}th^3$$

各个板件上的剪力的合力对腹板中点 M 的扭矩

$$T_M = Q_{xAB}h + 2Q_{BD}r_{BD} + 2Q_{xDE}d - 2Q_{yEF}(b+a+c)$$

其中斜边 BD 离 M 点的垂直距离 r_{BD} 计算如下：如果以 M 点作为（0，0），B，D 两点的坐标是，B（b，0.5h），D（$b+a$，d），BD 线的直线方程是

$$a_x x - y + a_y = 0$$

式中 $a_x = \dfrac{d-0.5h}{a}$，$a_y = 0.5h - \dfrac{d-0.5h}{a}b$，原点（0，0）到这条直线的距离是

$$r_{BD} = \frac{a_y}{\sqrt{a_x^2+1}} = \frac{0.5ha - (d-0.5h) \, b}{\sqrt{(0.5h-d)^2 + a^2}}$$

$$Q_y = 2Q_{yMA} + 2Q_{yBD} + 2Q_{yEF}$$

$$e = \frac{T_M}{Q_y}$$

2. 求翘曲坐标及其翘曲惯性矩：

$$\omega_M = 0$$

$$\omega_A = 0.5eh$$

$$\omega_B = \omega_A - 0.5hb = 0.5h \, (e-b)$$

剪切中心到 BC 的垂直距离 $r_{S,BD}$，$S(-e,0)$ 到直线 $a_x x - y + a_y = 0$ 的距离是

$$r_{S,BD} = \frac{|-a_x e + a_y|}{\sqrt{a_x^2+1}}$$

$$\omega_D = \omega_B - r_{S,BD} l_{BD}$$

$$\omega_E = \omega_D - dc$$

$$\omega_F = \omega_E + (b+a+c+e) \, f$$

另半边是符号相反，大小相等。

注意到，线性变化的翘曲坐标提供的翘曲惯性矩 $I_{\omega ij} = \displaystyle\int_{ij} \omega^2 t \mathrm{d}s$，采用图乘法（图 1.19）

$$I_{\omega ij} = \int_{ij} \omega^2 t \mathrm{d}s = \left(\frac{1}{2}\omega_i b_{ij}\frac{2}{3}\omega_i + \frac{1}{2}\omega_j b_{ij}\frac{2}{3}\omega_j + \frac{1}{2}\omega_i b_{ij}\frac{1}{3}\omega_j + \frac{1}{2}\omega_j b_{ij}\frac{1}{3}\omega_j \right) t_{ij}$$

因此，整个截面的翘曲惯性矩的计算公式是

$$I_\omega = \frac{1}{3}\sum (\omega_i^2 + \omega_i\omega_j + \omega_j^2) b_{ij} t_{ij}$$

展开代入

$$I_\omega = \frac{2}{3}th\omega_A^2 + \frac{2}{3}tb(\omega_A^2 + \omega_A\omega_B + \omega_B^2) b + \frac{2}{3}tl_{BD}(\omega_B^2 + \omega_B\omega_D + \omega_D^2)$$

$$+ \frac{2}{3}tc(\omega_D^2 + \omega_D\omega_E + \omega_E^2) + \frac{2}{3}tf(\omega_E^2 + \omega_E\omega_F + \omega_F^2) \tag{1.33}$$

$$I_y = htg^2 + \frac{2}{3}t\left[g^3 + (b-g)^3 \right] + \frac{2t}{3\sin\alpha}\left[(b-g+a)^3 - (b-g)^3 \right]$$

$$+ \frac{2}{3}t\left[(b-g+a+c)^3 - (b-g+a)^3 \right] + 2ft(b-g+a+c)^2$$

$$I_x = \frac{1}{12}th^3 + \frac{1}{2}bth^2 + 2ctd^2 + \frac{2t}{3\cos\alpha}\left(\frac{1}{8}h^3 - d^3 \right) + \frac{2}{3}t\left[(d+f)^3 - d^3 \right]$$

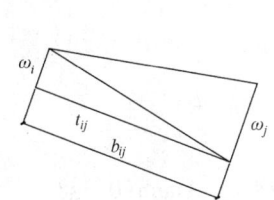

图 1.19　扇性惯性矩
的图乘法

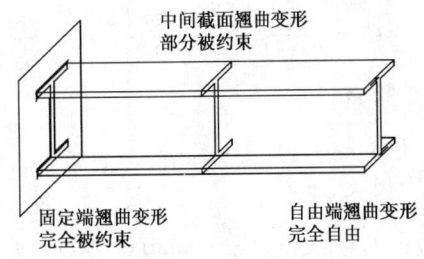

图 1.20　翘曲位移从完全自由到完全约束

货架截面性质计算完毕。

下面补充斜卷边 Z 形截面的截面特性(图 1.2c)：α 是卷边与翼缘水平方向的夹角，

$$A = (h + 2b + 2c)t$$

$$I_x = \frac{1}{12}th^3 + \frac{1}{2}bth^2 + \frac{2t}{3\sin\alpha}\left[\frac{1}{8}h^3 - \left(\frac{1}{2}h - c\sin\alpha\right)^3\right]$$

$$I_y = \frac{2}{3}tb^3 + \frac{2ct}{3}\left[3b^2 + 3bc\cos\alpha + c^2\cos^2\alpha\right]$$

$$I_{xy} = \frac{1}{2}hb^2t + bhtc + (0.5h\cos\alpha - b\sin\alpha)tc^2 - \frac{2}{3}tc^3\sin\alpha\cos\alpha$$

Z 形截面各个折点的扇性坐标是

$$\omega_1 = \omega_C - 0.5bh - cr = \omega_6,$$

$$\omega_2 = \omega_C - 0.5bh = \omega_5,$$

$$\omega_3 = \omega_C = \omega_4$$

$$\omega_C = \frac{b^2h + 2bch + 2rc^2}{2(h + 2b + 2c)}, \quad r = 0.5h\cos\alpha + b\sin\alpha。$$

扇性惯性矩采用图乘法公式计算。

1.6　约束扭转问题的求解

约束扭转问题的平衡微分方程是式(1.32)，微分方程的通解：

$$\theta = C_1 + C_2z + C_3\sinh lz + C_4\cosh lz + \frac{m_z}{2GJ}z^2 \tag{1.34}$$

$$\theta' = C_2 + C_3 l\cosh lz + C_4 l\sinh lz + \frac{m_z}{GJ}z$$

$$\theta'' = C_3 l^2\sinh lz + C_4 l^2\cosh lz + \frac{m_z}{GJ}$$

$$\theta''' = C_3 l^3\cosh lz + C_4 l^3\sinh lz$$

式中 $l = \sqrt{\dfrac{GJ}{EI_\omega}}$。对于简支梁，其边界条件：$z = 0$，$l$：$\theta = \theta'' = 0$，将边界条件代入式(1.34)求解方程组得：

21

$$C_1 = -C_4 = \frac{m_z}{GJ\lambda^2}, \quad C_2 = -\frac{m_z l}{2GJ}, \quad C_3 = \frac{m_z}{GJ\lambda^2}\tanh(0.5\lambda l)$$

回代式(1.34)得:

$$\theta = \frac{m_z}{2GJ\lambda^2}[2 - \lambda^2 lz + 2\tanh(0.5\lambda l) \cdot \sinh\lambda z - 2\cosh\lambda z + \lambda^2 z^2]$$

在简支端: $\theta' = -\frac{m_z l}{2GJ} + \frac{m_z}{GJ\lambda}\tanh(0.5\lambda l)$, $\theta'' = 0$, $\theta''' = \frac{m_z}{GJ}\lambda\tanh(0.5\lambda l)$

在跨中有 $\theta' = 0$ 和 $\theta'' = \frac{m_z}{GJ}\left[1 - \frac{1}{\cosh(0.5\lambda l)}\right]$, $\theta''' = 0$。

如果是悬臂梁在自由端承受一个集中扭矩,则

$$GJ\theta' - EI_\omega\theta''' = T$$

其解及其导数是

$$\theta = C_1 + C_2\sinh\lambda z + C_3\cosh\lambda z + \frac{Tz}{GJ}$$

$$\theta' = C_2\lambda\cosh\lambda z + C_3\lambda\sinh\lambda z + \frac{T}{GJ}$$

$$\theta'' = C_2\lambda^2\sinh\lambda z + C_3\lambda^2\cosh\lambda z$$

$$\theta''' = C_2\lambda^3\cosh\lambda z + C_3\lambda^3\sinh\lambda z$$

待定系数可以得到

$$C_2 = -\frac{T}{GJ\lambda}, \quad C_3 = \frac{T}{GJ\lambda}\tanh\lambda l, \quad C_1 = -C_3$$

在固定端 $\theta''' = -\frac{T}{GJ}\lambda^2 = -\frac{T}{EI_\omega}$, 即全部的外扭矩由约束扭矩抵抗。

在自由端: $\theta' = \frac{T}{GJ}\left(1 - \frac{1}{\cosh\lambda l}\right)$, $\theta'' = -\frac{T}{EI_\omega}\frac{1}{\cosh\lambda l}$

注意到,简支梁的简支端和悬臂梁的自由端,翘曲位移不受约束,但仍然存在着约束扭转力矩,即翘曲正应力为0,纵向位移的约束释放了,但是约束扭转力矩仍然存在,虽然其值比较小。

简支梁跨中承受集中扭矩 T 的情况,平衡方程是:

$$0 \leqslant z \leqslant 0.5L: \quad GJ\theta' - EI_\omega\theta''' = 0.5T$$

$$0.5L \leqslant z \leqslant L: \quad GJ\theta' - EI_\omega\theta''' = -0.5T$$

$$\theta_1 = C_1 + C_2\sinh\lambda z + C_3\cosh\lambda z + \frac{Tz}{2GJ}$$

$$\theta'_1 = C_2\lambda\cosh\lambda z + C_3\lambda\sinh\lambda z + \frac{T}{2GJ}$$

$$\theta''_1 = C_2\lambda^2\sinh\lambda z + C_3\lambda^2\cosh\lambda z$$

$$\theta'''_1 = C_2\lambda^3\cosh\lambda z + C_3\lambda^3\sinh\lambda z$$

利用条件简支条件和对称条件可以得到:

$$C_1 = C_3 = 0, \quad C_2 = -\frac{T}{2GJ\lambda\cosh(0.5\lambda l)}$$

$$\theta_1 = \frac{Tl}{2GJ}\left(\frac{z}{l} - \frac{\sinh\lambda z}{\lambda l\cosh(0.5\lambda l)}\right), \quad \theta'_1 = \frac{T}{2GJ}\left(1 - \frac{\cosh\lambda z}{\cosh(0.5\lambda l)}\right)$$

$$\theta''_1 = -\frac{T\lambda}{2GJ}\frac{\sinh\lambda z}{\cosh(0.5\lambda l)}, \quad \theta'''_1 = -\frac{T}{2EI_\omega}\frac{\cosh\lambda z}{\cosh(0.5\lambda l)}$$

在简支端：$\theta'_1 = \frac{T}{2GJ}\left(1 - \frac{1}{\cosh(0.5\lambda l)}\right)$，$\theta''_1 = 0$，$\theta'''_1 = -\frac{T}{2EI_\omega}\cdot\frac{1}{\cosh(0.5\lambda l)}$，

在跨中有 $\theta_1 = \frac{Tl}{4GJ}\left(1 - \frac{\tanh(0.5\lambda l)}{0.5\lambda l}\right)$，$\theta' = 0$ 和 $\theta''_1 = -\frac{Tl}{2GJ}\tanh(0.5\lambda l)$，

$$\theta'''_1 = -\frac{T}{2EI_\omega}$$

现在再回过头来审视一下约束扭转下翘曲位移仍然采用式（1.19）的含义。如图 1.20 所示，悬臂梁在自由端，纵向的翘曲位移全部受到约束，因此 $\overline{w} = -\omega_n\theta' = 0$，从而固定端的自由扭转力矩也等于 0；而在自由端，翘曲正应力为 0，$\overline{w}' = -\omega_n\theta'' = 0$，纵向的翘曲位移完全不受约束，这样悬臂端到固定端，约束的作用逐渐加强，而翘曲位移仍采用 $\overline{w} = -\omega_n\theta'$ 这一表达式的含义是：约束扭转力矩对应的部分不产生翘曲位移，只有自由扭转力矩对应的部分才产生翘曲位移。

也就是说，约束扭转部分对应的变形满足平截面假定，只有自由扭转部分导致了截面的翘曲变形，自由扭转部分使得原本处在一个平面上的截面在变形后不再处在同一个平面上。

下面举两个约束扭转算例，都是来自实际工程的。

算例一：如图 1.21(a) 所示平面，是开间为 12m，跨度为 24m 的厂房屋盖结构。檩条采用冷弯卷边 C 形截面。因为檩条不能跨越 12m，12m 开间布置了次梁体系。三根 12m 的托梁，中间次梁使得檩条跨度减小到 6m。次梁和托梁的连接构造一般采用平接，简支，如图 1.21(b) 所示。次梁在荷载作用下端部转动，使得托梁产生扭转，通过计算了解扭转产生的正应力。设恒载 $D = 0.3\text{kN/m}^2$，活载 $L = 0.5\text{kN/m}^2$。

次梁的受力：

$$q = (1.2D + 1.4L)\times 6 = 6.36\text{kN/m}$$

$$M = 0.125\times 6.36\times 12^2 = 114.48\text{kN}\cdot\text{m}$$

选择 Q345B，H400×180×5×8（次梁挠度验算控制截面，平面外稳定性计算长度按照 3m 取）。次梁反力是 $R = 38.16\text{kN}$。边托梁的跨中弯矩 $M = 0.25\times 38.16\times 12 = 114.48\text{kN}\cdot\text{m}$，因托梁 TL1 平面外计算长度是 6m，采用 H400×200×5×10 截面。

下面对这个托梁的扭转进行分析。首先，虽然次梁和托梁采用了铰接连接的假定，但是实际上两者之间的变形存在协调的关系。如图 1.21 所示，次梁梁端的转角基本上等于托梁的扭转角。

次梁梁端的转角是

$$\theta = \frac{ql^3}{24EI} = \frac{6.36\times 12000^3}{24\times 206000\times 1.3423\times 10^8} = 0.01656\text{rad}$$

托梁与柱子也是简支。在跨中作用一个集中扭矩 M_z，托梁的扭转角是

$$\theta = \frac{M_z}{2\lambda GJ}\left[\sinh\lambda z - \lambda z - \tanh 0.25\lambda L(\cosh\lambda z - 1)\right]$$

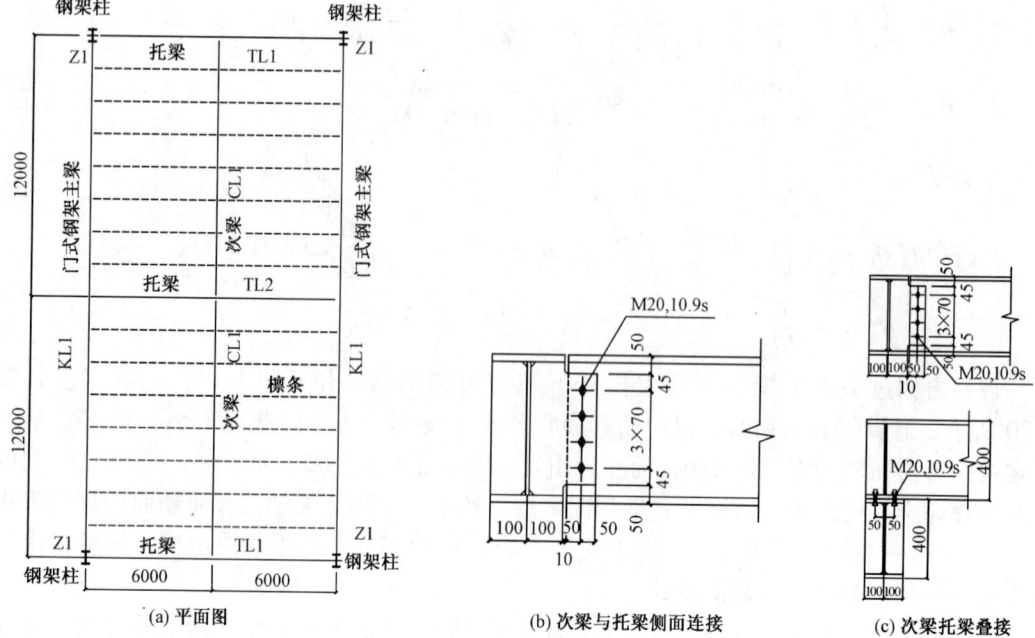

(a) 平面图 (b) 次梁与托梁侧面连接 (c) 次梁托梁叠接

图 1.21 托梁的扭转正应力计算

其中 $\lambda = \sqrt{\dfrac{GJ}{EI_\omega}} = \sqrt{\dfrac{149170}{2.6 \times 50.7 \times 10^{10}}} = \dfrac{1}{2972.692} \text{mm}^{-1}$

$$\theta_m = \frac{M_z L}{4GJ} \cdot \left(1 - \frac{\tanh 0.25\lambda L}{0.25\lambda L}\right) = 0.2415422 \frac{M_z L}{4GJ}$$

$$M_z = \frac{GJ}{L} \frac{\theta_m}{0.0603855} = 270098 \text{N} \cdot \text{mm}$$

这个扭矩很小，在托梁的跨中截面产生的应力是

$$\theta'' = -\frac{M_z}{2\sqrt{GJEI_\omega}} \tanh 0.25\lambda L$$

$$B_\omega = -EI_\omega \theta'' = \frac{1}{2}\sqrt{\frac{EI_\omega}{GJ}} M_z \tanh 0.25\lambda L = 307287005.3 \text{N} \cdot \text{mm}^2$$

$$\sigma_\omega = \frac{307287005.3}{50.7 \times 10^{10}} \times \frac{1}{4} \times 200 \times 390 = 11.82 \text{N/mm}^2$$

因此，托梁设计中一般不考虑的扭转，实际上会产生少量的翘曲正应力，设计时应使托梁有容纳这样一个应力的能力。

算例二：吊车梁的扭转正应力。

跨度6m的吊车梁，承受两台10t吊车，轮压127kN，车宽5.29m，轮距4.05m，小车重3.51t，每个轮子处作用的水平横向刹车力标准值是 $0.12 \times (3.51 + 10) \times 9.8/4 = 3.975 \text{kN}$，轨道高134mm，求水平刹车力作用下的应力。轮压最不利位置关于跨中不对称，但是离对称不远，如图1.22所示。为了简化计算这里进一步假设跨中集中作用两个轮压。

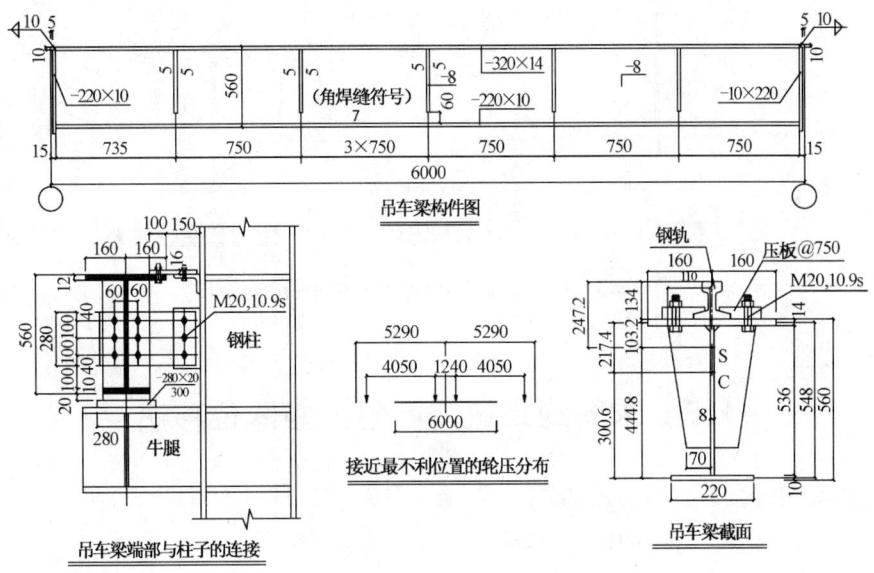

图 1.22　吊车梁扭转计算

集中扭矩是 $M_z = 1.4 \times 3.975 \times 0.2472 \times 2 = 2.7513 \text{kN} \cdot \text{m}$

$$\lambda = \sqrt{\frac{GJ}{EI_\omega}} = \sqrt{\frac{457504}{2.6 \times 216.27 \times 10^{10}}} = \frac{1}{3505.802} \text{mm}^{-1}$$

$$B_\omega = -EI_\omega \theta'' = \frac{1}{2}\sqrt{\frac{EI_\omega}{GJ}} M_z \tanh 0.25\lambda L = 1946167509 \text{N} \cdot \text{mm}^2$$

$$\sigma_{\omega,\text{top}} = \frac{1946167509}{216.27 \times 10^{10}} \times (\pm 103.2 \times 160) = \pm 14.86 \text{N/mm}^2$$

$$\sigma_{\omega,\text{bottom}} = \frac{1946167509}{216.27 \times 10^{10}} \times (\pm 444.8 \times 110) = \pm 44.01 \text{N/mm}^2$$

$$M_y = \frac{1}{4} \times 1.4 \times 3.975 \times 2 \times 6 = 16.695 \text{kN} \cdot \text{m}$$

$$\sigma_{M_y,\text{top}} = \frac{16.695 \times 10^6}{47.103 \times 10^6} \times (\pm 160) = \pm 56.71 \text{N/mm}^2$$

$$\sigma_{M_y,\text{bottom}} = \frac{16.695 \times 10^6}{47.103 \times 10^6} \times (\pm 110) = \pm 38.99 \text{N/mm}^2$$

可见下翼缘的水平弯曲正应力与约束扭转正应力基本上相互抵消。而上翼缘的应力，两者是叠加的，结果是 $\sigma_{\text{top}} = \pm 71.57 \text{N/mm}^2$。

目前，吊车梁的设计方法，不计算扭转应力，水平弯矩全部由上翼缘抵抗，即上翼缘应力是

$$\sigma_{M_y,\text{top}} = \frac{6 \times 16.695 \times 10^6}{14 \times 320^2} = \pm 69.87 \text{N/mm}^2，与 71.57 接近。$$

上述对比表明，目前的吊车梁的设计方法是可行的。大幅度简化了计算，而计算的精度还可以。

25

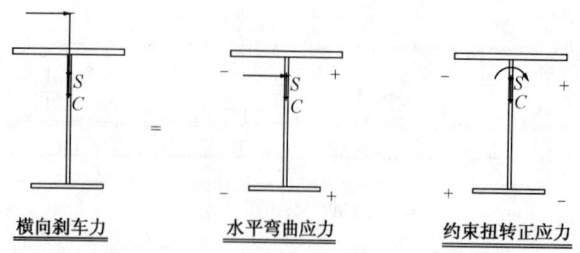

横向刹车力　　　　水平弯曲应力　　　约束扭转正应力

图 1.23　吊车梁侧向弯曲原理和翘曲应力分布

1.7　求解约束扭转问题的矩阵位移法

齐次约束扭转微分方程的通解是

$$\theta = C_1 + C_2 z + C_3 \sinh\lambda z + C_4 \cosh\lambda z$$

式中 $\lambda = \sqrt{\dfrac{GJ}{EI_\omega}}$。一次导数是：

$$\theta' = C_2 + \lambda C_3 \cosh\lambda z + k C_4 \sinh\lambda z$$

杆端 A（$z=0$），杆端 B（$z=l$），杆端位移为 θ_A，θ'_A，θ_B，θ'_B，记 $u = \lambda l$，可以得到常数是

$$C_3 = \frac{1}{2\tanh 0.5u - u}(\theta_B - \theta_A - \theta'_A l) - \frac{\tanh 0.5u}{u(2\tanh 0.5u - u)}(\theta'_B l - \theta'_A l)$$

$$C_4 = -\frac{\tanh 0.5u}{2\tanh 0.5u - u}(\theta_B - \theta_A - \theta'_A l) + \frac{(\sinh u - u)}{u \sinh u(2\tanh 0.5u - u)}(\theta'_B l - \theta'_A l)$$

$$C_1 = \theta_A - C_4, \quad C_2 = \theta'_A - \lambda C_3$$

双力矩和约束扭转力矩是

$$B_\omega = -EI_\omega \theta'' = -EI_\omega \lambda^2 (C_3 \sinh\lambda z + C_4 \cosh\lambda z)$$

$$T_\omega = -EI_\omega \theta''' = -EI_\omega \lambda^3 (C_3 \cosh\lambda z + C_4 \sinh\lambda z)$$

A 端的双力矩和约束扭转力矩是

$$B_{\omega A} = -\frac{EI_\omega}{l^2} u^2 C_4, \quad T_{\omega A} = -\frac{EI_\omega}{l^3} u^3 C_3$$

将 C_3，C_4 代入得到

$$B_{\omega A} = s i_\omega \theta'_A + c i_\omega \theta'_B - (s+c) i_\omega \frac{(\theta_B - \theta_A)}{l} \tag{1.35a}$$

$$-T_{\omega A} = (d-s-c)\frac{i_\omega}{l}\theta'_A + (s+c)\frac{i_\omega}{l}\theta'_B - d i_\omega \frac{(\theta_B - \theta_A)}{l^2} \tag{1.35b}$$

式中

$$s = \frac{u}{\tanh u} \cdot \frac{u - \tanh u}{(u - 2\tanh 0.5u)} > 0, \quad c = \frac{u}{\sinh u} \cdot \frac{\sinh u - u}{(u - 2\tanh 0.5u)} > 0 \tag{1.36a, b}$$

$$s + c = \frac{u^2 \tanh 0.5u}{u - 2\tanh 0.5u} > 0, \quad d = 2(s+c) + u^2 \tag{1.36c, d}$$

B 端的双力矩和约束扭矩是

$$B_{\omega B} = -EI_\omega \lambda^2 (C_3 \sinh u + C_4 \cosh u) = -\frac{EI_\omega}{l^2} u^2 (\theta_B - \theta_A - \theta_A' l + C_4 + u C_3)$$

$$T_{\omega B} = -EI_\omega \lambda^3 (C_3 \cosh u + C_4 \sinh u) = -\frac{EI_\omega}{l^3} u^2 (\theta_B' l - \theta_A' l + u C_3)$$

代入后整理得到，

$$-B_{\omega B} = c i_\omega \theta_A' + s i_\omega \theta_B' - (s+c) i_\omega \frac{(\theta_B - \theta_A)}{l} \tag{1.35c}$$

$$T_{\omega B} = -(s+c) i_\omega \frac{\theta_A'}{l} + (-d+s+c) i_\omega \frac{\theta_B'}{l} + d i_\omega \frac{(\theta_B - \theta_A)}{l^2} \tag{1.35d}$$

写成适合于矩阵位移法分析的形式，此时扭矩的正负号以右手螺旋法则大拇指指向正向的扭矩为正，而双力矩的正负号规定是以刚度矩阵的对角线元素为正来反推。注意在有限元(矩阵位移法)分析时，节点的扭矩，并不能区分为自由扭转力矩和约束扭转力矩，两者必须合并。这样节点扭矩是

$$M_{zA} = -T_{stA} - T_{\omega A} = -GJ\theta_A' + (d-s-c)\frac{i_\omega}{l}\theta_A' + (s+c)\frac{i_\omega}{l}\theta_B' - d i_\omega \frac{(\theta_B - \theta_A)}{l^2}$$

$$= (s+c)\frac{i_\omega}{l}(\theta_A' + \theta_B') - d i_\omega \frac{(\theta_B - \theta_A)}{l^2}$$

$$M_{zB} = T_{stB} + T_{\omega B} = -(s+c)\frac{i_\omega}{l}(\theta_A' + \theta_B') + d i_\omega \frac{(\theta_B - \theta_A)}{l^2}$$

$$\begin{Bmatrix} M_{zA} \\ B_{\omega A} \\ M_{zB} \\ -B_{\omega B} \end{Bmatrix} = \frac{EI_\omega}{l^3} \begin{bmatrix} d & (s+c)l & -d & (s+c)l \\ (s+c)l & sl^2 & -(s+c)l & cl^2 \\ -d & -(s+c)l & d & -(s+c)l \\ (s+c)l & cl^2 & -(s+c)l & sl^2 \end{bmatrix} \begin{Bmatrix} \theta_A \\ \theta_A' \\ \theta_B \\ \theta_B' \end{Bmatrix} \tag{1.37}$$

在 $u \to 0$，即截面的自由扭转刚度很小很小时，$\lim\limits_{u \to 0} s = 4$，$\lim\limits_{u \to 0} c = 2$，上述刚度矩阵趋向于：

$$\begin{Bmatrix} M_{zA} \\ B_{\omega A} \\ M_{zB} \\ -B_{\omega B} \end{Bmatrix} = \frac{EI_\omega}{l^3} \begin{bmatrix} 12 & 6l & -12 & 6l \\ 6l & 4l^2 & -6l & 2l^2 \\ -12 & -6l & 12 & -6l \\ 6l & 2l^2 & -6l & 4l^2 \end{bmatrix} \begin{Bmatrix} \theta_A \\ \theta_A' \\ \theta_B \\ \theta_B' \end{Bmatrix} \tag{1.38a}$$

在 $u \to \infty$，即截面的翘曲刚度很小很小时，$\lim\limits_{u \to \infty} s = u+1$，$\lim\limits_{u \to \infty} c = 1$，刚度矩阵趋向于

$$\begin{Bmatrix} M_{zA} \\ B_{\omega A} \\ M_{zB} \\ -B_{\omega B} \end{Bmatrix} = \frac{EI_\omega}{l^3} \begin{bmatrix} 2u+4+u^2 & (u+2)l & -2u-4-u^2 & (u+2)l \\ (u+2)l & (u+1)l^2 & -(u+2)l & l^2 \\ -2u-4-u^2 & -(s+c)l & 2u+4+u^2 & -(u+2)l \\ (u+2)l & l^2 & -(u+2)l & (u+1)l^2 \end{bmatrix} \begin{Bmatrix} \theta_A \\ \theta_A' \\ \theta_B \\ \theta_B' \end{Bmatrix}$$

$$= \frac{GJ}{l} \begin{bmatrix} 1 & 0 & -1 & 0 \\ 0 & 0 & 0 & 0 \\ -1 & 0 & 1 & 0 \\ 0 & 0 & 0 & 0 \end{bmatrix} \begin{Bmatrix} \theta_A \\ \theta_A' \\ \theta_B \\ \theta_B' \end{Bmatrix} \tag{1.38b}$$

注意到，只有在将自由扭转力矩和约束扭转力矩迭加后作为节点力，才能够使得刚度矩阵称为对称的。

还需要注意到，在有限元分析中，A，B 杆端内力力矩的方向要统一，例如弯矩要统一到与节点转角的正号相同的方向为正，这样确保正的弯矩能够产生正的转角(对角线元素为正)。扭矩也是，在上面的推导中，为了确保正扭矩能够产生正的扭角，M_{zA} 改变了符号规定。对于双力矩，从上面的推导看，需要改变的是 B 端双力矩的正负号，即：**杆端双力矩的正方向规定是：在剪切中心位于两个弯矩之间的话，弯矩指向剪切中心的双力矩为正**。出现这种现象是与框架平面内弯曲的杆件的 B 端弯矩是一样的，杆端力 $M_{xB} = -M_x \big|_{z=l} = -(-EI_xv'') \big|_{z=l} = 4i\theta_A + 2i\theta_B - \dfrac{6i}{l}\Delta$。

在一个由梁和柱组成的薄壁结构中，矩阵位移法分析需要整体坐标，并把局部坐标和整体坐标不一致的单元的刚度矩阵转换到整体坐标，然后才能集合到整体刚度矩阵中去。三个节点线位移 (u,v,w) 和三个绕坐标轴的转角未知量 (u',v',θ) 的转换，不存在问题，扭率 θ' 的坐标转换，决定于梁柱节点的构造，这留待第 13，14 章解决。

1.8　开口薄壁截面构件的弯曲和扭转联合作用

1.8.1　纵向位移和线性应变

弯曲和扭转同时发生时，任一横截面在其自身平面内的位移可以用剪心 S 沿 x 和 y 方向的两个位移分量 u、v 以及整个截面绕剪心 S 的扭转角 θ 来表示。之所以用剪心的平移作为基本未知量，是因为纯扭转时形心的位移并不为 0，剪心的位移才能够代表截面的纯弯曲位移。

P 点沿切线方向的位移 v_s 可通过截面的基本位移 u、v 和 θ 表达如下（参见图 1.2b）：

$$v_s = u\cos\alpha + v\sin\alpha + r_s\theta \tag{1.39a}$$

式中 α 为截面中面曲线坐标 s 轴的切线对 x 轴的倾斜角（自 x 轴按右手法则转到 s 轴为正），r_s 为剪心 S 与 s 轴的垂直距离，当 S 到 s 轴的方向与 n 轴正向一致时为正。

$$r_s = (x - x_0)\sin\alpha - (y - y_0)\cos\alpha \tag{1.40a}$$

根据中面上任意点的线性剪应变 γ_{sz} 为零的假定得到：

$$\frac{\partial \overline{w}}{\partial s} = -\frac{\partial v_s}{\partial z} \tag{1.41}$$

将式(1.39)代入式(1.41)，并沿曲线坐标 s 积分(自起始点 O 积至任意点 P)，有：

$$\overline{w} = \overline{w}_0 - u'\int_0^P \cos\alpha\,\mathrm{d}s - v'\int_0^P \sin\alpha\,\mathrm{d}s - \theta'\int_0^P r_s\,\mathrm{d}s$$

式中 $(\ )' = \mathrm{d}(\ )/\mathrm{d}z$，积分函数 $\overline{w}_0$ 代表积分起点 O 处的纵向位移。注意到 $\cos\alpha\,\mathrm{d}s = \mathrm{d}x$ 和 $\sin\alpha\,\mathrm{d}s = \mathrm{d}y$，引用式(1.18)得到纵向位移为：

$$\overline{w} = w_0 - u'x - v'y - \theta'\omega \tag{1.42a}$$

式中 $w_0 = \overline{w}_0 + u'x_1 + v'y_1$（$x_1$ 和 y_1 为积分起点 O 的坐标）。记全截面的平均纵向位移为 w，则

$$w = \frac{1}{A}\int_A (w_0 - u'x - v'y - \theta'\omega)\,\mathrm{d}A = w_0 - \frac{1}{A}\int_A \omega\,\mathrm{d}A \cdot \theta'$$

代入式（1.42a），得到

$$\overline{w} = w - u'x - v'y - \theta'\omega_n \quad (1.42b)$$

式（1.42b）就是弯曲和扭转同时存在时横截面中线上任意点的纵向位移的一般表达式，是整个薄壁构件线性理论的基础。

从式（1.42b）可知，如果没有扭转，这个位移就是构件弯曲时的截面纵向位移。因为式（1.42b）是在薄壁中面剪应变为零和刚周边假定下得到的，因此这两个假定可以看成是平截面假定在薄壁构件中的推广。

由式（1.42b）可以得到任意点的正应变（主扇性坐标不再带下标 n）：

$$\varepsilon_z = \frac{\partial \overline{w}}{\partial z} = w' - u''x - v''y - \theta''\omega \quad (1.43)$$

P 点沿法线方向的位移 v_n 同样可以通过截面的基本位移 u、v 和 θ 表达如下（参看图 1.2b）：

$$v_n = u\sin\alpha - v\cos\alpha - r_n\theta \quad (1.39b)$$

其中 r_n 为剪心 S 与 n 轴的距离，当剪心 S 到 n 轴的方向与 s 轴一致时为正：

$$r_n = (x - x_0)\cos\alpha + (y - y_0)\sin\alpha \quad (1.40b)$$

由壳体理论(符拉索夫,1963)可以得到线性横向正应变的表达式：

$$\varepsilon_s = \frac{\partial v_s}{\partial s} + \frac{v_n}{R_s} \quad (1.44)$$

将式（1.39a）和式（1.39b）代入式（1.44），注意到 $\dfrac{\mathrm{d}x}{\mathrm{d}s} = \cos\alpha$、$\dfrac{\mathrm{d}y}{\mathrm{d}s} = \sin\alpha$ 和 $\dfrac{\mathrm{d}\alpha}{\mathrm{d}s} = \dfrac{1}{R_s}$

（R_s 是截面形状的曲率），可得：

$$\varepsilon_s = \frac{-u\sin\alpha + v\cos\alpha}{R_s} + \frac{\left[(x-x_0)\cos\alpha + (y-y_0)\sin\alpha\right]\theta}{R_s}$$
$$+ \frac{u\sin\alpha - v\cos\alpha - \left[(x-x_0)\cos\alpha + (y-y_0)\sin\alpha\right]\theta}{R_s} = 0$$

所以线性横向正应变也为零。这样在薄壁中面上的三个应变 ε_z、γ_{zs}、ε_s 中，只有 ε_z 不为零。

1.8.2 微元体的应力及其平衡状态

在外荷载作用下，构件截面上的弯矩主要依靠截面上各点的纵向正应力来承受，而剪力和扭矩则由截面各板件中的剪应力合成。壳体理论(刘鸿文,1987)通常认为垂直于中面方向的正应力 σ_n 可以忽略，而在薄壁构件中，壁厚方向的剪应力 τ_{zn}、τ_{sn} 同样可以忽略不计。对于薄壁构件而言，每块板件上只要考虑 σ_z、τ_{zs}（τ_{sz}）和 σ_s。

在这三个应力中，截面上任意点的正应力可以由胡克定律（Hooke's Law），根据纵向位移的表达式直接确定：

$$\sigma_z = E\varepsilon_z = E(w' - u''x - v''y - \theta''\omega) \quad (1.45)$$

上式的第一项是轴压正应力，第二项和第三项是弯曲正应力；最后一项由是翘曲正应力。如果用截面内力来表示，式（1.45）可化为：

$$\sigma_z = \frac{N}{A} + \frac{M_x}{I_x}y + \frac{M_y}{I_y}x + \frac{B_\omega}{I_\omega}\omega \quad (1.46)$$

中面上的剪应力为

$$\tau_{zs}t = \frac{Q_y S_x}{I_x} + \frac{Q_x S_y}{I_y} + \frac{M_\omega S_\omega}{I_\omega} \tag{1.47}$$

下面着重推导薄壁截面上的横向正应力，这个应力长期以来没有得到重视。

与中面剪应力相同，横向正应力 σ_s 也需要通过微元体的平衡条件来求解。由图 1.2b 可建立微元体 s 方向的平衡方程：

$$\frac{\partial(\sigma_s t)}{\partial s} + \frac{\partial(\tau_{sz}t)}{\partial z} = 0 \tag{1.48}$$

对上式进行积分：

$$\sigma_s t = (\sigma_s t)_0 - \int_0^s \frac{\partial \tau_{sz}}{\partial z} t \mathrm{d}s$$

将式(1.49)代入上式：

$$\sigma_s = \sigma_{s0} - \frac{1}{t}\int_0^s \left(\frac{Q'_y S_x}{I_x} + \frac{Q'_x S_y}{I_y} + \frac{M'_\omega S_\omega}{I_\omega} \right) \mathrm{d}s \tag{1.49}$$

式中 σ_{s0} 为积分起点 A 点的横向正应力。

记 q_x 和 q_y 为截面上在 x 和 y 方向的分布荷载，以坐标正向为正，根据图 1.24 微段平衡可以得到 $\dfrac{\mathrm{d}Q_x}{\mathrm{d}z} = -q_x$，$\dfrac{\mathrm{d}Q_y}{\mathrm{d}z} = -q_y$。式（1.49）可表示为：

$$\sigma_s = \sigma_{s0} - \frac{q_x D_y}{I_y t} - \frac{q_y D_x}{I_x t} + \frac{M'_\omega D_\omega}{I_\omega t} \tag{1.50}$$

式中

$$D_x = -\int_0^s S_x \mathrm{d}s, \ D_y = -\int_0^s S_y \mathrm{d}s, \ D_\omega = -\int_0^s S_\omega \mathrm{d}s \tag{1.51a, b, c}$$

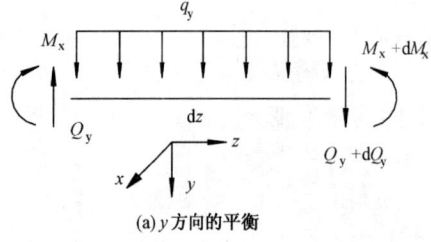
(a) y 方向的平衡

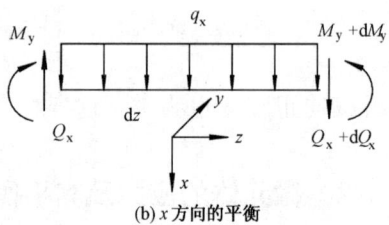
(b) x 方向的平衡

图 1.24　薄壁构件的内力平衡

1.8.3　弯曲理论和扭转理论公式的汇总和比较

弯曲理论和约束扭转理论中内力的定义为：

轴力：$N = \int_A \sigma_z \mathrm{d}A$ \hfill (1.52a)

弯矩：$M_x = \int_A \sigma_z y \mathrm{d}A$，$M_y = \int_A \sigma_z x \mathrm{d}A$ \hfill (1.52b, c)

双力矩：$B_\omega = \int_A \sigma_z \omega_n \mathrm{d}A$ \hfill (1.52d)

剪力：$Q_x = \int_A \tau_{zs}\cos\alpha \mathrm{d}A$，$Q_y = \int_A \tau_{zs}\sin\alpha t \mathrm{d}s$ \hfill (1.52e, f)

翘曲扭矩：$T_\omega = \int_A \tau_{zs} r_s \mathrm{d}A$ （1.52g）

自由扭转扭矩：$T_{st} = GJ\theta'$ （1.52h）

需要注意的是每个横截面上的 7 个内力中，N、M_x 和 M_y 是相对截面的形心而言的，Q_x、Q_y，T_{st}，T_ω 和 B_ω 是相对截面的剪心而言的。内力用位移表示为

$$N = EAw' , \quad M_x = -EI_x v'' , \quad M_y = -EI_y u'' , \quad B_\omega = -EI_\omega \theta''$$ （1.53a,b,c,d）

$$Q_x = -EI_y u''' , \quad Q_y = -EI_x v''' , \quad T_\omega = -EI_\omega \theta'''$$ （1.54a,b,c）

在推导中利用了形心主轴坐标系和主扇性坐标的性质：

$$\int_A x\mathrm{d}A = 0 \qquad \int_A y\mathrm{d}A = 0 \qquad \int_A \omega\mathrm{d}A = 0$$

$$I_{xy} = \int_A xy\mathrm{d}A = 0 \qquad I_{\omega y} = \int_A x\omega\mathrm{d}A = 0 \qquad I_{\omega x} = \int_A y\omega\mathrm{d}A = 0$$ （1.55）

$$I_x = \int_A y^2\mathrm{d}A \qquad I_y = \int_A x^2\mathrm{d}A \qquad I_\omega = \int_A \omega_n^2\mathrm{d}A$$

截面上总的扭矩为：

$$M_z = T_{st} + T_\omega = GJ\theta' - EI_\omega \theta'''$$ （1.56）

由图 1.24，根据两个方向的力和弯矩平衡，可以得出如下一些微分关系：

$$M_x' = \frac{\mathrm{d}M_x}{\mathrm{d}z} = Q_y \quad , \quad Q_y' = \frac{\mathrm{d}Q_y}{\mathrm{d}z} = -q_y$$ （1.57a,b）

$$M_y' = \frac{\mathrm{d}M_y}{\mathrm{d}z} = Q_x \quad , \quad Q_x' = \frac{\mathrm{d}Q_x}{\mathrm{d}z} = -q_x$$ （1.57c,d）

$$B_\omega' = \frac{\mathrm{d}B_\omega}{\mathrm{d}z} = T_\omega$$ （1.57e）

表 1.2 给出了弯曲理论和约束扭转理论的比较。

翘曲与弯曲的比拟关系　　　　　　　　　　　　　　　　　　表 1.2

相当的量或关系式	翘　　曲	绕 x 轴弯曲	绕 y 轴弯曲
转角与位移	θ	v	u
单位扭转角与倾角	θ'	v'	u'
双力矩与弯矩	$B_\omega = -EI_\omega \theta''$	$M_x = -EI_x v''$	$M_y = -EI_y u''$
扭矩与剪力	$T_\omega = -EI_\omega \theta'''$	$Q_y = -EI_x v'''$	$Q_x = -EI_y u'''$
主 坐 标	ω_n	y	x
惯 性 矩	$I_\omega = \int_s \omega_n^2 t\mathrm{d}s$	$I_x = \int_s y^2 t\mathrm{d}s$	$I_y = \int_s x^2 t\mathrm{d}s$
面 积 矩	$S_\omega = -\int_0^s \omega_n t\mathrm{d}s$	$S_x = -\int_0^s yt\mathrm{d}s$	$S_y = -\int_0^s xt\mathrm{d}s$
正应力公式	$\sigma_\omega = \dfrac{B_\omega \omega_n}{I_\omega}$	$\sigma = \dfrac{M_x y}{I_x}$	$\sigma = \dfrac{M_y x}{I_y}$

相当的量或关系式	翘 曲	绕 x 轴弯曲	绕 y 轴弯曲
剪应力公式	$\tau_\omega = \dfrac{M_\omega S_\omega}{I_\omega t}$	$\tau = \dfrac{Q_y S_x}{I_x t}$	$\tau = \dfrac{Q_x S_y}{I_y t}$
平衡微分方程	$EI_\omega \theta^{(4)} - GJ\theta'' = m_z$	$EI_x v^{(4)} = q_y$	$EI_y u^{(4)} = q_x$

对于角钢截面、Z 形截面，由于外荷载的方向一般是沿着角钢肢的方向或者 Z 形截面的腹板方向作用的，采用平行于角钢肢或 Z 形截面腹板的形心轴而非形心主轴进行求解反而更为直观和方便，特别是在两个肢的方向或者 Z 型截面腹板和翼缘的方向的支座条件不一样时。如果 x,y 是形心轴，但不是主轴，则

$$M_y = -EI_y u'' - EI_{xy} v'' \tag{1.58a}$$

$$M_x = -EI_x v'' - EI_{xy} u'' \tag{1.58b}$$

$$Q_x = -EI_y u''' - EI_{xy} v''' \tag{1.58c}$$

$$Q_y = -EI_x v''' - EI_{xy} u''' \tag{1.58d}$$

$$EI_y u^{(4)} + EI_{xy} v^{(4)} = q_x \tag{1.58e}$$

$$EI_x v^{(4)} + EI_{xy} u^{(4)} = q_y \tag{1.58f}$$

静定结构弯矩已知，求变形可以采用以下式子：

$$u'' = -\frac{I_x}{E(I_x I_y - I_{xy}^2)} M_y + \frac{I_{xy}}{E(I_x I_y - I_{xy}^2)} M_x \tag{1.59a}$$

$$v'' = -\frac{I_y}{E(I_x I_y - I_{xy}^2)} M_x + \frac{I_{xy}}{E(I_x I_y - I_{xy}^2)} M_y \tag{1.59b}$$

或，超静定结构采用

$$u^{(4)} = \frac{q_x}{EI_y \rho_{xy}} - \frac{I_{xy} q_y}{EI_x I_y \rho_{xy}} \tag{1.60a}$$

$$v^{(4)} = \frac{q_y}{EI_x \rho_{xy}} - \frac{I_{xy} q_x}{EI_x I_y \rho_{xy}} \tag{1.60b}$$

式中 $\rho_{xy} = 1 - I_{xy}^2 / I_x I_y$。

1.8.4 线性分析的势能表达式

根据虚功原理可以建立平衡方程：

$$\int_V \sigma_{ij} \delta \varepsilon_{ij} \mathrm{d}V = \int_V (\sigma_z \delta \varepsilon_z + \tau_{zs} \delta \gamma_{zs} + \tau_{st} \delta \gamma_{st} + \sigma_s \delta \varepsilon_s) \mathrm{d}V = \int_l f_i u_i \mathrm{d}z \tag{1.61}$$

式中 $\mathrm{d}V = \mathrm{d}A \mathrm{d}z$。式（1.61）的左端各项为应变能的变分，右端为外力功项。如假定构件的长度为 L，并将各量的表达式代入上式，得：

（1）纵向正应变对应的应变能的变分

$$\delta U_1 = \int_V \sigma_z \delta \varepsilon_z \mathrm{d}V = \int_L \int_A \sigma_z \delta(w' - xu'' - yv'' - \omega \theta'') \mathrm{d}A \mathrm{d}z$$

$$= \int_L (N\delta w' - M_y \delta u'' - M_x \delta v'' - B_\omega \delta \theta'') \mathrm{d}z \tag{1.62}$$

（2）中面剪应变对应的应变能的变分

$$\delta U_2 = \int_V \tau_{zs} \delta \gamma_{zs} \mathrm{d}V$$

由薄壁构件的第二个假定可知，$\gamma_{sz} = \gamma_{zs} = 0$，所以 $\delta U_2 = 0$。即翘曲和弯曲剪应力对薄壁构件的线性应变能没有影响。

（3）自由扭转应变对应的应变能的变分

$$\delta U_3 = \int_V \tau_{st} \delta \gamma_{st} \mathrm{d}V = \int_L GJ\theta' \delta \theta' \mathrm{d}z \qquad (1.63)$$

（4）横向正应变对应的应变能的变分

$$\delta U_4 = \int_V \sigma_s \delta \varepsilon_s \mathrm{d}V = 0$$

（5）外力功的变分

设杆内作用横向分布荷载 q_x，q_y，m_z，它们是通过或绕剪切中心轴的。它们的虚功为

$$\int_L (q_x \delta u + q_y \delta v + m_z \delta \theta) \mathrm{d}z$$

在杆端，注意到节点力是作用在端截面上的分布力的合成，所以在考虑杆端力的外力功时，需要从端面上的分布力开始。设端面上的分布力为：p_x，p_y 和 p_z，因为要求荷载在变形过程中保向，则这些端截面上的分布力的虚功为

$$\int_A (p_x \delta \overline{u} + p_y \delta \overline{v} + p_z \delta \overline{w}) \mathrm{d}A$$

因为 $\overline{u} = u - (y - y_0)\theta, \overline{v} = v + (x - x_0)\theta, \overline{w} = w - u'x - v'y - \theta'\omega$，所以

$$\int_A (p_x \delta \overline{u} + p_y \delta \overline{v} + p_z \delta \overline{w}) \mathrm{d}A$$

$$= \int_A \{ p_x[\delta u - (y - y_0)\delta\theta] + p_y[\delta v + (x - x_0)\delta\theta] + p_z[\delta w - x\delta u' - y\delta v' - \omega\delta\theta'] \} \mathrm{d}A$$

$$= P_x\delta u + P_y\delta v + P_z\delta w + \int_A \{ [p_y(x - x_0) - p_x(y - y_0)]\delta\theta - p_z[x\delta u' + y\delta v' + \omega\delta\theta'] \} \mathrm{d}A$$

$$= P_x\delta u + P_y\delta v + P_z w + M_z\delta\theta - M_y\delta u' - M_x\delta v' - B_\omega\delta\theta'$$

所以荷载虚功为

$$\int_s f_i \delta u_i \mathrm{d}s = \int_L (q_x \delta u + q_y \delta v + m_z \delta \theta) \mathrm{d}z$$

$$+ \sum_i \left[P_{zi}\delta w_i + P_{xi}\delta u_i + P_{yi}\delta v_i - \widetilde{M}_{yi}\delta u'_i - \widetilde{M}_{xi}\delta v'_i + \widetilde{M}_{zi}\delta\theta_i - \widetilde{B}_{\omega i}\delta\theta'_i \right]_{z=z_i} \qquad (1.64)$$

其中 P_z 是作用于截面形心的轴向集中荷载，P_x、P_y 是作用在剪心的横向集中荷载，$\widetilde{M}_x$、$\widetilde{M}_y$ 是绕形心轴的集中弯矩，$\widetilde{M}_z$ 为绕剪心的集中扭矩，$\widetilde{B}_\omega$ 为双力矩，以上均为外荷载，正方向与相应的截面内力相同。

将式（1.62～1.64）代入式（1.61），可得：

$$\int_L (N\delta w' + M_y\delta u'' + M_x\delta v'' + B_\omega\delta\theta'' + T_{st}\delta\theta') \mathrm{d}z = \int_L (q_x \delta u + q_y \delta v + m_z \delta \theta) \mathrm{d}z$$

$$+ \sum_i \left[P_{zi}\delta w_i + P_{xi}\delta u_i + P_{yi}\delta v_i - \widetilde{M}_{yi}\delta u'_i - \widetilde{M}_{xi}\delta v'_i + \widetilde{M}_{zi}\delta\theta_i - \widetilde{B}_{\omega i}\delta\theta'_i \right]_{z=z_i} \qquad (1.65)$$

所以薄壁构件的线性总势能为：

$$\Pi = \frac{1}{2}\int_L (EAw'^2 + EI_y u''^2 + EI_x v''^2 + EI_\omega \theta''^2 + GJ\theta'^2)\,dz$$

$$- \int_L (q_x u + q_y v + m_z \theta)\,dz - \sum_i \left[P_{zi}w_i + P_{xi}u_i + P_{yi}v_i - \tilde{M}_{yi}u'_i - \tilde{M}_{xi}v'_i + \tilde{M}_{zi}\theta_i - \bar{B}_{\omega i}\theta'_i \right]_{z=z_i}$$

$$(1.66a)$$

在 x，y 是形心轴而非形心主轴的情况下

$$\Pi = \frac{1}{2}\int_L (EAw'^2 + EI_y u''^2 + 2EI_{xy}u''v'' + EI_x v''^2 + EI_\omega \theta''^2 + GJ\theta'^2)\,dz$$

$$- \int_L (q_x u + q_y v + m_z \theta)\,dz - \sum_i \left[P_{zi}w_i + P_{xi}u_i + P_{yi}v_i - \tilde{M}_{yi}u'_i - \tilde{M}_{xi}v'_i + \tilde{M}_{zi}\theta_i - \bar{B}_{\omega i}\theta'_i \right]_{z=z_i}$$

$$(1.66b)$$

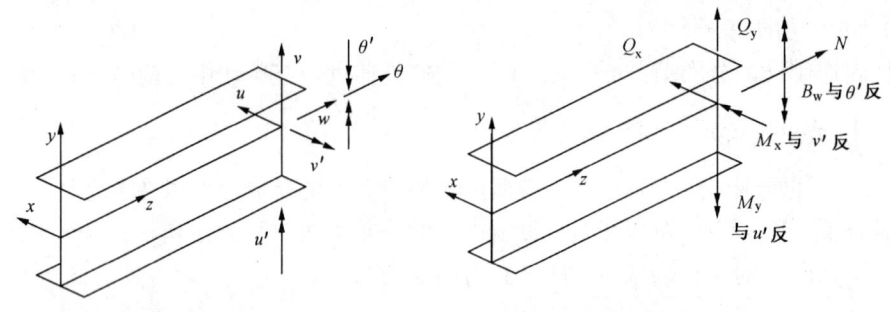

(a)位移及其导数的正方向   (b)力、弯矩和双力矩的正方向

图 1.25　内力和位移的正方形汇总

讨论：力乘以位移，要得到正的功，力和位移的正方向的规定要一致。上面的推导中，出现的弯矩和双力矩项：

$$-M_y u' - M_x v' - B_\omega \theta' = M_y(-u') + M_x(-v') + B_\omega(-\theta') = M_y\theta_y + M_x\theta_x + B_\omega\theta_\omega$$

因此 $\theta_y = -u'$，$\theta_x = -v'$，$\theta_\omega = -\theta'$ 是与弯矩和双力矩对应的未知量。

1.9　横向正应力对薄壁构件强度的影响

经典薄壁构件理论(Timoshenko & Gere, 1961；Bleich, 1952；Vlasov, 1961；吕烈武等，1983)认为截面上的横向正应力 σ_s 的值远小于正应力 σ_z 和中面剪应力 $\tau_{zs}(\tau_{sz})$，可以忽略它的影响。下面研究横向正应力对受弯薄壁构件强度的影响，横向正应力对稳定性的影响在第 5 章研究。

1.9.1　工字形截面上横向正应力的分布

本节以工字形截面构件为例，研究其在主平面受弯条件下，横向正应力的分布和大小。假定一单轴对称工字形截面(图 1.26a)的薄壁构件，在 y 轴方向的分布荷载 q_y 的作用下，由式(1.50)可得：

$$\sigma_s = -\frac{q_y D_x}{I_x t} + \sigma_{s0} \qquad\qquad (1.67)$$

由式(1.51a)可知 $D_x = -\int_A^P S_x\,ds$，所以首先应求 S_x。

分布荷载 q_y 的作用下，剪力流的表达式为 $\tau_{zs} t = Q_y S_x / I_x$，可知 S_x 的正负与剪力流一致。为了便于求解，假定当剪力流的方向与曲线坐标 s 的正方向一致时为正，如图 1.26（b）所示，S_x 的符号依据剪力流的方向来决定。

根据式（1.4a）可得组成工字形截面各板件的 S_x 为：

上翼缘：$S_{xae} = h_1 t_1 \left(x + \dfrac{b_1}{2} \right)$，$S_{xeb} = h_1 t_1 \left(x - \dfrac{b_1}{2} \right)$ $\qquad\qquad$ (1.68a,b)

下翼缘：$S_{xdf} = h_2 t_2 \left(x - \dfrac{b_2}{2} \right)$，$S_{xfc} = h_2 t_2 \left(x + \dfrac{b_2}{2} \right)$ $\qquad\qquad$ (1.68c,d)

腹板：$S_{xeo} = h_1 t_1 b_1 - \dfrac{1}{2} t_w (y^2 - h_1^2)$，$S_{xof} = h_2 t_2 b_2 + \dfrac{1}{2} t_w (h_2^2 - y^2)$ $\qquad$ (1.68e,f)

各板件的 D_x 表达式为：

上翼缘：$D_x = -\dfrac{h_1 t_1}{2} \left(\dfrac{b_1}{2} - |x| \right)^2$ $\qquad\qquad\qquad\qquad\qquad\qquad\qquad$ (1.69a)

下翼缘：$D_x = \dfrac{h_2 t_2}{2} \left(\dfrac{b_2}{2} - |x| \right)^2$ $\qquad\qquad\qquad\qquad\qquad\qquad\qquad$ (1.69b)

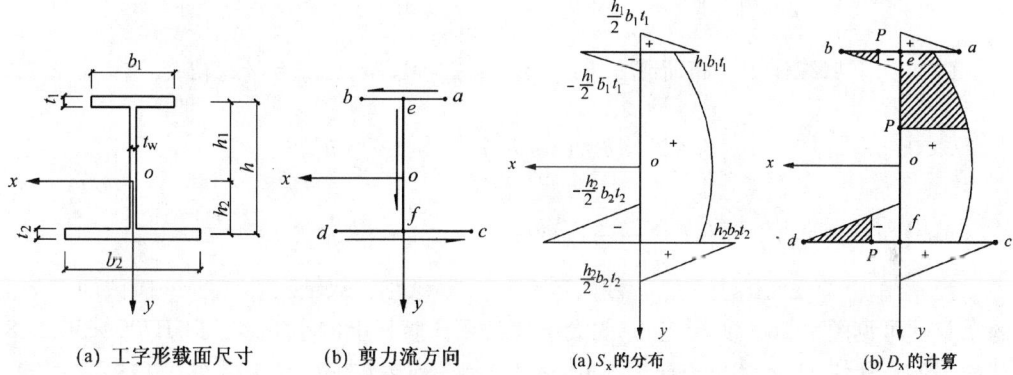

（a）工字形截面尺寸　　（b）剪力流方向　　　　　(a) S_x 的分布　　　　(b) D_x 的计算

图 1.26　工字形截面剪力流的正方向规定　　　图 1.27　工字形截面 S_x 的分布和 D_x 的计算

腹板：$y < 0$ $\quad D_x = -\left(\dfrac{1}{2} t_w h_1^2 + h_1 t_1 b_1 \right)(y + h_1) + \dfrac{1}{6} t_w (y^3 + h_1^3)$ $\qquad\qquad$ (1.69c)

$\qquad y \geqslant 0$ $\quad D_x = \left(\dfrac{1}{2} t_w h_2^2 + h_2 t_2 b_2 \right)(h_2 - y) - \dfrac{1}{6} t_w (h_2^3 - y^3)$ $\qquad\qquad$ (1.69d)

腹板上的 S_x 和 D_x 可以不区分 y 的正负，采用一个表达式表示。上面将它们分为两部分是出于推导过程中对称性的考虑。

从式（1.51a）可以看出，D_x 可以看作是由 S_x 图形围成部分的有向面积。如图 1.27（b）所示，上翼缘处任意点 P 处的 D_x 可以由阴影部分的有向面积求得：

$$D_x = \frac{1}{2} \left(\frac{b_1}{2} - x \right) h_1 t_1 \left(x - \frac{b_1}{2} \right) = -\frac{1}{2} h_1 t_1 \left(\frac{b_1}{2} - x \right)^2$$

计算结果与式（1.69a）一致。但是在利用这种方法求解时，需要注意积分起点与终点的选择以及对应正负号的变化。

由式（1.69a~d），考虑边界条件，求得各板件上 σ_s 的表达式为：

上翼缘：$\sigma_s = \dfrac{q_y h_1}{2I_x}\left(\dfrac{b_1}{2} - |x|\right)^2$ 　　　　　　　　　　　　　　　　　　　(1.70a)

下翼缘：$\sigma_s = -\dfrac{q_y h_2}{2I_x}\left(\dfrac{b_2}{2} - |x|\right)^2$ 　　　　　　　　　　　　　　　　　(1.70b)

腹板：$y < 0$：$\sigma_s = \dfrac{q_y}{2I_x t_w}\left[\left(h_1^2 t_w + 2h_1 t_1 b_1\right)\left(y + h_1\right) - \dfrac{1}{3}t_w\left(y^3 + h_1^3\right)\right] + \sigma_s\big|_{y=-h_1}$ 　(1.70c)

$y \geqslant 0$：$\sigma_s = -\dfrac{q_y}{2I_x t_w}\left[\left(h_2^2 t_w + 2h_2 t_2 b_2\right)\left(h_2 - y\right) - \dfrac{1}{3}t_w\left(h_2^3 - y^3\right)\right] + \sigma_s\big|_{y=h_2}$ 　(1.70d)

同样可以使用式(1.70c，d)的任意一个表示整个腹板上的 σ_s。下面分别以工字形截面薄壁构件上翼缘和下翼缘作用分布荷载 q_y 时为例，来求解腹板上 σ_s 的分布。

（1）当上翼缘作用分布荷载 q_y 时，$\sigma_s\big|_{y=-h_1} = -\dfrac{q_y}{t_w}$，$\sigma_s\big|_{y=h_2} = 0$，得：

$y < 0$：$\sigma_s = \dfrac{q_y}{2I_x t_w}\left[\left(h_1^2 t_w + 2h_1 t_1 b_1\right)\left(y + h_1\right) - \dfrac{1}{3}t_w\left(y^3 + h_1^3\right)\right] - \dfrac{q_y}{t_w}$ 　(1.71a)

$y \geqslant 0$：$\sigma_s = -\dfrac{q_y}{2I_x t_w}\left[\left(t_w h_2^2 + 2h_2 t_2 b_2\right)\left(h_2 - y\right) - \dfrac{1}{3}t_w\left(h_2^3 - y^3\right)\right]$ 　(1.71b)

（2）当下翼缘作用分布荷载 q_y 时，$\sigma_s\big|_{y=-h_1} = 0$，$\sigma_s\big|_{y=h_2} = \dfrac{q_y}{t_w}$，得：

$y < 0$：$\sigma_s = \dfrac{q_y}{2I_x t_w}\left[\left(h_1^2 t_w + 2h_1 t_1 b_1\right)\left(y + h_1\right) - \dfrac{1}{3}t_w\left(y^3 + h_1^3\right)\right]$ 　(1.72a)

$y \geqslant 0$：$\sigma_s = -\dfrac{q_y}{2I_x t_w}\left[\left(t_w h_2^2 + 2h_2 t_2 b_2\right)\left(h_2 - y\right) - \dfrac{1}{3}t_w\left(h_2^3 - y^3\right)\right] + \dfrac{q_y}{t_w}$ 　(1.72b)

当 q_y 作用于截面的上翼缘、截面形心和下翼缘时，双轴对称工字形横截面上 σ_s 分布的示意图可见图 1.28。翼缘上 σ_s 的大小通常要比腹板上的小得多，以 H700 × 300 × 8 × 16 截面为例，翼缘上 σ_s 的最大值为 $2.91 \times 10^{-3}q_y$，而腹板上的最大值为 $0.125q_y$。

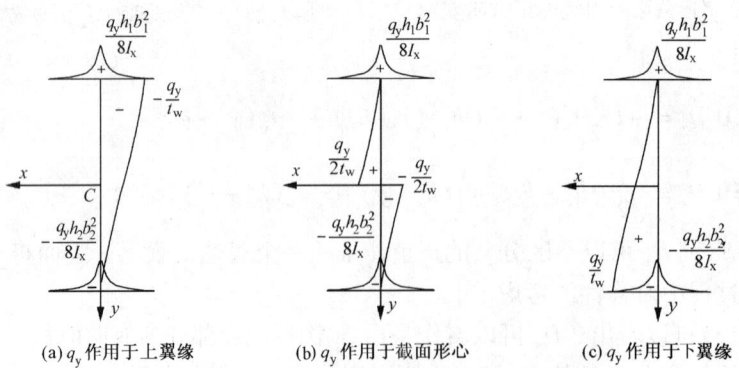

(a) q_y 作用于上翼缘　　　　　　(b) q_y 作用于截面形心　　　　　　(c) q_y 作用于下翼缘

图 1.28　工字形截面横向正应力的分布示意图

为了了解薄壁构件中横向正应力的真实分布以及上面计算方法的精度，利用通用有限元程序 FEM 的壳体单元建模，对均布荷载下工字形截面横向正应力的分布进行分析。采用的截面为 H700 × 300 × 8 × 16，材料的弹性模量 E 取 206kN/mm²，为了减小壳体单元和薄壁构件应力计算公式不同对结果的影响，取材料的泊松比（Posson's ratio）$\mu = 3 \times 10^{-5}$，单元采用 4 节点的弹性薄壳单元 SHELL63，分析当 $q_y = 67.58\text{kN/m}$ 作用于上翼缘时，截面的翼缘和腹板上横向正应力的分布情况。计算结果如图 1.29 所示，其中壳体单元的结果均为中面上的数值，本章的值由式（1.71）、式（1.72）计算。

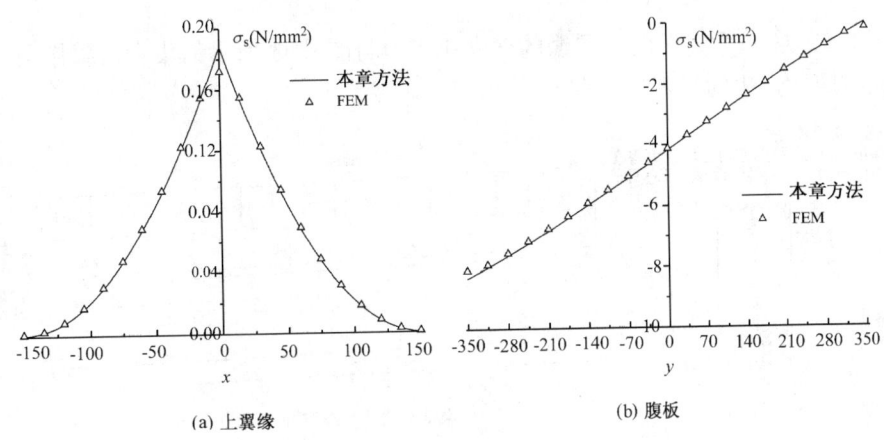

图 1.29　工字形截面横向正应力的分布

　　从图 1.29 可以看出上述理论与壳体单元的结果很吻合。由于壳体理论是比薄壁构件理论更为一般的理论，说明在薄壁构件中确实存在横向正应力，而且上面的计算公式很精确。

1.9.2　横向正应力对截面强度的影响

　　从横向正应力的表达式可知，只有存在分布荷载作用时，在薄壁构件的横截面上才会出现横向正应力。通常情况下横向正应力 σ_s 远小于纵向正应力 σ_z。举一个简单的例子，设一作用均布荷载的工字形截面简支梁，截面为 H700×300×8×16，材料采用 Q345 钢，弹性模量 E 取 206kN/mm^2，梁的长度为 12m。当竖向均布荷载 $q_y = 67.58\text{kN/m}$ 作用时，梁跨中的边缘纤维的最大应力值达到材料的设计强度 315N/mm^2。而此时，截面腹板上最大的横向正应力为 8.45N/mm^2，翼缘上的最大横向正应力的值为 0.18N/mm^2。从这一角度看，截面上的横向正应力对强度的影响似乎不大。

　　如果将此简支梁的其中一个翼缘（以上翼缘为例）沿翼缘与腹板的交界线切开（如图 1.30c），根据式（1.70a），在 q_y 作用下，截面上翼缘的横向正应力为正值，那么被分离的半个上翼缘整跨范围内均受大小为 $\sigma_s t$ 的分布拉力的作用，这个拉应力在两端与端面上的剪应力的合力平衡。

　　接着再分析这个端面剪应力，如果支座是垫板支座，如图 1.30（a）所示，取出端部在支点以外的部分的半个上翼缘，可以知道，要平衡这个端面剪应力，支座外伸部分的翼缘内要产生较大的横向压应力。由于实际上翼缘也是横向可以产生应变的，这个拉应力会传递一部分到支座内侧来。即支座截面处的上翼缘内会出现较大的压应力。在下翼缘则产生横向拉应力。如果是凸缘支座，则支座板内会产生压、拉应力，这个压、拉应力会扩展一部分到支座内侧的截面上来。

当薄壁构件承受集中荷载时，也应注意荷载作用点处横向正应力的影响。实际的荷载作用于结构时，都会有一个作用宽度 $d\delta$，集中荷载只是当 $d\delta$ 非常小时的一种理想化处理方式。以如图 1.31 所示的两端简支梁为例，在考虑横向正应力的影响时，可以认为简支梁的跨中 $d\delta$ 的宽度上作用着一大小为 $P_y/d\delta$ 的分布荷载，当 $d\delta$ 很小时，这个数值也会相当大。

在图 1.30（a）中显示的上翼缘的横向压应力与图 1.31 所示的集中荷载作用截面上的翼缘横向拉应力产生的机理是一样的。

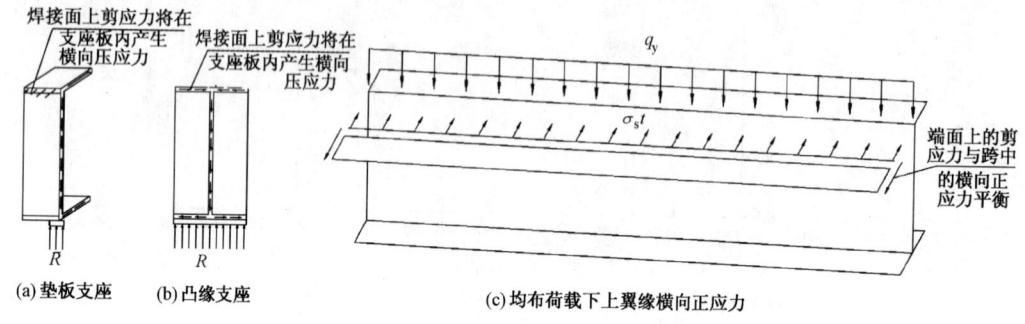

(a)垫板支座 (b)凸缘支座   (c)均布荷载下上翼缘横向正应力

图 1.30   简支梁在均布荷载作用下的横向正应力

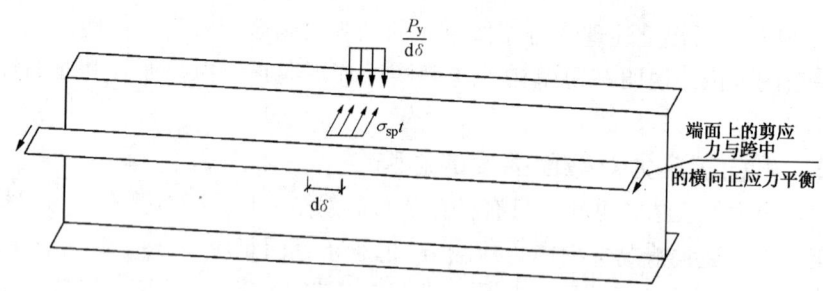

图 1.31   简支梁在跨中集中荷载作用下的横向正应力

从上面的分析可以看出，对受荷状态下的薄壁构件，需要关注支座截面和集中荷载作用截面横向正应力对截面强度的影响，下面通过三个具体算例来直观地了解这种影响的大小。

受横向均布荷载 q_y 的简支梁，两端存在大小为 $q_yL/2$ 的支座反力。如假定梁端的支承长度为 dz，那么每个支座可以认为作用了大小为 $q_yL/(2dz)$、方向与 q_y 相反的分布力。相对梁的跨度 L 来说，dz 是一个很小的量，所以 $q_yL/(2dz)$ 是一个相对比较大的值，支座处的横向正应力也会相当可观。同样由于支座反力，支座附近腹板上的横向正应力变得相当大，这个应力在《钢结构设计规范》GB 50017—2003 规定的腹板承压计算中得到考虑，因此下面主要考虑支座截面处翼缘上横向正应力的影响。

在梁端支座处 dz 的宽度范围内必然存在着方向相反的横向正应力（如图 1.30a 所示），否则翼缘在水平方向无法维持力的平衡。这样，支座处截面翼缘上的横向正应力的值也可以这样求解 $\sigma_{ss} = -\sigma_s L/(2dz)$，$\sigma_{ss}$ 为支座处翼缘内的横向正应力。类似的现象也存在于承受其他竖向荷载形式的薄壁构件的支座处。

（1）算例 1：作用均布荷载的两端简支梁

假设一简支梁，截面为 H700×300×8×16，材料采用 Q345 钢，弹性模量 E 取 206kN/mm²，梁的长度为 12m。竖向均布荷载的大小取当梁跨中截面的边缘纤维的最大纵向应力值达到材料的设计强度 315N/mm² 时的值 $q_y = 67.58$kN/m，计算当支承宽度为 20mm 和 50mm 时，支座截面翼缘上的横向正应力。

当支承宽度为 20mm 时，支座截面的分布荷载大小为：

$$q_{ys} = \frac{q_y L}{2dz} = \frac{67.58 \times 6000}{20} = 20274 \text{N/m}$$

由（1.70a，b）式可得翼缘中横向正应力的最大值为：

$$\sigma_{ss} = \frac{q_{ys} h b^2}{16 I_x} = \frac{\sigma_s L}{2dz} = 59.06 \text{N/mm}^2$$

当支承长度为 50mm 时，可以得到：$\sigma_{ss} = 23.63$N/mm²。

从上面的计算结果可以看出，支座处截面的横向正应力足以影响截面的强度，特别是当支座处的边界条件不为简支，支座截面同时承受弯矩的作用，在截面的强度验算时需要计入横向正应力的影响。

（2）算例 2：作用跨中集中荷载的两端简支梁

采用与算例 1 相同的构件，取跨中集中荷载 $P_y = 405.5$kN，此时梁跨中截面边缘纤维的最大纵向应力值达到材料的设计强度 315N/mm²。支座截面翼缘上的横向正应力的计算方法与算例 1 相同，当支承宽度为 20mm 和 50mm 时，支座截面翼缘上的横向正应力分别为 29.53N/mm² 和 11.82N/mm²。下面主要计算荷载作用点处的横向正应力。

考虑到实际情况，假定简支梁跨中的集中荷载 P_y 作用处腹板布置有加劲肋，假定集中荷载的作用宽度 $d\delta$ 等于加劲肋的厚度。与图 1.31 有所不同，这里认为集中荷载是通过加劲肋在整个腹板范围内均匀传递的，而不是作用在腹板的顶端。在满足宽厚比的前提下，取加劲肋的厚度为 10mm，则加载点处的等效分布荷载为：

$$q_{yP} = \frac{P}{d\delta} = \frac{405.5 \times 10^3}{10} = 40550 \text{N/mm}$$

由式（1.70a，b）可得截面翼缘中横向正应力的最大值为：

$$\sigma_{sP} = \frac{q_{yP} h b^2}{16 I_x} = 118.14 \text{N/mm}^2$$

考虑横向正应力，截面翼缘的 Mises 应力为（σ_{sP} 和 σ_z 反号）：

$$\bar{\sigma} = \sqrt{\frac{1}{2} \left[(\sigma_{sP} - \sigma_z)^2 + \sigma_{sP}^2 + \sigma_z^2 \right]} = 387.81 \text{N/mm}^2 > f (=315 \text{N/mm}^2)$$

可见考虑横向正应力后使得构件不再满足强度条件，即使在考虑塑性开展系数 1.05 的影响后，Mises 应力变为 369.3N/mm²，仍比设计强度高出 54.3N/mm²。

上面在分析中没有考虑当加劲肋与截面的翼缘焊接连接时，加劲肋对翼缘的受力帮助。

1.10　次　翘　曲

对于 T 形截面、角钢和十字形截面，剪切中心位于各块板件中面的交点上。此时主扇性坐标为 0，翘曲惯性矩也为 0，如果按照上面的约束扭转理论，这类构件就完全依赖自由扭转刚度抗扭。但此时前面被忽略的沿着板件厚度方向的抗剪能力也变得相对重要起来，有必要考虑它们的影响。

根据板件理论，记板的挠度为 v_n，注意到式（1.34），此时 $v_n = -r_n\theta$。由于 v_n，法线上各个点的纵向位移为 $w_n = -nv_n' = nr_n\theta'$，沿厚度产生的次翘曲正应力为 $\sigma_n = Ew_n' = -Env_n'' = Enr_n\theta''$，忽略泊桑比的影响，板厚方向的剪力为

$$Q_n = -\frac{1}{12}Et^3 v_n''' = \frac{1}{12}Et^3 r_n \theta'''$$

Q_n 对剪切中心的扭矩为

$$T_\omega = -\int_0^b Q_n r_n \mathrm{d}s = -E\left(\frac{1}{12}\int_0^b t^3 r_n^2 \mathrm{d}s\right)\theta''' = -EI_\omega^* \theta''' \tag{1.73}$$

式中 $I_\omega^* = \frac{1}{12}\int_0^b t^3 r_n^2 \mathrm{d}s$ 称为次翘曲惯性矩。对图 1.32 的各个截面：

T 形截面：$I_\omega^* = \frac{1}{36}h^3 t_w^3 + \frac{1}{18}b^3 t_f^3$

角钢截面：$I_\omega^* = \frac{1}{36}(h^3 + b^3)t^3$

各板件汇交于一点的截面：$I_\omega^* = \frac{1}{36}\sum_i b_i^3 t_i^3$ \qquad (1.74)

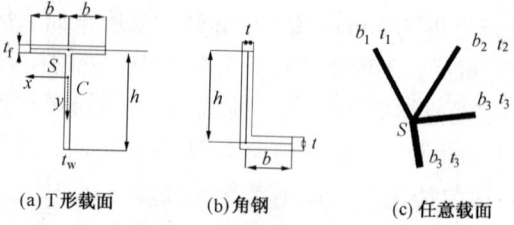

(a) T 形截面 　　(b) 角钢 　　(c) 任意截面

图 1.32　次翘曲的计算

上述考虑次翘曲理论，是在已知剪切中心的位置的情况下求得的，并且这个剪切中心的位置是在不考虑次翘曲的情况下得到的。考虑了次翘曲后，板件的厚度方向产生了剪应力，这个剪应力当然对剪切中心的位置也会产生影响。

根据图 1.33 所示的 Q_n 的分布，对 T 形截面，翼缘上的剪力左右相互抵消，腹板上剪力合成为总的 x 方向的剪力：

$$Q_x = \int_{0.5t}^h Q_n \mathrm{d}s = \frac{1}{12}Et_w^3 \theta''' \int_{0.5t}^h r_n \mathrm{d}s = -\frac{1}{12}Et_w^3 \theta''' \int_{0.5t}^h s\mathrm{d}s = -\frac{1}{24}E\left(h^2 - \frac{1}{4}t^2\right)t_w^3 \theta''' \tag{1.75}$$

这说明，按照中面交点作为剪切中心，扭转时会合成剪力。因此真正的剪切中心不在两中面的交点。

对于角钢，可以得到类似的结论。如果以平行角钢肢的形心轴作为坐标轴，则

$$Q_x = \int_{0.5t}^h Q_n \mathrm{d}s = \frac{1}{12}Et^3 \theta''' \int_{0.5t}^h r_n \mathrm{d}s = -\frac{1}{12}Et^3 \theta''' \int_{0.5t}^h s\mathrm{d}s = -\frac{1}{24}E\left(h^2 - \frac{1}{4}t^2\right)t^3 \theta'''$$

$$Q_y = \frac{1}{24}E\left(b^2 \frac{1}{4}t^2\right)t^3 \theta'''$$

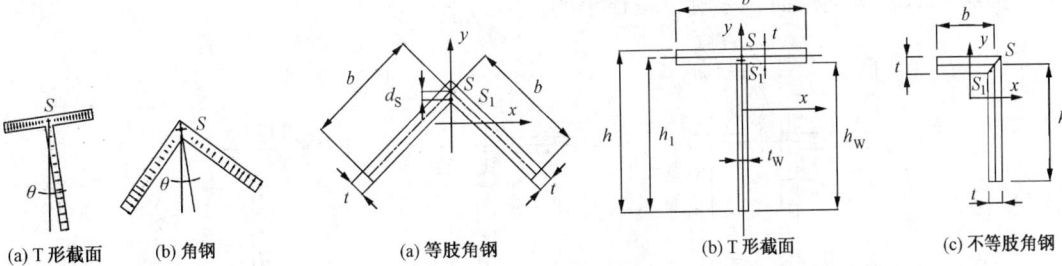

| (a) T 形截面 | (b) 角钢 | (a) 等肢角钢 | (b) T 形截面 | (c) 不等肢角钢 |

图 1.33　扭转时截面
上的剪应力

图 1.34　修正后的剪切中心

假设 T 形截面绕对称轴发生弯曲变形，则翼缘内的水平剪力是

$$Q_f = -EI_{yf}u'''$$

式中 $I_{yf} = \frac{1}{12}tb^3$ 是翼缘绕 y 轴的惯性矩。在腹板上，与次翘曲理论对应的薄壁构件弯曲理论是，必须考虑板厚方向弯曲正应力的变化。绕对称轴弯曲时，腹板单位高度上出现了板件理论才有的、沿腹板板厚的剪力。腹板总的剪力是

$$Q_w = -EI_{yw}u'''$$

式中 $I_{yw} = \frac{1}{12}h_wt_w^3$，$h_w$ 是腹板的净高。Q_w 作用在腹板自身的形心上。设剪切中心 S_1 离开腹板中面与翼缘中面交点 S 的距离是 d_s，则应该有

$$Q_w(0.5h_w + 0.5t - d_s) = Q_fd_s$$

$$d_s = \frac{0.5Q_w(h_w + t)}{Q_w + Q_f} = \frac{0.5I_{yw}(h_w + t)}{I_{yw} + I_{yf}} = \frac{0.5(h_w + t)}{1 + tb^3/h_wt_w^3} \tag{1.76}$$

翘曲惯性矩为：

$$I_\omega = \frac{1}{36}(h_1 - d_s)^3t_w^3 + \frac{1}{36}d_s^3t_w^3 + \frac{tb^3}{12}d_s^2 + \frac{b^3t^3}{144} = \frac{1}{36}(h_1^3 - 3h_1^2d_s + 3h_1d_s^2)t_w^3 + \frac{b^3t^3}{144} + \frac{tb^3}{12}d_s^2 \tag{1.77}$$

对 T400 × 200 × 16 × 16 的 T 形截面（瘦高型的 T 形截面，玻璃幕墙的立柱常用），$d_s = 2.428\text{mm}$，应该说，有影响，但是影响不大。扇性惯性矩比不考虑其影响的减小 0.9%。

对等肢角钢，新的剪切中心位置是

$$d_s = \frac{\sqrt{2}}{2} \cdot \frac{b}{1 + 4(b/t)^2} \tag{1.78}$$

翘曲惯性矩变为：

$$I_\omega = \frac{1}{18}t^3b^2\left(b - \frac{3}{4}\sqrt{2}d_s\right) \tag{1.79}$$

不等肢角钢的剪切中心位置，参照图 1.35，是

$$d_{sx} = \frac{bI_{x2}I_y + hI_{y2}I_{xy}}{2(I_xI_y - I_{xy}^2)}, \quad d_{sy} = \frac{hI_{y2}I_x + bI_{x2}I_{xy}}{2(I_xI_y - I_{xy}^2)} \tag{1.80a,b}$$

其中 $I_{y2} = \frac{1}{12}ht^3$，$I_{x2} = \frac{1}{12}bt^3$，翘曲惯性矩为

$$I_\omega = \frac{t^3}{36}\left[b^3\left(1 - 1.5\frac{d_{sx}}{b}\right) + h^3\left(1 - 1.5\frac{d_{sy}}{h}\right)\right] \tag{1.81}$$

可以推测，对于角钢截面，影响也是很小的。

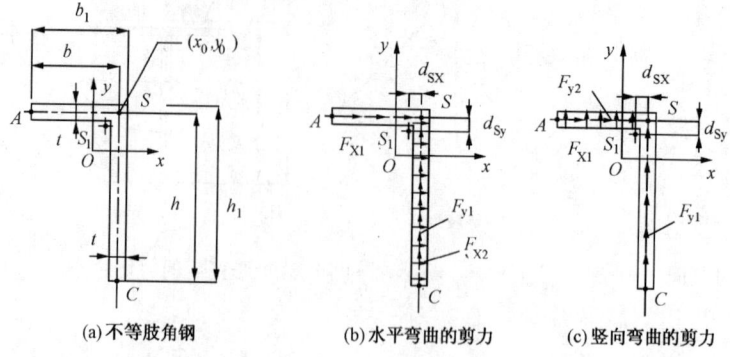

(a)不等肢角钢   (b)水平弯曲的剪力   (c)竖向弯曲的剪力

图 1.35 不等肢角钢的剪切中心

1.11 上下翼缘是变厚度的截面

热轧工字钢和热轧槽钢，上下翼缘的内侧均是斜的，工字形截面内侧倾斜的坡度是 $1:6$ ，轻型工字钢(Q345)内侧的倾斜是 12% ，槽钢内侧是 $1:10$ 。

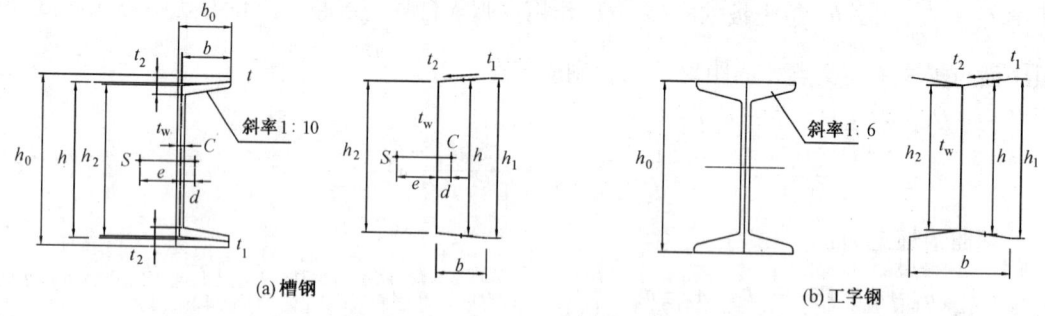

(a) 槽钢   (b) 工字钢

图 1.36 翼缘变厚度的热轧型钢

倾斜带来剪力流方向的变化，对槽钢，还使得剪切中心的位置发生变化。对翘曲惯性矩的影响较大。下面先研究热轧槽钢截面的剪切中心和翘曲惯性矩。

槽钢翼缘中心线的斜角 $\beta_\mathrm{f} = 2.8624°$ 。翼缘平均厚度 t ，自由边厚度 $t_1 = t - \frac{1}{20}(b_0 - t_\mathrm{w})$ ，内侧厚度 $t_2 = t + \frac{1}{20}(b_0 - t_\mathrm{w})$ 。以翼缘自由边为中面曲线坐标起点，$t = t_1 + 0.1s$ 。翼缘的面积矩是

$$S_\mathrm{x} = -\int_0^s yt\mathrm{d}s = -\int_0^s (0.5h_1 - 0.1s)(t_1 + 0.1s)\mathrm{d}s = \frac{1}{300}s^3 - \frac{1}{2}h_1 t_1 s - \frac{0.5h_1 - t_1}{20}s^2$$

其积分代表翼缘剪力流的合力

$$Q_\mathrm{f} = -\frac{Q_\mathrm{y}b^2}{4I_\mathrm{x}}\left[h_1 t_1 + \frac{b}{15}(0.5h_1 - t_1) - \frac{b^2}{300} \right]$$

腹板翼缘交点处的面积矩是 $S_{\mathrm{x}2} = -\frac{1}{2}b\left[h_1 t_1 + \frac{b}{10}(0.5h_1 - t_1) - \frac{b^2}{150} \right]$

腹板上的面积矩 $S_{xw} = S_{x2} - \dfrac{1}{2}t_w\left(\dfrac{1}{4}h_2^2 - y^2\right)$

腹板上剪力流的合力 $Q_{yw} = \dfrac{Q_y}{I_x}\left(S_{x2}h_2 - \dfrac{1}{12}t_w h_2^3\right)$

竖向合力 $Q_y = Q_{yw} + 2Q_f\sin\beta_f$

对腹板中点的扭矩 $T_M = Q_f h\cos\beta_f + Q_f b\sin\beta_f$

剪切中心位置：$e = e_v = \dfrac{T_M}{Q_y}$ (1.82)

计算表明，槽钢的变厚度翼缘，使得剪切中心比按照等厚度翼缘计算的更靠近腹板。槽钢 [18a 的计算结果是，等厚度翼缘计算的剪切中心到腹板中面的距离是 $e = 23.305\text{mm}$，按照变厚度翼缘计算的结果是 $e_v = 21.055\text{mm}$。

剪切中心到翼缘的垂直距离 $r_f = \dfrac{0.5h_2 - 0.05e_v}{\sqrt{1 + 0.05^2}}$。翘曲惯性矩是

$$I_{\omega v} = \frac{e_v^2}{12}t_w h_2^3 + b\left[\frac{h_2^2 e_v^2}{2}\left(t_1 + \frac{b}{20}\right) - h_2 e_v r_f b\left(t_1 + \frac{b}{30}\right) + \frac{2}{3}r_f^2 b^2\left(t_1 + \frac{b}{40}\right)\right]$$ (1.83)

等厚翼缘槽钢的翘曲惯性矩是 $I_\omega = \dfrac{e^2}{12}t_w h^3 + \dfrac{1}{2}bh^2 t\left[e^2 - be + \dfrac{1}{3}b^2\right]$。对 [18a，截面的扇性惯性矩，按照等厚度计算，$I_\omega = 4872196077\text{mm}^6$，按照翼缘变厚度计算 $I_{\omega v} = 4123914009\text{mm}^6$，减小了 15.4%。对所有的热轧槽钢，$e_v/e = 0.899\sim0.925$，$I_{\omega v}/I_\omega = 0.814\sim0.874$。热轧轻型槽钢 $e_v/e = 0.859\sim0.916$，$I_{\omega v}/I_\omega = 0.805\sim0.850$。

热轧普通槽钢剪切中心位置和翘曲惯性矩　　　　　　　表1.3

规　格	e_v	$I_{\omega v}(\text{mm}^6)$	规　格	e_v	$I_{\omega v}(\text{mm}^6)$
[5	12.82	20687549.19	[25a	24.16	15025110164
[6.3	13.65	49924611.85	[25b	22.67	16198151401
[8	14.45	119651445.4	[25c	21.35	17230832275
[10	15.88	302835785.3	[28a	24.74	23569578629
[12.6	17.24	750787185.8	[28b	23.2	25318945585
[14a	18.64	1309416113	[28c	21.84	26857832219
[14	17.52	1423406400	[32a	26.58	43309448495
[16a	19.85	2394593920	[32b	25.01	46350448218
[16	18.67	2591421888	[32c	23.6	49041980903
[18a	21.06	4123914009	[36a	28.92	81455115443
[18	19.82	4444047377	[36b	27.36	86606544115
[20a	22.79	6759928035	[36c	25.96	91218367417
[20	21.46	7280882947	[40a	29.09	1.28967×10^{11}
[22a	24.16	10254614875	[40b	27.62	1.36147×10^{11}
[22	22.76	11042317340	[40c	26.30	1.42621×10^{11}

规　格	e_v	$I_{\omega v}(\text{mm}^6)$	规　格	e_v	$I_{\omega v}(\text{mm}^6)$
Q[5	10.87	13510085.99	Q[20	24.41	6402081254
Q[6.5	12.18	39403834.26	Q[20a	26.49	7794496701
Q[8	13.4	93544619.52	Q[22	26.31	10370266828
Q[10	15.36	251588868	Q[22a	28.76	12859948652
Q[12	17	572866340.5	Q[24	28.92	17174015207
Q[14	18.87	1171898045	Q[24a	31.39	20956026306
Q[14a	20.8	1482455306	Q[27	29.96	27650674053
Q[16	20.73	2197960010	Q[30	30.85	42841865268
Q[16a	22.68	2730072935	Q[33	31.96	65125157613
Q[18	22.57	3853716711	Q[36	33.27	97371872937
Q[18a	24.55	4714275152	Q[40	34.36	1.50624×10^{11}

考虑到翼缘是倾斜的，槽钢的自由扭转常数计算公式如下

$$J = \frac{1}{3}ht_w^3 + \frac{2}{3}bt^3\left(1 + \frac{b^2}{1600t^2}\right)$$

普通热轧工字钢截面，翼缘内侧边斜度是 1:6，$\beta_f = 4.73116°$。$t_1 = t - \frac{b - t_w}{12}$，$t_2 = t + \frac{b - t_w}{12}$，剪切中心离翼缘中线的垂直距离是 $r_f = \frac{0.5h_2}{\sqrt{1.00685}}$，$h_2$ 是腹板处上下翼缘中线距离。翘曲惯性矩是

$$I_{\omega v} = \frac{b^3 r_f^2}{6}\left(t_1 + \frac{b}{48}\right) \tag{1.84}$$

等厚度的截面的翘曲惯性矩 $I_\omega = \frac{1}{24}b^3h^2t$。

对 I25a 计算，$I_\omega = 4749 \times 10^7 \text{mm}^6$，$I_{\omega v} = 3811.8 \times 10^7 \text{mm}^6$。可见要考虑翼缘厚度变化对工字钢翘曲性能的影响。热轧工字形截面翘曲惯性矩的影响之所以这么大，是因为，热轧工字形截面翼缘厚度变化很大，对 I25a，平均厚度 13，自由边厚度是 4，根部厚度是 22。工字形截面扇性坐标大的地方翼缘厚度小，所以翘曲惯性矩下降很大。对所有的热轧工字形截面的计算表明，其翘曲惯性矩与按照翼缘等厚度的工字钢的翘曲惯性矩的比值是：0.786 ~ 0.837。

热轧轻型工字钢，内表面的斜度是 12%，$\beta_f = 3.4214°$，$r_f = \frac{0.5h_2}{\sqrt{1.003574}}$，$I_{\omega v} = \frac{1}{6}b^3 r_f^2$ $\left(t_1 + \frac{3}{200}b\right)$ 其翘曲惯性矩与按照翼缘等厚度的工字钢的翘曲惯性矩的比值是：0.789 ~ 0.888。

工字钢	$I_{\omega v}$ (mm^6)	工字钢	$I_{\omega v} \times 10^{10}$ (mm^6)	工字钢	$I_{\omega v} \times 10^{11}$ (mm^6)
I 10	667815052. 4	I 28a	5. 9190	I 45a	3. 89592
I 12. 6	1559731640	I 28b	6. 2374	I 45b	4. 06485
I 14	2651537789	I 32a	10. 3804	I 45c	4. 23886
I 16	5046413539	I 32b	10. 9025	I 50a	6. 30867
I 18	8500755998	I 32c	11. 4430	I 50b	6. 56715
I 20a	13568236209	I 36a	16. 0058	I 50c	6. 83298
I 20b	14461161057	I 36b	16. 7744	I 56a	9. 69918
I 22a	23525737363	I 36c	17. 5687	I 56b	10. 0772
I 22b	24932684160	I 40a	23. 6702	I 56c	10. 4654
I 25a	38118334397	I 40b	24. 7581	I 63a	15. 3921
I 25b	40277307162	I 40c	25. 8807	I 63b	15. 958
				I 63c	16. 5383

热轧轻型工字钢的翘曲惯性矩　　　　　　表 1.6

工字钢	$I_{\omega v}$ (mm^6)	工字钢	$I_{\omega v}$ (mm^6)	工字钢	$I_{\omega v} \times 10^{11}$ (mm^6)
QI10	389416309. 1	QI22a	22467430373	QI40	2. 47016
QI12	868307054. 4	QI24	25894224333	QI45	3. 81372
QI14	1801011975	QI24a	33702936425	QI50	6. 07866
QI16	3340036099	QI27	42282706035	QI55	9. 5388
QI18	5992258600	QI27a	55902278567	QI60	14. 4813
QI18a	8230555515	QI30	69908685203	QI65	21. 4967
QI20	10437571415	QI30a	89741096139	QI70	31. 444
QI20a	13916828295	QI33	$10. 5116 \times 10^{10}$	QI70a	36. 7808
QI22	17269351701	QI36	$15. 4642 \times 10^{10}$	QI70b	43. 6208

热轧普通工字钢和轻型工字钢的自由扭转常数是

$$J_{I普通} = \frac{1}{3} h t_w^3 + \frac{2}{3} b t^3 \left(1 + \frac{b^2}{576 t^2} \right)$$

$$J_{I轻型} = \frac{1}{3} h t_w^3 + \frac{2}{3} b t^3 \left(1 + \frac{b^2}{2304 t^2} \right)$$

习　题

1.1　（1）确定图示各截面的形心 C 和剪切中心 S 坐标（位置）；

　　　（2）绘制它们的主扇性坐标 ω_n 图，并加以验证；

（3）绘制扇性面积矩 S_ω 的图形；

（4）计算扇性惯性矩 I_ω。

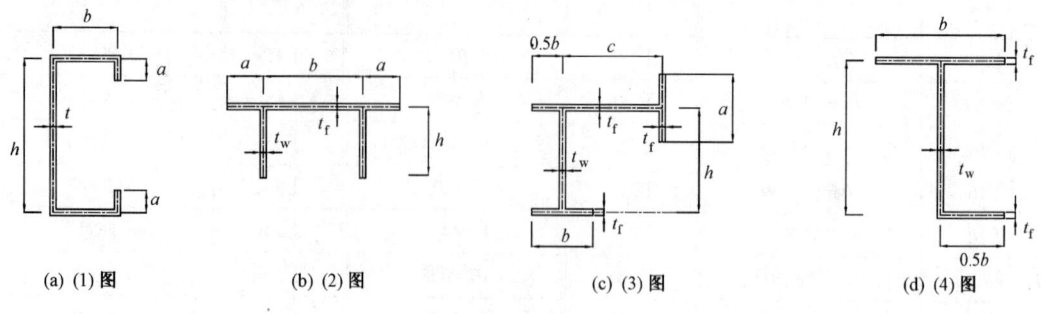

(a)（1）图   (b)（2）图   (c)（3）图   (d)（4）图

题 1.1 图

1.2　推导下面各截面的截面性质（弯曲惯性矩，面积矩，翘曲惯性矩，形心和剪切中心坐标，主扇性坐标等等）

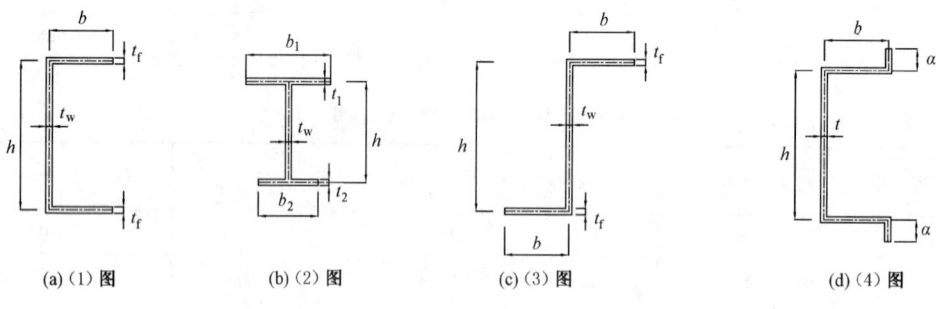

(a)（1）图   (b)（2）图   (c)（3）图   (d)（4）图

题 1.2 图

1.3　求下面薄壁梁的约束扭转问题的解

（1）两端简支梁，承受均布扭矩；

（2）两端简支梁，承受跨中截面的集中扭矩；

（3）一端固定、一端简支梁承受均布扭矩；

（4）两端固定的梁，承受均布扭矩；

（5）两端固定的梁，承受跨中集中扭矩；

（6）悬臂梁自由端承受集中扭矩。

用图画出截面上的约束扭转力矩、自由扭转力矩和双力矩沿着长度的变化规律。

1.4　请参考结构力学，回顾梁的弯曲问题中是如何考虑剪切应变的影响的，并将其推广到薄壁梁约束扭转问题中要考虑中面剪应变影响的情况，得到考虑中面剪切变形影响的约束扭转平衡微分方程。

1.5　题 1.5 图所示的截面通过形心线作用均布荷载 $q = 1\text{kN/m}$，梁的跨度是 6m，求最大正应力和最大剪应力。

1.6　上题中，如果在跨中截面的上翼缘和腹板交点处布置侧向支承点，则扭转变形和弯曲变形如何求解，最大应力如何变化？

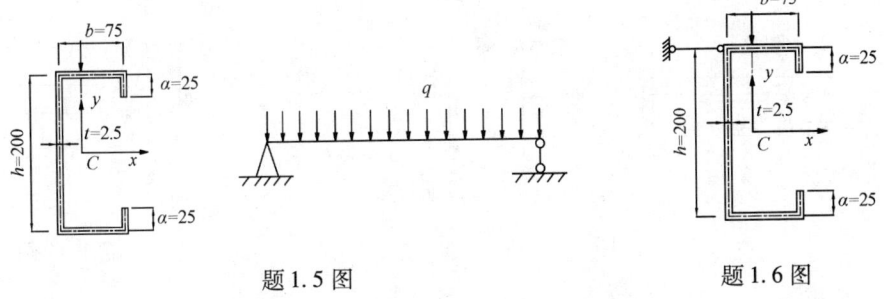

题 1.5 图   题 1.6 图

1.7 计算题 1.7 图梁跨中受力最大截面的正应力和剪应力，转角和挠度，梁两端对于弯曲和扭转均为简支。

1.8 假设工字形截面腹板与翼缘的四条角焊缝因为焊接顺序的不当，构件产生了初始扭转，构件截面内的残余应力将偏离双轴对称的分布，试考察此时的残余应力的分布会出现什么样的调整？设初始扭转为 $\theta_0(z) = \theta_0 \cos \dfrac{\pi z}{L}$。

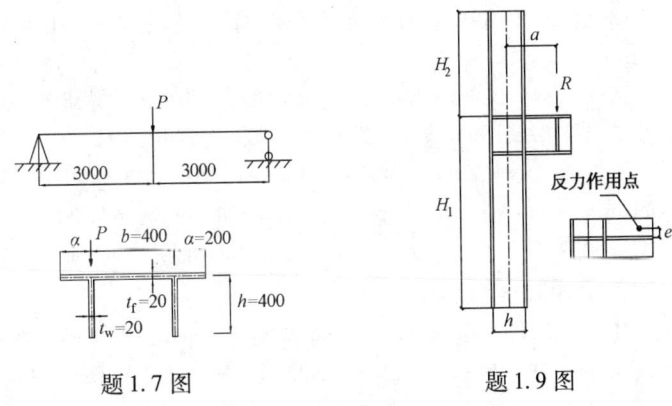

题 1.7 图   题 1.9 图

1.9 参考题 1.9 图。吊车梁通过凸缘支座支承在柱牛腿上，由于安装误差，凸缘支座偏离柱牛腿中心线 e（设为 50mm），牛腿上吊车的反力为 R，工字钢柱子宽度 b。柱子绕弱轴上下均为简支。假设截面是 H600×300×8/12，$H_1 = 7.5\text{m}$，$H_2 = 4\text{m}$，$R = 250\text{kN}$，$a = 650\text{mm}$，求柱子因为平面外弯曲和扭转各产生多大的应力，发生的部位在哪里？注意柱脚的约束条件是：平面外弯曲简化为铰支，但是扭转是固定的。柱顶则是平面外弯曲和扭转均简化为铰支。

1.10 参考题 1.10 图，图中所示简支梁跨中截面的上翼缘平面内承受横向水平力，简支梁跨度 6m，求上翼缘两个边缘的正应力，并与仅取上翼缘作为截面的水平弯曲梁计算得到的两个翼缘边的弯曲正应力进行比较。

1.11 求题 1.11 图所示截面的截面性质，包括形心，剪切中心，惯性矩，主扇性坐标，扇性惯性矩

$$A = (n + c + f)t, \quad x_0 = \frac{0.5c^2 + n(c + 0.5a)}{c + f + n}, \quad y_0 = \frac{1}{2}\frac{f^2 + mn}{c + f + n}$$

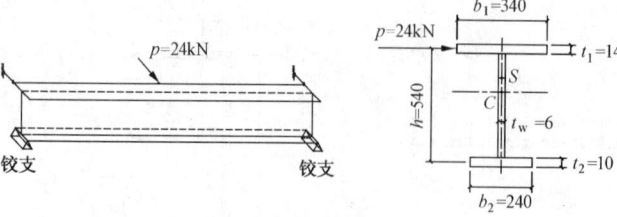 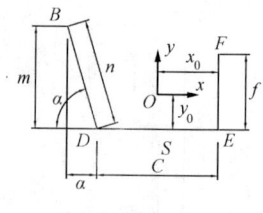

题 1.10 图　　　　　　　　　　　　题 1.11 图

参 考 文 献

[1] 陈骥. 钢结构稳定理论与设计（第二版）. 北京：科学出版社，2003.

[2] 刘鸿文. 板壳理论. 杭州：浙江大学出版社，1987.

[3] 吕烈武，沈世钊，沈祖炎，胡学仁. 钢结构构件稳定理论. 北京：中国建筑工业出版社，1983.

[4] 童根树，张磊. 薄壁钢梁中的横向应力及其对强度和稳定性的影响. 土木工程学报，2003，33 （2）.

[5] 符拉索夫，B.3. 主编. 一般壳体理论. 薛振东，朱世靖译. 北京：世界知识出版社，1963.

[6] 童根树，许强. 薄壁曲线梁线性和非线性分析理论. 北京：科学出版社，2004.

[7] 中华人民共和国国家标准.《钢结构设计规范》GB 50017—2003. 北京：中国计划出版社，2003.

[8] Bleich，F. Buckling Strength of Metal Structures，McGraw-Hill，New York. 1952.

[9] Ghobarah A. A.，Tso W. K.，A nonlinear thin-walled beam theory，International Journal of Mechanical Secinces，1971，13：1025-1038.

[10] Gjelsvik A.，The Theory of Thin Walled Bars，John Wiley & Sons，New York，1981.

[11] Timoshenko S. P.，Gere J. M.，Theory of Elastic Stability，2nd ed.，McGraw-Hill，New York，1961.

[12] Trahair N. S.，Flexural-Torsional Buckling of Structures，E & FN SPON，London，1993.

[13] Vlasov V. Z.，Thin-Walled Elastic Beams，2nd edn，Israel Program for Scientific Translation，Jerusalem，1961.

[14] 陈绍蕃. 钢结构设计原理. 北京：科学出版社，1998.

[15] 包世华，周坚. 薄壁杆件结构力学. 北京：中国建筑工业出版社，1991.

第2章 闭口薄壁构件和檩条的弯扭

2.1 闭口薄壁截面构件弯曲时的剪应力及其剪切中心

闭口薄壁截面弯曲时的正应力计算公式和开口薄壁截面的弯曲相同，因此本节只介绍剪应力的计算。

此时的出发公式仍然是式(1.3)，按照相同的步骤得到

$$\tau t = (\tau t)_0 + \frac{Q_x I_x - Q_y I_{xy}}{I_x I_y - I_{xy}^2} S_y + \frac{Q_y I_y - Q_x I_{xy}}{I_x I_y - I_{xy}^2} S_x \tag{2.1}$$

闭口截面与开口截面不同的地方在于，$(\tau t)_0$ 必须引入适当的条件加以确定。

中面剪应变为

$$\gamma = \frac{\tau}{G} = \frac{\partial \overline{w}}{\partial s} + \frac{\partial v_s}{\partial z}$$

由于本节只讲弯曲变形，中面切线方向的侧移是

$$v_s = u\cos\alpha + v\sin\alpha$$

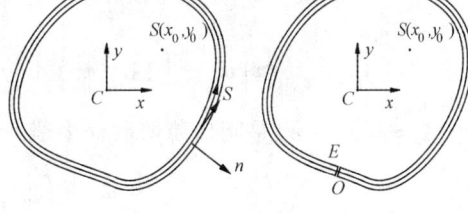

对中面剪应变沿着闭口截面的中面积分：

图 2.1 闭口薄壁截面

$$\oint \gamma \mathrm{d}s = \oint \frac{\partial \overline{w}}{\partial s}\mathrm{d}s + \oint \frac{\partial v_s}{\partial z}\mathrm{d}s$$

因为 $\oint \frac{\partial \overline{w}}{\partial s}\mathrm{d}s = 0$，

而 $\oint \frac{\partial v_s}{\partial z}\mathrm{d}s = \oint (u'\cos\alpha + v'\sin\alpha)\mathrm{d}s = u'\oint\cos\alpha\mathrm{d}s + v'\oint\sin\alpha\mathrm{d}s = 0$，

所以

$$\oint \gamma \mathrm{d}s = \frac{1}{G}\oint \tau \mathrm{d}s = 0 \tag{2.2}$$

将式(2.1)代入得到

$$(\tau t)_0 = -\frac{Q_x I_x - Q_y I_{xy}}{I_x I_y - I_{xy}^2}\left(\oint \frac{S_y}{t}\mathrm{d}s \Big/ \oint \frac{1}{t}\mathrm{d}s\right) - \frac{Q_y I_y - Q_x I_{xy}}{I_x I_y - I_{xy}^2}\left(\oint \frac{S_x}{t}\mathrm{d}s \Big/ \oint \frac{1}{t}\mathrm{d}s\right)$$

从而

$$\tau t = \frac{Q_x I_x - Q_y I_{xy}}{I_x I_y - I_{xy}^2}\overline{S}_y + \frac{Q_y I_y - Q_x I_{xy}}{I_x I_y - I_{xy}^2}\overline{S}_x \tag{2.3}$$

式中 $\overline{S}_x = S_x - \left(\oint \frac{S_x}{t}\mathrm{d}s \Big/ \oint \frac{1}{t}\mathrm{d}s\right)$，$\overline{S}_y = S_y - \left(\oint \frac{S_y}{t}\mathrm{d}s \Big/ \oint \frac{1}{t}\mathrm{d}s\right)$ 　(2.4a,b)

可以注意到，为了求解积分起点处的中面剪应力，不得不考虑了中面剪应变。中面剪应变为 0 的假定被弱化为 $\oint \gamma ds = 0$ 这个条件。这个条件要求中面上的剪应力既有顺时针方向，也有逆时针方向（否则不会等于 0）。

下面来求闭口薄壁截面剪切中心的位置。为了简化，下面假设坐标轴是形心主轴：

$$\tau t = \frac{Q_x}{I_y}\overline{S}_y + \frac{Q_y}{I_x}\overline{S}_x \tag{2.5}$$

剪力流对形心求扭矩得到

$$T_c = \oint \tau t r_c ds = \oint \left(\frac{Q_x}{I_y}\overline{S}_y + \frac{Q_y}{I_x}\overline{S}_x \right) r_c ds = \frac{Q_x}{I_y}\oint \overline{S}_y r_c ds + \frac{Q_y}{I_x}\oint \overline{S}_x r_c ds$$

注意到

$$\oint \frac{S_y}{t} ds = S_y \left(\int_0^s \frac{1}{t}ds \right) \Big|_0^{End} + \oint x \left(\int_0^s \frac{1}{t}ds \right) ds = \oint x \left(\int_0^s \frac{1}{t}ds \right) ds$$

$$\oint \overline{S}_y r_c ds = \overline{S}_y \omega_c \Big|_0^{End} + \oint x \omega_c ds = -\left(\oint \frac{S_y}{t}ds \Big/ \oint \frac{1}{t}ds \right)(\omega_{cEnd} - \omega_{c0}) + \oint x \omega_c ds$$

$$= -2A_0 \left[\oint x \left(\int_0^s \frac{1}{t}ds \right) ds \Big/ \oint \frac{1}{t}ds \right] + \oint x \omega_c ds$$

$$= \oint x \left[\omega_c - \left(2A_0 \Big/ \oint \frac{1}{t}ds \right) \cdot \int_0^s \frac{1}{t}ds \right] ds$$

式中 $2A_0 = \omega_{cEnd} - \omega_{c0}$ 是闭口薄壁截面中线所围面积的 2 倍。记

$$\overline{\omega}_c = \omega_c - \left(2A_0 \Big/ \oint \frac{1}{t}ds \right) \cdot \int_0^s \frac{1}{t}ds \tag{2.6}$$

则

$$\oint \overline{S}_y r_c ds = \oint x \overline{\omega}_c ds = I_{\omega cy} \tag{2.7a}$$

同理

$$\oint \overline{S}_x r_c ds = \oint y \overline{\omega}_c ds = I_{\omega cx} \tag{2.7b}$$

因此弯曲剪力流对形心的扭矩为

$$T_c = \frac{Q_x}{I_y} I_{\omega cy} + \frac{Q_y}{I_x} I_{\omega cx}$$

从上式得到闭口截面的剪切中心坐标为

$$x_0 = \frac{I_{\omega cx}}{I_x} \qquad y_0 = -\frac{I_{\omega cy}}{I_y} \tag{2.8a,b}$$

下面以图 2.2(a) 所示的单轴对称截面的矩形钢管截面为例计算其剪切中心的位置。截面面积 $A = 7bt$，形心位置为 $h_1 = \frac{6}{7}b$，$h_2 = \frac{8}{7}b$，$I_x = \frac{4312b^3 t}{1029}$，$I_y = \frac{5}{4}tb^3$。以形心为极点的扇性坐标为图 2.2(b)，考虑闭合截面的特点，修正的以形心为极点的扇性坐标为

$$\overline{\omega}_c = \omega_c - \frac{8tb}{11} \int_0^s \frac{ds}{t}$$

$\overline{\omega}_c$ 图显示在图 2.2(d) 中，x 图是图 2.2(e)，两者图乘得到

$$I_{\omega cy} = \oint x \overline{\omega}_c ds = -\frac{20}{231}b^4 t$$

50

最后得到　$y_0 = \dfrac{16}{231}b = 0.069264b$。

通过上面的算例发现，单轴对称闭口截面的剪切中心的位置非常接近于形心，这与开口截面完全不同。

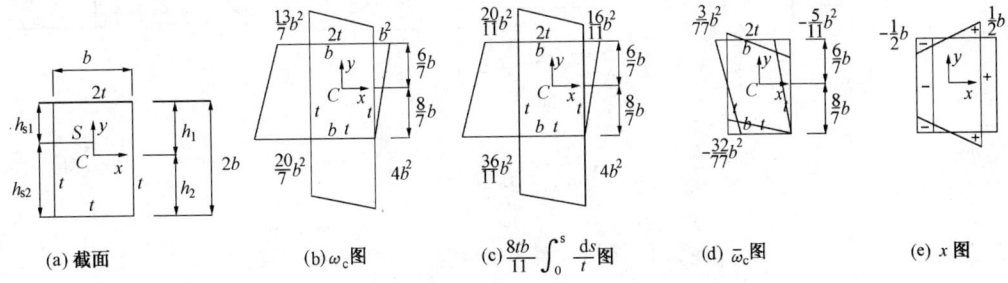

(a) 截面　　　　(b) ω_c图　　　(c) $\dfrac{8tb}{11}\displaystyle\int_0^s \dfrac{ds}{t}$图　　(d) $\bar{\omega}_c$图　　　(e) x图

图 2.2　单轴对称矩形截面的剪切中心坐标

2.2　闭口薄壁截面构件的自由扭转和翘曲变形

本节介绍闭口薄壁截面的自由扭转。从材料力学对圆管截面的扭转的研究可以知道，圆管内的扭转剪应力是圆管薄壁的中面切线方向，剪应力的大小与到圆心的距离成正比，钢管壁很薄，这个剪应力沿壁厚的变化可以忽略不计，取圆管薄壁中面上的剪应力代表它所受到的剪应力。这种剪应力的分布与开口薄壁截面有很大的不同(开口截面的薄壁中面自由扭转剪应力为 0)。

因此闭口截面自由扭转时，中面剪应力不为 0。设沿厚度的剪应力合成到中面上的剪力流为 τt，自由扭转时没有正应力，从中面微元的平衡条件式(1.3)得到

$$\frac{\partial(\tau t)}{\partial s} = 0$$

因此 $\tau t =$ 常量。即闭合截面上的中面剪力流为常量。自由扭转力矩为

$$T_{st} = \oint \tau t r_s ds = (\tau t)\oint r_s ds = 2A_0(\tau t)$$

A_0 是闭口薄壁中线所围的几何面积。所以

$$\tau t = \frac{T_{st}}{2A_0} \tag{2.9}$$

中面剪应变为

$$\gamma = \frac{\partial \bar{w}}{\partial s} + \frac{\partial v_s}{\partial z} = \frac{\tau}{G} = \frac{T_{st}}{2GA_0 t}$$

因为 $v_s = r_s\theta$，所以

$$\frac{\partial \bar{w}}{\partial s} = \frac{T_{st}}{2GA_0 t} - r_s\theta'$$

$$\bar{w} = w_0 - \omega\theta' + \frac{T_{st}}{2GA_0}\int_0^s \frac{1}{t}ds \tag{2.10}$$

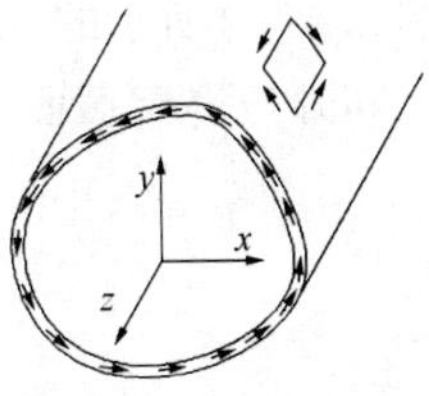

图 2.3　闭口截面自由
扭转剪应力

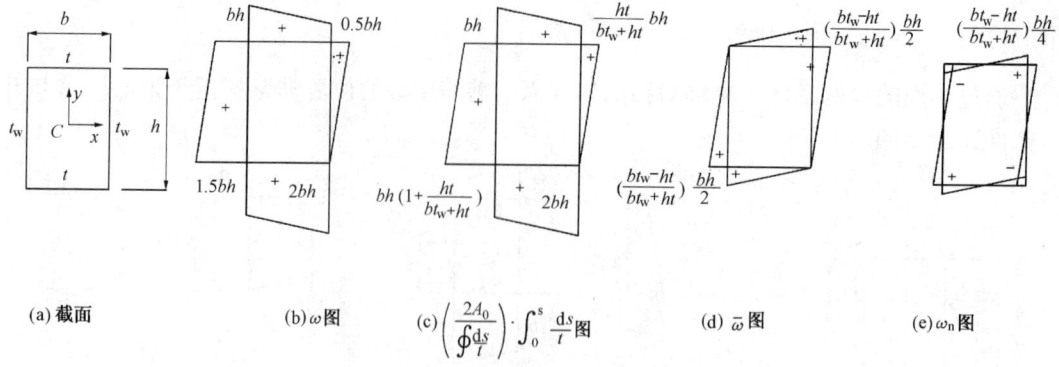

(a) 截面   (b) ω 图   (c) $\left(\dfrac{2A_0}{\oint \frac{\mathrm{d}s}{t}}\right)\cdot\displaystyle\int_0^s \dfrac{\mathrm{d}s}{t}$ 图   (d) $\bar\omega$ 图   (e) ω_{n} 图

图 2.4　双轴对称矩形钢管的翘曲坐标

截面的纵向位移对于中面曲线坐标是连续的，即 $\oint \dfrac{\partial \overline{w}}{\partial s}\mathrm{d}s = 0$。所以得到

$$\frac{T_{\mathrm{st}}}{2GA_0}\oint \frac{1}{t}\mathrm{d}s = \theta'\oint r_{\mathrm{s}}\mathrm{d}s = 2A_0\theta'$$

$$T_{\mathrm{st}} = GJ\theta' \qquad\qquad (2.11)$$

式中 J 是闭口截面的自由扭转常数，

$$J = 4A_0^2 \Big/ \oint \frac{1}{t}\mathrm{d}s \qquad\qquad (2.12)$$

对于中面半径为 R、壁厚为 t 的圆管，$J = 2\pi R^3 t$

对等厚度 t、边长为 b 的正方形钢管，$J = b^3 t$

图 2.4(a) 所示的箱形截面，$J = \dfrac{2b^2h^2 t t_{\mathrm{w}}}{bt_{\mathrm{w}} + ht}$。

式 (2.9) 改写为

$$\overline{w} = w_0 - \omega\theta' + \frac{GJ}{2GA_0}\int_0^s \frac{1}{t}\mathrm{d}s\theta' = w_0 - \overline{\omega}\theta'$$

式中　$\overline{\omega} = \omega - \dfrac{2A_0}{\oint \frac{1}{t}\mathrm{d}s}\displaystyle\int_0^s \frac{1}{t}\mathrm{d}s$ \qquad\qquad (2.13)

进一步计算全截面的平均位移 w，回代得到闭口截面自由扭转时的翘曲位移：

$$\overline{w} = w - \omega_{\mathrm{n}}\theta' \qquad\qquad (2.14)$$

式中 $\omega_{\mathrm{n}} = \overline{\omega} - \dfrac{1}{A}\oint \overline{\omega}\mathrm{d}A$ 是主扇性坐标。

图 2.4(a) 所示的双轴对称矩形钢管截面的主扇性坐标的计算过程如图 2.4(b)～(e) 所示。同开口薄壁截面一样，自由扭转时，w 是常量，$\theta'' = 0$。

2.3　闭口薄壁截面构件的约束扭转

开口薄壁截面构件的约束扭转采用了两个基本假定，但是我们发现，约束扭转时的翘曲位移和自由扭转时的翘曲位移的表达式是相同的。把开口截面的这个现象推广到闭口薄

壁截面，即假设闭口薄壁截面约束扭转时的翘曲位移仍然由式(2.14)给出，可以得到翘曲正应力为

$$\sigma_\omega = -E\omega_n\theta''$$ (2.15)

同样可以定义双力矩：

$$B_\omega = \oint \sigma_\omega \omega_n t \mathrm{d}s = -EI_\omega\theta''$$ (2.16)

闭口截面的中面上有自由扭转剪力流，因为式(2.15)，还存在约束扭转剪力流。翘曲剪力流的计算公式为

$$\frac{\partial \tau_\omega t}{\partial s} = -\frac{\partial \sigma_\omega t}{\partial z} = E\omega_n\theta'''$$

$$\tau_\omega t = (\tau_\omega t)_0 - ES_\omega\theta'''$$ (2.17)

式中 $S_\omega = -\int_0^s \omega_n t \mathrm{d}s$ 是扇性面积矩。

要确定上式的积分常数，必须考虑中面剪应变。中面剪应变是

$$\gamma = \frac{\tau}{G} = \frac{T_{st}}{2GA_0 t} + \frac{\tau_\omega}{G} = \frac{\partial \overline{w}}{\partial s} + \frac{\partial v_s}{\partial z}$$

上式两侧沿着中面积分一周，得到

$$\oint \gamma \mathrm{d}s = \frac{T_{st}}{2GA_0} \oint \frac{1}{t}\mathrm{d}s + \frac{1}{G}\oint \tau_\omega \mathrm{d}s = 2A_0\theta' + \frac{1}{G}\oint \tau_\omega \mathrm{d}s = \oint \frac{\partial \overline{w}}{\partial s}\mathrm{d}s + \theta'\oint r_s \mathrm{d}s = 0 + 2A_0\theta'$$

所以 $\oint \tau_\omega \mathrm{d}s = 0$ ，将式(2.16)代入得到

$$(\tau_\omega t)_0 = E\theta''' \oint \frac{S_\omega}{t}\mathrm{d}s \Big/ \oint \frac{\mathrm{d}s}{t}$$

回代到式(2.17)得到

$$\tau_\omega t = -E\overline{S}_\omega\theta'''$$ (2.18)

$$\overline{S}_\omega = S_\omega - \oint \frac{S_\omega}{t}\mathrm{d}s \Big/ \oint \frac{1}{t}\mathrm{d}s$$ (2.19)

翘曲扭矩为

$$T_\omega = \oint \tau_\omega t r_s \mathrm{d}s = -E\Big(\oint \overline{S}_\omega r_s \mathrm{d}s\Big)\theta'''$$

因为

$$\oint \frac{S_\omega}{t}\mathrm{d}s = \Big(S_\omega \int_0^s \frac{1}{t}\mathrm{d}s\Big)\Big|_0^{\mathrm{End}} + \oint \Big(\omega_n \int_0^s \frac{1}{t}\mathrm{d}s\Big) t \mathrm{d}s = \oint \Big(\omega_n \int_0^s \frac{1}{t}\mathrm{d}s\Big) t \mathrm{d}s$$

所以

$$\oint \overline{S}_\omega r_s \mathrm{d}s = \overline{S}_\omega \omega \Big|_0^{\mathrm{End}} + \oint \omega_n \omega t \mathrm{d}s = -\Big(\oint \frac{S_\omega}{t}\mathrm{d}s \Big/ \oint \frac{1}{t}\mathrm{d}s\Big) 2A_0 + \oint \omega_n \omega t \mathrm{d}s$$

$$= -\Big(\oint \Big(\omega_n \int_0^s \frac{1}{t}\mathrm{d}s\Big) t \mathrm{d}s \Big/ \oint \frac{1}{t}\mathrm{d}s\Big) 2A_0 + \oint \omega_n \omega t \mathrm{d}s$$

$$= \oint \omega_n \Big[\omega - \Big(2A_0 \Big/ \oint \frac{1}{t}\mathrm{d}s\Big) \int_0^s \frac{1}{t}\mathrm{d}s\Big] t \mathrm{d}s = \oint \omega_n^2 t \mathrm{d}s = I_\omega$$

从而得到

$$T_\omega = -EI_\omega \theta'''$$ (2.20)

图 2.4(a)所示截面的翘曲惯性矩为

$$I_\omega = \frac{b^2 h^2}{24}(ht_w + bt)\left(\frac{bt_w - ht}{bt_w + ht}\right)^2$$ (2.21)

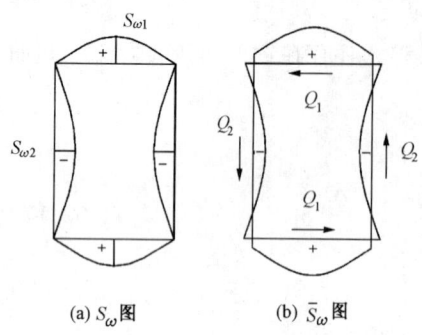

(a) S_ω 图   (b) $\bar{S}_\omega$ 图

图 2.5 闭口截面剪力流的分布

这里指出,虽然闭口截面的自由扭转刚度远远高于开口薄壁截面,但是闭口截面的翘曲刚度 EI_ω 与开口截面则属于同一个量级,甚至很小。例如等厚度的正方形钢管的翘曲惯性矩为 0。方钢管只有自由扭转。因为式(2.21)中分子上的减号,所以矩形钢管的翘曲惯性矩也很小。

为了弄清翘曲扭转力矩的组成,图 2.5(a),(b)分别画出了 S_ω 和 $\bar{S}_\omega$ 图,图中

$$S_{\omega 1} = \frac{1}{4}bt\omega_1,\ S_{\omega 2} = -\frac{1}{4}ht_w\omega_1,$$

$$\omega_1 = \frac{1}{4}bh\frac{bt_w - ht}{bt_w + ht}$$

而 $\oint \frac{S_\omega}{t}ds \Big/ \oint \frac{ds}{t} = \frac{1}{6}tt_w\omega_1\frac{b^2 - h^2}{bt_w + ht}$。图 2.5(b)画出了翼缘和腹板上翘曲剪力流的合力,计算得到

$$Q_1 = -(E\theta''')\frac{1}{6}\omega_1 bht\frac{bt + ht_w}{bt_w + ht}$$

$$Q_2 = (E\theta''')\frac{1}{6}\omega_1 bht_w\frac{bt + ht_w}{bt_w + ht}$$

组成翘曲扭矩的翼缘部分 $T_{\omega f}$ 和腹板部分 $T_{\omega w}$ 的比值为

$$\frac{T_{\omega f}}{T_{\omega w}} = \frac{Q_1 h}{Q_2 b} = -\frac{ht}{bt_w}$$

由此可见,腹板抵抗翘曲的扭矩和翼缘抵抗翘曲的扭矩是相反的,这确实让人吃惊。再仔细一想,也是 $G\oint\gamma_\omega ds = \oint\tau_\omega ds = 0$ 这个翘曲连续条件所要求的。

读者可自行验证 $T_\omega = T_{\omega f} + T_{\omega w}$,因此

$$T_{\omega f} = \frac{ht}{ht - bt_w}T_\omega,\ \ T_{\omega w} = -\frac{bt_w}{ht - bt_w}T_\omega$$ (2.22a,b)

2.4 多室闭口截面构件的自由扭转

在多室的情况下,可以验证,每一个室的室壁的自由扭转剪力流是常数,计为 q_1,q_2,在两个室共有的壁上的剪力流是 $q_1 - q_2$。

多室情况下需要解决的问题是每一个室提供多少自由扭转力矩?因此,即使是自由扭转力矩,也是一个超静定问题,超静定的次数等于室的数量减 1。求解超静定问题需要变形协调条件。这里的协调条件是两个室具有相同的扭率,在这个条件下,每个室的室壁在剪力流的作用下产生剪切应变,要求剪切变形后,纵向位移仍然连续。中面剪应变是:

54

$$\gamma = \frac{\tau}{G} = \frac{T_{st}}{2GA_0 t} = \frac{\partial \overline{w}}{\partial s} + \frac{\partial v_s}{\partial z}$$

$$\oint \gamma \mathrm{d}s = \oint \frac{q}{Gt}\mathrm{d}s = \oint \left(\frac{\partial \overline{w}}{\partial s} + \frac{\partial v_s}{\partial z} \right)\mathrm{d}s = \theta' \oint r_s \mathrm{d}s = 2A_0 \theta'$$

注意上面采用了薄壁中面切线位移 $v_s = r_s \theta$ 这一式子，这说明推导的过程采用了刚周边假设。同时没有说明扭转中心在何处，不论扭转中心是在某个室的内部还是外部，$\oint r_s \mathrm{d}s = 2A_0$ 都成立。

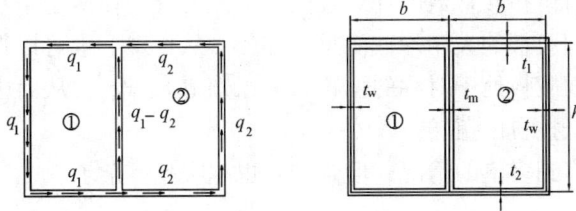

图 2.6　多室闭口截面

因此，对每一个室，都有如下的方程，

$$\oint \frac{q}{t}\mathrm{d}s = 2A_0 G\theta'$$

参考图 2.6，对两个室建立这个方程得到

$$q_1 \oint_{(1)} \frac{1}{t}\mathrm{d}s - q_2 \int_{1-2} \frac{1}{t}\mathrm{d}s = 2GA_{01}\theta'$$

$$- q_1 \int_{1-2} \frac{1}{t}\mathrm{d}s + q_2 \oint_{(2)} \frac{1}{t}\mathrm{d}s = 2GA_{02}\theta'$$

其中 $\oint_{(1)} \frac{1}{t}\mathrm{d}s$ 是对第 1 室的薄壁中面积分，包含了两个室公共部分，$\int_{1-2} \frac{1}{t}\mathrm{d}s$ 是两个室共有的薄壁中面的积分。A_{01}，A_{02} 分别是室 1 和室 2 中面所围的面积。记

$$\Delta_t = \oint_{(1)} \frac{1}{t}\mathrm{d}s \oint_{(2)} \frac{1}{t}\mathrm{d}s - \left(\int_{1-2} \frac{1}{t}\mathrm{d}s \right)^2 \tag{2.23a}$$

可以求得：

$$q_1 = 2G\theta' \frac{1}{\Delta_t}\left(A_{01} \oint_{(2)} \frac{1}{t}\mathrm{d}s + A_{02} \int_{1-2} \frac{1}{t}\mathrm{d}s \right)$$

$$q_2 = 2G\theta' \frac{1}{\Delta_t}\left(A_{02} \oint_{(1)} \frac{1}{t}\mathrm{d}s + A_{01} \int_{1-2} \frac{1}{t}\mathrm{d}s \right)$$

扭矩为

$$T_{st} = 2A_{01}q_1 + 2A_{02}q_2 = GJ\theta'$$

式中

$$J = \frac{4}{\Delta_t}\left[A_{01}A_{02}\left(\oint_{(1)} \frac{1}{t}\mathrm{d}s + \oint_{(2)} \frac{1}{t}\mathrm{d}s \right) + (A_{01}^2 + A_{02}^2)\int_{1-2} \frac{1}{t}\mathrm{d}s \right] \tag{2.23b}$$

假设图 2.6 所示的截面，两个室相同，上翼缘厚度 t_1，下翼缘厚度 t_2，左右腹板厚度 t_w，中间腹板厚度 t_m，翼缘宽度 $2b$，腹板高度 h，则

$$A_{01} = A_{02} = bh$$

$$J = \frac{4}{\Delta_t}\Big[A_{01}A_{02}\Big(\oint_{(1)} \frac{1}{t}\mathrm{d}s + \oint_{(2)} \frac{1}{t}\mathrm{d}s\Big) - (A_{01}^2 + A_{02}^2)\int_{1-2} \frac{1}{t}\mathrm{d}s \Big]$$

$$\oint_{(1)} \frac{1}{t}\mathrm{d}s = \oint_{(2)} \frac{1}{t}\mathrm{d}s = \frac{b}{t_1} + \frac{b}{t_2} + \frac{h}{t_w} + \frac{h}{t_m}, \int_{1-2} \frac{1}{t}\mathrm{d}s = \frac{h}{t_m}$$

$$J = \frac{8b^2h^2}{\Delta_t}\Big(\frac{b}{t_1} + \frac{b}{t_2} + \frac{h}{t_w} + \frac{2h}{t_m}\Big) = J = \frac{8b^2h^2}{\dfrac{b}{t_1} + \dfrac{b}{t_2} + \dfrac{h}{t_w} + \dfrac{2h}{t_m}} = \frac{4\ (2bh)^2}{\dfrac{2b}{t_1} + \dfrac{2b}{t_2} + \dfrac{2h}{t_w}} \qquad (2.24)$$

对照单室箱形截面的自由扭转常数的计算公式，可以发现，在两个室相同的情况下，自由扭转刚度是与没有中间腹板的大箱形截面是一样的。从直观上也可以得到这一结论，因为两个室是一样的，中间腹板处于对称的位置，可以知道 $q_1 = q_2$，从而中间的腹板没有剪力流，中间腹板不参与抵抗自由扭转。

上述方法可以推广到多室的情况，但是推导也越来越复杂了。

2.5　开口和闭口薄壁截面梁抗扭计算算例

本节计算两个薄壁构件约束扭转的例子。一个是工字形截面，采用 H200 × 200 × 8 × 12 截面，闭口截面则采用 Box300 × 150 × 6 × 6。两端固定，在跨中承受集中的扭矩 100 kN·m。长度取为 4m 和 8m 分别计算。

箱形截面的截面性质为：$J = \dfrac{2b^2h^2tt_w}{bt_w + ht} = \dfrac{2 \times 144^2 \times 294^2 \times 6 \times 6}{144 \times 6 + 294 \times 6} = 49105120\,\mathrm{mm}^4$，

$$I_\omega = \frac{b^2h^2\ (ht_w + bt)}{24}\Big(\frac{bt_w - ht}{bt_w + ht}\Big)^2 = \frac{144^2 \times 294^2}{24} \times 6 \times 438 \times \Big(\frac{150}{438}\Big)^2 = 230.1802521 \times 10^8\,\mathrm{mm}^6$$

$\lambda = \sqrt{\dfrac{GJ}{EI_\omega}} = \sqrt{\dfrac{49105120}{2.6 \times 2.301802521 \times 10^{10}}} = 0.028644594\ \dfrac{1}{\mathrm{mm}}$。最大的主扇性坐标 ω_1 = 3624.6 mm²。

工字形截面的截面性质为 $J = 260440\,\mathrm{mm}^4$，$I_\omega = 0.141376 \times 10^{12}\,\mathrm{mm}^6$，

$\lambda = \sqrt{\dfrac{260440}{2.6 \times 0.141376 \times 10^{12}}} = 8.4173 \times 10^{-4}\ \dfrac{1}{\mathrm{mm}}$，最大的主扇性坐标 ω_1 = 9400 mm²。

这个问题的微分方程为

$$0 \leqslant z \leqslant L/2: \ EI_\omega\theta''' - GJ\theta' = -0.5M_z$$

上式的通解为

$$\theta = \frac{M_z}{2GJ}z + C_1 + C_2\sinh\lambda z + C_3\cosh\lambda z$$

$$\theta' = \frac{M_z}{2GJ} + \lambda C_2\cosh\lambda z + \lambda C_3\sinh\lambda z$$

式中 $\lambda = \sqrt{GJ/EI_\omega}$。边界条件为 $z = 0$ 时 $\theta = 0$，$\theta' = 0$ 以及在跨中截面 $\theta' = 0$ 得到

$$\theta = -\frac{M_z}{2\lambda GJ}\big[\sinh\lambda z - \lambda z - \tanh 0.25\lambda L\ (\cosh\lambda z - 1)\big]$$

$$\theta' = -\frac{M_z}{2GJ}\left[\cosh\lambda z - 1 - \tanh 0.25\lambda L \cdot \sinh\lambda z\right]$$

$$\theta'' = -M_z\frac{\sinh\lambda z - \tanh 0.25\lambda L \cdot \cosh\lambda z}{2\sqrt{GJEI_\omega}}$$

跨中截面的扭转角为

$$\theta = \frac{M_z L}{4GJ} \cdot \left(1 - \frac{\tanh 0.25\lambda L}{0.25\lambda L}\right)$$

设 $L=8\text{m}$，箱形截面 $0.25\lambda L$ 57.289，$\theta = -0.982544\frac{M_z L}{4GJ} = 2.0009\times10^{-8}\frac{M_z L}{4G} = 0.05051$ 弧度。工字形截面 $0.25\lambda L = 0.25\times8.4173\times10^{-4}\times8000 = 1.68346$，$\theta = -0.4456\frac{M_z L}{4GJ} = -1.71095\times10^{-6}\frac{M_z L}{4G} = 4.3189$ 弧度，是箱形截面扭转角的 85.5 倍。

在 $z = L/2$ 的截面上，$\theta'' = \frac{M_z}{2\sqrt{GJEI_\omega}}\tanh 0.25\lambda L$。在 $z=0$ 的截面上大小相同，正负号相反。

设 $L=8\text{m}$，$M_z = 100\text{kN}\cdot\text{m}$，箱形截面 $\theta'' = \frac{M_z}{2\sqrt{GJEI_\omega}} = 4.702974\times10^{-10}\frac{M_z}{\sqrt{GE}}$，最大翘曲应力 $\sigma_1 = -E\omega_1\theta'' = -1.05717\times10^{-6}M_z = -105.7\text{N/mm}^2$。

工字形截面 $\theta'' = 0.93330911\frac{M_z}{2\sqrt{GJEI_\omega}} = 2.4319454\times10^{-9}\frac{M_z}{\sqrt{GE}}$，最大翘曲应力 $\sigma_1 = -E\omega_1\theta'' = -1.4177348\times10^{-5}M_z = 1417.7\text{N/mm}^2$，是箱形截面上最大翘曲正应力的 13.41 倍。

从上述例子可以看出，开口截面的翘曲正应力要大得多，扭转变形也要大几十倍。

2.6 闭口截面构件沿长度规则开孔时的弯曲和扭转

如图 2.7 所示，矩形钢管截面，沿长度开规则孔。这是小高层和高层建筑核心筒的典型结构构件。开孔部位是电梯门（口），电梯口上方有连梁，把电梯口两侧的墙肢联系起来。各层的楼板起着使电梯井的截面形状保持不变的作用。

截面的各个部分的尺寸记号如图 2.8 所示，连梁截面的高度 h_L，截面的惯性矩是 I_L，连梁的跨度是 $h_0 = h - 2c$。这里的特殊性在于，与闭口截面相比，连梁部分不参与抵抗弯矩；与开口截面相比，连梁参与抗剪。英语称这种截面是 Partially closed。

2.6.1 弯曲和剪切中心

下面先研究这种截面的弯曲。对实体截面部分，平截面假定同样成立，记 x，y 是实体截面的形心主轴，任意一点的纵向应力仍然与开口截面一样。

推导薄壁中面上的弯曲剪应力时，取曲线坐标的起点在实体截面边缘上，此处的剪力流 $(\tau t)_0$，也是连梁（剪切膜）部分的剪力墙。得到

$$\tau t = (\tau t)_0 - \int_0^s\frac{\partial(\sigma t)}{\partial z}ds = (\tau t)_0 - \int_0^s\frac{\partial(\sigma t)}{\partial z}ds = (\tau t)_0 - \int_0^s\left(\frac{Q_x}{I_y}x + \frac{Q_y}{I_x}y\right)ds$$

式中 $S_x = -\int_0^s yt\mathrm{d}s$，$S_y = -\int_0^s xt\mathrm{d}s$ 只对实体截面积分。这样弯曲剪应力表示为

$$q = \tau t = q_0 + \frac{Q_y S_x}{I_x} + \frac{Q_x S_y}{I_y} \tag{2.25}$$

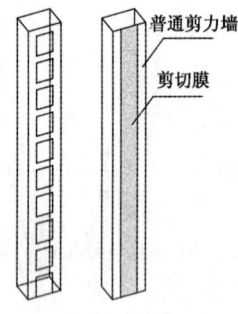

图 2.7　电梯井

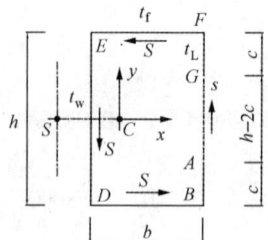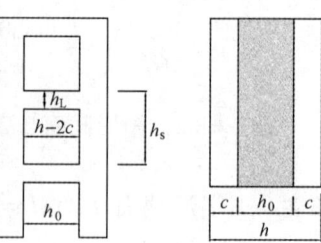

图 2.8　部分闭合截面尺寸记号

为了确定 $q_0 = (\tau t)_0$，需要考察中面剪应变。中面剪应变为

$$\gamma = \frac{\tau}{G} = \frac{\partial \overline{w}}{\partial s} + \frac{\partial v_s}{\partial z}$$

参照图 2.8，曲线坐标安装逆时针方向为正，$G-A$ 部分是实体截面，$A-G$ 部分是连梁（剪切膜）部分。中面剪应变沿着闭口截面的中面积分：

$$\oint \gamma \mathrm{d}s = \int_G^A \gamma \mathrm{d}s + \int_A^G \gamma_L \mathrm{d}s = \oint \frac{\partial \overline{w}}{\partial s}\mathrm{d}s + \oint \frac{\partial v_s}{\partial z}\mathrm{d}s$$

虽然存在连梁（剪切膜），其全截面积分后，结果仍然是 0，因此要求

$$\oint \gamma \mathrm{d}s = \int_G^A \gamma \mathrm{d}s + \int_A^G \gamma_L \mathrm{d}s = 0 \tag{2.26}$$

连梁在纵向剪力作用下，反弯点在连梁的中点。连梁内的剪力 Q_L，沿高度平均的剪力流是 q_0，$Q_L = q_0 h_s$，h_s 是层高。连梁一般要考虑截面剪切变形的影响，所以 Q_L 作用下两端的相对竖向侧移是

$$\Delta v_L = \frac{Q_L h_{0e}^3 (1 + \Phi_L)}{12 EI_L} = \frac{q_0 h_s h_{0e}^3 (1 + \Phi_L)}{12 EI_L}$$

式中 $\Phi_L = \dfrac{12 \times 1.2 EI_L}{GA_L h_{0e}^2}$，$h_{0e} = h_0 + 0.5 h_L$ 是连梁的有效跨度，是考虑与连梁连接的一部分实体截面变形使得连梁的刚度下降（墙肢不能给连梁提供完全的固定），通过增大连梁的跨度来考虑其影响。连梁两端的竖向相对位移折算成剪切膜的剪应变是

$$\gamma_L = \frac{\Delta v_L}{h_0} = \frac{q_0 h_s h_{0e}^3}{12 EI_L h_0}(1 + \Phi_L)$$

假设剪切膜的剪切模量与实体墙相同，都为 G，剪切膜的折算厚度 t_0，则 q_0 作用下的剪应变是

$$\gamma_L = \frac{q_0}{G t_0}$$

令两式相等得到

$$t_0 = \frac{12EI_L h_0}{G h_s h_{0e}^3 (1 + \Phi_L)} \tag{2.27}$$

这样 $\oint \gamma ds = \frac{1}{G} \int_G^A \left(\frac{q_0}{t} + \frac{Q_y S_x}{I_x t} + \frac{Q_x S_y}{I_y t} \right) ds + \frac{q_0}{G t_0} = 0,$

从而求得

$$q_0 = -\frac{\frac{Q_y}{I_x} \int_G^A \frac{S_x}{t} ds + \frac{Q_x}{I_y} \int_G^A \frac{S_y}{t} ds}{\int_G^A \frac{ds}{t} + \frac{h_0}{t_0}} \tag{2.28}$$

弯曲剪应力最后表示成:

实体部分 $\tau t = \frac{Q_x}{I_y} \bar{S}_y + \frac{Q_y}{I_x} \bar{S}_x$ (2.29a)

连梁部分 $\tau t = (\tau t)_0$ (2.29b)

式中 $\bar{S}_y = S_y - \dfrac{\int_G^A \frac{S_y}{t} ds}{\int_G^A \frac{ds}{t} + \frac{h_0}{t_0}}, \bar{S}_x = S_x - \dfrac{\int_G^A \frac{S_x}{t} ds}{\int_G^A \frac{ds}{t} + \frac{h_0}{t_0}}$ 。 (2.30a, b)

下面确定剪切中心。弯曲剪力流对截面形心的扭矩是

$$T_c = \int_A \tau t r_c ds + (\tau t)_0 r_{c0} h_0 = \oint (\tau t)_0 r_c ds + \int_A \left(\frac{Q_y S_x}{I_x} + \frac{Q_x S_y}{I_y} \right) r_c ds = 2A_0 q_0 + \frac{Q_y}{I_x} I_{\omega cx} + \frac{Q_x}{I_y} I_{\omega cy}$$

式中 $I_{\omega cx} = \int_A S_x r_c ds = \int_A y \omega_c t ds, I_{\omega cy} = \int_A S_y r_c ds = \int_A x \omega_c t ds, r_c$ 是形心到中面切线的距离，ω_c 是以形心为极点的扇性坐标。积分号下的 A，只表示实体面积，不包括连梁部分。r_{c0} 是实体截面的形心到连梁部分中面的垂直距离。将 q_0 代入，扭矩表示为

$$T_c = \frac{Q_x}{I_y} \bar{I}_{\omega cy} + \frac{Q_y}{I_x} \bar{I}_{\omega cx}$$

$$\bar{I}_{\omega cx} = I_{\omega cx} - \frac{2A_0}{\int_G^A \frac{ds}{t} + \frac{h_0}{t_0}} \int_G^A \frac{S_x}{t} ds, \bar{I}_{\omega cy} = I_{\omega cy} - \frac{2A_0}{\int_G^A \frac{ds}{t} + \frac{h_0}{t_0}} \int_G^A \frac{S_y}{t} ds \tag{2.31a,b}$$

假设剪切中心的位置是 $S(x_0, y_0)$，通过 S 作用有 Q_x，Q_y，他们对形心的扭矩是

$$T_c = -Q_x y_0 + Q_y x_0$$

两者相等得到剪切中心的位置是

$$x_0 = \frac{\bar{I}_{\omega cx}}{I_x}, y_0 = -\frac{\bar{I}_{\omega cy}}{I_y} \tag{2.32a,b}$$

卷边槽形截面，x 是对称轴，有 $I_{\omega cy} = 0$，注意 $I_{\omega cx}$，I_x，I_y 是与没有连梁的卷边槽钢截面是一样的，则

$$x_0 = \frac{\bar{I}_{\omega cx}}{I_x} = \frac{I_{\omega cx}}{I_x} - \frac{2A_0}{I_x} \frac{\int_G^A \frac{S_x}{t} ds}{\int_G^A \frac{ds}{t} + \frac{h_0}{t_0}} = -(d + e) - \frac{2A_0}{I_x} \frac{\int_G^A \frac{S_x}{t} ds}{\int_G^A \frac{ds}{t} + \frac{h_0}{t_0}} \tag{2.33}$$

上式第 2 项代表连梁带来的剪切中心位置的变化，d 是实体截面形心到腹板中面的距离，e 是实体开口截面的剪切中心到腹板中面的距离。

下面来计算等厚的截面的剪切中心的位置。其中

$$\int_A \frac{S_x}{t} ds = \frac{1}{24} [h^3 + (h-2c)^3] + \frac{1}{4}(h-2c)^2 c - \frac{1}{2}c(h-c)(h+2b) - \frac{1}{2}bh^2 - \frac{3}{2}hb^2 + 2bhd$$

假设 $b = h$，$c = 0.25h$，$h_s = 1.5h$。$h_L = 0.25h_s = 0.375h$。此时

$$\int_A \frac{S_x}{t} ds = -\frac{305}{224}h^3, \quad d = \frac{b+2c}{h+2b+2c}b = \frac{3}{7}h, h_{0e} = 0.5h + 0.5h_L = \frac{11}{16}h$$

$$I_x = \frac{1}{12}th^3 + \frac{1}{2}bth^2 + \frac{1}{12}t[h^3 - (h-2c)^3] = \frac{21}{32}th^3$$

$$\Phi_L = \frac{1.2 \times 12E \frac{1}{12}t (0.375h)^3}{Gt \times 0.375h \times \frac{11^2}{16^2}h^2} = 0.92826$$

$$e = \frac{bt}{I_x}\left(\frac{1}{4}bh^2 + \frac{1}{2}ch^2 - \frac{2}{3}c^3\right) = \frac{35h^4 t}{96 I_x} = \frac{5}{9}h$$

$$t_0 = \frac{12 \times 2.6 \times \frac{1}{12}t (0.375h)^3 0.5h}{1.5h^4\left(\frac{11}{16}\right)^3 1.92826} = \frac{4 \times 2.6 \times t (0.375)^3}{12\left(\frac{11}{16}\right)^3 1.92826}$$

$$= \frac{4 \times 2.6 \times t (0.375)^3}{12\left(\frac{11}{16}\right)^3 1.92826} = 0.07294t$$

$$x_0 = -\left(\frac{3}{7}h + \frac{5}{9}h\right) + 0.4007h$$

可见连梁对剪切中心的位置影响很大。如果连梁加高到层高的一半：

$$h_L = 0.5h_s = 0.75h, \quad h_{0e} = 0.5h + 0.5h_L = \frac{7}{8}h, \quad \Phi_L = 2.292245$$

$$t_0 = \frac{12 \times 2.6 \times \frac{1}{12}t (0.75h)^3 0.5h}{1.5h^4\left(\frac{7}{8}\right)^3 3.292245} = \frac{1.3 \times t (0.75)^3}{1.5\left(\frac{7}{8}\right)^3 3.292245} = 0.1658t$$

$$x_0 = -\left(\frac{3}{7} + \frac{5}{9}\right)h + 0.63683h$$

注意此时的剪切中心已经处在槽钢里面了。

2.6.2 自由扭转

对于开口部分（没有连梁），不能形成中面剪力流，中面剪应变为 0，按照开口截面计算翘曲位移是

$$w = -\omega_{op}\theta'$$

下标 op 代表开口截面的主扇性坐标。按照这个翘曲位移，连梁两端的相对纵向位移是

$$w_G - w_A = -(\omega_{opG} - \omega_{opA})\theta'$$

在这样一个位移下，剪切膜（连梁）的剪应变是

$$\gamma_{\mathrm{L}} = \frac{\tau_{\mathrm{L}}}{G} = \frac{\partial \overline{w}}{\partial s} + \frac{\partial v_{\mathrm{s}}}{\partial z} = \frac{(w_{\mathrm{G}} - w_{\mathrm{A}})}{h_{\mathrm{L}}} + r_{\mathrm{sL}} \theta' = \frac{-(\omega_{\mathrm{opG}} - \omega_{\mathrm{opA}}) \theta'}{h_{\mathrm{L}}} + r_{\mathrm{op,sL}} \theta'$$

$$= \left[r_{\mathrm{op,sL}} - \frac{(\omega_{\mathrm{opG}} - \omega_{\mathrm{opA}})}{h_{\mathrm{L}}} \right] \theta'$$

剪切膜的剪力

$$Q_{\mathrm{L,st}} = h_{\mathrm{s}} G t_0 \left[r_{\mathrm{op,sL}} - \frac{(\omega_{\mathrm{opG}} - \omega_{\mathrm{opA}})}{h_{\mathrm{L}}} \right] \theta' = \frac{12 E I_{\mathrm{L}} h_0}{h_{0\mathrm{e}}^3 (1 + \Phi_{\mathrm{L}})} \left[r_{\mathrm{op,sL}} - \frac{(\omega_{\mathrm{opG}} - \omega_{\mathrm{opA}})}{h_{\mathrm{L}}} \right] \theta'$$

对直卷边槽钢截面，$\omega_{\mathrm{nG}} - \omega_{\mathrm{nA}} = 2[0.5h(e-b) - (e+b)c]$，所以

$$Q_{\mathrm{L,st}} = \frac{12 E I_{\mathrm{L}} h_0}{h_{0\mathrm{e}}^3 (1 + \Phi_{\mathrm{L}})} \left[e + b - \frac{[h(e-b) - 2(e+b)c]}{h_0} \right] \theta' = \frac{24 E I_{\mathrm{L}} bh}{h_{0\mathrm{e}}^3 (1 + \Phi_{\mathrm{L}})} \theta'$$

自由扭转剪力流

$$q_{\mathrm{st}} = \frac{Q_{\mathrm{L,st}}}{h_{\mathrm{s}}} = \frac{24 E I_{\mathrm{L}} bh}{h_{0\mathrm{e}}^3 h_{\mathrm{s}} (1 + \Phi_{\mathrm{L}})} \theta' = \frac{2 G A_0 \theta'}{h_0 / t_0}$$

式中 $A_0 = bh$。它提供的自由扭转力矩是

$$T_{\mathrm{st,q0}} = 2 A_0 q_{0\mathrm{st}} = G \frac{4 A_0^2}{h_0 / t_0} \theta'$$

总的自由扭转力矩是

$$T_{\mathrm{st}} = T_{\mathrm{st开口截面}} + T_{\mathrm{st,q0}} = G \left(\frac{1}{3} \sum b_i t_i^3 + \frac{4 A_0^2}{h_0 / t_0} \right) \theta' = G J' \theta' \qquad (2.34)$$

$$J' = \frac{1}{3} \sum b_i t_i^3 + \frac{4 A_0^2}{h_0 / t_0} \qquad (2.35)$$

上述推导与剪切中心的位置 e 的大小没有关系，连梁对翘曲位移影响也未得到考虑，因此需要进行修正。修正如下。

中面剪切应变是

$$\gamma_{\mathrm{st}} = \frac{\tau_{\mathrm{st}}}{G} = \frac{T_{\mathrm{st,q0}}}{2 G A_0 t} = \frac{\partial \overline{w}}{\partial s} + \frac{\partial v_{\mathrm{s}}}{\partial z}$$

因为 $v_{\mathrm{s}} = r_{\mathrm{s}} \theta$，所以实体部分的纵向位移是

$$\frac{\partial \overline{w}}{\partial s} = \frac{T_{\mathrm{st,q0}}}{2 G A_0 t} - r_{\mathrm{s}} \theta'$$

$$\overline{w} = w_{\mathrm{G}} - \omega_{,\mathrm{G}} \theta' + \frac{T_{\mathrm{st,q0}}}{2 G A_0} \int_0^s \frac{1}{t} \mathrm{d}s \qquad (2.36)$$

w_{G} 是积分起点 G(连梁与实体墙的交点)的纵向翘曲位移，$\omega_{,\mathrm{G}}$ 代表以剪切中心为极点的以 G 点为起点的扇性坐标。连梁另一端 A 的纵向位移是

$$\overline{w}_{\mathrm{A}} = w_{\mathrm{G}} - \omega_{\mathrm{A,G}} \theta' + \frac{T_{\mathrm{st,q0}}}{2 G A_0} \int_{\mathrm{G}}^{\mathrm{A}} \frac{1}{t} \mathrm{d}s$$

剪切膜部分的纵向位移可以通过积分计算，也可以由 A，G 两点的纵向位移线性插值。

$$\frac{\partial \overline{w}_{\mathrm{L}}}{\partial s} = \frac{T_{\mathrm{st,q0}}}{2 G A_0 t_0} - r_{\mathrm{sL}} \theta'$$

$$\overline{w}_{\mathrm{Link}} = w_{\mathrm{A}} - \omega_{,\mathrm{A}} \theta' + \frac{T_{\mathrm{st,q0}}}{2 G A_0} \int_{\mathrm{A}}^s \frac{1}{t} \mathrm{d}s$$

式中 $\omega_{,A}$ 表示以 A 为起点的扇性坐标。这样

$$w_{\text{Link}} = w_G - \omega_{A,G}\theta' + \frac{T_{\text{st},q0}}{2GA_0}\int_G^A \frac{1}{t}\mathrm{d}s - \omega_{,A}\theta' + \frac{T_{\text{st},q0}}{2GA_0}\int_A^s \frac{1}{t_0}\mathrm{d}s$$

按照上式计算的 G 点的纵向位移是

$$w_G = w_G - \omega_{A,G}\theta' + \frac{T_{\text{st},q0}}{2GA_0}\int_G^A \frac{1}{t}\mathrm{d}s - \omega_{G,A}\theta' + \frac{T_{\text{st},q0}}{2GA_0}\int_A^G \frac{1}{t_0}\mathrm{d}s$$

因为 $\omega_{G,A} + \omega_{A,G} = \oint r_s \mathrm{d}s = 2A_0$，所以纵向位移在截面上连续的要求可以表示为

$$\frac{T_{\text{st},q0}}{2GA_0}\int_G^A \frac{1}{t}\mathrm{d}s + \frac{T_{\text{st},q0}}{2GA_0}\int_A^G \frac{1}{t_0}\mathrm{d}s = 2A_0\theta'$$

从上式得到

$$T_{\text{st},q0} = G\left(4A_0^2 \middle/ \oint \frac{\mathrm{d}s}{t}\right)\theta' \tag{2.37}$$

这个表达式形式上与完全闭合的截面没有区别。总的自由扭转力矩是

$$T_{\text{st}} = T_{\text{st},q0} + T_{\text{st,Open}} = GJ\theta' \tag{2.38}$$

$$J = \frac{1}{3}\sum b_i t_i^3 + 4A_0^2 \middle/ \oint \frac{\mathrm{d}s}{t} \tag{2.39}$$

注意 $\oint \dfrac{\mathrm{d}s}{t} = \displaystyle\int_G^A \dfrac{\mathrm{d}s}{t} + \dfrac{h_0}{t_0}$。上式的 J 与前面的 J' 有一定的差别。应该采用 J 而不是 J'，$J < J'$。

翘曲位移是

$$\overline{w} = w_G - \left(\omega_{,G} - \frac{2A_0}{\oint t^{-1}\mathrm{d}s}\int_G^s \frac{1}{t}\mathrm{d}s\right)\theta' = w_G - \omega_{n,G}\theta'$$

$$\overline{w}_{\text{Link}} = w_G - \left[\omega_{,G} - \frac{2A_0}{\oint t^{-1}\mathrm{d}s}\left(\int_G^A \frac{1}{t}\mathrm{d}s + \int_A^s \frac{1}{t_0}\mathrm{d}s\right)\right]\theta' = w_G - \omega_{n,G}\theta'$$

下面确定主扇性坐标。主扇性坐标要求

$$\int_G^A E\overline{w}'\mathrm{d}A = Ew'_G A - E\theta''\int_G^A \omega_{n,G}\mathrm{d}A = 0$$

$$\therefore \quad w'_G = \frac{1}{A}\int_G^A \omega_{n,G}\mathrm{d}A \cdot \theta''$$

$$\overline{w} = -\left(\omega_{n,G} - \frac{1}{A}\int_G^A \omega_{n,G}\mathrm{d}A\right)\theta' = -\omega_n\theta' \tag{2.40a}$$

$$\overline{w}_{\text{Link}} = -\left(\omega_{n,G} - \frac{1}{A}\int_G^A \omega_{n,G}\mathrm{d}A\right)\theta' = -\omega_n\theta' \tag{2.40b}$$

$$\omega_n = \omega_{n,G} - \frac{1}{A}\int_G^A \omega_{n,G}\mathrm{d}A \tag{2.41}$$

是主扇性坐标。纵向位移表达式，实体部分和剪切膜部分可以统一公式。

2.6.3 约束扭转

在约束扭转的情况下，对实体部分，假设翘曲位移与式(2.40a)相同(相当于扭转被约束的部分,不产生翘曲位移,只有自由扭转部分产生翘曲位移)。纵向应变，正应力和双力矩分别是

62

$$w' = -\omega_{\mathrm{n}}\theta''$$
$$\sigma_\omega = -E\omega_{\mathrm{n}}\theta''$$
$$B_\omega = -EI_\omega\theta''$$

式中 $I_\omega = \int_A \omega_{\mathrm{n}}^2 \mathrm{d}A$。翘曲剪应力是

$$q_\omega = q_{\omega 0} - ES_\omega\theta''' \tag{2.42}$$

式中 $q_{\omega 0}$ 是积分起点 G 的约束扭转剪力流，也是剪切膜里面的剪力流。$S_\omega = -\int_0^s \omega_{\mathrm{n}} t \mathrm{d}s$。下面需要采取办法求出 $q_{\omega 0}$。因为约束扭转不产生翘曲位移，因此扣除自由扭转产生的翘曲（即把自由扭转排除在外），则平截面假定仍然成立。但是与闭口截面以及与前面对弯曲的推导一样，剪切变形等于 0 的假定必须被弱化，引入如下的条件

$$\oint \gamma_\omega \mathrm{d}s = 0$$

实际上，剪应变积分

$$\oint \gamma \mathrm{d}s = \oint \frac{\partial \bar{w}}{\partial s} \mathrm{d}s + \theta' \oint r_{\mathrm{s}} \mathrm{d}s = 0 + 2A_0\theta' = \frac{T_{\mathrm{st}}}{2GA_0}\oint \frac{1}{t} \mathrm{d}s + \frac{1}{G}\int_G^A \tau_\omega \mathrm{d}s + \frac{1}{G}\tau_{\omega 0} h_0$$

$$= 2A_0\theta' + \frac{1}{G}\int_G^A \tau_\omega \mathrm{d}s + \frac{1}{G}\tau_{\omega 0} h_0$$

即 $\dfrac{1}{G}\displaystyle\int_G^A \tau_\omega \mathrm{d}s + \dfrac{1}{G}\tau_{\omega 0} h_0 = 0$，代入得到

$$\int_G^A \left(\frac{q_{\omega 0}}{t} - \frac{ES_\omega}{t}\theta''' \right) \mathrm{d}s + \frac{q_{\omega 0}}{t_0} h_0 = 0$$

这样得到连梁部分的剪力流是

$$q_{\omega 0} = E\left(\int_G^A \frac{S_\omega}{t} \mathrm{d}s \Big/ \oint \frac{\mathrm{d}s}{t} \right)\theta'''$$

回代到式(2.42)得到实体部分的约束扭转剪力流

$$\tau_\omega t = -E\bar{S}_\omega \theta''' \tag{2.43}$$

式中 $\bar{S}_\omega = S_\omega - \displaystyle\int_G^A \frac{S_\omega}{t} \mathrm{d}s \left(\oint \frac{\mathrm{d}s}{t} \right)^{-1}$ \hfill (2.44)

翘曲扭矩为

$$T_\omega = \oint \tau_\omega t r_{\mathrm{s}} \mathrm{d}s = -E\theta'''\left(\int_G^A \bar{S}_\omega r_{\mathrm{s}} \mathrm{d}s \right) + q_{\omega 0} r_{\mathrm{s}0} h_0$$

$$= -E\theta'''\left\{ \int_G^A \left[S_\omega - \left(\oint \frac{\mathrm{d}s}{t} \right)^{-1} \int_G^A \frac{S_\omega}{t} \mathrm{d}s \right] r_{\mathrm{s}} \mathrm{d}s \right\} - E\theta'''\left[-\left(\oint \frac{\mathrm{d}s}{t} \right)^{-1} \int_G^A \frac{S_\omega}{t} \mathrm{d}s \cdot r_{\mathrm{s}0} h_0 \right] = -EI_\omega\theta''' \tag{2.45}$$

因为

$$\int_G^A \frac{S_\omega}{t} \mathrm{d}s = \left(S_\omega \int_0^s \frac{1}{t} \mathrm{d}s \right) \Big|_G^A + \int_G^A \left(\omega_{\mathrm{n}} \int_0^s \frac{1}{t} \mathrm{d}s \right) t \mathrm{d}s = \int_G^A \left(\omega_{\mathrm{n}} \int_0^s \frac{1}{t} \mathrm{d}s \right) t \mathrm{d}s$$

$$\int_G^A \left[S_\omega - \left(\oint \frac{\mathrm{d}s}{t} \right)^{-1} \int_G^A \frac{S_\omega}{t} \mathrm{d}s \right] r_{\mathrm{s}} \mathrm{d}s - \left(\oint \frac{\mathrm{d}s}{t} \right)^{-1} \int_G^A \frac{S_\omega}{t} \mathrm{d}s \cdot r_{\mathrm{s}0} h_0$$

$$= S_\omega \omega \big|_G^A + \int_{G-A} \omega_n \omega t \mathrm{d}s - \left(\oint \frac{\mathrm{d}s}{t} \right)^{-1} \int_G^A \frac{S_\omega}{t} \mathrm{d}s \oint r_s \mathrm{d}s$$

$$= \int_G^A \omega_n \left[\omega - \frac{2A_0}{\oint \frac{\mathrm{d}s}{t}} \int_0^s \frac{1}{t} \mathrm{d}s \right] t \mathrm{d}s = \int_G^A \omega_n \omega_n t \mathrm{d}s = I_\omega$$

2.7 工字形梁端部的翘曲加强

2.7.1 端板和端部管件对梁翘曲变形的约束

工字钢梁因材料远离形心轴，绕强轴的抗弯能力较大，但因为壁薄，受扭矩或不通过截面剪切中心的横向荷载作用时，很容易产生较大的扭转变形。梁端的凸缘支座，实际上会形成对梁的一种翘曲约束。如图 2.9(a) 所示，当工字形截面的梁端截面产生翘曲变形时，原来为平面的端板 $ABCD$，因为要和梁截面变形协调而位移到 $A_1B_1C_1D_1$，因此端板像一根长度等于梁截面高度 h 的自由扭转构件，产生自由扭矩。设梁是双轴对称截面。在梁端截面的四个翼缘边上的翘曲位移为 $\pm \frac{1}{4} b h \theta'$，上翼缘的转角为 $2 \times \frac{1}{4} b h \theta' / b = \frac{1}{2} h \theta'$，端板上下边的总的相对转角为 $h\theta'$，因此端板的扭率为 θ'，与梁端截面的扭率相同。端板的自由扭转力矩为

$$T_p = G \frac{1}{3} b_p t_p^3 \theta' = G J_p \theta' \tag{2.46}$$

这个扭矩反作用在梁端截面的上下翼缘，则相当于上下翼缘的弯矩，一对弯矩形成双力矩，所以在梁端截面存在如下的边界条件：

$$B_\omega = -E I_\omega \theta'' = G J_p h \theta' \tag{2.47}$$

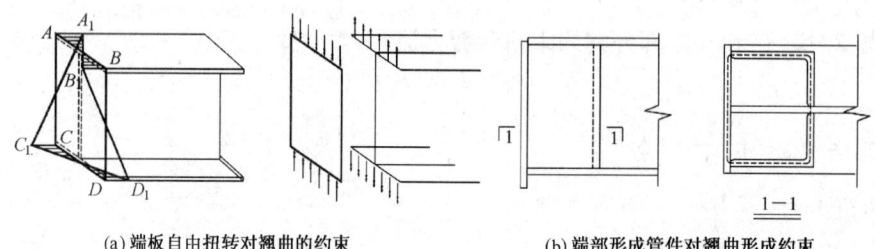

(a) 端板自由扭转对翘曲的约束   (b) 端部形成管件对翘曲形成约束

图 2.9　端部构造对薄壁构件翘曲的约束

根据上式，如果能够提供足够大的端板自由扭转刚度，就能够使得梁端板形成足够大的翘曲约束，有效减小梁的扭转。国外学者曾提出了一系列措施(Smith，1995；Szcwezak，etc，1983；Plum，etc，1983；Potocko，etc，1979；Ojalvo，1977)，提出的一个方案是如图 2.9b 所示的端部焊接附加板件使得与端板形成管状的封闭构件，因为封闭截面抗扭刚度大，它能够提供比端板大得多的翘曲约束。

2.7.2 梁端侧板的翘曲约束

梁端上下翼缘处焊上平行于腹板的缀板，如图 2.10 所示，也是提高梁抗扭能力的一个

措施。然而对于平行缀板作用的有效性存在不同意见：Vacharajittiphan & Trahair[5]等认为缀板的约束作用主要体现在缀板平面内有较大的抗剪和抗弯刚度，在缀板上下翼缘处几乎不发生相互错动，因此具有很强的约束能力，工字梁截面的翘曲几乎完全被约束；Ojalvo[10]等认为缀板对梁约束作用主要是把构成双力矩的翼缘弯矩从一个翼缘传递到另一个翼缘，依靠缀板截面的抗扭刚度对上下翼缘的相对扭转变形加以约束，由于缀板截面的抗扭刚度一般较小，所以不能有效约束翘曲。下面采用薄壁构件结构力学，结合有限元程序的计算结果，提出计算端部加缀板的工字梁在扭矩作用下的扭转位移计算公式，来说明缀板的有效性。

2.7.2.1　力法分析

图 2.10b 所示简支工字梁在跨中受扭矩 T 的作用，缀板布置在端部。发生扭转时，因上下翼缘产生纵向相反的位移，使缀板发生弯曲，设反弯点在中间。沿缀板的反弯点将构件切开得到基本体系（图 2.10b）。由于对称性，反弯点处只有剪力和扭矩的作用，可以用一对大小相等、方向相反的剪力 Q 和扭矩 T_p 反作用在体系上。由于外部扭转荷载及端部约束条件关于跨中对称，所以缀板切口处剪力和扭矩的大小相等，方向关于跨中对称。为简化计算取半跨分析，只建立其中一处的力法方程，缀板切口处纵向相对位移为 0。

$$\delta_{11}Q + \delta_{12}T_p + \Delta_{1T} = 0 \qquad (2.48a)$$

$$\delta_{21}Q + \delta_{22}T_p + \Delta_{2T} = 0 \qquad (2.48b)$$

式中 δ_{11} 和 δ_{21} 是缀板切口处作用单位剪力引起的切口处的相对纵向位移和切口处的相对扭转角，δ_{12} 和 δ_{22} 是切口处作用单位扭矩引起的切口处的相对纵向位移和切口处的相对扭转角；Δ_{1T} 和 Δ_{2T} 是外扭矩 T 作用下切口处相对纵向位移和切口处相对扭转角。下面分别来求各系数。

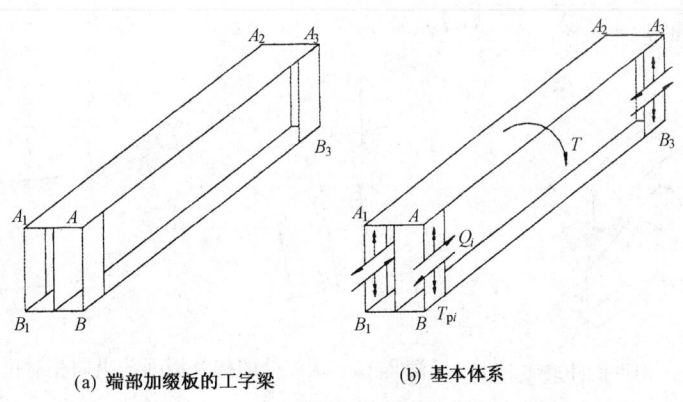

(a) 端部加缀板的工字梁　　　　(b) 基本体系

图 2.10　工字梁端部加缀板时的翘曲约束

在外扭矩 T 单独作用下，基本体系发生约束扭转。约束扭转方程为

$$0 \leqslant z \leqslant \frac{1}{2}l: \quad GJ\theta' - EI_\omega \theta''' = 0.5T$$

上式的解为

$$\theta = C_1 \sinh\lambda z + C_2 \cosh\lambda z - 0.5Tz + C_3$$

式中 $\lambda = \sqrt{\dfrac{GJ}{EI_\omega}}$。端部为简支，$z = 0$ 时 $\theta = 0$，$\theta'' = 0$，还要利用中间的对称性条件 $z = l/2$ 时 $\theta' = 0$。最后可以得到外荷载 T 作用下端部的扭率 θ'_T 为

$$\theta'_T = \frac{T}{2GJ} \frac{\cosh(0.5\lambda l) - 1}{\cosh(0.5\lambda l)}$$

如图 2.11 所示，由于 θ'_T，翼缘尖端 A、B 点产生纵向相对位移为 $\Delta_{AB} = -0.5bh\theta'_T$。

图 2.12 显示因截面转动，A、B 代表的两纵向纤维在竖向平面内位移 $0.5b\theta$，位移后的曲线在 yz 平面内有斜率 $\varphi = -0.5b\theta'_T$，这样 A 和 1 点出现纵向相对位移 $\Delta_{A1} = 0.5h\varphi = -0.25bh\theta'_T$。同样 $\Delta_{B2} = -0.25bh\theta'_T$，所以

$$\Delta_{1T} = \Delta_{AB} + \Delta_{A1} + \Delta_{B2} = -bh\theta'_T \tag{2.49a}$$

在扭矩 T 作用下缀板上下切口的相对扭转角等于翼缘的相对扭转角，所以

$$\Delta_{2T} = -h\theta'_T \tag{2.49b}$$

在单位剪力 $Q = 1$ 的作用下，缀板切口处的相对纵向位移由缀板的剪切变形 Δ_1、缀板的弯曲变形 Δ_2、翼缘部分的局部弯曲变形 Δ_3 和基本体系的整体扭转变形产生的切口处的相对位移 Δ_4 组成：

$$\delta_{11} = \Delta_1 + \Delta_2 + \Delta_3 + \Delta_4$$

其中 $\Delta_1 = \dfrac{1.2h}{GA_p}$，$\Delta_2 = \dfrac{h^3}{12EI_{yp}}$，其中 A_p 为缀板的截面积，I_{yp} 为缀板截面的惯性矩。为了求 Δ_3，建立如图 2.13 所示的模型。取切口以下缀板截面和与缀板等宽的翼缘部分等三个平面建立计算模型。在弯矩 $0.5hQ = 0.5h$ 作用下，长度为 b 宽度为 b_p 的工字梁翼缘部分发生自由扭转，缀板板切口上下产生相对位移：

$$\Delta_3 = \frac{0.5h}{GJ_{fk}} \cdot \frac{b}{2} \cdot \frac{h}{2} \cdot 2 = \frac{bh^2}{4GJ_{fk}}$$

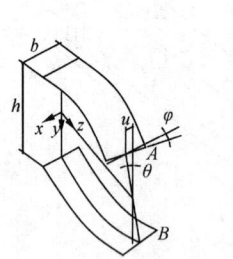 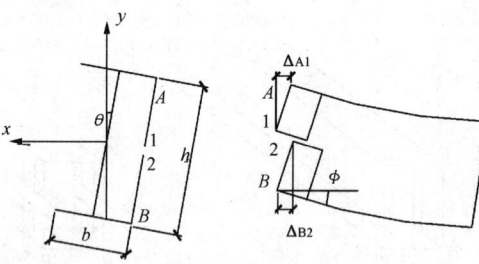

图 2.11　构件的扭转变形　　图 2.12　缀板处的构件截面的纵向相对位移

J_{fk} 为翼缘参与扭转部分的自由扭转常数，因为 Δ_3 为翼缘的局部扭转变形，它的影响宽度不会仅限制在宽度 b_p 的范围，计算 J_{fk} 时宽度改为 $b_p + \xi b$。与板件有限元分析结果拟合发现：

$$J_{fk} = \frac{1}{3}t^3(b_p + \xi b),\ \xi = \left(\frac{A_p}{A_f}\right)^3 = \left(\frac{b_p t_p}{bt}\right)^3$$

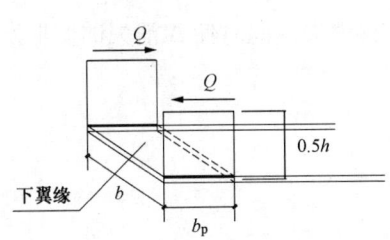

图 2.13　工字钢翼缘局部扭转计算模型

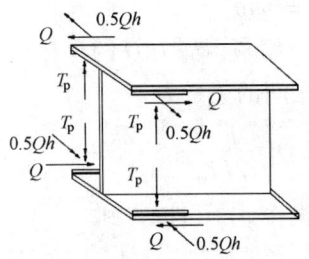

图 2.14　构件在缀板处的受力

下面求梁的整体扭转变形产生的 Δ_4。对基本体系进行受力分析,如图 2.14 所示。基本体系受到剪力和弯矩的作用,在同一个截面上剪力和弯矩分别形成双力矩 bh,总的双力矩为 $B_\omega = 2bh$。再加上简支条件和跨中截面对称条件,得到端部扭率为

$$\theta'_Q = -\frac{2\lambda bh(\cosh\lambda l - 1)}{GJ\sinh\lambda l}$$

因此参照式(2.49a)写出 : $\Delta_4 = -bh\theta'_Q = \dfrac{2\lambda b^2 h^2(\cosh\lambda l - 1)}{GJ\sinh\lambda l}$

综合以上各式得到

$$\delta_{11} = \frac{h^3}{12EI_{yp}} + \frac{1.2h}{GA_p} + \frac{3bh^2}{4Gt^3(b_p + \xi b)} + \frac{2\lambda b^2 h^2(\cosh\lambda l - 1)}{GJ\sinh\lambda l} \tag{2.50}$$

δ_{12} 为切口部位在单位扭矩作用下,切开上下的纵向相对位移。由于扭矩的作用方向平行于翼缘平面,所以不存在翼缘板局部弯曲的影响。对基本体系进行分析,由于扭矩 $T_p = 1$ 的作用,梁端部截面受到双力矩为 $2T_p h = 2h$ 的作用,由此得到端部扭率为 $\theta'_{Tp} = -\dfrac{2\lambda h(\cosh\lambda l - 1)}{GJ\sinh\lambda l}$,所以

$$\delta_{12} = -\theta'_{Tp} bh = \frac{2\lambda bh^2(\cosh\lambda l - 1)}{GJ \cdot \sinh\lambda l} \tag{2.51}$$

根据位移互等定理, $\delta_{21} = \delta_{12}$。

δ_{22} 包括上下翼缘相对扭转角和缀板自身的扭转变形。在扭矩 T_p 作用下缀板自身的扭转变形为

$$\frac{T_p}{GJ_p} \cdot \frac{h}{2} \cdot 2 = \frac{T_p h}{GJ_p}$$

加上上下翼缘的相对扭转角为 $\theta'_{Tp} h$。所以

$$\delta_{22} = \frac{2\lambda h^2(\cosh\lambda l - 1)}{GJ\sinh\lambda l} + \frac{h}{GJ_p} \tag{2.52}$$

根据式(2.48a, b)可以求得在跨中截面扭矩 T 作用下在缀板中产生的剪力 Q 和扭矩 T_p,从而评估缀板对梁的扭转约束。

2.7.2.2　缀板的翘曲约束刚度

焊接缀板的构件发生扭转时,如果缀板处截面的扭率为 θ'_i。固定 θ_i,切开缀板,则缀板切口处的相对位移为[即式(2.49a)]

$$\Delta = bh\theta'_i$$

实际上，缀板内剪力 Q 的存在使得上述位移消失。此时使 Δ 消失的变形发生在缀板局部，Q 与 Δ 之间的关系为

$$\Delta = Q\left(\frac{h^3}{12EI_{yp}} + \frac{1.2h}{GA_p} + \frac{3bh^2}{4G(b_p + \xi b)t^3}\right)$$

根据上面的两个式子可以得到

$$Q = \frac{bh}{\dfrac{h^3}{12EI_{yp}} + \dfrac{1.2h}{GA_p} + \dfrac{3bh^2}{4G(b_p + \xi b)t^3}}\theta'_i$$

同时在缀板处，构件扭率为 θ'_i 时，缀板的扭率也为 θ'_i，从而缀板内的扭矩 $T_p = GJ_p\theta'_i$，因此缀板对构件施加的总的双力矩为

$$B_\omega = 2Qbh + 2T_p h = \frac{b^2 h^2}{\dfrac{h^3}{12EI_{yp}} + \dfrac{1.2h}{GA_p} + \dfrac{3bh^2}{4G(b_p + \xi b)t^3}}\theta'_i + 2GJ_p h\theta'_i = k_\omega\theta'_i$$

其中

$$k_\omega = Gh\left[\left(\frac{h^2}{31.2I_{yp}} + \frac{1.2}{A_p} + \frac{3bh}{4(b_p + \xi b)t^3}\right)^{-1}b^2 + 2J_p\right] \tag{2.53}$$

即为缀板对梁施加的翘曲约束刚度，梁端的边界条件为

$$B_\omega = -EI_\omega\theta''_i = k_\omega\theta'_i \tag{2.54}$$

根据式(2.54)和约束扭转微分方程，也可以求得端部加缀板工字钢梁的扭转位移的表达式。下面给出对上述方法的板件有限元法的验证。

为了验证上述模型，也为了验证式(2.53)，本文利用 FEM 板件有限元程序计算了加缀板工字梁在跨中扭矩作用下跨中截面的扭转角。采用壳体单元，单元形状为四边形，8 个节点，定义 4 个顶点节点处的厚度。每个节点 6 个自由度。网格自动生成。翼缘沿横向分成 2—4 个单元，腹板沿横向分成 6 个，得到加缀板工字梁在扭矩下的变形图如图 2.15 所示。

按薄壁构件理论推导并根据有限元理论结果拟合的公式，对所选的梁杆件进行计算，得出的结果与有限元理论相比较，来验证式(2.53)的正确性。对于缀板加强的工字梁，Trahair 和 Ojalvo 等人都提出了他们的算法。Trahair 的计算过程中，考虑缀板对梁的约束时，只考虑缀板的弯曲变形和剪切变形对翼缘翘曲的约束，而 Ojalvo 则认为缀板的作用主要在于缀板本身的自由扭转刚度，来对上下翼缘产生相互扭转约束。表 2.1 中列出了按本文方法和 FEM 程序、Trahair 理论、Ojalvo 理论算得工字钢梁的跨中扭转角以及按 FEM 程序算得的未加强工字梁跨中的扭转角。算例尺寸：长度 $l = 6$m；高度 $h = 800$mm；翼缘宽度 $b = 180$；360 和 540mm；腹板厚度 10mm；翼缘厚度 10mm；缀板厚度 10mm；缀板宽度 150；300；450 和 600mm；跨中扭矩 $T = 0.6$kN·m。通过表 2.1 各理论计算结果的比较可以看出，Trahair 模型的结果比 FEM 偏小较多，表明它过高地估计了缀板的约束能力。但缀板宽度越大，其结果越接近于 FEM 的结果。Ojalvo 的结果比 FEM 偏大，说明他过低地估计了缀板的约束能力。缀板的宽度越小，其结果越接近 FEM 的结果。表明上述两个理论是分别为精确解的上下限。本文的结果能最好地拟合 FEM 的结果。对梁高 450mm 和 600mm 两

种情况也进行了研究，计算结果与表2.2相似。这表明本文提出的模型是合理有效的。

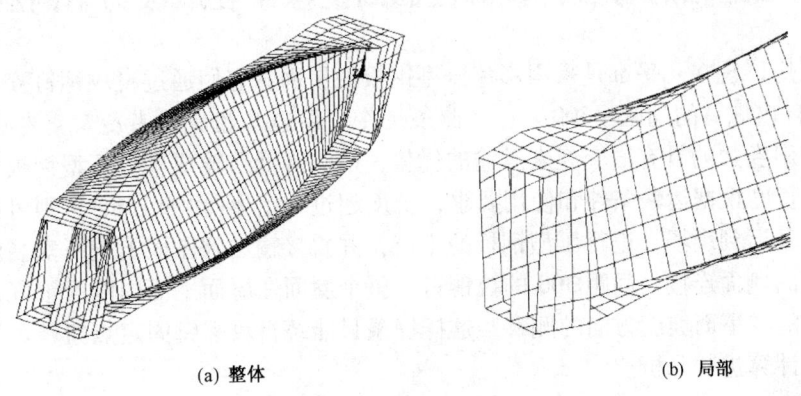

(a) 整体   (b) 局部

图2.15　加缀板工字梁在跨中扭矩下的变形图

各理论计算的跨中截面扭转角的比较　　　　　　　　　　　　表2.1

翼缘宽度	缀板宽度	式 (2.53)	FEM	Ojalvo	Trahair	未加缀板
180	150	5.42E-03	5.26E-03	5.68E-03	2.69E-03	5.85E-03
	300	4.66E-03	4.22E-03	5.53E-03	1.96E-03	
	450	3.76E-03	3.27E-03	5.38E-03	1.86E-03	
	600	3.04E-03	2.54E-03	5.25E-03	1.82E-03	
360	150	8.97E-04	8.95E-04	9.08E-04	4.56E-04	9.12E-04
	300	8.75E-04	8.41E-04	9.03E-04	2.86E-04	
	450	8.40E-04	7.71E-04	8.99E-04	2.58E-04	
	600	7.90E-04	6.88E-04	8.95E-04	2.49E-04	
540	150	2.77E-04	2.83E-04	2.78E-04	1.57E-04	2.85E-04
	300	2.75E-04	2.76E-04	2.78E-04	9.20E-05	
	450	2.72E-04	2.65E-04	2.78E-04	8.00E-05	
	600	2.67E-04	2.53E-04	2.77E-04	7.62E-05	

　　从计算结果可以看出缀板对于构件扭转性能的改善是有一定效果的，当缀板的厚度与翼缘厚度相等、宽度为工字钢梁的3/4时，跨中截面扭转角减少到未加强杆件的60.0%～93.6%。即使缀板的宽度较小，也能在一定程度上减少工字梁的扭转角。从表中可以看出，梁翼缘宽度增加时，同样大小的缀板对梁的翘曲约束作用减少，这反映了翼缘板本身的局部变形对缀板翘曲约束的有效性影响很大。如果工字钢翼缘很宽，在加设缀板的同时对翼缘局部加强会提高缀板的有效性。

2.8 绕强迫轴的弯扭：C形截面简支檩条在风吸力下的应力分析

工业厂房，现在几乎都是采用彩色压型钢板做屋面，它们通过自攻螺钉安装在檩条上（规范规定自攻螺钉的间距≤300mm）。檩条是冷弯卷边 C 型钢或者冷弯直卷边/斜卷边 Z 型钢。其中斜卷边的具有嵌套起来运输的优势，能够降低运输成本。压型钢板宽度一般是400～900，长度根据运输条件和使用要求，长度超过一定值（例如18m），则可以将压型钢板的压制设备运到现场，进行压型钢板的生产，并直接输送到屋面上进行安装。压型钢板与压型钢板的侧面连接是间距300的拉铆钉。整个屋面在屋面平面内刚度很好，可以阻止檩条上翼缘的在屋面坡度方向的侧移，这样檩条只能绕自攻螺钉固定点扭转。下面对这种檩条的应力计算进行分析。

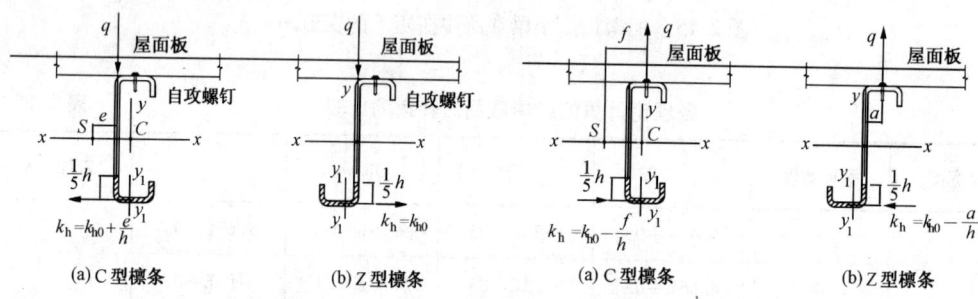

(a) C型檩条	(b) Z型檩条

图 2.16　重力荷载作用　　　　　图 2.17　风吸力作用

檩条全长 l，考虑侧向弯曲和扭转的线性分析总势能为

$$\Pi = \frac{1}{2}\int_0^l (EI_y u''^2 + GJ\theta'^2 + EI_\omega \theta''^2)\,\mathrm{d}z - \int_0^l m_z \theta \mathrm{d}z$$

整个截面绕上翼缘转动，因此得到剪切中心的水平位移 $u = 0.5h\theta$，代入上式得到：

$$\Pi = \frac{1}{2}\int_0^l (EI_\omega' \theta''^2 + GJ\theta'^2)\,\mathrm{d}z - \int_0^l m_z \theta \mathrm{d}z \tag{2.55}$$

其中 $m_z = q_y f$，

$$EI_\omega' = 0.25h^2 EI_y + EI_\omega \tag{2.56}$$

对式(2.55)变分，并分部积分得到，

$$\delta\Pi = EI_\omega' \theta'' \delta\theta' \big|_0^l + (GJ\theta' - EI_\omega' \theta''')\delta\theta \big|_0^l - \int_0^l (GJ\theta'' - EI_\omega' \theta^{(4)} + m_z)\delta\theta \mathrm{d}z = 0$$

得到平衡微分方程：

$$GJ\theta'' - EI_\omega' \theta^{(4)} = -m_z \tag{2.57}$$

和铰支边界条件：$\theta = 0$；$\theta'' = 0$。这个问题的解是

$$\theta = \frac{m_z}{GJ\lambda^2}\Big[-1 + \frac{1}{2}\lambda^2 lz - \tanh(0.5\lambda l)\cdot \sinh\lambda z + \cosh\lambda z - \frac{1}{2}\lambda^2 z^2 \Big]$$

$$\theta'' = \frac{m_z}{GJ}\Big[-\tanh(0.5\lambda l)\cdot \sinh\lambda z + \cosh\lambda z - 1 \Big] \tag{2.58}$$

式中 $\lambda = \sqrt{\dfrac{GJ}{EI'_\omega}}$。跨中截面的转角和对上式求两次导数，跨中 $z = l/2$，则：

$$\theta_{\mathrm{m}} = -\frac{m_z}{GJ\lambda^2}\chi, \quad \chi = 1 - \frac{1}{8}\lambda^2 l^2 - \frac{1}{\cosh(0.5\lambda l)} \qquad (2.59\mathrm{a,b})$$

$$\theta''_{\mathrm{m}} = -\frac{m_z}{GJ}\chi_1, \quad \chi_1 = 1 - \frac{1}{\cosh(0.5\lambda l)} \qquad (2.60\mathrm{a,b})$$

绕两主惯性轴的弯矩和双力矩：

$$M_{\mathrm{x}} = \frac{q_y l^2}{8}, \quad M_{\mathrm{y}} = -EI_y u'' = -EI_y\left(\frac{1}{2}h\theta_{\mathrm{m}}\right)'' = \frac{2.6 I_y h q_y f}{2J}\chi_1, \quad B_\omega = 2.6\frac{I_\omega}{J}q_y f \chi_1$$

根据式（1.46），分别计算檩条下翼缘 1、2 和 3 号点的应力：

$$\sigma_i = \frac{M_{\mathrm{x}}}{I_{\mathrm{x}}}y_i + \frac{M_{\mathrm{y}}}{I_{\mathrm{y}}}x_i + \frac{B_\omega}{I_\omega}\omega_{\mathrm{n}i} = \frac{q_y l^2}{8 I_{\mathrm{x}}}y_i + \frac{1.3 h q_y f \chi_1}{J}x_i + \frac{2.6 q_y f}{J}\omega_{\mathrm{n}i}\chi_1 \qquad (2.61)$$

式中 x_i，$\omega_{\mathrm{n}i}$ 分别代表相应点号点截面模量和主扇性坐标。檩条上翼缘的水平支反力：

$$R_{\mathrm{c}} = q_{\mathrm{x}} = -M''_{\mathrm{y}} = (EI_y u'')'' = EI_y u^{(4)} = \frac{1}{2}hEI_y\theta^{(4)} \qquad (2.62)$$

在跨中 $q_{\mathrm{x}} = \dfrac{I_y h f}{2 I'_\omega \cosh 0.5\lambda l}q_y$。

上述计算方法需要对薄壁构件理论有所了解。EC3 提供了另外一种方法：它按照下式计算下部自由翼缘各点的应力（上翼缘各点应力仅需按照单向弯曲计算）：

$$\sigma_{1i} = \frac{M_{\mathrm{x}}}{I_{\mathrm{x}}}y_i + \frac{M_{\mathrm{y}1}}{I_{\mathrm{y}1}}x_{1i} \qquad (2.63)$$

式中 I_{x} 为截面绕 x 轴的惯性矩，y_i 为各点的竖向坐标，$M_{\mathrm{y}1} = \dfrac{k_{\mathrm{h}}q_y l^2}{8}$，$k_{\mathrm{h}}$ 为 EC3 规定的下翼缘假想水平荷载系数，具体取值是：

C 形截面承受重力荷载（图 2.16a）：$k_{\mathrm{h}} = \dfrac{e}{h}$ $(2.64\mathrm{a})$

C 形截面承受风吸力（图 2.17a）：$k_{\mathrm{h}} = -\dfrac{f}{h}$ $(2.64\mathrm{b})$

$I_{\mathrm{y}1}$ 为 EC3 中将下翼缘看成弹性地基梁截面绕自身形心轴 $y_1 - y_1$ 的截面模量（截面如图 2.17 所示），x_{1i} 为弹性地基梁截面各点对自身形心轴的坐标。下面对上述两种方法与 FEM 分析结果进行对比。

C 形截面风吸力下上翼缘上的水平反力   表 2.2

序号	截 面	f（mm）	R_{c}/q_y	序号	截 面	f（mm）	R_{c}/q_y
1	$C140 \times 50 \times 20 \times 2.0$	47.94	0.2385	5	$C160 \times 60 \times 20 \times 2.2$	56.64	0.2855
2	$C140 \times 50 \times 20 \times 2.2$	47.71	0.2192	6	$C160 \times 60 \times 20 \times 2.5$	56.30	0.2619
3	$C140 \times 50 \times 20 \times 2.5$	47.37	0.1913	7	$C180 \times 70 \times 20 \times 2.0$	65.75	0.3453
4	$C160 \times 60 \times 20 \times 2.0$	56.87	0.3010	8	$C180 \times 70 \times 20 \times 2.2$	65.52	0.3337

序号	截　面	f (mm)	R_c/q_y	序号	截　面	f (mm)	R_c/q_y
9	C180×70×20×2.5	65.18	0.3154	14	C220×75×20×2.2	68.52	0.3107
10	C200×70×20×2.0	64.78	0.3164	15	C220×75×20×2.5	68.18	0.2992
11	C200×70×20×2.2	64.55	0.3072	16	C250×75×20×2.0	67.45	0.2810
12	C200×70×20×2.5	64.21	0.2926	17	C250×75×20×2.2	67.22	0.2757
13	C220×75×20×2.0	68.74	0.3179	18	C250×75×20×2.5	66.89	0.2671

FEM 建模采用壳单元，分别建立 C 形 18 种截面有限元模型，轴向 5m 长度划分为 200 单元，宽度方向单元数：卷边两个，翼缘 4 个，腹板 10 个。截面单元划分如图 2.18 所示。

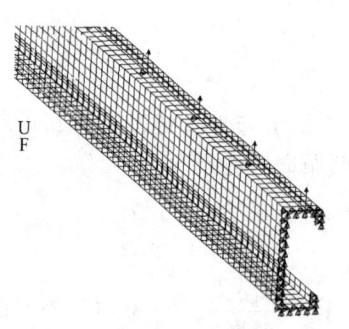

图 2.18　C 形截面 FEM 有限元模型

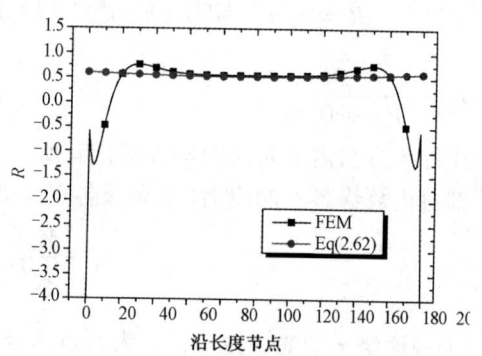

图 2.19　C 形上翼缘反力分布比较
（截面编号：18）

荷载和边界条件：约束两端截面所有节点的竖向和横向水平位移，约束一端腹板中心点的轴向位移，间隔 250mm 约束上翼缘中心线节点水平位移，并在该点作用竖向节点力 500N。

图 2.19 给出了 FEM 分析得到的上翼缘水平约束的反力和式(2.62)的对比结果，式(2.62)计算结果中，端部比中间略大，可以简化为均布。板壳有限元的结果与式(2.62)在中间约 70% 的区段非常符合，在端部有较剧烈的变化是因为板壳有限元能够反应局部畸变的变形，而薄壁构件理论采用了刚周边假设，不能考虑畸变。因为檩条控制截面在中部，而且端部的荷载对跨中部分的截面弯矩影响很小，可以认为，板壳有限元的分析和双向弯扭推导的结果符合得很好。

下面采用不同的方法计算应力，并与 FEM 的应力进行比较。

第一种方法：按照双向弯曲和扭转的式(2.61)计算应力；

第二种方法：按照 EC3 方法式(2.63)计算，取 $k_h = f/h$，腹板取 1/6；

第三种方法：按照 EC3 方法式(2.63)计算，取 $k_h = f/h$，腹板取 1/5；

第四种方法：按照 EC3 方法式(2.63)计算，取 $k_h = 0.75 f/h$，腹板取 1/5；

C 形截面各种方法计算应力和 FEM 得到的应力如图 2.20 所示：

（1）按照双向弯曲加约束扭转得到的各点的应力和 FEM 结果符合很好；

（2）下翼缘与腹板交点处的 3 号点是压应力，而卷边的两个点 1，2 都是拉应力，翘曲拉应力把竖向弯曲压应力都抵消了，说明水平弯曲和扭转很严重。

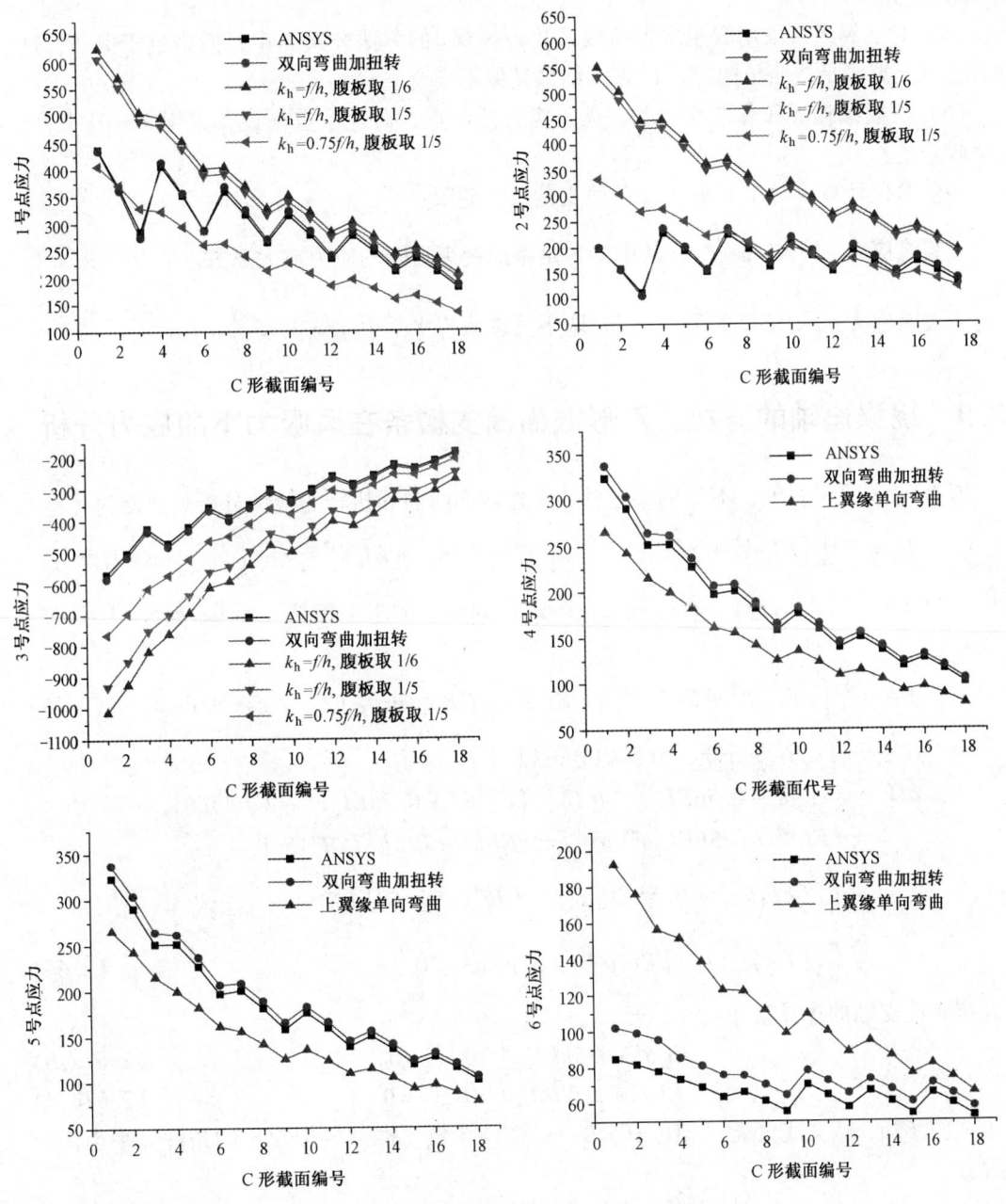

图 2.20 C 形截面简支檩条跨中截面各角点应力比较

（3）上翼缘三个点的应力均为拉应力，且 4，5 两个点的应力相差不大，但按照单向弯曲的计算结果与 FEM 和双向弯扭计算结构差别明显，与点 6 的应力差别很大，说明上翼缘扭转应力不可忽视。

（4）下翼缘卷边的两个点 1，2，应力差别很大，而且卷边边缘 1 号点的应力大于卷边起弯点 2，这说明扭转的分量大。因为水平弯曲和竖向弯曲都不会导致 1 号点的应力大于 2 号点的应力。

（5）对下翼缘，采用假想水平荷载系数 $k = f/h$ 的方法公式简单，但是过于保守；这种方法对上翼缘是按照单向弯曲计算，结果又偏不安全。

（6）下翼缘腹板和翼缘的交点 3 是压应力控制点，对这个点来说，采用 $k = 0.75f/h$ 是比较合适。

为了简化计算，对于 C 形无拉条简支檩条，建议：

上翼缘应力：$\sigma = 1.3 \dfrac{M_x}{I_x} y$，其中 1.3 是考虑约束扭转的应力放大系数。

下翼缘应力：采用式（2.63），但是取下翼缘假想水平力 $q_h = 0.75 \dfrac{f}{h} q_y$。

2.9 绕强迫轴的弯扭：Z 形截面简支檩条在风吸力下的应力分析

因为 x，y 是平行轴，不是形心主轴，考虑双向弯曲和扭转的线性分析总势能为

$$\Pi = \frac{1}{2} \int_0^l (EI_y u''^2 + 2EI_{xy} v'' u'' + EI_x v''^2 + GJ\theta'^2 + EI_\omega \theta''^2) \mathrm{d}z - \int_0^l (q_y v + m_z \theta) \mathrm{d}z$$

式中 $m_z = q_y a$。整个截面绕上翼缘转动，因此得到形心的水平位移 $u = 0.5h\theta$，代入上式得到：

$$\Pi = \frac{1}{2} \int_0^l (EI'_\omega \theta''^2 + hEI_{xy} v'' \theta'' + EI_x v''^2 + GJ\theta'^2) \mathrm{d}z - \int_0^l (q_y v + m_z \theta) \mathrm{d}z \qquad (2.65)$$

对上式变分，归并变分项，分部积分得到

$$\begin{aligned}
\delta\Pi =\ & (EI'_\omega \theta'' + 0.5hEI_{xy} v'')\delta\theta' \big|_0^l - (EI'_\omega \theta''' + 0.5hEI_{xy} v''' - GJ\theta')\delta\theta \big|_0^l \\
& + (EI_x v'' + 0.5hEI_{xy}\theta'')\delta v' \big|_0^l - (EI_x v''' + 0.5hEI_{xy}\theta''')\delta v \big|_0^l \\
& + \int_0^l \left[(EI'_\omega \theta^{(4)} + 0.5hEI_{xy} v^{(4)} - GJ\theta'' - m_z)\delta\theta \right] \mathrm{d}z \\
& + \int_0^l (EI_x v^{(4)} + 0.5hEI_{xy}\theta^{(4)} - q_y)\delta v \mathrm{d}z = 0
\end{aligned} \qquad (2.66)$$

由此得到铰支端的边界条件：

$$EI'_\omega \theta'' + 0.5hEI_{xy} v'' = 0, \quad \theta = 0, \qquad (2.67\mathrm{a,b})$$
$$EI_x v'' + 0.5hEI_{xy}\theta'' = 0, \quad v = 0 \qquad (2.67\mathrm{c,d})$$

其中式（2.67a，c）又演化成 $v'' = 0$，$\theta'' = 0$，这样两个铰支端共 8 个常规的条件。平衡微分方程：

$$EI'_\omega \theta^{(4)} + 0.5hEI_{xy} v^{(4)} - GJ\theta'' - m_z = 0 \qquad (2.68\mathrm{a})$$
$$EI_x v^{(4)} + 0.5hEI_{xy}\theta^{(4)} - q_y = 0 \qquad (2.68\mathrm{b})$$

由式（2.68b）

$$v^{(4)} = \frac{q_y}{EI_x} - \frac{0.5hEI_{xy}}{EI_x}\theta^{(4)} \qquad (2.69)$$

代入式(2.68a)得到

$$EI''_\omega \theta^{(4)} - GJ\theta'' = m'_z \qquad (2.70)$$

式中 $I''_\omega = I_\omega + \frac{1}{4}I_y h^2 \rho_{xy}$, $\rho_{xy} = 1 - \frac{I_{xy}^2}{I_x I_y}$, $m'_z = q_y\left(f - \frac{I_{xy}}{2I_x}h\right)$, 记 $\lambda = \sqrt{\frac{GJ}{EI''_\omega}}$, 则

$$\theta = \frac{m_z}{GJ\lambda^2}\Big[\cosh\lambda z - \tanh(0.5\lambda l) \cdot \sinh\lambda z - 1 + \frac{1}{2}\lambda^2 lz - \frac{1}{2}\lambda^2 z^2\Big] \qquad (2.71a)$$

$$v = \frac{q_y l^3}{24EI_x}z - \frac{q_y l}{12EI_x}z^3 + \frac{q_y}{24EI_x}z^4 - \frac{hI_{xy}}{2I_x}\theta \qquad (2.71b)$$

跨中截面的转角和对上式求两次导数,跨中 $z = l/2$,则:

$$\theta_m = -\frac{m'_z}{GJ\lambda^2}\chi, \quad \chi = 1 - \frac{1}{8}\lambda^2 l^2 - \frac{1}{\cosh(0.5\lambda l)} \qquad (2.72a,b)$$

$$\theta''_m = -\frac{m'_z}{GJ} \quad , \qquad \chi_1\chi_1 = 1 - \frac{1}{\cosh(0.5\lambda l)} \qquad (2.73a,b)$$

由式(1.58a,b):

$$M_y = -EI_y u'' - EI_{xy} v'' = -EI_y u'' + \frac{EI_{xy}}{EI_x}(M_x + EI_{xy}u'') = \frac{I_{xy}}{I_x}M_x - \frac{1}{2}EI_y\rho_{xy}h\theta''$$

将扭转角和扭矩代入得到

$$M_y = 1.3\chi_1\frac{I_y}{J}\rho_{xy}\Big[1 - \frac{I_{xy}}{(2f/h)\ I_x}\Big]q_y fh + \frac{I_{xy}}{I_x}M_x \qquad (2.74)$$

檩条下翼缘 1 号点、2 号点和 3 号点的应力:

$$\sigma_i = \frac{I_y y_i - I_{xy} x_i}{I_x I_y - I_{xy}^2}M_x + \frac{I_x x_i - I_{xy} y_i}{I_x I_y - I_{xy}^2}M_y - \frac{m'_z}{GJ}E\omega_{ni}\chi_1 \qquad (2.75)$$

式中 x_i, y_i, ω_{ni} 分别代表相应点在形心坐标系下的坐标和主扇性坐标。

檩条上翼缘单位长度上的水平支反力:

$$R_z = -M''_y = EI_y u^{(4)} + EI_{xy} v^{(4)} = \frac{1}{2}hEI_y\rho_{xy}\theta^{(4)} + \frac{I_{xy}}{I_x}q_y \qquad (2.76)$$

EC3 方法与式(2.63)相同但是 k_h 为

Z 形截面承受重力荷载(图 2.16b): $k_h = k_{h0}$ $\qquad (2.77a)$

Z 形截面承受风吸力(图 2.17b): $k_h = k_{h0} - \dfrac{a}{h}$ $\qquad (2.77b)$

对直卷边 Z 形截面 $k_{h0} = \dfrac{bt(bh + 2hc - 2c^2)}{4I_x}$ $\qquad (2.78a)$

对卷边与翼缘成 α 角($\leqslant 90°$)的 Z 形截面:

$$k_{h0} = \frac{3bh(b + 2c)t + c^2 t\ (3h\cos\alpha - 6b\sin\alpha - 2c\sin2\alpha)}{12I_x} \qquad (2.78b)$$

无卷边时: $k_{h0} = \dfrac{b^2 ht}{4I_x}$ $\qquad (2.78c)$

在斜卷边 $\alpha = 45°$ 时:

$$k_{h0} = \frac{1.5\sqrt{2}htc^2 - 2tc^3 + 6htcb - 3\sqrt{2}tbc^2 + 3htb^2}{12I_x}$$ (2.78d)

国内杭华钢构股份有限公司生产的檩条采用 $\alpha = 67.5°$，优于国外引进的 $\alpha = 45°$ 的檩条，此时应采用式(2.78b)计算。直角卷边时，由式(2.78b)可以得到 EC3 中的式(2.78a)。

下面对 Z 形截面简支无拉条檩条采用板壳单元建模提取应力与前述几种方法进行对比：

方法一：双向弯曲加扭转，参照式(2.75)计算；

方法二：EC3 方法，参照式(2.63)计算，弹性地基梁截面腹板部分取 1/6 腹板高度；

方法三：EC3 方法，参照式(2.63)计算，弹性地基梁截面腹板部分取 1/5 腹板高度；

方法四：绕平行轴弯曲简化方法计算，即：$\sigma_i = \dfrac{M_x}{I_x}y_i$。

图 2.21 给出了 FEM 分析提取的反力与式(2.76)的计算结果的对比，式(2.76)计算结果中，端部比中间略大，但是肉眼看不出来，可以简化为均布。板壳有限元的结果与式(2.76)在中间约 60% 的区段非常符合，在端部有较剧烈的变化是因为板壳有限元能够反应局部畸变的变形。跨中截面是控制截面，两头的畸变对其影响很小。

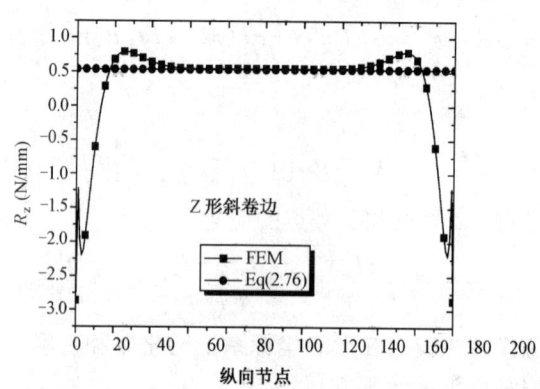

图 2.21　XZ 形截面上翼缘水平反力的分布（采用 18 号截面计算）

斜卷边 Z 形截面四种方法和 FEM 得到的应力如图 2.22 所示（直角卷边 Z 形截面类似，未示出）。由图可见：

（1）双向弯曲加约束扭转的方法，与 FEM 的分析结果吻合。

（2）EC3 的方法与 FEM 结果吻合也很好。采用绕平行轴弯曲的计算公式简单，误差也不大。

（3）表 2.3 和表 2.4 列出了反力数据和 k_h 值。数据表明：风吸力作用下的 k_h 比较小，即扭转影响小。这解释了各种方法均能够有良好的精度的原因，腹板参与高度取 $\dfrac{1}{5}h$ 和 $\dfrac{1}{6}h$ 对 EC3 公式的影响非常有限。但是引入 k_h 系数还是能够改善精度。

（4）虽然 Z 形截面扭转影响小，但是上翼缘水平反力 R_z 与 C 形截面檩条的水平反力接近。

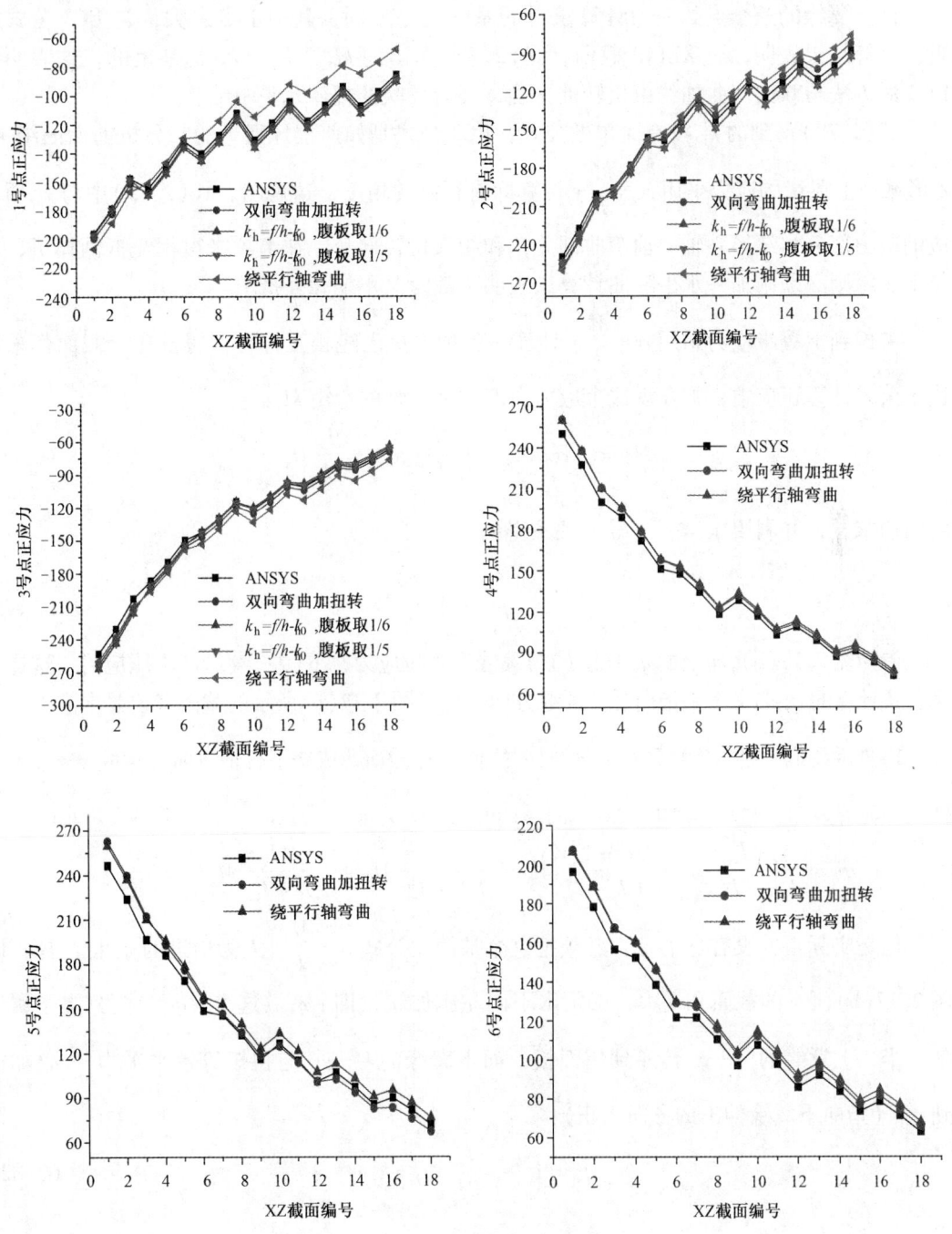

图 2.22　Z 形斜卷边截面应力比较

（5）EC3 公式在斜卷边的情况，对 XZ140 截面，k_h 出现负号。在 EC3 的方法中把 k_h 作为未知量，令求得的下翼缘三个控制点的应力与式（2.75）得到的应力相等，可以得到 k_h:

$$k_{hi} = \frac{8I_{y1}}{x_{1i}q_y l^2}\left(\frac{I_y y_i - I_{xy}x_i}{I_x I_y - I_{xy}^2}M_x + \frac{I_x x_i - I_{xy}y_i}{I_x I_y - I_{xy}^2}M_y - \frac{m'_z}{GJ}E\omega_{ni}\chi_1 - \frac{M_x}{I_x}y_i\right) \tag{2.79}$$

77

由下翼缘的三个点的应力计算求得的系数大小不同，其中 1 点最大，与 EC3 公式接近。计算结果表明，对 XZ140 截面，式（2.79）算出的 k_{h1}，k_{h2}，k_{h3} 也是负的，这表明了 EC3 的方法与双向弯曲加约束扭转的方法，两者反映的规律几乎一致。

式（2.79）得到的 k_h 没有简单的公式，EC3 公式是如何推导得到的？分析前面的结果，Z 形截面上翼缘的应力采用 $\sigma = \dfrac{M_x}{I_x}y$ 计算即有很好的精度，这说明，式（2.75）中与 I_{xy} 项对应的应力部分，绕形心轴 y 轴弯曲部分，和约束扭转部分，在上翼缘被相互抵消掉了，但是下翼缘则必须附加一水平弯曲计算，表明下翼缘又不能相互抵消。

考虑到上翼缘应力采用 $\sigma = \dfrac{M_x}{I_x}y$ 计算，各种方法已经相互符合，假设在全截面都采用这个公式计算正应力，则发现这个应力会产生绕 y 轴的弯矩 M_y：

$$M_y = \int_A \sigma x \mathrm{d}A = \int_A \frac{M_x}{I_x} yx \mathrm{d}A = \frac{I_{xy}}{I_x}M_x \tag{2.80}$$

对两边求导，并利用 $q_x = -\dfrac{d^2 M_y}{dz^2}$ 的关系得到

$$q_x = \frac{I_{xy}}{I_x}q_y \tag{2.81}$$

参照图 2.17（b），向上的 q_y 在上（右）翼缘产生拉应力，下（左）翼缘产生压应力，这样这个公式计算的 q_x 名义上是指向受拉翼缘方向，即以图 2.17（b）所示的截面来说是向右的。式（2.81）告诉我们，必须实际作用有 q_x 时才能使 Z 形截面达成绕平行轴弯曲、达成 $\sigma = \dfrac{M_x}{I_x}y$ 这样一种应力分布。将式（2.80）代入双向弯曲时的应力计算公式验证一下发现确实如此：

$$\sigma_i = \frac{I_y y_i - I_{xy} x_i}{I_x I_y - I_{xy}^2}M_x + \frac{I_x x_i - I_{xy} y_i}{I_x I_y - I_{xy}^2}M_y = \frac{I_y y_i - I_{xy} x_i}{I_x I_y - I_{xy}^2}M_x + \frac{I_x x_i - I_{xy} y_i}{I_x I_y - I_{xy}^2}M_x \frac{I_{xy}}{I_x} = \frac{M_x}{I_x}y_i$$

但是实际上并没有这个 q_x，必须把这个被简化公式 $\sigma = \dfrac{M_x}{I_x}y$ 人为引进的 q_x 抵消掉，即图 2.17（b）所示的截面和受力，必须水平向左施加 q_x，即 $-q_x$。这个 $-q_x$ 分配到上下翼缘各一半，上翼缘的 $-\dfrac{1}{2}q_x$ 传递到屋面板，而下翼缘的 $-\dfrac{1}{2}q_x$ 与扭矩等效水平力 $\dfrac{q_y a}{h}$ 叠加得到 q_{x1}（指向下翼缘伸出的方向为正）：

$$q_{x1} = \left(\frac{a}{h} - \frac{I_{xy}}{2I_x} \right)q_y = k_h q_y \tag{2.82}$$

即 $k_h = \dfrac{a}{h} - \dfrac{I_{xy}}{2I_x} = \dfrac{a}{h} - k_{h0}$。

经过 FEM 有限元软件的分析，Z 形直卷边和斜卷边檩条跨中截面下翼缘 3 号点的水平位移如图 2.23 所示。采用双向弯曲加约束扭转方法计算的檩条下翼缘水平位移是 $u_m = h\theta_m$。图 2.23 显示，（1）采用双向弯曲加扭转的方法的结果与 FEM 结果非常吻合；（2）高度 140 的斜卷边 Z 形檩条的水平位移为负值，其余的全部是正值，再次说明 EC3 的方法和 k_h 的计算公式反映了 Z 形截面檩条在风吸力作用下真实的性能。

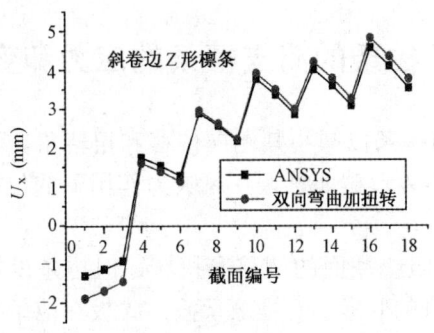
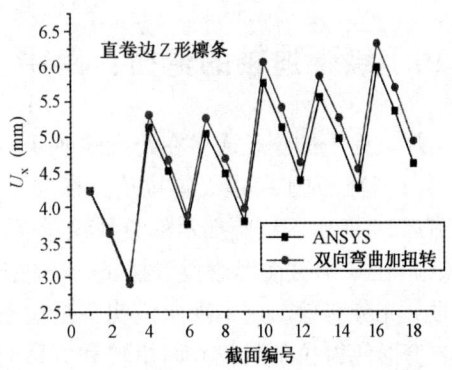

图 2.23 下翼缘 3 号点的水平位移

直卷边 Z 形檩条上翼缘反力和系数 k_{EC3}（5m 跨度） 表 2.3

序号	截面 Z($h \times b \times c \times t$)	a(mm)	R_z/q_y	k_{EC3}	序号	截面 Z($h \times b \times c \times t$)	a(mm)	R_z/q_y	k_{EC3}
1	Z140×50×20×2.0	24	0.3342	0.0091	10	Z200×70×20×2.0	34	0.3161	0.0210
2	Z140×50×20×2.2	23.9	0.3327	0.0093	11	Z200×70×20×2.2	33.9	0.3149	0.0211
3	Z140×50×20×2.5	23.75	0.3304	0.0095	12	Z200×70×20×2.5	33.75	0.3131	0.0212
4	Z160×60×20×2.0	29	0.3473	0.0143	13	Z220×75×20×2.0	36.5	0.3050	0.0234
5	Z160×60×20×2.2	28.9	0.3459	0.0144	14	Z220×75×20×2.2	36.4	0.3039	0.0235
6	Z160×60×20×2.5	28.75	0.3437	0.0146	15	Z220×75×20×2.5	36.25	0.3022	0.0237
7	Z180×70×20×2.0	34	0.3575	0.0185	16	Z250×75×20×2.0	36.5	0.2625	0.0253
8	Z180×70×20×2.2	33.9	0.3562	0.0187	17	Z250×75×20×2.2	36.4	0.2615	0.0254
9	Z180×70×20×2.5	33.75	0.3543	0.0188	18	Z250×75×20×2.5	36.25	0.2600	0.0256

斜卷边 Z 形檩条上翼缘反力和系数 k_{EC3}（5m 跨度） 表 2.4

序号	截面 XZ($h \times b \times c \times t$)	a(mm)	R_z/q_y	k_{EC3}	序号	截面 XZ($h \times b \times c \times t$)	a(mm)	R_z/q_y	k_{EC3}
1	XZ140×50×20×2.0	24	0.3490	−0.0008	10	XZ200×70×20×2.0	34	0.3234	0.0156
2	XZ140×50×20×2.2	23.9	0.3478	−0.0006	11	XZ200×70×20×2.2	33.9	0.3223	0.0158
3	XZ140×50×20×2.5	23.75	0.3460	−0.0003	12	XZ200×70×20×2.5	33.75	0.3205	0.0160
4	XZ160×60×20×2.0	29	0.3581	0.0066	13	XZ220×75×20×2.0	36.5	0.3111	0.0189
5	XZ160×60×20×2.2	28.9	0.3569	0.0068	14	XZ220×75×20×2.2	36.4	0.3101	0.0190
6	XZ160×60×20×2.5	28.75	0.3550	0.0070	15	XZ220×75×20×2.5	36.25	0.3085	0.0192
7	XZ180×70×20×2.0	34	0.3658	0.0125	16	XZ250×75×20×2.0	36.5	0.2677	0.0215
8	XZ180×70×20×2.2	33.9	0.3646	0.0126	17	XZ250×75×20×2.2	36.4	0.2668	0.0216
9	XZ180×70×20×2.5	33.75	0.3629	0.0129	18	XZ250×75×20×2.5	36.25	0.2653	0.0217

2.10　绕强迫轴的弯扭：跨中设有拉条的简支檩条的应力和变形

实际工程中的檩条通常在跨间设置 1～3 道拉条以减小其侧向位移和扭转角。Polyzois (1987) 试验研究了跨中设置拉条支撑的 C 形和 Z 形截面檩条在风吸力作用下的位移，结果如图 2.24 所示，试验揭示的重要现象是：

(1) 在 C 形截面形心设置拉条，不能充分阻止截面的侧移和扭转；但拉条设在自由翼缘时又充分有效。这个现象说明不是拉条自身的变形，而是檩条截面腹板在拉条拉力下的鼓曲变形使得拉条阻止截面扭转和侧移的能力下降了。下面将求这个变形，并将其模拟成弹性支座。

(2) 对比图 2.24(a),(b) 和图 2.24(c),(d)，可以看出，Z 形截面小位移比 C 形截面的小很多。

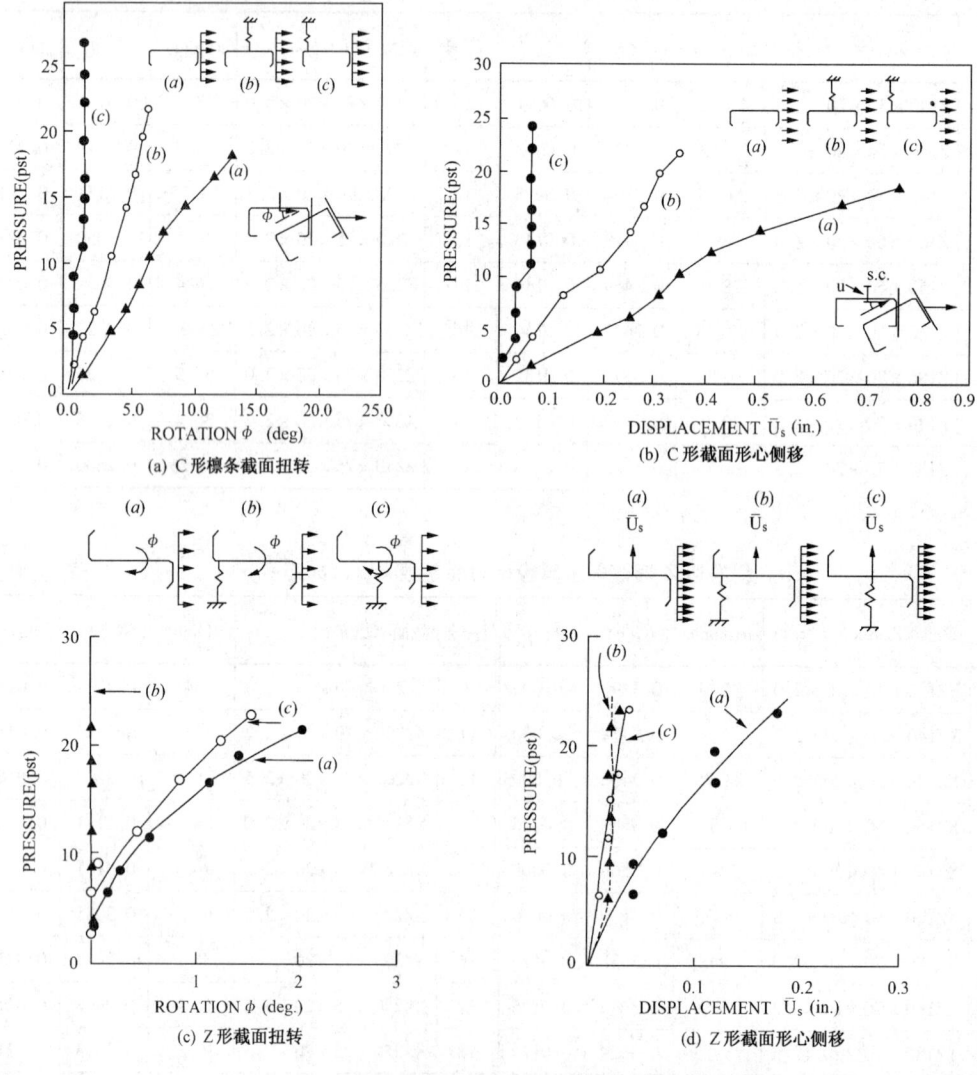

图 2.24　C 形和 Z 形檩条设置拉条后在风吸力下的变形

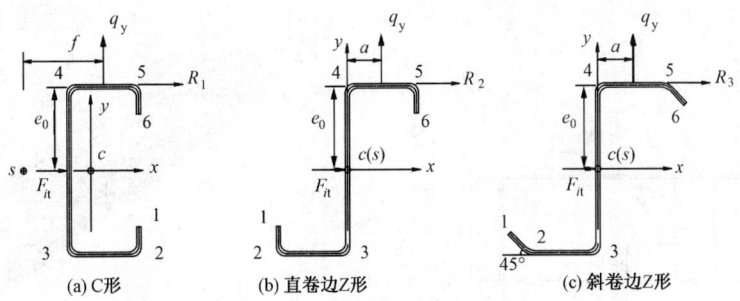

图 2.25　有拉条檩条理论分析模型

2.10.1　拉条简化为侧向支撑的刚度

图 2.25 所示，拉条位置到上翼缘中线的距离为 e_0，拉条对腹板的支撑作用采用支座反力 F_{LT} 来表示，下面分析拉条处腹板的局部变形，并求出拉条的刚度。理论分析中拉条反力可以表示为

$$F_{LT} = k_{LT} u_{LT} \tag{2.83}$$

式中 k_{LT} 为等代拉条刚度，u_{LT} 为拉条与腹板作用点的水平位移。刚度 k_{LT} 实际上由两部分串联构成：

$$\frac{1}{k_{LT}} = \frac{1}{k_w} + \frac{1}{k_{sb}} \quad 即 \quad k_{LT} = \frac{k_w k_{sb}}{k_w + k_{sb}} \tag{2.84}$$

$k_{sb} = \dfrac{EA_{sb}}{l_{sb}}$ 是拉条本身轴向拉伸刚度（sb = sagbar），A_{sb}，l_{sb} 分别是拉条的面积和长度。k_w 是檩条腹板局部变形对应的刚度。长度为 b，宽度是 h 的矩形板在中线上作用集中荷载时（如图 2.26 在离开板中点 ξh 处）荷载作用点的挠度是（铁木辛柯，板壳理论），

$$w = \frac{Ph^2}{4\pi^3 D} \sum_{m=1}^{\infty} \left\{ \tanh \frac{mb\pi}{2h} - \frac{\dfrac{m\pi b}{2h}}{\cosh^2 \dfrac{\pi mb}{2h}} \right\} \frac{1 - \cos 2m\pi\xi}{m^3}$$

式中 $\xi = 1 - \dfrac{e_0}{h}$，e_0 是拉条位置到上翼缘的距离，$D = \dfrac{Et^3}{12(1-\mu^2)}$。檩条的长度很大，上式可以简化为

$$w = \frac{Ph^2}{4\pi^3 D} \sum_{m=1}^{\infty} \frac{1 - \cos 2m\pi\xi}{m^3} \approx \frac{1.3113 Ph^2}{4\pi^3 D} (1 - \cos 2\pi\xi)^{0.64(\xi^2 - \xi + 1.25)} \tag{2.85}$$

荷载作用点处的刚度是

$$k_w = \frac{P}{w} = \frac{4\pi^3 Et^3}{12 \times 1.3113 \times 0.91 h^2 (1 - \cos 2\pi\xi)^{0.64(\xi^2 - \xi + 1.25)}} = \frac{8.6613 Et^3}{h^2 (1 - \cos 2\pi\xi)^{0.64(\xi^2 - \xi + 1.25)}} \tag{2.86}$$

檩条腹板在拉条的拉力作用下的情况与四边简支板不同的地方在于有两侧翼缘的扭转约束。因此上式需要修正，采用有限元分析，拉条处作用单位力，计算拉条处挠度，挠度的倒数就是刚度。

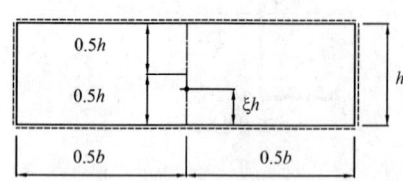

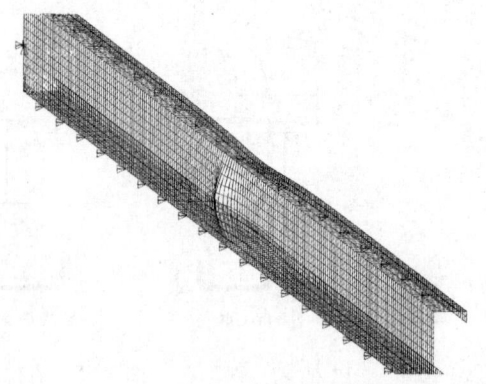

图 2.26　腹板局部变形　　　　　　　　　图 2.27　FEM 单元划分、边界条件和局部变形

为了得到拉条刚度和腹板厚度的关系，拉条位置固定在 $e_0 = 0.5h$ 高度处，变化腹板厚度，分别取以下数值(单位:mm)：1.5～3.5mm。建立如图 2.27 所示模型，分别建立 C 形 18 种截面有限元模型，轴向长度 5m，划分为 200 单元。荷载和边界条件：约束檩条一端截面腹板中心点的轴向位移，沿檩条长度方向，每间隔 250mm 约束上翼缘中心线节点的竖向和水平位移，下翼缘和腹板交线上的节点也按照 250mm 间距约束水平位移，单位集中荷载作用在檩条跨中截面 1/2 腹板高度节点上。对求得的刚度采用(2.86)式的形式拟合得到

$$k_w = \frac{13.21 Et^3}{h^2 (1 - \cos 2\pi\xi)^{0.64(\xi^2 - \xi + 1.25)}} \left[1 - 20 \left(\frac{t}{h} \right)^{1.4} \right] \qquad (2.87)$$

表 2.5，表 2.6 给出了公式和有限元结果的对比。长度是 1500mm 的 $\phi10$ 圆钢轴向拉伸刚度是 $k_{sb} = \dfrac{EA_{sb}}{l_{sb}} = \dfrac{206000 \times \pi \times 10^2}{4 \times 1500} = 10780.67\text{N/mm}$，可见比 k_w 大很多，$k_{LT} \approx k_w$。

拉条刚度 k_w ($\xi = 0.5$)　　　　　　　　　表 2.5

截面 C ($h \times b \times c \times t$)	FEM	式 (2.87)	截面 C ($h \times b \times c \times t$)	FEM	式 (2.87)
C140×50×20×1.5	297.07	296.36	C220×75×20×1.5	120.87	121.14
C140×50×20×2.0	696.96	694.48	C220×75×20×2.0	284.71	285.7
C140×50×20×2.5	1344.21	1337.6	C220×75×20×2.5	551.85	554.56
C140×50×20×3.0	2288.60	2273.5	C220×75×20×3.0	945.17	951.33
C140×50×20×3.5	3572.80	3542.4	C220×75×20×3.5	1485.88	1498.2
C180×70×20×1.5	180.23	180.38	C250×75×20×1.5	93.69	93.948
C180×70×20×2.0	423.89	424.47	C250×75×20×2.0	220.87	221.81
C180×70×20×2.5	820.08	821.69	C250×75×20×2.5	428.53	431.11
C180×70×20×3.0	1401.46	1405.1	C250×75×20×3.0	734.81	740.67
C180×70×20×3.5	2197.49	2204.7	C250×75×20×3.5	1156.73	1168.4

序号	截面 $C(h \times b \times c \times t)$	$\xi = 0.25$ FEM	$\xi = 0.25$ 式(2.87)	$\xi = 0.375$ FEM	$\xi = 0.375$ 式(2.87)	序号	截面 $C(h \times b \times c \times t)$	$\xi = 0.25$ FEM	$\xi = 0.25$ 式(2.87)	$\xi = 0.375$ FEM	$\xi = 0.375$ 式(2.87)
1	C140×50×20×2.0	1094.69	1082.2	757.55	764.5	10	C200×70×20×2.0	539.15	537.45	372.43	379.6
2	C140×50×20×2.2	1451.59	1432.8	1005.42	1012	11	C200×70×20×2.2	715.80	713.36	494.74	503.9
3	C140×50×20×2.5	2116.95	2084.3	1468.34	1472	12	C200×70×20×2.5	1046.02	1042	723.67	736
4	C160×60×20×2.0	839.94	833.61	580.81	588.8	13	C220×75×20×2.0	446.05	445.22	308	314.5
5	C160×60×20×2.2	1114.36	1104.9	771.16	780.5	14	C220×75×20×2.2	592.34	591.2	409.23	417.6
6	C160×60×20×2.5	1626.56	1610.3	1126.97	1137	15	C220×75×20×2.5	865.96	864.19	598.78	610.4
7	C180×70×20×2.0	664.75	661.46	459.4	467.2	16	C250×75×20×2.0	345.85	345.66	238.7	244.2
8	C180×70×20×2.2	882.29	877.44	610.14	619.8	17	C250×75×20×2.2	459.42	459.16	317.23	324.4
9	C180×70×20×2.5	1288.65	1280.5	892.11	904.5	18	C250×75×20×2.5	671.96	671.81	464.34	474.5

2.10.2　C形截面檩条双向弯曲和扭转分析

上翼缘受到屋面板的水平约束，截面形心水平位移 $u = 0.5h\theta$，拉条与檩条交点的水平位移是

$$u_{LT} = e_0 \theta_{LT} \tag{2.88}$$

e_0 是拉条位置离开上翼缘的距离。檩条全跨长为 L，半跨长 l，考虑双向弯曲和扭转线性分析的总势能(利用对称性取半跨)：式(2.55)的总势能要增加拉条的部分：

$$\Pi = \frac{1}{2}\int_0^l [EI'_\omega \theta''^2 + GJ\theta'^2] \mathrm{d}z + \frac{1}{4}k_{LT}e_0^2\theta_{LT}^2 - \int_0^l m_z\theta \mathrm{d}z \tag{2.89}$$

其中，$I'_\omega = I_\omega + 0.25h^2I_y$，$\theta_{LT}$ 代表跨中的扭转角，$m_z = q_yf$。对上式变分，分部积分得到

$$\delta\Pi = EI'_\omega\theta''\delta\theta'\Big|_0^l + (GJ\theta' - EI'_\omega\theta''')\delta\theta\Big|_0^l - \int_0^l (GJ\theta'' - EI'_\omega\theta^{(4)} + m_z)\delta\theta \mathrm{d}z$$

$$+ \frac{1}{2}k_{LT}e_0^2\theta_{LT}\delta\theta_{LT} = 0$$

再次得到式(2.57)，和边界条件：铰支端 $\theta = 0$，$\theta'' = 0$，中间拉条截面 $\theta'_{LT} = 0$，及

$$\frac{1}{2}k_{LT}e_0^2\theta_{LT} - EI'_\omega\theta''_{LT} = 0 \tag{2.90}$$

现在，式(2.57)的解是

$$\theta = \frac{m_z\lambda^2}{GJ\lambda^2}\left(\cosh\lambda z - 1 - \frac{1}{2}\lambda^2 z^2\right) + C_2 z + C_3 \sinh\lambda z \tag{2.91}$$

$$C_3 = \frac{m_z l^2}{GJ} \cdot \frac{(1 + \psi v^2)v\sinh v + 1 - 0.5v^2 - \cosh v}{v^2[\sinh v - (1 + \psi v^2)v\cosh v]}$$

$$C_2 = \frac{m_z l}{GJ}\left(1 - \frac{\sinh v}{v} - \frac{(1 + \psi v^2)v\sinh v + 1 - 0.5v^2 - \cosh v}{v^2[\sinh v - (1 + \psi v^2)v\cosh v]} \cdot v\cosh v\right)$$

其中，$\psi = \dfrac{2EI'_{\omega}}{k_{LT}l^3 e_0^2}$，$v = \lambda l$。利用 2.8 节同样公式求内力和应力。拉条的反力：

$$F_{LT} = k_{LT}u_{LT} = k_{LT}e_0\theta_{LT} \tag{2.92}$$

上翼缘反力：

$$R_c = q_x = -Q'_x = -M''_y = EI_y u^{(4)} = \frac{1}{2}hEI_y\theta^{(4)} \tag{2.93}$$

2.10.3 有限元法验证双向弯扭模型

薄壁构件理论采用了刚周边假设，在拉条截面及其附近，拉条拉力使得截面产生畸变，对应力影响很大，采用 FEM 进行分析对比，有限元模型如图 2.28 所示。

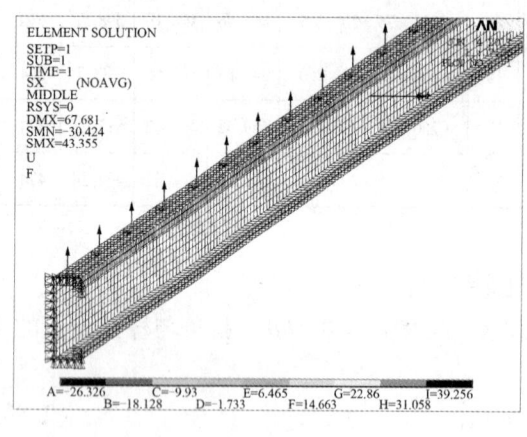

图 2.28 檩条荷载和边界图

拉条反力计算结果表明：三种方法（FEM 板壳元，FEM 板壳元引入刚周边假定但拉条刚度按式(2.84)折减和薄壁构件弯扭计算）得到的反力都比较接近，如图 2.29 所示，这部分验证了上述的弯扭分析模型。

图 2.30 给出了第 13 组 C 形截面（C220×2.0），弯扭模型 3 号点的水平位移：$u_3 = h\theta$，并与 FEM 得到的 3 号点位移进行比较。两者都表明位于形心的拉条不能阻止下翼缘的水平位移，与 Polyzois 的试验结果一致。FEM 的水平挠度大一些，这是因为畸变的影响。

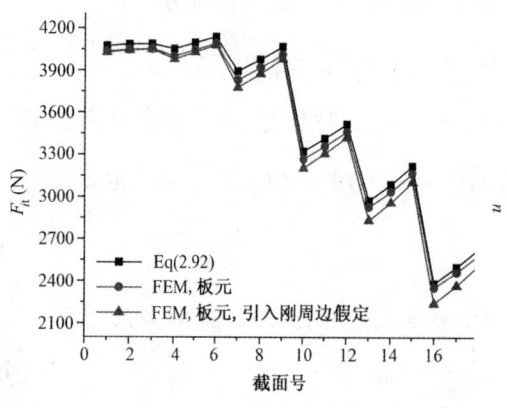

图 2.29 拉条反力比较

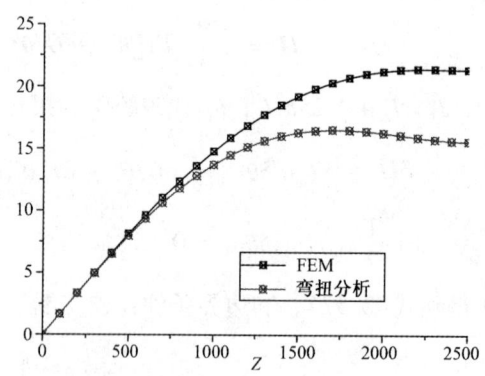

图 2.30 下翼缘的水平位移（半跨）

对于有拉条的檩条，目前的设计模型、包括 EC3，均把拉条看成是下翼缘的侧向固定支座（图 2.31），而实际是弹性的（图 2.32）。按照弹性支座模型，假设跨中弹簧刚度为 $\bar{k}$，这个弹簧与拉条弹簧刚度的关系是做的功相同：

$$\frac{1}{2}k_{LT}(e_0\theta_{LT})^2 = \frac{1}{2}\bar{k}(h\theta_{LT})^2, \quad 即\ \bar{k} = \frac{e_0^2}{h^2}k_{LT}$$

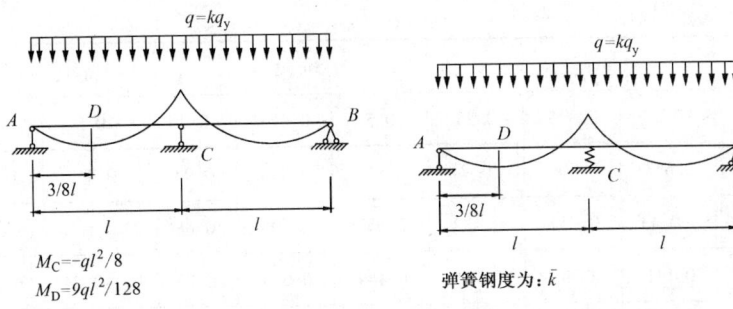

图 2.31　刚性支撑的两跨连续梁　　　　图 2.32　弹性支撑的两跨连续梁

按照结构力学方法计算水平假想均布力 $q = kq_y$ 作用下的位移和跨中弯矩。

中间弹性支座位移：$\Delta = \dfrac{5ql^4}{8(3EI_{y1} + 0.5\bar{k}l^3)}$

中间弹性支座反力：$F' = \bar{k}\Delta$

跨中截面的弯矩：$M_C = \dfrac{1}{2}kq_yl^2 - \dfrac{2.5\bar{k}kq_yl^5}{8(3EI_{y1} + 0.5\bar{k}l^3)} = -m\dfrac{f}{8h}q_yl^2$ （2.94a）

$$m = \dfrac{2.5h^2l^3}{3EI_{y1}h^2 + 0.5e_0^2k_{LT}l^3} \cdot \dfrac{e_0^2}{h^2}k_{LT} - 4 \qquad (2.94b)$$

m 值见表 2.7，其值应该在 $-4 \sim 1$ 之间变化，m 越接近 1 表示接近固定支座，$m = 0$ 表示跨中截面弯矩是正负抵消，m 小于 0 表示弹性支座比较弱，向跨中截面无拉条的方向靠近了。

拉条截面负弯矩系数 m　　　　　　表 2.7

截　面	4m, $\xi =$			5m, $\xi =$			6m, $\xi =$		
	0.5	0.375	0.25	0.5	0.375	0.25	0.5	0.375	0.25
C140×50×20×1.7	0.741	0.845	0.922	0.847	0.909	0.954	0.518	0.707	0.849
C140×50×20×2.2	0.859	0.916	0.957	0.917	0.951	0.975	0.732	0.839	0.917
C140×50×20×3	0.928	0.957	0.977	0.958	0.975	0.987	0.861	0.916	0.955
C160×60×20×1.7	0.489	0.689	0.84	0.691	0.815	0.906	0.09	0.426	0.697
C160×60×20×2.2	0.718	0.831	0.913	0.833	0.901	0.949	0.477	0.68	0.833
C160×60×20×3	0.857	0.914	0.955	0.916	0.95	0.974	0.727	0.835	0.913
C180×70×20×1.7	0.115	0.443	0.707	0.447	0.662	0.826	-0.48	0.017	0.459
C180×70×20×2.2	0.496	0.693	0.841	0.695	0.817	0.907	0.102	0.433	0.698
C180×70×20×3	0.743	0.845	0.919	0.848	0.909	0.953	0.521	0.706	0.844
C200×70×20×1.7	-0.07	0.312	0.634	0.316	0.578	0.782	-0.74	-0.19	0.332
C200×70×20×2.2	0.379	0.618	0.801	0.621	0.771	0.883	-0.08	0.304	0.626

截　面	4m, $\xi=$			5m, $\xi=$			6m, $\xi=$		
	0.5	0.375	0.25	0.5	0.375	0.25	0.5	0.375	0.25
C200×70×20×3	0.683	0.809	0.9	0.812	0.888	0.942	0.417	0.64	0.809
C220×75×20×1.7	−0.43	0.052	0.482	0.057	0.404	0.686	−1.2	−0.57	0.078
C220×75×20×2.2	0.141	0.46	0.716	0.464	0.673	0.831	−0.44	0.044	0.473
C220×75×20×3	0.555	0.729	0.858	0.732	0.839	0.917	0.198	0.497	0.730
C250×75×20×1.7	−0.750	−0.200	0.328	−0.190	0.230	0.588	−1.57	−0.900	−0.160
C250×75×20×2.2	−0.090	0.304	0.628	0.309	0.572	0.778	−0.76	−0.200	0.322
C250×75×20×3	0.429	0.649	0.816	0.653	0.791	0.892	−0.01	0.357	0.653

下面按照如下几种方法计算跨中截面的应力，分别和 FEM 结果比较。

第一种方法：按照双向弯曲和约束扭转计算应力。

第二种方法：参照 EC3 中的公式 $\sigma_i = \dfrac{M_x}{I_x}y_i + \dfrac{M_{y1}}{I_{y1}}x_{1i}$，跨中截面 $M_{y1} = \dfrac{1}{8}kq_yl^2 = \dfrac{f}{8h}q_yl^2$。

第三种方法：计算公式同第二种方法，采用式(2.94a)计算下翼缘跨中应力。

三种方法的计算结果整理如图 2.33。图中标注表示"EC3，刚性"代表第二种方法，"EC3，弹性"代表第三种方法。

分析上面六组图表，并结合跨中局部变形，说明以下问题：

(1) 对腹板上下的 3 号点和 4 号点，弯扭模型与 FEM 结果接近，且略微偏安全。

(2) 受压区的 2 号点，EC3 的方法偏安全。

(3) 受拉区的 6 号点，有限元方法的拉应力很大，大规格的 C 型钢的拉应力大于压应力。强度起控制作用。6 号点的应力与其他方法不一致，表明了畸变的影响。

(4), 5 号的拉应力，按照绕平行轴计算，略偏安全。

(5) 1 号点，FEM 的压应力比其余方法小，作为设计它不起控制作用，但是 1 点应力与其他方法的不一致，表明畸变的影响。

对比表明 $\dfrac{3}{8}l$ 处截面的应力不受畸变的影响，弯扭分析与 FEM 结果符合好。

图 2.34 为拉条位置不同时拉条截面应力对比。(1)2 号点有最大压应力，6 号点有最大拉应力，(2) e_0 从 $0.5h$ 变化到 $0.75h$ 时，6 号点应力显著降低，达到30% ~41%，而 1 号点压应力增加，这是因为畸变对 1 号和 6 号点应力影响减小了。(3) e_0 从 $0.75h$ 变化到 $0.875h$ 时，拉条位置对应力的影响就不那么显著了，从减小风吸力产生的应力的角度，拉条尽量靠近下翼缘，设置在距离上翼缘 $0.75h$ 到 $0.875h$ 比较合适。(4) 拉条越接近下翼缘，其结果与弯扭分析的结果越接近。

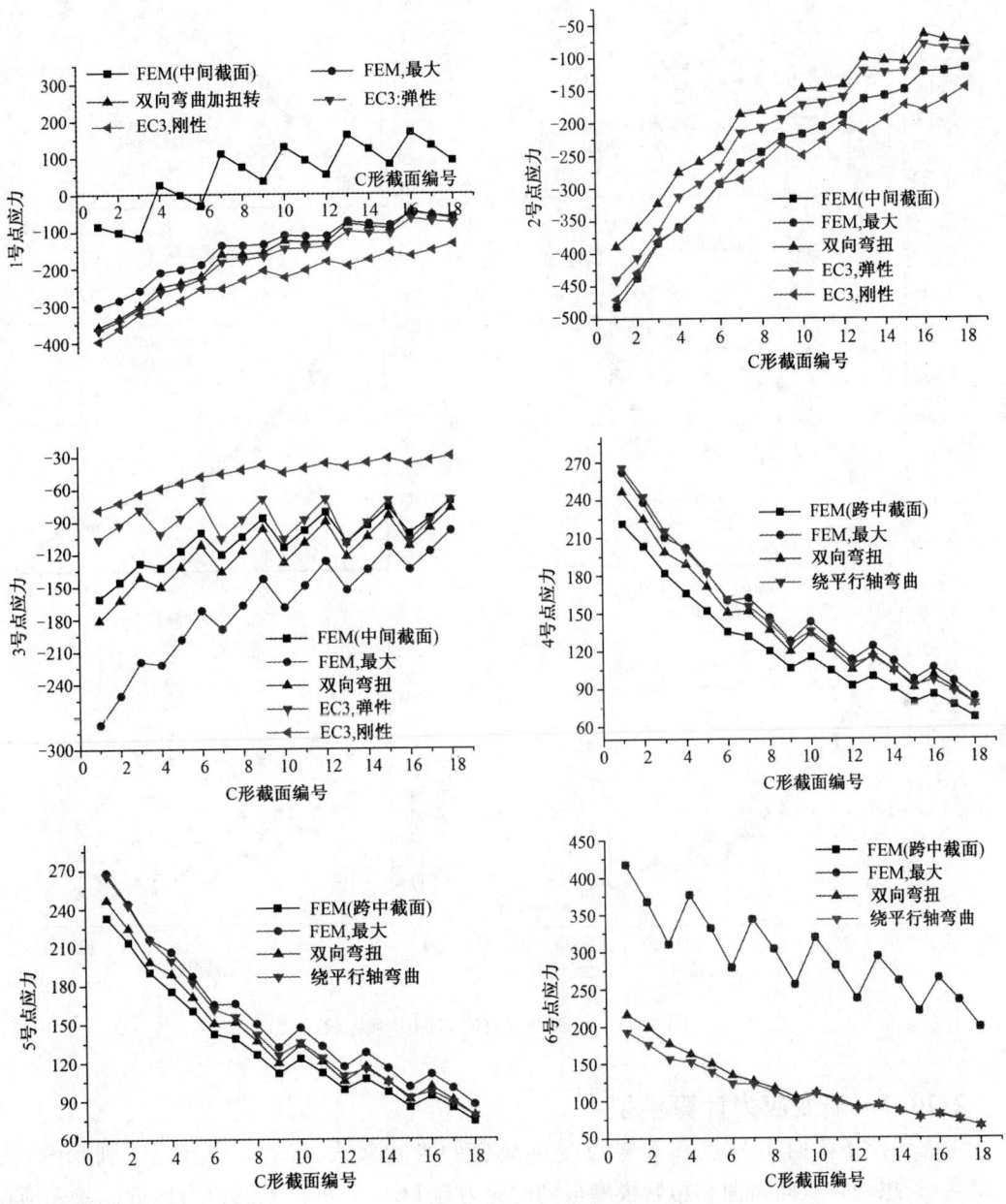

图 2.33 $e_0 = 0.5h$ 时六个点的应力比较

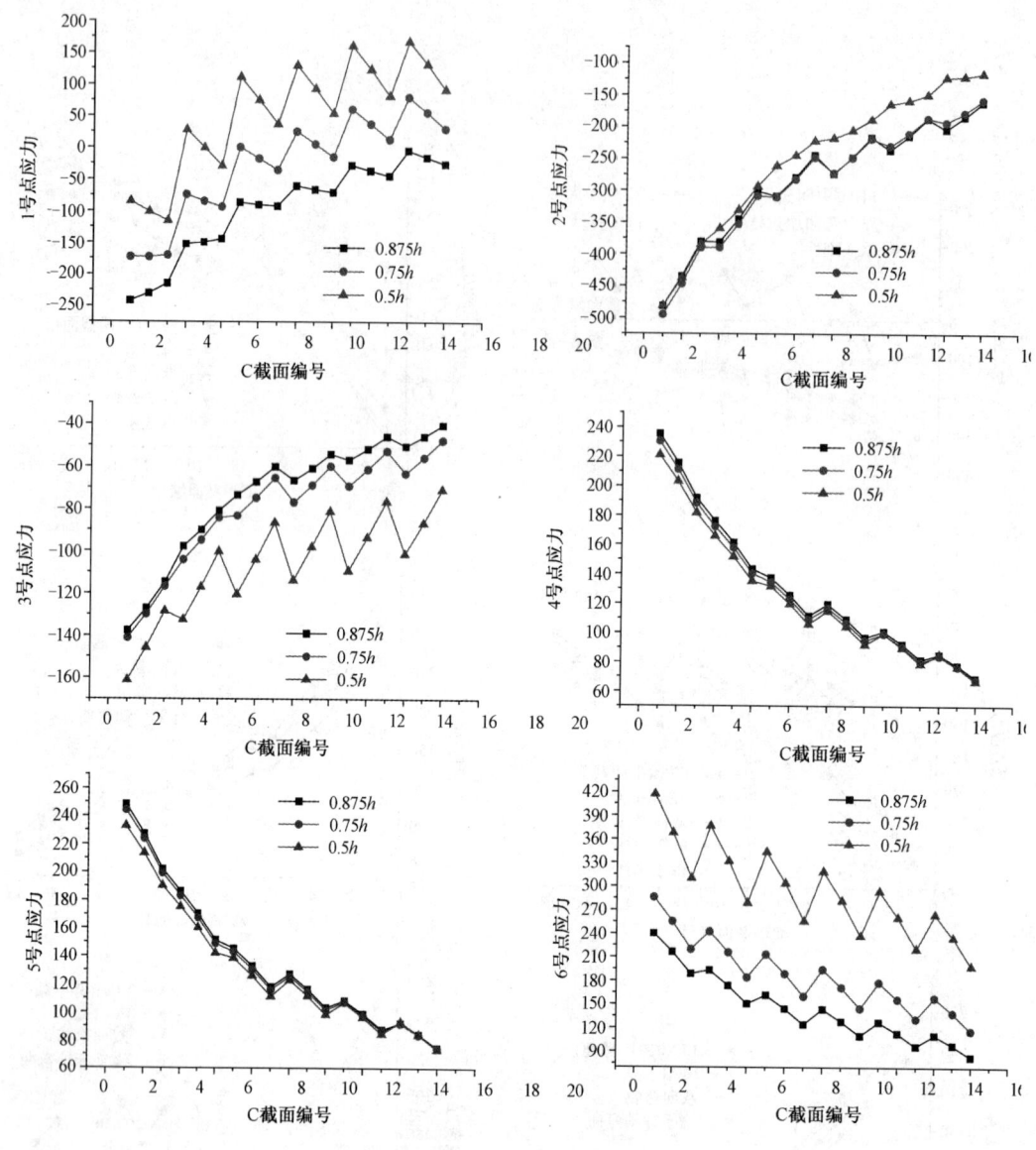

图 2.34 拉条位置对应力的影响比较

2.10.4 畸变应力计算模型

考虑到拉条截面 1 号点和 6 号点受到畸变的影响较大，2，5 号点也受到影响（图 2.35），若想使得双向弯曲和扭转模型得到的应力与 FEM 分析得到的应力接近，就必须在双向弯扭的结果中叠加这个畸变应力。畸变主要对卷边影响较大，主要思路是单独取出卷边和上下翼缘（图 2.36），计算出该部分的弯曲应力即可。上翼缘部分是绕 4 号点转动（下翼缘部分是绕着 3 号点转动），转动角度为 θ，所以该部分水平位移和竖向位移可以表示为：$u_L = 0$，$v_L = a_x \theta_L$，其中转角 θ_L 可以借助于腹板畸变变形图分析得到。

通过观察腹板在单位力作用下的变形图（图 2.35），可以用某种函数来表达这种畸变

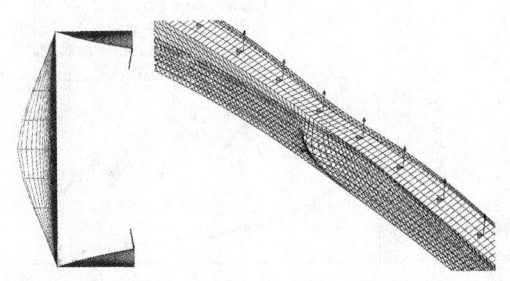

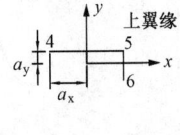

图 2.35　檩条畸变变形图　　　　　　图 2.36　上下翼缘加卷边

变形沿长度的变化,例如腹板中心水平位移可以表示为:$u_{\mathrm{m}} = \dfrac{F_{\mathrm{LT}}}{k_{\mathrm{LT}}}\cos\dfrac{\pi z}{a}$,其中 F_{LT},k_{LT} 分别对应拉条反力和拉条刚度,a 为参数,需要试算确定。则以上下翼缘的畸变扭转角:

上翼缘的畸变转角 $\theta_{\mathrm{UL}} = \dfrac{u_{\mathrm{m}}}{e_0} = \dfrac{F_{\mathrm{LT}}}{k_{\mathrm{LT}} e_0}\cos\dfrac{\pi z}{a_{\mathrm{U}}}$　　　　　　(2.95a)

下翼缘的畸变转角 $\theta_{\mathrm{BL}} = \dfrac{u_{\mathrm{m}}}{h - e_0} = \dfrac{F_{\mathrm{LT}}}{k_{\mathrm{LT}}(h - e_0)}\sin\dfrac{\pi z}{a_{\mathrm{B}}}$　　　　　(2.95b)

拉条截面上下翼缘卷边组成的截面(图 2.36)绕各自自身形心轴的弯矩可以表示为:

上翼缘 $M_{\mathrm{ULx}} = -EI_{\mathrm{Lx}}v'' - EI_{\mathrm{Lxy}}u'' = -EI_{\mathrm{Lx}}a_{\mathrm{x}}\theta_{\mathrm{UL}}'' = EI_{\mathrm{Lx}}a_{\mathrm{x}}\dfrac{F_{\mathrm{LT}}}{k_{\mathrm{LT}}e_0}\dfrac{\pi^2}{a_{\mathrm{U}}^2}$　(2.96a)

上翼缘 $M_{\mathrm{ULy}} = -EI_{\mathrm{Ly}}u'' - EI_{\mathrm{Lxy}}v'' = -EI_{\mathrm{Lxy}}v'' = -EI_{\mathrm{Lxy}}a_{\mathrm{x}}\theta_{\mathrm{UL}}'' = EI_{\mathrm{Lxy}}a_{\mathrm{x}}\dfrac{F_{\mathrm{LT}}}{k_{\mathrm{LT}}e_0}\dfrac{\pi^2}{a_{\mathrm{U}}^2}$　(2.96b)

下翼缘 $M_{\mathrm{BLx}} = EI_{\mathrm{Lx}}a_{\mathrm{x}}\dfrac{F_{\mathrm{LT}}}{k_{\mathrm{LT}}(h - e_0)}\dfrac{\pi^2}{a_{\mathrm{B}}^2}$,　$M_{\mathrm{BLy}} = EI_{\mathrm{Lxy}}a_{\mathrm{x}}\dfrac{F_{\mathrm{LT}}}{k_{\mathrm{LT}}(h - e_0)}\dfrac{\pi^2}{a_{\mathrm{B}}^2}$　(2.96c,d)

几何性质:

$$a_{\mathrm{x}} = \frac{0.5b^2 + cb}{c + b},\quad a_{\mathrm{y}} = \frac{c^2}{2(c + b)}$$

$$I_{\mathrm{Lx}} = \int y^2 \mathrm{d}A = bta_{\mathrm{y}}^2 + \frac{t}{3}[a_{\mathrm{y}}^3 - (a_{\mathrm{y}} - c)^3]$$

$$I_{\mathrm{Ly}} = \int x^2 \mathrm{d}A = ct(b - a_{\mathrm{x}})^2 + \frac{t}{3}[(b - a_{\mathrm{x}})^3 + a_{\mathrm{x}}^3]$$

$$I_{\mathrm{Lxy}} = \int xy \mathrm{d}A = \frac{(b - a_{\mathrm{x}})t}{2}[2ca_{\mathrm{y}} - c^2] + \frac{a_{\mathrm{y}}t}{2}(b^2 - 2ba_{\mathrm{x}})$$

所以畸变应力:$\sigma_{\mathrm{ULi}} = \dfrac{I_{\mathrm{Ly}}y_i - I_{\mathrm{Lxy}}x_i}{I_{\mathrm{Lx}}I_{\mathrm{Ly}} - I_{\mathrm{Lxy}}^2}M_{\mathrm{ULx}} + \dfrac{I_{\mathrm{Lx}}x_i - I_{\mathrm{Lxy}}y_i}{I_{\mathrm{Lx}}I_{\mathrm{Ly}} - I_{\mathrm{Lxy}}^2}M_{\mathrm{ULy}}$　(2.97a)

$\sigma_{\mathrm{BLi}} = \dfrac{I_{\mathrm{Ly}}y_i - I_{\mathrm{Lxy}}x_i}{I_{\mathrm{Lx}}I_{\mathrm{Ly}} - I_{\mathrm{Lxy}}^2}M_{\mathrm{BLx}} + \dfrac{I_{\mathrm{Lx}}x_i - I_{\mathrm{Lxy}}y_i}{I_{\mathrm{Lx}}I_{\mathrm{Ly}} - I_{\mathrm{Lxy}}^2}M_{\mathrm{BLy}}$　(2.97b)

经过试算,对四个点分别取 $(a_{\mathrm{L1}}, a_{\mathrm{L2}}, a_{\mathrm{U5}}, a_{\mathrm{U6}}) = \left(\dfrac{0.5}{\xi}\right)^{0.65}(67.5, 50.6, 98.5, 75)\sqrt{\dfrac{h}{t}}$ 时,双向弯曲加扭转加畸变的应力和 FEM 符合较好。1 号点和 6 号点的应力如图 2.37 所示:

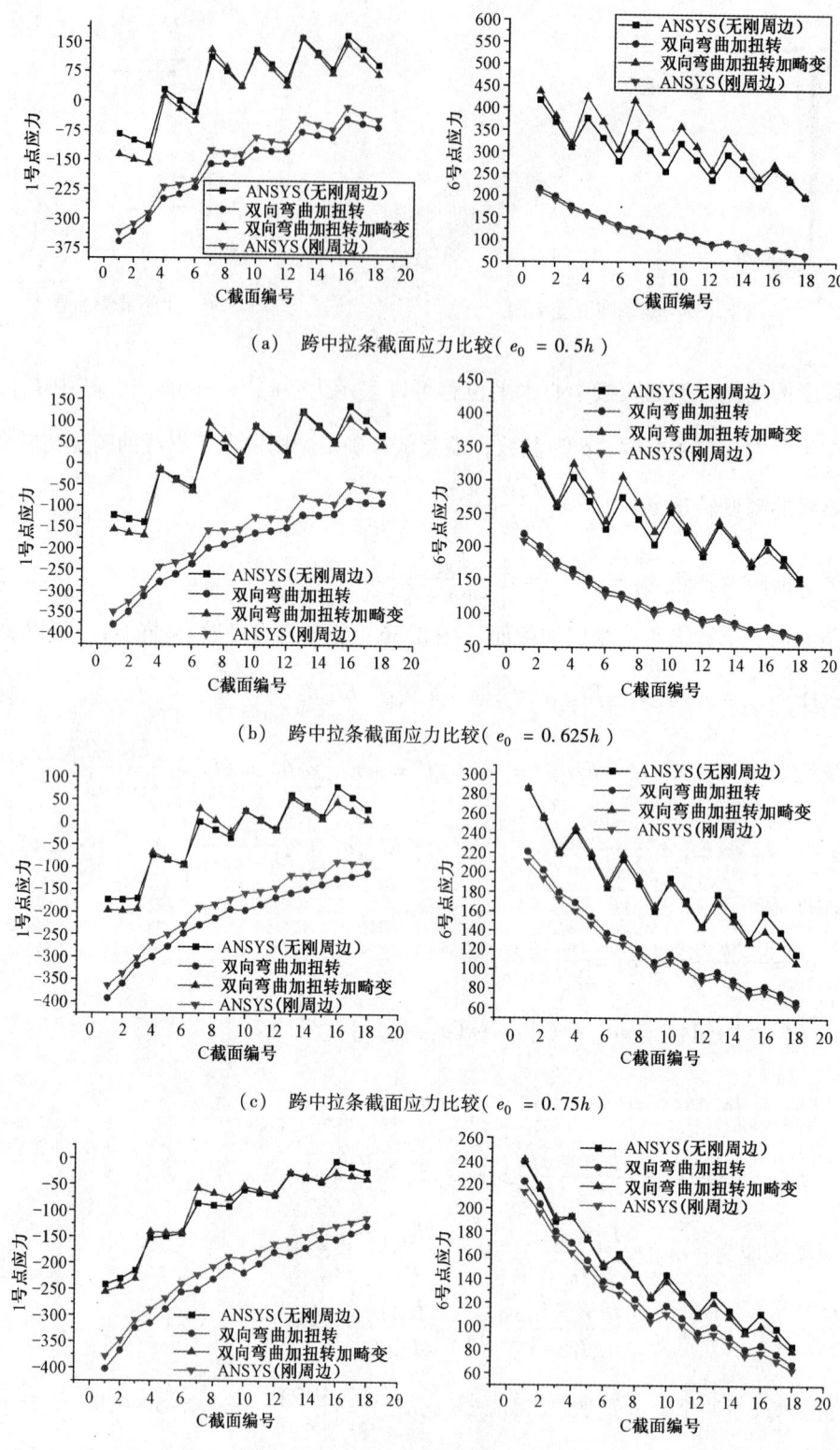

（a）跨中拉条截面应力比较（$e_0 = 0.5h$）

（b）跨中拉条截面应力比较（$e_0 = 0.625h$）

（c）跨中拉条截面应力比较（$e_0 = 0.75h$）

（d）跨中拉条截面应力比较（$e_0 = 0.875h$）

图 2.37　跨中拉条截面应力比较

上翼缘和下翼缘畸变计算的 a 不一样,其原因是:上翼缘(5,6号点)因为有自攻螺钉,水平方向被迫保持直线,卷边只好向下发生畸变位移,而下翼缘(1,2)号点,水平方向能够发生位移,畸变相对小一些。1,2号点之间和5,6号点之间 a 的差别,则是由于翼缘和卷边的板件形式弯曲。

上翼缘水平反力式(2.93)和 FEM 节点反力转化成的均布反力比较见图 2.38。可知

(1) 弯扭分析 R_c 取值变化不大,和无拉条的分布类似,比较接近于均布分布的反力。

(2) FEM 上翼缘反力,中间段和扭转分析结果偏差不大;跨中反力变号,是畸变影响。

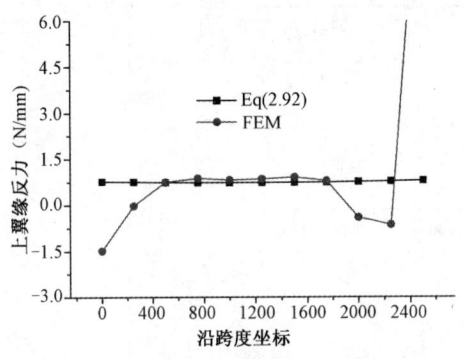

图 2.38　上翼缘反力比较

(截面 C160×60×20×2.0)

弯扭分析和 FEM 模型反力比较　　　　　　　　　　　　　　表 2.8

序号	R_c/q_y			f/h	序号	R_c/q_y			f/h
	弯扭分析	FEM 有拉条	FEM 无拉条			弯扭分析	FEM 有拉条	FEM 无拉条	
1	0.395	0.3966	0.2339	0.3474	10	0.36	0.3620	0.3164	0.3272
2	0.405	0.4046	0.2135	0.3463	11	0.365	0.3635	0.3066	0.3263
3	0.42	0.4183	0.1839	0.3445	12	0.365	0.3665	0.2909	0.3251
4	0.4	0.4008	0.2985	0.3599	13	0.35	0.3490	0.3186	0.3153
5	0.405	0.4053	0.2821	0.3590	14	0.35	0.3497	0.3110	0.3146
6	0.415	0.4131	0.2568	0.3575	15	0.35	0.3513	0.2988	0.3135
7	0.41	0.4077	0.3447	0.3694	16	0.3	0.3015	0.2821	0.2720
8	0.41	0.4102	0.3323	0.3685	17	0.3	0.3017	0.2764	0.2713
9	0.415	0.4146	0.3127	0.3672	18	0.3	0.3023	0.2673	0.2703

图 2.39 显示正应力沿檩条跨度方向的分布,以第 13 个 C 形截面(C220×2.0)为例,考查两种方法得到的六个点应力在檩条方向上的变化情况。图中显示:

(1) 双向弯曲和扭转的计算方法和 FEM 分析结果吻合较好。

(2) 1 号点和 6 号点处在卷边上,远离拉条的截面双向弯曲和扭转的计算方法和 FEM 分析结果符合比较好,但是靠近拉条处,偏差很大,畸变在这两点均产生了拉应力。

（3）最大拉应力为6号点，2号点和3号点的应力比较接近，2号点压应力偏大，为控制点。

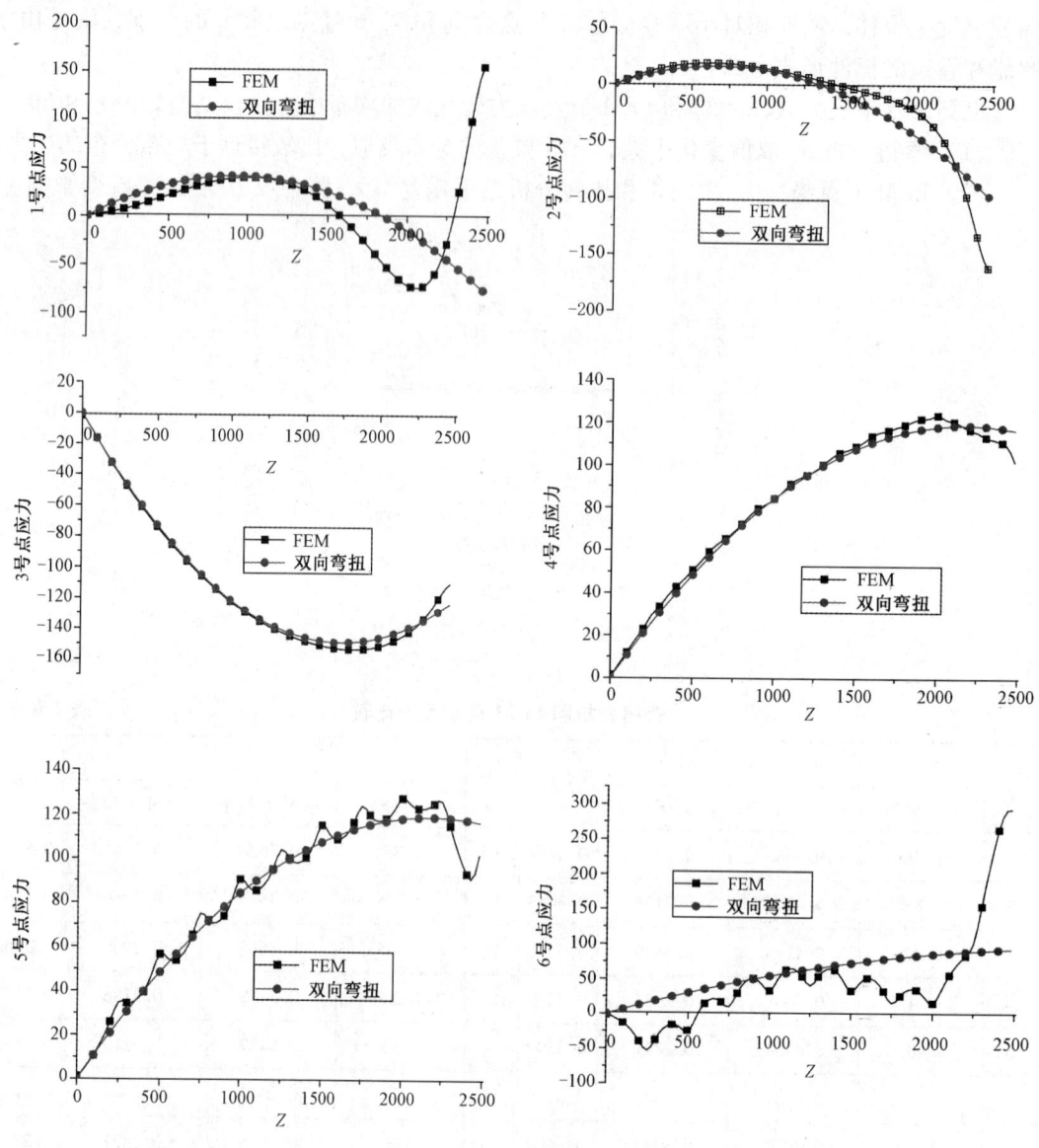

图2.39　六个点应力沿檩条跨度方向上的分布

2.11　绕定点的弯扭—Z形截面檩条跨中设拉条时的分析

2.11.1　双向弯扭分析

檩条全跨长为L，半跨长l，考虑双向弯曲和扭转线性分析的总势能（利用对称性取半跨）：

$$\Pi = \frac{1}{2}\int_0^l \left[EI'_\omega \theta''^2 + hEI_{xy} v''\theta'' + EI_x v''^2 + GJ\theta'^2 \right] \mathrm{d}z - \int_0^l (q_y v + m_z \theta)\,\mathrm{d}z + \frac{1}{4}k_{\mathrm{LT}}e_0^2\theta_{\mathrm{LT}}^2 \qquad (2.98)$$

92

对上式变分可以得到式(2.69)、式(2.70),与2.9节不同之处在于跨中拉条截面($z=l$)的条件:

$$EI'_\omega \theta'''_{LT} + 0.5hEI_{xy}v'''_{LT} - GJ\theta'_{LT} - \frac{1}{2}k_{LT}e_0^2\theta_{LT} = 0, \quad \theta'_{LT} = 0 \qquad (2.99a,b)$$

$$EI_x v'''_{LT} + 0.5hEI_{xy}\theta'''_{LT} = 0, \quad v'_{LT} = 0 \qquad (2.99c,d)$$

由式(2.98c)得到v'''_{LT},代入式(2.98a)即

$$EI''_\omega \theta'''_{LT} - \frac{1}{2}k_{LT}e_0^2\theta_{LT} = 0$$

式(2.70)的解为:

$$\theta = C_2 z + C_3 \sinh\lambda z + \frac{m'_z}{GJ\lambda^2}\left(\cosh\lambda z - 1 - \frac{1}{2}\lambda^2 z^2\right) \qquad (2.100a)$$

$$C_2 = -C_3\lambda\cosh v - \frac{m'_z}{GJ\lambda}\sinh v + \frac{m'_z v}{GJ\lambda} \qquad (2.100b)$$

$$C_3 = -\frac{[4EI''_\omega\lambda^3\sinh v - 2k_{LT}e_0^2(\cosh v - v\sinh v)] + (v^2 - 2)k_{LT}e_0^2}{GJ\lambda^2[4EI''_\omega\lambda^3\cosh v - 2k_{LT}e_0^2(\sinh v - v\cosh v)]}m'_z \qquad (2.100c)$$

按照2.9节一样求弯矩M_x,M_y和双力矩,并求出应力、反力等。檩条上翼缘水平反力:

$$R_z = \frac{1}{2}hEI_y\rho_{xy}\theta^{(4)} + \frac{I_{xy}}{I_x}q_y \qquad (2.101)$$

拉条反力:

$$F_{LT} = k_{LT}u_{LT} = k_{LT}e_0\theta_{LT} \qquad (2.102)$$

拉条刚度k_{LT}主要是由腹板局部变形能力决定的,按照C形采用的拉条刚度模型可以看出,拉条刚度跟截面具体为C形或者Z形没有关系。

2.11.2 拉条反力和屋面板反力,截面正应力沿檩条跨度方向的分布

三种方法拉条反力计算结果如图2.40所示,该图拉条反力表明:

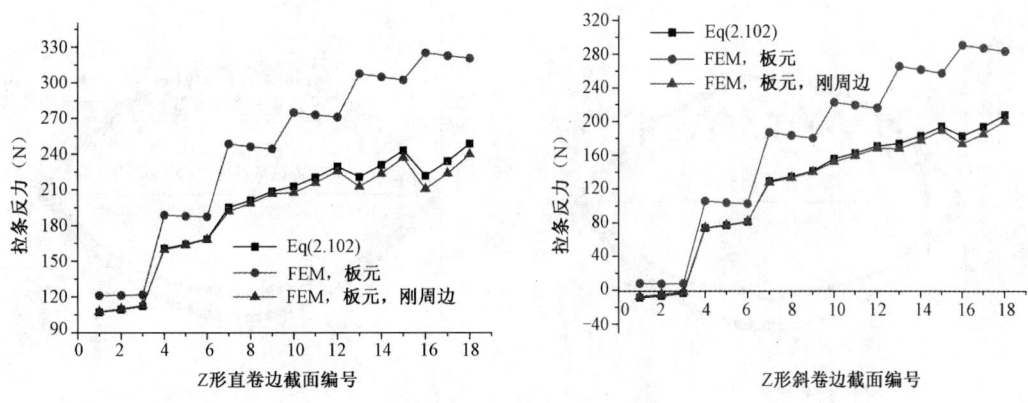

图2.40 拉条反力比较

(1)双向弯扭分析和带刚周边假设的FEM模型符合好,与无刚周边的FEM结果有偏差,说明反力受到畸变影响;

(2)但是注意，拉条反力很小，仅为同样规格的C形檩条拉条反力的$\frac{1}{8}\sim\frac{1}{400}$；显示Z形截面扭转和水平方向位移小；截面的畸变也小，见图2.42。

(a) Z160×60×20×2.0　　(b) Z250×75×20×2.0

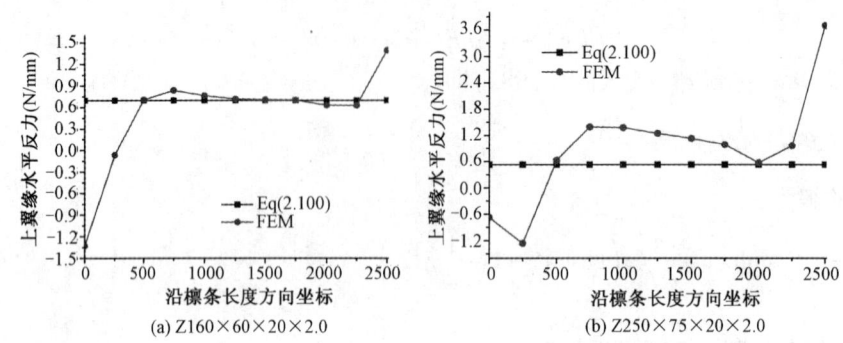

图2.41　两种高度截面上翼缘反力

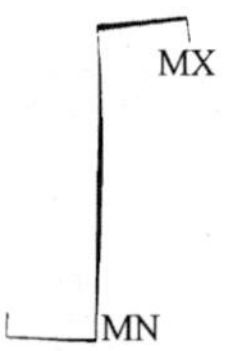

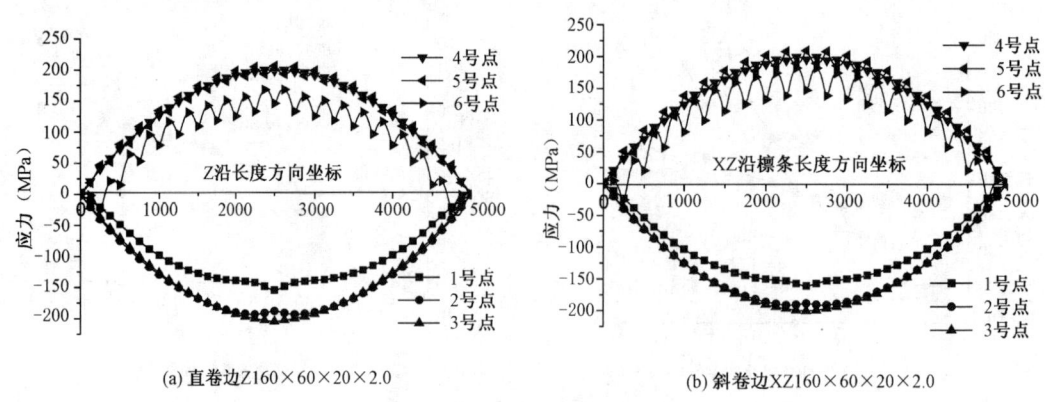

图2.42　跨中拉条截面变形图

(3)规格大的反力大,与C形截面的相反,对比图2.28。

屋面的反力见图2.41,取直卷边第4组截面(Z160×60×20×2.0)和第16组截面(Z250×75×20×2.0)分别和FEM结果相比较。该图说明，有拉条的存在，跨中截面的上翼缘反力局部增大，这是由于拉条限制了截面的扭转变形，由于拉条在腹板中间，上翼缘就好像杠杆的支点，下翼缘要产生逆时针的扭转，必然在上翼缘(支点)产生大的反力。

图2.43以4号截面(Z160×60×20×2.0)绘制1~6号点应力沿长度的变化情况，拉条处也会产生畸变，但是与带拉条的C形檩条相比较，这种畸变对各点应力的影响非常有限，所以对Z形截面可不再考虑畸变应力。

(a) 直卷边Z160×60×20×2.0　　(b) 斜卷边XZ160×60×20×2.0

图2.43　各点应力沿檩条跨度方向的变化

2.11.3　各种方法与FEM结果的对比

按照如下几种方法计算跨中截面的应力，分别和FEM结果比较。

方法1：按照双向弯曲和扭转分析式(2.75)计算应力

方法2：参照EC3中的公式$\left(\sigma_i = \dfrac{M_x}{I_x}y_i + \dfrac{M_{y1}}{I_{y1}}x_{1i}\right)$，$k = \dfrac{f}{h} - k_{h0}$，拉条作为固定点。

方法3：参照EC3中的公式，取$k = \dfrac{f}{h} - k_{h0}$，按照$M_C = \dfrac{2.5\bar{k}kq_yl^5}{8\,(3EI_{y1} + 0.5\bar{k}l^3)} - \dfrac{1}{8}kq_yl^2$

三种方法的计算结果整理如图2.44所示。分析表明：

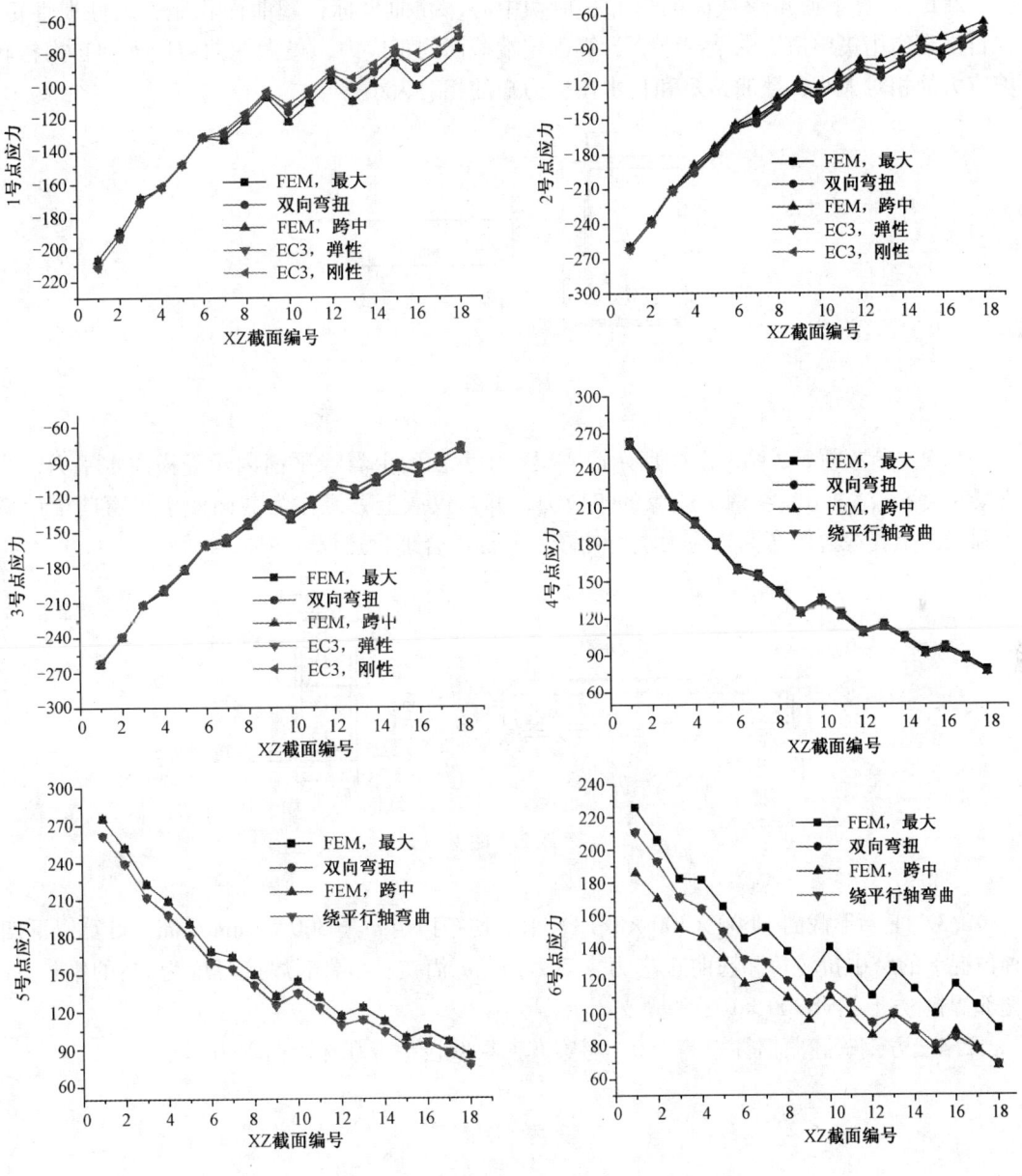

图2.44　斜卷边Z形截面应力比较

（1）把带有弹性支座分析方法应用在下翼缘上，其结果和扭转模型符合非常好。说明不考虑畸变弹性支座分析方法是一种可行的简化分析法。

（2）卷边上 1 号点和 6 号点受到畸变的影响不大。

（2）下翼缘上 2 号点和 3 号点应力非常接近，这是由于整个截面主要以弯曲为主。

（3）EC3 刚性支座的方法虽然人为放大了跨中弯矩，却恰好补偿了略去的。

习　题

2.1　计算下面箱形截面的形心、剪切中心，翘曲坐标，翘曲面积矩，扇性惯性矩。在自由端作用集中扭矩的情况下，计算固定端截面的正应力，最大翘曲剪应力和自由扭转剪应力的相对大小，翘曲扭矩和自由扭转力矩的相对大小。

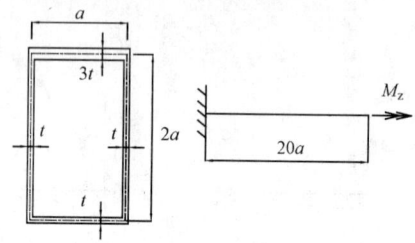

题 2.1 图

2.2　参考题 2.2 图，图中所示简支梁跨中截面的上翼缘平面内承受横向水平力，简支梁跨度 6m，求上翼缘两个边缘的正应力，并与仅取上翼缘作为截面的水平弯曲梁计算得到的两个翼缘边的弯曲正应力进行比较，并提出合理化建议。

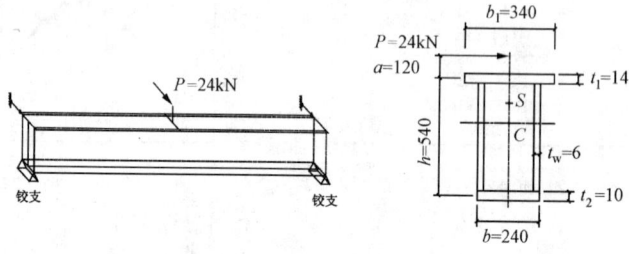

题 2.2 图

2.3　工字形截面 H600×300×8/12，承受均布扭矩 $m_z = 300\text{N} \cdot \text{mm/mm}$，计算以下四种情况下的跨中扭转角和翘曲正应力，双力矩：a 简支；b 端部焊接厚度为 20 的钢板；c 端部焊接 方形钢管 300×10；d 固支。

2.4　方钢管翘曲惯性矩等于 0，考察其四块壁板是否存在翘曲剪力。

参 考 文 献

[1] Gjelsvik A., The Theory of Thin Walled Bars, John Wiley & Sons, New York, 1981.

[2] Timoshenko S. P., Gere J. M., Theory of Elastic Stability, 2nd ed., McGraw-Hill, New York, 1961.

[3] 陈绍蕃. 钢结构设计原理. 北京：科学出版社，1998.

［4］包世华，周坚. 薄壁杆件结构力学. 北京：中国建筑工业出版社，1991.

［5］Vacharajittiphan P., Trahair N. S., Warping and distortion at I – Section joints, Journal of the Structural Divison, ASCE, 1974, 100 (3): 547.

［6］Smith E. M., Cross stiffeners for beams in Torsion, Journal of the Structural Division, ASCE, 1995, 127 (6): 1119.

［7］Szewczak R. M., Smith E. A., DeWolf J. T., Beams with torsional stiffeners, Journal of the Structural Division, ASCE, 1983, 109 (7): 1635.

［8］Plum C. M., Svensson S. E., Stiffener effects on torsional buckling of columns. Journal of the Structural Division, ASCE, 1983, 109 (3): 2855-2870.

［9］Potocko R. A., Dewolf J. T., Girder web stiffening using closed sections, Journal of Civil Engineering Design, 1979, Vol. 1: 114.

［10］Ojalvo M., Chambers R. S., Effect of Warping Restraints on I – Beam Buckling, Journal of the Structural Division, ASCE, 1977, 103 (12): 2351-2360.

［11］童根树，林南昌. 端板缀板加强的工字形钢梁的抗扭性能. 工业建筑，2002，32 (9): 14-17.

［12］Timoshenko S. P., Wonovsky. Kelig. 板壳理论. 张福范译. 北京：科学出版社，1977.

第3章 压杆和压弯杆的弯扭失稳

3.1 轴压杆的扭转屈曲

3.1.1 Wagner 效应和扭转屈曲微分方程

如图 3.1 所示的两端铰支压杆,截面是双轴对称的。除了可能发生弯曲失稳外,还有可能发生扭转屈曲。要研究它是否会发生扭转失稳,必须给它一个扭转干扰,研究干扰卸除后,它是否能够恢复到原先的平直的平衡位置。

取出微段 BD 上的一段纤维,这段纤维的面积 dA,在纤维上作用轴力 σdA。在下端产生转角 θ,上端产生转角 $\theta + d\theta$,由于这个转角,纤维上的应力 σdA 出现了倾斜。

要理解应力产生倾斜的现象,可以拿绑扎物品的橡皮筋,用两只手把橡皮筋拉紧,如图 3.2 所示。两段平行的橡皮筋内产生拉力,然后将手转动,则两拉紧的橡皮筋产生倾斜,所以其中的拉力也发生了倾斜。

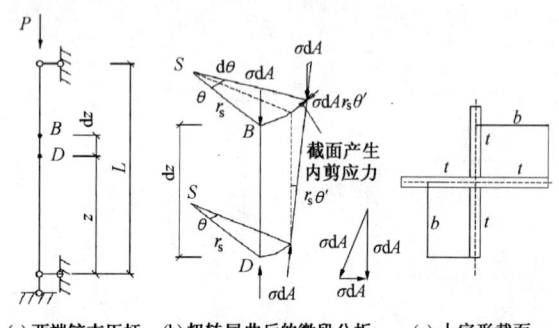
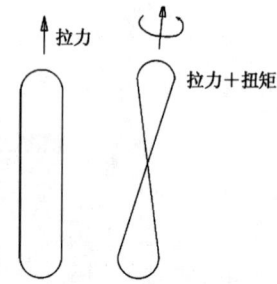

(a) 两端铰支压杆 (b) 扭转屈曲后的微段分析 (c) 十字形截面

图 3.1 双轴对称截面的扭转屈曲

图 3.2 橡皮筋受扭后筋内拉力
方向的变化

应力 σdA 倾斜后,在竖向和水平方向就存在分力,竖向分力与方向保持不变的外荷载平衡,而水平分力大小为 $\sigma dA r_s \theta'$,它与因为扭转而产生的截面内的剪应力平衡。这里 r_s 是应力到转动中心的距离。或者说,倾斜的应力与截面上产生的剪应力合成为竖向应力,与外荷载平衡。

根据第 2 章,截面内的剪应力合成的内扭矩为 $GJ\theta' - EI_\omega \theta'''$,而 $\sigma dA r_s \theta'$ 合成的扭矩为

$$\int_A (\sigma r_s dA\theta' \cdot r_s) = \frac{P}{A} \int_A r_s^2 dA\theta' = \frac{P}{A} \int_A (x^2 + y^2) dA\theta' = \frac{P}{A}(I_x + I_y)\theta' = Pi_0^2\theta' \quad (3.1)$$

上式称为 Wagner 效应,其中 $i_0^2 = i_x^2 + i_y^2$ 是绕剪切中心的极回转半径的平方。注意上面采用 σ 记号时已经变为以压为正,在后面几节的推导中,也采用以压为正。

98

根据图 3.1（b）中内剪应力和分力 $\sigma \mathrm{d} A r_s \theta'$ 平衡的性质，得到如下整体平衡方程

$$GJ\theta' - EI_\omega \theta''' = Pi_0^2 \theta'$$

即

$$EI_\omega \theta''' + (Pi_0^2 - GJ)\theta' = 0 \tag{3.2}$$

上式即是我们所需要研究的双轴对称截面扭转屈曲的平衡微分方程。上式积分一次：

$$EI_\omega \theta'' + (Pi_0^2 - GJ)\theta = C \tag{3.3}$$

如果压杆两端简支，则上式右边的积分常数为 0。所以

$$EI_\omega \theta'' + (Pi_0^2 - GJ)\theta = 0$$

参照两端铰支压杆弯曲失稳的临界荷载，得到

$$(Pi_0^2 - GJ)_{\mathrm{cr}} = \frac{\pi^2 EI_\omega}{L^2}$$

从而得到扭转屈曲的临界荷载为

$$P_{\mathrm{E}\omega} = \frac{1}{i_0^2}\left(GJ + \frac{\pi^2 EI_\omega}{L^2}\right) \tag{3.4}$$

参考式（3.2）的微分方程的形式，以及扭转问题的边界条件，不同条件下的扭转屈曲的临界荷载可以引入扭转屈曲计算长度系数 μ_ω 来考虑，得到

$$P_{\mathrm{E}\omega} = \frac{1}{i_0^2}\left(GJ + \frac{\pi^2 EI_\omega}{(\mu_\omega L)^2}\right) \tag{3.5}$$

两端简支 $\mu_\omega = 1$，一端简支一端自由 $\mu_\omega = 2$，两端固定 $\mu_\omega = 0.5$，一端固定一端铰支 $\mu_\omega = 0.7$，一端固定一端滑动固定 $\mu_\omega = 1$。

十字形截面是最容易出现扭转屈曲的双轴对称截面压杆，如图 3.1（c）所示截面的压杆扭转屈曲的临界荷载为

$$P_{\mathrm{E}\omega} = 4G\frac{t^3}{b} + \frac{\pi^2 Ebt^3}{3L^2}$$

临界应力为：

$$\sigma_{\omega\mathrm{cr}} = G\frac{t^2}{b^2} + \frac{\pi^2 Et^2}{12L^2} = 0.384\frac{Et^2}{b^2}\left(1 + 2.14\frac{b^2}{L^2}\right)$$

回忆钢结构教材中介绍的两纵向边一边铰支一边自由的板件的临界应力为

$$\sigma_{\mathrm{cr}} = \frac{0.425\pi^2 E}{12}\frac{1}{(1-\nu^2)}\left(\frac{t}{b}\right)^2 = 0.384E\left(\frac{t}{b}\right)^2$$

比较以上两个式子可知，十字形截面的扭转屈曲就是板件的局部屈曲。

对比式（3.2）和式（3.5），可以看出，它们与等截面弯曲型支撑-框架双重抗侧力结构在顶部作用集中荷载，平衡微分方程的形式和临界荷载的表达式都非常相似。

3.1.2 边界条件非齐次的压杆的扭转屈曲

绕两个轴的弯曲屈曲临界荷载记为 P_{Ex} 和 P_{Ey}，与 $P_{\mathrm{E}\omega}$ 一起，压杆最小的临界荷载才是压杆起控制作用的临界荷载。

双轴对称工字形截面的悬臂压杆，在柱顶作用如图 3.3（a）所示的压力时，会出现轴压荷载一开始作用就产生扭转的现象。这是因为这两个柱顶压力的作用位置的扇性坐标不为

0，根据双力矩的定义：$B_\omega = \int_A \sigma \omega_n \mathrm{d}A$，设 $0.5P$ 作用在很小的面积为 ΔA 的区域，此处的主扇性坐标为 $\omega_{nP} = -0.25bh$。因此在柱顶存在双力矩

$$B_\omega = \left(-\frac{0.5P}{\Delta A} \right) \omega_{nP} \times 2 \times \Delta A = 0.25Pbh$$

对于这种悬臂柱，式（3.2）严格来说不再成立，因为截面上的应力不再单纯是轴压产生的均匀分布应力，还存在因扭转变形而产生的翘曲正应力。在计算式（3.1）的 Wagner 效应时，σ 不再均匀，而是还要叠加双力矩产生的应力的 Wagner 效应，即：

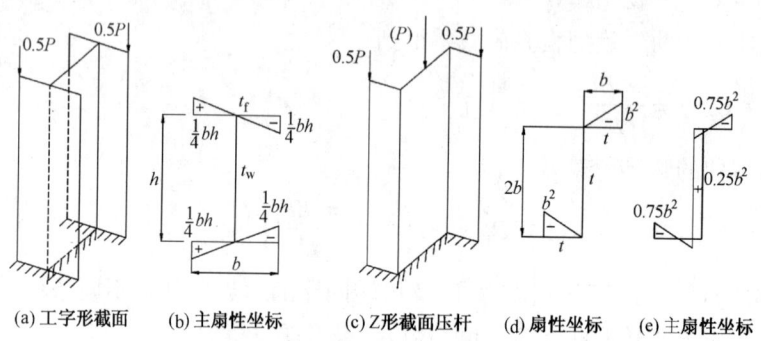

(a) 工字形截面　　(b) 主扇性坐标　　(c) Z 形截面压杆　　(d) 扇性坐标　　(e) 主扇性坐标

图 3.3　工字形和 Z 形悬壁柱的扭转屈曲

$$\sigma = \frac{P}{A} + \frac{B_\omega}{I_\omega} \omega_n$$

所以 Wagner 效应为

$$W_\sigma = Pi_0^2 \theta' + \frac{B_\omega}{I_\omega} \int_A \omega_n r_s^2 \mathrm{d}A \theta' = Pi_0^2 \theta' + 2B_\omega \beta_\omega \theta' \tag{3.6}$$

式中 $\beta_\omega = \dfrac{1}{2I_\omega} \int_A \omega_n (x^2 + y^2) \mathrm{d}A$ \hfill (3.7)

但是在本问题中有 $B_\omega = -EI_\omega \theta''$，所以式（3.6）的第 2 项为 $-2EI_\omega \beta_\omega \theta' \theta''$，假设扭转角是一个小量，则式（3.2）仍然可以认为近似地成立。积分一次得到式（3.3）。

下面对式（3.3）继续求解。因为是一个二阶分析问题，所以 $Pi_0^2 - GJ$ 会从小于 0 变为大于 0，所以要分两段继续求解。

（1）$Pi_0^2 - GJ < 0$。记 $k = \sqrt{(GJ - Pi_0^2)/EI_\omega}$，则

$$\theta = D_1 \sinh kz + D_2 \cosh kz - \frac{C}{GJ - Pi_0^2}$$

$$\theta' = kD_1 \cosh kz + kD_2 \sinh kz$$

$$\theta'' = k^2 D_1 \sinh kz + k^2 D_2 \cosh kz$$

利用固定端的边界条件得到 $D_1 = 0$，$D_2 = \dfrac{C}{GJ - Pi_0^2}$。进一步利用柱顶双力矩条件得到

$$-EI_\omega \theta'' = -EI_\omega k^2 D_2 \cosh kL = 0.25Pbh$$

$$D_2 \cosh kL = -\frac{0.25Pbh}{GJ - Pi_0^2}$$

所以　　$\theta = \dfrac{Pbh}{GJ - Pi_0^2} \cdot \dfrac{1 - \cosh kz}{4 \cosh kL}$

（2）当 $Pi_0^2 - GJ > 0$。记 $k = \sqrt{(Pi_0^2 - GJ) / EI_\omega}$

$$\theta = F_1 \sin kz + F_2 \cos kz + \dfrac{C}{Pi_0^2 - GJ}$$

$$\theta' = k F_1 \cos kz - k F_2 \sin kz$$

$$\theta'' = -k^2 F_1 \sin kz - k^2 F_2 \cos kz$$

利用固定端的边界条件得到 $F_1 = 0$，$F_2 = -\dfrac{C}{Pi_0^2 - GJ}$。进一步利用柱顶双力矩条件得到

$$-EI_\omega \theta'' = EI_\omega k^2 F_2 \cos kL = 0.25 Pbh$$

$$F_2 \cos kL = \dfrac{0.25 Pbh}{Pi_0^2 - GJ}$$

所以　　$\theta = -\dfrac{Pbh}{Pi_0^2 - GJ} \cdot \dfrac{1 - \cos kz}{4 \cos kL}$

当 $\cos kL = 0$ 时 $\theta \to \infty$，此时 $kL = \pi/2$，即

$$\dfrac{Pi_0^2 - GJ}{EI_\omega} L^2 = \dfrac{\pi^2}{4}$$

由此得到悬臂柱的临界荷载为

$$P_{E\omega} = \dfrac{1}{i_0^2}\left(GJ + \dfrac{\pi^2 EI_\omega}{4L^2} \right) \tag{3.8}$$

对于图 3.3c 的 Z 形截面的悬臂柱，存在同样的问题。对于 Z 形截面，注意图 3.3(d) 所示的扇性坐标不是主扇性坐标，图 3.3(e) 才是主扇性坐标。如果两个 $0.5P$ 作用在两个翼缘的尖端，则双力矩为 $-0.5P \times (-0.75b^2) \times 2 = 0.75 Pb^2$。如果一个集中力作用在截面的形心，则双力矩为 $-0.25 Pb^2$。

通过上面的分析可知，薄壁构件和实心截面的构件有很大的不同，看似轴压的构件可能因为作用位置或荷载分布的原因产生扭转。

3.1.3　残余应力对于压杆扭转屈曲的影响

钢构件内存在的焊接残余应力对压杆的弹性弯曲屈曲没有影响，这是因为焊接残余应力不合成为弯矩，而弯矩本身也没有二阶效应，只有轴力有二阶效应。但是在扭转屈曲问题中，情况完全不同。从上面对扭转屈曲的推导可知，引发构件扭转屈曲的因素是 Wagner 效应。Wagner 效应的一般表示式是

$$W_\sigma \theta' = \int_A \sigma r^2 \mathrm{d}A \theta' \tag{3.9}$$

将图 3.4 所示的工字形截面的残余应力 σ_r 代入上式，得到残余应力的 Wagner 效应。设 σ_r 以拉为正

$$W_{\sigma r} = -\int_A \sigma_r (x^2 + y^2) \mathrm{d}A = -4 \int_0^{0.5b} f_r \left(1 - \dfrac{4x}{b}\right)\left(x^2 + \dfrac{1}{4}h^2\right) t_f \mathrm{d}x - 2\int_0^{0.5h} f_r \left(-1 + \dfrac{4y}{h}\right) y^2 t_w \mathrm{d}y$$

即 $W_{\sigma r} = \dfrac{1}{24} f_r (2b^3 t_f - t_w h^3)$

因此 $W_{\sigma r} \neq 0$，残余应力的 Wagner 效应不为 0。它对扭转屈曲的影响为

$$P_{E\omega} = \frac{1}{i_0^2}\Big[GJ - W_{\sigma r} + \frac{\pi^2 EI_\omega}{(\mu_\omega L)^2} \Big] \tag{3.10}$$

因此如果截面是 H200×200×8×12 的焊接截面，$f_r = 0.6f_y = 141\text{N/mm}^2$，

$$W_{\sigma r} = \frac{1}{24}f_r(2b^3 t_f - t_w h^3) = \frac{1}{24}\times 141 \times (2\times 200^3 \times 12 - 8\times 188^3) = 8157\times 10^5 \text{N}\cdot\text{mm}^2$$

而这个截面的自由扭转刚度为 $GJ = 260440G = 206348.6\times 10^5 \text{N}\cdot\text{mm}^2$，是 Wagner 效应的 25.3 倍。因此在这个算例中，虽然残余应力的 Wagner 效应有不利影响，但是影响是非常小的。

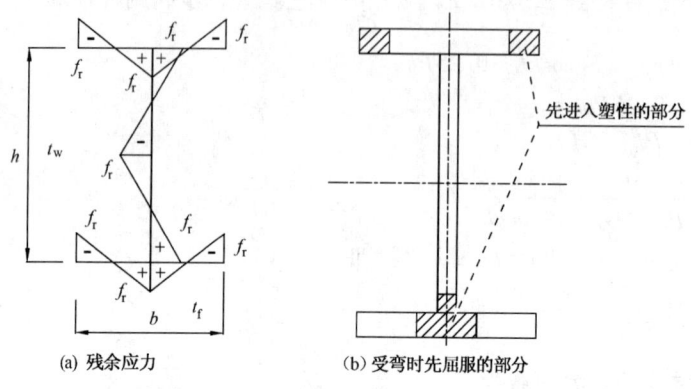

图 3.4　工字形截面的残余应力分布

3.2　单轴对称截面压杆的弯扭失稳

首先解释为什么在轴力作用下单轴对称截面的压杆必然产生弯扭失稳。图 3.5(a) 所示的单轴对称截面压杆，假设它产生绕 y 轴的弯曲屈曲。因为弯曲过程中纵向纤维的方向发生变化。按照上一节的解释，纤维上的纵向应力方向也要改变方向到纤维的切线方向，如图 3.5(b) 所示。构件变形后截面上产生内剪应力，内剪应力和倾斜后的正应力合成后，截面上的应力变为竖向，与竖向的外力 P 平衡，如图 3.5(c) 所示。图 3.5(b) 所示截面上倾斜的力 P 和支座上的 P 合成为 Pu'，截面上的剪应力合成后应该等于这个力，整段压杆才会处于平衡状态。

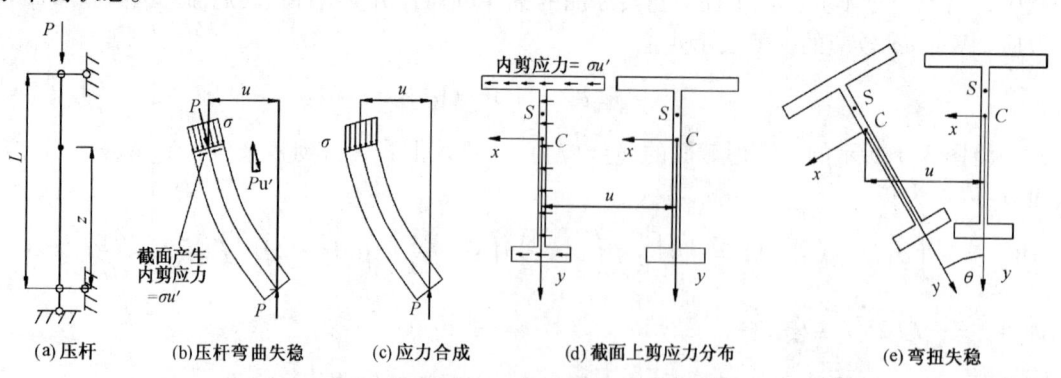

图 3.5　单轴对称截面压杆的弯扭失稳

但是这个剪力 Pu' 处在形心上，如图 3.5(d)所示。剪力不通过剪心，截面必然产生扭转，因此单轴对称截面必然产生弯扭失稳。

设截面产生侧移 u 和扭转角 θ。截面上任意一点的位移为

$$\bar{u} = u - (y - y_0)\theta \tag{3.11a}$$

$$\bar{v} = x\theta \tag{3.11b}$$

因此点 $P(x,y)$ 处的纵向纤维的切线的斜率为 $\bar{u}'$ 和 $\bar{v}'$，参照图 3.5(d)，截面上将对应地产生 x 和 y 方向的剪应力：

x 方向的剪应力 $= \overline{\sigma u}'\mathrm{d}A = \sigma[u' - (y - y_0)\theta']\mathrm{d}A$，指向 x 的正方向；

y 方向的剪应力 $= \overline{\sigma v}'\mathrm{d}A = x\theta'\sigma\mathrm{d}A$，指向 y 的正方向（σ 以压为正）。

合成的剪力和对剪切中心的扭矩为

$$Q_x = \int_A \sigma[u' - (y - y_0)\theta']\mathrm{d}A = \frac{P}{A}[u'A + y_0\theta'A] = Pu' + Py_0\theta' \tag{3.12a}$$

$$Q_y = \int_A x\theta'\sigma\mathrm{d}A = 0$$

$$
\begin{aligned}
T &= \int_A \{x^2\theta'\sigma - \sigma[u' - (y - y_0)\theta'](y - y_0)\}\mathrm{d}A \\
&= \frac{P}{A}\int_A \{[x^2 + (y - y_0)^2]\theta' - u'(y - y_0)\}\mathrm{d}A \\
&= Py_0u' + Pi_0^2\theta'
\end{aligned}
\tag{3.12b}
$$

这里 $i_0^2 = \dfrac{1}{A}\int_A [x^2 + (y - y_0)^2]\mathrm{d}A = \dfrac{1}{A}(I_y + I_x + y_0^2A) = i_x^2 + i_y^2 + y_0^2$，是截面对剪切中心的极回转半径的平方。

将 $Q_x = -EI_y u'''$ 和 $T = GJ\theta' - EI_\omega\theta'''$ 代入以上各式得到基本微分方程为

$$EI_y u''' + Pu' + Py_0\theta' = 0 \tag{3.13a}$$

$$EI_\omega\theta''' + (Pi_0^2 - GJ)\theta' + Py_0u' = 0 \tag{3.13b}$$

式(3.13a)是弯曲平衡方程，而式(3.13b)是扭转平衡方程。注意两个方程中的交叉项的系数是相等的，这类似于结构力学中的互等定律。这种交叉项系数相等的性质可以用于判断推导得到的平衡微分方程的正确与否。

假设压杆两端铰支，先对两式各积分一次，得到

$$EI_y u'' + Pu + Py_0\theta = C_1$$

$$EI_\omega\theta'' + (Pi_0^2 - GJ)\theta + Py_0u = C_2$$

利用铰支边界条件可以知道两个积分系数都等于 0，所以

$$EI_y u'' + Pu + Py_0\theta = 0$$

$$EI_\omega\theta'' + (Pi_0^2 - GJ)\theta + Py_0u = 0$$

假设 $u = C\sin\dfrac{\pi z}{L}, \theta = D\sin\dfrac{\pi z}{L}$，$C$ 和 D 是待定系数。代入上式得到

$$(-P_{Ey} + P)C + Py_0D = 0$$

$$Py_0C + (P - P_{E\omega})i_0^2D = 0$$

式中 $P_{Ey} = \dfrac{\pi^2 EI_y}{L^2}$，$P_{E\omega}$ 由式(3.4)给出。

要使得问题有解，上式的系数行列式的值应等于零，因此

$$(P - P_{Ey})(P - P_{E\omega})i_0^2 - P^2 y_0^2 = 0$$

$$P^2(1 - y_0^2/i_0^2) - (P_{Ey} + P_{E\omega})P + P_{Ey}P_{E\omega} = 0 \tag{3.14}$$

记 $f(P) = P^2(1 - y_0^2/i_0^2) - (P_{Ey} + P_{E\omega})P + P_{Ey}P_{E\omega}$，可以考察 $f(P) = 0$ 的根的大小。

设 $P_{Ey} < P_{E\omega}$：

$P = 0$ 时，$f(0) = P_{Ey}P_{Ew} > 0$

$P = P_{Ey}$ 时，$f(P_{Ey}) = -P_{Ey}^2 y_0^2/i_0^2 < 0$

$P = P_{E\omega}$ 时，$f(P_{E\omega}) = -P_{E\omega}^2(y_0^2/i_0^2) < 0$

$P = \infty$ 时，$f(\infty) > 0$

因此式（3.14）的两个根，一个小于两个单纯临界荷载的较小值，一个大于两个单纯临界荷载的较大值。临界荷载为

$$P_{Ey\omega} = \frac{P_{Ey} + P_{E\omega} - \sqrt{(P_{Ey} + P_{E\omega})^2 - 4(1 - y_0^2/i_0^2)P_{Ey}P_{E\omega}}}{2(1 - y_0^2/i_0^2)} \tag{3.15}$$

上述公式有个特点：P_{Ey} 和 $P_{E\omega}$ 中哪个小，$P_{Ey\omega}$ 就更靠近哪个。压杆的弯扭屈曲可以看成是压杆弯曲屈曲和扭转屈曲的相互作用。式（3.14）还可以写成为

$$\frac{P}{P_{Ey}} + \frac{P}{P_{E\omega}} = 1 + \left(1 - \frac{y_0^2}{i_0^2}\right)\frac{P}{P_{Ey}} \cdot \frac{P}{P_{E\omega}} \tag{3.16a}$$

读者可以回忆到格构柱的屈曲是压杆弯曲屈曲和剪切屈曲的相互作用，相互作用的结果可以采用 Rankine 公式来精确描述。但是在这里我们注意到，如果将式（3.16）画成 $\frac{P}{P_{Ey}} \sim \frac{P}{P_{E\omega}}$ 相关曲线，则曲线都是外凸的，外凸的程度随参数 $k = 1 - \frac{y_0^2}{i_0^2}$ 的大小而定。截面不对称的程度越大，k 就越小，$\frac{P}{P_{Ey}} \sim \frac{P}{P_{E\omega}}$ 相关曲线就越接近直线。图 3.6 示出了 $k = 0$，0.25，0.5，0.7，0.8，0.9 的 6 条曲线。因为实际压杆的 k 都很大，因此采用直线会过于安全。弯扭失稳是弯曲失稳和扭转失稳的相互作用，其中 y_0 是激发相互作用的因子，因此必然可以表示成

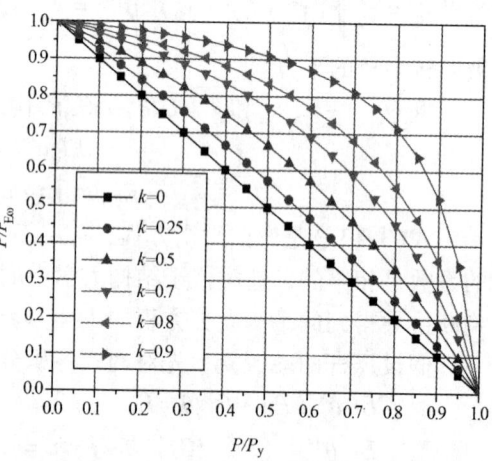

图 3.6　弯曲屈曲和扭转屈曲的相互作用

更为简洁的类似 Rankine 公式的形式，拟合发现，下式的精度非常好：

$$\left(\frac{P}{P_{Ey}}\right)^{\gamma_{yw}} + \left(\frac{P}{P_{E\omega}}\right)^{\gamma_{y\omega}} = 1, \quad \gamma_{y\omega} = \left(\frac{i_0}{y_0}\right)^{0.745} \tag{3.16b}$$

当 $P_{Ey} = P_{E\omega}$ 时，相互作用后的临界荷载为 $P_{Ey\omega} = \dfrac{P_{Ey}}{1 + |y_0|/i_0}$。

目前国内外钢结构设计规范对弯扭失稳的计算，采用压杆弯曲失稳的稳定系数。将弯扭失稳的临界荷载，等效为同样截面面积的压杆弯曲失稳的临界荷载。令两者临界荷载相

等，得到换算长细比，进而查出稳定系数。即令式(3.15)等于

$$P_{Ey\omega} = \frac{\pi^2 EA}{\lambda_{yw}^2}$$

得到换算长细比 $\lambda_{y\omega} = \pi \sqrt{\dfrac{EA}{P_{Ey\omega}}}$，由 $\lambda_{y\omega}$ 查柱子稳定系数表。

在历史上，曾经对角钢压杆绕平行轴失稳，只计算弯曲失稳，不考虑扭转。这种做法也是可行的，因为扭转的影响已经通过试验的结果反应在稳定系数中(即角钢的承载力应该比同样弯曲长细比但无扭转影响的压杆的稳定系数要略低)。

3.3 无对称轴截面压杆的弯扭失稳

对于不等肢角钢等没有任何对称轴的截面，剪切中心和形心不重合，弯扭失稳将出现两个方向的位移和截面的扭转。设截面剪切中心的侧移为 u、v，绕剪心的扭转角 θ。截面上任意一点的位移为

$$\bar{u} = u - (y - y_0)\theta \tag{3.17a}$$

$$\bar{v} = v + (x - x_0)\theta \tag{3.17b}$$

因此点 $P(x, y)$ 处的纵向纤维的切线的斜率为 $\bar{u}'$ 和 $\bar{v}'$，参照图3.5(d)，截面上将对应地产生 x 和 y 方向的剪应力：

x 方向的剪应力 $= \sigma \bar{u}' \mathrm{d}A = \sigma[u' - (y - y_0)\theta']\mathrm{d}A$，指向 x 的正方向；

y 方向的剪应力 $= \sigma \bar{v}' \mathrm{d}A = [v' + (x - x_0)\theta']\sigma \mathrm{d}A$，指向 y 的正方向。

合成的剪力和对剪切中心的扭矩为

$$Q_x = \int_A \sigma[u' - (y - y_0)\theta']\mathrm{d}A = \frac{P}{A}[u'A + y_0\theta'A] = Pu' + Py_0\theta' \tag{3.18a}$$

$$Q_y = \int_A \sigma[v' + (x - x_0)\theta']\mathrm{d}A = \frac{P}{A}[v'A - x_0\theta'A] = Pv' - Px_0\theta' \tag{3.18b}$$

$$T = \int_A \sigma\{[v' + (x - x_0)\theta'](x - x_0) - [u' - (y - y_0)\theta'](y - y_0)\}\mathrm{d}A$$

$$= \frac{P}{A}\int_A \{[(x - x_0)^2 + (y - y_0)^2]\theta' + v'(x - x_0) - u'(y - y_0)\}\mathrm{d}A$$

$$= Pi_0^2\theta' - Px_0v' + Py_0u' \tag{3.18c}$$

这里 $i_0^2 = \dfrac{1}{A}\int_A[(x - x_0)^2 + (y - y_0)^2]\mathrm{d}A = \dfrac{1}{A}(I_y + I_x + x_0^2 A + y_0^2 A) = i_x^2 + i_y^2 + x_0^2 + y_0^2$，是截面对剪切中心的极回转半径的平方。

将 $Q_x = -EI_y u'''$、$Q_y = -EI_x v'''$ 和 $T = GJ\theta' - EI_\omega \theta'''$ 代入以上各式，得到基本微分方程为

$$EI_y u''' + Pu' + Py_0\theta' = 0 \tag{3.19a}$$

$$EI_x v''' + Pv' - Px_0\theta' = 0 \tag{3.19b}$$

$$EI_\omega \theta''' + (Pi_0^2 - GJ)\theta' + Py_0 u' - Px_0 v' = 0 \tag{3.19c}$$

式(3.19a,b)是弯曲平衡方程，而式(3.19c)是扭转平衡方程。注意两个方程中的交叉项的系数是相等的。

假设压杆两端铰支，先对三式各积分一次，利用简支端的边界条件，得到

$$EI_y u'' + Pu + Py_0\theta = 0$$

$$EI_x v'' + Pv - Px_0\theta = 0$$

$$EI_\omega \theta'' + (Pi_0^2 - GJ)\theta + Py_0 u - Px_0 v = 0$$

假设 $u = C\sin\dfrac{\pi z}{L}$，$v = D\sin\dfrac{\pi z}{L}$，$\theta = F\sin\dfrac{\pi z}{L}$，$C$、$D$ 和 F 是待定系数。代入上式得到

$$(-P_{Ey} + P)C + Py_0 F = 0$$

$$(-P_{Ex} + P)D - Px_0 F = 0$$

$$Py_0 C - Px_0 D + (P - P_{E\omega})i_0^2 F = 0$$

式中 $P_{Ex} = \dfrac{\pi^2 EI_x}{L^2}$，$P_{Ey} = \dfrac{\pi^2 EI_y}{L^2}$，$P_{E\omega}$ 由式(3.4)给出。要使得问题有解，上式的系数行列式的值应等于零，因此

$$(P - P_{Ex})(P - P_{Ey})(P - P_{E\omega}) - P^2(P - P_{Ex})\frac{y_0^2}{i_0^2} - P^2(P - P_{Ey})\frac{x_0^2}{i_0^2} = 0$$

展开后得到

$$\left(1 - \frac{x_0^2 + y_0^2}{i_0^2}\right)P^3 - \left(P_{Ex} + P_{Ey} + P_{E\omega} - \frac{y_0^2 P_{Ex} + x_0^2 P_{Ey}}{i_0^2}\right)P^2 + (P_{Ex}P_{Ey} + P_{Ey}P_{E\omega} + P_{E\omega}P_{Ex})P - P_{Ex}P_{Ey}P_{E\omega} = 0$$

$$(3.20)$$

记上式左边为函数 $f(P)$，可以考察 $f(P) = 0$ 的根的大小。设 $P_{Ey} < P_{Ex} < P_{E\omega}$：

$P = 0$ 时，$f(0) = -P_{Ex}P_{Ey}P_{E\omega} < 0$

$P = P_{Ey}$ 时，$f(P_{Ey}) = \dfrac{y_0^2}{i_0^2}(P_{Ex} - P_{Ey})P_{Ey}^2 > 0$

$P = P_{Ex}$ 时，$f(P_{Ex}) = -\dfrac{x_0^2}{i_0^2}(P_{Ex} - P_{Ey})P_{Ex}^2 < 0$

$P = P_{E\omega}$ 时，$f(P_{E\omega}) = \dfrac{1}{i_0^2}P_{E\omega}^2[y_0^2(P_{Ex} - P_{E\omega}) + x_0^2(P_{Ey} - P_{E\omega})] < 0$

$P = \infty$ 时，$f(\infty) > 0$

所以式(3.20)的根处在如下的范围

第 1 个根 $0 < P_{cr1} < P_{Ey} = \min(P_{Ey}, P_{Ex}, P_{E\omega})$，第 2 个根在 $P_{Ey} < P_{cr2} < P_{Ex}$ 之间，第 3 个根在 $P_{E\omega} < P_{cr3} < \infty$。当然有用的根是最小的根。最小的根总是小于 P_{Ex}，P_{Ey}，$P_{E\omega}$ 三个数值中的最小值，这是三种失稳模式相互作用的结果。

式(3.20)的根可以采用一元三次方程的精确解法得到。式(3.20)还可以写成

$$\frac{P}{P_{E\omega}} + \frac{P}{P_{Ex}} + \frac{P}{P_{Ey}} = 1 + \chi \tag{3.21a}$$

$$\chi = \frac{P^2}{P_{Ex}P_{Ey}P_{E\omega}}\left[\left(1 - \frac{y_0^2}{i_0^2}\right)P_{Ex} + \left(1 - \frac{x_0^2}{i_0^2}\right)P_{Ey} + P_{E\omega} - \frac{i_x^2 + i_y^2}{i_0^2}P\right] \tag{3.21b}$$

因为 χ 总是大于 0，因此如果采用直线式得到的结果永远偏于安全：

$$\frac{P}{P_{E\omega}} + \frac{P}{P_{Ex}} + \frac{P}{P_{Ey}} = 1 \tag{3.22}$$

改善精度的一个方法是，从上式求得临界荷载 $P_{Exy\omega}$ 的一个偏小的值，代入式(3.21b)

计算 χ，代入式(3.21a)计算较精确的 $P_{Ex y\omega}$。

考察式(3.20)。当 $P_{Ex} = \infty$ 时，式(3.20)变为

$$\left(1 - \frac{y_0^2}{i_0^2}\right)P^2 - (P_{Ey} + P_{E\omega})P + P_{Ey}P_{E\omega} = 0 \tag{3.23a}$$

上式与单轴对称截面弯扭失稳的临界荷载方程相同。上式的最小根记为 $P_{Ey\omega}$。

当 $P_{Ey} = \infty$ 时，式(3.20)变为

$$\left(1 - \frac{x_0^2}{i_0^2}\right)P^2 - (P_{Ex} + P_{E\omega})P + P_{Ex}P_{E\omega} = 0 \tag{3.23b}$$

其近似计算式是

$$\left(\frac{P}{P_{Ex}}\right)^{\gamma_{x\omega}} + \left(\frac{P}{P_{E\omega}}\right)^{\gamma_{x\omega}} = 1, \quad \gamma_{x\omega} = \left(\frac{i_0}{x_0}\right)^{0.745}$$

上式的最小根记为 $P_{Ex\omega}$。当 $P_{E\omega} = \infty$ 时，式(3.20)变为

$$P_{cr} = P_{Ex} \quad \text{或} \quad P_{cr} = P_{Ey} \tag{3.23c}$$

因此式(3.20)表示的 $\dfrac{P}{P_{Ex}} \sim \dfrac{P}{P_{Ey}} \sim \dfrac{P}{P_{E\omega}}$ 相关曲面的形状如图 3.7 所示。

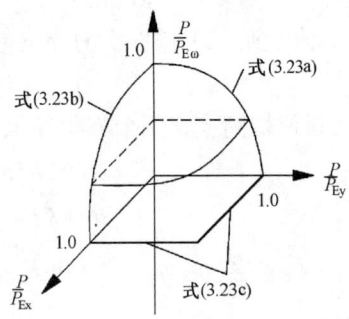

图 3.7 非对称截面弹性屈曲

$\dfrac{P}{P_{Ex}} \sim \dfrac{P}{P_{Ey}} \sim \dfrac{P}{P_{E\omega}}$ 相关曲面

3.4 单轴对称截面压弯杆的弯扭屈曲

假设单轴对称截面压杆除了承受轴力 P 以外，还承受绕强轴 x 轴的弯矩 M_x。在强轴平面内弯曲的构件（产生挠度 v），当外力达到一定的数值后，会产生侧向的弯扭屈曲，屈曲位移为：剪心的侧移 u 和绕剪心的扭转角 θ。v 称为屈曲前的位移。

压弯杆截面上的弯矩为 $M_x + Pv$，由于 v 沿着杆长是变化的，弯矩沿长度也变化，问题将非常复杂。在本节我们假设忽略屈曲前变形的影响。此时截面上的应力为

$$\sigma = \frac{P}{A} - \frac{M_x}{I_x}y$$

上式表示的 M_x 的正负号约定是以第一象限产生拉应力为正，而在本章应力以压为正，所以第二项前面加负号。轴力部分的二阶效应前面已经给出了推导，下面仅给出弯矩产生的应力的二阶效应：

$$Q_x = \int_A \sigma[u' - (y - y_0)\theta']t\mathrm{d}s = -\int_A \frac{M_x}{I_x}y[u' - (y - y_0)\theta']t\mathrm{d}s = -\frac{M_x}{I_x}(-I_x\theta') = M_x\theta'$$

$$\tag{3.24a}$$

$$Q_y = \int_A \sigma x\theta't\mathrm{d}s = -\int_A \frac{M_x}{I_x}yx\theta't\mathrm{d}s = 0$$

$$T = \int_A \sigma\{x^2\theta' - [u' - (y - y_0)\theta'](y - y_0)\}t\mathrm{d}s$$

$$= -\frac{M_x}{I_x}\int_A \{y[x^2 + (y-y_0)^2]\theta' - u'(y-y_0)\}t\mathrm{d}s = -2\beta_x M_x \theta' + M_x u' \quad (3.24b)$$

式中 $\beta_x = \frac{1}{2I_x}\int_A y[x^2 + (y-y_0)^2]t\mathrm{d}s = \frac{1}{2I_x}\int_A y(x^2 + y^2)t\mathrm{d}s - y_0$

因此在轴力和弯矩共同作用下，在弯矩作用平面外发生弯扭屈曲的平衡微分方程为

$$EI_y u''' + Pu' + (Py_0 + M_x)\theta' = 0 \quad (3.25a)$$

$$EI_\omega \theta''' + (Pi_0^2 - 2\beta_x M_x - GJ)\theta' + (Py_0 + M_x)u' = 0 \quad (3.25b)$$

还是可以看到，以上两式的交叉项的系数是相等的，这说明上述得到的微分方程是正确的。

假设两端简支，两个方程各积分一次，利用简支边的边界条件，得到

$$EI_y u'' + Pu + (Py_0 + M_x)\theta = 0 \quad (3.26a)$$

$$EI_\omega \theta'' + (Pi_0^2 - 2\beta_x M_x - GJ)\theta + (Py_0 + M_x)u = 0 \quad (3.26b)$$

假设 $u = C\sin\dfrac{\pi z}{L}, \theta = D\sin\dfrac{\pi z}{L}$，代入上两式得到

$$(P - P_{Ey})C + (Py_0 + M_x)D = 0$$

$$(Py_0 + M_x)C + [(P - P_{E\omega})i_0^2 - 2\beta_x M_x]D = 0$$

令系数行列式的值为 0 得到

$$(P - P_{Ey})[(P - P_{E\omega})i_0^2 - 2\beta_x M_x] - (Py_0 + M_x)^2 = 0 \quad (3.27)$$

如果 $M_x = 0$，则式子成为轴压杆弯扭失稳的方程，临界荷载为 $P_{y\omega}$。如果轴力为 0，则上式变为单轴对称截面纯弯梁的临界荷载方程：

$$M_x^2 - 2\beta_x P_{Ey} M_x - P_{E\omega} P_{Ey} i_0^2 = 0$$

从上式得到纯弯曲的梁发生侧向弯扭失稳的临界弯矩：

$$M_{xcr1} = \beta_x P_{Ey} + \sqrt{\beta_x^2 P_{Ey}^2 + P_{E\omega} P_{Ey} i_0^2} \quad (3.28a)$$

$$M_{xcr2} = \beta_x P_{Ey} - \sqrt{\beta_x^2 P_{Ey}^2 + P_{E\omega} P_{Ey} i_0^2} \quad (3.28b)$$

对于上翼缘（处于受压区，y 坐标为负的部位）加强的工字形截面，β_x 大于 0，临界弯矩由式(3.28a)给出。式(3.28b)表示弯矩反号时的临界弯矩。

如果截面是双轴对称的，则式(3.27)简化为

$$(P - P_{Ey})(P - P_{E\omega})i_0^2 - M_x^2 = 0 \quad (3.29)$$

纯弯时的临界弯矩为

$$M_{xcr} = i_0\sqrt{P_{Ey} P_{E\omega}} = \frac{\pi}{L}\sqrt{EI_y\left(GJ + \frac{\pi^2 EI_\omega}{L^2}\right)} \quad (3.30)$$

而此时轴压杆的临界荷载为 $P_{cr} = P_{Ey}$（设 $P_{Ey} < P_{E\omega}$），式(3.29)可以表示成相关关系的形式：

$$\left(1 - \frac{P}{P_{Ey}}\right)\left(1 - \frac{P}{P_{E\omega}}\right) - \left(\frac{M_x}{M_{xcr}}\right)^2 = 0 \quad (3.31)$$

上式代表的是外凸的 $\dfrac{P}{P_{Ey}} \sim \dfrac{M_x}{M_{xcr}}$ 相关曲线，如图 3.8 所示。$\left(1 - \dfrac{P}{P_{Ey}}\right)\left(1 - \dfrac{P_{Ey}}{P_{E\omega}}\dfrac{P}{P_{Ey}}\right) = \left(\dfrac{M_x}{M_{xcr}}\right)^2$

如果采用直线代替，总是偏于安全。

对于单轴对称截面，设截面为 H600×8×300×16/300×12，长度 8m，则 $I_\omega = 5.2981 \times 10^{12} \text{mm}^6$，$J = 680021 \text{mm}^4$，$I_y = 63 \times 10^6 \text{mm}^4$，$y_0 = -15.11 \text{mm}$，$i_0^2 = 69557.835 \text{mm}^2$，$\beta_x = 37.214 \text{mm}$，$P_{Ey} = 2001.37 \text{kN}$，$P_{E\omega} = 3194.28 \text{kN}$，$P_{Ey\omega} = 1990.56 \text{kN}$，$M_{xcr1} = 745.47 \text{kNm}$，式(3.27)可以化为

$$\bar{M}_x^2 + [0.1180244\bar{P} - 0.1998035]\bar{M}_x + 1.294496\bar{P} - 0.800176352 - 0.49732\bar{P}^2 = 0$$

式中 $\bar{M}_x = M_x/M_{xcr1}$，$\bar{P} = P/P_{Ey\omega}$。上式用图表示在图 3.9 中。由图可见，曲线也是外凸的，并且接近直线。采用直线计算总是偏于安全的。

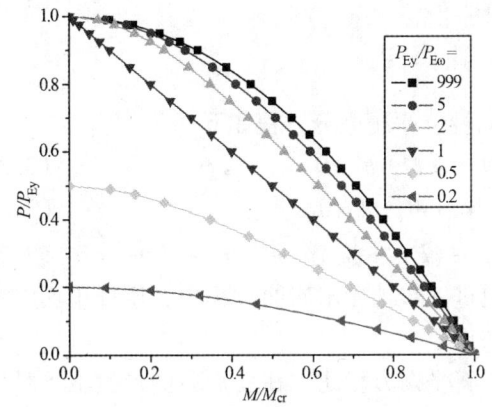

图 3.8　弯扭失稳时轴力和弯矩的相互作用

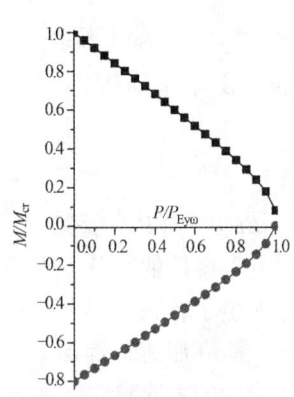

图 3.9　单轴对称截面压弯杆弯扭
屈曲的相互作用曲线

3.5　任意截面双向压弯构件的二阶弹性分析

3.5.1　平衡微分方程

双向压弯构件纵向承受轴向压力，同时构件端部分别承受双向弯矩的作用，如图 3.10 所示。双向压弯构件在荷载一开始作用就产生变形，因此它是一个非线性分析问题，而不是屈曲问题。

在仿照前面几节的方法推导应力的二阶效应时，应力包含了变形过程中产生的部分。弯矩的二阶效应对侧向弯扭转失稳的影响部分，原来为 $-M_x\theta'$，现在则变为 $-(M_x + Pv)\theta'$，因此平衡方程中出现了两个位移乘积的非线性项。如果这样，则问题变得非常复杂，也不是本章的目的。因此在本章我们忽略二阶项对二阶效应的进一步影响。

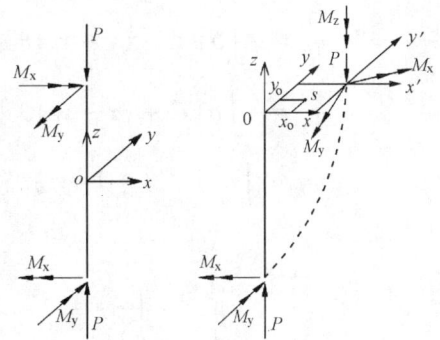

图 3.10　双向压弯构件受力简图

在当前的《钢结构设计规范》GB 50017—2003 中，对双轴对称的双向压弯构件有稳定性设计公式，对单轴对称或无对称轴截面的双向压弯构件，没有相应的设计公式，本章推导的公式可以为采用边缘纤维屈服准则求解其承载力提供一个方法。

采用上节相同的方法，得到弯曲正应力$\dfrac{M_y}{I_y}x$部分的二阶效应如下：

$$Q_x = 0$$

$$Q_y = -\int_A \frac{M_y}{I_y}x[v' + (x - x_0)\theta']t\mathrm{d}s = -M_y\theta' \tag{3.32a}$$

$$T = -\int_A \frac{M_y}{I_y}x\{[v' + (x - x_0)\theta'](x - x_0) - [u' - (y - y_0)\theta'](y - y_0)\}t\mathrm{d}s$$

$$= -M_y v' - 2\beta_y M_y\theta' \tag{3.32b}$$

式中$i_0^2 = \dfrac{I_x + I_y}{A} + x_0^2 + y_0^2, \beta_y = \dfrac{1}{2I_y}\int_A x(x^2 + y^2)\mathrm{d}A - x_0$。

将轴力P、弯矩M_x和M_y的二阶效应汇总，建立平衡微分方程如下

$$EI_y u''' + Pu' + (Py_0 + M_x)\theta' = 0 \tag{3.33a}$$

$$EI_x v''' + Pv' - (Px_0 + M_y)\theta' = 0 \tag{3.33b}$$

$$EI_\omega\theta''' + (Pi_0^2 - 2\beta_x M_x - 2\beta_y M_y - GJ)\theta' + (Py_0 + M_x)u' - (Px_0 + M_y)v' = 0 \tag{3.33c}$$

通过基于微段的微分方程的推导，可以更进一步地看出屈曲过程中，压杆里面在微观的层次上发生了什么。

首先，研究屈曲，就要考虑变形的影响，将平衡方程建立在变形后的位置上。具体说就是在变形后的方向建立平衡方程：轴线的切线方向和法线方向，扭转平衡则是建立在绕变形以后的剪切中心轴的切线方向的扭矩平衡。即应该在变形后的坐标轴ξ—η—ζ坐标系下建立平衡方程，平衡方程如下

$$EI_\xi v^{(4)} = q_\eta$$

$$EI_\eta u^{(4)} = q_\xi$$

$$EI_\omega\theta_\zeta^{(4)} - GJ\theta_\zeta'' = m_\zeta$$

现在，压杆承受压力和双向的弯矩，并没有横向荷载。横向荷载来自屈曲变形前的应力，由于新的附加变形，而发生的倾斜，导致应力在ξ—η—ζ坐标方向有分量。这些分量的合成是

$$q_\xi = -\int_A \sigma[u'' - (y - y_0)\theta'']\mathrm{d}A$$

$$q_\eta = -\int_A \sigma[v'' + (x - x_0)\theta'']\mathrm{d}A$$

$$m_\zeta = \int_A \sigma\{[u'' - (y - y_0)\theta''](y - y_0) - [v'' + (x - x_0)\theta''](x - x_0)\}\mathrm{d}A$$

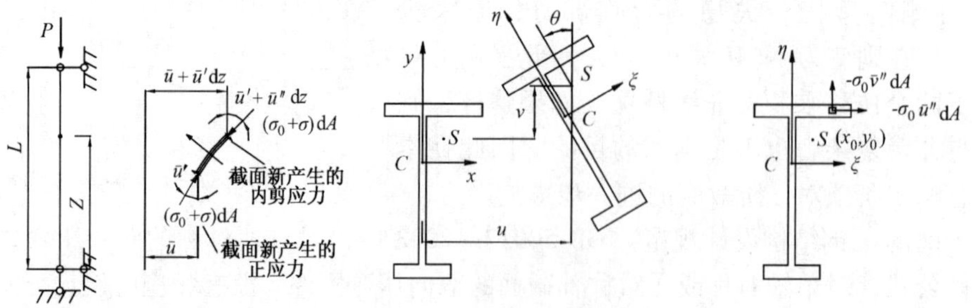

图 3.11　采用微段推导平衡微分方程

注意 $I_\xi = I_x$，$I_\eta = I_y$，将 $\sigma = \dfrac{P}{A} - \dfrac{M_x}{I_x}y - \dfrac{M_y}{I_y}x$ 代入积分即可得到四阶微分方程：

$$EI_y u^{(4)} + Pu'' + (Py_0 + M_x)\theta'' = 0$$

$$EI_x v^{(4)} + Pv'' - (Px_0 + M_y)\theta'' = 0$$

$$EI_\omega \theta^{(4)} + (Pi_0^2 - 2\beta_x M_x - 2\beta_y M_y - GJ)\theta'' + (Py_0 + M_x)u'' - (Px_0 + M_y)v'' = 0$$

上式推导微分方程的方法称为假想荷载法。

3.5.2 两端铰支双向压弯构件的求解

求解过程中，为了减少未知变量，充分利用结构的对称性特性，设坐标原点 $z = 0$ 位于构件长度的中点。

式(3.33a,b,c)中各物理量的符号规定为(如图 3.10 所示)：轴力 P 以使构件受压时为正，受拉时为负；弯矩 M_x 和 M_y 都以使截面坐标的第一象限受拉时为正；荷载偏心 e_x 和 e_y 都以对应轴的正方向为正。因此如果将弯矩表示为轴力与偏心距的乘积，则有 $M_x = +Pe_y$，$M_y = +Pe_x$。

对式(3.33a,b,c)各积分一次，并利用如下的端部条件

$$u|_{z=0.5L} = v|_{z=0.5L} = \theta|_{z=0.5L} = 0 \tag{3.34a,b,c}$$

$$EI_y u''|_{z=0.5L} = -M_y \tag{3.34d}$$

$$EI_x v''|_{z=0.5L} = -M_x \tag{3.34e}$$

$$\theta''|_{z=0.5L} = 0 \tag{3.34f}$$

并记 $W_\sigma = Pi_0^2 - 2\beta_x M_x - 2\beta_y M_y$ 得到

$$EI_y u'' + Pu + (Py_0 + M_x)\theta = -M_y \tag{3.35a}$$

$$EI_x v'' + Pv - (Px_0 + M_y)\theta = -M_x \tag{3.35b}$$

$$EI_\omega \theta'' + (W_\sigma - GJ)\theta + (Py_0 + M_x)u - (Px_0 + M_y)v = 0 \tag{3.35c}$$

构件还有如下的对称性条件：

$$u'|_{z=0} = v'|_{z=0} = \theta'|_{z=0} = 0 \tag{3.36a,b,c}$$

式(3.35a,b,c)的特解从如下方程组求得

$$\begin{bmatrix} P & 0 & Py_0 + M_x \\ 0 & P & -(Px_0 + M_y) \\ Py_0 + M_x & -(Px_0 + M_y) & W_\sigma - GJ \end{bmatrix} \begin{Bmatrix} u \\ v \\ \theta \end{Bmatrix} = \begin{Bmatrix} -M_y \\ -M_x \\ 0 \end{Bmatrix}$$

记 $D = P^2(W_\sigma - GJ) - P(Py_0 + M_x)^2 - P(Px_0 + M_y)^2$，可得特解为：

$$u_p = \frac{1}{D}\left[M_y(M_y + Px_0)^2 - PM_y(W_\sigma - GJ) + M_x(Px_0 + M_y)(Py_0 + M_x)\right] \tag{3.37a}$$

$$v_p = \frac{1}{D}\left[-PM_x(W_\sigma - GJ) + M_y(Py_0 + M_x)(Px_0 + M_y) + M_x(Py_0 + M_x)^2\right] \tag{3.37b}$$

$$\theta_p = \frac{P}{D}\left[M_y(Py_0 + M_x) - M_x(Px_0 + M_y)\right] = \frac{P^2}{D}(M_y y_0 - M_x x_0) \tag{3.37c}$$

下面求式(3.35a,b,c)对应的齐次方程的通解。设

$$u = Ae^{\lambda z}, \quad v = Be^{\lambda z}, \quad \theta = Ce^{\lambda z}$$

代入式(3.35a,b,c)对应的齐次方程组,齐次方程组对应的特征方程为

$$F(\lambda^2, P) = (EI_y\lambda^2 + P)(EI_x\lambda^2 + P)(EI_\omega\lambda^2 + W_\sigma - GJ) - (EI_x\lambda^2 + P)(Py_0 + M_x)^2$$
$$- (EI_y\lambda^2 + P)(Px_0 + M_y)^2 = 0 \qquad (3.38)$$

设 $I_x > I_y$，则：

当 $\lambda^2 = -\infty$ 时，$F(-\infty, P) < 0$；

当 $\lambda^2 = -\dfrac{P}{EI_y}$ 时，$F\left(-\dfrac{P}{EI_y}, P\right) = P\left(\dfrac{I_x}{I_y} - 1\right)(Py_0 + M_x)^2 > 0$

当 $\lambda^2 = -\dfrac{P}{EI_x}$ 时，$F\left(-\dfrac{P}{EI_x}, P\right) = -P\left(1 - \dfrac{I_y}{I_x}\right)(Px_0 + M_y)^2 < 0$；

当 $\lambda^2 = 0$ 时，$F(0, P) = P^2(W_\sigma - GJ) - P(Py_0 + M_x)^2 - P(Px_0 + M_y)^2$

当 $\lambda^2 = +\infty$ 时，$F(\infty) > 0$。

由此可知，式(3.38)的 λ^2 至少有两个小于 0 的实根，开一次根号后得到两对虚根。而 λ^2 的第 3 个根要根据 $F(0, P)$ 的正负号决定其虚实。如果 $F(0, P) < 0$，则有一个根大于零，再开方得到实数根。当 $F(0, P) > 0$，则第 3 个根也为负，再开一次根号，得到两个虚根。根的情况如图 3.12 所示。

特征方程的根的情况　　　　　　　　　　　　　　　表 3.1

	λ^2	$-\infty$	$-P/EI_y$	$-P/EI_x$	0	$+\infty$	结　论
情况 1	$F(P, \lambda^2)$	负	正	负	负	正	二负一正
情况 2	$F(P, \lambda^2)$	负	正	负	正	正	三个负根

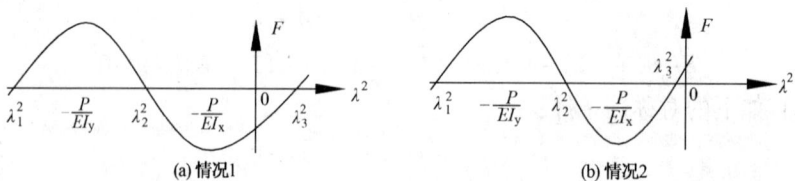

图 3.12 $F(P, \lambda^2)$ 与 λ^2 关系曲线图

将式(3.38)展开得到：

$$\lambda^6 + a\lambda^4 + b\lambda^2 + c = 0 \qquad (3.39)$$

式中 $a = \dfrac{(W_\sigma - GJ)}{EI_\omega} + \dfrac{P}{EI_y} + \dfrac{P}{EI_x}$，

$$b = \frac{P(W_\sigma - GJ) - (Py_0 + M_x)^2}{EI_yEI_\omega} + \frac{P(W_\sigma - GJ) - (Px_0 + M_y)^2}{EI_xEI_\omega} + \frac{P^2}{EI_xEI_y}$$

$$c = \frac{\left[P^2(W_\sigma - GJ) - P(Py_0 + M_x)^2 - P(Px_0 + M_y)^2\right]}{EI_xEI_yEI_\omega}$$

令 $p = b - \dfrac{1}{3}a^2$，$q = c - \dfrac{1}{3}ab + \dfrac{2}{27}a^3$，$\Delta = \dfrac{q^2}{4} + \dfrac{p^3}{27}$。从上面的分析可知 Δ 总是负值，式

(3.39)的三个实根分别为：

112

$$\lambda_i^2 = 2\sqrt[3]{r}\cos\left[\frac{\theta + 2(i-2)\pi}{3}\right] - \frac{a}{3}, i = 1,2,3 \tag{3.40}$$

式中 $r = \sqrt{-p^3/27}$，$\theta = \arccos\dfrac{-q}{\sqrt{-4p^3/27}}$。

情况 1：记特征方程的六个解为：$\pm i\lambda_1$，$\pm i\lambda_2$，$\pm\lambda_3$，式（3.35a~c）的解是齐次方程通解和特解的组合：

$$u = u_p - \frac{Py_0 + M_x}{EI_y}\left\{\sum_{j=1}^{2}\frac{J_j\sin\lambda_j z + K_j\cos\lambda_j z}{\lambda_y^2 - \lambda_j^2} + \frac{J_3\sinh\lambda_3 z + K_3\cosh\lambda_3 z}{\lambda_y^2 + \lambda_3^2}\right\} \tag{3.41a}$$

$$v = v_p + \frac{Px_0 + M_y}{EI_x}\left\{\sum_{j=1}^{2}\frac{J_j\sin\lambda_j z + K_j\cos\lambda_j z}{\lambda_x^2 - \lambda_j^2} + \frac{J_3\sinh\lambda_3 z + K_3\cosh\lambda_3 z}{\lambda_x^2 + \lambda_3^2}\right\} \tag{3.41b}$$

$$\theta = \theta_p + \sum_{j=1}^{2}(J_j\sin\lambda_j z + K_j\cos\lambda_j z) + J_3\sinh\lambda_3 z + K_3\cosh\lambda_3 z \tag{3.41c}$$

其中 $\lambda_x = \dfrac{P}{EI_x}$，$\lambda_y = \dfrac{P}{EI_y}$，$K_j, J_j(j=1,2,3)$ 是待定常数。它们的导数是：

$$u' = -\frac{Py_0 + M_x}{EI_y}\left[\sum_{j=1}^{2}\frac{\lambda_j(J_j\cos\lambda_j z - K_j\sin\lambda_j z)}{\lambda_y^2 - \lambda_j^2} + \frac{\lambda_3(J_3\cosh\lambda_3 z + K_3\sinh\lambda_3 z)}{\lambda_y^2 + \lambda_3^2}\right] \tag{3.42a}$$

$$v' = \frac{Px_0 + M_y}{EI_x}\left[\sum_{j=1}^{2}\frac{\lambda_j(J_j\cos\lambda_j z - K_j\sin\lambda_j z)}{\lambda_x^2 - \lambda_j^2} + \frac{\lambda_3(J_3\cosh\lambda_3 z + K_3\sinh\lambda_3 z)}{\lambda_x^2 + \lambda_3^2}\right] \tag{3.42b}$$

$$\theta' = \sum_{j=1}^{2}\lambda_j(J_j\cos\lambda_j z - K_j\sin\lambda_j z) + \lambda_3(J_3\cosh\lambda_3 z + K_3\sinh\lambda_3 z) \tag{3.42c}$$

考虑构件几何对称性条件式(3.36a,b,c)得到：

$$u'|_{z=0} = -\frac{Py_0 + M_x}{EI_y}\left[\sum_{j=1}^{2}\frac{\lambda_j J_j}{\lambda_y^2 - \lambda_j^2} + \frac{\lambda_3 J_3}{\lambda_y^2 + \lambda_3^2}\right] = 0$$

$$v'|_{z=0} = \frac{Px_0 + M_y}{EI_x}\left[\sum_{j=1}^{2}\frac{\lambda_j J_j}{\lambda_x^2 - \lambda_j^2} + \frac{\lambda_3 J_3}{\lambda_x^2 + \lambda_3^2}\right] = 0$$

$$\theta'|_{z=0} = \sum_{j=1}^{3}\lambda_j J_j = 0$$

由上述方程可得 $J_1 = J_2 = J_3 = 0$。利用式(3.34a,b,c)得到

$$\frac{Py_0 + M_x}{EI_y}\left[\sum_{j=1}^{2}\frac{K_j\cos(0.5\lambda_j L)}{\lambda_y^2 - \lambda_j^2} + \frac{K_3\cosh(0.5\lambda_3 L)}{\lambda_y^2 + \lambda_3^2}\right] = u_p$$

$$\frac{Px_0 + M_y}{EI_x}\left[\sum_{j=1}^{2}\frac{K_j\cos(0.5\lambda_j L)}{\lambda_x^2 - \lambda_j^2} + \frac{K_3\cosh(0.5\lambda_3 L)}{\lambda_x^2 + \lambda_3^2}\right] = -v_p$$

$$\sum_{j=1}^{2}K_j\cos(0.5\lambda_j L) + K_3\cosh(0.5\lambda_3 L) = -\theta_p$$

$$\text{记 }\Delta = \begin{vmatrix} (\lambda_y^2 - \lambda_1^2)^{-1} & (\lambda_y^2 - \lambda_2^2)^{-1} & (\lambda_y^2 + \lambda_3^2)^{-1} \\ (\lambda_x^2 - \lambda_1^2)^{-1} & (\lambda_x^2 - \lambda_2^2)^{-1} & (\lambda_x^2 + \lambda_3^2)^{-1} \\ 1 & 1 & 1 \end{vmatrix}\text{，则可以得到}$$

$$K_1\cos(0.5\lambda_1 L) = \frac{1}{\Delta}\begin{vmatrix} \dfrac{u_p EI_y}{Py_0 + M_x} & (\lambda_y^2 - \lambda_2^2)^{-1} & (\lambda_y^2 + \lambda_3^2)^{-1} \\[2ex] -\dfrac{v_p EI_x}{Px_0 + M_y} & (\lambda_x^2 - \lambda_2^2)^{-1} & (\lambda_x^2 + \lambda_3^2)^{-1} \\[2ex] -\theta_p & 1 & 1 \end{vmatrix}$$

$$K_2\cos(0.5\lambda_2 L) = \frac{1}{\Delta}\begin{vmatrix} (\lambda_y^2 - \lambda_1^2)^{-1} & \dfrac{u_p EI_y}{Py_0 + M_x} & (\lambda_y^2 + \lambda_3^2)^{-1} \\[2ex] (\lambda_x^2 - \lambda_1^2)^{-1} & -\dfrac{v_p EI_x}{Px_0 + M_y} & (\lambda_x^2 + \lambda_3^2)^{-1} \\[2ex] 1 & -\theta_p & 1 \end{vmatrix}$$

$$K_3\cosh(0.5\lambda_3 L) = \frac{1}{\Delta}\begin{vmatrix} (\lambda_y^2 - \lambda_1^2)^{-1} & (\lambda_y^2 - \lambda_2^2)^{-1} & \dfrac{u_p EI_y}{Py_0 + M_x} \\[2ex] (\lambda_x^2 - \lambda_1^2)^{-1} & (\lambda_x^2 - \lambda_2^2)^{-1} & -\dfrac{v_p EI_x}{Px_0 + M_y} \\[2ex] 1 & 1 & -\theta_p \end{vmatrix}$$

所有待定常数都已经得到,需要什么量可以利用得到的位移解进一步计算。

情况2:记特征方程的六个解为: $\pm i\lambda_1$, $\pm i\lambda_2$ 和 $\pm i\lambda_3$。式(3.35a,b,c)的解为:

$$u = u_p - \frac{Py_0 + M_x}{EI_y}\sum_{j=1}^{3}\frac{J_j\sin\lambda_j z + K_j\cos\lambda_j z}{\lambda_y^2 - \lambda_j^2} \tag{3.43a}$$

$$v = v_p + \frac{px_0 + M_y}{EI_x}\sum_{j=1}^{3}\frac{J_j\sin\lambda_j z + K_j\cos\lambda_j z}{\lambda_x^2 - \lambda_j^2} \tag{3.43b}$$

$$\theta = \theta_p + \sum_{j=1}^{3}(J_j\sin\lambda_j z + K_j\cos\lambda_j z) \tag{3.43c}$$

它们的导数为

$$u' = -\frac{Py_0 + M_x}{EI_y}\sum_{j=1}^{3}\frac{\lambda_j(J_j\cos\lambda_j z - K_j\sin\lambda_j z)}{\lambda_y^2 - \lambda_j^2} \tag{3.44a}$$

$$v' = \frac{Px_0 + M_y}{EI_x}\sum_{j=1}^{3}\frac{\lambda_j(J_j\cos\lambda_j z - K_j\sin\lambda_j z)}{\lambda_x^2 - \lambda_j^2} \tag{3.44b}$$

$$\theta' = \sum_{j=1}^{3}\lambda_j(J_j\cos\lambda_j z - K_j\sin\lambda_j z) \tag{3.44c}$$

由式(3.36a,b,c):

$$u'\big|_{z=0} = -\frac{Py_0 + M_x}{EI_y}\sum_{j=1}^{3}\frac{\lambda_j J_j}{\lambda_y^2 - \lambda_j^2} = 0$$

$$v'\big|_{z=0} = \frac{Px_0 + M_y}{EI_x}\sum_{j=1}^{3}\frac{\lambda_j J_j}{\lambda_x^2 - \lambda_j^2} = 0$$

$$\theta'\big|_{z=0} = \sum_{j=1}^{3}\lambda_j J_j = 0$$

由上述方程可得 $J_1 = J_2 = J_3 = 0$。利用式(3.34a, b, c)得到

114

$$\frac{Py_0 + M_x}{EI_y} \sum_{j=1}^{3} \frac{K_j \cos(0.5\lambda_j L)}{\lambda_y^2 - \lambda_j^2} = u_p$$

$$\frac{Px_0 + M_y}{EI_x} \sum_{j=1}^{3} \frac{K_j \cos(0.5\lambda_j L)}{\lambda_x^2 - \lambda_j^2} = -v_p$$

$$\sum_{j=1}^{3} K_j \cos(0.5\lambda_j L) = -\theta_p$$

记 $\Delta = \begin{vmatrix} (\lambda_y^2 - \lambda_1^2)^{-1} & (\lambda_y^2 - \lambda_2^2)^{-1} & (\lambda_y^2 - \lambda_3^2)^{-1} \\ (\lambda_x^2 - \lambda_1^2)^{-1} & (\lambda_x^2 - \lambda_2^2)^{-1} & (\lambda_x^2 - \lambda_3^2)^{-1} \\ 1 & 1 & 1 \end{vmatrix}$，则可以得到

$$K_1 \cos(0.5\lambda_1 L) = \frac{1}{\Delta} \begin{vmatrix} \dfrac{u_p EI_y}{Py_0 + M_x} & (\lambda_y^2 - \lambda_2^2)^{-1} & (\lambda_y^2 - \lambda_3^2)^{-1} \\ -\dfrac{v_p EI_x}{Px_0 + M_y} & (\lambda_x^2 - \lambda_2^2)^{-1} & (\lambda_x^2 - \lambda_3^2)^{-1} \\ -\theta_p & 1 & 1 \end{vmatrix}$$

$$K_2 \cos(0.5\lambda_2 L) = \frac{1}{\Delta} \begin{vmatrix} (\lambda_y^2 - \lambda_1^2)^{-1} & \dfrac{u_p EI_y}{Py_0 + M_x} & (\lambda_y^2 - \lambda_3^2)^{-1} \\ (\lambda_x^2 - \lambda_1^2)^{-1} & -\dfrac{v_p EI_x}{Px_0 + M_y} & (\lambda_x^2 - \lambda_3^2)^{-1} \\ 1 & -\theta_p & 1 \end{vmatrix}$$

$$K_3 \cos(0.5\lambda_3 L) = \frac{1}{\Delta} \begin{vmatrix} (\lambda_y^2 - \lambda_1^2)^{-1} & (\lambda_y^2 - \lambda_2^2)^{-1} & \dfrac{u_p EI_y}{Py_0 + M_x} \\ (\lambda_x^2 - \lambda_1^2)^{-1} & (\lambda_x^2 - \lambda_2^2)^{-1} & -\dfrac{v_p EI_x}{Px_0 + M_y} \\ 1 & 1 & -\theta_p \end{vmatrix}$$

从而可得构件在轴向荷载和双向弯矩共同作用下体系的变形方程，求得各截面的二接内力。

通过上述的精确解，可以通过边缘纤维屈服准则研究任意截面在双向压弯情况下的承载力，目前对于单轴对称截面的双向压弯杆的稳定性设计还没有简单的公式，利用上述解答可以通过计算拟合得到简化的稳定设计公式。另外，目前双向压弯情况下的弯矩放大系数是直接采用平面弯曲得到的简化公式，对于双向弯扭的情况，弯矩放大系数是否会受到扭转的影响，还未得到深入的分析，利用上面的解析解进行的初步分析表明，绕强轴的弯矩对弱轴方向的弯矩放大系数有一定影响，但是还未能够获得简化计算公式。

3.5.3 承载力的上限

虽然双向压弯杆件的承载力是一个非线性分析问题，但是变了形的状态是否稳定，仍然可以采用干扰的方法进行判断。设干扰的位移分别为 u^*，v^* 和 θ^*，则总的位移为 $u + u^*$，$v + v^*$ 和 $\theta + \theta^*$。代入式(3.35a,b,c)，注意到干扰过程中外荷载是不变的，干扰前处于平衡状态，得到

$$EI_y u^{*\prime\prime} + Pu^* + (Py_0 + M_x)\theta^* = 0 \tag{3.45a}$$

$$EI_x v^{*\,\prime\prime} + P v^* - (P x_0 + M_y)\theta^* = 0 \tag{3.45b}$$

$$EI_\omega \theta^{*\,\prime\prime} + (W_\sigma - GJ)\theta^* + (P y_0 + M_x)u^* - (P x_0 + M_y)v^* = 0 \tag{3.45c}$$

设 $u^* = C_u \sin\dfrac{\pi z}{L}$，$v^* = C_v \sin\dfrac{\pi z}{L}$，$\theta^* = C_\theta \sin\dfrac{\pi z}{L}$，代入上式得到

$$(P - P_{Ey})C_u + (P y_0 + M_x)C_\theta = 0$$

$$(P - P_{Ex})C_v - (P x_0 + M_y)C_\theta = 0$$

$$(P y_0 + M_x)C_u - (P x_0 + M_y)C_v + (W_\sigma - P_{E\omega}i_0^2)C_\theta = 0$$

式中 $P_{Ex} = \dfrac{\pi^2 E I_x}{L^2}$，$P_{Ey} = \dfrac{\pi^2 E I_y}{L^2}$，$P_{E\omega}$ 由式(3.4)给出。要使得问题有解，上式的系数行列式的值应等于零，因此

$$(P - P_{Ex})(P - P_{Ey})(W_\sigma - P_{E\omega}i_0^2) - (P y_0 + M_x)^2(P - P_{Ex}) - (P x_0 + M_y)^2(P - P_{Ey}) = 0 \tag{3.46}$$

给定截面和杆件长度，上式给出复杂的 P—M_x—M_y 之间的相关关系曲面。下面讨论这个相关曲面的性质，对于提出简化实用的设计公式非常有益。

(1) $P = 0$ 的情况：式(3.46)成为：

$$P_{Ex}M_x^2 + P_{Ey}M_y^2 - 2 P_{Ex} P_{Ey}(\beta_x M_x + \beta_y M_y) - P_{Ex} P_{Ey} P_{E\omega} i_0^2 = 0 \tag{3.47}$$

(a) 如果 $M_x = 0$，则

$$M_y^2 - 2 P_{Ex}\beta_y M_y - P_{Ex} P_{E\omega} i_0^2 = 0$$

$$M_{ycr1,2} = P_{Ex}\beta_y \pm \sqrt{P_{Ex}^2 \beta_y^2 + P_{Ex} P_{E\omega} i_0^2}$$

(b) 如果 $M_y = 0$，则得到

$$M_{xcr1,2} = P_{Ey}\beta_x \pm \sqrt{P_{Ey}^2 \beta_x^2 + P_{Ey} P_{E\omega} i_0^2}$$

(c) 当两个方向的弯矩都存在时，得到如下的双向弯矩作用时的相关作用公式：

$$\left(1 - \frac{M_x}{M_{xcr1}}\right)\left(1 - \frac{M_x}{M_{xcr2}}\right) + \left(1 - \frac{M_y}{M_{ycr1}}\right)\left(1 - \frac{M_y}{M_{ycr2}}\right) = 1$$

进一步化为：

$$\frac{M_x}{M_{xcr1}} + \frac{M_y}{M_{ycr1}} = 1 + \chi \tag{3.48}$$

式中 $\chi = -\left(1 - \dfrac{M_y}{M_{ycr1}}\right)\dfrac{M_y}{M_{ycr2}} - \left(1 - \dfrac{M_x}{M_{xcr1}}\right)\dfrac{M_x}{M_{xcr2}}$。因为 M_{xcr1} 和 M_{xcr2} 是反号的，如果 M_{xcr1} 和 M_x 同号，有用的是 M_{xcr1}，$\dfrac{M_x}{M_{xcr2}}$ 是负值。同样，M_{ycr1} 和 M_{ycr2} 反号，如果 M_{ycr1} 和 M_y 同号，有用的是 M_{ycr1}，$\dfrac{M_y}{M_{ycr2}}$ 也是负值。因此 $\chi > 0$，式(3.48)代表的上一条外凸的相关作用曲线。

截面是双轴对称时有 $\left(\dfrac{M_x}{M_{xcu}}\right)^2 + \left(\dfrac{M_y}{M_{ycr}}\right)^2 = 1$

(2) 如果 $M_x = 0$，则

$$(P - P_{Ex})(P - P_{Ey})(P - P_{E\omega})i_0^2 - P^2 y_0^2(P - P_{Ex}) - P^2 x_0^2(P - P_{Ey})$$
$$- 2[P x_0 + \beta_y(P - P_{Ex})]M_y(P - P_{Ey}) - M_y^2(P - P_{Ey}) = 0 \tag{3.49}$$

如果 $M_y = 0$，则得到轴压杆的弯扭屈曲临界荷载方程。其解按照从小到大的次序依次记为 $P_{xy\omega1}$，$P_{xy\omega2}$ 和 $P_{xy\omega3}$，注意根的性质有 $P_{xy\omega1}P_{xy\omega2}P_{xy\omega3} = P_{Ex}P_{Ey}P_{E\omega}/k$，$k = 1 - \dfrac{x_0^2 + y_0^2}{i_0^2}$。

$$P_{xy\omega1} + P_{xyw2} + P_{xy\omega3} = \left(P_{Ex} + P_{Ey} + P_{E\omega} - \frac{y_0^2 P_{Ex} + x_0^2 P_{Ey}}{i_0^2} \right)\Big/ k$$

$$P_{xy\omega1}P_{xy\omega2} + P_{xy\omega2}P_{xy\omega3} + P_{xy\omega3}P_{xy\omega1} = (P_{Ex}P_{Ey} + P_{Ey}P_{E\omega} + P_{E\omega}P_{Ex})/k$$

如果 $P = 0$，则得到 $M_{ycr1,2}$，$M_{ycr1}M_{ycr2} = -P_{Ex}P_{E\omega}i_0^2$。式（3.49）可以化简为

$$\frac{P}{P_{xy\omega1}} + \frac{M_y}{M_{ycr1}} = 1 + \chi_y \tag{3.50}$$

$$\chi_y = \left(1 - \frac{P}{P_{xy\omega1}} \right) \left[\frac{\left(1 - \dfrac{P}{P_{xy\omega2}} \right)\left(1 - \dfrac{P}{P_{xy\omega3}} \right)}{\left(1 - \dfrac{P}{P_{Ey}} \right)} - 1 \right] - \frac{M_y}{M_{ycr1}} \cdot \frac{M_{ycr1} - M_y}{M_{ycr2}} - \frac{2PM_y(x_0 + \beta_y)}{P_{Ex}P_{E\omega}i_0^2}$$

要论证 $\chi_y > 0$ 很复杂，但是可以通过实例表明确实 $\chi_y > 0$，因此式（3.50）代表的也是一条外凸的相关曲线。

（3）如果 $M_y = 0$，则可以得到

$$\frac{P}{P_{xy\omega1}} + \frac{M_x}{M_{xcr1}} = 1 + \chi_x \tag{3.51}$$

$$\chi_x = \left(1 - \frac{P}{P_{xy\omega1}} \right) \left[\frac{\left(1 - \dfrac{P}{P_{xy\omega2}} \right)\left(1 - \dfrac{P}{P_{xy\omega3}} \right)}{\left(1 - \dfrac{P}{P_{Ex}} \right)} - 1 \right] - \frac{M_x}{M_{xcr1}} \cdot \frac{M_{xcr1} - M_x}{M_{xcr2}} - \frac{2PM_x(y_0 + \beta_x)}{P_{Ey}P_{E\omega}i_0^2}$$

式（3.51）代表的也是一条外凸的曲线。

综合上面三种情况得到式（3.46）代表的 $\dfrac{P}{P_{xy1}} \sim \dfrac{M_x}{M_{xcr1}} \sim \dfrac{M_y}{M_{ycr1}}$ 曲面是一个外凸的曲面，采用下式表示的平面来近似总是偏于安全的：

$$\frac{P}{P_{xy1}} + \frac{M_x}{M_{xcr1}} + \frac{M_y}{M_{ycr1}} = 1 \tag{3.52}$$

这个方程成为很多规范计算双向压弯构件稳定性的基础。

3.6　非形心主轴坐标系下的压杆

角钢截面，通常是在角钢的一肢连接，两个肢方向的边界条件是不一样的，适合采用绕平行轴来求解，例如单角钢作为桁架（输电铁塔塔架）的腹杆，在桁架（塔架）平面内有节点板，平面外是节点板的厚度方向，在桁架平面内的节点转动约束显然要比节点平面外受到的转动约束大；角钢屈曲时，以平行轴作为坐标系求解，容易表示边界条件。

在非形心主轴下，轴压杆的屈曲方程推导如下。线性弯曲平衡方程是

$$EI_x v''' + EI_{xy} u''' = -Q_y$$
$$EI_y u''' + EI_{xy} v''' = -Q_x$$

在研究屈曲问题时，Q_x，Q_y 取假想荷载，其表达式与上节是一样的，因此

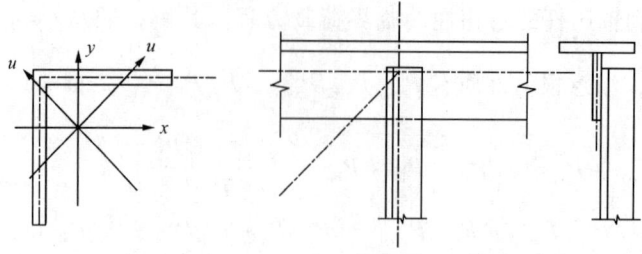

图 3.13　非主轴坐标系下的边界条件

$$EI_x v''' + EI_{xy} u''' + Pv' - (Px_0 + M_y)\theta' = 0$$

$$EI_y u''' + EI_{xy} v''' + Pu' + (Py_0 + M_x)\theta' = 0$$

$$EI_\omega \theta''' + (Pi_0^2 - 2\beta_x M_x - 2\beta_y M_y - GJ)\theta' + (Py_0 + M_x)u' - (Px_0 + M_y)v' = 0$$

由前一节复杂的推导可知，要求得显式的解析解不易，需要借助于能量法。

3.7　有初始变形的压弯杆

实际的杆件存在初始变形，设初始变形为 u_0, v_0, θ_0，在荷载作用后，附加的变形是 u，v, θ，注意截面的内力只与附加变形有关，而截面上应力的倾斜是按照总的变形，这样

$$EI_y u''' + P\ (u' + u_0')\ + \ (Py_0 + M_x)\ (\theta' + \theta_0')\ = 0 \tag{3.53a}$$

$$EI_x v''' + P\ (v' + v_0')\ - \ (Px_0 + M_y)\ (\theta' + \theta_0')\ = 0 \tag{3.53b}$$

$$EI_\omega \theta''' + \ (Pi_0^2 - 2\beta_x M_x - 2\beta_y M_y - GJ)\ \theta' + \ (Py_0 + M_x)\ (u' + u_0')$$

$$- \ (Px_0 + M_y)\ (v' + v_0')\ + \ (Pi_0^2 - 2\beta_x M_x - 2\beta_y M_y)\ \theta_0' = 0 \tag{3.53c}$$

下面分简单到复杂，对一些问题进行求解，以获得二阶效应的计算公式。

3.7.1　轴心压杆扭转变形

平衡微分方程是

$$EI_\omega \theta''' + \ (Pi_0^2 - GJ)\ \theta' = -Pi_0^2 \theta_0'$$

两端简支，设 $\theta_0 = \theta_{0m} \sin\dfrac{\pi z}{L}$，上式积分一次，利用边界条件得到积分常数是 0，所以

$$EI_\omega \theta'' + \ (Pi_0^2 - GJ)\ \theta = -Pi_0^2 \theta_{0m} \sin\dfrac{\pi z}{L}$$

精确的求解需要考虑 $Pi_0^2 - GJ$ 的正负号。下面只求近似解。采用逆解法，设 $\theta = \theta_m \sin\dfrac{\pi z}{L}$，代入上式得到

$$(P - P_{E\omega})\ i_0^2 \theta_m = -Pi_0^2 \theta_{0m}$$

总的扭转是

$$\theta_m = \frac{P}{P_{E\omega} - P}\theta_{0m}, \theta_m + \theta_{0m} = \frac{\theta_{0m}}{1 - P/P_{E\omega}} \tag{3.54a,b}$$

3.7.2　单轴对称截面轴心压杆

此时平衡方程为：

118

$$EI_y u''' + P(u' + u_0') + Py_0(\theta' + \theta_0') = 0 \qquad (3.55\text{a})$$

$$EI_\omega \theta''' + (Pi_0^2 - GJ)\theta' + Py_0(u' + u_0') + Pi_0^2 \theta_0' = 0 \qquad (3.55\text{b})$$

两端简支压杆，同样积分一次，设 $u_0 = u_{0\text{m}} \sin\dfrac{\pi z}{L}$，$\theta_0 = \theta_{0\text{m}} \sin\dfrac{\pi z}{L}$，$u = u_\text{m} \sin\dfrac{\pi z}{L}$，$\theta =$

$\theta_\text{m} \sin\dfrac{\pi z}{L}$ 得到

$$(P - P_{Ey})u_\text{m} + Py_0\theta_\text{m} = -Pu_{0\text{m}} - Py_0\theta_{0\text{m}}$$

$$Py_0 u_\text{m} + (P - P_{E\omega})i_0^2\theta_\text{m} = -Py_0 u_{0\text{m}} - Pi_0^2\theta_{0\text{m}}$$

$$\Delta = (P_{Ey} - P)(P_{E\omega} - P)i_0^2 - P^2 y_0^2$$

$$u_\text{m} = \frac{P_{E\omega}y_0\theta_{0\text{m}} + [P_{E\omega} - P(1-k^2)]u_{0\text{m}}}{P_{Ey}P_{E\omega} - (P_{Ey} + P_{E\omega})P + P^2(1-k^2)}P \qquad (3.56\text{a})$$

$$\theta_\text{m} = \frac{P_{Ey}y_0 u_{0\text{m}}/i_0^2 + [P_{Ey} - P(1-k^2)]\theta_{0\text{m}}}{P_{Ey}P_{E\omega} - (P_{Ey} + P_{E\omega})P + P^2(1-k^2)}P \qquad (3.56\text{b})$$

$$u_\text{m} + u_{0\text{m}} = \frac{PP_{E\omega}y_0\theta_{0\text{m}} + (P_{E\omega} - P)P_{Ey}u_{0\text{m}}}{P_{Ey}P_{E\omega} - (P_{Ey} + P_{E\omega})P + P^2(1-k^2)} \qquad (3.56\text{c})$$

$$\theta_\text{m} + \theta_{0\text{m}} = \frac{PP_{Ey}y_0 u_{0\text{m}}/i_0^2 + (P_{Ey} - P)P_{E\omega}\theta_{0\text{m}}}{P_{Ey}P_{E\omega} - (P_{Ey} + P_{E\omega})P + P^2(1-k^2)} \qquad (3.56\text{d})$$

3.7.3 纯弯梁

此时平衡方程是

$$EI_y u''' + M_x(\theta' + \theta_0') = 0 \qquad (3.57\text{a})$$

$$EI_\omega \theta''' + (-2\beta_x M_x - GJ)\theta' + M_x(u' + u_0') - 2\beta_x M_x \theta_0' = 0 \qquad (3.57\text{b})$$

两端简支，积分一次，假设正弦半波位移函数，得到

$$-P_{Ey}u_\text{m} + M_x\theta_\text{m} = -M_x\theta_{0\text{m}}$$

$$M_x u_\text{m} - (2\beta_x M_x + P_{E\omega}i_0^2)\theta_\text{m} = 2\beta_x M_x\theta_{0\text{m}} - M_x u_{0\text{m}}$$

$$u_\text{m} = \frac{P_{E\omega}\theta_{0\text{m}}i_0^2 + M_x u_{0\text{m}}}{P_{Ey}(P_{E\omega}i_0^2 + 2\beta_x M_x) - M_x^2}M_x$$

$$\theta_\text{m} = \frac{(M_x - 2P_{Ey}\beta_x)\theta_{0\text{m}} + P_{Ey}u_{0\text{m}}}{P_{Ey}(P_{E\omega}i_0^2 + 2\beta_x M_x) - M_x^2}M_x$$

$$u_\text{m} + u_{0\text{m}} = \frac{M_x P_{E\omega}i_0^2\theta_{0\text{m}} + P_{Ey}(P_{E\omega}i_0^2 + 2\beta_x M_x)u_{0\text{m}}}{P_{Ey}(P_{E\omega}i_0^2 + 2\beta_x M_x) - M_x^2}$$

$$\theta_\text{m} + \theta_{0\text{m}} = \frac{P_{Ey}P_{E\omega}i_0^2\theta_{0\text{m}} + M_x P_{Ey}u_{0\text{m}}}{P_{Ey}(P_{E\omega}i_0^2 + 2\beta_x M_x) - M_x^2}$$

在截面是双轴对称的情况下，

$$u_\text{m} = \frac{P_{E\omega}\theta_{0\text{m}}i_0^2 + M_x u_{0\text{m}}}{M_{x\text{cr}}^2 - M_x^2}M_x \qquad (3.58\text{a})$$

$$\theta_\text{m} = \frac{M_x\theta_{0\text{m}} + P_{Ey}u_{0\text{m}}}{M_{x\text{cr}}^2 - M_x^2}M_x \qquad (3.58\text{b})$$

$$u_\text{m} + u_{0\text{m}} = \frac{u_{0\text{m}}}{1 - (M_x/M_{x\text{cr}})^2} + \frac{M_x}{M_{x\text{cr}}}\sqrt{\frac{P_{E\omega}}{P_{Ey}}}\frac{i_0\theta_{0\text{m}}}{1 - (M_x/M_{x\text{cr}})^2} \qquad (3.58\text{c})$$

$$\theta_m + \theta_{0m} = \frac{\theta_{0m}}{1 - (M_x/M_{xcr})^2} + \frac{M_x}{M_{xcr}}\sqrt{\frac{P_{Ey}}{P_{E\omega}}}\frac{u_{0m}/i_0}{1 - (M_x/M_{xcr})^2} \tag{3.58d}$$

从以上公式看出,对于梁,附加变形随弯矩增长的速度,小于轴心压杆中初弯曲引起附加弯曲的增长速度。

3.7.4 双轴对称截面单向压弯

$$EI_y u''' + P(u' + u'_0) + M_x(\theta' + \theta'_0) = 0 \tag{3.59a}$$

$$EI_\omega \theta''' + (Pi_0^2 - GJ)\theta' + M_x(u' + u'_0) + Pi_0^2 \theta'_0 = 0 \tag{3.59b}$$

$$u_m = \frac{[M_x^2 + (P_{E\omega} - P)Pi_0^2]u_{0m} + M_x P_{E\omega} i_0^2 \theta_{0m}}{(P_{Ey} - P)(P_{E\omega} - P)i_0^2 - M_x^2} \tag{3.60a}$$

$$\theta_m = \frac{[M_x^2 + (P_{Ey} - P)Pi_0^2]\theta_{0m} + P_{Ey} M_x u_{0m}}{(P_{Ey} - P)(P_{E\omega} - P)i_0^2 - M_x^2} \tag{3.60b}$$

$$u_m + u_{0m} = \frac{P_{Ey}(P_{E\omega} - P)i_0^2 u_{0m} + M_x P_{E\omega} i_0^2 \theta_{0m}}{(P_{Ey} - P)(P_{E\omega} - P)i_0^2 - M_x^2} \tag{3.60c}$$

$$\theta_m + \theta_{0m} = \frac{P_{E\omega}(P_{Ey} - P)i_0^2 \theta_{0m} + P_{Ey} M_x u_{0m}}{(P_{Ey} - P)(P_{E\omega} - P)i_0^2 - M_x^2} \tag{3.60d}$$

3.8 单轴对称截面压弯杆的弹塑性弯扭屈曲

钢梁的弹塑性稳定,比压杆的弹塑性弯曲失稳要复杂一些。例如,图 3.4(a)所示的三角形分布的残余应力,在弯矩作用下,首先进入塑性的部分如图 3.4(b)所示,未进入塑性的弹性区域成为了单轴对称的截面。假设只有绕弱轴对称的残余应力,没有初始弯曲。

对进入弹塑性阶段的钢梁进行干扰,以研究其弹塑性稳定。切线模量理论仍然适用,此时平衡方程依然表示为

$$EI_{ye} u''' = -Q_x \tag{3.61a}$$

$$(GJ)_t \theta' - EI_{\omega e} \theta''' = T \tag{3.61b}$$

但是注意,这些方程成立的前提是坐标是弹性区截面的形心主轴坐标,扇性坐标是弹性区截面的主扇性坐标。就工字形截面来说,图 3.13 所示的截面,求剪切中心还是比较方便,即

$$h_{s1e} = \frac{I_{y2e}}{I_{y1e} + I_{y2e}}h,$$

因为,在薄壁构件理论的范畴内,刚周边假定和中面剪应变为 0 的假定,在弹塑性阶段都必须采用,这样在知道弹性核的剪切中心位置以后,扇性坐标是

上翼缘:$\omega_{1e} = -h_{s1e}x$

下翼缘:$\omega_{2e} = h_{s2e}x$

这个扇性坐标满足 $\int_{A_e} \omega_e dA = 0$,因而是主扇性坐标。扇性惯性矩是

$$I_{\omega e} = \int_{A_e} \omega_e^2 dA = h_{s1e}^2 t_1 \frac{1}{12}b_{1e}^3 + h_{s2e}^2 t_2 \frac{1}{12}[b_2^3 - (b_2 - b_{2e})^3] = I_{y1e}h_{s1e}^2 + I_{y2e}h_{s2e}^2$$

$$\tag{3.62}$$

弹塑性阶段的自由扭转刚度，考虑塑性区提供的部分，塑性区的剪切模量取弹性剪切模量的 $0.2 \sim 0.25$，计算如下

$$(GJ)_{\mathrm{t}} = G \frac{1}{3} \sum b_{i\mathrm{e}} t_i^3 + G_{\mathrm{t}} \frac{1}{3} \sum (b_i - b_{i\mathrm{e}}) t_i^3 \tag{3.63}$$

二阶剪力的计算需要注意：外荷载的计量是按照全截面的形心的，而屈曲位移是按照弹性核截面的形心和剪切中心。这会带来区别，例如对全截面和弹性核截面形心的积分会出现如下的差别：

$$\int_A \sigma y \mathrm{d}A = M_{\mathrm{x}}, \int_A \sigma y_{\mathrm{e}} \mathrm{d}A = \int_A \sigma (y - \Delta y_{\mathrm{c}}) \mathrm{d}A = M_{\mathrm{x}} - P \Delta y_{\mathrm{c}} \tag{3.64}$$

$y_{\mathrm{e}} = y - \Delta y_{\mathrm{c}}$，$\Delta y_{\mathrm{c}}$ 代表弹性核截面的形心在几何形心坐标系中的坐标。

$$Q_{\mathrm{x}} = \int_A \sigma [u' - (y_{\mathrm{e}} - y_{0\mathrm{e}}) \theta'] t \mathrm{d}s = Pu' - \theta' \int_A \sigma (y - \Delta y_{\mathrm{c}} - y_{0\mathrm{e}}) t \mathrm{d}s = Pu' - M_{\mathrm{x}} \theta' + P(\Delta y_{\mathrm{c}} + y_{0\mathrm{e}}) \theta'$$

即

$$Q_{\mathrm{x}} = Pu' + M_{\mathrm{x}} \theta' + P y_0 \theta$$

式中 $y_0 = \Delta y_{\mathrm{c}} + y_{0\mathrm{e}}$，$y_{0\mathrm{e}}$ 是弹性核截面的剪切中心在弹性核截面形心主轴中的坐标。y_0 是弹性核截面的剪切中心在几何形心主轴坐标系里的坐标。

二阶扭矩是

$$
\begin{aligned}
T &= \int_A \sigma \{ x_{\mathrm{e}}^2 \theta' - [u' - (y_{\mathrm{e}} - y_{0\mathrm{e}}) \theta'](y_{\mathrm{e}} - y_{0\mathrm{e}}) \} t \mathrm{d}s \\
&= \int_A \sigma \{ x^2 \theta' - [u' - (y - y_0) \theta'](y - y_0) \} t \mathrm{d}s \\
&= \int_A \sigma \{ [x^2 + (y - y_0)^2] \theta' - u'(y - y_0) \} t \mathrm{d}s \\
&= W_\sigma \theta' + M_{\mathrm{x}} u' + P y_0 u'
\end{aligned}
$$

$W_\sigma = \int_A \sigma [x^2 + (y - y_0)^2] \mathrm{d}A$ 是 Wagner 效应。代入平衡方程得到

$$EI_{\mathrm{ye}} u''' + Pu' + (M_{\mathrm{x}} + P y_0) \theta' = 0 \tag{3.65a}$$

$$EI_{\omega\mathrm{e}} \theta''' + [W_\sigma - (GJ)_{\mathrm{t}}] \theta' + M_{\mathrm{x}} u' + P y_0 u' = 0 \tag{3.65b}$$

忽略平面内变形的二阶效应，在纯弯的弯矩作用下，这是常系数平衡微分方程，可以获得解析解。但是获得最终的临界弯矩，需要迭代，因为临界弯矩不同，不仅截面上的刚度性质发生变化，y_0、W_σ 也发生变化。

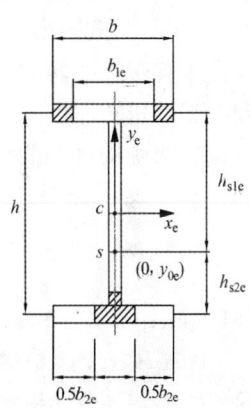

图 3.14　部分屈服的截面

习　题

3.1　采用取出微段的方法，对均匀受力的单轴对称截面的压弯杆的弯扭屈曲的平衡微分方程进行推导，推导过程中应注意各个力素的方向和正负号规定。

3.2　对截面分别为 H300×300×8×16 和 H600×300×8×16 的压弯杆，长度分别为5m 和 10m，按照 (3.31) 式计算其轴力—弯矩相关作用曲线，并画出图形，比较不同。

3.3　对截面为 H300×300×8×16 的两端铰支压杆，长度从 1m 变化到 12m，承受轴力和双向弯矩，请按照 3.5 节的精确解，按照受力最大截面的边缘纤维屈服准则决定承载

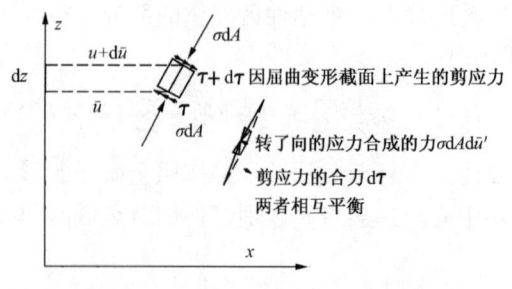

题 3.1 图

力(例如,给定若干个轴压比,用两个弯矩之间的相互作用曲线表示的一簇曲线),并与钢结构设计规范的双向压弯构件的设计公式计算的承载力曲线进行比较,注意应用规范公式时,为了比较,钢材强度设计值改为标准值,设钢材是 Q235B。

3.4 假设双轴对称截面轴心受压构件存在初始扭转 $\theta_0(z)$,试推导其发生扭转变形的平衡微分方程。假设两端简支,初始扭转符合正弦半波的规律,对其扭转变形进行求解。

3.5 在任意截面压杆承受轴力的同时还承受双向均匀受弯的弯矩,存在双向初始弯曲和初始扭转,剪切中心的初始侧移为 $u_0(z),v_0(z)$,绕剪切中心的初始扭转为 $\theta_0(z)$,试推导其平衡微分方程组。

3.6 钢截面因为存在残余应力,即使是轴心受压,各部分也不会同时屈服,这样压杆发生弹塑性扭转屈曲或弯扭屈曲时,试探讨,如何将压杆弯曲屈曲的切线模量理论推广到弹塑性扭转屈曲和弹塑性弯扭屈曲?提示:要注意弹塑性阶段剪切中心的变化,弹塑性阶段,薄壁构件的假定仍然要采用,正像弯曲失稳时平截面假定仍然要采用那样。

参 考 文 献

[1] Culver, C. G., Exact solution of the biaxial bending equations. Journal of the Structural Division, ASCE, 1966, 92 (1): 63-83.

[2] 吕烈武等. 钢结构构件稳定理论. 北京:中国建筑工业出版社,1983.

[3] 陈骥. 钢结构稳定理论与设计. 北京:科学出版社,2001.

[4] 丁洁民,沈祖炎. 双向压弯钢构件极限承载力的研究. 建筑结构,1994,24(6).

[5] 夏志斌,潘有昌. 结构稳定理论. 北京:高等教育出版社,1988.

[6] 陈惠发. 梁柱分析与设计(第二卷). 北京:人民交通出版社,1997.

[7] 童根树. 钢结构的平面内稳定. 北京:中国建筑工业出版社,2005.

第4章　板件和薄壁截面的线性屈曲理论及其应用

本章首先介绍板件在板的面内荷载作用下的屈曲。读者注意到，第三章研究的是压杆在轴力或纯弯或压力和均匀弯曲状态下的弯扭失稳，对于构件上作用着横向荷载的梁或者弯矩沿杆件长度线性变化的情况还没有进行研究。这后两种情况与第三章的不同在于，薄壁中面上存在着不能忽略的剪应力，或者同时还存在着横向正应力。要在了解和掌握板件的屈曲理论之前讲解这两种应力在弯扭失稳中的作用，是比较困难，也比较难以理解的。即使对上一章的仅有纵向应力的问题，我们也发现十字形截面的扭转屈曲就是板件的屈曲。因此本章中断对杆件弯扭失稳的研究，首先讲授板件的稳定性。

4.1　板件屈曲的平衡微分方程

在研究压杆的屈曲时，我们假设压杆开始只承受压力，杆件处于压缩平衡状态，当荷载增加到临界值时，压杆突然发生弯曲，称之为屈曲。

在研究板件的屈曲时，我们假设板件（处于 x—y 平面上）承受中面平面内的应力，包括正应力 σ_x，σ_y 和剪应力 $\tau_{xy}(\tau_{yx})$，板件的变形状态处于中面平面内的拉压和剪切变形，此时没有垂直于板中面的挠度。当这些应力增加到一定值时，板件突然出现垂直于中面的变形，即挠度，这就是板件的屈曲。

4.1.1　薄板弯曲理论简单回顾

首先对以下薄板单元体在空间变位时的受力情况进行分析。如图 4.1 所示，在 $oxyz$ 坐标系中，oxy 为薄板中面所在的平面，厚度为 t 的薄板在 x 和 y 方向的宽度分别为 $\mathrm{d}x$ 和 $\mathrm{d}y$，薄板上存在两个方向的分布面荷载 p_x 和 p_y 的作用，这两个外荷载为保向力。板件的内力如图中所示，每个面上有 4 个，图中所示的内力方向均为正号。如果记板件的挠度为 w，则各个内力和挠度的关系为

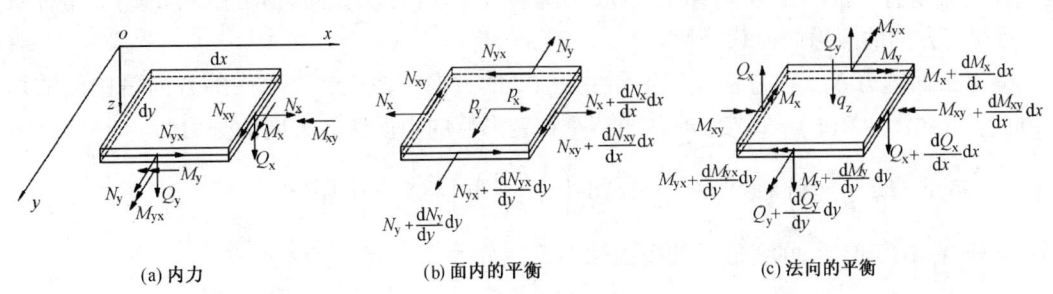

(a) 内力　　　　　　(b) 面内的平衡　　　　　　(c) 法向的平衡

图 4.1　薄板的内力及其平衡

$$M_x = -D\left(\frac{\partial^2 w}{\partial x^2} + \mu \frac{\partial^2 w}{\partial y^2}\right) \tag{4.1a}$$

$$M_y = -D\left(\frac{\partial^2 w}{\partial y^2} + \mu \frac{\partial^2 w}{\partial x^2}\right) \tag{4.1b}$$

$$M_{xy} = M_{yx} = -D(1-\mu)\frac{\partial^2 w}{\partial x \partial y} \tag{4.1c}$$

$$Q_x = -D\frac{\partial}{\partial x}\nabla^2 w, \quad Q_y = -D\frac{\partial}{\partial y}\nabla^2 w \tag{4.1d,e}$$

式中 $D = \dfrac{Et^3}{12(1-\mu^2)}$。内力表示的平衡条件为

$$\frac{\partial N_x}{\partial x} + \frac{\partial N_{yx}}{\partial y} + p_x = 0 \tag{4.2a}$$

$$\frac{\partial N_{xy}}{\partial x} + \frac{\partial N_y}{\partial y} + p_y = 0 \tag{4.2b}$$

$$Q_x = \frac{\partial M_x}{\partial x} + \frac{\partial M_{yx}}{\partial y}, \quad Q_y = \frac{\partial M_{xy}}{\partial x} + \frac{\partial M_y}{\partial y} \tag{4.2c,d}$$

$$\frac{\partial Q_x}{\partial x} + \frac{\partial Q_y}{\partial y} = q_z \tag{4.2e}$$

用位移表示的弯曲平衡微分方程为

$$D\left(\frac{\partial^4 w}{\partial x^4} + 2\frac{\partial^4 w}{\partial x^2 \partial y^2} + \frac{\partial^4 w}{\partial y^4}\right) = q_z \tag{4.3}$$

4.1.2 板件屈曲的平衡微分方程

稳定问题必须在变形以后的位置上建立平衡方程。在压杆的弯曲失稳问题中,它表现为要考虑变形对平衡条件的影响,因为可以在杆件的固定的坐标系中建立平衡条件,无需涉及建立平衡条件的过程中坐标系的变化。但是在板件的问题中,因为必须在微元上建立平衡微分方程,微元的中面位置发生变化,并且还有倾斜和面内的歪斜,是否考虑这种位移产生的法向坐标的变化,在变化后的法向建立平衡方程,将关系到以后章节对薄壁构件弯扭失稳中外力和内部应力作用的理解。本书采用在变形后的法向建立平衡微分方程。

如图 4.2(a)所示,变位前的坐标系 $oxyz$ 在变位过程中跟随板件一起变位到 $o'x'y'z'$,设板面只有垂直于板的位移 w,把变位后的薄膜力和外荷载(保向力)分解到 $o'x'y'z'$ 坐标系上,可得 z' 方向的假想面荷载分量。

先考察面内力 N_x,注意板件产生屈曲后 N_x 的方向将改变,改变后的方向是中面的切线方向,参照图 4.2(b)。改变方向后的 N_x 在变形后的中面法线方向的分力为

$$N_x dy\left(\frac{1}{2}\frac{\partial^2 w}{\partial x^2}dx\right) + \left(N_x + \frac{\partial N_x}{\partial x}dx\right)dy\left(\frac{1}{2}\frac{\partial^2 w}{\partial x^2}dx\right) \approx N_x\frac{\partial^2 w}{\partial x^2}dxdy$$

同样 N_y 在变形后,在变形后的中面法向产生分力

$$N_y\frac{\partial^2 w}{\partial y^2}dxdy$$

中面剪力 N_{xy} 产生的分力比较复杂。从图 4.2(a)

124

$$N_{xy}\mathrm{d}y\left(\frac{1}{2}\frac{\partial^2 w}{\partial x\partial y}\mathrm{d}x\right)+\left(N_{xy}+\frac{\partial N_{xy}}{\partial x}\mathrm{d}x\right)\mathrm{d}y\left(\frac{1}{2}\frac{\partial^2 w}{\partial x\partial y}\right)\mathrm{d}x\approx N_{xy}\frac{\partial^2 w}{\partial x\partial y}\mathrm{d}x\mathrm{d}y$$

同样有 N_{yx} 的分力

$$N_{yx}\mathrm{d}x\left(\frac{1}{2}\frac{\partial^2 w}{\partial x\partial y}\mathrm{d}y\right)+\left(N_{yx}+\frac{\partial N_{yx}}{\partial y}\mathrm{d}y\right)\mathrm{d}x\left(\frac{1}{2}\frac{\partial^2 w}{\partial x\partial y}\mathrm{d}y\right)\approx N_{yx}\frac{\partial^2 w}{\partial x\partial y}\mathrm{d}x\mathrm{d}y$$

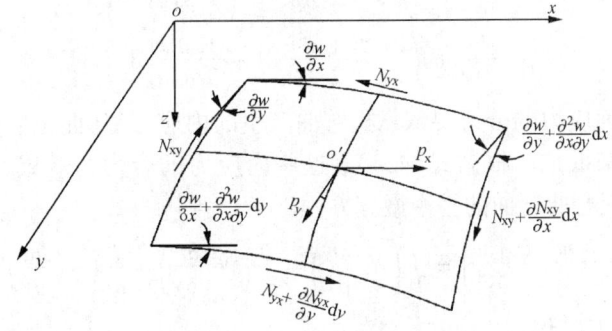

(a) 屈曲过程中面坐标的移动

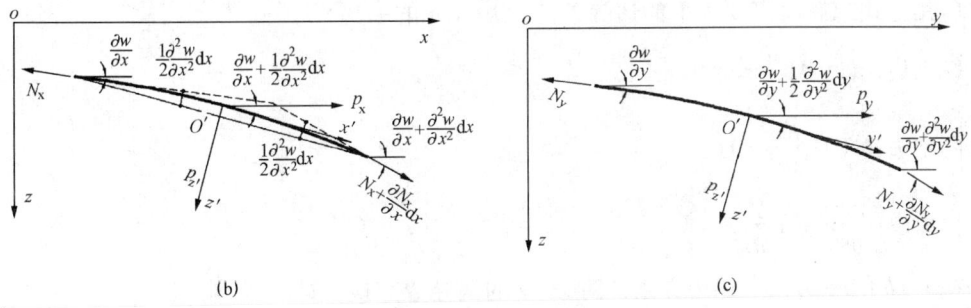

图 4.2　屈曲引起的分力

另外保向的外力向变形后的中面法向还有分力：

$$-p_x\frac{\partial w}{\partial x}\mathrm{d}x\mathrm{d}y-p_y\frac{\partial w}{\partial y}\mathrm{d}x\mathrm{d}y$$

所以总的法向分力为(除以面积 $\mathrm{d}x\mathrm{d}y$)：

$$p_{z'}=N_x\frac{\partial^2 w}{\partial x^2}+N_y\frac{\partial^2 w}{\partial y^2}+N_{xy}\frac{\partial^2 w}{\partial x\partial y}+N_{yx}\frac{\partial^2 w}{\partial x\partial y}-p_x\frac{\partial w}{\partial x}-p_y\frac{\partial w}{\partial y}\tag{4.4}$$

　　需要注意的是，假想分布荷载 $p_{z'}$ 的方向是位于板单元变形后的中面法线方向，通常教科书上的板件稳定理论(例如，刘鸿文，1987)所建立的法线方向的平衡，参考的是变形前的方向。由于变形前后中面法线的转角是小量，在数值上 $p_{z'}$ 与变形前中面法线方向的分量基本相同。

　　由式(4.2a，b)得到

$$p_x=-\left(\frac{\partial N_x}{\partial x}+\frac{\partial N_{xy}}{\partial y}\right),\ p_y=-\left(\frac{\partial N_y}{\partial y}+\frac{\partial N_{yx}}{\partial x}\right)\tag{4.5a,b}$$

将上面两式代入式(4.4)，并利用关系式 $N_{xy}=N_{yx}$，可得：

$$p_{z'}=N_x\frac{\partial^2 w}{\partial x^2}+N_y\frac{\partial^2 w}{\partial y^2}+N_{xy}\frac{\partial^2 w}{\partial x\partial y}+N_{yx}\frac{\partial^2 w}{\partial x\partial y}+\left(\frac{\partial N_x}{\partial x}+\frac{\partial N_{xy}}{\partial y}\right)\frac{\partial w}{\partial x}+\left(\frac{\partial N_y}{\partial y}+\frac{\partial N_{yx}}{\partial x}\right)\frac{\partial w}{\partial y}$$

即：$p_{z'} = \dfrac{\partial}{\partial x}\left(N_x \dfrac{\partial w}{\partial x}\right) + \dfrac{\partial}{\partial y}\left(N_y \dfrac{\partial w}{\partial y}\right) + \dfrac{\partial}{\partial x}\left(N_{xy} \dfrac{\partial w}{\partial y}\right) + \dfrac{\partial}{\partial y}\left(N_{xy} \dfrac{\partial w}{\partial x}\right)$ （4.6）

上式即与板件稳定理论（刘鸿文，1987）的相同。

同样，可以得到 x' 和 y' 方向上的面荷载：

$$p_{x'} = p_x \cos\left(\frac{\partial w}{\partial x} + \frac{1}{2}\frac{\partial^2 w}{\partial x^2}\mathrm{d}x + \frac{1}{2}\frac{\partial^2 w}{\partial x \partial y}\mathrm{d}y\right) \approx p_x \qquad (4.7\text{a})$$

$$p_{y'} = p_y \cos\left(\frac{\partial w}{\partial y} + \frac{1}{2}\frac{\partial^2 w}{\partial y^2}\mathrm{d}y + \frac{1}{2}\frac{\partial^2 w}{\partial x \partial y}\mathrm{d}x\right) \approx p_y \qquad (4.7\text{b})$$

式(4.6)的中面应力的分力要依靠板弯曲产生的内应力（弯曲正应力、扭转剪应力和板厚方向的剪应力）来抵抗。根据式(4.3)，这些内应力的合力为等式左边。等式右边用式(4.6)代替，得到板弯曲屈曲的平衡微分方程。

$$D\left(\frac{\partial^4 w}{\partial x^4} + 2\frac{\partial^4 w}{\partial x^2 \partial y^2} + \frac{\partial^4 w}{\partial y^4}\right) = \frac{\partial}{\partial x}\left(N_x \frac{\partial w}{\partial x}\right) + \frac{\partial}{\partial y}\left(N_y \frac{\partial w}{\partial y}\right) + \frac{\partial}{\partial x}\left(N_{xy} \frac{\partial w}{\partial y}\right) + \frac{\partial}{\partial y}\left(N_{xy} \frac{\partial w}{\partial x}\right) \quad (4.8)$$

注意上式中，正应力以拉为正。

x'，y' 方向的方程与式(4.2a，b)相同。

应用上式求解时需要如下的边界条件（设 $x = a$ 的一边）

铰支边：$w = 0$，$\dfrac{\partial^2 w}{\partial x^2} = 0$；

固定边：$w = 0$，$\dfrac{\partial w}{\partial x} = 0$；

自由边：$\dfrac{\partial^2 w}{\partial x^2} + \mu \dfrac{\partial^2 w}{\partial y^2} = 0$，$\dfrac{\partial^3 w}{\partial x^3} + (2 - \mu)\dfrac{\partial^3 w}{\partial x \partial y^2} = 0$。

在 $y = b$ 的一边，上述边界条件对 x，y 的偏导数交换，即

铰支边：$w = 0$，$\dfrac{\partial^2 w}{\partial y^2} = 0$；

固定边：$w = 0$，$\dfrac{\partial w}{\partial y} = 0$；

自由边：$\dfrac{\partial^2 w}{\partial y^2} + \mu \dfrac{\partial^2 w}{\partial x^2} = 0$，$\dfrac{\partial^3 w}{\partial y^3} + (2 - \mu)\dfrac{\partial^3 w}{\partial y \partial x^2} = 0$。

4.2　纵向均匀受压板件的屈曲

4.2.1　四边简支板

设矩形板长度为 a，宽度为 b，承受纵向均匀压力，单位宽度上的力为 N_x，注意从这里开始，正应力以压为正。屈曲微分方程为：

$$D\left(\frac{\partial^4 w}{\partial x^4} + 2\frac{\partial^4 w}{\partial x^2 \partial y^2} + \frac{\partial^4 w}{\partial y^4}\right) = -N_x \frac{\partial^2 w}{\partial x^2} \qquad (4.9)$$

利用逆解法，设

$$w = A_{mn}\sin\frac{m\pi x}{a}\sin\frac{n\pi y}{b} \qquad (4.10)$$

代入式(4.9)得到

$$D\left[\left(\frac{m\pi}{a}\right)^4 + 2\left(\frac{m\pi}{a}\right)^2\left(\frac{n\pi}{b}\right)^4 + \left(\frac{n\pi}{b}\right)^4\right] = N_{xcr}\left(\frac{m\pi}{a}\right)^2$$

根据上式，要使得 N_{xcr} 最小，n 应该取 1，所以

$$N_{xcr} = \frac{K\pi^2 D}{b^2}, \quad K = \left(\frac{mb}{a} + \frac{a}{mb}\right)^2$$

式中 K 称为屈曲系数，它随屈曲的半波数和长宽比而变，如图 4.3 所示。各条曲线相交，取下包络线即为有用的屈曲系数。从图可见 K 在 $b = a/m$ 时有最小值 4：

$$N_{xcr} = \frac{4\pi^2 D}{b^2} \tag{4.11}$$

在 $m = 1$ 与 $m = 2$ 两条曲线的交点处，$a/b = \sqrt{2}$，$K = 4.5$，后面交点的 K 值仅略大于 4。

从上式可知，板件的屈曲和杆件的屈曲有巨大的不同：杆件的临界荷载与杆件长度的平方成反比，板件的临界荷载与长度无关，而是与板件宽度的平方成反比。但是相同点也是明显的：两者都与抗弯刚度成正比。

采用临界应力表示：

$$\sigma_{xcr} = \frac{4\pi^2 E}{12(1 - \mu^2)}\frac{t^2}{b^2} \tag{4.12a}$$

当板件的长度 a 小于宽度 b 时（钢结构中的构件不会出现这种情况，但是梁的支座节点板承受反力，可能出现比较接近的情况），板件以一个半波屈曲，临界应力为：

$$\sigma_{xcr} = \frac{\pi^2 E}{12(1 - \mu^2)}\frac{t^2}{b^2}\left(\frac{b}{a} + \frac{a}{b}\right)^2 \tag{4.12b}$$

如果板件的长度远小于宽度，则临界应力接近两端铰支长为 a 的压杆的临界应力。

板件的屈曲应力为什么与板件的宽度的平方成反比？这可以从弹性地基梁来理解。弹性地基梁承受轴压力时的临界荷载是

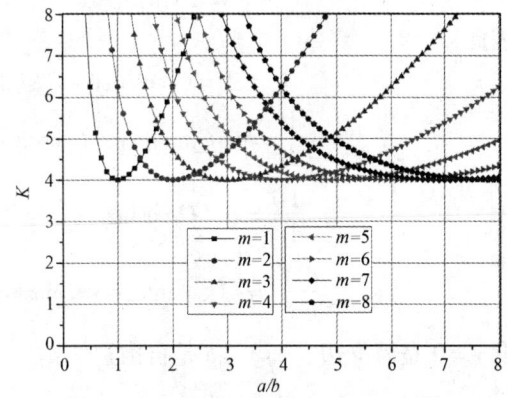

图 4.3　四边简支板的屈曲系数

$$P_{cr} = 2\sqrt{EIk}$$

式中 EI 是梁的纵向抗弯刚度，在这里用板的刚度来代替，即 Db；k 是弹性地基的刚度。假设板的横向板条是横向梁，其单位宽度上的抗弯刚度是 $\frac{384D}{5b^3}$，这样

$$\sigma_{cr} = \frac{1}{bt}2\sqrt{Db\frac{384D}{5b^3}} = \frac{1.776\pi^2 D}{b^2 t}$$

虽然这样导得的临界应力，因为没有考虑横向板条之间的相互牵制作用而偏小，但是确实揭示了板的稳定性的实质：板的横向板条对纵向板条提供的弹性地基作用，导致临界应力与板宽度的平方成反比。

4.2.2 两纵边一边简支一边自由的板件

此时的微分方程为仍然是式(4.9)。对于长度远大于宽度的板，两个加载边的边界条件对板件的稳定性影响不大，因为沿着板长度方向出现多个半波，对于中间的半波，边界条件的影响几乎可以忽略。因此总是可以假设加载边是铰支的，这样可以假设位移函数为

$$w = Y(y) \sin\frac{m\pi x}{a} \tag{4.13}$$

代入式(4.9)得到

$$\frac{\mathrm{d}^4 Y}{\partial y^4} - 2\frac{m^2\pi^2}{a^2}\frac{\mathrm{d}^2 Y}{\mathrm{d}y^2} + \frac{m^2\pi^2}{a^2}\left(\frac{m^2\pi^2}{a^2} - \frac{N_x}{D}\right)Y = 0$$

它的特征方程是

$$r^4 - 2\frac{m^2\pi^2}{a^2}r^2 + \frac{m^2\pi^2}{a^2}\left(\frac{m^2\pi^2}{a^2} - \frac{N_x}{D}\right) = 0$$

除非两个纵向边均为自由边，否则上式的根总是两个实根两个虚根，其特征值为

$$r^2 = \frac{m^2\pi^2}{a^2} \pm \frac{m\pi}{a}\sqrt{\frac{N_x}{D}}$$

$$r_{1,2} = \pm\sqrt{\frac{m\pi}{a}\left(\frac{m\pi}{a} + \sqrt{\frac{N_x}{D}}\right)} = \pm\alpha \quad r_{3,4} = \pm i\sqrt{\frac{m\pi}{a}\left(\sqrt{\frac{N_x}{D}} - \frac{m\pi}{a}\right)} = \pm\beta i \tag{4.14}$$

因此

$$Y = C_1\cosh\alpha y + C_2\sinh\alpha y + C_3\cos\beta y + C_4\sin\beta y \tag{4.15a}$$

$$\frac{\mathrm{d}Y}{\mathrm{d}y} = \alpha(C_1\sinh\alpha y + C_2\cosh\alpha y) + \beta(-C_3\sin\beta y + C_4\cos\beta y) \tag{4.15b}$$

$$\frac{\mathrm{d}^2 Y}{\mathrm{d}y^2} = \alpha^2(C_1\cosh\alpha y + C_2\sinh\alpha y) - \beta^2(C_3\cos\beta y + C_4\sin\beta y) \tag{4.15c}$$

$$\frac{\mathrm{d}^3 Y}{\mathrm{d}y^3} = \alpha^3(C_1\sinh\alpha y + C_2\cosh\alpha y) - \beta^3(-C_3\sin\beta y + C_4\cos\beta y) \tag{4.15d}$$

设 $y=0$ 是简支边，而 $y=b$ 是自由边，则

$$y=0 \text{ 时：} Y=0, \frac{\mathrm{d}^2 Y}{\mathrm{d}y^2}=0$$

$$y=b \text{ 时：}\frac{\mathrm{d}^2 Y}{\mathrm{d}y^2} - \mu\left(\frac{m\pi}{a}\right)^2 Y = 0, \frac{\mathrm{d}^3 Y}{\mathrm{d}y^3} - (2-\mu)\left(\frac{m\pi}{a}\right)^2\frac{\mathrm{d}Y}{\mathrm{d}y} = 0$$

利用前两个边界条件可以得到 $C_1 = C_3 = 0$，后两个边界条件为

$$C_2\sinh\alpha b\left(\alpha^2 - \mu\frac{m^2\pi^2}{a^2}\right) - C_4\sin\beta b\left(\beta^2 + \mu\frac{m^2\pi^2}{a^2}\right) = 0$$

$$C_2\alpha\cosh\alpha b\left[\alpha^2 - (2-\mu)\left(\frac{m\pi}{a}\right)^2\right] - C_4\beta\cos\beta b\left[\beta^2 + (2-\mu)\left(\frac{m\pi}{a}\right)^2\right] = 0$$

要使问题有非零解，上式的系数行列式必须为0。利用

$$\alpha^2 - (2-\mu)\left(\frac{m\pi}{a}\right)^2 = \beta^2 + \mu\left(\frac{m\pi}{a}\right)^2$$

$$\beta^2 + (2-\mu)\left(\frac{m\pi}{a}\right)^2 = \alpha^2 - \mu\left(\frac{m\pi}{a}\right)^2$$

得到

$$\alpha A_\beta^2 \tan\beta b = \beta A_\alpha^2 \tanh\alpha b \tag{4.16}$$

式中 $A_\alpha = \alpha^2 - \mu \dfrac{m^2 \pi^2}{a^2}$，$A_\beta = \beta^2 + \mu \dfrac{m^2 \pi^2}{a^2}$。

针对不同的半波数 m，代入上式，得到不同的解 $(N_x)_{cr}/D$，其中最小的解是有用的。计算发现，对于一边简支一边自由的板，屈曲半波总是一个。临界应力可以表示为

$$\sigma_{xcr} = \frac{K\pi^2 E}{12(1-\mu^2)} \frac{t^2}{b^2} \tag{4.17}$$

其中屈曲系数 K 见表 4.1。表中的系数可以用公式精确的计算：

$$K = 0.4255 + \frac{b^2}{a^2} \tag{4.18}$$

对照第 3 章的十字形截面压杆扭转屈曲的临界应力公式，发现两者完全相同。

一边简支一边自由均匀受压板件的屈曲系数　　　　　表 4.1

a/b	0.75	1	2	3	5	10	∞
K	2.2166	1.4166	0.6686	0.5332	0.4642	0.4352	0.4255

4.2.3　其他边界条件下板件的屈曲

1. 两非加载纵边为固定的板件

此时仍然采用式(4.9)、式(4.13) 和式(4.15a~d)。边界条件为

$y=0$ 和 b 时：$Y=0$，$\dfrac{\mathrm{d}Y}{\mathrm{d}y}=0$

将边界条件代入 (4.15a，b) 式，令待定系数方程组的系数行列式为 0，得到

$$(\cosh\alpha b - \cos\beta b)^2 = \left(\sinh\alpha b + \frac{\beta}{\alpha}\sin\beta b\right)\left(\sinh\alpha b - \frac{\alpha}{\beta}\sin\beta b\right) \tag{4.19a}$$

针对不同的 m，从上式求得临界荷载的最小值，最小值对应的屈曲半波长是宽度的 0.661 倍。最小屈曲系数为 $k = 6.97$。

2. 两非加载边一边固定一边自由

此时的边界条件为

$y=0$ 时：$Y=0,\dfrac{\mathrm{d}Y}{\mathrm{d}y}=0$

$y=b$ 时：$\dfrac{\mathrm{d}^2 Y}{\mathrm{d}y^2} - \mu\left(\dfrac{m\pi}{a}\right)^2 Y=0,\dfrac{\mathrm{d}^3 Y}{\mathrm{d}y^3} - (2-\mu)\left(\dfrac{m\pi}{a}\right)^2 \dfrac{\mathrm{d}Y}{\mathrm{d}y}=0$

求临界荷载的方程为

$$2A_\alpha A_\beta + (A_\beta^2 + A_\alpha^2)\cosh\alpha b\cos\beta b = \left(\frac{\alpha}{\beta}A_\beta^2 - \frac{\beta}{\alpha}A_\alpha^2\right)\sinh\alpha b\sin\beta b \tag{4.19b}$$

求得的最小屈曲系数为 $K=1.247$，屈曲半波长的宽度的 1.636 倍。

3. 两非加载边一边固定一边简支

临界方程是

$$\alpha b \tan\beta b = \beta b \tanh\alpha b \qquad (4.19c)$$

屈曲系数是 5.41，屈曲波长是 $a/b = 0.79$。

4. 两非加载边无位移，但是受到普通的转动约束和垂直于板件的翼缘板的弹性约束。

（1）普通的转动约束是指：

$$y = 0 : M_y = -D\left(\frac{\partial^2 w}{\partial y^2} + \mu\frac{\partial^2 w}{\partial x^2}\right) = -k_{z1}\frac{\partial w}{\partial y}$$

$$y = b : M_y = -D\left(\frac{\partial^2 w}{\partial y^2} + \mu\frac{\partial^2 w}{\partial x^2}\right) = k_{z2}\frac{\partial w}{\partial y}$$

即 $Y''(0) = \dfrac{k_{z1}}{D}Y'(0)$，$Y''(b) = -\dfrac{k_{z2}}{D}Y'(b)$

可以推导得到

$$\begin{aligned}
&(f_2 K_1 + f_3 K_1 K_2)(\beta b \sinh\alpha b - \alpha b \sin\beta b)\\
&-f_1 K_1[K_2(\cosh\alpha b - \cos\beta b) + \beta b \sin\beta b + \alpha b \sinh\alpha b]\\
&+\beta b \sinh\alpha b(K_2\cos\beta b - \beta b \sin\beta b) - \alpha b \sin\beta b(K_2\cosh\alpha b + \alpha b \sinh\alpha b) = 0
\end{aligned} \qquad (4.20a)$$

式中 $K_1 = \dfrac{k_{z1}b}{D}$，$K_2 = \dfrac{k_{z2}b}{D}$，$f_1 = \dfrac{\alpha b\beta b(\cosh\alpha b - \cos\beta b)}{\alpha^2 b^2 + \beta^2 b^2}$

$$f_2 = \frac{\alpha^2 b^2 \cosh\alpha b + \beta^2 b^2 \cos\beta b}{\alpha^2 b^2 + \beta^2 b^2}, \quad f_3 = \frac{\alpha b \sinh\alpha b + \beta b \sin\beta b}{\alpha^2 b^2 + \beta^2 b^2}$$

表 4.2 给出了不同 K_1，K_2 下的屈曲系数（左下部分）和波长比 a/b（右上部分）。屈曲系数可以精确的表示为

$$K = 4 + \frac{9.82(K_1 + K_2) + 2.915 K_1 K_2}{(7 + K_1)(7 + K_2)} \qquad (4.20b)$$

弹性转动约束下的屈曲系数和波长比 　　　　　表 4.2

K_1	K_2																$K_1 = K_2$ 时波长比
	0	0.1	0.5	1	1.5	2	5	10	15	20	25	50	75	100	200	1000	
0	4	0.986	0.969	0.957	0.938	0.925	0.88	0.852	0.838	0.824	0.821	0.808	0.803	0.8	0.794	0.79	0.991
0.1	4.02	4.04	0.973	0.947	0.94	0.923	0.883	0.846	0.831	0.825	0.816	0.804	0.798	0.802	0.799	0.788	0.986
0.5	4.094	4.113	4.186	0.932	0.918	0.907	0.866	0.835	0.82	0.811	0.805	0.794	0.791	0.788	0.781	0.772	0.951
1	4.175	4.194	4.266	4.344	0.905	0.899	0.854	0.824	0.812	0.801	0.798	0.785	0.786	0.778	0.779	0.778	0.917
1.5	4.246	4.265	4.336	4.413	4.482	0.885	0.845	0.814	0.801	0.793	0.788	0.775	0.777	0.77	0.767	0.765	0.892
2	4.308	4.327	4.397	4.474	4.543	4.603	0.836	0.807	0.792	0.784	0.782	0.77	0.768	0.76	0.765	0.755	0.873
5	4.573	4.591	4.66	4.736	4.803	4.863	5.121	0.777	0.766	0.757	0.749	0.745	0.736	0.739	0.731	0.733	0.8
10	4.809	4.828	4.895	4.971	5.038	5.098	5.358	5.598	0.741	0.734	0.726	0.713	0.712	0.711	0.708	0.717	0.754
15	4.94	4.959	5.027	5.102	5.169	5.23	5.492	5.736	5.875	0.718	0.717	0.705	0.706	0.697	0.697	0.687	0.727

K_1	K_2																$K_1=K_2$ 时波长比
	0	0.1	0.5	1	1.5	2	5	10	15	20	25	50	75	100	200	1000	
20	5.025	5.043	5.111	5.187	5.254	5.315	5.578	5.825	5.966	6.058	0.708	0.697	0.695	0.697	0.689	0.695	0.713
25	5.083	5.101	5.169	5.245	5.313	5.374	5.639	5.887	6.029	6.122	6.187	0.7	0.691	0.689	0.686	0.673	0.705
50	5.224	5.242	5.311	5.387	5.456	5.517	5.787	6.04	6.185	6.28	6.347	6.511	0.678	0.674	0.671	0.664	0.685
75	5.28	5.298	5.367	5.444	5.513	5.574	5.846	6.101	6.248	6.344	6.412	6.578	6.645	0.676	0.676	0.667	0.678
100	5.309	5.328	5.397	5.474	5.543	5.606	5.878	6.133	6.281	6.378	6.445	6.614	6.681	6.719	0.674	0.657	0.669
200	5.357	5.376	5.446	5.523	5.592	5.654	5.928	6.186	6.335	6.432	6.5	6.67	6.739	6.775	6.836	0.659	0.668
1000	5.394	5.412	5.483	5.559	5.631	5.693	5.961	6.222	6.369	6.47	6.54	6.709	6.773	6.809	6.867	6.915	0.656

（2）所谓翼缘板弹性约束是指

$$y=0: M_y = -D\left(\frac{\partial^2 w}{\partial x^2} + \mu \frac{\partial^2 w}{\partial y^2}\right) = -GJ_f \frac{\partial^3 w}{\partial x^2 \partial y}$$

$$y=b: M_y = -D\left(\frac{\partial^2 w}{\partial x^2} + \mu \frac{\partial^2 w}{\partial y^2}\right) = GJ_f \frac{\partial^3 w}{\partial x^2 \partial y}$$

即 $Y''(0) = \dfrac{GJ_{f0}}{D}\dfrac{m^2 \pi^2}{a^2} Y'(0)$，$Y''(b) = -\dfrac{GJ_{fb}}{D}\dfrac{m^2 \pi^2}{a^2} Y'(b)$

记 $K_1 = \dfrac{\pi^2 GJ_{f0}}{Db}\dfrac{b^2}{a^2}$，$K_2 = \dfrac{\pi^2 GJ_{fb}}{Db}\dfrac{b^2}{a^2}$，则式（4.22）仍然适用。但是表格4.2并不能直接应

用，因为波长比不能事先知道，所以必须重新记 $K_1' = \dfrac{\pi^2 GJ_{f0}}{Db}$，$K_2' = \dfrac{\pi^2 GJ_{fb}}{Db}$，另行制订表格。

表4.3给出了不同 K_1'，K_2' 下的屈曲系数（左下部分）和波长比 a/b（右上部分）。对比表4.2，两者有小的差别。拟合公式也有小的变化

$$K' = 4 + \frac{8.68(K_1'^{1.05} + K_2'^{1.05}) + 2.915(K_1'K_2')^{1.05}}{(6.2 + K_1'^{1.05})(6.2 + K_2'^{1.05})}$$

翼缘板弹性转动约束下的屈曲系数和波长比 表4.3

K_1'	K_2'																对角线波长比
	0	0.1	0.5	1	1.5	2	5	10	15	20	25	50	75	100	200	1000	
0	4	0.992	0.992	0.988	0.987	0.981	0.945	0.904	0.871	0.853	0.844	0.821	0.815	0.807	0.797	0.793	0.991
0.1	4.02	4.04	0.997	0.994	0.986	0.979	0.943	0.895	0.869	0.854	0.848	0.819	0.808	0.809	0.802	0.803	0.996
0.5	4.096	4.116	4.194	0.988	0.991	0.981	0.945	0.9	0.871	0.85	0.841	0.823	0.811	0.807	0.799	0.78	0.996
1	4.182	4.203	4.283	4.373	0.989	0.98	0.941	0.9	0.87	0.847	0.837	0.812	0.803	0.795	0.791	0.782	0.989
1.5	4.26	4.281	4.362	4.454	4.538	0.975	0.942	0.889	0.861	0.846	0.832	0.81	0.806	0.799	0.779	0.795	0.978

K'_1	K'_2																对角线波长比
	0	0.1	0.5	1	1.5	2	5	10	15	20	25	50	75	100	200	1000	
2	4.33	4.352	4.434	4.528	4.613	4.689	0.935	0.883	0.855	0.844	0.825	0.802	0.792	0.786	0.788	0.776	0.968
5	4.636	4.66	4.749	4.85	4.941	5.023	5.375	0.851	0.82	0.805	0.794	0.771	0.76	0.761	0.754	0.741	0.901
10	4.9	4.926	5.022	5.13	5.226	5.311	5.673	5.969	0.78	0.768	0.759	0.74	0.729	0.731	0.719	0.701	0.803
15	5.035	5.061	5.161	5.272	5.37	5.458	5.821	6.113	6.253	0.748	0.74	0.717	0.716	0.711	0.709	0.704	0.761
20	5.114	5.141	5.243	5.356	5.455	5.543	5.908	6.196	6.335	6.414	0.733	0.709	0.706	0.704	0.687	0.703	0.735
25	5.166	5.193	5.296	5.41	5.511	5.6	5.963	6.25	6.387	6.466	6.517	0.706	0.698	0.7	0.689	0.669	0.72
50	5.28	5.309	5.414	5.531	5.633	5.723	6.086	6.368	6.5	6.578	6.627	6.735	0.686	0.678	0.678	0.663	0.687
75	5.321	5.351	5.457	5.574	5.677	5.768	6.131	6.409	6.542	6.617	6.666	6.772	6.81	0.676	0.674	0.667	0.673
100	5.343	5.372	5.479	5.597	5.7	5.79	6.153	6.43	6.562	6.637	6.684	6.792	6.829	6.849	0.67	0.663	0.681
200	5.375	5.404	5.512	5.631	5.734	5.823	6.185	6.461	6.59	6.665	6.714	6.816	6.854	6.874	6.902	0.658	0.67
1000	5.394	5.424	5.529	5.648	5.753	5.841	6.2	6.462	6.591	6.658	6.694	6.802	6.839	6.848	6.869	6.893	0.664

4.2.4 双向受压四边简支板的屈曲

此时板的屈曲平衡微分方程为

$$D\left(\frac{\partial^4 w}{\partial x^4} + 2\frac{\partial^4 w}{\partial x^2 \partial y^2} + \frac{\partial^4 w}{\partial y^4}\right) = -N_x \frac{\partial^2 w}{\partial x^2} - N_y \frac{\partial^2 w}{\partial y^2}$$

假设的位移函数仍然采用(4.10)式得到

$$D\left[\left(\frac{m\pi}{a}\right)^2 + \left(\frac{n\pi}{b}\right)^2\right]^2 = N_x\left(\frac{m\pi}{a}\right)^2 + N_y\left(\frac{n\pi}{b}\right)^2$$

假设 $a = b$ ，根据上式，要使得临界荷载最小，m 和 n 应该取 1，所以

$$\frac{4D\pi^2}{b^2} = N_{xcr} + N_{ycr}$$

注意上式的左边就等于单向压力作用下的临界荷载，用应力表示为

$$\frac{\sigma_x}{\sigma_{cr}} + \frac{\sigma_y}{\sigma_{cr}} = 1$$

根据上式，一个方向受拉，一个方向受压，拉压力数值上相同（纯剪切），则板件不会屈曲。但是实际上不是这样，上式仅在双向受压时比较精确。

如果板件的两个方向的尺寸不同，x 和 y 方向的临界应力不一样。设 $a > b$ ，则短方向 b 一般屈曲成 1 个半波，$n = 1$ ，在 $N_x = 0$ 时的临界荷载是（$m = 1$）

$$N_{ycr0} = \left(\frac{b}{a} + \frac{a}{b}\right)^2 \frac{\pi^2 D}{a^2}$$

在同时存在 N_x 时，

$$N_x = \left(\frac{mb}{a} + \frac{a}{mb}\right)^2 \frac{\pi^2 D}{b^2} - \left(\frac{a}{mb}\right)^2 \frac{N_y}{N_{ycr0}} \left(\frac{b}{a} + \frac{a}{b}\right)^2 \frac{\pi^2 D}{a^2}$$

求最小值得到

$$\left(\frac{mb}{a}\right)^2 = \sqrt{1 - \frac{N_y}{N_{ycr0}} \left(\frac{b^2}{a^2} + 1\right)^2}$$

由此可见，横向压力作用下，m 会变小，即纵向波长变长，但是 m 不能小于 1。代入可以得到最小临界力，记 $N_{xcr0} = \dfrac{4\pi^2 D}{b^2}$，最小临界力公式可以化为如下相关公式：

$$\left(2\frac{N_x}{N_{xcr0}} - 1\right)^2 + \left(\frac{b^2}{a^2} + 1\right)^2 \frac{N_y}{N_{ycr0}} = 1 \tag{4.21a}$$

长板趋向于

$$\left(2\frac{N_x}{N_{xcr0}} - 1\right)^2 + \frac{N_y}{N_{ycr0}} = 1 \tag{4.21b}$$

在 $N_y = N_{ycr0}$ 时，纵向仍有 $N_x = 0.5N_{xcr0}$ 的屈曲承载力，好奇怪。

$m = 1$ 时的相关关系可以表示为

$$\frac{4}{(b/a + a/b)^2} \frac{N_x}{N_{xcr0}} + \frac{N_y}{N_{ycr0}} = 1 \tag{4.21c}$$

由以上公式得到的相关关系曲线如图 4.4 所示。

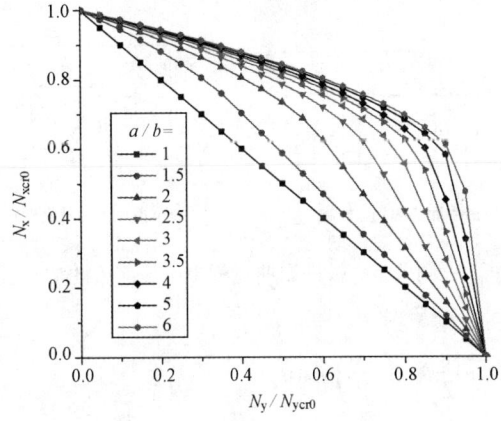

图 4.4　长板双向受压时屈曲相互关系

4.3　板屈曲问题的总势能及其变分

上面求解的问题都是常系数平衡微分方程。对于变系数问题，例如应力沿宽度方向是线性变化的，位移函数就不那么容易精确求得。此时采用能量法就很容易解决问题。

板弯曲时的应变能为

$$U = \frac{1}{2}D \iint \left\{ (\nabla^2 w)^2 - 2(1 - \mu)\left[\frac{\partial^2 w}{\partial x^2}\frac{\partial^2 w}{\partial y^2} - \left(\frac{\partial^2 w}{\partial x \partial y}\right)^2\right] \right\} dx dy \tag{4.22}$$

在压杆的弯曲问题中，Timoshenko 引入了压杆屈曲过程中荷载所作的功的概念，求荷载功时，实际上引入了屈曲过程中形心轴是不可伸长的假定。在本章参考文献［8］中已经指出，荷载非线性功的概念一般不能引入屈曲问题中。Timoshenko 能量法之所以成功，是因为这个荷载功正好等于压杆截面上的应力在非线性应变上所做的功。

在板的屈曲问题中，直接计算板件内的应力在屈曲过程中所做的功，即以内力非线性应变能代替荷载非线性功。

取出 x 方向长度为 $\mathrm{d}x$，宽度为 $\mathrm{d}y$ 的微元，假设在屈曲过程中，微元中面的曲线总长度保持为 $\mathrm{d}x$ 不变，则微元两端水平方向相互靠近的距离为 $\delta_x = \dfrac{1}{2}\left(\dfrac{\partial w}{\partial x}\right)^2 \mathrm{d}x$，如图 4.5（a）所示。微元两端压力 N_x（对整块板来说是内应力，对微元来说是外力，以压为正）在板件屈曲过程所做的功为：

$$(N_x \mathrm{d}y) \cdot \delta_x = \frac{1}{2}N_x\left(\frac{\partial w}{\partial x}\right)^2 \mathrm{d}x\mathrm{d}y \tag{a}$$

同样 y 方向的压力在屈曲过程中所做的功为

$$(N_y \mathrm{d}x) \cdot \delta_y = \frac{1}{2}N_y\left(\frac{\partial w}{\partial y}\right)^2 \mathrm{d}x\mathrm{d}y \tag{b}$$

中面剪力 N_{xy} 在屈曲过程中所做的功比较复杂。参考图 4.5（b），剪应力可以看成是 45°方向的拉应力和 135°方向的压应力。因此剪应力所做的功为（注意图中 N_{xy} 的方向与正应力一样反了一个方向）：

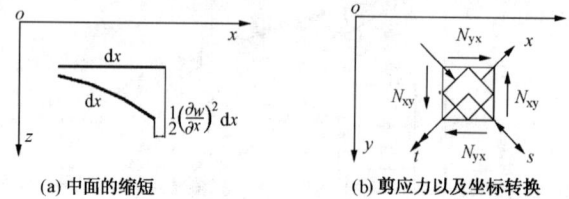

(a) 中面的缩短　　　　　　(b) 剪应力以及坐标转换

图 4.5　板件屈曲过程中中面应力的功

$$\frac{1}{2}N_{xy}\left(\frac{\partial w}{\partial s}\right)^2 \mathrm{d}s\mathrm{d}t - \frac{1}{2}N_{xy}\left(\frac{\partial w}{\partial t}\right)^2 \mathrm{d}s\mathrm{d}t$$

因为　$\dfrac{\partial w}{\partial s} = \dfrac{\partial w}{\partial x}\dfrac{\partial x}{\partial s} + \dfrac{\partial w}{\partial y}\dfrac{\partial y}{\partial x} = \dfrac{\sqrt{2}}{2}\left(\dfrac{\partial w}{\partial x} + \dfrac{\partial w}{\partial y}\right)$

$\dfrac{\partial w}{\partial t} = \dfrac{\partial w}{\partial x}\dfrac{\partial x}{\partial t} + \dfrac{\partial w}{\partial y}\dfrac{\partial y}{\partial t} = \dfrac{\sqrt{2}}{2}\left(-\dfrac{\partial w}{\partial x} + \dfrac{\partial w}{\partial y}\right)$

注意到 $\mathrm{d}s\mathrm{d}t = \mathrm{d}x\mathrm{d}y$，所以微元中面剪力 N_{xy} 在屈曲过程中所做的功为

$$\frac{1}{2}N_{xy}\left[\left(\frac{\partial w}{\partial s}\right)^2 - \left(\frac{\partial w}{\partial t}\right)^2\right]\mathrm{d}x\mathrm{d}y = N_{xy}\frac{\partial w}{\partial x}\frac{\partial w}{\partial y} \tag{c}$$

最后得到中面内力所做的功为

$$W = \frac{1}{2}\iint\left[N_x\left(\frac{\partial w}{\partial x}\right)^2 + 2N_{xy}\frac{\partial w}{\partial x}\frac{\partial w}{\partial y} + N_y\left(\frac{\partial w}{\partial y}\right)^2\right]\mathrm{d}x\mathrm{d}y \tag{4.23}$$

板屈曲问题的总势能为

$$\Pi = U - W = \frac{1}{2}D\iint \left\{ (\nabla^2 w)^2 - 2(1-\mu)\left[\frac{\partial^2 w}{\partial x^2}\frac{\partial^2 w}{\partial y^2} - \left(\frac{\partial^2 w}{\partial x \partial y}\right)^2\right]\right\}\mathrm{d}x\mathrm{d}y$$

$$- \frac{1}{2}\iint \left[N_x\left(\frac{\partial w}{\partial x}\right)^2 + 2N_{xy}\frac{\partial w}{\partial x}\frac{\partial w}{\partial y} + N_y\left(\frac{\partial w}{\partial y}\right)^2\right]\mathrm{d}x\mathrm{d}y \qquad (4.24)$$

式(4.23)可以直接利用应力乘以非线性应变得到,此时中面的非线性应变只考虑由板的挠度引起的项即可:

x 方向: $\dfrac{\partial w}{\partial x}\dfrac{\partial w}{\partial x}$; y 方向: $\dfrac{\partial w}{\partial y}\dfrac{\partial w}{\partial y}$;剪应变: $\dfrac{\partial w}{\partial x}\dfrac{\partial w}{\partial y}$ 和 $\dfrac{\partial w}{\partial y}\dfrac{\partial w}{\partial x}$

应力乘以非线性应变得到的式子是

$$-W = \frac{1}{2}\iint \left[\sigma_x\left(\frac{\partial w}{\partial x}\right)^2 + \sigma_y\left(\frac{\partial w}{\partial y}\right)^2 + \tau_{xy}\frac{\partial w}{\partial x}\frac{\partial w}{\partial y} + \tau_{yx}\frac{\partial w}{\partial y}\frac{\partial w}{\partial x}\right]t\mathrm{d}x\mathrm{d}y$$

注意到应力的正负号就可以知道,上式和式(4.23)完全相同。

由构件的稳定理论知道,在稳定理论中,构件的剪力和截面的剪力是不同的,前者包含了二阶效应的影响。可以推测,板件中垂直于屈曲前中面的剪力和垂直于屈曲后中面的剪力也不相同,弄清板件中垂直于屈曲前中面的剪力对于建立正确的自由边的边界条件至关重要。下面通过对总势能的变分运算得到平衡方程和边界条件。

$$\delta\Pi = D\iint \left\{\left(\frac{\partial^2 w}{\partial x^2} + \mu\frac{\partial^2 w}{\partial y^2}\right)\frac{\partial^2 \delta w}{\partial x^2} + \left(\frac{\partial^2 w}{\partial y^2} + \mu\frac{\partial^2 w}{\partial x^2}\right)\frac{\partial^2 \delta w}{\partial y^2} + 2(1-\mu)\frac{\partial^2 w}{\partial x \partial y}\frac{\partial^2 \delta w}{\partial x \partial y}\right\}\mathrm{d}x\mathrm{d}y$$

$$- \iint \left[\left(N_x\frac{\partial w}{\partial x} + N_{xy}\frac{\partial w}{\partial y}\right)\frac{\partial \delta w}{\partial x} + \left(N_{xy}\frac{\partial w}{\partial x} + N_y\frac{\partial w}{\partial y}\right)\frac{\partial \delta w}{\partial y}\right]\mathrm{d}x\mathrm{d}y$$

$$= D\int_0^b \left(\frac{\partial^2 w}{\partial x^2} + \mu\frac{\partial^2 w}{\partial y^2}\right)\frac{\partial \delta w}{\partial x}\bigg|_{x=0}^a \mathrm{d}y + D\int_0^a \left(\frac{\partial^2 w}{\partial y^2} + \mu\frac{\partial^2 w}{\partial x^2}\right)\frac{\partial \delta w}{\partial y}\bigg|_{y=0}^b \mathrm{d}x$$

$$+ D(1-\mu)\left[\frac{\partial^2 w}{\partial x \partial y}\delta w\bigg|_{a,0}^{a,b} - \frac{\partial^2 w}{\partial x \partial y}\delta w\bigg|_{0,0}^{0,b}\right] + D(1-\mu)\left[\frac{\partial^2 w}{\partial x \partial y}\delta w\bigg|_{0,b}^{a,b} - \frac{\partial^2 w}{\partial x \partial y}\delta w\bigg|_{0,0}^{a,0}\right]$$

$$- \int_0^b \left[D\left(\frac{\partial^3 w}{\partial x^3} + (2-\mu)\frac{\partial^3 w}{\partial x \partial y^2}\right) + N_x\frac{\partial w}{\partial x} + N_{xy}\frac{\partial w}{\partial y}\right]\delta w\bigg|_{x=0}^a \mathrm{d}y$$

$$- \int_0^a \left[D\left(\frac{\partial^3 w}{\partial y^3} + (2-\mu)\frac{\partial^3 w}{\partial x^2 \partial y}\right) + N_{yx}\frac{\partial w}{\partial x} + N_y\frac{\partial w}{\partial y}\right]\delta w\bigg|_{y=0}^b \mathrm{d}x$$

$$+ \int_0^a\int_0^b \left[D\left(\frac{\partial^4 w}{\partial x^4} + 2\frac{\partial^4 w}{\partial x^2 \partial y^2} + \frac{\partial^4 w}{\partial y^4}\right) + \frac{\partial}{\partial x}\left(N_x\frac{\partial w}{\partial x} + N_{xy}\frac{\partial w}{\partial y}\right) + \frac{\partial}{\partial y}\left(N_{xy}\frac{\partial w}{\partial x} + N_y\frac{\partial w}{\partial y}\right)\right]\delta w\mathrm{d}x\mathrm{d}y$$

因此得到如下的自由边的边界条件:

$$x=0 \text{ 或 } a: -V_x = D\left[\frac{\partial^3 w}{\partial x^3} + (2-\mu)\frac{\partial^3 w}{\partial x \partial y^2}\right] + N_x\frac{\partial w}{\partial x} + N_{xy}\frac{\partial w}{\partial y} = 0 \qquad (4.25\mathrm{a})$$

$$y=0 \text{ 或 } b: -V_y = D\left[\frac{\partial^3 w}{\partial y^3} + (2-\mu)\frac{\partial^3 w}{\partial x^2 \partial y}\right] + N_{yx}\frac{\partial w}{\partial x} + N_y\frac{\partial w}{\partial y} = 0 \qquad (4.25\mathrm{b})$$

4.4 能量法应用举例

4.4.1 三边简支,一纵向边自由的板承受纵向均布压应力

这个问题前面已经有解析解。这里采用能量法中的 Ritz 法求解。Ritz 法中假设的位移

函数只需要满足几何边界条件，因此可以假设

$$w = Cy\sin\frac{\pi x}{a}$$

由此得到 w 的一阶和二阶导数为

$$\frac{\partial w}{\partial x} = C\,\frac{\pi}{a}y\cos\frac{\pi x}{a}, \frac{\partial w}{\partial y} = C\sin\frac{\pi x}{a}$$

$$\frac{\partial^2 w}{\partial x^2} = -C\,\frac{\pi^2}{a^2}y\sin\frac{\pi x}{a}, \frac{\partial^2 w}{\partial y^2} = 0, \frac{\partial^2 w}{\partial x\partial y} = C\,\frac{\pi}{a}\cos\frac{\pi x}{a}$$

代入(4.24)式得到

$$\Pi = C^2\left\{\frac{D\pi^4 b}{12a}\left[\frac{b^2}{a^2} + \frac{6(1-\mu)}{\pi^2}\right] - \frac{N_x\pi^2 b^3}{12a}\right\}$$

由此得到临界荷载为

$$N_{xcr} = \left[\frac{b^2}{a^2} + \frac{6(1-\mu)}{\pi^2}\right]\frac{\pi^2 D}{b^2} = \left(0.4255 + \frac{b^2}{a^2}\right)\frac{\pi^2 D}{b^2} \tag{4.26a}$$

上式与精确解几乎没有误差。而且它与十字形截面轴压杆扭转屈曲得到的临界应力也相同。

如果在板件上应力线性分布,简支边处是 N_{x0},自由边处是 N_{x1},则荷载功是

$$W = \frac{1}{2}\iint\left[\left[N_{x0} + (N_{x1} - N_{x0})\frac{y}{b}\right]\left(C\,\frac{\pi}{a}y\cos\frac{\pi x}{a}\right)^2\right]\mathrm{d}x\mathrm{d}y = \frac{\pi^2}{48a}b^3(N_{x0} + 3N_{x1})C^2$$

临界荷载是

$$\frac{1}{4}(N_{x0} + 3N_{x1}) = \left(0.4255 + \frac{b^2}{a^2}\right)\frac{\pi^2 D}{b^2} \tag{4.26b}$$

按照上式,如果简支边的应力为 0,则以自由边应力作为临界应力计量的屈曲应力仅比均布应力下的临界应力大 33%。

4.4.2　四边简支矩形板纯剪时的屈曲

矩形板受剪切而失稳是屈曲问题的一个重要的经典问题。假定矩形板是狭长的,长度 a 远大于宽度 b,可以取如下的位移函数

$$w = A\sin\frac{\pi y}{b}\sin\frac{\pi}{l}(x - ky)$$

上式的函数满足纵向边位移为 0,而同时在斜的节线 $x = ky$ 上位移也为 0 的要求。参数 k 表示节线的斜率,l 是节线之间的水平距离,这两个参数都是按要求求得的临界应力最小的原则确定。

将位移函数代入应变能的公式得到

$$\Pi = A^2\left\{\frac{\pi^4 D}{8lb}\left[\left(\frac{l}{b}\right)^2 + 6k^2 + 2 + \left(\frac{b}{l}\right)^2(1 + k^2)^2\right] - \tau t\frac{\pi^2 kb}{4l}\right\}$$

令总势能为 0 得到

$$\tau = \frac{\pi^2 D}{2kb^2 t}\left[\left(\frac{l}{b}\right)^2 + 6k^2 + 2 + \left(\frac{b}{l}\right)^2(1 + k^2)^2\right]$$

要使得 τ 取最小值,则 $\frac{\partial\tau}{\partial k} = 0$, $\frac{\partial\tau}{\partial l} = 0$,由此得到

$$k = \frac{1}{\sqrt{2}}, \ l = 1.22b$$

即节线沿着 $35.264°$ 方向, 如图4.6所示。而最小的剪临界应力为

$$\tau_{\min} = K \frac{\pi^2 D}{b^2 t} \tag{4.27}$$

$K = 4\sqrt{2} = 5.656$。精确的值是 $K = 5.34$。

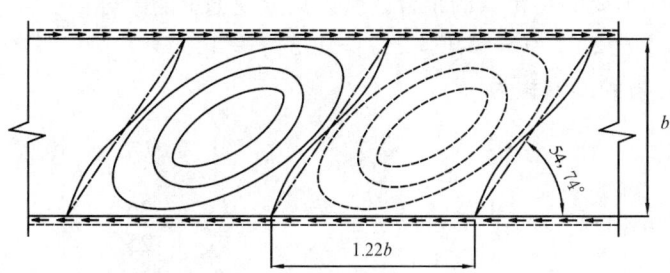
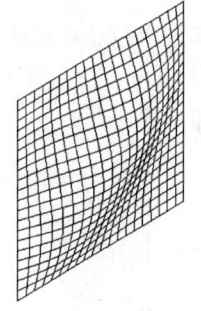

图4.6 两纵边简支的无限长板受剪屈曲波形 　　　图4.7 简支方板纯剪时的
屈曲波形

在两纵向边固定的情况下, 节线的距离较短, 为 $0.8b$。

现在考虑有限长度的板。此时位移函数可以设为

$$w = \sum_{i=1}^{m} \sum_{j=1}^{n} A_{mn} \sin\frac{m\pi x}{a} \sin\frac{n\pi y}{b} \tag{4.28}$$

注意到如下的积分

$$\int_0^a \sin\frac{m\pi x}{a}\sin\frac{i\pi x}{a}\mathrm{d}x = \begin{cases} 0.5a & \text{当 } m = i \text{ 时} \\ 0 & \text{当 } m \neq i \text{ 时} \end{cases}$$

$$\int_0^a \sin\frac{m\pi x}{a}\cos\frac{i\pi x}{a}\mathrm{d}x = \begin{cases} \dfrac{2a}{\pi} \cdot \dfrac{m}{m^2 - i^2} & \text{当 } (m+i) \text{ 为奇数时} \\ 0 & \text{当 } (m+i) \text{ 为偶数时} \end{cases}$$

总势能为

$$\Pi = \frac{\pi^4 Dab}{8} \sum_{i=1}^{m} \sum_{j=1}^{m} A_{ij}^2 \left(\frac{i^2}{a^2} + \frac{j^2}{b^2}\right)^2 - 4\tau t \sum_{i=1}^{m} \sum_{j=1}^{n} \sum_{p=1}^{m} \sum_{q=1}^{n} A_{ij} A_{pq} \frac{ijpq}{(i^2 - p^2)(j^2 - q^2)}$$

注意上式中的第2项只有在 $(i+p)$ 和 $(j+q)$ 为奇数时有值。要求总势能取最小值: $\frac{\partial \Pi}{\partial A_{ij}} = 0$, 得到

$$\lambda A_{ij}\left(\frac{i^2}{\alpha} + \alpha j^2\right)^2 - \sum_{p=1}^{m} \sum_{q=1}^{n} A_{pq} \frac{ijpq}{(i^2 - p^2)(j^2 - q^2)} = 0 \tag{4.29}$$

式中 $\lambda = \frac{\pi^4 D}{32\alpha\tau t b^2}, \alpha = a/b$。根据级数项数的不同, 可以得到不同的近似解。

设式(4.28)取级数的前四项, 由于要求奇数的组合, 实际上只出现如下的系数组合

(1) $i = 1, j = 1; p = 2, q = 2$; (2) $i = 2, j = 2; p = 1, q = 1$

即不会出现 A_{12} 和 A_{21}。得到的方程为

$$\lambda\left(\frac{1}{\alpha}+\alpha\right)^2 A_{11}-\frac{4}{9}A_{22}=0$$

$$-\frac{4}{9}A_{11}+16\lambda\left(\frac{1}{\alpha}+\alpha\right)^2 A_{22}=0$$

令系数行列式为0得到

$$\tau_{\mathrm{cr}}=\frac{9\pi^2 b}{32a}\left(\frac{b}{a}+\frac{a}{b}\right)^2\cdot\frac{\pi^2 D}{b^2 t} \tag{4.30a}$$

如果取位移函数为前九项，因为要满足奇数的组合，所以只出现如下的组合：
(1) $i=1,3,j=1,3;p=2,q=2$ (2) $i=2,j=2;p=1,3,q=1,3$
即出现 $A_{11},A_{33},A_{13},A_{31},A_{22}$。得到的方程为

$$\begin{vmatrix} \lambda\left(\frac{1}{\alpha}+\alpha\right)^2 & -\frac{4}{9} & 0 & 0 & 0 \\ -\frac{4}{9} & 16\lambda\left(\frac{1}{\alpha}+\alpha\right)^2 & \frac{4}{5} & \frac{4}{5} & -\frac{36}{25} \\ 0 & \frac{4}{5} & \lambda\left(\frac{1}{\alpha}+9\alpha\right)^2 & 0 & 0 \\ 0 & \frac{4}{5} & 0 & \lambda\left(\frac{9}{\alpha}+\alpha\right)^2 & 0 \\ 0 & -\frac{36}{25} & 0 & 0 & 81\lambda\left(\frac{1}{\alpha}+\alpha\right)^2 \end{vmatrix}=0$$

从上式得到

$$\tau_{\mathrm{cr}}=\frac{9\pi^2 b}{32a}\left(\frac{b}{a}+\frac{a}{b}\right)^2\cdot\frac{\pi^2 D}{b^2 t}\cdot\left[1+\frac{81}{625}+\frac{81}{25}\cdot\frac{(1+\alpha^2)^2}{(1+9\alpha^2)^2}+\frac{81}{25}\cdot\frac{(1+\alpha^2)^2}{(9+\alpha^2)^2}\right]^{-0.5}$$

$$(4.30b)$$

即对式(4.30a)引入了一个修正系数。

上式已经相当精确，但是对于实际应用，公式太复杂。前人经过大量的计算得到如下的简化公式来计算四边铰支边的矩形板的屈曲临界应力：

$$k_{\mathrm{ss}}=5.34+4b^2/a^2，\text{当} a>b \text{时} \tag{4.31a}$$

$$k_{\mathrm{ss}}=4+5.34b^2/a^2，\text{当} a<b \text{时} \tag{4.31b}$$

四边简支的正方向板纯剪时的屈曲波形见图4.7。剪切屈曲应力可以表示成：

$$\tau_{\min}=\frac{\pi^2 E t^2}{12(1-v^2)}\left(\frac{5.34}{l_{\min}^2}+\frac{4}{l_{\max}^2}\right)$$

其中 $l_{\min}$，$l_{\max}$ 分别是短边和长边。

4.4.3 矩形板非均匀压缩失稳

非均匀压缩的板件在压弯杆的腹板中出现，应力的分布按照以下的规律：

$$\sigma_{\mathrm{x}}=\sigma_1\left(1-\beta\frac{y}{b}\right)$$

式中当 $\beta=0$ 时为均匀受压，$\beta=1$ 时的三角形分布的应力，而 $\beta=2$ 表示腹板纯弯。

四边简支板件，同样假设位移函数为式(4.28)，则应变能的积分也相同，不同的是应力的非线性应变能部分。此时注意到如下的积分式

$$\int_0^b y\sin\frac{i\pi y}{b}\sin\frac{j\pi y}{b}\mathrm{d}y = b^2\int_0^1 \bar{y}\sin i\pi\bar{y}\sin j\pi\bar{y}\mathrm{d}\bar{y}$$

$$= \frac{1}{2}b^2\int_0^1 \bar{y}[\cos(i-j)\pi\bar{y} - \cos(i+j)\pi\bar{y}]\mathrm{d}\bar{y}$$

$$= \frac{1}{2}b^2\Big[\frac{1}{(i+j)\pi}\int_0^1 \sin(i+j)\pi\bar{y}\mathrm{d}\bar{y} - \frac{1}{(i-j)\pi}\int_0^1 \sin(i-j)\pi\bar{y}\mathrm{d}\bar{y}\Big]$$

$$= \frac{b^2}{2\pi^2}\Big[\frac{1-\cos(i+j)\pi}{(i+j)^2} - \frac{1-\cos(i-j)\pi}{(i-j)^2}\Big]$$

$$\int_0^b y\sin^2\frac{i\pi y}{b}\mathrm{d}y = b^2\int_0^1 \bar{y}\sin^2 i\pi\bar{y}\mathrm{d}\bar{y} = \frac{1}{2}b^2\int_0^1 \bar{y}[1-\cos2i\pi\bar{y}]\mathrm{d}\bar{y} = \frac{1}{4}b^2$$

因此 $\displaystyle\int_0^b y\sin\frac{j\pi y}{b}\sin\frac{q\pi y}{b}\mathrm{d}y = \begin{cases} -\dfrac{4b^2}{\pi^2}\cdot\dfrac{jq}{(j^2-q^2)^2}, & \text{当}\ j\pm q\ \text{是奇数} \\[2mm] 0, & \text{当}\ j\pm q\ \text{是偶数,但是}\ j\neq q \\[2mm] 0.25b^2, & \text{当}\ j=q \end{cases}$

可以得到

$$W = \frac{\sigma_1 t}{2}\int_0^a\int_0^b\Big(1-\beta\frac{y}{b}\Big)\Big(\sum_{i=1}^m\sum_{j=1}^n A_{ij}\frac{i\pi}{a}\cos\frac{i\pi x}{a}\sin\frac{j\pi y}{b}\Big)^2\mathrm{d}x\mathrm{d}y$$

$$= \frac{\sigma_1 t}{2}\Big\{\frac{ab}{4}\sum_{i=1}^m\sum_{j=1}^n A_{ij}\Big(\frac{i\pi}{a}\Big)^2 - \frac{\beta a}{2b}\sum_{i=1}^m\Big(\frac{i\pi}{a}\Big)^2\Big[\frac{b^2}{4}\sum_{j=1}^n A_{ij} - \frac{8b^2}{\pi^2}\sum_{j=1}^n\sum_{q=1}^n A_{ij}A_{iq}\frac{jq}{(j^2-q^2)^2}\Big]\Big\}$$

上式中 $\displaystyle\sum_{j=1}^n\sum_{q=1}^n$ 的 $j\pm q$ 是必须奇数。按照 Ritz 法,得到

$$\pi^4 DA_{ij}\Big(\frac{i^2}{a^2}+\frac{j^2}{b^2}\Big)^2 - \sigma_1 t\Big\{\Big(\frac{i\pi}{a}\Big)^2 A_{ij} - \frac{\beta}{2}\Big(\frac{i\pi}{a}\Big)^2\Big[A_{ij} - \frac{16}{\pi^2}\sum_{q=1}^n A_{iq}\frac{jq}{(j^2-q^2)^2}\Big]\Big\}=0$$

取一级近似得到(即级数只取一项 A_{11})

$$\sigma_{1\mathrm{cr}} = \frac{1}{1-0.5\beta}\Big(\frac{b}{a}+\frac{a}{b}\Big)^2\frac{\pi^2 D}{b^2 t}$$

取两项(A_{11} 、 A_{12} 两项)得到:

$$\Big[(1-0.5\beta)^2 - \Big(\frac{16\beta}{9\pi^2}\Big)^2\Big]K^2 - (1-0.5\beta)\Big(\frac{2}{\alpha^2}+10+17\alpha^2\Big)K + \Big(\frac{1}{\alpha}+\alpha\Big)^2\Big(\frac{1}{\alpha}+4\alpha\Big)^2 = 0$$

式中 $K = \dfrac{\sigma_{1\mathrm{cr}} t b^2}{\pi^2 D}$ 是屈曲系数。

取 3 阶近似 (级数取 A_{11} , A_{12} 和 A_{13} 三项) 得到

$$\Big\{\frac{\pi^2 D}{b^2}\Big(\frac{b}{a}+\frac{a}{b}\Big)^2 - \sigma_1 t\ (1-0.5\beta)\Big\}A_{11} - \sigma_1 t\frac{16\beta}{9\pi^2}A_{12} = 0$$

$$-\sigma_1 t\frac{16\beta}{9\pi^2}A_{11} + \Big\{\frac{\pi^2 D}{b^2}\Big(\frac{b}{a}+\frac{4a}{b}\Big)^2 - \sigma_1 t\ (1-0.5\beta)\Big\}A_{12} - \sigma_1 t\frac{48\beta}{25\pi^2}A_{13} = 0$$

$$-\sigma_1 t\frac{48\beta}{25\pi^2}A_{12} + \Big\{\frac{\pi^2 D}{b^2}\Big(\frac{b}{a}+\frac{9a}{b}\Big)^2 - \sigma_1 t\ (1-0.5\beta)\Big\}A_{13} = 0$$

令系数行列式等于 0,得到

$$\alpha^6 K^3\Big[\frac{1354}{50625}\cdot\frac{16^2\beta^2}{\pi^4} - (1-0.5\beta)^2\Big](1-0.5\beta)$$

$$+ \alpha^4 K^2 \Big[(3 + 28\alpha^2 + 98\alpha^4)(1 - 0.5\beta)^2 - (1 + 9\alpha^2)^2 \Big(\frac{16\beta}{9\pi^2} \Big)^2 - (1 + \alpha^2)^2 \Big(\frac{48\beta}{25\pi^2} \Big)^2 \Big]$$
$$- \alpha^2 K \big[(1 + \alpha^2)^2 (1 + 4\alpha^2)^2 + (1 + \alpha^2)^2 (1 + 9\alpha^2)^2 + (1 + 9\alpha^2)^2 (1 + 4\alpha^2)^2 \big] (1 - 0.5\beta)$$
$$+ (1 + \alpha^2)^2 (1 + 4\alpha^2)^2 (1 + 9\alpha^2)^2 = 0$$

计算表明，取两项已经相当精确，取三项已经接近精确，见表 4.4。

四边简支边线性变化应力下的屈曲（取三项获得的结果） 表 4.4

应力比 β	波长/宽度	屈曲系数	式 (4.32a)	比值	(4.32b)
0	1.00	4.001	4	0.99975	4
0.2	0.99	4.444	4.416	0.993699	4.443
0.4	0.99	4.993	4.928	0.986982	4.991
0.6	0.99	5.689	5.632	0.989981	5.685
0.8	0.99	6.595	6.624	1.004397	6.586
1	0.98	7.81	8	1.024328	7.788
1.2	0.96	9.491	9.856	1.038457	9.439
1.4	0.93	11.86	12.288	1.036088	11.75
1.6	0.85	15.135	15.392	1.016981	14.98
1.8	0.76	19.252	19.264	1.000623	19.17
2	0.67	23.921	24	1.003303	23.9

可以发现近似解可以用下式很精确地表示

$$\sigma_{1cr} = K \frac{\pi^2 D}{b^2 t} = (4 + 2\beta + 2\beta^3) \frac{\pi^2 D}{b^2 t} \tag{4.32a}$$

纯弯时的屈曲系数精确值是 23.9，屈曲半波长为 $0.666 b$。

达成最小屈曲应力的波长可以与应力比联系：$\dfrac{a}{b} = \dfrac{1}{\sqrt[3]{1 + (\beta/1.74)^6}}$

取两项时：

$$K_\beta = \frac{(1 - 0.5\beta)(1 + 5\alpha^2 + 8.5\alpha^4) - \sqrt{4.5(1 - 0.5\beta)^2 \alpha^4 (2 + 10\alpha^2 + 12.5\alpha^4) + \dfrac{256}{81\pi^4}\beta^2 (1 + 5\alpha^2 + 4\alpha^4)^2}}{\alpha^2 \Big((1 - 0.5\beta)^2 - \dfrac{256}{81\pi^4}\beta^2 (1 + 0.045 \dfrac{\beta^{14}}{2^{14}}) \Big)}$$

在研究畸变屈曲时会用到这个公式，所以这里给出。在 $\beta = 2$ 时

$$K_2 = K_{\beta=2} = \frac{25\pi^2 (1 + \alpha^2)(1 + 4\alpha^2)(1 + 9\alpha^2)}{96\alpha^2 \sqrt{625(1 + 9\alpha^2)^2/729 + (1 + \alpha^2)^2}}$$

此时的屈曲波形是

$$Y = A_{12} \sum_{j=1}^{3} a_j \sin \frac{j\pi y}{b}$$

140

式中 $a_1 = \dfrac{32}{9\pi^2}\dfrac{\alpha^2 K_2}{(1+\alpha^2)^2}$，$a_2 = 1$，$a_3 = \dfrac{96}{25\pi^2}\dfrac{\alpha^2 K_2}{(1+9\alpha^2)^2}$。当 $\alpha = a/b$ 很大时的波形是

$$Y = A_{12}\left[\frac{100}{\sqrt{634}}\sin\frac{\pi y}{b} + \sin\frac{2\pi y}{b} + \frac{4}{3\sqrt{634}}\sin\frac{3\pi y}{b}\right]$$

上述问题也可以理解为均匀压缩和纯弯的共同作用。此时相关关系为

$$\frac{\sigma}{\sigma_{cr}} + \left(\frac{\sigma_b}{\sigma_{bcr}}\right)^2 = 1 \qquad (4.33)$$

式中 $\sigma_{cr} = 4\dfrac{\pi^2 D}{b^2 t}$，$\sigma_{bcr} = 23.9\dfrac{\pi^2 D}{b^2 t}$，$\sigma = (1 - 0.5\beta)\sigma_1$，$\sigma_b = 0.5\beta\sigma_1$，代入上式得到 $K = \dfrac{\sigma_1 b^2 t}{\pi^2 D}$：

$$\left(\frac{0.5\beta}{23.9}\right)^2 K^2 + \frac{(1 - 0.5\beta)}{4}K - 1 = 0$$

从而得到

$$K = K_{bcs} = \frac{16}{\sqrt{(2-\beta)^2 + 0.112\beta^2} + 2 - \beta} \qquad (4.32b)$$

此式比式（4.32a）略微精确一点，是以边缘最大受压应力 σ_1 计量临界应力时的屈曲系数。这说明式（4.33）精确成立。

纯弯时的屈曲波形如图 4.8 所示。

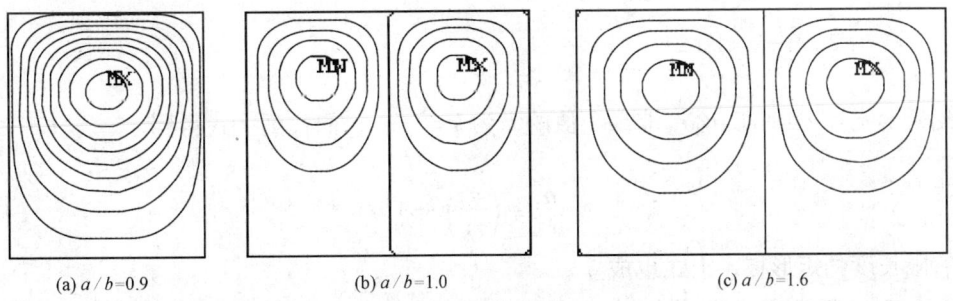

(a) $a/b=0.9$ (b) $a/b=1.0$ (c) $a/b=1.6$

图 4.8 纯弯简支矩形板的屈曲波形图

类似的可以得到非均匀受压、两非加载边固支板的屈曲系数计算公式（见表 4.12）

$$K_{bcf} = \frac{27.86}{\sqrt{(2-\beta)^2 + 0.124\beta^2} + 2 - \beta} \qquad (4.34a)$$

根据简支板的屈曲系数公式（4.32a）的形式，非均匀受压固支板的屈曲系数计算公式也可以简洁地表示为：

$$K_{bcf} = 6.97 + 3.34\beta + 3.24\beta^3 \qquad (4.34b)$$

由于非均匀受压三边简支一边固支矩形板屈曲系数在工程常见 a/b 范围内与 a/b 的大小变化关系不大，通过对 ANSYS 分析得到的数据进行拟合，得到非均匀受压三边简支一边固支板的屈曲系数可由下式计算（简支边受压）

$$K_{\text{bct}} = \frac{21.6}{\sqrt{(2-\beta)^2 + 0.204\beta^2} + (2-\beta)(1+0.2\beta)} \tag{4.35a}$$

或简洁地表示为：

$$K_{\text{bct}} = 5.4 + 2.36\beta + 1.68\beta^3 \tag{4.35b}$$

4.4.4 轴压应力和剪切应力的联合作用

对于狭长的矩形板，可以取近似的屈曲波形为 $w = A\sin\dfrac{\pi y}{b}\sin\dfrac{\pi}{l}(x - ky)$，总势能是

$$\Pi = A^2\left\{\frac{\pi^4 D}{8lb}\left[\left(\frac{l}{b}\right)^2 + 6k^2 + 2 + \left(\frac{b}{l}\right)^2(1+k^2)^2\right] - \sigma t\frac{\pi^2 b}{8l} - \tau t\frac{\pi^2 kb}{4l}\right\}$$

从而得到

$$\sigma + 2\tau k = \frac{\pi^2 D}{b^2 t}\left[\left(\frac{l}{b}\right)^2 + 6k^2 + 2 + \left(\frac{b}{l}\right)^2(1+k^2)^2\right]$$

为使临界荷载有最小值，上式右边括号内的量应该取最小。此时

$$l = b\sqrt{1 + k^2}$$

于是得到

$$\sigma + 2\tau k = (4 + 8k^2)\frac{\pi^2 D}{b^2 t}$$

轴压应力和剪切应力单独作用时的临界应力为 $\sigma_{\text{cr}} = 4\dfrac{\pi^2 D}{b^2 t}$，$\tau_{\text{cr}} = 4\sqrt{2}\dfrac{\pi^2 D}{b^2 t}$，上式可以写成

$$\frac{\sigma}{\sigma_{\text{cr}}} + 2\sqrt{2}\frac{\tau}{\tau_{\text{cr}}}k = 1 + 2k^2$$

给定 τ/τ_{cr}，得到使 $\sigma/\sigma_{\text{cr}}$ 取最小值的 k 为 $k = \dfrac{\tau}{\sqrt{2}\tau_{\text{cr}}}$，回代到上式得到

$$\frac{\sigma}{\sigma_{\text{cr}}} + \left(\frac{\tau}{\tau_{\text{cr}}}\right)^2 = 1 \tag{4.36}$$

对于有限长度的矩形板，上式也成立。

4.4.5 弯曲应力和剪切应力的共同作用

注意到剪应力和弯矩各自反方向后，屈曲条件不应变化，因此可以得到

$$\left(\frac{\sigma_{\text{b}}}{\sigma_{\text{bcr}}}\right)^2 + \left(\frac{\tau}{\tau_{\text{cr}}}\right)^2 = 1 \tag{4.37a}$$

这个问题早在 1936 年就被 Way, S 研究过，对四边简支板，他采用双重级数，采用了 8 项，在长宽比是 0.8 和 1.0 时得到上式近似成立。

从那时以来，一直认为弯曲和剪应力的相关关系是圆，但是查阅 Timoshenko，Bleich 和 Bulson 等人的著作可知，对于短板，采用圆偏于不安全。考察短板和长板的屈曲波形可以有如下的定性的结论：

1. 对很短的板，在剪切应力作用下，沿高度有多个半波，在最上部的剪切屈曲波形范围内，都处在较大的弯曲压应力范围，因此此时弯曲应力和剪切应力的相关关系，有点接近于剪切应力和轴压应力之间的抛物线形式的相关关系。

2. 对于长板，沿长度剪切屈曲是多个波形，但是沿高度是一个半波，弯曲应力作用下，波形主要出现在受压侧，而在受拉侧失稳的趋向减小，对受压侧提供支援，临界应力得以提高，因此弯曲应力和剪切应力的相关关系，将从短板的接近于抛物线向接近于圆发展。

图 4.9 所示的有限元分析得到的弯曲和剪切应力相关关系的结果。对图 4.9 采用如下公式拟合：

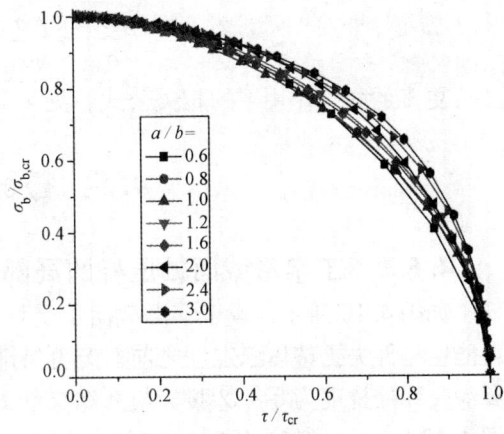

图 4.9 四边简支板弯曲和剪切应力联合作用的相关曲线

$$\left(\frac{\sigma_{\mathrm{b}}}{\sigma_{\mathrm{ber}}}\right)^{\beta_{\mathrm{b}}} + \left(\frac{\tau}{\tau_{\mathrm{cr}}}\right)^2 = 1 \qquad (4.37\mathrm{b})$$

可以得到指数如表 4.5，表中数据可以拟合成公式如下（$\alpha = a/b$）：

$$\beta_{\mathrm{b}} = \frac{2}{3}\left(2 + \frac{\alpha^{10}}{6 + \alpha^{10}}\right) \qquad (4.37\mathrm{c})$$

弯曲应力和剪切应力局部屈曲相关关系拟合公式的指数　　表 4.5

a/b	0.6	0.8	1	1.2	1.6	2	2.4	3
计算值	1.33	1.33	1.43	1.67	1.82	2.00	2.00	2.00
拟合值	1.33	1.35	1.43	1.67	1.97	2.00	2.00	2.00

4.4.6　其他联合作用情况

有了双向压缩联合作用时的相关公式式(4.21a,b)，弯曲和压缩联合作用的相关公式式(4.33)和轴压和剪切时的联合作用公式式(4.36)，弯曲和剪切的相关作用公式(4.37b,c)，可以构造三种应力联合作用下的屈曲，相关关系如下。

（1）轴压、弯曲和剪切联合作用

$$\frac{\sigma}{\sigma_{\mathrm{cr}}} + \left(\frac{\sigma_{\mathrm{b}}}{\sigma_{\mathrm{ber}}}\right)^{\beta_{\mathrm{b}}} + \left(\frac{\tau}{\tau_{\mathrm{cr}}}\right)^2 = 1 \qquad (4.38\mathrm{a})$$

如果改成以最大应力表示，则简化为

$$\left(\frac{\sigma_1}{\sigma_{1\mathrm{cr}}}\right)^{\eta} + \left(\frac{\tau}{\tau_{\mathrm{cr}}}\right)^2 = 1, \quad \eta = 1 + \left(\frac{\beta}{2}\right)^8 \qquad (4.38\mathrm{b})$$

式中 $\sigma_1 = \sigma + \sigma_{\mathrm{b}}$。

（2）方板双向轴压和剪切联合作用

$$\frac{\sigma_x}{\sigma_{x\mathrm{cr}}} + \frac{\sigma_y}{\sigma_{y\mathrm{cr}}} + \left(\frac{\tau}{\tau_{\mathrm{cr}}}\right)^2 = 1 \qquad (4.39\mathrm{a})$$

长板（$a/b \geq 3$）双向轴压和剪切联合作用公式被简化为

$$\left(\frac{\sigma_x}{\sigma_{x\mathrm{cr}}}\right)^2 + \left(\frac{\sigma_y}{\sigma_{y\mathrm{cr}}}\right)^2 + \left(\frac{\tau}{\tau_{\mathrm{cr}}}\right)^2 = 1 \qquad (4.39\mathrm{b})$$

（3）弯曲、剪切和横向双侧压力的共同作用

$$\frac{\sigma_y}{\sigma_{ycr}} + \left(\frac{\sigma_b}{\sigma_{bcr}}\right)^{\beta_b} + \left(\frac{\tau}{\tau_{cr}}\right)^2 = 1 \tag{4.40}$$

更多的联合作用下的相关公式，见 4.11，4.12，4.13 节。

4.5 截面的局部屈曲

4.5.1 工字形截面轴压杆的局部屈曲

如图 4.10 所示，设工字形截面承受均布压应力 σ 。当工字形截面构件受压时，板件可能在构件失去整体稳定性之前，产生局部屈曲。构件的局部失稳有如下特点：①腹板与翼缘交线处挠度为零；②腹板与翼缘交线处转角连续；③腹板与翼缘有相同的屈曲波长。图 4.10 所示为均匀受压时的情况。由这三个特点出发，下面按照板件稳定理论对工字形截面腹板在均匀压力作用下的弹性屈曲系数进行计算。

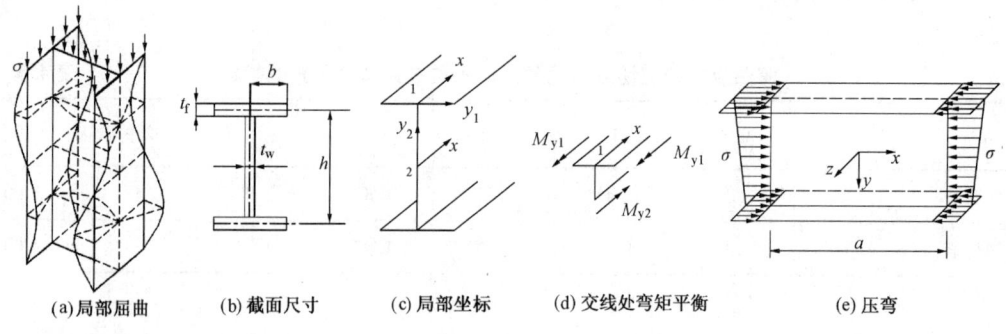

| (a)局部屈曲 | (b)截面尺寸 | (c)局部坐标 | (d)交线处弯矩平衡 | (e)压弯 |

图 4.10　工字形截面的局部屈曲

参考式(4.14)，记翼缘的参数 α 和 β 为 α_1 和 β_1 ，腹板的对应参数为 α_2 和 β_2 ，取 $m = 1$ 。设屈曲时翼缘的挠度 w_f 和腹板的挠度 w_w 分别为

$$w_f = Y_1(y_1)\sin\frac{\pi x}{a}, w_w = Y_2(y_2)\sin\frac{\pi x}{a} \tag{4.41a,b}$$

注意翼缘和腹板的坐标原点分别建立在翼缘和腹板的交点和腹板的中点。

参照式(4.15a)写出腹板和翼缘的 y 方向的表达式：

$$Y_1 = C_1\cosh\alpha_1 y_1 + C_2\sinh\alpha_1 y_1 + C_3\cos\beta_1 y_1 + C_4\sin\beta_1 y_1 \tag{4.41c}$$

$$Y_2 = D_1\cosh\alpha_2 y_2 + D_2\sinh\alpha_2 y_2 + D_3\cos\beta_2 y_2 + D_4\sin\beta_2 y_2 \tag{4.41d}$$

利用腹板屈曲波形的对称性得到 $D_2 = D_4 = 0$ ；由腹板和翼缘交线处挠度为 0 的条件得到

$$C_3 = -C_1, D_3 = -D_1\frac{\cosh(0.5\alpha_2 h)}{\cos(0.5\beta_2 h)}$$

回代得到腹板的波形表达式

$$Y_2 = D_1\left(\cosh\alpha_2 y_2 - \frac{\cosh(0.5\alpha_2 h)}{\cos(0.5\beta_2 h)}\cos\beta_2 y_2\right) \tag{a}$$

144

$$Y_1 = C_1 \left(\cosh\alpha_1 y_1 - \cos\beta_1 y_1 \right) + C_2 \sinh\alpha_1 y_1 + C_4 \sin\beta_1 y_1 \tag{b}$$

翼缘自由边的弯矩 M_y 和剪力为 0 的条件：

$$C_1 \left[a_1 \cosh\alpha_1 b + b_1 \cos\beta_1 b \right] + C_2 a_1 \sinh\alpha_1 b - C_4 b_1 \sin\beta_1 b = 0 \tag{c}$$

$$\left[a_2 \sinh\alpha_1 b - b_2 \sin\beta_1 b \right] C_1 + a_2 \cosh\alpha_1 b \cdot C_2 - b_2 \cos\beta_1 b \cdot C_4 = 0 \tag{d}$$

式中 $a_1 = \alpha_1^2 - \mu \dfrac{\pi^2}{a^2}, b_1 = \beta_1^2 + \mu \dfrac{\pi^2}{a^2}, a_2 = \alpha_1 \left[\alpha_1^2 - (2-\mu) \dfrac{\pi^2}{a^2} \right], b_2 = \beta_1 \left[\beta_1^2 + (2-\mu) \dfrac{\pi^2}{a^2} \right]$。

腹板和翼缘交线处弯矩的平衡要求（见图 4.10d）：

$$M_{y2} \big|_{y_2 = 0.5h} = 2M_{y1} \big|_{y_1 = 0}$$

可以得到

$$D_1 D_w (\alpha_2^2 + \beta_2^2) \cosh(0.5\alpha_2 h) = 2C_1 D_f (\alpha_1^2 + \beta_1^2)$$

式中 D_w 和 D_f 分别是腹板和翼缘的板件抗弯刚度。腹板和翼缘交线转角相等的条件，即

$$\frac{\partial Y_1}{\partial y_1} \bigg|_{y_1 = 0} = C_2 \alpha_1 + C_4 \beta_1 = \frac{\partial Y_2}{\partial y_2} \bigg|_{y_2 = 0.5h} = D_1 \alpha_2 \sinh\frac{1}{2}\alpha_2 h - D_3 \beta_2 \sin\frac{1}{2}\beta_2 h$$

上式可以化简为

$$C_1 c - C_2 \alpha_1 - C_4 \beta_1 = 0 \tag{e}$$

式中 $c = \dfrac{2D_f}{D_w} \cdot \dfrac{(\alpha_1^2 + \beta_1^2)}{(\alpha_2^2 + \beta_2^2)} \cdot \left[\alpha_2 \tanh(0.5\alpha_2 h) + \beta_2 \tan(0.5\beta_2 h) \right]$。

由式（c, d, e）三式组成的系数行列式的值为 0，展开得到：

$$(\alpha_1 b_1 a_2 - \beta_1 a_1 b_2) \sinh\alpha_1 b \sin\beta_1 b - (\alpha_1 a_1 b_2 + \beta_1 a_2 b_1) \cos\beta_1 b \cosh\alpha_1 b$$
$$- c a_1 b_2 \sinh\alpha_1 b \cos\beta_1 b + c b_1 a_2 \cosh\alpha_1 b \sin\beta_1 b = \beta_1 a_2 a_1 + \alpha_1 b_1 b_2 \tag{4.42a}$$

在板组的屈曲分析中，因为一块板件对相邻板件提供约束，其自身的临界应力会比按照板件中面汇交线是铰支的情况下的临界应力还要低，此时式（4.14）的特征根 r_3, r_4 不再是虚根，而是实根。对工字形截面，通常是翼缘对腹板提供约束，此时记 $\beta_3 = \sqrt{\dfrac{\pi}{a} \left(\dfrac{\pi}{a} - \sqrt{\dfrac{N_{xf}}{D_f}} \right)}$，通解是

$$Y_1 = C_1 \cosh\alpha_1 y_1 + C_2 \sinh\alpha_1 y_1 + C_3 \cosh\beta_3 y_1 + C_4 \sinh\beta_3 y_1$$

腹板的通解 Y_2 不变。采用相同的边界条件和连续条件，得到此时的临界方程是

$$(\alpha_1 a_1 b_2 + \beta_3 b_1 a_2) \cosh\alpha_1 b \cosh\beta_3 b - (\alpha_1 a_2 b_1 + \beta_3 b_2 a_1) \sinh\alpha_1 b \sinh\beta_3 b$$
$$+ c (a_1 b_2 \sinh\alpha_1 b \cosh\beta_3 b - a_2 b_1 \cosh\alpha_1 b \sinh\beta_3 b) = \beta_3 a_1 a_2 - \alpha_1 b_1 b_2 \tag{4.42b}$$

式中 $b_1 = \beta_3^2 - \mu \dfrac{\pi^2}{a^2}, b_2 = \beta_3 \left[\beta_3^2 - (2-\mu) \dfrac{\pi^2}{a^2} \right]$

$$c = \frac{2D_f (\alpha_1^2 - \beta_3^2)}{D_w (\alpha_2^2 + \beta_2^2)} \left[\alpha_2 \tanh(0.5\alpha_2 h) + \beta_2 \tan(0.5\beta_2 h) \right]$$

从式（4.42a, b），给定 a, b, h, t_f, t_w 就可以分析翼缘和腹板的相互支援，变化 a 可以获得使屈曲承载力最小的屈曲波长。注意到

$$\alpha_1 b = \pi \sqrt{\frac{b}{a} \left(\frac{b}{a} + \sqrt{\frac{N_{xf}}{N_{xf0}}} \right)}, \beta_1 b = \pi \sqrt{\frac{b}{a} \left(\sqrt{\frac{N_{xf}}{N_{xf0}}} - \frac{b}{a} \right)} \text{或} \beta_1 b = \pi \sqrt{\frac{b}{a} \left(\frac{b}{a} - \sqrt{\frac{N_{xf}}{N_{xf0}}} \right)}$$

$$\alpha_2 h = \pi \sqrt{\frac{h}{a} \left(\frac{h}{a} + \sqrt{\frac{N_{xw}}{N_{xw0}}} \right)}, \beta_2 h = \pi \sqrt{\frac{h}{a} \left(\sqrt{\frac{N_{xf}}{N_{xf0}} \left(\frac{t_w}{t_f} \frac{N_{xf0}}{N_{xw0}} \right)} - \frac{h}{a} \right)}$$

$$\frac{N_{xw}}{N_{xf}} = \frac{t_w}{t_f}, N_{xf0} = \frac{\pi^2 D_f}{b^2}, N_{xw0} = \frac{\pi^2 D_w}{h^2}, \frac{t_w}{t_f} \frac{N_{xf0}}{N_{xw0}} = \frac{h^2 t_f^2}{b^2 t_w^2}。$$

因此可以直接获得翼缘和腹板的屈曲系数 $K_f = \dfrac{N_{xf}}{N_{xf0}}, K_w = \dfrac{N_{xw}}{N_{xw0}} = K_f \dfrac{h^2 t_f^2}{b^2 t_w^2}。$

注意到,与框架屈曲中考虑层与层和柱与柱相互作用获得的各框架柱的计算长度系数之间存在比例关系一样,这里板件的屈曲系数也存在比例关系。

$$K_f = K_w \frac{b^2}{h^2} \frac{t_w^2}{t_f^2} = \frac{K_w}{\eta^2} \tag{4.43}$$

式中 $\eta = \dfrac{ht_f}{bt_w}$。$\alpha_1, \alpha_2, \beta_1, \beta_2, \beta_3$ 表示成包含待求系数 K_w 的式子。给定 $t_f/t_w = (0.7 \sim 4)$、$h/b = 1.25 \sim 6$、构件长度 a,可求出相应的 K_w。通过改变比值 a/h 来改变构件长度,以得到最小的 K_w,作为最终该截面的腹板屈曲系数。计算发现,厚度比 t_f/t_w 较大时翼缘对腹板起约束作用,采用式(4.42a)会求出超过两侧边固支板的屈曲系数 6.97,这是不可能的,此时应采用式(4.42b)计算。

最终结果如表 4.6 和图 4.11 所示,图中 $t = \dfrac{t_f}{t_w}$。观察表格数据发现:K_w 随厚度比与高宽比的增加而增大;当厚度比与高宽比均偏小时,K_w 有可能小于 4,此时腹板对翼缘提供支持;当厚度比与高宽比偏大后,K_w 接近于 6.97 但不会超过该值,此时翼缘对腹板提供支持。由计算结果拟合得公式:

$$\frac{1}{K_{w0}^{6t^2}} = \frac{1}{K_{w0a}^{6t^2}} + \frac{1}{K_{w0b}^{6t^2}} \tag{4.44}$$

式中 $K_{w0a} = \left[1.2 - \tanh(t+0.1)^{4.4}\right]\eta^2 + \left\{1 - 2.25t + 2.5t\tanh\left[(t+0.1)^{4.4}\right]\right\}\eta$
$\qquad\qquad + 0.07 - 0.703t + 1.48t^2 - 1.56t^2\tanh\left[(t+0.1)^{4.4}\right]$

$\qquad K_{w0b} = 4.78 + 2.11\tanh(t^{1.1} - 0.9)$

$t = \dfrac{t_f}{t_w}$,公式的误差为 $(-4.3\% \sim 4.5\%)$。

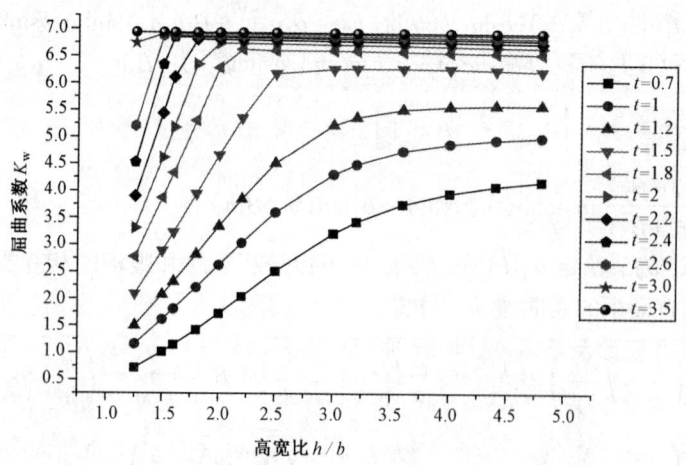

图 4.11　轴压时腹板屈曲系数随高宽比和厚度比的变化

$\dfrac{h}{b}$	t_f/t_w $(\beta=0)$									
	0.7	1	1.2	1.5	1.8	2	2.6	3	3.5	4
1.25	0.720	1.164	1.498	2.085	2.784	3.313	5.214	6.743	6.936	6.947
1.5	1.015	1.615	2.074	2.890	3.871	4.619	6.880	6.913	6.935	6.947
1.8	1.425	2.213	2.830	3.947	5.308	6.350	6.877	6.911	6.934	6.946
2	1.726	2.628	3.348	4.667	6.285	6.740	6.875	6.910	6.933	6.946
2.2	2.041	3.038	3.851	5.354	6.625	6.735	6.872	6.908	6.932	6.945
2.5	2.517	3.603	4.517	6.179	6.604	6.727	6.868	6.905	6.931	6.944
3	3.213	4.309	5.227	6.261	6.604	6.713	6.860	6.900	6.927	6.942
3.6	3.749	4.744	5.510	6.269	6.583	6.694	6.850	6.893	6.923	6.939
4	3.955	4.874	5.563	6.258	6.567	6.680	6.843	6.888	6.920	6.937
4.4	4.085	4.948	5.583	6.240	6.550	6.665	6.835	6.883	6.916	6.935
5	4.199	4.998	5.579	6.205	6.524	6.643	6.823	6.876	6.911	6.932
5.5	4.251	5.008	5.559	6.171	6.501	6.623	6.813	6.869	6.907	6.928
6	4.281	5.003	5.530	6.136	6.478	6.603	6.803	6.862	6.902	6.925

4.5.2　工字形截面纯弯下的局部稳定性

工字形截面构件非均匀受压时的情况如图4.10(e)所示，所受非均匀压力可表示为

$\sigma = \sigma_1\left(1-\beta\dfrac{y_w}{h}\right)$，$\beta = \dfrac{\sigma_1-\sigma_2}{\sigma_1}$，$\sigma_1$ 是受压较大边缘的应力，σ_2 是弯矩作用受拉侧边缘的应力。采用 ANSYS 对工字形截面腹板在非均匀压力作用下的弹性屈曲系数进行计算，β 分别取 0.5、1、1.5、2，下面先对 $\beta=2$ 的纯弯情况进行分析。

利用 ANSYS 软件对图4.10(e)所示的工字形截面梁段进行整体建模，梁段长度取 a/h 为 0.5~5 进行搜索计算，使得得到的屈曲系数最小，结果如表4.7和图4.12(d)所示，屈曲波长比 a/h 的值在 0.5~4.6 之间，为了篇幅不在此处给出。计算结果可以拟合为

$$\frac{1}{K_{wz}^{6\sqrt[4]{t}}} = \frac{1}{K_{wa}^{6\sqrt[4]{t}}} + \frac{1}{K_{wb}^{6\sqrt[4]{t}}} \tag{4.45}$$

式中 $K_{wa} = [1.6-1.17\tanh(t^2+0.2)]\eta^2 + [1.11-3.15t+2.92t\tanh(t^2+0.2)]\eta$
　　　　$-0.023-0.638t+2t^2-1.83t^2\tanh(t^2+0.2)$
　　　　$K_{wb} = 27.5+11.85\tanh(t^{1.5}-1.7)$

$\dfrac{h}{b}$	t_f/t_w								
	0.7	1	1.5	1.8	2	2.6	3	3.5	4
1.25	0.781	1.307	2.335	3.082	3.637	5.614	7.191	9.461	12.066
1.5	1.107	1.840	3.278	4.333	5.124	7.942	10.194	13.440	17.198
1.8	1.577	2.593	4.611	6.111	7.243	11.244	14.480	19.128	24.437

$\dfrac{h}{b}$	t_f/t_w								
	0.7	1	1.5	1.8	2	2.6	3	3.5	4
2	1.935	3.163	5.602	7.421	8.798	13.724	17.679	23.387	29.947
2.2	2.330	3.785	6.688	8.867	10.515	16.438	21.202	28.080	35.988
2.5	2.991	4.827	8.465	11.233	13.337	20.910	27.013	35.838	39.281
3	4.273	6.773	11.798	15.659	18.612	29.297	37.945	39.233	39.353
3.2	4.843	7.628	13.235	17.567	20.884	32.911	39.011	39.235	39.344
3.6	6.093	9.463	16.232	21.520	25.584	38.559	39.008	39.233	39.396
4	7.478	11.415	19.302	25.513	30.295	38.586	39.004	39.237	39.409
4.4	8.993	13.456	22.328	29.278	34.522	38.583	39.017	39.280	39.416
4.8	10.629	15.460	25.069	32.418	36.306	38.584	39.005	39.269	39.411
5	11.490	16.442	26.332	33.533	36.485	38.581	38.999	39.263	39.406
5.5	13.771	18.741	28.859	35.013	36.765	38.567	38.980	39.247	39.393
6	16.102	20.716	30.568	35.390	36.905	38.546	38.959	39.230	39.380

4.5.3　工字形截面压弯荷载下的屈曲

压弯情况下,对 β =0.5, 1.0, 1.5 的情况进行了计算,结果在图4.12a, b, c 中给出。

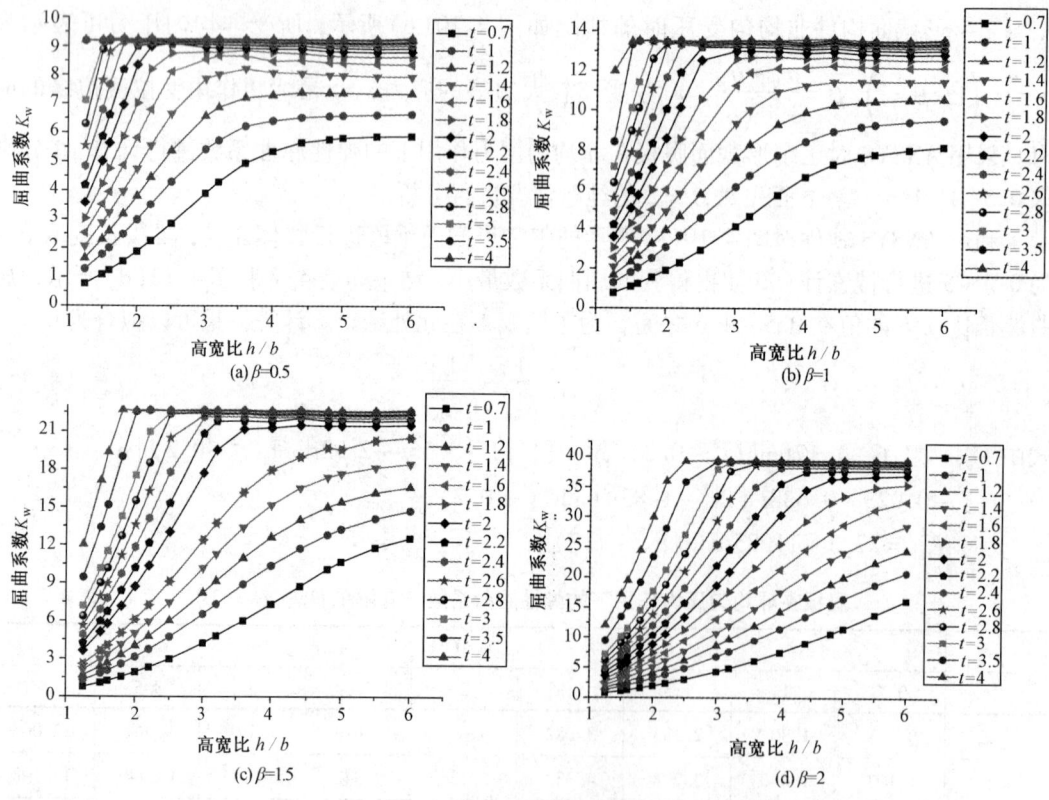

图 4.12　工字形截面偏压和纯弯时腹板屈曲系数

压弯情况的拟合，可以按照轴压和弯矩联合作用来理解，联合作用公式是(4.33)式。式中 $\sigma = (1-0.5\beta)\sigma_1$ 是轴压应力，$\sigma_b = 0.5\beta\sigma_1$ 是弯矩产生的边缘弯曲应力。$\sigma_1 = \sigma + \sigma_b$。

记 $\sigma_{1cr} = K_{w\beta}\dfrac{\pi^2 D_w}{h^2 t_w}$，$\sigma_{cr} = K_{w0}\dfrac{\pi^2 D_w}{h^2 t_w}$，$\sigma_{bcr} = K_{w2}\dfrac{\pi^2 D_w}{h^2 t_w}$，代入式（4.33）得到

$$\left(\frac{0.5\beta}{K_{w2}}\right)^2 K_{w\beta}^2 + \frac{(1-0.5\beta)}{K_{w0}}K_{w\beta} - 1 = 0$$

$$K_{w\beta} = \frac{2}{\sqrt{\dfrac{(1-0.5\beta)^2}{K_{w0}^2} + 4\left(\dfrac{0.5\beta}{K_{w2}}\right)^2} + \dfrac{(1-0.5\beta)}{K_{w0}}} \tag{4.46}$$

将轴压与纯弯的屈曲系数代入上式计算任意 β 时的屈曲系数发现，在翼缘对腹板提供约束，使得腹板的屈曲系数大于 4 以上时，上式具有很好的精度，但是当腹板对翼缘提供约束时，误差可达 15% ~ 20%，而且是偏不安全(偏大)的。因此对这个公式加以修改。

四边简支板屈曲系数是 $K_{ss\beta} = 4 + 2\beta + 2\beta^3$，三边简支一边自由的翼缘的屈曲系数是 $K_{s0} = 0.43 + \dfrac{b^2}{a^2}$，令两式相等得到决定相互影响的参数

$$\eta = \frac{h}{b}\frac{t_f}{t_w} = \sqrt{\frac{K_{ss\beta}}{0.43 + b^2/a^2}} = \eta_{lim}$$

当 η 大于这个值时，式(4.33)的相关关系基本成立，而 η 比这个值小得越多，抛物线的相关关系越不成立。图 4.13 是 $h/b = 2$，$t_f/t_w = 1$ 这一组参数下 $\beta = 0$，0.5，1，1.5，2 等 5 个数把它们转化为腹板轴压应力和弯曲应力相关关系的形式，发现关系非常接近 $\dfrac{\sigma}{\sigma_{cr}} + \left(\dfrac{\sigma_b}{\sigma_{bcr}}\right)^{1.3} = 1$。

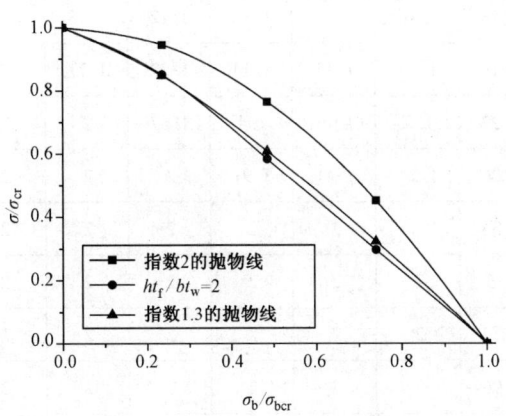

图 4.13　$h/b = 2$，$t_f/t_w = 1$ 轴压与弯曲相关关系

按照这个思路，对 η 比较小的情况，采用指数小于 2 的抛物线相关关系式，即表达式如下

$$\frac{\sigma}{\sigma_{cr}} + \left(\frac{\sigma_b}{\sigma_{bcr}}\right)^\gamma = 1 \tag{4.47}$$

表示成屈曲系数的形式为

$$\left(\frac{0.5\beta}{K_{w2}}\right)^{\gamma} K_{w\beta}^{\gamma} + \frac{(1-0.5\beta)}{K_{w0}} K_{w\beta} = 1 \tag{4.48}$$

下面决定 γ 的大小。因为 K_{w0}，K_{w2}，$K_{w\beta}$ 均通过有限元分析得到了，通过下式可以得到指数 γ：

$$\gamma = \frac{\ln\left[1 - \frac{(1-0.5\beta)}{K_{w0}} K_{w\beta}\right]}{\ln \frac{0.5\beta}{K_{w2}} K_{w\beta}} \tag{4.49}$$

对不同的 β 代入上式计算发现，不同的 β 得到的 γ 指数接近，上下相差不超过 10%。这说明式（4.47）用于表示工字形截面屈曲时轴压和弯曲的相互作用是可以的。表 4.8 给出了 $\beta = 1$ 时计算得到的指数。可见最小的情况是直线。对表格进行拟合，得到

$$\gamma = 1.57 + 0.43\tanh\chi \tag{4.50}$$

$$\chi = \eta^{1.5 - 0.458} - 5.94 - 2.67\tanh\ (t^{2.5} - 2.75)$$

$$\delta = e^{-10(t-1.15)^2}$$

经这样拟合得到的屈曲系数 $K_{w\beta}$ 与有限元法计算得到的结果相比有良好的精度，并且偏于安全。

相关关系式（4.47）的指数 γ 表 4.8

$\dfrac{h}{b}$	$t_f / t_w\ (\beta = 1)$											
	0.7	1	1.2	1.5	1.8	2	2.2	2.4	2.6	3	3.5	4
1.25	1.1	1.15	1.16	1.15	1.13	1.12	1.11	1.1	1.09	1.08	1.15	2
1.5	1.11	1.16	1.17	1.16	1.14	1.13	1.12	1.11	1.21	1.87	2	2
1.6	1.11	1.17	1.18	1.16	1.15	1.13	1.12	1.18	1.47	2	2	2
1.8	1.12	1.19	1.19	1.18	1.15	1.14	1.32	1.71	2	2	2	2
2	1.13	1.21	1.22	1.2	1.18	1.4	1.87	2	2	2	2	2
2.2	1.16	1.26	1.26	1.24	1.41	1.91	2	2	2	2	2	2
2.5	1.21	1.33	1.34	1.35	2	2	2	2	2	2	2	2
3	1.41	1.56	1.6	2	2	2	2	2	2	2	2	2
3.2	1.54	1.67	1.72	2	2	2	2	2	2	2	2	2
3.6	1.9	1.87	1.96	2	2	2	2	2	2	2	2	2
4	2	2	2	2	2	2	2	2	2	2	2	2

4.5.4 轴心受压箱形截面的局部屈曲

参考图 4.14，同样可以采用精确的方法对上述问题进行研究。参考式(4.14)，记翼缘的参数 α 和 β 为 α_1 和 β_1，腹板的对应参数为 α_2 和 β_2，取 $m = 1$。如果选取腹板和翼缘的局部坐标如图 4.14(c)所示，则可以利用对称性条件得到翼缘和腹板的位移函数为

150

$$Y_1 = C_1 \left[\cosh\alpha_1 y_1 - \frac{\cosh\ (0.5\alpha_1 b)}{\cos\ (0.5\beta_1 b)} \cos\beta_1 y_1 \right]$$

$$Y_2 = D_1 \left[\cosh\alpha_2 y_2 - \frac{\cosh\ (0.5\alpha_2 h)}{\cos\ (0.5\beta_2 h)} \cos\beta_2 y_2 \right]$$

$$\alpha_2 = \sqrt{\frac{\pi}{a}\left(\frac{\pi}{a} + \sqrt{\frac{N_{xw}}{D_w}}\right)}, \quad \beta_2 = \sqrt{\frac{\pi}{a}\left(\sqrt{\frac{N_{xw}}{D_w}} - \frac{\pi}{a}\right)}, \quad \alpha_1 = \sqrt{\frac{\pi}{a}\left(\frac{\pi}{a} + \sqrt{\frac{N_{xf}}{D_f}}\right)}, \quad \beta_1 = \sqrt{\frac{\pi}{a}\left(\sqrt{\frac{N_{xf}}{D_f}} - \frac{\pi}{a}\right)}$$

翼缘和腹板交线处两块板件的转角相同和弯矩平衡，参照图 4.14（c）的坐标系，写出：

$$\left.\frac{dY_1}{dy_1}\right|_{y_1 = 0.5b} = \left.\frac{dY_2}{dy_2}\right|_{y_2 = 0.5h}, \quad M_{y1}\big|_{y_1 = 0.5b} + M_{y2}\big|_{y_2 = 0.5h} = 0$$

最后得到如下的临界方程

$$\frac{\alpha_1 \tanh(0.5\alpha_1 b) + \beta_1 \tan(0.5\beta_1 b)}{(\alpha_1^2 + \beta_1^2)D_f} + \frac{\alpha_2 \tanh(0.5\alpha_2 h) + \beta_2 \tan(0.5\beta_2 h)}{(\alpha_2^2 + \beta_2^2)D_w} = 0 \qquad (4.51a)$$

从上式就可以分析翼缘和腹板的相互支援。在翼缘对腹板提供约束的情况下，

$$Y_1 = C_1 \left[\cosh\alpha_1 y_1 - \frac{\cosh\ (0.5\alpha_1 b)}{\cosh\ (0.5\beta_3 b)} \cosh\beta_3 y_1 \right]$$

式中 $\beta_3 = \sqrt{\frac{\pi}{a}\left(\frac{\pi}{a} - \sqrt{\frac{N_{xf}}{D_f}}\right)}$，临界方程是

$$\frac{\alpha_2 \tanh(0.5\alpha_2 h) + \beta_2 \tan(0.5\beta_2 h)}{(\alpha_2^2 + \beta_2^2)D_w} + \frac{\alpha_1 \tanh(0.5\alpha_1 b) - \beta_3 \tanh(0.5\beta_3 b)}{(\alpha_1^2 - \beta_3^2)D_f} = 0 \qquad (4.51b)$$

设箱形截面临界应力为 σ_{cr}，则腹板与翼缘的临界压力可以表示为：

$$N_{xw} = \sigma_{cr} t_w = \frac{K_w \pi^2 D_w}{h^2}, \quad N_{xf} = \sigma_{cr} t_f = \frac{K_f \pi^2 D_f}{b^2} \qquad (4.52a,b)$$

K_w、K_f 分别为腹板和翼缘的屈曲系数，由上式还可得出两者间关系为：

$$K_f = K_w \frac{b^2}{h^2} \frac{t_w^2}{t_f^2} = \frac{K_w}{\eta^2} \qquad (4.53)$$

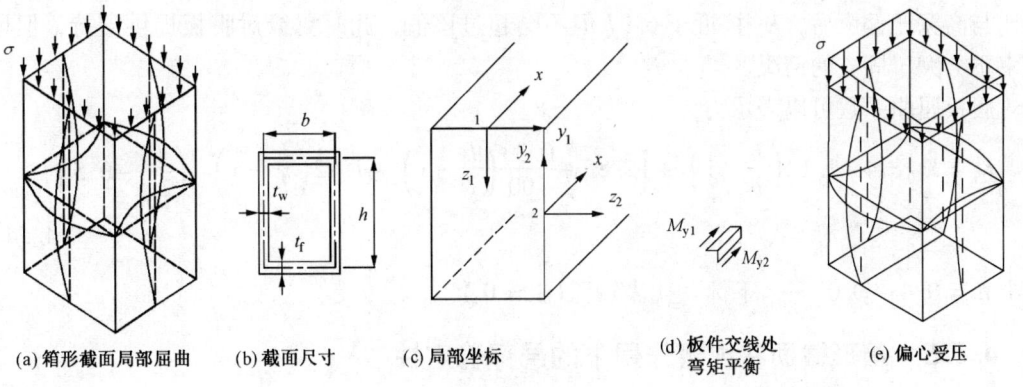

(a) 箱形截面局部屈曲　　(b) 截面尺寸　　(c) 局部坐标　　(d) 板件交线处　　(e) 偏心受压
弯矩平衡

图 4.14　矩形钢管截面的局部屈曲

给定 $t_f/t_w = (1 \sim 3)$、$h/b = 1 \sim 4$、构件长度 a，通过 matlab 软件编程，可求出相应的 K_w。通过改变比值 a/h 来改变构件长度，以得到最小的 K_w，作为最终该截面的腹板屈曲系数。

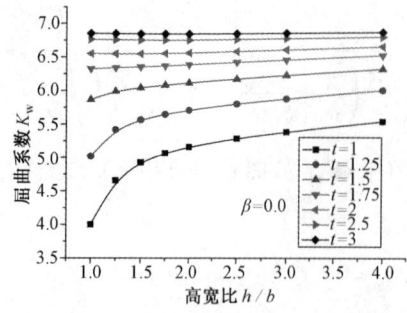

图 4.15　箱形截面轴压时腹板屈曲系数

在具体计算过程中发现，当厚度 t_f/t_w 比较大导致翼缘对腹板起约束作用时，采用式（4.51a）会求出偏大的结果，超过两纵向边固支情况下板的屈曲系数 6.97，这显然是不可能的，因此此时就应该采用式（4.51b），才能得到正确结果。

最终结果如表 4.9 及图 4.15 所示，图 4.15 中 $t = t_f/t_w$，表 4.9 括号内数值为对应最小 K_w 的屈曲半波长与截面高度之比。

腹板在均匀压力作用下的弹性屈曲系数（精确解法）　表 4.9

$\dfrac{h}{b}$	t_f/t_w						
	1	1.25	1.5	1.75	2	2.5	3
1	4.000(1.00)	5.017(0.96)	5.866(0.84)	6.321(0.75)	6.550(0.71)	6.761(0.68)	6.851(0.67)
1.25	4.656(0.91)	5.417(0.84)	5.987(0.78)	6.338(0.73)	6.545(0.71)	6.754(0.68)	6.846(0.67)
1.5	4.925(0.87)	5.563(0.81)	6.041(0.76)	6.352(0.72)	6.546(0.70)	6.750(0.68)	6.842(0.67)
1.75	5.066(0.84)	5.646(0.79)	6.080(0.74)	6.367(0.72)	6.551(0.70)	6.749(0.68)	6.841(0.67)
2	5.158(0.83)	5.707(0.77)	6.113(0.74)	6.383(0.71)	6.559(0.70)	6.751(0.68)	6.842(0.67)
2.5	5.286(0.81)	5.800(0.76)	6.172(0.72)	6.420(0.70)	6.582(0.69)	6.761(0.68)	6.847(0.67)
3	5.384(0.79)	5.877(0.75)	6.226(0.72)	6.457(0.70)	6.607(0.69)	6.774(0.67)	6.854(0.67)
4	5.540(0.77)	6.006(0.73)	6.322(0.70)	6.525(0.69)	6.656(0.68)	6.801(0.67)	6.87(0.67)

观察数据，可以发现如下规律：K_w 随厚度比与高宽比的增加而增大；当厚度比与高宽比均偏小时，K_w 接近于 4 但不会小于 4，此时腹板与翼缘之间几乎没有相关作用；当宽厚比与高宽比偏大后，K_w 接近于 6.97 但不会超过该值，此时翼缘对腹板提供支持，但该约束不会大于固支的情况。

腹板屈曲系数可以表示为

$$K_w = K_{w0} = 4 + 1.12\left(\frac{h}{b}-1\right)^\delta + \left[2.85 + \frac{0.33}{100}\left(\frac{h}{b}-1\right)^2 - 1.12\left(\frac{h}{b}-1\right)^\delta\right]\left(\frac{t_f}{2t_w}-0.5\right)^{(t_w/t_f)^2}$$

(4.54)

式中 $\delta = 0.4 - 0.02\dfrac{h}{b}$，下标 0 代表轴压（$\beta = 0$）。

4.5.5　箱形截面在纯弯作用下的局部稳定性

此时的屈曲系数的求解可以采用能量法，在能量法假设位移函数时，一个重要的经验是，必须以板件中点的位移和交线的转角作为未知量，总共是 4 个未知量，得到的结果，

误差在 3.5% 以内。表 4.10 和图 4.16(d) 给出的是有限元分析的结果。其结果可以拟合为

$$\frac{1}{K_{\text{wz}}^{6\sqrt[4]{t}}} = \frac{1}{K_{\text{wa}}^{6\sqrt[4]{t}}} + \frac{1}{K_{\text{wb}}^{6\sqrt[4]{t}}} \tag{4.55}$$

式中 $K_{\text{wb}} = 28.5 + 10.5\tanh(t^{1.1} - 0.9)$

$$K_{\text{wa}} = 10.65 - 13t + \left[4.25 + 10.5(t-1)^{2/3}\right]\frac{ht_{\text{f}}}{bt_{\text{w}}} + \frac{3.25}{t^{3.2}}\left(\frac{ht_{\text{f}}}{bt_{\text{w}}}\right)^2$$

箱形截面腹板在弯矩作用下的弹性屈曲系数（$\beta = 2$）　　　　表 4.10

$\dfrac{h}{b}$	$t_{\text{f}}/t_{\text{w}}$						
	1	1.25	1.5	1.75	2	2.5	3
1	5.149(0.85)	7.248(0.90)	9.680(0.95)	12.476(0.95)	15.654(1.00)	22.919(1.00)	31.058(0.53)
1.25	7.946(0.70)	11.101(0.75)	14.739(0.75)	18.953(0.80)	23.676(0.80)	34.240(0.80)	39.261(0.50)
1.5	11.287(0.60)	15.569(0.65)	20.417(0.65)	25.864(0.65)	31.469(0.65)	38.111(0.55)	39.170(0.50)
1.75	15.054(0.50)	20.302(0.55)	25.811(0.60)	31.173(0.60)	35.180(0.55)	38.153(0.50)	39.031(0.50)
2	19.185(0.50)	24.668(0.55)	29.796(0.55)	33.765(0.55)	36.203(0.53)	38.270(0.50)	39.061(0.50)
2.5	25.525(0.55)	29.553(0.55)	32.967(0.55)	35.319(0.53)	36.810(0.50)	38.335(0.50)	39.022(0.50)
3	28.060(0.55)	31.352(0.55)	34.019(0.53)	35.881(0.50)	37.075(0.50)	38.398(0.50)	39.023(0.50)
4	29.857(0.55)	32.653(0.53)	34.808(0.53)	36.248(0.50)	37.216(0.50)	38.306(0.50)	38.829(0.50)

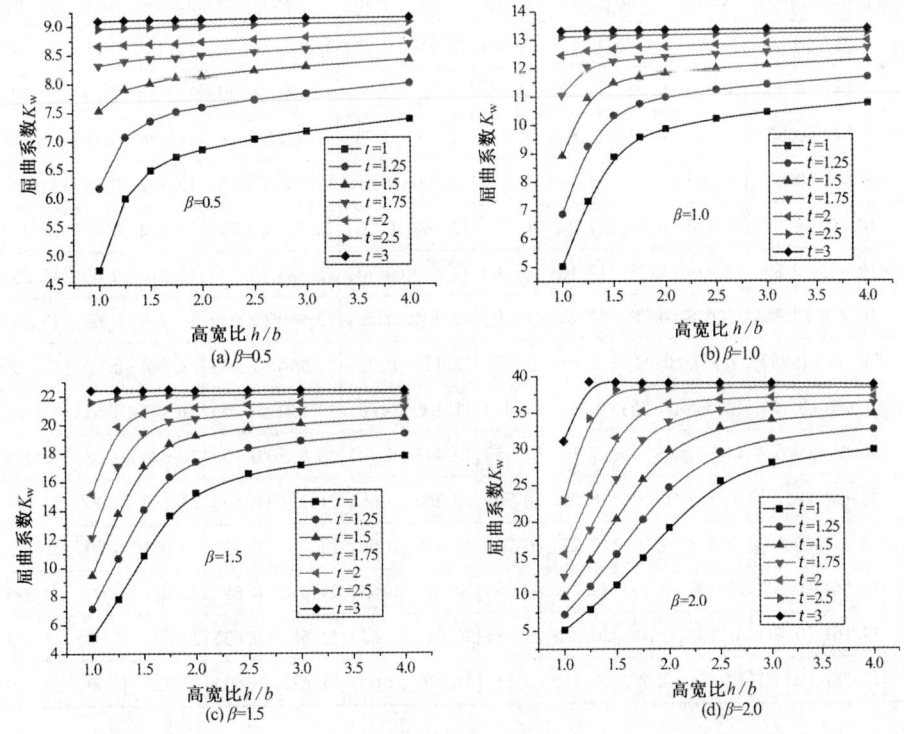

图 4.16　箱形截面偏心受压时的屈曲系数

4.5.6 箱形截面压弯时的局部稳定性

箱形截面构件非均匀受压时的情况如图4.14(e)所示,其所受非均匀压力可表示为 $\sigma = \sigma_1\left(1 - \beta\frac{y_w}{h}\right)$, $\beta = \dfrac{\sigma_1 - \sigma_2}{\sigma_1}$, σ_1 是受压较大边缘的应力, σ_2 是弯矩作用受拉侧边缘的应力。利用软件对如图4.14(e)所示的箱形截面梁段进行整体建模,梁段长度令 a/h 在0.5~4 这一范围内变化,计算长度不同而截面尺寸一定的各个模型,取最小值作为当前该截面尺寸情况下腹板的屈曲系数,结果如表4.11所示,括号内为屈曲波长比 a/h 的值。

腹板在非均匀压力作用下的弹性屈曲系数 　　表4.11

β	$\dfrac{h}{b}$	t_f/t_w						
		1	1.25	1.5	1.75	2	2.5	3
0.5	1	4.752 (0.95)	6.185 (0.95)	7.533 (0.90)	8.315 (0.75)	8.657 (0.70)	8.958 (0.70)	9.094 (0.65)
	1.25	6.005 (0.90)	7.079 (0.85)	7.901 (0.80)	8.396 (0.75)	8.680 (0.70)	8.974 (0.70)	9.109 (0.65)
	1.5	6.490 (0.85)	7.355 (0.80)	8.010 (0.75)	8.444 (0.70)	8.698 (0.70)	8.984 (0.70)	9.117 (0.65)
	1.75	6.735 (0.85)	7.518 (0.80)	8.111 (0.75)	8.454 (0.70)	8.701 (0.70)	9.000 (0.70)	9.118 (0.65)
	2	6.858 (0.85)	7.595 (0.75)	8.135 (0.75)	8.499 (0.70)	8.733 (0.70)	9.003 (0.70)	9.127 (0.65)
	2.5	7.038 (0.80)	7.724 (0.75)	8.232 (0.70)	8.553 (0.70)	8.773 (0.70)	9.026 (0.65)	9.138 (0.65)
	3	7.174 (0.80)	7.832 (0.75)	8.303 (0.70)	8.607 (0.70)	8.813 (0.70)	9.048 (0.65)	9.149 (0.65)
	4	7.384 (0.75)	8.008 (0.75)	8.420 (0.70)	8.694 (0.70)	8.876 (0.70)	9.072 (0.65)	9.160 (0.65)
1.0	1	5.023 (0.85)	6.867 (0.95)	8.917 (0.95)	11.046 (0.90)	12.445 (0.75)	13.094 (0.70)	13.295 (0.65)
	1.25	7.321 (0.80)	9.257 (0.85)	10.948 (0.80)	12.042 (0.75)	12.608 (0.70)	13.123 (0.70)	13.313 (0.65)
	1.5	8.881 (0.80)	10.335 (0.80)	11.486 (0.75)	12.235 (0.70)	12.671 (0.70)	13.136 (0.65)	13.322 (0.65)
	1.75	9.577 (0.80)	10.745 (0.80)	11.694 (0.75)	12.329 (0.70)	12.731 (0.70)	13.144 (0.65)	13.329(0.65)
	2	9.867 (0.80)	10.978 (0.75)	11.830 (0.75)	12.381(0.70)	12.752 (0.70)	13.157 (0.65)	13.334 (0.65)
	2.5	10.220 (0.80)	11.234 (0.75)	11.985 (0.70)	12.482 (0.70)	12.821 (0.70)	13.182 (0.65)	13.349 (0.65)
	3	10.452 (0.80)	11.418 (0.75)	12.105 (0.70)	12.570 (0.70)	12.885 (0.70)	13.210 (0.65)	13.366 (0.65)
	4	10.758 (0.75)	11.675 (0.70)	12.289 (0.70)	12.704 (0.70)	12.969 (0.65)	13.245 (0.65)	13.380 (0.65)
1.5	1	5.112 (0.85)	7.137 (0.90)	9.470 (0.95)	12.156 (0.95)	15.154 (1.00)	21.584 (0.90)	22.401 (0.60)
	1.25	7.808 (0.70)	10.666 (0.75)	13.810 (0.80)	17.106 (0.80)	19.910 (0.75)	21.928 (0.65)	22.401 (0.60)
	1.5	10.864 (0.65)	14.075 (0.70)	17.107 (0.75)	19.443 (0.70)	20.835 (0.65)	22.000 (0.65)	22.393 (0.60)
	1.75	13.653 (0.70)	16.353 (0.70)	18.652 (0.70)	20.260 (0.65)	21.212 (0.65)	22.103 (0.60)	22.464 (0.60)
	2	15.227 (0.70)	17.408 (0.70)	19.228 (0.70)	20.438 (0.65)	21.224 (0.65)	22.044 (0.60)	22.386 (0.60)
	2.5	16.564 (0.70)	18.368 (0.70)	19.779 (0.65)	20.746 (0.65)	21.398 (0.65)	22.081 (0.60)	22.395 (0.60)
	3	17.151 (0.70)	18.843(0.70)	20.076 (0.65)	20.941 (0.65)	21.526 (0.60)	22.123 (0.60)	22.413 (0.60)
	4	17.781 (0.70)	19.334 (0.65)	20.432 (0.65)	21.170 (0.60)	21.621 (0.60)	22.126 (0.60)	22.369 (0.60)

作为翼缘对腹板提供约束的一个上限,两纵向边固定时的屈曲系数见表4.12,可以按

照式(4.34a，b)计算。

偏心受压可以看成是轴压和弯曲的相互作用，其相关公式为(4.47)，其中的指数见表4.13。求得腹板的屈曲系数后，由式(4.53)求得翼缘的屈曲系数。

箱形截面腹板屈曲相关公式的指数

表4.13

$\dfrac{h}{b}$	$t_\mathrm{f}/t_\mathrm{w}$			
	1	1.25	1.5	≥ 1.75
1	1.398	1.555	1.842	2
1.25	1.940	2.0	2.0	2
≥ 1.5	2	2	2	2

非加载边固支时的屈曲系数 K_w 表4.12

β	0	0.5	1	1.5	2
K_w	6.97	9.3	13.5	22.5	39.3

4.5.7 T形截面的局部屈曲

当较短的 T 形截面柱轴心受压发生局部屈曲时，可以观察到局部失稳有如下特点(如图4.17)：①腹板与翼缘的交界处保持竖直；②腹板与翼缘在交界处转过相同的角度，在图4.17中它们的交角保持90°。③腹板与翼缘发生局部屈曲时，有相同的半波数。

腹板与翼缘的挠度仍然可以采用式(4.41a，b)和式(4.41c，d)表示，但是注意坐标如图4.17(c)所示。

交线上转角的连续条件：

转过角度相同 $\dfrac{\mathrm{d}Y_1}{\mathrm{d}y_1} = \dfrac{\mathrm{d}Y_2}{\mathrm{d}y_2}$

交线处弯矩之和为 0 $M_{y2} + 2M_{y1} = 0$

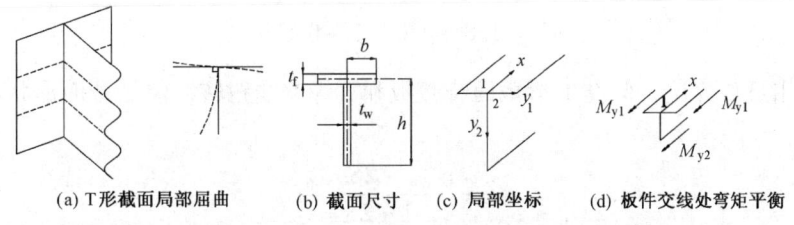

(a) T形截面局部屈曲   (b) 截面尺寸   (c) 局部坐标   (d) 板件交线处弯矩平衡

图4.17 T形截面的局部屈曲

加上自由边的边界条件和交线上位移为 0 的条件，得到关于 8 个待定系数的线性方程组，要求其系数行列式的值为 0。这一行列式最终可化简为下式：

$$B_\mathrm{w}S_\mathrm{f} + \frac{bt_\mathrm{w}^3}{2ht_\mathrm{f}^3}B_\mathrm{f}S_\mathrm{w} = 0 \tag{4.56}$$

式中 B_w 是非加载边一边固结，一边自由的腹板的特征方程：

$$B_\mathrm{w} = 2p_\mathrm{w}q_\mathrm{w}r_\mathrm{w}^2s_\mathrm{w}^2 + p_\mathrm{w}q_\mathrm{w}\ (r_\mathrm{w}^4+s_\mathrm{w}^4)\ \cosh p_\mathrm{w}\cos q_\mathrm{w} + \ (q_\mathrm{w}^2r_\mathrm{w}^4-p_\mathrm{w}^2s_\mathrm{w}^4)\ \sinh p_\mathrm{w}\sin q_\mathrm{w} \tag{4.57a}$$

B_f 是非加载边一边固结，一边自由的翼缘的特征方程：

$$B_\mathrm{f} = 2p_\mathrm{f}q_\mathrm{f}r_\mathrm{f}^2s_\mathrm{f}^2 + p_\mathrm{f}q_\mathrm{f}\ (r_\mathrm{f}^4+s_\mathrm{f}^4)\ \cosh p_\mathrm{f}\cos q_\mathrm{f} + \ (q_\mathrm{f}^2r_\mathrm{f}^4-p_\mathrm{f}^2s_\mathrm{f}^4)\ \sinh p_\mathrm{f}\sin q_\mathrm{f} \tag{4.57b}$$

S_w 是非加载边一边铰接，一边自由的腹板的特征方程：

$$S_{\mathrm{w}} = (r_{\mathrm{w}}^2 + s_{\mathrm{w}}^2)(q_{\mathrm{w}}r_{\mathrm{w}}^4 \sinh p_{\mathrm{w}} \cos q_{\mathrm{w}} - p_{\mathrm{w}}s_{\mathrm{w}}^4 \cosh p_{\mathrm{w}} \sin q_{\mathrm{w}}) \tag{4.57c}$$

S_{f} 是非加载边一边铰接，一边自由的翼缘的特征方程：

$$S_{\mathrm{f}} = (r_{\mathrm{f}}^2 + s_{\mathrm{f}}^2)(q_{\mathrm{f}}r_{\mathrm{f}}^4 \sinh p_{\mathrm{f}} \cos q_{\mathrm{f}} - p_{\mathrm{f}}s_{\mathrm{f}}^4 \cosh p_{\mathrm{f}} \sin q_{\mathrm{f}}) \tag{4.57d}$$

其中 $p_{\mathrm{w}} = \sqrt{\dfrac{\pi^2}{\phi_{\mathrm{w}}}\left(\sqrt{K_{\mathrm{w}}} + \dfrac{1}{\phi_{\mathrm{w}}}\right)}$, $q_{\mathrm{w}} = \sqrt{\dfrac{\pi^2}{\phi_{\mathrm{w}}}\left(\sqrt{K_{\mathrm{w}}} - \dfrac{1}{\phi_{\mathrm{w}}}\right)}$, $r_{\mathrm{w}}^2 = p_{\mathrm{w}}^2 - \mu\dfrac{\pi^2}{\phi_{\mathrm{w}}}$, $s_{\mathrm{w}}^2 = q_{\mathrm{w}}^2 + \mu\dfrac{\pi^2}{\phi_{\mathrm{w}}}$

$p_{\mathrm{f}} = \pi\sqrt{\dfrac{1}{\phi_{\mathrm{f}}}\left(\sqrt{K_{\mathrm{f}}} + \dfrac{1}{\phi_{\mathrm{f}}}\right)}$, $q_{\mathrm{f}} = \pi\sqrt{\dfrac{1}{\phi_{\mathrm{f}}}\left(\sqrt{K_{\mathrm{f}}} - \dfrac{1}{\phi_{\mathrm{f}}}\right)}$, $r_{\mathrm{f}}^2 = p_{\mathrm{f}}^2 - \mu\dfrac{\pi^2}{\phi_{\mathrm{f}}}$, $s_{\mathrm{f}}^2 = q_{\mathrm{f}}^2 + \mu\dfrac{\pi^2}{\phi_{\mathrm{f}}}$

$K_{\mathrm{w}} = \dfrac{\sigma t_{\mathrm{w}} h^2}{\pi^2 D_{\mathrm{w}}}$, $K_{\mathrm{f}} = \dfrac{\sigma t_{\mathrm{f}} b^2}{\pi^2 D_{\mathrm{f}}} = \left(\dfrac{t_{\mathrm{w}} b}{t_{\mathrm{f}} h}\right)^2 K_{\mathrm{w}}$, $\phi_{\mathrm{w}} = \dfrac{a}{h}$, $\phi_{\mathrm{f}} = \dfrac{a}{b} = \dfrac{h}{b}\phi_{\mathrm{w}}$,

将以上各式代入式(4.56)，对于每一给定 $t_{\mathrm{w}}/t_{\mathrm{f}}$，$h/b$ 和 ϕ_{w} 便可求出各相应的 K_{w}，从而求得临界荷载。改变 ϕ_{w}（即改变屈曲波长）得到屈曲系数随长度的变化曲线，曲线上的最小值 $K_{\mathrm{w,min}}$ 即是所需要的屈曲系数。T 形截面压杆以腹板高厚比计量的局部屈曲临界应力：

$$\sigma_{\mathrm{wcr}} = \frac{K_{\mathrm{w,min}}\pi^2 E}{12(1-\mu^2)}\left(\frac{t_{\mathrm{w}}}{h}\right)^2 = F\frac{0.43\pi^2 E}{12(1-\mu^2)}\left(\frac{t_{\mathrm{w}}}{h}\right)^2 \tag{4.58}$$

式中 F 是翼缘对腹板的嵌固系数。根据式(4.56)对 T 形截面的屈曲进行计算得到的嵌固系数见表 4.14，表 4.15 给出了屈曲系数 $K_{\mathrm{w,min}}$。表 4.14 中还给出了对应于 $K_{\mathrm{w,min}}$ 的屈曲半波长，见表中括号中的值，a 表示屈曲半波长是全长。表 4.14 的值可以由下面式子计算

$$F = \min(F_1, F_2) \tag{4.59a}$$

$$F_1 = \frac{1 + \dfrac{2bt_{\mathrm{f}}^3}{ht_{\mathrm{w}}^3}}{1 + 2S}, \quad S = \frac{b^3 t_{\mathrm{f}}}{h^3 t_{\mathrm{w}}} \tag{4.59b}$$

$$F_2 = 1.8 - 0.07\frac{h}{b} + 0.6\frac{t_{\mathrm{f}}}{t_{\mathrm{w}}} \tag{4.59c}$$

如果采用近似算法，假设 T 形截面绕腹板和翼缘交线扭转，但是截面形状不变，则可以得到

$$\sigma = \frac{\sigma_{\mathrm{wcr0}} + 2S\sigma_{\mathrm{fcr0}}}{1 + 2S} \tag{4.60}$$

式中 σ_{fcr0} 和 σ_{wcr0} 分别是翼缘和腹板作为三边简支一边自由板件的屈曲时的临界应力。上式实际上就是式(4.59b)，可见这种近似解的精度仅在某些参数范围内比较精确。当翼缘对腹板提供很大约束时，这种近似解就不够精确。

T 形截面的腹板的高厚比限值决定了 T 形截面的经济性，一般允许对腹板的宽厚比限值比三边简支一边自由的板（翼缘板）要放宽，以考虑翼缘对腹板的约束作用。一个大致的数据是使腹板的屈曲应力等于钢材的屈服应力，求得对应的宽厚比，将这个宽厚比乘以 0.8 得到的腹板高厚比作为 T 形截面轴压杆腹板的高厚比限值，这样得到的数据可以计算表示为（Q235 钢材）

$$\left[\frac{h_0}{t_{\mathrm{w}}}\right] = \frac{22.75}{(4b/h)^{0.22}}\frac{t_{\mathrm{f}}}{t_{\mathrm{w}}} - \frac{5.25}{(4b/h)^{0.6}}\left(\frac{t_{\mathrm{f}}}{t_{\mathrm{w}}}\right)^2 \text{ 或简单地表示为 } 25\sqrt{\frac{t_{\mathrm{f}}}{2t_{\mathrm{w}}}} \leqslant 25$$

不同的 t_w/t_f，h/b 下的嵌固系数 F 和屈曲半波长   表 4.14

$2b/h$	t_f/t_w				
	1	1.25	1.5	1.75	2
0.5	1.442 (a)	1.883 (a)	2.300 (2.630h)	2.539 (2.138h)	2.679 (1.886h)
0.6	1.497 (a)	2.021 (a)	2.344 (2.430h)	2.563 (2.040h)	2.730 (1.824h)
0.7	1.554 (a)	2.078 (a)	2.440 (2.305h)	2.637 (1.975h)	2.751 (1.806h)
0.8	1.578 (a)	2.173 (a)	2.426 (2.210h)	2.658 (1.945h)	2.779 (1.780h)
0.9	1.579 (a)	2.159 (a)	2.509 (2.150h)	2.688 (1.903h)	2.786 (1.752h)
1.0	1.580 (a)	2.164 (a)	2.529 (2.145h)	2.709 (1.892h)	2.795 (1.744h)
1.2	1.487 (a)	2.141 (a)	2.549 (2.135h)	2.726 (1.881h)	2.826 (1.734h)
1.4	1.380 (a)	2.103 (a)	2.521 (2.230h)	2.747 (1.870h)	2.835 (1.714h)
1.6	1.216 (a)	1.792 (a)	2.495 (2.265h)	2.745 (1.860h)	2.837 (1.712h)
1.8	1.021 (a)	1.576 (a)	2.191 (a)	2.740 (1.879h)	2.847 (1.710h)
2	1.000 (a)	1.390 (a)	1.920 (a)	2.728 (1.939h)	2.856 (1.688h)

不同的 t_w/t_f，h/b 下的 $K_{w,min}$ 的取值表   表 4.15

$2b/h$	t_f/t_w				
	1	1.25	1.5	1.75	2
0.5	0.6201	0.8098	0.9892	1.092	1.152
0.6	0.6438	0.8692	1.008	1.102	1.174
0.7	0.6596	0.8935	1.049	1.134	1.183
0.8	0.6786	0.9342	1.043	1.143	1.195
0.9	0.679	0.9286	1.079	1.156	1.198
1.0	0.6795	0.9304	1.0873	1.165	1.202
1.2	0.6395	0.9205	1.096	1.172	1.215
1.4	0.5936	0.9045	1.084	1.1812	1.219
1.6	0.523	0.7707	1.073	1.1805	1.22
1.8	0.4392	0.6778	0.942	1.178	1.224
2	0.425	0.5976	0.8256	1.173	1.228

4.6　工字钢梁腹板的剪切屈曲

4.6.1　翼缘对腹板的约束和分析方法介绍

对工字形构件的腹板，一般都考虑翼缘对腹板的弹性嵌固作用。这种嵌固作用传统上用板边界上设置转动弹簧来模拟，如图 4.18 所示。

但是实际上工字形截面的翼缘对腹板的嵌固作用是与转动弹簧不同的，传统的转动弹簧在单位长度上对板产生的约束弯矩为：

$$m_{\mathrm{x}}\big|_{y=0,\mathrm{h}} = k_z \frac{\partial w}{\partial y}\bigg|_{y=0,\mathrm{h}} = k_z \theta \tag{4.61}$$

式中 w 是腹板的屈曲挠度，$\dfrac{\partial w}{\partial y}\bigg|_{y=0,\mathrm{h}} = \theta$ 是板上下边的转角，k_z 是板边单位长度上的转动约束刚度。而实际上腹板屈曲时，板边产生的转角 θ 就是翼缘的扭转角，这一扭转角的变化率 $\theta' = \dfrac{\partial}{\partial x}\left(\dfrac{\partial w}{\partial y}\right)\bigg|_{y=0,\mathrm{h}} = \dfrac{\partial^2 w}{\partial x \partial y}\bigg|_{y=0,\mathrm{h}}$ 是翼缘单位长度上的扭转角，将它与翼缘的抗扭刚度 GJ_{f} 相乘，得到在翼缘横截面内产生的扭矩为 $GJ_{\mathrm{f}}\theta'$，取出翼缘微段，其扭矩平衡关系如图 4.19 所示。从翼缘微段的扭矩平衡要求出发，腹板边缘单位长度上的弯矩应为

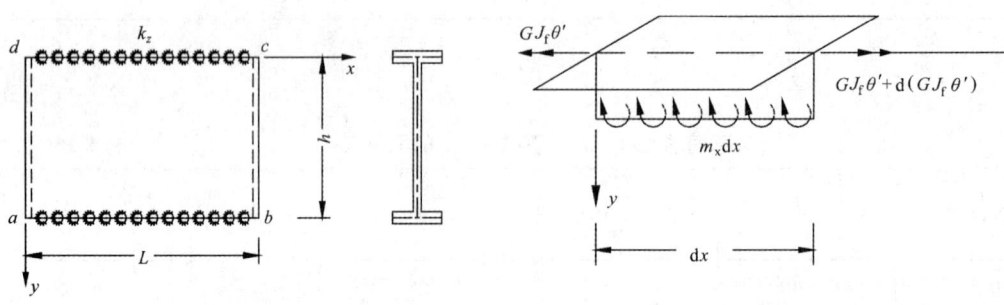

图 4.18　翼缘对腹板约束的模拟示意图　　　　　图 4.19　翼缘微段的扭矩平衡

$$m_{\mathrm{x}}\big|_{y=0,\mathrm{h}} = GJ_{\mathrm{f}}\theta''\big|_{y=0,\mathrm{h}} = GJ_{\mathrm{f}}\frac{\partial^3 w}{\partial x^2 \partial y}\bigg|_{y=0,\mathrm{h}} \tag{4.62}$$

对照式(4.61)和式(4.62)可见，翼缘对腹板的约束不能采用传统的转动弹簧来模拟，而应该采用式(4.62)来模拟，或者直接对工字形截面的屈曲进行分析。

为了防止工字形截面梁的腹板过早屈曲，一般在腹板两侧成对设置横向加劲肋，将腹板分为几个区格。工字钢梁腹板的屈曲，宜考虑相邻板件的约束。我国《钢结构设计规范》GB 50017—2003 虽然考虑了翼缘对腹板的约束作用，引入了嵌固系数 χ，但对所有的钢梁都取统一的嵌固系数 $\chi = 1.23$。合理的作法是根据翼缘对腹板提供的约束程度的不同确定腹板的剪切屈曲系数。

本节介绍采用有限元程序，对各种边界的矩形板以及工字梁腹板在纯剪作用下的弹性屈曲的分析结果。模型采用了接近实际的边界条件，为了模拟纯剪应力状态，荷载均匀地施加于矩形板或者工字梁腹板的四周(图 4.20)。对于单块矩形板，主要考虑宽高比对剪切屈曲系数的影响；对工字梁腹板，着重考虑翼缘对腹板的约束作用。

FEM 分析时采用 4 节点板壳单元，每个节点上有 6 个自由度，弹性模量 $E = 206000$ N/mm^2，泊松比 $\mu = 0.3$。矩形板的网格划分及加载方式如图 4.21 所示，图中 1、2、3 对应 x、y、z 三个方向的平动自由度，4、5、6 对应绕 x、y、z 三轴的转动自由度。荷载施加在矩形板四周的节点上，四边中间节点荷载值为 1，四个角点的荷载值为 1/2。为验证分析方法的正确性，对 $h_w = 500$mm，$t_w = 2$mm，宽高比 $L/h_w = 1.0$ 的四边简支矩形板进行分析。约束四边节点的自由度 1（出平面位移），同时约束矩形板中间一点的自由度 2 和 3，以防止矩形板发生刚体位移。计算得到剪切屈曲系数 $k_{cr} = 9.32$，精确值为 9.34，误差极小，证明荷载施加方式及分析方法是合理的。

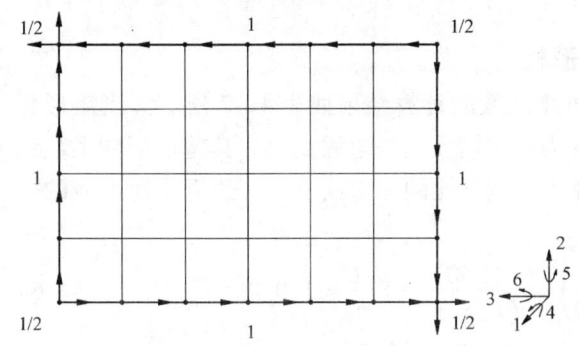

图 4.20 纯剪矩形板的加载示意图   图 4.21 固支矩形板的剪切屈曲系数

4.6.2 两边简支，两边固支矩形板的剪切屈曲分析

为了考察上下翼缘对腹板剪切屈曲时提供约束的上限，首先分析不同宽高比 (L/h_w) 的两横向边简支，两纵向边固支时（简称固支矩形板）的剪切屈曲系数。对于固支矩形板，除约束四个边界上节点的自由度 1 以外，还应约束上下两边绕纵轴的转动，即自由度 6，同时约束中间一点的自由度 2 和 3，以防止矩形板发生刚体位移。矩形板厚度 $t_w = 2$mm，高度 h_w 统一取 400 mm，通过改变板长 L 改变矩形板的宽高比，L/h_w 的取值范围为 0.4 ~ 20.0。分析结果如表 4.16 所示。表中还给出了四边简支板的剪切屈曲系数以及计算嵌固系数。由表可见，随着 L/h_w 的增大，两者差值迅速扩大，嵌固系数最大值是 1.684。工字梁的翼缘对腹板提供了一个弹性约束，提供的嵌固系数不超过这个数值。

不同宽高比的简支及固支矩形板的剪切屈曲系数   表 4.16

L/h_w	0.4	0.6	0.8	1.0	1.2	1.4	1.6	1.8	2.0	2.2	2.4	2.6	2.8
简支矩形板	37.57	18.91	12.12	9.32	7.98	7.28	6.90	6.68	6.54	6.29	6.10	5.97	5.89
固支矩形板	39.24	20.15	14.53	12.54	11.73	11.13	10.50	10.17	10.00	9.90	9.70	9.58	9.51
嵌固系数	1.044	1.066	1.199	1.345	1.470	1.529	1.522	1.522	1.529	1.574	1.590	1.605	1.615
L/h_w	3.0	3.2	3.4	3.6	3.8	4.0	4.2	4.4	4.6	4.8	5.0	15.0	20.0
简支矩形板	5.84	5.80	5.76	5.70	5.65	5.62	5.60	5.58	5.57	5.56	5.55	5.36	5.34
固支矩形板	9.47	9.40	9.34	9.30	9.28	9.25	9.22	9.20	9.19	9.17	9.15	9.01	8.99
嵌固系数	1.622	1.621	1.622	1.632	1.642	1.646	1.646	1.649	1.650	1.649	1.649	1.681	1.684

由上表可见，当矩形板的宽高比接近 20.0 时，其剪切屈曲系数已经接近无限长板两纵向边简支和两纵向边固支时的屈曲系数值。两纵向边固支时的剪切屈曲系数按 (4.63a, b) 式计算：

$$k_{sf} = 2.82 + 4.07\ (L/h_w)^2 + \frac{5.71}{(L/h_w)^2} \quad 当 \frac{L}{h_w} < 1.0\ 时 \qquad (4.63a)$$

$$k_{sf} = 8.98 + \frac{5.61}{(L/h_w)^2} - \frac{1.99}{(L/h_w)^3} \quad 当 \frac{L}{h_w} \geqslant 1.0\ 时 \qquad (4.63b)$$

图 4.21 将有限元分析得到的剪切屈曲系数与 (4.63a,b) 式的计算值进行了对比，两者吻合很好。

4.6.3 三边简支，一边固支矩形板

三边简支，一边固支矩形板的剪切屈曲系数的计算结果如表 4.17 所示。当矩形板的宽高比很大时，即狭长矩形板的边界条件为三边简支，一边固支时，其剪切屈曲系数约为 7.13。通过数据拟合，可以采用下式计算不同宽高比的三边简支，一边固支矩形板的剪切屈曲系数：

$$k_{st} = 3.97 + 1.24\left(\frac{L}{h_w}\right)^3 + \frac{5.50}{(L/h_w)^2} \quad 当 \frac{L}{h_w} < 1.0\ 时 \qquad (4.64a)$$

$$k_{st} = 7.13 + \frac{4.33}{(L/h_w)^2} - \frac{0.75}{(L/h_w)^3} \quad 当 \frac{L}{h_w} \geqslant 1.0\ 时 \qquad (4.64b)$$

式 (4.64a,b) 与 FEM 分析结果之间误差的平均值为 -0.2%，精度很高。

图 4.22(a) ~ (c) 所示为宽高比 $L/h_w = 1.5$ 的矩形板在四边简支、三边简支，一边固支以及两边简支，两边固支三种边界条件下的一阶屈曲波形。

三边简支，一边固支矩形板的剪切屈曲系数　　　　　　　表 4.17

L/h_w	0.4	0.6	0.8	1.0	1.2	1.4	1.6	1.8	2.0	2.2	2.4	2.6	2.8
k_{st}	38.28	19.39	13.11	10.69	9.63	9.11	8.78	8.37	8.08	7.90	7.80	7.73	7.64
嵌固系数	1.019	1.025	1.082	1.147	1.207	1.251	1.272	1.253	1.235	1.256	1.279	1.295	1.297
L/h_w	3.0	3.2	3.4	3.6	3.8	4.0	4.2	4.4	4.6	4.8	5.0	15.0	20.0
k_{st}	7.55	7.48	7.45	7.42	7.39	7.35	7.32	7.30	7.29	7.27	7.26	7.14	7.13
嵌固系数	1.293	1.290	1.293	1.302	1.308	1.308	1.307	1.308	1.309	1.308	1.308	1.332	1.335

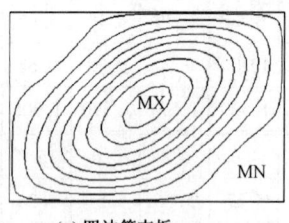
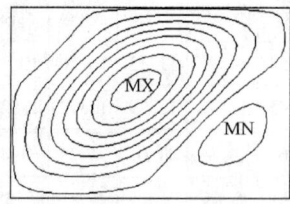
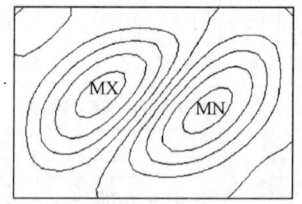

(a) 四边简支板　　　　　　　　(b) 三边简支，一边固支板　　　　　　　　(c) 两边简支，两边固支板

图 4.22　三种边界条件下矩形板的一阶屈曲波形比较（$L/h_w = 1.5$）

4.6.4　工字梁腹板的剪切屈曲

4.6.4.1　有限元模型介绍

在工字梁中，翼缘对腹板提供介于简支与固支之间的弹性约束，腹板的屈曲系数也介于两者之间。采用图 4.23 所示的模型分析工字梁腹板的剪切屈曲系数。边界条件按以下方式施加：约束腹板左右两对边的出平面位移自由度 1，即认为腹板左右两对边简支；约束上下翼缘 FT1、FT2、FB1 和 FB2 的自由度 1、2 和 5，认为翼缘平面内简支；约束中间一点的自由度 3，防止模型发生刚体位移。

FEM 分析时，与单块板类似，荷载施加在腹板四边的节点上。四边中间节点的荷载值为 1，四个角点的荷载值为 1/2。有限元模型的网格划分、荷载及约束施加情况，如图 4.24 所示。

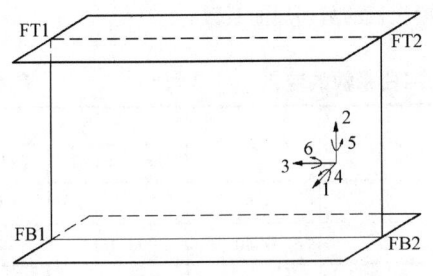
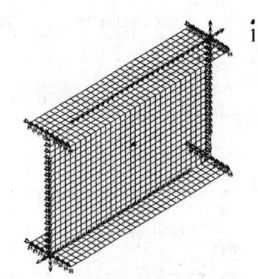

图 4.23　工字梁腹板的剪切屈曲分析模型　　　图 4.24　工字梁的约束及加载示意图

4.6.4.2　约束参数 κ 的确定

翼缘对腹板弹性屈曲的影响和翼缘的扭转刚度与腹板弯曲刚度的比值有关，这个比值可以表示为 $\dfrac{GJ_f}{Dh_w}$，其中 $GJ_f = \dfrac{E}{2(1+\mu)}\dfrac{b_f t_f^3}{3}$，$Dh_w = \dfrac{Et_w^3 h_w}{12(1-\mu^2)}$，略去常数项后得到：

$$\kappa = \frac{b_f t_f^3}{h_w t_w^3} \tag{4.65}$$

对不同宽高比的腹板，通过改变翼缘的宽度和厚度，使 κ 值保持不变，计算腹板的剪切屈曲系数。分析时，腹板的宽高比 L/h_w 分别取 1.0 和 2.0，κ 值分别为 1.0、2.0、3.0 和 4.0，计算得到的腹板剪切屈曲系数如图 4.25 所示。

表 4.18 为高度改变时腹板剪切屈曲系数的变化。腹板宽高比分别为 1 和 2，高度分别为 300、500、800 和 1000 mm，翼缘和腹板的厚度保持不变。系列 A 中，改变腹板高度时，翼缘宽度保持不变。系列 B 在改变腹板高度的同时，翼缘的宽度也随之改变，并保持 b_f/h_w 不变，从而 κ 保持不变。

通过比较图 4.25 以及表 4.18 不难发现，当腹板宽高比一定时，尽管翼缘的宽度、厚度以及腹板的高度不同，但只要 κ 值相同，腹板的屈曲系数基本不发生改变。图 4.25 中，不同 κ 值下腹板的屈曲系数基本为一水平线；表 4.18 系列 B 中，不同高度腹板的屈曲系数基本保持不变，这说明 κ 是一个衡量翼缘对腹板剪切屈曲影响程度的合理参数。

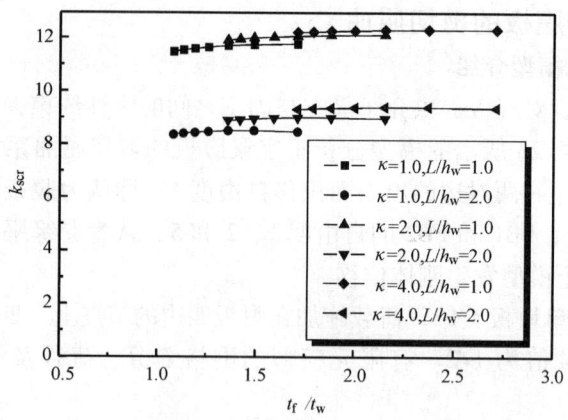

图4.25 κ 值相同时工字梁腹板的剪切屈曲系数

腹板高度改变时剪切屈曲系数的变化 表4.18

系列	h_w	t_w	b_f	t_f	κ	k_{scr}	
						$L/h_w = 1.0$	$L/h_w = 2.0$
A	300	2	200	2	0.67	11.22	8.08
	500	2	200	2	0.40	11.00	7.79
	800	2	200	2	0.25	10.71	7.44
	1000	2	200	2	0.20	10.55	7.30
B	300	2	120	2	0.40	10.97	7.75
	500	2	200	2	0.40	11.00	7.79
	800	2	320	2	0.40	11.01	7.79
	1000	2	400	2	0.40	11.02	7.80

4.6.4.3 工字梁腹板的剪切屈曲系数

在前面分析的基础上，研究工字梁腹板在纯剪状态下的弹性屈曲性能。翼缘的宽度分别取100、200、300和400mm，腹板的宽高比分别取0.5、1.0、1.5、2.0、3.0和4.0，通过改变翼缘的厚度改变 κ 值，翼缘厚度的变化范围为1~20mm。分析了24个系列，690个工字梁模型，将具有代表性的系列用散点绘于图4.26。腹板的剪切屈曲系数从对应的简支矩形板的剪切屈曲系数开始，随着 κ 值的增大，开始迅速上升，然后渐近于固支矩形板的剪切屈曲系数。从系数 κ 的物理意义出发，可以写出工字梁腹板剪切屈曲系数计算公式的基本形式：

$$k_{scr} = \frac{k_{ss} + k_{sf}\xi_v\kappa}{1 + \xi_v\kappa} \qquad (4.66)$$

式中 $\xi_v = 0.4 + 0.08\dfrac{L}{h_w} + \dfrac{1.15}{(L/h_w)^2}$，$k_{ss}$ 和 k_{sf} 分别为简支矩形板和固支矩形板的剪切屈曲系数，分别按式(4.31a,b)和式(4.63a,b)计算。

式(4.66)以实线的形式在图4.26中示出。可见式(4.66)精度很高，并且偏安全。式(4.66)也适用于腹板宽高比 $L/h_w < 1.0$ 的工字梁，误差基本在2%左右。

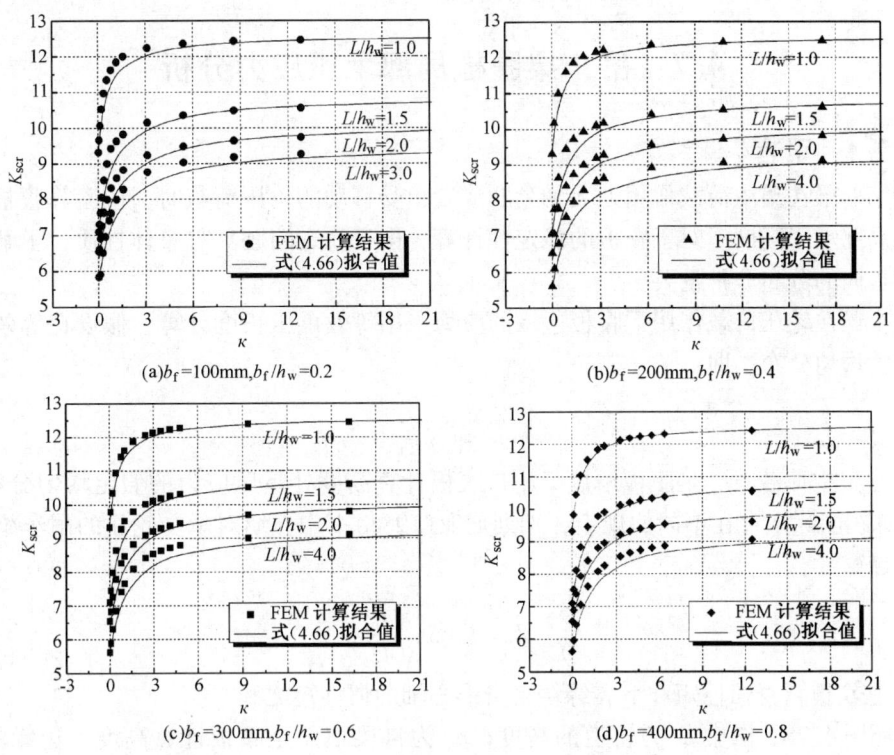

(a)b_f=100mm,b_f/h_w=0.2   (b)b_f=200mm,b_f/h_w=0.4

(c)b_f=300mm,b_f/h_w=0.6   (d)b_f=400mm,b_f/h_w=0.8

图4.26　式(4.66)计算值与 FEM 分析结果的比较

　　图4.27 所示为宽高比为 1.5 的工字梁在不同 κ 值下的一阶屈曲波形。图4.27(a)的模型，翼缘与腹板厚度的比值为 0.25，因此参数 κ 的值很小，仅为 0.006。此时翼缘本身的变形非常明显，翼缘对腹板的约束作用很小，腹板的屈曲波形与简支矩形板一阶屈曲波形几乎完全相同。随着 κ 的增大，工字梁腹板的屈曲波形从简支矩形板的屈曲波形逐渐向固支矩形板的屈曲波形过渡。图4.27(d)的模型，参数 κ 的值相对较大，此时工字梁腹板的屈曲波形与固支矩形板的屈曲波形已经基本一致。

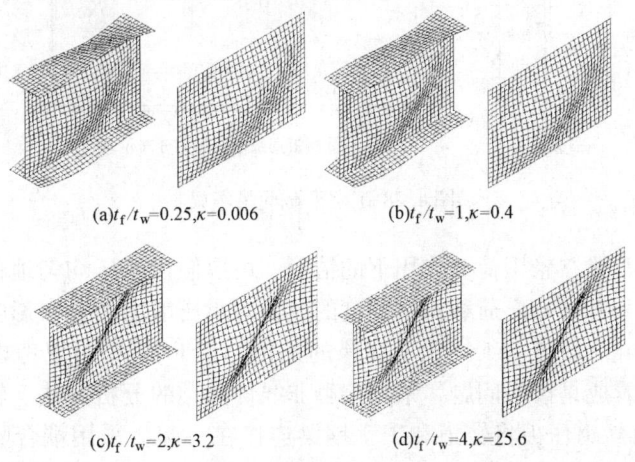

(a)t_f/t_w=0.25,κ=0.006   (b)t_f/t_w=1,κ=0.4

(c)t_f/t_w=2,κ=3.2   (d)t_f/t_w=4,κ=25.6

图4.27　β 值不同时工字梁腹板的一阶屈曲波形($L/h_w=1.5$)

4.7 吊车梁腹板局部承压应力分析

4.7.1 引言

工字形梁在集中荷载作用处无加劲肋或者承受移动的轮压荷载时，应验算腹板计算高度处的局部承压强度。对于腹板的稳定性计算，由于稳定问题具有整体性质，了解承压应力在腹板内的分布非常重要。

吊车梁在轮压荷载作用下腹板边缘的应力采用等效承压长度计算，假设在等效承压长度上应力均匀分布。即：

$$\sigma_c = \frac{P}{t_w l_z} \tag{4.67}$$

式中 P 是集中荷载，t_w 是腹板厚度，l_z 是腹板计算高度处承压应力的假定均匀分布长度。l_z 的计算在国际上存在不同的规定，别列尼亚(1988)书中介绍对承受轮压的吊车梁采用下式进行计算：

$$l_z = 3.25 \sqrt[3]{\frac{I_b}{t_w}} \tag{4.68}$$

式中 I_b 是轨道自身惯性矩和上翼缘绕自身形心轴的惯性矩之和。

参照图 4.28，图中 h_r 为轨道的高度，h_y 为自梁顶面至腹板计算高度上边缘的距离。英国规范 BS5950(2000)规定可以按照 1:1 扩散到腹板计算高度边缘，即 $2(h_r + h_y)$；对于轨道惯性矩已知的情况，也可以用式(4.68)计算吊车梁腹板计算高度上边缘的等效承压长度。我国 GB50017—2003 则取基础长度 50mm，然后在轨道范围内按照 1:1 扩散，在 h_y 高度范围内按照 1:2.5 扩散，轮压下腹板已进入严重塑性变形后，翼缘下的应力扩散角才会增大到 1:2.5，因而对吊车梁来说是偏于不安全的。

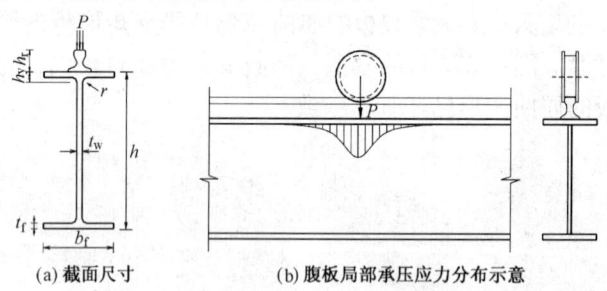

(a) 截面尺寸   (b) 腹板局部承压应力分布示意

图 4.28 工字形截面吊车梁

对于工字形吊车梁在轮压荷载作用下的情形，可以假设轮压均匀地作用在一定宽度的轨道上，由后面的分析可知，荷载作用宽度的取值对承压应力的分布影响很小，因此取荷载作用宽度为 50 mm。轨道与工字梁上翼缘的连接，在 FEM 中可以考虑采用两种方式来实现，一种是将其看成是接触问题，采用接触非线性问题的分析方法。轨道与工字钢量每隔 750mm 左右就有轨道压板将轨道和工字钢梁连接在一起，采用耦合竖向自由度的方法更加合适。使得多个不同节点的某个自由度取相同(但未知)值，就是所谓的耦合。对比分析表明，采用接触问题的方法，得到的最大应力略小，采用耦合的方法结果接近，但是更

164

加简单，略偏安全。

4.7.2 理论分析

4.7.2.1 数值分析模型

工字形吊车梁截面如图 4.29 所示。材料为线弹性，弹性模量 $E = 206 \text{kN}/\text{mm}^2$，泊松比 $\mu = 0.3$。荷载作用宽度仍取 50mm。轨道选用起重机钢轨，如无特别说明，轨道型号均为 QU70（具体参数可参见钢结构材料手册）。分析时采用 8 节点实体单元，它可以准确地反映出承压应力沿腹板厚度方向变化以及精确模拟腹板翼缘间的圆弧过渡区。划分网格时对圆弧过渡区进行了单元细分。模型中圆弧半径 r 随翼缘厚度而改变。整体几何模型与局部网格划分如图 4.29 和图 4.30 所示。

分析发现，腹板承压应力的最大值并不都是出现在腹板计算高度上边缘，而是位于翼缘—腹板圆弧过渡区内，但与腹板计算高度上边缘的压应力值相差很小。为便于应用，仍在腹板计算高度处取腹板最大承压应力 σ_{cmax} 确定 l_z，即：

$$P = \sigma_{\text{cmax}} t_w l_z \qquad (4.69)$$

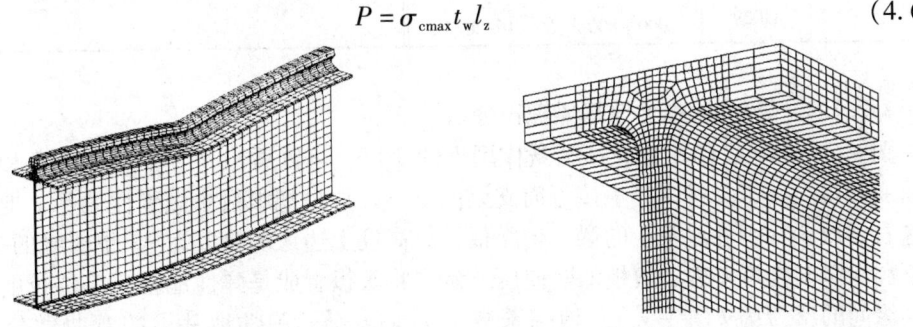

图 4.29　工字形梁有限元模型 GD1 的变形图　　　图 4.30　工字形吊车梁局部网格划分

采用有限元法研究吊车梁各参数对腹板局部承压应力的影响，主要包括：梁的支座条件、梁的跨度 L、翼缘厚度 t_f，宽度 b_f、梁高 h，腹板厚度 t_w 以及不同轨道型号的影响，模型尺寸参见表 4.19。对所有模型施加相同的荷载 $P = 380 \text{kN}$。

模型尺寸表　　　　　　　　　　　　　　　　　　表 4.19

系列	变量	模型编号	截面尺寸	系列	变量	模型编号	截面尺寸
1	支座条件	GD1	$2000 \times 800 \times 300 \times 8/16\text{-}12$				
		GD2	$2000 \times 800 \times 300 \times 8/16\text{-}12$	5	h	GD11	$2000 \times 400 \times 300 \times 8/16\text{-}12$
						GD12	$2000 \times 600 \times 300 \times 8/16\text{-}12$
2	L	GD1	$2000 \times 800 \times 300 \times 8/16\text{-}12$			GD1	$2000 \times 800 \times 3400 \times 8/16\text{-}12$
		GD3	$4000 \times 800 \times 300 \times 8/16\text{-}12$			GD13	$2000 \times 1000 \times 300 \times 8/16\text{-}12$
		GD4	$8000 \times 800 \times 300 \times 8/16\text{-}12$				
3	t_f	GD5	$2000 \times 800 \times 300 \times 8/8\text{-}8$				
		GD6	$2000 \times 800 \times 300 \times 8/12\text{-}8$	6	t_w	GD14	$2000 \times 800 \times 300 \times 4/12\text{-}10$
		GD7	$2000 \times 800 \times 300 \times 8/16\text{-}8$			GD15	$2000 \times 800 \times 300 \times 6/12\text{-}10$
		GD8	$2000 \times 800 \times 300 \times 8/20\text{-}8$			GD16	$2000 \times 800 \times 300 \times 8/12\text{-}10$
4	b_f	GD9	$2000 \times 800 \times 200 \times 8/16\text{-}12$			GD17	$2000 \times 800 \times 300 \times 10/12\text{-}10$
		GD1	$2000 \times 800 \times 300 \times 8/16\text{-}12$			GD18	$2000 \times 800 \times 300 \times 12/12\text{-}10$
		GD10	$2000 \times 800 \times 400 \times 8/16\text{-}12$				

系列	变量	模型编号	截 面 尺 寸	系列	变量	模型编号	截 面 尺 寸
7	t_w	GD19	$2000 \times 800 \times 300 \times 4/16\text{-}12$	9	t_w	GD30	$2000 \times 1000 \times 300 \times 4/16\text{-}12$
		GD20	$2000 \times 800 \times 300 \times 6/16\text{-}12$			GD31	$2000 \times 1000 \times 300 \times 6/16\text{-}12$
		GD1	$2000 \times 800 \times 300 \times 8/16\text{-}12$			GD13	$2000 \times 1000 \times 300 \times 8/16\text{-}12$
		GD21	$2000 \times 800 \times 300 \times 10/16\text{-}12$			GD32	$2000 \times 1000 \times 300 \times 10/16\text{-}12$
		GD22	$2000 \times 800 \times 300 \times 12/16\text{-}12$			GD33	$2000 \times 1000 \times 300 \times 12/16\text{-}12$
		GD23	$2000 \times 800 \times 300 \times 16/16\text{-}12$			GD34	$2000 \times 1000 \times 300 \times 16/16\text{-}12$
8	t_w	GD24	$2000 \times 800 \times 300 \times 4/20\text{-}14$				
		GD25	$2000 \times 800 \times 300 \times 6/20\text{-}14$				
		GD26	$2000 \times 800 \times 300 \times 8/20\text{-}14$			注：截面尺寸形式为 $L \times h \times b \times t_w/t_f - r$	
		GD27	$2000 \times 800 \times 300 \times 10/20\text{-}14$				
		GD28	$2000 \times 800 \times 300 \times 12/20\text{-}14$				
		GD29	$2000 \times 800 \times 300 \times 16/20\text{-}14$				

4.7.2.2 Winkle 弹性地基梁理论分析

图 4.29 是模型 GD1 在轮压荷载作用下的变形。可以看出，工字梁上翼缘和轨道局部弯曲变形很大，下翼缘则产生接近简支梁的变形。如果把腹板看做弹性地基，把轨道及上翼缘看做放置在弹性地基上的梁。记腹板计算高度上边缘的挠度为 y，下翼缘的挠度为 y_0，上下翼缘竖向挠度差表示腹板的竖向压缩量，将腹板看成是弹性地基，单位长度上腹板和上翼缘间的反力为 $k(y - y_0)$。地基系数为 $k = Et_w/h$，弹性地基梁的弯曲微分方程可以写为：

$$EI_b(y - y_0)'''' + k(y - y_0) = 0 \tag{4.70}$$

上式的通解为：

$$y - y_0 = e^{-\gamma z}(C_1 \sin\gamma z + C_2 \cos\gamma z) + e^{\gamma z}(C_3 \sin\gamma z + C_4 \cos\gamma z)$$

式中 $\gamma = \sqrt[4]{\dfrac{k}{4EI_b}}$。当 z 趋于无穷大时，梁的挠度应趋近于零，由此可以得到 $C_3 = C_4 = 0$。利用原点处截面的转角等于零，以及作用在集中荷载右侧梁上的合力大小为 $P/2$，即：

$$(i)\ \frac{d(y - y_0)}{dz}\Big|_{z=0} = 0; \quad (ii)\ \int_0^\infty k(y - y_0)\,dz = \frac{P}{2}$$

可以得到常数 C_1 和 C_2，最后得到 $z \geqslant 0$ 时梁的弯曲挠度方程：

$$y - y_0 = \frac{P\gamma}{2k} e^{-\gamma z}(\sin\gamma z + \cos\gamma z) \tag{4.71}$$

竖向压应力可以表示为：

$$\sigma_{cy} = \frac{k(y - y_0)}{t_w} = \frac{P\gamma}{2t_w} e^{-\gamma z}(\sin\gamma z + \cos\gamma z) \tag{4.72}$$

当 $z = 0$ 时，σ_{cy} 有最大值 $\sigma_{cymax} = \dfrac{P\gamma}{2t_w}$。等效承压长度可以表示为：

$$l_z = \frac{P}{\sigma_{cymax} t_w} = \frac{2}{\gamma} = \frac{2}{\sqrt[4]{k/4EI_b}} = 2.83 \sqrt[4]{\frac{hI_b}{t_w}} \tag{4.73}$$

如果荷载是长度为 $2a$，集度为 q 的均布荷载，梁中点的竖向压应力可由式(4.72)积分得到，利用对称性：

$$\sigma_{cy} = 2\int_0^a \frac{q\mathrm{d}z \cdot \gamma}{2t_w} e^{-\gamma z}(\sin\gamma z + \cos\gamma z)$$

对上式积分，得到跨中节点最大承压应力的表达式：

$$\sigma_{cy,z=0} = 2\frac{q\gamma}{2t_w} \cdot \frac{1}{2\gamma}(2 - 2e^{-\gamma a}\cos\gamma a) = \frac{q}{t_w}(1 - e^{-\gamma a}\cos\gamma a) \qquad (4.74)$$

等效承压长度可以表示为：

$$l_z = \frac{P}{\sigma_{cy,z=0}t_w} = \frac{2qa}{\sigma_{cy,z=0}t_w} = \frac{2a}{1 - e^{-\gamma a}\cos\gamma a} \qquad (4.75)$$

取 $a = 20$mm，50mm 和 100mm，对不同的梁进行计算发现，式(4.75)与式(4.73)差别很小。说明荷载作用宽度影响很小，可以不考虑。

通过以上分析可以了解：轨道本身的惯性矩和腹板的厚度是影响等效承压长度的主要因素。但是上述分析模型忽略了竖向板条之间的相互作用（即腹板剪切刚度），其实用性需要验证。

4.7.2.3 参数影响分析

（1）支座条件：系列 1 模型 GD1 和 GD2 的支座条件分别为固支和简支。腹板计算高度上边缘的承压应力沿梁纵向的变化如图 4.31 所示，两者应力分布曲线几乎重合，说明支座条件对这一区域承压应力分布的影响非常小。后面的模型都采用固支的边界条件。

（2）梁跨度 L：系列 2 的模型 GD1、GD3 和 GD4 的跨度分别为 2、4 和 8m，腹板计算高度上边缘承压应力沿梁纵向的变化规律如图 4.32 所示。梁的跨度对局部承压应力分布几乎没有影响。

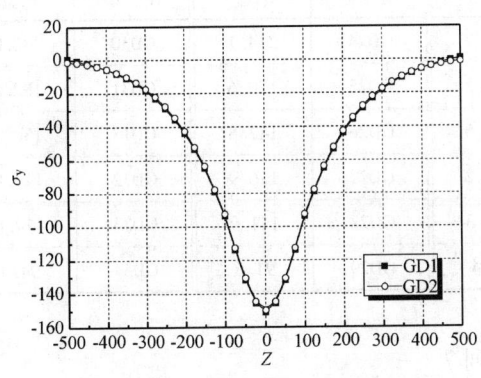

图 4.31　支座条件的影响

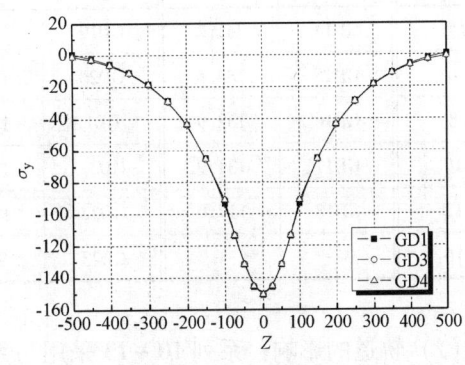

图 4.32　梁跨度的影响

（3）翼缘厚度 t_f：系列 3 模型编号分别为 GD5、GD6、GD7 和 GD8，翼缘厚度分别取 8、12、16 和 20 mm。经过分析可知，翼缘-腹板过渡圆弧的半径对腹板计算高度边缘的承压应力有一定影响，为了突出翼缘厚度的影响，这里采用相同的圆弧半径 8 mm。最大承压应力在表 4.20 给出。可见，翼缘厚度 t_f 对最大承压应力的影响很小。

（4）翼缘宽度 b_f：通过系列 4 研究翼缘宽度的影响，在其他参数相同的情况下，翼缘

宽度 b_f 分别取 200、300 和 400 mm，对应的模型编号分别为 GD9、GD1 和 GD10，分析结果见表 4.20。翼缘宽度对腹板局部承压应力影响也很小。

（5）梁高 h：系列 5 的模型编号分别为 GD11、GD12、GD1 和 GD13，在其他参数不变的情况下，h 分别取 400、600、800 和 1000 mm，分析结果见表 4.20。不难发现，梁高 h 对局部承压应力有很少量的影响（仅 3.5%），这与弹性地基梁模型的计算结果（应有 25.7% 的差别）不同。

翼缘厚度、宽度以及梁高对最大承压应力的影响（N/mm²）　　表 4.20

系 列 3			系 列 4			系 列 5		
模 型	t_f（mm）	σ_{cmax}	模 型	b_f（mm）	σ_{cmax}	模 型	h（mm）	σ_{cmax}
GD5	8	154.9	GD9	200	150.8	GD11	400	145.6
GD6	12	154.2	GD1	300	150.5	GD12	600	149.4
GD7	16	153.0	GD10	400	150.4	GD1	800	150.5
GD8	20	151.3	—	—	—	GD13	1000	150.7

（6）腹板厚度 t_w：系列 6~9 针对不同腹板厚度的模型进行了分析，系列 9 除梁高外，其他参数均与系列 7 相同。轨道均为起重机钢轨 QU70，分析结果列于表 4.21。可见，最大承压应力随腹板厚度变化显著。系列 9 与系列 7 吻合较好，再次表明梁高的影响很小。

腹板厚度对最大承压应力的影响（N/mm²）　　表 4.21

t_w（mm）	系列 6（QU70）		系列 7（QU70）		系列 8（QU70）		系列 9（QU70）	
	模 型	σ_{cmax}	模 型	σ_{cmax}	模 型	σ_{cmax}	模 型	σ_{cmax}
4	GD14	241.2	GD19	238.7	GD24	234.1	GD30	240.0
6	GD15	184.8	GD20	182.3	GD25	179.6	GD31	182.5
8	GD16	152.9	GD1	150.5	GD26	147.8	GD13	150.7
10	GD17	131.9	GD21	131.2	GD27	126.9	GD32	129.8
12	GD18	117.0	GD22	114.3	GD28	111.9	GD33	114.8
16	—	—	GD23	94.4	GD29	91.6	GD34	94.4

（7）轨道的影响：系列 10~13 采用与系列 7 相同工字梁截面，但是轨道型号分别为 QU80、QU100、QU120 和 43 kg/m 的钢轨。QU 系列起重机宽钢轨和 43 kg/m 普通钢轨截面示意图如图 4.33。分析得到的最大承压应力列于表 4.22。可以发现，轨道自身惯性矩越大，应力传递到工字梁上表面时扩散得越充分，腹板计算高度上边缘的最大承压应力就越小。

(a)QU 系列起重机钢轨　　(b)43kg/m 钢轨

图 4.33　有限元分析采用的轨道模型

t_w (mm)	系列 10 （QU80）		系列 11 （QU100）		系列 12 （QU120）		系列 13 （43kg/m）	
	模型	σ_{cmax}	模型	σ_{cmax}	模型	σ_{cmax}	模型	σ_{cmax}
4	GD35	210.0	GD41	173.6	GD47	144.6	GD53	213.5
6	GD36	161.0	GD42	133.7	GD48	111.9	GD54	164.4
8	GD37	133.4	GD43	111.2	GD49	93.3	GD55	135.8
10	GD38	115.0	GD44	96.1	GD50	80.8	GD56	117.0
12	GD39	101.7	GD45	85.2	GD51	71.8	GD57	105.0
16	GD40	84.3	GD46	70.9	GD52	60.0	GD58	85.3

4.7.2.4 半无限平面上的 Timoshenko 梁模型

上面的结果表明，支座条件（固支和简支）、梁跨度和工字钢截面高度对轮压下吊车梁局部承压应力的影响很小。这说明，在局部承压应力的计算上，可以采用半无限平面上无限长的梁上作用法向集中力的模型来求解。

弹性力学中的 Flamant 解是设想有一法向集中荷载 P 作用于单位厚度的弹性半平面体上，如图 4.34 所示，以表面上距原点 O 足够远（设距离为 s）的 B 点为参考点，半无限体的弹性模量为 E，则距 O 点 x 距离的任意点 A 的竖向位移为

$$\eta(x) = \frac{2P}{\pi E} \ln \frac{s}{x} \qquad (4.76)$$

当半平面体上作用线荷载 $q(x)$ 时，如图 4.35 所示，设半平面体厚度为 t_w，ξ 处的荷载 $q(\xi)\mathrm{d}\xi$ 在 x 处产生的位移（两者相距 $|x - \xi|$）为

$$\eta(x, \xi) = \frac{2q(\xi)\mathrm{d}\xi}{\pi E t_w} \ln \frac{s}{|x - \xi|}$$

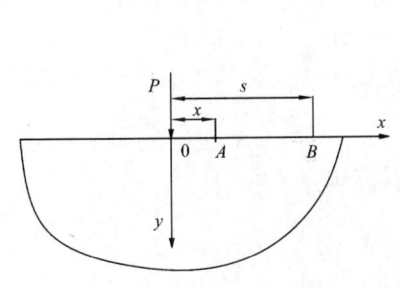

图 4.34　Flamant 解

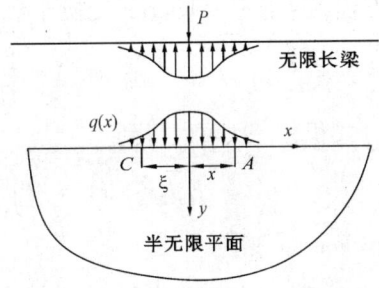

图 4.35　线荷载作用下位移

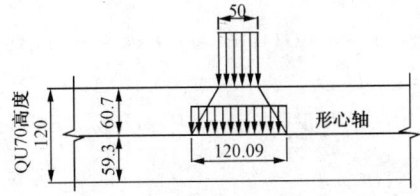

图 4.36　扩展了的加载宽度

169

积分可得 x 处总位移

$$y(x) = \int_{-\infty}^{+\infty} \eta(x,\xi)\,\mathrm{d}\xi = \frac{2}{\pi E t_{\mathrm{w}}}\int_{-\infty}^{+\infty} q(\xi)\,ln\,\frac{s}{|x-\xi|}\mathrm{d}\xi \qquad (4.77)$$

对上式求一次导数得到

$$y'(x) = -\frac{2}{\pi E t_{\mathrm{w}}}\Big[\int_{-\infty}^{+\infty} q(\xi)\,\frac{1}{x-\xi}\mathrm{d}\xi\Big] = \frac{2}{\pi E t_{\mathrm{w}}}q(x)*f(x) \qquad (4.78)$$

式(4.78)中 $*$ 表示卷积，$f(x) = -\frac{1}{x}$。记 $y(x)$ 的 Fourier 变换为 $Y(\omega)$，$q(x)$ 的 Fourier 变换为 $Q(\omega)$。对式(4.78)两边同时做 Fourier 变换，并利用卷积的 Fourier 变换公式，得到

$$i\omega Y(\omega) = -\frac{2}{\pi E t_{\mathrm{w}}}Q(\omega)\big[-\pi i sgn(\omega)\big] \qquad (4.79)$$

式中 i 是虚数单位。因为

$$\int_{-\infty}^{+\infty}\frac{1}{x}e^{-i\omega x}\mathrm{d}x = \int_{-\infty}^{+\infty}\frac{1}{x}(\cos\omega x - i\sin\omega x)\mathrm{d}x = -i\int_{-\infty}^{+\infty}\frac{\sin\omega x}{x}\mathrm{d}x = -\pi i sgn(\omega)$$

式中 sgn( ) 是符号函数。式(4.79)可写为

$$Y(\omega) = \frac{2}{E t_{\mathrm{w}}}\cdot\frac{Q(\omega)}{\omega sgn(\omega)} \qquad (4.80)$$

对照图 4.29，轨道的弯曲变形发生在很短的范围内，因此轨道梁应该被模拟成须考虑剪切变形影响的 Timoshenko 梁。记弯曲挠度为 y_{b}，剪切挠度是 y_{s}。无限长梁的弯曲微分方程为

$$E_{\mathrm{b}}I_{\mathrm{b}}y_{\mathrm{b}}^{(4)} = -q(x) \qquad (4.81)$$

E_{b} 为无限长梁的弹性模量，I_{b} 是梁截面的惯性矩。这里 $q(x)$ 作用在腹板上，向下为正，对于轨道来说，是向上的，因此加个负号。在 $x=0$ 处梁上有集中力 P。

条件：$\int_{-\infty}^{0} q(x)\,\mathrm{d}x = 0.5P$，$\int_{0}^{\infty} q(x)\,\mathrm{d}x = 0.5P$

这样分段的方程，对于应用 Fourier 变换非常不便。引入 Heaviside 函数：

$$u(x) = \begin{cases} 0, if\ x<0 \\ 1, if\ x>0 \end{cases} \qquad (4.82)$$

对(4.81)式积分一次可以得到

$$E_{\mathrm{b}}I_{\mathrm{b}}y_{\mathrm{b}}'''(x) = -\int_{-\infty}^{x} q(\xi)\,\mathrm{d}\xi + Pu(x) \qquad (4.83)$$

对式(4.83)作 Fourier 变换

$$E_{\mathrm{b}}I_{\mathrm{b}}(\omega i)^3 Y_{\mathrm{b}}(\omega) = -\frac{Q(\omega)}{\omega i} - \pi Q(0)\delta(\omega) + P\Big[\frac{1}{i\omega} + \pi\delta(\omega)\Big]$$

两边乘以 $i\omega$，得到

$$E_{\mathrm{b}}I_{\mathrm{b}}\omega^4 Y_{\mathrm{b}}(\omega) = -Q(\omega) - \pi\omega i Q(0)\delta(\omega) + P[1 + \pi\omega i\delta(\omega)]$$

上式中令 $\omega=0$，得到 $Q(0)=P$，所以

$$E_{\mathrm{b}}I_{\mathrm{b}}\omega^4 Y_{\mathrm{b}}(\omega) = P - Q(\omega) \qquad (4.84)$$

剪切挠度与弯曲挠度的关系是

$$y_{\mathrm{s}}'(x) = \frac{k_{\mathrm{s}}Q}{G_{\mathrm{b}}A_{\mathrm{b}}} = \frac{k_{\mathrm{s}}}{G_{\mathrm{b}}A_{\mathrm{b}}}\int_{-\infty}^{x} q(x)\,\mathrm{d}x = -\frac{k_{\mathrm{s}}E_{\mathrm{b}}I_{\mathrm{b}}}{G_{\mathrm{b}}A_{\mathrm{b}}}y_{\mathrm{b}}'''(x) \qquad (4.85)$$

式中 G_bA_b/k_s 轨道梁的剪切刚度, 对轨道 QU70, 剪切形状系数是 $k_s=1.73$, A_b 是轨道梁的截面面积, G_b 是剪切模量。

积分式(4.85)一次, 利用 $y_s(\infty)=0$ 和 $y_b''(\infty)=0$ 消去积分常数, 得到

$$y_s(x) = -\frac{k_s E_b I_b}{G_b A_b} y_b''(x) \tag{4.86}$$

总挠度是

$$y(x) = y_b(x) + y_s(x) = y_b(x) - \frac{k_s}{G_b A_b} E_b I_b y_b''(x) \tag{4.87}$$

式(4.87)的 Fourier 变换是:

$$Y(\omega) = Y_b(\omega) - \frac{k_s E_b I_b}{G_b A_b} \cdot (i\omega)^2 Y_b(\omega) = \left(1 + \omega^2 \frac{k_s E_b I_b}{G_b A_b}\right) Y_b(\omega) \tag{4.88}$$

把式(4.84)代入得到:

$$\frac{E_b I_b \omega^4}{1 + \omega^2 k_s E_b I_x / G_b A_b} Y(\omega) = P - Q(\omega) \tag{4.89}$$

联合式(4.80)和式(4.89), 可得

$$Q(\omega) = \frac{P}{1 + \dfrac{2 E_b I_b \omega^3}{E t_w (1 + k_s E_b I_b \omega^2 / G_b A_b) \operatorname{sgn}(\omega)}} \tag{4.90}$$

$q(x)$ 可通过式(4.90)作 Fourier 逆变换, 并利用 $q(x)$ 为偶函数的性质得到

$$q(x) = \frac{P}{\pi} \int_0^{+\infty} \frac{\cos\omega x}{1 + \dfrac{2 E_b I_b \omega^3}{E t_w (1 + k_s E_b I_b \omega^2 / G_b A_b)}} d\omega \tag{4.91}$$

令 $L = \left(\dfrac{2 E_b I_b}{E t_w}\right)^{1/3}$, $L\omega = t, \xi = \dfrac{x}{L}$, $\alpha_s = \dfrac{k_s E_b I_b}{L^2 G_b A_b}$, 则式(4.91)化为

$$q(x) = \frac{P}{\pi L} \int_0^{+\infty} \frac{(1 + \alpha_s t^2) \cos\xi t}{1 + \alpha_s t^2 + t^3} dt \tag{4.92}$$

在 $\alpha_s = 0$, 即不考虑剪切变形时

$$q(x) = \frac{P}{\pi L} \int_0^{+\infty} \frac{\cos\xi t}{1 + t^3} dt \tag{4.93}$$

积分计算表明, 式(4.93)给出的压力分布, 与本章参考文献[45]第 142 页的级数解获得的表格一致, 表明了上述解的正确性。在弹性半平面体上表面, 最大应力位于 $x=0$ 处,

$$\sigma_{\max} = \sigma(x)\big|_{x=0} = \frac{P}{\pi t_w L} \int_0^{+\infty} \frac{\cos\xi t}{1 + t^3} dt \bigg|_{\xi=0} = \frac{P}{\pi t_w L} \int_0^{+\infty} \frac{1}{1 + t^3} dt = \frac{2\sqrt{3} P}{9 L t_w} \tag{4.94}$$

其中 $\displaystyle\int_0^{+\infty} \frac{1}{1 + t^3} dt = \frac{1}{3} \int_0^{+\infty} \left(\frac{1}{1 + t} + \frac{2}{1 - t + t^2} - \frac{t}{1 - t + t^2}\right) dt$

$$= \left[\frac{1}{\sqrt{3}} \arctan \frac{2t - 1}{\sqrt{3}} + \frac{1}{6} \ln \frac{(1 + t)^2}{t^2 - t + 1}\right] \bigg|_0^{+\infty} = \frac{2\pi\sqrt{3}}{9}。$$

由此最大应力可求得弹性半平面体的等效承压长度, 因为半无限体的弹性模量和无限长梁的相同, 所以:

$$l_z = \frac{P}{\sigma_{max} t_w} = \frac{9}{2\sqrt{3}} L = \frac{9}{2\sqrt{3}} \sqrt[3]{\frac{2I_b}{t_w}} = 3.2734 \sqrt[3]{\frac{I_b}{t_w}} \qquad (4.95)$$

上面以更为简单的方式获得了式(4.68)的来源。但是这个来源没有考虑轨道梁内剪切变形的影响，考虑剪切变形影响后，问题变得复杂起来。因为此时

$$\sigma_{ymax} = \sigma_y(x)\big|_{x=0} = \frac{q(0)}{t_w} = \frac{P}{t_w L \pi} \int_0^{+\infty} \frac{(1+\alpha_s t^2)\cos\xi t}{1+\alpha_s t^2 + t^3} dt \bigg|_{\xi=0} = \frac{P}{t_w L \pi} \int_0^{+\infty} \frac{1+\alpha_s t^2}{1+\alpha_s t^2 + t^3} dt \qquad (4.96)$$

对轨道 QU70，$I_b = 1081.99 \text{cm}^4$，$A_b = 6730 \text{mm}^2$，$k_s = 1.73$，and $t_w = 8\text{mm}$ 时 $L = 139.33\text{mm}$

$$\alpha_s = \frac{k_s E_b I_b}{L^2 G_b A_b} = \frac{1.73 \times 2.6 \times 1081.99 \times 10^4}{139.333^2 \times 6730} = 0.3725$$

α_s 大于 0 时式(4.96)这个积分是不收敛的，意味着在考虑轨道梁剪切变形的情况下，理论上的承压应力是无限大。考虑到有限元分析时荷载是施加在长度 50mm 范围内，ζ 处的作用力 $p(\zeta)d\zeta$ 在 x 处产生轨道梁与半无限平面体之间的相互作用力 $dq(x)$ 是

$$dq(x) = \frac{p(\zeta)d\zeta}{\pi L} \int_0^{+\infty} \frac{(1+\alpha_s t^2)\cos[t(x-\zeta)/L]}{1+\alpha_s t^2 + t^3} dt$$

由此

$$q(x) = \int_{-\infty}^{\infty} \frac{p(\zeta)}{\pi L} \left\{ \int_0^{+\infty} \frac{(1+\alpha_s t^2)\cos[t(x-\zeta)/L]}{1+\alpha_s t^2 + t^3} dt \right\} d\zeta \qquad (4.97)$$

因为

$$p(x) = \begin{cases} \dfrac{P}{50\text{mm}}, & -25 \leqslant x \leqslant 25 \\ 0, & |x| > 25 \end{cases}$$

可以得到

$$q(x) = \frac{P}{\pi L} \times \frac{1}{50} \int_{-25}^{25} \left[\int_0^{+\infty} \frac{(1+\alpha_s t^2)\cos[t(x-\zeta)/L]}{1+\alpha_s t^2 + t^3} dt \right] d\zeta$$

积分后

$$q(x) = \frac{P}{\pi L} \int_0^{+\infty} \frac{(1+\alpha_s t^2)\cos t\xi}{1+\alpha_s t^2 + t^3} \cdot \frac{\sin t\zeta_0}{\zeta_0 t} dt \qquad (4.98)$$

式中 $\zeta_0 = \dfrac{25\text{mm}}{L}$。当 $\alpha_s = 0.3725$，上述积分的值是

$$\int_0^{+\infty} \frac{(1+\alpha_s t^2)\cos t\xi}{1+\alpha_s t^2 + t^3} \cdot \frac{\sin t\zeta_0}{\zeta_0 t} dt = 1.80402$$

这样承压长度是

$$l_z = \frac{P}{\sigma_{ymax} t_w} = \frac{L\pi}{1.80402} = 1.74144L = 2.194 \sqrt[3]{\frac{I_b}{t_w}}$$

但是这个等效长度，与有限元的结果相比偏小。其原因是，上述梁的模型不能考虑荷载作用高度的影响。轮压总是作用在轨道的顶面，在有限元模型中荷载施加在顶面。如果有限元模型中荷载施加在形心轴，对轨道梁的反力有巨大的影响，即荷载作用点高度的影响不可忽视。

一个合理的假定是，梁理论假设荷载是作用在形心线高度处。参考图4.36，荷载从顶面按照30度角扩展到形心轴，加载宽度扩大到120mm。按照 $\zeta_0 = \dfrac{60\text{mm}}{L}$

$$\int_0^{+\infty} \frac{(1 + \alpha_s t^2)\cos t\xi}{1 + \alpha_s t^2 + t^3} \cdot \frac{\sin t\zeta_0}{\zeta_0 t}\mathrm{d}t = 1.463924$$

$$l_z = \frac{P}{\sigma_{y\max} t_w} = \frac{L\pi}{1.463924} = 2.146L = 2.704\sqrt[3]{\frac{I_b}{t_w}} \tag{4.99}$$

将式(4.90)代入式(4.89)并作 Fourier 逆变换可得

$$Y(\omega) = \frac{(1 + \alpha_s\omega^2 L^2)P}{E_b I_b \omega^4 + 0.5(1 + \alpha_s\omega^2 L^2)E_t w\omega \mathrm{sgn}(\omega)}$$

$$Y_b(\omega) = \frac{P}{E_b I_b \omega^4 + 0.5(1 + \alpha_s\omega^2 L^2)\omega \mathrm{sgn}(\omega)E t_w}$$

$$y(x) = \frac{2P}{\pi E t_w}\int_0^{+\infty} \frac{(1 + \alpha_s t^2)\cos t\xi}{t(1 + \alpha_s t^2 + t^3)}\mathrm{d}t$$

$$y_b(x) = \frac{2P}{\pi E t_w}\int_0^{\infty} \frac{\cos\xi t}{t(1 + \alpha_s t^2 + t^3)}\mathrm{d}t$$

由位移求得无限长梁截面上的弯矩如下：

$$M(x) = -E_b I_b y_b''(x) = \frac{2P E_b I_b}{\pi L^2 E t_w}\int_0^{+\infty} \frac{t\cos\xi t}{1 + \alpha_s t^2 + t^3}\mathrm{d}t = \frac{PL}{\pi}\int_0^{+\infty} \frac{t\cos\xi t}{1 + \alpha_s t^2 + t^3}\mathrm{d}t \tag{4.100}$$

这个弯矩可以用于计算轨道强度，选择轨道型号。

$q(x)$ 可以积分得到集中荷载作用点附近的应力解：

$$\sigma_y t_w = -\frac{2}{\pi}\int_{-\infty}^{+\infty} \frac{y^3 q(\eta)\mathrm{d}\eta}{[(x-\eta)^2 + y^2]^2} = -\frac{2P}{\pi^2 bL}\int_{-\infty}^{+\infty} \frac{y^3}{[(x-\eta)^2 + y^2]^2}\int_0^{+\infty} \frac{(1 + \alpha_s t^2)\cos\xi t}{1 + \alpha_s t^2 + t^3}\mathrm{d}t\mathrm{d}\eta \tag{4.101a}$$

$$\sigma_x t_w = -\frac{2}{\pi}\int_{-\infty}^{+\infty} \frac{(x-\eta)^2 y q(\eta)\mathrm{d}\eta}{[(x-\eta)^2 + y^2]^2} = -\frac{2P}{\pi^2 bL}\int_{-\infty}^{+\infty} \frac{(x-\eta)^2 y}{[(x-\eta)^2 + y^2]^2}\int_0^{+\infty} \frac{(1 + \alpha_s t^2)\cos\xi t}{1 + \alpha_s t^2 + t^3}\mathrm{d}t\mathrm{d}\eta \tag{4.101b}$$

$$\tau_{xy} t_w = -\frac{2}{\pi}\int_{-\infty}^{+\infty} \frac{(x-\eta)y^2 q(\eta)\mathrm{d}\eta}{[(x-\eta)^2 + y^2]^2} = -\frac{2P}{\pi^2 bL}\int_{-\infty}^{+\infty} \frac{(x-\eta)y^2}{[(x-\eta)^2 + y^2]^2}\int_0^{+\infty} \frac{(1 + \alpha_s t^2)\cos\xi t}{1 + \alpha_s t^2 + t^3}\mathrm{d}t\mathrm{d}\eta \tag{4.101c}$$

4.7.2.5 回归公式

由前面对系列5的分析结果可知，梁高 h 的影响很小，而半无限平面上梁的分析表明等效承压长度的公式形式确实如式(4.68)那样，因此将式(4.73)根号内的梁高 h 去掉，同时为了使等号两边量纲相同，将开四次方改为开三次方，得到：

$$l_z = 2.83\sqrt[3]{I_b/t_w} \tag{4.102}$$

式中 I_b 在这里被理解为轨道和上翼缘绕自身形心轴的惯性矩之和，因为参照图4.29，梁的上翼缘发生了与轨道一样的变形，但是轨道和上翼缘是绕各自的形心轴弯曲的。

由有限元分析得到最大承压应力，通过式(4.67)可以计算等效承压长度 l_z。与式(4.102)计算结果在表4.23中进行了对比。可以发现，两者很接近。式(4.102)与式(4.99)这一纯理论的公式也接近。

将式(4.102)回代至式(4.67)就可以得到工字形吊车梁在轮压荷载作用下腹板计算高度边缘最大承压应力的近似计算公式：

$$\sigma_{cmax} = \frac{P}{l_z t_w} = \frac{P}{2.83\sqrt[3]{I_b} \cdot t_w^2} \tag{4.103}$$

等效承压长度的比较   表 4.23

系列	t_w（mm）	4	6	8	10	12	16
系列 5 QU70	模型 式(4.67) 式(4.102) 误差(%)	GD11 326.2 313.0 -4.0	GD12 318.0 313.0 -1.6	GD1 315.6 313.0 -0.8	GD13 315.2 313.0 -0.7	腹板厚度均为8 mm，改变梁高	
系列 6 QU70	模型 式(4.67) 式(4.102) 误差(%)	GD14 393.9 393.6 -0.1	GD15 342.7 343.9 0.3	GD16 310.7 312.4 0.6	GD17 288.1 290.0 0.7	GD18 270.7 272.9 0.8	— — — —
系列 7 QU70	模型 式(4.67) 式(4.102) 误差(%)	GD19 398.1 394.4 -0.9	GD20 347.4 344.5 -0.8	GD1 315.6 313.0 -0.8	GD21 289.7 290.6 0.3	GD22 277.0 273.4 -1.3	GD23 251.5 248.4 -1.2
系列 8 QU70	模型 式(4.67) 式(4.102) 误差(%)	GD24 406.0 395.5 -2.6	GD25 352.6 345.5 -2.0	GD26 321.4 313.9 -2.3	GD27 299.4 291.4 -2.7	GD28 283.0 274.3 -3.1	GD29 259.3 249.2 -3.9
系列 9 QU70	模型 式(4.67) 式(4.102) 误差(%)	GD30 396.0 394.4 -0.4	GD31 347.0 344.5 -0.7	GD13 315.2 313.0 -0.7	GD32 292.7 290.6 -0.7	GD33 275.7 273.4 -0.8	GD34 251.7 248.4 -1.3
系列 10 QU80	模型 式(4.67) 式(4.102) 误差(%)	GD35 452.4 448.7 -0.8	GD36 393.4 392.0 -0.3	GD37 356.2 356.1 0.0	GD38 330.5 330.6 0.0	GD39 311.3 311.1 -0.1	GD40 281.7 282.7 0.3
系列 11 QU100	模型 式(4.67) 式(4.102) 误差(%)	GD41 547.2 545.9 -0.2	GD42 473.6 476.9 0.7	GD43 427.3 433.3 1.4	GD44 395.3 402.2 1.7	GD45 371.5 378.5 1.9	GD46 334.9 343.9 2.7
系列 12 QU120	模型 式(4.67) 式(4.102) 误差(%)	GD47 657.0 653.5 -0.5	GD48 566.2 570.9 0.8	GD49 509.3 518.7 1.8	GD50 470.1 481.5 2.4	GD51 440.8 453.1 2.8	GD52 396.0 411.7 3.9
系列 13 43kg/m 轨道	模型 式(4.67) 式(4.102) 误差(%)	GD53 445.0 450.8 1.3	GD54 385.1 393.8 2.3	GD55 349.7 357.8 2.3	GD56 324.9 332.2 2.2	GD57 301.7 312.6 3.6	GD58 278.5 284.0 2.0

表 4.24 列出了仅考虑轨道惯性矩的、不同腹板厚度下的等效承压长度及其与 1:1 扩散的长度的对比。对比可见，1:1 扩散是简化计算方法偏小，考虑初始宽度 50 后比较合理。表中斜体数字表示实际工程不可能出现的情况。

承压长度（mm）   表 4.24

腹板厚度（mm）	轨道规格及其惯性矩（cm⁴）								
	24kg	33kg	38kg	43kg	50kg	QU70	QU80	QU100	QU120
	486	821.9	1204.4	1489	2037	1082	1547.4	2864.73	4923.79
5	280.3	334.0	379.4	407.2	452.0	366.0	412.4	506.4	606.6
6	263.8	314.3	357.0	383.1	425.3	344.5	388.1	476.5	570.8
8	239.7	285.6	324.3	348.1	386.4	313.0	352.6	433.0	518.6
10	222.5	265.1	301.1	323.2	358.7	290.5	327.3	401.9	481.5
12	209.4	249.5	283.3	304.1	337.6	273.4	308.0	378.2	453.1
14	198.9	237.0	269.2	288.9	320.7	259.7	292.6	359.3	430.4
16	190.2	226.6	257.4	276.3	306.7	248.4	279.9	343.6	411.6
18	182.9	217.9	247.5	265.7	294.9	238.8	269.1	330.4	395.7
20	176.6	210.4	239.0	256.5	284.7	230.6	259.8	319.0	382.1
$2h_r$	214	240	268	280	304	240	260	300	340
$2h_r + 50$	264	290	318	330	354	290	310	350	390

4.7.3 承压应力在腹板内的分布

4.7.3.1 承压应力沿高度的变化

承压应力沿腹板高度方向的变化规律按照式（4.101a，b，c）计算，但是此三式需数值积分才能得到具体数值。假设轮压荷载以 σ_{cmax} 的集度作用在腹板计算高度上边缘，并在等效承压长度 l_z 的基础上按 1:β_y 向下扩散。距腹板计算高度上边缘为 y 的位置处，荷载中轴线的正下方的应力为 σ_y，扩散比 β_y 可以表示为：

$$\beta_y = \frac{(P/\sigma_y t_w) - l_z}{2y} \qquad (4.104)$$

对不同腹板厚度的模型 GD19、GD1、GD22 以及不同梁高的模型 GD11、GD12、GD1、GD13 进行分析，得到应力的扩散比，如图 4.37(a)，(b) 所示。如果以相对高度 y/h 作为横坐标，如图 4.37(a) 所示，则可以发现，梁高小的扩散比大，这可以解释为钢梁截面惯性矩小，轨道与钢梁一起弯曲抵抗外荷载的部分加大，使得扩散比大了。钢梁大的，扩散比基本以 0.68 左右开始，然后缓慢地增加，在中和轴处，扩散比在 1.2～1.3 范围；在下翼缘，因为承压应力必须消失，扩散比快速增大。由图 4.37(b) 可以看出，承压应力在腹板内的扩散与腹板厚度没有关系。

在以上定性分析的基础上对扩散比进行数据拟合，得到：

$$\beta_y = \frac{0.654 e^{8.2k}}{\left[1 - (y/h)^{1.2}\right]} \left\{1 + \frac{0.0036}{k^{1.57}} \left(\frac{y}{h}\right)^{315k^{0.6}}\right\}, \quad k = \frac{I_{rail}}{I_{beam}} \qquad (4.105)$$

由式(4.67)计算得到的扩散比一并在图4.37b中示出。已知扩散比β_y，可以得到吊车梁集中荷载正下方腹板的竖向压应力：

$$\sigma_y = \frac{P}{(l_z + 2y\beta_y) \cdot t_w} \qquad (4.106)$$

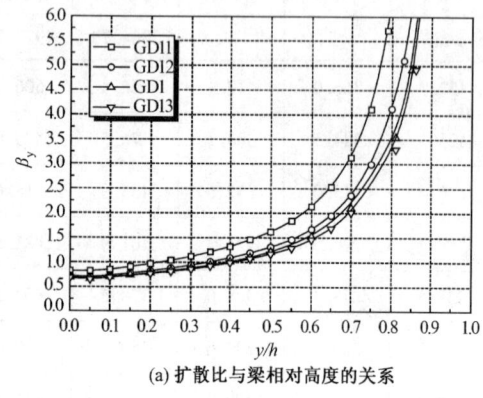

(a) 扩散比与梁相对高度的关系

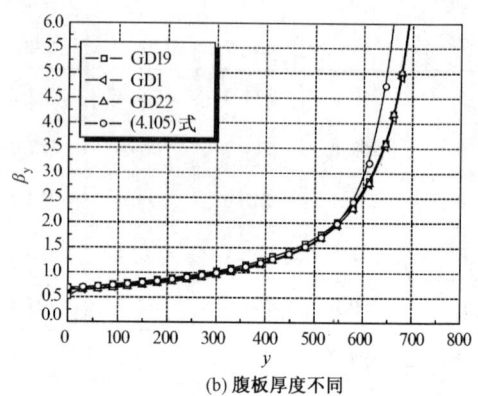

(b) 腹板厚度不同

图4.37　承压应力沿腹板高度的扩散比

4.7.3.2　承压应力在腹板计算高度边缘沿梁纵向的分布

腹板计算高度处的最大承压应力可由(4.103)式计算，显式的表达式可以参考弹性地基梁理论中的式(4.72)，因为$\sigma_{cymax} = P\gamma/2t_w$，可以得到$\gamma = \frac{2}{l_z} = \frac{2}{2.83\sqrt[3]{I_b/t_w}}$，代入式(4.72)就可以得到腹板计算高度上边缘竖向压应力沿梁纵向分布规律的近似计算公式：

$$\sigma_{cy} = \frac{P}{2.83\sqrt[3]{I_b \cdot t_w^2}} e^{-\gamma z} \ (\sin\gamma z + \cos\gamma z) \qquad (4.107)$$

图4.38为FEM计算得到的模型GD1腹板计算高度处竖向应力的分布规律，同时将式(4.107)得到的应力分布也一并示出。可见，式(4.68)可以较好地计算压应力沿梁纵向的分布规律。

对系列6~13，对式(4.107)沿梁全长积分，得到的合力P_1，并与施加的外荷载P进行比较。总共47个模型的比值P_1/P。对所有模型，比值P_1/P的平均值为1.0，标准差为0.01，可见式(4.107)精度非常好。

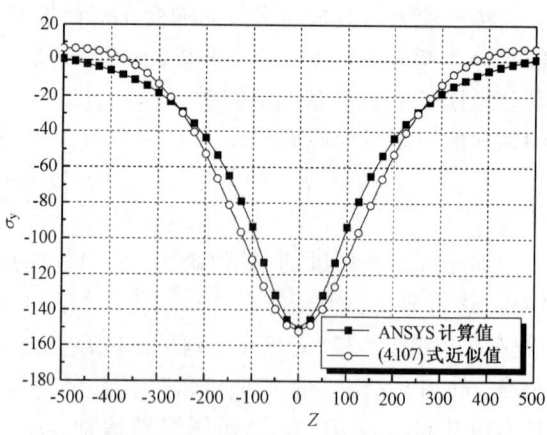

图4.38　模型GD1腹板计算高度处的压应力分布

176

4.8 局部荷载作用下工字梁腹板的弹性屈曲分析

4.8.1 问题背景

钢结构中常见的工字梁承受一定宽度局部荷载的情形如图4.39和图4.49所示。局部荷载通过上翼缘传递到腹板，由于腹板相对较薄，容易发生局部屈曲。

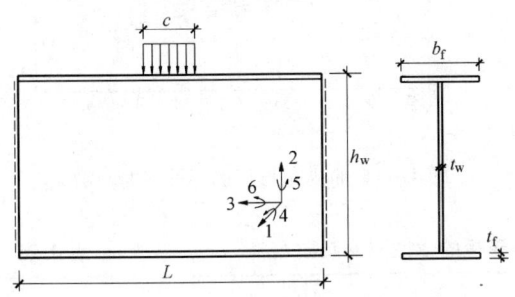

图4.39 线性分布的局部荷载 　　　　图4.40 局部荷载作用下四边简支矩形板

板抵抗屈曲的能力一般用临界应力来表示，但矩形板在局部荷载作用下发生屈曲，因为荷载作用宽度不大，用力的形式表示它抵抗屈曲的能力更便于数据的归一化处理，即：

$$P_{cr} = k_{c,cr} \frac{\pi^2 E}{12(1-\mu^2)} \frac{t_w^3}{h_w} \qquad (4.108)$$

式中 $k_{c,cr}$ 为板局部承压屈曲系数。

早期对这个问题的研究范围仅限于单块矩形板，而且都是针对矩形分布的局部荷载展开，对于轮压荷载作用下吊车梁腹板的局部屈曲问题却鲜有研究。本节利用上一节得到的轮压荷载作用下承压应力的分布，对吊车梁腹板的局部屈曲问题进行分析。为了方便起见，下面将图4.39所示分布的局部荷载称为局部荷载，而将图4.49所示的荷载情况称为轮压荷载。

4.8.2 四边简支板的屈曲分析

首先对图4.40所示四边简支矩形板模型进行特征值屈曲分析。为了更好地模拟均布荷载，有限元分析中在荷载作用区域网格加密，如图4.41所示。上下两边约束出平面的位移自由度，左右两边约束1和2；同时，约束矩形板上、下两边中点的纵向位移以排除刚体位移。局部荷载施加在长度为 c 的上边缘节点上，代替均布力的作用。

矩形板的厚度 $t_w = 4mm$，高度 h_w 统一取为1000 mm，通过改变板长 L 来改变矩形板的宽高比 L/h_w，取值范围为1.0~4.0；荷载作用宽度系数 $s_s = c/L$ 的变化范围为0~0.5。计算得到的屈曲系数随宽高比及荷载作用宽度系数的变化规律如图4.42所示。可采用下式近似计算简支矩形板在局部荷载作用下的弹性屈曲系数：

$$k_{sL} = 2.05 + \frac{1.2}{(L/h_w)^2} + s_s^2 \left[0.5 + \frac{2.0}{(L/h_w)^2} \right] \qquad (4.109)$$

表4.25中将式(4.109)与FEM分析结果进行了比较，可以看出式(4.109)的误差很小。当荷载作用宽度 c 相对矩形板宽度 L 较小时，如 $c/L \leqslant 0.1$ 时，四边简支矩形板的屈曲系数变化很小。

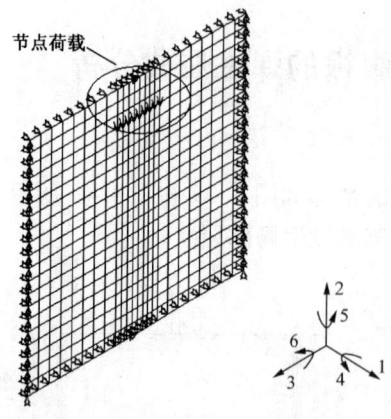

图 4.41 四边简支板的单元划分及其约束及荷载

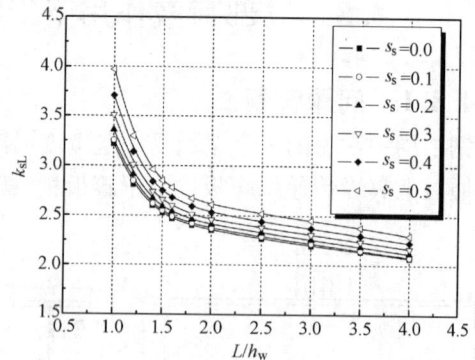

图 4.42 简支矩形板的弹性屈曲系数 k_{sL}

局部荷载作用下简支矩形板的弹性屈曲系数 k_{sL} 表 4.25

L/h_w	有限元计算值						（4.109）式拟合值						误差（%）					
	s_s						s_s						s_s					
	0.0	0.1	0.2	0.3	0.4	0.5	0.0	0.1	0.2	0.3	0.4	0.5	0.0	0.1	0.2	0.3	0.4	0.5
1.0	3.22	3.26	3.36	3.51	3.71	3.97	3.25	3.28	3.35	3.48	3.65	3.88	0.93	0.46	−0.30	−1.00	−1.62	−2.39
1.2	2.81	2.85	2.91	3.01	3.14	3.30	2.88	2.90	2.96	3.05	3.19	3.36	2.61	1.83	1.68	1.44	1.45	1.68
1.4	2.60	2.62	2.67	2.74	2.84	2.96	2.66	2.68	2.72	2.80	2.91	3.04	2.39	2.19	1.99	2.16	2.31	2.78
1.6	2.47	2.49	2.54	2.60	2.68	2.78	2.52	2.53	2.57	2.63	2.72	2.84	1.97	1.67	1.18	1.31	1.63	2.12
1.8	2.40	2.42	2.46	2.51	2.59	2.67	2.42	2.43	2.47	2.52	2.60	2.70	0.85	0.48	0.21	0.44	0.35	1.11
2.0	2.35	2.37	2.41	2.46	2.53	2.61	2.35	2.36	2.39	2.44	2.51	2.60	0.00	−0.42	−0.83	−0.81	−0.79	−0.38
2.5	2.27	2.29	2.33	2.38	2.44	2.52	2.24	2.25	2.27	2.32	2.37	2.45	−1.23	−1.74	−2.37	−2.70	−2.74	−2.90
3.0	2.20	2.22	2.26	2.31	2.37	2.45	2.18	2.19	2.21	2.25	2.30	2.36	−0.76	−1.33	−2.11	−2.67	−3.00	−3.51
4.0	2.07	2.08	2.12	2.17	2.23	2.30	2.13	2.13	2.15	2.18	2.23	2.28	2.66	2.46	1.42	0.52	−0.22	−0.82

4.8.3 两横向边简支，两纵向边固支的矩形板

本节将这种边界条件的板称为固支矩形板。分析单块固支矩形板时，有限元模型的边界条件为：上下边约束自由度 1 和 6，左右两边约束自由度 1 和 2，同时约束上、下两边中点的自由度 3，以防止模型发生刚体位移。

矩形板厚度 $t_w = 4mm$，高度 h_w 取 1000mm，对宽高比 $L/h_w = 1.0 \sim 4.0$，荷载作用宽度系数 $s_s = 0 \sim 0.5$ 的固支矩形板进行了有限元分析，得到的屈曲系数随宽高比及荷载宽度系数的变化规律如图 4.43 所示。数据拟合得到固支矩形板在局部荷载作用下的弹性屈曲系数：

$$k_{fL} = (1 + 0.65 s_s^2) \left[6.3 - 0.05 \left(\frac{L}{h_w} \right)^2 + \frac{0.6}{(L/h_w)^2} \right]$$

（4.110）

178

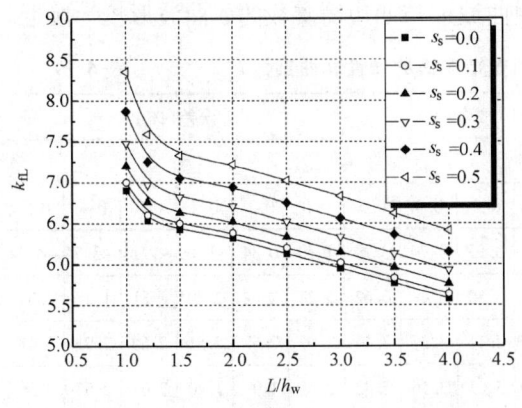

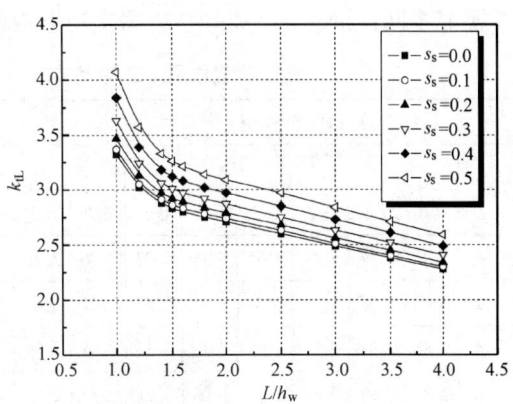

图 4.43　固支矩形板的弹性屈曲系数 k_{fL}　　　　图 4.44　三边简支，一边固支矩形板的
屈曲系数 k_{tL}

表 4.26 将 FEM 分析得到的屈曲系数与式(4.110)的计算值进行了比较，可见误差很小。当荷载作用宽度 c 相对矩形板宽度 L 较小时，如 $c/L \leqslant 0.1$ 时，固支矩形板的屈曲系数变化同样很小。

局部荷载作用下固支矩形板的弹性屈曲系数 k_{fL}　　　　表 4.26

L/h_{w}	FEM 计算值						(4.110) 式拟合值						误差（%）					
	s_{s}						s_{s}						s_{s}					
	0.0	0.1	0.2	0.3	0.4	0.5	0.0	0.1	0.2	0.3	0.4	0.5	0.0	0.1	0.2	0.3	0.4	0.5
1.0	6.90	7.00	7.20	7.48	7.87	8.35	6.85	6.89	7.03	7.25	7.56	7.96	-0.72	-1.57	-2.36	-3.07	-3.94	-4.67
1.2	6.53	6.60	6.76	6.97	7.25	7.59	6.64	6.69	6.82	7.03	7.34	7.72	1.68	1.36	0.89	0.86	1.24	1.71
1.5	6.43	6.50	6.63	6.82	7.05	7.33	6.45	6.50	6.62	6.83	7.13	7.50	0.31	0.00	-0.15	0.15	1.13	2.32
2.0	6.32	6.38	6.52	6.71	6.94	7.22	6.25	6.29	6.41	6.62	6.90	7.27	-1.11	-1.41	-1.69	-1.34	-0.58	0.69
2.5	6.13	6.20	6.33	6.52	6.75	7.02	6.08	6.12	6.24	6.44	6.72	7.07	-0.82	-1.29	-1.42	-1.23	-0.44	0.71
3.0	5.95	6.02	6.15	6.33	6.56	6.83	5.92	5.96	6.07	6.26	6.53	6.88	-0.50	-1.00	-1.30	-1.11	-0.46	0.73
3.5	5.77	5.83	5.96	6.13	6.36	6.62	5.74	5.77	5.89	6.07	6.33	6.67	-0.52	-1.03	-1.17	-0.98	-0.47	0.76
4.0	5.58	5.64	5.76	5.93	6.15	6.41	5.54	5.57	5.68	5.86	6.11	6.44	-0.72	-1.24	-1.39	-1.18	-0.65	0.47

4.8.4　三边简支，一边固支矩形板

这里是指下边固定，计算结果如图 4.44 所示。通过对计算结果进行数据拟合得到

$$k_{\mathrm{tL}} = (1 + 0.64 s_{\mathrm{s}}^2) \left[2.62 - 0.02 \left(\frac{L}{h_{\mathrm{w}}} \right)^2 + \frac{0.76}{(L/h_{\mathrm{w}})^2} \right] \tag{4.111}$$

表 4.27 将有限元结果与式(4.111)的计算值进行了比较，误差很小。

由于局部荷载是施加在简支的上边缘的，下边缘的固支约束对荷载作用区域附近的约束非常有限，因此，其弹性屈曲系数与四边简支板的屈曲系数非常接近(表 4.27)。

图 4.45 为宽高比 $L/h_{\mathrm{w}} = 1.5$，荷载作用宽度系数 $s_{\mathrm{s}} = 0.2$ 的矩形板在三种边界条件下的屈曲波形。从图中可以看出，四边简支板的屈曲波形与两边简支，两边固支板的屈曲波

形明显不同；而三边简支，一边固支矩形板的屈曲波形与四边简支板的屈曲波形较为接近。

局部荷载作用下三边简支，一边固支矩形板的弹性屈曲系数 k_{tL}　　　　表 4.27

L/h_w	FEM 计算值						式(4.111)拟合值						误差(%)					
	s_s						s_s						s_s					
	0.0	0.1	0.2	0.3	0.4	0.5	0.0	0.1	0.2	0.3	0.4	0.5	0.0	0.1	0.2	0.3	0.4	0.5
1.0	3.32	3.37	3.47	3.63	3.84	4.07	3.36	3.38	3.45	3.55	3.70	3.90	1.20	0.34	-0.69	-2.11	-3.54	-4.24
1.2	3.02	3.05	3.13	3.24	3.39	3.57	3.12	3.14	3.20	3.30	3.44	3.62	3.28	2.92	2.20	1.81	1.43	1.34
1.4	2.88	2.91	2.97	3.06	3.18	3.33	2.97	2.99	3.04	3.14	3.27	3.44	3.07	2.67	2.51	2.60	2.91	3.41
1.6	2.80	2.83	2.89	2.97	3.08	3.21	2.87	2.88	2.94	3.03	3.16	3.32	2.35	1.91	1.70	2.05	2.57	3.56
1.8	2.75	2.78	2.84	2.92	3.02	3.14	2.79	2.81	2.86	2.95	3.08	3.24	1.45	0.99	0.75	1.04	1.84	3.06
2.0	2.71	2.74	2.79	2.87	2.97	3.09	2.73	2.75	2.80	2.89	3.01	3.17	0.74	0.27	0.35	0.60	1.33	2.49
2.5	2.60	2.63	2.68	2.75	2.85	2.97	2.62	2.63	2.68	2.77	2.88	3.04	0.64	0.13	0.13	0.63	1.21	2.20
3.0	2.49	2.51	2.56	2.63	2.73	2.84	2.52	2.54	2.59	2.67	2.78	2.93	1.38	1.22	1.14	1.52	1.94	3.11
4.0	2.28	2.30	2.34	2.41	2.49	2.59	2.35	2.36	2.41	2.48	2.59	2.72	2.96	2.72	2.89	3.02	3.93	5.14

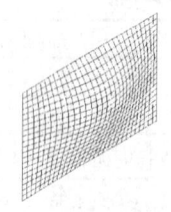 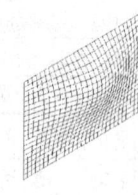 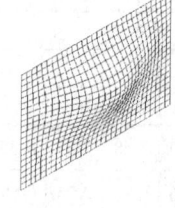

(a) 四边简支矩形板　　　　(b) 三边简支，一边固支矩形板　　　　(c) 固支矩形板

图 4.45　局部荷载作用下不同边界矩形板的一阶屈曲波形($L/h_w = 1.5$)

4.8.5　工字梁腹板在局部荷载作用下的弹性屈曲

　　如果荷载通过翼缘传递到腹板上边缘，上翼缘将荷载扩散到更宽的范围，腹板上边缘应力的峰值减小，腹板屈曲系数将大于荷载直接作用到腹板边缘的情况。下面分析工字梁腹板在局部荷载作用下的弹性屈曲时，为了分离翼缘对腹板屈曲的约束作用，将翼缘与腹板独立建模，仅将翼缘与腹板交线处节点的转动自由度6和平面外位移自由度1耦合在一起。局部荷载直接施加在宽度为 c 的腹板上边缘的节点上。由于翼缘和腹板的竖向位移和面内水平位移相互独立，屈曲前翼缘和腹板的变形是相互独立的，这样就排除了翼缘抗弯带来的应力扩散的影响。局部荷载作用下工字梁的有限元模型如图4.46所示。腹板左右两边约束自由度1和2，翼缘两端约束自由度1、2和5，同时约束腹板上、下两边中点的纵向位移自由度3，以防止工字梁发生刚体位移。

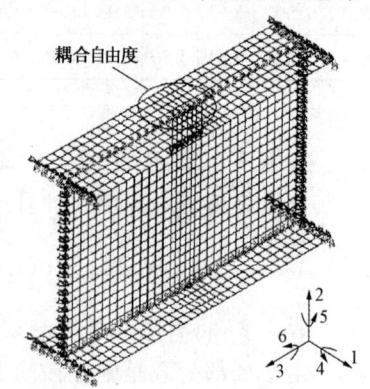

图 4.46　局部荷载作用下工字梁
的有限元模型

翼缘对腹板的约束同样可以采用式(4.65)定义的参数 κ 来表示。通过大量的数值计算，对数据进行拟合得到工字形截面腹板在局部荷载作用下的屈曲系数

$$k_{\mathrm{crL}} = \frac{k_{\mathrm{sL}} + k_{\mathrm{fL}}\xi_{\mathrm{L}}\kappa}{1 + \xi_{\mathrm{L}}\kappa} \tag{4.112}$$

式中 $\xi_{\mathrm{L}} = 0.1 + 0.03\dfrac{L}{h_{\mathrm{w}}} + \dfrac{1.63}{(L/h_{\mathrm{w}})^2}$, k_{sL} 和 k_{fL} 分别由式(4.109)和式(4.110)得到。图 4.47 为不同宽高比和不同荷载作用宽度下，腹板的弹性屈曲系数的有限元结果和式(4.112)的比较，图中数据点取 $h_{\mathrm{w}} = 1000$ ，$t_{\mathrm{w}} = 4$ ，$b_{\mathrm{f}} = 250$ 计算得到。两者的差别很小，而且式(4.112)偏于安全。

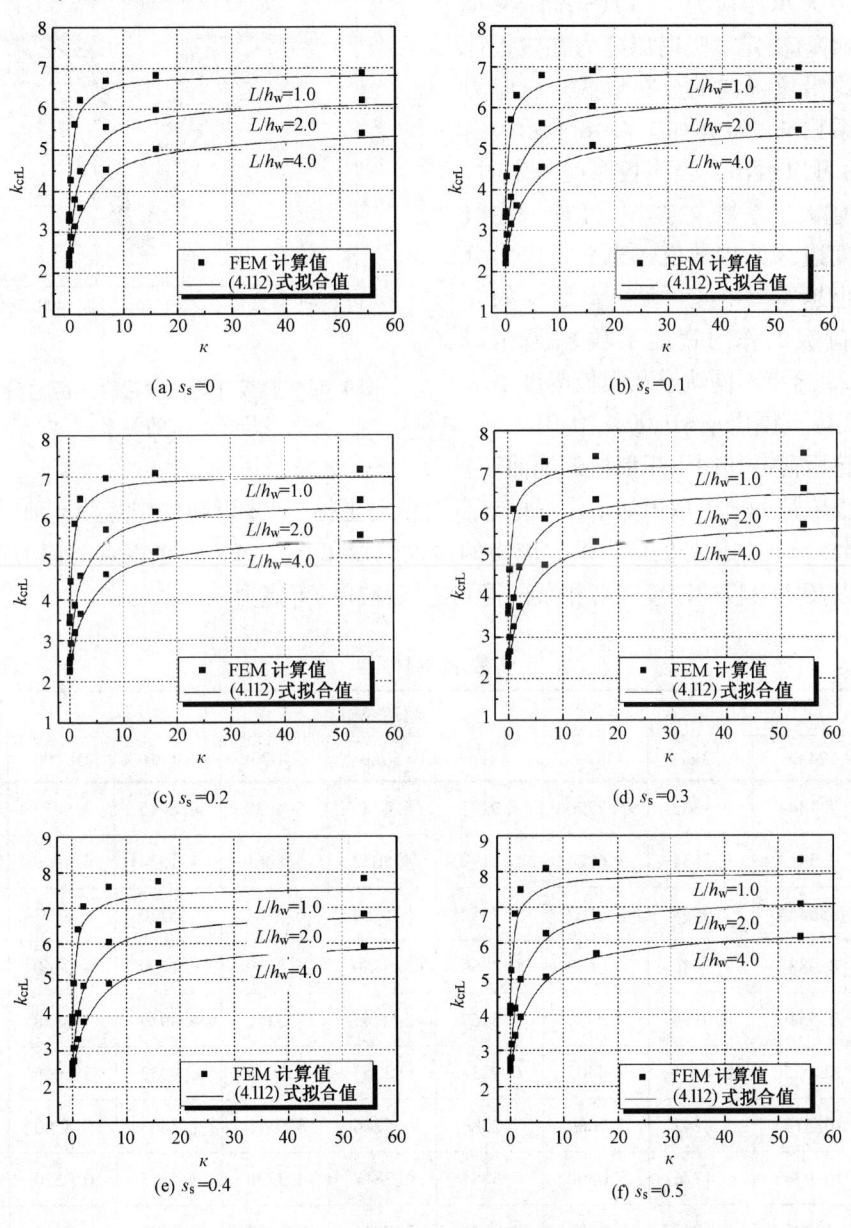

图 4.47　局部荷载作用下工字梁腹板的弹性屈曲系数 k_{crL}

4.9　工字梁腹板在轮压荷载作用下的弹性屈曲

4.9.1　工字梁腹板计算高度边缘竖向压应力的分布参数

腹板计算高度上边缘的竖向压应力分布可采用式(4.107)近似计算，式中

$$\gamma = \frac{2}{2.83\sqrt[3]{I_b/t_w}}$$ (4.113)

在式(4.107)中，σ_{cmax} 为腹板计算高度边缘的最大承压应力，而 $f(\gamma,z) = e^{-\gamma z}(\sin\gamma z + \cos\gamma z)$ 决定了竖向压应力在腹板计算高度边缘沿梁纵向的分布形式。压应力的分布随系数 γ 的变化如图4.48所示。由式(4.113)可以看出，当腹板厚度一定时，惯性矩 I_b 越大，系数 γ 越小，压应力在腹板计算高度边缘的扩散就越充分，应力分布的范围也越宽。由此可见，参数 γ 的含义与局部荷载的作用宽度系数 s_s 是相似的。表4.28给出不同轨道和腹板厚度下的参数 γ，实际范围内 $\gamma = 0.004 \sim 0.01$。

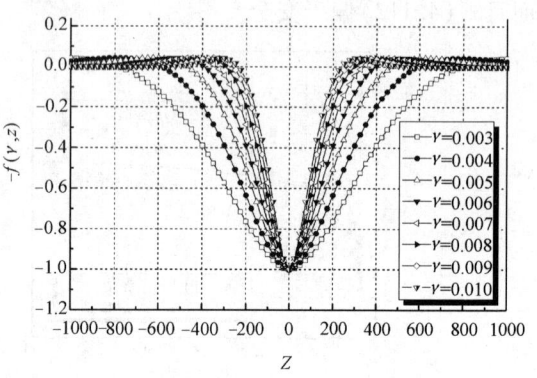

图4.48　腹板计算高度边缘压应力分布
与参数 γ 的关系

分析轮压荷载作用下矩形板的屈曲时，腹板上边缘施加的节点取值如下：根据节点的纵向坐标(以矩形板的中点为 z 轴原点)，由式(4.107)计算得到该处的应力值，应力的最大值取 $1.0\ N/mm^2$；将该点的应力值，单元格的宽度以及矩形板的厚度三者相乘即得到应该施加的节点力。

参数 $\gamma(\times 10^{-3})$　　　　　　　　　表4.28

腹板厚度（mm）	轨道规格								
	24kg	33kg	38kg	43kg	50kg	QU70	QU80	QU100	QU120
5	7.1344	5.9882	5.2720	4.9121	4.4249	5.4638	4.8495	3.9495	3.2971
6	7.5814	6.3634	5.6024	5.2199	4.7022	5.8061	5.1534	4.1969	3.5037
8	8.3444	7.0038	6.1662	5.7452	5.1754	6.3904	5.6720	4.6193	3.8563
10	8.9887	7.5446	6.6423	6.1889	5.5750	6.8839	6.1100	4.9760	4.1541
12	9.5519	8.0174	7.0585	6.5767	5.9243	7.3152	6.4929	5.2878	4.4144
14	10.0556	8.4401	7.4307	6.9234	6.2367	7.7009	6.8352	5.5666	4.6471
16	10.5133	8.8242	7.7689	7.2386	6.5206	8.0515	7.1463	5.8200	4.8587
18	10.9342	9.1776	8.0800	7.5284	6.7817	8.3739	7.4325	6.0530	5.0532
20	11.3251	9.5056	8.3688	7.7975	7.0241	8.6732	7.6981	6.2694	5.2338

4.9.2 简支矩形板

对宽高比 $L/h_w = 1.0 \sim 4.0$，荷载分布参数 $\gamma = 0.004 \sim 0.010$，高度分别为 600 mm 和 800 mm 的简支矩形板进行了有限元计算。反映荷载分布的参数 γ 的量纲是 $[1/长度]$，拟合屈曲系数时应将其乘以矩形板的高度 h_w 无量纲化。经过数据拟合得到：

$$k_{sc} = 2.0 + \frac{1.2}{(L/h_w)^2} + e^{-0.5\gamma h_w}\left[1.5 + \frac{6.5}{(L/h_w)^2}\right], \quad 当 \gamma \geqslant 0.004 \tag{4.114}$$

表 4.29 将有限元分析结果和式（4.114）计算得到的结果进行了比较，误差在 5% 以内。

轮压荷载作用下四边简支矩形板的弹性屈曲系数 k_{sc} 　　　　表 4.29

简支		FEM 计算值						式 (4.114) 拟合值						误差（%）					
h_w (mm)	L/h_w	γ						γ						γ					
		0.004	0.005	0.006	0.007	0.008	0.010	0.004	0.005	0.006	0.007	0.008	0.010	0.004	0.005	0.006	0.007	0.008	0.010
600	1.0	5.34	5.00	4.68	4.39	4.13	3.75	5.61	4.99	4.52	4.18	3.93	3.60	5.05	-0.30	-3.37	-4.79	-4.95	-4.05
	1.2	4.46	4.13	3.83	3.57	3.37	3.09	4.64	4.18	3.83	3.57	3.38	3.13	4.14	1.09	-0.07	-0.01	0.26	1.38
	1.4	3.97	3.63	3.34	3.12	2.95	2.76	4.06	3.69	3.41	3.20	3.05	2.85	2.34	1.57	2.05	2.63	3.36	3.33
	1.6	3.67	3.32	3.05	2.86	2.73	2.59	3.69	3.37	3.14	2.96	2.84	2.67	0.42	1.51	2.83	3.61	3.85	3.08
	1.8	3.48	3.13	2.87	2.71	2.60	2.50	3.43	3.15	2.95	2.80	2.69	2.54	-1.54	0.73	2.79	3.31	3.40	1.80
	2.0	3.35	2.99	2.76	2.61	2.53	2.45	3.24	3.00	2.82	2.68	2.58	2.46	-3.25	0.24	2.05	2.78	2.11	0.23
	2.5	3.14	2.80	2.61	2.50	2.44	2.38	2.96	2.76	2.61	2.50	2.42	2.32	-5.83	-1.47	0.07	0.12	-0.72	-2.59
	3.0	2.98	2.68	2.53	2.44	2.38	2.31	2.80	2.63	2.50	2.41	2.33	2.24	-5.95	-1.90	-1.16	-1.42	-1.89	-2.86
	4.0	2.75	2.52	2.39	2.30	2.24	2.17	2.65	2.50	2.39	2.31	2.25	2.17	-3.67	-0.78	0.00	0.37	0.35	0.00
800	1.0	4.88	4.48	4.14	3.86	3.66	3.41	4.82	4.28	3.93	3.69	3.53	3.35	-1.33	-4.40	-5.18	-4.50	-3.66	-1.86
	1.2	4.02	3.65	3.37	3.17	3.03	2.90	4.05	3.65	3.38	3.20	3.08	2.94	0.68	-0.08	0.26	0.92	1.60	1.50
	1.4	3.53	3.19	2.95	2.81	2.72	2.65	3.58	3.26	3.05	2.91	2.81	2.70	1.55	2.32	3.36	3.39	3.26	1.90
	1.6	3.23	2.92	2.73	2.62	2.57	2.52	3.28	3.02	2.84	2.71	2.63	2.54	1.68	3.27	3.85	3.60	2.47	0.90
	1.8	3.04	2.76	2.60	2.52	2.49	2.45	3.08	2.84	2.69	2.58	2.51	2.43	1.26	3.08	3.40	2.52	0.94	-0.63
	2.0	2.91	2.66	2.53	2.47	2.44	2.40	2.93	2.72	2.58	2.49	2.43	2.36	0.72	2.37	2.11	0.81	-0.52	-1.78
	2.5	2.72	2.53	2.44	2.39	2.36	2.32	2.70	2.54	2.42	2.35	2.30	2.24	-0.56	0.23	-0.72	-1.82	-2.73	-3.51
	3.0	2.62	2.47	2.38	2.33	2.29	2.25	2.58	2.43	2.33	2.27	2.22	2.17	-1.45	-1.45	-1.89	-2.64	-2.89	-3.38
	4.0	2.47	2.33	2.24	2.19	2.16	2.12	2.46	2.33	2.25	2.19	2.15	2.11	-0.41	0.13	0.35	0.04	-0.34	-0.48

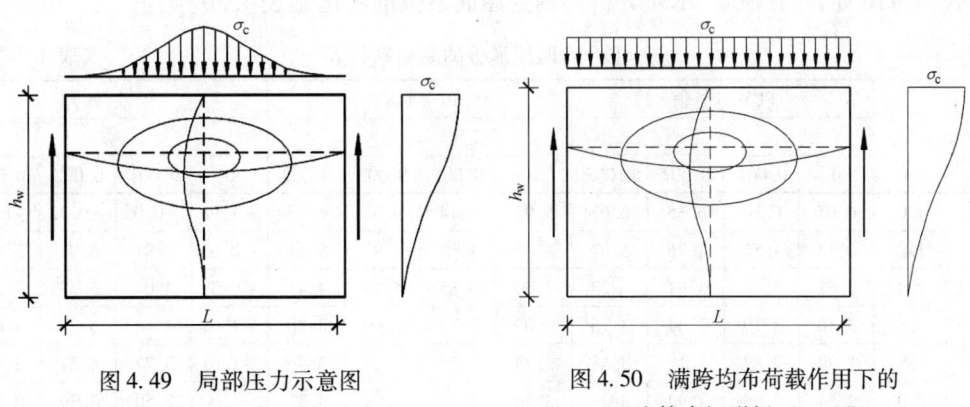

图 4.49　局部压力示意图　　　　　　　图 4.50　满跨均布荷载作用下的
四边简支矩形板（$\gamma = 0$）

陈绍蕃（2004）在《钢结构》一书中提到，对于图 4.49 所示局部荷载作用下的简支矩形板，其临界应力可以表示为：

$$\sigma_{c,cr} = K \frac{\pi^2 E}{12 (1-\mu^2)} \left(\frac{t_w}{h_w}\right)^2 \tag{4.115}$$

式中屈曲系数 K 由下式给出：

$$K = \left(7.4 + 4.5 \frac{h_w}{L}\right) \cdot \frac{h_w}{L} \qquad \text{当 } 0.5 \leqslant \frac{L}{h_w} \leqslant 1.5 \tag{4.116a}$$

$$K = \left(11 - 0.9 \frac{h_w}{L}\right) \cdot \frac{h_w}{L} \qquad \text{当 } 1.5 \leqslant \frac{L}{h_w} \leqslant 2.0 \tag{4.116b}$$

上式适用于图 4.49 所示沿矩形板全长分布的局部荷载，在加载边端部压应力值为零。而式(4.107)的应力模式是随 γ 值改变，γ 越大，应力分布范围越小。通过调整 γ 的值，就能得到局部应力在加载边端部为零的应力分布形式。经过试算，对于高度为 600mm 的矩形板，宽高比 L/h_w 分别为 1.0、1.5、2.0 时对应这种应力分布形式的 γ 值分别为 0.0115，0.008 和 0.0065。

基于临界荷载的屈曲系数 k_{sc} 与基于临界应力的屈曲系数 K 之间的关系推导如下：

$$P_{cr} = \int_{-L/2}^{L/2} \sigma_c t_w dz = \int_{-L/2}^{L/2} \sigma_{c,cr} e^{-\gamma z} (\sin\gamma z + \cos\gamma z) t_w dz$$

将式(4.69)和式(4.115)代入上式可以得出：

$$K = \frac{\gamma h_w}{2 \left[1 - e^{-\gamma L/2} \cos (\gamma L/2)\right]} \cdot k_{sc} \tag{4.117}$$

当简支矩形板的宽高比为 1.0($\gamma=0.0115$)、1.5($\gamma=0.008$)和 2.0($\gamma=0.0065$)时，分别由式(4.116a,b)和式(4.114, 4.117)计算其弹性屈曲系数，可以发现两者差别非常小。但是式(4.114)适用的应力分布范围更加广泛。

当 $\gamma < 0.004$ 时，应力分布更加均匀。当 $\gamma = 0$ 时，应力是均布的，如图 4.50 所示。此时宜改为以应力为基础拟合屈曲系数 K。对厚度 $t_w = 8$mm，高度分别为 600 mm 和 800 mm，$\gamma = 0$、0.001、0.002、0.003 的矩形板进行了屈曲分析，求得屈曲系数 K。数据拟合得到：

$$K = \left[1.85 - \frac{3.7}{(L/h_w)^{1.5}} + \frac{7.8}{(L/h_w)^2}\right] \left[5e^{\frac{-1.3}{L/h_w}}\right]^{\frac{\gamma h_w}{6}} \tag{4.118}$$

式(4.118)的计算值与 FEM 分析得到的屈曲系数的对比见表 4.30。

$\gamma < 0.004$ 时矩形板的屈曲系数 K 表 4.30

h_w (mm)	L/h_w	FEM 计算值 γ				式(4.118) γ				误差(%) γ			
		0	0.001	0.002	0.003	0	0.001	0.002	0.003	0	0.001	0.002	0.003
600	1.0	6.07	6.14	6.35	6.65	5.95	6.14	6.33	6.53	-1.98	-0.05	-0.32	-1.82
	1.2	4.48	4.56	4.76	5.07	4.45	4.69	4.95	5.21	-0.63	2.91	3.91	2.82
	1.4	3.61	3.70	3.91	4.23	3.60	3.85	4.12	4.41	-0.39	4.04	5.38	4.28
	1.6	3.10	3.19	3.42	3.76	3.07	3.32	3.60	3.90	-1.01	4.18	5.23	3.66
	1.8	2.77	2.87	3.12	3.48	2.73	2.98	3.25	3.56	-1.61	3.77	4.31	2.19
	2.0	2.54	2.65	2.92	3.31	2.49	2.74	3.02	3.32	-1.90	3.50	3.39	0.39
	2.5	2.22	2.36	2.68	3.10	2.16	2.41	2.69	3.00	-2.61	2.15	0.31	-3.30
	3.0	2.05	2.22	2.58	3.01	2.00	2.25	2.54	2.85	-2.21	1.57	-1.70	-5.22
	4.0	1.81	2.07	2.41	2.83	1.88	2.13	2.42	2.76	3.59	2.99	0.59	-2.60

h_w (mm)	L/h_w	FEM 计算值				式(4.118)				误差(%)			
		γ				γ				γ			
		0	0.001	0.002	0.003	0	0.001	0.002	0.003	0	0.001	0.002	0.003
800	1.0	6.07	6.20	6.54	7.05	5.95	6.20	6.46	6.73	-1.98	0.01	-1.20	-4.49
	1.2	4.48	4.61	4.96	5.46	4.45	4.78	5.12	5.49	-0.63	3.59	3.27	0.63
	1.4	3.61	3.76	4.12	4.64	3.60	3.94	4.31	4.72	-0.39	4.72	4.65	1.75
	1.6	3.10	3.25	3.64	4.18	3.07	3.41	3.80	4.22	-1.01	5.00	4.26	0.97
	1.8	2.77	2.94	3.35	3.92	2.73	3.07	3.45	3.89	-1.61	4.33	3.06	-0.87
	2.0	2.54	2.73	3.17	3.77	2.49	2.83	3.22	3.66	-1.90	3.73	1.52	-2.99
	2.5	2.22	2.45	2.96	3.59	2.16	2.50	2.89	3.34	-2.61	2.04	-2.34	-6.90
	3.0	2.05	2.33	2.86	3.50	2.00	2.34	2.74	3.21	-2.21	0.64	-4.10	-8.33
	4.0	1.82	2.17	2.69	3.30	1.88	2.23	2.64	3.13	3.02	2.54	-1.83	-5.04

对图 4.50 所示的满跨均布荷载。此时式(4.118)可以简化为：

$$K = 1.85 - \frac{3.7}{(L/h_w)^{1.5}} + \frac{7.8}{(L/h_w)^2} \tag{4.119}$$

总结：对轮压荷载作用下四边简支矩形板，当 $\gamma \geq 0.004$ 时，按式(4.114)计算其荷载屈曲系数 k_{sc}，代入式(4.108)计算临界荷载；当 $\gamma < 0.004$ 时，按式(4.118)计算其应力屈曲系数 K，代入式(4.115)计算其临界应力，或者通过换算关系式(4.117)得到荷载屈曲系数 k_{sc}。

因本节的对象是轮压荷载作用下腹板的弹性屈曲，下面只针对 $\gamma \geq 0.004$ 的荷载形式给出结果。

4.9.3 两横向边简支，两纵向边固支的矩形板

对轮压荷载作用下两侧边简支，上下两边固支的矩形板进行分析。对厚度 $t_w = 8$mm，宽高比 $L/h_w = 1.0 \sim 4.0$，荷载分布参数 $\gamma = 0.004 \sim 0.010$，高度分别为 600 mm 和 800 mm 的矩形板进行了有限元计算。通过对计算结果进行数据拟合，得到：

$$k_{fc} = \left(0.78 + \frac{1.45}{\gamma h_w}\right)\left[6.4 - 0.07\left(\frac{L}{h_w}\right)^2 + \frac{1.32}{(L/h_w)^2}\right] \tag{4.120}$$

表 4.31 中将 FEM 分析得到的屈曲系数和式(4.120)计算得到的结果进行了比较，差别很小，基本在 5% 以内。

4.9.4 工字梁腹板弹性屈曲系数

对腹板厚度 $t_w = 8$mm，翼缘厚度 $t_f = 1 \sim 196$mm，宽高比 $L/h_w = 1.0 \sim 4.0$，荷载分布参数 $\gamma = 0.004 \sim 0.010$ 的近 800 个工字梁模型进行了特征值屈曲分析。计算时通过改变翼缘厚度改变 κ 的值，从而模拟翼缘对腹板的约束作用。通过数据拟合获得屈曲系数的近似公式：

$$k_{crc} = \frac{k_{sc} + k_{fc}\xi_c\kappa}{1 + \xi_c\kappa} \tag{4.121}$$

式中 $\xi_c = \dfrac{L/h_w}{4.25L/h_w - 3.92}$，$k_{sc}$ 和 k_{fc} 分别由式(4.114)和式(4.120)给出。

将式(4.121)以实线的形式在图 4.51 中示出，通过与有限元分析结果的对比发现，公

式有着很好的精度。图中数据是取 $h_w=800$，$t_w=8mm$ 计算的。

轮压荷载作用下固支矩形板的弹性屈曲系数 k_{fc} 表4.31

固支		FEM 计算值						式(4.120)拟合值						误差(%)					
		γ						γ						γ					
h_w (mm)	L/h_w	0.004	0.005	0.006	0.007	0.008	0.010	0.004	0.005	0.006	0.007	0.008	0.010	0.004	0.005	0.006	0.007	0.008	0.010
600	1.0	10.82	10.17	9.56	9.00	8.51	7.77	10.59	9.66	9.05	8.61	8.28	7.82	-2.14	-4.97	-5.35	-4.35	-2.73	0.59
	1.2	9.90	9.20	8.57	8.03	7.60	7.01	9.99	9.12	8.53	8.12	7.81	7.37	0.89	-0.91	-0.41	1.12	2.74	5.17
	1.4	9.61	8.81	8.14	7.62	7.22	6.76	9.60	8.76	8.20	7.80	7.51	7.09	-0.09	-0.54	0.79	2.43	3.96	4.83
	1.6	9.53	8.64	7.94	7.42	7.07	6.70	9.32	8.51	7.97	7.58	7.29	6.88	-2.16	-1.50	0.35	2.16	3.10	2.72
	1.8	9.52	8.52	7.78	7.29	6.97	6.65	9.11	8.31	7.78	7.40	7.12	6.72	-4.32	-2.42	0.04	1.57	2.16	1.10
	2.0	9.46	8.36	7.61	7.14	6.86	6.58	8.93	8.15	7.63	7.26	6.98	6.59	-5.63	-2.53	0.25	1.65	1.74	0.15
	2.5	8.97	7.83	7.19	6.82	6.59	6.32	8.55	7.80	7.30	6.95	6.68	6.31	-4.73	-0.39	1.56	1.86	1.37	-0.20
	3.0	8.30	7.35	6.83	6.52	6.31	6.04	8.19	7.47	7.00	6.66	6.40	6.04	-1.33	1.70	2.46	2.11	1.46	0.08
	4.0	7.05	6.55	6.07	5.83	5.65	5.42	7.42	6.77	6.34	6.03	5.80	5.48	5.29	3.43	4.49	3.50	2.70	1.08
800	1.0	9.94	9.17	8.52	8.00	7.60	7.13	9.43	8.74	8.28	7.95	7.70	7.35	-5.10	-4.69	-2.84	-0.65	1.32	3.14
	1.2	8.98	8.20	7.61	7.18	6.89	6.62	8.90	8.24	7.81	7.50	7.26	6.94	-0.91	0.54	2.60	4.41	5.42	4.78
	1.4	8.58	7.78	7.23	6.88	6.68	6.51	8.55	7.92	7.51	7.21	6.98	6.67	-0.31	1.86	3.81	4.74	4.52	2.42
	1.6	8.39	7.58	7.07	6.79	6.63	6.50	8.31	7.70	7.29	7.00	6.78	6.48	-0.99	1.54	3.10	3.07	2.27	-0.38
	1.8	8.25	7.44	6.97	6.73	6.60	6.46	8.11	7.52	7.12	6.84	6.62	6.33	-1.64	1.05	2.16	1.59	0.36	-2.08
	2.0	8.08	7.28	6.87	6.65	6.52	6.38	7.95	7.37	6.98	6.70	6.49	6.20	-1.56	1.22	1.59	0.77	-0.42	-2.82
	2.5	7.58	6.92	6.59	6.40	6.27	6.11	7.61	7.05	6.68	6.41	6.21	5.93	0.43	1.93	1.37	0.22	-0.89	-2.87
	3.0	7.15	6.61	6.31	6.12	5.98	5.83	7.30	6.76	6.40	6.15	5.96	5.69	2.04	2.27	1.46	0.44	-0.41	-2.45
	4.0	6.39	5.91	5.65	5.48	5.37	5.23	6.61	6.13	5.80	5.57	5.40	5.15	3.48	3.67	2.70	1.67	0.52	-1.44

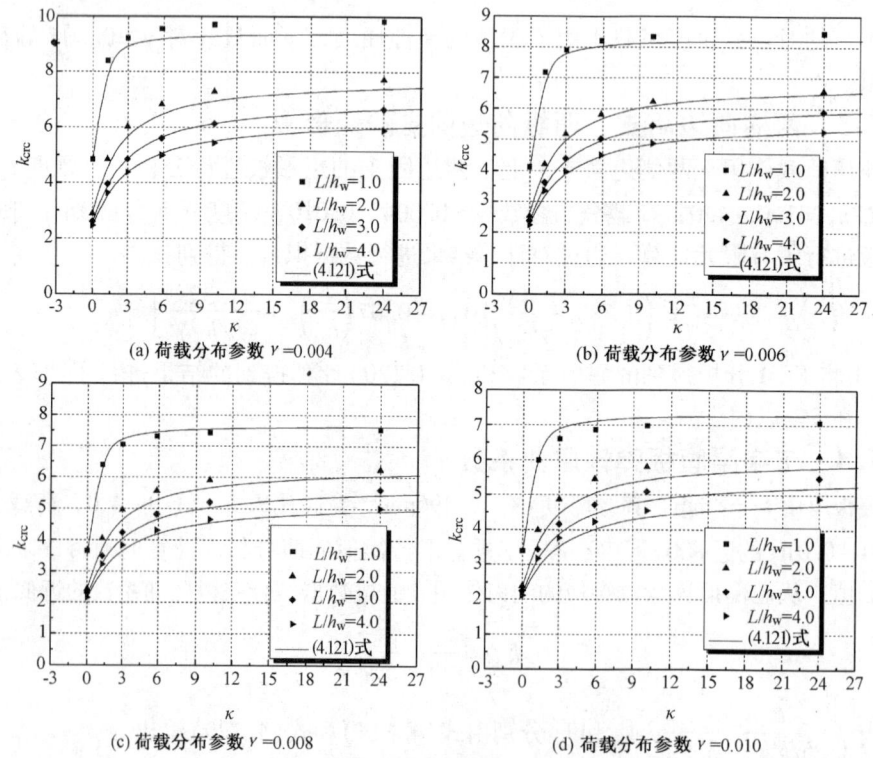

(a) 荷载分布参数 $\gamma=0.004$ (b) 荷载分布参数 $\gamma=0.006$

(c) 荷载分布参数 $\gamma=0.008$ (d) 荷载分布参数 $\gamma=0.010$

图4.51 工字梁腹板在轮压荷载作用下的弹性屈曲系数 k_{crc}

4.10 考虑翼缘约束的工字形截面腹板的受弯弹性屈曲

4.10.1 翼缘对腹板承受压弯应力时的屈曲约束作用

研究图 4.52 所示的工字形截面的腹板区格在非均匀压应力作用下的弹性屈曲。建立有限元模型时采用耦合自由度的方法，即翼缘与腹板单独建模，再将翼缘和腹板交线上节点的转动自由度 4、5 和腹板平面外位移自由度 3 耦合，其余自由度独立。这样做的目的是不要将腹板承受的非均匀压应力传递给翼缘，避免翼缘自身的屈曲效应，使问题得以简化。对腹板的两加载边上节点约束出平面外位移自由度 3，为了防止翼缘发生刚体平动位移，还需约束上下翼缘四条侧边(eh、fg、jk、il)上节点的自由度 1 和 2。衡量翼缘对腹板约束程度的参数采用式(4.65)的 $\kappa = \dfrac{b_f t_f^3}{h t_w^3}$。

对图 4.53 所示的工字形截面模型进行弹性屈曲分析，翼缘宽度 b_f 分别取为 100、200、300 和 400mm，腹板区格宽高比 L/h 取 0.4 ~ 4.0，通过改变翼缘厚度 t_w 而改变 κ 值，翼缘厚度的变化范围为 4 ~ 30mm，应力分布系数 β 取 0 ~ 2.0，分析了 32 个系列，3500 余个模型，将具有代表性的系列以散点绘于图 4.54。通过拟合得到：

$$K_{ber} = \frac{K_{bcs} + 3K_{bcf}\kappa}{1 + 3\kappa} \tag{4.122}$$

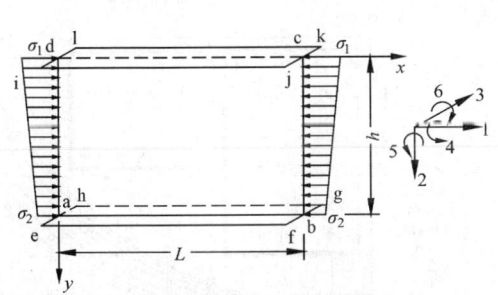 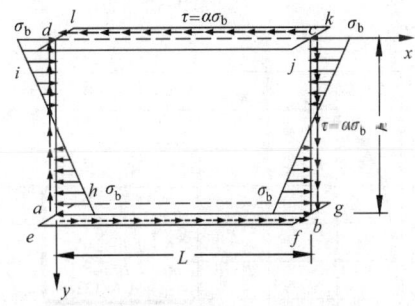

图 4.52　非均匀受压的考虑翼缘约束的腹板　　　图 4.53　弯剪联合作用的腹板

式中 K_{bcs} 和 K_{bcf} 分别为非均匀受压简支矩形板和固支矩形板的屈曲系数，分别按式(4.32b)和式(4.34a)计算；式(4.122)计算得到的腹板屈曲系数的近似值以实线的形式绘于图 4.54，可以看出，在实际工程常见的宽高比范围内式(4.123)得到的腹板屈曲系数与 ANSYS 基本吻合偏于安全。

4.10.2 仅考虑压应力较小侧翼缘的约束作用

如图 4.52 所示的工字形压弯构件，非均匀受压腹板的屈曲总是先发生在压应力较大的区块，压应力较大一侧的翼缘会先达到屈服应力，此时翼缘对腹板提供约束的能力会大大减弱，在这一侧腹板边缘可视为简支；而压应力较小一侧的翼缘能继续对腹板提供嵌固作用。

衡量压应力较小侧翼缘对腹板的约束程度，仍然是翼缘自由扭转刚度与腹板抗弯刚度之比 κ。对仅考虑压应力较小侧翼缘约束作用的腹板模型进行弹性屈曲分析，翼缘宽度 b_f 分别取为 100、200、300 和 400mm，腹板区格宽高比 L/h 取 0.4 ~ 4.0，通过改变翼缘厚度 t_f 而改

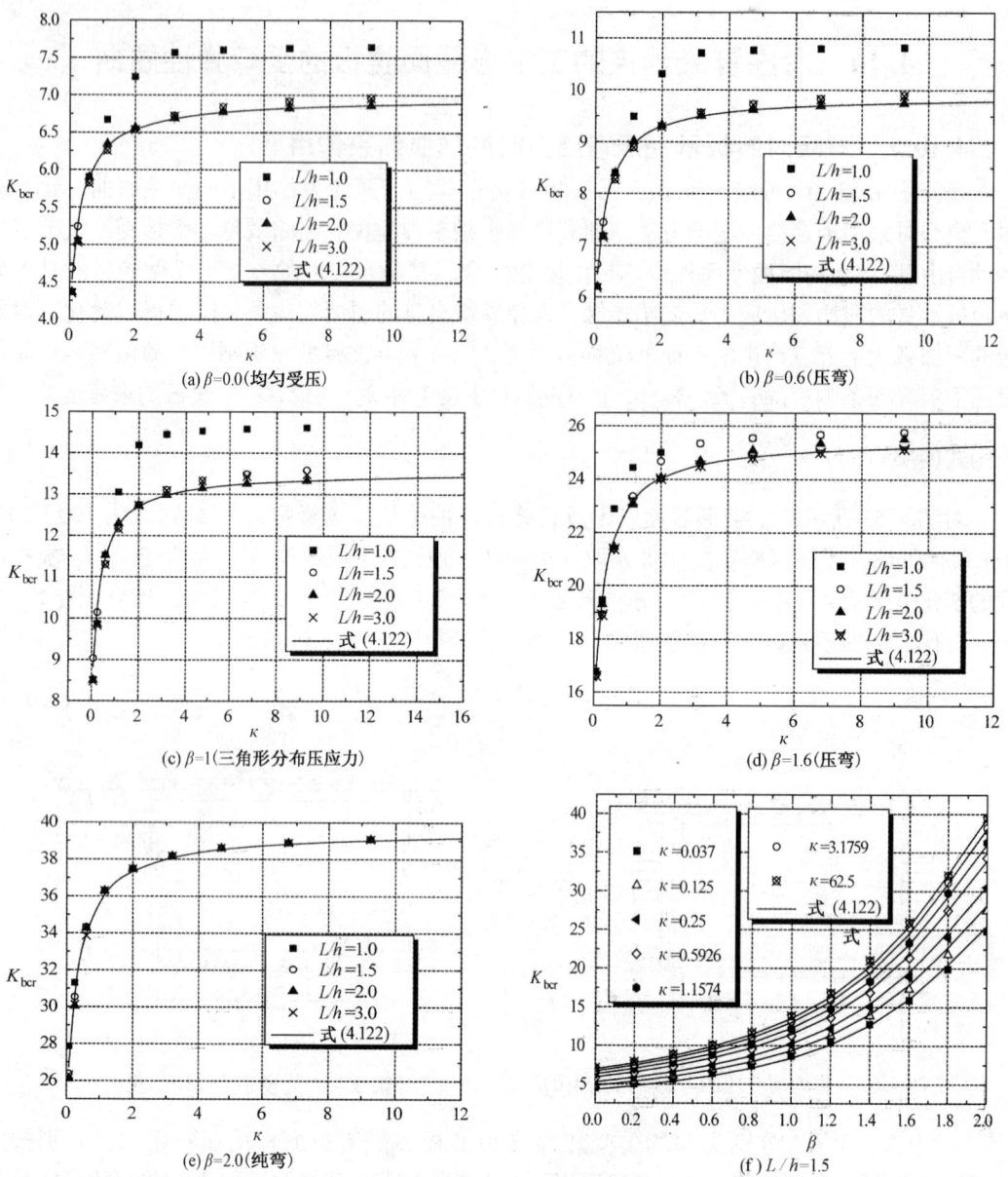

图 4.54 非均匀受压腹板的屈曲系数与参数 κ 的关系曲线

变 κ 值，翼缘厚度的变化范围为 4~30mm，应力分布系数取 0~2，分析了 32 个系列，3500 余个模型，将具有代表性的系列以散点绘于图 4.55。通过拟合得到：

$$K_{bcr1} = \frac{K_{bcs} + 1.5(2-\beta)\kappa K_{bet}}{1 + 1.5(2-\beta)\kappa} \tag{4.123}$$

式中 K_{bcs} 和 K_{bet} 分别为非均匀受压简支矩形板和三边简支一边固支矩形板的屈曲系数，分别按式(4.32b)和式(4.35a)计算。

从图 4.55(a)~(e)中比较发现，腹板在各种非均匀受压工况下，由压应力较小侧翼缘提供的约束作用对腹板的屈曲稳定性的影响是不同的。当 $\beta = 0$ 时，即均匀受压情况，腹板

屈曲系数随参数 κ 值的增大而迅速增大，然后渐渐趋近于 $\kappa=\infty$ 的值即三边简支一边固支的屈曲系数值。当 β 从 0 开始逐渐增加时，压应力较小侧的翼缘对腹板受压屈曲的影响也逐渐减小。当 β 达到 2 时腹板承受纯弯曲应力作用，此时腹板受拉区翼缘尺寸的改变即参数 κ 的变化对腹板的屈曲系数影响几乎很小，因而此时腹板屈曲系数可以近似取为简支板的屈曲系数，即 $K_{bcr1}=K_{bcs}\approx24$。

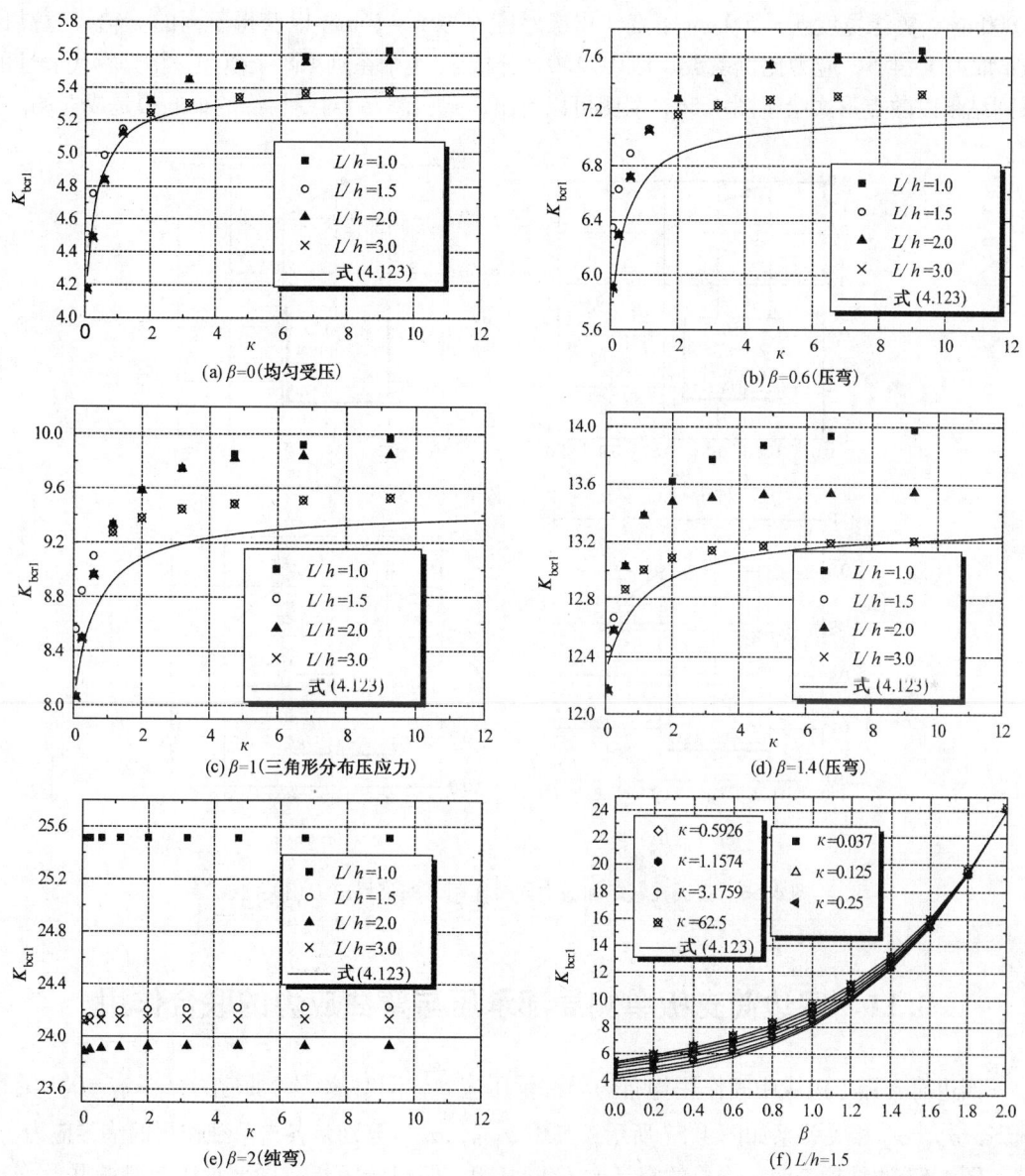

图 4.55　仅考虑压应力较小侧翼缘约束的腹板屈曲系数与参数 κ 的关系曲线

4.10.3　工字梁腹板在弯矩和剪力共同作用下的弹性屈曲

刚架梁与柱连接处、连续梁和悬臂梁支座处梁腹板同时承受较大的弯矩和剪力，必须考虑这两种力素共同作用对腹板稳定的影响。同时承受弯矩和剪力的四边支承板件弹性屈曲的相关公式[式(4.37b,c)]，可以推广到梁的腹板。但是式中 τ_{cr}、σ_{bcr} 分别为剪应力和弯曲应力各自单独作用时的临界值。σ_{bcr} 按照式(4.122)计算屈曲系数；τ_{cr} 也按照式(4.66)计算屈曲系数 K_{scr}。

对如图 4.53 所示的考虑翼缘约束作用的腹板在剪应力和弯曲应力同时作用的情况进行弹性屈曲分析，剪应力和弯曲应力按比例施加在腹板四边节点上，即 $\tau = \alpha\sigma_b$。取腹板高度 h =800mm、翼缘宽度 b_f =200mm 不变，翼缘厚度 t_f 取 6~16mm 以获得不同的 κ 值，宽高比 L/h 取 1.0~4.5，应力比例系数 α 取 0~1.0，分析了 24 个系列 168 个模型，将具有代表性的系列结果以散点形式绘于图 4.56，从图可以看出，式(4.37a)对受翼缘约束的板是成立的。

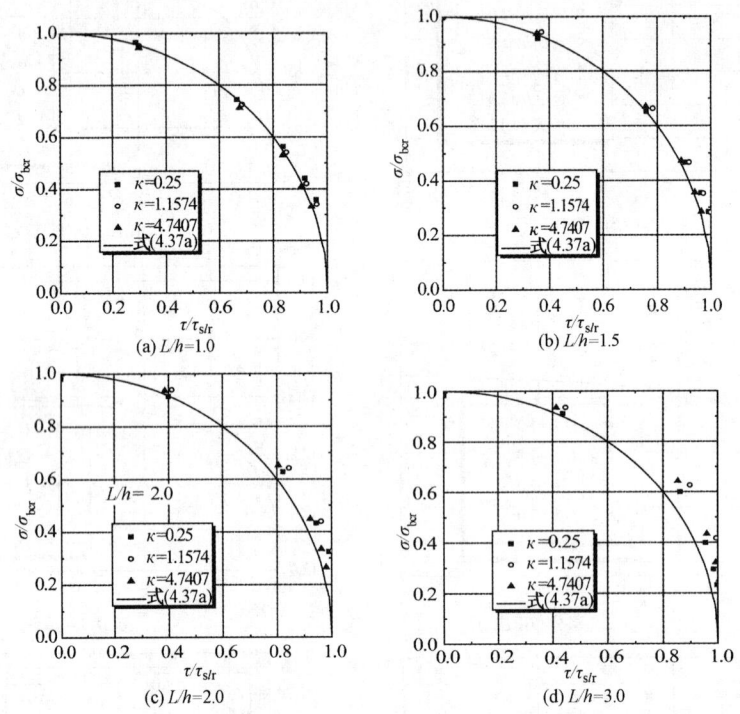

图 4.56 腹板在弯矩和剪力同时作用下的临界应力相关曲线

4.11 四边简支板单侧局部承压与弯曲应力的联合作用

四边简支板上边缘中间作用均布的局部承压应力，同时承受弯曲应力，在 s_s =0.1 的情况下，σ_c、σ_b 相关关系如图 4.57 所示，其中 σ_{bcr0}，$\sigma_{c,cr0}$ 分别是各自单独作用的临界应力。

图 4.57 的结果表明，当板的宽高比 $L/h \leqslant 1.0$，即对于短板，局部承压与弯曲联合作用的相关关系曲线几乎成一条直线；当板的宽高比 $L/h \geqslant 1.8$，即对于长板，曲线外凸，但还达不到圆曲线的程度。而当板的宽高比 $L/h = 1.2$，1.5，即介于短板和长板之间时，曲线为双折线的形式，且增大宽高比，折线抬高。另外，在板分别为短板或长板时，多条曲线几乎重合，说明对于宽高比处于这两个区间的板，可以分别用同样的相关曲线来表达。

图 4.57 出现三种类型的相关曲线，有必要在物理意义上加以解释。从观察板在局部承

压与弯曲联合作用时的屈曲波形着手。

图 4.58 所示，当 $L/h = 0.6$ 时，不论 $\sigma_c/\sigma_{c,cr0}$ 取什么值，板都以一个半波失稳，此时局部压应力和弯曲压应力都正好作用在波形位移最大的地方，两种应力对板的失稳贡献相当。

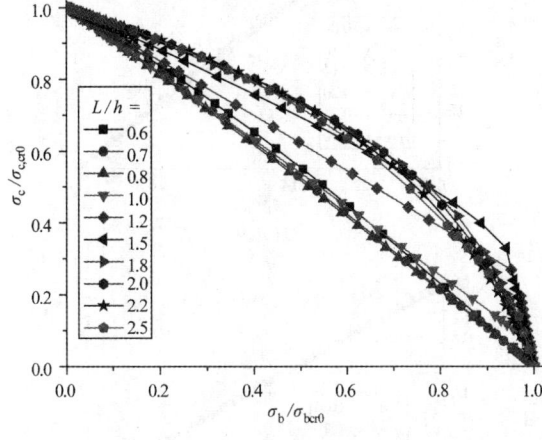

图 4.57　单侧局部承压应力与弯曲应力的相关关系

当 $L/h = 1.2$，$\sigma_c/\sigma_{c,cr0} = 0.1$ 时，板以左右两个半波失稳，此时局部压应力正好作用在弯曲失稳波形的节线上，故而局部承压应力对板弯曲失稳临界应力的影响较小，表现在相关曲线上，就是曲线几乎成直线迅速上行，差不多与 σ_b/σ_{bcr0} 轴垂直；增大 $\sigma_c/\sigma_{c,cr0}$，例如取值为 0.5 或 0.9 时，板以一个半波失稳，说明是局部压力对失稳的影响占据了主导地位，此时弯曲应力的影响是这样的：以较长的半波长失稳时，弯曲屈曲的临界应力较大，因此弯曲应力对局部压力下影响相对也较小。

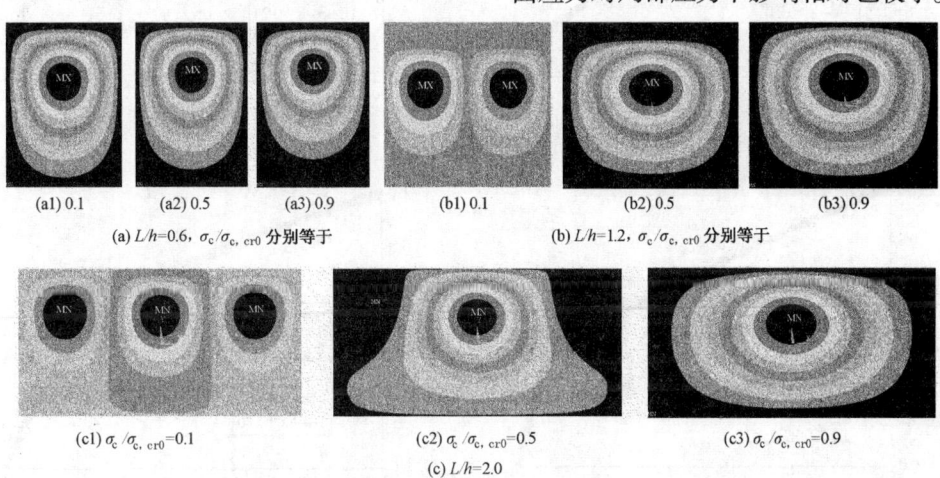

(a1) 0.1　　(a2) 0.5　　(a3) 0.9　　　(b1) 0.1　　　(b2) 0.5　　　(b3) 0.9

(a) L/h=0.6, $\sigma_c/\sigma_{c,\,cr0}$ 分别等于　　　　　(b) L/h=1.2, $\sigma_c/\sigma_{c,\,cr0}$ 分别等于

(c1) $\sigma_c/\sigma_{c,\,cr0}$=0.1　　　　(c2) $\sigma_c/\sigma_{c,\,cr0}$=0.5　　　　(c3) $\sigma_c/\sigma_{c,\,cr0}$=0.9

(c) L/h=2.0

图 4.58　局部承压与弯曲联合作用时的波形

当 $L/h = 2.0$，$\sigma_c/\sigma_{c,cr0} = 0.1$ 时，弯曲应力为主，板以多个半波失稳，此时局部压应力只出现在一个半波上，相邻的无局部压应力的半波部分就会对有局部压应力的半波提供支援，在相关关系的曲线上，就高于短板的直线。当 $\sigma_c/\sigma_{c,cr0}$ 取值为 0.5 或 0.9 时，板都以一个半波失稳，局部压应力对失稳的贡献增大，但是在长波形下弯曲临界应力较高，因此弯曲应力对局部承压临界应力的影响相对较小。

为了考察荷载宽度对相关关系曲线的影响，选取 $s_s = 0.04, 0.14, 0.2, 0.24, 0.3$ 继续对板进行屈曲分析，得到图 4.59 所示的结果。图 4.59 的结果表明，s_s 变化，相关曲线变化不大。

根据上面的研究，可知相关关系曲线与 s_s 的取值没有关系，故选取 $s_s = 0.1$ 的情况来拟合公式。

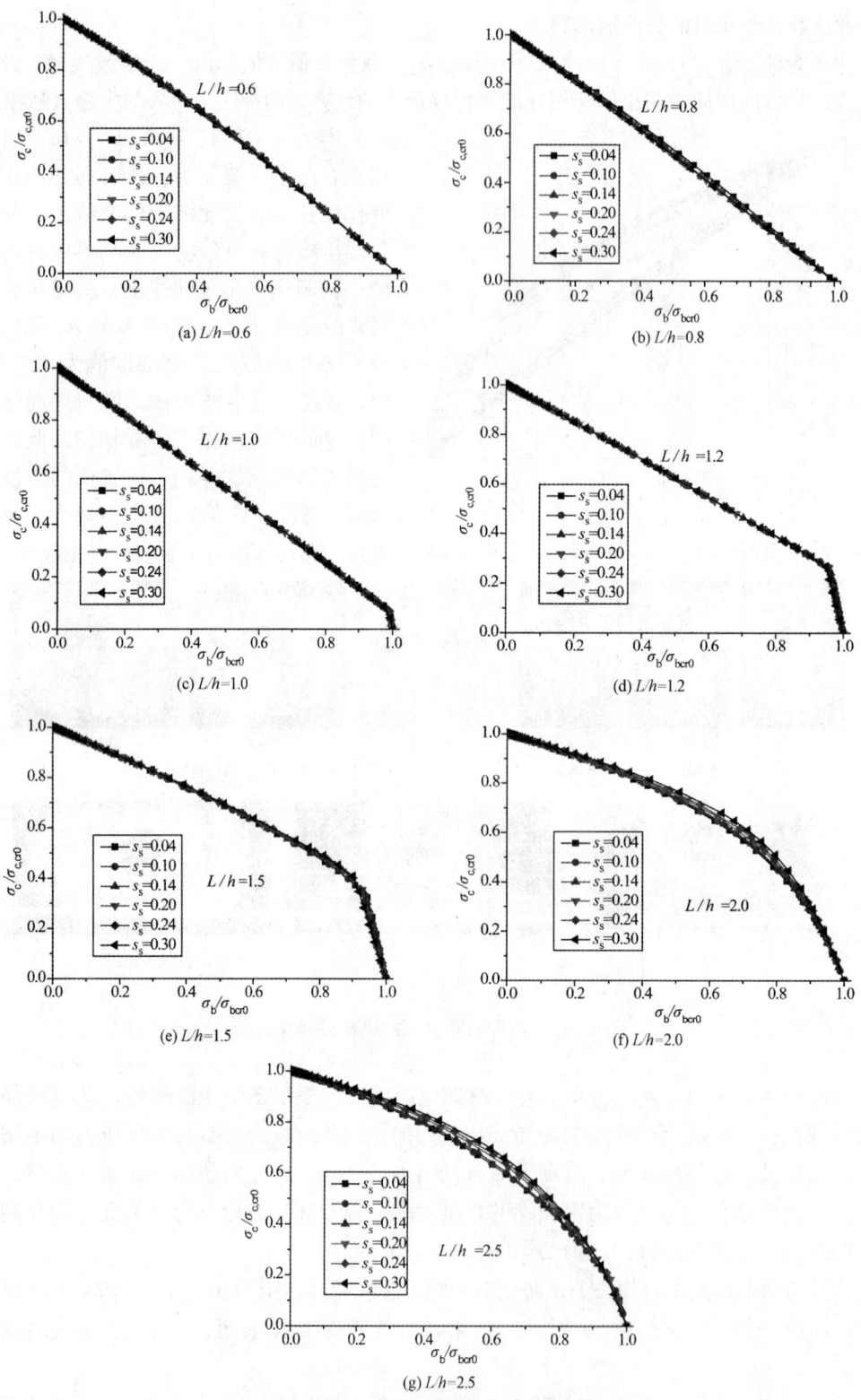

图 4.59 局部承压与弯曲联合作用的相关曲线

从计算得到的相关关系曲线可以看出，曲线的形状分为三类，即直线、圆曲线和双折线，这三类曲线都可以近似的用下式来表达：

$$\left(\frac{\sigma_c}{\sigma_{c,cr0}}\right)^{\beta_{bc}} + \left(\frac{\sigma_{bcr}}{\sigma_{bcr0}}\right)^{\beta_{bc}} = 1 \qquad (4.124a)$$

对所有曲线进行拟合后，得到 β_{bc} 与 L/h 的对应关系，见表4.32。在 $\alpha = L/h$ 较小和较大时，指数 β_{bc} 为定值，而在介于短板和长板这一区间时，指数 β_{bc} 逐渐变大。可用下式近似这个指数：

$$\beta_{bc} = 1 + \frac{2\alpha^{10}}{5(5 + \alpha^{10})} \qquad (4.124b)$$

(4.124)式的指数   表4.32

L/h	0.6	0.7	0.8	1	1.2	1.5	1.8	2	2.2	2.5
β_{bc} 计算值	1.00	1.00	1.00	1.11	1.25	1.43	1.43	1.43	1.43	1.43
β_{bc} 拟合值	1.00	1.00	1.01	1.067	1.22	1.37	1.39	1.40	1.40	1.40

式(4.124a)对宽高比为 1 ~ 1.5 的相关关系也拟合成曲线而不是双折线，是考虑到，实际工程中局部承压应力不一定正好在腹板区格的中间，如果承压应力偏离中心，相关关系会变成曲线。

实际工程中，局部压应力仅在一个区格，相邻区格无局部压应力；此时相邻区格对承压区格产生约束作用，这种约束作用一方面提高短板临界应力 30%，另一方面使式(4.124a)的指数也从 1.0 增大为 1.3。对长板，这种约束作用影响不大。因此，实用上将取 $\beta_{bc} - 1.4$。

4.12 四边简支板单侧局部承压与剪应力相关关系

取 $s_s = 0.1$，利用上述的加载方法对板进行特征值屈曲分析，得到图4.60所示的结果。

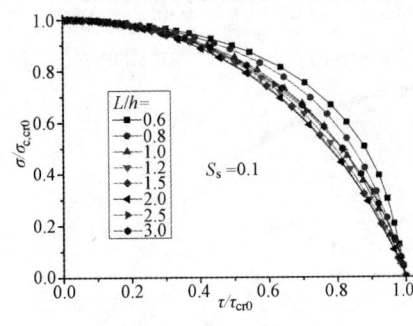

图4.60 局部承压与剪切联合
作用 $s_s = 0.1$ 的结果

图4.60 的结果表明，在 $s_s = 0.1$ 时，局部承压与剪切的相关关系曲线类似于圆，但并不能用圆曲线来描述。当板的宽高比 L/h 较小，即板为窄板时，曲线位置比较高，曲线超出了圆曲线；增大板的宽高比 L/h，从方板一直变化为长板，相关曲线向坐标原点移动，说明同样的 $\sigma_c/\sigma_{c,cr0}$（或 τ_{cr}/τ_{cr0}）对应的 τ_{cr}/τ_{cr0}（或 $\sigma_c/\sigma_{c,cr0}$）值要减小。另外，在板的宽高比 $L/h = 1.0 \sim 3.0$ 时，多条曲线几乎重合，说明对于宽高比处于这个区间的板，可以用同样的相关曲线来表达。

取 $s_s = 0.04$，0.14，0.2，0.24，0.3 对板进行屈曲分析，得到图4.61所示的结果。图4.61的结果表明，改变荷载宽度系数 s_s 的大小，相关曲线变化不大。从计算得到的相关关系曲线可以看出，曲线的形状类似于圆曲线，故假定曲线的方程为：

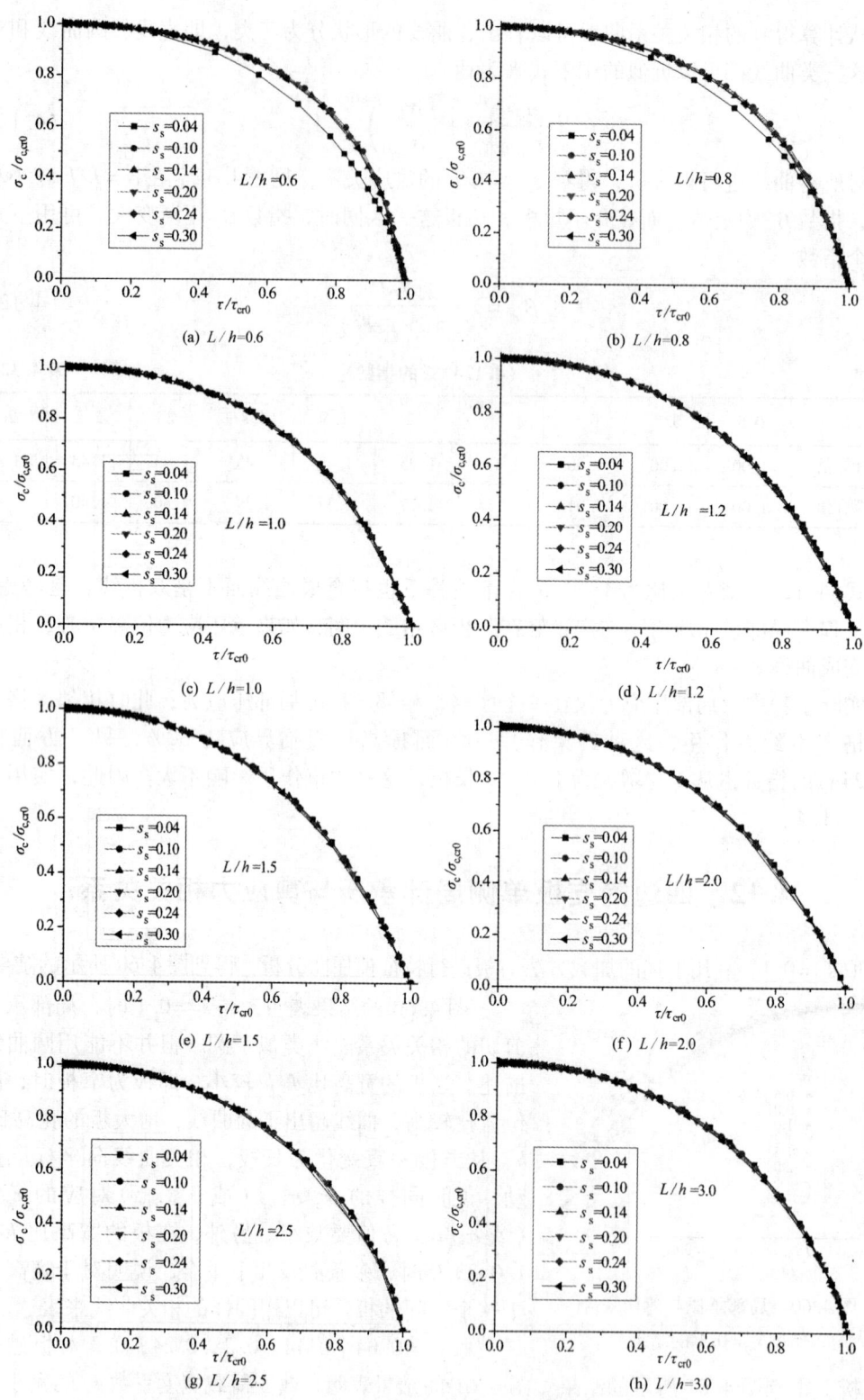

图 4.61 局部承压与剪切联合作用的相关关系曲线

$$\left(\frac{\sigma_{\mathrm{c}}}{\sigma_{\mathrm{c,cr0}}}\right)^{\beta_{\mathrm{c}}}+\left(\frac{\tau_{\mathrm{cr}}}{\tau_{\mathrm{cr0}}}\right)^{2}=1 \qquad (4.125\mathrm{a})$$

对所有曲线进行拟合后，得到 β_{c} 见表 4.33。指数 β_{c} 从短板的 2.0 下降到宽高比等于 2 时的 1.333，宽高比为 2.5，3.0 时，指数又增大。这种指数大小随宽高比的变化可以用局部承压应力下的屈曲波形和剪应力作用下的屈曲波形的重合程度、在多个半波的情况下还参考各个半波之间的相互约束来解释。

局部承压与剪切联合作用时的指数 β_{c} 表 4.33

L/h	0.6	0.8	1	1.2	1.5	2	2.5	3
β_{c} 计算值	2.000	1.905	1.667	1.471	1.351	1.333	1.471	1.471
β_{c} 拟合值	1.989	1.904	1.667	1.459	1.358	1.336	1.334	1.333

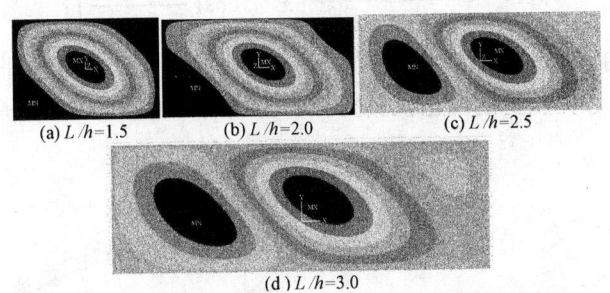

图 4.62   部分板在局部承压和剪切联合作用下的失稳波形

因为在实际情况下，轮压荷载出现在何处不定，因此在宽高比大于 2 时指数的增加不予考虑，β_{c} 与 $\alpha = L/h$ 的关系可以表达如下：

$$\beta_{\mathrm{c}} = \frac{2}{3}\left(2 + \frac{1}{1+\alpha^{8}}\right) \qquad (4.125\mathrm{b})$$

4.13   局部承压、剪切与弯曲联合作用下的稳定性

前面几节得到了两两相互作用的相关关系曲线，即式 (4.37b,c)、式 (4.124a,b) 和式 (4.125a,b)，从这三个公式直接构造四种应力同时作用时的相关关系曲面却不是直接能够得到的。图 4.63 示出了 $\dfrac{\sigma_{\mathrm{c}}}{\sigma_{\mathrm{c,cr0}}} - \dfrac{\tau}{\tau_{\mathrm{cr0}}} - \dfrac{\sigma_{\mathrm{b}}}{\sigma_{\mathrm{bcr0}}}$ 三维坐标曲面，这里带下标 0 的量表示应力独自作用时的临界应力。在三个坐标平面内，相关关系曲线均已知。现在要确定曲面，采用的方法是：给定若干个 $\sigma_{\mathrm{c}}/\sigma_{\mathrm{c,cr0}}$，求弯曲应力与剪切应力的相关曲线，拟合这些给定 $\sigma_{\mathrm{c}}/\sigma_{\mathrm{c,cr0}}$ 下的曲线，就能借此形成曲面的方程。

为此进行了大量的计算，计算结果发现，给定 $\sigma_{\mathrm{c}}/\sigma_{\mathrm{c,cr0}}$ 下的弯曲应力和剪切应力的相关关系可以表示为

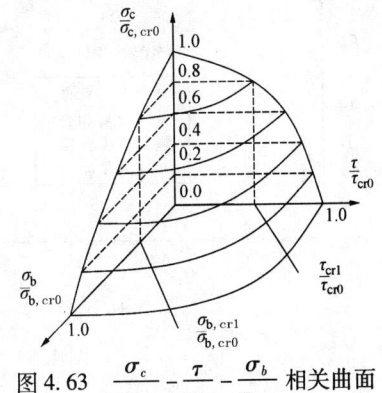

图 4.63 $\dfrac{\sigma_{\mathrm{c}}}{\sigma_{\mathrm{c,cr0}}} - \dfrac{\tau}{\tau_{\mathrm{cr0}}} - \dfrac{\sigma_{\mathrm{b}}}{\sigma_{\mathrm{bcr0}}}$ 相关曲面

$$\left(\frac{\sigma_{\mathrm{b}}}{\sigma_{\mathrm{bcr1}}}\right)^{\chi} + \left(\frac{\tau}{\tau_{\mathrm{cr1}}}\right)^{2} = 1 \tag{4.126a}$$

式中

$$\sigma_{\mathrm{bcr1}} = \sigma_{\mathrm{bcr0}} \left[1 - \left(\frac{\sigma_{\mathrm{c}}}{\sigma_{\mathrm{c,cr0}}}\right)^{\beta_{\mathrm{bc}}} \right]^{\beta_{\mathrm{bc}}^{-1}} \tag{4.126b}$$

$$\tau_{\mathrm{cr1}} = \tau_{\mathrm{cr0}} \sqrt{1 - \left(\frac{\sigma_{\mathrm{c}}}{\sigma_{\mathrm{c,cr0}}}\right)^{\beta_{\mathrm{c}}}} \tag{4.126c}$$

$$\chi = \frac{1}{3}\left[4 - \left(\frac{\sigma_{\mathrm{c}}}{\sigma_{\mathrm{c,cr0}}}\right)^{4}\right] + \frac{\alpha^{10}}{12} \frac{1}{(6 + \alpha^{10})}\left[3 + 5\cos\left(\frac{\pi}{1.6}\frac{\sigma_{\mathrm{c}}}{\sigma_{\mathrm{c,cr0}}}\right)\right] \tag{4.126d}$$

比如：考虑相邻板件约束后，$\beta_{\mathrm{bc}} = 1.4$，$\chi$ 变为

$$\chi = \frac{4}{3} + \frac{\alpha^{10}}{12} \frac{1}{(6 + \alpha^{10})}\left[3 + 5\cos\left(\frac{\pi}{1.6}\frac{\sigma_{\mathrm{c}}}{\sigma_{\mathrm{c,cr0}}}\right)\right] \tag{4.127}$$

根据前面两节的分析，荷载宽度对这种情况下板弹性稳定的影响非常小，因此取 $s_s =$ 0.1 进行屈曲分析。计算获得的结果及其与拟合公式的对比如图 4.64 所示，可见拟合公式精度很好。

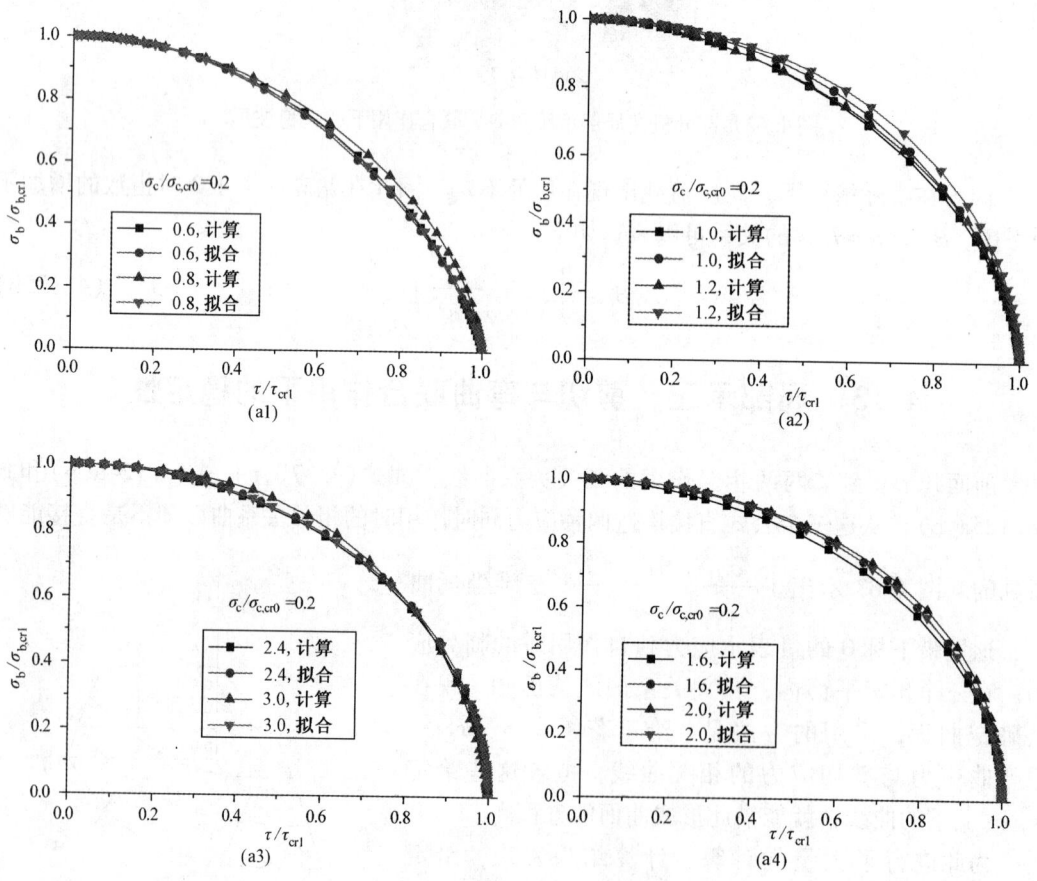

图 4.64　式(4.126)与计算值的比较(一)

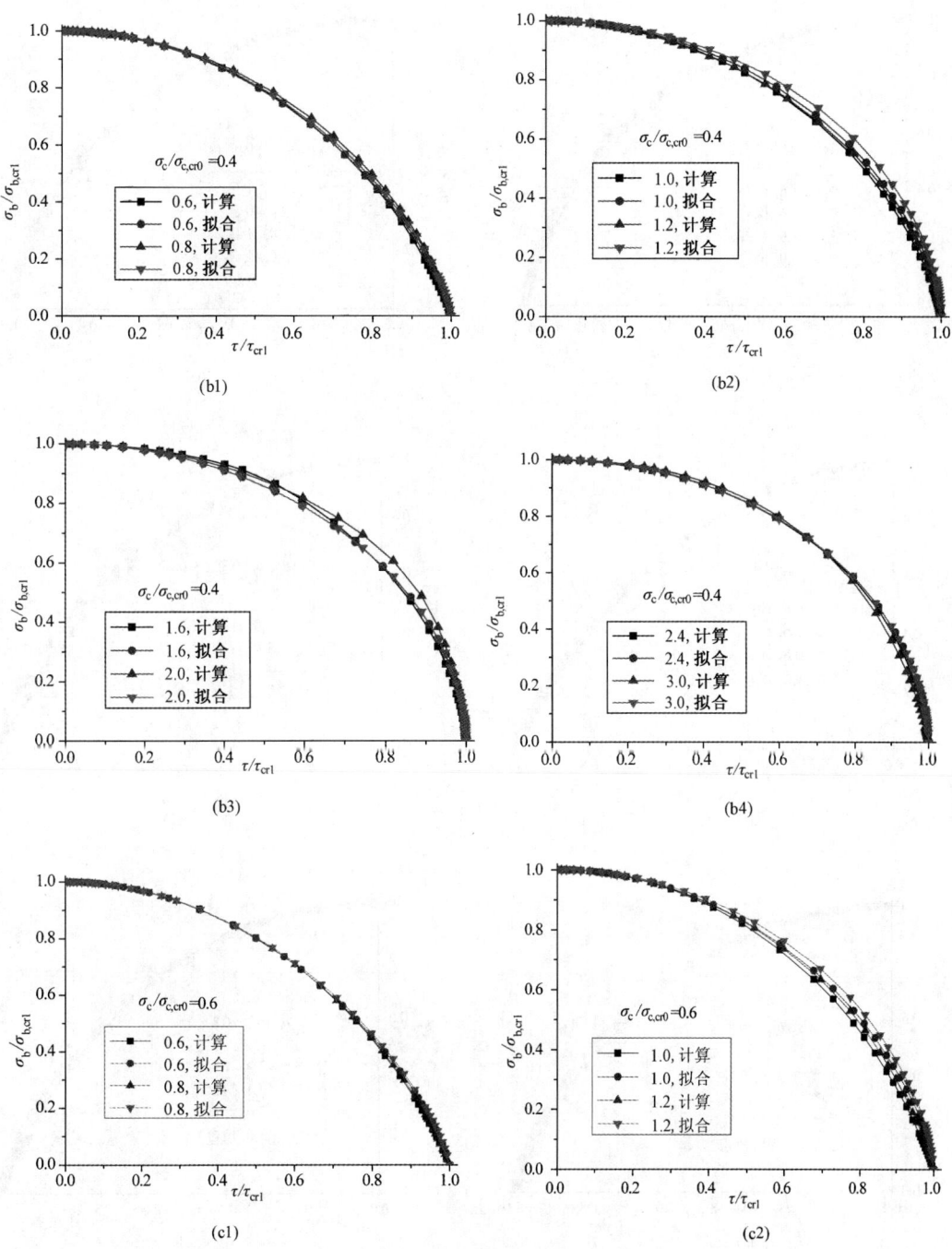

图 4.64　式(4.126)与计算值的比较(二)

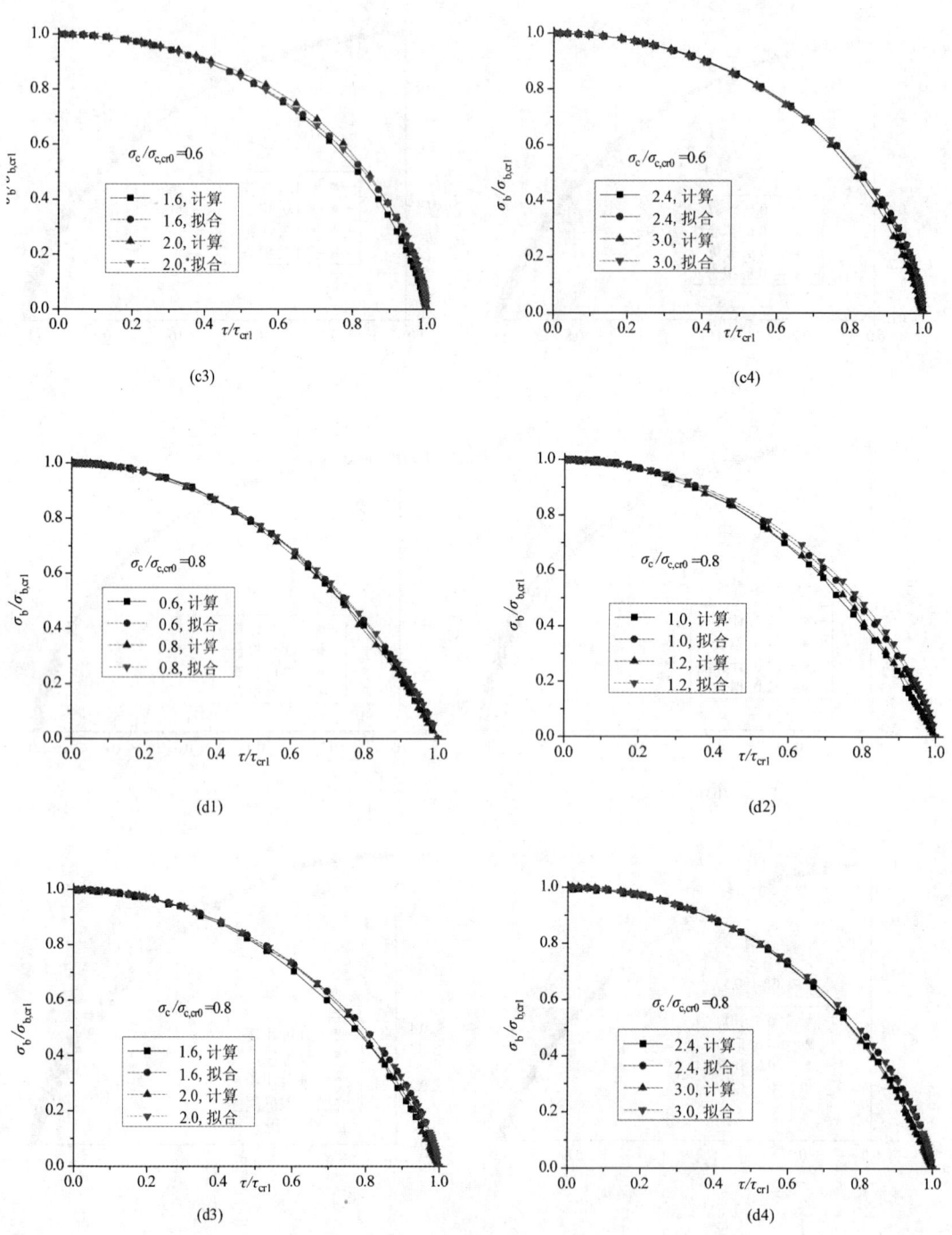

图 4.64　式(4.126)与计算值的比较(三)

习 题

4.1 四边简支，双向受压的板件，设长度方向（x 方向）的边长是 a，宽度为 b，设 $\frac{a}{b}$ 分别等于 1，4/3，3/2，5/3 和 2，分别求出达到临界屈曲状态的双向应力相关作用方程 [类似于式(4.21)]。

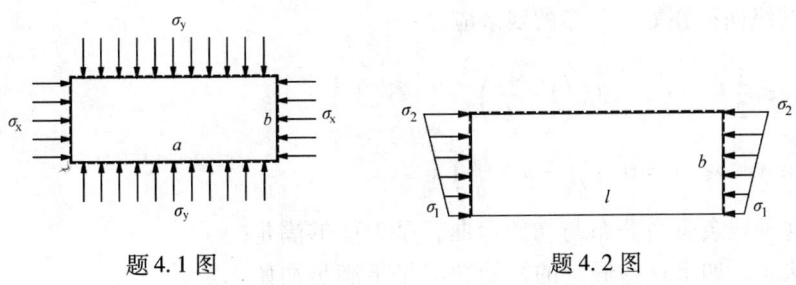

题4.1图　　　　　　　　题4.2图

4.2 采用能量法，求一纵向边自由，其余三边简支的板件，在两横向简支边的纵向压应力作用下的屈曲应力。假设应力从自由边的 σ_2 变化到固支边的 σ_1，其中的一个应力有可能受拉。板件总长为 l，宽度是 b。

4.3 采用能量法，求一纵向边固支，一纵向边自由的板件，在两横向简支边的纵向压应力作用下的屈曲应力。假设应力从自由边的 σ_2 变化到固支边的 σ_1，其中的一个应力有可能受拉。板件总长为 l，宽度是 b。

4.4 采用能量法，求四边简支板件，在两横向简支边的纵向压应力作用下的屈曲应力。假设应力从自由边的 σ_2 变化到固支边的 σ_1，其中的一个应力有可能受拉。板件总长为 l，宽度是 b。

4.5 采用编程或数学运算软件，对工字形截面局部屈曲的临界方程式(4.42)进行数值求解，注意要首先对式(4.42)的正确性进行推导验证。

4.6 采用编程或数学运算软件，对箱形截面局部屈曲的临界方程式(4.51)进行数值求解。注意要首先对式(4.51)的正确性进行推导验证。

4.7 假设箱形截面承受压力和单向弯矩，这样截面两个腹板上的应力线性变化，而两个翼缘上的应力一大一小，小的可能受拉。采用 4.5.2 节的假设位移函数的方法，用能量法求截面屈曲的临界荷载。注意此时的位移函数要考虑左右两个节线的转角不同，并确保板件中间部分也能够出现挠度。

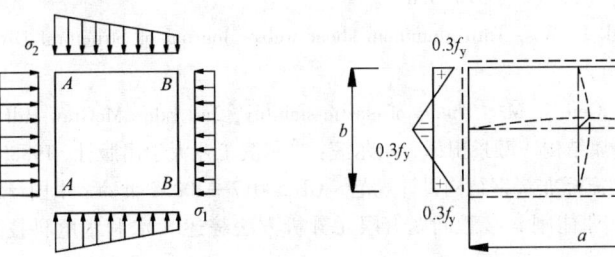

题4.7图 箱形柱四壁上的轴心正应力　　　　题4.9图 板件的初始缺陷

4.8　要利用课余时间，了解采用 ANSYS 来分析板件的屈曲的命令流：定义材料参数、建几何模型、网格划分、单元定义、施加荷载、施加边界条件、选择单元类型，求解方法选择，学会计算结果的显示：屈曲波型的立体显示、屈曲波型的平面显示（等高线显示）。

4.9　假设四边简支矩形板，长度 a，宽度 b，存在初始弯曲 $w_0\,(x,\ y)\ =w_0\sin\dfrac{\pi x}{a}\sin\dfrac{\pi y}{b}$，而板件的纵向存在如下分布的残余应力：

$$0\leqslant y\leqslant \frac{1}{2}b：\ \sigma_{\mathrm{r}}=0.3f_{\mathrm{y}}\left(1-\frac{4y}{b}\right)$$

$$\frac{1}{2}b\leqslant y\leqslant b：\ \sigma_{\mathrm{r}}=0.3f_{\mathrm{y}}\left(-3+\frac{4y}{b}\right)$$

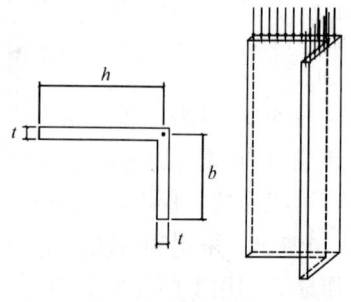

题 4.10 图

试考察这种残余应力分布与初始弯曲，是否能够满足初始的平衡状态。如果这些假定的初始缺陷是不满足初始的平衡要求的，那么该如何调整或引入初始缺陷对板件的弹塑性稳定性进行研究？

4.10　采用板件屈曲的能量法，求不等肢角钢（题4.10图）两个肢的相互作用以后的局部屈曲临界应力。设角钢承受均匀的压应力，每个肢作为板件是简支的。

4.11　能量法研究两个非加载边固支，加载边简支板件的屈曲系数，假设位移函数是 $=A\sin^2\dfrac{\pi y}{b}\sin\dfrac{\pi x}{a}$。

参 考 文 献

［1］周承倜．弹性稳定理论．成都：四川人民出版社，1981.

［2］Bulson P. S., The stability of flat plates. Elsevier, New York, 1970.

［3］Galambos T. V., Guide to Stability Design Criteria for Metal Structures, 5th Edn. John Wiley & Sons, 1998.

［4］Lee S. C., Davidson J. S., Yoo C. H., Shear buckling coefficients of plate girders web Panels. Computers and Structures, 1996, 59（5）：789-795.

［5］Porter D. M., Rockey K. C., Evans H. R., The collapse behavior of plate girders loaded in shear. Structural Engineer, 1975, 53（8）：313-326.

［6］Sharp M. L., Clark J. W., Thin aluminum shear webs. Journal of Structural Division, 1971, 97（4）：1021-1038.

［7］Timoshenko S. P., Gere J. M., Theory of elastic stability, 2nd Edn. McGraw-Hill, New York, 1961.

［8］别列尼亚 Е. И. 金属结构．颜景田译．哈尔滨：哈尔滨工业大学出版社，1988.

［9］中华人民共和国国家标准《钢结构设计规范》GB 50017—2003，北京：中国计划出版社，2003.

［10］孙松林，王德信，谢能刚．接触问题有限元分析方法综述．水利水电科技进展，2001，21（3）：18-21.

［11］杨耀文，刘正兴．三维弹性接触问题的接触面单元法．力学学报，1996，28（5）：613-619.

[12] BS5950, Structural use of steelwork in building, Part 1, Code of practice for design: Rolled and welded sections, 2000.

[13] Eurocode 3. Design of steel structures. Part 1.1, General rules and rules for building. ENV, 1993-1-1: 1992.

[14] Hendry A. W., The stress distribution in a simply supported beam of I-section carrying a central concentrated load. Proceeding, Society for Experimental Stress Analysis, 1950, 7 (2): 91-102.

[15] Lagerqvist O., Patch loading: resistance of steel girders subjected to concentrated forces. Doctoral Thesis, Lulea University of Technology, Sweden, 1994.

[16] Baker G., Pavolic M. N., Elastic stability of simply supported rectangular plates under locally distributed edge forces. Journal of Applied Mechanics, 1982, 49 (3): 177-179.

[17] Brown C. J., Elastic stability of plates subjected to concentrated loads. Computers and Structures, 1989, 33 (5): 1325-1327.

[18] Chin C-K., Al-Bermani F. G. A., Kitipornchai S., Finite element method of buckling analysis of plate structures, Journal of Structural Engineering, 1993, 119 (4): 1048-1068.

[19] Girkmann K., Stability of webs of flat girders taking account of concentrated loads, IABSE, Final Report, 1936, 607-611.

[20] Grimm T. R., Gerdeen J. C., Instability analysis of thin rectangular plates using the Kantorovich method. Journal of applied mechanics, ASME, 1975, 42 (3): 110-114.

[21] Graciano C., Lagerqvist O., Critical buckling of longitudinally stiffened webs subjected to compressive edge loads. Journal of Constructional Steel Research, 2003, 59: 1119-1146.

[22] Khan M. Z., Walker A. C., Buckling of plates subjected to localized edge loadings. The Structural Engineer, 1972, 50 (6): 225-232.

[23] Khan M. Z., Johns K. C., Buckling of web plates under combined loadings. Journal of Structural Division, ASCE, 1975, 101 (10): 2079-2092.

[24] Khan M. Z., Johns K. C. Hayman B., Buckling of plates with partially loaded edges. Journal of Structural Division, ASCE, 1977, 103 (3): 547-558.

[25] Lagerqvist O., Patch loading: resistance of steel girders subjected to concentrated forces. Doctoral Thesis, Lulea University of Technology, Sweden, 1994.

[26] Moriawaki Y., Takinoto T., Mimura Y., Ultimate strength of girders under patch loading. Transactions, JSCE, 1985, 15: 187-190.

[27] Rockey K. C., Bagchi D. K., Buckling of plate girder webs under partial edge loadings. International Journal of Mechanical Science, 1970, 12: 61-76.

[28] Rockey K. C., Elgaaly M., Failure of thin-walled members under patch loading. Journal of the Structural Division, 1972, 98 (12): 2739-2752.

[29] Smith T. R. G., Sridharan S., A finite strip method for the buckling of plate structures under arbitrary loading. International Journal of Mechanical Science, 1978, 20: 685-693.

[30] Smith T. R. G., Gierlinski J. T., Buckling of stiffened webs by local edge loads. Proceedings, ASCE, 1982, 108 (6): 1357-1366.

[31] Shahabian F., Roberts T. M., Buckling of slender web plates subjected to combinations of in-plane loading. Journal of Constructional Steel Research, 1999, 51: 99-121.

[32] Srivastava A. K. L., Datta P. K., Sheikh A. H., Buckling and vibration of stiffened plates subjected to

partial edge loading. International Journal of Mechanical Science, 2003, 45: 73-93.

[33] White R. N., Cottingham W. S. Stability of plates under partial edge loadings. Proceedings, ASCE, 1962, 85 (5): 67-86.

[34] Zetlin L., Elastic instability of flat plates subjected to partial edge loads. Proceedings of ASCE, 1955, 81 (1), No. 795.

[35] 陈绍蕃. 钢结构稳定设计指南（第二版）[M]. 北京: 中国建筑工业出版社, 2004.

[36] 中华人民共和国标准《冷弯薄壁型钢结构技术规范》GB 50018—2002 [S]. 北京: 中国计划出版社, 2002.

[37] 刘鸿文. 板壳理论 [M]. 杭州: 浙江大学出版社, 1987.

[38] Bleich F. Buckling Strength of Metal Structures [M]. New York: McGraw-Hill, 1952.

[39] Allen H G, Bulson P S. Background to Buckling [M]. New York: McGraw-Hill, 1980.

[40] 陈骥. 钢结构稳定理论与设计 [M]. 北京: 科学出版社, 2001.

[41] Eurocode 3: Design of steel structures, Part 1 - 5: Plated structural elements [S]. BS EN 1993 - 1 - 5: 2006.

[42] AISI Specification for the Design of Cold-Formed Steel Structural Members [S]. Washington DC, 2002.

[43] 任涛. 工字梁腹板在局部承压和剪力作用下的弹性屈曲及极限承载力 [D]. 浙江大学博士学位论文, 2005.

[44] 童根树, 任涛. 工字梁的抗剪极限承载力 [J]. 土木工程学报, 2006, 39 (8): 57-64.

[45] М. И. 郭尔布诺夫-波萨多夫. 弹性地基上结构物的计算. 华东工业建筑设计院译. 北京: 建筑工程出版社, 1957.

[46] 南京工学院数学教研组. 积分变换. 北京: 人民教育出版社, 1978.

[47] 陈绍蕃. 钢结构. 北京: 中国建筑工业出版社, 2004.

第5章 受弯薄壁构件的弯扭失稳理论

5.1 回顾：屈曲问题的变分原理

开口薄壁构件在荷载作用下，对于平面内刚度远大于平面外的弯曲和扭转刚度的薄壁构件，弯扭失稳是主要的破坏模式(图5.1a,b,c)。

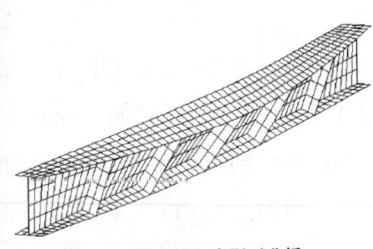

(a) 悬臂梁　　　　　　　　(b) 简支梁　　　　　　　(c) 简支梁，有限元分析

图 5.1　梁的弯扭失稳

实际工程中，工业厂房中的吊车梁是必须计算弯扭失稳的，吊车梁的应用如图5.2所示。还有厂房抽柱时候的托梁，工业厂房的框架梁等。

1899 年，Prandtl 和 Michell 首先研究了高而窄矩形截面梁的侧向弯扭屈曲问题，1905年 Timoshenko 使这一问题得到了进一步地发展，建立了工字形截面梁的扭转平衡微分方程。Bleich (1952)、Vlasov(1961)和 Timoshenko & Gere(1961)在20世纪50、60年代对薄壁构件的稳定理论进行了一系列的研究，奠定了薄壁构件稳定理论的基础。在此基础上，后来的研究者建立了他们各自的理论(Trahair, 1993；吕烈武等，1983；Ghobarah & Tso，1971；Achour & Roberts, 2000)。

但是，各种理论并不能在所有的问题上获得一致的解答。下面基于固体力学一般理论的变分原理来建立薄壁梁弯扭屈曲和非线性分析理论。

以刚要失稳之前物体的平衡位置作为初应力状态，记为 σ_{ij}^0。失稳就是在原来位形上产生附加变形。物体在屈曲时，被认为是从原来平衡形式变化到邻近的另一形式的位形，在屈曲过程中外荷载保持不变。对物体进行干扰，干扰位移是 u_i，产生应力增量 σ_{ij}，在

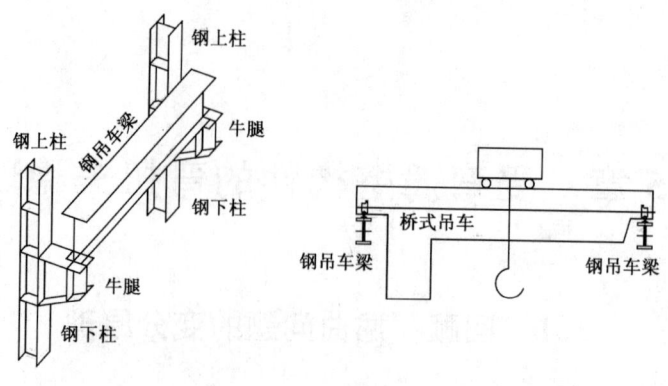

图 5.2　简支梁的应用

新的状态应力是 $\sigma_{ij}^0 + \sigma_{ij}$，应变是 $e_{ij} = \varepsilon_{ij} + \eta_{ij}$，$\varepsilon_{ij} = \dfrac{1}{2}(u_{i,j} + u_{j,i})$，$\eta_{ij} = \dfrac{1}{2}u_{k,i}u_{k,j}$。初应力状态是平衡的，如果新的状态也是平衡的，则如下的虚功原理成立

$$\iiint_V [(\sigma_{ij}^0 + \sigma_{ij})\delta e_{ij} - \bar{P}_i^0 \delta u_i]\,\mathrm{d}V - \iint_{S_1} \bar{F}_i^0 \delta u_i\,\mathrm{d}S = 0 \tag{5.1}$$

并且要求在边界 S_2 上位移的变分为 $\delta u_i = 0$。由于初始应力处在平衡状态，因此下式成立：

$$\iiint_V (\sigma_{ij}^0 \delta \varepsilon_{ij} - \bar{P}_i^0 \delta u_i)\,\mathrm{d}V - \iint_{S_1} \bar{F}_i^0 \delta u_i\,\mathrm{d}S = 0 \tag{5.2}$$

注意，应力是有方向的，在变形后，原来的应力 σ_{ij}^0，已经改变了方向，所以式 (5.1)，式 (5.2) 中 σ_{ij}^0 的方向是不相同的，式 (5.2) 中的 σ_{ij}^0 与线性应变 ε_{ij} 是同方向，因而可以相乘得到应力虚功。而应变的非线性部分 η_{ij} 也使应变到了新的方向，$\sigma_{ij}^0 + \sigma_{ij}$ 的方向与应变新的方向相同，因此，$\sigma_{ij}^0 + \sigma_{ij}$ 与 e_{ij} 可以相乘得到应力虚功。

式 (5.1) 减去式 (5.2) 得到：

$$\iiint_V (\sigma_{ij}\delta\varepsilon_{ij} + k\sigma_{ij}^0 u_{k,j}\delta u_{k,i})\,\mathrm{d}V = 0 \tag{5.3}$$

式中 $\sigma_{ij}^0(i, j = 1, 2, 3)$ 为屈曲前的初始应力，$u_{k,i}$ 和 $u_{k,j}(i, j, k = 1, 2, 3)$ 为屈曲产生的附加位移，σ_{ij} 和 $\varepsilon_{ij}(i, j = 1, 2, 3)$ 为屈曲产生的线性应力和应变增量，k 为荷载因子。

根据上式可以写出相应的总势能：

$$\varPi = \frac{1}{2}\iiint_V (\sigma_{ij}\varepsilon_{ij} + \sigma_{ij}^0 u_{k,i}u_{k,j})\,\mathrm{d}V \tag{5.4}$$

上式的第 2 项是初应力的非线性应变能，在有些文献中被称为应力势能。

观察式 (5.4) 可以发现，按照屈曲问题的正统的变分原理，薄壁构件弯扭失稳（屈曲）问题的总势能的表达式中不存在荷载非线性势能项。

5.2　薄壁截面梁的弯扭屈曲理论的推导

从第 3 章和第 4 章可知，薄壁构件的稳定理论是杆件理论和板壳理论的混合体，纵向非线性正应变的计算公式既是杆件理论中应用的公式，也是板壳理论中应用的公式，而薄壁构件中的横向非线性正应变和薄壁中面非线性剪应变可根据板壳理论的计算公式求得。从第四章板的屈曲理论的建立过程,可以得到一个结论:在建立薄壁构件稳定问题的总势能时,当计算应变能时采用非线性应变的计算方法,则不能在屈曲问题中又考虑荷载的非线性功。

从第2章的内容可以知道,薄壁构件上的微元体(图2.2b)中存在着两个方向的平衡,如果认为组成截面的同一板件的厚度 t 相同,则有:

$$\frac{\partial \sigma_z}{\partial z} + \frac{\partial \tau_{zs}}{\partial s} = 0 \tag{5.5a}$$

$$\frac{\partial \sigma_s}{\partial s} + \frac{\partial \tau_{sz}}{\partial z} = 0 \tag{5.5b}$$

屈曲前三个应力是相互平衡的,屈曲后它们的二阶效应也必然包含相互平衡相互抵消的部分,如果只考虑其中的一种(传统理论)或两种应力,则总势能的表达式中会多出一些本应该相互抵消的项。

薄壁截面梁弯扭屈曲的总势能是在梁发生屈曲位移时能量的变化,所以涉及的内力为屈曲前梁在竖向平面内弯曲产生的内力(应力),而位移为平面外侧移 u 和截面的扭转角 θ。本章下面的推导均以梁上作用分布荷载 q_y 为例,且梁的截面限于单轴对称截面。钢梁中的弯曲正应力和剪应力可参见第2章的内容得到:

$$\sigma_{z0} = \frac{M_x y}{I_x} \tag{5.6a}$$

$$\tau_{zs0} = \frac{Q_y S_x}{I_x t} \tag{5.6b}$$

$$\sigma_{s0} = -\frac{q_y D_x}{I_x t} \tag{5.6c}$$

由第2章的线性问题的总势能表达式可得,当发生弯扭失稳时,线性应变能为:

$$U_L = \frac{1}{2} \int_L \int_A (\sigma_z^L \varepsilon_z^L + \tau_{st} \gamma_{st} + \tau_{zs}^L \gamma_{zs}^L + \sigma_s^L \varepsilon_s^L) dA dz \tag{5.7a}$$

因为 $\gamma_{zs}^L = 0$,$\varepsilon_s^L = 0$,所以:

$$U_L = \frac{1}{2} \int_L \int_A (\sigma_z^L \varepsilon_z^L + \tau_{st} \gamma_{st}) dA dz = \frac{1}{2} \int_L (EI_y u''^2 + EI_\omega \theta''^2 + GJ\theta'^2) dz \tag{5.7b}$$

式中 $(\ )^L$ 表示应力或应变的线性部分,下文中对应的 $(\ )^N$ 表示非线性部分。

当发生弯扭屈曲时,假定梁截面剪心的侧向位移 u,绕剪心的扭转角是 θ,则截面上任意一点沿两个方向的位移为:

$$\bar{u} = u - (y - y_0)\theta \tag{5.8a}$$

$$\bar{v} = x\theta \tag{5.8b}$$

截面上的任一板件沿法线和切线方向的位移 v_n 和 v_s 为:

$$v_s = u\cos\alpha + r_s\theta \tag{5.9a}$$

$$v_n = u\sin\alpha - r_n\theta \tag{5.9b}$$

其中 α 为薄壁中面的切线 s 与 x 轴的夹角;

$$r_s = x\sin\alpha - (y - y_0)\cos\alpha \tag{5.10a}$$

$$r_n = x\cos\alpha + (y - y_0)\sin\alpha \tag{5.10b}$$

由任意点的位移可得到非线性应变的表达式为：

$$\varepsilon_z^N = \frac{1}{2}\left(\frac{\partial \overline{u}}{\partial z}\right)^2 + \frac{1}{2}\left(\frac{\partial \overline{v}}{\partial z}\right)^2 \tag{5.11a}$$

$$\gamma_{zs}^N = \frac{\partial v_n}{\partial s}\frac{\partial v_n}{\partial z} + \frac{\partial v_s}{\partial s}\frac{\partial v_s}{\partial z} \tag{5.11b}$$

$$\varepsilon_s^N = \frac{1}{2}\left(\frac{\partial v_n}{\partial s}\right)^2 + \frac{1}{2}\left(\frac{\partial v_s}{\partial s}\right)^2 \tag{5.11c}$$

将位移的表达式代入，可得：

$$\varepsilon_z^N = \frac{1}{2}u'^2 - (y - y_0)u'\theta' + \frac{1}{2}\left[(y - y_0)^2 + x^2\right]\theta'^2 \tag{5.12a}$$

$$\gamma_{zs}^N = -\theta(u'\sin\alpha - \theta'r_n) \tag{5.12b}$$

$$\varepsilon_s^N = \frac{1}{2}\theta^2 \tag{5.12c}$$

由屈曲问题的变分原理式(5.4)可知，屈曲前应力在弯扭屈曲变形过程中的非线性应变能为：

$$U_N = U_{\sigma z}^N + U_\tau^N + U_{\sigma s}^N \tag{5.13}$$

其中 $U_{\sigma z}^N = \dfrac{1}{2}\displaystyle\int_L\int_A (2\sigma_{z0}\varepsilon_z^N)\,\mathrm{d}A\mathrm{d}z$ \hfill (5.14a)

$$U_\tau^N = \frac{1}{2}\int_L\int_A (2\tau_{zs0}\gamma_{zs}^N)\,\mathrm{d}A\mathrm{d}z \tag{5.14b}$$

$$U_{\sigma s}^N = \frac{1}{2}\int_L\int_A (2\sigma_{s0}\varepsilon_s^N)\,\mathrm{d}A\mathrm{d}z \tag{5.14c}$$

将应力和应变的表达式代入式(5.14a, b)，可得：

$$U_{\sigma z}^N = \frac{1}{2}\int_L (-2M_x u'\theta' + 2M_x\beta_x\theta'^2)\,\mathrm{d}z \tag{5.15a}$$

$$U_\tau^N = -\int_A \frac{Q_y}{I_x}S_x\theta(u'\sin\alpha - \theta'r_n)\,\mathrm{d}s = -\int_A Q_y u'\theta\mathrm{d}s + \int_A \frac{Q_y}{I_x}S_x r_n\theta'\theta\mathrm{d}s$$

$$U_\tau^N = \frac{1}{2}\int_L (2Q_y\beta_x\theta\theta' - 2Q_y u'\theta)\,\mathrm{d}z \tag{5.15b}$$

其中剪力流的积分用到了如下截面性质的积分：

$$\int_A S_x\sin\alpha\mathrm{d}s = S_x y\Big|_0^B + \int_A y^2 t\mathrm{d}s = I_x$$

$$\int_A S_x r_n\mathrm{d}s = \int_A S_x\rho\mathrm{d}\rho = \int_A S_x\frac{1}{2}\mathrm{d}\rho^2 = \frac{1}{2}S_x\rho^2\Big|_0^B + \frac{1}{2}\int_A y\left[x^2 + (y - y_0)^2\right]\mathrm{d}s = \beta_x I_x$$

上述推导用到了 $\rho^2 = r_n^2 + r_s^2$ 和 $\rho\mathrm{d}\rho = r_n\mathrm{d}s$，这个微分式对任意的曲线形状的薄壁截面成立，见第 7 章的式(7.12b)。

将式(5.12c)代入式(5.14c)，得：

$$U_{\sigma s}^N = \frac{1}{2}\int_L \left(\int_A \sigma_{s0}\mathrm{d}A\right)\theta^2\mathrm{d}z \tag{5.16}$$

式中 $\int_A \sigma_{s0}\mathrm{d}A$ 可利用第 2 章中组成截面各块板件中 σ_{s0} 进行分别求解，然后求和得到，可参见本章附录 A，也可以通过下面的方式进行求解。

在式(5.5b)的两边都乘上 r_n：

$$\frac{\partial \sigma_{s0}}{\partial s}r_\mathrm{n} + \frac{\partial \tau_{zs0}}{\partial z}r_\mathrm{n} = 0$$

对上式积分：

$$\int_A \frac{\partial \tau_{zs0}}{\partial z}r_\mathrm{n}t\mathrm{d}s = -\int_A \frac{\partial \sigma_{s0}}{\partial s}r_\mathrm{n}t\mathrm{d}s = -r_\mathrm{n}\sigma_{s0}t\Big|_O^B + \int_A \sigma_{s0}\frac{\mathrm{d}r_\mathrm{n}}{\mathrm{d}s}t\mathrm{d}s \tag{5.17}$$

式中 O 和 B 分别表示截面沿曲线坐标的起点和终点。假定构件的截面由平板组成，则 $\frac{\mathrm{d}r_\mathrm{n}}{\mathrm{d}s} = 1$：

$$\int_A \frac{\partial \tau_{zs0}}{\partial z}r_\mathrm{n}t\mathrm{d}s = -r_\mathrm{n}\sigma_{s0}t\Big|_O^B + \int_A \sigma_{s0}t\mathrm{d}s \tag{5.18}$$

上式等号右边的边界项 $-r_\mathrm{n}\sigma_s t\big|_O^B$ 与荷载作用点有关，下面以工字形截面为例对此项进行求解。由工字形截面的形状特点可知，截面的两个翼缘与 x 轴的夹角 α 均为 0 度，腹板则为 90 度。所以，由式(5.10b)可知，对于翼缘有 $r_\mathrm{n} = x$，腹板有 $r_\mathrm{n} = y - y_0$。上式的第一项对工字形截面的每一块板件展开为（参照图 1.26b）

$$r_\mathrm{n}\sigma_{s0}t\big|_O^B = r_\mathrm{n}\sigma_{s0}t\big|_a^e + r_\mathrm{n}\sigma_{s0}t\big|_e^b + r_\mathrm{n}\sigma_{s0}t\big|_e^f + r_\mathrm{n}\sigma_{s0}t\big|_d^f + r_\mathrm{n}\sigma_{s0}t\big|_f^c$$

$$= x\sigma_{s0}t\big|_a^e + x\sigma_{s0}t\big|_e^b + (y - y_0)\sigma_{s0}t\big|_e^f - x\sigma_{s0}t\big|_d^f - x\sigma_{s0}t\big|_f^c$$

在翼缘边上 $\sigma_{s0} = 0$，而在翼缘和腹板交点处，$x = 0$，因此上式变为

$$r_\mathrm{n}\sigma_{s0}t\big|_O^B = (y - y_0)\sigma_{s0}t\big|_e^f$$

假设梁上的分布荷载 q_y 的作用点坐标为 $(0, a_\mathrm{y})$，q_y 作用在腹板的上边缘，则在此点上 $\sigma_{s0} = -\frac{q_\mathrm{y}}{t}$，$a_\mathrm{y} = -h_1$，所以：

$$r_\mathrm{n}\sigma_{s0}t\big|_O^B = (y - y_0)\sigma_{s0}t\big|_e^f = 0 - \big[-q_\mathrm{y}(-h_1 - y_0)\big] = q_\mathrm{y}(-h_1 - y_0)$$

如果 q_y 作用在腹板的下边缘，则在此点上 $\sigma_{s0} = \frac{q_\mathrm{y}}{t}$，$a_\mathrm{y} = h_2$，所以：

$$r_\mathrm{n}\sigma_{s0}t\big|_O^B = (y - y_0)\sigma_{s0}t\big|_e^f = q_\mathrm{y}(h_2 - y_0)$$

如果 q_y 在腹板的翼缘之间，则可以以此点为界将腹板分两段：

$$r_\mathrm{n}\sigma_{s0}t\big|_O^B = (y - y_0)\sigma_s t\big|_e^f = (y - y_0)\sigma_{s0}t\big|_e^{a_\mathrm{y}} + (y - y_0)\sigma_{s0}t\big|_{a_\mathrm{y}}^f$$

$$= (a_\mathrm{y} - y_0)(\sigma_{s0}t)_{a_\mathrm{y}} - (a_\mathrm{y} - y_0)(\sigma_{s0}t)_{a_\mathrm{y}+} + (a_\mathrm{y} - y_0)\big[(\sigma_{s0}t)_{a_\mathrm{y}-} - (\sigma_{s0}t)_{a_\mathrm{y}+}\big]$$

$$= q_\mathrm{y}(a_\mathrm{y} - y_0)$$

综合以上三种情况，都可以得到

$$r_\mathrm{n}\sigma_{s0}t\big|_O^B = q_\mathrm{y}(a_\mathrm{y} - y_0) \tag{5.19}$$

将 $\tau_{zs0} = \frac{Q_\mathrm{y}S_x}{I_x t}$ 代入式(5.18)，等式左边为：

$$\int_A \frac{\partial \tau_{zs0}}{\partial z}r_\mathrm{n}\mathrm{d}A = \frac{\partial}{\partial z}\frac{Q_\mathrm{y}}{I_x}\int_A S_x r_\mathrm{n}\mathrm{d}s = -\frac{q_\mathrm{y}}{2I_x}\int_A S_x \mathrm{d}\rho^2 = -\frac{q_\mathrm{y}}{2I_x}\Big[S_x\rho^2\big|_O^B + \int_A y\rho^2 t\mathrm{d}s\Big] = -q_\mathrm{y}\beta_x \tag{5.20}$$

式中

$$\beta_x = \frac{1}{2I_x}\int_A y\rho^2 t\mathrm{d}s = \frac{1}{2I_x}\int_A y\big[x^2 + (y - y_0)^2\big]t\mathrm{d}s \tag{5.21}$$

由式(5.18)、式(5.19)和式(5.20)，可得：

$$\int_A \sigma_{s0}\mathrm{d}A = r_n\sigma_{s0}t\big|_0^B + \int_A \frac{\partial \tau_{zs0}}{\partial z}r_n\mathrm{d}A = q_y(a_y - y_0 - \beta_x) \tag{5.22}$$

将式(5.22)代入式(5.14c)，得到非线性横向正应变能为：

$$U_{\sigma s}^N = \frac{1}{2}\int_L q_y(a_y - y_0 - \beta_x)\theta^2\mathrm{d}z \tag{5.23}$$

将式(5.7b)、式(5.15a, b)和式(5.23)相加得到单轴对称截面梁弯扭屈曲问题的总势能：

$$\begin{aligned}\Pi = \frac{1}{2}\int_0^L &\big[EI_y u''^2 + EI_\omega \theta''^2 + GJ\theta'^2 - 2M_x u'\theta' + 2M_x\beta_x\theta'^2 + 2Q_y\beta_x\theta\theta' - 2Q_y u'\theta \\ &+ q_y(a_y - y_0 - \beta_x)\theta^2 \big]\mathrm{d}z \end{aligned} \tag{5.24}$$

当跨度方向还存在 n 个集中力 P_i 分别作用在(x_{di}, a_{yi})，$(i=1, 2, \cdots, n)$，则：

$$\begin{aligned}\Pi = \frac{1}{2}\int_0^L &\big[EI_y u''^2 + EI_\omega \theta''^2 + GJ\theta'^2 + 2M_x\beta_x\theta'^2 - 2M_x u'\theta' + 2Q_y\beta_x\theta\theta' - 2Q_y u'\theta \\ &+ q_y(a_y - y_0 - \beta_x)\theta^2 \big]\mathrm{d}z + \frac{1}{2}\sum_{i=1}^n P_i(a_{yi} - y_0 - \beta_x)\theta_i^2 \end{aligned} \tag{5.25}$$

式(5.15b)中的第一项进行分部积分，并注意到 $Q_y' = -q_y$，则：

$$\frac{1}{2}\int_L 2Q_y\beta_x\theta\theta'\mathrm{d}z = \frac{1}{2}\int_L Q_y\beta_x\mathrm{d}\theta^2 = \frac{1}{2}Q_y\beta_x\theta^2\big|_0^L + \frac{1}{2}\int_L q_y\beta_x\theta^2\mathrm{d}z \tag{5.26a}$$

利用简支梁的边界条件$\theta|_{z=0}=0, \theta|_{z=L}=0$,有：

$$\frac{1}{2}\int_L 2Q_y\beta_x\theta\theta'\mathrm{d}z = \frac{1}{2}\int_L q_y\beta_x\theta^2\mathrm{d}z \tag{5.26b}$$

与式(5.24)进行比较,发现式(5.26b)中的遗留项恰好能被式(5.24)的其中一项抵消。因为：

$$-\int_L 2M_x u'\theta'\mathrm{d}z = -2M_x u'\theta\big|_0^L + \int_L 2(M_x u')'\theta\mathrm{d}z = \int_L 2M_x u''\theta\mathrm{d}z + \int_L 2Q_y u'\theta\mathrm{d}z \tag{5.27}$$

总势能(5.24)应用于简支梁时,可以写为：

$$\Pi = \frac{1}{2}\int_L \big[EI_y u''^2 + EI_\omega \theta''^2 + GJ\theta'^2 + 2M_x u''\theta + 2M_x\beta_x\theta'^2 + q_y(a_y - y_0)\theta^2 \big]\mathrm{d}z \tag{5.28}$$

式(5.28)是传统理论的总势能，即在简支梁的情况下，本书的理论与传统理论是一致的。但是在有些情况下，式(5.24)与传统理论的形式有不同，比如纯弯荷载下的悬臂梁，这一点将在第六章节进行具体地讨论。

式(5.25)的总势能表达式适用于分析单轴对称截面的受弯薄壁构件的稳定性，第7章将提出更为一般的薄壁构件的非线性理论。

5.3　平衡微分方程及其边界条件

在横向荷载作用下，由于存在复杂的应力，弯扭失稳存在弯曲和扭转的相互作用，采用取微段的方法，建立微段的平衡方程很难考虑复杂的二阶效应。因此下面采用变分法推导横向荷载作用下薄壁梁弯扭屈曲的平衡微分方程。

对式(5.24)求变分：

$$\delta\Pi = \int_L \left[\begin{array}{l} EI_y u''\delta u'' + EI_\omega \theta''\delta\theta'' + GJ\theta'\delta\theta' - M_x u'\delta\theta' - M_x \theta'\delta u' + 2M_x\beta_x\theta'\delta\theta' \\ + Q_y\beta_x\theta\delta\theta' + Q_y\beta_x\theta'\delta\theta - Q_y u'\delta\theta - Q_y\theta\delta u' + q_y(a_y - y_0 - \beta_x)\theta\delta\theta \end{array} \right]\mathrm{d}z$$

$$= EI_y u''\delta u' \big|_0^L + EI_\omega \theta''\delta\theta' \big|_0^L$$

$$+ \int_0^L \left[\begin{array}{l} (-EI_y u''' - M_x\theta' - Q_y\theta)\delta u' + (GJ\theta' - EI_\omega\theta''' - M_x u' + 2M_x\beta_x\theta' + Q_y\beta_x\theta)\delta\theta' \\ + [Q_y\beta_x\theta' - Q_y u' + q_y(a_y - y_0 - \beta_x)\theta]\delta\theta \end{array} \right]\mathrm{d}z$$

$$= EI_y u''\delta u' \big|_0^L + EI_\omega\theta''\delta\theta' \big|_0^L - [EI_y u''' + (M_x\theta)']\delta u \big|_0^L$$

$$+ (GJ\theta' - EI_\omega\theta''' - M_x u' + 2M_x\beta_x\theta' + Q_y\beta_x\theta)\delta\theta \big|_0^L$$

$$+ \int_0^L \left\{ \begin{array}{l} [EI_y u'''' + (M_x\theta)'']\delta u - [GJ\theta'' - EI_\omega\theta'''' - (M_x u')' + 2(M_x\beta_x\theta')' \\ + Q_y u' - q_y(a_y - y_0)\theta]\delta\theta \end{array} \right\}\mathrm{d}z = 0$$

由上式得到平衡微分方程如下

$$EI_y u'''' + (M_x\theta)'' = 0 \tag{5.29a}$$

$$EI_\omega\theta'''' - GJ\theta'' - 2(M_x\beta_x\theta')' + M_x u'' + q_y(a_y - y_0)\theta = 0 \tag{5.29b}$$

变分的边界条件部分为

$$EI_y u''\delta u' \big|_0^L + EI_\omega\theta''\delta\theta' \big|_0^L - [EI_y u''' + (M_x\theta)']\delta u \big|_0^L$$

$$+ (GJ\theta' - EI_\omega\theta''' - M_x u' + 2M_x\beta_x\theta' + Q_y\beta_x\theta)\delta\theta \big|_0^L$$

简支端：$u = 0, u'' = 0; \theta = 0, \theta'' = 0$ \hfill (5.30)

固定端：$u = 0, u' = 0; \theta = 0, \theta' = 0$ \hfill (5.31)

自由端：假设自由端作用集中力 P（以 y 正方向为正），根据式(5.25)，总势能变分增加如下的项：$P(a_y - y_0 - \beta_x)\theta\delta\theta$，注意到 $Q_y = P$，则自由边的边界条件为

$$u'' = 0, EI_y u''' + (M_x\theta)' - 0 \tag{5.32a,b}$$

$$\theta'' = 0, (GJ + 2M_x\beta_x)\theta' - EI_\omega\theta''' - M_x u' + P(a_y - y_0)\theta = 0 \tag{5.32c,d}$$

式(5.32d)表示的自由端边界条件如此复杂，采用平衡法是难以得到的。

5.4　简支梁的临界弯矩

5.4.1　纯弯简支梁

在第3章已经得到竖向平面内受到纯弯曲作用的、平面外弯曲和扭转简支的梁的临界弯矩为[式(3.28a)]

$$M_{xcr} = \frac{\pi^2 EI_y}{L^2}\left[\beta_x + \sqrt{\beta_x^2 + \frac{I_\omega}{I_y}\left(1 + \frac{GJL^2}{\pi^2 EI_\omega}\right)}\right] \tag{5.33}$$

纯弯曲的梁弯扭失稳时，其屈曲波形 $u = C\sin\dfrac{\pi z}{L}$ 和 $\theta = D\sin\dfrac{\pi z}{L}$ 中的两个待定系数满足

$$\frac{C}{D} = \frac{u}{\theta} = \frac{M_x}{P_{Ey}} = \beta_x + \sqrt{\beta_x^2 + \frac{I_\omega}{I_y}\left(1 + \frac{GJL^2}{\pi^2 EI_\omega}\right)}$$

式中 $P_{Ey} = \dfrac{\pi^2 EI_y}{L^2}$。上式的来源参考式(3.26a)。上式的物理意义是：整个截面是绕剪

切中心以下距离为 $\beta_x + \sqrt{\beta_x^2 + \dfrac{I_\omega}{I_y}\left(1 + \dfrac{GJL^2}{\pi^2 EI_\omega}\right)}$ 的点转动(参见图 5.4)。如果截面是双轴对称

工字形截面的,则这个距离约等于 $0.5h\sqrt{1 + \left(\dfrac{\lambda_y t_f}{4.4h}\right)^2}$,根号的数值一般仅略大于 1,所以屈

曲时整个截面的转动中心位于下翼缘的下边很小一个距离。从这个现象可以推论,如果在
下翼缘高度上存在侧向支撑,这个支撑对提高梁的临界弯矩的作用是很小的。

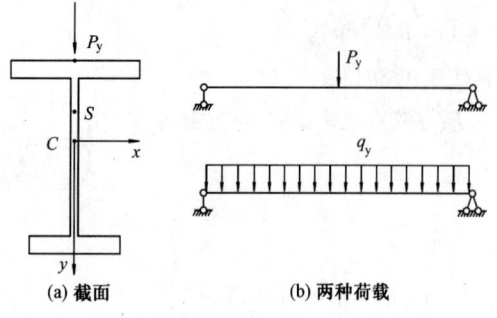

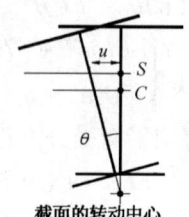

图 5.3　作用横向荷载的简支梁　　　　　图 5.4　梁弯扭失稳时
　　　　　　　　　　　　　　　　　　　　　　　截面的转动中心

5.4.2　承受均布荷载的简支梁

承受均布荷载的梁的弯矩为

$$M_x = \frac{1}{2}q(zL - z^2)$$

总势能由式(5.28)给出。假设位移函数为

$$u = C\sin\frac{\pi z}{L}, \quad \theta = D\sin\frac{\pi z}{L}$$

代入式(5.28)得到

$$\Pi = \frac{1}{2}\int_0^L \left\{ \begin{array}{l} \left[\dfrac{\pi^4 EI_y}{L^4}C^2 + \left(\dfrac{\pi^4 EI_\omega}{L^4} - q_y a\right)D^2 - q_y\dfrac{\pi^2}{L^2}(Lz - z^2)CD\right]\sin^2\dfrac{\pi z}{L} \\ + \dfrac{\pi^2}{L^2}\left[GJ + q_y\beta_x(Lz - z^2)\right]D^2\cos^2\dfrac{\pi z}{L} \end{array} \right\}dz$$

利用以下积分

$$\int_0^L (Lz - z^2)\sin^2\frac{\pi z}{L}dz = \frac{\pi^2 + 3}{12\pi^2}L^3, \quad \int_0^L (Lz - z^2)\cos^2\frac{\pi z}{L}dz = \frac{\pi^2 - 3}{12\pi^2}L^3$$

得到

$$\Pi = \frac{1}{4}\left[\frac{\pi^4 EI_y}{L^3}C^2 - q_y L\frac{\pi^2 + 3}{6}CD + \left(\frac{\pi^4 EI_\omega}{L^3} + \frac{\pi^2 GJ}{L} + q_y L\beta_x\frac{\pi^2 - 3}{6} - q_y aL\right)D^2\right]$$

要使得势能有最小值,必须 $\dfrac{\partial \Pi}{\partial C} = 0$,$\dfrac{\partial \Pi}{\partial D} = 0$,因此

$$\frac{\pi^2 EI_y}{L^2}C - M_x\frac{2(\pi^2 + 3)}{3\pi^2}D = 0$$

210

$$-M_x \frac{2(\pi^2+3)}{3\pi^2}C + \left[\frac{\pi^2 EI_\omega}{L^2} + GJ + M_x \frac{4(\pi^2-3)}{3\pi^2}\beta_x - M_x \frac{8a}{\pi^2}\right]D = 0$$

式中 $M_x = \frac{1}{8}qL^2$。从上式得到

$$M_{xcr} = \frac{3\pi^2}{2(\pi^2+3)} \frac{\pi^2 EI_y}{L^2} \left\{ \frac{\pi^2-3}{\pi^2+3}\beta_x - \frac{6}{\pi^2+3}a + \sqrt{\left(\frac{\pi^2-3}{\pi^2+3}\beta_x - \frac{6}{\pi^2+3}a\right)^2 + \frac{I_\omega}{I_y}\left(1 + \frac{GJL^2}{\pi^2 EI_\omega}\right)} \right\}$$

即

$$M_{xcr} = 1.15 \frac{\pi^2 EI_y}{L^2} \left\{ -0.466a + 0.534\beta_x + \sqrt{(-0.466a + 0.534\beta_x)^2 + \frac{I_\omega}{I_y}\left(1 + \frac{GJL^2}{\pi^2 EI_\omega}\right)} \right\}$$

$$\tag{5.34}$$

由式(5.34)知道,荷载作用在上翼缘($a>0$),则临界弯矩减小,作用在下翼缘 $a<0$,临界弯矩增加。受压翼缘加强的截面,$\beta_x>0$,临界弯矩增加,受拉翼缘加强的截面 $\beta_x<0$,临界弯矩减小。

如果在利用总势能近似计算之前,先对式(5.29a)积分两次:

$$EI_y u'' + M_x \theta = D_1 z + D_2$$

利用两简支端的边界条件得到 $D_1 = 0, D_2 = 0$。则得到

$$u'' = -\frac{M_x}{EI_y}\theta$$

将上式代入总势能表达式(5.28)得到

$$\Pi = \frac{1}{2}\int_0^L \left(EI_\omega \theta''^2 + GJ\theta'^2 + 2\beta_x M_x \theta'^2 - \frac{M_x^2}{EI_y}\theta^2 - q_y a\theta^2 \right)\mathrm{d}z \tag{5.35}$$

这样只需假设扭转角函数,代入上式,进行积分运算得到

$$M_{xcr} = 1.133 \frac{\pi^2 EI_y}{L^2} \left\{ -0.459a + 0.525\beta_x + \sqrt{(-0.459a + 0.525\beta_x)^2 + \frac{I_\omega}{I_y}\left(1 + \frac{GJL^2}{\pi^2 EI_\omega}\right)} \right\}$$

$$\tag{5.36a}$$

上式比假设两个位移函数的解精确,这是因为其中一个平衡方程得到了完全的满足。位移和扭转角的比值为

$$\frac{C}{D} = -0.459a + 0.525\beta_x + \sqrt{(-0.459a + 0.525\beta_x)^2 + \frac{I_\omega}{I_y}\left(1 + \frac{GJL^2}{\pi^2 EI_\omega}\right)} \quad (5.36b)$$

它代表了梁侧向弯扭失稳时整个截面转动中心的位置。因为

$$\beta_x \approx 0.45h(2\alpha_b - 1)\left(1 - \frac{I_y^2}{I_x^2}\right) \tag{5.37}$$

式中 $\alpha_b = I_{y1}/I_y$ 是受压翼缘绕弱轴的惯性矩与整个截面绕弱轴的惯性矩的比值。如果荷载作用在上翼缘,则 $a = (1-\alpha_b)h$,忽略 I_y^2/I_x^2 项,得到

$$-0.459a + 0.525\beta_x \approx -0.695h + 0.932\alpha_b h$$

工业厂房中无制动桁架的吊车梁的 α_b 约为 $0.7 \sim 0.8$,此时上式的值很小。这说明此时整个截面的转动中心仍然由 $\sqrt{\frac{I_\omega}{I_y}\left(1 + \frac{GJL^2}{\pi^2 EI_\omega}\right)}$ 决定。

h	t_w	b_1	t_1	b_2	t_2	β_x 精确	β_x 式(5.37)	比 值
600	8	300	20	200	10	195.12	194.28	0.9957
600	8	300	16	200	10	183.04	181.60	0.9921
600	16	300	16	200	10	180.90	181.60	1.0039
600	8	300	25	250	16	122.61	119.82	0.9772
600	8	300	25	300	16	57.49	57.24	0.9957
600	8	200	25	120	10	217.78	220.43	1.0122
600	16	200	25	120	10	215.79	220.43	1.0215

  单轴对称截面 H676×8×380×14/260×10 是一个实际工程中采用的吊车梁截面，跨度为 8m，$I_y = 78.664 \times 10^6 \text{mm}^4$，$a = 123.64 \text{mm}$，$\beta_x = 190.22 \text{mm}$，$I_\omega = 52.553 \times 10^{11} \text{mm}^6$，$I_{y1} = 64.0173 \times 10^6 \text{mm}^4$

$$J = 54.5515 \times 10^4 \text{mm}^4, 1 + \frac{GJL^2}{\pi^2 EI_\omega} = 1 + \frac{545515 \times 8000^2}{2.6\pi^2 \times 52.553 \times 10^{11}} = 1.25889$$

$$-0.459a + 0.525\beta_x = -0.459 \times 123.64 + 0.525 \times 190.22 = 43.11 \text{mm}$$

$$\frac{C}{D} = 43.11 + \sqrt{43.11^2 + \frac{52.553 \times 10^{11}}{78.664 \times 10^6} \times 1.25889} = 336.3 \text{mm}$$

即截面的转动中心在剪切中心下面 336.3mm 处，剪切中心离开下翼缘的距离为 $h_{s2} = (I_{y2}/I_y) \cdot h = 540.37 \text{mm}$，因此转动中心还处在腹板上。通过上述例子还了解了对临界弯矩影响最大的项是刚度，而不是截面的不对称性质和荷载作用点的高度。

  临界弯矩是

$$M_{xcr} = 1.133 \frac{\pi^2 EI_y}{L^2} \times 336.3$$

如果不考虑截面的不对称性和荷载作用点的高度，临界弯矩是

$$M_{xcr} = 1.133 \frac{\pi^2 EI_y}{L^2} \sqrt{\frac{I_\omega}{I_y} \left(1 + \frac{GJL^2}{\pi^2 EI_\omega}\right)} = 1.133 \frac{\pi^2 EI_y}{L^2} \times 290.0 \text{mm}$$

与考虑荷载作用点高度和截面不对称性的临界弯矩相比，减小了仅 14%。

  当简支梁的跨间侧向等间距地设有侧向支撑，能够阻止支撑点截面的侧移和扭转时，设 $u = C\sin\dfrac{i\pi z}{L}$，$\theta = D\sin\dfrac{i\pi z}{L}$

$$\int \sin^2 \frac{i\pi z}{L} dz = \frac{1}{2}L, \quad \int_0^L (Lz - z^2)\sin^2\frac{i\pi z}{L}dz = \frac{1}{12}\left(1 + \frac{3}{i^2\pi^2}\right)L^3$$

$$\int_0^L \cos^2 \frac{i\pi z}{L} dz = \frac{1}{2}L, \quad \int_0^L (Lz - z^2)\cos^2\frac{i\pi z}{L}dz = \frac{1}{12}\left(1 - \frac{3}{i^2\pi^2}\right)L^3$$

$$\frac{\partial \Pi}{\partial C} = P_{Eyi}C - M_x \frac{2}{3}\left(1 + \frac{3}{i^2\pi^2}\right)D = 0$$

$$\frac{\partial \Pi}{\partial D} = -M_x \frac{2}{3}\left(1 + \frac{3}{i^2\pi^2}\right)C + \left[P_{E\omega i} + \left(\frac{4}{3}\left(1 - \frac{3}{i^2\pi^2}\right)\beta_x - \frac{8}{i^2\pi^2}a\right)M_x\right]D = 0$$

式中 $P_{Eyi} = \dfrac{i^2\pi^2 EI_y}{L^2}$，$P_{E\omega i} = \dfrac{1}{i_0^2}\left(GJ + \dfrac{i^2\pi^2 EI_\omega}{L^2}\right)$

$$M_{xcri} = \frac{3i^2\pi^2}{2(i^2\pi^2+3)}\frac{i^2\pi^2 EI_y}{L^2}\left\{\begin{array}{l}\left(\dfrac{i^2\pi^2-3}{i^2\pi^2+3}\beta_x - \dfrac{6}{i^2\pi^2+3}a\right) \\[2mm] + \sqrt{\left(\dfrac{i^2\pi^2-3}{i^2\pi^2+3}\beta_x - \dfrac{6}{i^2\pi^2+3}a\right)^2 + \dfrac{I_\omega}{I_y}\left(1 + \dfrac{GJL^2}{i^2\pi^2 EI_\omega}\right)}\end{array}\right\}$$

在双轴对称截面，荷载作用在形心的情况下，$\dfrac{3i^2\pi^2}{2(i^2\pi^2+3)}$ 可以理解为与纯弯相比的弯矩提高系数，在 $i = 1$，2，3，4 时是 1.15，1.397，1.451，1.472。在侧向支撑数大于等于 2 时，这个系数主要包含弯矩较小段对弯矩较大段的约束作用。

5.4.3 承受跨中集中荷载的简支梁

此时弯矩为

$0 \leqslant z \leqslant 0.5L: M_{x1} = 0.5Pz$

$0.5L \leqslant z \leqslant L: M_{x2} = 0.5P(L-z)$

式(5.29a)积分两次：

$$EI_y u_1'' + M_{x1}\theta_1 = G_1 z + D_1$$
$$EI_y u_2'' + M_{x2}\theta_2 = G_2 z + D_2$$

利用简支端的边界条件得到 $D_1 = 0, D_2 = 0$。另外，如果不想得到反对称的屈曲模式对应的临界弯矩，则利用对称性条件，在 $z = 0.5L$ 时 $\theta' = 0$，$u' = 0$，$\theta''' = 0$，$u''' = 0$，可得到 $G_1 = 0$，$G_2 = 0$。因此可以得到

$$\Pi = \frac{1}{2}\int_0^L\left(EI_\omega\theta''^2 + GJ\theta'^2 + 2\beta_x M_x\theta'^2 - \frac{M_x^2}{EI_y}\theta^2\right)dz - \frac{1}{2}Pa\theta^2\big|_{z=0.5L}$$

假设 $\theta = C\sin\dfrac{\pi z}{L}$，代入上式得到临界弯矩为

$$M_{xcr} = 1.366\frac{\pi^2 EI_y}{L^2}\left\{-0.554a + 0.406\beta_x + \sqrt{(-0.554a+0.406\beta_x)^2 + \frac{I_\omega}{I_y}\left(1 + \frac{GJL^2}{\pi^2 EI_\omega}\right)}\right\} \quad (5.38)$$

当简支梁的跨间侧向等间距地设有侧向支撑，能够阻止支撑点截面的侧移和扭转时，设 $u = C\sin\dfrac{i\pi z}{L}$，$\theta = D\sin\dfrac{i\pi z}{L}$

$$\int_0^{0.5L} z\sin^2\frac{i\pi z}{L}dz = \int_{0.5L}^L (L-z)\sin^2\frac{i\pi z}{L}dz = \frac{1}{16}L^2 + \frac{L^2}{8i^2\pi^2}(1-\cos i\pi)$$

$$\int_0^{0.5L} z\cos^2\frac{i\pi z}{L}dz = \int_{0.5L}^L (L-z)\cos^2\frac{i\pi z}{L}dz = \frac{1}{16}L^2 - \frac{L^2}{8i^2\pi^2}(1-\cos i\pi)$$

$$\Pi = \frac{1}{2}\int_L\left[EI_y u''^2 + EI_\omega\theta''^2 + GJ\theta'^2 + 2M_x u''\theta + 2M_x\beta_x\theta'^2\right]dz - \frac{1}{2}Pa\theta^2(L/2)$$

$$= \frac{L}{2}\frac{i^2\pi^2}{L^2}\left\{\begin{array}{l}\dfrac{i^2\pi^2 EI_y}{L^2}C^2 + \left(\dfrac{i^2\pi^2 EI_\omega}{L^2} + GJ + \beta_x M_x\left[1 - \dfrac{2(1-\cos i\pi)}{i^2\pi^2}\right]\right)D^2 \\[3mm] -M_x\left[1 + \dfrac{2(1-\cos i\pi)}{i^2\pi^2}\right]CD\end{array}\right\} - 2M_x\frac{a}{L}D^2(1-\cos i\pi)$$

由 $\frac{\partial \Pi}{\partial C}=0$，$\frac{\partial \Pi}{\partial D}=0$，并令系数行列式等于 0 得到

$$4P_{Eyi}\left\{GJ+\frac{i^2\pi^2EI_\omega}{L^2}+M_x\left[\left(1-\frac{2(1-\cos i\pi)}{i^2\pi^2}\right)\beta_x-\frac{4(1-\cos i\pi)}{i^2\pi^2}a\right]\right\}=M_x^2\left[1+\frac{2(1-\cos i\pi)}{i^2\pi^2}\right]^2$$

对 $i=1$，2，3，4，分别得到

$$M_{xcri}=\frac{2i^2\pi^2}{i^2\pi^2+4}P_{Eyi}\left\{\frac{(i^2\pi^2-4)\beta_x-8a}{i^2\pi^2+4}+\sqrt{\left[\frac{(i^2\pi^2-4)\beta_x-8a}{i^2\pi^2+4}\right]^2+\frac{1}{P_{Eyi}}\left(GJ+\frac{i^2\pi^2EI_\omega}{L^2}\right)}\right\},$$
$$i=1,3$$

$$M_{xcri}=2P_{Eyi}\left(\beta_x+\sqrt{\beta_x^2+\frac{1}{P_{Eyi}}\left(GJ+\frac{i^2\pi^2EI_\omega}{L^2}\right)}\right),\ i=2,4$$

5.5　不等端弯矩作用下简支梁的弯扭屈曲

5.5.1　双轴对称截面梁的等效弯矩系数 C_1

对于两端平面外弯曲和扭转均为简支的双轴对称工字形截面的受弯构件，在两端作用有不等弯矩 M_0 和 M，且 $M_0=k\cdot M$，其中 $-1\leqslant k\leqslant 1$（两端弯矩使构件在弯矩作用平面内产生同向曲率时 k 取正号），此时任意截面的弯矩为 $M_x(z)=kM+M(1-k)\dfrac{z}{L}$，即约定远端弯矩较大。

式（5.29a）积分两次，并利用两简支边的边界条件，得到 $u''=-\dfrac{M_x}{EI_y}\theta$，代入总势能式（5.28）得到

$$\Pi=\frac{1}{2}\int_0^L\left(EI_\omega\theta''^2+GJ\theta'^2+2\beta_xM_x\theta'^2-\frac{M_x^2}{EI_y}\theta^2\right)\mathrm{d}z \tag{5.39}$$

注意到弯矩可以化成对称的部分和反对称的部分：

$$M_x(z)=\frac{1}{2}(1+k)M-\left(\frac{1}{2}-\frac{z}{L}\right)M(1-k)=M_{sym}-M_{unsym}$$

因此屈曲时的扭转角也可以假设为关于跨中截面对称和反对称的两部分之和：

$$\theta=D_1\sin\frac{\pi z}{L}+D_2\sin\frac{2\pi z}{L} \tag{5.40}$$

代入总势能的表达式得到

$$\Pi=\frac{\pi^4EI_\omega}{4L^3}(D_1^2+16D_2^2)+\frac{\pi^2(GJ+2\beta_xM_{sym})}{4L}(D_1^2+4D_2^2)+\frac{40M(1-k)}{9L}\beta_xD_1D_2$$
$$-\frac{M^2L}{4EI_y}\left[\begin{array}{l}k(D_1^2+D_2^2)-(1-k^2)\dfrac{32}{9\pi^2}D_1D_2+(1-k)^2\dfrac{64}{9\pi^2}D_1D_2\\[2mm]+(1-k)^2\left(\dfrac{2\pi^2-3}{6\pi^2}D_1^2+\dfrac{8\pi^2-3}{24\pi^2}D_2^2\right)\end{array}\right]$$

由 $\frac{\partial\Pi}{\partial D_1}=0$，$\frac{\partial\Pi}{\partial D_2}=0$ 得到两个齐次线性方程组，令系数行列式为 0 得到：

$$\frac{81\pi^4}{256}\{P_{Ey}P_{E\omega}i_0^2 + \beta_x(1+k)P_{Ey}M_x - M_x^2[k+0.28267(1-k)^2]\}$$

$$\cdot\{4P_{E\omega 2}P_{Ey}i_0^2 + 4\beta_x(1+k)P_{Ey}M_x - M_x^2[k+0.32067(1-k)^2]\}$$

$$-[5\beta_x P_{Ey} - (1-3k)M_x]^2(1-k)^2 M_x^2 = 0 \qquad (5.41)$$

在双轴对称截面的情况下，上式化为

$$\{P_{Ey}P_{E\omega}i_0^2 - M_x^2[k+0.283(1-k)^2]\}\{4P_{E\omega 2}P_{Ey}i_0^2 - M_x^2[k+0.321(1-k)^2]\}$$

$$-\frac{256}{81\pi^4}(1-3k)^2(1-k)^2 M_x^4 = 0 \qquad (5.42)$$

对双轴对称截面梁，Salvadori 得到了线性变化的弯矩下受弯构件的临界弯矩计算公式：

$$M_{xcr} = C_1\frac{\pi}{L}\sqrt{EI_y GJ\left(1+\frac{\pi^2 EI_\omega}{GJL^2}\right)} = C_1 i_0\sqrt{P_{Ey}P_{E\omega}} \qquad (5.43)$$

式(5.42)可以改为求等效弯矩系数 C_1 的形式：

$$\left\{[k+0.321(1-k)^2][k+0.283(1-k)^2] - \frac{256}{81\pi^4}(1-3k)^2(1-k)^2\right\}C_1^4$$

$$-\left\{k+0.321(1-k)^2 + 4\frac{K+4\pi^2}{K+\pi^2}[k+0.283(1-k)^2]\right\}C_1^2 + 4\frac{K+4\pi^2}{K+\pi^2} = 0$$

式中 $K = \dfrac{GJL^2}{EI_\omega}$。从上式可以求得等效弯矩系数，得到的解在 $k = 0\sim1$ 范围内非常精确，在 k 为负时，需要更多的项才能获得精度更好的解。

C_1 称为受弯构件的等效弯矩系数，我国规范 GB 50017—2003 采用如下公式计算：

$$C_1 = 1.75 - 1.05k + 0.3k^2 \leq 2.3 \qquad (5.44a)$$

欧洲钢结构规范 EC3 则采用下式：

$$C_1 = 1.88 - 1.4k + 0.52k^2 \leq 2.7 \qquad (5.44b)$$

从式(5.42)知道，临界弯矩的表达式远比式(5.43)复杂，因此在表示成式(5.43)的形式下，等效弯矩系数 C_1 不仅依赖于 k，还和截面性质 K 有关。K 不同，C_1 的值也稍有不同。由有限元法得到的 C_1 与 K 值和 k 值的对应关系见表 5.2。

不同 K、k 所对应的 C_1 值　　　　　　　表 5.2

k	K											(5.44a)	(5.44b)	(5.44c)
	0.1	1	2	6	10	16	24	32	40	100	∞			
1	1.00	1.00	1.00	1.00	1.00	1.00	1.00	1.00	1.00	1.00	1.00	1	1	1
0.5	1.32	1.32	1.32	1.32	1.32	1.32	1.32	1.32	1.32	1.32	1.31	1.3	1.323	1.246
0	1.86	1.86	1.85	1.85	1.84	1.83	1.83	1.82	1.82	1.81	1.77	1.75	1.879	1.84
-0.5	2.62	2.62	2.61	2.59	2.57	2.55	2.53	2.51	2.49	2.43	2.33	2.3	2.7	2.434
-1	2.74	2.74	2.74	2.73	2.72	2.71	2.71	2.70	2.69	2.65	2.56	2.3	2.7	2.68

由表 5.2 可见，当两端弯矩比值 k 大于 0 时（即梁单向弯曲时），C_1 值随参数 K 变化很小。但是在双曲率弯曲的情况下，参数 K 较小时，C_1 随 K 增加仅有很少的减小。当 K 大于 40 时，即翘曲抗扭刚度相对自由扭转刚度较小时，C_1 减小。但是减小幅度不大于 8%。注

意到实际的工字形梁，参数 K 小于 10，因此采用下式近似最为合理：

$$C_1 = 1.84 - 0.84\sin(0.5\pi k) \tag{5.44c}$$

更加精确的公式是（图 5.5）

$$C_1 = 0.844 + 2e^{-|k+0.795|^{1.6}} \tag{5.44d}$$

5.5.2　单轴对称截面梁的等效弯矩系数 C_1

两端简支单轴对称工字形截面受弯构件在两端不等弯矩作用下，临界弯矩参照式（5.43）表示为：

$$M_{xcr} = C_1 \frac{\pi^2 EI_y}{L^2}\left[\beta_x + \sqrt{\beta_x^2 + \frac{I_\omega}{I_y}\left(1 + \frac{GJL^2}{\pi^2 EI_\omega}\right)}\right] \tag{5.45}$$

参考式（5.41）可知，C_1 与弯矩比 k 和截面的不对称性有关。

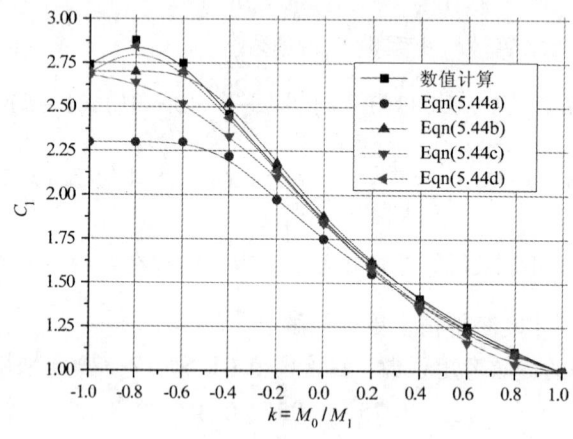

图 5.5　等效弯矩系数与拟合曲线的对比

双轴对称截面的等效弯矩系数　　　　　　　　　　　　　表 5.3

k	有限元	式(5.44a)	式(5.44b)	式(5.44c)	式(5.44d)	k	有限元	式(5.44a)	式(5.44b)	式(5.44c)	式(5.44d)
-1	2.74	2.3	2.7	2.68	2.692	0.2	1.61	1.552	1.621	1.58	1.586
-0.8	2.88	2.3	2.7	2.639	2.844	0.4	1.41	1.378	1.403	1.346	1.373
-0.6	2.75	2.3	2.7	2.52	2.703	0.6	1.25	1.228	1.227	1.16	1.208
-0.4	2.46	2.218	2.523	2.334	2.439	0.8	1.11	1.102	1.093	1.041	1.086
-0.2	2.15	1.972	2.181	2.1	2.138	1	1	1	1	1	1
0	1.85	1.75	1.88	1.84	1.844						

选取七组比较典型的截面尺寸：三组双轴对称截面，分别为 H600×200×8/10，H600×250×6/10，H600×300×5/10；三组上翼缘加强的截面，分别为 H600×200(100)×8/10，H600×250(125)×6/10，H600×300(150)×5/10，另外再加一组截面尺寸为 H600×250(125)×6/10(5)，用有限元法计算上面七种截面在三种跨度 4m，6m，8m 下，两端简支，承受不同端部集中弯矩情况下的梁的弹性临界弯矩值，并反算得出等效弯矩系

数 C_1，进而绘出 C_1 值随着 k 值的变化曲线图，见图5.6。

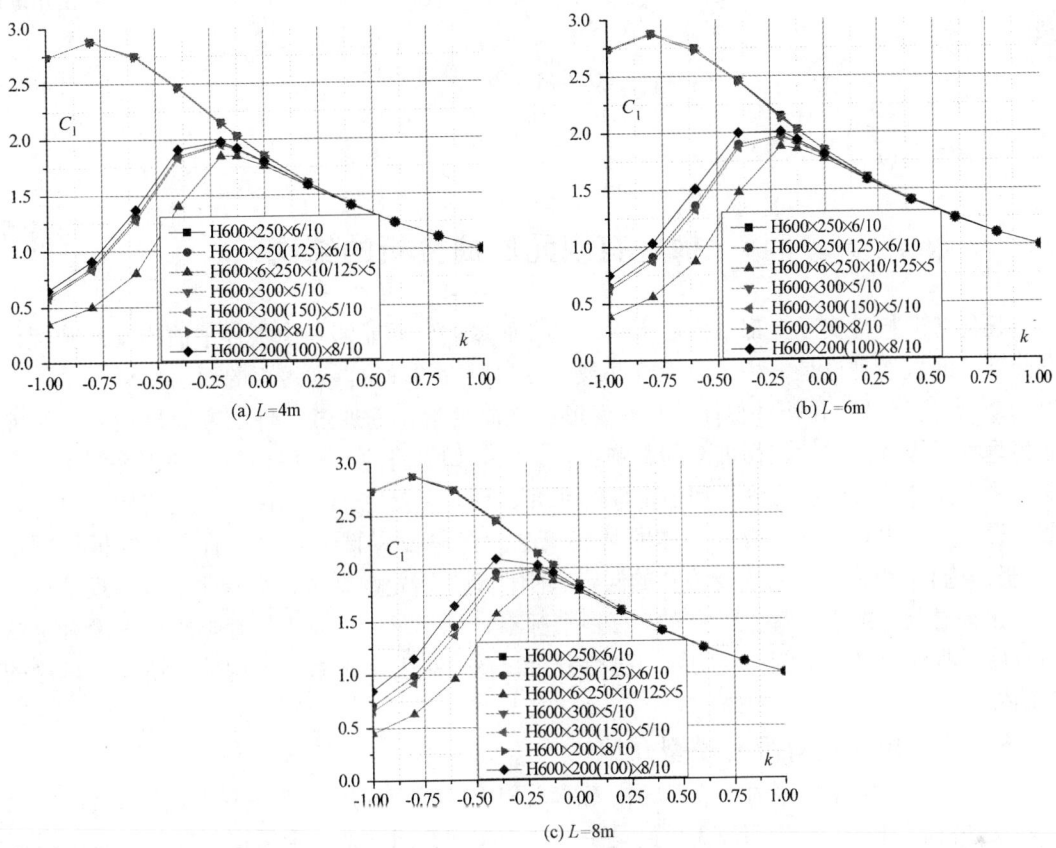

图5.6 单轴对称截面等效弯矩系数 C_1 值随 k 值的变化

从图5.6可以看出，对于不同的 k 值，简支双轴对称截面梁的等效弯矩系数 C_1 随着 k 值呈抛物线的变化，在 $k=-0.8$ 左右达到最高点。式(5.44c)偏于安全。

单轴对称截面梁的等效弯矩系数 C_1 的变化趋势曲线，在单曲率弯曲的范围内与双轴对称截面相似。但在双曲率弯曲范围内，两者存在很大的区别：当单轴对称截面梁的两翼缘平面外惯性矩的比值 $I_{yB}/I_{yT}=0.125$（小翼缘和大翼缘绕弱轴惯性矩的比值）时，等效弯矩系数 C_1 在 $k=-0.2\sim-0.4$ 左右达到最高点，当 $I_{yB}/I_{yT}=1/160$ 时，等效弯矩系数 C_1 在 $k=-0.2$ 左右达到最高点。根据更多数据的分析可知，随着比值 I_{yB}/I_{yT} 的减小，等效弯矩系数的最高点也逐渐向原点靠近。取 $k=-I_{yB}/I_{yT}$ 为分界点，当 $k \geqslant -I_{yB}/I_{yT}$ 时，单轴对称截面与双轴对称截面的 C_1 值相差较少，当 $k < -I_{yB}/I_{yT}$ 时两者的差别随 k 的减少增长很快，这是因为 $k < -I_{yB}/I_{yT}$ 时，负弯矩区的较小翼缘受到的压力，相对于小翼缘的平面外惯性矩来说，比正弯矩区的大翼缘受到的压力相对于大翼缘的平面外惯性矩，负弯矩区更加容易屈曲。在这种情况下，实际工程将增大小翼缘的截面，甚至采用双轴对称截面。因此从实用的角度讲，这种情况在实际工程中是不会出现的。

根据有限元法所得的解，对于弯矩比 $k \geqslant -I_{yB}/I_{yT}$ 的梁，仅需对双轴对称截面的公式做少量的修正就可以得到 C_1 表达式：

$$C_1 = \chi_{unsy} [\, 1.84 - 0.84 \sin(0.5\pi k)\,] \qquad (5.46a)$$

或

$$C_1 = \chi_{unsy} (0.844 + 2e^{-|k+0.795|^{1.6}}) \qquad (5.46b)$$

式中　$\chi_{unsys} = \left(\dfrac{I_{yB}}{I_{yT}}\right)^{0.02(k-1)^3}$

5.6　板件有限元屈曲分析的结论

任何薄壁构件实际上都是由若干板件组合而成的，而能够考虑板件平面内变形和板件弯曲变形的板壳理论是一种比薄壁构件理论更为一般的理论。通过板的面内变形（平面应力问题），它能够包含构件整体的弯曲变形和翘曲变形，而通过板件的弯曲理论，它又能够将垂直于板件方向的位移带来的影响包含其中。如果将薄壁构件作为一种板件结构，完全利用板壳理论进行应力分析和稳定性的研究，理论上是完全可行的，只是实用上过于复杂，设计人员也难以得到构件整体的某些概念。在包含薄膜应力和弯曲应力的板件理论（折板理论）中引入中面剪应变为 0 的假定和刚性周边假定，就可以得到薄壁构件理论。

在历史上，钢梁的弯扭屈曲理论有多个版本，见本章的附录 B。有必要利用没有争议的板件屈曲理论来对薄壁构件的屈曲进行分析，从结果上来判断各种构件弯扭失稳理论的正确性。

5.6.1　单元及有限元模型介绍

采用大型有限元程序的 4 节点的板壳单元 SHELL63，利用特征值法对工字形截面的简支钢梁进行屈曲分析。SHELL63 单元是一种薄壳单元，对弯曲变形采用了经典的直法线假定，具有考虑板件弯曲变形和板面内薄膜变形的能力。单元的每个节点上有 6 个自由度，具有应力刚化(指板件屈曲后板中面产生拉应力，使得板件抗弯刚度增大)和大变形能力，能够满足本章的分析需要。在大变形分析时的应变表达式为：

$$\varepsilon_x = \frac{\partial u}{\partial x} + \frac{1}{2}\left[\left(\frac{\partial u}{\partial x}\right)^2 + \left(\frac{\partial v}{\partial x}\right)^2 + \left(\frac{\partial w}{\partial x}\right)^2\right] \qquad (5.47a)$$

$$\varepsilon_y = \frac{\partial v}{\partial y} + \frac{1}{2}\left[\left(\frac{\partial u}{\partial y}\right)^2 + \left(\frac{\partial v}{\partial y}\right)^2 + \left(\frac{\partial w}{\partial y}\right)^2\right] \qquad (5.47b)$$

$$\varepsilon_z = \frac{\partial w}{\partial z} + \frac{1}{2}\left[\left(\frac{\partial u}{\partial z}\right)^2 + \left(\frac{v}{\partial z}\right)^2 + \left(\frac{\partial w}{\partial z}\right)^2\right] \qquad (5.47c)$$

$$\gamma_{xy} = \frac{\partial u}{\partial y} + \frac{\partial v}{\partial x} + \frac{\partial u}{\partial x}\frac{\partial u}{\partial y} + \frac{\partial v}{\partial x}\frac{\partial v}{\partial y} + \frac{\partial w}{\partial x}\frac{\partial w}{\partial y} \qquad (5.47d)$$

$$\gamma_{yz} = \frac{\partial w}{\partial y} + \frac{\partial v}{\partial z} + \frac{\partial u}{\partial y}\frac{\partial u}{\partial z} + \frac{\partial v}{\partial y}\frac{\partial v}{\partial z} + \frac{\partial w}{\partial y}\frac{\partial w}{\partial z} \qquad (5.47e)$$

$$\gamma_{zx} = \frac{\partial u}{\partial z} + \frac{\partial w}{\partial x} + \frac{\partial u}{\partial z}\frac{\partial u}{\partial x} + \frac{\partial v}{\partial z}\frac{\partial v}{\partial x} + \frac{\partial w}{\partial z}\frac{\partial w}{\partial x} \qquad (5.47f)$$

式中 u、v 和 w 分别代表 x、y 和 z 方向的位移。从应变的表达式可以看出，SHELL63 单元能够满足钢梁屈曲分析的要求。

使用壳体单元来分析薄壁构件时，由于会出现板件的局部屈曲(Local Buckling)和截面

$$\frac{81\pi^4}{256}\{P_{Ey}P_{E\omega}i_0^2+\beta_x(1+k)P_{Ey}M_x-M_x^2[k+0.28267(1-k)^2]\}$$

$$\cdot\{4P_{E\omega2}P_{Ey}i_0^2+4\beta_x(1+k)P_{Ey}M_x-M_x^2[k+0.32067(1-k)^2]\}$$

$$-[5\beta_xP_{Ey}-(1-3k)M_x]^2(1-k)^2M_x^2=0 \qquad (5.41)$$

在双轴对称截面的情况下，上式化为

$$\{P_{Ey}P_{E\omega}i_0^2-M_x^2[k+0.283(1-k)^2]\}\{4P_{E\omega2}P_{Ey}i_0^2-M_x^2[k+0.321(1-k)^2]\}$$

$$-\frac{256}{81\pi^4}(1-3k)^2(1-k)^2M_x^4=0 \qquad (5.42)$$

对双轴对称截面梁，Salvadori 得到了线性变化的弯矩下受弯构件的临界弯矩计算公式：

$$M_{xcr}=C_1\frac{\pi}{L}\sqrt{EI_yGJ\left(1+\frac{\pi^2EI_\omega}{GJL^2}\right)}=C_1i_0\sqrt{P_{Ey}P_{E\omega}} \qquad (5.43)$$

式(5.42)可以改为求等效弯矩系数 C_1 的形式：

$$\left\{[k+0.321(1-k)^2][k+0.283(1-k)^2]-\frac{256}{81\pi^4}(1-3k)^2(1-k)^2\right\}C_1^4$$

$$-\left\{k+0.321(1-k)^2+4\frac{K+4\pi^2}{K+\pi^2}[k+0.283(1-k)^2]\right\}C_1^2+4\frac{K+4\pi^2}{K+\pi^2}=0$$

式中 $K=\dfrac{GJL^2}{EI_\omega}$。从上式可以求得等效弯矩系数，得到的解在 $k=0\sim1$ 范围内非常精确，在 k 为负时，需要更多的项才能获得精度更好的解。

C_1 称为受弯构件的等效弯矩系数，我国规范 GB 50017—2003 采用如下公式计算：

$$C_1=1.75-1.05k+0.3k^2\leqslant2.3 \qquad (5.44a)$$

欧洲钢结构规范 EC3 则采用下式：

$$C_1=1.88-1.4k+0.52k^2\leqslant2.7 \qquad (5.44b)$$

从式(5.42)知道，临界弯矩的表达式远比式(5.43)复杂，因此在表示成式(5.43)的形式下，等效弯矩系数 C_1 不仅依赖于 k，还和截面性质 K 有关。K 不同，C_1 的值也稍有不同。由有限元法得到的 C_1 与 K 值和 k 值的对应关系见表5.2。

不同 K、k 所对应的 C_1 值   表5.2

k	K											(5.44a)	(5.44b)	(5.44c)
	0.1	1	2	6	10	16	24	32	40	100	∞			
1	1.00	1.00	1.00	1.00	1.00	1.00	1.00	1.00	1.00	1.00	1.00	1	1	1
0.5	1.32	1.32	1.32	1.32	1.32	1.32	1.32	1.32	1.32	1.32	1.31	1.3	1.323	1.246
0	1.86	1.86	1.85	1.85	1.84	1.83	1.83	1.82	1.82	1.81	1.77	1.75	1.879	1.84
-0.5	2.62	2.62	2.61	2.59	2.57	2.55	2.53	2.51	2.49	2.43	2.33	2.3	2.7	2.434
-1	2.74	2.74	2.74	2.73	2.72	2.71	2.71	2.70	2.69	2.65	2.56	2.3	2.7	2.68

由表5.2可见，当两端弯矩比值 k 大于 0 时(即梁单向弯曲时)，C_1 值随参数 K 变化很小。但是在双曲率弯曲的情况下，参数 K 较小时，C_1 随 K 增加仅有很少的减小。当 K 大于 40 时，即翘曲抗扭刚度相对自由扭转刚度较小时，C_1 减小。但是减小幅度不大于8%。注

意到实际的工字形梁，参数 K 小于 10，因此采用下式近似最为合理：

$$C_1 = 1.84 - 0.84\sin(0.5\pi k)$$ (5.44c)

更加精确的公式是（图 5.5）

$$C_1 = 0.844 + 2e^{-|k+0.795|^{1.6}}$$ (5.44d)

5.5.2　单轴对称截面梁的等效弯矩系数 C_1

两端简支单轴对称工字形截面受弯构件在两端不等弯矩作用下，临界弯矩参照式(5.43)表示为：

$$M_{xcr} = C_1 \frac{\pi^2 EI_y}{L^2}\left[\beta_x + \sqrt{\beta_x^2 + \frac{I_\omega}{I_y}\left(1 + \frac{GJL^2}{\pi^2 EI_\omega}\right)}\right]$$ (5.45)

参考式(5.41)可知，C_1 与弯矩比 k 和截面的不对称性有关。

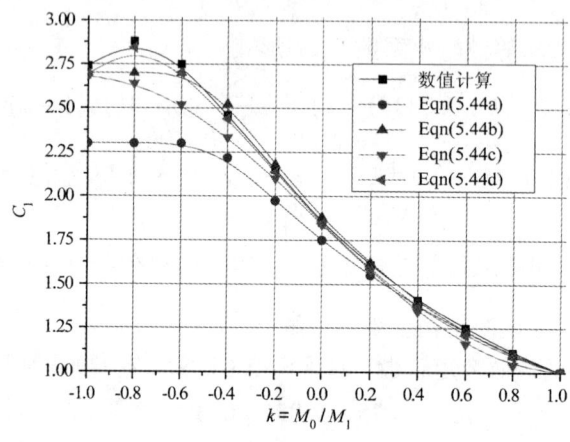

图 5.5　等效弯矩系数与拟合曲线的对比

双轴对称截面的等效弯矩系数　　　　　　　　　表 5.3

k	有限元	式(5.44a)	式(5.44b)	式(5.44c)	式(5.44d)	k	有限元	式(5.44a)	式(5.44b)	式(5.44c)	式(5.44d)
-1	2.74	2.3	2.7	2.68	2.692	0.2	1.61	1.552	1.621	1.58	1.586
-0.8	2.88	2.3	2.7	2.639	2.844	0.4	1.41	1.378	1.403	1.346	1.373
-0.6	2.75	2.3	2.7	2.52	2.703	0.6	1.25	1.228	1.227	1.16	1.208
-0.4	2.46	2.218	2.523	2.334	2.439	0.8	1.11	1.102	1.093	1.041	1.086
-0.2	2.15	1.972	2.181	2.1	2.138	1	1	1	1	1	1
0	1.85	1.75	1.88	1.84	1.844						

选取七组比较典型的截面尺寸：三组双轴对称截面，分别为 H600 × 200 × 8/10，H600 × 250 × 6/10，H600 × 300 × 5/10；三组上翼缘加强的截面，分别为 H600 × 200(100) × 8/10，H600 × 250(125) × 6/10，H600 × 300(150) × 5/10，另外再加一组截面尺寸为 H600 × 250(125) × 6/10(5)，用有限元法计算上面七种截面在三种跨度 4m，6m，8m 下，两端简支，承受不同端部集中弯矩情况下的梁的弹性临界弯矩值，并反算得出等效弯矩系

的畸变屈曲（Distortional Buckling，是一种使得截面形状发生改变的屈曲），而得不到整体弯扭屈曲的临界荷载。为了与薄壁构件的"刚周边假定"相符，在有限元模型中，沿梁的跨度每隔一定的距离布置"特殊的加劲肋"（通常总共 5～7 道）。加劲肋只与所在截面的腹板相连，与翼缘的衔接处只耦合加劲肋平面内的 x 和 y 方向的位移（图5.7b），这样处理的目的是让加劲肋起到保持工字钢截面形状不变的作用，但不增加薄壁构件的任何刚度。在简支梁的端部，约束端截面所有节点的截面平面内（x 和 y 方向）的位移和任一节点的纵向位移，这样既可以保证梁端部的铰接要求，而且可以保证端截面的"刚周边"特性。

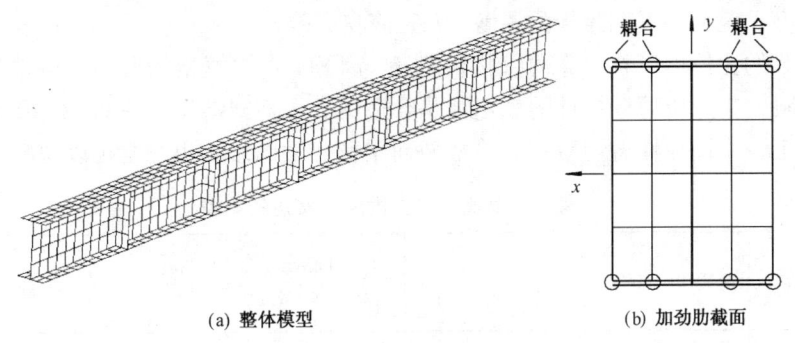

(a) 整体模型　　　　　　　　　(b) 加劲肋截面

图5.7　有限元模型示意

表5.4用一算例来考察按照上面方式建立的简支梁有限元模型的刚度，取截面为 H300×150×6×8，简支梁的跨度为5.6m，材料的弹性模量 E 为206kN/mm²，泊松比 $v =$ 0.3，沿跨度方向每隔1/8跨度布置一特殊的加劲肋，总共7个。

在简支梁的跨中分别作用两个方向的集中力和扭矩，通过与理论解相比，来考察简支梁沿强轴、弱轴的弯曲刚度和扭转刚度。在表中 F_x、F_y 和 M_z 分别为沿强轴，沿弱轴的集中力和集中扭矩，当作用集中力时比较的内容为跨中的挠度，作用扭矩时比较的内容为跨中截面的转角。

从表5.4 的比较结果可知，板壳有限元模型得到的挠度和转角与梁的弯曲和扭转理论解的结果非常吻合，说明壳体有限元模型在刚度和边界条件上，能够很好地满足薄壁截面简支梁分析的要求。

有限元模型的变形与理论解的比较　　　　　　　　　**表5.4**

荷载方式	y 方向 集中荷载	x 方向 集中荷载	扭　　矩
加载实现	$\downarrow F_y$	F_x	$\dfrac{M_z}{h}$, $\dfrac{M_z}{h}$
荷载大小	10000N	1000N	29200N
有限元解	2.886mm	3.943mm	0.0278mm
理论解	2.836mm	3.942mm	0.0286mm
误差（%）	1.76	0.03	2.8

5.6.2 分析结果比较

运用壳体单元分析薄壁构件的稳定性时，还需考虑壳体理论和薄壁构件理论的差异对屈曲荷载的影响。比如壳体理论中的泊松比效应以及中面的线性剪切应变。对双轴对称截面简支梁的稳定性，各种弯扭屈曲理论的结果是一致的，所以可以通过对双轴对称截面简支梁的屈曲分析，来考察这两个因素的影响。

表5.5对两种双轴对称截面简支梁的临界荷载进行了比较，其中 M_{mer} 和 M_{per} 分别为利用薄壁构件理论和壳体有限元得到的屈曲荷载，b、t_f、h 和 t_w 分别为工字形截面的翼缘宽度、翼缘厚度、截面高度和腹板的厚度，L 为简支梁的长度，λ_y 为平面外的长细比。

从表5.5的比较可以看出，薄壁构件理论与FEM壳体模型的屈曲荷载非常吻合，说明用壳体有限元来分析薄壁构件的稳定性是合适的，无需对薄壁构件理论的结果进行泊松比效应的修正，中面线性剪切应变对薄壁截面梁稳定性的影响也完全可以忽略不计。

双轴对称截面简支梁的屈曲弯矩的比较　　　　表5.5

荷载形式	荷载作用点位置	梁理论解 $M_{mer}/\text{N·mm}$	FEM $M_{per}/\text{N·mm}$	$\left\| \dfrac{M_{mer} - M_{per}}{M_{mer}} \right\|$	基本参数	
满跨均布荷载	上翼缘	560374.4	560597.8	0.04%	b / mm	40
	下翼缘	1124226.0	1099395.9	2.20%	t_f / mm	2
跨中集中荷载	上翼缘	627505.5	630590.8	0.49%	h / mm	100
	下翼缘	1432930.2	1442703.5	0.68%	t_w / mm	1
$L/4$，$3L/4$ 跨集中荷载	上翼缘	531048.0	528940.9	0.40%	L / mm	2000
	下翼缘	1004865.5	977115.2	2.76%	λ_y	219
满跨均布荷载	上翼缘	481982.6	489872.0	1.64%	b / mm	30
	下翼缘	812715.2	802678.3	1.23%	t_f / mm	2
跨中集中荷载	上翼缘	547931.6	558077.3	1.85%	h / mm	50
	下翼缘	1020361.4	1023636.5	0.30%	t_w / mm	1.5
$L/4$，$3L/4$ 跨集中荷载	上翼缘	453586.4	459839.3	1.38%	L / mm	1200
	下翼缘	731508.7	720386.7	1.52%	λ_y	173

注：1. 单元划分情况：翼缘沿宽度方向为8个，腹板沿高度方向为16个，沿长度方向240个。

2. 加劲肋：在长度方向每隔 $L/6$ 设一加劲肋，共5个。

不同理论的差别之一是单轴对称截面简支梁在横向荷载作用下临界弯矩公式，这个公式是

$$M_{xcr} = C_1 \frac{\pi^2 EI_y}{L^2} \left\{ -C_2 a + C_3 \beta_x + \sqrt{ (-C_2 a + C_3 \beta_x)^2 + \frac{I_\omega}{I_y} \left(1 + \frac{GJL^2}{\pi^2 EI_\omega} \right) } \right\} \quad (5.48)$$

传统理论和本章的理论的结论是式（5.34）和式（5.38），而国内外都存在 $C_3 = 1$ 的解答。

220

表 5.6a 和 5.6b 分别对下翼缘(受拉翼缘)加强和上翼缘(受压翼缘)加强的工字形截面简支梁的屈曲荷载进行了比较,表中 M_{mcr} 是传统梁屈曲理论的结果,M_{pcr} 为利用壳体有限元模型的分析结果。

从表 5.6a,b 的比较发现,对两种不同类型的单轴对称截面工字形简支梁,壳体有限元的结果总是与传统薄壁构件弯扭屈曲理论得到的屈曲荷载相吻合,而与 $C_3=1$ 理论的结果存在着差异。通过本节的分析可知,传统理论是正确的。

下翼缘加强截面简支梁的屈曲弯矩的比较　　　　　　　　　　表 5.6a

荷载形式	荷载作用位置	C_3	梁理论解 $M_{mcr}/\text{N}\cdot\text{mm}$	FEM $M_{pcr}/\text{N}\cdot\text{mm}$	$\left\|\dfrac{M_{mcr}-M_{pcr}}{M_{mcr}}\right\|$	基本参数
满跨均布荷载	上翼缘	0.53	199724.0	201056.8	0.67%	
	下翼缘	0.53	418443.7	407843.7	2.53%	
跨中集中荷载	上翼缘	0.41	227807.9	224326.2	1.35%	
	下翼缘	0.41	554343.5	543420.1	1.97%	$L=1600\text{mm}$
$L/4$,$3L/4$跨集中荷载	上翼缘	0.57	188906.7	189981.4	0.57%	$\lambda_y=214.6$,$\mu=0.3$
	下翼缘	0.57	371437.0	356623.2	3.99%	$E=206\text{kN/mm}^2$
均布荷载	上翼缘	0.53	169101.0	169756.2	0.39%	
	下翼缘	0.53	245411.5	240519.9	1.99%	
跨中集中荷载	上翼缘	0.41	195996.9	193045.7	1.51%	$L=1$
	下翼缘	0.41	305767.8	303735.0	0.66%	$L=1800\text{mm}$
$L/4$,$3L/4$跨集中荷载	上翼缘	0.57	158154.2	159106.6	0.60%	$\lambda_y=284.7$,$\mu=0.3$
	下翼缘	0.57	222282.9	217721.5	2.05%	$E=206\text{kN/mm}^2$

注：1. 单元划分情况：上翼缘沿宽度方向为 6 个,下翼缘 8 个,腹板沿高度方向为 16 个,沿长度方向 240 个。

2. 加劲肋：在长度方向每隔 $L/8$ 设一加劲肋,共 7 个。

上翼缘加强截面简支梁屈曲弯矩的比较　　　　　　　　　　表 5.6b

组号	荷载形式	荷载作用位置	C_3	梁理论解 $M_{mcr}/\text{N}\cdot\text{mm}$	FEM $M_{pcr}/\text{N}\cdot\text{mm}$	$\left\|\dfrac{M_{mcr}-M_{pcr}}{M_{mcr}}\right\|$	基本参数
5	满跨均布荷载	上翼缘	0.53	60889329.0	61496509.8	1.00%	
		下翼缘	0.53	106684499.8	105915772.5	0.72%	
	跨中集中荷载	上翼缘	0.41	68317942.8	69839506.0	2.23%	
		下翼缘	0.41	133281004.0	132122867.3	0.87%	
	$L/4$,$3L/4$跨集中荷载	上翼缘	0.57	57439460.3	57724536.4	0.50%	$L=5500\text{mm}$
		下翼缘	0.57	95945253.6	94086352.3	1.94%	$\lambda_y=177.7$,$\mu=0.3$ $E=206\text{kN/mm}^2$

组号	荷载形式	荷载作用位置	C_3	梁理论解 $M_{mcr}/N \cdot mm$	FEM $M_{per}/N \cdot mm$	$\left\| \dfrac{M_{mcr} - M_{per}}{M_{mcr}} \right\|$	基本参数
6	均布荷载	上翼缘	0.53	272427.8	276276.5	1.41%	
		下翼缘	0.53	376619.5	375102.0	0.40%	
	跨中集中荷载	上翼缘	0.41	313372.4	322971.6	3.06%	$L=1600mm$
		下翼缘	0.41	461541.2	459968.2	0.34%	$\lambda_y = 273.8$, $\mu=0.3$
	$L/4$, $3L/4$ 跨集中荷载	上翼缘	0.57	254013.6	256911.7	1.14%	$E=206kN/mm^2$
		下翼缘	0.57	341510.4	337323.9	1.23%	

注: 1. 单元划分情况: 上翼缘沿宽度方向为 8 个, 下翼缘 6 个, 腹板沿高度方向为 16 个, 沿长度方向 240 个。

　　 2. 加劲肋: 在长度方向每隔 $L/6$ 设一加劲肋, 共 5 个。

5.7　弹塑性稳定

承受横向荷载的钢梁的弹塑性稳定, 理论上非常复杂。例如, 图 3.4 所示的三角形分布的残余应力, 在弯矩作用下, 首先进入塑性的部分如图 3.46 所示, 未进入塑性的弹性区域成为了单轴对称的截面。因为各个截面弯矩大小不同, 进入塑性的部分大小不一, 各个截面的瞬时剪切中心的位置不一样, 剪切中心轴沿纵向不在一条直线上。这样一来, 前面以剪切中心的侧移和绕剪切中心的扭转作为屈曲位移的描述的方法就需要修改。

显然不可能以一个位置不断变化、且不在一条纵向直线上的轴来描述截面的弯扭位移。因此下面约定, 始终以全截面弹性情况下的形心轴和剪切中心轴来描述位移。这样, 对弹塑性的钢梁进行干扰, 建立屈曲微分方程时, 必须采用建立在非形心轴上的方程。

对进入弹塑性阶段的钢梁进行干扰, 以研究其弹塑性稳定, 切线模量理论仍然适用。

在非形心主轴的坐标系下, 任意一点的由屈曲引起的线性应变是

$$\dot\varepsilon = u_0' - xu'' - \omega\theta''$$

应力增量是

$$\dot\sigma = E(u_0' - xu'' - \omega\theta'')$$

要求应力增量产生的轴力增量等于 0, 因此

$$EA_e u_0' - ES_{xe} u'' - ES_{\omega e}\theta'' = 0$$

式中 $S_{xe} = \displaystyle\int_{A_e} x\mathrm{d}A_e$, $S_{\omega e} = \displaystyle\int_{A_e} \omega\mathrm{d}A_e$, 这样

$$u_0' = \frac{S_{xe}}{A_e}u'' + \frac{S_{\omega e}}{A_e}\theta''$$

代入应变增量表达式得到

$$\dot\varepsilon = -\left(x - \frac{S_{xe}}{A_e}\right)u'' - \left(\omega - \frac{S_{\omega e}}{A_e}\right)\theta'' \tag{5.49}$$

$$\dot\sigma = -E\left(x - \frac{S_{xe}}{A_e}\right)u'' - E\left(\omega - \frac{S_{\omega e}}{A_e}\right)\theta'' \tag{5.50}$$

弯矩增量和双力矩增量

$$M_{ye} = \int_{A_e} \dot{\sigma} x \mathrm{d}A = -EI_{ye} u'' - EI_{\omega ye} \theta'' \qquad (5.51a)$$

$$B_{\omega e} = \int_{A_e} \dot{\sigma} \omega \mathrm{d}A = -EI_{\omega ye} u'' - EI_{\omega e} \theta'' \qquad (5.51b)$$

应变能是

$$U = \frac{1}{2} E \int_0^L \int_{A_e} \left[\left(x - \frac{S_{xe}}{A_e} \right)^2 u''^2 + 2 \left(x - \frac{S_{xe}}{A_e} \right) \left(\omega - \frac{S_{\omega e}}{A_e} \right) u'' \theta'' + \left(\omega - \frac{S_{\omega e}}{A_e} \right)^2 \theta''^2 \right] \mathrm{d}A_e \mathrm{d}z$$

$$U = \frac{1}{2} \int_0^L (EI_{ye} u''^2 + 2EI_{\omega ye} u'' \theta'' + EI_{\omega e} \theta''^2) \mathrm{d}z \qquad (5.52)$$

式中

$$I_{ye} = \int_{A_e} \left(x - \frac{S_{xe}}{A_e} \right)^2 \mathrm{d}A_e = I'_{ye} - \frac{S_{xe}^2}{A_e}, I'_{ye} = \int_{A_e} x^2 \mathrm{d}A_e \qquad (5.53a)$$

$$I_{\omega e} = \int_{A_e} \left(\omega - \frac{S_{\omega e}}{A_e} \right)^2 \mathrm{d}A_e = I'_{\omega e} - \frac{S_{\omega e}^2}{A_e} \qquad (5.53b)$$

$$I_{\omega ye} = \int_{A_e} \left(x - \frac{S_{xe}}{A_e} \right) \left(\omega - \frac{S_{\omega e}}{A_e} \right) \mathrm{d}A_e = I'_{\omega ye} - \frac{S_{\omega e} S_{xe}}{A_e} \qquad (5.53c)$$

屈曲前的应力，在屈曲过程中产生的非线性应变能推导如下：非线性应变的表达式是完全与式(5.12a，b，c)一样的，因此

$$U^N_{\sigma z} = \frac{1}{2} \int\!\!\int_L \int_A (2\sigma_{z0} \varepsilon^N_z) \mathrm{d}A \mathrm{d}z = \frac{1}{2} \int_0^L (-2M_x u' \theta' + W_\sigma \theta'^2) \mathrm{d}A \mathrm{d}z \qquad (5.54a)$$

式中 $W_\sigma = \int_A \sigma [(y - y_0)^? + x^2] \mathrm{d}A$

$$U^N_\tau = -\frac{1}{2} \int\!\!\int_L \int_A 2\tau_{zs0} \theta (u' \sin\alpha - \theta' r_n) \mathrm{d}A \mathrm{d}z = -\frac{1}{2} \int\!\!\int_L \int_A (2\tau_{zs0} \sin\alpha \cdot \theta u' - 2\tau_{zs0} r_n \cdot \theta\theta') \mathrm{d}A \mathrm{d}z$$

$$U^N_\tau = \frac{1}{2} \int_L \left(-2Q_x \theta u' + \theta\theta' \int_A 2\tau_{zs0} r_n \mathrm{d}A \right) \mathrm{d}z = \frac{1}{2} \int_L \left(-2Q_x \theta u' + \theta\theta' \int_A \tau_{zs0} t \mathrm{d}\rho^2 \right) \mathrm{d}z$$

$$U^N_\tau = \frac{1}{2} \int_L (-2Q_x \theta u' + W'_\sigma \theta\theta') \mathrm{d}z \qquad (5.54b)$$

其中 $\int_A 2\tau_{zs0} r_n t \mathrm{d}s = \int_A 2\tau_{zs0} t \rho \mathrm{d}\rho = \int_A \tau_{zs0} t \mathrm{d}\rho^2 = t\tau_{zs0} \rho^2 \big|_0^B - \int_A \frac{\partial \tau_{zs0} t}{\partial s} \rho^2 \mathrm{d}s = \int_A \frac{\partial \sigma_{z0} t}{\partial z} \rho^2 \mathrm{d}s = W'_\sigma$

$U^N_{\sigma s}$ 可以直接采用式(5.14a)。因此弹塑性梁的屈曲的总势能是

$$\Pi = \frac{1}{2} \int_0^L \big[EI_{ye} u''^2 + 2EI_{\omega ye} u'' \theta'' + EI_{\omega e} \theta''^2 + (GJ)_t \theta'^2 - 2M_x u' \theta' - 2Q_y u' \theta + W_\sigma \theta'^2 + W'_\sigma \theta\theta'$$

$$+ q_y (a_y - y_0 - \beta_x) \theta^2 \big] \mathrm{d}z + \frac{1}{2} \sum_{i=1}^n P_i (a_{yi} - y_0 - \beta_x) \theta_i^2 \qquad (5.55)$$

式中 $(GJ)_t$ 按照式(3.63)计算。上式所有的刚度项，位移和屈曲前内力项，都沿长度变化，通过变分无法得到简单的屈曲微分方程。

另外上述分析，实际上是分两步，第 1 步是竖向弯曲分析，确定竖向挠度和每一个截面的塑性开展，确定弹性核截面及其截面性质。第 2 步才是基于式(5.55)的屈曲分析，需要在第 1 步和第 2 步来回重复，获得使总势能变分等于 0 的弯矩值。

要获得钢梁稳定系数曲线，除了考虑残余应力，还需要考虑初始弯曲和扭转，这使得问题从一个特征值问题(第一类稳定问题)变为几何和物理非线性分析问题，此时，弹塑性阶段的弹性核截面不再有对称轴，因此基于固定坐标系的弹性核截面的截面性质 $I_{xye} \neq 0$，从而理论分析更为复杂。第 12 章就是分析这样复杂问题的有限元方法。

5.8　钢梁的稳定性设计

正是由于问题的复杂性，不同的研究者得到的钢梁弹塑性稳定系数差别比较大。钢梁的稳定系数在世界各国的规范中差别也较大，其中英国最为保守，澳大利亚次之。

与压杆一样，钢梁的弹塑性失稳也是强度破坏(竖向弯曲形成塑性铰)和弯扭失稳破坏两种破坏模式的相互作用的结果，因此可以参照压杆稳定系数计算公式的构建方法，来构建钢梁稳定系数的计算公式。首先引入钢梁的正则化长细比。从临界弯矩求得临界应力，弹性阶段令其等于

$$\phi_b = \frac{M_{xcr}}{\gamma_x M_{y1}} = \frac{1}{\lambda_b^2} \tag{5.56}$$

其中 M_{y1} 是受压最大纤维屈服弯矩，γ_x 是截面塑性开展系数，λ_b 是正则化长细比：

$$\lambda_b = \sqrt{\frac{\gamma_x M_{y1}}{M_{xcr}}} \tag{5.57}$$

在可以充分利用塑性的截面，美国和欧洲按照全截面塑性弯矩计算正则化长细比，即 $\lambda_b = \sqrt{\frac{M_P}{M_{xcr}}}$，$M_P$ 是全塑性弯矩。

借用压杆稳定系数的 Perry – Robertson 公式，钢梁的弹塑性稳定系数是

$$\phi_b = \frac{1}{2} \left[1 + \frac{1 + \varepsilon_0}{\lambda_b^2} - \sqrt{\left(1 + \frac{1 + \varepsilon_0}{\lambda_b^2} \right)^2 - \frac{4}{\lambda_b^2}} \right] \tag{5.58}$$

令 $\varepsilon_0 = \alpha(\lambda_b - \lambda_{b0})$，$\lambda_{b0}$ 规定了从 $\lambda_b \leqslant \lambda_{b0}$ 时 $\phi_b = 1$。α 越大，则曲线下降得越快，表明钢梁对缺陷（残余应力及其分布、初始弯曲和初始扭转）的敏感程度，受压翼缘离中和轴远处是残余压应力的，对稳定性不利，稳定系数随长细比增加而下降得越快。

英国 BS 5900—2000 对热轧 H 型钢纯弯梁的稳定系数，取 $\varepsilon_0 = 0.651 (\lambda_b - 0.4)$。

欧洲钢结构学会(ECCS)提出过如下公式计算钢梁的弹塑性稳定系数

$$\phi_b = \frac{1}{(1 + \lambda_b^{2n})^{1/n}} \tag{5.59}$$

来代表强度破坏和稳定破坏的相互作用。这个公式是 Rankine 公式的推广，即由下式得到

$$\frac{1}{M_u^n} = \frac{1}{M_P^n} + \frac{1}{M_{xcr}^n} \tag{5.60}$$

n 取不同的值，就可以代表不同残余应力分布和对初始侧移和初始扭转敏感度不同的钢梁的稳定系数。但是这个公式因为未能在长细比较小时包含一段 $\phi_b = 1$ 的水平段而没有被 EC3 采用，EC3 直接采用了柱子曲线作为梁的稳定系数曲线，即式(5.58)。

可以修改式(5.59)达到一定长细比以下稳定系数就等于 1 的目的：$\phi_b = \frac{M_u}{\gamma_x M_{y1}}$，则

$$\phi_b = \frac{1}{(1 - \lambda_{b0}^{2n} + \lambda_b^{2n})^{1/n}}, \tag{5.61}$$

式中 λ_{b0} 的作用与在式(5.58)中的完全一样，$\lambda_{b0} = 0.2 \sim 0.5$。

如果希望像 EC3 的压杆稳定系数曲线那样，在 $\lambda_b = \lambda_{b0} = 0.2$ 的稳定系数刚好等于 1，则可以分别取 $n = 1.697$，1.330，1.101，0.871 就可以获得与 EC3 的四条柱子曲线很接近的稳定系数曲线。因此式(5.61)可以完全代替式(5.58)，式(5.61)还有更大的适应能力：可以将 n 拟合成与长细比 λ_b 有关，与截面的高宽比有关等，以适应稳定系数的各种曲线形状。

澳大利亚 AS4100 规范的曲线是

$$\phi_b = 0.6 \left(\sqrt{\lambda_b^4 + 3} - \lambda_b^2 \right) \tag{5.62}$$

试算发现，这个形式不能推广以适应不同残余应力分布和缺陷敏感度的钢梁截面。

美国、日本和我国，均采用了一段弹性稳定系数曲线，在弹塑性阶段，美国和日本均采用直线，我国采用抛物线。我国 GB 50017—2003 采用抛物线和弹性屈曲曲线两段式计算梁的稳定系数的公式如下：

$$\lambda_b < 1.291 \text{ 时 } \phi_b = 1.07 - 0.282\lambda_b^2 \leqslant 1 \tag{5.63a}$$

$$\lambda_b \geqslant 1.291 \text{ 时 } \phi_b = 1/\lambda_b^2 \tag{5.63b}$$

两式的分界线在 $\phi_b = 0.6$。

构造钢梁稳定系数公式，需要解决如下两个问题：

(1) 长细比小于多少时稳定系数等于 1？

钢梁稳定与压杆稳定不同在于，钢梁有受拉区，拉应力是一种刚度，即使全截面屈服了，拉应力的存在也是一种刚度，因此钢梁的稳定性要好于同样长细比的压杆，这意味着，稳定系数开始等于 1 的长细比比较大。英国是 $\lambda_{b0} - 0.4$，日本是 0.3，美国是 $l_1/i_y - 0.56$。我国 GB 50017—2003 是 $\lambda_b = \sqrt{0.07/0.282} = 0.498$。

(2) 等效弯矩系数 C_1 如何考虑？

简支梁的情况下，C_1 应该只在正则化长细比的计算中考虑。

在线性变化的弯矩的情况下，目前有两种做法：在确定稳定系数时，按照纯弯确定，在验算公式中考虑等效弯矩系数，即

$$M_x \leqslant M_u, \quad M_u = C_1\phi_b M_P \leqslant M_P \tag{5.64}$$

美国英国都是这种做法，我国 GB 50017—2003 也是这种做法，但是有一个不安全的疏忽：未纳入 $M_u \leqslant M_P$ 的限制。

作者赞同的一种做法是，在确定通用长细比时考虑 C_1，同时在稳定系数的计算中也要考虑 C_1，这里，日本的方法最为可取。日本的规定是

$$\lambda_b \leqslant \lambda_{b0} = 0.6 - 0.3 \frac{M_2}{M_1} \text{ 时 } \phi_b = 1 \tag{5.65a}$$

$$\lambda_{b0} \leqslant \lambda_b \leqslant 1.291 \text{ 时：} \phi_b = 1 - 0.4 \frac{\lambda_b - \lambda_{b0}}{1.291 - \lambda_{b0}} \text{（即直线式）} \tag{5.65b}$$

$$\lambda_b > 1.291 \text{ 时 } \phi_b = \frac{1}{\lambda_b^2} \tag{5.65c}$$

式中 $\lambda_b = \sqrt{M_{xcr}/M_P}$，临界弯矩 M_{xcr} 中考虑了等效弯矩系数，通过 λ_{b0} 又考虑了弯矩比的影响，抬高了线性变化弯矩时的稳定系数。EC3 的 6.3.2.3 条也是类似的思路，但是公式更加复杂。

参考日本公式和式 (5.61)，对不同的弯矩比，采用下式将是比较好的选择

$$\text{对热轧截面梁：} \lambda_{b0} = 0.65 - 0.25\frac{M_2}{M_1}, \quad n = 2.5\sqrt[3]{\frac{b_1}{h}} \tag{5.66a}$$

$$\text{对焊接截面梁：} \lambda_{b0} = 0.55 - 0.25\frac{M_2}{M_1}, \quad n = 1.8\sqrt[3]{\frac{b_1}{h}} \tag{5.66b}$$

式中 b_1 是受压翼缘的宽度。图 5.8a，b 画出了式 (5.61) 参数按照式 (5.66a，b) 取值时钢梁的稳定系数曲线。

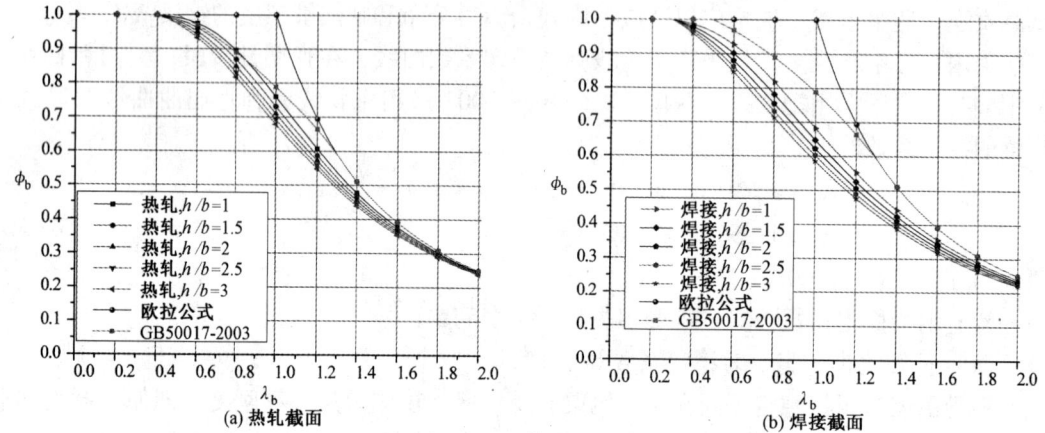

图 5.8　不同高宽比的焊接和轧制工字钢梁的稳定系数

5.9　绕强迫轴的扭转失稳

实际工程中有绕定点扭转的情况，例如工业构筑物的框架梁的负弯矩区段，上翼缘铺钢格栅板或者花纹钢板，其失稳时就是绕上翼缘（受拉）扭转。

设两端简支梁，承受均布荷载，下翼缘受压，绕上翼缘扭转失稳。此时在式 (5.24) 中令 $u = e\theta$，得到

$$\Pi = \frac{1}{2}\int_0^L \left\{ (EI_y e^2 + EI_\omega)\theta''^2 + [GJ + 2M_x(\beta_x - e)]\theta'^2 + 2Q_y(\beta_x - e)\theta\theta' \right.$$
$$\left. + q_y(a_y - y_0 - \beta_x)\theta^2 \right\} dz \tag{5.67}$$

简支梁，分部积分后是

$$\Pi = \frac{1}{2}\int_0^L \left\{ (EI_y e^2 + EI_\omega)\theta''^2 + [GJ + 2M_x(\beta_x - e)]\theta'^2 + q_y(a_y - y_0 - e)\theta^2 \right\} dz$$

仍然设 $\theta = C\sin\frac{\pi z}{L}$，代入上式积分得到

$$\frac{1}{8}q_y L^2 \left[4(e - \beta_x)\frac{\pi^2 - 3}{3\pi^2} + \frac{8}{\pi^2}(e - a) \right] = \frac{\pi^2}{L^2}(EI_y e^2 + EI_\omega) + GJ$$

临界弯矩是

$$M_{xcr} = \frac{\pi^2 (EI_y e^2 + EI_\omega)/L^2 + GJ}{0.928(e - \beta_x) + 0.81056(e - a)} \quad (5.68)$$

假设如图5.9(a)所示的情况，$e = a$，得到

$$M_{xcr1} = \frac{\pi^2 (EI_y e^2 + EI_\omega)/L^2 + GJ}{0.928(e - \beta_x)} \quad (5.69a)$$

假设如图5.9(b)所示的情况，$e - a = h$，得到

$$M_{xcr2} = \frac{\pi^2 (EI_y e^2 + EI_\omega)/L^2 + GJ}{0.928(e - \beta_x) + 0.81057h} \quad (5.69b)$$

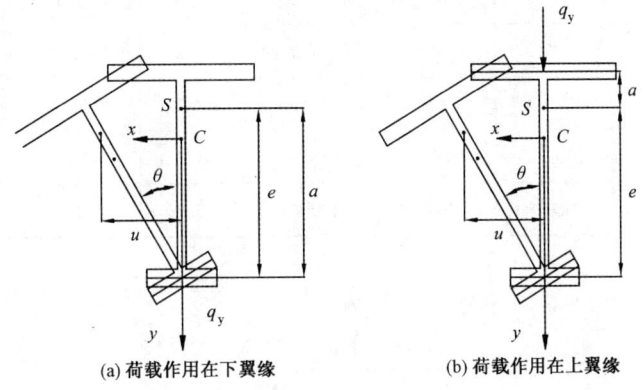

图5.9 绕定点的扭转屈曲

表5.7a,b 给出8个截面两种跨度的简支梁的算例及其与式(5.36b)的比较。在荷载作用于下翼缘时，简支梁截面发生弯扭屈曲时的整个截面的扭转中心在下翼缘以下比较多，此时有强迫的扭转中心在下翼缘，临界弯矩相对于无强迫扭转中心的简支梁的临界弯矩有较大提高。对于荷载作用在上翼缘的情况，则临界弯矩提高很小。

选择的对比截面　　　　　　　　　　　　　　　　　　　　　　表5.7a

	总高	h	t_w	b_1	t_1	b_2	t_2	h_{s1}	h_{s2}	$r_{9m,下}$	$r_{7m,下}$	$r_{9m,上}$	$r_{7m,上}$
截面1	515	500	8	300	18	200	12	82.5	417.5	587.0	553.2	337.6	301.2
截面2	518	500	8	300	18	200	18	114.3	385.7	592.7	554.7	342.6	301.8
截面3	515	500	8	300	18	300	12	200.0	300.0	496.7	472.7	254.1	229.1
截面4	518	500	10	300	18	300	18	250.0	250.0	472.0	442.0	242.5	212.5
截面5	715	700	10	340	18	220	12	107.1	592.9	758.3	732.7	404.8	376.6
截面6	718	700	10	340	18	220	18	149.2	550.8	759.0	731.0	402.9	372.1
截面7	715	700	10	340	18	340	12	280.0	420.0	647.3	630.6	306.0	288.4
截面8	718	700	10	340	18	340	18	350	350	596.5	577.2	275.2	255.9

注：$r_{9m,下}$是式(5.36b)计算的简支梁屈曲时截面的扭转中心，余同。

荷载	作用在下翼缘				作用在上翼缘			
公式	(5.69a)		(5.36a)		(5.69b)		(5.36a)	
长度	9m	7m	9m	7m	9m	7m	9m	7m
截面 1	1286.2	1961.3	809.6	1261.3	485.7	740.5	465.6	686.8
截面 2	1407.1	2098.2	885.0	1369.0	523.5	780.7	511.5	744.9
截面 3	1353.5	2053.8	953.5	1499.9	499.5	757.9	487.8	726.9
截面 4	1550.7	2266.1	1087.2	1683.1	564.5	825.0	558.6	809.2
截面 5	2334.7	3706.3	1501.1	2397.7	883.2	1402.0	801.4	1232.3
截面 6	2467.2	3875.1	1617.9	2574.9	918.2	1442.2	858.6	1310.9
截面 7	2437.1	3859.2	1808.8	2913.0	901.3	1427.2	855.1	1332.3
截面 8	2611.9	4069.8	2000.1	3199.4	950.8	1481.6	922.7	1418.4

纯弯时的临界弯矩是

$$M_{xcr} = \frac{\pi^2 (EI_y e^2 + EI_\omega) + GJL^2}{2(e - \beta_x)L^2}$$ (5.70)

计算表明，对表 5.7a 的 8 个截面，在强迫绕下翼缘扭转屈曲时，临界弯矩比式 (5.33)增加也很少。

如果是 T 型截面绕腹板底部扭转(船舶甲板纵向加劲肋)，则

$$M_{xcr} = \frac{\pi^2 EI_y h^2 + GJL^2}{2(h - \beta_x)L^2}$$ (5.71)

5.10 冷弯 Z 形截面檩条在风吸力作用下的整体稳定分析

檩条的设计计算，最重要的是弯扭失稳，因为 C 形或者 Z 形截面均是非双轴对称截面，而且屋面有一定坡度，各国规范关于檩条弯扭失稳的规定差别非常大。例如美国 AISI 规范简单地在有效截面抗弯承载力数值上乘以系数 0.6(连续 C 形檩条,跨中部分,风吸力作用)和 0.7(连续 Z 形檩条,跨中部分,风吸力作用)，对简支檩条，系数从截面在 165mm 以下的 0.7 到 216mm 以上的 0.4，并且还要考虑保温层厚度的影响对这些系数继续折减。对连续檩条的支座负弯矩区段，还没有给出有关稳定性的设计方法。

澳大利亚规范 AS 4600—2005 也是采用了乘以折减系数的方法，但是其系数比 AISI 的大，无拉条、一道拉条、两道拉条时分别是 0.75，0.85，0.95，简支梁两道拉条时，折减系数取 1.0，重力荷载作用下取 0.85(支座负弯矩区)。

EC3 的冷弯规范，采取非常复杂的设计方法，它将檩条的下翼缘、卷边和 1/5 的腹板作为压杆，并且考虑屋面板的扭转约束以及腹板的横向弯曲对该压杆侧移的约束，按照弹性地基梁计算该压杆的稳定性。EC3 的方法非常复杂，涉及屋面板对檩条的扭转约束的复

杂计算。

工业厂房采用轻型彩色压型钢板屋面，固定在檩条上，檩条采用冷弯 C 型或者 Z 型截面，与钢梁通过一定的构造方式相连。轻钢屋面自重很轻，所以屋面檩条较不利的受力情况是在风吸力作用时出现的，屋面板平面内较大的剪切刚度抑制了檩条上翼缘的侧向位移，而通常屋面板与檩条通过自攻螺钉相连，对于檩条的变形有一定的扭转约束作用，檩条在这种约束条件下的整体屈曲破坏可看做绕定点的失稳破坏。风吸力的作用使檩条上翼缘受拉而下翼缘受压，屋面板的扭转约束施加在上翼缘，对下翼缘基本不起作用，也即受拉区存在扭转约束和侧向位移约束，而受压区基本处于无约束的自由变形状态，此时，檩条的整体稳定可以近似看作是下翼缘的受压失稳。下面通过考虑非线性的应变能的方法，推导檩条在此种情况下的整体稳定的临界弯矩表达式，探究檩条整体稳定的内在原因。

5.10.1　薄壁檩条弯扭屈曲的总势能推导

采用平行形心轴来推导，避免向与腹板不平行的方向分解。在非形心主轴的情况下，檩条截面中弯曲正应力和剪应力的表达式为：

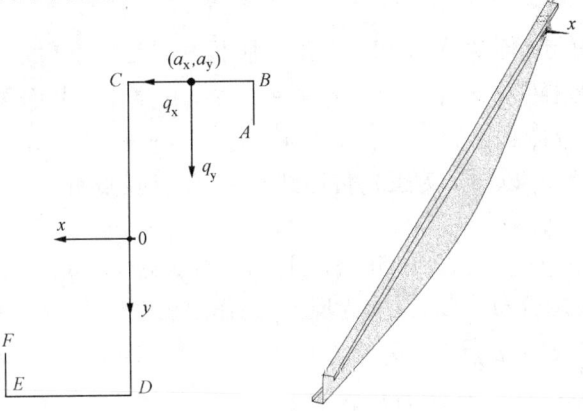

图 5.10　冷弯 Z 形截面的屈曲

$$\sigma_{z0} = \frac{M_y I_x - M_x I_{xy}}{I_x I_y - I_{xy}^2} x + \frac{M_x I_y - M_y I_{xy}}{I_x I_y - I_{xy}^2} y$$

$$\tau_{zs0} t = \frac{Q_x I_x - Q_y I_{xy}}{I_x I_y - I_{xy}^2} S_y + \frac{Q_y I_y - Q_x I_{xy}}{I_x I_y - I_{xy}^2} S_x$$

$$\sigma_{s0} t = -\frac{q_x I_x - q_y I_{xy}}{I_x I_y - I_{xy}^2} D_y - \frac{q_y I_y - q_x I_{xy}}{I_x I_y - I_{xy}^2} D_x + \frac{T'_\omega D_\omega}{I_\omega t}$$

其中的内力分量已经在第 1 章给出线性理论的解答。

当檩条发生弯扭变形时，假定截面剪心的位移为 u，v 和 θ，非线性应变是

$$\varepsilon_z^N = \frac{1}{2} u'^2 + \frac{1}{2} v'^2 + (x - x_0) v' \theta' - (y - y_0) u' \theta' + \frac{1}{2} \left[(x - x_0)^2 + (y - y_0)^2 \right] \theta'^2$$

$$\gamma_{zs}^N = -\theta(u' \sin\alpha - v' \cos\alpha - r_n \theta') , \varepsilon_s^N = \frac{1}{2} \theta^2$$

纵向正应力的非线性应变能是

$$U_{\sigma z}^N = \frac{1}{2} \int_L \int_A (2\sigma_{z0} \varepsilon_z^N) \, dA dz = \frac{1}{2} \int_0^L (2B_\omega \beta_\omega \theta'^2 - 2M_x u' \theta' + 2M_y v' \theta') \, dz \quad (5.72a)$$

229

式中利用了 $\int_A x(x^2 + y^2)\mathrm{d}A = 0$，$\int_A y(x^2 + y^2)\mathrm{d}A = 0$

$$\beta_\omega = \frac{1}{2I_\omega}\int_A \omega\rho^2\mathrm{d}A = \frac{1}{2I_\omega}\int_A \omega(x^2 + y^2)\mathrm{d}A \tag{5.72b}$$

剪应力的非线性应变能是

$$U_\tau^N = \frac{1}{2}\int_L\int_A (2\tau_{zs0}\gamma_{zs}^N)\mathrm{d}A\mathrm{d}z = \int_V \tau_{zs0}\big[-(u'\sin\alpha - v'\cos\alpha - \theta'r_n)\theta\big]\mathrm{d}V$$

$$= \int_0^L (-Q_y u'\theta\delta + Q_x v'\theta + T_\omega\beta_\omega\theta'\theta)\mathrm{d}z \tag{5.72c}$$

其中 $Q_y = M_x'$，$Q_x = M_y'$，$T_\omega = B_\omega'$。横向正应力的非线性功是

$$U_{\sigma s}^N = \frac{1}{2}\int_L \left(\int_A \sigma_{s0}\mathrm{d}A\right)\theta^2\mathrm{d}z$$

其中

$$\int_A \sigma_{s0}t\mathrm{d}s = r_n\sigma_{s0}t\big|_0^B + \int_A \frac{\partial\tau_{zs0}}{\partial z}r_n t\mathrm{d}s$$

截面上两个翼缘与 x 轴夹角 α 均为 0 度，腹板和卷边为 90 度。对于上翼缘：$r_n = x$，下翼缘：$r_n = -x$，腹板：$r_n = y$，卷边：$r_n = -y$。将 $r_n\sigma_{s0}t\big|_0^B$ 对截面每一块板件展开

$$r_n\sigma_{s0}t\big|_0^B = r_n\sigma_{s0}t\big|_a^b + r_n\sigma_{s0}t\big|_b^c + r_n\sigma_{s0}t\big|_c^d + r_n\sigma_{s0}t\big|_d^e + r_n\sigma_{s0}t\big|_e^f = y\sigma_{s0}t\big|_c^d + x\sigma_{s0}t\big|_b^c$$

q_y 作用在上翼缘（q_y 以向下为正），传递到 C 点，使得 C 点有 $\sigma_{s0,C} = -q_y/t$，$a_y = -0.5h$，所以：

$$r_n\sigma_{s0}t\big|_c^d = y\sigma_{s0}t\big|_c^d = -(-0.5h)(\sigma_{s0}t)_c = -0.5hq_y = a_y q_y$$

假设梁上翼缘作用分布荷载 q_x（实为反力）的作用点坐标为 $(a_x, -0.5h)$

$$x\sigma_{s0}t\big|_b^c = x\sigma_{s0}t\big|_b^{a_x} + x\sigma_{s0}t\big|_{a_x}^c = a_x(\sigma_{s0}t)_{a_x-} - (-b)\times 0 + 0\times(\sigma_{s0}t)_{C,\text{flange}} - a_x(\sigma_{s0}t)_{a_x+}$$

$$= a_x\big[(\sigma_{s0}t)_{a_x-} - (\sigma_{s0}t)_{a_x+}\big] = q_x a_x$$

$$\int_A \frac{\partial\tau_{zs0}}{\partial z}r_n t\mathrm{d}s = \frac{\partial}{\partial z}\int_A \tau_{zs0}r_n\mathrm{d}A = T_\omega'\beta_\omega$$

所以

$$\int_A \sigma_{s0}\mathrm{d}A = q_y a_y + q_x a_x + T_\omega'\beta_\omega$$

非线性横向正应变能为：

$$U_{\sigma s}^N = \frac{1}{2}\int_L (q_y a_y + q_x a_x + T_\omega'\beta_\omega)\theta^2\mathrm{d}z \tag{5.72d}$$

弯扭屈曲的总势能是线性和非线性势能相加。利用两端简支时 $\theta\big|_{z=0} = 0$，$\theta\big|_{z=L} = 0$，分部积分后得到

$$\Pi = \frac{1}{2}\int_L \left\{\begin{array}{l} EI_y u''^2 + 2EI_{xy}u''v'' + EI_x v''^2 + EI_\omega\theta''^2 + GJ\theta'^2 \\ -2M_y v''\theta + 2M_x u''\theta + 2B_\omega\beta_\omega\theta'^2 + (q_y a_y + q_x a_x)\theta^2 \end{array}\right\}\mathrm{d}z - \int_L (q_y v + q_x u + m_z\theta)\mathrm{d}z \tag{5.73}$$

5.10.2 二阶弹性分析

檩条上翼缘与屋面板通过自攻钉连接，屋面板的平面内刚度很大，因此檩条上翼缘在屋面平面内的位移受到约束。使得整个截面绕上翼缘转动，参照图 5.10 的坐标系方位，

230

得到形心的水平位移 $u = -0.5h\theta$，代入总势能表达式得：

$$\Pi = \frac{1}{2}\int_L \left[\begin{array}{l} EI'_\omega\theta''^2 - hEI_{xy}\theta''v'' + EI_x v''^2 + GJ\theta'^2 - M_x h\theta\theta'' \\ -2M_y v''\theta + 2B_\omega\beta_\omega\theta'^2 + (q_y a_y + q_x a_x)\theta^2 \end{array}\right]\mathrm{d}z - \int_L [q_y v + (m_z - 0.5q_x h)\theta]\mathrm{d}z$$

其中

$$I'_\omega = I_\omega + 0.25I_y h^2 \tag{5.74}$$

将 $m_z = q_y a_x - q_x a_y = q_y a_x - q_x(-0.5h)$ 代入

$$\Pi = \frac{1}{2}\int_L \left[\begin{array}{l} EI'_\omega\theta''^2 - hEI_{xy}\theta''v'' + EI_x v''^2 + (GJ + 2B_\omega\beta_\omega)\theta'^2 \\ -M_x h\theta\theta'' - 2M_y v''\theta + (q_y a_y + q_x a_x)\theta^2 \end{array}\right]\mathrm{d}z - \int_L (q_y v + q_y a_x\theta)\mathrm{d}z$$

$$\tag{5.75}$$

对上式变分，并分部积分得：

$$\begin{aligned}
\delta\Pi =& (EI'_\omega\theta'' - 0.5hEI_{xy}v'' - 0.5hM_x\theta)\delta\theta'\mid_0^L + (EI_x v'' - 0.5hEI_{xy}\theta'' - M_y\theta)\delta v'\mid_0^L \\
& + [(GJ + 2B_\omega\beta_\omega)\theta' - EI'_\omega\theta''' + 0.5hEI_{xy}v''' + 0.5h(M_x\theta)']\delta\theta\mid_0^L \\
& + [-EI_x v''' + 0.5hEI_{xy}\theta''' + (M_y\theta)']\delta v\mid_0^L \\
& + \int_L \left\{\begin{array}{l} EI'_\omega\theta^{(4)} - 0.5hEI_{xy}v^{(4)} - 0.5h(M_x\theta)'' - [(GJ + 2B_\omega\beta_\omega)\theta'] \\ -0.5hM_x\theta'' - M_y v'' + (q_y a_y + q_x a_x)\theta - q_y a_x \end{array}\right\}\delta\theta\mathrm{d}z \\
& + \int_L [EI_x v^{(4)} - 0.5hEI_{xy}\theta^{(4)} - (M_y\theta)'' - q_y]\delta v\mathrm{d}z
\end{aligned}$$

由 $\delta\Pi = 0$ 得到平衡微分方程为：

$$\begin{aligned}
EI'_\omega\theta^{(4)} - 0.5EI_{xy}hv^{(4)} - (GJ + 2B_\omega\beta_\omega)\theta'' - 2T_\omega\beta_\omega\theta' - 0.5h(M_x\theta)'' & \\
-0.5hM_x\theta'' - M_y v'' + (q_y a_y + q_x a_x)\theta - q_y a_x = 0 & \tag{5.76a}
\end{aligned}$$

$$0.5hEI_{xy}\theta^{(4)} - EI_x v^{(4)} + (M_y\theta)'' + q_y = 0 \tag{5.76b}$$

变分的边界条件部分为：简支端

$$EI'_\omega\theta'' - 0.5hEI_{xy}v'' - 0.5hM_x\theta = 0, \quad \theta = 0$$

$$EI_x v'' - 0.5hEI_{xy}\theta'' - M_y\theta = 0, \quad v = 0$$

由上式可知，$v'' = 0$，$\theta'' = 0$。由平衡方程式(5.76b)得

$$v^{(4)} = \frac{q_y}{EI_x} + \frac{hEI_{xy}}{2EI_x}\theta^{(4)} + \frac{(M_y\theta)''}{EI_x}$$

积分两次得到

$$v'' = C_2 + C_1 z + \frac{q_y}{2EI_x}z^2 + \frac{hEI_{xy}}{2EI_x}\theta'' + \frac{M_y\theta}{EI_x}$$

由简支的边界条件得：$C_2 = 0, C_1 = -\dfrac{q_y}{2EI_x}L$，则

$$v'' = \frac{1}{EI_x}\left(-M_x + \frac{h}{2}EI_{xy}\theta'' + M_y\theta\right) \tag{5.77}$$

代入式(5.76a)，得：

$$EI''_\omega\theta^{(4)} - \left(\frac{I_{xy}}{I_x}M_y h + M_x h + GJ + 2B_\omega\beta_\omega\right)\theta'' - \left(\frac{I_{xy}}{I_x}M'_y + M'_x\right)h\theta'$$

$$-2T_\omega\beta_\omega\theta' - \left(\frac{I_{xy}}{2I_x}M_y''h + \frac{1}{2}M_x''h + \frac{M_y^2}{EI_x} - q_ya_y - q_xa_x\right)\theta = m_z' \qquad (5.78)$$

式中

$$I_\omega'' = I_\omega' - \frac{h^2I_{xy}^2}{4I_x} = I_\omega + \frac{1}{4}h^2\rho_{xy}I_y \qquad (5.79a)$$

$$\rho_{xy} = 1 - \frac{I_{xy}^2}{I_xI_y} \qquad (5.79b)$$

$$m_z' = q_ya_x + \frac{hI_{xy}q_y}{2I_x} - \frac{M_yM_x}{EI_x} = q_y\left(a_x - \frac{I_{xy}}{I_x}a_y\right) - \frac{M_yM_x}{EI_x} \qquad (5.79c)$$

设扭转角为 $\theta = D\sin\frac{\pi z}{L}$，它能满足所有边界条件，$q_x$，$q_y$ 均沿坐标轴负向，计算时以 $-q_x$，$-q_y$ 代入。q_x 是反力，是不均布的，但第 2 章的分析表明接近于均布，因此就假设为均布。这样弯矩

$$M_x = -\frac{q_y}{2}(zL - z^2), M_y = -\frac{q_x}{2}(zL - z^2), m_z' = -q_y\left(a_x - \frac{I_{xy}}{I_x}a_y\right) - \frac{M_yM_x}{EI_x} \qquad (5.80a,b,c)$$

从第 2 章，对 Z 形截面檩条无拉条的情况，双力矩是

$$B_\omega = -EI_\omega\theta'' = -\frac{2I_\omega}{I_y\rho_{xy}h}\left(q_x - \frac{I_{xy}}{I_x}q_y\right)\frac{1}{2}(zL - z^2) = \frac{2I_\omega}{I_y\rho_{xy}h}\left(M_y - \frac{I_{xy}}{I_x}M_x\right) \qquad (5.80d)$$

$$T_\omega = B_\omega' = \frac{2I_\omega}{I_y\rho_{xy}h}\left(M_y' - \frac{I_{xy}}{I_x}M_x'\right) \qquad (5.80e)$$

这样

$$R = EI_\omega''\theta^{(4)} - \left[GJ + \left(\frac{I_{xy}}{I_x} + \frac{4\beta_\omega I_\omega}{I_y\rho_{xy}h^2}\right)M_yh + M_xh\left(1 - \frac{4\beta_\omega I_\omega I_{xy}}{I_xI_y\rho_{xy}h^2}\right)\right]\theta''$$

$$- \left[\left(\frac{I_{xy}}{I_x} + \frac{4\beta_\omega I_\omega}{I_y\rho_{xy}h^2}\right)M_y' + M_x'\left(1 - \frac{4\beta_\omega I_\omega I_{xy}}{I_xI_y\rho_{xy}h^2}\right)\right]h\theta'$$

$$- \left(\frac{I_{xy}}{2I_x}M_y''h + \frac{1}{2}M_x''h + \frac{M_y^2}{EI_x} + q_ya_y + q_xa_x\right)\theta - m_z' = 0 \qquad (5.81)$$

则 $\theta' = D\frac{\pi}{L}\cos\frac{\pi z}{L}$，$\theta'' = -D\frac{\pi^2}{L^2}\sin\frac{\pi z}{L}$，$\theta^{(4)} = D\frac{\pi^4}{L^4}\sin\frac{\pi z}{L}$

代入 Galerkin 方程 $\int_L R\sin\frac{\pi z}{L}\mathrm{d}z = 0$，利用

$$\int_L (zL - z^2)\sin^2\frac{\pi z}{L}\mathrm{d}z = \frac{\pi^2 + 3}{12\pi^2}L^3 , \quad \int_L (zL - z^2)^2\sin^2\frac{\pi z}{L}\mathrm{d}z = \frac{\pi^4 + 45}{60\pi^4}L^5$$

$$\int_L (L - 2z)\sin\frac{\pi z}{L}\cos\frac{\pi z}{L}\mathrm{d}z = \frac{L^2}{2\pi} , \quad \int_L (zL - z^2)^2\sin\frac{\pi z}{L}\mathrm{d}z = \frac{48 - 4\pi^2}{\pi^5}L^5$$

得到：

$$\left\{\frac{\pi^4}{L^4}EI_\omega'' + \frac{\pi^2}{L^2}\left[GJ - \left(\frac{I_{xy}}{I_x} + \frac{4\beta_\omega I_\omega}{I_y\rho_{xy}h^2}\right)\frac{\pi^2 + 3}{12\pi^2}L^2hq_x - \frac{\pi^2 + 3}{12\pi^2}L^2\left(1 - \frac{4\beta_\omega I_\omega I_{xy}}{I_xI_y\rho_{xy}h^2}\right)q_yh\right]\right.$$

$$\left. + \left(\frac{I_{xy}}{I_x} + \frac{4\beta_\omega I_\omega}{I_y\rho_{xy}h^2}\right)\frac{q_x}{2}h + \frac{q_y}{2}h\left(1 - \frac{4\beta_\omega I_\omega I_{xy}}{I_xI_y\rho_{xy}h^2}\right) - \frac{I_{xy}}{2I_x}q_xh - \frac{q_x^2}{2EI_x}\frac{\pi^4 + 45}{60\pi^4}L^4 - q_xa_x\right\}D$$

$$= -q_y \left(a_x - \frac{I_{xy}}{I_x} a_y \right) \frac{4}{\pi} - \frac{q_x q_y (48 - 4\pi^2)}{2EI_x} \frac{L^4}{\pi^5} \tag{5.82}$$

5.10.3 无拉条 Z 形截面檩条风吸力下的临界弯矩

檩条发生弯扭屈曲时总势能的二阶变分为零,即要求式(5.82)D 的系数等于零,取 $q_x = \alpha q_y$ 代入式(5.82),得:

$$\frac{\alpha^2 L^4 \pi^4 + 45}{EI_x} \frac{1}{120\pi^4} q_y^2 + \left\{ \begin{bmatrix} \frac{I_{xy}}{I_x} \left[\left(1 + \frac{4\beta_\omega I_\omega I_x}{I_y I_{xy} \rho_{xy} h^2} \right) \alpha - \frac{4\beta_\omega I_\omega}{I_y \rho_{xy} h^2} \right] + 1 \right] \frac{\pi^2 + 3}{12} h \\ + a_x \left[\left(1 - \frac{2\beta_\omega I_\omega}{I_y \rho_{xy} h a_x} \right) \alpha + \frac{2\beta_\omega I_{xy} I_\omega}{I_x I_y \rho_{xy} h a_x} \right] - \frac{1}{2} h \end{bmatrix} q_y - \frac{\pi^2}{L^2} \left(GJ + \frac{\pi^2 E I''_\omega}{L^2} \right) = 0 \tag{5.83}$$

求解上述二次多项式虽然不难,但式子较繁。考虑到第一项比较小,为简化计算,取一次式得

$$M_{xcr} = \frac{1}{8} q_{ycr} L^2 = \frac{\pi^2}{8L^2} \frac{\pi^2 E(I_\omega + 0.25 h^2 I_y \rho_{xy}) + GJL^2}{\left(\frac{\pi^2 + 3}{12} h \frac{I_{xy}}{I_x} - \frac{1}{2} b + \frac{\pi^2 - 3}{12} h\gamma \right) \alpha + \frac{\pi^2 - 3}{12} h \left(1 - \frac{\gamma I_{xy}}{I_x} \right)} \tag{5.84a}$$

式中 $\gamma = \dfrac{\beta_\omega I_\omega}{0.25 I_y \rho_{xy} h^2}$。

引入第 2 章得到的水平反力系数 α 式(2.76),代入上式求得临界弯矩,与板壳有限元分析结果对比,误差为偏大 8% 左右。采用二次式(5.83)求解,精度有少量改善,误差在 6% 左右。如果对反力系数乘以 0.6,得到的结果与有限元非常吻合,即以后取

$$\alpha = \frac{3}{5} \left[\frac{h/h}{\cosh(0.5\lambda l)} \cdot \frac{0.25\rho_{xy} I_y h^2}{I_\omega + 0.25\rho_{xy} I_y h^2} + \frac{I_{yy}}{I_x} \right] \tag{5.84b}$$

式中

$$\lambda l = l \sqrt{\frac{J}{2.6(I_\omega + 0.25\rho_{xy} I_y h^2)}}$$

上述对反力系数的修正幅度很大,但是精度仅改进 8%,说明反力系数对结果的影响不敏感。

这个例子实际上是一个二阶弹性分析问题,从式(5.82)可以求得截面绕固定轴的扭转角与风吸力的关系,让式(5.82)中 D 的系数为 0,是使得扭转角趋向无穷大,即构件的抗扭刚度消失,从而求得临界荷载。

这个例子也首次出现了双力矩 B_ω 对弹性扭转失稳产生不可忽略的影响的现象。如果不考虑双力矩的影响,将其从上述推导过程中删去,然后拟合 α 的计算式,此时 α 不再简单的表示水平支反力与竖向力的比值,而是综合了双力矩的效应在内。临界荷载的表达式这时可表示为如下形式:

$$M_{xcr2} = \frac{1}{8} q_{ycr} L^2 = \frac{\pi^2}{8L^2} \frac{\pi^2 E(I_\omega + 0.25 h^2 I_y \rho_{xy}) + GJL^2}{(1.072467 I_{xy} h / I_x - 0.5b)\alpha + 0.572467h} \tag{5.85a}$$

上式中比例因子 $\alpha = \dfrac{q_x}{q_y}$ 拟合为如下形式

$$\alpha_2 = \frac{1.4 \times \left(\frac{L}{1500}\right) + \left(\frac{h}{140}\right)^{2.6}}{6.4 \times \left(\frac{L}{1500}\right)^{0.5}\left(\frac{h}{140}\right)^{0.6} - 2.6} \tag{5.85b}$$

以 ANSYS 有限元程序计算结果与理论解进行对比。ANSYS 建模采用 SHELL63 单元模拟薄壁檩条，约束两端截面所有节点的竖向和水平位移，约束一端截面腹板中心点的轴向位移，以模拟两端简支的边界条件，沿纵向的每个截面约束上翼缘中点的水平位移，模拟屋面板对檩条的水平位移约束，同时在该点施加竖直向上的荷载，进行弹性屈曲分析；为了与理论相互验证，耦合纵向每个截面的转角，以模拟刚周边假定。

截面采用常用的 18 组截面，长度从 1500mm 计算至 6000mm，步长 300mm 变化。直卷边 Z 形檩条的截面特性部分在第 1 章已经给出，两种方法的计算结果与 ANSYS 对比见表 5.8，更多的比较见图 5.10，两个公式与有限元结果符合都很好。

直卷边 Z 形檩条临界弯矩理论值与有限元分析的比较（$L=3000\text{mm}$）　　表 5.8

序号	截面代号 $Z(h \times b \times c \times t)$	α	公式 $M_{xcr}(\text{kN} \cdot \text{m})$	FEM $M_{xcr}(\text{kN} \cdot \text{m})$	误差	α_2	公式 $M_{xcr2}(\text{kN} \cdot \text{m})$	误差
1	Z140×50×20×2.0	0.20052	6.114	6.152	-0.62%	0.59049	6.147	-0.09%
2	Z140×50×20×2.2	0.19962	6.819	6.856	-0.54%	0.59064	6.855	0.00%
3	Z140×50×20×2.5	0.19824	7.943	7.974	-0.39%	0.59088	7.987	0.16%
4	Z160×60×20×2.0	0.20838	10.307	10.354	-0.46%	0.58461	10.447	0.89%
5	Z160×60×20×2.2	0.20754	11.387	11.438	-0.44%	0.58458	11.544	0.92%
6	Z160×60×20×2.5	0.20622	13.061	13.114	-0.41%	0.58455	13.243	0.97%
7	Z180×70×20×2.0	0.21450	16.535	16.547	-0.07%	0.59425	16.795	1.48%
8	Z180×70×20×2.2	0.21372	18.182	18.200	-0.10%	0.59409	18.472	1.47%
9	Z180×70×20×2.5	0.21258	20.689	20.714	-0.12%	0.59385	21.024	1.48%
10	Z200×70×20×2.0	0.18966	19.211	19.247	-0.19%	0.61599	19.353	0.55%
11	Z200×70×20×2.2	0.18894	21.094	21.142	-0.23%	0.61572	21.255	0.53%
12	Z200×70×20×2.5	0.18786	23.942	24.009	-0.28%	0.61531	24.135	0.52%
13	Z220×75×20×2.0	0.18300	25.435	25.390	0.18%	0.64771	25.472	0.32%
14	Z220×75×20×2.2	0.18234	27.886	27.857	0.10%	0.64735	27.935	0.28%
15	Z220×75×20×2.5	0.18132	31.567	31.560	0.02%	0.64681	31.638	0.25%
16	Z250×75×20×2.0	0.15750	30.435	30.233	0.66%	0.71118	30.185	-0.16%
17	Z250×75×20×2.2	0.15690	33.332	33.145	0.56%	0.71070	33.071	-0.22%
18	Z250×75×20×2.5	0.15600	37.664	37.494	0.45%	0.70998	37.390	-0.28%

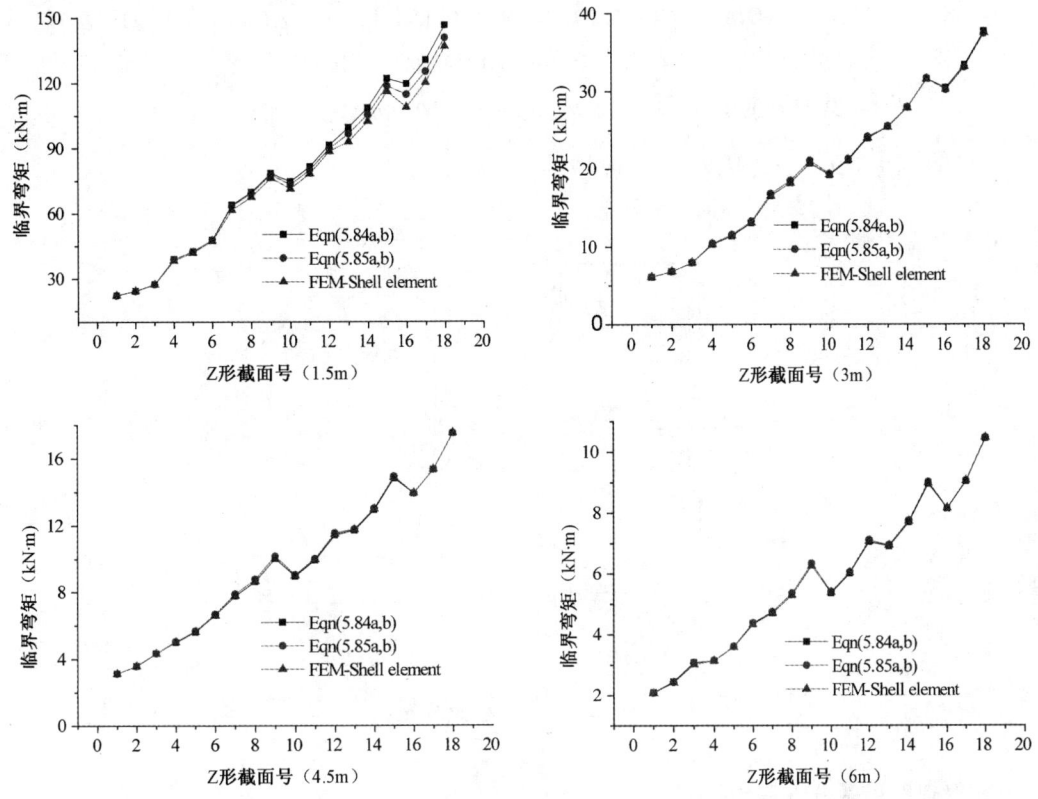

图 5.11 Z 形截面檩条临界弯矩比较

5.11 C 形截面檩条在风吸力作用下的稳定分析

5.11.1 上翼缘被约束的 C 形截面简支檩条平衡微分方程及其求解

与 Z 形檩条弯扭屈曲的总势能的推导类似，可以得到简支 C 形檩条弯扭屈曲的总势能：

$$\Pi = \frac{1}{2}\int_L \left\{ \begin{array}{l} EI_y u''^2 + EI_x v''^2 + EI_\omega \theta''^2 + GJ\theta'^2 - 2M_y v''\theta \\ + 2M_x u''\theta + 2M_y \beta_y \theta'^2 + [q_y a_y + q_x(a_x - x_0)]\theta^2 \end{array} \right\} \mathrm{d}z - \int_L (q_y v + q_x u + m_z \theta)\mathrm{d}z$$

$$(5.86)$$

依照图 5.12 坐标系，得到剪切中心的水平位移 $u = -0.5h\theta$，将 $m_z = q_y(a_x - x_0) - q_x a_y = q_y(a_x - x_0) + 0.5q_x h$，代入总势能表达式得：

$$\Pi = \frac{1}{2}\int_L \left\{ \begin{array}{l} EI'_\omega \theta''^2 + EI_x v''^2 + GJ\theta'^2 - M_x h\theta\theta'' - 2M_y v''\theta \\ + 2M_y \beta_y \theta'^2 + [q_y a_y + q_x(a_x - x_0)]\theta^2 \end{array} \right\} \mathrm{d}z - \int_L q_y [v + (a_x - x_0)\theta]\mathrm{d}z$$

$$(5.87)$$

其中 $EI'_\omega = 0.25h^2 EI_y + EI_\omega$，对上式变分，并分部积分得：

$$\delta\Pi = [EI'_\omega \theta'' - 0.5(M_x \theta)h]\delta\theta'\big|_0^L + (EI_x v'' - M_y \theta)\delta v'\big|_0^L$$

$$+ [2M_y\beta_y\theta' + GJ\theta' - EI'_\omega\theta''' + 0.5(M_x\theta)'h]\delta\theta \mid_0^L + [-EI_xv''' + (M_y\theta)']\delta v \mid_0^L$$

$$+ \int_L \left\{ \begin{matrix} EI_\omega\theta^{(4)} - 0.5(M_x\theta)''h - GJ\theta'' - 0.5M_x\theta''h - M_yv'' \\ -2(M_y\theta')'\beta_y + [q_ya_y + q_x(a_x - x_0)]\theta - q_y(a_x - x_0) \end{matrix} \right\}\delta\theta dz$$

$$+ \int_L [EI_xv^{(4)} - (M_y\theta)^{(4)} - q_y]\delta v dz$$

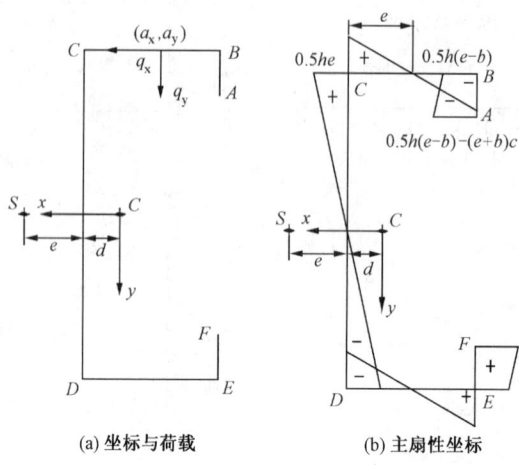

(a) 坐标与荷载　　　　　(b) 主扇性坐标

图 5.12　C 形截面檩条

由上式得到平衡微分方程为：

$$EI'_\omega\theta^{(4)} - (GJ + 0.5M_xh)\theta'' - 0.5h(M_x\theta)'' - M_yv''$$
$$- 2(M_y\theta')'\beta_y + [q_ya_y + q_x(a_x - x_0)]\theta - q_y(a_x - x_0) = 0 \qquad (5.88a)$$

$$EI_xv^{(4)} - (M_y\theta)^{(4)} - q_y = 0 \qquad (5.88b)$$

两端简支时，边界条件为：

$$EI'_\omega\theta'' - 0.5(M_x\theta)h = 0, \theta = 0$$

$$EI_xv'' - M_y\theta = 0, v = 0$$

由上式可知，$v'' = 0, \theta'' = 0$

由平衡方程式(5.88b)得 $v^{(4)} = \dfrac{q_y}{EI_x} + \dfrac{(M_y\theta)''}{EI_x}$，积分两次，并利用边界条件得到

$$v'' = \frac{q_y}{2EI_x}(z^2 - zL) + \frac{M_y\theta}{EI_x} = -\frac{M_x}{EI_x} + \frac{M_y\theta}{EI_x} \qquad (5.89)$$

代入式(5.88a)，得：

$$R = EI'_\omega\theta^{(4)} - (M_xh + 2M_y\beta_y + GJ)\theta'' - (2M'_y\beta_y + M'_xh)\theta'$$

$$- \left[\frac{1}{2}M''_xh + \frac{M_y^2}{EI_x} - q_ya_y - q_x(a_x - x_0)\right]\theta - q_y(a_x - x_0) + \frac{M_yM_x}{EI_x} = 0 \qquad (5.90)$$

设扭转角为 $\theta = D\sin\dfrac{\pi z}{L}$，它能满足所有边界条件；$q_y$ 作为风吸力是沿坐标轴负向，计算时以 $-q_y$ 代入；q_x 实际上是自攻钉反力，假设为均布；在风吸力($-q_y$)作用下 q_x 的方向是阻止上翼缘往腹板侧位移，因此是指向卷边方向的，即应以 $-q_x$ 代入。这样

236

$$M_x = -\frac{q_y}{2}(zL - z^2), M_y = -\frac{q_x}{2}(zL - z^2) \qquad (5.91a, b)$$

注意 $M_x'' = q_y, a_y = -0.5h$；代入 Galerkin 方程 $\int_L R\sin\frac{\pi z}{L}\mathrm{d}z = 0$ 得到：

$$\frac{L}{2}\left\{\begin{array}{l} \dfrac{\pi^4}{L^4}EI_\omega' + \dfrac{\pi^2}{L^2}GJ - \dfrac{\pi^2+3}{6}\left(\dfrac{q_y}{2}h + q_x\beta_y\right) \\[3mm] -\dfrac{q_x^2L^4}{4EI_x}\dfrac{\pi^4+45}{30\pi^4} - q_x(a_x - x_0) + \dfrac{q_y}{2}h + q_x\beta_y \end{array}\right\}D = -\dfrac{2L}{\pi}q_y(a_x - x_0) - \dfrac{q_xq_y}{4EI_x}\dfrac{48 - 4\pi^2}{\pi^5}L^5$$

$$(5.92)$$

5.11.2 无拉条的 C 形截面简支檩条在风吸力作用下的临界弯矩

檩条发生弯扭屈曲时，总势能的二阶变分为零，即 D 的表达式中分母等于零；取 $q_x = \alpha q_y$ 代入，并且代入 $a_x - x_0 = -(0.5b + e)$，得：

$$\frac{\alpha^2 L^4(\pi^4 + 45)}{EI_x\,120\pi^4}q_y^2 + \left[(2\alpha\beta_y + h)\frac{\pi^2+3}{12} - (0.5b + e)\alpha - \frac{1}{2}h - \alpha\beta_y\right]q_y$$

$$-\frac{\pi^2}{L^2}\left(EI_\omega'\frac{\pi^2}{L^2} + GJ\right) = 0 \qquad (5.93)$$

考虑到第一项比较小，为简化计算，取一次式得

$$M_{xcr} = \frac{1}{8}q_{ycr}L^2 = \frac{\pi^2}{8L^2}\frac{\pi^2 E(I_\omega + 0.25h^2 I_y) + GJL^2}{\left(\dfrac{\pi^2-3}{6}\beta_y - 0.5b - e\right)\alpha + \dfrac{\pi^2-3}{12}h} \qquad (5.94a)$$

上式中比例因子 α，在第 2 章中式(2.62)给出是

$$\alpha = \frac{I_y h(0.5b + e)}{2I_\omega'\cosh(0.5L\sqrt{GJ/EI_\omega'})}$$

直接利用上式代入式(5.94a)求得的临界弯矩，与有限元分析的结果比较，有一定的误差，这一方面是由于采用了线性化的公式，一方面则是由于线性分析得到的反力系数与二阶分析得到的反力系数有一定的差别，需要在式(5.94a)中引入一个修正系数。修正后的 α 是

$$\alpha = \frac{I_y h(0.5b + e)}{2I_\omega'\cosh(0.5l\sqrt{GJ/EI_\omega'})}\left(0.9\left(\frac{140}{h}\right)^{0.1} - 0.15\left(\frac{1500}{L}\right)^3\left(\frac{h}{140}\right)^{1.5}\right) \qquad (5.94b)$$

采用常用的 18 组截面，规格见表 5.9，檩条长度同 Z 型。卷边 C 形檩条的截面特性如下：

$$x_0 = -(d + e), a_x = -0.5b + d$$

$$\beta_y = \frac{t}{2I_y}\left\{\begin{array}{l} \mathrm{d}^3h + \dfrac{1}{12}dh^3 + 2c(d - b)^3 + \dfrac{1}{4}h^2[d^2 - (d - b)^2] \\[3mm] + \dfrac{1}{2}[d^4 - (d - b)^4] + \dfrac{1}{12}(d - b)[h^3 - (h - 2c)^3] \end{array}\right\} - x_0 \approx -0.535h$$

理论分析的计算结果与有限元屈曲分析对比见表 5.9，更多的比较见图 5.13，公式与有限元结果符合的较好，在较大的截面处偏于安全。

序号	截面代号 $C(h \times b \times c \times t)$	α	$3.0\text{m}M_{xcr}(\text{kN} \cdot \text{m})$		误差	α	$4.5\text{m}M_{xcr}(\text{kN} \cdot \text{m})$		误差
			Eqn(5.94)	FEM			Eqn(5.94)	FEM	
1	C140×50×20×2.0	0.27214	13.163	12.913	1.90%	0.22958	5.987	5.965	0.36%
2	C140×50×20×2.2	0.26216	14.228	14.033	1.37%	0.21366	6.561	6.562	-0.02%
3	C140×50×20×2.5	0.24641	15.811	15.703	0.68%	0.19012	7.485	7.510	-0.34%
4	C160×60×20×2.0	0.30446	25.492	24.641	3.34%	0.27765	11.293	11.127	1.47%
5	C160×60×20×2.2	0.29775	27.464	26.732	2.67%	0.26563	12.197	12.102	0.78%
6	C160×60×20×2.5	0.28689	30.292	29.761	1.75%	0.24694	13.560	13.568	-0.06%
7	C180×70×20×2.0	0.32416	45.301	43.005	5.07%	0.30926	20.084	19.462	3.10%
8	C180×70×20×2.2	0.31960	48.841	46.754	4.27%	0.30059	21.595	21.105	2.27%
9	C180×70×20×2.5	0.31214	53.865	52.140	3.20%	0.28672	23.774	23.502	1.15%
10	C200×70×20×2.0	0.28774	42.384	42.479	-0.22%	0.27868	19.194	19.384	-0.99%
11	C200×70×20×2.2	0.28420	45.980	46.283	-0.66%	0.27192	20.830	21.097	-1.28%
12	C200×70×20×2.5	0.27840	51.192	51.795	-1.18%	0.26105	23.234	23.621	-1.66%
13	C220×75×20×2.0	0.27875	53.618	54.156	-1.00%	0.27516	24.420	24.887	-1.91%
14	C220×75×20×2.2	0.27607	58.269	59.135	-1.49%	0.27001	26.544	27.112	-2.14%
15	C220×75×20×2.5	0.27169	65.037	66.357	-2.03%	0.26166	29.663	30.375	-2.40%
16	C250×75×20×2.0	0.23805	54.267	55.412	-2.11%	0.23866	24.852	25.606	-3.04%
17	C250×75×20×2.2	0.23607	59.115	60.616	-2.54%	0.23488	27.116	27.963	-3.12%
18	C250×75×20×2.5	0.23282	66.226	68.205	-2.99%	0.22874	30.471	31.443	-3.19%

对比图 5.11 和图 5.13 可以发现，C 形截面的承载力高于相同规格的 Z 形截面。第 2 章的分析表明，风吸力作用下 C 形的下翼缘卷边产生拉应力，对下翼缘及卷边的稳定有利；另外，C 形截面自身的性质($\beta_y < 0$ 且数值较大)，使平衡方程中 $2M_y\beta_y > 0$，提供了抵抗扭转的贡献，因此 C 形截面整体的弹性稳定承载力较高。但是弹塑性的承载力不一定高，因为 C 形截面的扭转变形大，翘曲应力大。

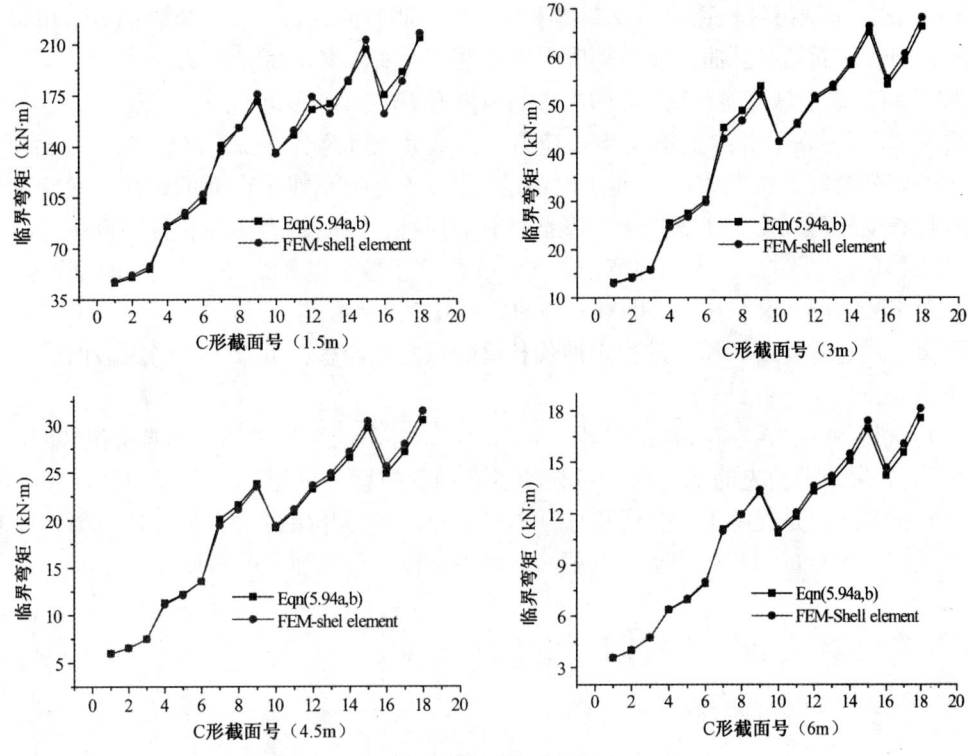

图 5.13 C 形截面檩条临界弯矩比较

习　题

5.1　跨度为 L 的两端简支梁，截面是单轴对称，两个间距固定的荷载在简支梁上来回运行，运行过程中至少有一个轮子在梁上，求简支梁截面的最大弯矩。在这个最大弯矩位置，求梁发生弯扭屈曲的最大弯矩的临界值。轮子作用在离上翼缘距离为 a 的上方。采用能量法。

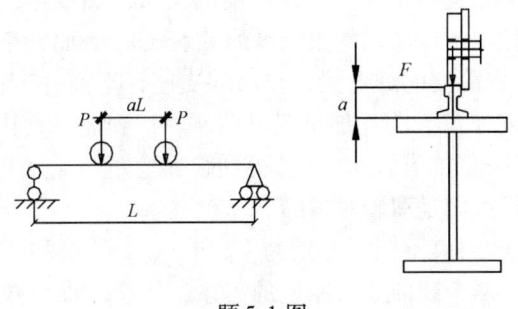

题 5.1 图

5.2　假设单轴对称工字形截面的上翼缘布置一根吊车钢轨道，钢轨采用压板与上翼缘连接，这种连接使得钢轨与梁纵向可以发生相对错动以适应热胀冷缩，但是横向不能相对移动，在钢梁发生扭转时，钢轨也发生相同的扭转。

（1）试写出这根带轨道的简支钢梁发生弯扭屈曲时的总势能。即钢轨的自由扭转刚度为 GJ_c，钢轨截面没有翘曲。横向轮压作用在钢轨顶部，钢轨高度是 a。

（2）利用这个总势能，5.1 题的求得的临界弯矩将如何变化？

5.3 简支梁在上翼缘上承受均布荷载，已知其临界弯矩公式［式（5.36）］，试比较，按照这个临界弯矩，按照 M/h 求得上翼缘的压力，h 是上下翼缘中面的距离。然后设受压翼缘和腹板受压区高度的 1/3 作为 T 形截面轴心压杆，承受轴力 M/h，按照弯曲屈曲求得临界轴力 $(M/h)_{cr}$，进而求得临界弯矩，试比较这个临界弯矩和式（5.36）给出的临界弯矩，设截面是 H600×300×8/16 和 H600×8×300×16/200×12。

注意，通过取受压区压杆的稳定性代替梁的稳定性计算，可以不再考虑截面的不对称性的影响。

5.4 利用弹性力学有关自由扭转的知识，求出各不同型号的钢轨的自由扭转刚度。

5.5 如果两端简支的承受均布荷载的工字钢截面梁，只能绕下翼缘中面与腹板中面的交点作扭转，但是能够上下自由位移，求其临界弯矩，并探讨这个临界弯矩与普通的两端简支梁的临界弯矩的相对大小，设截面是单轴对称上翼缘加大的截面。

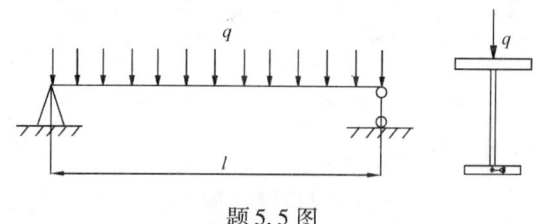

题 5.5 图

5.6 弯矩作用平面内简支的纯弯梁，在两端支座，平面外弯曲却是转动约束的，但是翘曲又是简支的。设平面外转动弹簧的刚度为 k_y，采用解析解或者近似方法（例如有限元方法）得到临界弯矩与 k_y 的关系，提炼出约束扭转项的计算长度系数。假设截面是单轴对称的。

5.7 假设两端的平面外转动约束不同，分别为 k_{y1} 和 k_{y2}，扭转仍然是简支的，求平面外弯曲项的计算长度系数与这两个转动约束刚度的关系，假设截面是单轴对称的（尝试框架柱的计算长度系数与柱上下端转动约束刚度的关系式是否可以用于这里）。

5.8 弯矩作用平面内简支的纯弯梁，在两端支座，平面外弯曲简支，但是翘曲是弹性约束的，翘曲弹簧刚度为 k_ω，当端部出现扭率 θ' 时，翘曲弹簧内产生反力双力矩 $k_\omega\theta'$，采用解析解或者近似方法（例如有限元方法）得到临界弯矩与 k_ω 的关系，提炼出约束扭转项的计算长度系数。假设截面是双轴对称的。

5.9 假设两端的翘曲约束不同，分别为 $k_{\omega1}$ 和 $k_{\omega2}$，平面外两端仍然弯曲简支，求翘曲项的计算长度系数与这两个翘曲约束刚度的关系，假设截面是单轴对称的（尝试框架柱的计算长度系数与柱上下端转动约束刚度的关系式是否可以用于这里）。

5.10 对与两端平面外弯曲和翘曲均是弹性约束的，试将上面几个习题中获得的计算长度系数组合在一个公式中，通过具体算例，验算公式的精度。

参 考 文 献

[1] 陈骥. 钢结构稳定理论与设计（第二版）. 北京：科学出版社，2003.

[2] 童根树，许强. 薄壁曲线梁线性和非线性分析理论. 北京：科学出版社，2004.

[3] 中华人民共和国国家标准.《钢结构设计规范》GB 50017—2003. 北京：中国计划出版社.

[4] 中华人民共和国国家标准.《冷弯薄壁型钢结构技术规范》GB 50018—2002. 北京：中国计划出版社，2002.

[5] American Institute of Steel Construction（AISC）. Load and Resistance Factor Design Specification for Structural Steel Buildings, AISC, Chicago, 1999.

[6] Bleich F., Buckling Strength of Metal Structures, McGraw – Hill, New York, 1952.

[7] British Standards Institution. BS5950：Structural use of steelwork in buildings. 2000.

[8] Clark J. W., Hill H. N., Lateral buckling of beams, Journal of the Structural Division, ASCE, 1960, 127（1）：180-201.

[9] Eurocode 3. Design of Steel Structures, Part 1.1, 1993.

[10] Galambos T. V., Guide to Stability Design Criteria for Metal Structures, 5th Edn, John Wiley & Sons, Inc. 1998.

[11] ISO/TV147, Steel Structures, Material and Design. 1996.

[12] Kitipornchai S., Wang C. M., Trahair N. S., Buckling of monosymmetric I – beams under moment gradient, Journal of the Structural Engineering, ASCE, 1986, 112（4）：781-799.

[13] Mohri F., Brouki A., Roth J. C., Theoretical and numerical stability analyses of unrestraind, monosymmetric thin – walled beams, Journal of Constructional Steel Research, 2003, 59（2）：63-90.

[14] NethercotD. A., Rockey K. C., A unified approach to the elastic lateral buckling of beams, The Structural Engineer, 1971；49（7）：321-330.

[15] Pi Y. L., Trahair N. S., Rajasekaran S., Energy equation for beam lateral buckling, Journal of Structural Engineering, ASCE, 1992, 118（6）：1462-1479.

[16] Roberts T. M., Azizian Z. G., Instability of monosymmetric I – beams, Journal of Structural Engineering, ASCE, 1983, 110（6）：1415-1418.

[17] Timoshenko S. P., Gere J. M., Theory of Elastic Stability, 2nd ed., McGraw – Hill, New York, 1961.

[18] Tong G. S., Zhang L., A general theory for the flexural – torsional buckling of thin-walled members I：energy method, Advances in Structural Engineering, 2003a, 6（4）：293-298.

[19] Tong G. S., Zhang L., A general theory for the flexural – torsional buckling of thin-walled members II：fictitious load method, Advances in Structural Engineering, 2003b, 6（4）：299-308.

[20] Trahair N. S. Flexural – Torsional Buckling of Structures, E & FN SPON, London, 1993.

[21] Vlasov V. Z. Thin – Walled Elastic Beams, 2nd edn, Israel Program for Scientific Translation, Jerusalem, 1961.

[22] Washizu K., Variational Methods in Ealsticity and Plasticity, Pergamon Press Oxford, 3rd, Ed. 1983.

[23] Tong G. S., Zhang L., A new derivation of the buckling theory for thin – walled beams, Proceedings of Third International Conference on Advances in Steel Structures（ICASS'02）, HongKong, China, Decem. 2002.

[24] Ghobarah A. A., Tso, W. K., A nonlinear thin – walled beam theory, International Journal of

241

Mechanical Secinces, 1971, 13: 1025-1038.

[25] Achour B., Roberts T. M., Nonlinear strains and instability of thin – walled bars, Journal of Constructional Steel Research, 2000, 56: 237-252.

附录 A 工字形截面梁横向正应力在截面上积分

由式(5.16)可知，求得 $\int_A \sigma_s \mathrm{d}A$ 即可求得横向正应力的非线性应变能。下面将针对工字形截面梁，利用对截面的各板件分别求解横向正应力的积分，来确定 $\int_A \sigma_s \mathrm{d}A$ 的表达式。

由第1章的内容可知，对于横向分布荷载 q_y 作用下的单轴对称截面梁，横向正应力的表达式为：

上翼缘： $\sigma_s = \dfrac{q_y h_1}{2I_x}\left(\dfrac{b_1}{2} - |x|\right)^2$ （A.1a）

下翼缘： $\sigma_s = -\dfrac{q_y h_2}{2I_x}\left(\dfrac{b_2}{2} - |x|\right)^2$ （A.1b）

腹板上的横向正应力的表达式由荷载的作用位置确定：

(1) 当上翼缘作用分布荷载 q_y 时， $\sigma_s|_{y=-h_1} = -\dfrac{q_y}{t_w}$ ， $\sigma_s|_{y=h_2} = 0$ ，得：

$y < 0$ $\quad \sigma_s = \dfrac{q_y}{2I_x t_w}\left[(h_1^2 t_w + 2h_1 t_1 b_1)(y + h_1) - \dfrac{1}{3}t_w(y^3 + h_1^3)\right] - \dfrac{q_y}{t_w}$ （A.2a）

$y \geqslant 0$ $\quad \sigma_s = -\dfrac{q_y}{2I_x t_w}\left[(t_w h_2^2 + 2h_2 t_2 b_2)(h_2 - y) - \dfrac{1}{3}t_w(h_2^3 - y^3)\right]$ （A.2b）

(2) 当下翼缘作用分布荷载 q_y 时， $\sigma_s|_{y=-h_1} = 0$ ， $\sigma_s|_{y=h_2} = \dfrac{q_y}{t_w}$ ，得：

$y < 0$ $\quad \sigma_s = \dfrac{q_y}{2I_x t_w}\left[(h_1^2 t_w + 2h_1 t_1 b_1)(y + h_1) - \dfrac{1}{3}t_w(y^3 + h_1^3)\right]$ （A.3a）

$y \geqslant 0$ $\quad \sigma_s = -\dfrac{q_y}{2I_x t_w}\left[(t_w h_2^2 + 2h_2 t_2 b_2)(h_2 - y) - \dfrac{1}{3}t_w(h_2^3 - y^3)\right] + \dfrac{q_y}{t_w}$ （A.3b）

首先求解式(A.1a，b)的积分结果：

上翼缘： $\int_A \sigma_s \mathrm{d}A = \int_s \sigma_s t \mathrm{d}s = \int_{-b_1/2}^{b_1/2} \sigma_s t \mathrm{d}x = \dfrac{q_y h_1 t_1 b_1^3}{24 I_x}$ （A.4a）

下翼缘： $\int_A \sigma_s \mathrm{d}A = \int_s \sigma_s t \mathrm{d}s = -\int_{b_2/2}^{-b_2/2} \sigma_s t \mathrm{d}x = -\dfrac{q_y h_2 t_2 b_2^3}{24 I_x}$ （A.4b）

腹板上的横向正应力的积分求解，同样可分为荷载作用于上翼缘和下翼缘两种情况：

(1) 当分布荷载 q_y 作用于上翼缘时：

$$\int_A \sigma_s \mathrm{d}A = \dfrac{q_y}{2I_x}(b_1 t_1^3 h_1 - b_2 t_2^3 h_2) + \dfrac{q_y t_w}{8I_x}(h_1^4 - h_2^4) - q_y h_1 \qquad \text{（A.5a）}$$

(2) 当分布荷载 q_y 作用于下翼缘时：

$$\int_A \sigma_s \mathrm{d}A = \dfrac{q_y}{2I_x}(b_1 t_1 h_1^3 - b_2 t_2 h_2^3) + \dfrac{q_y t_w}{8I_x}(h_1^4 - h_2^4) + q_y h_2 \qquad \text{（A.5b）}$$

所以,可以得到:

(1)当分布荷载 q_y 作用于上翼缘时:

$$\int_A \sigma_s dA = q_y \left[\frac{b_1^3 h_1 t_1 - b_2^3 h_2 t_2}{24I_x} + \frac{t_w}{8I_x}(h_1^4 - h_2^4) + \frac{b_1 t_1 h_1^3 - b_2 t_2 h_2^3}{2I_x} \right] - q_y h_1 \qquad (A.6a)$$

(2)当分布荷载 q_y 作用于下翼缘时:

$$\int_A \sigma_s dA = q_y \left[\frac{b_1^3 h_1 t_1 - b_2^3 h_2 t_2}{24I_x} + \frac{t_w}{8I_x}(h_1^4 - h_2^4) + \frac{b_1 t_1 h_1^3 - b_2 t_2 h_2^3}{2I_x} \right] + q_y h_2 \qquad (A.6b)$$

对于如图 1.13a 所示的截面,可得:

$$\beta_x = \frac{\int_A y(x^2 + y^2) dA}{2I_x} - y_0 = -\frac{b_1^3 h_1 t_1 - b_2^3 h_2 t_2}{24I_x} - \frac{t_w}{8I_x}(h_1^4 - h_2^4) - \frac{b_1 t_1 h_1^3 - b_2 t_2 h_2^3}{2I_x} - y_0$$

$$(A.7)$$

由式(A.6a, b)和式(A.7)可知:

(1)当分布荷载 q_y 作用于上翼缘时:

$$\int_A \sigma_s dA = -q_y \beta_x - q_y (h_1 + y_0) \qquad (A.8a)$$

(2)当分布荷载 q_y 作用于下翼缘时:

$$\int_A \sigma_s dA = -q_y \beta_x + q_y (h_2 - y_0) \qquad (A.8b)$$

如果用 a_y 来表示 q_y 荷载作用点的 y 坐标,那么当 q_y 作用于上翼缘时 $a_y = -h_1$,作用于下翼缘时 $a_y = h_2$,所以式(A.8a, b)可以统一用下式表示:

$$\int_A \sigma_s dA = -q_y \beta_x + q_y (a_y - y_0) = q_y (a_y - y_0 - \beta_x) \qquad (A.9)$$

可以发现上式与(式 5.22)完全一致。

附录 B 薄壁构件稳定理论的发展历史总结

B.1 背　　景

弹性弯曲和扭转屈曲问题最初的理论研究可以追溯到 18 世纪。1744 年，Euler 首次给出细长柱弯曲屈曲的理论研究方法。1855 年，Saint - Venant 解决了杆件的自由扭转问题。1899 年，Michell 和 Prandtl 在研究狭长矩形截面梁的屈曲问题时，首次考虑了弯扭的耦合作用。Timoshenko 于 1905 年发展了他们的理论，使其能够考虑翘曲扭转。Bach(1909)在槽钢截面悬臂梁的弯曲试验中首次发现槽钢截面存在剪切中心。在 Wagner(1929)和其他研究者的努力下，不对称截面或单轴对称截面结构的弯扭失稳问题也得到了研究。Timoshenko(1961)，Vlasov(1961)和 Bleich (1952)在他们的著作中将弯扭失稳理论系统化，当代薄壁构件的弯扭失稳理论都是以他们的理论为基础的。

之后的许多研究工作者对薄壁构件的弯扭失稳问题进行过分析。但随着计算机和数值技术的发展，数值计算方法越来越成为一种分析和研究的重要手段。Barsoum & Gallagher (1970)首次运用有限单元法来计算薄壁构件的屈曲问题，这使得各种边界条件和荷载情况下薄壁构件的临界荷载的求解，成为一个简单的问题。

在过去的几十年中，许多研究发展了薄壁构件的弯扭失稳理论，大部分是建立在传统理论的基础上，但也有一部分研究者重新表述了传统理论，对它进行扩展和改进。

薄壁构件稳定理论发展到 20 世纪 80 年代，应该说已经是相当成熟了，但是随后的研究表明，在某些方面的认识上还没有达成统一的意见。例如对单轴对称截面的简支梁，在发生弹性失稳时，跨中的最大弯矩临界值可以表示为式(5.48)，在利用它来计算单轴对称截面简支梁的临界荷载时，我国两本钢结构规范《钢结构设计规范》GB 50017—2003 和《冷弯薄壁型钢结构技术规范》GB 50018 —2002，对系数 C_1、C_2 和 C_3 取两组不同的数值，C_3 的数值有较大差别，见附表 B.1。取附表 B.1 的两组系数，对这两种横向荷载下的临界荷载进行比较，结果见表 B.2。取 $\lambda_y = 80$ 时的简支梁长度，截面见图 B.1。表中 M_{17} 和 M_{18} 分别为根据 GB50017—2003 和 GB50018—2002 计算得到的简支梁屈曲时跨中的最大弯矩值。

从表 B.2 可见，当简支梁的截面为下翼缘(受拉翼缘)加强时(图 B.1a)，M_{18} 小于 M_{17}，而当截面为上翼缘(受压翼缘)加强时，M_{18} 大于 M_{17}。

查看国际上的相关文献发现，ISO (国际标准化组织)的《钢结构材料和设计标准》(1996)和美国结构稳定研究

不同荷载类型的系数　　　　附表 B.1

规　范	GB 50017—2003			GB 50018—2002		
荷载类型	C_1	C_2	C_3	C_1	C_2	C_3
跨中集中荷载	1.35	0.55	0.40	1.37	0.55	1.00
满跨均布荷载	1.13	0.46	0.53	1.13	0.46	1.00

委员会(SSRC)的《金属结构稳定设计解说》(Galambos, 1998)采用的系数与 GB 50018—2002 的一致。但是 Trahair(1993)中对 C_1、C_2 和 C_3 系数的取值却与 GB 50017—2003 相同。欧洲规范 Eurocode3(1993)的规定与上面的均不相同，它列出的 C_3 值当作用满跨均布荷载时与 GB 50017—2003 的一致，但当作用跨中集中荷载时却为 1.73。可见国际上存在同样的问题。

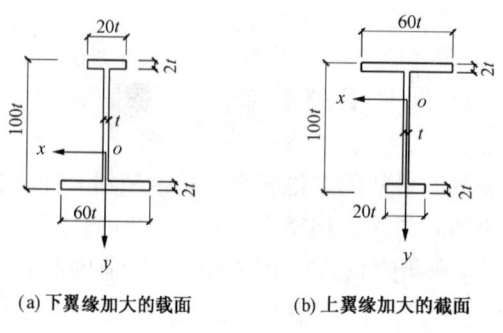

(a) 下翼缘加大的截面   (b) 上翼缘加大的截面

图 B.1   表 B.2 算例采用的截面

临界弯矩比较

附表 **B.2**

荷载形式	截面		图 1.6a		图 1.6b	
	荷载位置	规 范	M_{cr}/Et^3	$\dfrac{M_{17}-M_{18}}{M_{17}}$	M_{cr}/Et^3	$\dfrac{M_{17}-M_{18}}{M_{17}}$
满跨均布荷载	上翼缘	GB 50017—2003	1.875	21.7%	22.560	−67.2%
		GB 50018—2002	1.468		37.730	
	下翼缘	GB 50017—2003	5.024	40.2%	60.452	−27.8%
		GB 50018—2002	3.005		77.235	
跨中集中荷载	上翼缘	GB 50017—2003	2.218	28.0%	22.473	−98.80%
		GB 50018—2002	1.598		44.675	
	下翼缘	GB 50017—2003	7.200	49.7%	76.026	−33.20%
		GB 50018—2002	3.622		101.276	

B.2 薄壁构件稳定理论的历史剖析

B.2.1 Bleich 及传统理论

Bleich (1952) 在研究在偏心轴力和横向均布荷载作用下单轴对称截面薄壁构件的稳定性时，提出了如下总势能：

$$\Pi = \frac{1}{2}\int_L \big[EI_y u''^2 + EI_\omega \theta''^2 + (GJ - Pi_0^2 + 2Pe\beta_x)\theta'^2 - Pu'^2 - 2P(y_0 + e)u'\theta' $$
$$+ 2M_{qx}u''\theta - q_y a\theta^2 \big]\,\mathrm{d}z \tag{B.1}$$

式中 P 为轴力，以压为正，e 为沿截面 y 轴方向的偏心，M_{qx} 为横向荷载引起的弯矩。

246

在式(B.1)中，Bleich 在求解偏心轴力对应的非线性势能时，采用了正应力在纵向纤维总缩短上所做的功。纵向纤维的总缩短由构件失稳时的侧向弯扭变形引起，通过下式求解：

$$\Delta = \frac{1}{2}\int_L (\bar{u}'^2 + \bar{v}'^2)\,\mathrm{d}z \tag{B.2}$$

式中 $\bar{u}$ 和 $\bar{v}$ 为截面上任意点在 x 和 y 方向的位移，用截面剪心位移 u，v 和截面的转角 θ 来表示：

$$\bar{u} = u - (x - x_0)(1 - \cos\theta) - (y - y_0)\sin\theta \tag{B.3a}$$

$$\bar{v} = (x - x_0)\sin\theta - (y - y_0)(1 - \cos\theta) \tag{B.3b}$$

假定 θ 很小，利用 $1 - \cos\theta = 0$ 和 $\sin\theta = \theta$ 的近似对上式进行简化，得到式(5.8a, b)，代入式(B.2)，可得纵向纤维的总缩短为：

$$\Delta = \frac{1}{2}\int_L \left[u'^2 - 2(y - y_0)u'\theta' + \rho^2\theta'^2 \right]\mathrm{d}z \tag{B.4}$$

式中 $\rho^2 = x^2 + (y - y_0)^2$。偏心作用的轴力 P 的非线性势能为：

$$V_P = -\frac{1}{2}\int_L \left[(Pr_0^2 - 2Pe\beta_x)\theta'^2 + Pu'^2 + 2P(y_0 + e)u'\theta' \right]\mathrm{d}z \tag{B.5a}$$

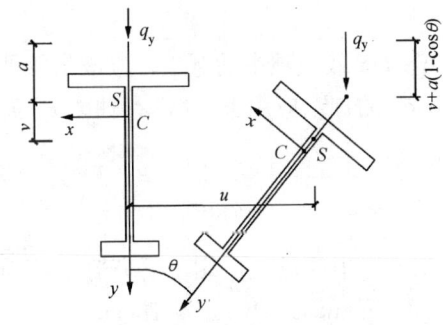

图 B.2　横向荷载的势能变化

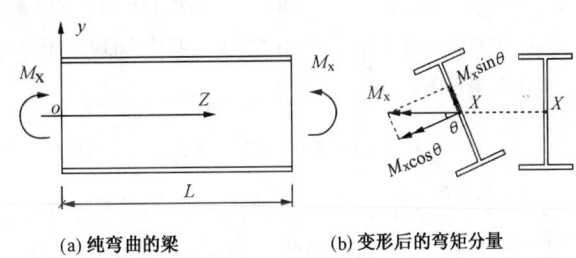

(a) 纯弯曲的梁　　　　(b) 变形后的弯矩分量

图 B.3　纯弯下的简支梁

横向外荷载 q_y 作用在剪切中心上方 a 处，其势能变化，Bleich 推导如下：

$$V_q = -\int_L q_y \left[v + a(1 - \cos\theta) \right]\mathrm{d}z = -\int_L q_y v\,\mathrm{d}z - \int_L q_y a(1 - \cos\theta)\,\mathrm{d}z \tag{B.5b}$$

其中 $a(1 - \cos\theta)$ 为屈曲过程中，均布荷载 q_y 作用位置下降的距离。对于简支梁，式(B.5b)的第一项为：

$$-\int_L q_y v\,\mathrm{d}z = \left[Q_x v \right]_0^L - \left[M_{qx} v' \right]_0^L + \int_L M_{qx} v''\,\mathrm{d}z = \int_L M_{qx} v''\,\mathrm{d}z \tag{B.6}$$

由于平衡条件是在发生侧向弯曲和扭转以后的主轴上建立的，因此 v'' 中弯扭变形的贡献为：

$$v'' = u''\theta \tag{B.7}$$

这样式(B.9)的第一项变为：

$$\int_L M_{qx} u''\theta\,\mathrm{d}z \tag{B.8}$$

此项后来被许多文献解释为弯矩因弯扭而产生的分量 $M_{qx}\theta$ 在曲率 u'' 上所做的功。

对于式(B.5)的第二项，Bleich 认为由于 θ 很小，所以认为 $1 - \cos\theta \approx \frac{1}{2}\theta^2$，得到：

$$-\frac{1}{2}\int_L q_y a\theta^2 \mathrm{d}z \tag{B.9}$$

利用式(B.8)和式(B.9)，式(B.5b)可化为：

$$V_q = \frac{1}{2}\int_L (M_{qx}u''\theta - q_y a\theta^2)\mathrm{d}z \tag{B.10}$$

$V_p + V_q$ 再加上线性应变能 U，即可得到式(B.1)。

上述的推导方法虽然直观，但是存在以下几个问题：

1. 在 Wagner 效应项中 $\frac{1}{2}\int_L(-Pr_0^2 + 2Pe\beta_x)\theta'^2\mathrm{d}z$，不包含横向荷载产生的弯矩；

2. 对轴向力偏心产生的弯矩 Pe，式(B.1)中以 $\int_L Peu'\theta'\mathrm{d}z$ 的形式出现，而对横向荷载 q_y 产生的弯矩 M_{qx}，则以 $-\int_L M_{qx}u''\theta\mathrm{d}z$ 的形式出现。同样是绕 x 轴的弯矩，在总势能中出现的非线性项采用了不同的表达形式；

3. 推导中对 $1 - \cos\theta$ 采用了两种不同的简化方式，在得到式(5.8a, b)时认为 $1 - \cos\theta = 0$，而在得到式(B.9)时却采用 $1 - \cos\theta = 0.5\theta^2$。

对于上面的第 1 个问题，后来的研究一致表明：Wagner 效应项中的弯矩，应该是各种外荷载所产生的各项弯矩之和。考虑到这一点，将 Bleich 的理论应用于梁(没有轴力 P)的弯扭失稳问题，得：

$$\Pi = \frac{1}{2}\int_L \left[EI_y u''^2 + EI_\omega\theta''^2 + (GJ + 2\beta_x M_x)\theta'^2 + 2M_x u''\theta - q_y a\theta^2\right]\mathrm{d}z \tag{B.11}$$

这个总势能表达式，被许多著作采用，在过去的几十年中广泛地应用于研究薄壁截面梁的稳定性(Trahair, 1993；Wang & Kitipornchai, 1986；Kitipornchai, Wang & Trahair, 1986；Wang, Wang & Ang, 1994)，本书称为"传统理论"。GB 50017—2003 中用来计算简支梁弯扭失稳时的屈曲荷载的计算公式的系数 C_1、C_2 和 C_3 的取值，是以它为依据的。

Timoshenko & Gere (1961) 对梁弯扭屈曲问题的研究，主要通过考察失稳后构件微段的平衡来获得平衡微分方程。以纯弯下的双轴对称截面梁为例，在扭转后截面的形心主轴坐标系上，弯矩产生的绕变形后截面的弱轴的弯矩分量为 $M_x\sin\theta \approx M_x\theta$(图 B.3b)，可得绕弱轴的平衡方程：

$$EI_x u'' + M_x\theta = 0 \tag{B.12a}$$

用同样的方法可以建立扭转平衡方程：

$$GI_k\theta' - EI_\omega\theta''' + M_x u' = 0 \tag{B.12b}$$

Bleich(1952)的推导方法和 Timoshenko & Gere(1961)的微段平衡法存在着一个不足之处：不能很自然地得到 Wagner 效应项。后来的研究者意识到：必须求出纵向非线性正应变的表达式，才有可能解决这一问题。

夏和潘(1988)介绍了一种非线性纵向应变的表达式：

$$\varepsilon_z^N = \frac{1}{2}\left[u'^2 + 2(y - y_0)u''\theta + (x - x_0)^2\theta'^2 + (y - y_0)^2\theta'^2\right] \tag{B.13}$$

利用上式,可以直接得到单轴对称截面的受弯构件的总势能表达式(B.11)。但是式(B.13)与经典的几何大变形问题的非线性应变的表达式并不相同。

B.2.2 不完整的非线性力学的方法

根据非线性力学理论,可求得薄壁截面受弯构件上任意点的纵向非线性应变表达式(吕烈武等,1983):

$$\varepsilon_z^N = \frac{1}{2}\left[u'^2 - 2(y - y_0)u'\theta' + (x - x_0)^2\theta'^2 + (y - y_0)^2\theta' \right] \tag{B.14}$$

它与式(B.13)是不同的。利用式(B.14),可得到纵向正应力的非线性功,加上线性应变能和荷载的非线性功式(B.9),得到新的总势能:

$$\Pi = \frac{1}{2}\int_L \left[EI_y u''^2 + EI_\omega \theta''^2 + (GJ + 2\beta_x M_x)\theta'^2 - 2M_x u'\theta' - q_y a\theta^2 \right]\mathrm{d}z \tag{B.15}$$

式(B.15)的总势能与式(B.11)相比,仅屈曲位移 u 和 θ 的交叉项变为:

$$-\frac{1}{2}\int_L 2M_x u'\theta'\,\mathrm{d}z \tag{B.16}$$

将式(B.16)分部积分:

$$-\frac{1}{2}\int_L 2M_x u'\theta'\,\mathrm{d}z = -M_x u'\theta\big|_0^L + \frac{1}{2}\int_L 2(M_x u'' + Q_y u')\theta\,\mathrm{d}z \tag{B.17}$$

如果考虑简支梁的边界条件,有 $\theta_{z=0,z=L} = 0$,所以:

$$-\frac{1}{2}\int_L 2M_x u'\theta'\,\mathrm{d}z = \frac{1}{2}\int_L 2(M_x u'' + Q_y u')\theta\,\mathrm{d}z \tag{B.18}$$

可以看到,当梁中存在剪力 Q_y 时,这一理论就与传统理论存在着差异。

Gellin & Lee(1988),Pandey & Sherbourne(1990)和 De Jong(1990)直接利用式(B.15)的总势能表达式对梁的稳定性进行过研究。Pi,Trahair & Rajasekaran(1992)的分析表明,对于大多数的情况,这种方法得到的结果是不正确的,而传统理论的结果更加可信。可能正是意识到这点,Mohri,Brouki & Roth(2003)虽然利用了上面的推导方法,省略积分过程后,却直接给出了与传统理论一致的总势能表达式。

Pi & Bradford(2001a)再次强调了式(B.15)总势能的不正确性,他们认为在推导过程中仅考虑小转动是导致错误的原因,并建议直接在式(B.15)中加上剪力做的功 $-\frac{1}{2}\int_L 2Q_y u'\theta\,\mathrm{d}z$,从而能够得到与传统理论相同的总势能表达式。

尽管上述理论的结果存在问题,但是它的思路比起传统理论更加符合非线性力学的原理,因而被后来的研究者广泛采用。

B.2.3 Pi & Trahair 及相关方法

Pi,Trahair & Rajasekaran(1992)在研究双轴对称截面梁的稳定性时,认为在截面上任意点的位移表达式中应保留形心位移的二阶项,在假设**变形前相互垂直的三个坐标向量,在变形后也相互垂直**的假定下,通过复杂的空间转换,得到:

$$\bar{u} = u - y\theta - \frac{1}{2}x(u'^2 + \theta^2) - \frac{1}{2}yu'v' - \omega u'\theta' \tag{B.19a}$$

$$\bar{v} = v + x\theta - \frac{1}{2}xu'v' - \frac{1}{2}y(v'^2 + \theta^2) - \omega v'\theta' \tag{B.19b}$$

$$\overline{w} = w - xu' - yv' - \omega\theta' - xv'\theta + yu'\theta \qquad (\text{B.19c})$$

利用 $\varepsilon_z = \overline{w}' + \dfrac{1}{2}(\overline{u}'^2 + \overline{v}'^2)$，并保留到二阶非线性项，得到：

$$\varepsilon_z = w' - xu'' - yv'' - \omega\theta'' + \left[\frac{1}{2}(u'^2 + v'^2) - xv''\theta + yu''\theta + \frac{1}{2}(x^2 + y^2)\theta'^2\right] \qquad (\text{B.20})$$

利用上式可以得到与传统理论一致的总势能。注意到式(B.19a~c)的位移二阶项中，实际起作用的只有纵向位移表达式(B.19c)中的二阶项。

Trahair(1993)在得到压弯构件的总势能时，利用空间的投影关系得到了下面的位移表达式：

$$\overline{u} = u - (y - y_0)\theta \qquad (\text{B.21a})$$

$$\overline{v} = v + (x - x_0)\theta \qquad (\text{B.21b})$$

$$\overline{w} = w - xu' - yv' - \omega\theta' - xv'\theta + yu'\theta \qquad (\text{B.21c})$$

这种推导方式被陈骥(2003)所引用。注意这种投影关系仍然以这个假定为前提："**变形前相互垂直的三个坐标向量，在变形后也相互垂直**"。

采用式(B.21a~c)能够得到与传统理论一致的总势能。但从逻辑上讲，数量级较大的横向位移式(B.21a,b)只保留线性的分量，而小一个量级的纵向位移却要保留非线性的分量，这是不尽合理的。在荷载势能的计算上，Trahair采用了与Bleich同样的简化：$1 - \cos\theta = 0.5\theta^2$。

Trahair的理论应用在梁的稳定问题时，与传统理论是相同的，他对总势能中 $-\displaystyle\int_L M_x u''\theta\,\mathrm{d}z$ 的解释与Bleich是相同的，但他还提供了另外一种解释，将这一项分解为：

$$-\frac{1}{2}\int_L 2M_x u''\theta\,\mathrm{d}z = \frac{1}{2}\int_L M_x u'\theta'\,\mathrm{d}z + \frac{1}{2}\int_L M_x u'\theta'\,\mathrm{d}z - \int_L M_x(u'\theta)'\,\mathrm{d}z \qquad (\text{B.22})$$

上式第一项被理解为剪力 $Q_{x\sigma} = M_x\theta'$（相当于假想剪力）在微小位移 $u'\mathrm{d}z$ 上所做的功。第二项虽然在形式上与第一项相同，但被理解为假想扭矩 $M_{z\sigma} = M_x u' - 2M_x\beta_x\theta'$ 中的 $M_x u'$ 在微段转角 $\theta'\mathrm{d}z$ 上所做的功。纵向纤维由于屈曲而产生的纵向位移 $-yu'\theta$，第三项被理解为 M_x 在这个位移对应的曲率上所做的功。

B.2.4　假定中面的总剪应变为零的方法

Ghobarah & Tso (1971) 将Vlasov的薄壁中面线性剪应变为零的假定扩展到非线性范围，即令：

$$\gamma_{zs}^{\mathrm{L}} + \gamma_{zs}^{\mathrm{N}} = 0 \qquad (\text{B.23})$$

来取代传统线性理论所采用的 $\gamma_{zs}^{\mathrm{L}} = 0$。去除与组成截面的板件曲率（指原始曲率，例如圆钢管）相关的项，他们得到的纵向位移的表达式与式(B.21c)相同。忽略纵向应变表达式中纵向位移的非线性项，他们获得的结果与Trahair(1993)的基本相似。这种方法的推导过程相对比较严密，所以被后来的部分研究者所采用。

Wekezer(1985a)和Mohri, Azrar & Potier-Ferry(2001)的研究利用了Ghobarah & Tso(1971)同样的假定。Usami & Koh(1980)则使用这一假定推导了薄壁曲线梁的纵向位移的表达式。Wekezer(1985b)和Ronagh, Bradford & Attard(2000a)将这一假定推广，用于求解变截面薄壁梁的纵向位移表达式。Roberts(1981)，Achour & Roberts(2000)在应变的表达式

中保留纵向位移的高阶项，推导了总势能。

B.2.5 考虑中面的非线性剪切应变能的方法

上面提到的文献都是通过在位移或者应变的表达式中保留一些高阶项，来解决式（B.15）的问题，这些方法有一个共同的特点：在求解总势能表达式时，只考虑了纤维的纵向正应变能。

吕烈武等（1983）对钢结构构件的稳定理论作了较系统的研究，该书推导方法严谨，条理清晰。他们在式（B.15）中加入了薄壁构件中面剪应力的非线性应变能，即式（5.15b），从而得到总势能：

$$\Pi = \frac{1}{2}\int_L \left[EI_y u''^2 + EI_\omega \theta''^2 + (GJ + 2\beta_x M_x)\theta'^2 - 2M_x u'\theta' + 2Q_y \beta_x \theta\theta' \right.$$
$$\left. - 2Q_y u'\theta - q_y a\theta^2 \right] \mathrm{d}z \tag{B.24}$$

式（B.24）即为吕烈武等（1983）用于研究单轴对称截面梁的稳定问题时的总势能，下文称为"吕书理论"。可以看到，式（5.15b）的第二项恰好抵消了式（B.18）等式右边积分号中的第二项，抵消后，位移 u 和 θ 的交叉项又回归到式（B.11）的形式，但同时又多出了式（5.15b）等号右边积分号内的第一项和式（B.17）中的边界条件项。考虑边界条件项为零的情况，比如简支梁，$\frac{1}{2}\int_L 2Q_y \beta_x \theta\theta' \mathrm{d}z$ 就成为式（B.24）与式（B.11）的区别，这一项对梁稳定性的影响可以从平衡微分方程体现出来。对式（B.11）进行变分，注意到 $Q'_y = -q_y$，求得微分方程为：

$$EI_y u^{\mathrm{IV}} + (M_x\theta)'' = 0 \tag{B.25a}$$
$$EI_\omega \theta^{\mathrm{IV}} - (GJ + 2M_x\beta_x)\theta'' - 2Q_y\beta_x\theta' + M_x u'' - q_y a\theta = 0 \tag{B.25b}$$

而从式（B.24）求得的微分方程为：

$$EI_y u^{\mathrm{IV}} + (M_x\theta)'' = 0 \tag{B.26a}$$
$$EI_\omega \theta^{\mathrm{IV}} - (GJ + 2M_x\beta_x)\theta'' - 2Q_y\beta_x\theta' + M_x u'' - q_y(a - \beta_x)\theta = 0 \tag{B.26b}$$

以上两组微分方程唯一的区别是与外荷载 q_y 相关的项：在式（B.25b）中为 $-q_y a\theta$，而在式（B.26b）中变为 $-q_y(a - \beta_x)\theta$。这说明式（B.24）比（B.11）式多出的 $\frac{1}{2}\int_L 2Q_y\beta_x\theta\theta'\mathrm{d}z$ 反映在微分方程时，相当于使得荷载作用点离截面剪心的距离减小了 β_x。这一点的合理性值得怀疑：如果说式（B.25b）中 $q_y a\theta$ 的物理意义为当截面绕剪心扭转时荷载 q_y 对截面剪心的扭矩，那么就很难确定式（B.26b）中的 $q_y(a - \beta_x)\theta$ 的物理意义。

依据式（B.26a,b）求解简支梁的临界荷载，得到式（5.48）中的系数 $C_3 = 1.0$。这也可以从式（B.25b）和式（B.26b）的区别看出：如果应用式（B.25b）求得的结果是 $-C_2 a + C_3\beta_x$，那么利用式（B.26b）就有 $-C_2(a - \beta_x) + C_3\beta_x = -C_2 a + (C_2 + C_3)\beta_x$。所以，无论作用的是满跨均布荷载还是跨中集中荷载，利用式（B.26b）得到的 C_3 等于传统理论的 $C_2 + C_3$，对照表 B.1 中的系数，可以发现这个数值都接近于 1.0。（由于这个特性，为了论述方便，下面将称呼这个理论为 $C_3 = 1$ 理论）。

上述理论将线性应变能 U_L 与非线性纵向正应变能 $U_{\sigma z}$ 和非线性剪切应变能 U_τ 之和减去荷载非线性功 W^N 来推导薄壁构件屈曲问题的总势能，这种方法也被其他学者采用。Rajasakaran（1977），Yang & McGuire（1986）和 Kitipornchai & Chan（1987）就利用同样的方式来推导梁屈曲问题的总势能。由于前两篇文献只涉及双轴对称截面梁，而 Kitipornchai & Chan(1987)的研究对象虽然是 L 形和 T 形截面梁，但未涉及承受横向荷载的情况，因此 C_3 系数的取值问题并没有显现。但是仍然可以注意到，Kitipornchai & Chan(1987)在推导剪应力的非线性应变能时，中面剪应力采取了全截面均布的假定，没有采用 $\tau_{zs} = \dfrac{Q_y S_x}{I_x t}$，得到的结果就不会出现式(5.15b)的第一项。因此虽然采用了这种推导方法，但却能够得到与传统理论相同的表达式，这一点非常有意思。

B.2.6 假想荷载法

Vlasov(1961)提出了建立薄壁构件的平衡微分方程的假想荷载法，这一方法得到了广泛的应用(吕烈武等，1983；夏和潘，1988；郭耀杰，1997；郭耀杰等，1998；陈骥，2003)。吕烈武等(1983)应用假想荷载法对薄壁构件的弯扭屈曲平衡微分方程进行了非常详细的推导。郭耀杰(1997)和郭耀杰等(1998)对假想荷载法的力学本质进行了深入的分析。

吕烈武等(1983)对薄壁构件的假想荷载法推导，能够得到与能量法(吕书理论)一致的平衡微分方程。但是推导过程中，在研究微元体的平衡状态时，仅仅考虑了薄壁中面微元上下两端面上的应力对微元体平衡的影响，而未考虑两侧面上(垂直曲线坐标 s 的面上)应力的影响。这种做法在理论上似乎不够严密，因为根据中面微元上剪应力互等原理，要与能量法对应，必须计入侧面上剪应力的贡献。因为式(5.15b)中剪应力的非线性应变能包含了微元体上的所有剪应力。

因此，吕烈武等(1983)中的能量法与假想荷载法所考虑的剪应力因素并不完全相同。考察计算下面的积分：

$$\int_s \tau'_{zs} [(y_0 - y)\cos\alpha - (x_0 - x)\sin\alpha] t ds + \theta \int_s \tau'_{zs} [(x_0 - x)\cos\alpha + (y_0 - y)\sin\alpha] t ds$$

$$(B.27)$$

将任意点的剪应力的表达式 $\tau_{zs} = \dfrac{Q_x S_y}{I_y t} + \dfrac{Q_y S_x}{I_x t} + \dfrac{M_\omega S_\omega}{I_\omega t}$ 直接代入上式进行积分得到

$$上式 = \int_s \left(\frac{Q_x S_y}{I_y t} + \frac{Q_y S_x}{I_x t} + \frac{M_\omega S_\omega}{I_\omega t} \right)' [(y_0 - y)\cos\alpha - (x_0 - x)\sin\alpha] t ds$$

$$+ \theta \int_s \left(\frac{Q_x S_y}{I_y t} + \frac{Q_y S_x}{I_x t} + \frac{M_\omega S_\omega}{I_\omega t} \right)' [(y_0 - y)\sin\alpha + (x_0 - x)\cos\alpha] t ds$$

$$= M'_\omega + \theta(q_x \beta_y + q_y \beta_x - M'_\omega \beta_\omega) \qquad (B.28)$$

但是吕书理论中对式(B.27)的积分没有将剪应力直接代入，而是通过积分变换，得到的结果为 $-m_z$(分布扭矩)，与式(B.28)完全不同。如果按照式(B.28)，吕烈武等(1983)的假想荷载法将得到与他们的能量法不同的结果。

通过上面分析，可以得到一个启发：只有在假想荷载法和能量法中考虑同样的应力和应变分量，而且必须对同一量取相同的非线性因素，才有可能使两种方法得到统一。

B.2.7 关于现有理论的结论

通过上面的分析，了解到在薄壁构件稳定问题上存在多种不同的理论，这些理论之间的差异导致了目前对简支梁的临界荷载计算公式中某些系数的不同，从第六章还可知道，不同理论使得悬臂梁的临界荷载计算也存在差别。总结起来，薄壁构件弯扭失稳的各种理论中存在的主要问题为：

1. 总势能的表达式中包含"外荷载的非线性功"项，不符合屈曲问题的变分原理。

现行的薄壁构件稳定理论的总势能表达式大多使用 $\Pi = U - W$ 的方式得到，其中 W 为外力的非线性势能。但从屈曲问题的变分原理式(5.4)可知，总势能应该直接由各应力分量的应变能直接得到，并不存在"外荷载的非线性功"。

2. 在同一理论中对截面转角 θ 的简化不一致。这个也是 Bleich(1952)理论的第 3 个问题：在同一理论中对 θ 采用了两种不同的简化，在得到位移表达式时认为 $\cos\theta = 1$，$\sin\theta = \theta$，而在求解"外荷载的非线性功"时却采用 $\cos\theta = 1 - \frac{1}{2}\theta^2$ 的近似。这种简化方式在一定程度上掩盖了引入"外荷载的非线性功"所带来的问题，使得以上的这两个问题一直以来都没有被意识到。

3. 假想荷载法中考虑的非线性因素与能量法中的不一致。

4. 在位移高阶项的取舍上存在不协调。许多薄壁构件理论，如 Trahair(1993)，在求解非线性应变能时，仅考虑了纵向应变的应变能，他们通过在纵向位移的表达式中保留高阶项来与传统理论统一。数量级较大的横向位移只保留线性的分量，而小一个量级的纵向位移却要保留非线性的分量，从逻辑上讲是不合理的。

本章介绍的基于经典固体力学屈曲问题变分原理的薄壁构件弯扭屈曲理论，避免了上述所有的问题。另外基于总的剪应变等于 0 的理论(基于相互垂直的三向量在变形后仍然垂直的假定的方法也归于此)，考虑纵向正应力的非线性功和荷载的非线性功，能够得到与本章理论相同的结果，也归于正确之列。但是两种理论的完全等价，还有待数学上严密的论证。

附录 B 参 考 文 献

[1] 符拉索夫，B. 3. 主编. 壳体一般理论. 薛振东，朱世靖译. 北京：世界知识出版社，1963.

[2] 郭耀杰. 悬臂构件稳定性理论及其应用. 武汉：华中理工大学出版社，1997.

[3] 郭耀杰，方山峰. 钢结构构件弯扭屈曲问题的计算和分析. 建筑结构学报，1990，20（3）.

[4] 丁皓江，何福保，谢贻权，徐兴. 弹性和塑性力学中的有限单元法（第 2 版）. 北京：机械工业出版社，1992.

[5] 刘鸿文. 板壳理论. 杭州：浙江大学出版社，1987.

[6] 吕烈武，沈世钊，沈祖炎，胡学仁. 钢结构构件稳定理论. 北京：中国建筑工业出版社，1983.

[7] 夏志斌，潘有昌. 结构稳定理论. 北京：高等教育出版社，1988.

[8] American Institute of Steel Construction（AISC）. Load and Resistance Factor Design Specification for Structural steel Buildings, AISC, Chicago, 1992.

[9] Anderson J. M., Trahair N. S., Stability of mono-symmetric beams and cantilever, Journal of the structural Division, ASCE, 1972, 98（1）：269-286.

[10] Attard M. M., Lateral buckling analysis of beams by the FEM, Computers and Structures, 1986, 23（2）：217-231.

[11] Attard M. M., Bradford M. A., Bifurcation experiments on mono-symmetric cantilevers, 12th Australian

Conference on Mechanics of Structures and Material, 1990: 207-213.

[12] Barsoum R. S., Gallagher R. H., Finite element analysis of torsional and torsional - flexural stability problems, International Journal for Numerical Methods in Engineering, 1970, 2: 335-352.

[13] Battini J. M., Pacoste C., Co-rational beam elements with warping effects in instability problems, Computer Methods in Applied Mechanics and Engineering, 2002, 191: 1755-1789.

[14] Bathe K. J., Bolourchi S., Large displacement analysis of three-dimensional beam structures, International Journal for Numerical Methods in Engineering, 1978, 14: 961-986.

[15] Battini J. M., Pacoste C., Co-rotational beam elements with warping effects in instability problems, Computer Methods in Applied Mechanics and Engineering, 2002, 191: 1755-1789.

[16] Bradford M. A., Buckling strength of deformable monosymmetric I-beams, Engineering Structures, 1988, 10: 167-173.

[17] Chan S. L., Kitipornchai S., Geometric nonlinear analysis of asymmetric thin-walled beam-columns, Engineering Structures, 1987, 9 (10): 243-254.

[18] Chen H., Blandford G. E., Thin-walled space frames. I: lateral-deformation analysis theory, Journal of Structural Engineering, ASCE, 1991, 117 (8): 2499-2519.

[19] Chen W. F., Atsuta T., Theory of Beam-columns, Vol. 2, McGraw Hill, New York. 1978.

[20] Conci A., Large displacement analysis of thin-walled beams with generic open section, International Journal for Numerical Methods in Engineering, 1992, 33: 2109-2127.

[21] De Jong H., An approach to more complicated lateral buckling problems, Journal of Constructional Steel Research, 1990, 16 (3): 231-246.

[22] Dux F., Kitipornchai S., Elastic buckling of laterally continuous I-beams, Journal of Structural Division, ASCE, 1969, 108 (9): 2099-2116.

[23] Engel H. L., Goodier J. N., Measurements of torsional stiffness changes and instability due to tension, compression, and bending, Applied Mechanic Division, ASME, December, 1953: 553-560.

[24] Fafard M., Beaulieu D., Dhatt G.., Buckling of thin-walled members by finite elements, Computer & Structures, 1986, 25 (2): 183-190.

[25] Flügge W., Stresses in Shells, 2nd Edition, Springer-Verlag, Berlin, 1973.

[26] Fukumoto Y., Galambos T. V., Inelastic lateral-torsional buckling of beam-columns, Journal of the Structural Division, ASCE, 1966, 92 (2): 41-61.

[27] Gellin S., Lee, G. S., Finite elements available for the analysis of noncurved thin-walled structures, in Finite Element Analysis of Thin-Walled Structures, J. W. Bull, Ed., Elsevier Applied Science, London, U. K., 1988: 1-45.

[28] Gjelsvik A., The Theory of Thin Walled Bars, John Wiley & Sons, New York, 1981.

[29] Goran T., Josip B., Jasna P. O. Large rotation analysis of elastic thin-walled bean-type structures using ESA approach, Computers and Structures, 2003; 81: 1851-1864.

[30] Guokang E. Modification in the theory on flexural-torsional buckling structures, Applied Mathematics and Mechanics, 1997; 18 (10): 975-986.

[31] Hsiao K. M., Lin W. Y., A co-rotational formulation for thin-walled beams with monosymmetric open section, Computer Methods in Applied Mechanics and Engineering, 2000, 190: 1163-1185.

[32] Laudiero F., Zaccaria D., A consistent approach to linear stability of thin-walled beams of open section, International Journal of Mechanical Science, 1998, 30 (8): 503-515.

[33] Laudiero F. , Zaccaria D. , Finite element analysis of stability of thin-walled beams of open section, International Journal of Mechanical Science, 1988, 30 (8): 543-557.

[34] Lin W. Y. , Hsiao K. M. , Co-rotational formulation for geometric nonlinear analysis of doubly symmetric thin-walled beams, Computer Methods in Applied mechanics and Engineering, 2001, 190: 6023-6052.

[35] Hartmann A. J. , Elastic lateral buckling of continuous beams, Journal of Structural Division, ASCE, 1967, 93 (4): 11-26.

[36] Helwig T. A. , Frank K. H. , Yura J. A. Lateral-torsional buckling of singly symmetric I-beams, Journal of Structural Engineering, ASCE, 1997, 123 (9): 1172-1179.

[37] Hsiao K. M. , Corotational total Lagangian formulation for three-dimensional beam element, AIAA Journal, 1992, 30 (3): 797-804.

[38] Hsiao K. M. , Lin W. Y. , A co-rotational finite element formulation for buckling and postbuckling analysis of spatial beams, Computer Methods in Applied mechanics and Engineering, 2000, 188: 567-594.

[39] Hsiao K. M. , Lin W. Y. , A co-rotational formulation for thin-walled beams with monosymmetric open section, Computer Methods in Applied mechanics and Engineering, 2000, 190: 1163-1185.

[40] Ings N. L. , Trahair N. S. , Beam and column buckling under directed loading, Journal of Structural Engineering, ASCE, 1987, 113 (6): 1251-1263.

[41] Izzuddin B. A. , Smith D. L. , Large-displacement analysis of elasto-plastic thin-walled frames. I: Formulation and implementation, Journal of Structural Engineering, ASCE, 1996, 122 (8): 905-914.

[42] Izzuddin B. A. , Smith D. L. , Large-displacement analysis of elasto-plastic thin-walled frames. II: Verification and application, Journal of Structural Engineering, ASCE, 1996, 122 (8): 915-925.

[43] Kitipornchai S. , Chan S. L. , Nonlinear finite element analysis of angle and Tee beam-columns, Journal of Structural Engineering, ASCE, 1987; 113 (4): 721-739.

[44] Kitipornchai S. , Wang C. M. , Trahair, N. S. , Buckling of monosymmetric I-beams under moment gradient, Journal of Structural Engineering, ASCE, 1986: 112 (4): 781-799.

[45] Kwak, H. G. , Kim, D. Y. , Lee, H. W. , Effect of warping in geometric nonlinear analysis of spatial beams, Journal of Constructional Steel Research, 2001, 57: 729-751.

[46] Ma M, Hughes O. , Lateral distortional buckling of monosymmetric I-beams under distributed vertical load, Thin-Walled Structures, 1996, 26 (2): 123-145.

[47] Masur E. F. , Discussion of "Elastic Lateral Buckling of Continuous Beams, by Hartmann, A. J. , Journal of Structural Division, ASCE, 1967; 93 (6): 283.

[48] Mohri F. , Azrar L. , Potier-Ferry M. , Flexural-torsional post-buckling analysis of thin-walled elements with open sections. Thin-Walled Structures, 2001; 39: 907-938.

[49] Mohri F. , Azrar L. , Potier-Ferry M. , Lateral post-buckling analysis of thin-walled open section beams, Thin-Walled Structures, 2002, 40: 1013-1036.

[50] Narayanan R. , Beams and Beam Columns: Stability and Strength, Applied Science Publishers, London and New York, 1983.

[51] Nethercot D. A. , The effective lengths of cantilevers as governed by lateral buckling, The Structural Engineer, 1973, 51 (4): 133-138.

[52] Nethercot D. A. , Rockey K. C. , Lateral buckling of beams with mixed end conditions, The Structural Engineer, 1973; 51 (5): 161-168.

[53] Nethercot D. A. , Trahair N. S. , Lateral buckling approximations for elastic beams, The Structural

255

Engineer, 1976, 54 (6): 197-204.

[54] Nyssen C. , An efficient and accurate iterative method allowing large incremental steps, to solve elasto-plastic problems, Computers and Structures, 1981, 13: 63-71.

[55] O' hEachteirn P. , Nethercot D. A. , Lateral buckling tests on monosymmetric plate girders, Journal of Constructional Steel Research, 1988, 22: 241-259.

[56] Pai P. F. , Anderson T. J. , Wheater, E. A. , Large-deformation tests and total-Lagrangian finite-element analyses of flexible beams, International Journal of Solids and Structures, 2000, 37: 2951-2980.

[57] Pandey M. D. , Sherbourne A. N. , Elastic lateral-torsional buckling of beams: general consideration. Journal of Structural Engineering, ASCE, 1990, 116 (2): 317-335.

[58] Papangelis J. P. , Trahair N. S. , Hancock G. J. , Elastic flexural-torsional buckling of structures by computer, Computers and Structures, 1998, 68: 125-137.

[59] Pi Y. L. , Bradford M. A. , Effects of approximations in analyses of beams of open thin-walled cross-section-part I: flexural-torsional stability, International Journal for Numerical Methods in Engineering, 2001, 51: 757-772.

[60] Pi Y. L. , Bradford M. A. , Effects of approximations in analyses of beams of open thin-walled cross-section-part II: 3-D non-linear behaviours, International Journal for Numerical Methods in Engineering, 2001, 51: 773-790.

[61] Pi Y. L. , Trahair N. S. , Prebuckling deflections and lateral buckling I: Theory, Journal of Structural Engineering, ASCE, 1992, 118 (11): 2949-2966.

[62] Pi Y. L. , Trahair N. S. , Prebuckling deflections and lateral buckling. II: Applications, Journal of Structural Engineering, ASCE, 1992, 118 (11): 2967-2985.

[63] Pi Y. L. , Trahair N. S. , Nonlinear inelastic analysis of steel beam-columns. I: Theory, Journal of Structural Engineering, ASCE, 1994, 120 (7): 2041-2061.

[64] Pi Y. L. , Trahair N. S. , Nonlinear inelastic analysis of steel beam-columns. II: Applications, Journal of Structural Engineering, ASCE, 1994, 120 (7): 2062-2083.

[65] Poley S. , Lateral buckling of cantilever I-beams under uniform load, Transactions ASCE, 1954; 121: 786-790.

[66] Powell G. , Klingner R. , Elastic lateral buckling of steel beams, Journal of the Structural Division, ASCE, 1970; 96 (9): 1919-1932.

[67] Rajasekaran S. , Finite element method for plastic beam-columns Theory of Beam-columns, Vol. 2, Space Behavior and Design, Chen W. F. & Atsuta T. , eds, McGraw-Hill Inc. New York, 1977: 539-608.

[68] Reissner E. , Further considerations on the problem of torsion and flexure of prismatic beams, International Journal of Solids and Structures, 1983, 19 (5): 385-392.

[69] Reilly R. J. , Stiffness analysis of grids including warping, Journal of the Structural Division, ASCE, 1972, 98 (7): 1511-1523.

[70] Roberts T. M. , Second order strains and instability of thin-walled bars of open cross-section, International Journal of Mechanical Science, 1981, 23: 297-306.

[71] Roberts T. M. , Azizian Z. G. , Instability of thin walled bars, Journal of Engineering Mechanics, ASCE, 1983, 109 (3): 781-794.

[72] Roberts T. M. , Azizian Z. G. , Nonlinear analysis of thin walled bars of open cross-section, International Journal of Mechanical Science, 1983, 25 (8): 565-577.

256

[73] Roberts T. M. , Burt C. , Instability of monosymmetric I-beams and cantilevers, International Journal of Mechanical Science, 1985, 2 (5): 313-324.

[74] Ronagh H. R. , Bradford M. A. , Attard M. M. , Nonlinear analysis of thin-walled members of variable cross-section, Part I: Theory, Computers and Structures, 2000, 77: 285-299.

[75] Ronagh H. R. , Bradford M. A. , Attard M. M. , Nonlinear analysis of thin-walled members of variable cross-section, Part II: Application, Computers and Structures, 2000, 77: 301-313.

[76] Ronagh H. R. , Bradford M. A. , Some notes on finite element buckling formulations for beams, Computers and Structures, 1994; 52 (6): 1119-1126.

[77] Salvadori M. G. , Lateral buckling of beams of rectangular cross-section under bending and shear, Proceedings, 1st US National Congress of Applied Mechanics, 1951: 403.

[78] Sherbourne A. N. , Pandey M. D. , Elastic, lateral-torsional stability of beams: moment modification factor, Journal of Constructional Steel Research, 1989, 13: 337-356.

[79] Teh L. H. , Clarke M. J. , Co-rotational and Lagrangian formulations for elastic three-dimensional beam finite elements, Journal of Constructional Steel Research, 1998, 48: 123-144.

[80] Trahair N. S. , Discussion of "Elastic Lateral Buckling of Continuous Beams", by Hartmann, A. J. , Journal of Structural Division, ASCE, 1968, 94 (3): 845.

[81] Trahair N. S. , Elastic stability of continuous beams, Journal of Structural Division, ASCE, 1969, 95 (6): 1295-1312.

[82] Trahair N. S. , Lateral buckling of overhanging beams, Proceedings, Michael R. Horne Conference on Instability and Plastic Collapse of Steel Structures, Morris L. H. , Ed. Granada, London, U. K. , 1983: 503-518.

[83] Trahair N. S. , Kitipornchai S. , Buckling of inelastic-I-beams under uniform moment, Journal of the Structural Division, ASCE, 1972, 98 (11): 2551-2566.

[84] Trahair N. S. , Pi Y. L. , Torsion, bending and buckling of steel beams, Engineering Structures, 1997; 19 (5): 372-377.

[85] Turkali G. , Brnic, J. , Prpic-Orsic J. , Large rotation analysis of elastic thin-walled beam-type structures using ESA approach. Computers and Structures, 2003; 81: 1851-1864.

[86] Usami T. , Koh S. Y. , Large displacement theory of thin-walled curved members and its application to lateral-torsional buckling analysis of circular arches, International Journal of Solids and Structures, 1980; 16 (1): 71-95.

[87] Waldron P. , Stiffness analysis of thin-walled girders, Journal of Structural Engineering, ASCE, 1986, 112 (6): 1366-1384.

[88] Wang C. M. , Kitipornchai S. , On the stability of mono-symmetric cantilevers, Engineering Structures, 1986, 8 (7): 169-180.

[89] Wang C. M. , Wang L. , Ang K. K. , Beam-buckling analysis via automated Raleigh-Rits method, Journal of Structural Engineering, ASCE, 1994, 120 (1): 200-211.

[90] Wagner H. , Torsion and buckling of open sections, NACA Technical Memorandum, 1936, No. 807.

[91] Wekezer J. W. , Instability of thin-walled bars, Journal of Engineering Mechanics, ASCE, 1985; 111 (7): 923-935.

[92] Wekezer J. W. , Nonlinear torsion of thin-walled bars of variable open cross-section, International Journal of Mechanical science, 1985, 27 (10): 307-360.

[93] Yang Y. B. , McGuire, W. , Stiffness matrix for geometric nonlinear analysis, Journal of Structural Engineering, ASCE, 1986; 112 (4): 853-877.

[94] Yang Y. B. , Leu L. J. , Force recovery procedures in nonlinear analysis, Computers and Structures, 1991; 41 (6): 1255-1261.

[95] Allen, H. G. Bulson, P. S. , Background to Buckling, McGraw-Hill, 1980

[96] Chajes A. , Principles of Structural Stability theory, Prentice Hall, Englewood Cliffs, N. J. , 1974.

第6章　工字形截面悬臂梁的弹性稳定

6.1　引　言

与简支梁相比，悬臂梁（图6.1）的边界条件较为复杂，见式（5.32a,b,c,d）。因此，悬臂梁的稳定性计算更加复杂。在横向荷载作用下，悬臂梁的弯扭屈曲模态不能用简单的初等函数表达。目前只有少数国家的设计规范给出了悬臂梁的设计规定。我国的《钢结构设计规范》（GB 50017—2003）借用简支梁的临界荷载计算公式，通过修正其中的系数，来确定双轴对称工字形悬臂梁的临界荷载。

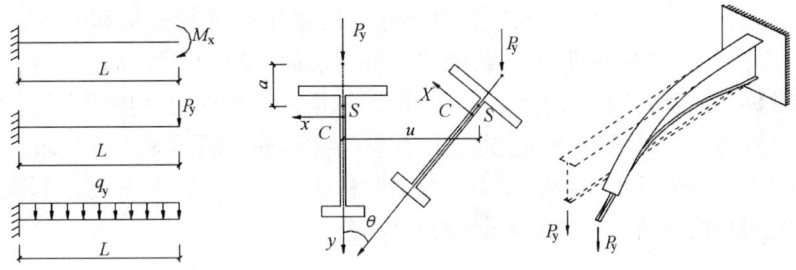

图6.1　工字形截面悬臂梁的屈曲

Poley（1954）通过有限差分法求解过双轴对称截面的悬臂梁在满跨均布荷载下的平衡微分方程，并得到了临界荷载的数值解。Clark & Hill（1960）将简支梁的临界弯矩计算公式用于悬臂梁的稳定性计算，通过总结相关文献的结果，列出了两种横向荷载下系数的取值范围。他们的结论被陈骥（2003）引用。但是，仅仅知道系数的范围仍然无法得到确切的屈曲荷载值。

Timoshenko & Gere（1961）针对窄矩形截面的悬臂梁，利用 Bessel 函数得到了两种横向荷载（横向均布荷载和自由端集中荷载）作用下的临界荷载计算公式，公式仅适用于横向荷载作用于悬臂梁截面剪心的情况。他们还对自由端作用集中荷载于形心的双轴对称工字形截面的悬臂梁的稳定性进行过研究，提出了计算公式，但式中的系数需要通过查表得到。

Nethercot（1973）利用简支梁临界荷载的计算公式，提出适合计算悬臂梁临界荷载的系数计算式。提出的计算公式，可以求解在横向均布荷载和自由端集中荷载作用时悬臂梁临界荷载，并且初步考虑了荷载作用点高度的影响，但要求横向荷载的作用点必须位于截面的两个翼缘或剪心。Trahair（1983）和 Trahair（1993）也提出了相关的计算公式。

对横向荷载作用下单轴对称截面悬臂梁的稳定性的研究相对较少，而且通常限于数值解。Wang & Kitipornchai（1986）利用能量法对悬臂梁的稳定性进行过系统研究，对于横向荷载作用于截面的上翼缘、剪心和下翼缘的情况，提出过屈曲荷载的近似计算公式。为了

259

提高公式的精度，他们根据不同的情况分别提出了系数表达式。

由于加载条件的限制，对悬臂梁的已有的试验研究均为自由端作用集中荷载的情况。郭耀杰(1997)对德国人 Klopel & Unger 在 1971 所做的试验进行过报道。Anderson & Trahair (1972)对工字形截面悬臂梁的稳定性进行过数值和试验研究，采用高强度铝合金材料的试件，对 3 种单轴对称和 1 种双轴对称的工字形截面的悬臂梁进行了测试，试验考虑了长度和荷载作用点高度对稳定性的影响，将试验结果和数值分析结果进行了对比，发现两者非常吻合。Woolcock & Trahair(1974)对矩形截面和双轴对称工字形截面的悬臂梁给出过数值解和试验值，两者之间比较接近。Attard & Bradford(1990)对单轴对称截面的悬臂梁的稳定性进行过试验研究。Ings & Trahair(1987)进行过双轴对称截面的工字形悬臂梁的试验研究，得到的试验值与能量法的结果相差不到 4%。

由第 5 章可知，受弯薄壁构件存在两种不同的稳定理论。以上的研究，如涉及薄壁截面梁的稳定理论，绝大多数采用了传统理论的总势能。

虽然悬臂梁弯扭屈曲的研究已经很多，但是都是按照研究对象的不同而采用特定的理论。各种研究并没有一个统一的理论基础。本章首先利用传统理论、第 2 种理论和第 5 章推导的本书理论，对自由端作用端弯矩的悬臂梁的稳定性进行分析和比较。利用本书理论，求解这种荷载下悬臂梁的临界荷载的解析解。然后，利用三种稳定理论，对横向荷载作用下单轴对称截面悬臂梁的稳定性进行分析。并且，从各自的总势能出发，编制相应的有限元程序，将得到的基于各种理论的有限元解与文献的试验结果进行比较，从而对这几种稳定理论的正确性进行进一步验证。对双轴对称工字形截面的悬臂梁，本章利用有限元的结果，给出两种横向荷载下的临界荷载的计算公式。

6.2　悬臂梁总势能的不同表达形式

6.2.1　传统理论中悬臂梁的总势能

对于悬臂梁，承受均布荷载和自由端集中荷载时，传统理论的总势能表达式为(陈骥，2003)：

$$\Pi = \frac{1}{2}\int_0^L \left[EI_y u''^2 + EI_\omega \theta''^2 + (GJ + 2M_x\beta_x)\theta'^2 + 2M_x u''\theta - q_y a\theta^2 \right] dz - \frac{1}{2}P_y a\theta_L$$

(6.1)

式中 θ_L 表示悬臂梁自由端的转角，L 为悬臂梁的长度。P_y 为自由端的集中荷载，q_y 为横向分布荷载。

6.2.2　第二种理论的悬臂梁弯扭屈曲总势能

第二种理论同时考虑非线性纵向应变能和非线性剪切应变能，并将非线性应变能与线性应变能和荷载势能相加得到梁的屈曲问题的总势能(吕列武等，1983)。对于承受均布荷载和自由端集中荷载的悬臂梁，总势能可表示为：

$$\Pi = \frac{1}{2}\int_0^L \left[EI_y u''^2 + EI_\omega \theta''^2 + (GJ + 2M_x\beta_x)\theta'^2 - 2M_x u'\theta' + 2Q_y\beta_x\theta\theta' \right.$$

$$\left. - 2Q_y u'\theta - q_y a\theta^2 \right] dz - \frac{1}{2}P_y a\theta_L^2$$

(6.2)

由于自由端弯矩为 0，按照式(5.27)，当悬臂梁的截面为双轴对称时，上式与式(6.1)完全相同。但当悬臂梁的截面为单轴对称时，式(6.1)和式(6.2)就存在差别，并通过 $\frac{1}{2}\int_0^L 2Q_y\beta_x\theta\theta'\mathrm{d}z$ 这一项表现出来。因此传统理论和第二种理论在悬臂梁的弯扭失稳问题中也会表现出差别。

6.2.3　本书的悬臂梁弯扭屈曲理论

第 5 章提出了一种新的薄壁截面梁的弯扭屈曲理论(下文简称本书理论)，它的总势能由线性应变能、非线性纵向应变能、非线性剪切应变能和非线性横向应变能组成，对于悬臂梁可表示为：

$$\Pi = \frac{1}{2}\int_0^L \left[EI_y u''^2 + EI_\omega \theta''^2 + (GJ + 2M_x\beta_x)\theta'^2 - 2M_x u'\theta' + 2Q_y\beta_x\theta\theta' - 2Q_y u'\theta \right.$$
$$\left. - q_y(a + \beta_x)\theta^2\right]\mathrm{d}z - \frac{1}{2}P_y(a + \beta_x)\theta_L^2 \tag{6.3}$$

与简支梁不同，通过分部积分后本书理论的悬臂梁的总势能式(6.3)不一定能够得到与传统理论的式(6.1)相同的表达式：对于不同的荷载作用情况，可能与传统理论的式(6.1)相同，也可能与第二种理论的式(6.2)相同。

6.3　总势能差异对应于不同的荷载作用方式

本节对悬臂梁的三个总势能表达式(6.1)、(6.2)和(6.3)，在不同的荷载下的具体形式进行分析，并对相应的屈曲荷载进行求解。

6.3.1　悬臂梁在纯弯下的屈曲

由式(6.3)，可得本书理论纯弯下悬臂梁的屈曲问题的总势能：

$$\Pi = \frac{1}{2}\int_0^L \left[EI_y u''^2 + EI_\omega \theta''^2 + (GJ + 2M_x\beta_x)\theta'^2 - 2M_x u'\theta'\right]\mathrm{d}z \tag{6.4}$$

由式(6.2)也可得到第二种理论的纯弯下悬臂梁的总势能，与上式完全相同。

由势能驻值条件，取总势能的一阶变分为零，即 $\delta\Pi = 0$，可得悬臂梁在纯弯下的边界条件和平衡方程如下：

边界条件：固定端 $z = 0$：$u = 0$，$u' = 0$，$\theta = 0$，$\theta' = 0$

自由端 $z = L$：$\delta u \neq 0$，$EI_y u''' + M_x\theta' = 0$

$\delta u' \neq 0$，$EI_y u'' = 0$，即 $u'' = 0$ \hfill (6.5a)

$\delta\theta \neq 0$，$(GJ + 2M_x\beta_x)\theta' - EI_\omega\theta''' - M_x u' = 0$ \hfill (6.5b)

$\delta\theta' \neq 0$，$EI_\omega\theta'' = 0$

平衡方程：$EI_y u^{\mathrm{IV}} + M_x\theta'' = 0$ \hfill (6.6a)

$EI_\omega\theta^{\mathrm{IV}} - (GJ + 2M_x\beta_x)\theta'' + M_x u'' = 0$ \hfill (6.6b)

根据上面的边界条件和平衡方程，可以求出这种荷载作用下单轴对称工字形截面悬臂梁的临界弯矩解析解：

$$M_{\mathrm{cr}} = \frac{\pi^2 EI_y}{(2L)^2}\left(\beta_x + \sqrt{\beta_x + \frac{I_\omega}{I_y}\left(1 + \frac{GJ(2L)^2}{\pi^2 EI_\omega}\right)}\right) \tag{6.7}$$

而按照传统理论，纯弯下悬臂梁的总势能表达式：

$$\Pi = \frac{1}{2}\int_0^L \left[EI_y u''^2 + EI_\omega \theta''^2 + \left(GJ + 2M_x \beta_x \right)\theta'^2 + 2M_x u''\theta \right] \mathrm{d}z \tag{6.8}$$

同样令总势能的一次变分等于零，可得与式(6.6a,b)相同的平衡方程，固定端的边界条件也相同，但自由端的边界条件有所不同，变为：

自由端 $z = L: \delta u \neq 0, EI_y u''' + M_x \theta' = 0$

$$\delta u' \neq 0, EI_y u'' + M_x \theta = 0 \tag{6.9a}$$

$$\delta \theta \neq 0, \left(GJ + 2M_x \beta_x \right)\theta' - EI_\omega \theta''' = 0 \tag{6.9b}$$

$$\delta \theta' \neq 0, EI_\omega \theta'' = 0$$

可以发现式(6.5a)与式(6.9a)以及式(6.5b)与式(6.9b)并不相同，下面对这两组边界条件进行分析。

式(6.5a)与式(6.9a)的区别在于对自由端弯矩 M_x 在屈曲过程中的弯矩矢量方向的不同约定。其中式(6.5a)隐含了 M_x 的矢量方向在屈曲过程中始终垂直于屈曲后自由端截面的弱轴，即弯矩的方向也是随截面转动的。而式(6.9a)隐含 M_x 始终保持屈曲前的方向不变，即弯矩不转向。

参照图6.2，设悬臂梁自由端的外弯矩是由截面的上下翼缘上作用一对大小相等、方向相反的保向力产生的。记截面上下翼缘形心的距离为 h，则保向力的大小为 $N = M_x/h$。这样，式(6.5a)和式(6.9a)对应的边界条件分别如图6.2(a)，(b)所示。在梁的屈曲过程中，通常认为外荷载的方向不变，但作用点随截面的弯曲和扭转而移动(随动)。屈曲后，在悬臂梁的自由端截面上并不存在式(6.9a)中绕变形后的弱轴的弯矩分量 $M_x\theta$，图6.2(a)所示的情况更加符合实际。

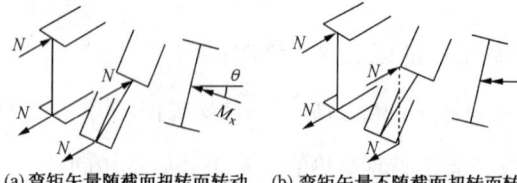

(a) 弯矩矢量随截面扭转而转动 (b) 弯矩矢量不随截面扭转而转动

图6.2 悬臂梁的自由端外弯矩

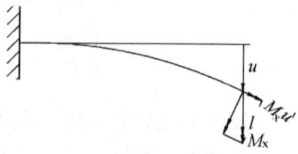

图6.3 悬臂梁自由
端弯矩的分量

Timoshenko & Gere(1961)在利用微段平衡法建立纯弯下梁的弯扭屈曲问题的平面外平衡微分方程时，得到了式(6.9a)中微分方程的形式。由于在这个方程的建立过程中没有涉及边界条件，因此许多文献(Wang & Kitipornchai，1986；郭耀杰，1997)也用此式来研究纯弯下悬臂梁的稳定性，可见得到的临界荷载是针对不同问题的。

另一个边界条件是式(6.9b)与式(6.5b)，前者与后者相比少了 $M_x u'$ 这一项。从图6.3可以看出，在变形后的自由端的轴线方向上，应该存在 $M_x u'$ 的扭转分量，因此传统理论的式(6.9b)是不合理的。

Trahair(1993)注意到了传统理论的这两个问题，将图6.2(a)，(b)所示的情况分别称为"自由端弯矩转"和"自由端弯矩不转"。在传统理论的总势能式(6.8)中另加上所谓的"自由端弯矩在悬臂梁屈曲过程中所做的功"：$M_L \theta_L u_L'$，这样得到的总势能可以满足悬臂梁在屈曲变形中对自由端弯矩的转动要求。他的研究表明,对于弯矩转动和弯矩不转两种情况,屈曲模态(图6.4a,其中 u_T 和 u_B 分别为截面的上翼缘和下翼缘的平面外位移)和屈曲荷载(图6.4b)有较大的差异。

对于自由端弯矩作用下双轴对称截面的悬臂梁,Trahair(1993)用能量法得到了"自由端弯矩转"时的屈曲荷载计算公式,形式与式(6.7)相同($\beta_x = 0$)。同时,利用数值解,得到"自由端弯矩不转"时的无量纲化的屈曲荷载,Wang & Kitipornchai(1986)利用传统理论的总势能,对于自由端弯矩作用下的悬臂梁得到了解,结果如图6.4(b)所示,图中梁常数

$$K = \sqrt{\frac{\pi^2 EI_\omega}{GJL^2}}, \gamma_c = \frac{M_{cr}L}{\sqrt{EI_y GJ}}。$$ 由图6.4(b)可见,对于自由端弯矩作用的纯弯悬臂梁,传统理论的结果偏大,偏于不安全。

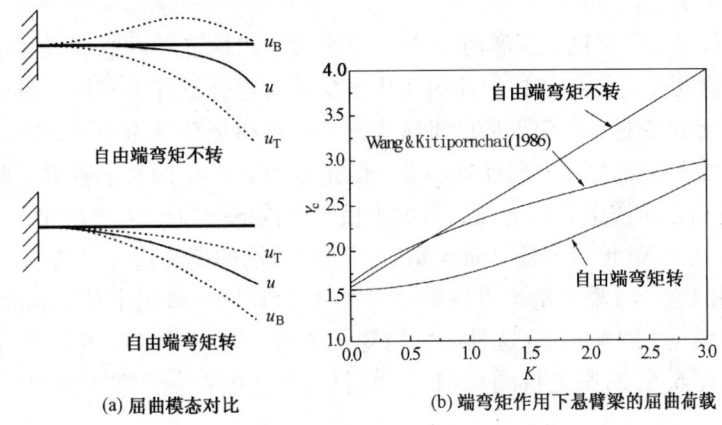

(a) 屈曲模态对比　　　　(b) 端弯矩作用下悬臂梁的屈曲荷载

图6.4　悬臂梁自由端弯矩的性质不同时的屈曲

6.3.2　保守的力矩和非保守的力矩

作用在结构上的力,当结构产生位移时,力也随着移动。在位移过程中如果其方向保持不变,则这个力是保守的。在位移过程中,力所作的功只与最终状态有关,而与位移产生的路径无关。如果荷载是非保守的,则它所做的功与位移增大的路径有关。对非保守的系统,无法写出荷载的势能,从而不能获得系统的总势能。

弯矩按照右手螺旋法则,在图形上用双箭头表示。在结构的变形过程中双箭头的方向如何变化,弯矩才是保守的?

图6.5示出了杆端作用扭矩 M_z,在杆件变形过程中,扭矩 M_z 的方向变化有5种形式。第1种表示在侧向位移的过程中,双箭头的方向保持不变,称为轴向扭矩(axial moment)(图6.5a)。图6.5(b)表示扭矩双箭头永远指向变形后杆件轴线的切线方向,称为切向扭矩(tangential moment)或随遇扭矩。切向扭矩在与 z 轴垂直的两个坐标方向均有弯矩分量,分别为 $M_z u'$ 和 $M_z v'$。图6.5(c)则在两个垂直方向的弯矩分量是 $\frac{1}{2}M_z u'$ 和 $\frac{1}{2}M_z v'$,是切向扭矩的分量的一半,因此称为半切向扭矩(semi-tangential moment)。图6.5(d)和(e)的扭矩在变形后仅在一个坐标方向有弯矩分量 $M_z u'$ 或 $M_z v'$,称为准切向扭矩(Quasi-tangential moment)。

力矩的保守性质来自构成力矩的力的保守性。将力矩还原成一对力来表示，才能理解力矩何以有图 6.5 所示的 5 种分量形式。Argyris & Dunne 等(1978)将自由端的弯矩分三种施加方式：准切向弯矩垂直方式、准切向弯矩平行方式和半切向弯矩方式，参见图 6.6。他们经过有限元分析发现：悬臂梁临界弯矩值与自由端弯矩的施加方式有关。

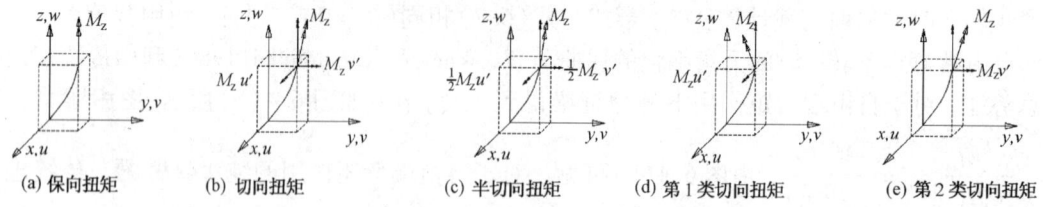

(a) 保向扭矩　　(b) 切向扭矩　　(c) 半切向扭矩　　(d) 第 1 类切向扭矩　　(e) 第 2 类切向扭矩

图 6.5　杆端截面上施加的外扭矩的性质

对比图 6.6(a),(b)可见，虽然两种弯矩的施加方式均能够在悬臂梁的自由端施加弯矩 $M = Nh$，但是这两个弯矩在弯扭屈曲过程中产生的弯矩分量并不相同，图 6.6(a)的施加方式我们前面已经讨论过，在变形后的轴线方向产生的扭矩分量为 Mu'。但是图 6.6(b)所示的施加方式，由于要求力的方向保持不变，但是截面又产生侧移和扭转，竖向力 N 会在变形后的截面主轴方向产生力的分量，其中腹板平面内的分量产生弯矩 $M = Nh$，而垂直于变形后腹板中的分量 $N\theta$ 形成弯矩 $N\theta h = M\theta$，因而自由端的扭转边界条件将与图 6.6(a)的不一样。自由端的这个弯矩分量也可以将一对力 N 看成是一对集中荷载，由式(6.3)的边界项得到。可以预见，图 6.6(b)这种施加弯矩的方式，其临界弯矩将与图 6.6(a)的施加方式有所不同。图 6.6(c)则是将图 6.6(a)和图 6.6(b)各取一半弯矩施加总弯矩为 Nh 的情况，这种弯矩在梁弯扭失稳发生后将产生 $\frac{1}{2}Mu'$ 绕变形后轴线的扭矩和变形后绕弱轴的弯矩 $\frac{1}{2}M\theta$。前面两种弯矩是准切向弯矩，第 3 种称为半切向弯矩。Yang & Kuo(1991)导出了这三种加载方式下无翘曲刚度的双轴对称截面梁的临界弯矩的解析解，对半切向弯矩，临界弯矩是前两种施加方式的两倍，而前两种弯矩施加方式下临界弯矩碰巧相同。

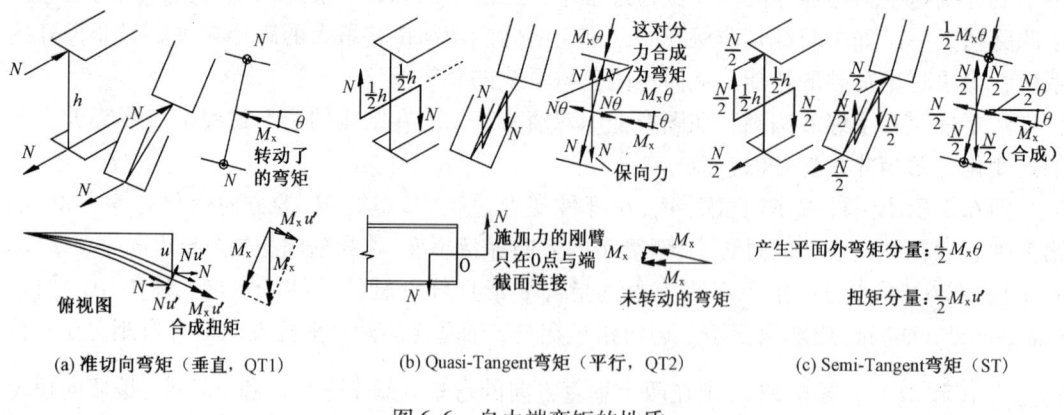

(a) 准切向弯矩（垂直，QT1）　　(b) Quasi-Tangent 弯矩（平行，QT2）　　(c) Semi-Tangent 弯矩（ST）

图 6.6　自由端弯矩的性质

上面讲的是外力构成的弯矩。截面应力合成的弯矩的性质有所不同，因为应力的方向是随变形而变化的，因此与图 6.6 要求力的方向保持不变完全不同。图 6.7 表示绕两个截面主轴的弯矩，自由扭转力矩和翘曲扭转力矩。注意到图 6.7(c) 中自由扭转力矩的构成，就会理解为什么上面要考察半切向力矩了。

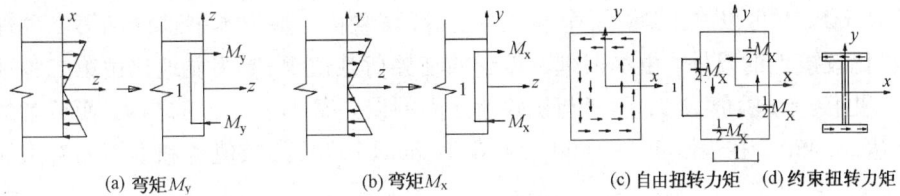

(a) 弯矩 M_y　　　　　(b) 弯矩 M_x　　　　(c) 自由扭转力矩　(d) 约束扭转力矩

图 6.7　截面上内力的性质

由于组成这些力矩的应力是随变形的发展而改变方向的。在两个不同方向的薄壁构件相交时，必须注意这种弯矩分量的不同而产生的节点整体弯矩平衡条件的变化，在有限元法的分析中加以考虑。这方面的文献参考 Yang & Kuo(1991) 及本书第 12 章。第 12 章的结果表明，图 6.7(a),(b) 所示的弯矩是切向弯矩，而各种截面中的自由扭转力矩是半切向力矩，工字形截面中翘曲扭矩是准切向扭矩，而矩形钢管的翘曲扭矩是两个大小不同但相互垂直的准切向力矩的合成。

如果是边长为 $b \times h$ 的矩形钢管截面，自由扭转时的剪力流是常量 q，则两个长边的剪力流构成的扭矩为 qhb，两个短边的剪力流构成的扭矩为 qbh，即长边和短边各占一半，因此与图 6.7(c) 类似，是半切向扭矩。

最后必须指出，图 6.5(a),(b) 所示的弯矩，如果是荷载构成的弯矩，荷载的方向随变形而变化，则这两个弯矩是非保守的，参考 Ziegler(1977) 和 Argyris 等 (1978) 对弯矩的讨论。图 6.2(b) 所示的弯矩，实际上是不可能存在的。在了解了两种准切线弯矩的定义后，现在可以解读，传统的总势能式(6.1)对应的弯矩施加方式是图 6.6(b)。Trahair(1993) 和 Wang & Kitipornchai(1986) 对"杆端弯矩不转"情况得到的解，应理解为这种荷载作用方式，其中悬臂梁端截面被安置了一个刚性的十字架，一对力作用在十字架的水平肢两端，十字架的水平肢与梁截面在空间上重合，但是物理上不联结。

6.3.3　横向荷载下单轴对称截面悬臂梁的屈曲及其试验

Anderson & Trahair(1972) 和 Attard & Bradford(1990) 都曾对自由端作用集中荷载的悬臂梁进行过试验研究。本节以自由端作用集中荷载的单轴对称截面的悬臂梁为例，对悬臂梁的各种稳定理论进行分析，并通过与文献的试验结果相比较，来验证各种理论。

当悬臂梁仅受自由端集中力时，通过对式(6.3)分部积分，总势能可以化为：

$$\Pi = \frac{1}{2}\int_0^L (EI_y u''^2 + EI_\omega \theta''^2 + GJ\theta'^2 + 2M_x\beta_x\theta'^2 + 2M_x u''\theta)\,dz - \frac{1}{2}P_y a\theta_L^2 \qquad (6.10)$$

上式与传统理论的式(6.1)是一致的。而式(6.2)可以简化为：

$$\Pi = \frac{1}{2}\int_0^L (EI_x u''^2 + EI_\omega \theta''^2 + GJ\theta'^2 + 2M_x\beta_x\theta'^2 + 2M_x u''\theta)\,dz - \frac{1}{2}P_y(a + \beta_x)\theta_L^2 \qquad (6.11)$$

当用于分析单轴对称截面悬臂梁的稳定性时，本书理论和传统理论与第二种理论的差异在形式上与简支梁类似。表 6.1a，b 分别将本书理论(传统理论)和第二种理论的结果与 Anderson & Trahair(1972) 和 Attard & Bradford(1990) 的试验结果进行了比较，表中 P_{crE}、P_{cr} 和 P_{crN} 分别为试验得到的屈曲荷载、本书理论和第二种理论的屈曲荷载。表 6.1a 中，

P_{crA} 为 Anderson & Trahair(1972)的数值解。在本书的有限元程序的计算中，每根悬臂梁取30 个单元。

从表 6.1a,b 可以看出，除了个别试件三者(试验值、基于本书理论和第二种理论的临界荷载)比较接近的以外，由本书理论得到的临界荷载值 P_{cr} 要明显地比由第二种理论得到的值 P_{crN} 更接近试验值 P_{crE}，前者与试验值之间的误差基本上在 5% 之内，而后者的最大误差却高达 21.4%。在表 6.1a 中 Anderson & Trahair(1972)的数值解和本书的有限元解基本一致。

端部集中荷载下悬臂梁的临界荷载比较   表 6.1a

截 面	$L(\text{mm})$	$\beta_x(\text{mm})$	$a(\text{mm})$	$P_{crE}(\text{N})$	$P_{crA}(\text{N})$	$P_{cr}(\text{N})$	$P_{crN}(\text{N})$
2Aa65	1651	−25.27	65.13	168.03	162.25	165.16	133.61
2Ab65	1651	−25.27	−7.58	255.16	256.49	258.37	231.73
2Ba65	1651	25.27	10.95	145.81	139.14	142.14	156.45
2Bb65	1651	25.27	−61.77	167.59	172.03	173.72	179.28
2Aa50	1270	−25.27	65.01	252.49	257.83	261.14	198.41
2Ab50	1270	−25.27	−7.56	468.09	490.31	494.91	427.40
2Ba50	1270	25.27	11.01	226.71	231.60	234.05	266.99
2Bb50	1270	25.27	−61.55	288.05	296.50	302.53	312.55
3Aa65	1651	−13.70	53.18	158.25	162.70	163.71	142.32
3Ab65	1651	−13.70	−18.19	262.72	273.83	275.24	260.20
3Ba65	1651	13.70	21.64	170.25	159.14	160.18	176.34
3Bb65	1651	13.70	−49.73	212.48	219.60	220.76	226.34
3Aa50	1270	−13.70	53.13	273.83	259.60	258.26	216.09
3Ab50	1270	−13.70	−18.06	496.09	528.54	536.77	500.38
3Ba50	1270	13.70	21.60	271.16	259.60	267.23	307.47
3Bb50	1270	13.70	−49.58	405.41	408.87	413.87	424.96

注：试验详见 Anderson & Trahair(1972)

端部集中荷载下悬臂梁的临界荷载比较   表 6.1b

截 面	$L(\text{mm})$	$\beta_x(\text{mm})$	$a(\text{mm})$	$P_{crE}(\text{N})$	$P_{cr}(\text{N})$	$P_{crN}(\text{N})$
1TA	1850	26.52	9.62	137	135.04	144.79
1BA	1850	26.52	−66.46	158	157.80	162.42
1TB	1850	−26.52	66.46	165	159.46	136.81
1BB	1850	−26.52	−9.62	221	218.04	201.37
2TA	1650	26.65	9.41	138	137.11	150.59
2BA	1650	26.65	−66.45	165	166.68	171.78
2TB	1650	−26.65	66.45	171	160.41	129.23

截 面	$L(\text{mm})$	$\beta_x(\text{mm})$	$a(\text{mm})$	$P_{\text{crE}}(\text{N})$	$P_{\text{cr}}(\text{N})$	$P_{\text{crN}}(\text{N})$
2BB	1650	−26.65	−9.41	253	252.16	226.40
3TA	1450	25.85	10.37	225	217.91	238.44
3BA	1450	25.85	−65.67	265	264.65	272.64
3TB	1450	−25.85	65.67	264	253.60	207.42
3BB	1450	−25.85	−10.37	385	389.46	352.84
4TA	1250	26.30	9.81	304	288.48	321.01
4BA	1250	26.30	−66.14	358	358.86	369.90
4TB	1250	−26.30	66.14	343	331.62	260.49
4BB	1250	−26.30	−9.81	.552	563.31	499.80

注：试验详见 Attard & Bradford(1990)。

表 6.1a，b 中的截面性质及材料常数　　　　　　　　表 6.2

试　件		大翼缘		小翼缘		$h(\text{mm})$	$t_w(\text{mm})$	$E(\text{N/mm}^2)$	$G(\text{N/mm}^2)$
		$b_1(\text{mm})$	$t_1(\text{mm})$	$b_2(\text{mm})$	$t_2(\text{mm})$				
表 6.1a	2	31.52	3.13	15.88	3.13	75.57	2.19	69400	26000
	3	31.47	3.14	31.45	1.15	73.58	2.19	69400	26000
表 6.1b	1	31.75	3.20	15.63	3.16	76.07	2.87	65700	24500
	2	31.67	3.18	15.63	3.118	75.86	2.25	64800	24200
	3	31.68	3.17	16.06	3.19	76.04	2.90	65400	24400
	4	31.75	3.21	15.75	3.19	75.95	2.89	65400	24400

注：试件以编号的第一个数字代替。

　　将表 6.1a，b 中的悬臂梁分为上翼缘加强($\beta_x>0$)和下翼缘加强($\beta_x<0$)的两种单轴对称截面类型分别进行比较，可以发现对两种截面类型的悬臂梁，本书理论的结果与试验结果相比均比较接近，而当截面为上翼缘加强时，第二种理论的结果要大于试验值，当截面为下翼缘加强时，第二种理论的结果小于试验值。

　　通过上述比较，进一步论证了第 5 章提出的梁的弯扭屈曲理论的正确性。读者应注意到，屈曲问题的变分原理禁止引入荷载的非线性功，因此本书的理论无须像 Trahair(1993) 那样引入自由端弯矩的非线性功。

6.4　双轴对称截面悬臂梁的临界荷载

　　在纯弯荷载作用下，单轴对称截面悬臂梁的临界弯矩的解析解已由式(6.7)给出，但是实际使用的悬臂梁很少承受纯弯荷载的作用，更为常见的荷载形式为横向荷载。本节将讨论在横向荷载作用下，包括自由端集中荷载和梁上均布荷载，双轴对称截面悬臂梁的临界荷载的近似计算公式。出于下文的叙述和引用需要，首先对主要的相关研究作简要的介绍。

Timoshenko & Gere(1961)给出过自由端荷载作用下工字形截面悬臂梁的屈曲荷载的计算公式：

$$P_{cr} = \gamma_2 \frac{\sqrt{EI_y GJ}}{L^2} \qquad (6.12)$$

其中 γ_2 的值见文献的列表。对窄矩形截面的悬臂梁，荷载作用于形心，他们利用 Bessel 函数给出的解答为：

自由端集中荷载： $P_{cr} = \frac{4.013\sqrt{EI_y GJ}}{L^2}$ （6.13a）

满跨均布荷载： $(qL)_{cr} = \frac{12.85\sqrt{EI_y GJ}}{L^2}$ （6.13b）

本章以有限元的计算结果为依据，力图使得到的公式简单精确。

6.4.1 横向荷载作用于截面的剪心

利用自编的有限元程序，通过大量的计算发现，横向荷载作用于截面的形心(剪心)时悬臂梁屈曲时的最大弯矩可以用下式表示：

$$M_{cr} = C_1 \frac{\pi^2 EI_y}{(\mu_y L)^2}\sqrt{\frac{I_\omega}{I_y}\Big[1 + \frac{GJ(\mu_\omega L)^2}{\pi^2 EI_\omega}\Big]} \qquad (6.14)$$

式中 $\mu_y = \mu_\omega = 2.0$，系数 C_1 可根据下面式子确定：

自由端集中荷载作用： $C_1 = \frac{4.9(1+K)}{\sqrt{4+K^2}}$ （6.15a）

横向均布荷载作用： $C_1 = \frac{7.9+11.4K}{\sqrt{4+K^2}}$ （6.15b）

式中 $K = \sqrt{\frac{\pi^2 EI_\omega}{GJL^2}}$。将式(6.15a, b)代入式(6.14)，得：

自由端集中荷载作用： $M_{cr} = 2.45(1+K)\frac{\pi}{2L}\sqrt{EI_y GJ}$ （6.16a）

横向均布荷载作用： $M_{cr} = (3.95+5.7K)\frac{\pi}{2L}\sqrt{EI_y GJ}$ （6.16b）

上面的公式适用于 $K = 0.1 \sim 2.5$(Wang & Kitipornchai,1986)的情况。

图 6.8(a),(b)对两种横向荷载下悬臂梁的屈曲荷载进行了比较，图中 $\gamma_c = \frac{M_{cr}L}{\sqrt{EI_y GJ}}$。

通过比较可以看出，本章公式和有限元的结果非常吻合，而且形式简单。其他学者的研究结果在局部范围内与有限元结果接近，而且公式比较复杂。

陈骥(2003)引用 Clark & Hill(1960)中的内容，认为式(6.14)中的 C_1 系数分别为：作用自由端集中荷载时 $C_1 = 1.28 \sim 1.71$，作用均布荷载时 $C_1 = 2.05 \sim 3.42$。根据本章有限元的结果反算可得，当 $0 \leqslant K \leqslant 2.5$ 时，对应的 C_1 值分别为 2.55~5.11 和4.09~11.38。

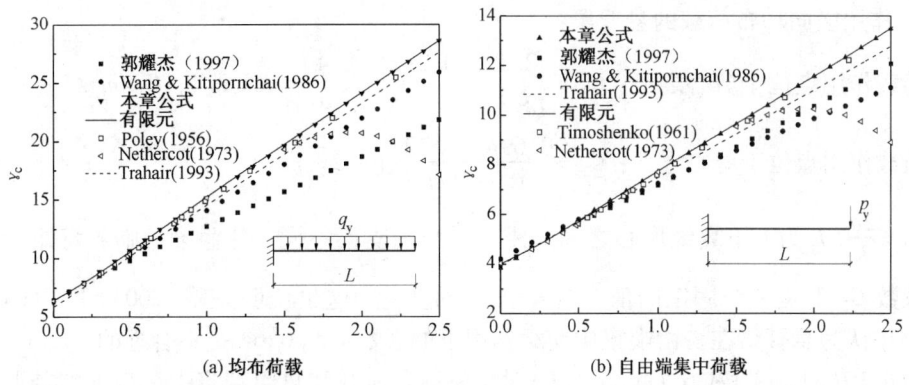

(a) 均布荷载 (b) 自由端集中荷载

图 6.8 双轴对称截面悬臂梁的屈曲荷载（荷载作用于截面剪心）

6.4.2 荷载作用点沿高度变化的影响

横向荷载的作用点高度是影响悬臂梁稳定性的重要因素之一（图 6.9），许多文献的研究考虑过这个因素的影响，并提出了计算公式（Wang & Kitipornchai，1986；郭耀杰，1997；Nethercot，1973；Trahair，1983；Trahair，1993），但这些计算公式普遍存在计算过程繁琐或精度不高的缺点。本章利用有限元程序计算发现，考虑荷载作用点高度的影响时，悬臂梁的临界弯矩计算公式仍可以采用简支梁的形式：

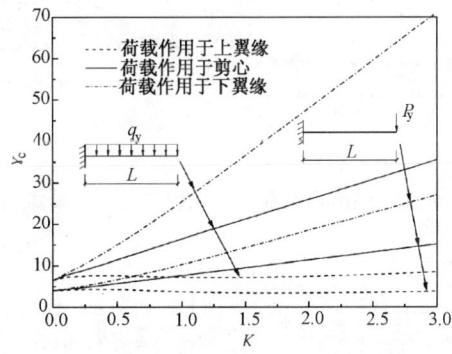

图 6.9 不同荷载作用点对悬臂梁的屈曲荷载的影响

$$M_{cr} = C_1 \frac{\pi^2 EI_y}{(\mu_y L)^2} \left\{ -C_2 a + \sqrt{(-C_2 a)^2 + \frac{I_\omega}{I_y} \left[1 + \frac{GJ(\mu_\omega L)^2}{\pi^2 EI_\omega} \right]} \right\} \tag{6.17}$$

式中的 a 为荷载作用点与截面剪心（形心）的距离，当作用点位于剪心之上时为正，系数 C_2 可根据下列式子确定：

1. 作用自由端集中荷载的悬臂梁：

荷载作用点位于剪心之上：$C_2 = \begin{cases} 2.165 - 0.28(K - 2.4)^2, & K \leq 2.4, (0 \leq m \leq 1) \\ 2.165 & K > 2.4 \end{cases}$

$$\tag{6.18a}$$

荷载作用点位于剪心之下：$C_2 = \dfrac{0.69K + 0.6}{1 - Km}, (-2 \leq m < 0)$ $\tag{6.18b}$

269

2. 作用横向均布荷载的悬臂梁：

荷载作用点位于剪心之上：$C_2 = \begin{cases} 2.32 - 0.2(K - 2.4)^2, & K \leqslant 2.4, (0 \leqslant m \leqslant 1) \\ 2.32 & K > 2.4 \end{cases}$ (6.19a)

荷载作用点位于剪心之下：$C_2 = \dfrac{0.69K + 1.72}{1.5 - Km}, (-2 \leqslant m < 0)$ (6.19b)

式中 $m = \dfrac{2a}{h}$，h 为上下翼缘形心之间的距离。与简支梁不同，悬臂梁的临界弯矩计算公式中的系数 C_2 不是一个固定的值，随 K 和 m 而变化，这也说明陈骥（2003）和 Clark & Hill（1960）中认为悬臂梁在自由端集中荷载作用下的系数 $C_2 = 0.64$ 是不合理的。

图 6.10(a)，(b)和 6.11(a)，(b)对满跨均布荷载和自由端集中荷载下的悬臂梁的临界荷载与文献以及有限元的结果进行了比较。通过比较发现，在这两种横向荷载的作用下，对于不同的荷载作用点高度，本章公式与有限元的结果均非常接近，整体精度优于其他文献的公式。

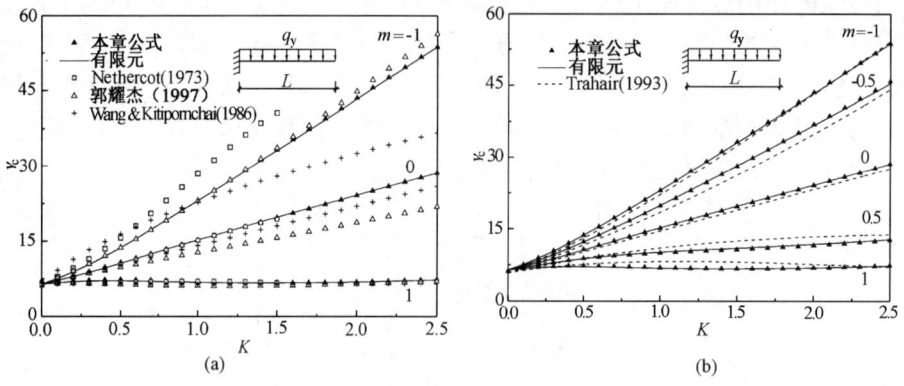

图 6.10　满跨均布荷载下悬臂梁的屈曲荷载

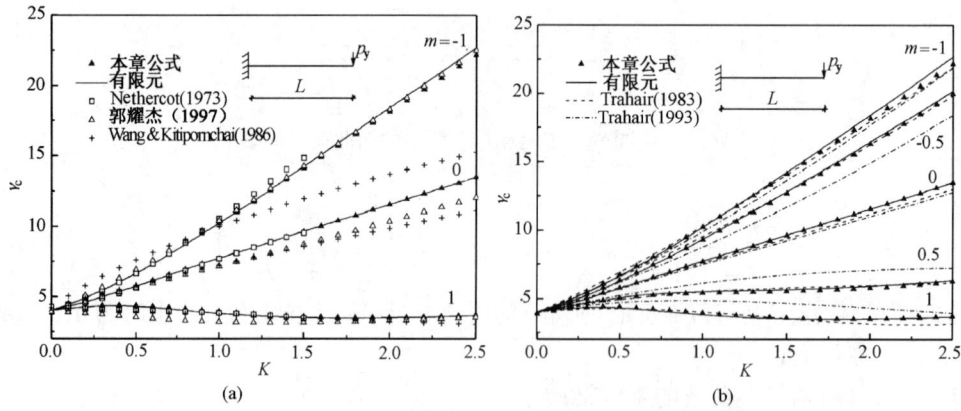

图 6.11　自由端集中荷载下悬臂梁的屈曲荷载

表 6.3 对本章公式的计算结果与相关的试验的结果进行了比较，同时也与有限元及部分文献公式的计算结果进行了对比。表中 UR-1～3 来自 Assadi & Roeder（1985），I-1 和

I-2来自 Ings & Trahair(1987)，最后 4 个试验结果来自 Anderson & Trahair(1972)。构件的截面性质和材料见表6.4。通过比较可见，本章公式的解答能够满足工程的精度要求。

各种公式与有限元和试验值比较　　　　　表 6.3

试件	L （mm）	K	m	试验值 （N）	有限元 （N）	本章公式 （N）	郭耀杰 (1997) （N）	Trahair (1993) （N）	Trahair (1983) （N）
UR-1	3927.7	1.045	0	10680	10523.9	10671.1	9900.7	10161.60	10330.45
UR-2	3927.7	1.045	0.66	7120	6407.4	6566.7	5553.3	7645.42	6531.19
UR-3	3927.7	1.045	−0.498	12460	12872.6	13022.7	12031.5	12012.11	13079.80
I-1	1904	0.4214	2.507	123	127.8	144.8 ∗	105.2	156.19	266.58
I-2	1904	0.4214	−2.507	298	301.6	306.6	380.4	316.12	148.11
1Aa65	1651	0.475	1.04	265.4	252.145	263.5354	225.1	276.71	251.36
1Ac65	1651	0.475	0.045	323.2	332.546	340.4241	344.9	331.71	334.66
1Aa50	1270	0.616	1.03	405.4	413.136	438.4153	368.9	477.63	422.19
1Ac50	1270	0.616	0.045	618.78	616.884	628.6026	626.6	608.63	613.62

∗ 超出公式的适用范围。

表 6.3 中试件的截面性质和材料常数　　　　　表 6.4

试件	I_y(mm^4)	J(mm^4)	I_ω(mm^6)	h(mm)	E(N/mm^2)	G(N/mm^2)
UR-1~3	899100	30000	19987×10^6	303.8	200100	78103
I-1~2	16390	886	21420000	75.7	69400	26000
1Aa65	16390	886	21420000	75.7	69400	26000
1Ac65	16390	886	21420000	75.7	69400	26000
1Aa50	16390	886	21420000	75.7	69400	26000
1Ac50	16390	886	21420000	75.7	69400	26000

当自由端扭转受到约束时，临界弯矩仍由式(6.17)计算，此时 $\mu_y = 2$，$\mu_\omega = 0.7$，系数 C_1 和 C_2 为：

均布荷载，$C_1 = \dfrac{3 + 23.5K^2}{0.18 + K^2}$，荷载作用在剪心以上时 $C_2 = \dfrac{0.23K - 0.06}{K - 0.18}$，剪心以下时 $C_2 = 0.19$。

自由端作用集中力时 $C_1 = \dfrac{1.64 + 13.2K^2}{0.15 + K^2}$，$C_2 = 0$。

当自由端侧移和扭转都受约束时，$\mu_y = \mu_\omega = 0.7$，均布荷载下 $C_1 = \dfrac{0.6 + 5.06K^2}{0.15 + K^2}$，$C_2 = 0.36 + 0.03m$；

自由端集中荷载时，$C_1 = 2.5$，$C_2 = 0$。

6.5 悬臂梁在准切线和半切线弯矩下的弯扭屈曲：一个悖论

Yang & Kuo(1991) 研究了悬臂梁在三种端弯矩作用下的屈曲，第 1 类准切线弯矩（图6.12a，Quasi-tangential，记为 QT1），第二类准切线弯矩（图6.12b，记为 QT2）和半切线弯矩（图6.12c，Semi-tangnetial，记为 ST）。研究的对象是无需考虑翘曲的狭长矩形截面。梁长为 L，截面的自由扭转刚度是 GJ，截面绕弱轴的惯性矩是 EI_y。Yang & Kuo（1991）获得的弯扭屈曲临界弯矩为：

对两类准切线端弯矩：$M_{cr1} = \dfrac{\pi}{2L}\sqrt{EI_y GJ} = N_{cr1}h$ (6.20)

对半切线端弯矩，临界值是：$M_{cr2} = \dfrac{\pi}{L}\sqrt{EI_y GJ} = 2M_{cr1} = 2N_{cr1}h$ (6.21)

Challamel(2009)对这个问题进行了讨论，文中也得到了与上述相同的临界弯矩。

对于半切线弯矩，其临界弯矩式(6.21)隐含了一个悖论。在图6.12中将式(6.20)和式(6.21)的临界弯矩恢复成用一对力来表示，临界弯矩表示成临界力 $N_{cr1}h$。对比图6.12(a)与图6.12(c)，半切线弯矩有两个分支，其中的一个分支表示为 $N_{cr1}h$，其值与图6.12(a)的QT1 的情况完全相同。这就带来疑问：难道半切线弯矩中的另外一个分支，$N_{cr1}h$，对悬臂梁的屈曲就没有任何的贡献吗？

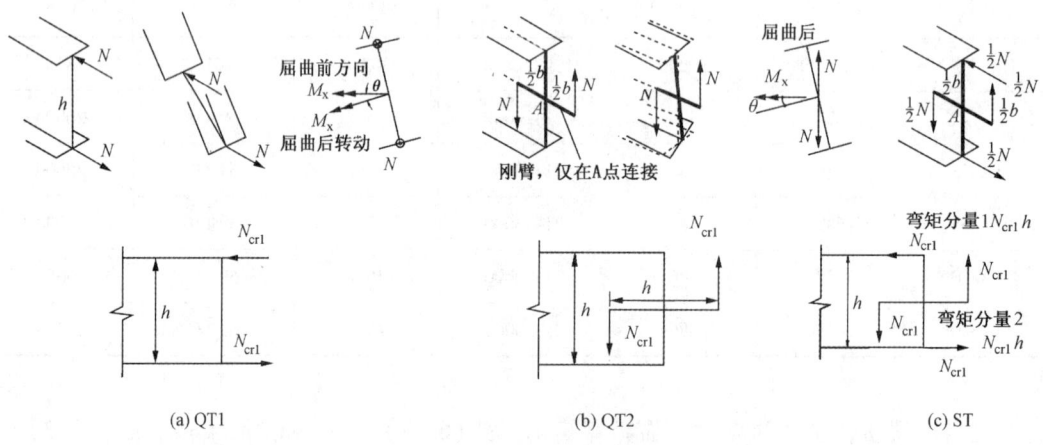

图6.12 三种临界弯矩对应的临界力

因为这第二个端弯矩分量 $N_{cr1}h$，其性质又与 QT2 完全相同，而单独的 QT2，其临界值也是 $N_{cr1}h$，因此也可以这样反问：难道半切线弯矩中的第一个分支 $N_{cr1}h$，对梁的弯扭屈曲没有任何的不利吗？

考虑到如下的半切线弯矩与两类准切线弯矩的关系：

$$M_{ST} = \frac{1}{2}(M_{QT1} + M_{QT2}) \qquad (6.22)$$

虽然在稳定问题中迭加原理不适用，但是，QT1 和 QT2 有相同的临界弯矩，促使我们大胆地推论

$$M_{ST,cr} = \frac{1}{2}(M_{QT1,cr} + M_{QT2,cr}) = M_{cr1} \qquad (6.23)$$

上述由静力平衡法获得的结果，与式（6.23）这个显而易见的结果矛盾，我们称为悖论。

为了了解式（6.20）和式（6.21）的来源，下面对静力平衡法的推导方法、求解过程进行叙述，以便发现其中是否存在缺陷。

6.5.1　第一类准切线弯矩

如图 6.13（a）所示，这种端弯矩在失稳过程中绕 z 轴转动 θ_L，在 z 处截面转角是 θ，侧移是 u。端部转动后的弯矩用双箭头矢量表示，取出从 z 到 L 的后半段，从整段平衡的要求，在 z 处截面上，必须作用有与端部截面转动后的弯矩大小相等方向相反的弯矩。这个平衡弯矩在 z 截面上绕弱轴有一个弯矩分量，大小是 $M_x(\theta_L - \theta)$，因此可以建立绕弱轴的弯曲平衡微分方程：

$$-EI_y u'' = -M_x(\theta_L - \theta) \qquad (6.24a)$$

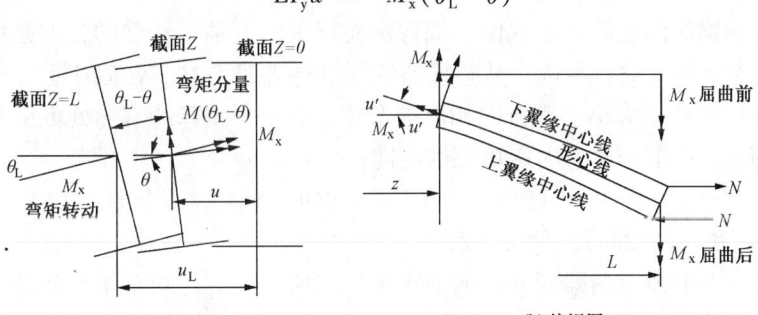

(a) 正视图　　　　　　　　(b) 俯视图

图 6.13　第一类准切线端弯矩屈曲后的分量

再考察图 6.13（b）所示梁屈曲后的俯视图，在这个图上，端弯矩是不转的。这种两个相互垂直方向观察弯矩，弯矩仅在一个视图中发生转动的，称为准切线端弯矩（quasi-tangential moment）。在 z 处截面上，必须有一个大小相等方向相反的平衡弯矩，这个平衡弯矩是由截面的内力提供的。这个平衡弯矩在轴线方向的分量是 $M_x u'$，这样可以建立扭转平衡微分方程为

$$GJ\theta' = M_x u' \qquad (6.24b)$$

边界条件是 $z = 0$：$u = 0$，$u' = 0$，$\theta = 0$，$z = L$：$EI_y u'' = 0$。注意，因为采用了低阶的平衡微分方程，端部的两个力学边界条件已经得到满足。

式（6.24b）积分一次得到 $GJ\theta = M_x u + C$，利用 $z = 0$ 处的边界条件可知 $C = 0$，所以

$$\theta = \frac{M_x}{GJ} u \qquad (6.25)$$

代入式（6.24a）得到

$$u'' + k^2 u = \frac{M_x}{EI_y}\theta_L \tag{6.26}$$

式中 $k^2 = \frac{M_x^2}{EI_y GJ}$。上式的通解是

$$u = A\sin kz + B\cos kz + \frac{GJ}{M_x}\theta_L, \qquad \theta = \frac{M_x}{GJ}(A\sin kz + B\cos kz) + \theta_L$$

$$u' = k(A\cos kz - B\sin kz), \qquad u'' = -k^2(A\sin kz + B\cos kz)$$

代入边界条件

$$u(0) = \frac{GJ}{M_x}\theta(0) = B + \frac{GJ}{M_x}\theta_L = 0$$

$$u'(0) = kA = 0$$

$$u''(L) = -k^2 B\cos kL = 0$$

因此 $\cos kL = 0, kL = \pi/2$，由此得到式（6.20）。屈曲模式是

$$u = u_1 = -B\left(1 - \cos\frac{\pi z}{2L}\right), \quad \theta = \theta_1 = -\frac{M_x}{GJ}B\left(1 - \cos\frac{\pi z}{2L}\right) \tag{6.27a,b}$$

6.5.2　第二类准切线弯矩

图6.14a是梁屈曲之后的正视图。端弯矩在正视图上是不转动的，但是梁的截面发生了转动，取出从 z 到 L 的后半段，从整段弯矩平衡的要求，在 z 处截面上，必须作用有与端部截面转动后的弯矩大小相等方向相反的弯矩。这个平衡弯矩在 z 处截面上绕弱轴有一个弯矩分量 $M_x\theta$，这个分量由内弯矩提供，即：

$$-EI_y u'' = M_x\theta \tag{6.28a}$$

比较式（6.24a）和式（6.28a），两个方程是不相同的。

再考察图6.14b所示的梁屈曲后的俯视图。在这个图上，端弯矩是转动的。即两个视图中弯矩矢量仅在一个视图中发生转动，是准切线弯矩。在 z 处截面上，为了平衡的需要，必须有一个大小相等方向相反的平衡弯矩，这个平衡弯矩由截面的内力提供的。这个平衡弯矩在轴线方向的分量是 $M_x(u'_L - u')$。建立扭转平衡微分方程为

$$GJ\theta' = -M_x(u'_L - u') \tag{6.28b}$$

边界条件是 $z=0: u=0, u'=0, \theta=0, z=L: -GJ\theta' = 0$，即 $\theta'_L = 0$。

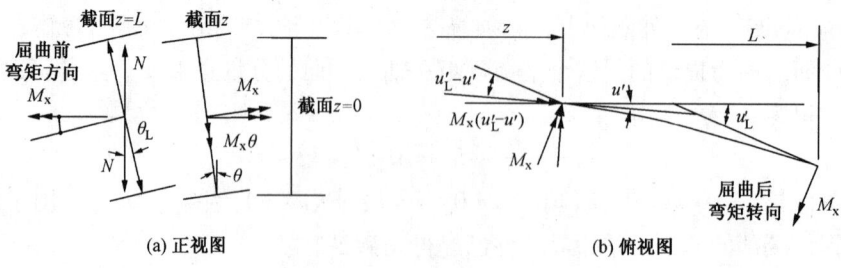

(a) 正视图　　　　　　　　　　　　(b) 俯视图

图6.14　第2类准切线弯矩屈曲后分量

注意，因为采用了低阶的平衡微分方程，端部弯矩和剪力两个力学边界条件已经满足。式(6.28b)积分一次得到

$$GJ\theta = M_x u - M_x u'_L z + C$$

利用 $z=0$ 处的边界条件可知 $C=0$，所以 $\theta = \dfrac{M_x}{GJ}u - \dfrac{M_x}{GJ}u'_L z$，代入式(6.28a)得到

$$u'' + k^2 u = k^2 u'_L z \tag{6.29}$$

通解是

$$u = A\sin kz + B\cos kz + u'_L z, \quad \theta = \frac{M_x}{GJ}(A\sin kz + B\cos kz)$$

$$u' = k(A\cos kz - B\sin kz) + u'_L, \quad \theta' = \frac{M_x}{GJ}k(A\cos kz - B\sin kz)$$

利用边界条件可得 $u(0) = \theta(0) = B = 0$，$u'(0) = kA + u'_L = 0$

$$\theta'(L) = \frac{M_x}{GJ}kA\cos kL = -\frac{M_x}{GJ}u'_L\cos kL = 0$$

因此 $\cos kL = 0, kL = \pi/2$，由此得到式(6.20)。屈曲波形是：

$$u = u_2 = A\left(\sin\frac{\pi z}{2L} - \frac{\pi z}{2L}\right), \quad \theta = \theta_2 = \frac{M_x}{GJ}A\sin\frac{\pi z}{2L} \tag{6.30a,b}$$

可知，虽然 QT2 的临界弯矩与 QT1 的一样，但是两类准切线端弯矩下的屈曲波形并不一样。

6.5.3 半切线弯矩

因为半切线弯矩从形态上与 QT1 和 QT2 之间是式(6.22)表示的关系，在屈曲后，其弯矩的分量也是一半的关系，因此平衡微分方程是

$$\text{弯曲平衡：} EI_y u'' + M_x \theta = \frac{1}{2}M_x \theta_L \tag{6.31a}$$

$$\text{扭转平衡：} -GJ\theta' + M_x u' = \frac{1}{2}M_x u'_L \tag{6.31b}$$

边界条件：$z=0$：$u=0$，$u'=0$，$\theta=0$；$z=L$：$GJ\theta'_L = \dfrac{1}{2}M_x u'_L$

式(6.31b)积分一次得到

$$GJ\theta = M_x u - \frac{1}{2}M_x u'_L z + C$$

利用 $z=0$ 时的边界条件可以得到 $C=0$，因此

$$\theta = \frac{M_x}{GJ}u - \frac{M_x}{2GJ}u'_L z \tag{6.32}$$

代入式(6.31a)得到

$$u'' + k^2 u = \frac{1}{2}k^2 u'_L z + \frac{1}{2}\frac{M_x}{EI_y}\theta_L \tag{6.33}$$

其通解是

$$u = A\sin kz + B\cos kz + \frac{1}{2}u'_L z + \frac{GJ}{2M_x}\theta_L, \quad \theta = \frac{M_x}{GJ}\left(A\sin kz + B\cos kz + \frac{GJ}{2M_x}\theta_L\right)$$

$$u' = k(A\cos kz - B\sin kz) + \frac{1}{2}u'_L, \quad \theta' = \frac{M_x}{GJ}k(A\cos kz - B\sin kz)$$

$$u'' = -k^2(A\sin kz + B\cos kz)$$

代入边界条件

$$u(0) = B + \frac{GJ}{2M_x}\theta_L = 0, \quad \theta(0) = \frac{M_x}{GJ}\left(B + \frac{GJ}{2M_x}\theta_L\right) = 0, \quad u'(0) = kA + \frac{1}{2}u'_L = 0$$

$$u''(L) = -k^2(A\sin kL + B\cos kL) = \frac{-M_x}{2EI_y}\theta_L$$

$$\frac{M_x}{GJ}k(A\cos kL - B\sin kL) = \frac{1}{2}\frac{M_x}{GJ}u'_L$$

上述边界条件可以化出以下两个方程

$$A\sin kL + B(1 + \cos kL) = 0 \tag{6.34a}$$

$$A(\cos kL + 1) - B\sin kL = 0 \tag{6.34b}$$

令系数行列式等于 0 可以得到 $1 + \cos kL = 0$, $\cos kL = -1$, $kL = \pi$, 从而得到临界弯矩式 (6.21)。

注意到, 式(6.34a, b)的系数行列式等于 0, 会使得式(6.34a, b)的每一个系数都等于 0, 这导致屈曲波形有两个待定系数, 即式(6.34a, b)中的 A, B 均可以是任意值:

$$u = -A\left(\frac{\pi z}{L} - \sin\frac{\pi z}{L}\right) - B\left(1 - \cos\frac{\pi z}{L}\right) \tag{6.35a}$$

$$\theta = \frac{M_x}{GJ}\left[-A\left(-\sin\frac{\pi z}{L}\right) - B\left(1 - \cos\frac{\pi z}{L}\right)\right] \tag{6.35b}$$

因为比值 B/A 可以任意, 这个屈曲荷载对应于无限多个屈曲模态, 但基本模态是两个, $1 - \cos\frac{\pi z}{L}$ 是 $\frac{\pi z}{L} - \sin\frac{\pi z}{L}$ 的导数, 而 $\sin\frac{\pi z}{L}$ 是 $1 - \cos\frac{\pi z}{L}$ 的导数。根据近代的稳定性理论, 这种具有多个屈曲模态的临界荷载处, 其屈曲后的性能极有可能是不稳定的。任意常数 A, B 对应的两个模态不是正交的, 这也是一个奇特的现象。

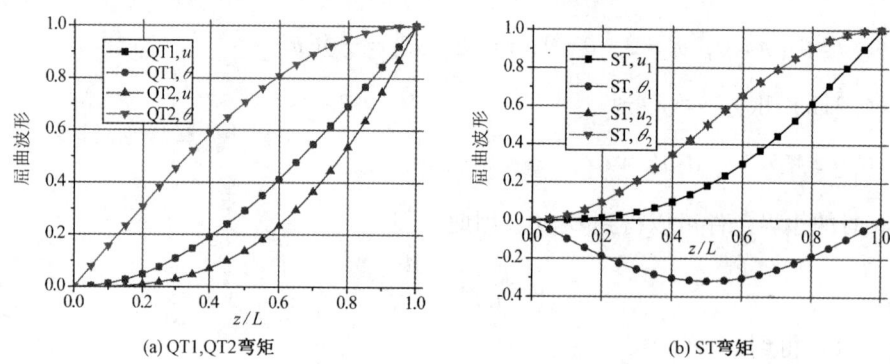

(a) QT1, QT2弯矩   (b) ST弯矩

图 6.15 QT1, QT2 和 ST 三种弯矩下屈曲波形比较

6.5.4 能量法

对于悬臂梁承受 QT1, 其总势能可表示为(翘曲刚度等于 0):

$$\Pi_{QT1} = \frac{1}{2}\int_0^L \left[EI_y u''^2 + GJ\theta'^2 - 2M_x u'\theta' \right] \mathrm{d}z \tag{6.36}$$

对于 QT2 弯矩, 如图 6.16 所示, 要用两个集中力来代替弯矩, 在截面是双轴对称, 集中荷载作用点在形心上的情况下, 悬臂梁的总势能为

$$\Pi = \frac{1}{2}\int_0^L \left[EI_y u''^2 + GJ\theta'^2 - 2M_x u'\theta' - 2Q_y u'\theta \right] \mathrm{d}z$$

注意到, 在要研究的问题中, 有一个集中荷载跑到了梁悬臂端外侧, 因此总势能的内力势能部分要扩展到悬臂梁的外侧, 总势能变为

$$\Pi_{QT2} = \frac{1}{2}\int_0^L \left[EI_y u''^2 + GJ\theta'^2 - 2M_x u'\theta' - 2Q_y u'\theta \right] \mathrm{d}z + \frac{1}{2}\int_L^{L+0.5h} \left(-2M_x u'\theta' - 2Q_y u'\theta \right) \mathrm{d}z$$

在弯矩项, 在 $0 \sim L$ 范围内先按照弯矩均匀的积分, 然后将图 6.16 中的阴影部分的 (即多算的) 弯矩扣除, 这样, 非线性应变能部分为 $(Nh = M_x)$:

$$\Pi_{QT2} = \frac{1}{2}\int_0^L \left[EI_y u''^2 + GJ\theta'^2 - 2M_x u'\theta' \right] \mathrm{d}z - \int_{L-0.5h}^{L+0.5h} Q_y u'\theta \, \mathrm{d}z$$

$$+ \frac{1}{2}M_x \left[\int_0^{0.5h} \frac{z_1}{0.5h} u'\theta' \mathrm{d}z_1 - \int_0^{0.5h} \left(1 - \frac{z_2}{0.5h} \right) u'\theta' \mathrm{d}z_2 \right]$$

注意到弯矩和剪力的正负号规定: 弯矩以第一象限受拉 (即下翼缘受拉) 为正, 而剪力是指向坐标正方向为正, 因此 $Q_y = -N$, 同时假设在 $L - 0.5h \sim L + 0.5h$ 范围内, 位移及其导数都是常量, 取为 $z = L$ 时的数值, 这样简化是可以接受的, 因为可以取 h 为很小值。这样得到

$$\Pi_{QT2} = \frac{1}{2}\int_0^L \left[EI_y u''^2 + GJ\theta'^2 - 2M_x u'\theta' \right] \mathrm{d}z + M_x u'_L \theta_L \tag{6.37}$$

积分号内的弯矩项积分一次得到

$$\frac{1}{2}\int_0^L \left[-2M_x u'\theta' \right] \mathrm{d}z = -M_x u'\theta \Big|_0^L + \frac{1}{2}\int_0^L \left[2M_x u''\theta \right] \mathrm{d}z = \frac{1}{2}\int_0^L \left[2M_x u''\theta \right] \mathrm{d}z - M_x u'_L \theta_L$$

$$\Pi_{QT2} = \frac{1}{2}\int_0^L \left[EI_y u''^2 + GJ\theta'^2 + 2M_x u''\theta \right] \mathrm{d}z \tag{6.38}$$

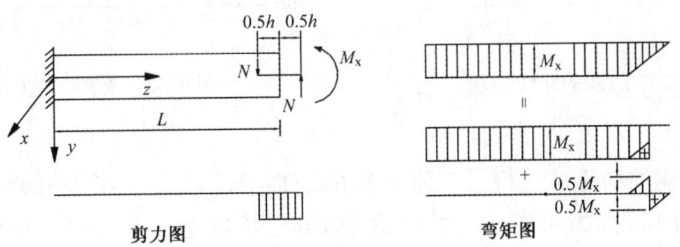

图 6.16　第二类准切线弯矩总势能的推导

对于半切线弯矩, 对照式 (6.36)、式 (6.38) 可以类比得知, 其总势能是

$$\Pi_{ST} = \frac{1}{2}\int_0^L \left[EI_y u''^2 + GJ\theta'^2 - 2M_x u'\theta' \right] \mathrm{d}z + \frac{1}{2}M_x u'_L \theta_L \tag{6.39}$$

从上述总势能, 推导平衡微分方程, 同时可以获得边界条件, 与前面的静力平衡方法得到的结果是完全一样的。

6.5.5　悬臂端安置刚性十字架

如果在悬臂端安置一个刚性十字架，沿腹板高度方向的刚臂与梁腹板贴合，水平方向的刚臂只在与竖向刚臂的交点处与竖向刚臂和腹板中点共用节点，与梁没有连接。十字架上分别作用三种弯矩。通过对十字刚臂在屈曲过程中的转动的考察可以知道，构成弯矩的力的作用点在屈曲过程中产生的力作用方向的位移是相同的，因此荷载的非线性功是一样的。这个非线性功推导如下。上下边的侧移

$$u_{f1} = u + 0.5h\theta, \quad u_{f2} = u - 0.5h\theta$$

因上下边侧移而出现的纵向缩短

$$\Delta_1 = \frac{1}{2}\int_0^L (u' + 0.5h\theta')^2 \mathrm{d}z, \Delta_2 = \frac{1}{2}\int_0^L (u' - 0.5h\theta')^2 \mathrm{d}z$$

上下边缩短的差异和十字刚臂的转动是

$$\Delta_1 - \Delta_2 = h\int_0^L u'\theta' \mathrm{d}z, \quad \varphi = \frac{\Delta_1 - \Delta_2}{h} = \int (u'\theta') \mathrm{d}z$$

非线性荷载功

$$N\varphi h = Nh\int_0^L u'\theta' \mathrm{d}z = \int_0^L Mu'\theta' \mathrm{d}z$$

荷载势能与线性应变能相加得到式(6.36)。可见三种弯矩下的临界弯矩也是相同的。注意这里采用了荷载的非线性功的提法，并且采用它，就不能再考虑梁内非线性应变能，两者是相等的。

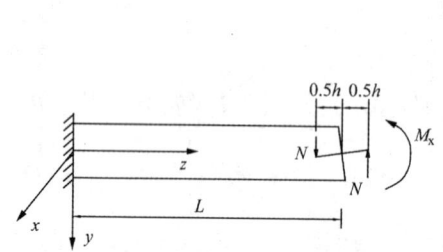

图 6.17　QT2 下荷载的非线性功

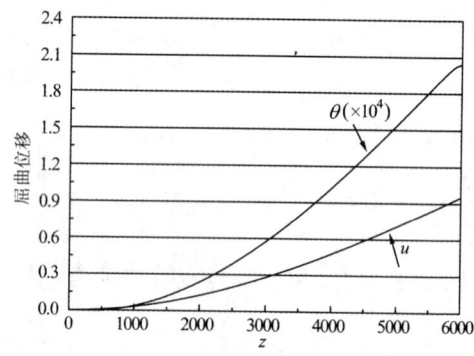

图 6.18　有限元法的屈曲位移

为了验证上述的结论，进行了有限元法的屈曲分析。以一窄矩形截面悬臂梁作为算例，悬臂梁截面的高度为 400mm，宽度为 20mm，长度为 6m。采用 ANSYS 的薄壳单元 SHELL63 进行建模。在建模时将每个截面上所有节点绕构件纵轴(剪心连线轴)扭转自由度进行耦合(ROTZ)，使每个截面上所有节点绕该轴的扭转变形相同，以达到"刚周边"的目的。同时，为了尽量消除端部集中荷载引起的应力集中，在端部截面布置了"十字形"刚臂。刚臂采用刚度很大的空间梁单元，其中沿腹板高度方向的刚臂与壳体单元的竖向尺寸相同，两者共用节点，水平方向的刚臂，在竖向刚臂的两侧只有一个单元，它只在与竖向刚臂的交点处与竖向刚臂和腹板中点共用节点，与梁没有连接。

在分析中，材料弹性模量为 $E = 210\mathrm{N/mm^2}$，为了消除泊松比的影响，采用的泊松比

$v = 0.0001$，剪切模量由 $G = E/2(1+v)$ 确定。

分别对悬臂梁在三种端弯矩 QT1，QT2 和 ST 下的整体稳定性进行分析，其中 QT1 利用图中的一对力偶 N_1，QT2 利用力偶 N_2，ST 则利用两对力偶 $(N_1 + N_2)/2$ 来实现。

分析结果表明，对于三种端弯矩，悬臂梁的屈曲弯矩均为 $M_{cr} = 21.05\text{kN·m}$，与利用式（6.20）得到的屈曲弯矩 20.45kN·m 非常接近（误差约为 3%）。同时，对三种情况下的悬臂梁的屈曲模态的比较表明，它们的屈曲模态完全一致（如图 6.18 所示）。

利用 ANSYS 的实体单元 SOLID45 也建立了有限元模型进行分析，分析结果在各种弯矩的作用下，与壳体模型的结果非常一致。因为壳单元和实体单元均不存在"准切线和半切线弯矩"之说，他们均在微观的层次上研究问题，只对荷载采用保守保向的假定。

但是端部安置刚性十字架后，前面静力法的推导也适用。这样静力法和能量法的结果就存在不一致，目前还无法解决这个不一致。

习　题

6.1　采用能量法计算带伸臂的简支梁承受均布荷载的情况下的临界荷载，假设截面是双轴对称。通过本算例，了解伸臂梁和悬臂梁的不同。

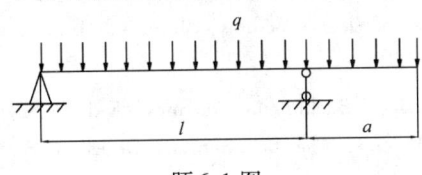

题 6.1 图

6.2　认识各种弯矩的性质是本章的重要内容。请验证，任意实心截面或者薄壁截面，不管是开口的还是闭口的，对于自由扭转剪应力，均有（设 z 轴是杆件的纵向）

$$\int_A \tau_{zx} y \mathrm{d}A = \int_A \tau_{zy} x \mathrm{d}A = \frac{1}{2} T_{st} = \frac{1}{2} GJ\theta'$$

参 考 文 献

［1］陈骥. 钢结构稳定理论与设计（第二版），北京：科学出版社，2003.

［2］郭耀杰. 悬臂构件稳定性理论及其应用. 武汉：华中理工大学出版社，1997.

［3］吕烈武，沈世钊，沈祖炎，胡学仁. 钢结构构件稳定理论. 北京：中国建筑工业出版社，1983.

［4］童根树，张磊. 薄壁钢梁稳定性计算的争议及其解决. 建筑结构学报，2002，23（3）.

［5］童根树，张磊. 薄壁钢梁中的横向应力及其对强度和稳定性的影响. 土木工程学报，2003，36（2）.

［6］张磊，童根树. 工字形截面悬臂钢梁的稳定性研究. 工程力学，2003，20（4）.

［7］Anderson J. M., Trahair N. S., Stability of mono - symmetric beams and cantilever, Journal of the structural Division, ASCE, 1972, 98 (1)：269-286.

［8］Argyris H. J., Dunne A. P., Malejannkis G. A., Scharpf D. W., On large displacement – small strain analysis of structures with rotational degrees of freedom, Computer Methods in Applied Mechanics and Engineering, 1978, 14 (1)：99-135.

［9］ Assadi M. , Roeder C. W. , Instability of monosymmetric I-beams and cantilevers, Journal of Structural Mechanics, ASCE, 1985, 111 (7): 1440-1455.

［10］ Attard M. M. , Bradford M. A. , Bifurcation experiments on monosymmetric cantilevers, 12th Australasian Conference on the Mechanics of Structures and Materials, 1990: 207-213.

［11］ Clark J. W. , Hill H. N. , Lateral buckling of beams, Journal of Structural Division, ASCE, 1960, 127 (1): 180-201.

［12］ Ings N. L. , Trahair N. S. , Beam and column buckling under directed loading, Journal of Structural Engineering, ASCE, 1987, 113 (6): 1251-1263.

［13］ Nethercot D. A. , The effective lengths of cantilevers as governed by lateral buckling, The Structural Engineer, 1973, 51 (4): 133-138.

［14］ Poley S. , Lateral buckling of cantilever I-beams under uniform load, Transactions ASCE, 1954, 121, 786-790.

［15］ Roberts T. M. , Burt C. , Instability of monosymmetric I-beams and cantilevers, International Journal of Mechanical Science, 1985, 2 (5): 313-324.

［16］ Timoshenko S. P. , Gere J. M. , Theory of Elastic Stability, 2nd edn, McGraw-Hill, New York, 1961.

［17］ Trahair N. S. , Lateral buckling of overhanging beams, Proceedings, Michael R. Horne Conference on Instability and Plastic Collapse of Steel Structures, Morris L. H. , Ed. Granada, London, U. K. , 1983: 503-518.

［18］ Trahair N. S. , Flexural-Torsional Buckling of Structures, E & FN SPON, London, 1993.

［19］ Trahair N. S. , Bradford M. A. , The Behavior and Design of Steel Structures, Chapman & Hall, London. 1988.

［20］ Wang C. M. , Kitipornchai S. , On the stability of mono-symmetric cantilevers, Engineering Structures, 1986, 8 (7): 169-180.

［21］ Washizu K. Variational Methods in Ealsticity and Plasticity, Pergamon Press Oxford, 3rd, Edition, 1983.

［22］ Woolcock S. T. , Trahair N. S. , Post-buckling behavior of determinate beams, Journal of The Engineering Mechanics Division, 1974, 100 (2): 151-171.

［23］ Yang Y. B. , Kuo S. R. , Out-of-plane buckling of angled frames, International Journal of Mechanical Science, 1991, 33 (1): 55-67.

［24］ Yang Y. B. , McGuire W. , Stiffness matrix for geometric nonlinear analysis, Journal of Structural Engineering, 1986a, 112 (4): 852-877.

［25］ Yang Y. B. , McGuire W. , Joint rotation and geometric nonlinear analysis, Journal of Structural Engineering, 1986b, 112 (4): 879-905.

［26］ Ziegler H. , Principle of Structural Stability, 2nd Ed. , Birkhäuser, Stuttgart, Germany, 1977.

［27］ Challamel, N. , Discussion on "Elastic flexural-torsional buckling of thin-walled cantilevers, Thin-Walled Structures 46 (2008): 27-37 by Zhang & Tong, Thin-walled Structures, 48 (2): 179-183, 2010.

［28］ Andrade A. , Camotim D. and Providência e Costa P. (2007), "On the evaluation of elastic critical moments in doubly and singly symmetric I-section cantilevers", Journal of Constructional Steel Research, 63 (7), 894-908.

［29］ Ritto-Corrêa M. and Camotim D. (2003), "Work-conjugacy between rotation-dependent moments and finite rotations", International Journal of Solids and Structures, 40 (11), 2851-2873.

280

第7章　开口薄壁构件弯扭失稳一般理论

7.1　引　言

第5章建立了受弯薄壁构件的弹性屈曲问题的新的总势能，可以用来求解薄壁截面梁的弹性屈曲临界荷载并在第5章的附录B指出了现有其他薄壁构件稳定理论存在的各种问题。实际使用的薄壁构件并不局限于受弯构件，有必要建立一个更为一般的薄壁构件的非线性理论。

本章将在经典理论的范围内考虑更为一般的问题，利用虚功原理建立一个适用于任意开口薄壁构件稳定性分析的基本理论。并利用假想荷载法和壳体理论分别对薄壁构件几何非线性问题进行研究。通过假想荷载法的推导，直观地解释薄壁构件弯扭屈曲问题为什么不能引入外荷载的非线性功，也对薄壁构件弯扭失稳过程中到底发生了什么，产生了什么等等有更好的了解。通过从壳体理论出发的推导，可以更加全面地掌握我们在推导过程中所做的简化，也为进一步理解板件的局部屈曲和杆件整体屈曲的关系和相互影响打下基础。

7.2　任意开口薄壁构件的非线性理论

在本章的推导中，同样采用薄壁构件的两个基本假定，变形分析仅限于大挠度、小应变、小转动的情况。

7.2.1　薄壁构件的位移

建立与第1章相同的三个空间笛卡儿坐标系：整体坐系 $X-Y-Z$、截面的形心主轴坐标系 $x-y-z$ 和截面的曲线坐标系 $n-s-z$。

一典型薄壁构件的横截面的在变形前后的位置，如图 7.1 所示，坐标原点 C 位于截面的形心，x 和 y 分别为截面的形心主轴。假定截面的薄壁中面上的任意点 $P(x, y)$，在 x、y 方向上的位移分别为 $\bar{u}$、$\bar{v}$，在 s、n 方向上的位移为 v_s、v_n，z 方向的位移为 $\bar{w}$。按照习惯，记构件变形时截面的剪切中心 S 沿 x、y 方向的位移为 u、v，截面的扭转角为 θ，转动方向按右手螺旋法则与 z 轴正方向一致时为正。

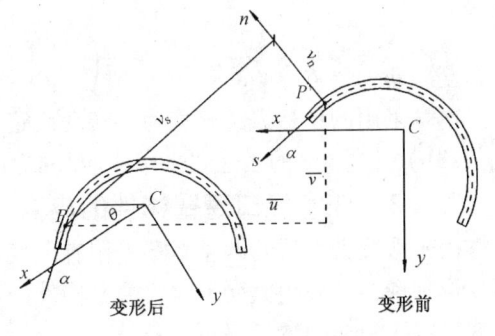

图 7.1　薄壁构件的变位

由第 1 章的推导可知，在构件的变形过程中，P 点的纵向位移可用截面剪心的位移来表示：

$$\overline{w} = w - xu' - yv' - \omega\theta' \tag{7.1a}$$

其中 w 为全截面的平均位移。由变形前后构件的空间位置，可得 P 点在 x、y 方向上位移为：

$$\overline{u} = u - (y - y_0)\sin\theta + (x - x_0)(\cos\theta - 1) \tag{7.1b}$$

$$\overline{v} = v + (x - x_0)\sin\theta + (y - y_0)(\cos\theta - 1) \tag{7.1c}$$

由于所研究的为小转动问题，可以作如下简化：

$$\sin\theta \approx \theta \tag{7.2a}$$

$$\cos\theta \approx 1 \tag{7.2b}$$

将上面两式代入，式(7.1b)和式(7.1c)可简化为：

$$\overline{u} = u - (y - y_0)\theta \tag{7.3a}$$

$$\overline{v} = v + (x - x_0)\theta \tag{7.3b}$$

在 $n-s-z$ 坐标系中，薄壁中面上任意点 P 沿 s 和 n 方向的位移可表示为：

$$v_s = u\cos\alpha + v\sin\alpha + (r_s + n)\sin\theta + r_n(\cos\theta - 1) \tag{7.4a}$$

$$v_n = u\sin\alpha - v\cos\alpha - r_n\sin\theta + (r_s + n)(\cos\theta - 1) \tag{7.4b}$$

式中 r_s 和 r_n 分别为截面的剪心 S 到 s 和 n 轴的距离：

$$r_s = (x - x_0)\sin\alpha - (y - y_0)\cos\alpha \tag{7.5a}$$

$$r_n = (x - x_0)\cos\alpha + (y - y_0)\sin\alpha \tag{7.5b}$$

$$\frac{\mathrm{d}r_s}{\mathrm{d}s} = \frac{r_n}{R_s}, \quad \frac{\mathrm{d}r_n}{\mathrm{d}s} = 1 - \frac{r_s}{R_s} \tag{7.5c, d}$$

式中 R_s 是薄壁截面中面的曲率半径。

$$y - y_0 = -r_s\cos\alpha + r_n\sin\alpha, \quad x - x_0 = r_s\sin\alpha + r_n\cos\alpha \tag{7.5e, f}$$

利用式(7.2a)和式(7.2b)，得到：

$$v_s = u\cos\alpha + v\sin\alpha + (r_s + n)\theta \tag{7.6a}$$

$$v_n = u\sin\alpha - v\cos\alpha - r_n\theta \tag{7.6b}$$

还有如下关系

$$\frac{\partial v_n}{\partial s} = \frac{v_s}{R_s} - \theta, \quad \frac{\partial^2 v_n}{\partial s^2} = -\frac{1}{R_s^2}\left(v_n + v_s\frac{\mathrm{d}R_s}{\mathrm{d}s}\right)$$

$$\frac{\partial v_s}{\partial s} = -\frac{v_n}{R_s}, \quad \frac{\partial^2 v_s}{\partial s^2} = \frac{\theta}{R_s} + \frac{1}{R_s^2}\left(v_n\frac{\mathrm{d}R_s}{\mathrm{d}s} - v_s\right)$$

本章采用的位移表达式均为小转动假定下的形式，即 $\overline{u}$ 和 $\overline{v}$ 的表达式采用式(7.3a)和式(7.3b)，v_s 和 v_n 的表达式采用式(7.6a)和式(7.6b)。

7.2.2 任意开口薄壁构件的应变

由于涉及大变形问题，本章采用有限变形理论来分析构件的变形关系。根据空间的有限变形理论，在发生大变形时，薄壁构件中存在三个独立的应变分量 ε_z、γ_{zs} 和 ε_s。由格林应变(Green strain)的定义可知：

$$\varepsilon_z = \frac{\partial \overline{w}}{\partial z} + \frac{1}{2}\left[\left(\frac{\partial v_n}{\partial z}\right)^2 + \left(\frac{\partial v_s}{\partial z}\right)^2 + \left(\frac{\partial \overline{w}}{\partial z}\right)^2\right] \tag{7.7a}$$

$$\gamma_{zs} = \frac{\partial \overline{w}}{\partial s} + \frac{\partial v_s}{\partial z} + \frac{\partial v_n}{\partial z}\left(\frac{\partial v_n}{\partial s} - \frac{v_s}{R_s}\right) + \frac{\partial v_s}{\partial z}\left(\frac{\partial v_s}{\partial s} + \frac{v_n}{R_s}\right) + \frac{\partial \overline{w}}{\partial s}\frac{\partial \overline{w}}{\partial z} \tag{7.7b}$$

$$\varepsilon_s = \frac{\partial v_s}{\partial s} + \frac{v_n}{R_s} + \frac{1}{2}\left[\left(\frac{\partial v_n}{\partial s} - \frac{v_s}{R_s}\right)^2 + \left(\frac{\partial v_s}{\partial s} + \frac{v_n}{R_s}\right)^2 + \left(\frac{\partial \overline{w}}{\partial s}\right)^2\right] \tag{7.7c}$$

上面的表达式与吕烈武等(1983)略有不同，主要是因为式(7.7a~c)适用于任意形式的开口薄壁构件，而吕烈武等(1983)研究的是由平板组成的薄壁构件，即认为$R_s \to \infty$。

将式(7.7a~c)的应变分量表示为线性应变(带上标"L")和非线性应变(带上标"N")两部分之和：

$$\varepsilon_z = \varepsilon_z^{L} + \varepsilon_z^{N} \tag{7.8a}$$

$$\gamma_{zs} = \gamma_{zs}^{L} + \gamma_{zs}^{N} \tag{7.8b}$$

$$\varepsilon_s = \varepsilon_s^{L} + \varepsilon_s^{N} \tag{7.8c}$$

由第2章的结果可知，中面上的线性应变分量为：

$$\varepsilon_z^{L} = \frac{\partial \overline{w}}{\partial z} = w' - xu'' - yv'' - \omega\theta'' \tag{7.9a}$$

$$\gamma_{zs}^{L} = \frac{\partial \overline{w}}{\partial s} + \frac{\partial v_s}{\partial z} = 0 \tag{7.9b}$$

$$\varepsilon_s^{L} = \frac{\partial v_s}{\partial s} + \frac{v_n}{R_s} = 0 \tag{7.9c}$$

考虑到薄壁构件细长的特点，在通常情况下，截面上任意点的纵向位移$\overline{w}$要比横向位移v_n和v_s小很多，因此，非线性应变的表达式(7.7a~c)中的最后一项因为包含$\overline{w}$导数的两次项，均可被略去。注意到以下关系式：

$$\frac{\partial \alpha}{\partial s} - \frac{1}{R_s} \tag{7.10a}$$

$$\frac{\partial v_n}{\partial s} - \frac{v_s}{R_s} = -\theta - \frac{n\theta}{R_s}, \quad \frac{\partial v_s}{\partial s} = -\frac{v_n}{R_s} \tag{7.10b,c}$$

可得非线性应变与剪心位移的关系：

$$\varepsilon_z^{N} = \frac{1}{2}\left[\left(\frac{\partial v_n}{\partial z}\right)^2 + \left(\frac{\partial v_s}{\partial z}\right)^2\right] = \frac{1}{2}(u'^2 + v'^2) + \frac{1}{2}\rho^2\theta'^2 - (y - y_0)u'\theta' + (x - x_0)v'\theta' \tag{7.11a}$$

$$\gamma_{zs}^{N} = \frac{\partial v_n}{\partial z}\left(\frac{\partial v_n}{\partial s} - \frac{v_s}{R_s}\right) + \frac{\partial v_s}{\partial z}\left(\frac{\partial v_s}{\partial s} + \frac{v_n}{R_s}\right) = \frac{\partial v_n}{\partial z}\left(\frac{\partial v_n}{\partial s} - \frac{v_s}{R_s}\right)$$

$$= -(u'\sin\alpha - v'\cos\alpha - \theta'r_n)\left(\theta + \frac{n\theta}{R_s}\right) = -(u'\sin\alpha - v'\cos\alpha - \theta'r_n)\theta \tag{7.11b}$$

$$\varepsilon_s^{N} = \frac{1}{2}\left(\frac{\partial v_n}{\partial s} - \frac{v_s}{R_s}\right)^2 + \frac{1}{2}\left(\frac{\partial v_s}{\partial s} + \frac{v_n}{R_s}\right)^2 = \frac{1}{2}\left(\frac{\partial v_n}{\partial s} - \frac{v_s}{R_s}\right)^2 = \frac{1}{2}\theta^2 \tag{7.11c}$$

其中$\rho^2 = (x - x_0)^2 + (y - y_0)^2$，为$P$点到截面剪心的距离的平方，它也可以表示为

$$\rho^2 = r_s^2 + r_n^2 \tag{7.12a}$$

对上面式子求导得到

$$2\rho\frac{d\rho}{ds} = 2r_s\frac{dr_s}{ds} + 2r_n\frac{dr_n}{ds} = \frac{2r_s r_n}{R_s} + 2r_n\left(1 - \frac{r_s}{R_s}\right) = 2r_n$$

因此

$$\rho\mathrm{d}\rho = r_\mathrm{n}\mathrm{d}s \qquad (7.12\mathrm{b})$$

这个式子在后面剪应力和横向正应力的扭转二阶效应的推导中要用到。

薄壁构件的截面上还存在与自由扭转相关的剪应变，它沿截面的厚度方向线性分布：

$$\gamma_\mathrm{st} = 2n\theta' \qquad (7.13)$$

式中 n 为任意点的薄壁中面法线坐标。

7.2.3 虚功方程

根据虚功原理

$$\int_V \sigma_{ij}\varepsilon_{ij}\mathrm{d}V = \int_0^L f_i\delta u_i\mathrm{d}z$$

可以建立薄壁构件稳定分析的基本方程。将各应力、应变代入，展开后得：

$$\int_V \sigma_z\delta\varepsilon_z\mathrm{d}V + \int_V \tau_{zs}\delta\gamma_{zs}\mathrm{d}V + \int_V \tau_\mathrm{st}\delta\gamma_\mathrm{st}\mathrm{d}V + \int_V \sigma_s\delta\varepsilon_s\mathrm{d}V = \int_0^L f_i\delta u_i\mathrm{d}z$$

其中 $\mathrm{d}V = \mathrm{d}A\mathrm{d}z$。注意到 $(7.8\mathrm{a}\sim\mathrm{c})$ 的表达式，并将 $\gamma_{zs}^\mathrm{L} = 0$ 和 $\varepsilon_s^\mathrm{L} = 0$ 代入，(7.13) 式可表示为：

$$\int_V \sigma_z\delta(\varepsilon_z^\mathrm{L} + \varepsilon_z^\mathrm{N})\mathrm{d}V + \int_V \tau_{zs}\delta\gamma_{zs}^\mathrm{N}\mathrm{d}V + \int_V \tau_\mathrm{st}\delta\gamma_\mathrm{st}\mathrm{d}V + \int_V \sigma_s\delta\varepsilon_s^\mathrm{N}\mathrm{d}V = \int_0^L f_i\delta u_i\mathrm{d}z \qquad (7.14)$$

本章研究弯扭屈曲，是指首先构件承受了荷载，随着荷载增加，在某个时候构件发生了弯扭屈曲。屈曲前瞬间的应力记为 σ_{ij}，然后产生了屈曲位移 $\bar{u}$，$\bar{v}$ 和 $\bar{w}$，相应地在截面上产生附加的应力 $\dot\sigma_{ij}$，总的应力为 $\sigma_{ij} + \dot\sigma_{ij}$，代入上式得到

$$\int_V (\sigma_z + \dot\sigma_z)\delta(\varepsilon_z^\mathrm{L} + \varepsilon_z^\mathrm{N})\mathrm{d}V + \int_V (\tau_{zs} + \dot\tau_{zs})\delta\gamma_{zs}^\mathrm{N}\mathrm{d}V + \int_V (\tau_\mathrm{st} + \dot\tau_\mathrm{st})\delta\gamma_\mathrm{st}\mathrm{d}V + \int_V (\sigma_s + \dot\sigma_s)\delta\varepsilon_s^\mathrm{N}\mathrm{d}V$$

$$= \int_0^L (f_i + \dot f_i)\delta u_i\mathrm{d}z \qquad (7.15)$$

式中为了使导得的方程能够适应非线性分析，假设产生变形的过程中荷载也有增量 $\dot f_i$。

因为增量之前的应力状态处于平衡状态，因此下式成立

$$\int_V \sigma_z\delta\varepsilon_z^\mathrm{L}\mathrm{d}V + \int_V \tau_\mathrm{st}\delta\gamma_\mathrm{st}\mathrm{d}V = \int_0^L f_i\delta u_i\mathrm{d}z \qquad (7.16)$$

以上两式相减，并略去高阶项得到

$$\int_V (\dot\sigma_z\delta\varepsilon_z^\mathrm{L} + \dot\tau_\mathrm{st}\delta\gamma_\mathrm{st})\mathrm{d}V + \int_V (\sigma_z\delta\varepsilon_z^\mathrm{N} + \tau_{zs}\delta\gamma_{zs}^\mathrm{N} + \sigma_s\delta\varepsilon_s^\mathrm{N})\mathrm{d}V = \int_s \dot f_i\delta u_i\mathrm{d}s \qquad (7.17)$$

参照第 1 章的推导可知：

（1）线性轴向应变部分

$$\delta U_1^\mathrm{L} = \int_V \dot\sigma_z\delta\varepsilon_z^\mathrm{L}\mathrm{d}V = \int_0^L (N\delta w' - M_y\delta u'' - M_x\delta v'' - B_\omega\delta\theta'')\mathrm{d}z \qquad (7.18\mathrm{a})$$

注意，轴力以拉为正，弯矩以第一象限受拉为正，双力矩以扇性坐标为正的地方产生拉应力为正。

对于通常的线弹性分析，可将线性内力的表达式代入上式，得：

$$\delta U_1^\mathrm{L} = \int_0^L (EAw'\delta w' + EI_yu''\delta u'' + EI_xv''\delta v'' + EI_\omega\theta''\delta\theta'')\mathrm{d}z \qquad (7.18\mathrm{b})$$

在 x，y 是形心轴但不一定是主轴的情况下：

284

$$\delta U_1^L = \int_0^L \left[EAw'\delta w' + EI_y u''\delta u'' + EI_x v''\delta v'' + EI_{xy}(u''\delta v'' + v''\delta u'') + EI_\omega \theta''\delta\theta'' \right] dz$$

（2）自由扭转应变部分

$$\delta U_2^L = \int \dot{\tau}_{st}\delta\gamma_{st} dV = \int_0^L \dot{T}_{st}\delta\theta' dz \qquad (7.19)$$

将式(7.11a~c)的应变表达式代入，可得非线性部分的应变能为：

（3）非线性轴向应变部分

$$\delta U_{\sigma z}^N = \int_V \sigma_z \delta\varepsilon_z^N dV = \int_V \sigma_z \delta\left[\frac{1}{2}(u'^2 + v'^2) + \frac{1}{2}\rho^2\theta'^2 - (y - y_0)u'\theta' + (x - x_0)v'\theta' \right] dV$$

$$= \frac{1}{2}\int_0^L \left[N\delta(u'^2 + v'^2) + W_{\sigma z}\delta(\theta'^2) - 2(M_x - Ny_0)\delta(u'\theta') + 2(M_y - Nx_0)\delta(v'\theta') \right] dz$$

$$(7.20a)$$

式中 $W_{\sigma z} = \int_A \sigma_{z0}\rho^2 dA$ ，$W_{\sigma z}$是截面上正应力的 Wagner 效应。在弹性的情况下

$$W_{\sigma z} = \int_A \sigma_{z0}\rho^2 dA = \int_A \left(\frac{N}{A} + \frac{M_y I_x - M_x I_{xy}}{I_x I_y - I_{xy}^2}x + \frac{M_x I_y - M_y I_{xy}}{I_x I_y - I_{xy}^2}y + \frac{B_\omega}{I_\omega}\omega \right)\rho^2 dA$$

$$W_{\sigma z} = Ni_0^2 + 2M_y\beta_y + 2M_x\beta_x + 2B_\omega\beta_\omega \qquad (7.20b)$$

$$\beta_x = \frac{1}{2I_x}\frac{1}{\rho_{xy}}\left(\int_A y(x^2 + y^2)dA - \frac{I_{xy}}{I_y}\int_A x(x^2 + y^2)dA \right) - y_0 \qquad (7.20c)$$

$$\beta_y = \frac{1}{2I_y}\frac{1}{\rho_{xy}}\left(\int_A x(x^2 + y^2)dA - \frac{I_{xy}}{I_x}\int_A y(x^2 + y^2)dA \right) - x_0 \qquad (7.20d)$$

$$\beta_\omega = \frac{1}{2I_\omega}\int_A \omega\rho^2 dA = \frac{1}{2I_\omega}\int_A \omega(x^2 + y^2)dA \qquad (7.20e)$$

式中 $\rho_{xy} = 1 - I_{xy}^2 / I_x I_y$ 。

（4）非线性剪应变部分

$$\delta U_\tau^N = \int_V \tau_{zs}\delta\gamma_{zs}^N dV = \int_V \tau_{zs}\delta\left[-(u'\sin\alpha - v'\cos\alpha - \theta' r_n)\theta \right] dV$$

$$= \int_0^L \left[-Q_y\delta(u'\theta) + Q_x\delta(v'\theta) + W_\tau\delta(\theta'\theta) \right] dz \qquad (7.21)$$

式中：$Q_x = \int_A \tau_{zs}\cos\alpha dA \qquad (7.22a)$

$$Q_y = \int_A \tau_{zs}\sin\alpha dA \qquad (7.22b)$$

$$W_\tau = \int_A \tau_{zs} r_n dA \qquad (7.23a)$$

其中 W_τ 可称为薄壁中面剪应力的扭转二阶效应，Q_x，Q_y 指向 x，y 的正方向为正。在弹性的情况下

$$W_\tau = \int_A \tau_{zs} r_n dA = \int_A \left(\frac{Q_x I_x - Q_y I_{xy}}{I_x I_y - I_{xy}^2}S_y + \frac{Q_y I_y - Q_x I_{xy}}{I_x I_y - I_{xy}^2}S_x + \frac{T_\omega}{I_\omega}S_\omega \right)r_n ds$$

$$W_\tau = Q_x\beta_y + Q_y\beta_x + T_\omega\beta_\omega \qquad (7.23b)$$

$$\beta_y = \int_A \left(\frac{I_x}{I_x I_y - I_{xy}^2}S_y - \frac{I_{xy}}{I_x I_y - I_{xy}^2}S_x \right)r_n ds = \frac{1}{2I_y\rho_{xy}}\left[\int_A x\rho^2 dA - \frac{I_{xy}}{I_x}\int_A y\rho^2 dA \right]$$

$$\beta_x = \int_A \left(\frac{I_y}{I_x I_y - I_{xy}^2} S_x - \frac{I_{xy}}{I_x I_y - I_{xy}^2} S_y \right) r_n ds = \frac{1}{2 I_x \rho_{xy}} \left[\int_A y \rho^2 dA - \frac{I_{xy}}{I_y} \int_A x \rho^2 dA \right]$$

$$\int_A S_y r_n ds = S_y \frac{1}{2} \rho^2 \Big|_0^B + \frac{1}{2} \int_A x \rho^2 dA = \frac{1}{2} \int_A x \rho^2 dA = \frac{1}{2} \int_A x(x^2 + y^2) dA - I_y x_0 - I_{xy} y_0$$

$$\int_A S_x r_n ds = S_x \frac{1}{2} \rho^2 \Big|_0^B + \frac{1}{2} \int_A y \rho^2 dA = \frac{1}{2} \int_A y \rho^2 dA = \frac{1}{2} \int_A y(x^2 + y^2) dA - I_{xy} x_0 - I_x y_0$$

可见建立在主轴和建立在形心轴上的方程，只要 β_x，β_y 的定义扩展成式(7.20c,d)的形式，公式形式就完全一样。

（5）非线性横向正应变部分

$$\delta U_{\sigma s}^N = \int_V \sigma_s \delta \varepsilon_s^N dV = \int_V \sigma_s \delta \left(\frac{1}{2} \theta^2 \right) dV = \frac{1}{2} \int_0^L \left(\int_A \sigma_s dA \right) \delta \theta^2 dz = \frac{1}{2} \int_0^L W_{\sigma s} \delta \theta^2 dz \qquad (7.24)$$

式中 $W_{\sigma s} = \int_A \sigma_s dA$。$W_{\sigma s}$ 的求解，可以先求解截面上的每块板件的 σ_s 表达式，通过分块求解积分，然后求和得到（见第 5 章附录 A）。这里介绍一种与第 5 章类似的方法，但这种方法只适用于截面由平板组成的薄壁构件，对任意形式截面的构件求解方法，可参见本章后面壳体理论的方法。

薄壁中面微元体的平衡方程为：

$$\frac{\partial \sigma_s}{\partial s} + \frac{\partial \tau_{zs}}{\partial z} = 0$$

上式等号两边都乘上 r_n：

$$\frac{\partial \sigma_s}{\partial s} r_n + \frac{\partial \tau_{zs}}{\partial z} r_n = 0$$

由上式可得：

$$\int_A \frac{\partial \tau_{zs}}{\partial z} r_n dA = - \int_A \frac{\partial \sigma_s}{\partial s} r_n dA = - r_n \sigma_s t \Big|_0^N + \int_A \sigma_s \frac{dr_n}{ds} dA \qquad (7.25)$$

假定截面由平板组成，则 $\frac{dr_n}{ds} = 1$，所以：

$$\int_A \sigma_s dA = \int_A \frac{\partial \tau_{zs}}{\partial z} r_n dA + r_n \sigma_s t \Big|_0^B \qquad (7.26)$$

式中 O 和 B 分别表示截面沿曲线坐标的起点和终点。等式右边的边界项 $r_n \sigma_s t \Big|_0^B$ 与荷载作用点有关，下面对此项进行求解。由板件的受力特点，我们假定组成薄壁构件的任一板件不能承受中面法线方向的荷载，薄壁构件上的横向荷载都应转化到相应板件的 s 方向上。所以，假设存在横向分布荷载 q_s 作用于点 P (a_x, a_y)，注意到 $q_x = q_s \cos\alpha_P$，$q_y = q_s \sin\alpha_P$，（q_x，q_y 指向 x，y 坐标正方向为正）有：

$$\begin{aligned}
r_n \sigma_s t \Big|_0^B &= \{ [(x - x_0)\cos\alpha + (y - y_0)\sin\alpha] \sigma_s t \}_0^B \\
&= \{ [(x - x_0)\cos\alpha + (y - y_0)\sin\alpha] \sigma_s t \}_0^P + \{ [(x - x_0)\cos\alpha + (y - y_0)\sin\alpha] \sigma_s t \}_P^B \\
&= [(a_x - x_0)\cos\alpha_P + (a_y - y_0)\sin\alpha_P](\sigma_s t) |_{P-} - [(a_x - x_0)\cos\alpha_P + (a_y - y_0)\sin\alpha_P](\sigma_s t) |_{P+} \\
&= (\sigma_{sP-} t - \sigma_{sP+} t)[(a_x - x_0)\cos\alpha_P + (a_y - y_0)\sin\alpha_P] \\
&= q_s[(a_x - x_0)\cos\alpha_P + (a_y - y_0)\sin\alpha_P] = q_y(a_y - y_0) + q_x(a_x - x_0) \qquad (7.27)
\end{aligned}$$

由式(7.26)和式(7.27)，注意到 $\int_A \dfrac{\partial \tau_{zs}}{\partial z} r_n \mathrm{d}A = \dfrac{\partial}{\partial z}(\int_A \tau_{zs} r_n \mathrm{d}A) = W'_\tau = -q_x \beta_y - q_y \beta_x$，可得：

$$\int_A \sigma_s \mathrm{d}A = W'_\tau + q_y(a_y - y_0) + q_x(a_x - x_0) \tag{7.28}$$

将 $\int_A \sigma_s \mathrm{d}A$ 的表达式代入式(7.24)，得：

$$\delta U^N_{\sigma s} = \frac{1}{2}\int_0^L [q_y(a_y - y_0) + q_x(a_x - x_0) + W'_\tau]\delta\theta^2 \mathrm{d}z \tag{7.29}$$

当构件上同时作用集中荷载时，上式可改写为：

$$\delta U^N_{\sigma s} = \frac{1}{2}\int_0^L [q_y(a_y - y_0) + q_x(a_x - x_0) + W'_\tau]\delta\theta^2 \mathrm{d}z$$
$$+ \frac{1}{2}\sum_i [P_{yi}(a_{yi} - y_0 - \beta_x)\delta\theta_i^2 + P_{xi}(a_{xi} - x_0 - \beta_y)\delta\theta_i^2]_{z=z_i} \tag{7.30}$$

(6)外力功部分

参照第1章的结果：

$$\int_0^L f_i \delta u_i \mathrm{d}z = \int_L (q_x \delta u + q_y \delta v + m_z \delta\theta)\mathrm{d}z$$
$$+ \sum_i [P_{zi}\delta w_i + P_{xi}\delta u_i + P_{yi}\delta v_i - \widetilde{M}_{yi}\delta u'_i - \widetilde{M}_x \delta v'_i + \widetilde{M}_{zi}\delta\theta_i - \widetilde{B}_{\omega i}\delta\theta'_i]_{z=z_i} \tag{7.31}$$

其中 q_x、q_y 是作用在截面剪心的横向分布荷载，m_z 为绕剪心的分布扭矩，P_z 是作用于截面形心的轴向集中荷载，P_x 和 P_y 为作用在剪心的沿 x 和 y 方向的横向集中荷载，$\widetilde{M}_x$ 和 $\widetilde{M}_y$ 是作用在形心的绕 x 和 y 轴的集中弯矩，$\widetilde{M}_z$ 为绕剪心的集中扭矩，$\widetilde{B}_\omega$ 为双力矩，以上均为外荷载，正方向与相应的截面内力相同。这些量的正负号由下面计算式子可以观察出：假设某个截面上作用有纵向荷载 p_z，其做的虚功

$$\int_A p_z \overline{\delta w} \mathrm{d}A = \int_A p_z(\delta w - x\delta u' - y\delta v' - \omega\delta\theta')\mathrm{d}A = P_z \delta w - M_y \delta u' - M_x \delta v' - B_\omega \delta\theta'$$

由式(7.17)、式(7.18a)、式(7.19)、式(7.20a)、式(7.21)、式(7.30)和式(7.31)得到初应力问题的虚功方程：

$$\int_0^L \{\dot{N}\delta w' - \dot{M}_y \delta u'' - \dot{M}_x \delta v'' - \dot{B}_\omega \delta\theta'' + \dot{T}_{st}\delta\theta' + \frac{1}{2}[N\delta(u'^2 + v'^2) + W_{\sigma z}\delta(\theta'^2)]$$
$$- (M_x - Ny_0)\delta(u'\theta') + (M_y - Nx_0)\delta(v'\theta') - Q_y\delta(u'\theta) + Q_x\delta(v'\theta) + W_\tau\delta(\theta'\theta)$$
$$+ \frac{1}{2}[q_y(a_y - y_0) + q_x(a_x - x_0) + W'_\tau]\delta\theta^2\}\mathrm{d}z$$
$$+ \sum_i \frac{1}{2}[P_{yi}(a_{yi} - y_0 - \beta_x)\delta\theta_i^2 + P_{xi}(a_{xi} - x_0 - \beta_y)\delta\theta_i^2]_{z=z_i}$$
$$= \int_0^L (q_x \delta u + q_y \delta v + m_z \delta\theta)\mathrm{d}z + \sum_i [P_{zi}\delta w_i + P_{xi}\delta u_i + P_{yi}\delta v_i - \widetilde{M}_{yi}\delta u'_i - \widetilde{M}_{xi}\delta v'_i + \widetilde{M}_{zi}\delta\theta_i - \widetilde{B}_{\omega i}\delta\theta'_i]_{z=z_i} \tag{7.32}$$

将式(7.32)分部积分，可以得到薄壁构件的弯扭非线性微分方程组：

$$-\dot{M}''_y - [N(u' + y_0\theta')]' + (M_x\theta)'' = q_x \tag{7.33a}$$

$$-\dot{M}''_x - [N(v' - x_0\theta')]' - (M_y\theta)'' = q_y \tag{7.33b}$$

$$- \dot{B}''_{\omega} - \dot{T}'_{\mathrm{st}} + [N(x_0 v' - y_0 u')]' + M_x u'' - M_y v'' - (W_{\sigma z}\theta')'$$

$$+ q_y(a_y - y_0)\theta + q_x(a_x - x_0)\theta = m_z \tag{7.33c}$$

其中式(7.33a)表示构件绕 y 轴的平衡,式(7.33b)表示构件绕 x 轴的平衡,式(7.33c)表示构件的扭转平衡。另外还有轴向的平衡:$N' = 0$,它表示轴力沿杆长不变。

在对式(7.32)进行分部积分时,除了得到微分方程外,还能得到相应的自然边界条件,见表 7.1。

上面的推导从薄壁构件的基本假定出发,在小转动的范围内所给公式的近似程度只依赖于薄壁构件理论的基本假定。另外,上面的推导没有对原始的应力做任何假定,因此适用于薄壁构件的弹塑性分析。

自然边界条件

表 7.1

位移变量	对应的广义力	位移变量	对应的广义力
δu	$\dot{M}'_y + Nu' - (M_x\theta)' + Ny_0\theta'$	$-\delta u'$	$\dot{M}_y$
δv	$\dot{M}' + Nv'_x + (M_y\theta)' - Nx_0\theta'$	$-\delta v'$	$\dot{M}_x$
$\delta\theta$	$\dot{T}_{\mathrm{st}} + \dot{B}_\omega + W_{\sigma z}\theta' + (M_y - Nx_0)v' - (M_x - Ny_0)u' + W_\tau\theta$	$-\delta\theta'$	$\dot{B}_\omega$
δw	$\dot{N}$		

7.2.4 薄壁构件几何非线性问题的总势能

在求解薄壁构件的几何非线性问题时,了解它的总势能表达式是非常有必要的。当材料为理想弹性时,$W_{\sigma z}$ 和 W_τ 可以表示为:

$$W_{\sigma z} = Nr_0^2 + 2(M_x\beta_x + M_y\beta_y + B_\omega\beta_\omega) \tag{7.34a}$$

$$W_\tau = Q_x\beta_y + Q_y\beta_x + T_\omega\beta_\omega \tag{7.34b}$$

式中 $r_0^2 = \dfrac{I_x + I_y}{A} + x_0^2 + y_0^2$,$W_{\sigma z} = \int_A \sigma_{z0}\rho^2\mathrm{d}A$,$W_\tau = \int_A \tau_{zs}r_n\mathrm{d}A$。

对式(7.32)积分,利用式(7.18b)和式(7.34a,b)的表达式,得到薄壁构件弯扭非线性分析(或屈曲)的总势能为:

$$\begin{aligned}
\Pi = \frac{1}{2}\int_0^L &\big[EAw'^2 + EI_y u''^2 + 2EI_{xy}u''v'' + EI_x v''^2 + EI_\omega\theta''^2 + GJ\theta'^2 + N(u'^2 + v'^2) - 2(M_x - Ny_0)u'\theta' \\
&+ 2(M_y - Nx_0)v'\theta' - 2Q_y u'\theta + 2Q_x v'\theta + (Nr_0^2 + 2M_x\beta_x + 2M_y\beta_y + 2B_\omega\beta_\omega)\theta'^2 \\
&+ 2(Q_x\beta_y + Q_y\beta_x + T_\omega\beta_\omega)\theta'\theta + q_y(a_y - y_0 - \beta_x)\theta^2 + q_x(a_x - x_0 - \beta_y)\theta^2 + T''_\omega\beta_\omega\theta^2 \big]\mathrm{d}z \\
&+ \sum_i \frac{1}{2}\big[P_{yi}(a_{yi} - y_0 - \beta_x)\theta^2 + P_{xi}(a_{xi} - x_0 - \beta_y)\theta^2 \big]_{z=z_i} - \int_0^L (\dot{q}_x u + \dot{q}_y v + \dot{m}_z\theta)\mathrm{d}z \\
&- \sum_i \big[\dot{P}_{zi}w_i + \dot{P}_{xi}u_i + \dot{P}_{yi}v_i - \widetilde{M}_{yi}u'_i - \widetilde{M}_{xi}v'_i + \widetilde{M}_{zi}\theta_i - \widetilde{B}_{\omega i}\theta'_i \big]_{z=z_i}
\end{aligned} \tag{7.35}$$

在上面的推导中,在内力和位移的一次项相乘时,内力就用线性的内力和位移的关系式(1.58a,b),式(1.15)和式(1.23)代入,但是对于内力和位移的二次项相乘时,内力则用前一步的内力。这种推导总势能的方法是增量分析,或初应力问题,位移二次项前的内力是增量前一瞬间的内力(即初始应力)。

式(7.35)中包含了外力的线性功，因此式(7.35)可以看成是对初应力问题进行分析的总势能，这种分析考虑了荷载增量 $\dot{q}_x$，$\dot{q}_y$，$\dot{m}_z$ 等等作用之前已经存在的截面内力 N，M_x，M_y，B_ω 等的二阶效应，因此是几何非线性分析的线性化方法，参见式(5.4)。这种分析在如下情况下得到应用：一个结构先作用竖向荷载，竖向荷载施加完毕后，构件内产生了内力。然后结构上开始作用水平力（例如建筑物的风荷载），分析水平力作用下的位移要考虑已经存在的构件内力的影响，就要采用上述的总势能。

但是上述方法不是真正的非线性分析方法，真正的非线性分析必须利用增量问题变分原理。参见本书的姊妹书籍《钢结构的平面内稳定》。

吕烈武等(1983)也给出过薄壁构件的弯扭总势能。通过比较可以发现，两者的不同主要在荷载项。以横向分布荷载时为例，式(7.35)中相关的项为：

$$\frac{1}{2}\int_0^L \left[q_y(a_y - y_0 - \beta_x)\theta^2 + q_x(a_x - x_0 - \beta_y)\theta^2 \right] dz \tag{7.36}$$

上式来自横向正应力的非线性应变能。而吕烈武等（1983）中，相应项为：

$$\frac{1}{2}\int_0^L \left[q_y(a_y - y_0)\theta^2 + q_x(a_x - x_0)\theta^2 \right] dz \tag{7.37}$$

式(7.37)是按照外荷载的非线性功被引入的。式(7.36)中包含了式(7.37)，这是非常意外的结果。但是式(7.36)还多了和截面对称性有关的项，对非双轴对称截面(β_x 和 β_y 不全为零)的梁上作用横向荷载时，式(7.35)的总势能与吕烈武等的总势能是不相同的。

7.3　薄壁构件几何非线性问题的假想荷载法

假想荷载法(Notional Load Technique)作为推导薄壁构件稳定理论的一种有效的方法，由 Vlasov(1961)首先提出，并被广泛采用(Vlasov，1961；吕烈武等，1983；夏和潘，1988；郭耀杰，1997)。但是，目前的假想荷载法是不全面的。存在的问题是：没有在板件理论的范畴内确定假想荷载，因而在薄壁截面的板件内存在剪应力和横向正应力时，目前的假想荷载法不能得到正确的平衡微分方程。本节将从薄板的基本理论出发，利用单块板的平衡状态，用假想荷载法来推导薄壁构件的几何非线性问题的平衡微分方程。为了便于推导，本节假定薄壁构件由平板组成。

7.3.1　薄板单元体的假想荷载

第4章研究了屈曲后，薄板中面内力在屈曲后的板中面法线方向的分力由式(4.4)给出：

$$p_{z'} = N_x \frac{\partial^2 w}{\partial x^2} + N_y \frac{\partial^2 w}{\partial y^2} + N_{xy}\frac{\partial^2 w}{\partial x \partial y} + N_{yx}\frac{\partial^2 w}{\partial x \partial y} - p_x \frac{\partial w}{\partial x} - p_y \frac{\partial w}{\partial y} \tag{7.38}$$

上式中的各个量的意义见第4章。上式就是我们需要的假想荷载。假想是指实际上它不是真正的外荷载，而称其为荷载，是因为它的作用与荷载一样，能够促使板件的变形发展。

利用式(4.5)，并利用关系式 $N_{xy} = N_{yx}$，式(7.38)化为：

$$p_{z'} = \frac{\partial}{\partial x}\left(N_x \frac{\partial w}{\partial x}\right) + \frac{\partial}{\partial y}\left(N_y \frac{\partial w}{\partial y}\right) + \frac{\partial}{\partial x}\left(N_{xy}\frac{\partial w}{\partial y}\right) + \frac{\partial}{\partial y}\left(N_{xy}\frac{\partial w}{\partial x}\right) \tag{7.39}$$

y' 方向上的假想的和真正的面荷载之和为：

$$p_{y'} = p_y \cos\left(\frac{\partial w}{\partial y} + \frac{1}{2} \frac{\partial^2 w}{\partial y^2} \mathrm{d}y + \frac{1}{2} \frac{\partial^2 w}{\partial x \partial y} \mathrm{d}x \right) \approx p_y \tag{7.40}$$

如果将薄板单元体的 x、y 和 z 轴分别与薄壁构件中 $n-s-z$ 坐标系的 z、s 和 n 轴对应，那么薄板的挠度 w 即为薄壁构件中板件的位移 v_n，单位宽度的薄膜力 N_x、N_y 和 N_{xy} 则对应于 $\sigma_z t$、$\sigma_s t$ 和 $\tau_{zs} t$。因此，变位后的中面法线方向上的分量为：

$$p_{nt} = \frac{\partial}{\partial z}\left(\sigma_z t \frac{\partial v_n}{\partial z} \right) + \frac{\partial}{\partial s}\left(\sigma_s t \frac{\partial v_n}{\partial s} \right) + \frac{\partial}{\partial s}\left(\tau_{zs} t \frac{\partial v_n}{\partial z} \right) + \frac{\partial}{\partial z}\left(\tau_{zs} t \frac{\partial v_n}{\partial s} \right) \tag{7.41}$$

薄板的弯曲屈曲理论只考虑垂直于中面的变形，这对薄壁构件中的板件是不够的，还必须包含薄壁中面内的弯曲变形。所以，薄壁构件中各板件的假想荷载，除了根据薄板弯曲理论得到的结果外，还应考虑板件的中面内变形产生的非线性效应。薄板中面内的应力和变形可按弹性力学中的平面应力问题求解，因而只对中面内的假想荷载有影响，对垂直于中面的假想荷载没有影响。

同样，假定薄壁构件中的任意点沿纵向的位移 $\overline{w}$ 要比侧向位移小很多，所以不考虑它的非线性效应，这与前文能量法的假定是一致的。根据平面应力问题，当板件发生中面切线方向的位移 v_s 时，产生的沿变位后曲线坐标方向的假想面荷载为：

$$\overline{p}_s = \frac{\partial}{\partial z}\left(\sigma_z t \frac{\partial v_s}{\partial z} \right) \tag{7.42}$$

由式(7.40)和式(7.42)，得到变位后 s 方向的总的荷载分量为：

$$p_{st} = p_{y'} + \overline{p}_s = p_s + \frac{\partial}{\partial z}\left(\sigma_z t \frac{\partial v_s}{\partial z} \right) \tag{7.43}$$

由式(7.41)和式(7.43)即可求得薄壁构件中的板件在变形后的坐标方向上的假想面荷载。这里的假想荷载与通常书上介绍的有所不同：通常的假想荷载指的是截面的内力，由于构件的构形发生改变而产生的某些方向上的附加等效荷载。而式(7.41)和式(7.43)中包含了板件上作用的外荷载的分量，为单位面积板件沿变位后的中面法线和切线方向的荷载总量。

假想荷载法和能量法要得到相同的结果，两种方法在非线性项的取舍上必须一致。将 $R_s = \infty$ 代入式(7.11a,b,c)，并略去与轴向位移有关的非线性项，可知在虚功原理的推导过程中，对各应变分量取了如下的非线性项：

非线性纵向正应变：$\varepsilon_z^N = \frac{1}{2}\left(\frac{\partial v_n}{\partial z} \right)^2 + \frac{1}{2}\left(\frac{\partial v_s}{\partial z} \right)^2$ $\tag{7.44a}$

非线性横向正应变：$\varepsilon_s^N = \frac{1}{2}\left(\frac{\partial v_n}{\partial s} \right)^2$ $\tag{7.44b}$

非线性剪切应变：$\gamma_{zs}^N = \frac{\partial v_n}{\partial s} \frac{\partial v_n}{\partial z}$ $\tag{7.44c}$

通过比较可以发现，两种方法均考虑了薄壁构件中板件的位移 v_n 和 v_s 的非线性效应，并且相应的非线性应变之间是对应的，因而本章的假想荷载法和能量法中对非线性项的取舍上是统一的。

式(7.44a)有位移 v_s，而在其余两个非线性应变中没有，这并不是我们有意略去，而是在这两个非线性应变中，含有 v_s 的项正好为 0，参见式(7.11b, c)。在考虑 v_s 的假想荷载方面，则可以写出

$$\bar{p}_s = \frac{\partial}{\partial z}\left(\sigma_z t \frac{\partial v_s}{\partial z}\right) + \frac{\partial}{\partial s}\left(\sigma_s t \frac{\partial v_s}{\partial s}\right) + \frac{\partial}{\partial s}\left(\tau_{zs} t \frac{\partial v_s}{\partial z}\right) + \frac{\partial}{\partial z}\left(\tau_{zs} t \frac{\partial v_s}{\partial s}\right) \tag{7.45}$$

因为 $\frac{\partial v_s}{\partial s} = 0$，上式右边的第 2 和第 4 项为 0，而第 3 项在积分后为 0，因此留下的仅为第 1 项。这与能量法中的一致。

7.3.2 假想荷载法的基本方程

假想荷载法是在变形后的截面主轴方向上建立平衡微分方程的。但目前有关文献中的假想荷载是屈曲前的坐标轴方向上的。本书的假想荷载与通常的提法不同，指的是变形后的坐标轴方向上总的力的分量，所以基本方程为：

$$EI_y u^{\mathrm{IV}} + EI_{xy} v^{\mathrm{IV}} = q_{xt} \tag{7.46a}$$

$$EI_x v^{\mathrm{IV}} + EI_{xy} u^{\mathrm{IV}} = q_{yt} \tag{7.46b}$$

$$EI_\omega \theta^{\mathrm{IV}} - GJ\theta'' = m_{zt} \tag{7.46c}$$

如图 7.2 所示，截面上任意点 P 在变形前后的位置分别为 P_0 和 P_1 点。P_0 点的切线与变形前的截面主轴坐标系的 x 轴之间的夹角为 α，在 P_0 点的切线方向上存在外荷载 q_s 的作用。当截面发生转动时，P 从 P_0 点运动到了 P_1 点，此时，P_1 点的曲线坐标方向与 x 轴之间的夹角变为 $\alpha + \theta$，截面的形心主轴坐标系的方向变到图中的 x' 和 y' 的方向，截面的剪心位置从 S_0 变化到 S_1 的位置。

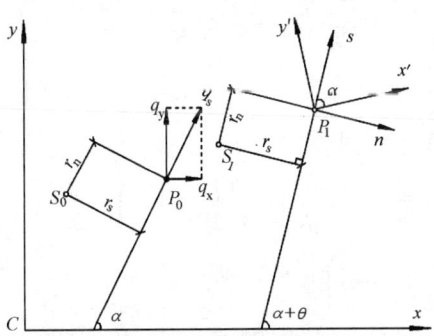

图 7.2　坐标系随变形的变化

式(7.46a ~ c)的方程均建立在构件变位后的坐标系之上，且外荷载和假想荷载都往变形后的主轴方向(图 7.2 中 x'，y' 方向)分解，扭矩也是针对变形后截面的剪切中心 S_1 点取矩得到。需要注意的是，式(7.46a ~ c)中的右端项为线分布荷载，与板单元体分析中的分布荷载(面荷载)不同。下面分别对这三个荷载的表达式进行推导。推导中将用到以下一些积分关系：

$$\int_A x(r_n \sin\alpha - r_s \cos\alpha)t\mathrm{d}s = I_{xy},\ \int_A y(r_n \sin\alpha - r_s \cos\alpha)t\mathrm{d}s = I_x,\ \int_A \omega(r_n \sin\alpha - r_s \cos\alpha)t\mathrm{d}s = 0$$

$$\tag{7.47a, b, c}$$

$$\int_A x(r_n\cos\alpha + r_s\sin\alpha)t\mathrm{d}s = I_y, \int_A y(r_s\sin\alpha + r_n\cos\alpha)t\mathrm{d}s = I_{xy}, \int_A \omega(r_s\sin\alpha + r_n\cos\alpha)t\mathrm{d}s = 0$$
$$(7.48a, \ b, \ c)$$

$$\int_A S_x r_s\mathrm{d}s = 0, \int_A S_y r_s\mathrm{d}s = 0, \int_A S_\omega r_s\mathrm{d}s = I_\omega \qquad (7.49a, \ b, \ c)$$

$$\int_A S_x r_n\mathrm{d}s = \frac{1}{2}\int_A y\rho^2\mathrm{d}A = \frac{1}{2}\int_A y(r_n^2 + r_s^2)t\mathrm{d}s = I_x\beta_x \qquad (7.50a)$$

$$\int_A S_y r_n\mathrm{d}s = \frac{1}{2}\int_A x\rho^2\mathrm{d}A = \frac{1}{2}\int_A x(r_n^2 + r_s^2)t\mathrm{d}s = I_y\beta_y \qquad (7.50b)$$

$$\int_A S_\omega r_n\mathrm{d}s = \frac{1}{2}\int_A \omega\rho^2\mathrm{d}A = \frac{1}{2}\int_A \omega(r_n^2 + r_s^2)t\mathrm{d}s = I_\omega\beta_\omega \qquad (7.51)$$

$$\int_A S_x\sin\alpha\mathrm{d}s = I_x, \ \int_A S_y\sin\alpha\mathrm{d}s = I_{xy}, \ \int_A S_\omega\sin\alpha\mathrm{d}s = 0 \qquad (7.52a, \ b, \ c)$$

$$\int_A S_x\cos\alpha\mathrm{d}s = I_{xy}, \ \int_A S_y\cos\alpha\mathrm{d}s = I_y, \ \int_A S_\omega\cos\alpha\mathrm{d}s = 0 \qquad (7.53a, \ b, \ c)$$

假定所研究的薄壁构件由平板组成，则有：

$$\frac{\mathrm{d}\alpha}{\mathrm{d}s} = 0, \ \frac{\mathrm{d}^2x}{\mathrm{d}s^2} = 0, \ \frac{\mathrm{d}^2y}{\mathrm{d}s^2} = 0, \ \frac{\mathrm{d}r_n}{\mathrm{d}s} = 1 \qquad (7.54a, \ b, \ c, \ d)$$

在截面中面的曲线坐标系中，切向的平衡条件变为：

$$\frac{\partial\tau_{zs}t}{\partial z} + \frac{\partial\sigma_s t}{\partial s} + p_s = 0 \qquad (7.55)$$

7.3.2.1　x 方向假想分布荷载 q_{xt}

由图 7.2 可得，变形后 x' 方向的荷载分量为：

$$q_{xt} = q_{x'} = \int_s (p_{nt}\sin\alpha + p_{st}\cos\alpha)\mathrm{d}s \qquad (7.56)$$

将式(7.41)和式(7.43)代入上式：

$$q_{xt} = \int_s \left\{\left[\frac{\partial}{\partial z}\left(\sigma_z t\frac{\partial v_n}{\partial z}\right) + \frac{\partial}{\partial s}\left(\sigma_s t\frac{\partial v_n}{\partial s}\right) + \frac{\partial}{\partial s}\left(\tau_{zs}t\frac{\partial v_n}{\partial z}\right) + \frac{\partial}{\partial z}\left(\tau_{zs}t\frac{\partial v_n}{\partial s}\right)\right]\sin\alpha \right.$$
$$\left. + \left[\dot{p}_s + \frac{\partial}{\partial z}\left(\sigma_z t\frac{\partial v_s}{\partial z}\right)\right]\cos\alpha\right\}\mathrm{d}s \qquad (7.57)$$

注意上式中包含了外荷载的增量 $\dot{p}_s$，表明我们是在建立增量分析用的方程。对各部分分别进行积分：

$$W_{\sigma z} = \int_A \sigma_{z0}\rho^2\mathrm{d}A = \int_A \left(\frac{N}{A} + \frac{M_y I_x - M_x I_{xy}}{I_x I_y - I_{xy}^2}x + \frac{M_x I_y - M_y I_{xy}}{I_x I_y - I_{xy}^2}y + \frac{B_\omega}{I_\omega}\omega\right)\rho^2\mathrm{d}A$$

(1) $\displaystyle\int_s \frac{\partial}{\partial z}\left(\sigma_z\frac{\partial v_n}{\partial z}\right)\sin\alpha t\mathrm{d}s + \int_s \frac{\partial}{\partial z}\left(\sigma_z\frac{\partial v_s}{\partial z}\right)\cos\alpha t\mathrm{d}s = \frac{\partial}{\partial z}\int_s \sigma_z\frac{\partial v_n}{\partial z}(v_n\sin\alpha + v_s\cos\alpha)t\mathrm{d}s$

$$= \frac{\partial}{\partial z}\int_s \sigma_z[u' - \theta'(y - y_0)]t\mathrm{d}s = [N(u' + y_0\theta')]' - (M_x\theta')' \qquad (7.58a)$$

(2) $\displaystyle\int_s \frac{\partial}{\partial s}\left(\sigma_s\frac{\partial v_n}{\partial s}\right)\sin\alpha t\mathrm{d}s + \int_s \frac{\partial}{\partial z}\left(\tau_{zs}\frac{\partial v_n}{\partial s}\right)\sin\alpha t\mathrm{d}s$

$$= \iint_s \left[\left(\frac{\partial\sigma_s}{\partial s} + \frac{\partial\tau_{zs}}{\partial z}\right)\frac{\partial v_n}{\partial s} + \sigma_s\frac{\partial^2 v_n}{\partial s^2} + \tau_{zs}\frac{\partial^2 v_n}{\partial s\partial z}\right]\sin\alpha t\mathrm{d}s$$

$$= \int_s \left(-\frac{p_s}{t} \frac{\partial v_n}{\partial s} + \tau_{zs} \frac{\partial^2 v_n}{\partial s \partial z} \right) \sin\alpha t \mathrm{d}s = q_y \theta - \theta' \int_s \tau_{sz} t \sin\alpha \mathrm{d}s = -(Q_y \theta)' \tag{7.58b}$$

$$(3) \int_s \frac{\partial}{\partial s} \left(\tau_{zs} \frac{\partial v_n}{\partial z} \right) \sin\alpha t \mathrm{d}s = \tau_{zs} t \frac{\partial v_n}{\partial z} \sin\alpha \Big|_0^B - \int_s \tau_{zs} \frac{\partial v_n}{\partial z} \cos\alpha \frac{\mathrm{d}\alpha}{\mathrm{d}s} t \mathrm{d}s = 0 \tag{7.58c}$$

$$(4) \int_s \dot{p}_s \cos\alpha \mathrm{d}s = \dot{q}_x \tag{7.58d}$$

式中 O 点和 B 点为截面的两个自由边缘，其中 O 点为曲线坐标的起点，B 点为曲线坐标的终点。将式(7.58a ~ d)代入式(7.57)可得：

$$q_{xt} = [N(u' + y_0\theta')]' - (M_x\theta)'' + \dot{q}_x \tag{7.59}$$

7.3.2.2 y 方向假想分布荷载 q_{yt}

同样由图 7.2 可得：

$$q_{yt} = q_{y'} = \int_s (p_{st}\sin\alpha - p_{nt}\cos\alpha)\mathrm{d}s \tag{7.60}$$

将式(7.41)和式(7.43)代入式(7.60)：

$$q_{yt} = \int_s \left\{ -\left[\frac{\partial}{\partial z}\left(\sigma_z t \frac{\partial v_n}{\partial z} \right) + \frac{\partial}{\partial s}\left(\sigma_s t \frac{\partial v_n}{\partial s} \right) + \frac{\partial}{\partial s}\left(\tau_{zs} t \frac{\partial v_n}{\partial z} \right) + \frac{\partial}{\partial z}\left(\tau_{zs} t \frac{\partial v_n}{\partial s} \right) \right] \cos\alpha \right.$$
$$\left. + \left[\dot{p}_s + \frac{\partial}{\partial z}\left(\sigma_z t \frac{\partial v_s}{\partial z} \right) \right] \sin\alpha \right\} \mathrm{d}s \tag{7.61}$$

对式(7.65)的各部分求解积分：

$$(1) \int_s \left[\frac{\partial}{\partial z}\left(\sigma_z \frac{\partial v_s}{\partial z} \right) \sin\alpha - \frac{\partial}{\partial z}\left(\sigma_z \frac{\partial v_n}{\partial z} \right) \cos\alpha \right] t \mathrm{d}s = \frac{\partial}{\partial z} \int_s \left(\sigma_z \frac{\partial}{\partial z}(v_s \sin\alpha - v_n \cos\alpha) \right) t \mathrm{d}s$$
$$= \frac{\partial}{\partial z} \int_s \sigma_z [u' - (y - y_0)\theta'] t \mathrm{d}s = [N(v' - x_0\theta')]' + (M_y\theta')' \tag{7.62a}$$

$$(2) -\int_s \frac{\partial}{\partial s}\left(\sigma_s \frac{\partial v_n}{\partial s} \right) \cos\alpha t \mathrm{d}s - \int_s \frac{\partial}{\partial z}\left(\tau_{zs} \frac{\partial v_n}{\partial s} \right) \cos\alpha t \mathrm{d}s$$
$$= -\int_s \left[\left(\frac{\partial \sigma_s}{\partial s} + \frac{\partial \tau_{zs}}{\partial z} \right) \frac{\partial v_n}{\partial s} + \sigma_s \frac{\partial^2 v_n}{\partial s^2} + \tau_{zs} \frac{\partial^2 v_n}{\partial s \partial z} \right] \cos\alpha t \mathrm{d}s$$
$$= -\int_s \left(-\frac{p_s}{t} \frac{\partial v_n}{\partial s} + \tau_{zs} \frac{\partial^2 v_n}{\partial s \partial z} \right) \cos\alpha t \mathrm{d}s = -q_x\theta + \theta' \int_s \tau_{sz} t \cos\alpha \mathrm{d}s = (Q_x\theta)' \tag{7.62b}$$

$$(3) -\int_s \frac{\partial}{\partial s}\left(\tau_{zs} \frac{\partial v_n}{\partial z} \right) \cos\alpha t \mathrm{d}s = -\tau_{zs} t \frac{\partial v_n}{\partial z} \cos\alpha \Big|_0^B - \int_s \tau_{zs} \frac{\partial v_n}{\partial z} \sin\alpha \frac{\partial \alpha}{\partial z} t \mathrm{d}s = 0 \tag{7.62c}$$

$$(4) \int_s \dot{p}_s \sin\alpha \mathrm{d}s = \dot{q}_y \tag{7.62d}$$

将式(7.62a ~ d)代入式(7.61)，得：

$$q_{yt} = [N(v' - x_0\theta')]' + (M_y\theta)'' + \dot{q}_y \tag{7.63}$$

7.3.2.3 对剪切中心的假想分布扭矩 m_z^{I}

由图 7.2 的关系可知，对变形后的剪切中心 S_1 的分布扭矩为：

$$m_{zt} = \int_s (p_{st} r_s - p_{nt} r_n)\mathrm{d}s + \dot{m}_{zd} \tag{7.64}$$

其中 m_{zd} 为直接作用的分布扭矩增量。将式(7.41)和式(7.43)代入上式，得：

293

$$m_{zt} = \int_s \left[r_s \frac{\partial}{\partial z} \left(\sigma_z t \frac{\partial v_s}{\partial z} \right) - r_n \frac{\partial}{\partial z} \left(\sigma_z t \frac{\partial v_n}{\partial z} \right) \right] ds - \int_s \left\{ r_n \left[\frac{\partial}{\partial s} \left(\sigma_s t \frac{\partial v_n}{\partial s} \right) \right. \right.$$

$$\left. \left. + \frac{\partial}{\partial s} \left(\tau_{zs} t \frac{\partial v_n}{\partial z} \right) + \frac{\partial}{\partial z} \left(\tau_{zs} t \frac{\partial v_n}{\partial s} \right) \right] \right\} ds + \int_s \dot{p}_s r_s ds + \dot{m}_{zd} \quad (7.65)$$

各部分的积分结果分别为（利用 $y - y_0 = -r_s \cos\alpha + r_n \sin\alpha$，$x - x_0 = r_s \sin\alpha + r_n \cos\alpha$）：

(1) $\int_s \left[r_s \frac{\partial}{\partial z} \left(\sigma_z \frac{\partial v_s}{\partial z} \right) - r_n \frac{\partial}{\partial z} \left(\sigma_z \frac{\partial v_n}{\partial z} \right) \right] t ds$

$= \frac{\partial}{\partial z} \int_s \sigma_z (u'\cos\alpha + v'\sin\alpha + \theta' r_s) r_s t ds - \frac{\partial}{\partial z} \int_s \sigma_z (u'\sin\alpha - v'\cos\alpha - \theta' r_n) r_n t ds$

$= [N(y_0 u' - x_0 v')]' - (M_x u')' + (M_y v')' + [(Nr_0^2 + 2M_x\beta_x + 2M_y\beta_y + 2B_\omega\beta_\omega)\theta']'$

$$(7.66a)$$

(2) $- \int_s \frac{\partial}{\partial s} \left(\tau_{zs} \frac{\partial v_n}{\partial z} \right) r_n t ds = - \tau_{zs} \frac{\partial v_n}{\partial z} r_n \Big|_0^N + \int_s \tau_{zs} \frac{\partial v_n}{\partial z} \frac{\partial r_n}{\partial s} t ds$

$= \int_s \tau_{sz} (u'\sin\alpha - v'\cos\alpha - \theta' r_n) t ds$

$= - Q_x v' + Q_y u' - (Q_x\beta_y + Q_y\beta_x + T_\omega\beta_\omega)\theta' \quad (7.66b)$

(3) $- \int_s \frac{\partial}{\partial z} \left(\tau_{zs} \frac{\partial v_n}{\partial s} \right) r_n t ds - \int_s \frac{\partial}{\partial s} \left(\sigma_s \frac{\partial v_n}{\partial s} \right) r_n t ds$

$= - \int_s \left[\left(\frac{\partial \sigma_s}{\partial s} + \frac{\partial \tau_{zs}}{\partial z} \right) \frac{\partial v_n}{\partial s} + \sigma_s \frac{\partial^2 v_n}{\partial s^2} + \tau_{zs} \frac{\partial^2 v_n}{\partial s \partial z} \right] r_n t ds$

$= - \int_s \left(- \frac{p_s}{t} \frac{\partial v_n}{\partial s} + \tau_{zs} \frac{\partial^2 v_n}{\partial s \partial z} \right) r_n t ds = - \theta \int_s p_s r_n ds + \theta' \left(\int_s \tau_{zs} r_n t ds \right)$

$= - [q_x(a_x - x_0) + q_y(a_y - y_0)]\theta + \theta' \int_s \tau_{sz} r_n t ds$

$= - [q_x(a_x - x_0) + q_y(a_y - y_0)]\theta + (Q_x\beta_y + Q_y\beta_x + T_\omega\beta_\omega)\theta' \quad (7.66c)$

(4) $\int_s \dot{p}_s r_s ds = \dot{q}_y(x_d - x_0) - \dot{q}_x(y_c - y_0) = \dot{m}_{zq} \quad (7.66d)$

式（7.66d）中，$\dot{m}_{zq}$ 为横向分布荷载对剪心取矩的结果。

将式（7.66a～e）代入式（7.65）得到：

$m_{zt} = [N(y_0 u' - x_0 v')]' - M_x u'' + M_y v'' + [(Nr_0^2 + 2M_x\beta_x + 2M_y\beta_y + 2B_\omega\beta_\omega)\theta']'$

$\qquad - q_y(a_y - y_0)\theta - q_x(a_x - x_0)\theta + \dot{m}_z \quad (7.67)$

7.3.2.4　非线性微分方程

由式(7.46a～c)和式(7.59)、式(7.63)和式(7.67)可得薄壁构件几何非线性微分方程组：

$$EI_y u^{\text{IV}} + EI_{xy} v^{\text{IV}} - [N(u' + y_0\theta')]' + (M_x\theta)'' - \dot{q}_x = 0 \quad (7.68a)$$

$$EI_x v^{\text{IV}} + EI_{xy} u^{\text{IV}} - [N(v' - x_0\theta')]' - (M_y\theta)'' - \dot{q}_y = 0 \quad (7.68b)$$

$$EI_\omega \theta^{\text{IV}} - GJ\theta'' + [N(x_0 v' - y_0 u')]' + M_x u'' - M_y v'' - [(Nr_0^2 + 2M_x\beta_x + 2M_y\beta_y$$

$$+ 2B_\omega\beta_\omega)\theta']' + q_y(a_y - y_0)\theta + q_x(a_x - x_0)\theta - \dot{m}_z = 0 \quad (7.68c)$$

当薄壁构件的截面由平板组成时，经过比较可以发现，利用假想荷载法得到的微分方程组式(7.68a～c)与利用虚功原理得到的结果式(7.33a～c)是完全一致的，说明本章的两种方法在理论上是一致的。

注意以上推导轴力以拉为正，弯矩以第一象限产生拉应力为正。

7.3.3 外荷载的非线性功不能引入总势能的解释

第 5 章根据稳定问题的变分原理（Washizu, 1983），说明了在建立薄壁构件的稳定问题的总势能时不应包含外荷载的非线性势能项。在平衡微分方程组中，荷载的非线性势能项就体现在扭转平衡方程中的非线性荷载项。下面通过假想荷载法中的外荷载及内应力在构件的变形过程中的方向变化，来直观地分析这一问题。

由于外荷载的保向性，在构件的变位过程中的确会产生非线性附加扭矩。如图 7.3 所示，截面上的任意点 P，从变位前的 P_0 位置变化到变位后的 P_1 位置。由薄壁构件的刚周边假定可知，变位前后的对应点的 r_n 和 r_s 的值不变，所以，在变形前 p_s 对截面的剪切中心的力臂为 r_s，而在变位后变成了：

$$r_s \cos\theta - r_n \sin\theta = r_s - \theta r_n \tag{7.69}$$

由此产生的扭矩增量为：

$$\Delta m_{zq} = \int_s p_s (r_s - \theta r_n) t \mathrm{d}s - \int_s p_s r_s t \mathrm{d}s = -\theta \int_s p_s r_n t \mathrm{d}s \tag{7.70}$$

变位后外荷载 p_s 对剪心的扭矩为：

$$\overline{m}_{zq} = m_{zq} + \Delta m_{zq} = m_{zq} - \theta \int_s p_s r_n t \mathrm{d}s \tag{7.71}$$

上面的分析非常合理，但上面假想荷载法建立扭转平衡微分方程式(7.68c)的过程中，并没有专门加上式(7.70)的附加扭矩，下面将对此进行说明。

在构件的变位过程中，应力发生了转向，由于假设系统是保守的，荷载的方向却保持不变。屈曲前的平衡方程 $\dfrac{\partial \sigma_s t}{\partial s} + \dfrac{\partial \tau_{zs} t}{\partial z} + p_s = 0$ 中的 $\dfrac{\partial \sigma_s t}{\partial s} + \dfrac{\partial \tau_{zs} t}{\partial z}$ 在屈曲过程中发生转向，但 p_s 的方向不发生改变。如图 7.4 所示，在变位后的位置上外荷载 p_s 可被分解为 p_s' 和 θp_s 两个方向的分量。其中 p_s' 已经包括在式(7.43)的 p_{st} 中，它对变位后剪心 S_1 的扭矩与变位前 p_s 对 S_0 的扭矩相等，均为 m_{zq}。从单块板的假想荷载式(7.38)可知，因为 $\dfrac{\partial w}{\partial y} = \dfrac{\partial v_n}{\partial s} = -\theta$，$p_y = p_s$，所以法线方向的分量 θp_s 在式(7.41)中得到了考虑。因此，变形前后外荷载 p_s 对变位后截面剪心的扭矩值的改变，均已经被包含，在建立平衡方程时，不需要另外独立地考虑式(7.70)的影响。

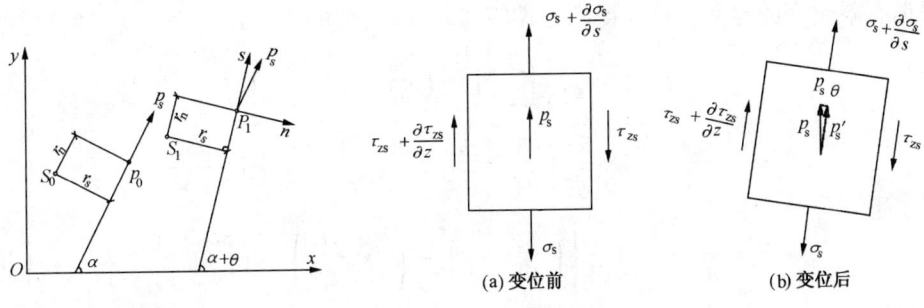

图 7.3　外荷载的保向性　　　　　图 7.4　变位前后微元 s 方向的平衡

7.4 壳体理论的推导方法

任何的薄壁构件都可以看作是由若干壳体组合而成,所以薄壁构件也可以用壳体理论来分析。由 Vlasov(1961)可知,当满足一定的尺寸要求时,薄壁构件能够较好地满足两个基本假定:刚周边假定和薄壁中面剪应变为零的假定,因而薄壁构件理论也可以被看做是满足这两个假定下,由壳体理论退化而来。本节将利用薄壳理论,在满足两个基本假定的前提下,推导薄壁构件的几何非线性问题的总势能。

Gjelsvik(1981)曾利用壳体理论对薄壁构件中各板件的应力关系进行过详细推导,本节将利用他的部分结论。

7.4.1 坐标和位移

在上文的推导中,截面上点的坐标是在薄壁中面上的。本节在相应的坐标符号上加"上横杠"来表示任意点的坐标。例如,如图 7.5 所示的任意开口截面的薄壁构件,定义截面上任意点 P 的坐标为 $(\bar{x}, \bar{y})$,在薄壁的中面上投影点的坐标为 (x, y)。由图 7.5 可得下面的关系式:

$$\bar{x} = x + n\sin\alpha \tag{7.72a}$$

$$\bar{y} = y - n\cos\alpha \tag{7.72b}$$

$$\bar{\omega} = \omega - nr_n \tag{7.72c}$$

在本节,截面常数均以式(7.72a ~ c)来定义。在截面的曲线坐标系中,P 的位移可表示为:

$$\bar{v}_s = u\cos\alpha + v\sin\alpha + (r_s + n)\theta = v_s + n\theta \tag{7.73a}$$

$$\bar{v}_n = u\sin\alpha - v\cos\alpha - r_n\theta = v_n \tag{7.73b}$$

当 P 点位于薄壁中面上时,$\bar{v}_s$ 和 $\bar{v}_n$ 可分别用 v_s 和 v_n 表示。在直角坐标系,位移的表达式与前面的章节有所不同,变为:

$$\bar{u} = u - (\bar{y} - y_0)\theta \tag{7.74a}$$

$$\bar{v} = v + (\bar{x} - x_0)\theta \tag{7.74b}$$

$$\bar{w} = w - \bar{x}u' - \bar{y}v' - \bar{\omega}\theta' = w_{中面} - nv_n' \tag{7.74c}$$

7.4.2 有限应变的表达式

根据有限应变的定义,可以得到与式(7.8a ~ c)类似的表达式:

$$\bar{\varepsilon}_z = \frac{\partial \bar{w}}{\partial z} + \frac{1}{2}\left[\left(\frac{\partial \bar{v}_n}{\partial z}\right)^2 + \left(\frac{\partial \bar{v}_s}{\partial z}\right)^2 + \left(\frac{\partial \bar{w}}{\partial z}\right)^2\right] \tag{7.75a}$$

$$\bar{\gamma}_{zs} = \frac{\partial \bar{w}}{\partial \bar{s}} + \frac{\partial \bar{v}_s}{\partial z} + \frac{\partial \bar{v}_n}{\partial z}\left(\frac{\partial \bar{v}_n}{\partial \bar{s}} - \frac{\bar{v}_s}{\bar{R}_s}\right) + \frac{\partial \bar{v}_s}{\partial z}\left(\frac{\partial \bar{v}_s}{\partial \bar{s}} + \frac{\bar{v}_n}{\bar{R}_s}\right) + \frac{\partial \bar{w}}{\partial \bar{s}}\frac{\partial \bar{w}}{\partial z} \tag{7.75b}$$

$$\bar{\varepsilon}_s = \frac{\partial \bar{v}_s}{\partial \bar{s}} + \frac{\bar{v}_n}{\bar{R}_s} + \frac{1}{2}\left[\left(\frac{\partial \bar{v}_n}{\partial \bar{s}} - \frac{\bar{v}_s}{\bar{R}_s}\right)^2 + \left(\frac{\partial \bar{v}_s}{\partial \bar{s}} + \frac{\bar{v}_n}{\bar{R}_s}\right)^2 + \left(\frac{\partial \bar{w}}{\partial \bar{s}}\right)^2\right] \tag{7.75c}$$

以上各式中 $d\bar{s} = \left(1 + \dfrac{n}{R_s}\right)ds$,$\bar{R}_s = R_s + n$。

利用位移表达式,可以得到下面的关系:

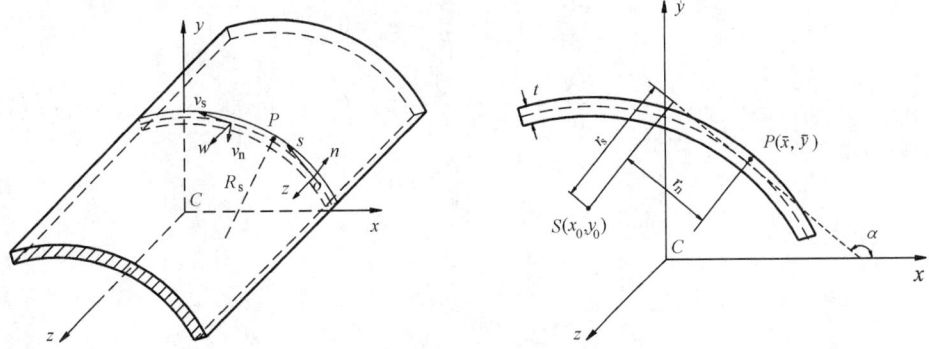

图 7.5　典型的开口薄壁构件

$$\frac{\partial v_{\mathrm{s}}}{\partial s}+\frac{v_{\mathrm{n}}}{R_{\mathrm{s}}}=0,\frac{\partial \bar{v}_{\mathrm{s}}}{\partial \bar{s}}+\frac{\bar{v}_{\mathrm{n}}}{R_{\mathrm{s}}}=0 \qquad (7.76\mathrm{a},\mathrm{b})$$

$$\frac{\partial v_{\mathrm{n}}}{\partial s}-\frac{v_{\mathrm{s}}}{R_{\mathrm{s}}}=-\theta,\frac{\partial \bar{v}_{\mathrm{n}}}{\partial \bar{s}}-\frac{\bar{v}_{\mathrm{s}}}{\bar{R}_{\mathrm{s}}}=-\theta \qquad (7.76\mathrm{c},\mathrm{d})$$

$$\frac{\partial \bar{x}}{\partial \bar{s}}=\cos\alpha,\frac{\partial \bar{y}}{\partial \bar{s}}=\sin\alpha,\frac{\partial \bar{\omega}}{\partial \bar{s}}=r_{\mathrm{s}}-\frac{n}{1+n/R_{\mathrm{s}}} \qquad (7.76\mathrm{e},\mathrm{f},\mathrm{g})$$

同样，忽略纵向位移的非线性效应，利用式(7.76a~d)，可得各应变分量的表达式：

$$\bar{\varepsilon}_{\mathrm{z}}=w'-\bar{x}u''-\bar{y}v''-\bar{\omega}\theta''+\frac{1}{2}(u'^{2}+v'^{2})+\frac{1}{2}\bar{\rho}^{2}\theta'^{2}+(y_{0}-\bar{y})u'\theta'-(x_{0}-\bar{x})v'\theta' \qquad (7.77\mathrm{a})$$

$$\bar{\gamma}_{\mathrm{zs}}=2n\theta'-\theta\,\bar{v}'_{\mathrm{n}}-\frac{n^{2}\theta'}{R_{\mathrm{s}}+n} \qquad (7.77\mathrm{b})$$

$$\bar{\varepsilon}_{\mathrm{s}}=\frac{1}{2}\theta^{2} \qquad (7.77\mathrm{c})$$

相应的薄壁中面上的投影点的应变表达式可参见式(7.9)和式(7.11)。由符拉索夫(1963)，可得壳微元体的曲率和扭率：

$$\kappa_{\mathrm{z}}=\frac{\partial^{2}v_{\mathrm{n}}}{\partial z^{2}} \qquad (7.78\mathrm{a})$$

$$\kappa_{\mathrm{sz}}=\frac{\partial^{2}v_{\mathrm{n}}}{\partial s\partial z}+\frac{1}{2R_{\mathrm{s}}}\left(\frac{\partial w}{\partial s}-\frac{\partial v_{\mathrm{s}}}{\partial z}\right)=-\theta' \qquad (7.78\mathrm{b})$$

$$\kappa_{\mathrm{zs}}=\kappa_{\mathrm{sz}}+\frac{\gamma_{\mathrm{sz}}^{\mathrm{L}}}{2R_{\mathrm{s}}}=\kappa_{\mathrm{sz}} \qquad (7.78\mathrm{c})$$

$$\kappa_{\mathrm{s}}=\frac{\partial}{\partial z}\left(\frac{1}{R_{\mathrm{s}}}\right)w+\frac{\partial}{\partial s}\left(\frac{1}{R_{\mathrm{s}}}\right)v_{\mathrm{s}}-\frac{v_{\mathrm{n}}}{R_{\mathrm{s}}^{2}}-\frac{\partial^{2}v_{\mathrm{n}}}{\partial s^{2}}-\frac{1}{R_{\mathrm{s}}}\frac{\partial R_{\mathrm{s}}}{\partial z}\frac{\partial v_{\mathrm{n}}}{\partial z}$$

$$=\frac{\partial}{\partial s}\left(\frac{1}{R_{\mathrm{s}}}\right)v_{\mathrm{s}}-\frac{v_{\mathrm{n}}}{R_{\mathrm{s}}^{2}}-\frac{\partial^{2}v_{\mathrm{n}}}{\partial s^{2}}=0 \qquad (7.78\mathrm{d})$$

7.4.3　壳体内力

薄壳微元中的薄膜力之间，存在下面的关系(Flügge，1974；Gjelsvik，1981)：

$$\frac{\partial Q_s}{\partial s} + \frac{\partial Q_z}{\partial z} + \frac{N_s}{R_s} - p_n = 0 \qquad (7.79a)$$

$$\frac{\partial N_s}{\partial s} + \frac{\partial N_{zs}}{\partial z} - \frac{Q_s}{R_s} + p_s = 0 \qquad (7.79b)$$

$$\frac{\partial N_z}{\partial z} + \frac{\partial N_{sz}}{\partial s} = 0 \qquad (7.79c)$$

$$N_{zs} - N_{sz} + \frac{M_{sz}}{R_s} = 0 \qquad (7.79d)$$

$$\frac{\partial M_z}{\partial z} + \frac{\partial M_{sz}}{\partial s} - Q_z = 0 \qquad (7.79e)$$

$$\frac{\partial M_s}{\partial s} + \frac{\partial M_{zs}}{\partial z} - Q_s = 0 \qquad (7.79f)$$

式中 p_n 和 p_s 为法向和切向的分布荷载，N_z，N_s，N_{sz} 和 N_{zs} 为薄膜力，Q_z 和 Q_s 为横向剪力，M_z，M_s，M_{sz} 和 M_{zs} 为弯矩和扭矩，如图 7.6 所示。

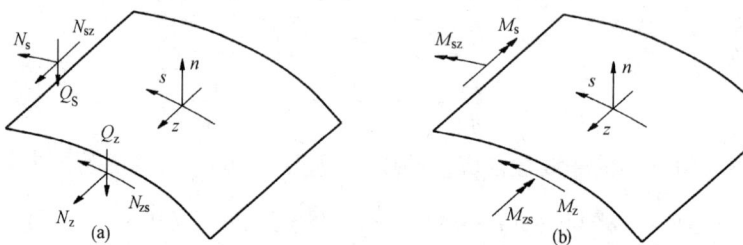

图 7.6　壳体内力及正方向

壳体内力的定义（Flügge，1974）：

$$N_z = \int_{-t/2}^{t/2} \overline{\sigma}_z \left(1 + \frac{n}{R_s}\right) dn, \quad N_s = \int_{-t/2}^{t/2} \overline{\sigma}_s dn \qquad (7.80a,b)$$

$$N_{zs} = \int_{-t/2}^{t/2} \overline{\tau}_{zs} \left(1 + \frac{n}{R_s}\right) dn, \quad N_{sz} = \int_{-t/2}^{t/2} \overline{\tau}_{sz} dn \qquad (7.80c,d)$$

$$M_z = -\int_{-t/2}^{t/2} \overline{\sigma}_z \left(1 + \frac{n}{R_s}\right) n dn, \quad M_s = -\int_{-t/2}^{t/2} \overline{\sigma}_s n dn \qquad (7.80e,f)$$

$$M_{zs} = -\int_{-t/2}^{t/2} \overline{\tau}_{zs} \left(1 + \frac{n}{R_s}\right) n dn, \quad M_{sz} = -\int_{-t/2}^{t/2} \overline{\tau}_{sz} n dn \qquad (7.80g,h)$$

将任意点的线性应力的表达式代入，得：

$$N_z = \int_{-t/2}^{t/2} E(w' - u''\overline{x} - v''\overline{y} - \theta''\overline{\omega})\left(1 + \frac{n}{R_s}\right) dn = \sigma_z t - \frac{Et^3}{12R_s}\kappa_z \qquad (7.81a)$$

$$M_z = -\int_{-t/2}^{t/2} E(w' - u''\overline{x} - v''\overline{y} - \theta''\overline{\omega})\left(1 + \frac{n}{R_s}\right) n dn = \frac{Et^3}{12}\kappa_z - \frac{Et^3}{12R_s}\varepsilon_z = \frac{Et^3}{12}\kappa_z - \frac{t^3}{12R_s}\sigma_z$$

$$(7.81b)$$

由 Gjelsvik（1981），并注意到式（7.78b），得：

$$M_{sz} = M_{zs} = \frac{Gt^3}{6}\kappa_{sz} = -\frac{Gt^3}{6}\theta' \qquad (7.82)$$

式(7.81a, b)和式(7.82)的四个内力都可以由应变表达式直接得到, Gjelsvik(1981)称它们为"主动内力"(Active Forces), 另外的内力需要利用式(7.79a～f)的关系得到, Gjelsvik(1981)称它们为"内反力"(Reactive Forces):

$$N_{sz} = N_{sz}(B) + \int_P^B \frac{\partial \overline{\sigma}_z}{\partial z} dA = \frac{\partial}{\partial z} \int_P^B \overline{\sigma}_z dA = \frac{\partial}{\partial z} \int_P^B E(w' - u''\overline{x} - v''\overline{y} - \theta''\overline{\omega}) dA$$

$$= \frac{Q_x S_y}{I_y} + \frac{Q_y S_x}{I_x} + \frac{M_\omega S_\omega}{I_\omega} \tag{7.83}$$

N_s、Q_s 和 M_s 可根据图7.7来确定(图中未表示外荷载)。由 x 和 y 方向的力的平衡以及对剪心的扭转平衡(Gjelsvik,1981), 得:

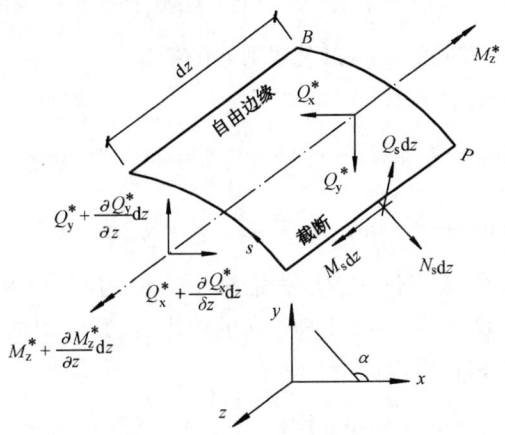

图7.7 内反力的确定

$$-M_s - (N_s\cos\alpha - Q_s\sin\alpha)(y - y_0) - (N_s\sin\alpha + Q_s\cos\alpha)(x - x_0) = \frac{\partial M_z^*}{\partial z} + \widetilde{M}_z^* \tag{7.84a}$$

$$N_s\sin\alpha + Q_s\cos\alpha = \frac{\partial Q_y^*}{\partial z} + \widetilde{Q}_y^* \tag{7.84b}$$

$$N_s\cos\alpha - Q_s\sin\alpha = \frac{\partial Q_x^*}{\partial z} + \widetilde{Q}_x^* \tag{7.84c}$$

其中: $P_z = \int_P^B N_z ds$, $Q_x^* = \int_P^B (N_{zs}\cos\alpha - Q_z\sin\alpha) ds$ \quad (7.85a,b)

$$Q_y^* = \int_P^B (N_{zs}\sin\alpha + Q_z\cos\alpha) ds , \quad M_z^* = \int_P^B (N_{zs}r_s + Q_z r_n - M_{zs}) ds \tag{7.85c,d}$$

$$\widetilde{Q}_x^* = \int_P^B (p_n\sin\alpha + p_s\cos\alpha) ds , \quad \widetilde{Q}_y^* = \int_P^B (-p_n\cos\alpha + p_s\sin\alpha) ds \tag{7.85e,f}$$

$$\widetilde{M}_z^* = \int_P^B (-p_n r_n + p_s r_s) ds \tag{7.85g}$$

由式(7.84a～c)可得:

$$M_s = (x - x_0)\left(\frac{\partial Q_y^*}{\partial z} + \widetilde{Q}_y^*\right) - (y - y_0)\left(\frac{\partial Q_x^*}{\partial z} + \widetilde{Q}_x^*\right) - \left(\frac{\partial M_z^*}{\partial z} + \widetilde{M}_z^*\right) \tag{7.86a}$$

$$N_s = \left(\frac{\partial Q_y^*}{\partial z} + \widetilde{Q}_y^*\right)\sin\alpha + \left(\frac{\partial Q_x^*}{\partial z} + \widetilde{Q}_x^*\right)\cos\alpha \tag{7.86b}$$

$$Q_s = \left(\frac{\partial Q_y^*}{\partial z} + \widetilde{Q}_y^*\right)\cos\alpha - \left(\frac{\partial Q_x^*}{\partial z} + \widetilde{Q}_x^*\right)\sin\alpha \tag{7.86c}$$

记：
$$P_z = \int_A \sigma_z dA = \int_s N_z ds \tag{7.87a}$$

$$Q_x = \int_s (N_{zs}\cos\alpha - Q_z\sin\alpha) ds \tag{7.87b}$$

$$Q_y = \int_s (N_{zs}\sin\alpha + Q_z\cos\alpha) ds \tag{7.87c}$$

$$M_z = \int_s (N_{zs}r_s + Q_z r_n - M_{zs}) ds \tag{7.87d}$$

其中 $\int_s (\quad) ds$ 表示沿薄壁中面的曲线坐标方向，在整个截面范围内积分。上面的四个式子分别表示轴力、沿 x 和 y 方向的剪力以及对剪心的扭矩。

将式(7.85a~g)代入式(7.86b)，可得：
$$N_s = \int_P^B (N_{zs}'\sin\alpha + Q_z'\cos\alpha - p_n\cos\alpha + p_s\sin\alpha) ds \cdot \sin\alpha$$
$$+ \int_P^B (N_{zs}'\cos\alpha - Q_z'\sin\alpha + p_n\sin\alpha + p_s\cos\alpha) ds \cdot \cos\alpha \tag{7.88}$$

这里我们注意到，在薄壁构件中，Q_s 为沿壁厚方向的剪力，对微元的平衡起重要的作用，所以它不能被忽略。Q_z 同样为沿壁厚方向的剪力，但是它对应的是截面的次翘曲，在薄壁构件理论中通常可以忽略，所以：

$$N_s = \int_P^B (N_{zs}'\sin\alpha - p_n\cos\alpha + p_s\sin\alpha) ds \cdot \sin\alpha + \int_P^B (N_{zs}'\cos\alpha + p_n\sin\alpha + p_s\cos\alpha) ds \cdot \cos\alpha \tag{7.89}$$

7.4.4 总势能

薄壁构件的几何非线性问题的总势能可由下式表示：
$$\Pi = \frac{1}{2}\int_L\int_A \left(\overline{\sigma}_z\overline{\varepsilon}_z + \overline{\sigma}_s\overline{\varepsilon}_s + \frac{1}{2}\overline{\tau}_{sz}\overline{\gamma}_{sz} + \frac{1}{2}\overline{\tau}_{zs}\overline{\gamma}_{zs}\right) dA dz - W \tag{7.90}$$

需要注意的是，上式中的 W 不包含非线性外力势能。根据壳体理论，注意到 $\overline{\gamma}_{sz} = \gamma_{sz} - 2n\kappa_{sz}$，上式可表示为：

$$\Pi = \frac{1}{2}\int_L\int_A [(N_z\varepsilon_z + M_z\kappa_z) + (N_s\varepsilon_s + M_s\kappa_s) + (N_{sz}\gamma_{sz} + 2M_{sz}\kappa_{sz})] ds dz - W \tag{7.91}$$

如果将内力和应变分为线性和非线性部分，注意到 $\varepsilon_s^L = 0$，$\kappa_s = 0$ 和 $\gamma_{sz} = 0$，并略去高阶项，得：

$$\Pi = \frac{1}{2}\int_L\int_s [(N_z^L\varepsilon_z^L + M_z\kappa_z + 2M_{sz}\kappa_{sz}) + (2N_s^L\varepsilon_s^N + 2N_z^L\varepsilon_z^N + 2N_{sz}^L\gamma_{sz}^N)] ds dz$$
$$= U_1^L + U_2^L + U_{\sigma z}^N + U_\tau^N + U_{\sigma s}^N - W \tag{7.92}$$

其中的线性应变能为：
$$U_1^L = \frac{1}{2}\int_L\int_s (N_z^L\varepsilon_z^L + M_z\kappa_z) ds dz = \frac{1}{2}\int_L\int_A \overline{\sigma}_z^L\overline{\varepsilon}_z^L dA dz$$
$$= \frac{1}{2}\int_L\int_A [\overline{\sigma}_z^L(w' - u''\overline{x} - v''\overline{y} - \theta''\overline{\omega})] dA dz$$

$$= \frac{1}{2}\int_L (EA w'^2 + EI_y u''^2 + 2EI_{xy} u''v'' + EI_x v''^2 + EI_\omega \theta''^2)\,\mathrm{d}z \tag{7.93}$$

$$U_2^{\mathrm{L}} = \frac{1}{2}\int_L \int_s (2M_{sz}\kappa_{sz})\,\mathrm{d}s\mathrm{d}z = \frac{1}{2}\int_L \int_s \left(\frac{1}{3}Gt^3\theta'\theta'\right)\mathrm{d}s\mathrm{d}z = \frac{1}{2}\int_L (GJ\theta'^2)\,\mathrm{d}z \tag{7.94}$$

非线性应变能为：

$$U_{\sigma z}^{\mathrm{N}} = \int_L \int_s (N_z^{\mathrm{L}}\varepsilon_z^{\mathrm{N}})\,\mathrm{d}s\mathrm{d}z = \int_L \int_s N_z^{\mathrm{L}}\left[\frac{1}{2}(u'^2 + v'^2) + \frac{1}{2}\rho^2\theta'^2 + (y_0 - y)u'\theta' - (x_0 - x)v'\theta'\right]\mathrm{d}s\mathrm{d}z$$

$$= \frac{1}{2}\int_L \big[\, N u'^2 + N v'^2 + (N r_0^2 + 2M_x\beta_x + 2M_y\beta_y + 2B_\omega\beta_\omega)\theta'^2$$
$$- 2(M_x - Ny_0)u'\theta' + 2(M_y - Nx_0)v'\theta'\,\big]\mathrm{d}z \tag{7.95}$$

$$U_\tau^{\mathrm{N}} = \int_L \int_s (N_{sz}^{\mathrm{L}}\gamma_{sz}^{\mathrm{N}})\,\mathrm{d}s\mathrm{d}z = \int_L \int_s \left[\left(\frac{Q_x S_y}{I_y} + \frac{Q_y S_x}{I_x} + \frac{T_\omega S_\omega}{I_\omega}\right)(-\theta)v'_n\right]\mathrm{d}s\mathrm{d}z$$

$$= -\frac{1}{2}\int_L \big[\,(2Q_x\beta_y + 2Q_y\beta_x + 2T_\omega\beta_\omega)\theta\theta' + 2Q_x v'\theta - 2Q_y u'\theta\,\big]\mathrm{d}z \tag{7.96}$$

记外荷载在 x 和 y 方向的分量为 p_x 和 p_y，则：

$$p_y = -p_n\cos\alpha + p_s\sin\alpha \tag{7.97a}$$

$$p_x = p_n\sin\alpha + p_s\cos\alpha \tag{7.97b}$$

所以：

$$U_{\sigma s}^{\mathrm{N}} = \int_L \int_s (N_s^{\mathrm{L}}\varepsilon_s^{\mathrm{N}})\,\mathrm{d}s\mathrm{d}z$$

$$= \frac{1}{2}\int_L \int_s \left\{\theta^2\left[\int_P^B (N_{sz}'\sin\alpha + p_y)\,\mathrm{d}s \cdot \sin\alpha + \int_P^B (N_{sz}'\cos\alpha + p_x)\,\mathrm{d}s \cdot \cos\alpha\right]\right\}\mathrm{d}s\mathrm{d}z$$

$$= \frac{1}{2}\int_L \left\{\int_s \left[\int_P^B (N_{sz}'\sin\alpha)\,\mathrm{d}s\sin\alpha + \int_P^B (N_{sz}'\cos\alpha)\,\mathrm{d}s\cos\alpha\right]\mathrm{d}s\,\theta^2\right\}\mathrm{d}z$$

$$+ \frac{1}{2}\int_L \left[\int_s \left(\int_P^B p_y\,\mathrm{d}s\sin\alpha + \int_P^B p_x\,\mathrm{d}s\cos\alpha\right)\mathrm{d}s\,\theta^2\right]\mathrm{d}z \tag{7.98}$$

如记：

$$U_{mn} = \frac{1}{2}\int_L \left\{\int_s \left[\int_P^B (N_{sz}'\sin\alpha)\,\mathrm{d}s\sin\alpha + \int_P^B (N_{sz}'\cos\alpha)\,\mathrm{d}s\cos\alpha\right]\mathrm{d}s\,\theta^2\right\}\mathrm{d}z \tag{7.99a}$$

$$U_{mq} = \frac{1}{2}\int_L \left[\int_s \left(\int_P^B p_y\,\mathrm{d}s\sin\alpha + \int_P^B p_x\,\mathrm{d}s\cos\alpha\right)\mathrm{d}s\,\theta^2\right]\mathrm{d}z \tag{7.99b}$$

截面上沿两个方向总的分布荷载为 $q_x = \int_A p_x\,\mathrm{d}s$，$q_y = \int_A p_y\,\mathrm{d}s$，假设这两个分布荷载分别作用在 (a_x, y_c) 和 (x_d, a_y)，注意到 $Q_x' = -q_x$，$Q_y' = -q_y$，有：

$$\int_s \left[\int_P^B (N_{sz}'\sin\alpha)\,\mathrm{d}s\sin\alpha\right]\mathrm{d}s = \left[y\int_P^B (N_{sz}'\sin\alpha)\,\mathrm{d}s\right]_O^B + \int_A (y N_{sz}'\sin\alpha)\,\mathrm{d}s$$

$$= -y_0 \int_s \left[\left(\frac{Q_x' S_y}{I_y} + \frac{Q_y' S_x}{I_x} + \frac{T_\omega' S_\omega}{I_\omega}\right)\sin\alpha\right]\mathrm{d}s + \int_A \left[y\left(\frac{Q_x' S_y}{I_y} + \frac{Q_y' S_x}{I_x} + \frac{T_\omega' S_\omega}{I_\omega}\right)\sin\alpha\right]\mathrm{d}s$$

$$= y_0 q_y - \int_A \left[y\left(\frac{q_x S_y}{I_y} + \frac{q_y S_x}{I_x} - \frac{T_\omega' S_\omega}{I_\omega}\right)\sin\alpha\right]\mathrm{d}s \tag{7.100a}$$

$$\int_A \left[\int_P^B (N_{sz}'\cos\alpha)\,\mathrm{d}s\cos\alpha\right]\mathrm{d}s = \left[x\int_P^B (N_{sz}'\cos\alpha)\,\mathrm{d}s\right]_O^B + \int_A (x N_{sz}'\cos\alpha)\,\mathrm{d}s$$

$$= -x_0 \int_s \left[\left(\frac{Q_x' S_y}{I_y} + \frac{Q_y' S_x}{I_x} + \frac{T_\omega' S_\omega}{I_\omega} \right) \cos\alpha \right] ds + \int_s \left[x \left(\frac{Q_x' S_y}{I_y} + \frac{Q_y' S_x}{I_x} + \frac{T_\omega' S_\omega}{I_\omega} \right) \cos\alpha \right] ds$$

$$= x_0 q_x - \int_A \left[x \left(\frac{q_x S_y}{I_y} + \frac{q_y S_x}{I_x} - \frac{T_\omega' S_\omega}{I_\omega} \right) \cos\alpha \right] ds \qquad (7.100b)$$

式中 O 和 B 为薄壁中面的曲线坐标方向的起点和终点，均为自由边缘，"O"点坐标为 (x_A, y_A)

$$U_{mn} = \frac{1}{2} \int_L \left\{ (x_0 q_x + y_0 q_y) - \iint_s \left[(x\cos\alpha + y\sin\alpha) \left(\frac{q_x S_y}{I_y} + \frac{q_y S_x}{I_x} - \frac{T_\omega' S_\omega}{I_\omega} \right) \right] ds \theta^2 \right\} dz$$

$$= \frac{1}{2} \int_L (x_0 q_x + y_0 q_y) \theta^2 dz - \frac{1}{2} \int_L \left[\int_s (x_0 \cos\alpha + y_0 \sin\alpha) \left(\frac{q_x S_y}{I_y} + \frac{q_y S_x}{I_x} - \frac{T_\omega' S_\omega}{I_\omega} \right) ds \theta^2 \right] dz$$

$$- \frac{1}{2} \int_L \left\{ \iint_s \left[(x - x_0)\cos\alpha + (y - y_0)\sin\alpha \right] \left(\frac{q_x S_y}{I_y} + \frac{q_y S_x}{I_x} - \frac{T_\omega' S_\omega}{I_\omega} \right) ds \theta^2 \right\} dz$$

$$= \frac{1}{2} \int_L (x_0 q_x + y_0 q_y) \theta^2 dz - \frac{1}{2} \int_L (q_x \beta_y + q_y \beta_x - T_\omega' \beta_\omega) \theta^2 dz - \frac{1}{2} \int_L (x_0 q_x + y_0 q_y) \theta^2 dz$$

$$(7.101)$$

下面求解(7.99b)式，其中：

$$\iint_s \left[\int_P^B p_y ds \sin\alpha + \int_P^B p_x ds \cos\alpha \right] ds$$

$$= \left[y \int_P^B p_y ds + x \int_P^B p_x ds \right]_O^B + \int_s (y p_y + x p_x) ds = -\left[y_A \int_s p_y ds + x_A \int_s p_x ds \right] + a_y q_y + a_x q_x$$

$$= -(y_0 q_y + x_0 q_x) + a_y q_y + a_x q_x \qquad (7.102)$$

将式(7.102)代入式(7.99b)，得：

$$U_{mq} = -\frac{1}{2} \int_L (y_0 q_y + x_0 q_x) \theta^2 dz + \frac{1}{2} \int_L (a_y q_y + a_x q_x) \theta^2 dz \qquad (7.103)$$

由式(7.101)和式(7.103)，可得：

$$U_{\sigma s}^N = \frac{1}{2} \int_L \left[-q_y (\beta_x + y_0 - a_y) - q_x (\beta_y + x_0 - a_x) + T_\omega' \beta_\omega \right] \theta^2 dz \qquad (7.104)$$

外力功的表达式与前文的相同：

$$W = \int_0^L (\dot{q}_x u + \dot{q}_y v + \dot{m}_z \theta) dz + \sum_i \left[\dot{P}_{zi} w_i + \dot{P}_x u_i + \dot{P}_y v_i - \widetilde{M}_{yi} u_i' - \widetilde{M}_{xi} v_i' + \widetilde{M}_{zi} \theta_i - \widetilde{B}_{\omega i} \theta_i' \right]_{z=z_i}$$

$$(7.105)$$

综合式(7.93~96)和式(7.104)以及式(7.105)，可以得到任意开口薄壁构件的几何非线性问题的总势能，表达式与式(7.32)完全一致。因此式(7.35)适用于任意开口截面的薄壁构件，而不仅仅是平板组成的截面。

7.5 具有强迫转动轴的扭转失稳

实际工程中会有迫使构件绕一个固定的轴整体扭转失稳的情况，例如工业厂房的边柱有外墙与工字形截面柱子的外翼缘连接，工字形截面的外翼缘无法侧移。工业厂房的框架梁的上翼缘受檩条—屋面体系的侧移约束等。

强迫转动的点的坐标是(x_r, y_r)，$e_y = y_r - y_0$，$e_x = x_r - x_0$，则剪切中心的位移是

$$u = e_y\theta, \quad v = -e_x\theta$$

代入式(7.35)，化简得到

$$
\begin{aligned}
\Pi = \frac{1}{2}\int_0^L \Big\{ & EI'_\omega\theta''^2 + [GJ + Ni_r^2 + 2M_x(\beta_x - e_y) + 2M_y(\beta_y - e_x) + 2B_\omega\beta_\omega]\theta'^2 \\
& + 2[Q_x(\beta_y - e_x) + Q_y(\beta_x - e_y) + T_\omega\beta_\omega]\theta'\theta \\
& + [q_y(a_y - y_0 - \beta_x) + q_x(a_x - x_0 - \beta_y) + T'_\omega\beta_\omega]\theta^2 \Big\}\,\mathrm{d}z
\end{aligned}
\tag{7.106}
$$

式中

$$I'_\omega = I_\omega + I_x e_x^2 + I_y e_y^2 - 2I_{xy} e_x e_y$$

$$i_r^2 = \frac{1}{A}\int_A [(x - x_r)^2 + (y - y_r)^2]\,\mathrm{d}A = \frac{I_y + I_x}{A} + x_r^2 + y_r^2$$

在单轴对称截面、单向压弯、绕对称轴上的一点强迫扭转的情况下

$$
\begin{aligned}
\Pi = \frac{1}{2}\int_0^L \Big\{ & EI'_\omega\theta''^2 + [GJ + Ni_r^2 + 2M_x(\beta_x - e_y)]\theta'^2 + 2Q_y(\beta_x - e_y)\theta'\theta \\
& + q_y(a_y - y_0 - \beta_x)\theta^2 \Big\}\,\mathrm{d}z
\end{aligned}
\tag{7.107}
$$

此时 $i_r^2 = i_x^2 + i_y^2 + y_r^2$，$I'_\omega = I_\omega + I_y e_y^2$。两端简支时

$$\Pi = \frac{1}{2}\int_0^L \{EI'_\omega\theta''^2 + [GJ + Ni_r^2 + 2M_x(\beta_x - e_y)]\theta'^2 + q_y(a_y - y_r)\theta^2\}\,\mathrm{d}z \tag{7.108}$$

轴压杆的临界压力是

$$N_{cr} = \frac{1}{i_r^2}\left(GJ + \frac{\pi^2 EI'_\omega}{L^2}\right) \tag{7.109}$$

纯弯时的临界弯矩是

$$M_{cr} = \frac{GJL^2 + \pi^2 EI'_\omega}{2(\beta_x - e_y)L^2} \tag{7.110}$$

在弯矩和压力共同作用下，

$$\frac{N}{N_{cr}} + \frac{M}{M_{cr}} = 1 \tag{7.111}$$

习 题

7.1 考虑截面的初始变形，剪切中心的初始侧移为 $u_0(z)$，$v_0(z)$，绕剪切中心的初始扭转为 $\theta_0(z)$。

(1) 写出考虑初始变形影响的薄壁截面各个线性和非线性应变表达式。

(2) 推导考虑初始变形影响的总势能表达式。

(3) 通过变分运算，推导得到考虑初始变形影响的平衡微分方程及其边界条件。

7.2 结合7.1题的推导，考察假想荷载法该如何修改补充，以考虑初始位移的影响。

参 考 文 献

[1] 吕烈武，沈世钊，沈祖炎，胡学仁. 钢结构构件稳定理论. 北京：中国建筑工业出版社，1983.

［2］ Achour, B. , Roberts, T. M. Nonlinear strains and instability of thin-walled bars, Journal of Constructional Steel Research, 2000, 56 (3): 237-252.

［3］ Bleich, F. Buckling Strength of Metal Structures, McGraw – Hill, New York, 1952.

［4］ Chan, S. L. , Kitipornchai, S. Geometric nonlinear analysis of asymmetric thin – walled beam – columns, Engineering Structures, 1987, 9 (10): 243-254.

［5］ Chen, H, Blandford, G. E. Thin – walled space frames. I: lateral – deformation analysis theory, Journal of Structural Engineering, ASCE, 1991, 117 (8): 2499-2519.

［6］ Flügge, W. Stresses in Shells, 2nd Edition, Springer – Verlag, Berlin, 1974.

［7］ Ghobarah, A. A. , Tso, W. K. A nonlinear thin – walled beam theory, International Journal of Mechanical Secinces, 1971, 13 (5): 1025-1038.

［8］ Gjelsvik, A. The Theory of Thin Walled Bars, John Wiley & Sons, New York, 1981.

［9］ Laudiero, F. , Zaccaria, D. A consistent approach to linear stability of thin – walled beams of open section, International Journal of Mechanical Science, 1988a, 30 (8): 503-517.

［10］ Laudiero, F. , Zaccaria, D. Finite element analysis of stability of thin – walled beams of open section, International Journal of Mechanical Science, 1988b, 30 (8): 543-557.

［11］ Hsiao, K. M. , Lin, W. Y. A co – rotational formulation for thin – walled beams with monosymmetric open section, Computer Methods in Applied mechanics and Engineering, 2000b, 190: 1163-1187.

［12］ Izzuddin, B. A. , Smith, D. L. Large – displacement analysis of elasto – plastic thin – walled frames. I: Formulation and implementation, Journal of Structural Engineering, ASCE, 1996, 122 (8): 905-914.

［13］ Roberts, T. M. Second order strains and instability of thin – walled bars of open cross – section, International Journal of Mechanical Science, 1981, 23 (2): 297-306.

［14］ Roberts, T. M. , Azizian, Z. G. Instability of thin walled bars, Journal of Engineering Mechanics, ASCE, 1983a, 109 (3): 781-794.

［15］ Roberts, T. M. , Azizian, Z. G. Nonlinear analysis of thin walled bars of open cross – section, International Journal of Mechanical Science, 1983b, 25 (8): 565-577.

［16］ Ronagh, H. R. , Bradford, M. A. , Attard, M. M. Nonlinear analysis of thin – walled members of variable cross – section, Part I: Theory, Computers and Structures, 2000, 77: 285-299.

［17］ Trahair, N. S. Flexural – Torsional Buckling of Structures, E & FN SPON, London, 1993.

［18］ Vlasov, V. Z. Thin – Walled Elastic Beams, 2nd edn, Israel Program for Scientific Translation, Jerusalem, 1961.

［19］ Washizu, K. Variational Methods in Ealsticity and Plasticity, Pergamon Press Oxford, 3rd, Edition, 1983.

［20］ Wekezer, J. W. Instability of thin – walled bars, Journal of Engineering Mechanics, ASCE, 1985, 111 (7): 923-937.

［21］ Yang Y. B. , Kuo S. R. , Theory and Analysis of Nonlinear Framed Structures, Prentice hall, Simon & Schuster (Asia) Pte Ltd, Singapore, 1994.

［22］ 符拉索夫, B. 3. 主编. 壳体一般理论. 薛振东, 朱世靖译. 北京: 世界知识出版社, 1963.

第8章 侧向支撑梁的屈曲

8.1 引　言

梁的屈曲可以用侧向和/或扭转约束来防止，这种约束可以由专为防止梁屈曲而设置的支撑提供，也可以由与梁相连的其他构件（例如次梁）提供。

许多学者对侧向支撑梁的屈曲进行过研究（Trahair & Nethercot，1984），Taylor & Ojalvo（1966）用数值积分法研究了主梁在跨中有次梁提供扭转约束时的屈曲，荷载分纯弯、跨中集中荷载和均布荷载三种情况，且荷载作用在剪切中心，Nethercot（1973）用有限元方法分析了在跨中仅有扭转约束和仅有侧移约束的梁的屈曲，荷载情况与 Taylor & Ojalvo（1966）一样，但作用点分在上翼缘、剪切中心和下翼缘三种，Mutton & Trahair（1975）用近似方法研究了承受纯弯和跨中集中力的梁同时设置侧移支撑和扭转支撑时的屈曲问题；Tong & Chen（1988）对纯弯下存在跨中侧向支撑的单轴对称截面梁的屈曲问题给出了精确解，提出了支撑门槛刚度计算公式，并给出了临界弯矩和支撑刚度之间的关系式。Valentino & Trahair（1998）系统地研究了梁上存在扭转约束时梁的稳定问题，Valentino & Trahair（1998）考虑了约束位置沿跨度方向的变化。

对于平行梁系的稳定问题，Medland（1980）分析过存在楼板支撑体系的平行梁系在纯弯和横向均布荷载下的稳定问题。Tong & Chen（1989）研究了纯弯下存在次梁的侧向和扭转约束时平行主梁体系的稳定性，并得到了解析解。这两篇文献考虑了楼板或次梁提供的侧向和扭转约束对平行梁系稳定性的影响，其中均假定平行梁系中的每一根梁承受相同的荷载。

8.2　跨中侧向支撑梁的屈曲

8.2.1　临界方程

如图 8.1 所示，长为 L 的两端简支梁承受纯弯矩 M，M 以使梁底面受拉为正，坐标系如图 8.1（a）所示，在 M 作用下，梁在 yz 平面内发生位移 v，其正方向与 y 方向一致；当 M 增加到一定值时，梁发生屈曲而产生 x 方向的位移 u 和扭转角 θ，u 以 x 正方向为正，θ 以逆时针方向为正。在跨中截面距离形心 C 为 a 的地方设置水平侧向支撑，a 以 y 负方向为正，另外还设有扭转支撑。剪切中心 S 的坐标为 $(0, y_0)$，由于屈曲而在支撑内产生反力 F 和扭矩 M_z。考虑到 F 和 M_z 与屈曲位移同一个量级，因而可以略去 F 和 M_z 与位移相乘的项，同时不考虑平面内位移的影响，可以得到梁屈曲平衡微分方程为：

$$0 \leqslant z \leqslant l: \quad EI_y u'' + M\theta - \frac{1}{2}Fz = 0 \qquad (8.1a)$$

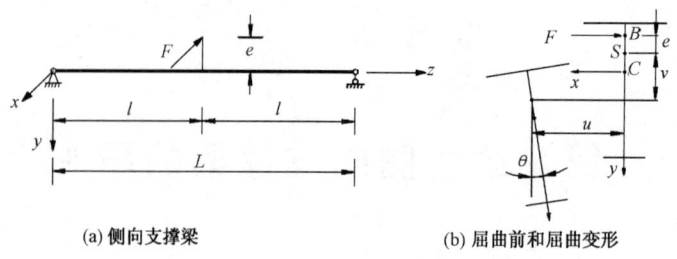

(a) 侧向支撑梁　　　　　　　　　　(b) 屈曲前和屈曲变形

图 8.1　侧向支撑梁的屈曲

$$EI_\omega\theta''' - (GJ + 2M\beta_x)\theta' + Mu' - \frac{1}{2}Fe - \frac{1}{2}M_z = 0 \tag{8.1b}$$

$$l \leqslant z \leqslant 2l: EI_y u'' + M\theta - Fl + \frac{1}{2}Fz = 0 \tag{8.1c}$$

$$EI_\omega\theta''' - (GJ + 2M\beta_x)\theta' + Mu' + \frac{1}{2}Fe + \frac{1}{2}M_z = 0 \tag{8.1d}$$

式中 I_y 是截面绕 y 轴的惯性矩，I_ω 是截面的翘曲惯性矩，J 是截面的自由扭转常数；

$$\beta_x = \frac{1}{2I_x}\int_A y(x^2 + y^2)\mathrm{d}A - y_0 \approx 0.45h\left(2\frac{I_1}{I_y} - 1\right)\left(1 - \frac{I_y^2}{I_x^2}\right), e = a + y_0, E, G \text{ 分别是截面}$$

的弹性模量和剪切模量，I_1 是受压翼缘绕 y 轴的惯性矩。

在下面记 $0 \leqslant z \leqslant l$ 时的解为 u_1 和 θ_1，$l \leqslant z \leqslant 2l$ 时解为 u_2 和 θ_2，式（8.1b）和式（8.1d）微分一次，并将式（8.1a）和式（8.1c）代入得到

$$\theta_1'''' - \beta^2\theta_1'' - k^4\theta_1 = -\frac{1}{2}k^4\frac{F}{M}z \tag{8.2a}$$

$$\theta_2'''' - \beta^2\theta_2'' - k^4\theta_2 = -\frac{1}{2}k^4\frac{F}{M}(2l - z) \tag{8.2b}$$

式中 $\beta^2 = \dfrac{GJ + 2\beta_x M}{EI_\omega}, k^4 = \dfrac{M^2}{EI_y EI_\omega}$ \hfill (8.3a,b)

式（8.2a）、（8.2b）的解为

$$\theta_1 = C_1\cosh r_1 z + C_2\sinh r_1 z + C_3\sin r_2 z + C_4\cos r_2 z + \frac{1}{2}\frac{F}{M}z \tag{8.4a}$$

$$\theta_2 = D_1\cosh r_1 z + D_2\sinh r_1 z + D_3\sin r_2 z + D_4\cos r_2 z + \frac{1}{2}\frac{F}{M}(2l - z) \tag{8.4b}$$

式中

$$r_1 = \frac{1}{\sqrt{2}}\sqrt{\sqrt{\beta^4 + 4k^4} + \beta^2}, r_2 = \frac{1}{\sqrt{2}}\sqrt{\sqrt{\beta^4 + 4k^4} - \beta^2} \tag{8.5a,b}$$

C_i，$D_i(i = 1, 2, 3, 4)$ 是待定常数。利用 $z = 0$ 时 $\theta_1 = 0$，$\theta_1'' = 0$ 可以得到 $C_1 = C_4 = 0$。由 $z = 2l$ 时 $\theta_2 = 0$ 和 $\theta_2'' = 0$ 得到

$$D_1\cosh 2r_1 l + D_2\sinh 2r_1 l = 0 \tag{8.6a}$$

$$D_3\sin 2r_2 l + D_4\cos 2r_2 l = 0 \tag{8.6b}$$

将式（8.4a）代入式（8.1b），积分一次，并由 $u_1\big|_{z=0} = 0$ 得到

$$u_1 = \frac{F}{2M}\left(e + 2\beta_x + \frac{GJ}{M}\right)z + \frac{M_z}{2M}z + \left(2\beta_x + \frac{GJ}{M}\right)\left[\left(1 - \frac{r_1^2}{\beta^2}\right)C_2 \sinh r_1 z + \left(1 + \frac{r_2^2}{\beta^2}\right)C_3 \sin r_2 z\right]$$

$$(8.7a)$$

将式(8.4b)代入式(8.1d)，积分一次，并由$u_2|_{z=2l}=0$和式(8.6a, b)得到

$$u_2 = \frac{F}{2M}\left(e + 2\beta_x + \frac{GJ}{M}\right)(2l - z) + \frac{M_z}{2M}(2l - z)$$

$$+ \left(2\beta_x + \frac{GJ}{M}\right)\left[\begin{array}{l}\left(1 - \dfrac{r_1^2}{\beta^2}\right)(D_1 \cosh r_1 z + D_2 \sinh r_1 z) \\ + \left(1 + \dfrac{r_2^2}{\beta^2}\right)(D_3 \sin r_2 z + D_4 \cos r_2 z)\end{array}\right]$$

$$(8.7b)$$

利用$z = l$时$u_1 = u_2$，$\theta_1 = \theta_2$和$u_1' = u_2'$，$\theta_1' = \theta_2'$得到

$$D_1 \cosh r_1 l + D_2 \sinh r_1 l = C_2 \sinh r_1 l \qquad (8.8a)$$

$$D_3 \sin r_2 l + D_4 \cos r_2 l = C_3 \sin r_2 l \qquad (8.8b)$$

$$D_1 \sinh r_1 l + D_2 \cosh r_1 l = C_2 \cosh r_1 l + \frac{1}{r_1(r_1^2 + r_2^2)}\left[\frac{F}{M}\left(r_2^2 - \frac{Me}{EI_\omega}\right) - \frac{M_z}{EI_\omega}\right] \qquad (8.8c)$$

$$D_3 \cos r_2 l - D_4 \sin r_2 l = C_3 \cos r_2 l + \frac{1}{r_2(r_1^2 + r_2^2)}\left[\frac{F}{M}\left(r_1^2 + \frac{Me}{EI_\omega}\right) + \frac{M_z}{EI_\omega}\right] \qquad (8.8d)$$

由式(8.6a)，式(8.8a)和式(8.8c)可以消去D_1和D_2并解出C_2：

$$C_2 = \frac{1}{2r_1(r_1^2 + r_2^2)\cosh r_1 l}\left[\frac{M_z}{EI_\omega} - \left(r_2^2 - \frac{Me}{EI_\omega}\right)\frac{F}{M}\right] \qquad (8.9a)$$

由式(8.6b)，式(8.8b)和式(8.8d)可以消去D_3和D_4并解出C_3：

$$C_3 = -\frac{1}{2r_2(r_1^2 + r_2^2)\cos r_2 l}\left[\frac{M_z}{EI_\omega} + \left(r_1^2 + \frac{Me}{EI_\omega}\right)\frac{F}{M}\right] \qquad (8.9b)$$

设侧向和扭转支撑的刚度分别为K和K_z，侧向支撑点处的位移为d，则有

$$F = Kd = K(u_z + e\theta_z) \qquad (8.10a)$$

$$M_z = K_z\theta_z \qquad (8.10b)$$

式中梁中截面的位移为u_z和θ_z，由式(8.4a)和式(8.7a)得到

$$\theta_z = C_2 \sinh r_1 l + C_3 \sin r_2 l + \frac{Kl}{2M}(u_z + e\theta_z) \qquad (8.11a)$$

$$u_z = \frac{Kl}{2M}\left(e + 2\beta_x + \frac{GJ}{M}\right)(u_z + e\theta_z) + \frac{K_z l}{2M}\theta_z$$

$$+ \left(2\beta_x + \frac{GJ}{M}\right)\left[\left(1 - \frac{r_1^2}{\beta^2}\right)C_2 \sinh r_1 l + \left(1 + \frac{r_2^2}{\beta^2}\right)C_3 \sin r_2 l\right] \qquad (8.11b)$$

整理式(8.11a, b)，并将所得到的C_2和C_3代入，可以得到

$$P\theta_z = Qu_z \qquad (8.12a)$$

$$R\theta_z = Tu_z \qquad (8.12b)$$

式中 $T = 1 - \dfrac{Kle}{2M}a_1 - \dfrac{Kl}{2M}\left(2\beta_x + \dfrac{GJ}{M}\right)a_2,\ R = (1 - T)e + \dfrac{K_z l}{2M}a_1 \qquad (8.13a, b)$

$$Q = \frac{Kl}{2M}a_1 + \frac{Kle}{2M}\left(2\beta_x + \frac{GJ}{M}\right)^{-1}a_3,\ P = 1 - Qe - \frac{K_z l}{2M}\left(2\beta_x + \frac{GJ}{M}\right)^{-1}a_3 \qquad (8.13c, d)$$

307

$$a_1 = 1 - \frac{r_2^2}{r_1^2 + r_2^2} \frac{\tanh r_1 l}{r_1 l} - \frac{r_1^2}{r_1^2 + r_2^2} \frac{\tan r_2 l}{r_2 l} \tag{8.14a}$$

$$a_2 = 1 + \frac{r_2^4}{\beta^2(r_1^2 + r_2^2)} \frac{\tanh r_1 l}{r_1 l} - \frac{r_1^4}{\beta^2(r_1^2 + r_2^2)} \frac{\tan r_2 l}{r_2 l} \tag{8.14b}$$

$$a_3 = \frac{\beta^2}{(r_1^2 + r_2^2)} \left(\frac{\tanh r_1 l}{r_1 l} - \frac{\tan r_2 l}{r_2 l} \right) \tag{8.14c}$$

因为 u_z 和 θ_z 是跨中截面的屈曲位移，要使问题有解，式（8.12a，b）系数行列式的值应为零，所以

$$PT - RQ = 0$$

将式（8.13a，b，c，d）代入后可以化简为

$$WT = VQ \tag{8.15}$$

其中

$$V = e + \frac{K_z l}{2M} a_1 \tag{8.16a}$$

$$W = 1 - \frac{K_z l}{2M} \left(2\beta_x + \frac{GJ}{M} \right)^{-1} a_3 \tag{8.16b}$$

式（8.15）即是我们所需要的临界方程。

8.2.2 完全支撑的门槛刚度

下面详细地研究各种因素对临界弯矩的影响。令 M_{cr1} 和 M_{cr2} 分别为屈曲半波长等于 $L = 2l$ 和 l 时的临界弯矩

$$M_{cr1} = \frac{\pi}{L} \sqrt{EI_y(GJ + 2\beta_x M_{cr1}) \left(1 + \frac{\pi^2}{\beta_{cr1}^2 L^2} \right)} \tag{8.17a}$$

$$M_{cr2} = \frac{\pi}{l} \sqrt{EI_y(GJ + 2\beta_x M_{cr2}) \left(1 + \frac{\pi^2}{\beta_{cr2}^2 l^2} \right)} \tag{8.17b}$$

式中 $\beta_{cr1}^2 = \frac{GJ + 2\beta_x M_{cr1}}{EI_\omega}$，$\beta_{cr2}^2 = \frac{GJ + 2\beta_x M_{cr2}}{EI_\omega}$。又记 $\alpha^2 = \frac{\beta^2 L^2}{\pi^2}$，$\alpha_c^2 = \frac{\beta_{cr2}^2 L^2}{\pi^2}$，则

$$r_1 l = \frac{\pi}{2\sqrt{2}} \sqrt{\sqrt{\alpha^4 + 16\frac{M}{M_{cr2}^2}(4 + \alpha_c^2)} + \alpha^2} \tag{8.18a}$$

$$r_2 l = \frac{\pi}{2\sqrt{2}} \sqrt{\sqrt{\alpha^4 + 16\frac{M^2}{M_{cr2}^2}(4 + \alpha_c^2)} - \alpha^2} \tag{8.18b}$$

$$\frac{2\beta_x}{h} + \frac{GJ}{hM_{cr2}} = \sqrt{\frac{4I_\omega}{h^2 I_y}} \cdot \frac{\alpha_c^2}{4\sqrt{4 + \alpha_c^2}} = \frac{2\sqrt{I_1 I_2}}{I_y} \cdot \frac{\alpha_c^2}{4\sqrt{4 + \alpha_c^2}} \tag{8.18c}$$

式中 h 是两个翼缘中心线的距离，I_1 和 I_2 分别是受压和受拉翼缘对 y 轴的惯性矩。

完全支撑是指能够使梁的屈曲波长减小到 l 的支撑，刚好使屈曲弯矩等于 M_{cr2} 的支撑刚度称为门槛刚度，分别记为 K_{cr} 和 K_{zcr}。因为这时有

$$r_2 l = \pi, \quad r_1 l = \frac{\pi}{2} \sqrt{4 + \alpha_c^2}$$

利用 $\tan r_2 l = 0$ 和 $\tanh r_1 l \approx 1.0$，记

$$W_c = 1 - \frac{1}{4}\bar{K}_{zcr}a_{3c} \qquad (8.19a)$$

$$V_c = e + \frac{1}{4}\left(2\beta_x + \frac{GJ}{M_{cr2}}\right)\bar{K}_{zcr}a_{1c} \qquad (8.19b)$$

$$T_c = 1 - \frac{K_{cr}L}{4M_{cr2}}\left[ea_{1c} + \left(2\beta_x + \frac{GJ}{M_{cr2}}\right)a_{2c}\right] \qquad (8.19c)$$

$$Q_c = \frac{K_{cr}L}{4M_{cr2}}\left[a_{1c} + e\left(2\beta_x + \frac{GJ}{M_{cr2}}\right)^{-1}a_{2c}\right] \qquad (8.19d)$$

式中 $a_{1c} = 1 - \frac{4}{\alpha_c^2}a_{3c}$，$a_{2c} = 1 + \frac{16}{\alpha_c^4}a_{3c}$，$a_{3c} = \dfrac{2\alpha_c^2}{\pi(8 + \alpha_c^2)\sqrt{4 + \alpha_c^2}}$

记 $\bar{K}_{zcr} = \dfrac{K_{zcr}L}{GJ + 2\beta_x M_{cr2}}$，则可以得到如下计算 K_{zcr} 和 K_{cr} 方程：

$$W_c T_c = V_c Q_c \qquad (8.20)$$

8.2.2.1 仅设置扭转支撑

在仅有扭转支撑起作用时，记这时扭转支撑的门槛刚度为 K_{zcr0}，由式(8.20)得到

$$\bar{K}_{zcr0} = \frac{2\pi(8 + \alpha_c^2)\sqrt{4 + \alpha_c^2}}{\alpha_c^2} \qquad (8.21)$$

对双轴对称截面($\beta_x = 0$)，上式的结果列于表8.1。

扭转约束的门槛刚度 $\bar{K}_{zcr0}$ 表8.1

α_c	0.5	0.62	1.23	1.52	1.82	2.13	3.03	4	5	6
式(8.21)	427.45	289.33	92.30	70.71	58.1	50.78	42.70	42.15	44.67	48.57

8.2.2.2 仅设置侧向支撑

当仅有侧向支撑，没有扭转支撑时，记这时的侧向支撑门槛刚度为 K_{cr0}，则有

$$K_{cr0} = \frac{4M_{cr2}}{Lh\mu} \qquad (8.22a)$$

$$\mu = 2\frac{e}{h}a_{1c} + \left(\frac{2\beta_x}{h} + \frac{GJ}{M_{cr2}h}\right)a_{2c} + \frac{e^2}{h^2}\left(\frac{2\beta_x}{h} + \frac{GJ}{M_{cr2}h}\right)^{-1}a_{3c} \qquad (8.22b)$$

因为 $\dfrac{M_{cr2}}{h} = \dfrac{\pi^2 EI_y}{L^2}\sqrt{4 + \alpha_c^2}\dfrac{2\sqrt{I_1 I_2}}{I_y}$，代入式(8.22a)得到

$$\bar{K}_{cr0} = \frac{K_{cr0}L^3}{EI_y} = \frac{8\pi^2}{\mu}\frac{\sqrt{I_1 I_2}}{I_y}\sqrt{4 + \alpha_c^2} \qquad (8.23)$$

表8.2 给出上式当 $e/h = 0$(侧向支撑在剪切中心)时的结果。值得注意的是，当支撑在剪切中心时，$\bar{K}_{cr0}$ 与 I_1/I_2 的比值无关，并且可以表示为

$$\bar{K}_{cr0} = \frac{16\pi^2(8 + \alpha_c^2)(4 + \alpha_c^2)^{1.5}}{\pi\alpha_c^2(8 + \alpha_c^2)\sqrt{4 + \alpha_c^2} + 32} \qquad (8.24)$$

侧向支撑的门槛刚度 $\bar{K}_{cr0}\,(e/h=0)$ 表 8.2

α_c	0.5	0.6164	1.2328	1.5266	1.8285	2.1353	3.07	4	4.91	6
式(8.24)	790.6	719.9	441.3	367.2	315.6	279.5	221.2	196.2	183.7	175.3

当侧向支撑设置在梁的受压翼缘时，$e/h=I_2/I_y$，代入式(8.23)即可以得到此时的门槛刚度。表 8.3 给出 $I_1/I_2 = 1 \sim \infty$，$\alpha_c = 1 \sim 8$ 范围内的门槛刚度。由表可见，I_1/I_2 和 α_c 两参数对 $\bar{K}_{cr0}$ 都有相当大的影响。表中 $I_1/I_2 = \infty$（T 形截面）的结果由式(8.24)得到。

侧向支撑的门槛刚度 $\bar{K}_{cr0}$ $(e/h=I_2/I_y)$ 表 8.3

$\dfrac{I_1}{I_2}$	α_c							
	1	2	3	4	5	6	7	8
1	79.34	82.22	87.25	92.80	98.05	102.76	106.90	110.53
2	107.47	105.28	106.86	110.12	113.70	117.09	120.16	122.88
4	141.74	130.47	126.62	126.61	128.0	129.81	131.64	133.37
8	181.62	156.45	145.38	141.45	140.41	140.54	141.14	141.92
∞	524.24	293.79	223.96	196.23	182.76	175.28	170.72	167.74

如果侧向支承是由一个跨度与被支撑梁相同、并与之平行的梁提供，连接被支撑梁和支撑梁的链杆是刚性的，则使被支撑梁的计算长度减小一半的支撑梁截面抗弯刚度为

$$(EI_b)_{cr} = \frac{\bar{K}_{cr0}}{48}EI_y = \frac{\bar{K}_{cr0}}{48}\left(1+\frac{I_2}{I_1}\right)(EI_1) = \bar{K}_{crb}(EI_1) \tag{8.25}$$

$\bar{K}_{crb}$ 由表 8.4 给出。根据童根树(1988)对压杆的研究结果，为了使得压杆的计算长度减半所需要的侧向支撑梁的截面抗弯刚度为压杆截面抗弯刚度的 3.29 倍(设撑梁的长度和压杆的长度相同)。如果把梁受压翼缘简化为承受轴力为 $N = M_{cr2}/h$ 的压杆，那么为了使该压杆的计算长度减小一半所需的支撑梁截面抗弯刚度为该梁受压区截面抗弯刚度的 3.29 倍。但是由表 8.4 可知，3.29 仅仅是表中数值的下限。因此可以说，这种简化做法对于梁来说是偏小的。原因之一是梁中有翘曲变形的不利影响，Hartman(1967)的研究表明，考虑截面的翘曲会使得支撑的门槛刚度提高，第二个原因是取翼缘的轴力为 $N = M_{cr2}/h$ 比实际的受压区压力偏小。

支撑梁的门槛刚度 $\bar{K}_{crb}$ $(e/h=I_2/I_y)$ 表 8.4

$\dfrac{I_1}{I_2}$	α_c							
	1	2	3	4	5	6	7	8
1	3.306	3.426	3.635	3.867	4.086	4.282	4.454	4.605
2	3.359	3.290	3.339	3.441	3.553	3.659	3.755	3.840
4	3.691	3.398	3.297	3.297	3.333	3.380	3.428	3.473
8	4.257	3.667	3.407	3.315	3.291	3.294	3.308	3.326
∞	10.922	6.121	4.666	4.088	3.808	3.652	3.557	3.495

由式(8.22b)可以知道，当平动约束沿截面高度向下移动时，即 e 值逐渐变小，并有可能为负值(位于剪心以下)，μ 值亦会随之减小，e 达到某一数值时，μ 有可能为零，此时平动约束刚度门槛值为无穷大。e 值再减小，相对刚度 $\bar{K}_{cr0}$ 为负值，表示即使是侧向支撑刚度无穷大也不能使梁的屈曲半波长减半。当截面双轴对称时，2 不再能够使得计算长度减半的侧向支撑相对高度 $c = \dfrac{e}{h}$ 仅和系数 α_c 有关，如图 8.2 所示。c 和 α_c 的关系表达式为

$$\alpha_c \geqslant 2.0 : c = -0.130\alpha_c + 0.049 \tag{8.26a}$$

$$\alpha_c < 2.0 : c = 0.011\alpha_c^3 - 0.064\alpha_c^2 + 0.003\alpha_c - 0.048 \tag{8.26b}$$

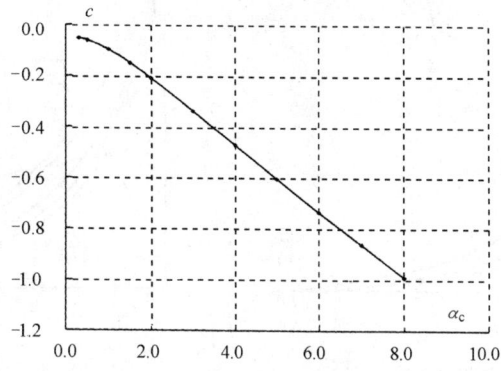

图 8.2　c 与 α_c 的关系曲线

8.2.2.3　侧向和扭转支撑同时设置

此时式(8.20)可以化为

$$b_1 \bar{K}_{cr} \bar{K}_{zcr} + b_2 \bar{K}_{cr} + 0.25 a_{3c} \bar{K}_{zcr} = 1 \tag{8.27}$$

式中 $b_1 = \dfrac{\alpha_c^2 (\pi \sqrt{4 + \alpha_c^2} - 2)}{64\pi^3 (4 + \alpha_c^2)^{1.5}}$ \hfill (8.28a)

$$b_2 = \frac{e}{h} \cdot \frac{I_y}{2\sqrt{I_1 I_2}} \cdot \frac{a_{1c}}{2\pi^2 \sqrt{4 + \alpha_c^2}} + \frac{\alpha_c^2 a_{2c}}{16\pi^2 (4 + \alpha_c^2)} + \frac{e^2}{h^2} \cdot \frac{I_y^2}{4I_1 I_2} \cdot \frac{a_{3c}}{\pi^2 \alpha_c^2} \tag{8.28b}$$

利用 $b_2 \bar{K}_{cr0} = 1$ 和 $0.25 a_{3c} \bar{K}_{zcr0} = 1$，式(8.27)可以化为

$$D \frac{\bar{K}_{cr}}{\bar{K}_{cr0}} \frac{\bar{K}_{zcr}}{\bar{K}_{zcr0}} + \frac{\bar{K}_{cr}}{\bar{K}_{cr0}} + \frac{\bar{K}_{zcr}}{\bar{K}_{zcr0}} = 1 \tag{8.29}$$

式中 $D = 4b_1 / b_2 a_{3c}$。如果 $e = 0$，则 $D = D_0$

$$D_0 = \frac{\pi \sqrt{4 + \alpha_c^2} (\pi \sqrt{4 + \alpha_c^2} - 2)(8 + \alpha_c^2)^2}{2[\pi \alpha_c^2 (8 + \alpha_c^2)(4 + \alpha_c^2) + 32]} \tag{8.30}$$

由式(8.29)和式(8.30)所表示的关系用图 8.3(a)表示。

如果 $e/h = I_2 / I_y$，则

$$D = \frac{\alpha_c^2 [1 - 2/(\pi \sqrt{4 + \alpha_c^2})]}{\left[4\sqrt{4 + \alpha_c^2} \sqrt{\dfrac{I_2}{I_1}} \cdot a_{1c} + \alpha_c^2 a_{2c} + 4(4 + \alpha_c^2) \dfrac{I_2}{I_1} \cdot \dfrac{a_{3c}}{\alpha_c^2}\right] a_{3c}} \tag{8.31}$$

D 与 α_c 和 I_1/I_2 有关，对于不同的参数，门槛刚度的相互关系也有差别。图 8.3b 给出部分计算结果。当为 T 形截面时，D 将趋近于 D_0。由图 8.3a，b 可见，当 I_1/I_2 增加，D 值增加，从而曲线将更加向原点凹下去。对于 $I_1/I_2 \geqslant 1$ 的情况，取 $I_1/I_2 = 1$ 的 D 值代替，总是偏于安全的，这时 D 为

$$D = \frac{(8 + \alpha_c^2)^2 \sqrt{4 + \alpha_c^2}(0.5\pi\sqrt{4 + \alpha_c^2} - 1)}{4(8 + \alpha_c^2)[\pi(4 + \alpha_c^2) + 2] + [\pi\alpha_c^2(8 + \alpha_c^2) - 32]\sqrt{4 + \alpha_c^2}} \approx 2.14 + \frac{1}{8}\alpha_c^2 \quad (8.32)$$

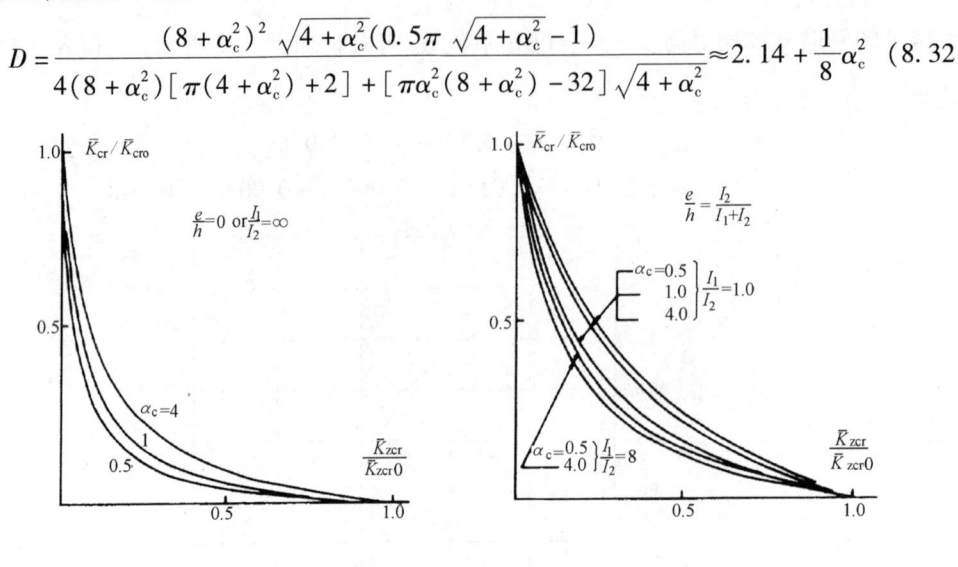

(a) 剪切中心支撑　　　　　　　　(b) 上翼缘支撑

图 8.3　侧向支撑和扭转支撑门槛刚度的相关关系

8.2.3　非完全支撑时的临界弯矩

上一小节表明，对于双轴和单轴对称截面梁，支撑的门槛刚度表达式可以通过 α_c 这个参数综合在一起。但是对于非完全支撑，需引用参数 α_1。α_1 为

$$\alpha_1 = \frac{L}{\pi}\sqrt{\frac{GJ}{EI_\omega}} \quad (8.33a)$$

$$\alpha_c^2 = \alpha_1^2 + 32\left(\frac{\beta_x}{\rho h}\right)^2 + \sqrt{\left[\alpha_1^2 + 32\left(\frac{\beta_x}{\rho h}\right)^2\right]^2 + 256\left(\frac{\beta_x}{\rho h}\right)^2 - \alpha_1^4} \quad (8.33b)$$

式中 $\rho = 2\sqrt{I_1 I_2}/I_y$。屈曲波长为 L 的临界弯矩和屈曲波长为 l 的临界弯矩的比值为

$$\frac{M_{cr1}}{M_{cr2}} = \frac{1}{4}\frac{\dfrac{2\beta_x}{h} + \sqrt{\dfrac{4\beta_x^2}{h^2} + \rho^2(\alpha_1^2 + 1)}}{\dfrac{2\beta_x}{h} + \sqrt{\dfrac{4\beta_x^2}{h^2} + \rho^2\left(\dfrac{1}{4}\alpha_1^2 + 1\right)}} \quad (8.34)$$

式中利用了 $\dfrac{GJL^2}{\pi^2 EI_y h^2} = \dfrac{1}{4}\rho^2\alpha_1^2$。当支撑刚度等于临界刚度时，$\dfrac{M}{M_{cr2}} = 1$，为了简洁，取上翼缘截面为 $b \times t$，下翼缘截面为 $0.5b \times t$，上下翼缘中心距离为 $1.5b$，腹板厚度为 $0.5t$ 的截面为例（下面记为截面Ⅱ）进行计算，并与双轴对称截面（截面Ⅰ，翼缘 $b \times t$，其他同截面Ⅱ）的计算结果进行比较。

312

8.2.3.1 仅设置扭转约束

记这时的屈曲弯矩为 M_{zcr}，式(8.15)在这种情况下简化为

$$\frac{\bar{K}_z}{K_{zcr0}} = \frac{4\alpha^2}{a_3 \alpha_c^2 \bar{K}_{zcr0}} \tag{8.35}$$

$$\alpha^2 = \alpha_c^2 \left[1 - \frac{2\beta_x}{h} \left(1 - \frac{M}{M_{cr2}} \right) \Big/ \left(\frac{2\beta_x}{h} + \frac{GJ}{M_{cr2}h} \right) \right] \tag{8.36}$$

式中 $\bar{K}_z = \dfrac{K_z L}{(GJ + \beta_x M_{cr2})}$。双轴对称截面的结果示于图8.4a，当刚度开始从0增加时，M_{zcr} 增加得较快，随后增加的速率减少。Nethercot 建议用下式描述 M_{zcr} 和 $\bar{K}_z$ 之间的关系：

$$\frac{M_{zcr}}{M_{cr2}} = \frac{M_{cr1}}{M_{cr2}} + \left(1 - \frac{M_{cr1}}{M_{cr2}} \right) \sqrt{\frac{\bar{K}_z}{\bar{K}_{zcr0}}} \tag{8.37}$$

$\alpha_1 = 0.5$ 和 4 时式(8.37)的结果也示于图8.4a 中，比式(8.37)更好的近似式

$$\frac{M_{zcr}}{M_{cr2}} = \frac{M_{cr1}}{M_{cr2}} + \left(1 - \frac{M_{cr1}}{M_{cr2}} \right) \left(\frac{\bar{K}_z}{\bar{K}_{zcr0}} \right)^{0.635} \left(1 + 0.4 \frac{\bar{K}_z}{\bar{K}_{zcr0}} - 0.4 \frac{\bar{K}_z^2}{\bar{K}_{zcr0}^2} \right) \tag{8.38}$$

对典型单轴对称截面的计算结果示于图8.4b。其结果可以采用下式表示

$$\frac{M_{zcr}}{M_{cr2}} = \frac{M_{cr1}}{M_{cr2}} + \left(1 - \frac{M_{cr1}}{M_{cr2}} \right) \left(\frac{\bar{K}_z}{\bar{K}_{zcr0}} \right)^{0.435} \left(1 + 0.4 \frac{\bar{K}_z}{\bar{K}_{zcr0}} - 0.4 \frac{\bar{K}_z^2}{\bar{K}_{zcr0}^2} \right) \tag{8.39}$$

与图8.4a 的比较表明，对受压区放大的单轴对称截面，扭转约束的效果更好。

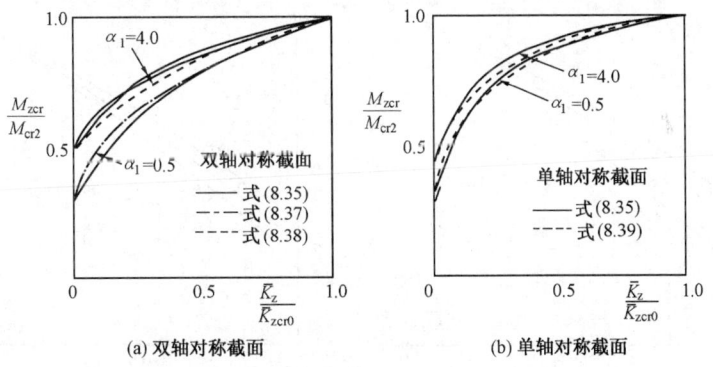

(a) 双轴对称截面　　　　　　　(b) 单轴对称截面

图8.4　屈曲弯矩和扭转支撑刚度的关系

8.2.3.2 仅设置侧向支撑

这时式(8.15)可以化为

$$\frac{\bar{K}}{\bar{K}_{cr0}} = \frac{\gamma}{K_{cr0}} \tag{8.40}$$

$$\gamma = 4\pi^2 \frac{2}{I_y} \frac{\sqrt{I_1 I_2}}{M_{cr2}^2} \frac{M^2}{M_{cr2}^2} \left[\frac{a_2 \rho \alpha^2}{4 \ (4 + \alpha_c^2)} + \frac{e}{h} \cdot \frac{M}{M_{cr2}} \cdot \frac{2a_1}{\sqrt{4 + \alpha_c^2}} + \frac{e^2}{h^2} \cdot \frac{M^2}{M_{cr2}^2} \cdot \frac{4a_3}{\rho \alpha^2} \right]^{-1}$$

在 $e/h = 0$ 时，双轴对称截面的结果由图8.5a 给出，Nethercot 的近似公式和上式的精确解非常一致：

$$\frac{M}{M_{cr2}} = \frac{M_{cr1}}{M_{cr2}} \sqrt{1 + \frac{\bar{K}}{48 + 0.02\bar{K}}} \tag{8.41}$$

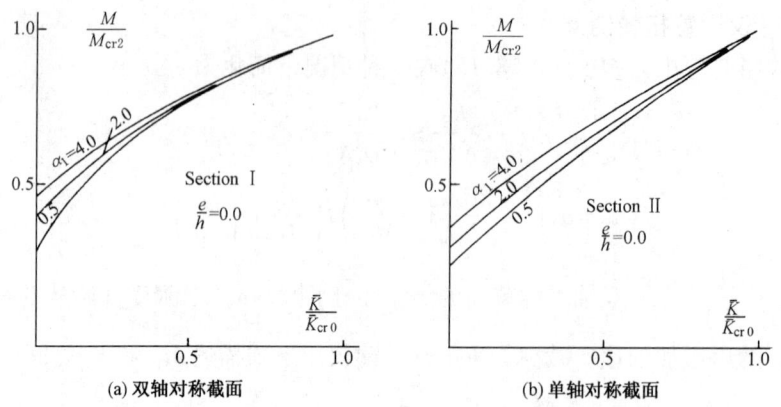

图 8.5　屈曲弯矩与剪心侧向支撑刚度之间的关系 ($K_z = 0$)

$e/h = 0$ 时单轴对称截面的结果示于图 8.5(b)，而 $e/h = I_2/I_y$（即支撑在上翼缘）的计算结果示于图 8.6。这些图一致地表明 $\dfrac{M}{M_{cr2}}$ 与 K 之间的关系可以用直线计算

$$\frac{M}{M_{cr2}} = \frac{M_{cr1}}{M_{cr2}} + \left(1 - \frac{M_{cr1}}{M_{cr2}}\right)\frac{\overline{K}}{\overline{K}_{cr0}} \tag{8.42}$$

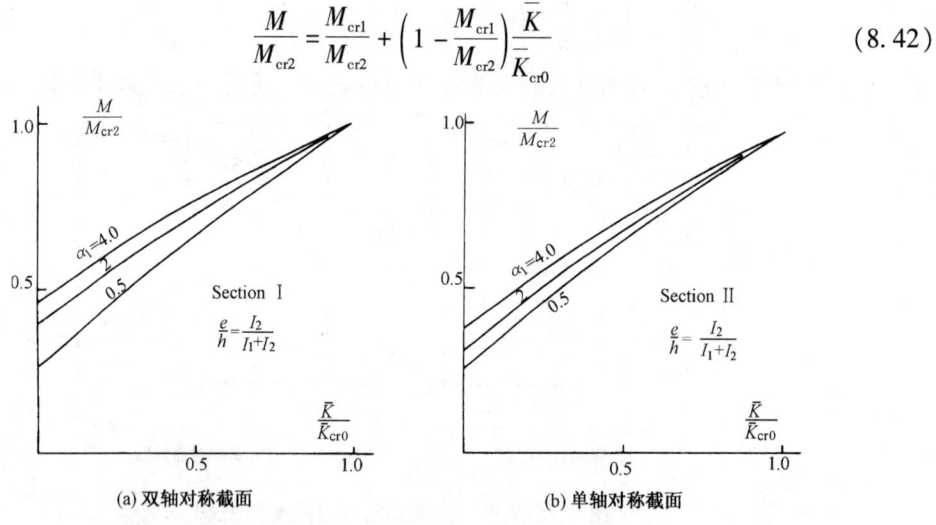

图 8.6　屈曲弯矩和上翼缘侧向支撑刚度的关系 ($K_z = 0$)

8.2.3.3　侧向和扭转约束同时设置

$$\frac{\alpha_c^2 \overline{K}_{zcr0} \overline{K}_{cr0}}{64\pi^2 (4 + \alpha_c^2)} \frac{M_{cr2}^2}{M^2} (a_1^2 - a_2 a_3) \frac{\overline{K}_{cr}}{\overline{K}_{cr0}} \frac{\overline{K}_z}{\overline{K}_{zcr0}} \frac{\overline{K}}{\overline{K}_{cr}} + \frac{\overline{K}_{cr0}}{\gamma} \frac{\overline{K}}{\overline{K}_{cr0}} + \frac{\alpha_c^2 a_3 \overline{K}_{zcr0}}{4\alpha^2} \frac{\overline{K}_z}{\overline{K}_{zcr0}} = 1 \tag{8.43}$$

给定 I_1/I_2，β_x/h 和 α_1，可以求出 α_c，$\overline{K}_{cr}$ 和 $\overline{K}_{zcr}$ 的相关关系即为已知。令 $\overline{K}_z/\overline{K}_{zcr0} = \overline{K}_{zcr}/\overline{K}_{zcr0}$ 取某一个值，由式(8.29)求出 $\overline{K}_{cr}/\overline{K}_{cr0}$，令 $\overline{K}/\overline{K}_{cr}$ 从零到 1 变化，可从式(8.43)得到 M/M_{cr2}，当 $\overline{K}/\overline{K}_{cr} = 0$ 时，M/M_{cr2} 即为图 8.4 中对应于 $\overline{K}_z/\overline{K}_{zcr0}$ 的值，而当 $\overline{K}/\overline{K}_{cr} = 1$ 时 $M/M_{cr2} = 1$。

$e/h = 0$ 和 $e/h = I_2/I_y$ 时的结果分别示于图 8.7 和图 8.8，这些结果都表明临界弯矩和刚度之间的关系可用下式表示

$$\frac{M}{M_{cr2}} = \frac{M_{zcr}}{M_{cr2}} + \left(1 - \frac{M_{zcr}}{M_{cr2}}\right)\frac{\overline{K}}{K_{cr}} \qquad (8.44)$$

其中 M_{zcr} 由式(8.38)或式(8.39)给出。

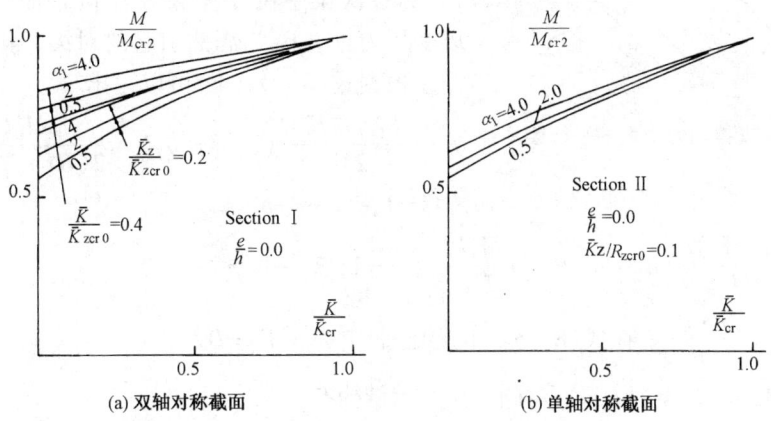

图 8.7　屈曲弯矩和剪心支撑刚度之间的关系

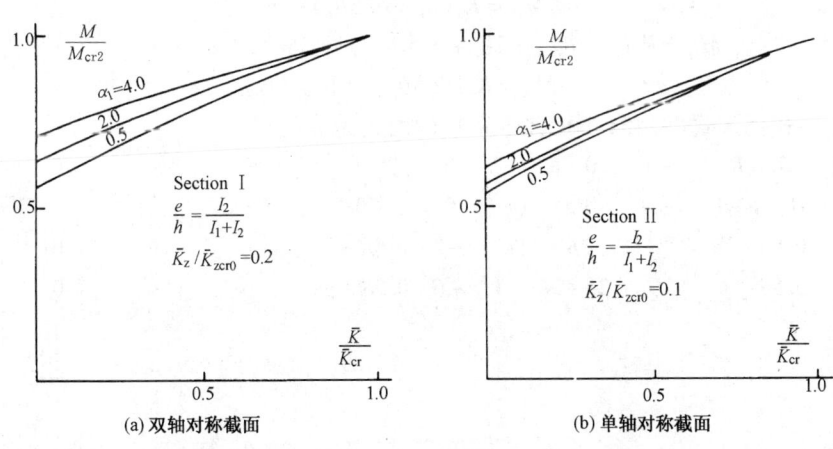

图 8.8　屈曲弯矩和上翼缘侧向支撑刚度之间的关系

8.3　均匀受力相互支撑的平行梁系的屈曲

若干相互平行的主梁用次梁相互连接，这种结构布置在实际工程中是很常见的，如图 8.9 所示。通常次梁除了传递荷载外还对主梁提供侧向和扭转约束以保证主梁的侧向稳定性。

8.3.1 临界方程

如图8.9所示，n根长为L的简支梁承受均匀弯矩M，梁与梁之间有长为b的次梁与主梁相连，次梁抗弯刚度EI_b，轴压刚度EA_b。当弯矩M达到某一值时，平行梁系发生屈曲，记第i根梁跨中屈曲位移为u_i和θ_i，F_i（$i=1,2,\cdots,n-1$）为各次梁中由于主梁屈曲位移而产生的轴力，以受压为正，M_{zi}为屈曲引起的对第i根梁的扭转力矩，根据式(8.10a,b)可以写出

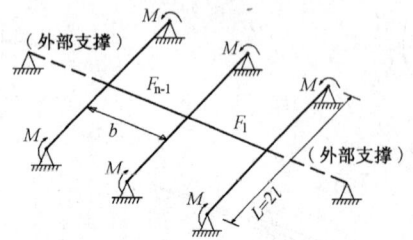

图8.9 相互支撑均匀受力的平行梁系

$$\theta_i = \frac{(F_{i-1}-F_i)l}{2M}(a_1+\beta_e a_3) + \frac{M_{zi}l}{2(GJ+2\beta_x M)} \cdot a_3$$
$$i=1,2,\cdots,n \tag{8.45a}$$

$$u_i = \frac{(F_{i-1}-F_i)le}{2M}(a_1+a_2/\beta_e) + \frac{M_{zi}l}{2M}a_1 \quad i=1,2,\cdots,n \tag{8.45b}$$

式中$\beta_e = \dfrac{M\cdot e}{GJ+\beta_x M}$；在式(8.45a,b)中已假定$F_0=F_n=0$。

令$K=EA_b/b$，$K_z=4EI_b/b$，对图8.9所示结构有

$$F_i = K[-u_i+u_{i+1}+e(-\theta_i+\theta_{i+1})] \quad i=1,2,\cdots,n-1 \tag{8.46a}$$

$$F_{i-1}-F_i = K[-u_{i-1}+2u_i-u_{i+1}+e(-\theta_i+2\theta_i-\theta_{i+1})] \quad i=1,2,\cdots,n-1 \tag{8.46b}$$

$$M_{z1} = K_z(\theta_1+0.5\theta_2) \tag{8.46c}$$

$$M_{zi} = K_z(0.5\theta_{i-1}+2\theta_i+0.5\theta_{i+1}) \quad i=2,\cdots,n-1 \tag{8.46d}$$

$$M_{zn} = K_z(0.5\theta_{n-1}+\theta_n) \tag{8.46e}$$

将以上各式代入式(8.45a,b)，并令系数行列式为零可得

$$\begin{vmatrix}
T-1 & Te+R & -T & 0.5R-Te & 0 & 0 & \cdots & \cdots & 0 \\
Q & Qe+S-1 & -Q & 0.5S-Qe & 0 & 0 & \cdots & \cdots & 0 \\
-T & 0.5R-Te & 2T-1 & 2R+2Te & -T & 0.5R-Te & \cdots & \cdots & 0 \\
-Q & 0.5S-Qe & 2Q & 2S+2Qe-1 & -Q & 0.5S-Qe & \cdots & \cdots & 0 \\
\vdots & \vdots & & & & & & & \vdots \\
\vdots & \vdots & & \cdots & & \cdots & & & \vdots \\
\vdots & \vdots & & & & & & & \vdots \\
0 & 0 & \cdots & \cdots & 0 & -T & 0.5R-Te & T-1 & Te+R \\
0 & 0 & \cdots & \cdots & 0 & -Q & 0.5S-Qe & Q & Qe+S-1
\end{vmatrix} = 0 \tag{8.47}$$

式中 $Q=\dfrac{KL}{4M}(a_1+\beta_e a_3)$，$T=\dfrac{KLe}{4M}\left(a_1+\dfrac{a_2}{\beta_e}\right)$ （8.48a,b）

$$S = \frac{K_z L}{4(GJ+2\beta_x M)}a_3, \quad R = \frac{K_z L}{4M}a_1 \tag{8.48c,d}$$

式(8.47)即为所需的临界方程。

8.3.2 $n=2$的平行梁系

设两根主梁被一根次梁在跨中相连，由式(8.47)

$$1 - 1.5S = 0 \tag{8.49a}$$

$$RQ + 0.5S - TS + 2(T + Qe) = 1.0 \tag{8.49b}$$

若主次梁完全铰接。则 $R = S = 0$，由式(8.49b)

$$Qe + T = 0.5 \tag{8.50}$$

由上式得到的次梁轴压门槛刚度将比式(8.22a，b)小。但是此解无意义。有意义的解应该是，无论次梁的轴压刚度有多大，主梁的屈曲弯矩都为 M_{cr1}。由此可见，如无扭转约束作用，仅凭次梁的轴压刚度，无法使主梁的屈曲弯矩提高。$n \geqslant 3$ 时也如此。

一般情况是次梁对主梁既提供侧向约束又提供扭转约束，这时有两种可能的屈曲模式 (1) $\theta_1 = \theta_2$；(2) $\theta_1 = -\theta_2$，如图8.10所示。在模式(1)中轴压刚度不起任何作用，临界方程为式(8.49a)；模式(2)中梁除了受扭转约束外，还相当于侧向支撑在截面轴压刚度为 EA_b 长为 $b/2$ 的撑杆上，控制方程为式(8.49b)。当次梁轴向刚度较小时，由式(8.49b)计算屈曲弯矩，但是当 K 大于一定值后屈曲弯矩就由式(8.49a)计算。

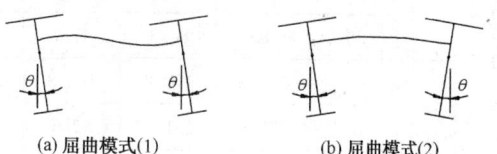

(a) 屈曲模式(1)　　　　(b) 屈曲模式(2)

图 8.10　两根相互支撑均匀受力的梁的屈曲模式

下面决定使临界弯矩达到 M_{cr2} 时的支撑刚度。同样记

$$\bar{K}_z = \frac{K_z L}{GJ + 2\beta_x M_{cr2}}, \quad \bar{K} = \frac{KL^3}{EI_y}, \quad \beta_{ec} = \frac{e}{h} \cdot \frac{4\sqrt{4 + \alpha_c^2}}{\rho \alpha_c^2}$$

$$b_1 = \frac{e}{h} \cdot \frac{a_{1c} + \beta_{ec} a_{3c}}{4\rho\pi^2 \sqrt{4 + \alpha_c^2}}, \quad b_2 = \frac{\alpha_c^2 (a_{1c}\beta_{ec} + a_{2c})}{16\pi^2 (4 + \alpha_c^2)}, \quad b_3 = \frac{\alpha_c^2 a_{1c} (a_{1c} + \beta_{ec} a_{3c})}{64\pi^2 (4 + \alpha_c^2)}$$

由式(8.49a，b)可得临界刚度 $\bar{K}_{zcr}$ 为

$$\bar{K}_{zcr} = \frac{1 - 2b_1 \bar{K} - 2b_2 \bar{K}}{0.125(1 - 2b_2\bar{K})a_{3c} + b_3 \bar{K}} \quad \bar{K} \leqslant \bar{K}_1 \text{（屈曲模式2）} \tag{8.51a}$$

$$\bar{K}_{zcr} = 8/(3a_{3c}) \quad \bar{K} \geqslant \bar{K}_1 \text{（屈曲模式1）} \tag{8.51b}$$

这里 $\bar{K}_1 = \dfrac{a_{3c}}{3b_1 a_{3c} + 2b_2 a_{3c} + 4b_3}$。记 $\bar{K}_{zcr0}$ 为 $\bar{K} = 0$ 时的扭转支撑门槛刚度

$$\bar{K}_{zcr0} = \frac{4\pi(8 + \alpha_c^2)\sqrt{4 + \alpha_c^2}}{\alpha_c^2} \tag{8.52}$$

上式在数值上是式(8.21)的两倍，这是由于 K_z 定义的差别。在 $\bar{K}$ 很大时 $\bar{K}_{zcr}$ 记为 $\bar{K}_{zcr\infty}$，则

$$\bar{K}_{zcr\infty} = \frac{1}{3}\bar{K}_{zcr0} \tag{8.53}$$

通常可设 $\dfrac{e}{h} = \dfrac{\gamma I_2}{I_1 + I_2}$，$\gamma$ 为一随次梁形心和主梁剪心相对位置而变的系数，$\gamma = 0$ 表示两者处于同一高度。实际结构中次梁和主梁上翼缘处于同一高度或次梁搁置于主梁上的情况比较多，对前一种情况可取 $\gamma = 0.5$，后者可取 $\gamma = 1.5$。表8.5给出了 $I_1/I_2 = 1$ 和 8 时的计算结果，表中划线数据表示该值是由式(8.51b)计算的。由表8.3可见，次梁轴压刚度的有利作用随 γ 的增加而显著增加：$\bar{K}_{zcr}$ 在 $\alpha_c = 3.0 \sim 4.0$ 的范围内有最小值：当 $I_1/I_2 = \infty$ 时，$\bar{K}_{zcr} = \bar{K}_{zcr0}$。

临界刚度 $\overline{K}_{zcr}$ （$n=2$） 表8.5

γ	$\dfrac{I_1}{I_2}$	$\overline{K}$	α_c								
			0.5	1.0	1.5	2.0	2.5	3.0	3.5	4.0	5.0
$0\sim\infty$		0	855	252.9	143.1	106.6	91.7	85.5	83.7	84.3	89.3
∞		$0\sim\infty$									
0.5	1	5	625.3	182.5	101.6	74.2	62.4	56.8	54.3	53.4	53.5
		10	477.2	137.8	75.8	54.6	45.3	40.5	38.3	37.2	36.3
		15	373.8	106.9	58.2	41.4	34	30.1	28.2	28.1	29.8
		20	297.5	84.3	47.7	35.5	30.6	28.5	27.9	28.1	29.8
		30	285	84.3	47.7	35.5	30.6	28.5	27.9	28.1	29.8
	8	5	654.9	190.8	105.8	76.9	64.5	58.6	55.7	54.5	54.6
		10	525.8	151.4	82.6	58.9	48.5	43.3	40.5	39	37.9
		15	435.6	124.1	66.7	46.9	38.1	33.5	31	29.5	29.8
		20	369	104.1	55.2	38.3	30.7	28.5	27.9	28.1	29.8
		30	285	84.3	47.7	35.5	30.6	28.5	27.9	28.1	29.8
1.5	1	5	542.6	159.9	90.2	66.7	56.9	52.3	50.4	49.99	50.6
		10	341.1	100.8	57.3	42.6	36.5	33.5	32.4	32	32
		15	285	84.3	47.7	35.5	30.6	28.5	27.9	28.1	29.8
	8	5	640	186.7	103.7	75.5	63.4	57.7	55	53.9	54.1
		10	501.4	144.7	79.1	56.7	46.9	42	39.4	38	37.1
		15	404.5	115.6	62.4	44.2	36	31.9	29.6	28.3	29.8
		20	333	94.2	50.3	35.5	30.6	28.5	27.9	28.1	29.8
		30	285	84.3	47.7	35.5	30.6	28.5	27.9	28.1	29.8

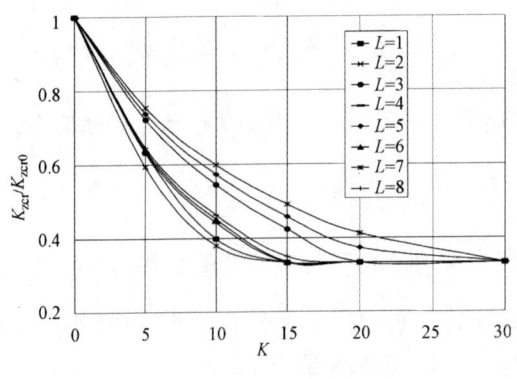

图 8.11　$\overline{K}_{zcr}/\overline{K}_{zcr0}$ 与 $\overline{K}$ 的关系曲线

曲线编号 L	1	2	3	4	5	6	7	8
I_1/I_2	1	1	1	1	8	8	8	8
γ	1.5	1.5	0.5	0.5	1.5	1.5	0.5	0.5
α_c	1	4	1	4	1	4	1	4

图 8.11 表示扭转约束临界刚度随 $\bar{K}$ 的变化情况。由图可见，当 $\bar{K}$ 大于 $\bar{K}_1$ 时由于屈曲模式的变化，$\bar{K}$ 进一步增加，临界刚度不再降低。

同样取双轴对称截面和 8.3.2 节中的单轴对称截面梁，计算支撑刚度较小的情况下临界弯矩和支撑刚度的关系，得到图 8.12a，b 所示的曲线。曲线分为两段，分别对应于两种屈曲模式。采用式(8.38)和式(8.39)计算临界弯矩总是偏于安全的。

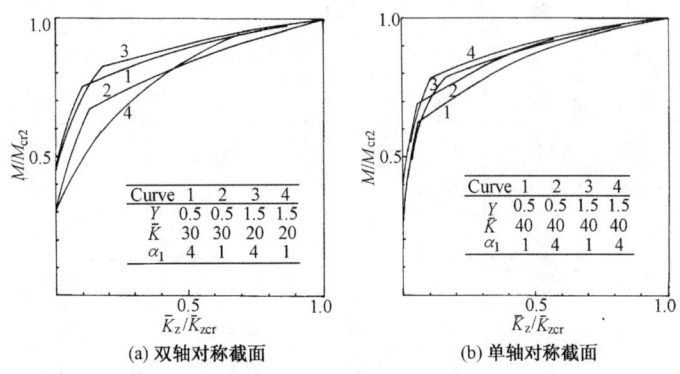

(a) 双轴对称截面   (b) 单轴对称截面

图 8.12　非完全支撑时临界弯矩与支撑刚度的关系（$n=2$）

8.3.3　$n \geqslant 3$ 的结构

先考虑 $n=3$ 的情形。从式(8.47)可得以下方程

$$S + \frac{Q_e + QR}{1-T} = 1 \tag{8.54a}$$

$$1.5(1-3T)S^2 + (9T+6Q_e+4.5QR-3)S - (3T+3Q_e+3QR-1) = 0 \tag{8.54b}$$

如果 $\bar{K}_z \neq 0$，$\bar{K} = 0$，则可能的屈曲模式有三个：$\theta_1 = \theta_3 = -1.366\theta_2$；$\theta_1 = -\theta_3$，$\theta_2 = 0$；$\theta_1 = \theta_3 = 0.366\theta_2$，其中有意义的模式是第一个。如果 $\bar{K} \neq 0$，$\bar{K}_z = 0$，则可能的屈曲模式也有三个：$\theta_1 = \theta_3 = -0.5\theta_2$；$\theta_1 = -\theta_3$，$\theta_2 = 0$；$\theta_1 = \theta_2 = \theta_3$。其中有意义的模式是第三个，它表示在 $\bar{K}_z = 0$ 时 $\bar{K}$ 无论多大都不起作用。下面计算门槛刚度。记

$$d_1 = \frac{3}{32}(1-3b_2\bar{K})a_{3c}^2 + \frac{9}{8}b_3 a_{3c}\bar{K}$$

$$d_2 = 0.75a_{3c} + 3b_3\bar{K} - 0.25(9b_2+6b_1)a_{3c}\bar{K}$$

$$d_3 = 1 - 3(b_1+b_2)\bar{K}$$

则 $\bar{K}_{zcr}$ 由下式计算

$$\bar{K}_{zcr} = \frac{d_2 + \sqrt{d_2^2 - 4d_1 d_3}}{2d_1} \tag{8.54c}$$

表 8.6 给出了部分计算结果。计算中发现，当 $e/h = 0$ 时，$\bar{K}_{zcr}$ 和 I_1/I_2 无关，但与 $\bar{K}$ 有关；当 $I_1/I_2 = \infty$ 时结果也一样。这一点与 $n=2$ 结构不一样。$n=2$ 时，$\bar{K}_{zcr}$ 在 $e/h = 0$ 时，与 I_1/I_2 和 $\bar{K}$ 都无关。比较表 8.5 和表 8.6 可知，n 增加，门槛刚度减小。图 8.13 显示轴向刚度的存在，使梁计算长度减半的扭转刚度减小。

γ	$\dfrac{I_1}{I_2}$	$\bar{K}$	α_c								
			0.5	1.0	1.5	2.0	2.5	3.0	3.5	4.0	5.0
0 ~ ∞		0	674.2	199.4	112.9	84.1	72.3	67.5	66.0	66.5	70.5
0.5	1	10	401.5	117.2	65.2	47.7	40.4	37.0	35.7	35.4	36.5
		20	330.2	96.7	54.1	39.8	33.9	31.4	30.5	30.5	32.0
		30	304.2	89.3	50.1	37.1	31.8	29.5	28.8	29.0	30.6
		40	291.8	85.8	48.3	35.8	30.8	28.7	28.0	28.2	29.9
	8	10	425.8	123.8	68.4	49.8	41.8	38.2	36.6	36.2	37.2
		20	354.2	102.9	57.0	41.7	35.2	32.4	31.3	31.2	32.5
		30	325.3	94.8	52.7	38.7	32.9	30.4	29.5	29.5	31.0
		40	310.7	90.7	50.6	37.2	31.7	29.4	28.6	28.7	30.3
1.5	1	10	332.8	98.9	56.1	42.0	36.2	33.8	33.1	33.2	34.9
		20	277.8	82.6	47.2	35.5	30.8	28.9	28.5	28.8	30.9
		30	263.0	78.2	44.7	33.6	29.2	27.5	27.1	27.5	29.4
		40	256.5	76.3	43.6	32.8	28.5	26.8	26.5	26.9	28.8
	8	10	399.3	116.6	64.9	47.6	40.2	36.9	35.6	35.3	36.5
		20	328.1	96.1	53.8	39.7	33.8	31.3	30.5	30.5	32.0
		30	302.5	88.9	49.9	37.0	31.7	29.5	28.8	28.9	30.6
		40	290.3	85.4	48.1	35.7	30.7	28.6	28.0	28.2	29.9
∞		10	439.2	127.3	70.2	50.9	42.6	38.8	37.1	36.6	29.95
		20	368.4	106.7	58.8	42.7	36.0	32.9	31.7	31.6	32.8
		30	338.5	98.2	54.3	39.6	33.5	30.9	29.9	29.8	31.3
		40	323.0	93.9	52.1	38.1	32.3	29.9	29.0	29.0	30.5

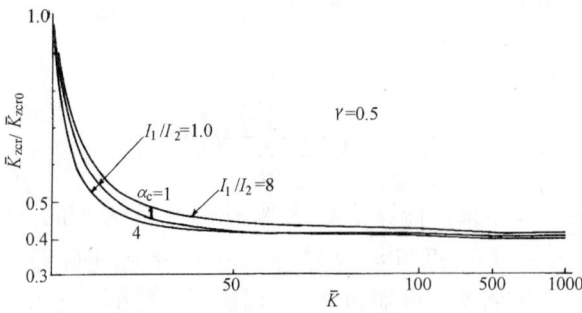

图8.13 扭转门槛刚度随支撑轴压刚度 $\bar{K}$ 的变化($n=3$)

$\bar{K}=0$ 时的门槛刚度为

$$\bar{K}_{zcr0} = 2\left(1 + \frac{\sqrt{3}}{3}\right)\frac{\pi\left(8 + \alpha_c^2\right)\sqrt{4 + \alpha_c^2}}{\alpha_c^2} \tag{8.55}$$

并且在 $\bar{K}=\infty$ 时，$\bar{K}_{zcr\infty} \approx 0.4\bar{K}_{zcr0}$。

从应用角度出发，次梁的轴压刚度都很大。使得主梁计算长度减半的扭转支撑的门槛刚度是很小的，不考虑轴压刚度的影响，统一采用式(8.55)决定门槛刚度偏于安全。

当 n 更大时，扭转约束的门槛刚度为

$$\bar{K}_{zcr0} = \chi \frac{2\pi\left(8 + \alpha_c^2\right)\sqrt{4 + \alpha_c^2}}{\alpha_c^2} \tag{8.56}$$

式中 χ 系数由表 8.7 给出，偏安全的计算式为 $\chi = 2 - \frac{2}{3}\cos\frac{\pi}{n}$。

式(8.56)中的 χ 系数   表 8.7

n	2	3	4	5	6	7	8	9	∞
χ	2	1.577	1.447	1.390	1.362	1.348	1.341	1.337	1.333

在扭转支撑刚度未达到门槛刚度时，临界弯矩和刚度之间的关系见图 8.14，图中曲线仍采用式(8.38)，(8.39)近似。

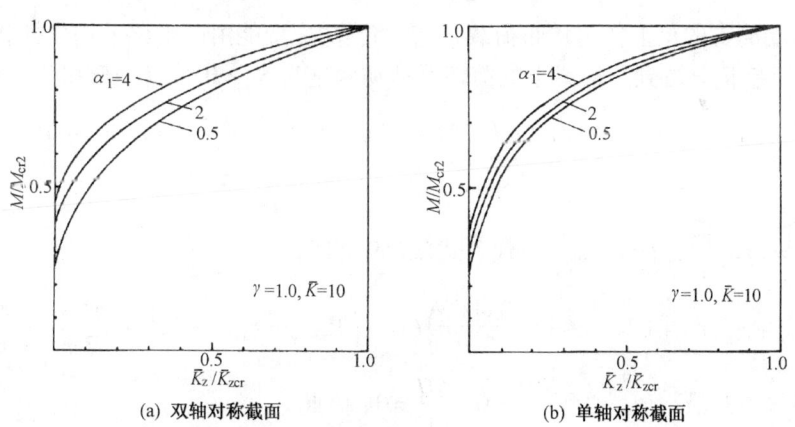

图 8.14　非完全支撑时临界弯矩与支撑刚度的关系（$n=3$）

8.4　由剪切膜相互支撑的平行梁系的屈曲

图 8.15 所示，平行梁系的上翼缘上每隔一定的距离布置檩条或次梁，檩条上铺压型钢板。檩条能够使两根梁之间的距离保持不变。压型钢板的肋的方向和主梁平行，通过自攻螺钉或其他方式固定在檩条上。在梁侧向弯扭屈曲时，此时的压型钢板内会产生如图 8.15(b)所示的剪切变形，梁可以简化为图 8.15(c)所示的受剪切膜相互支撑的平行梁系。

由于剪切膜能够保持梁与梁之间的距离，则侧向弯扭屈曲时，剪切膜内产生如下的应变能

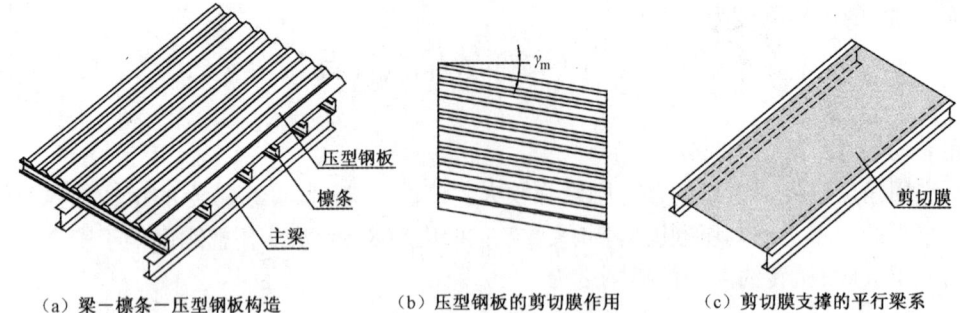

| （a）梁—檩条—压型钢板构造 | （b）压型钢板的剪切膜作用 | （c）剪切膜支撑的平行梁系 |

图 8.15 剪切膜支撑的平行梁系

$$U_m = \frac{1}{2}\int_0^L\int_0^b s_m \gamma_m^2 \mathrm{d}x\mathrm{d}z \tag{8.57}$$

式中 s_m 是剪切膜的抗剪刚度，如果是厚度为 t 的实心的钢板，则 $s_m = Gt$，γ_m 是剪切膜内的剪应变。b 是梁与梁之间的距离。

设剪切膜设置在离开剪心距离为 e 的高度上，则剪切膜与梁连接点的侧向位移为 $u + e\theta$，剪切膜的剪应变为

$$\gamma_m = u' + e\theta'$$

代入式（8.57）得到

$$U_m = \frac{1}{2}\int_0^L s_m b(u' + e\theta')^2 \mathrm{d}z \tag{8.58}$$

假设两端简支的梁上作用均布荷载 q，剪切膜的应变能由两根梁平均分摊，取一半加入总势能，并重新记分摊到一根梁上的剪切膜剪切刚度为 $S_m = 0.5s_m b$。弯扭失稳的总势能为

$$\Pi = \frac{1}{2}\int_L \left[EI_y u''^2 + EI_\omega \theta''^2 + (GJ + 2\beta_x M_x)\theta'^2 + 2M_x u''\theta + S_m(u' + e\theta')^2 - qa\theta^2 \right]\mathrm{d}z \tag{8.59}$$

假设 $u = C\sin\frac{\pi z}{L}$，$\theta = D\sin\frac{\pi z}{L}$，代入式（8.59）得到

$$\Pi = \frac{\pi^2}{4L}\left[(P_{Ey} + S_m)C^2 + \left(2eS_m - 4M_x\frac{\pi^2+3}{3\pi^2}\right)CD + \left(P_{E\omega}i_0^2 + S_m e^2 + 4M_x\beta_x\frac{\pi^2-3}{3\pi^2} - \frac{8a}{\pi^2}M_x\right)D^2 \right]$$

要使得势能有最小值，必须 $\frac{\partial \Pi}{\partial C} = 0$，$\frac{\partial \Pi}{\partial D} = 0$，因此

$$(P_{Ey} + S_m)C - \left[\frac{2(\pi^2+3)}{3\pi^2}M_x - S_m e\right]D = 0$$

$$-\left[\frac{2(\pi^2+3)}{3\pi^2}M_x - S_m e\right]C + \left(P_{E\omega}i_0^2 + S_m e^2 + M_x\frac{4(\pi^2-3)}{3\pi^2}\beta_x - M_x\frac{8a}{\pi^2}\right)D = 0$$

解得临界弯矩为

$$M_{xcr} = 1.155\left\{ \begin{array}{l} (0.534\beta_x - 0.466a)\ (P_{Ey} + S_m)\ + S_m e \\ +\sqrt{\left[\ (0.534\beta_x - 0.466a)\ (P_{Ey} + S_m)\ + S_m e\right]^2 + P_{Ey}P_{E\omega}i_0^2 + S_m\ (P_{Ey}e^2 + P_{E\omega}i_0^2)} \end{array} \right\} \tag{8.60}$$

如果承受纯弯矩，则总势能是

$$\Pi = \frac{1}{2}\int_L \left[EI_y u''^2 + EI_\omega \theta''^2 + (GJ + 2\beta_x M_x)\theta'^2 + 2M_x u''\theta + S_m(u' + e\theta')^2 \right]\mathrm{d}z$$

将位移函数代入得到

$$\Pi = \frac{\pi^2}{4L}\left[(P_{Ey}+S_m)C^2 - 2(M_x - S_m e)CD + (P_{E\omega}i_0^2 + 2\beta_x M_x + S_m e^2)D^2\right]$$

由此得到临界弯矩为

$$M_{xcr} = S_m e + (P_{Ey}+S_m)\beta_x + \sqrt{[S_m e + (P_{Ey}+S_m)\beta_x]^2 + P_{Ey}P_{E\omega}i_0^2 + S_m(P_{Ey}e^2 + P_{E\omega}i_0^2)}$$

$$(8.61)$$

这里假设压型钢板厚度为 0.5mm，剪切刚度因为有波形和自攻螺钉与檩条的离散的连接等原因，比材料的剪切模量小很多。假设其有效剪切模量是材料本身剪切模量的 0.001 倍。钢梁截面是 $H600 \times 220 \times 6 \times 12$，平行梁系中梁与梁的距离是 6m。

$I_y = 21.296 \times 10^6 mm^4$，$I_\omega = 1.8407 \times 10^{12} mm^6$，$J = 294910 mm^4$，梁的跨度为 8m，$i_0^2 = 256.16^2 mm^2$ $P_{Ey} = \dfrac{\pi^2 EI_y}{L^2} = 676.53kN$，$P_{E\omega} = \dfrac{1}{i_0^2}\left(GJ + \dfrac{\pi^2 EI_\omega}{L^2}\right) = 1247.23kN$，$e = 350mm$，

$S_m = 6000 \times 0.5 \times 0.001 \times 79230 = 237.69kN$，截面双轴对称时的临界弯矩是：

$$M_{xcr} = S_m e + \sqrt{(S_m e)^2 + P_{Ey}P_{E\omega}i_0^2 + S_m(P_{Ey}e^2 + P_{E\omega}i_0^2)}$$

$$(8.62)$$

$M_{cr} = 237.69 \times 0.35 + \sqrt{83.19^2 + 676.53 \times 1247.23 \times 0.25616^2 + 237.69 \times (676.53 \times 0.35^2 + 81.84)}$

$= 401.68 kN \cdot m$

如果没有剪切膜，则临界弯矩为 235.3kN·m，因此这个剪切膜使得临界弯矩提高了 70%。

如果等效剪切模量为钢材的 0.0001 倍，则 $M_{xcr} = 251.94kN \cdot m$，临界弯矩的提高就可以忽略了。

关于剪切膜的剪切刚度，应该参考有关压型钢板设计的参考书。注意压型钢板屋面的等效剪切模量一般小于 $0.1\% G$，因此它们对于临界弯矩的提高作用常常不予考虑。

8.5 檩条—隅撑体系支撑的梁的弯扭屈曲

8.5.1 隅撑—檩条支撑体系的约束刚度分析

轻型门式刚架的斜梁下翼缘受压时，必须在受压翼缘的两侧布置隅撑作为侧向支撑，隅撑的另一端连接在檩条上，如图 8.16 所示。隅撑的作用是防止斜梁受压翼缘的平面外失稳，使钢材的强度得到有效利用。檩条的间距一般在 1.5～2m，隅撑可以在每个檩条处设置，在工字形梁自由翼缘受拉的情况下可以少设或不设。

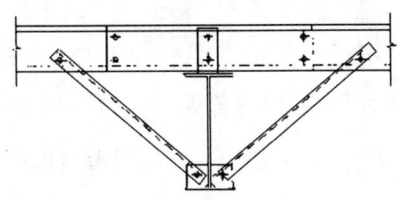

图 8.16　轻钢门架中的隅撑

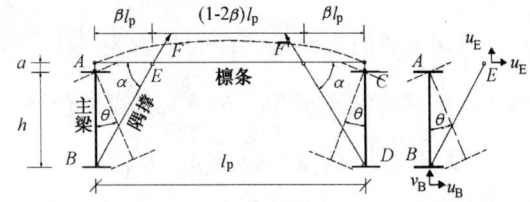

图 8.17　梁弯扭失稳时隅撑—檩条体系的变形

取两根主梁间的一跨简支檩条分析，隔撑刚度分析图如图 8.17 所示，图中 a 是檩条截面形心到梁上翼缘中心的距离，h 是上下翼缘中线的距离，α 是隔撑和檩条轴线的夹角。假设梁侧向弯扭失稳时上翼缘和檩条的连接点为不动点，记失稳时 B 点和 E 点的水平和竖向位移为 u_B，v_B 和 u_E，v_E，隔撑和檩条的连接点离开主梁的距离为 βl_p 隔撑内的轴力记为 F。根据位移与应变关系可得（下标 k 代表隔撑，下标 p 代表檩条）：

$$\sqrt{(\beta l_p + u_E - u_B)^2 + (a + h + v_E - v_B)^2} - l_k = -\frac{Fl_k}{EA_k} (F \text{ 以压为正})$$

对上式利用泰勒级数展开并且略去二阶小量可得：

$$\frac{\beta l_p (u_E - u_B)}{l_k^2} + \frac{(a + h)(v_E - v_B)}{l_k^2} = -\frac{F}{EA_k} \tag{8.63}$$

因为假设梁失稳时绕 A 点转动，所以 $v_B \approx 0$，u_E 是 EF 段檩条受压引起的，v_E 是檩条弯曲引起的：

$$u_E = \frac{F\cos\alpha(1 - 2\beta)l_p}{2EA_p} \tag{8.64a}$$

$$v_E - v_B = \frac{F}{2EI_p}\sin\alpha\left(1 - \frac{4}{3}\beta\right)\beta^2 l_p^3 \tag{8.64b}$$

将式（8.64a，b）代入式（8.63）可得隔撑对梁的水平支撑力

$$F\cos\alpha = K_b u_B \tag{8.65}$$

$$K_b = \left[\frac{(1 - 2\beta)l_p}{2EA_p} + (a + h)\frac{(3 - 4\beta)}{6EI_p}\beta l_p^2 \tan\alpha + \frac{l_k^2}{\beta l_p EA_k \cos\alpha}\right]^{-1} \tag{8.66}$$

上式即是隔撑—檩条支撑系统对梁下翼缘提供的侧向位移约束。

上式推导时采用了许多简化假设：①檩条只发生弯曲；②隔撑是轴心受力；③未考虑隔撑和檩条安装孔比螺栓大得多的实际情况。这些因素对支撑的刚度要求没有影响，但是会使得对支撑的强度要求提高。在分析支撑的强度要求时可以取较大的初始弯曲和初始扭转来考虑安装孔径较大的影响。

实际工程中大多数情况梁的两侧有隔撑，这时式（8.66）加倍。如果采用连续檩条，式（8.66）的计算公式不变。这是因为相邻两开间的隔撑受力是相反的缘故。

8.5.2 弯扭稳定分析

图 8.18 示出的是一根被多根隔撑支撑着的两端简支梁，承受均匀的弯矩。图中 e_1 是截面的剪切中心到檩条支撑点的距离，而 e_2 是隔撑下端支撑点到截面剪切中心的距离，记 $e = e_1 + e_2$。下面采用能量法对其临界弯矩进行计算。由于实际工程中隔撑的数量比较多，可以简化为连续的侧向支撑的梁，连续支撑的刚度为 $k_b = K_b/l$，l 是檩条的间距。

梁弯扭失稳时支撑中储存的势能为 $\frac{1}{2}\int_0^L k_b u_b^2 \mathrm{d}z = \frac{1}{2}\int_0^s k_b(u + e_2\theta)^2 \mathrm{d}z$，其中 k_b、u_b 分别为连续支撑的侧向刚度、连续支撑点的位移。这样梁的弯扭失稳总势能公式为

$$\Pi = \frac{1}{2}\int_L \left[EI_y u''^2 + EI_\omega \theta''^2 + GJ\theta'^2 + 2\beta_x M_x \theta'^2 + 2M_x u''\theta + k_b(u + e_2\theta)^2\right]\mathrm{d}z \tag{8.67}$$

因为要求檩条和梁的交点处位移为 0，即 $u = e_1\theta$，上式变为

$$\Pi = \frac{1}{2}\int_L \left[(EI_y e_1^2 + EI_\omega)\theta''^2 + (GJ + 2\beta_x M_x)\theta'^2 + 2M_x e_1\theta''\theta + k_b e^2\theta^2\right]\mathrm{d}z \tag{8.68}$$

324

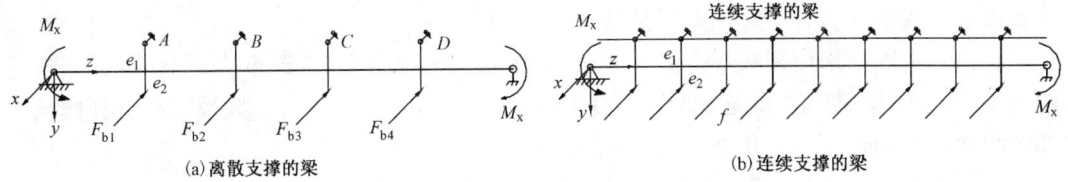

(a) 离散支撑的梁　　　　　　　　　　(b) 连续支撑的梁

图 8.18　隔撑支撑的梁

式中 $e = e_1 + e_2$。假设 $\theta = D\sin\dfrac{m\pi z}{L}$，代入上式得到

$$\left(EI_y e_1^2 + EI_\omega\right)\left(\frac{m\pi}{L}\right)^4 + \left(\frac{m\pi}{L}\right)^2\left(GJ + 2\beta_x M_x\right) - 2\left(\frac{m\pi}{L}\right)^2 M_x e_1 + k_b e^2 = 0$$

临界弯矩为

$$M_{xcr} = \frac{1}{2\left(e_1 - \beta_x\right)}\left[GJ + \left(EI_y e_1^2 + EI_\omega\right)\chi + \frac{1}{\chi}k_b e^2\right] \tag{8.69}$$

式中 $\chi = \left(\dfrac{m\pi}{L}\right)^2$。上式对 χ 求导得到 $\chi = \sqrt{\dfrac{k_b e^2}{EI_y e_1^2 + EI_\omega}}$，代入上式得到

$$M_{xcr} = \frac{GJ + 2e\sqrt{k_b\left(EI_y e_1^2 + EI_\omega\right)}}{2\left(e_1 - \beta_x\right)} \tag{8.70}$$

上式和计算长度为檩条间距 l 的梁的临界弯矩比较，取较小值进行计算。

8.5.3　算例

算例一：主梁采用 Q235 钢，工字钢，屈服强度 $f_y = 235\text{N/mm}^2$，檩条间距 1.8m，每跨主梁上等间距布置隔撑。$a - 80\text{mm}$，$\alpha = 45°$，檩条截面为 C160×60×20×2，檩条长 $l_p = 6000\text{mm}$，$A_p = 607\text{mm}^2$，$I_p = 2365900\text{mm}^4$，隔撑取 L50×3，$A_k = 281\text{mm}^2$。设主梁截面为 H600×200×5×10，取主梁的长 $L = 18\text{m}$，绕弱轴的长细比 $L/i_y = 412$，9 根隔撑，$l = 1.8\text{m}$，隔撑刚度 $K_b = 426\text{N/mm}$，$k_b = 0.2367\text{N/mm}^2$，$J = 1.575 \times 10^5\text{mm}^4$，$I_\omega = 1.1603 \times 10^{12}\text{mm}^6$，$I_y = 1.3333 \times 10^7\text{mm}^4$，$e = 680\text{mm}$，$e_1 = 380\text{mm}$，$i_0 = 253.31\text{mm}$。由式 (8.70) 得到

$$M_{xcr} = \frac{79230 \times 157500 + 2 \times 680 \times 206000\sqrt{0.2367 \times \left(13.333 \times 10^6 \times 345^2 + 1.1603 \times 10^{12}\right)}}{2 \times 345}$$

$$= 697\text{kN} \cdot \text{m}$$

长度为两倍檩条间距的两端简支纯弯梁的临界弯矩为

$$M_{xcr2} = \frac{\pi E}{3600}\sqrt{1.3333 \times 10^7\left(\frac{1.575 \times 10^5}{2.6} + \frac{\pi^2 \times 1.1603 \times 10^{12}}{3600^2}\right)} = 637.8\text{kN} \cdot \text{m}$$

比较以上两个弯矩可知，设置隔撑后，并不能使计算长度减小到檩条间距，大致是檩条间距的 2 倍。

上面的计算中，过于乐观地估计了隔撑—檩条支撑系统的刚度，因此得到的临界弯矩会偏大，但是另一方面，实际工程中梁的弯矩沿着长度方向变化，使得按照最大弯矩计算的临界弯矩得到提高。两相抵消，上述算例得到的关于隔撑—檩条支撑体系支撑的梁的计

算长度的大致取法，有一定的参考价值。

算例二：檩条采用高频焊接 H 形截面 H300×150×3×4.5，跨度为 $l_p = 12$m，檩条间距为 1.5m。刚架梁的截面是 H900×300×8×12。隅撑截面 L75×6，隅撑支撑点到檩条端部的距离是 1.2m，即 $\beta = 0.1$。

$A_p = 2223$mm^2，$I_p = 35.631×10^6$mm^4，$A_k = 880$mm^2，$l_k = 1697$mm，$\alpha = 45°$，$e = 1050$mm，$e_1 = 600$mm，计算得到 $K_b = 1072.58$N/mm，$k_b = 0.715$N/mm^2。

$J = 495100$mm^4，$I_y = 54×10^6$mm^4，$I_\omega = 10.645×10^{12}$mm^6，$i_0 = 367.75$mm，单侧支撑时，经计算得到 $M_{xcr} = 3716.52$kN·m，梁的两侧均有檩条—隅撑支撑时 $M_{xcr} = 5424$kN·m。如果侧向支撑点之间的距离为 3m，$P_{Ey} = 12198.83$kN，$P_{E\omega} = 18071.4$kN，则临界弯矩为 $M_{xcr} = i_0\sqrt{P_{Ey}P_{E\omega}} = 5460.2$kN·m。因此在梁的两侧均有隅撑—檩条支撑体系时，梁的侧向计算长度基本上约为 2 倍檩条间距。

关于隅撑的强度要求，取被支撑翼缘屈服强度的 1/60。

参 考 文 献

[1] 陈绍蕃. 钢结构设计原理. 北京：科学出版社，1987.

[2] 吕烈武等. 钢结构构件稳定理论. 北京：中国建筑工业出版社，1983.

[3] Trahair N. S., Nethercot D. A., Bracing requirements in thin-walled structures, Developments in Thin-walled Structures, -2, Edited by J. Rhodes & A. C. Walker, London, Elsevier Applied Science Publishers, 1984：93-130.

[4] Taylor A. C., Ojalvo M., Torsional restraint of lateral buckling, Journal of the Structural Division, ASCE, 1966, 92 (2)：115-129.

[5] Nethercot D. A., Buckling of laterally or torsionally restrained beams, Journal of the Structural Division, ASCE, 1973, 99 (4)：773-791.

[6] Mutton B. R., Trahair N. S., Stiffness requirements for lateral bracing, Journal of the Structural Division, ASCE, 1975, 99 (10)：2167-2182.

[7] Medland I. C., Buckling of interbraced beam systems, Engineering Structures, 1980, 2 (2)：90-96.

[8] 童根树. 水平撑杆设计方法. 西安冶金建筑学院学报，1986，18 (3)：110-140.

[9] Hartman A. J., Elastic lateral buckling of continuous beams, Journal of the Structural Division, ASCE, 1967, 93 (4)：11-26.

[10] Winter G., lateral bracing of columns and beams, Transactions of ASCE, 1960, 125：807-845.

[11] Valentino J., Trahair N. S., Torsional restraint against elastic lateral buckling, Journal of Structural Engineering, ASCE, 1998, 124 (4)：1217-1224.

[12] Tong G. S., Chen S. F., Buckling of laterally and torsionally braced beams, Journal of Constructional Steel Research, 1988, 11 (1)：41-55.

[13] Tong G. S., Chen S. F., The elastic buckling of inter-braced girders, Journal of Constructional Steel Research, 1989, 14 (2)：87-105.

[14] Lay M. G., Galambos T. V., Bracing Requirements for Inelastic Steel Beams, Journal of the Structural Division, ASCE, 1966, 92 (1)：207-227.

[15] Nakamura T., Strength and Deformability of H-Shaped Steel Beams and Lateral Bracing Requirements,

Journal of Constructional Steel Research, 1988, 9 (3): 217-228.

[16] Wang Y. C., Nethercot D. A., Bracing Requirements for Laterally Unrestrained Beams, Journal of Construct Steel Research, 1990, 17 (4): 305-315.

[17] Tong G. S., Chen S. F., An Unified Approach for Multiple Lateral Bracing of Columns, Journal of Constructional Steel Research 1989, 12 (2): 141-149.

[18] 童根树. 增强压杆稳定性的侧向支撑的设计. 工业建筑, 2003, 33 (5).

[19] 中国工程建设标准化协会标准. 门式刚架轻型房屋钢结构技术规程 (CECS 102: 2002). 北京: 中国计划出版社, 2003.

第9章　简支吊车梁的弹性稳定

9.1　引　　言

吊车梁在工业厂房中广泛应用，也是梁的弯扭屈曲理论应用最为直接的一种构件。简支吊车梁的临界弯矩的计算，采用第五章导得的简支梁临界弯矩公式。实际工程中的吊车梁实际上是两根截面相同而受力不同的平行梁系。吊车桥架通过钢轮子与轨道之间凹凸面的接触，而轨道通过压板固定在吊车梁上，这样使得两平行的吊车梁之间存在相互支撑作用。如果将吊车桥架看作是两吊车梁之间与吊车梁铰接的刚性撑杆，则当发生平面外变形时，两根吊车梁上与吊车桥架连接的位置的侧向位移可以认为是相同的。由于吊车荷载在桥架上的来回滑动，两吊车梁上的弯矩大小可能不相同。因此，当吊车梁发生屈曲时，通过吊车桥架，承受弯矩小的吊车梁就可能对受荷大的吊车梁提供支撑作用。对于这种支撑作用，本章将对此进行研究。与第8章假设各梁均匀受力不同，这里假设两根梁承受的力的和相同。

在现代钢结构设计中，隔撑经常被作为提高钢梁稳定性的一个重要手段。通过在连续梁和框架梁的负弯矩区截面的下翼缘设置隔撑，为下翼缘提供侧向支撑。但对承受中小起重量的轻级和中级工作制的工字形截面吊车梁，也可以在两端部附近设置隔撑来提高稳定性。通过同时对截面的上下翼缘设置隔撑，可以起到约束截面的侧移和扭转的作用。但是此时的隔撑不仅对吊车梁提供支撑，隔撑还将传递横向水平刹车力，减小梁上翼缘的水平弯矩。本章也将研究设置水平隔撑的吊车梁的稳定性的计算方法。

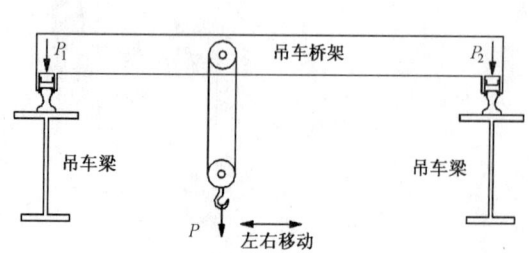

图 9.1　总受力不变、相互支撑的平行梁系

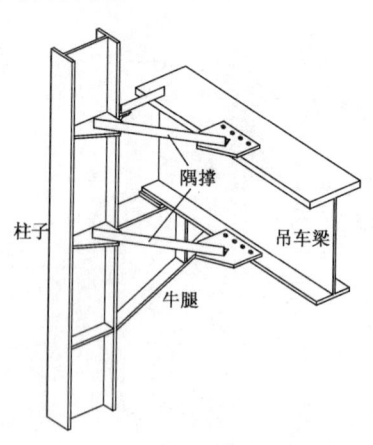

图 9.2　水平隔撑在简支
吊车梁中的应用

9.2 纯弯下平行梁系的屈曲

如图 9.3 所示，平行梁系中的两根简支梁均受纯弯荷载的作用，设两简支梁完全相同，跨度均为 $L = 2l$，承受的弯矩大小分别为 M_1 和 M_2，一刚性撑杆将两简支梁的跨中相连。

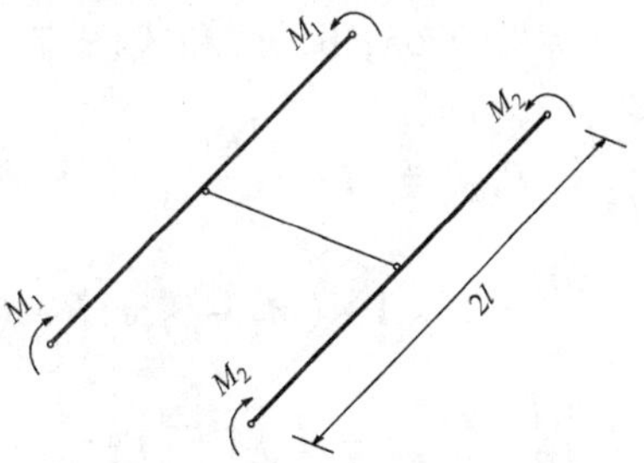

当屈曲发生时，设刚性撑杆对梁的作用力为 F，根据第 8 章，梁跨中截面的位移为

$$\theta_z = C_2 \sinh r_1 l + C_3 \sin r_2 l + \frac{1}{2}\frac{F}{M} l \qquad (9.1a)$$

$$u_z = \frac{Fl}{2M}\left(e + 2\beta_x + \frac{GJ}{M}\right) + \left(2\beta_x + \frac{GJ}{M}\right)$$

$$\left[\left(1 - \frac{r_1^2}{\beta^2}\right)C_2 \sinh r_1 l + \left(1 + \frac{r_1^2}{\beta^2}\right)C_3 \sin r_2 l\right] \qquad (9.1b)$$

图 9.3 纯弯下的相互支撑
平行梁系计算简图

式中 $C_2 = -\dfrac{F\, r_2^2 - Me/EI_\omega}{2M\, r_1 (r_1^2 + r_2^2)}\dfrac{1}{\cosh r_1 l}$，$C_3 = -\dfrac{F\, r_1^2 + Me/EI_\omega}{2M\, r_2 (r_1^2 + r_2^2)}\dfrac{1}{\cos r_2 l}$ $\qquad (9.2a,b)$

假定撑杆刚度无限大，撑杆与梁之间铰接，利用 (9.2a, b) 式，可得支撑点处的侧移为：

$$u_z + e\theta_z = \frac{Fl}{2M}\left(e + 2\beta_x + \frac{GJ}{M}\right) + \left(2\beta_x + \frac{GJ}{M}\right)\left[\left(1 - \frac{r_1^2}{\beta^2}\right)C_2 \sinh r_1 l + \left(1 + \frac{r_1^2}{\beta^2}\right)C_3 \sin r_2 l\right]$$

$$+ e\left(C_2 \sinh r_1 l + C_3 \sin r_2 l + \frac{1}{2}\frac{F}{M} l\right) \qquad (9.3)$$

记两根梁在撑杆作用处的平面外位移分别为 u_{z1} 和 u_{z2}，撑杆对梁的作用力分别为 F_1 和 F_2，则有：

$$u_{z1} = u_{z2}, \quad F_1 = -F_2 = F \qquad (9.4a,b)$$

由式 (9.3) 和式 (9.4a, b)，得：

$$\frac{Fl}{2M_1}\left(e + 2\beta_x + \frac{GJ}{M_1}\right) + \left(2\beta_x + \frac{GJ}{M_1}\right)\left[\left(1 - \frac{r_1^2}{\beta^2}\right)C_2 \sinh r_1 l + \left(1 + \frac{r_1^2}{\beta^2}\right)C_3 \sin r_2 l\right]$$

$$+ e\left(C_2 \sinh r_1 l + C_3 \sin r_2 l + \frac{1}{2}\frac{F}{M_1} l\right) = -\frac{Fl}{2M_2}\left(e + 2\beta_x + \frac{GJ}{M_2}\right)$$

$$+ \left(2\beta_x + \frac{GJ}{M_2}\right)\left[\left(1 - \frac{\bar{r}_1^2}{\beta^2}\right)\overline{C}_2 \sinh \bar{r}_1 l + \left(1 + \frac{\bar{r}_1^2}{\beta^2}\right)\overline{C}_3 \sin \bar{r}_2 l\right] + e\left(\overline{C}_2 \sinh \bar{r}_1 l + \overline{C}_3 \sin \bar{r}_2 l - \frac{Fl}{2M_2}\right)$$

$$(9.5)$$

式 (9.5) 等号右边加"上横杠"的参数对应于承受 M_2 的简支梁。将式 (9.2a, b) 代入式 (9.5)，并约去 F，即可得到 M_1 和 M_2 之间的关系。

为了获得 M_1 和 M_2 关系的简便的表达式，下面通过 Rayleigh-Ritz 法进行求解。先对双轴对称截面的相互支撑平行梁系进行分析，设与简支梁相同的位移函数：

$$(u_1, \theta_1, u_2, \theta_2) = (A, B, C, D)\sin\frac{\pi z}{L} \qquad (9.6a,b,c,d)$$

由撑杆处侧向位移相同，即 $u_1 + e\theta_1 = u_2 + e\theta_2$，得到：

$$C = A + Be - De \qquad (9.7)$$

根据纯弯条件下单根梁的总势能表达式（见第 5 章）得到平行梁系的总势能为：

$$\Pi = \frac{1}{2}\int_0^L (EI_y u_1''^2 + GJ\theta_1'^2 + EI_\omega \theta_1''^2 + 2M_1\theta_1 u_1'' + EI_y u_2''^2 + GJ\theta_2'^2 + EI_\omega \theta_2''^2 + 2M_2\theta_2 u_2'')\,\mathrm{d}z$$

$$(9.8)$$

将式(9.6a, b, d)和式(9.7)代入式(9.8)，并令 $\frac{\partial \Pi}{\partial A}=0$，$\frac{\partial \Pi}{\partial B}=0$ 和 $\frac{\partial \Pi}{\partial D}=0$，记 $P_{\mathrm{Ey}} = \frac{\pi^2 EI_y}{L^2}$，$P_{\mathrm{E\omega}} i_0^2 = GJ + \frac{\pi^2 EI_\omega}{L^2}$，$i_0$ 是截面绕剪切中心的极惯性半径，得到：

$$\frac{\partial \Pi}{\partial A} = 2P_{\mathrm{Ey}}A - (M_1 - P_{\mathrm{Ey}}e)B - (P_{\mathrm{Ey}}e + M_2)D = 0 \qquad (9.9\mathrm{a})$$

$$\frac{\partial \Pi}{\partial B} = (P_{\mathrm{Ey}}e - M_1)A + (P_{\mathrm{Ey}}e^2 + P_{\mathrm{E\omega}}i_0^2)B - (P_{\mathrm{Ey}}e^2 + M_2 e)D = 0 \qquad (9.9\mathrm{b})$$

$$\frac{\partial \Pi}{\partial D} = -(P_{\mathrm{Ey}}e + M_2)A - (P_{\mathrm{Ey}}e^2 + M_2 e)B + (P_{\mathrm{Ey}}e^2 + P_{\mathrm{E\omega}}i_0^2 + 2M_2 e)D = 0 \qquad (9.9\mathrm{c})$$

令方程组(9.9a～c)的系数行列式的值为零,有:

$$(P_{\mathrm{Ey}}e^2 + P_{\mathrm{E\omega}}i_0^2)(M_1^2 + M_2^2 - 2P_{\mathrm{Ey}}P_{\mathrm{E\omega}}i_0^2) + 2(M_1 + M_2)(M_1 M_2 - P_{\mathrm{Ey}}P_{\mathrm{E\omega}}i_0^2)e = 0$$

$$(9.10)$$

如果用 M_{cr} 来表示简支梁无侧向支撑时的临界弯矩,可知 $M_{\mathrm{cr}}^2 = P_{\mathrm{Ey}}P_{\mathrm{E\omega}}i_0^2$。化简式(9.10)可以得到:

当 $e \neq 0$ 时 $\quad \dfrac{1}{2}\left(\dfrac{\eta}{e} + \dfrac{e}{\eta}\right) = \dfrac{(m_1 + m_2)(1 - m_1 m_2)}{m_1^2 + m_2^2 - 2}$ $\qquad (9.11\mathrm{a})$

当 $e = 0$ 时 $\quad m_1^2 + m_2^2 = 2$ $\qquad\qquad (9.11\mathrm{b})$

其中: $m_1 = \dfrac{M_1}{M_{\mathrm{cr}}}$, $m_2 = \dfrac{M_2}{M_{\mathrm{cr}}}$, $\eta = \sqrt{\dfrac{GJL^2 + \pi^2 EI_\omega}{\pi^2 EI_y}} = i_0\sqrt{\dfrac{P_{\mathrm{E\omega}}}{P_{\mathrm{Ey}}}}$ $\qquad (9.12\mathrm{a,b,c})$

图 9.4 对式(9.5)与式(9.11a, b)的结果进行了比较，采用的截面如图所示，取简支梁的长度为 1m，其中 $E = 206\mathrm{kN/mm}^2$，泊松比 $\mu = 0.3$。图 9.4 比较表明，式(9.11a, b)与式(9.5)的精确解非常吻合。同时可以发现，当支撑位置位于上翼缘时，两平行梁之间的支援作用最强，位于剪心时次之，而位于下翼缘时支援作用最弱。当平行梁系中的一简支梁上的荷载为零时，记另一简支梁的临界弯矩为 M_{s}。由于支援作用，M_{s} 大于单根简支梁的临界弯矩 M_{cr}，两者的比值表示临界弯矩的增加比例：

$$m_{\mathrm{s}} = \frac{M_{\mathrm{s}}}{M_{\mathrm{cr}}} = \frac{1}{2\xi} + \frac{\sqrt{1 + 8\xi^2}}{2|\xi|} \qquad (9.13)$$

式中: $\xi = \dfrac{1}{2}\left(\dfrac{\eta}{e} + \dfrac{e}{\eta}\right)$ $\qquad\qquad (9.14)$

根据数学原理可知上式中的 $|\xi| \geqslant 1$。从式(9.14)可以看出，当 $e = 0$ 时，$|\xi| \to \infty$，$m_{\mathrm{s}} = \sqrt{2}$；当 $e = \eta$ 时，$\xi = 1$，m_{s} 达到最大值 2；当 $e = -\eta$ 时，$\xi = -1$，m_{s} 达到最小值 1。

m_{s} 与支撑高度的关系如图 9.5 所示，从图中可以发现，在纯弯荷载作用下 m_{s} 随支撑点高度的提高而增大。支撑点高于剪心的值越大，支援作用就越明显，m_{s} 的值就越大。m_{s} 和 e/h（h 为梁的高度）基本呈线性关系，只有当 $|e|$ 较大时线性关系有所减缓。

9.3 跨中集中力作用下平行梁系的屈曲

实际工程中，梁上作用纯弯荷载的情况并不多见，更为常见的荷载作用方式是跨中集中荷载。本节将对跨中集中荷载作用下，相互支撑平行梁系的稳定性进行研究。

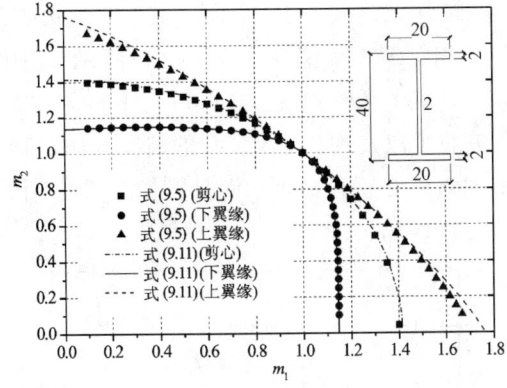

图 9.4　两根梁临界弯矩的相关关系

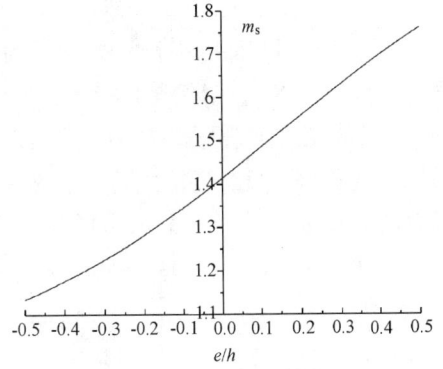

图 9.5　支撑点高度对屈曲荷载的影响

9.3.1　双轴对称截面梁荷载作用于剪心时的屈曲荷载

采用 Rayleigh-Ritz 法，假设与式(9.6a～d)相同的位移函数，通过相同的求解步骤，可以得到当集中荷载作用于跨中截面的剪心时，平行梁系的两双轴对称截面简支梁的临界弯矩之间的关系，所得的形式与式(9.11a，b)完全相同。所以在跨中集中荷载下，平行梁系中两简支梁的临界弯矩的相关关系同样可以用图 9.4 中的能量法曲线来表示。

9.3.2　单轴对称截面梁的临界弯矩表达式

考虑到吊车横向刹车力引起的水平弯曲，吊车梁通常采用上翼缘加强的单轴对称工字形截面，因此下面对单轴对称截面的平行梁系的稳定性进行研究。

设荷载作用点的位置高于剪心，距离为 a，将位移函数代入平行梁系的总势能：

$$\Pi = \frac{1}{2}\int_0^L \left[EI_y u_1''^2 + (GJ + 2M_1\beta_x)\theta_1'^2 + EI_\omega \theta_1''^2 + 2M_1\theta_1 u_1'' + EI_y u_2''^2 \right.$$

$$\left. + (GJ + 2M_2\beta_x)\theta_2'^2 + EI_\omega \theta_2''^2 + 2M_2\theta_2 u_2'' \right] dz - \frac{1}{2}P_1 a\theta_1^2 \big|_{z=L/2} - \frac{1}{2}P_2 a\theta_2^2 \big|_{z=L/2} \quad (9.15)$$

采用式(9.6a～d)的位移函数，注意到式(9.7)，令

$\dfrac{\partial \Pi}{\partial A} = 0$，$\dfrac{\partial \Pi}{\partial B} = 0$ 和 $\dfrac{\partial \Pi}{\partial D} = 0$，所得方程组的系数行列为零，可得：

$$\begin{vmatrix} \pi^2 P_{Ey} & \dfrac{\pi^2}{2}P_{Ey}e - M_1 S_1 & -\dfrac{\pi^2}{2}P_{Ey}e - M_2 S_1 \\[3mm] \dfrac{\pi^2}{2}P_{Ey}e - M_1 S_1 & \dfrac{\pi^2}{2}P_{E\omega}i_0^2 + \dfrac{\pi^2}{2}P_{Ey}e^2 + 2M_1\beta_x S_2 - 4M_1 a & -\dfrac{\pi^2}{2}P_{Ey}e^2 - M_2 S_1 e \\[3mm] -\dfrac{\pi^2}{2}P_{Ey}e - M_2 S_1 & -\dfrac{\pi^2}{2}P_{Ey}e^2 - M_2 S_1 e & \dfrac{\pi^2}{2}P_{E\omega}i_0^2 + \dfrac{\pi^2}{2}P_{Ey}e^2 + 2M_2\beta_x S_2 \\ & & -4M_2 a + 2M_2 S_1 e \end{vmatrix} = 0 \quad (9.16)$$

式中 $S_1 = 1 + 0.25\pi^2$，$S_2 = 0.25\pi^2 - 1$。求解式(9.16)可以得到 M_1 和 M_2 之间的关系。

经计算发现，如果组成平行梁系的简支梁为单轴对称截面，且集中荷载作用点位于剪心之上 a 的位置，刚性撑杆的位置离剪心的距离为 e（高于剪心为正）时，两简支梁的无量纲化的屈曲荷载 m_1 和 m_2 之间的相关关系也可以用式(9.11a, b)来表示，但式中的 e 需用下式的 $\bar{e}$ 代替：

$$\bar{e} = e - 0.32a + 0.24\beta_x \tag{9.17}$$

6 组由不同截面的平行简支梁系的临界荷载的相关关系如图 9.6(a)~(f)所示，图中梁的长度均为 8m，图例与图 9.6(a)相同。图 9.6(a)~(f)还将式(9.11a, b)[利用式(9.17)]的相关关系与式(9.16)的结果进行了比较。可以发现，对大多数的情况式(9.11a, b)的精度很好，只有当梁截面为上翼缘加强的单轴对称工字形截面，而且刚性撑杆作用于截面的下翼缘时，式(9.11a, b)的结果稍显保守(图 9.6b, d, f)。

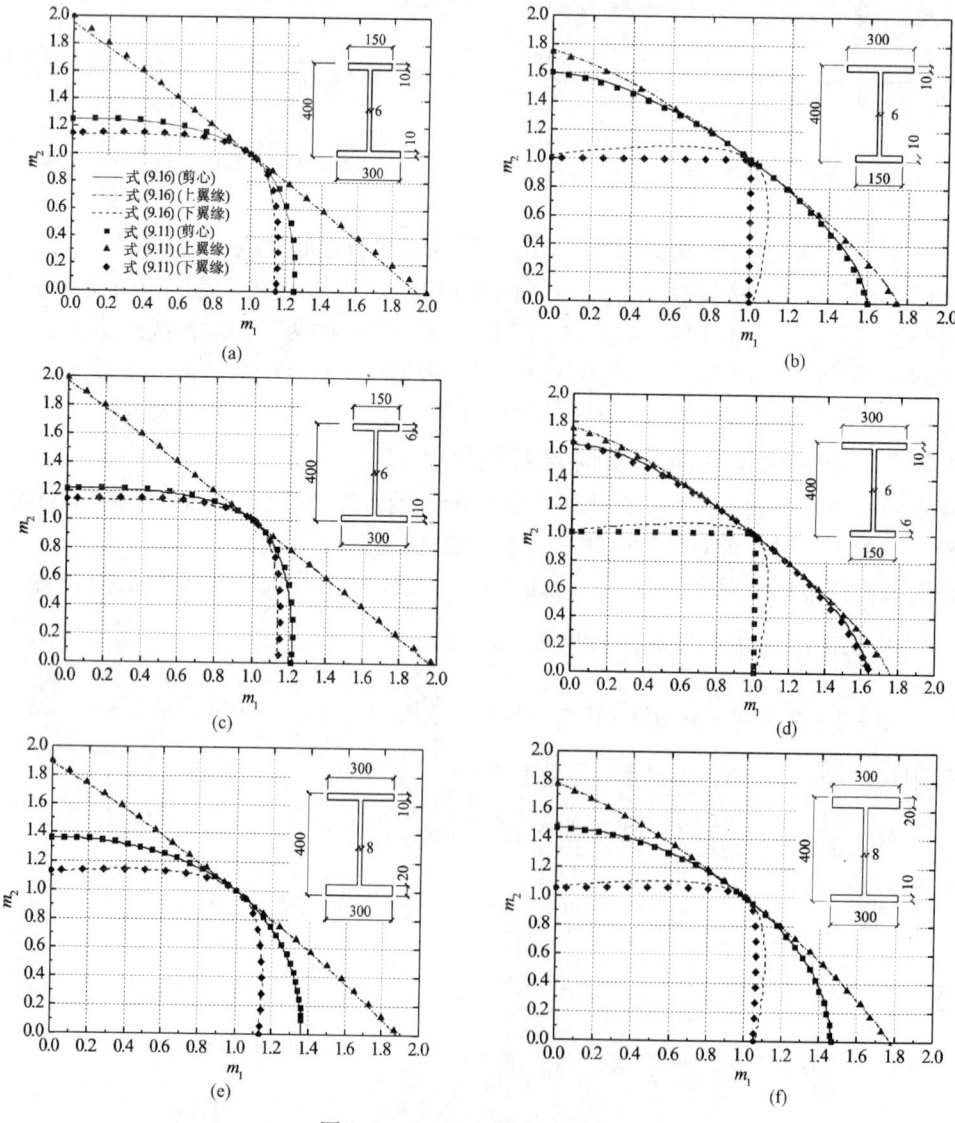

图 9.6　m_1 和 m_2 的相关关系

梁的跨度对无量纲临界弯矩的影响如图9.7所示，可见长度的影响不明显。图9.8中考察了梁截面不对称性对屈曲荷载的影响，图中一个有趣的现象是：当截面为上翼缘加强，而且支撑和荷载作用点均位于截面的下翼缘时，一简支梁的临界荷载达到最大值时另一梁的弯矩并不为零，也就是说在荷载作用较小的梁上施加适当的荷载，反而有利于提高荷载作用较大的简支梁的稳定性。

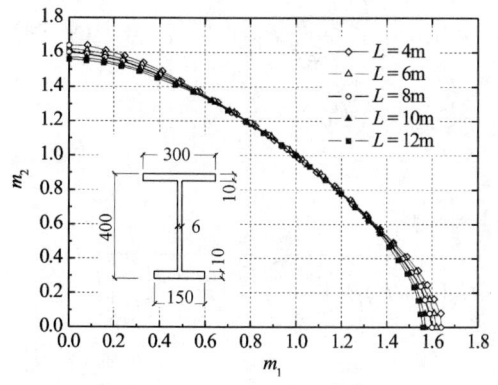

图9.7　长度对 m_1 和 m_2 的相关关系的影响

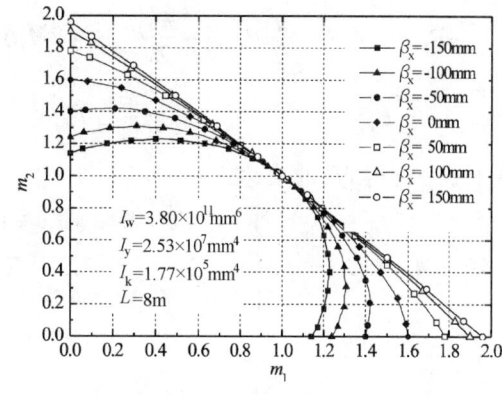

图9.8　截面不对称性对 m_1 和 m_2 的相关关系的影响

9.3.3　最不利情况下的临界弯矩

实际工程中使用的相互支撑的两根吊车梁，存在着这样的荷载作用方式：集中荷载并不直接作用于简支梁上，而作用于连接两简支梁的刚性撑杆上，由撑杆将荷载传递到简支梁上，而且集中荷载可以在撑杆上左右移动。这种情况下，应该对撑杆上的最大容许集中荷载进行分析。

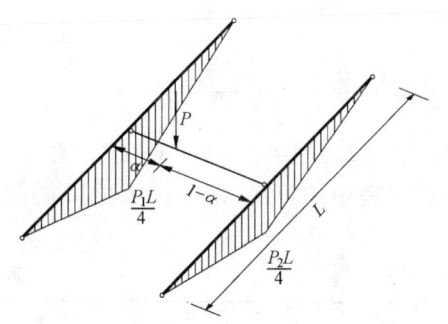

图9.9　撑杆作用集中力时平行梁的弯矩分布

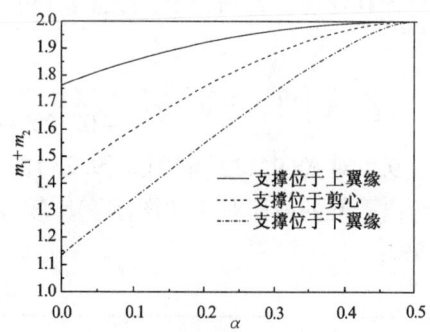

图9.10　临界弯矩之和 α 的关系

如图9.9所示，当撑杆上的集中荷载 P 的大小一定，不管作用点在撑杆长度方向如何变化，由撑杆传到两根梁上的力之和是一定的，而且两根简支梁上的弯矩之和为：

$$M = M_1 + M_2 = \frac{1}{4}(P_1 + P_2)L = \frac{1}{4}PL \qquad (9.18)$$

图9.10给出了两根简支梁的临界弯矩之和，简支梁的截面为双轴对称的工字形，图中的横坐标 α（如图9.9所示）表示刚性撑杆上的集中荷载 P 的作用位置。可以看出当 $\alpha = 0$ 时，$m_1 + m_2$ 的值最小，此时集中荷载作用于撑杆的端部，全部荷载都由其中的一根梁来

承受。当 $\alpha = 0.5$ 的时候，$m_1 + m_2$ 有最大值 2，此时两根梁相互之间没有相互支援作用。

可见，只要求得当其中一根简支梁的弯矩为零时，另一根简支梁的屈曲弯矩值 M_s，即可确定作用在刚性撑杆上的集中荷载 P 的最大容许值。令式(9.16)中 $M_2 = 0$，得到：

$$\begin{vmatrix} \pi^2 P_{Ey} & \dfrac{\pi^2}{2} P_{Ey}e - M_1 S_1 & -\dfrac{\pi^2}{2} P_{Ey}e \\[3mm] \dfrac{\pi^2}{2} P_{Ey}e - M_1 S_1 & \dfrac{\pi^2}{2} P_{E\omega}i_0^2 + \dfrac{\pi^2}{2} P_{Ey}e^2 + 2M_1\beta_x S_2 - 4M_1 a & -\dfrac{\pi^2}{2} P_{Ey}e^2 \\[3mm] -\dfrac{\pi^2}{2} P_{Ey}e & -\dfrac{\pi^2}{2} P_{Ey}e^2 & \dfrac{\pi^2}{2} P_{E\omega}i_0^2 + \dfrac{\pi^2}{2} P_{Ey}e^2 \end{vmatrix} = 0 \quad (9.19)$$

求解上式，可得 M_s 的表达式：

$$M_s = M_{1cr} = C_1 \frac{\pi^2 EI_y}{L^2} \left\{ \begin{array}{l} -C_2(1+\bar{K})a + \bar{K}e + C_3(1+\bar{K})\beta_x \\[2mm] + \sqrt{\left[-C_2(1+\bar{K})a + \bar{K}e + C_3(1+\bar{K})\beta_x \right]^2 + \dfrac{2I_\omega}{I_y}\left(1 + \dfrac{GJL^2}{\pi^2 EI_\omega} \right)} \end{array} \right\} \tag{9.20}$$

式中 $C_1 = 1.35$，$C_2 = 0.55$，$C_3 = 0.41$；

$$\bar{K} = \frac{P_{E\omega}i_0^2}{P_{E\omega}i_0^2 + P_{Ey}e^2} = \frac{1}{1 + P_{Ey}e^2/P_{E\omega}i_0^2} \tag{9.21}$$

如果集中荷载作用于撑杆上，由撑杆传至梁，此时 $a = e$，则式(9.20)简化为：

$$M_s = C_1 \frac{\pi^2 EI_y}{L^2} \left\{ \begin{array}{l} -\left[C_2(1+\bar{K}) - \bar{K} \right]a + C_3(1+\bar{K})\beta_x \\[2mm] + \sqrt{\left[-\left[C_2(1+\bar{K}) - \bar{K} \right]a + C_3(1+\bar{K})\beta_x \right]^2 + \dfrac{2I_\omega}{I_y}\left(1 + \dfrac{GJL^2}{\pi^2 EI_\omega} \right)} \end{array} \right\} \tag{9.22}$$

经计算发现，M_s 可以利用式(9.13)求得，但式中 ξ 表达式中的 e 需用式(9.17)的 $\bar{e}$ 代替：

$$\xi = \frac{1}{2}\left(\frac{\eta}{e} + \frac{\bar{e}}{\eta} \right) = \frac{1}{2}\left(\frac{\eta}{e - 0.32a + 0.24\beta_x} + \frac{e - 0.32a + 0.24\beta_x}{\eta} \right) \tag{9.23}$$

表9.1 对式(9.13)[利用式(9.23)的 ξ]与式(9.20)得到的 M_s 值进行了比较，表中第一列给出了梁的截面对应的图示。比较发现，对于表中的算例，两个公式之间的差别不超过2.5%。

M_s 值的比较 表9.1

	荷载和撑杆的作用位置	图9.6(a)	图9.6(b)	图9.6(c)	图9.6(d)	图9.6(e)	图9.6(f)
式(9.13)	上翼缘	1.953	1.760	1.967	1.758	1.873	1.778
	剪心	1.253	1.596	1.223	1.635	1.363	1.467
	下翼缘	1.136	1.024	1.138	1.017	1.125	1.068
式(9.20)	上翼缘	2.000	1.744	1.987	1.748	1.901	1.765
	剪心	1.248	1.602	1.215	1.646	1.363	1.468
	下翼缘	1.147	1.000	1.144	1.007	1.133	1.052

荷载和撑杆的作用位置		图9.6(a)	图9.6(b)	图9.6(c)	图9.6(d)	图9.6(e)	图9.6(f)
	上翼缘	2.416%	0.905%	0.976%	0.552%	1.483%	0.720%
误差	剪心	0.375%	0.376%	0.660%	0.666%	0.008%	0.008%
	下翼缘	0.912%	2.359%	0.554%	0.966%	0.724%	1.461%

本章还采用 FEM 的薄壳单元来分析相互支撑的单轴对称截面简支梁的屈曲荷载。采用如图9.6(a)~(f)所示的截面，取 $E = 206\text{kN/mm}^2$，泊松比 $\mu = 0.3$，长度 $L = 12\text{m}$，两根简支梁之间的撑杆与梁铰接，并假定其轴向刚度无限大，在模型中采用耦合支撑点侧向位移的方法来处理。采用弹性特征值分析得到的屈曲荷载见表9.2，其中 M_{crs} 表示单根简支梁的屈曲弯矩，M_{sA} 和 M_{sE} 为当平行梁系中的一简支梁上的荷载为零时的临界弯矩，分别由 ANSYS 的板壳有限元和本章的能量法公式式(9.19)得到。

从表9.2可以看出，式(9.19)能量法的结果和用壳体有限元分析的结果非常接近，说明式(9.19)的结果具有足够的精度。当支撑位置位于剪心之上时（在表中的荷载位于上翼缘的情况），两平行梁之间的支援作用很明显，比单根梁的临界荷载的提高均大于60%。

							能量法与有限元结果的比较 表9.2

截面	$e = a$ (mm)	β_x (mm)	M_{cr} (kN·m)	M_{sA} (kN·m)	M_{sE} (kN·m)	$\left\|\dfrac{M_{\text{sE}} - M_{\text{sA}}}{M_{\text{sA}}}\right\|$	$\left\|\dfrac{M_{\text{sA}}}{M_{\text{cr}}}\right\|$
图9.6(a)	347(上翼缘)	−1311.2	43.4	82.1	86.3	5.01%	189.32%
	−43(下翼缘)	−1311.2	96.8	112	116	3.35%	115.91%
图9.6(b)	43(上翼缘)	1311.2	130	213	218	2.23%	164.03%
	−347(下翼缘)	1311.2	273	283	293	3.65%	103.73%
图9.6(c)	365(上翼缘)	−1411.2	31.5	60.3	63.9	5.87%	191.51%
	−27(下翼缘)	−1411.2	74.2	85.8	90.3	5.35%	115.57%
图9.6(d)	27(上翼缘)	1411.2	118	193	198	2.83%	162.83%
	−365(下翼缘)	1411.2	258	264	280	5.99%	102.66%
图9.6(e)	257(上翼缘)	−511.2	265	472	491	3.96%	178.05%
	−128(下翼缘)	−511.2	499	577	581	0.66%	115.60%
图9.6(f)	128(上翼缘)	511.2	377	632	644	1.92%	161.59%
	−257(下翼缘)	511.2	697	764	762	0.28%	109.65%

9.4 平行梁系临界弯矩相关关系的近似表达式

如定义 $\overline{m}_1 = \dfrac{M_1}{M_s}$，$\overline{m}_2 = \dfrac{M_2}{M_s}$，则式(9.11a, b)可用下列的近似关系式来表示：

$$(\overline{m}_1)^\gamma + (\overline{m}_2)^\gamma = 1 \tag{9.24}$$

式中 $\gamma = \dfrac{2\xi}{1+\xi}$，$\xi$ 的定义见式(9.14)，特别地，当 $e=0$ 时，$\xi = \infty$，此时 $\gamma = 2$。

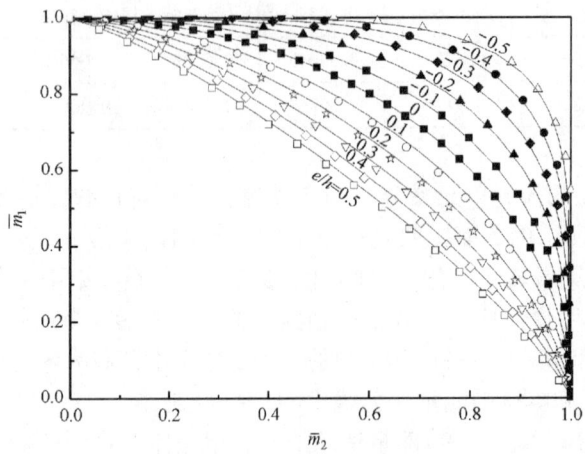

图 9.11 $\overline{m}_1$ 和 $\overline{m}_2$ 的相关关系

在不同的支撑点高度下，纯弯荷载作用的双轴对称截面的相互支撑平行梁系的屈曲荷载的相关关系如图 9.11 所示。图中的点由式(9.24)得到，线由式(9.11a,b)得到，可以发现两者之间非常吻合。

当平行梁系中的简支梁为单轴对称截面时，同样可以利用式(9.24)求解两简支梁的临界荷载的相关关系，但是需将 ξ 的表达式替换成式(9.23)的形式。这种情况下，当 γ 数值大于一定值后，继续增大对实际结果的影响很小，所以建议当 $\gamma > 20$ 时，取 $\gamma = 20$。从图 9.12(a)~(f)可以看出，式(9.24)的结果和式(9.11a,b)的计算结果非常吻合，只有对上翼缘加强的工字形截面梁，当荷载和支撑点均位于截面的下翼缘时，式(9.24)的结果稍偏保守。

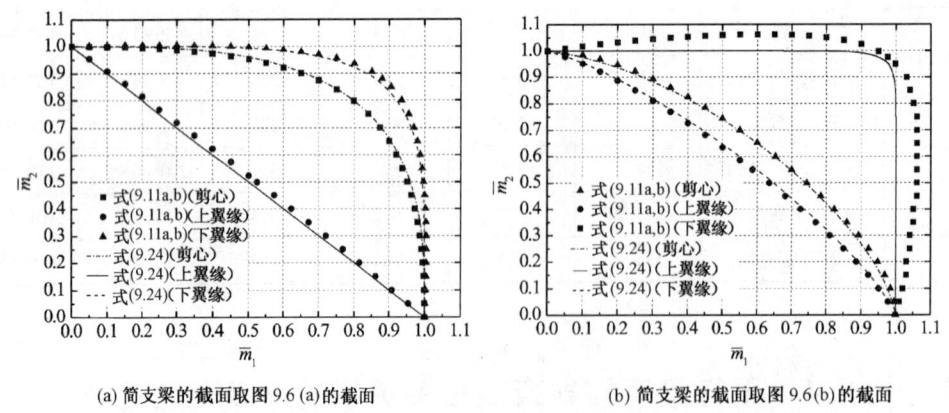

(a) 简支梁的截面取图 9.6(a)的截面   (b) 简支梁的截面取图 9.6(b)的截面

图 9.12 式(9.24)和式(9.11a,b)结果的比较(一)

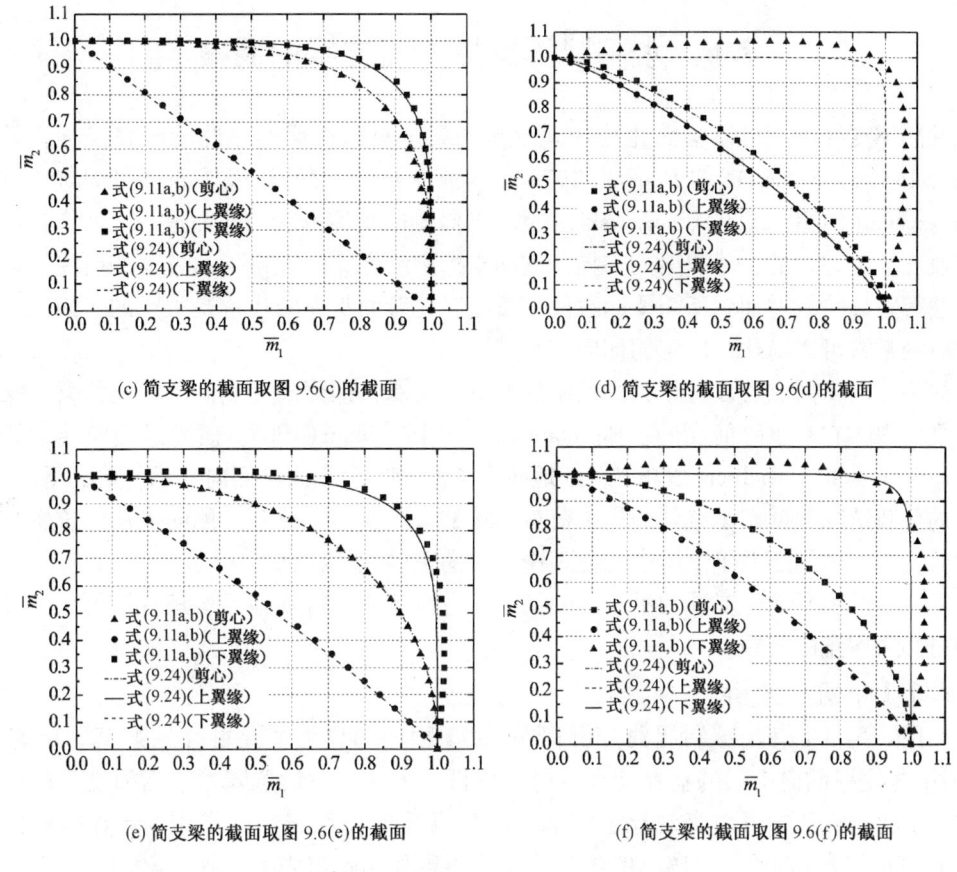

(c) 简支梁的截面取图 9.6(c)的截面   (d) 简支梁的截面取图 9.6(d)的截面

(e) 简支梁的截面取图 9.6(e)的截面   (f) 简支梁的截面取图 9.6(f)的截面

图 9.12　式(9.24)和式(9.11a, b)结果的比较(二)

9.5　均布荷载作用下平行梁系的稳定性

当平行梁系上作用横向均布荷载时，可得：

（1）当平行梁系中的简支梁为双轴对称截面时，使用 Rayleigh – Ritz 法，得到的临界弯矩的相关关系与式(9.11a, b)相同。

（2）当其中的一根简支梁上没有荷载作用时，另一简支梁的屈曲荷载可以使用式 (9.20)计算，但式中的系数应变为 $C_1 = 1.13$，$C_2 = 0.46$，$C_3 = 0.53$，与作用横向均布荷载时单根简支梁的临界弯矩计算公式中的系数相同。

（3）式(9.11a, b)、式(9.13)和式(9.24)同样适用于梁上均布荷载的情况，但其中的 $\bar{e}$ 需用 $e - 0.268a + 0.31\beta_x$ 代替，且：

$$\xi = \frac{1}{2}\left(\frac{\eta}{e} + \frac{\bar{e}}{\eta}\right) = \frac{1}{2}\left(\frac{\eta}{e - 0.268a + 0.31\beta_x} + \frac{e - 0.268a + 0.31\beta_x}{\eta}\right) \tag{9.25}$$

经计算发现，以上几个公式与集中荷载下公式的精度属于同一等级。

9.6 水平隅撑支撑的简支梁的屈曲

受隅撑支撑的梁可以被简化为侧向支承的梁。对这种梁的屈曲的研究很早就开始了（Flint，1951），Nethercot & Rockey（1972），Nethercot（1973）以及 Cuk & Trahair（1983），Tong & Chen（1988，1989），Gosowski（1999）都对侧向支撑的梁的屈曲进行过研究，这些研究假设支撑是弹性的，寻找梁的临界荷载和支撑刚度之间的关系。通过这些研究，可以发现，使得临界荷载增加到所需要的数值，所需要花费的支撑的代价是很小的。因此实际上支撑点处常常可以简化为固定的侧向支承点。

如果侧向支撑点可以看作为梁的刚性的侧向支承，则梁成为侧向 3 跨连续梁，虽然在竖向平面内，它是单跨简支的。Hartmann（1967）和 Trahair（1969）研究过侧向连续梁的屈曲。Kitipornchai & Richter（1978）仔细地研究了梁在一个和两个侧向支承的情况下的屈曲，考虑的荷载情况包括支承点处的集中荷载，端部弯矩和均布荷载。侧向支承的位置可以沿着梁长变化，他们还做了试验来验证理论分析的正确性。

下面将对水平隅撑支撑的吊车梁的稳定性进行计算，得到临界弯矩计算公式，并指明应用时必须注意的问题。

9.6.1 初步分析

利用第 5 章的理论编制屈曲分析程序（关于程序的详细情况可参见第 12，15 章的内容）对隅撑支撑的简支梁的临界荷载进行了分析。表 9.3 对设置隅撑前后简支梁的屈曲荷载进行了比较，从中可以直观地了解隅撑对提高简支梁稳定性的作用。计算时构件长度 $L = 6\text{m}$，隅撑设置点的位置离支座 $0.1L$，这个参数如用 α 来表示，则 $\alpha = 0.1$。在分析中认为这个截面的侧向弯曲和扭转变形被约束。表 9.3 中的三种截面分别为：截面 A 为双轴对称工字形截面 H600 × 300 × 8 × 12，截面 B 为下翼缘加强的工字形截面 H600 × 8 × 200 × 12/300 × 12，截面 C 为上翼缘加强的工字形截面 H600 × 8 × 300 × 12/200 × 12。材料弹性模量 $E = 206\text{kN/mm}^2$，泊松比 $\mu = 0.3$，荷载是跨中集中荷载。

对于表 9.3 中的所有例子，离支座截面 $0.1L$ 处设置隅撑，临界荷载均提高到原来的 3 倍以上。当荷载作用于上翼缘时，临界荷载提高到 4 倍以上。

为什么设置隅撑后，临界荷载提高得如此大？仔细分析可以发现，隅撑将梁分成 3 段，边上的两段长度小，弯矩也小，稳定性非常好，对中间段有非常大的约束作用，其作用相当于使中间段的支座达到固定的程度。因此，本文将利用平面内铰接、平面外侧移和扭转固接，长度为两隅撑之间的距离 $L_e = (1 - 2\alpha)L$ 的梁模型，来求解带隅撑简支梁的屈曲荷载：

				表 9.3
截　　面	荷载作用点	$M_{cr}/\text{kN} \cdot \text{m}$	$M_{crw}/\text{kN} \cdot \text{m}$	M_{crw}/M_{cr}
	上翼缘	778	3610	461.05%
A	剪心	1300	5190	398.96%
	下翼缘	2160	7460	344.75%

隅撑对提高简支梁稳定性的作用（$\alpha = 0.1$）

截　　面	荷载作用点	M_{cr}/kN·m	M_{crw}/kN·m	M_{crw}/M_{cr}
	上翼缘	279	1160	417.55%
B	剪心	595	2000	336.70%
	下翼缘	800	2460	307.64%
	上翼缘	691	3280	474.24%
C	剪心	926	4030	435.79%
	下翼缘	1910	6910	361.27%

$$M_{cr} = C_1 \frac{\pi^2 EI_y}{(0.5L_e)^2} \left\{ -C_2 a + C_3 \beta_x + \sqrt{(-C_2 a + C_3 \beta_x)^2 + \frac{I_\omega}{I_y} \left[1 + \frac{GJ(0.5L_e)^2}{\pi^2 EI_\omega} \right]} \right\} \quad (9.26)$$

式中 M_{cr} 为屈曲时梁上的最大弯矩值。考虑到模型与实际结构的弯矩分布和边界条件存在一定差异，所以将利用有限元的计算结果对式(9.26)中的系数 C_1、C_2 和 C_3 进行调整。

9.6.2　计算公式的提出

利用有限元的计算结果，发现对两种常见的荷载形式：跨中集中力和满跨均布荷载，式(9.26)中的系数，在 $\alpha \leq 0.25$ 时，可按下面式子取值：

（1）跨中集中荷载：

$$C_1 = \frac{1.07 - 3.66\alpha + 2.6\alpha^2}{1 - 2\alpha} \quad (9.27a)$$

$$C_2 = \frac{0.42}{1 + 0.145\alpha + 13.2\alpha^2} \quad (9.27b)$$

$$C_3 = \alpha + 0.5 \quad (9.27c)$$

（2）满跨均布荷载：

$$C_1 = 0.97 - 1.03\alpha - 2.2\alpha^2 \quad (9.28a)$$

$$C_2 = \frac{0.29}{1 + 0.4\alpha + 29.4\alpha^2} \quad (9.28b)$$

$$C_3 = \alpha + 0.67 \quad (9.28c)$$

式(9.27~9.28)仅适用于梁截面的两个翼缘绕弱轴的惯性矩之比应满足：$\zeta = I_{y小}/I_{y大} \geq 0.05$，其中 $I_{y小}$ 和 $I_{y大}$ 分别为较小和较大翼缘绕弱轴的惯性矩。

作为验证正确与否的一个依据，当 $\alpha = 0$ 时，系数的表达式(9.27~9.28)应与平面内铰接、平面外固接梁对应的系数取值相同。这种情况下的临界弯矩为

（a）均布荷载下

$$M_{cr} = 1.0 \frac{\pi^2 EI_y}{(0.5L)^2} \left\{ -0.29a + 0.55\beta_x + \sqrt{(-0.29a + 0.55\beta_x)^2 + \frac{I_\omega}{I_y} \left[1 + \frac{GI_k(0.5L)^2}{\pi^2 EI_\omega} \right]} \right\}$$

$$(9.29)$$

（b）跨中集中荷载下

$$M_{cr} = 1.07 \frac{\pi^2 E I_y}{(0.5L)^2} \left\{ -0.42a + 0.7\beta_x + \sqrt{(-0.42a + 0.7\beta_x)^2 + \frac{I_\omega}{I_y} \left[1 + \frac{GI_k(0.5L)^2}{\pi^2 E I_\omega} \right]} \right\}$$

$$(9.30)$$

根据式(9.27c)和式(9.28c)得到作用跨中集中荷载和满跨均布荷载时的 C_3 的值分别为 $C_3 = 0.67$ 和 $C_3 = 0.5$，为了判断正误，用瑞利—里兹法进行了推导，得到在上面两种荷载情况下 C_3 的值分别为 0.70 和 0.55，两者接近。

9.6.3 公式精度的验证

为了验证公式的精度，下面对公式与有限元的结果进行比较。取弹性模量 $E = 206 \mathrm{kN/mm^2}$，泊松比 $\mu = 0.3$ 进行计算。

首先取梁的截面为 H600×300×8×12，梁的总长度 $L = 5 \sim 15h$（h 为截面的高度）、隔撑位置在 $\alpha = 0 \sim 0.25$ 范围内变化。在表 9.4 中，对梁屈曲时的最大弯矩值进行了比较，其中 M_{crFEA} 为有限元的计算结果，M_{crFor} 为式(9.26)结合式(9.27a)或式(9.28a)的系数得到的。

从表 9.4 可以看出，在跨中集中荷载和满跨均布荷载作用下，对不同长度的带隔撑简支梁，本节式(9.27a)和式(9.28a)的系数 C_1 具有非常好的精度。

对于横向荷载作用于截面的不同高度时公式的精度可以参考图 9.13。算例中，采用的梁的截面为 H600×300×8×12，长度为 $L = 6m$，隔撑位置限于 $\alpha = 0 \sim 0.25$ 范围内。图中 a 为荷载作用点与剪心的距离，当荷载作用点位于剪心上方时为正，h 为截面的高度。在图 9.13(a) 和 (b) 中，"线" 代表有限元的结果，"点" 为公式的值。从图 9.13(a)，(b) 可以看出，在跨中集中荷载和满跨均布荷载作用下，当荷载作用点高度变化时，公式计算的得到带隔撑简支梁的临界荷载与有限元的结果非常接近，说明式(9.27b)和式(9.28b)的系数 C_2 也有非常好的精度。

公式对单轴对称截面梁的适用性验证见图 9.14 和图 9.15。梁的总长度为 $L = 6m$，隔撑位置限于 $\alpha = 0 \sim 0.25$ 范围，采用上翼缘加强和下翼缘加强两种单轴对称截面，小翼缘与大翼缘绕弱轴的惯性矩之比 $\zeta \geqslant 0.04$。图中的 "线" 代表有限元的结果，"点" 为公式的值。

不同梁长下双轴对称截面梁的临界荷载比较　　　　　　　　　　表 9.4

α	L (m)	L_e (m)	跨中集中力			均布荷载		
			M_{crFEA} (kN·m)	M_{crFor} (kN·m)	$\dfrac{M_{crFor}}{M_{crFEA}}$	M_{crFEA} (kN·m)	M_{crFor} (kN·m)	$\dfrac{M_{crFor}}{M_{crFEA}}$
0.0	3	3	1537.64	1541.12	100.23%	13970.94	14003.50	99.77%
	6	6	389.13	389.43	100.08%	3530.33	3543.94	99.62%
	9	9	176.39	176.11	99.84%	1596.50	1606.48	99.38%
0.05	3	2.7	1764.36	1764.10	99.99%	16170.09	16181.80	99.93%
	6	5.4	445.23	444.88	99.92%	4077.85	4088.94	99.73%
	9	8.1	200.90	200.55	99.82%	1838.25	1849.07	99.42%

α	L (m)	L_e (m)	跨中集中力			均布荷载		
			M_{crFEA} (kN·m)	M_{crFor} (kN·m)	$\dfrac{M_{crFor}}{M_{crFEA}}$	M_{crFEA} (kN·m)	M_{crFor} (kN·m)	$\dfrac{M_{crFor}}{M_{crFEA}}$
0.1	3	2.4	2057.68	2050.89	99.67%	18991.79	18957.30	100.18%
	6	4.8	518.60	516.27	99.55%	4780.81	4783.49	99.94%
	9	7.2	233.55	232.06	99.36%	2148.92	2158.30	99.57%
0.15	3	2.1	2442.22	2428.92	99.46%	22444.95	22520.50	99.66%
	6	4.2	614.82	610.45	99.29%	5641.03	5675.24	99.40%
	9	6.3	276.38	273.68	99.02%	2529.03	2555.40	98.97%
0.2	3	1.8	2954.96	2940.47	99.51%	27063.01	27095.20	99.88%
	6	3.6	743.16	737.99	99.30%	6792.18	6820.36	99.59%
	9	5.4	333.54	330.11	98.97%	3038.23	3065.45	99.11%
0.25	3	1.5	3646.38	3648.46	100.06%	33037.22	32834.90	100.62%
	6	3.0	916.28	914.59	99.82%	8281.74	8257.69	100.29%
	9	4.5	410.67	408.31	99.43%	3697.34	3706.06	99.76%

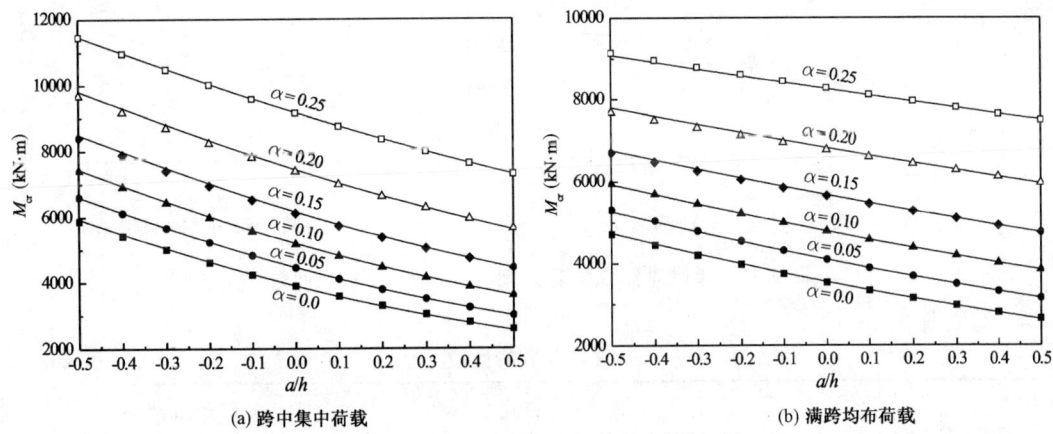

(a) 跨中集中荷载　　　　　　　　　　　(b) 满跨均布荷载

图 9.13　荷载作用点高度不同时屈曲荷载的对比

　　通过图 9.14(a),(b) 和 9.15(a),(b) 的比较可以看出,式(9.27c) 和式(9.28c) 的系数 C_3 也具有非常好的精度。

　　综合上面几种因素的影响,分别利用公式与有限元对带隅撑简支梁的临界荷载进行比较。考虑到吊车梁的实际应用,选取两个上翼缘加强的单轴对称截面作为算例的截面形式,荷载作用点位于上翼缘,构件的长度取 $L=6$m。表 9.5 中 M_{crFEA} 为有限元计算得到的屈曲弯矩,M_{crFor} 为式(9.26)结合式(9.27a～c)或式(9.28a～c)的系数计算得到的梁屈曲弯矩。从表 9.5 可以看出,当考虑多种影响因素时,式(9.26)也能完全满足工程的要求,

特别是当 ζ 的数值比较大(更接近双轴对称截面)时，公式的精度非常好。

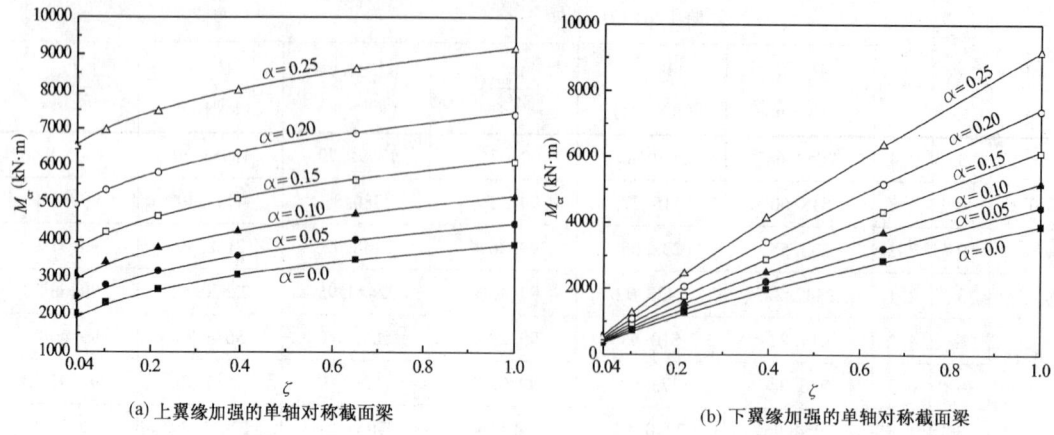

(a) 上翼缘加强的单轴对称截面梁 　　　　　(b) 下翼缘加强的单轴对称截面梁

图 9.14　单轴对称截面梁在跨中集中荷载下的屈曲弯矩

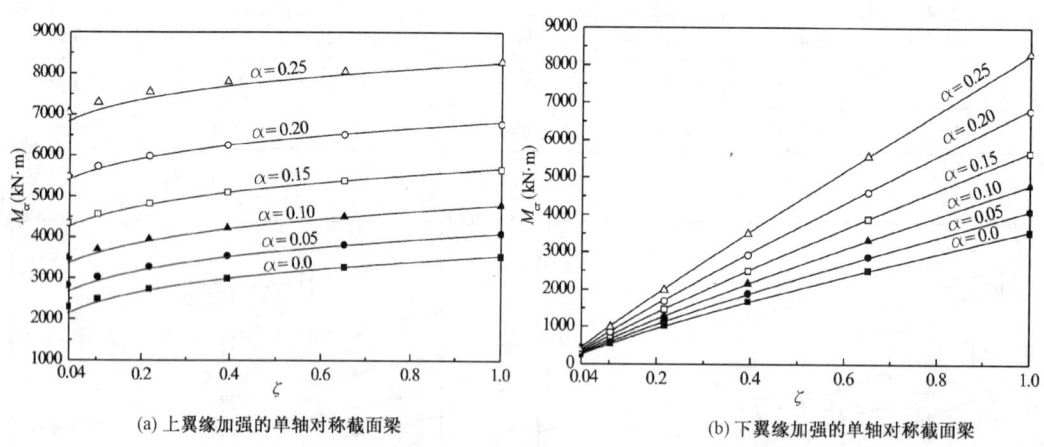

(a) 上翼缘加强的单轴对称截面梁 　　　　　(b) 下翼缘加强的单轴对称截面梁

图 9.15　单轴对称截面梁在满跨均布荷载下的屈曲弯矩

			屈曲荷载的比较					表 9.5

截面参数 （mm）	α （mm）	a （mm）	跨中集中荷载			满跨均布荷载		
			M_{crFEA} （kN·m）	M_{crFor} （kN·m）	$\dfrac{M_{crFor}}{M_{crFEA}}$	M_{crFEA} （kN·m）	M_{crFor} （kN·m）	$\dfrac{M_{crFor}}{M_{crFEA}}$
上翼缘宽：300 下翼缘宽：240 翼缘厚：12 梁高：600 腹板厚：8 ζ：0.512	0.00	199.16	2425.23	2448.13	100.94%	2540.25	2562.85	100.89%
	0.05	199.16	28710.61	2867.34	99.78%	3059.06	3066.13	100.23%
	0.10	199.16	3476.66	3464.33	99.65%	3742.88	3760.60	100.47%
	0.15	199.16	4305.54	4298.95	99.85%	4647.23	4667.92	100.45%
	0.20	199.16	5470.94	5460.39	99.81%	5837.88	5842.80	100.08%
	0.25	199.16	7142.35	7088.87	99.25%	7359.30	7406.85	100.65%

截面参数 （mm）	α （mm）	a （mm）	跨中集中荷载			满跨均布荷载		
			M_{crFEA} （kN·m）	M_{crFor} （kN·m）	$\dfrac{M_{crFor}}{M_{crFEA}}$	M_{crFEA} （kN·m）	M_{crFor} （kN·m）	$\dfrac{M_{crFor}}{M_{crFEA}}$
上翼缘宽：300 下翼缘宽：120 翼缘厚：12 梁高：600 腹板厚：8 ζ：0.064	0.00	35.53	1932.08	2012.03	104.14%	2159.75	2286.94	105.89%
	0.05	35.53	2354.15	2445.24	101.87%	2679.92	2804.33	104.64%
	0.10	35.53	2940.45	3027.51	102.96%	3371.13	3474.98	101.08%
	0.15	35.53	3760.55	3820.55	101.60%	4274.35	4346.63	101.69%
	0.20	35.53	4914.40	4920.80	100.13%	5438.99	5499.83	101.12%
	0.25	35.53	6550.89	6478.96	98.90%	6894.98	7075.34	102.62%

9.7　弹塑性稳定系数

在应用式（9.26）时，还要考虑到隔撑本身的变形的影响，柱子扭转变形的影响。这种影响可以通过如下几个措施加以考虑：

（1）将式（9.26）中的 L_e 用 L 代替；

（2）式（9.26）根号中考虑扭转约束影响的计算长度系数 0.5 用 0.7 来代替，即

$$M_{cr} = C_1 \frac{\pi^2 EI_y}{(0.5L)^2}\left\{ -C_2 a + C_3\beta_x + \sqrt{(-C_2 a + C_3\beta_x)^2 + \frac{I_\omega}{I_y}\left[1 + \frac{GJL^2}{2\pi^2 EI_\omega}\right]} \right\} \qquad (9.31)$$

实际工程中，常常仅在卜翼缘有水平隔撑，此时应采用式（9.31）计算临界弯矩。

（3）同时还要注意隔撑本身的设计，隔撑与柱子的连接以及柱子可能出现的平面外弯曲和翘曲扭转应力应该有所分析和掌握，并在设计中以适当的方式加以考虑。

实际应用时，还要考虑弹塑性折减，《钢结构设计规范》GB 50017—2003 中规定梁的整体稳定性应按下面公式验算：

$$\frac{M_x}{\phi_b W_x} \leqslant f \qquad (9.32)$$

式中 W_x 为按受压纤维确定的梁毛截面抵抗矩，ϕ_b 为梁的整体稳定系数，f 为钢材的设计强度。可以看出，只要知道在加隔撑前后简支梁的整体稳定系数 ϕ_b 的改变，就可以知道隔撑对提高梁稳定性的作用。

以一实际工程中使用的吊车梁为例，截面为 H676×8×380×14/260×10，跨度为 8m，Q235 钢。设梁上作用满跨均布荷载，荷载作用在上翼缘，$\alpha = 0.1$，$C_1 = 0.845$，$C_2 = 0.2174$，$C_3 = 0.77$。所需的常数为：$\lambda_y = 103.38$，$A = 13136\text{mm}^2$，$W_x = 3681460\text{mm}^3$，$l_1 = 8000\text{mm}$，$t_1 = 14\text{mm}$，$I_\omega = 52.553 \times 10^{10}\text{mm}^6$，$J = 545515\text{mm}^4$，$I_y = 78.664 \times 10^6\text{mm}^4$，$\beta_x = 190.219\text{mm}$，$a = 263.65\text{mm}$，$h = 676\text{mm}$，$b_1 = 380\text{mm}$，$\alpha_b = 0.8183$。代入系数可得：$\eta_b = 0.8(2\alpha_b - 1) = 0.502$，$\xi = l_1 t_1 / b_1 h = 0.436 < 2.0$。由 GB50017—2003 中的附表 B.1，$\beta_b = 0.69 + 1.13\xi$，得 $\beta_b = 0.7467$。所以根据规范的式（B.1-1）：

$$\phi_b = \beta_b \frac{4320}{\lambda_y^2} \cdot \frac{Ah}{W_x} \left[\sqrt{1 + \left(\frac{\lambda_y t_1}{4.4h} \right)^2} + \eta_b \right] \frac{235}{f_y} \tag{9.33}$$

得简支梁的整体稳定系数为 $\phi_b = 1.175 > 0.6$，所以根据规范的式（B.1-2），得：

$$\phi_b' = 1.07 - \frac{0.282}{\phi_b} = 0.830 \tag{9.34}$$

如果考虑另外一根吊车梁的支援作用，粗略的估算，临界弯矩提高 75%，则，$\phi_b' = 1.07 - \frac{0.282}{1.75 \times \phi_b} = 0.933$，弹塑性稳定系数提高 12%。（需要说明的是，在此作者并不主张在设计中直接加以应用，在此仅说明实际工程中存在这样的相互支援作用）。

如果在距离简支梁的两支座 $0.1L$ 处设置水平隅撑，由式（9.31）可得梁的屈曲弯矩 M_{cr} 为 5344.21kN·m，根据 GB 50017—2003 的条文说明，梁的整体稳定系数也可由下式得到：

$$\phi_b = \frac{\sigma_{cr}}{f_y} \tag{9.35}$$

式中 σ_{cr} 为屈曲时受压纤维的最大应力，可知 $\sigma_{cr} = \frac{M_{cr}}{W_x}$，$f_y = 235 \text{N/mm}^2$，代入（9.7）式得：

$$\phi_b = \frac{M_{cr}}{W_x f_y} = \frac{5344.2 \times 10^6}{3681860 \times 235} = 6.177 \tag{9.36}$$

利用式（9.34）对 ϕ_b 进行弹塑性折减：

$$\phi_b' = 1.07 - \frac{0.282}{\phi_b} = 1.07 - \frac{0.282}{6.177} = 1.024 > 1，\text{取 } 1.0。$$

经计算，通过在距离支座 $0.1L$ 处截面的上下翼缘加隅撑，简支梁的整体稳定系数从 0.83 提高到了 1.0。如果采用 Q345B 钢材，稳定系数的提高还要高。

如果采用式（9.31）时，则 $M_{cr} = 3192.345 \text{kN·m}$，$\phi_b = \frac{M_{cr}}{W_x f_y} = \frac{3192.345 \times 10^6}{3681460 \times 235} = 3.690$，$\phi_b' = 0.9936$，因此稳定性也变得无需计算。

但是需要说明的是，设置隅撑后，柱子可能出现绕弱轴的弯矩。吊车梁端部设置水平隅撑后柱子内应力。经分析牛腿附近可增加应力 10~20MPa。但是控制柱子设计的吊车轮压最不利位置下应力增加更小。

参 考 文 献

[1] Gosowski B., Spatial buckling of thin-walled steel-construction beam-columns with discrete bracings, Journal of Constructional Steel Research, 1999, 52 (3): 293-317.

[2] Kitipornchai S., Richter N. J., Elastic lateral buckling of I-beams with discrete intermediate restraints, Civil Engineering Transactions, Institution of Engineers, Australia, 1978, CE20 (2): 105-111.

[3] Nethercot D. A., Rockey K. C., A unified approach to the elastic lateral buckling of beams, The Structural Engineers, 1971, 49 (7): 321-330.

[4] Trahair N. S., Flexural – Torsional Buckling of Structures, E & FN SPON, London, 1993.

[5] Nethercot D. A., Rockey K. C., The lateral Buckling of beams having discrete intermediate restraints. The Structural Engineers, 1972, 50 (10): 391-403.

第10章　连续梁在移动荷载下的屈曲

10.1　引　　言

钢吊车梁绝大多数是简支梁。在相同的荷载下，与简支梁相比，连续梁能够减小跨中的挠度和正弯矩，可能更具有经济性。前苏联的钢结构教科书（别列尼亚，1988）上介绍，利用连续吊车梁，可以节省 10% ~ 15% 的用钢量。在工业建筑中 6m 为常用柱距，最大的运输长度为 15m，两跨连续梁的内支座处的构造更为简单，这些因素使得两跨连续吊车梁具有实际的应用价值。

但是要在实际工程中使用两跨连续吊车梁，还必须了解它的工作性能，比如变形、强度和稳定性等。前面的两项可以根据结构力学的方法求解，但连续梁的稳定性相对简支梁来说要复杂得多。考虑到实际应用，这里所研究的两跨连续梁均指梁端的两个边支座和中支座为夹支条件，即在支座截面处的竖向、侧向和扭转位移被约束，但可以发生弯曲和翘曲变形。

连续梁的稳定性是一个比较复杂的问题，到目前为止相关的研究还不是很多。Salvadori（1951）提出过计算连续梁稳定性的一种"下限"方法。他的方法分两个步骤，首先求出在已知荷载作用下连续梁的弯矩和剪力的分布，然后按照求得的内力分布，将连续梁的每跨分别当作一根独立的平面外简支梁来求解屈曲荷载，取各简支梁屈曲荷载的最小值作为连续梁的屈曲荷载。这种方法仅考虑了连续梁的各跨弯矩分布的相互影响，但认为内支座处不存在相互之间的侧向和扭转约束，而按照平面外简支的约束条件进行处理。可见，Salvadori 的方法的精度依赖于内支座处的相互之间的约束作用，对于窄矩形截面的连续梁，这种方法有良好的精度。

为了对 Salvadri 近似方法的误差进行估计，Hartmann（1967）对内支座位移的连续性和侧向支撑刚度对连续梁稳定性的影响进行了研究。他得出了以下几条结论：①内支座处的侧向约束刚度的大小对连续梁的屈曲荷载几乎没有影响；②内支座处的扭转约束刚度会对连续梁的屈曲荷载产生很大的影响；③内支座处的连续性对连续梁稳定性的提高，主要依赖于构件的几何尺寸、跨度方向的弯矩分布，以及与屈曲跨相连的构件数目；④当用于计算每跨作用相同荷载的连续梁时，Salvadori 的下限法是精确的。

Nethercot & Trahair（1976）指出，对于工字形截面的连续梁，内支座处翘曲位移的连续条件产生的相邻跨之间的端部扭转约束对连续梁的稳定性有很大影响，如使用 Salvadori 的下限法将会产生比较大的误差。他们利用等效弯矩系数和类似于柱子的计算长度的概念，提出了一种近似的手算方法。这种方法利用通常使用的等效弯矩系数来考虑弯矩分布的影响，同时利用弯曲计算长度系数来考虑连续梁相邻跨之间的弯曲约束，在考虑相互之间的扭转约束时，近似地取弯曲计算长度系数作为扭转计算长度系数。Nethercot & Trahair 的这种方法，主要针对双轴对称截面的连续梁，而且荷载作用点高度和截面不对称性对屈曲荷载的影响没有被反映，计算过程比较繁琐，精度有待提高。

Dux & Kitipornchai(1982)对 Nethercot & Trahair(1976)的方法进行了改进。他们通过一种迭代的方法来提高精度，但是研究的范围仅限于在侧向支撑点加集中荷载的情况。这种方法一般需要进行 2～3 次迭代才能达到通常的精度要求，计算过程比较复杂，实际工程的应用有一定的困难。同样，荷载作用点高度和截面不对称性对连续梁屈曲荷载的影响没有被考虑。

Trahair(1969)对双轴对称截面的两跨和三跨连续梁的稳定性进行了试验研究，试验中采用的荷载形式为各跨的跨中集中荷载。当连续梁的各跨作用荷载大小不同时，他提出用线性插值的方法来计算其屈曲荷载，结果表明，这种方法偏于安全。

尽管对单跨梁的稳定性的研究已经相当成熟，其屈曲荷载的计算公式也已经被广泛使用，但是由于连续梁屈曲问题的复杂性，目前还没有简便的方法来计算其屈曲荷载，工程应用存在很大的困难。已有的研究均针对双轴对称截面的连续梁，荷载作用点高度的影响也很少得到考虑。因此对实际工程中使用的连续梁，比如两跨连续的吊车梁，其稳定荷载的计算方法还需进行进一步研究。

本章将利用有限单元法，对双轴对称和上翼缘加强的单轴对称工字形截面的两跨连续梁的弹性弯扭屈曲问题进行研究，以便提供一个简便的方法对两跨连续吊车梁进行稳定性设计。

本章研究的连续梁，两个跨度上的截面和跨度完全相同，在中间支座截面上，沿截面的两个主轴方向的位移均为零，且转角为零。

10.2　计算公式的提出

本节将采用自编的有限元程序,对两跨连续梁的弹性稳定问题进行研究。这一程序采用特征值方法来求解屈曲荷载，能够考虑荷载作用点高度和截面不对称性对屈曲荷载的影响,可以很好地满足本章的分析要求。关于程序的详细情况可参见第 12 章和第 15 章的内容。

10.2.1　单跨荷载下连续梁的屈曲

首先对其中仅一跨作用两个集中荷载的两跨连续梁进行稳定性分析。假定两个集中荷载相等，相互之间的距离为 αl（l 为连续梁的单跨跨度），并以此跨的跨中截面对称分布，计算简图如下：

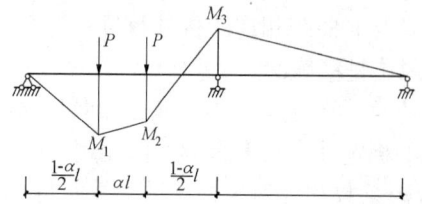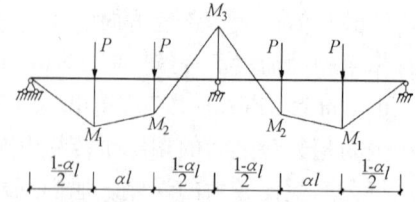

图 10.1　单跨受两集中力时两跨连续梁计算简图　　图 10.2　两跨作用相同的两集中力时计算简图

利用有限元程序，通过大量计算得到在这种荷载下两跨连续梁的临界荷载为

346

$$P_{cr}l = C_1 \frac{\pi^2 EI_y}{l^2}\left[-C_2 a + C_3\beta_x + \sqrt{\left(-C_2 a + C_3\beta_x \right)^2 + \frac{I_\omega}{I_y}\left(1 + \frac{GJ\ (\mu_\omega l)^2}{\pi^2 EI_\omega}\right)} \right] \qquad (10.1)$$

式中 $C_1 = \dfrac{9.5 + 40\alpha}{2(1 + 4.47\alpha - 5.58\alpha^2)}$ \qquad (10.2a)

$$C_2 = \begin{cases} a \geqslant 0,\ 0.70 + 0.085\alpha - 0.77\alpha^2 \\ a < 0,\ 0.65 + 0.085\alpha - 0.77\alpha^2 \end{cases} \qquad (10.2b)$$

$\mu_\omega = 0.87$ \qquad (10.2c)

特别地,当两个集中荷载 P 重合于跨中时($\alpha = 0$),如认为在跨中仅有一个集中荷载 $P' = 2P$ 作用,那么 $P'_{cr} = 2P_{cr}$,因而 C_1 应等于 9.5,为式(10.2a)所得值的两倍。考虑到由于连续梁的中支座附近存在负弯矩区,采用的单轴对称截面的不对称性不会很大,而且实际吊车梁的截面通常为上翼缘加强的工字形截面,所以本文只对 $0.15 \leqslant \zeta \leqslant 0.5$ 范围内的 C_3 值进行拟合。

$$C_3 = b_1\zeta + b_2 \qquad (10.2d)$$

其中 $\zeta = I_{yB}/I_y$,I_{yB},I_y 分布表示下翼缘和整个截面的绕 y 轴的惯性矩。b_1 和 b_2 由下式确定:

当 $0.15 \leqslant \zeta \leqslant 0.25$ \qquad $b_1 = \dfrac{1}{2.2 - 4.13\alpha + 2\alpha^2}$ \qquad (10.3a)

$b_2 = -5.48\alpha^3 + 4.26\alpha^2 - 0.92\alpha + 0.077$ \qquad (10.3b)

当 $0.25 < \zeta \leqslant 0.5$ \qquad $b_1 = 0.44\alpha + 0.20$ \qquad (10.3c)

$b_2 = 0.88\alpha^2 - 0.22\alpha + 0.15$ \qquad (10.3d)

需要说明的是,对单轴对称截面的两跨连续梁,上面的公式只适用于荷载作用点的位置位于剪心或剪心以上的情况。

10.2.2 两跨荷载相同时连续梁的屈曲

如图 10.2 所示,当作用相同荷载时,连续梁的两跨之间不存在相互作用。对这种荷载情况,临界弯矩的表达式仍然可以用式(10.1)表示,但式中的系数变为:

$$C_1 = \frac{9.73 + 123.7\alpha}{2(1 + 14.1\alpha - 15.63\alpha^2)} \qquad (10.4a)$$

$$C_2 = \begin{cases} a \geqslant 0, 1.00 - 0.98\alpha^3 \\ a < 0, 0.95 - 0.98\alpha^3 \end{cases} \qquad (10.4b)$$

$$\mu_\omega = 1.0 \qquad (10.4c)$$

当 $0.15 \leqslant \zeta \leqslant 0.5$ 时,C_3 值进行同样可以表示为:

$$C_3 = b_1\zeta + b_2 \qquad (10.4d)$$

b_1 和 b_2 的值可由下式确定:

当 $0.15 \leqslant \zeta \leqslant 0.25$ \qquad $b_1 = 0.43 + 1.85\alpha^2$ \qquad (10.5a)

$b_2 = 1.15\alpha^3 - 0.6\alpha^2 - 0.33$ \qquad (10.5b)

当 $0.25 < \zeta \leqslant 0.5$ \qquad $b_1 = -0.8\alpha^3 + 1.44\alpha^2 + 0.33$ \qquad (10.5c)

$b_2 = 1.28\alpha^3 - 0.415\alpha^2 - 0.30$ \qquad (10.5d)

同样,当 $\alpha = 0$ 时,C_1 应该为式(10.4a)得到值的两倍:$C_1 = 9.73$。

10.2.3　公式结果与有限元结果的比较

为了了解式(10.1)和本章的系数式(10.2~10.5)的精度,接下来对式(10.1)的结果与有限元程序的结果进行比较。为了统一起见,在下面的比较中,当跨中仅作用单个集中荷载时($\alpha=0$)均取 P_{cr} 作为连续梁的屈曲荷载,也就是将式(10.1)中的系数直接取式(10.2a)或式(10.4a)的值。

如不特别说明,本章采用的材料均取弹性模量 $E=206\text{kN/mm}^2$,$\mu=0.3$,图中的"散点"均为式(10.1)的值,"线"均为有限元的结果。

首先比较连续梁的截面为双轴对称的工字形截面时,不同长度下的屈曲荷载。考虑到实际应用,本章采用的连续梁的单跨跨度 $l=5\sim15h$(h 为梁截面的高度)。算例中,梁的具体截面如图10.3中所示,集中荷载均作用于截面的剪心。

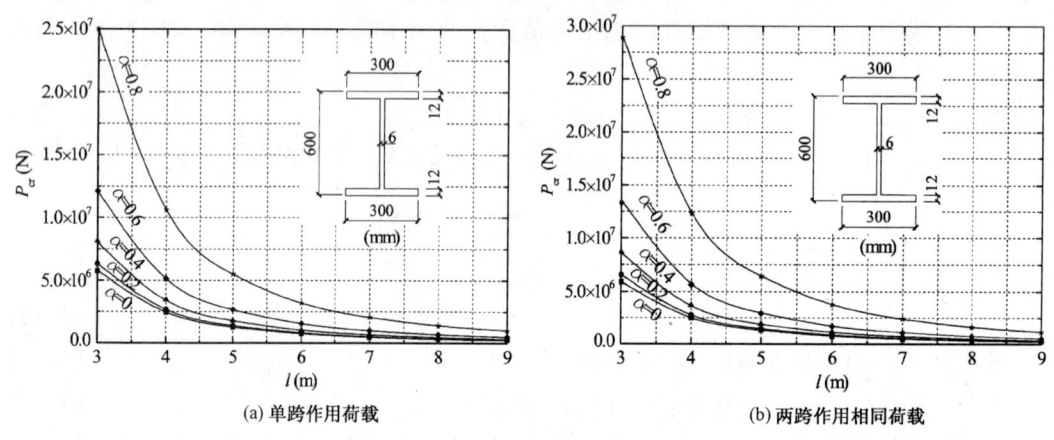

图10.3　屈曲荷载随梁长度的变化

图10.3(a),(b)对连续梁在不同的长度和荷载间距 α 下的屈曲荷载进行了比较。可以看出,在 $l/h=5\sim15$ 内,式(10.1)的结果和有限元的结果非常吻合,误差均小于2%,说明式(10.2a)和式(10.4a)中的系数 C_1 有很好的精度。

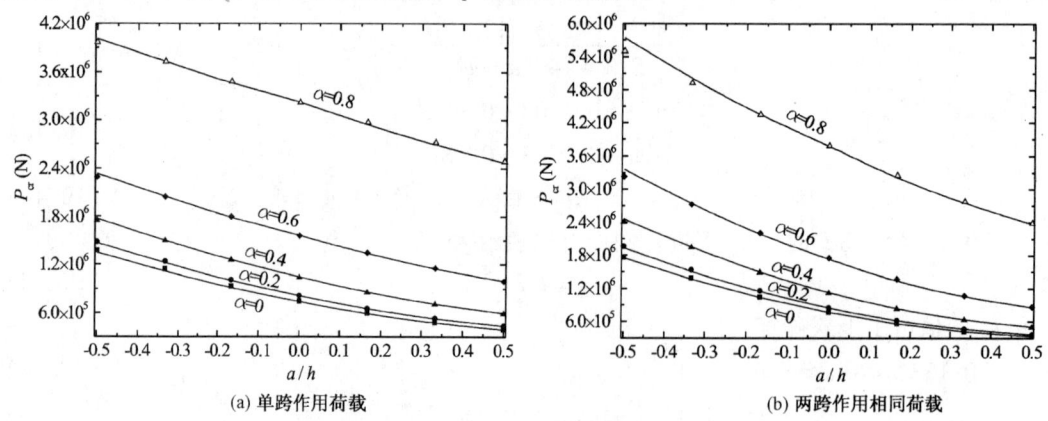

图10.4　屈曲荷载随荷载作用点的变化

图10.4(a),(b)对双轴对称工字形截面的两跨连续梁在不同荷载作用点高度下的屈曲

荷载进行了比较，采用的连续梁的单跨长度为6m，计算所采用的截面与图10.3(a)，(b)相同。可以看出，在不同的荷载作用高度下，利用式(10.1)计算得到的临界荷载与有限元的结果非常接近，误差均小于5%，说明式(10.2b)和式(10.4b)中的系数C_2的精度也很好。

从图10.3和图10.4可知，当单跨长度与截面高度之比在$l/h = 5 \sim 15$范围内，而且$\alpha = 0 \sim 0.8$时，对不同的荷载作用点高度的情况，式(10.1)能够较精确地计算双轴对称截面的两跨连续梁的弹性临界荷载。

考虑到实际应用，当连续梁的截面为单轴对称时，本章仅对上翼缘加强的工字形截面连续梁，求解当荷载作用于剪心或剪心以上时的屈曲荷载。

图10.5(a)，(b)对单轴对称截面的连续梁屈曲荷载进行了比较，图中的算例均取连续梁的单跨长度为6m，而且荷载作用点均位于截面的剪心。通过比较可以发现，式(10.1)的值与有限元的结果很接近，说明式(10.2d)和式(10.4d)中的系数C_3的表达式是非常精确的。

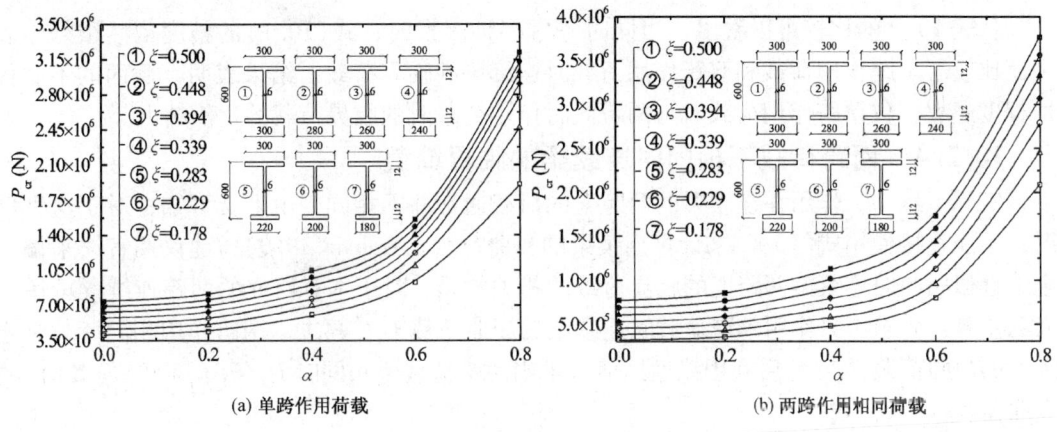

(a) 单跨作用荷载   (b) 两跨作用相同荷载

图10.5 屈曲荷载随截面不对称性的变化

通过上文与有限元结果的比较可知，本章式(10.1)在考虑单个系数的因素时，均具有很好的精度。表10.1将对式(10.1)在同时考虑各种因素时，得到的屈曲荷载与有限元的结果进行比较。表中的算例均取连续梁的单跨跨度$l = 6$m，荷载作用点均位于上翼缘。

荷载作用于上翼缘时单轴对称截面连续梁的屈曲荷载的比较　　　　表10.1

截面（标注单位：mm）	α	单跨作用荷载				两跨作用荷载			
		式(10.1)	有限元	$\dfrac{P_{crf}}{P_{cfFEA}}$		式(10.1)	有限元	$\dfrac{P_{crdf}}{P_{cfdFEA}}$	$\dfrac{P_{crFEA}}{P_{crdFEA}}$
		P_{crf}	P_{crFEA}			P_{crdf}	P_{crdFEA}		
		(kN)	(kN)			(kN)	(kN)		
300 / 12 / 6 / 12 / 260 $\zeta = 0.394$ $a = 232$mm	0	7412.67	755.00	99.16%		606.83	607.00	99.97%	124.38%
	0.2	4112.56	421.00	99.42%		3312.73	3312.00	100.22%	124.56%
	0.4	576.75	570.00	101.18%		469.40	461.00	101.82%	123.64%
	0.6	977.88	967.00	101.12%		812.56	8012.00	100.56%	119.68%
	0.8	2453.25	2440.00	100.54%		2293.07	2260.00	101.46%	107.96%

截面 （标注单位： mm）	α	单跨作用荷载		$\dfrac{P_{crf}}{P_{cfFEA}}$	两跨作用荷载		$\dfrac{P_{crdf}}{P_{cfdFEA}}$	$\dfrac{P_{crFEA}}{P_{crdFEA}}$
		式(10.1)	有限元		式(10.1)	有限元		
		P_{crf} （kN）	P_{crFEA} （kN）		P_{crdf} （kN）	P_{crdFEA} （kN）		
	0	650.08	661.00	912.35%	485.43	493.00	912.46%	134.08%
	0.2	360.52	369.00	97.70%	270.29	274.00	912.65%	134.67%
	0.4	516.93	503.00	102.77%	374.39	373.00	100.37%	134.85%
	0.6	869.01	863.00	100.70%	655.95	654.00	100.30%	131.96%
	0.8	2151.10	2180.00	912.67%	1915.36	1850.00	103.53%	117.84%

从表 10.1 的比较可以看出，当同时考虑多种因素时，式(10.1)的精度依然很好。表中还比较了单跨作用荷载和双跨作用荷载时连续梁的临界荷载，结果表明，截面的不对称性程度越大，仅单跨作用荷载时与两跨同时作用荷载时的临界荷载的比值越大。

10.2.4　两跨荷载不相同时连续梁的临界荷载

实际工程中，作用在连续梁的两跨上的荷载通常并不相同，由上文可知，对于这种情况，不能直接使用式(10.1)来计算连续梁的屈曲荷载。Trahair(1969)曾建议用直线来偏安全地近似屈曲时连续梁两跨上的临界荷载的相关关系，对于本章研究的两跨连续梁可按下面的步骤：先求出只作用单跨荷载时连续梁的屈曲荷载 P_s，再求出两跨作用相同荷载时连续梁的屈曲荷载 P_d，然后利用线性插值来求当两跨荷载不相同时 $P_2/P_1 = \rho$（$0 \leqslant \rho \leqslant 1$）的屈曲荷载。

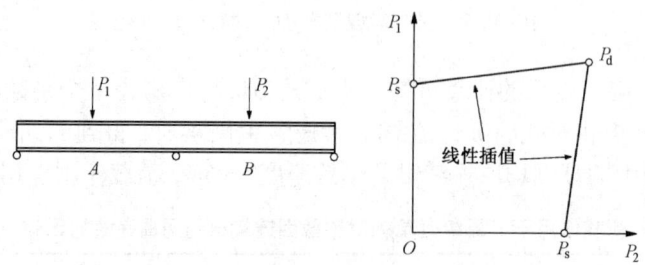

图 10.6　Trahair 的线性插值法

针对双轴对称截面的连续梁，图 10.7(a)~(e)通过算例对这种近似方法的可行性进行了分析，采用的连续梁的单跨跨度均为 6m，荷载的作用点均位于截面的剪心，且两跨的荷载间距 α 相等。图 10.7(f)，(g)则对单轴对称截面的连续梁的情况进行分析，荷载的作用点分别位于截面的剪心和上翼缘，梁的单跨跨度同样为 6m。

从图 10.7(a)~(g)可以看出，直线确实能够偏安全地模拟连续梁两跨的屈曲荷载的相关关系，所以，本文建议采用 Trahair(1969)的结论，来确定当两跨作用不同荷载时连续梁的屈曲荷载。

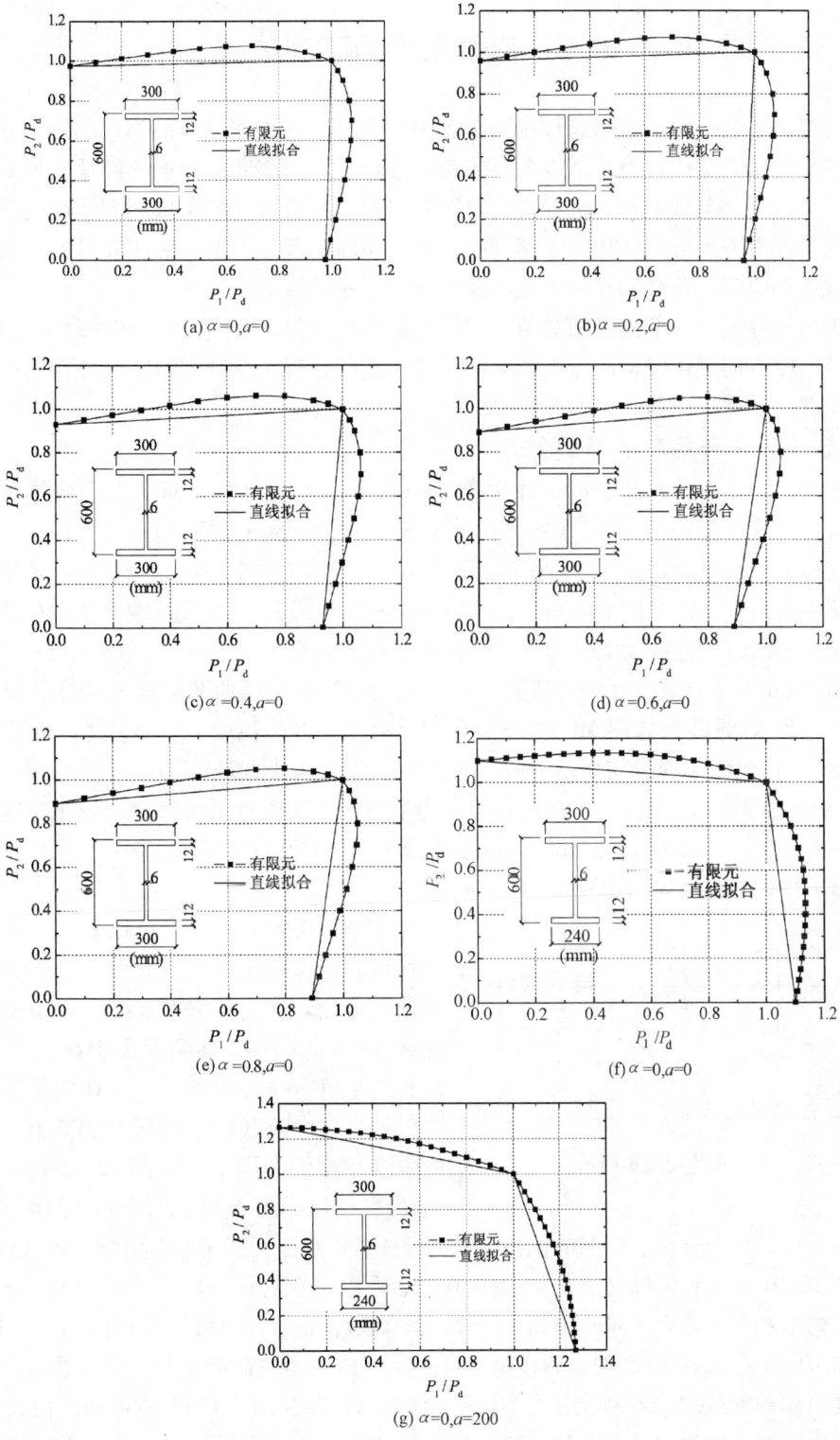

(a) $\alpha = 0, a = 0$

(b) $\alpha = 0.2, a = 0$

(c) $\alpha = 0.4, a = 0$

(d) $\alpha = 0.6, a = 0$

(e) $\alpha = 0.8, a = 0$

(f) $\alpha = 0, a = 0$

(g) $\alpha = 0, a = 200$

图 10.7　两跨屈曲荷载的相关关系

10.3 荷载作用的不利位置

上文提出了当一跨或者两跨作用两个集中荷载时，两跨连续梁的弹性临界荷载计算公式，但各跨的两个集中荷载均需以各自的跨中为对称。而实际使用的连续梁，比如两跨连续的吊车梁，梁上荷载的作用位置会沿跨度方向变化。所以，如果应用到实际情况，还需知道荷载位置沿跨度方向变化时连续梁的最小的屈曲荷载值。本节的主要目的是确定当屈曲荷载取最小值时，荷载的作用位置以及相应的屈曲荷载值。

考虑到实际情况，下面分别对两个和四个集中荷载(用以模拟一台和两台吊车荷载)的作用点沿跨度方向变化时，两跨连续梁的稳定性进行分析，以确定稳定性计算的荷载最不利作用位置，以及屈曲荷载的计算方法。

10.3.1 一台吊车的荷载作用

当只有一台吊车参与组合时，作用于吊车梁上的荷载可能是两个大小相等的集中荷载，或者单个集中荷载(此时吊车的另一个轮子位于相邻的吊车梁上)。

假定吊车梁的单跨跨度为 l，吊车沿吊车梁跨度方向的轮距为 αl。如图10.8所示，记左侧的集中力与边支座之间的距离为 γl，$-\alpha \leqslant \gamma \leqslant 1$，其中 $\gamma < 0$ 表示两个集中荷载中仅有一个作用在所研究的连续梁上，而另一个作用在相邻的梁上。

图10.9(a)~(g)通过算例来研究当 α 不同时，连续梁屈曲荷载随 γ 的变化规律。算例采用的连续梁的截面如图10.7(a)~(e)所示，取单跨长度 $l = 6$m，材料性质为 $E = 206$kN/mm^2，$\mu = 0.3$，荷载均作用于截面的剪心。考虑到结构的对称性，分析只限于 $-\alpha \leqslant \gamma \leqslant 1 - \alpha/2$ 的范围内。图中，$P_{cr}(\min)$ 表示当荷载的作用位置沿跨度方向变化时连续梁屈曲荷载的最小值，并排的是 $P_{cr}(\min)$ 出现的位置，P_{cr} 为荷载以各跨的跨中对称时连续梁的屈曲荷载，并排的是对应的位置 $\gamma = (1 - \alpha)/2$。

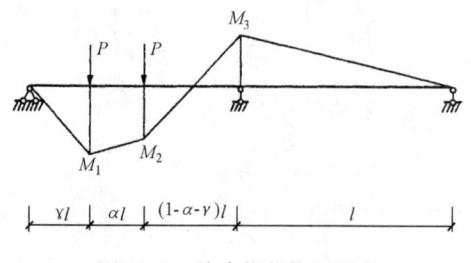

图10.8 单跨荷载作用示意

从图10.9(a)~(f)可以看出，当荷载的作用位置沿梁跨度方向变化时，屈曲荷载的最小值可能出现在两个位置上：当 $\alpha < 0.6$ 时，出现在 $0 < \gamma < 1 - \alpha$，即两个集中荷载位于同一跨；当 $\alpha \geqslant 0.6$ 时，出现在 $\gamma < 0$ 的位置上，此时仅一个集中荷载位于所研究的梁上，另一个的位置在相邻的梁上。从图10.9(a)~(d)可以发现，当 $\alpha < 0.6$ 时，$P_{cr}(\min)$ 的数值与 P_{cr} ($\gamma = (1 - \alpha)/2$)十分接近，算例的误差不超过3%，而后者可以直接应用式(10.1)计算得到。从图10.9(e)，(f)可以看出，当 $\alpha \geqslant 0.6$ 时，临界弯矩的最小值 $P_{cr}(\min)$ 与 $\alpha = 0$ 时最小的临界弯矩相等，即 $P_{cr}(\min) = P_{cr}(\alpha = 0, \gamma = 0.5)$，而后者也可以直接由式(10.1)计算得到。图10.9(g)为 $\alpha = 0.5$ 时，荷载作用点高度变化对屈曲荷载影响，可以看出，荷载作用点高度对屈曲荷载的最不利位置基本没有影响。而从式(10.1)的形式可知，荷载作用点高度与截面不对称性对屈曲荷载的影响是可以等效的，所以可以推测，截面不对称性对荷载最不利位置也是基本没有影响的。

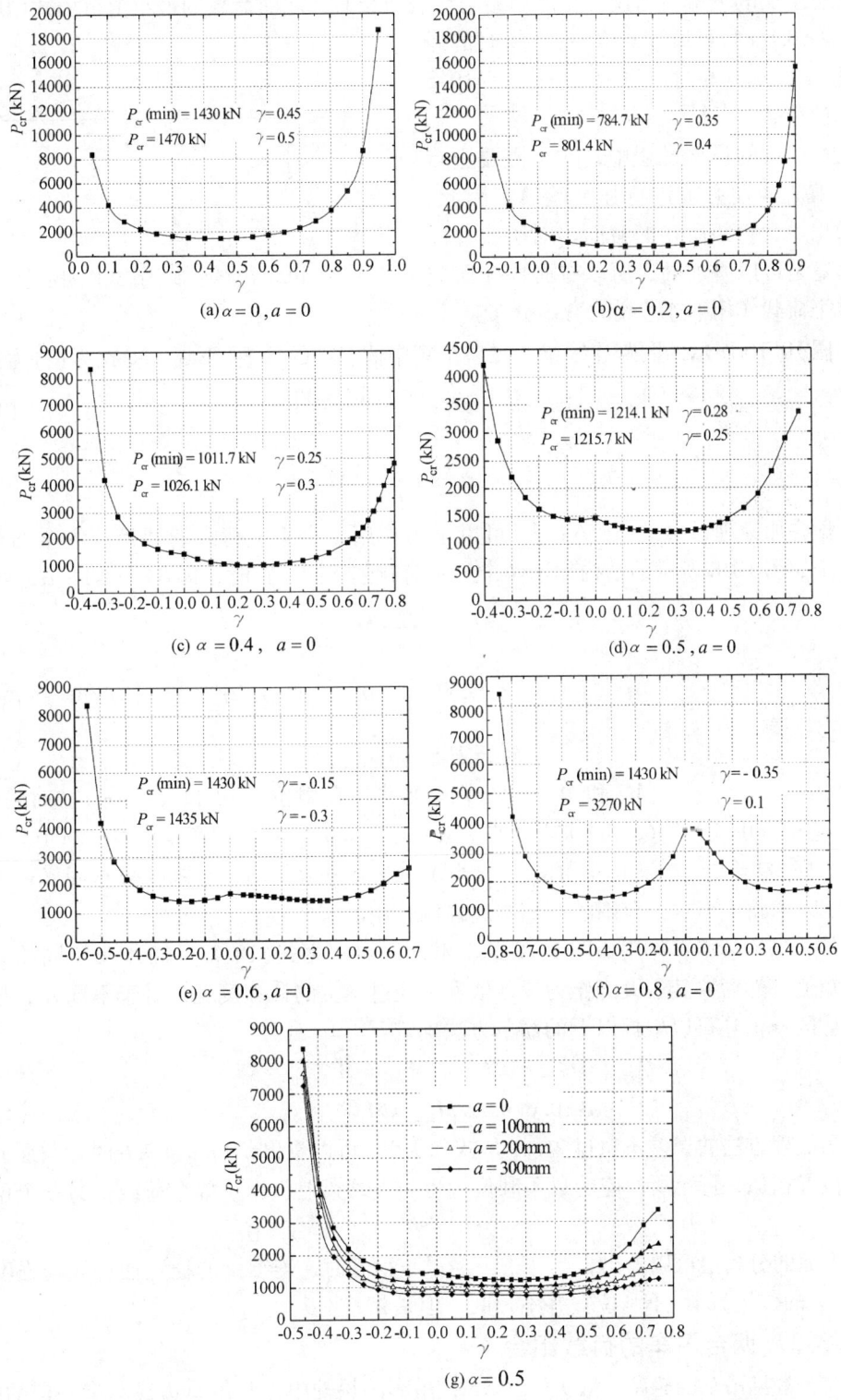

图 10.9 连续梁屈曲荷载的变化

综合上面的分析，当仅一台吊车参与荷载组合时，屈曲荷载的最小值可由式(10.1)确定：1. $\alpha < 0.6$ 时，可取 $\gamma = (1 - \alpha)/2$ 时的屈曲荷载；2. $\alpha \geq 0.6$ 时，可取 $\alpha = 0$，$\gamma = 0.5$ 时的屈曲荷载。

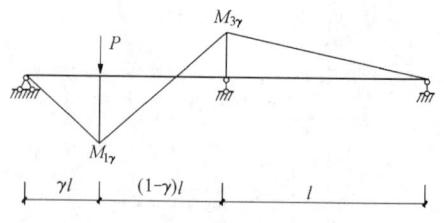

图 10.10　单个集中荷载作用示意

在吊车梁的设计过程中，除了需要进行稳定验算外，还必须进行强度验算，因此，需要求出最大弯矩所在的截面。对于线性问题，弯矩是可以叠加的，所以有必要先研究一下单个荷载作用下连续梁的弯矩分布

如图 10.10 所示的两跨连续梁，在单个集中荷载下的弯矩(下翼缘受拉为正)为：

$$M_{1\gamma} = \frac{(4 - \gamma - \gamma^2)(1 - \gamma)\gamma}{4}Pl \tag{10.6a}$$

$$M_{3\gamma} = \frac{(\gamma^2 - 1)\gamma}{4}Pl \tag{10.6b}$$

根据叠加原理，由式(10.6a，b)可以求出作用多个集中荷载的两跨连续梁的弯矩分布。对于如图 10.8 所示的结构，当两个集中荷载位于同一跨时，即 $0 \leq \gamma \leq 1 - \alpha$，可得：

$$M_1 = M_{1\gamma} + \frac{\gamma}{\gamma + \alpha}M_{1(\gamma + \alpha)} \tag{10.7a}$$

$$M_2 = M_{1(\gamma + \alpha)} + \frac{1 - \alpha - \gamma}{1 - \gamma}(M_{1\gamma} - M_{3\gamma}) + M_{3\gamma} \tag{10.7b}$$

$$M_3 = M_{3\gamma} + M_{3(\gamma + \alpha)} \tag{10.7c}$$

其中 $M_{1\gamma}$、$M_{1(\gamma+\alpha)}$、$M_{3\gamma}$ 和 $M_{3(\gamma+\alpha)}$ 分别指当集中荷载位于 γl 和 $(\alpha + \gamma)l$ 时的 M_1 和 M_3 值，均可以由式(10.6a，b)求得。当 $-\alpha \leq \gamma < 0$ 时，各点的弯矩值可按单个荷载作用来计算，即 $M_1 = M_{1(\alpha - \gamma)}$，$M_3 = M_{3(\alpha - \gamma)}$。当 $1 - \alpha < \gamma < 1$ 时，弯矩的分布同样可以由式(10.6a，b)求得，但这个范围的弯矩不起控制作用。

显然，当连续梁上作用如图 10.8 的荷载时，可根据式(10.7a~c)求出不同的 γ 值对应的弯矩值，然后取其最大值作为设计依据。经过本文的计算发现，对于不同 α，最不利位置对应的 γ 值还可以根据以下的简单方法确定：

$$0 \leq \alpha < 0.6 \qquad M_{max} = M_{1(\gamma = 0.4)} \tag{10.8a}$$

$$\alpha \geq 0.6 \qquad M_{max} = M_{1(\alpha = 0, \gamma = 0.4)} \tag{10.8b}$$

上面处理方法的误差不超过 2%。从式(10.8b)可以看出，当 $\alpha \geq 0.6$ 时，与屈曲荷载的不利位置相似，弯矩所对应的最不利位置也为连续梁上仅作用单个荷载，另一个位于相邻的梁上。

从上面的分析也可以看出，当考虑一台吊车荷载时，连续梁的稳定性计算与强度计算(弯矩最大的位置)的最不利位置并不相同，但是相差不大。

10.3.2　两台吊车的荷载组合

目前，常见吊车的轮距一般大于 2.5m，吊车的轮轴中心与吊车边缘会有一定的距离，使得当两台吊车紧靠时，两吊车相邻的轮子之间不会紧挨。由于受到运输长度的限制，实际使用的两跨连续吊车梁的单跨跨度一般不能超过 7.5m，所以，通常情况下不会出现多于两台吊车的轮子位于吊车梁的同一跨的情况。《建筑结构荷载规范》GB 50009—2001 也规定，当荷载组合中计入吊车梁荷载时，最多同时取两台。为此，接下来对两台吊车参与荷载组合时，两跨连续吊车梁稳定性的计算方法进行分析。

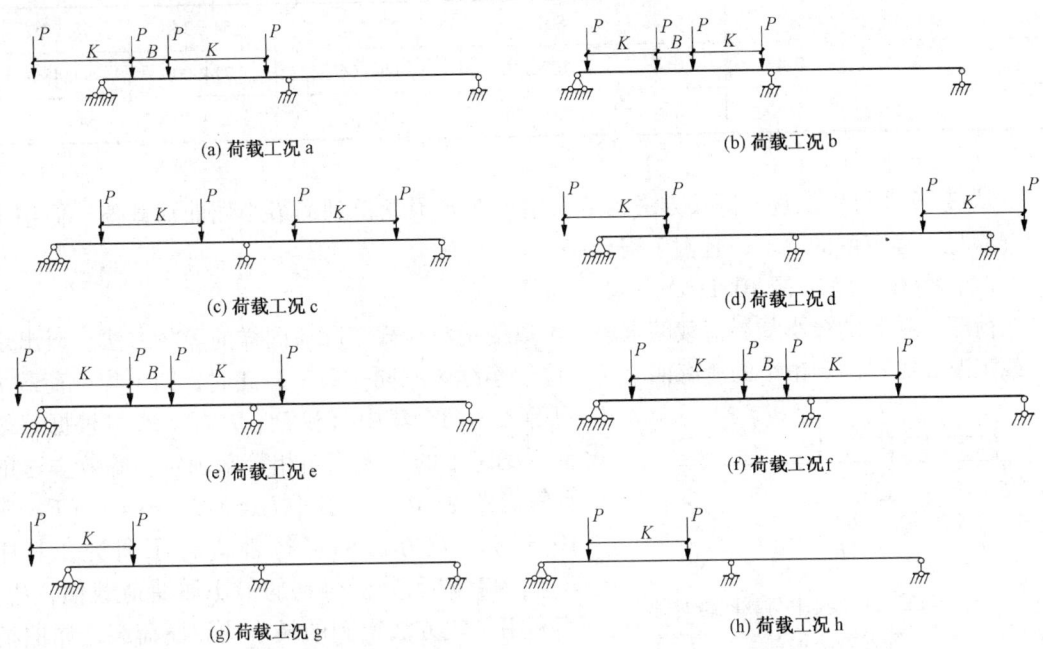

(a) 荷载工况 a   (b) 荷载工况 b

(c) 荷载工况 c   (d) 荷载工况 d

(e) 荷载工况 e   (f) 荷载工况 f

(g) 荷载工况 g   (h) 荷载工况 h

图 10.11　两台相同吊车作用时的连续梁的工况

经过分析，当两台吊车作用时，屈曲荷载的最不利位置可能出现在图 10.11 所示的几种荷载工况之中，图中 K 表示轮距，B 表示两倍的轮轴中心至吊车外侧的距离。下面对各种可能的工况逐一进行研究。

（1）荷载工况 a（图 10.11a）

当 $K + B < l$ 时，屈曲荷载的最小值可能出现在荷载工况 a（图 10.11a），此时三个相等的集中荷载位于同一跨。对于这个荷载工况，可采用一种等效的计算方法：将三个大小为 P 的集中荷载等效为两个大小为 1.5P 的集中荷载，这两个等效荷载的距离为 $\alpha l = 2(K + B)/3$，如图 10.12 所示，图中 l_B 和 l_K 的值分别为 $2B/3$ 和 $2K/3$。需要指出的是，这种等效方法限于稳定性计算，不能用于强度计算。根据这种等效方法，最不利位置所对应的屈曲荷载可直接由式（10.1）得到。

表 10.2 对这种等效方法得到的屈曲荷载与有限元的结果进行了比较。采用如图 10.7（a）～（e）所示的截面，荷载作用点均位于截面的剪心，取 $l = 6\text{m}$，$E = 206\text{kN/mm}^2$，$\mu = 0.3$。表中 $P_{\text{cr}(\alpha)}$ 表示当连续梁的单跨作用两个间距为 αl 的集中荷载（以跨中为对称）时的屈曲荷载，由 $P_{(\alpha)} = 3P/2$ 可知，等效方法的屈曲荷载 $P_{\text{cre}} = 2P_{\text{cr}(\alpha)}/3$，$P_{\text{cr}(B+K)}$ 为图 10.12 所示结构的最小屈曲荷载值。

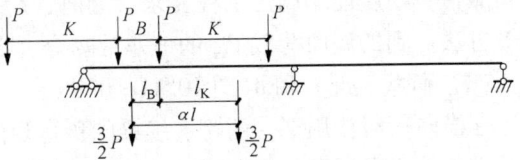

图 10.12　三个集中荷载同跨时的等效方法示意

355

	B/l	K/l	α	$P_{cr(\alpha)}$ (kN)	$P_{cre}=2P_{cr(\alpha)}/3$ (kN)	$P_{cr(B+K)}$ (kN)	$\dfrac{P_{cre}}{P_{cr(B+K)}}$
1	0.15	0.15	0.2	801.38	534.25	544.74	98.07%
2	0.15	0.45	0.4	1026.10	684.06	724.00	94.48%
3	0.15	0.60	0.5	1215.68	810.45	839.30	96.56%

从表 10.2 可以发现，等效方法的结果稍小于有限元得到的最小屈曲荷载值，但精度能够满足工程应用的要求，且偏于安全。

（2）荷载工况 b（图 10.11b）

荷载工况 b 的最小临界荷载的求解，可以使用与荷载工况 a 同样的等效方法。当出现荷载工况 b 时，两台吊车的所有四个轮子位于连续梁的同一跨上，此时，四个集中荷载 P

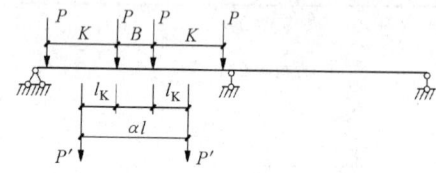

图 10.13　四个集中荷载同跨时的等效方法示意

可等效为两个集中荷载 P'，P' 的大小可根据等效前后梁跨中的最大弯矩相等来确定。等效方法的计算简图见 10.13，其中 $l_K = K/2$，$\alpha l = K + B$。表 10.3 对等效方法的可行性进行了研究，其中 P_{crFEA} 为有限元分析得到的最小屈曲荷载值，P_{cre} 为利用等效方法得到的最小的屈曲荷载，屈曲荷载 $P_{cr(0.535)}$ 也利用了等效方法，但同时利用了近似关系 $P' = P/0.535$。

四个集中荷载同跨时的等效方法的精度（荷载作用于剪心）　　　　　表 10.3

	B/l	K/l	α	P_{cre} (kN)	$P_{cr(0.535)}$ (kN)	P_{crFEA} (kN)	$\dfrac{P_{cre}}{P_{crFEA}}$	$\dfrac{P_{cr(0.535)}}{P_{crFEA}}$
1	0.10	0.30	0.40	543.20	544.36	557.37	97.46%	97.67%
2	0.10	0.35	0.45	593.20	591.76	614.96	96.46%	96.23%
3	0.10	0.40	0.50	652.24	650.39	6712.99	96.06%	95.79%
4	0.15	0.30	0.45	591.64	591.76	597.45	99.03%	99.05%
5	0.15	0.35	0.50	652.97	650.39	660.95	98.79%	98.40%
6	0.15	0.40	0.55	726.19	723.76	732.57	99.13%	98.80%

从表 10.3 中的比较可以发现，等效方法得到的屈曲荷载略小于有限元得到的最小屈曲荷载值，精度能够满足工程要求。同时，$P_{cr(0.535)}$ 值与根据实际的弯矩分布来确定 P' 的等效方法得到的屈曲荷载 P_{cre} 的值非常吻合，在实际计算中可以用 $P_{cr(0.535)}$ 来代替 P_{cre}。

（3）荷载工况 c 和 d（图 10.11c 和 d）

在横向荷载作用下，两跨连续梁的负弯矩的最大值位于中间支座处，但是中间支座处的约束条件对梁存在侧向和扭转的约束，所以控制连续梁稳定性的主要因素是每跨的正弯矩。因此，荷载工况 c 和 d（图 10.11c, d）与 10.3.1 节中单台吊车荷载下连续梁的稳定问题是类似的。通过研究，可得到与 10.3.1 相似的结论：当 $\alpha < 0.6$ 时，荷载工况 c 比荷载工况 d 更为不利，且当每跨的两个集中荷载分别以各跨的跨中对称时，可得到荷载工况 c 的最小屈曲荷载；当 $\alpha \geqslant 0.6$ 时，荷载工况 d 比荷载工况 c 更为不利，且当每跨的集中荷载分别位于各跨的跨中时，可得到荷载工况 d 的最小屈曲荷载。所以无论当 $\alpha < 0.6$ 还是 $\alpha \geqslant 0.6$，这两种荷载工况的最小屈曲荷载值均可由式（10.1）直接求得。

对荷载工况 d 的分析如图 10.14 所示，图中的算例假定一个集中荷载作用于其中一跨的跨中，另一个的作用位置沿另一跨的跨度方向移动，荷载均作用于截面的剪心，采用的截面与图 10.7（a）～（e）中一样，取单跨跨度为 6m，材料性质为 $E = 206 \text{kN/mm}^2$，$\mu = 0.3$。

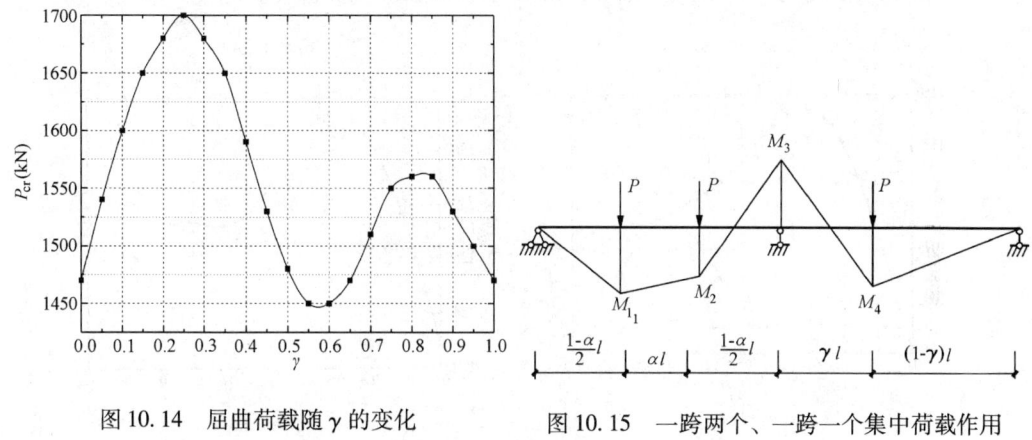

图 10.14　屈曲荷载随 γ 的变化　　　图 10.15　一跨两个、一跨一个集中荷载作用

由图 10.14，当 $\gamma \approx 0.57$，屈曲荷载的最小值 $P_{cr} = 1445 \text{kN}$，而当 $\gamma = 0.5$ 时，屈曲荷载为 1480kN，两者非常接近，误差为 2.4%，所以可近似地取 $\gamma = 0.5$ 时的屈曲荷载作为最小值。

对荷载工况 c 有类似的结论，这里不再展开。

（4）荷载工况 e（图 10.11e）

荷载工况 e（图 10.11e）可能对 $K + B > l$ 时的连续梁的稳定性起控制作用。如果对不同的 K 和 B 分别进行研究会使问题过于复杂，所以，本章采用一种保守的近似方法：认为间距为 B 的两个集中荷载位于连续梁的其中一跨的某个位置，而且另一跨上单个集中荷载的作用位置沿跨度方向变化时，得到的屈曲荷载的最小值为荷载工况 e 的结果。

图 10.16（a）～（f）以一组算例来研究这种情况下连续梁的屈曲荷载的变化规律。采用图 10.7（a）～（e）所示的截面，取 $l = 6\text{m}$，$E = 206 \text{kN/mm}^2$，$\mu = 0.3$，荷载均作用于截面的剪心，计算简图如 10.15 所示。其中，图 10.16（a）表示当 $\alpha = 0$ 时，屈曲荷载随 γ 的变化，此时在图 10.15 所示的连续梁的左跨的跨中作用的集中力的大小为 $2P$。从图 10.16（a）～（f）可以看出，屈曲荷载的最小值可能出现在两个位置：$\gamma = 0$，即在图 10.15 所示连续梁的右跨上无荷载作用；$\gamma \approx 0.5 \sim 0.6$，也就是连续梁右跨上的集中荷载作用于跨中附近。从图 10.16（e）和（f）可知，当 $\alpha = 0.6$ 和 $\alpha = 0.8$ 时，荷载工况 d 比荷载工况 e 更为不利，所以当 $\alpha \geqslant 0.6$，可不验算荷载工况 e。

图 10.17（a）～（c）对不同的荷载作用点高度和截面的不对称性的影响进行了分析，可见荷载最不利的位置总是位于 $\gamma = 0$ 或 $\gamma \approx 0.5 \sim 0.6$。

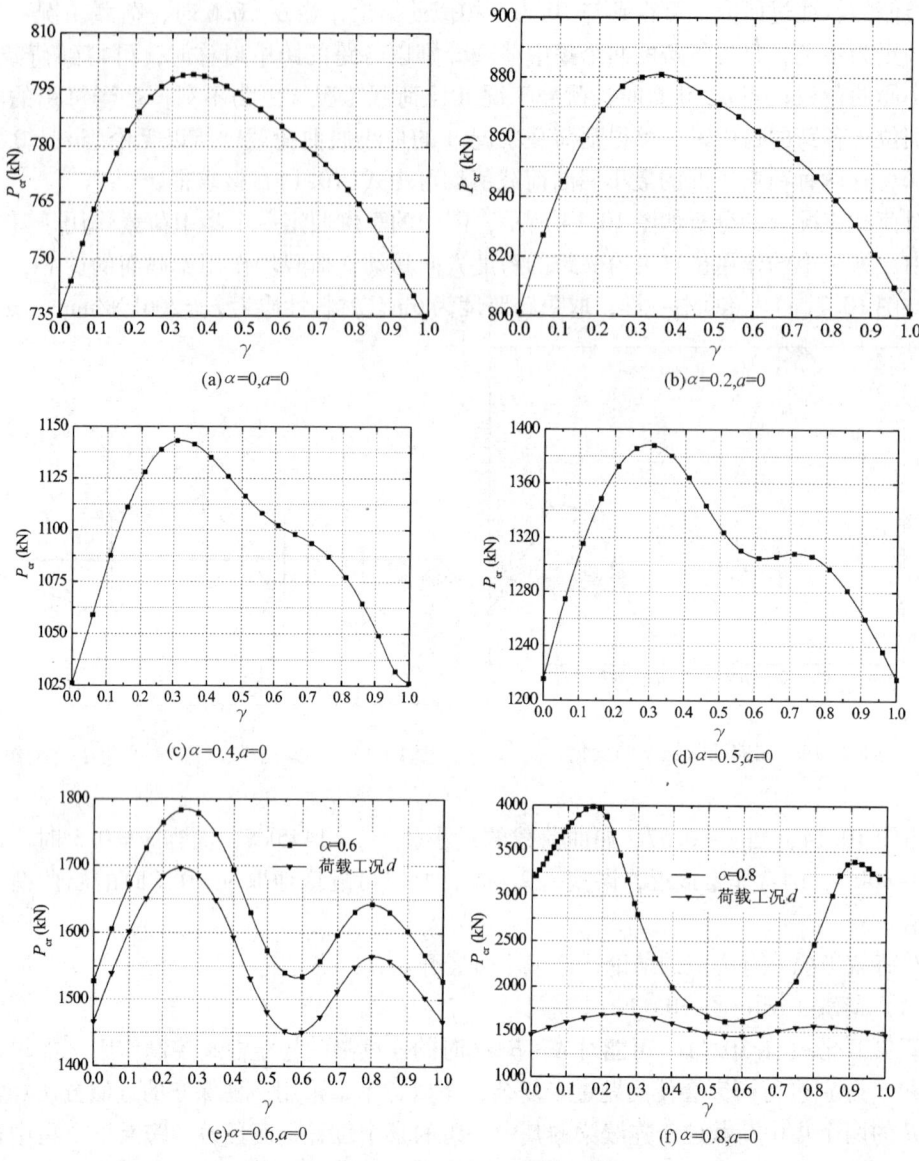

图 10.16　一跨两荷载固定、另一跨单荷载移动时屈曲荷载的变化

根据上面的分析，荷载工况 e 的屈曲荷载的最小值的确定为：当 $\alpha < 0.6$ 时，取 $\gamma = 0$ 或 $\gamma \approx 0.5 \sim 0.6$ 屈曲荷载的小值，因为在最小值附近时，屈曲荷载的变化率很小，所以可以用 $\gamma = 0.5$ 代替 $\gamma \approx 0.5 \sim 0.6$ 来计算屈曲荷载的最小值；$\alpha \geqslant 0.6$，不需对这种荷载工况进行验算。

由前文可知，式 (10.1) 并不适用于计算当 $\gamma = 0.5$ 时，图 10.15 所示的连续梁的屈曲荷载。经大量的计算发现，这种情况下，连续梁的屈曲荷载可以偏安全地取仅单跨作用两集中荷载时的屈曲荷载值 P_{crs} 和两跨均作用两集中荷载时的屈曲荷载值 P_{crd} 的平均值 $\overline{P}_{cr} = (P_{crs} + P_{crd})/2$，其中每跨的两个集中荷载的间距应等于图 10.15 中的 αl，且均以每跨的跨中为对称，可知 P_{crs} 和 P_{crd} 均可由式 (10.1) 直接求得。

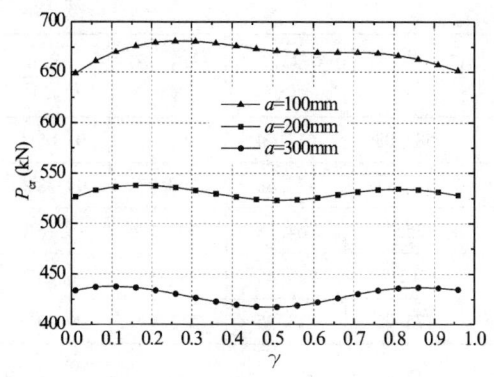

（a）荷载作用点高度对屈曲
荷载的影响（$\alpha = 0.2$）

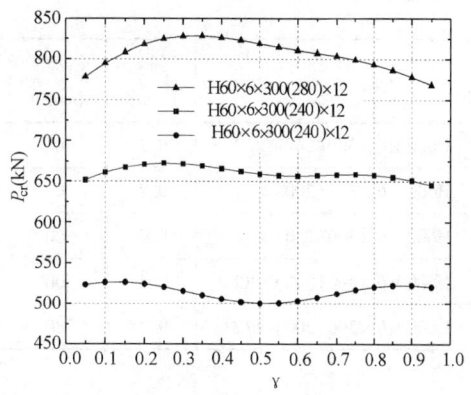

（b）截面不对称性对屈曲荷载
的影响（$\alpha = 0.2, a = 0$）

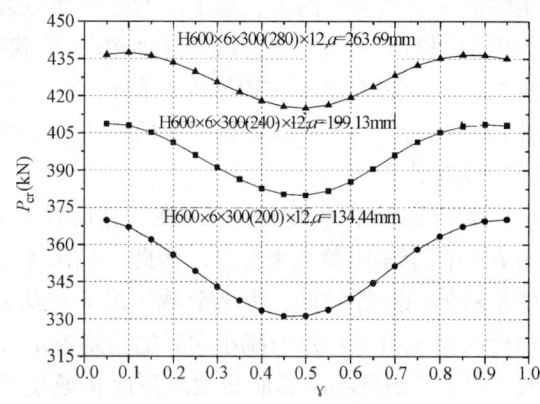

（c）截面不对称性和荷载作用点高度对屈曲
荷载的影响（$\alpha = 0.2$）

图 10.17　屈曲荷载的影响

表 10.4 中对 $\overline{P}_{cr}$ 与 $\gamma = 0.5$ 时的屈曲荷载 $P_{cr(\gamma=0.5)}$ 进行了比较。可以发现，$\overline{P}_{cr}$ 在数值上略小于 $P_{cr(\gamma=0.5)}$，能够满足工程的使用要求。

图 10.15 梁 $\gamma = 0.5$ 时的屈曲荷载最小值　　　　　　　　　　　　　表 10.4

截　　面	α	a (mm)	P_{crs} (kN)	P_{crd} (kN)	$\overline{P}_{cr}$ (kN)	$P_{cr(\gamma=0.5)}$ (kN)	$\dfrac{\overline{P}_{cr}}{P_{cr(0.5)}}$
H600 × 300 × 6 × 12	0	0	1466.27	1481.01	1473.64	1481.01	99.50%
H600 × 300 × 6 × 12	0.2	0	801.38	821.23	811.31	871.13	93.13%
H600 × 300 × 6 × 12	0.4	0	1143.84	1066.04	1104.94	1116.27	98.99%
H600 × 300 × 6 × 12	0.5	0	1215.68	1304.97	1260.33	1327.95	94.91%
H600 × 300 × 6 × 12	0.2	100	645.76	603.38	624.57	670.43	93.16%
H600 × 300 × 6 × 12	0.2	200	524.64	461.98	493.31	522.72	94.37%
H600 × 300 × 6 × 12	0.2	300	432.81	364.87	3912.84	417.51	95.53%
H600 × 6 × 300(280) × 12	0.2	0	7512.13	851.48	804.81	818.26	98.36%

截　面	α (mm)	a (mm)	P_{crs} (kN)	P_{crd} (kN)	$\overline{P}_{cr}$ (kN)	$P_{cr(\gamma=0.5)}$ (kN)	$\dfrac{\overline{P}_{cr}}{P_{cr(0.5)}}$
H600×6×300(240)×12	0.2	0	6312.81	587.08	612.94	658.70	93.05%
H600×6×300(200)×12	0.2	0	516.81	426.11	471.46	500.05	94.28%
H600×6×300(280)×12	0.2	300	403.74	325.37	364.55	383.10	95.16%
H600×6×300(240)×12	0.2	300	329.91	2412.98	289.45	299.35	96.69%
H600×6×300(200)×12	0.2	300	251.98	175.92	213.95	215.91	99.09%

(5)荷载工况 f(图 10.11f)

影响两跨连续梁稳定性的主要因素有两个：梁上的弯矩分布以及连续梁两跨平面外位移的相互约束作用。在如图 10.11(f)所示的连续梁的右跨施加荷载能减小左跨的正弯矩，因此能够提高左跨的稳定性，但同时会减小右跨对左跨的约束作用而降低左跨的稳定性。由图 10.16(a)～(f)和图 10.17(a)～(c)可以看出，这两种因素中哪一种起主导作用，与荷载的作用点和截面不对称性有关。

实际使用的吊车梁的 B 值要比 K 值小很多，所以在计算荷载工况 f 时，连续梁的左跨上的正弯矩一般由间距为 B 的两个集中荷载来控制。因此，如果考虑右跨由于施加荷载对左跨的约束作用减少而使左跨的稳定性降低，那么荷载工况 a 比荷载工况 f 更为不利。另外一个方面，当右跨施加荷载对左跨正弯矩的减小对梁的稳定性的提高起主导作用时，显然，荷载工况 e 将比荷载工况 f 得到更小的屈曲荷载。下面将通过算例来比较几种典型情况下，荷载工况 a、e 和 f 的屈曲荷载。其中，$P_{cr(a)}$、$P_{cr(e)}$ 和 $P_{cr(f)}$ 分别为荷载工况 a、荷载工况 e 和根据有限元得到的荷载工况 f 的屈曲荷载的最小值。表中的算例的连续梁均取 $l=6m$，$E=206kN/mm^2$，$\mu=0.3$。

由表 10.5 可见，a、e 和 f 三种工况中，临界荷载的最小值总是出现在荷载工况 a 或 e，因此工况 f 是不需要考虑的。

几种荷载组合屈曲荷载的比较　　　　　　　　　　表 10.5

截　面	B/l	K/l	a(mm)	$P_{cr(a)}$ (kN)	$P_{cr(e)}$ (kN)	$P_{cr(f)}$ (kN)
H600×300×6×12	0.2	0.40	0	699.11	834.05	799.66
H600×300×6×12	0.2	0.60	0	891.63	834.05	1379.77
H600×6×300(280)×12	0.2	0.50	300	420.91	363.73	455.04
H600×6×300(240)×12	0.2	0.50	300	373.01	300.59	357.28
H600×6×300(200)×12	0.2	0.50	300	284.31	2012.83	2512.45

(6)荷载工况 g 和 h(图 10.11g 和 h)

这两种荷载工况的最小屈曲荷载的求解方法可参见 10.3.1 节。通过以上分析，一台和两台吊车的屈曲荷载最小值可以通过式(10.1)来求解，在实际的设计过程中，可以对上面的几种荷载工况分别进行求解，取最小值用以设计验算。

10.4　连续吊车梁稳定性计算的实现

式(10.1)采用轮压临界值表示临界荷载，而梁的稳定性计算采用的是临界弯矩，因此将图 10.1 和 10.2 所示的荷载工况对应的弯矩计算出来，得到临界弯矩非常重要。

对图 10.1 的荷载，跨中较大弯矩 M_1 和支座弯矩 M_3 分别为

$$M_{1cr} = f_1(\alpha)P_{cr}l, \quad f_1(\alpha) = \frac{1}{32}(1-\alpha)(13+3\alpha^2) \tag{10.9a}$$

$$M_{3cr} = f_2(\alpha)P_{cr}l, \quad f_2(\alpha) = -\frac{3}{16}(1-\alpha^2) \tag{10.9b}$$

对于 α 较大的情况，参照图 10.9(f)所示的情况。因为式(10.9a,b)是对应于 $\alpha = 0.8$，$\gamma = 0.1$ 的位置的，而最不利的位置在 $\gamma = -0.35$，计算得到的临界荷载 P_{cr} 差别很大，这时如果取式(10.9a, b)计算临界弯矩，则 $\gamma = 0.1$ 时的临界弯矩是 $M_{1cr} = 0.09325 \times 3270 \times 6 = 1829.5\text{kN} \cdot \text{m}$，$\gamma = -0.35$ 时的临界弯矩是 $M_{1cr} = 0.207 \times 1430 \times 6 = 1776.1\text{kN} \cdot \text{m}$，两者仅相差 3%。因此采用临界弯矩来表示，不同的 α 对应的临界弯矩的差别是很小的。

图 10.18 给出一台吊车运行过两跨连续梁时在跨间产生的最大正弯矩 M_1 和支座最大负弯矩 M_3 的系数。图中 α 是一台吊车两个轮压之间的距离与单跨跨度的比值。由图可见，在 $\alpha > 0.6$ 时由一个轮压作用在梁上时，正弯矩最大。而在 $\alpha > 0.45$ 时，两个轮子对称于中间支座布置，支座负弯矩最大。任何情况下，支座负弯矩均小于跨中正弯矩，显示跨中弯矩截面弯矩控制吊车梁截面的可能性更大，因此要重点按照跨中弯矩系数计算的临界弯矩式(10.9a)计算稳定系数。

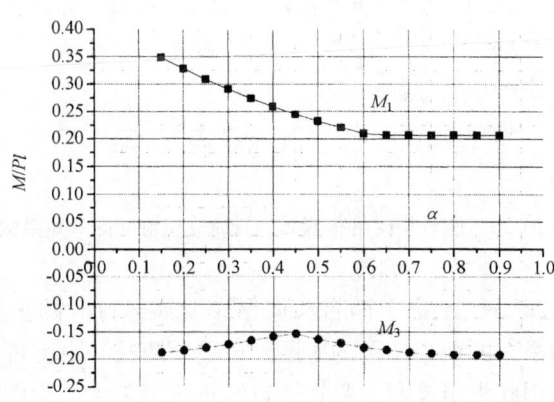

图 10.18　一台吊车运行过两跨连续
吊车梁时的弯矩系数

对图 10.2 的荷载，跨中较大弯矩 M_1 和支座弯矩 M_3 的临界值为分别为

$$M_{1cr} = f_3(\alpha)P_{cr}l, \quad f_3(\alpha) = \frac{1}{16}(1-\alpha)(5+3\alpha^2) \tag{10.10a}$$

$$M_{3cr} = f_4(\alpha)P_{cr}l, \quad f_4(\alpha) = -\frac{3}{8}(1-\alpha^2) \qquad (10.10b)$$

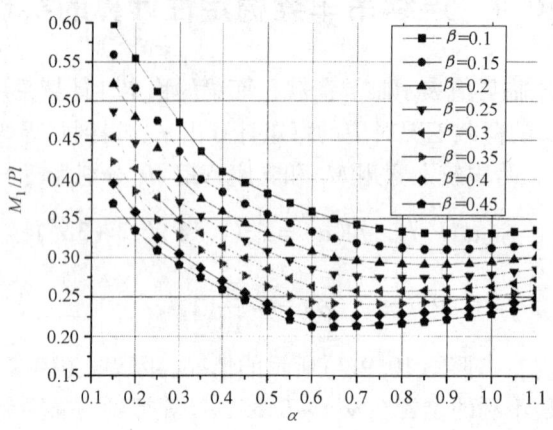

图 10.19 两台相同吊车紧靠运行时跨中截面的弯矩系数

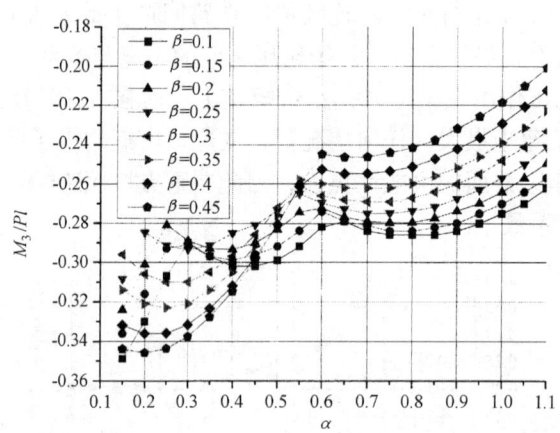

图 10.20 两台相同吊车紧靠运行时支座截面的弯矩系数

图 10.19 和图 10.20 分别示出了两台相同吊车紧靠运行时的正弯矩系数和负弯矩系数，图中 β 是相邻两台吊车的两个轮子的间距除以单跨跨长。由图可见，不同 β 的跨中正弯矩系数曲线不相交，因此肯定是两台紧靠运行时正弯矩最大。而图 10.20 的各条曲线相交则表示两台吊车紧靠得到的负弯矩不是最不利的，在 α 较小时，还要拉开两台吊车的间距（即增加 β）重新计算负弯矩。

得到跨中最大正弯矩和支座最大负弯矩后，要分别进行正弯矩区和负弯矩区的稳定性计算。计算过程为

A. 一台吊车时：计算截面性质，按照式(10.9a)计算临界弯矩，计算临界应力 $\sigma_{cr1} = M_{1cr}/W_{x1}$，计算弹性稳定系数 $\phi_{b1} = \sigma_{cr1}/f_y$，进行弹塑性折减，最后取最大弯矩计算稳定性。

按照式(10.9b)计算临界弯矩，计算临界应力 $\sigma_{cr3} = M_{3cr}/W_{x2}$，计算弹性稳定系数

$\phi_{b3} = \sigma_{cr3}/f_y$，进行弹塑性折减，最后取支座最大负弯矩计算负弯矩区的稳定性。

B. 两台相同的吊车时：计算截面性质，按照式(10.9a)和式(10.10a)计算临界弯矩，取小值，然后用同样的步骤计算弹塑性弯扭失稳的稳定系数，取最大跨中正弯矩进行正弯矩区的稳定性验算。

按照式(10.10b)计算临界负弯矩，然后用同样的步骤计算弹塑性弯扭失稳的稳定系数，取支座最大负弯矩进行负弯矩区的稳定性验算。

C. 两台吨位不同的吊车时：计算截面性质，按照式(10.9a)和式(10.10a)计算临界弯矩，取小值，然后用同样的步骤计算弹塑性弯扭失稳的稳定系数，取最大跨中正弯矩进行正弯矩区的稳定性验算。

按照式(10.9b)、式(10.10b)计算临界负弯矩，分别记为 M_{3cr1} 和 M_{3cr2}，然后采用下式计算负弯矩区的临界弯矩：

$$M_{3cr} = M_{3cr1} + (M_{3cr2} - M_{3cr1})\frac{P_2}{P_1} \tag{10.11}$$

式中 P_1 是起重量较大吊车的轮压，P_2 是起重量较小的吊车的轮压。然后用同样的步骤计算弹塑性弯扭失稳的稳定系数，取支座最大负弯矩进行负弯矩区的稳定性验算。

10.5 采用连续吊车梁的效益分析

为了对使用两跨连续梁所产生的经济效益有一个直观地了解，本章以两个实际工程中使用的吊车梁为例进行分析。

第一个例子是吊车梁上仅作用一台吊车的情况。厂房的柱距为 6m，吊车轮距为 4.6m，最大轮压为 120kN，水平刹车力为 4.5kN，钢轨高度为 140mm，动力放大系数取 1.05，材料为 Q235。首先按简支梁进行计算，经试算采用吊车梁截面 H600×6×300×14/180×10，主要的几项验算分别为：

(1) 应力验算：上翼缘最大压应力：159.02N/mm² < 215N/mm²

下翼缘最大拉应力：184.51N/mm² < 215N/mm²

(2) 稳定验算：上翼缘的最大稳定应力为：196.95N/mm² < 215N/mm²

(3) 跨中最大挠度：5.87mm < $l/800$(= 7.5mm)

如采用两跨连续梁进行设计，经试算采用 H580×6×280×10/180×8，验算结果为：

(1) 取弯矩最不利组合的最大弯矩值进行应力验算：

应力验算：上翼缘最大应力(压应力)：166.35N/mm² < 215N/mm²

下翼缘最大应力(拉应力)：179.5N/mm² < 215N/mm²

(2) 取屈曲荷载最不利组合的屈曲荷载值进行稳定验算，简单步骤如下：

(a) 最大轮压的设计值：$P = 120 × 1.4 × 1.05 × 1.05 = 185.22kN$(吊车梁自重采用 1.05 系数考虑)。

(b) 根据式(10.2)计算得到最不利组合时的屈曲荷载：$P_{cr} = 287.7kN$。

(c) 根据设计荷载作用下上翼缘的最大压应力得到屈服时的荷载值：

$$P_y = \frac{235}{119.1} × 185.2 = 365.5kN_0 \quad (119.1N/mm^2 \text{ 为最大轮压下上翼缘的最大应力})$$

(d) 由 $\phi_b = \dfrac{\sigma_{cr}}{f_y} = \dfrac{P_{cr}}{P_y} = 0.787$，根据规范当 $\phi_b > 0.6$ 时，采用 $\phi_b' = 1.07 - \dfrac{0.282}{\phi_b} = 0.712$。

(e) 上翼缘的最大稳定应力为：$\dfrac{M_x}{\phi_b' W_x} + \dfrac{M_y}{W_y} = \dfrac{119.1}{\phi_b'} + 47.25 = 214.6 \text{N/mm}^2 < 215 \text{N/mm}^2$

（3）跨中最大挠度：$5.85 \text{mm} < l/800(= 7.5 \text{mm})$

从上面的分析可以看出，两种设计的各项验算均比较接近。采用简支吊车梁设计的每米用钢量为 74.17kg，如采用两跨连续吊车梁的每米用钢量为 62.27kg，后者的用钢量比前者节省了 19.1%，具有可观的经济效益。

第二个例子为吊车梁上存在两台吊车的情况，其他条件与上面的例子相同。先按简支梁计算，使用 Q235 钢，截面为 $H660 \times 6 \times 340 \times 14/240 \times 10$。主要验算结果：

（1）应力验算：上翼缘最大压应力：$192.3 \text{N/mm}^2 < 215 \text{N/mm}^2$

下翼缘最大拉应力：$206.7 \text{N/mm}^2 < 215 \text{N/mm}^2$

（2）稳定验算：上翼缘的最大稳定应力为：$210.3 \text{N/mm}^2 < 215 \text{N/mm}^2$

（3）跨中最大挠度：$6.17 \text{mm} < l/800(= 7.5 \text{mm})$

如采用两跨连续梁进行设计，取截面 $H600 \times 6 \times 340 \times 12/240 \times 10$，使用 Q235 钢，主要的几项验算分别为：

（1）取弯矩最不利组合的最大弯矩值进行应力验算

应力验算：上翼缘最大应力（压应力）：$151.2 \text{N/mm}^2 < 215 \text{N/mm}^2$

下翼缘最大应力（拉应力）：$199.0 \text{N/mm}^2 < 215 \text{N/mm}^2$

（2）取屈曲荷载最不利组合的屈曲荷载值进行稳定验算，可得稳定系数为 0.729，步骤与一台吊车时相同。

稳定验算：上翼缘的最大稳定应力为：

$$\dfrac{M_x}{\phi_b' W_x} + \dfrac{M_y}{W_y} = 205.4 \text{N/mm}^2 < 215 \text{N/mm}^2$$

（3）跨中最大挠度：$7.3 \text{mm} < l/800(= 7.5 \text{mm})$

第二个例子中，使用简支吊车梁的用钢量为 86.2kg/m，若采用两跨连续梁用钢量减为 74.5kg/m，可节省用钢量 15.7%。

参 考 文 献

[1] 陈骥. 钢结构稳定理论与设计（第二版）. 北京：科学出版社，2003.

[2] Ｅ·И·别列尼亚主编. 金属结构. 颜景田译. 哈尔滨：哈尔滨工业大学出版社，1988.

[3] 中华人民共和国国家标准.《钢结构设计规范》GB 50017—2003. 北京：中国计划出版社，2003.

[4] 中华人民共和国国家标准.《建筑结构荷载规范》GB 50009—2001. 北京：中国建筑工业出版社，2001.

[5] Dux F., Kitipornchai S., Elastic buckling of laterally continuous I–beams, Journal of Structural Division, ASCE, 1982, 108 (9)：2099-2116.

[6] Hartmann A. J., Elastic lateral buckling of continuous beams, Journal of Structural Division, ASCE, 1967, 93 (4)：11-26.

[7] Nethercot D. A., Trahair, N. S. Lateral buckling approximations for elastic beams, The Structural Engi-

neering, 1976, 54 (6): 197-204.

[8] Salvadori M. G. , Lateral buckling of beams of rectangular cross – section under bending and shear, Proceedings, 1st US National Congress of Applied Mechanics, 1951: 403.

[9] Trahair N. S. , Elastic stability of continuous beams, Journal of Structural Division, ASCE, 1969, 95 (6): 1295-1312.

[10] Trahair N. S. , Flexural – Torsional Buckling of Structures, E&FN SPON, London, 1993.

[11] Zhang L. , Tong G. S. , Elastic buckling of two – span continuous beams under moving loads, Advances in Structural Engineering, 2005, Vol. 8 (2): 157-172.

第11章 侧向支撑压杆的弯扭屈曲

11.1 引　言

　　1978年1月18日，美国康涅狄克州 Hartford 体育馆的空间网架结构在雨雪交加中倒塌，引起了美国土木工程界的震惊(Ross,1984)。该网架是倒置的等边四角锥网架，四角锥各边的边长均为9.144m，杆件均由四个等肢角钢组成的十字形截面。因为杆件较长，为了减小它们的计算长度，在各个杆件的中间截面上设置中间支撑杆件，如图11.1(a)中所示的杆件 BC, CD, DE, EB 及 BG, CG, CI, DI, DK, EK, EM 和 BM。这些中间支撑杆件为单角钢截面，它们与主要杆件的连接节点如图11.1(b),(c)所示。

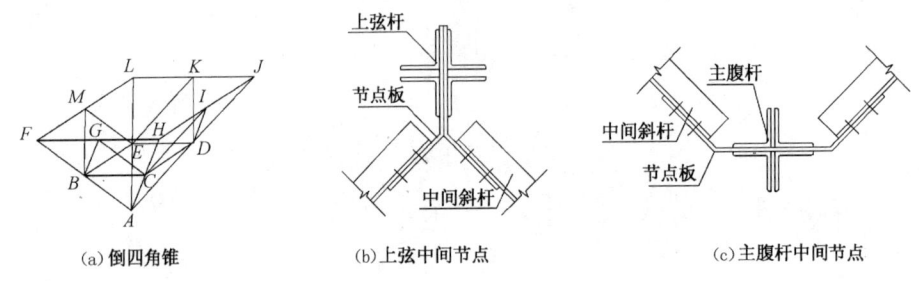

(a) 倒四角锥　　　　　(b)上弦中间节点　　　　　(c)主腹杆中间节点

图11.1　Hartford 体育馆空间网架

　　在事故发生后,有几个研究小组同时调查和分析事故的原因,并提出了几种不同的观点(Ross,1984),其中一种认为该空间网架上弦压杆侧向支撑的偏心设置,使得支撑杆件不能有效地减小压杆的计算长度,从而导致了网架的破坏(Smith & Epstein 1980)。另一种观点认为压杆的侧向支撑足以减小压杆的计算长度,但是由于该桁架普遍地应用了由4个等肢角钢组成的十字形截面,这种截面的压杆很容易发生扭转屈曲。设计时忽略了这种破坏模式,从而导致了网架的破坏(Loomis,1980)。第一种观点没有定量的分析,因而说服力不强,第2种观点立即引起了很大的争议(Epstein & Smith,1980; Pretzer,1981)。

　　许多学者研究过有支撑结构的屈曲(Trahair & Nethercot,1984), 但是就笔者所知, 尚无文献报道过偏心支撑压杆的屈曲问题。而实际工程中存在着大量的偏心设置的侧向支撑, 如图11.2所示。下面对偏心支撑的压杆在轴压力作用下的屈曲进行理论分析, 并简要说明 Hartford 体育馆事故的主要原因。

　　图11.3(a)为输电线塔中一种常见的结构体系, 其主要杆件(即四条腿)通常为单角钢截面, 腹杆则为较小的角钢。长为 L 的主角钢杆件在中间截面上仅在一个肢平面内有腹杆侧向支撑着, 另一个肢平面内则没有支撑(图11.3b)。类似的结构布置在四肢格构柱中也常见到。

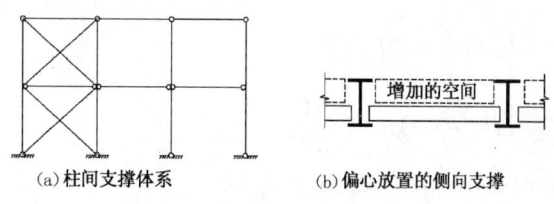

（a）柱间支撑体系　　　　　　（b）偏心放置的侧向支撑

图 11.2　厂房纵向柱列的偏心侧向支撑

图 11.3 的主角钢属于在非主轴平面内侧向支撑的压杆，其屈曲模式比较复杂，在 11.3 节将对它进行研究。

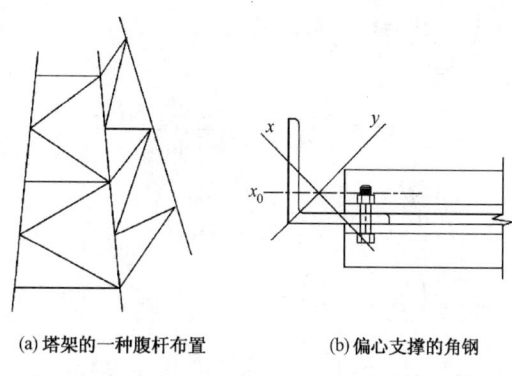

(a) 塔架的一种腹杆布置　　　　　(b) 偏心支撑的角钢

图 11.3　塔架中 K 形支撑的主角钢压杆

11.2　偏心支撑的双轴对称截面压杆的弯扭屈曲

11.2.1　屈曲方程

图 11.4a 所示两端铰支压杆的长度为 L，承受轴力 P，中间截面上有一支撑杆，长度为 a，面积为 A_b，设 EI_y，GJ 和 EI_ω 分别为压杆截面的侧向抗弯刚度、自由扭转刚度和翘曲刚度。当轴力达到临界值时，压杆发生翘曲而产生侧向位移 u 和扭转角 θ，u 是压杆截面剪切中心的侧向位移，压杆屈曲时支撑杆内产生内力 F，假设压杆截面是双轴对称的，由第 8 章，可以得到压杆的平衡微分方程为

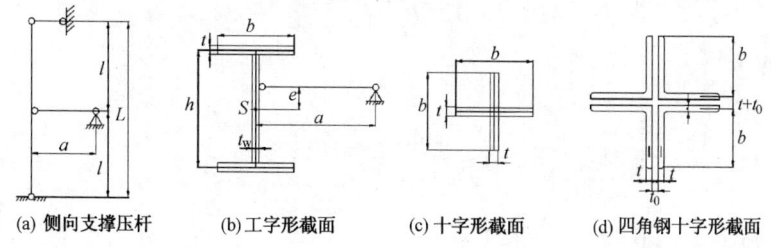

(a) 侧向支撑压杆　　(b) 工字形截面　　(c) 十字形截面　　(d) 四角钢十字形截面

图 11.4　偏心支撑压杆

$$0 \leqslant z \leqslant l:\ EI_y u'' + Pu = \frac{1}{2} Fz \tag{11.1a}$$

$$EI_\omega \theta''' + (Pi_0^2 - GJ)\theta' = \frac{1}{2} Fe \tag{11.1b}$$

367

$$l \leqslant z \leqslant L = 2l : EI_y u'' + Pu = \frac{1}{2}F(2l - z) \tag{11.1c}$$

$$EI_\omega \theta''' + (Pi_0^2 - GJ)\theta' = -\frac{1}{2}Fe \tag{11.1d}$$

式中 e 是撑杆离开截面剪切中心的距离。

由式(11.1a~d)可知，u 和 θ 可以独立求解。记 $0 \leqslant z \leqslant l$ 时的解为 u_1 和 θ_1，$l \leqslant z \leqslant 2l$ 时的解为 u_2 和 θ_2。利用如下条件

$z = 0$ 时 $u_1 = 0$，$u''_1 = 0$；$\theta_1 = 0$，$\theta''_1 = 0$；

$z = 2l$ 时 $u_2 = 0$，$u''_2 = 0$；$\theta_2 = 0$，$\theta''_2 = 0$；

$z = l$ 时 $u_1 = u_2$，$u'_1 = u'_2$；$\theta_1 = \theta_2$，$\theta'_1 = \theta'_2$；

可以得到

$$u_1 = \frac{Fl}{4P}\left(\frac{z}{l} - \frac{\sin k_y z}{k_y l \cos k_y l}\right) \tag{11.2a}$$

$$Pi_0^2 - GJ < 0 \text{ 时}: \theta_1 = \frac{Fel}{2(Pi_0^2 - GJ)}\left(\frac{z}{l} - \frac{\sinh k_\theta z}{k_\theta l \cosh k_\theta l}\right) \tag{11.2b}$$

$$Pi_0^2 - GJ = 0 \text{ 时}: \theta_1 = \frac{Fel^3}{12EI_\omega}\left(\frac{z^3}{l^3} - 3\frac{z}{l}\right) \tag{11.2c}$$

$$Pi_0^2 - GJ > 0 \text{ 时}: \theta_1 = \frac{Fel}{2(Pi_0^2 - GJ)}\left(\frac{z}{l} - \frac{\sin k_\theta z}{k_\theta l \cos k_\theta l}\right) \tag{11.2d}$$

式中 $k_y = \sqrt{P/EI_y}$，$k_\theta = \sqrt{|Pi_0^2 - GJ|/EI_\omega}$。$u_2$ 和 θ_2 可以在式(11.2a~d)中将 z 替换成 $2l - z$ 得到。

记压杆跨中截面的屈曲位移为 u_z 和 θ_z，侧向支撑的刚度为 $K = EA_b/a$，则有

$$F = K(u_z + e\theta_z) \tag{11.3}$$

由式(11.2a~d)求得 u_z 和 θ_z，代入式(11.3)，约去等式两边的 F 可以得到压杆的临界方程为：

$$Pi_0^2 - GJ \neq 0 \text{ 时} \quad \frac{KL}{4P}\left(a_y - \frac{Pe^2}{Pi_0^2 - GJ}a_\theta\right) = 1 \tag{11.4a}$$

$$Pi_0^2 - GJ = 0 \text{ 时} \quad \frac{KL}{4P}\left(a_y - \frac{Pe^2 L}{12EI_\omega}a_\theta\right) = 1 \tag{11.4b}$$

式中 $a_y = 1 - \dfrac{\tan k_y l}{k_y l}$ \hfill (11.5a)

$$Pi_0^2 - GJ < 0 \text{ 时}: \quad a_\theta = 1 - \frac{\tanh k_\theta l}{k_\theta l} \tag{11.5b}$$

$$Pi_0^2 - GJ > 0 \text{ 时}: \quad a_\theta = 1 - \frac{\tan k_\theta l}{k_\theta l} \tag{11.5c}$$

式(11.4a, b)可以用于详细分析偏心侧向支撑压杆的屈曲性能，从而了解在存在偏心的情况下，支撑杆是否能够有效地减小压杆的计算长度、提高压杆的临界荷载。

11.2.2 计算结果及其分析

首先引入下列记号

$$\alpha_1^2 = \frac{GJL^2}{\pi^2 EI_\omega}, \quad \alpha_2^2 = \frac{4I_\omega}{I_y h^2}, \quad P_{Ey1} = \frac{\pi^2 EI_y}{L^2}, \quad P_{Ey2} = \frac{4\pi^2 EI_y}{L^2} \qquad (11.6\mathrm{a,b,c,d})$$

$$P_{\omega1} = \frac{1}{i_0^2}\left(GJ + \frac{\pi^2 EI_\omega}{L^2}\right) = \frac{1}{4}(1 + \alpha_1^2)\alpha_2^2 \frac{h^2}{i_0^2}P_{Ey1} \qquad (11.6\mathrm{e})$$

$$P_{\omega2} = \frac{1}{i_0^2}\left(GJ + \frac{4\pi^2 EI_\omega}{L^2}\right) = \frac{1}{16}(4 + \alpha_1^2)\alpha_2^2 \frac{h^2}{i_0^2}P_{Ey2} \qquad (11.6\mathrm{f})$$

根据 P_{Ey1}，P_{Ey2}，$P_{\omega1}$ 和 $P_{\omega2}$ 的相对大小，按照如下的四种情况，分别讨论压杆的屈曲性能。

11.2.2.1　情况1：$P_{Ey2} < P_{\omega1}$

此时参数 α_1，α_2 和 i_0/h 之间满足如下的关系：

$$\frac{i_0^2}{h^2} \leqslant \frac{1}{16}(1 + \alpha_1^2)\alpha_2^2 \qquad (11.7)$$

因为 P_{Ey2} 是压杆屈曲荷载的上限（四个临界荷载中第2小的临界荷载），$P_{Ey2} < P_{\omega1}$ 表明侧向支撑杆件无需为防止扭转屈曲起任何作用。将 P 用 P_{Ey2} 无量纲化，式(11.4a)成为

$$\overline{K}\left[a_y \frac{i_0^2}{h^2} + a_\theta \frac{e^2}{h^2}\Big/\left(1 - \beta^2 \frac{P_{Ey2}}{P}\right)\right] = 16\pi^2 \frac{P}{P_{Ey2}} \frac{i_0^2}{h^2} \qquad (11.8\mathrm{a})$$

式中 $\overline{K} = KL^3/EI_y$，$\beta = \alpha_1\alpha_2 h/(4i_0)$，$a_y$ 由式(11.5a)给出，此时 $k_y l = \pi\sqrt{P/P_{Ey2}}$。$a_\theta$ 为

$P/P_{Ey2} < \beta^2$ 时，a_θ 由式(11.5b)计算，$k_\theta l = \dfrac{2\pi i_0}{\alpha_2 h}\sqrt{\beta^2 - P/P_{Ey2}}$

$P/P_{Ey2} > \beta^2$ 时，a_θ 由式(11.5c)计算，$k_\theta = \dfrac{2\pi i_0}{\alpha_2 h}\sqrt{P/P_{Ey2} - \beta^2}$

$P/P_{Ey2} = \beta^2$ 时，对应于这一特定的临界荷载的支撑刚度由下式求得

$$\overline{K} = (\pi\alpha_1\alpha_2)^2\Big/\left(u_y \frac{i_0^2}{h^2} - \frac{\pi^2}{12}\alpha_1^2 \frac{e^2}{h^2}\right) \qquad (11.8\mathrm{b})$$

式中 a_y 仍然由式(11.5a)计算，但是 $k_y l = \pi\beta$。

下面确定完全支撑的门槛刚度 K_{bth}。当压杆发生半波长为 $l = L/2$ 的弯曲屈曲时，$k_y l = \pi$，$a_y = 1$。由式(11.8a)得到

$$\overline{K}_{bth} = \overline{K}_{bth0}\Big/\left(1 + \frac{e^2}{h^2} \cdot \frac{a_\theta}{i_0^2/h^2 - (\alpha_1\alpha_2/4)^2}\right) \qquad (11.9\mathrm{a})$$

式中下标 b 表示弯曲屈曲，$\overline{K}_{bth0} = 16\pi^2$ 是 $e = 0$ 时 $\overline{K}_{bth}$ 所取的值。如果 $\beta = 1$，则有

$$\overline{K}_{bth} = \overline{K}_{bth0}\Big/\left(1 - \frac{4\pi^2}{3\alpha_2^2} \cdot \frac{e^2}{h^2}\right) \qquad (11.9\mathrm{b})$$

对于图11.4b所示的工字形截面有

$$\alpha_1 = 0.55835\frac{Lt}{hb}\sqrt{2 + \frac{h}{b}\frac{t_w^3}{t^3}}, \quad \alpha_2 = 1, \quad \frac{i_0}{h} = \left[\left(1 + \frac{ht_w}{6bt} + \frac{1}{3}\frac{b^2}{h^2}\right)\Big/2\left(2 + \frac{ht_w}{bt}\right)\right]^{0.5}$$

当 $t/t_w = 1 \sim 3$，$h/b = 1 \sim 3$，$L/h = 5 \sim 20$ 时，$\alpha_1 = 0.13 \sim 2.5$，$i_0/h = 0.39 \sim 0.55$。表11.1给出了 $i_0/h = 0.39 \sim 0.55$，$\alpha_1 = 1.3 \sim 2.5$ 和 $e/h = 0 \sim 0.5$ 范围内的比值 $\overline{K}_{bth}/\overline{K}_{bth0}$。当 α_1 更小时，式(11.7)已经不再成立。因而本小节公式不再适用。由表可见，在满足式(11.7)的条件下。偏心支撑比中心支撑需要更大的刚度才能使压杆计算长度系数减半。表

中的空缺①部分表示式(11.7)不满足，而空缺②部分表示 e/h 太大，无论支撑刚度有多大都不能使计算长度减半。但下面将发现，在空缺②区增加撑杆，会使临界荷载有所提高。

图 11.5(a),(b)为 $P/P_{Ey2}\sim\overline{K}/\overline{K}_{bth}$ 关系曲线，属于 $\overline{K}_{bth}$ 为有限值的情况(表 11.1 中的数值区)。由图可知，α_1 和 i_0/h 取不同值时曲线形状是相似的。当 e/h 取值越靠近表 11.1 中的数值区和②区的交界处，如图 11.5(a)中的 $e/h=0.1$ 和图 11.5(b)中的 $e/h=0.3$，曲线的形状越往左上角凸出，但这并不意味着偏心越大越有效，分析图 11.5(c)的曲线形状就可以明白这一点。在图 11.5(c)中对应于 $e/h=0.2$ 的曲线在 $\overline{K}/\overline{K}_{bth0}=12.205$ 时使 $P/P_{Ey2}=1$，而在 $e/h=0.3\sim0.5$ 时，即使 $\overline{K}$ 为无穷大 P 也达不到 P_{Ey2}，即属于表 11.1 中的②区的情况。当 $\overline{K}=\infty$ 时的临界荷载 P_{cr} 由下式求得

$$a_y\frac{i_0^2}{h^2}+a_\theta\frac{e^2}{h^2}\Big/\left(1-\beta^2\frac{P_{Ey2}}{P_{cr}}\right)=0 \tag{11.10}$$

很明显，随着 e 的增加，P_{cr} 减小。

I 形截面压杆偏心侧向支撑的门槛刚度 $\overline{K}_{bth}/\overline{K}_{bth0}$ 表 11.1

$\dfrac{i_0}{h}$	$\dfrac{e}{h}$	α_1						
		1.3	1.5	1.7	1.9	2.1	2.3	2.5
0.39	0	1	1	1	1	1	1	1
	0.1	2.032	1.192	1.100	1.065	1.047	1.036	1.029
	0.2	②	2.803	1.571	1.325	1.221	1.163	1.128
	0.3		②	5.490	2.231	1.685	1.462	1.342
	0.4			②	51.96	3.607	2.283	1.829
	0.5				②	②	8.201	3.425
0.47	0	①	①	1	1	1	1	1
	0.1			1.579	1.140	1.076	1.051	1.038
	0.2			②	1.960	1.396	1.242	1.170
	0.3				②	2.763	1.780	1.487
	0.4					②	4.526	2.396
	0.5						②	11.15
0.55	0	①	①	①	①	1	1	1
	0.1					1.298	1.100	1.059
	0.2					12.21	1.575	1.285
	0.3					②	5.599	1.998
	0.4						②	8.912
	0.5							②

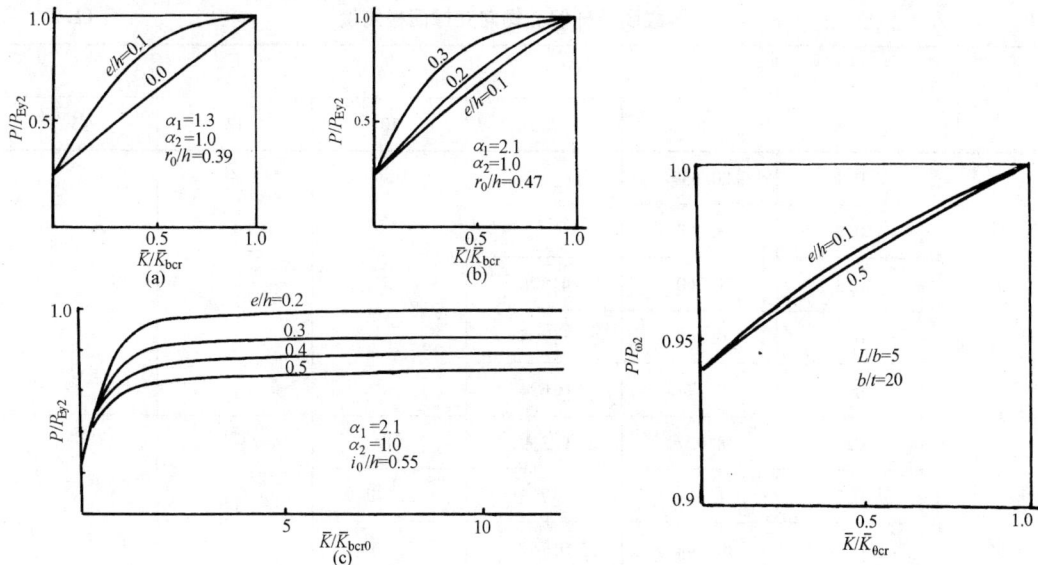

图 11.5 情况 1 下临界荷载和支撑刚度及偏心的关系　　图 11.6 情况 2 下 $P/P_{\omega 2}$ 与 $\overline{K}/\overline{K}_{\theta cr}$ 的关系

11.2.2.2 情况 2: $P_{\omega 2} < P_{Ey1}$

此时下式成立

$$\frac{i_0^2}{h^2} \geqslant \frac{1}{4}(4 + \alpha_1^2)\alpha_2^2 \qquad (11.11)$$

因为 $P_{\omega 2}$ 也是压杆临界荷载的上限(四个临界荷载中第 2 小的临界荷载), $P_{\omega 2} < P_{Ey1}$ 表明支撑杆无需为了防止弯曲屈曲提供任何的支撑作用。将 P 用 $P_{\omega 2}$ 无量纲化后, 式(11.4a)化为

$$\overline{K}\left[a_y \frac{i_0^2}{h^2} + a_\theta \frac{e^2}{h^2}\middle/ \left(1 - \frac{\alpha_1}{4 + \alpha_1}\frac{P_{\omega 2}}{P}\right)\right] = \pi^2(4 + \alpha_1)\alpha_2^2 \frac{P}{P_{\omega 2}} \qquad (11.12)$$

式中的 a_y 由式(11.5a)计算, $k_y l = \dfrac{\pi \alpha_2 h}{4 i_0}\sqrt{(4 + \alpha_1)\dfrac{P}{P_{\omega 2}}}$, a_θ 由式(11.5c)计算,

$$k_\theta l = \frac{\pi}{2}\sqrt{(4 + \alpha_1)\frac{P}{P_{\omega 2}} - \alpha_1}$$

当压杆屈曲半波长为 $L/2$ 时的支撑杆刚度记为 $\overline{K}_{\theta th}$, 下角标 θ 表示对应的门槛刚度是扭转屈曲的。令 $k_\theta l = \pi$, $a_\theta = 1$。由式(11.12)得到

$$\overline{K}_{\theta th} = (4 + \alpha_1)\alpha_2^2 \pi^2 \middle/ \left(\frac{i_0^2}{h^2}a_y + \frac{4 + \alpha_1}{4}\cdot\frac{e^2}{h^2}\right) \qquad (11.13)$$

对于工字形截面, 一般式(11.11)不满足。对于图 11.4(c)所示的十字形截面, α_1、α_2 和 i_0/h 仅与截面的宽厚比 b/t 和 L/h 有关:

$$\alpha_1 = 1.3677\frac{L}{b}, \quad \alpha_2 = 0.8165\middle/\sqrt{1 + \frac{b^2}{t^2}}, \quad \frac{i_0}{h} = \frac{1}{3.4641}\sqrt{1 + \frac{t^2}{b^2}}$$

十字形截面压杆偏心侧向支撑门槛刚度 **表 11.2**

$\frac{b}{t}$	$\frac{e}{b}$	L/b				
		5	7.5	10	12	15
15	0.1	20.657	①	②	②	②
	0.2	3.268				
	0.3	1.360	4.376			
	0.4	0.748	1.205			
	0.5	0.474	0.624			
20	0.1	8.027	9.339	①	②	②
	0.2	1.719	1.773	5.149		
	0.3	0.744	0.754	1.046		
	0.4	0.415	0.418	0.494		
	0.5	0.264	0.266	0.295		
25	0.1	4.694	4.854	5.409	①	②
	0.2	1.079	1.087	1.113	1.732	
	0.3	0.473	0.474	0.479	0.566	
	0.4	0.264	0.265	0.266	0.291	
	0.5	0.169	0.169	0.170	0.179	
30	0.1	3.136	3.175	3.264	3.544	①
	0.2	0.743	0.745	0.750	0.764	0.986
	0.3	0.327	0.327	0.328	0.331	0.367
	0.4	0.183	0.183	0.14	0.185	0.195
	0.5	0.117	0.117	0.117	0.118	0.122

当 $b/t = 10 \sim 30$，$L/b = 5 \sim 15$ 时计算得到的 $K_{\theta th}$，见表 11.2。$e = 0$ 时支撑点在压杆屈曲过程中并不发生位移，因而中心支撑对防止扭转屈曲是无效的，这正好与情况 1 相反。由表 11.2 可见，随着 e 的增加，$K_{\theta th}$ 减小，说明偏心越大越有效。表 11.2 中的空缺区①表示偏心太小而不可能使压杆扭转屈曲的计算长度减半，空缺②区表示此时式(11.11)已经不成立。

图 11.6 给出了 $b/t=20$，$L/b=5$ 时 $P/P_{\omega 2} \sim \overline{K}/\overline{K}_{\theta th}$ 的关系曲线。当 L/b 和 b/t 取其他值时的曲线也类似，并且可以用直线式来近似。

对表 11.2 中空缺①区的情况，当 $\overline{K}=\infty$ 时的屈曲荷载 P_{cr} 由下式求得

$$a_y \frac{i_0^2}{h^2} + a_\theta \frac{e^2}{h^2} \Big/ \left(1 - \frac{\alpha_1^2}{4 + \alpha_1^2} \frac{P_{\omega 2}}{P_{cr}}\right) = 0 \tag{11.14}$$

上式为跨中有偏心刚性支撑的压杆的临界方程。当 $\overline{K}$ 为有限值时，$P/P_{\omega 2} - \overline{K}$ 曲线与图 11.5(c) 中的相似，只是 e 越大曲线越高，与图 11.5c 相反。

11.2.2.3 情况 3：$P_{Ey1} < P_{\omega 1} < P_{Ey2} < P_{\omega 2}$ 或 $P_{Ey1} < P_{\omega 1} < P_{\omega 2} < P_{Ey2}$

此时的 α_1, α_2 和 i_0/h 之间满足如下的关系：

$$\frac{1}{16}(1 + \alpha_1^2)\alpha_2^2 < \frac{i_0^2}{h^2} < \frac{1}{4}(1 + \alpha_1^2)\alpha_2^2 \tag{11.15}$$

先设 $e = 0$。从 11.2.2.2 节知道中心支撑对防止扭转屈曲是无效的，因此即使 $\overline{K} = \infty$，屈曲荷载也只能是 $P_{\omega 1}$，不可能达到 P_{Ey1} 或 $P_{\omega 2}$。当 $\overline{K}$ 从 0 增加时屈曲荷载从 P_{Ey1} 增加，当增加到 $P_{\omega 1}$ 时屈曲模式发生变化，从刚度较小时的弯曲屈曲变为扭转屈曲。设 $P = P_{\omega 1}$ 时的刚度为 $\overline{K}_{\theta 10}$，则

$$K_{\theta 10} = \frac{h^2}{i_0^2}\pi^2(1 + \alpha_1^2)\alpha_2^2 / a_y \tag{11.16}$$

式中 a_y 由式 (11.5a) 计算，$k_y l = \frac{\pi \alpha_2 h}{4 i_0}\pi^2\sqrt{1 + \alpha_1^2}$。当 $\overline{K} \geqslant \overline{K}_{\theta 10}$ 时，进一步增加支撑刚度，临界荷载不再提高。

再看 $e \neq 0$ 的情形。虽然偏心对防止弯曲屈曲不利，但只要 $\overline{K}$ 足够大，仍有可能使压杆弯曲屈曲半波长减半；另一方面，偏心对防止扭转屈曲是有利的。对于 $e \neq 0$ 时压杆的临界荷载是否能够越过 $P_{\omega 1}$，兹作分析如下。

式 (11.4a) 可以化为

$$\overline{K}\left[a_y \frac{i_0^2}{h^2} + a_\theta \frac{e^2}{h^2} \Big/ \left(1 - \frac{\alpha_1^2}{1 + \alpha_1^2}\frac{P_{\omega 1}}{P}\right)\right] = \pi^2(1 + \alpha_1^2)\alpha_2^2 \frac{P}{P_{\omega 1}} \tag{11.17a}$$

计算 a_y 时取 $k_y l = \frac{\pi \alpha_2 h}{4 i_0}\pi^2\sqrt{1 + \alpha_1^2}\sqrt{\frac{P}{P_{\omega 1}}}$，

$\frac{P}{P_{\omega 1}} < \frac{\alpha_1^2}{1 + \alpha_1^2}$，$a_\theta$ 由式 (11.5b) 计算，$k_\theta l = \frac{\pi}{2}\sqrt{\alpha_1^2 - (1 + \alpha_1^2)\frac{P}{P_{\omega 1}}}$

$\frac{P}{P_{\omega 1}} > \frac{\alpha_1^2}{1 + \alpha_1^2}$，$a_\theta$ 由式 (11.5c) 计算，$k_\theta l = \frac{\pi}{2}\sqrt{(1 + \alpha_1^2)\frac{P}{P_{\omega 1}} - \alpha_1^2}$

$\frac{P}{P_{\omega 1}} = \frac{\alpha_1^2}{1 + \alpha_1^2}$ 时 $\overline{K} = \pi^2 \alpha_1^2 \alpha_2^2 \Big/ \left[\frac{i_0^2}{h^2}\left(1 - \frac{\tan\pi\beta}{\pi\beta}\right) - \frac{\pi^2}{12}\alpha_1^2\frac{e^2}{h^2}\right] \tag{11.17b}$

图 11.7 示出了 e/h 取不同值时 $P/P_{\omega 1} \sim \overline{K}/\overline{K}_{\theta 10}$ 关系曲线，该图为十字形截面压杆取 $L/b = b/t = 20$ 画出，对其他截面曲线类似。

由图可见：(1) $e \neq 0$ 时压杆临界荷载永远小于 $P_{\omega 1}$（四个临界荷载中第 2 大的临界荷载）；(2) e 增加临界荷载降低；(3) 当 $\overline{K} = \infty$ 时（刚性的偏心支座），临界荷载 P_{cr} 由下式给出：

$$a_y \frac{i_0^2}{h^2} + a_\theta \frac{e^2}{h^2} \Big/ \left(1 - \frac{\alpha_1^2}{1 + \alpha_1^2}\frac{P_{\omega 1}}{P}\right) = 0 \tag{11.18}$$

P_{cr} 也随着 e 增加而降低，$e = \infty$ 时 $P_{cr} = P_{Ey1}$ 。图 11.8 所示为其中的一个结果。

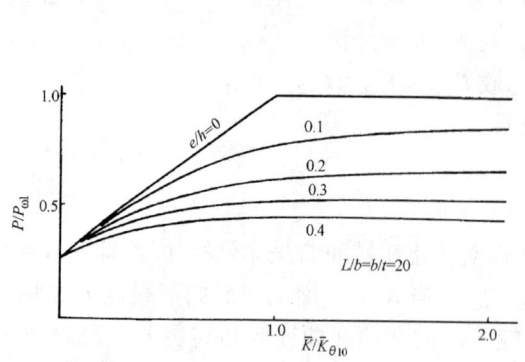

图 11.7　情况 3 下临界荷载和支撑刚度之间的关系

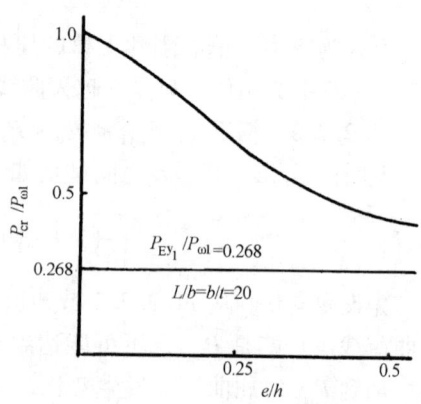

图 11.8　情况 3 下刚性侧向支撑的偏心
对柱子临界荷载的影响

11.2.2.4　情况 4：$P_{\omega 1} < P_{Ey1} < P_{\omega 2} < P_{Ey2}$

此时各参数满足

$$\frac{1}{4}(1 + \alpha_1^2)\alpha_2^2 < \frac{i_0^2}{h^2} < \frac{1}{4}(4 + \alpha_1^2)\alpha_2^2 \tag{11.19}$$

因为压杆无侧向支撑时最先发生扭转屈曲，因此应设置偏心支撑，而且偏心越大越好。如果 e 很大，为防止扭转屈曲仅需要很小的支撑刚度。但是偏心支撑对防止弯曲屈曲极为不利，因此不可能使压杆的屈曲荷载越过 P_{Ey1}。

此时的 $P/P_{Ey1} \sim \bar{K}$ 的关系与图 11.7 相似，如图 11.9 所示，只是 e/h 越大，曲线越高。当 $\bar{K} = \infty$ 时的临界荷载由下式计算

$$a_y\left(\frac{i_0^2}{h^2} - \frac{1}{4}\alpha_1\alpha_2^2\frac{P_{Ey1}}{P_{cr}}\right) + a_\theta\frac{e^2}{h^2} = 0 \tag{11.20}$$

当 $e/h = \infty$ 时，P_{cr} 才会达到 P_{Ey1}，可见此时的最大荷载也不可能越过四个临界荷载中第 2 大的临界荷载。图 11.10 给出了式(11.20)的一个计算结果。

通过以上四种情况的分析，总结归纳出如下重要的结论：

（1）在半波长为 L 和 $L/2$ 的四个临界荷载 P_{Ey1}，P_{Ey2}，$P_{\omega 1}$，$P_{\omega 2}$ 中，与压杆简支的侧向支撑杆件不可能使临界荷载超过其中的第 2 个最小值；

（2）支撑杆相对于压杆截面的形心有偏心时，偏心是否有利决定于最小临界荷载是弯曲屈曲临界荷载还是扭转屈曲临界荷载。如果 $P_{Ey1} < P_{\omega 1}$，则偏心是不利的，如果 $P_{Ey1} > P_{\omega 1}$，则偏心是有利的。

利用上述理论对美国 Hartford 体育馆网架的破坏原因进行了分析，发现其中有 8 根压杆属于情况 3，而且计算长度系数接近于 1.0，而实际设计时取计算长度系数为 0.5。另外 7 种压杆属于情况 1，经过计算得到计算长度系数大于 0.7，而设计时也取为 0.5。这导致了结构的安全度严重不足，是破坏的主要原因。

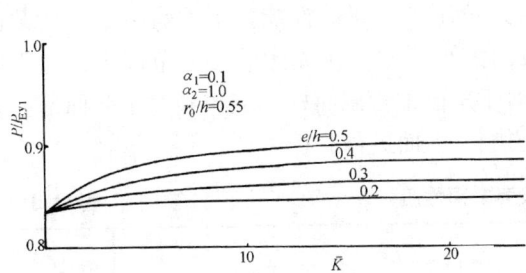

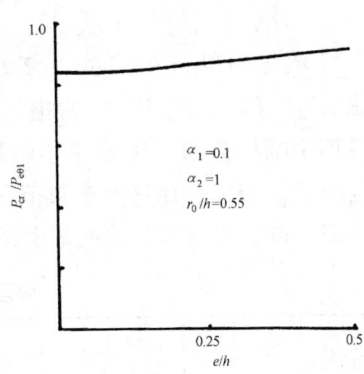

图 11.9　情况 4 下临界荷载和支撑刚度的关系　　图 11.10　情况 4 下侧向支撑刚度无限大时临界荷载和支撑偏心的关系

11.2.3　农业温室边柱侧向偏心支撑下的平面外稳定

农业温室是轻型钢结构，采光要求较高，必须采用细小截面，以提高透光率。细小截面的钢结构必然容易发生屈曲，环境潮湿有腐蚀性，要求外露面积小。钢管能最大限度满足这些要求，因此在农业温室钢结构中大量应用。农业本身的低产出，要求尽量降低用钢量，减少投入。

温室的立柱常采用矩形钢管，边柱的钢管，因为要架设透光玻璃外墙，有水平的钢管作为墙檩，如图 11.11 所示。这根墙檩能否看成是边立柱的平面外支撑点，减小立柱的平面外计算长度系数，需要进行分析。首先引入下列记号

$$\beta_1^2 = \frac{\pi^2 E I_\omega}{GJL^2} \, , \, P_{\omega 1} = \frac{1}{i_0^2}\left(GJ + \frac{\pi^2 E I_\omega}{L^2}\right) = \frac{P_{Ey1}}{4}\left(1 + \frac{1}{\beta_1^2}\right)\alpha_2^2 \frac{h^2}{i_0^2} \, , \, P_{\omega 2} = \frac{1}{16}\left(4 + \frac{1}{\beta_1^2}\right)\alpha_2^2 \frac{h^2}{i_0^2} P_{Ey2}$$

对于矩形钢管截面，截面的性质是：

$$J = \frac{2b^2 h^2 t t_w}{b t_w + h t} \, , \, I_\omega = \frac{b^2 h^2}{24}(h t_w + b t)\left(\frac{b t_w - h t}{b t_w + h t}\right)^2 \, , \, I_x = \frac{1}{6}t_w h^3 + \frac{1}{2}b t h^2 \, , \, I_y = \frac{1}{6}t b^3 + \frac{1}{2}h t_w b^2$$

$$\beta_1^2 = \frac{2.6\pi^2}{48L^2} \cdot \frac{(b t_w - h t)^2(h t_w + b t)}{(b t_w + h t)t t_w}$$

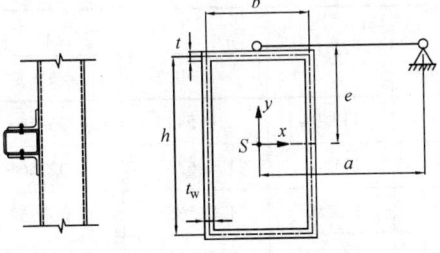

图 11.11　农业温室的边柱

对等厚的冷弯方钢管

$$J = \frac{2b^2 h^2 t}{b + h} \, , \, I_\omega = \frac{(b - h)^2}{48}J \, , \, i_0^2 = \frac{I_x + I_y}{A} = \frac{(h + b)^2}{12} \, , \, \beta_1^2 = \frac{2.6\pi^2}{48} \cdot \frac{(b - h)^2}{L^2} \, ,$$

375

$$\alpha_2^2 = \frac{(b-h)^2}{(3h+b)(h+b)}, \quad \frac{\alpha_2^2}{\beta_1^2} = \frac{16L^2}{2.6\pi^2(h+b/3)(h+b)}$$

根据 P_{Ey1}，P_{Ey2}，$P_{\omega1}$ 和 $P_{\omega2}$ 的相对大小，讨论压杆的屈曲性能。下面表格是一些截面参数计算四个临界荷载，比较四个临界荷载的大小可知，在关注的参数范围内，通常有 $P_{Ey1} < P_{Ey2} < P_{\omega1} < P_{\omega2}$。在这种参数范围内，对于矩形钢管截面柱，支撑相对于截面形心有偏心时，对提高临界荷载是否有显著的不利影响，下面进行分析。

典型截面及其截面性质　　　　　　　　　　　表 11.3

截面号	h	b	t_w	t	b_1	h_1	I_x	I_y	J	A	I_ω
1	150	75	3	3	72	147	3922034	1329696	3069070	1314	359656644
2	100	50	2	2	48	98	774722.7	262656	606236.1	584	31574795
3	150	75	2	2	73	148	2679589	918364.3	2112695	884	247581482
4	100	50	3	3	47	97	1119671	373321	866020	864	45105211
5	150	100	2	2	98	148	3227189	1735123	3420586	984	178155501
6	150	100	3	3	97	147	4732371	2531021	4999650	1464	260398413
7	150	150	3	3	147	147	6352884	6352560	9529083	1763.97	0

截面号	i_0^2	L	P_{Ey1}	P_{Ey2}	GJ/i_0^2	$P_{\omega1}$	$P_{\omega2}$
1	3996.75	4000	168966	675864	60840628	60852062.6	60886366.9
2	1776.33	4000	33376	133504	27040279	27042557.7	27049313.9
3	4070.08	4000	116698	466790.5	41127039	41134768.4	41157957.4
4	1728	4000	47438	189753.3	39708006	39711322.7	39721273.4
5	5043	4000	220484	881936.2	53740954	53745442.9	53758910.2
6	4961.33	4000	321620	1286479	79842666	79849335.0	79869343.2
7	7202.76	4000	807227	3228908	104820525	104820524.9	104820524.9

偏心支撑矩形钢管临界刚度放大系数和临界偏心　　　　表 11.4

截面号	α_2	β_1	$k_\theta l$	χ			$(e/h)_{cr}$
				$e/h = 0.5$	$e/h = 1$	$e/h = 2$	
1	0.223759	0.01828	113.94	1.015418	1.064663	1.3209	4.0577
2	0.223759	0.01219	171.44	1.006752	1.027566	1.1202	6.1055
3	0.221881	0.01828	113.93	1.015688	1.065852	1.3283	4.0231
4	0.226637	0.01219	171.46	1.006579	1.026847	1.1168	6.1845
5	0.136931	0.01219	170.45	1.018452	1.078131	1.4082	3.7147
6	0.138002	0.01219	170.48	1.018156	1.076806	1.3992	3.7443
7	0	0	∞	1.02442	1.105403	1.616584	3.2384

一般情况下，$P_{Ey2} < P_{\omega 1}$，参数 β_1，α_2 和 i_0/h 之间满足如下的关系：

$$\frac{i_0^2}{h^2} < \frac{1}{16}\left(1 + \frac{1}{\beta_1^2}\right)\alpha_2^2 = \frac{1}{16}\left(\alpha_2^2 + \frac{\alpha_2^2}{\beta_1^2}\right) \tag{11.21}$$

因为 P_{Ey2} 是压杆屈曲荷载的上限（四个临界荷载中第 2 大的临界荷载），$P_{Ey2} < P_{\omega 1}$ 表明侧向支撑杆件无需为防止扭转屈曲起任何作用。将 P 用 P_{Ey2} 无量纲化，式（11.4a）成为

$$\overline{K}\left[a_y \frac{i_0^2}{h^2} + a_\theta \frac{e^2}{h^2}\Big/\left(1 - \beta^2 \frac{P_{Ey2}}{P}\right)\right] = 16\pi^2 \frac{P}{P_{Ey2}} \frac{i_0^2}{h^2} \tag{11.22}$$

式中 $\overline{K} = \dfrac{KL^3}{EI_y}$，$\beta = \dfrac{\alpha_2 h}{4 i_0 \beta_1}$，$a_y$ 由式（11.5a）给出，此时 $k_y l = \pi\sqrt{P/P_{Ey2}}$。$a_\theta$ 为

$P/P_{Ey2} < \beta^2$ 时，a_θ 由式（11.5b）计算，$k_\theta l = \dfrac{2\pi i_0}{\alpha_2 h}\sqrt{\beta^2 - P/P_{Ey2}}$

$P/P_{Ey2} > \beta^2$ 时，a_θ 由式（11.5c）计算，$k_\theta l = \dfrac{2\pi i_0}{\alpha_2 h}\sqrt{P/P_{Ey2} - \beta^2}$

$P/P_{Ey2} = \beta^2$，这一特定的临界荷载对应的支撑刚度由下式求得

$$\overline{K} = \left(\frac{\pi\alpha_2}{\beta_1}\right)^2\Big/\left(a_y \cdot \frac{i_0^2}{h^2} - \frac{\pi^2}{12\beta_1^2} \cdot \frac{e^2}{h^2}\right) \tag{11.23}$$

式中 a_y 仍然由式（11.5a）计算，但是 $k_y l = \pi\beta$。

下面确定完全支撑的门槛刚度 K_{th}，它是指当压杆发生半波长为 $l = L/2$ 的弯曲屈曲时，对应的支撑刚度。此时 $k_y l = \pi$，$a_y = 1$。由式（11.22）得到

$$\overline{K}_{bth} = \overline{K}_{bth0}\Bigg/\left(1 + \frac{e^2}{h^2} \cdot \frac{a_\theta}{i_0^2/h^2 - \left(\frac{\alpha_2}{4\beta_1}\right)^2}\right) \tag{11.24}$$

式中 K_{bth0} 是支撑的偏心等于 0 时（即中心支撑时），为使得压杆的计算长度系数减少一半所需要的支撑刚度。在式（11.22）中令 $P = P_{Ey2}$ 得到

$$K_{bth0} = \frac{4P_{Ey2}}{L}，\quad \overline{K}_{bth0} = 16\pi^2$$

$$k_\theta l = \frac{L}{2}\sqrt{\frac{GJ - Pi_0^2}{EI_\omega}} = \frac{\pi}{\sqrt{3}\alpha_2}\sqrt{\frac{6(L/h)^2}{1.3\pi^4(1 + b/3h)(1 + b/h)} - \left(1 + \frac{b}{h}\right)^2}$$

由于 α_2 是一个小量，所以 $k_\theta l$ 是一个较大的数值，因此

$$a_\theta = 1 - \frac{\tanh k_\theta l}{k_\theta l} = 1 - \frac{1}{k_\theta l} \approx 1$$

最后得到

$$\overline{K}_{bth} = \chi\overline{K}_{bth0} = 16\pi^2\chi \tag{11.25}$$

$$\chi = \left(1 - \left[\frac{6L^2/h^2}{1.3\pi^2(1 + b/3h)(1 + b/h)} - \left(1 + \frac{b}{h}\right)^2\right]^{-1}\frac{12e^2}{h^2}\right)^{-1}$$

式（11.25）中的 χ 即是偏心影响系数，即因为水平支撑杆的形心线不通过柱子截面的形心，使得支撑的效率降低，为了使得支撑能够达到与中心支撑相同的效果，支撑杆的刚度必须放大的倍数。χ 系数的值如果达到无穷大，则表示不再能够使得柱子的计算长度减小一半。此时

$$\left(\frac{e}{h}\right)_{cr} = \frac{1}{2\sqrt{3}}\left[\frac{6L^2/h^2}{1.3\pi^2(1+b/3h)(1+b/h)} - \left(1+\frac{b}{h}\right)^2\right]^{0.5} \qquad (11.26)$$

表 11.4 给出了几种截面设置偏心侧向水平支撑时，如果支撑偏置为 $\frac{e}{h} = 0.5,1,2$ 时，使得压杆的计算长度系数减小一半所需要的支撑刚度放大系数。从表 1 的结果看，偏心为 $\frac{e}{h} = 0.5,1$ 时，需要的支撑刚度比中心支撑增大不多。特别是 $e/h = 0.5$ 时，增大的比例几乎可以忽略。因为实际温室的侧向偏心支撑为 $e/h = 0.6$ 左右，因此这种侧向偏心水平支撑可以基本上起到中心支撑的作用。

上述结论与工字形截面压杆的偏心水平支撑的作用有很大的不同。在工字形截面的情况下，如果 $e/h = 0.5$，则无论支撑刚度多大，都很难使得计算长度系数减小一半。

式(11.26)的支撑偏心的门槛值，按照表 11.4 的算例计算，其比值是 3~6，实际情况远小于临界值。

但是实际上支撑杆要支撑的是柱列，因此水平支撑杆实际上是对多个压杆提供支撑，此时需要的支撑刚度必须乘以增大系数，这个增大系数公式为

$$\alpha_m = 0.4n^2 + 0.6n$$

式中 n 是被支撑的立柱数量。一个纵向柱列，如果有 20 根立柱，但是设置了四道交叉支撑，则每道交叉支撑分摊到的立柱数量是 5 根，n 就取 5，此时 $\alpha_m = 13$。

在实际工程中应用时，支撑刚度 $\overline{K}_{bth}$ 必须放大 2~3 倍，以考虑缺陷的影响。即

$$\frac{EA_b}{b} \geq 3(0.4n^2 + 0.6n)\frac{4P_{Ey2}}{L} \qquad (11.27)$$

实际的温室结构的水平支撑的刚度一般能否满足刚度要求？设被支撑的压杆是□150×75×3×3，高度是 4000mm，

则 $3 \times 16\pi^2\frac{EI_y}{L^3} = 48\pi^2\frac{206000 \times 1329696}{4000^3} = 2027.6\text{N/mm}$

取支撑截面是□50×50×2×2，长度是 4000，则

$$\frac{EA_b}{b} = \frac{206000 \times 384}{4000} = 19776\text{N/mm} > 2027.6 \text{ N/mm}$$

满足要求。如果支撑六根柱子，则要求的刚度是 $13 \times 2027.6 = 26359\text{N/mm}$ 从上面的算例看，用□50×50×2×2 支撑六根□150×75×3×3，是有点不够的，应增加支撑的刚度至少到□70×70×2×2，此时

$$\frac{EA_b}{b} = \frac{206000 \times 544}{4000} = 28016\text{N/mm} > 26359\text{N/mm}, \text{ OK}$$

11.3　斜平面内侧向支撑压杆的屈曲

下面从一般情况出发来研究单轴对称截面轴心压杆，在跨中截面上有扭转约束及非主平面内偏心侧向支撑时的弯扭屈曲，然后针对塔架结构中 K 型支撑的主角钢压杆进行具体分析和计算。

设长为 L 的单轴对称截面压杆承受轴力 P，跨中截面扭转约束刚度为 K_z，斜平面内偏心侧向支撑线刚度 K。在图 11.12(b) 中，x 和 y 为截面主轴，$S(0, y_0)$ 为截面的剪切中心，$P(0, e_y)$ 是侧向支撑点。记压杆截面抗弯刚度、自由扭转刚度和翘曲刚度分别为 EI_x、EI_y、GJ 和 EI_ω。侧向支撑杆长为 a，支撑杆截面的轴压刚度 EA_b，$K = EA_b / a$。

设压杆屈曲时 x，y 方向的位移为 u 和 v，以坐标正向为正，截面扭转角 θ，以符合右手螺旋法则为正。压杆屈曲后，在扭转约束中产生约束扭矩 M_z，以与 θ 正向相反为正；在侧向支撑中产生内力 F，以受压为正。对此压杆，可建立以下平衡微分方程：

$$0 \leqslant z \leqslant l : EI_x v'' + Pv = \frac{1}{2} Fz\sin\alpha \tag{11.28a}$$

$$EI_y u'' + Pu + Py_0\theta = \frac{1}{2} Fz\cos\alpha \tag{11.28b}$$

$$EI_\omega \theta''' + (Pi_0^2 - GJ)\theta' + Py_0 u' = \frac{1}{2} M_z - \frac{1}{2} Fe\cos\alpha \tag{11.28c}$$

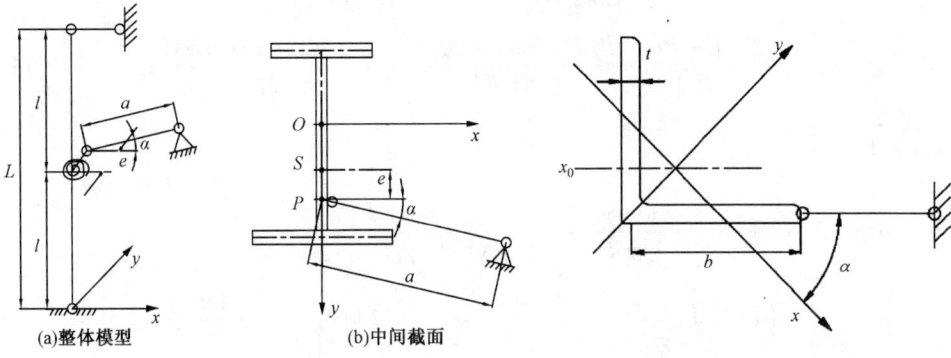

图 11.12　跨中斜向支撑的压轩　　　　图 11.13　理想化的等肢角钢

式中 $e = e_y - y_0$，α 是侧向支撑与 x 轴的夹角。对 $l \leqslant z \leqslant 2l$ 可得相似的方程。只是式 (11.28a, b, c) 中的 z 用 $2l - z$ 代替，式 (11.28c) 右端改为 $-\frac{1}{2} M_z + \frac{1}{2} Fe\cos\alpha$。

从以上方程可见，只要将 F 看成是已知量，v 与 u 和 θ 就不耦合。记 $0 \leqslant z \leqslant l$ 时的解为 u_1，v_1 和 θ_1，$l \leqslant z \leqslant 2l$ 时的解为 u_2，v_2 和 θ_2。利用 $z = 0, 2l$ 时的边界条件及 $z = l$ 时的变形连续条件可得

$$v_1 = \frac{Fl\sin\alpha}{2P}\left(\frac{z}{l} - \frac{\sin k_x z}{k_x l\cos k_x l}\right) \tag{11.29a}$$

$$\theta_1 = C_1\sinh\gamma_1 z + C_2\sin\gamma_2 z + \frac{P(Fe_y\cos\alpha - M_z)z}{2kEI_yEI_\omega} \tag{11.29b}$$

$$u_1 = \frac{GJ - Pi_0^2}{Py_0}\left[\left(1 - \frac{\gamma_1^2}{\beta_1}\right)C_1\sinh\gamma_1 z + \left(1 + \frac{\gamma_2^2}{\beta_1}\right)C_2\sin\gamma_2 z + \frac{P(Fe_y\cos\alpha - M_z)}{2kEI_yEI_\omega}\right] + \frac{(M_z - Fe\cos\alpha)z}{2Py_0} \tag{11.29c}$$

式中 $k_x = \sqrt{P/EI_x}$，$\beta_1 = (GJ - Pi_0^2)/EI_\omega$，$\beta = \beta_1 - P/EI_y$

$k = P[GJ - P(i_0^2 - y_0^2)]/EI_yEI_\omega$

$\gamma_{1,2} = [\pm\beta + \sqrt{\beta^2 + 4k}]^{0.5}/\sqrt{2}$

$$C_1 = -\frac{1}{\gamma_1 l \cosh\gamma_1 l}\Big[\frac{\gamma_2^2}{\gamma_1^2 + \gamma_2^2} \cdot \frac{P(Fe_y\cos\alpha - M_z)l}{2kEI_yEI_\omega} + \frac{\beta_1}{\gamma_1^2 + \gamma_2^2} \cdot \frac{(Fe\cos\alpha - M_z)l}{2(GJ - Pi_0^2)}\Big]$$

$$C_2 = -\frac{1}{\gamma_2 l \cos\gamma_2 l}\Big[\frac{\gamma_1^2}{\gamma_1^2 + \gamma_2^2} \cdot \frac{P(Fe_y\cos\alpha - M_z)l}{2kEI_yEI_\omega} - \frac{\beta_1}{\gamma_1^2 + \gamma_2^2} \cdot \frac{(Fe\cos\alpha - M_z)l}{2(GJ - Pi_0^2)}\Big]$$

u_2，v_2 和 θ_2 可在式(11.29a，b，c)中用 $2l - z$ 代替 z 得到。

设跨中截面位移为 u_z，v_z 和 θ_z，则有

$$F = K[(u_z - e\theta_z)\cos\alpha + v_z\sin\alpha] \tag{11.30a}$$

$$M_z = K_z\theta_z \tag{11.30b}$$

由式(11.29a，b，c)：

$$v_z = \frac{Fl\sin\alpha}{2P}a_x \tag{11.31a}$$

$$\theta_z = \frac{P(Fe_y\cos\alpha - M_z)l}{2kEI_yEI_\omega}a_1 + \frac{(M_z - Fe\cos\alpha)l}{2(GJ - Pi_0^2)}a_3 \tag{11.31b}$$

$$u_z = \frac{GJ - Pi_0^2}{Py_0} \cdot \frac{P(Fe_y\cos\alpha - M_z)l}{2kEI_yEI_\omega}a_2 + \frac{(M_z - Fe\cos\alpha)l}{2Py_0}a_4 \tag{11.31c}$$

式中 $a_x = 1 - \dfrac{\tan k_x l}{k_x l}$

$$a_1 = 1 - \frac{\gamma_2^2}{\gamma_1^2 + \gamma_2^2} \cdot \frac{\tanh\gamma_1 l}{\gamma_1 l} - \frac{\gamma_1^2}{\gamma_1^2 + \gamma_2^2} \cdot \frac{\tan\gamma_2 l}{\gamma_2 l}$$

$$a_2 = 1 - \Big(1 - \frac{\gamma_1^2}{\beta_1}\Big)\frac{\gamma_2^2}{\gamma_1^2 + \gamma_2^2} \cdot \frac{\tanh\gamma_1 l}{\gamma_1 l} - \Big(1 + \frac{\gamma_2^2}{\beta_1}\Big)\frac{\gamma_1^2}{\gamma_1^2 + \gamma_2^2} \cdot \frac{\tan\gamma_2 l}{\gamma_2 l}$$

$$a_3 = \frac{\beta_1}{\gamma_1^2 + \gamma_2^2}\Big(\frac{\tanh\gamma_1 l}{\gamma_1 l} - \frac{\tan\gamma_2 l}{\gamma_2 l}\Big)$$

$$a_4 = 1 + \frac{\beta_1 - \gamma_1^2}{\gamma_1^2 + \gamma_2^2} \cdot \frac{\tanh\gamma_1 l}{\gamma_1 l} - \frac{\beta_1 + \gamma_2^2}{\gamma_1^2 + \gamma_2^2} \cdot \frac{\tan\gamma_2 l}{\gamma_2 l}$$

将式(11.31a，b，c)代入式(11.30a，b)得到

$$(K_zT_{11} - 1)M_z + K_zT_{12}\cos\alpha F = 0 \tag{11.32a}$$

$$KT_{21}\cos\alpha M_z + (KT_{22} - 1)F = 0 \tag{11.32b}$$

式中 $T_{11} = \dfrac{1}{2}l\Big(\dfrac{a_3}{GJ - Pi_0^2} - \dfrac{Pa_1}{kEI_yEI_\omega}\Big)$ (11.33a)

$$T_{12} = \frac{1}{2}l\Big[\frac{P(y_0 + e)a_1}{kEI_yEI_\omega} - \frac{ea_3}{GJ - Pi_0^2}\Big] \tag{11.33b}$$

$$T_{21} = \frac{1}{2}l\Big[\frac{Pea_1}{kEI_yEI_\omega} - \frac{GJ - Pi_0^2}{Py_0} \cdot \frac{Pa_2}{kEI_yEI_\omega} - \frac{ea_3}{GJ - Pi_0^2} + \frac{a_4}{Py_0}\Big] \tag{11.33c}$$

$$T_{22} = Q_x\sin^2\alpha + Q_{y\theta}\cos^2\alpha \tag{11.33d}$$

$$Q_x = \frac{a_x l}{2P}, \quad Q_{y\theta} = \frac{1}{2}l\Big[-\frac{Pee_ya_1}{kEI_yEI_\omega} + \frac{GJ - Pi_0^2}{Py_0} \cdot \frac{Pe_ya_2}{kEI_yEI_\omega} + \frac{e^2a_3}{GJ - Pi_0^2} - \frac{ea_4}{Py_0}\Big] \tag{11.33e,f}$$

令式(11.32a，b)的系数行列式为 0 得到临界方程

380

$$[Q_x\sin^2\alpha + Q_{y\theta}\cos^2\alpha]K + T_{11}K_z + [(T_{12}T_{21} - T_{11}Q_{y\theta})\cos^2\alpha - T_{11}Q_x\sin^2\alpha]KK_z = 1$$

$$(11.34)$$

由式(11.34)可以研究各种因素对压杆屈曲荷载的影响,如支撑刚度 K、K_z、支撑的偏心 e 及截面的尺寸等。式(11.34)中各系数都有相应的物理意义。

(1) 当 $K = \infty$,而 $K_z = 0$ 时,临界方程为:

$$Q_x\sin^2\alpha + Q_{y\theta}\cos^2\alpha = 0 \tag{11.35a}$$

(2) 当 $K = 0$,而 $K_z = \infty$ 时,临界方程为:

$$T_{11} = 0 \tag{11.35b}$$

(3) 当 $K = \infty$,$K_z = \infty$ 时,临界方程为:

$$(T_{12}T_{21} - T_{11}Q_{y\theta})\cos^2\alpha - T_{11}Q_x\sin^2\alpha = 0 \tag{11.35c}$$

11.4 K形支撑的塔架主角钢压杆计算长度

关于这种主角钢杆件的计算长度,目前给出为无支撑平面内的无支长度 L,相应回转半径取 i_{x0}。如图 11.3a,b 所示,由 $\lambda_{x0} = L/i_{x0}$ 计算长细比,按轴压杆弯曲屈曲计算主角钢的承载能力。

上述设计方法是很久以前由 Bleich(1936)按弯曲屈曲确定的。当杆件尺寸在一定范围时,该方法得到过整体模型试验的支持(Kloppel & Ramm,1972)。但 Kloppel & Ramm(1972)同时指出,当扭转屈曲影响较大时,折算的计算长细比主要取决于角钢单肢的宽厚比。国内也做过输电塔模型试验研究(沈佩琳,1981),试验表明,绕平行轴(即 x_0 轴)的屈曲必然伴随扭转。沈佩琳(1981)建议取计算长度 $1.1L$,按绕平行轴弯曲屈曲计算。Ojalvo 等(1984)做了 28 个两端固定的单角钢轴压杆在跨中一个肢平面内有侧向支撑时的屈曲试验,并发现这种压杆的屈曲模式有多种。他用简单的弯曲屈曲模型提出了设计这种压杆的经验方法。就作者所知,以上是对该问题进行过研究的仅有文献,侧重点在试验。理论分析均偏简单,不能掌握这种杆件屈曲的真实性能,提出的设计方法也各有不同。实际上,上述问题是斜平面内受侧向支撑的压杆的弯扭屈曲问题,并且在其他工程结构中也常遇到。

K形支撑的单角钢压杆必然发生弯扭屈曲。弯扭屈曲在目前是通过引入通用长细比 $\bar{\lambda} = \sqrt{f_y/\sigma_{y\theta}}$,转化为弯曲屈曲问题加以计算,式中 f_y 为材料屈服应力,$\sigma_{y\theta}$ 为弹性弯扭屈曲应力。如令

$$P_{y\theta} = \frac{\pi^2 EI_{x0}}{(\mu_{x0}L)^2} \tag{11.36}$$

则式中 μ_{x0} 即为所欲求的单角钢压杆的折算计算长度系数。下面求解 K 形支撑单角钢压杆的弯扭屈曲临界力 $P_{y\theta}$,并进而求得 μ_{x0}。图 11.13 为一理想等肢角钢,记

$$P_{Ex1} = \frac{\pi^2 EI_x}{L^2}, P_{Ex2} = 4P_{Ex1} \tag{11.37a,b}$$

$$P_{Ey1} = \frac{\pi^2 EI_y}{L^2}, P_{Ey2} = 4P_{Ey1} \tag{11.37c,d}$$

$$P_{\omega1} = \frac{1}{i_0^2}\left(GJ + \frac{\pi^2 EI_\omega}{L^2}\right),\ P_{\omega2} = \frac{1}{i_0^2}\left(GJ + \frac{4\pi^2 EI_\omega}{L^2}\right) \tag{11.37e,f}$$

$$P_{y\theta1} = \frac{1}{2\mu}\left[P_{\omega1} + P_{Ey1} - \sqrt{(P_{\omega1} + P_{Ey1})^2 - 4\mu P_{\omega1} P_{Ey1}}\right] \tag{11.37g}$$

$$P_{y\theta2} = \frac{1}{2\mu}\left[P_{\omega2.} + P_{Ey2} - \sqrt{(P_{\omega2} + P_{Ey2})^2 - 4\mu P_{\omega2} P_{Ey2}}\right] \tag{11.37h}$$

$$P_{Ex0} = \frac{\pi^2 EI_{x0}}{L^2} \tag{11.37i}$$

式中 $I_{x0} = \frac{5}{24}b^3 t$，$\mu = 1 - y_0^2/i_0^2$。

11.4.1 $K_z = 0$，$K = \infty$ 时的计算长度系数 μ_{x0}

对一般压杆，要使其屈曲波形在支撑点处位移为零，仅需要很小的支撑刚度。过去的研究表明，塔架中 K 形支撑可作为主角钢压杆的侧向刚性支撑，即 $K = \infty$。另一方面，塔架结构中常用单个普通螺栓将 K 形撑杆与主角钢相连，这种连接方式提供的扭转约束不大，可设 $K_z = 0$。此时临界方程为式(11.35a)，对等肢角钢，$\alpha = 45°$，将式(11.33e, f)代入式(11.35a)可得

$$a_x - \frac{Pe(e+y_0)a_1}{GJ - \mu Pi_0^2} + \frac{GJ - Pi_0^2}{GJ - \mu Pi_0^2}\left(1 + \frac{e}{y_0}\right)a_2 + \frac{Pe^2}{GJ - Pi_0^2}a_3 - \frac{e}{y_0}a_4 = 0 \tag{11.38}$$

实际塔架，可能角钢单肢的两侧均有支撑杆（图 11.3b），此时可取 $e = 0$；也可能仅在肢背侧有撑杆，此时取 $e/b = -0.15$；如仅在肢内侧有撑杆则取 $e/b = 0.15$。表 11.5 给出了 $b/t = 7 \sim 19$，$L/b = 10 \sim 40$，$e/b = -0.15$，0 和 0.15 求得的 μ_{x0}。$\mu_{x0} = \sqrt{P_{y\theta}/P_{Ex0}}$，比值 $P_{y\theta}/P_{Ex0}$ 由式(11.38)求得。由表 11.5 可见，所有 μ_{x0} 均大于 1，且随着 L/b 的增加而趋于 1。随着 b/t 的增大而增加。表中左下角斜字体部分属于 $P_{y\theta1} < P_{Ex1}$ 的情况，此时 μ_{x0} 均远大于 1。

$K = \infty$，$K_z = 0$ 时角钢压杆计算长度系数 表 11.5

$\dfrac{b}{t}$	$\dfrac{e}{b}$	L/b						
		10	15	20	25	30	35	40
7	-0.15	1.265	1.062	1.028	1.018	1.014	1.012	1.010
	0	1.285	1.088	1.044	1.027	1.020	1.016	1.013
	0.15	1.316	1.119	1.063	1.039	1.022	1.021	1.017
9	-0.15	1.549	1.156	1.058	1.039	1.030	1.016	1.013
	0	1.550	1.187	1.087	1.055	1.047	1.024	1.019
	0.15	1.554	1.220	1.117	1.066	1.054	1.034	1.026
11	-0.15	1.848	1.315	1.114	1.059	1.040	1.023	1.018
	0	1.847	1.330	1.146	1.083	1.057	1.035	1.027
	0.15	1.815	1.358	1.183	1.111	1.078	1.050	1.039

$\dfrac{b}{t}$	$\dfrac{e}{b}$	L/b						
		10	15	20	25	30	35	40
13	−0.15	2.144	1.507	1.210	1.094	1.056	1.033	1.024
	0	2.156	1.510	1.237	1.126	1.080	1.050	1.037
	0.15	2.086	1.518	1.272	1.161	1.108	1.070	1.053
15	−0.15	2.433	1.707	1.341	1.157	1.083	1.048	1.034
	0	2.470	1.705	1.353	1.189	1.114	1.071	1.051
	0.15	2.367	1.691	1.379	1.225	1.148	1.098	1.072
17	−0.15	2.714	1.908	1.397	1.248	1.129	1.072	1.047
	0	2.787	1.909	1.489	1.269	1.157	1.100	1.070
	0.15	2.678	1.869	1.499	1.301	1.193	1.132	1.096
19	−0.15	2.992	2.107	1.635	1.259	1.192	1.107	1.066
	0	3.107	2.116	1.634	1.368	1.219	1.138	1.094
	0.15	2.992	2.052	1.628	1.391	1.254	1.174	1.125

计算还发现，在与屈曲半波长为 L 和 $L/2$ 相应的 4 个临界荷载 P_{Ex1}，P_{Ex2}，$P_{\mathrm{y\theta1}}$ 和 $P_{\mathrm{y\theta2}}$ 中，压杆的屈曲荷载不可能超过其中第二个最小值。

图 11.14 示出了偏心 e/b 对压杆屈曲荷载的影响。由图可见，当 $P_{\mathrm{y\theta1}} > P_{\mathrm{Ex1}}$ 时，偏心越大越不利；在小偏心范围，如 $|e/b| < 0.5$，负偏心（支撑在角钢肢背）比正偏心有利。即撑杆设置在主角钢外侧较有利，这也可以从表 11.5 看出。当 $P_{\mathrm{y\theta1}} < P_{\mathrm{Ex1}}$ 时，偏心越大越有利。但此时主要由扭转屈曲控制，屈曲荷载提高不多。

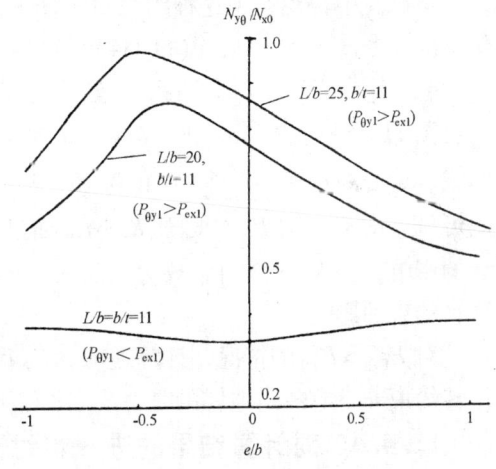

图 11.14　偏心对屈曲荷载的影响

11.4.2　$K_z = \infty$，$K = \infty$ 时的计算长度系数 μ_{x0}

过去进行的塔架实体试验表明，腹杆体系对主角钢的扭转约束影响主角钢的承载力（ECCS，1976），因此下面从最乐观的情况，假设 $K_z = \infty$ 和 $K = \infty$ 来探讨主角钢的计算长度问题。此时屈曲方程为式（11.35c）。令 $\alpha = 45°$，并将式（11.33）代入式（11.35c）后可得

$$a_1 a_4 - a_2 a_3 + (a_1 - a_3) a_x - \frac{P y_0^2}{GJ - P i_0^2} a_3 a_x = 0 \qquad (11.39)$$

很显然此时临界荷载 $P_{\mathrm{y\theta}}$ 与撑杆偏心 e 无关，由式（11.39）求得的 μ_{x0} 由表 11.6 给出。由表 11.6 可见，仍然是所有的 μ_{x0} 均大于 1，μ_{x0} 随 L/b 增加而减少，随 b/t 增加而增大的规

律与表11.5一样。表11.6中左下角斜体字属于$P_{y\theta 1} < P_{Ex1}$的情况的μ_{x0}仍远大于1。表11.6比表11.5的μ_{x0}有所减小，但是减小幅度不大。

$K_z = \infty$，$K = \infty$ 时角钢压杆计算长度系数

表11.6

$\dfrac{b}{t}$	L/b						
	10	15	20	25	30	35	40
7	1.127	1.019	1.011	1.009	1.008	1.007	1.007
9	1.434	1.054	1.018	1.012	1.010	1.008	1.008
11	1.744	1.203	1.039	1.018	1.013	1.010	1.009
13	2.055	1.413	1.104	1.031	1.018	1.013	1.011
15	2.366	1.624	1.239	1.066	1.028	1.018	1.014
17	2.678	1.835	1.397	1.146	1.049	1.026	1.018
19	2.992	2.047	1.557	1.259	1.097	1.041	1.024

11.4.3 $K = \infty$，K_z 为有限值时的情形

塔架结构主角钢杆件与腹杆常用单个螺栓相连，这种连接显然不能提供很大的扭转约束，但试验中曾观察到这种约束对压杆承载力的影响。下面探讨当K_z从零增加时$P_{y\theta}$的变化情况，令$\alpha = 45°$，从式(11.34)可得临界方程为：

$$[T_{12}T_{21} - T_{11}(Q_x + Q_{y\theta})]K_z + Q_x + Q_{y\theta} = 0 \tag{11.40}$$

图11.15(a)，(b)示出了$b/t = 11$时取$L/b = 20$和25时计算所得的$P_{y\theta}/P_{Ex0} \sim \bar{K}_z$关系曲线，偏心$e/b$取$-0.15$，0和0.15，$\bar{K}_z = K_z L/GJ$。这两个图都属于$P_{Ex1} < P_{y\theta 1}$的情况。由图可见，$\bar{K}_z$较小时$P_{y\theta}/P_{Ex0}$随$\bar{K}_z$增加而迅速增加，说明微小的扭转约束对临界荷载有相当大的影响。当$\bar{K}_z \geqslant 10$时临界力已与$\bar{K}_z = \infty$时相差极微。这就解释了试验中何以能观察到这种约束的影响。

对$P_{Ex1} > P_{y\theta 1}$的情况，计算表明，$\bar{K}_z$很小就能使压杆屈曲波长减小到$L/2$，说明此时扭转约束非常有效。遗憾的是，$P_{y\theta 2}$比$P_{y\theta 1}$高得不多，因而屈曲荷载并不能增加很多。

11.4.4 对计算结果的进一步讨论

从表11.5，11.6的结果可见，所有的μ_{x0}均大于1，说明K形支撑单角钢压杆的屈曲不是纯粹的绕平行轴弯曲屈曲，而伴随有扭转变形的影响。对比表11.5和表11.6还可见，$K = \infty$时，K_z变化带来的计算长度系数μ_{x0}的变化不是很大。为考虑输电线塔中杆件之间相互的约束作用，在实际应用中可取$K_z = \infty$，$K = \infty$时的计算结果作为参考。

分析表11.6的结果表明，当$P_{y\theta 1} < P_{Ex1}$时杆件计算长度系数与$1.58b^2/Lt$很接近，这说明压杆的折算长细比已基本上与L/b无关，而主要依赖于b/t，这与Kloppel & Ramm(1972)的试验结果相一致。这意味着压杆长度L的减小并不能使其承载力提高。因此实用上应规定L_{min}，设计时应大于L_{min}，L_{min}由$P_{Ex1} = P_{y\theta 1}$确定：

$$L_{min} = 1.1b^2/t \tag{11.41}$$

欧洲钢结构协会建议取K形支撑的主角钢杆件计算长度系数为1.0。在表11.6中，排

除了 $P_{y\theta 1} < P_{Ex1}$ 的情况，黑体字的部分，计算长度系数 μ_{x0} 仍相当大。在这一范围内取 $\mu_{x0} = 1$ 设计会导致不安全，国内研究结果建议取 $\mu_{x0} = 1.1$，这在相当一部分区域内偏安全，而在另一部分区域内又偏不安全。本章提出如下公式计算 μ_{x0}

$$\mu_{x0} = \sqrt[6]{1 + \left(1.58\,\frac{b^2}{Lt}\right)^6} \tag{11.42}$$

上式与表 11.6 比较，绝大部分误差在 1% 以下，个别误差在 1% ~ 3%。只有 $L/b = 10, b/t = 7$ 时误差达 5.5%，因此精度颇高，而且适用于任何 b/t 与 L/b 的组合。

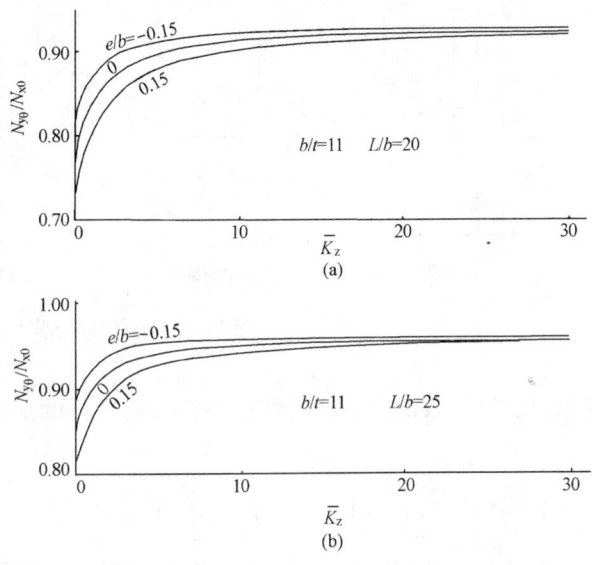

图 11.15 $K = \infty$ 时 $P_{y\theta}/P_{Ex0} \sim \overline{K}_z$ 关系曲线

11.5 交替支撑塔架主角钢计算长度系数

交替支撑的塔架作为塔架结构的一种主要形式被广泛应用于电气化铁路线路塔、电力设施及通信设施的建设中，具有构造简单，安装方便快捷，比一般塔架节省钢材的优点。长期以来对这种塔架单肢计算长度的取值，一直没有明确的理论分析，《钢结构设计规范》GB 50017—2003 中也没有给出规定，电力方面铁塔的设计一般简单的取为 1.2L，L 的大小见图 11.16，回转半径取平行轴。

在本章参考文献 [17] 中给出了几个不同跨数的交替支撑角钢的屈曲承载力，仅仅考虑角钢的弯曲屈曲，不考虑扭转对屈曲荷载的影响，其 μ_{x0} 在 1.2 左右。可见规范中的 1.2 为仅考虑弯曲屈曲时的计算长度系数，忽略扭转变形对屈曲荷载的影响。

薄壁构件弯扭屈曲分析的总势能表达式，对于单轴对称轴压构件化简后得到：

$$\Pi = \frac{1}{2}\int_L \left[EI_y u''^2 + EI_x v''^2 - P(u'^2 + v'^2) + EI_\omega \theta''^2 \right.$$

$$\left. + (GJ - Pi_0)\theta'^2 - 2Py_0 u'\theta' \right]\mathrm{d}z + \frac{1}{2}\sum_{i=1}^{3} K_z \theta_i \tag{11.43}$$

对等肢角钢，式中：$I_y = \dfrac{1}{3}b^3t$，$I_x = \dfrac{1}{12}b^3t$，$I_\omega = \dfrac{1}{18}b^3t^3$，$y_0 = -\dfrac{\sqrt{2}}{4}b$，$i_0^2 = i_x^2 + i_y^2 + y_0^2 = \dfrac{1}{3}b^2$，$J = \dfrac{2}{3}bt^3$，$K_z$ 为角钢支撑杆处的扭转约束刚度。角钢截面及坐标轴如图 11.17 所示。u,v 是剪切中心在形心主轴方向的位移，θ 是绕剪切中心的扭转角。选取交替支撑塔架主角钢的一个标准段进行弯扭屈曲分析。

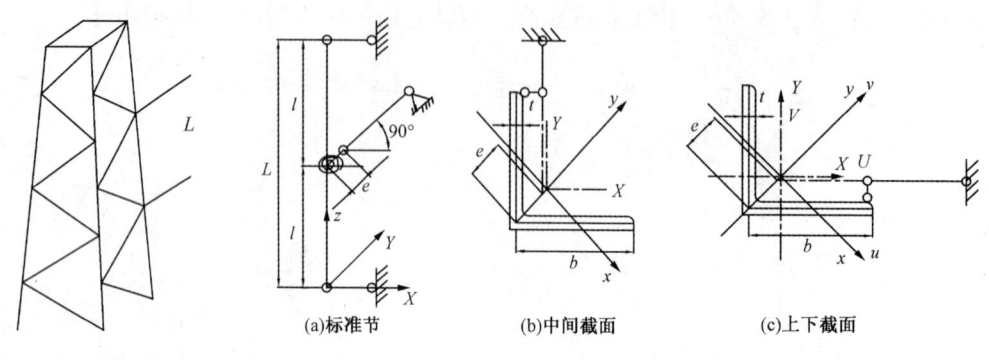

图 11.16　交替支撑
　的塔架形式

(a)标准节　　　　(b)中间截面　　　　(c)上下截面

图 11.17　一个标准节

主角钢支承方向均为主角钢肢的方向，剪切中心在与肢平行的形心轴方向的位移记为 U,V，

$$u = \frac{\sqrt{2}}{2}(U - V)，\qquad v = \frac{\sqrt{2}}{2}(U + V) \qquad (11.44a,\ b)$$

在柱段的底部和上部，假设在 X 方向布置了塔架的腹杆角钢，支点处 X 方向的位移为0，要求

$$U_0 - \frac{\sqrt{2}}{2}e\theta_0 = 0，\qquad U_L - \frac{\sqrt{2}}{2}e\theta_L = 0 \qquad (11.45a,\ b)$$

在中部，Y 方向布置了塔架的腹杆角钢，支点处 Y 方向的位移为0 要求：

$$V_{0.5L} + \frac{\sqrt{2}}{2}e\theta_{0.5L} = 0 \qquad (11.45c)$$

e 是支承（腹杆形心线）与形心主轴 y 的交点到剪切中心的距离，以腹杆形心线在角钢内侧为正。

采用能量法计算。支撑在两个肢平面内的交替布置，自然的想法是采用如下位移试函数：U,V,θ 表达式如下所示：

$$U = \frac{\sqrt{2}}{2}e\theta + \sqrt{2}A_1\sin\frac{\pi z}{L}，\ V = -\frac{\sqrt{2}}{2}e\theta + \sqrt{2}B_1\cos\frac{\pi z}{L}，\ \theta = D_1\sin\frac{\pi z}{L} + E_1\cos\frac{\pi z}{L}$$

U 包含 $\sin\dfrac{\pi z}{L}$，因为 Y 向支撑条件与 X 错开 $0.5L$，因此 V 中包含 $\sin\dfrac{\pi(z - 0.5L)}{L} = \cos\dfrac{\pi z}{L}$，这是这一组位移函数的出发点。但是结果表明，这组位移函数给出的结果精度不好。

选取的第二组位移函数是：

386

$$U = \frac{\sqrt{2}}{2}e\theta + \sqrt{2}A_1\sin\frac{2\pi z}{L}, \ V = -\frac{\sqrt{2}}{2}e\theta + \sqrt{2}B_1\cos\frac{\pi z}{L} \quad (11.46a,b)$$

$$\theta = D_1\sin\frac{2\pi z}{L} + E_1\cos\frac{\pi z}{L} \quad (11.46c)$$

由上面三式得到形心主轴的 u, v 表达式：

$$u = (eD_1 + A_1)\sin\frac{2\pi z}{L} + (eE_1 - B_1)\cos\frac{\pi z}{L}, \ v = A_1\sin\frac{2\pi z}{L} + B_1\cos\frac{\pi z}{L}$$

$$(11.47a,b)$$

注意到扭转角的分量 $D_1\sin\dfrac{2\pi z}{L}$，在 $z=0$，$0.5L$，L 三处均等于 0，即这一项并不对式 (11.45a，b，c) 的位移约束条件提供贡献。支撑偏心的影响要通过 $e\theta$ 这一项传导到压杆，而这一项 $D_1\sin\dfrac{2\pi z}{L}$，在支座处已经等于 0，按理不应再被传导到杆件中间部分，但是如果在式 (11.47a) 中包含这一项，就会出现这种情况。为了避免出现这种情况，在式 (11.47a) 中赐除这一项，得到

$$u = A_1\sin\frac{2\pi z}{L} + (eE_1 - B_1)\cos\frac{\pi z}{L} \quad (11.48)$$

这相当于假设

$$U = \frac{\sqrt{2}}{2}\Big(2A_1\sin\frac{2\pi z}{L} + eE_1\cos\frac{\pi z}{L}\Big), \ V = \frac{\sqrt{2}}{2}(2B_1 - eE_1)\cos\frac{\pi z}{L} \quad (11.49)$$

注意这个位移函数在一个肢平面内只有一个半波，而在另一个肢的平面内包含了两个波形。

将式 (11.47b)，式 (11.46c) 和式 (11.48) 代入总势能表达式 (11.43)。记

$$P_{\mathrm{Ex}} = \frac{\pi^2 EI_x}{L^2}, \ P_{\mathrm{Ex2}} = 4P_{\mathrm{Ex}}, \ P_{\mathrm{Ey}} = \frac{\pi^2 EI_y}{L^2}, \ P_{\mathrm{Ey2}} = 4P_{\mathrm{Ey}}, \quad (11.50a,b,c,d)$$

$$P_{\omega 1} = \frac{1}{i_0^2}\Big(GJ + \frac{\pi^2 EI_\omega}{L^2}\Big), \ P_{\omega 2} = \frac{1}{i_0^2}\Big(GJ + \frac{4\pi^2 EI_\omega}{L^2}\Big), \quad (11.50e,f)$$

支撑处截面扭转角：$\theta_0 = E_1$，$\theta_{0.5L} = 0$，$\theta_L = -E_1$。总势能积分后得到

$$\begin{aligned}
\Pi = \frac{L}{4}\frac{\pi^2}{L^2}\Big\{ &P_{\mathrm{Ey}}\Big[16A_1^2 + (eE_1 - B_1)^2 + \frac{64}{3\pi}A_1(eE_1 - B_1)\Big] + P_{\mathrm{Ex}}\Big(16A_1^2 + B_1^2 + \frac{64}{3\pi}A_1B_1\Big) \\
&- P\Big[4A_1^2 + (eE_1 - B_1)^2 + \frac{16}{3\pi}A_1(eE_1 - B_1)\Big] - P\Big(4A_1^2 + B_1^2 + \frac{16}{3\pi}A_1B_1\Big) \\
&+ \Big(4D_1^2(P_{\omega 2} - P)i_0 + E_1^2(P_{\theta 1} - P)i_0 + \frac{16}{3\pi}D_1E_1(P_{\omega 2} - P)i_0^2\Big) \\
&- 2Py_0\Big[(eE_1 - B_1)E_1 + 4A_1E_1 + \frac{8}{3\pi}(AE_1 + (eE_1 - B_1)D_1)\Big]\Big\} + \frac{1}{2}K_zE_1^2 \quad (11.51)
\end{aligned}$$

利用里兹法进行求解，可以得到临界方程行列式：

$$\begin{vmatrix} a_{11} & a_{12} & a_{13} & a_{14} \\ a_{12} & a_{22} & a_{23} & a_{24} \\ a_{13} & a_{23} & a_{33} & a_{34} \\ a_{14} & a_{24} & a_{34} & a_{44} \end{vmatrix} = 0 \quad (11.52)$$

行列式中的各项表达式如下：

$$a_{11} = 8(2P_{Ex} + 2P_{Ey} - P), \qquad a_{12} = \frac{32}{3\pi}(P_{Ex} - P_{Ey}), \qquad a_{13} = -4Py_0,$$

$$a_{14} = \frac{8}{3\pi}(P_{Ey2}e - Pe - Py_0), \qquad a_{22} = P_{Ey} + P_{Ex} - 2P, \qquad a_{23} = \frac{8}{3\pi}Py_0,$$

$$a_{24} = -P_{Ey}e + P(e + y_0), \qquad a_{33} = 4[(P_{\omega2} - P)i_0^2], \qquad a_{34} = \frac{8}{3\pi}[(P_{\omega2} - P)i_0^2 - Py_0e]$$

$$a_{44} = P_{Ey}e^2 - Pe^2 + (P_{\omega1} - P)i_0 - 2Py_0e + \frac{2L}{\pi^2}K_z$$

通过变化 $\frac{b}{t}$ 和 $\frac{L}{b}$ 的值代入式(11.52)中，可以得到一系列临界荷载 $P_{y\theta}$。为了简化计算，将其转换为弯曲屈曲进行计算，在计算长度系数上考虑扭转的影响。换算计算长度系数的计算公式：

$$\mu_{X0} = \sqrt{\frac{\pi^2 EI_{X0}}{P_{y\theta}L^2}} \tag{11.53}$$

11.5.1　$K = \infty$，$K_z = 0$ 的计算长度系数 μ_{X0}

实际塔架的腹杆可以作为主角钢压杆的刚性支撑，即 $K = \infty$，假定 $K_z = 0$。表 11.7 给出了 $b/t = 7 \sim 19$，$L/b = 10 \sim 40$，$e/b = -0.15$，0 和 0.15 时求得的 μ_{X0}。$P_{y\theta}$ 由临界方程行列式(11.52)求得。由表 11.7 可见，所有 μ_{X0} 均大于有关资料上所给的 $\mu_{X0} = 1.2$，且随着 L/b 的增大而减小，但减小趋势不大；另外，还随着 b/t 的增大而增大。观察表中左下角部分，发现 μ_{X0} 均远大于 1.2，此时的屈曲变形中扭转分量占据重要地位。表中右上角部分则比 1.2 偏大不多，特别是右上角最端部一栏已接近 $\mu_{X0} = 1.2$，可见规范 $\mu_{X0} = 1.2$ 为仅考虑弯曲屈曲的情况下得到的。

$K = \infty$，$K_z = 0$ 时角钢压杆计算长度系数　　　　表 11.7

b/t	e/b	L/b						
		10	15	20	25	30	35	40
7	-0.15	1.3872	1.2487	1.2256	1.2177	1.2140	1.2119	1.2106
	0	1.3803	1.2559	1.2302	1.2206	1.2160	1.2133	1.2117
	0.15	1.3836	1.2641	1.2352	1.2239	1.2183	1.2150	1.2130
9	-0.15	1.6453	1.3063	1.2444	1.2271	1.2197	1.2157	1.2134
	0	1.5995	1.3113	1.2513	1.2318	1.2230	1.2182	1.2153
	0.15	1.5731	1.3202	1.2591	1.2372	1.2268	1.2210	1.2174
11	-0.15	1.9535	1.4248	1.2792	1.2420	1.2281	1.2212	1.2173
	0	1.8801	1.4116	1.2864	1.2487	1.2330	1.2249	1.2201
	0.15	1.8168	1.4113	1.2958	1.2563	1.2385	1.2290	1.2233

b/t	e/b	L/b						
		10	15	20	25	30	35	40
13	−0.15	2.2716	1.5994	1.3431	1.2665	1.2405	1.2288	1.2224
	0	2.1837	1.5596	1.3433	1.2740	1.2471	1.2339	1.2264
	0.15	2.0849	1.5392	1.3503	1.2833	1.2544	1.2395	1.2308
15	−0.15	2.5890	1.8000	1.4449	1.3068	1.2592	1.2395	1.2294
	0	2.4965	1.7387	1.4284	1.3117	1.2667	1.2459	1.2345
	0.15	2.3738	1.6947	1.4260	1.3206	1.2757	1.2532	1.2403
17	−0.15	2.9020	2.0099	1.5766	1.3699	1.2876	1.2545	1.2387
	0	2.8138	1.9336	1.5399	1.3660	1.2943	1.2620	1.2450
	0.15	2.6810	1.8680	1.5224	1.3709	1.3037	1.2706	1.2522
19	−0.15	3.2086	2.2226	1.7242	1.4573	1.3301	1.2761	1.2513
	0	3.1335	2.1366	1.6702	1.4388	1.3322	1.2834	1.2586
	0.15	2.9923	2.0582	1.6353	1.4350	1.3400	1.2928	1.2670

11.5.2 偏心对压杆屈曲荷载的影响

图 11.18 示出了 e/b 对压杆屈曲荷载的影响。由图可见，在小偏心范围内，如 $|e/b|<0.5$ 负偏心比正偏心有利，但计算长度系数减小的幅度不大，即支撑杆设置在主角钢外侧较有利，这也可以从表 11.7 中看出。

$b/t=11$，$L/b=30$，$e=0$ 时的屈曲波形：$A_1=1$，$B_1=6.592$，$D_1=-0.003$，$E_1=0.0139$，从这个波形中看出，此时的 $B_1\cos\dfrac{\pi z}{L}$ 是主要的，而 $A_1\sin\dfrac{2\pi z}{L}$ 占据第 2 的位置。

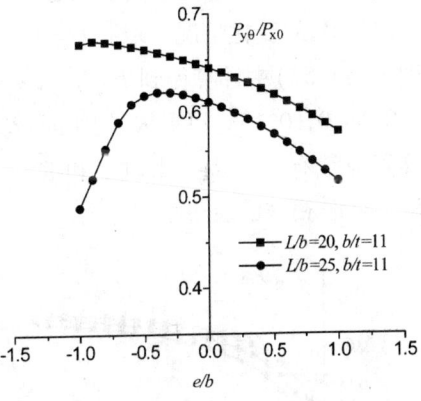

图 11.18　偏心对压杆屈曲荷载的影响

11.5.3 $K=\infty$，$K_z=\infty$ 时的计算长度系数 μ_{x0}

在 $K_z=\infty$ 时，经过能量法屈曲波形的计算表明，此时式(11.46c)的扭转分量 $E_1\cos\dfrac{\pi x}{L}$ 这一项的系数 $E_1=0$。直观分析，此时的临界荷载 $P_{y\theta}$ 与支撑杆偏心 e 无关。在位移函数式 (11.47a) 中包含了扭转角的 $D_1\sin\dfrac{2\pi x}{L}$ 分量被排除后，得到的结果与支撑偏心确实无关。因此只需给出 $e=0$ 时的一组结果，与有限元分析对比表明，这组结果非常精确，并且，有限元的计算也确实表明，此时的临界荷载与偏心无关。此时求得的 μ_{x0} 由表 11.8 给出。

表 11.8 比表 11.7 的 μ_{x0} 有所减小，但是减小幅度不大。

$K = \infty$，$K_z = \infty$ 时角钢压杆计算长度系数　　　　表 11.8

b/t	L/b						
	10	15	20	25	30	35	40
7	1.2146	1.2076	1.2071	1.2069	1.2068	1.2068	1.2068
9	1.4376	1.2093	1.2075	1.2071	1.2069	1.2069	1.2068
11	1.7458	1.2325	1.2084	1.2075	1.2071	1.207	1.2069
13	2.0569	1.4168	1.2117	1.2081	1.2074	1.2072	1.207
15	2.3691	1.6261	1.2549	1.2095	1.2079	1.2074	1.2072
17	2.6818	1.8375	1.4017	1.2151	1.2088	1.2078	1.2074
19	2.9949	2.0498	1.5594	1.2713	1.2109	1.2084	1.2077

11.5.4　$K = \infty$，K_z 有限值时的情况

塔架结构主角钢杆件与腹杆的螺栓相连，这种连接虽然不能提供很大的扭转约束，但是根据文献[10]中的结果表明这种约束对压杆承载力有影响。现在探讨当 K_z 从零开始增加时，$P_{y\theta}$ 的变化情况。取 $b/t = 11$，$L/b = 20$，$L/b = 25$，$\bar{K}_z = K_z L/GJ$ 代入上述临界方程行列式(11.52)中计算得到 $P_{y\theta}/P_{Ex0} \sim \bar{K}_z$ 关系曲线如图 11.19 和图 11.20 所示，偏心 e/b 取 $-0.15, 0, 0.15$。可见 $\bar{K}_z$ 较小时 $P_{y\theta}/P_{Ex0}$ 随 $\bar{K}_z$ 增加而迅速增加，说明微小的扭转约束对临界荷载有相当大的影响。和 $\bar{K}_z = \infty$ 所得计算长度比较可知，当 $\bar{K}_z \geq 15$ 时临界力已与 $K_z = \infty$ 时相差已经很小。

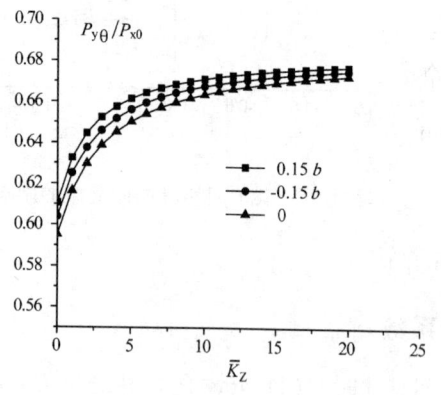 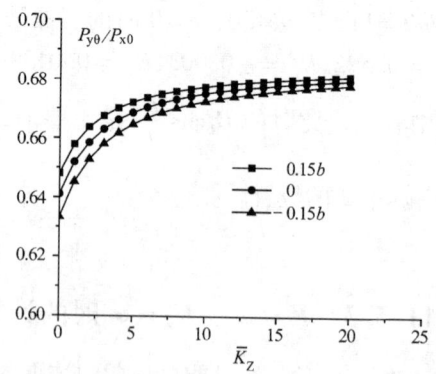

图 11.19　$b/t = 11, L/b = 20$ 的情况　　　　图 11.20　$b/t = 11, L/b = 25$ 的情况

11.5.5　对计算结果的进一步讨论

上述结果均得到了有限元分析的验证，精度非常好，获得的计算长度系数在 $K_z = 0$，且扭转屈曲占主导地位时误差最大，但也仅为 3.2%，且偏于安全。这组位移函数得到的

解非常令人满意，出乎意料。一个方向 L 范围内一个半波，垂直方向就不可能是一个半波，而是两个半波。扭转分量则是一个半波为主。

从表 11.7 和表 11.8 的结果看，这种交替支撑塔架主角钢的屈曲不是纯粹的弯曲屈曲而是伴随有扭转变形的影响。另外，对比表 11.7 和表 11.8 还可以看出，$K = \infty$，$K_z = 0$ 和 $K = \infty$，$K_z = \infty$ 时计算长度系数变化不大。为考虑输电塔中杆件之间的相互约束作用，在实际应用中可取 $K = \infty$，$K_z = \infty$ 时的计算结果作为参考。

塔架主角钢的屈曲有弯曲分量和扭转分量，扭转分量为主和弯曲分量为主的分界线是

$$\frac{1}{i_0^2}\Big[GJ + \frac{\pi^2 EI_\omega}{(1.2L)^2} \Big] = \frac{\pi^2 EI_{X0}}{(1.2L)^2},$$

略去翘曲项，分界线是

$$\frac{Lt}{b^2} = 1.362$$

分析表 11.7 的结果表明，压杆的计算长度系数随 L/b 的增大而减小，更小的压杆长度 L 的减小并不能使其承载力提高。另外，对于规范所给的 $\mu_{x0} = 1.2$，从表 11.7 的结果看，对左下角偏于不安全较大。表 11.8 可以用以下公式拟合：

$$\mu_{X0} = 1.2 \sqrt[10]{1 + \Big(\frac{1.58b^2}{1.2Lt} \Big)^{10}} \tag{11.54}$$

与表 11.8 比较，此式误差绝大部分在 1% 以内，个别在 1% ~ 3% 之间。

11.6 檩条- -隅撑体系支撑的压杆的弯扭屈曲

图 11.21 所示是一根隅撑支撑着的两端简支压杆，承受均匀的轴力和弯矩。图中 e_1 是截面的剪切中心到檩条支撑点的距离，而 e_2 是隅撑下端支撑点到截面剪切中心的距离，记 $e = e_1 + e_2$。下面采用能量法对其临界弯矩进行计算。由于实际工程中隅撑的数量比较多，可以简化为连续的侧向支撑的梁，连续支撑的刚度为 $k_b = K_b/l$，l 是墙檩的间距。

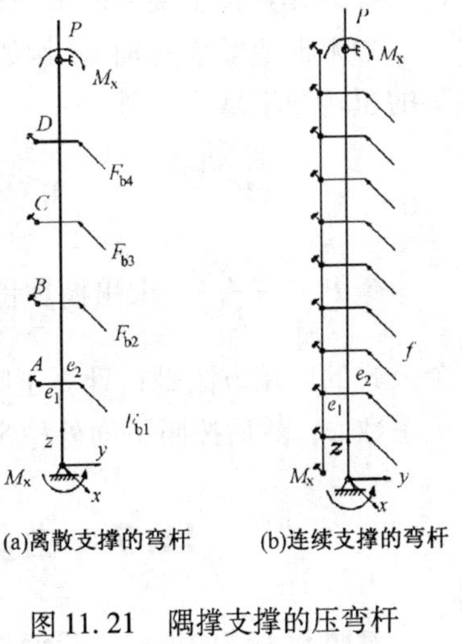

压杆弯扭失稳时支撑中储存的势能为 $\frac{1}{2}\int_0^L k_b u_b^2 dz = \frac{1}{2}\int_0^s k_b (u + e_2\theta)^2 dz$。这样压杆的弯扭失稳总势能公式为

$$\Pi = \frac{1}{2}\int_L \begin{bmatrix} EI_y u''^2 + EI_\omega \theta''^2 + (GJ - Pi_0^2 + 2\beta_x M_x)\theta'^2 \\ - Pu'^2 - 2M_x u'\theta' - 2Q_y u'\theta \\ + 2Q_y \beta_x \theta\theta' + q_y(a_y - y_0 - \beta_x)\theta^2 + k_b(u + e_2\theta)^2 \end{bmatrix} dz \tag{11.55}$$

(a)离散支撑的弯杆　(b)连续支撑的弯杆

图 11.21　隅撑支撑的压弯杆

两端简支杆均匀压弯的情况下，因为要求檩条和压杆交点处位移为 0，即 $u = e_1\theta$，上式变为

$$\Pi = \frac{1}{2}\int_L \left[(EI_y e_1^2 + EI_\omega)\theta''^2 + (GJ - Pi_0^2 + 2\beta_x M_x - 2e_1 M_x - Pe_1^2)\theta'^2 + k_b e^2 \theta^2 \right] dz \quad (11.56)$$

假设 $\theta = D\sin\dfrac{m\pi z}{L}$，代入上式得到

$$(EI_y e_1^2 + EI_\omega)\left(\frac{m\pi}{L}\right)^4 + \left(\frac{m\pi}{L}\right)^2(GJ - Pi_0^2 + 2\beta_x M_x - 2e_1 M_x - Pe_1^2) + k_b e^2 = 0$$

化简得到

$$P(i_0^2 + e_1^2) + 2(e_1 - \beta_x)M_x = GJ + (EI_y e_1^2 + EI_\omega)\chi + \frac{1}{\chi}k_b e^2$$

式中 $\chi = \left(\dfrac{m\pi}{L}\right)^2$。上式右边对 χ 求导得到 $\chi = \sqrt{\dfrac{k_b e^2}{EI_y e_1^2 + EI_\omega}}$，代入上式得到

$$P(i_0^2 + e_1^2) + 2(e_1 - \beta_x)M_x = GJ + 2e\sqrt{k_b(EI_y e_1^2 + EI_\omega)} \quad (11.57)$$

对轴压杆，临界荷载为

$$P_{cr} = \frac{GJ + 2e\sqrt{k_b(EI_y e_1^2 + EI_\omega)}}{i_0^2 + e_1^2} = \frac{2M_{xcr}(e_1 - \beta_x)}{i_0^2 + e_1^2} \quad (11.58)$$

式中 $M_{xcr} = \dfrac{GJ + 2e\sqrt{k_b(EI_y e_1^2 + EI_\omega)}}{2(e_1 - \beta_x)}$ 是纯弯杆的临界弯矩 M_{xcr}，即式(8.70)。这样式 (11.57)可以表示成相关关系的形式:

$$\frac{P}{P_{cr}} + \frac{M_x}{M_{xcr}} = 1 \quad (11.59)$$

以第 8.5 节的算例一的参数，计算轴压杆 H600×200×5×10 的临界荷载。已知 $M_{xcr} =$ 697kN·m，所以 $P_{cr} = \dfrac{2 \times 697 \times 380 \times 1000}{253.31^2 + 380^2} = 2540\text{kN}$，令 $P_{cr} = \dfrac{\pi^2 EI_y}{l^2}$ 求得长度 $l = 3267\text{mm}$，即压杆的计算长度接近两个墙檩的间距。

如果框架梁承受轴力(例如，构成支撑架的横梁)，且收到楼板的侧向支撑，楼板对钢梁的扭转约束是 k_z，则

$$P_{cr} = \frac{GJ + h\sqrt{2k_z EI_y}}{(I_x + I_y)/A + 0.25h^2} \quad (11.60)$$

令 $P_{cr} = \dfrac{\pi^2 EA}{\lambda^2}$，求出换算长细比，然后查稳定系数 b 曲线即可验算其弹塑性稳定。这个公式的应用方法是:计算正则化长细比 $\lambda = \sqrt{Af_y/P_{cr}}$，查稳定系数曲线 b 得到弹塑性稳定系数 φ，然后按照平面外稳定计算公式计算其弯扭失稳承载力。

11.7 由剪切膜相互支撑的压弯杆的屈曲

参照 8.4 节的记号，设两端简支的压弯杆，弯矩沿杆长不变化。则总势能为

$$\Pi = \frac{1}{2}\int_L \left[EI_y u''^2 + EI_\omega \theta''^2 + (GJ - Pi_0^2 + 2\beta_x M_x)\theta'^2 - Pu'^2 - 2M_x u'\theta' \right.$$

$$\left. + 2Py_0\theta'u' + S_m(u' + e\theta')^2 \right] dz \quad (11.61)$$

392

假设 $u = C\sin\dfrac{\pi z}{L}$，$\theta = D\sin\dfrac{\pi z}{L}$，代入式(11.61)得到

$$\Pi = \frac{\pi^2}{4L}\left[\begin{array}{c} P_y C^2 + \dfrac{\pi^2}{L^2}EI_\omega D^2 + (GJ - Pi_0^2 + 2\beta_x M_x)D^2 - PC^2 \\ -2(M_x - Py_0)CD + S_m(C + eD)^2 \end{array}\right]$$

求导得到

$$(P_y + S_m - P)C - (M_x - Py_0 - S_m e)D = 0$$

$$-(M_x - Py_0 - S_m e)C + [i_0^2(P_{E\omega} - P) + S_m e^2 + 2\beta_x M_x]D = 0$$

临界荷载方程为

$$[i_0^2(P_{E\omega} - P) + S_m e^2 + 2\beta_x M_x](P_{Ey} + S_m - P) - (M_x - Py_0 - S_m e)^2 = 0 \qquad (11.62)$$

如果是轴压杆，则从下式可以直接求得临界轴力

$$\left(1 - \frac{y_0^2}{i_0^2}\right)P^2 - P\left[P_{Ey} + S_m + P_{E\omega} + \frac{e(e + 2y_0)}{i_0^2}S_m\right] + (S_m + P_{Ey})P_{E\omega} + P_{Ey}S_m\frac{e^2}{i_0^2} = 0$$

$$(11.63)$$

接着8.4节的算例，压杆截面是 H600×220×6×12，$L = 8\mathrm{m}$，压型钢板的等效剪切模量为 $0.001G$，则 $S_m = 23.769\mathrm{kN}$，$i_0^2 = 256.16^2\mathrm{mm}^2$，$P_{Ey} = \dfrac{\pi^2 EI_y}{L^2} = 676.53\mathrm{kN}$，$P_{E\omega} = \dfrac{1}{i_0^2}\left(GJ + \dfrac{\pi^2 EI_\omega}{L^2}\right) = 1247.23\ \mathrm{kN}$，$e = 350\mathrm{mm}$。双轴对称截面的情况下

$$P^2 - P\left[\left(P_{Ey} + S_m\left(1 + \frac{e^2}{i_0^2}\right) + P_{E\omega}\right)\right] + (S_m + P_{Ey})P_{E\omega} + P_{Ey}S_m\frac{e^2}{i_0^2} = 0 \qquad (11.64)$$

将有关参数代入得到临界荷载为 $P_{cr} = 698.523\mathrm{kN}$，比 P_{Ey} 增加得不多。如果剪切膜的刚度增加到十倍，即 $S_m = 237.69\mathrm{kN}$，则可以得到 $P_{cr} = 796.35\mathrm{kN}$，比 P_{Ey} 增大 17%。

如果剪切膜放置在剪切中心上，$e = 0$，则

$$P^2 - (P_{Ey} + S_m + P_{E\omega})P + (S_m + P_{Ey})P_{E\omega} = 0 \qquad (11.65)$$

即剪切膜的作用是直接增加绕弱轴弯曲失稳的临界荷载。

参 考 文 献

[1] Ross S. S. , Construction Disasters, Design Failures, Causes & Prevention. , New York, McGraw-Hill Book Company, 1984.

[2] Smith E. A. , Epstein H. I. Hartford Coliseum roof collapse: structural collapse sequence and lessons learned. , Civil . Engineering, ASCE. , 1980; 50 (4): 59-62.

[3] Loomis R. S. , et al, Torsional buckling study of Hartford Coliseum. Journal of the Structural Division, ASCE, 1980; 106 (1): 211-237.

[4] Epstein H. I. , Smith E. A. , Torsional buckling study of Hartford Coliseum: discussion, Journal of the Structural Division, ASCE. , 1980; 106 (10): 2134-2135.

[5] Pretzer C. A. , Torsional buckling study of Hartford Coliseum: discussion. Journal of the Structural Division, ASCE. , 1981; 107 (1): 248-249.

[6] Trahair N. S. , NethercotD. A. , Bracing requirements in thin-walled structures. , in Developments in Thin-walled structures, editers: J Rhodes & Walker A C, New York, Elsevier Applied Science Publishers, 1984:

93 - 130.

[7] Dabrowski R. , On the torsional stability of cruciform columns. , Journal of Construct Steel Research, 1988, 9 (1): 51 -59.

[8] European Convention for Constructional Steelwork (ECCS). Stability Manual. Introductory Report of the 2nd International colloquium on Stability. 1976: 263.

[9] Bleich H. , Das Ausknicken der Eckstiele von Gittermasten. Der Bauingenieur. 1936, 17 (51): 557-558.

[10] Kloppel K. , Ramm W. , Zur Stabilitä tsuntetsuchung von mehrtei igen Gitterstaben. Der Stahlbau, 1972, 41 (1): 14-21.

[11] 沈佩琳. 送电线路单角钢中心受压压力曲线——铁塔主角钢部分试验报告. 电力部电力建设研究所研究报告, 1981.

[12] Ojalvo M. , Garner S. J. , Sakimoto T. , Angle struts braced in a non - principal axis direction. ASCE Annual Convention and Structures Congress Ill. San Francisco, USA, 1984.

[13] 陈绍蕃. 钢结构设计原理. 北京: 科学出版社, 1987.

[14] Tong G. S. , Chen S. F. , On the efficiency of eccentric brace on column and the collapse of Hartford Coliseum. Journal of Constructional Steel Research. 1990, 16 (4): 281 - 305.

[15] 童根树, 万红. 斜平面内侧向支撑压杆的屈曲理论及其在输电线塔中的应用. 西安建筑科技大学学报, 1991, 23 (2): 119-128.

[16] 郭立湘, 童根树. 偏心支撑压弯杆的稳定性. 建筑结构, 2003, 33 (7): 3-8.

[17] G·毕尔格麦斯特, H·斯托依普等著. 稳定理论(下)[M]. 北京: 中国建筑工业出版社, 1974.

第12章 薄壁构件的非线性有限元理论

12.1 引 言

受荷状态下的薄壁构件，当荷载达到一定数值后，构件就有可能丧失承载能力而发生破坏。对于承受静力荷载的薄壁构件，发生破坏的主要原因通常有三种：弹性失稳、弹塑性失稳和塑性破坏，因此，对薄壁构件的极限承载能力来说，几何和材料非线性都是非常重要的。这两种影响因素又是相互关联的，当截面的某些点进入塑性应力状态时，会降低截面的刚度，从而影响整个构件的稳定性，所以在结构分析中需要同时考虑。但如果同时考虑这两种因素，即使在简单加载状态下，在求解薄壁构件的极限承载能力时也会遇到极大的困难。因此，通常需要利用数值方法进行求解。对于通常的结构和构件，使用最为广泛的数值分析方法是有限单元法。

有限单元法用于分析稳定问题时，根据问题的性质，通常存在两类问题：

1. 特征值问题：这种问题无需计算变形而直接求解临界荷载。它的计算比较简单，但是限制条件较多，如不考虑初始缺陷和屈曲前变形的影响。Barsoum & Gallagher (1970)、Laudiero & Zaccaria(1988a，b)和 Attard(1986)曾利用这种方法对薄壁构件的弹性稳定性进行过分析。

2. 非线性分析的方法，即通过跟踪结构或构件在整个加载过程中的荷载—位移的相关关系来确定稳定承载能力。这种方法能够同时考虑构件的几何和材料的非线性因素，以及构件的初始变形和残余应力。非线性的分析方法适用面广，但是计算复杂、计算工作量大。如今，随着计算机技术的快速发展，这种方法越来越受到重视。

许多研究者利用非线性的分析方法对薄壁构件的稳定性进行过分析，他们在建立薄壁构件的大变形、小转动的有限元刚度方程时，主要存在三种方法：完全的拉格朗日格式(Total Lagrange，简称 T. L. 格式)、更新的拉格朗日格式(Updated Lagrange，简称 U. L. 格式)和欧拉格式(Eulerian Approach)。前两种格式均以单元的已知构形作为参考构形，而欧拉格式的参考构形为未知的当前构形。由于 T. L. 格式的参考构形为单元的初始构形，在分析大变形问题，需要建立复杂的应变和位移的关系(Mallet & Marcal, 1968；El－Zanaty & Murray, 1983)，所以应用较少(Pi & Trahair, 1992a；Pi & Trahair, 1994a)，更为常见的是 U. L. 格式(Yang & McGuire, 1986；Chen & Blandford, 1991；Gattass & Abel, 1987；Turkalj, & Brnic 等, 2003；Chan & Kitipornchai, 1987；Conci & Gattass, 1990；Conci, 1992)。近年来，Izzuddin & Smith(1996a，b)成功地将欧拉格式用于分析薄壁构件的非线性问题。值得注意的是，Hsiao & Lin(2000a，b)、Hsiao(1992)、Hsiao, Horng & Chen(1987)、Battini & Pacoste(2002)、Pai, Anderson & Wheater(2000)和 Teh & Clarke(1998)运用 Co-Rotation 的方法结合 U. L. 或 T. L. 格式来建立薄壁构件的有限元方程，他们的方法能够分析大转动

问题。

本章将利用第 7 章的非线性方程以及 U. L. 格式的增量虚功方程,来建立薄壁构件的非线性有限元方程。对薄壁构件的弹性屈曲问题,本章将利用特征值法编制有限元分析程序。

需要说明的是,第 7 章的理论,在推导内力的非线性效应时,在三个非线性应变中忽略了轴向位移的二阶项。

下面将要用到非线性力学分析中的一些术语:Kirchhoff 应力,欧拉应力,现时的(或更新的,updated)Kirchhoff 应力,Green 应变、Green 应变增量、欧拉应变、现时的 Green 应变增量等等,读者应参考文献[1](童根树,2005)。

12.2   非线性有限元的基本理论

12.2.1   T. L. 格式和 U. L. 格式

考虑与变形历史相关的非线性问题,通常需要用增量方法求解。在增量的求解过程中,需要对质点的位移作出描述,因此首先应该确立参考构形。在固体力学中,最为普遍的是拉格朗日(Lagrange)描述的方法,指的是借助运动着的具体物质的质点来考察运动和变形的方法。根据所参考构形的不同,拉格朗日描述又可以分为两种表述格式:T. L. 格式和 U. L. 格式。下面首先对这两种格式进行简要说明。

在增量求解过程中,需要将物体的变形过程按照荷载或者变形的大小进行离散,为了叙述方便,通常用时间来表示这些离散点的顺序,即将时间变量离散为某个序列:

$$t_0 = 0, \quad t_1, \quad t_2, \quad \cdots, \quad t_k, \quad t_{k+1}, \cdots$$

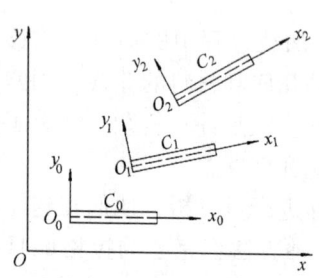

图 12.1   单元的构形

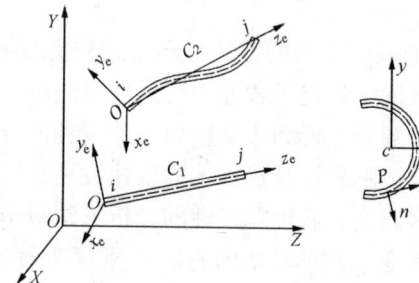

图 12.2   坐标系统

其中 $t_0 = 0$ 时刻的位置为初始位置(图 12.1 中的 C_0)。非线性分析方法是要研究从 t_k 到 $t_k + \Delta t_k$ 的一个典型的时间步长内的求解方法。设这个步长之前,从 $t = 0$ 到 $t = t_k$ 的所有时刻的运动学和静力学变量均已求得,各时刻的变形位置(在非线性分析的著作中称为构形,英文为 Configuration)已知,其中当 $t = t_k$ 时的构形为 C_1 构形(图 12.1),现在需要求解 $t_{k+1} = t_k + \Delta t_k$ 时刻(C_2 构形,图 12.1)的各变量。在求解过程中,如果用拉格朗日描述方法,必须选定一个已知的构形作为参考构形,以定义 Kirchhoff 应力和 Green 应变。在原则上,在 $t_0 = 0$, t_1, t_2, $\cdots$, t_k 中的任何时刻的构形(目前已知)都可以选作为参考构形。在实用中,T. L. 格式取 $t = 0$ 时刻的 C_0 构形作为参考构形(即坐标系),在所有的时间步长内，各个量的计算均参照 C_0 构形来定义。而 U. L. 格式以前一已知构形 $t = t_k$ 时刻的 C_1 构形作为参考构形，对不同的时间步长的增量求解，需要不断地更新参考构形（称之为 updated，也即坐标拖动），见图 12.2(b)。

尽管 T. L. 格式和 U. L. 格式表面上看来有很大区别，但是这两种格式的力学本质是相同的，因此，它们之间可以相互转换。TL 法和 UL 法仅仅是指形成单元刚度矩阵的方法不同，它们形成的刚度矩阵都要转换到整体固定的坐标系中进行求解，只是同一个单元，采用 TL 方法推导刚度矩阵时，转换矩阵无需考虑变形的影响，而 UL 法形成的刚度矩阵，因为单元坐标系建立在变了形的位置上，转换矩阵的元素必须包含变形的因素，单元刚度矩阵转换到整体固定的坐标系以后，与 TL 法的整体坐标系下的刚度矩阵是基本相同的。

相比较而言，T. L. 格式的有限元刚度矩阵较为复杂，而且对于大变形问题，需要在应变表达式中保留位移的高阶项，才能精确描述位移和应变的关系。在杆系结构的非线性有限元分析中，因为采用分步加载的方式进行分析，每一步可以足够小，以致从 t_k 到 t_{k+1} 的分析可以采用线性化的理论来推导刚度矩阵。然后将单元刚度矩阵利用转换矩阵转换到整体固定的坐标系，集合求解。因为应变和应力的更新比较简单，采用 U. L. 格式更具有优势，因此，本章将采用 U. L. 格式建立薄壁构件的非线性问题的有限元方程。

12.2.2　U. L. 格式的增量方程

假定物体的初始构形为 C_0，t_k 时刻的构形为 C_1，这个构形为当前的已知平衡状态，现在来研究单元在下一时刻 $t_k + \Delta t_k$ 的平衡状态，假定物体此时将处于 C_2 构形。根据 U. L. 格式的定义，C_1 构形应为本步研究的参考构形。可知 $t_k + \Delta t_k$ 时刻（C_2 构形）平衡状态的虚功方程为：

$$\int_{V_1} \sigma_{ij2-1} \delta \varepsilon_{ij2-1} dV_1 = R_{2-1} \tag{12.1}$$

式中 σ_{ij2-1} 为 C_2 构形下的更新的（updated）Kirchhoff 应力张量，ε_{ij2-1} 为 C_2 构形的更新的 Green 应变，R_{2-1} 为结构由 C_1 构形变形到 C_2 构形过程中外力所做的功。

由于 C_2 构形是未知构形，其应力、应变未知，假设此时的变量与 C_1 构形的相应变量存在以下关系：

$$\sigma_{ij2-1} = \sigma_{ij1-1} + \Delta^* \sigma_{ij} = \sigma_{ij1}^{\mathrm{E}} + \Delta^* \sigma_{ij} \tag{12.2a}$$

$$\varepsilon_{ij2-1} = \varepsilon_{ij1-1} + \Delta^* \varepsilon_{ij} \tag{12.2b}$$

式中 $\Delta^* \sigma_{ij}$ 和 $\Delta^* \varepsilon_{ij}$ 为物体从 C_1 构形变位到 C_2 构形的 Kirchhoff 应力增量张量和 Green 应变增量张量。σ_{ij1-1} 是 C_1 状态下以 C_1 坐标系为方向的应力张量，根据欧拉应力的定义，σ_{ij1-1} 实际上是一种欧拉应力，记为式(12.2a)中的 $\sigma_{ij1}^{\mathrm{E}}$。$\varepsilon_{ij1-1}$ 则是 C_1 构形下的欧拉应变，是 C_1 状态的位移以 C_1 状态下的坐标系计算的应变。

将式(12.2a, b)代入式(12.1)，得到：

$$\int_{V_1} (\sigma_{ij1}^{\mathrm{E}} + \Delta^* \sigma_{ij}) \delta (\varepsilon_{ij1-1} + \Delta^* \varepsilon_{ij}) dV_1 = R_{2-1} \tag{12.3}$$

由于 C_1 构形为已知构形，故在 C_1 构形下 Green 应变的一阶变分等于零，即：

$$\delta \varepsilon_{ij1-1} = 0 \tag{12.4}$$

则式(12.3)可变为：

$$\int_{V_1} \sigma_{ij1}^{\mathrm{E}} \delta \Delta^* \varepsilon_{ij} \mathrm{d}V_1 + \int_{V_1} \Delta^* \sigma_{ij} \delta \Delta^* \varepsilon_{ij} \mathrm{d}V_1 = R_{2-1} \tag{12.5}$$

将 Green 应变的增量分为线性部分和非线性部分：

$$\Delta^* \varepsilon_{ij} = \Delta^* \varepsilon_{ij}^{\mathrm{L}} + \Delta^* \varepsilon_{ij}^{\mathrm{N}} \tag{12.6}$$

式中 $(\ )^{\mathrm{L}}$ 和 $(\ )^{\mathrm{N}}$ 分别表示张量的线性部分和非线性部分。将上式代入式(12.5)，得：

$$\int_{V_1} \sigma_{ij1}^{\mathrm{E}} \delta \Delta^* \varepsilon_{ij}^{\mathrm{N}} \mathrm{d}V_1 + \int_{V_1} \sigma_{ij1}^{\mathrm{E}} \delta \Delta^* \varepsilon_{ij}^{\mathrm{L}} \mathrm{d}V_1 + \int_{V_1} \Delta^* \sigma_{ij} \delta \Delta^* \varepsilon_{ij} \mathrm{d}V_1 = R_{2-1} \tag{12.7}$$

将应力增量和应变增量的关系：

$$\Delta^* \sigma_{ij} = C_{ijkl}^* \Delta^* \varepsilon_{kl} \tag{12.8}$$

代入式(12.7)（C_{ijkl}^* 为材料增量的应力应变关系张量），得到：

$$\int_{V_1} \sigma_{ij1}^{\mathrm{E}} \delta \Delta^* \varepsilon_{ij}^{\mathrm{N}} \mathrm{d}V_1 + \int_{V_1} \sigma_{ij1}^{\mathrm{E}} \delta \Delta^* \varepsilon_{ij}^{\mathrm{L}} \mathrm{d}V_1 + \int_{V_1} C_{ijkl}^* \Delta^* \varepsilon_{kl} \delta \Delta^* \varepsilon_{ij} \mathrm{d}V_1 = R_{2-1} \tag{12.9}$$

在 t_k 时刻（C_1 构形），结构处在平衡状态，应满足的虚功方程为：

$$\int_{V_1} \sigma_{ij1}^{\mathrm{E}} \delta \Delta^* \varepsilon_{ij}^{\mathrm{L}} \mathrm{d}V_1 = R_{1-1} \tag{12.10}$$

式中 R_{1-1} 为 C_1 构形下的外力虚功。

利用式(12.10)，式(12.9)变为：

$$\int_{V_1} \sigma_{ij1}^{\mathrm{E}} \delta \Delta^* \varepsilon_{ij}^{\mathrm{N}} \mathrm{d}V_1 + \int_{V_1} C_{ijkl}^* \Delta^* \varepsilon_{kl} \delta \Delta^* \varepsilon_{ij} \mathrm{d}V_1 = R_{2-1} - R_{1-1} \tag{12.11}$$

对于小应变增量，上式等号左边的第二个积分式子可进行如下线性化处理：

$$\Delta^* \varepsilon_{ij} = \Delta^* \varepsilon_{ij}^{\mathrm{L}} \tag{12.12}$$

将式(12.12)代入式(12.11)，得到：

$$\int_{V_1} C_{ijkl}^* \Delta^* \varepsilon_{kl}^{\mathrm{L}} \delta \Delta^* \varepsilon_{ij}^{\mathrm{L}} \mathrm{d}V_1 + \int_{V_1} \sigma_{ij1}^{\mathrm{E}} \delta \Delta^* \varepsilon_{ij}^{\mathrm{N}} \mathrm{d}V_1 = R_{2-1} - R_{1-1} \tag{12.13}$$

上式即为 Bathe(1979)得到的 U. L. 格式的增量虚功方程。

12.3 薄壁构件的非线性有限元理论

在建立薄壁构件的非线性理论时，除了需要满足薄壁构件的两个基本假定外，还需采用以下几个假定：

（1）变形分析限于大位移、小应变。

（2）应力应变关系采用弹塑性—强化曲线。材料的屈服仅取决于正应力，不考虑剪应力和横向正应力对屈服条件的影响。

（3）外荷载为保守力系，即构件变形后荷载仍保持原来的方向不变。

12.3.1 坐标系统

在建立薄壁构件的非线性有限元方程时，需要建立如下几个空间笛卡儿坐标系，如图 12.2 所示，坐标系均采用右手螺旋法则：

（1）$X - Y - Z$ 为空间固定的整体坐标系，其位置不随构件的变形和运动而改变，可用于确定构件变形前后的空间位置。

（2）$x_e - y_e - z_e$ 为单元的局部坐标系，它随单元的空间位置的改变而改变，其纵轴 oz_e

为单元两端截面形心的连线，ox_e 和 oy_e 的方向由 oz_e 以及单元两端截面的转动决定，用于确定构件在各构形的现时空间位置。

（3）$x-y-z$ 为建立在各截面的形心主轴坐标系，该坐标系在构件的变形和运动过程中始终跟随各截面的运动而运动，相互之间保持"相对静止"的状态。在各个截面上，坐标系的原点位于各截面的形心，x 和 y 轴分别为截面的两个主轴，z 轴与构件的纵轴平行。

（4）$n-s-z$ 为各截面的曲线坐标系，该坐标系建立在各截面的薄壁中面上，在各截面上，坐标系的原点随所研究点的位置而改变。切线坐标轴 s 的方向可随意定，n 为中面的法线，其正方向的选择应使坐标系符合右手螺旋法则。

记薄壁中面上的任意点 $P(x,y)$ 在 x、y 方向上的位移为 $\bar{u}$、$\bar{v}$，在 s、n 方向上的位移为 v_s、v_n，z 方向的位移为 $\bar{w}$。P 点处的曲率半径为 R_s。杆件变形时剪切中心 S 沿 x 和 y 方向的位移为 u 和 v，截面的扭转角为 θ，当转动方向按右手螺旋法则与 z 轴正方向一致时为正。截面剪切中心 S 的坐标为 (x_0, y_0)，s 轴与 x 轴的夹角为 α。

12.3.2 非线性分析的刚体检验

第 7 章已经导得薄壁构件弯扭线性化的非线性分析的虚功方程式(7.32)。采用有限元法求解，必须建立单元刚度矩阵。设想一下，如果单元内没有任何荷载，取出单元后，两端暴露出来的截面上的内力是相邻单元对这个单元的作用力，这个内力是进一步变形前（或屈曲前）存在的应力，在变形后是要改变方向的，其合力也要改变方向，因为纵向纤维改变了方向。

在童根树(2005)中，论述了非线性几何单元刚度矩阵必须通过刚体检验，并且说明了，传统的分析压杆弯曲屈曲的几何刚度矩阵不能通过刚体检验。之所以不能通过刚体检验，是因为传统理论忽略了某些看上去不重要的应力和内力分量，而这些应力（内力）分量却是微元（微段）保持平衡所必需的。为了能够得到能够通过刚体检验的单元，书中推导了考虑剪应力和横向正应力非线性功的总势能，在非线性应变的计算上，未忽略 Green 应变定义中的任何项。

式 (7.32)也考虑了剪应力和横向正应力的非线性应变能。但是在应变的计算公式中：纵向非线性应变忽略了 $\frac{1}{2}\left(\frac{\partial \bar{w}}{\partial z}\right)^2$，非线性剪应变忽略了 $\frac{\partial \bar{w}}{\partial z}\frac{\partial \bar{w}}{\partial s}$，横向非线性应变忽略了 $\frac{1}{2}\left(\frac{\partial \bar{w}}{\partial s}\right)^2$。忽略这些项是因为经验表明，在分析杆件，且位移较小时这些项的影响很小。但是如果用于分析结构，变形较大，则可能带来误差。

但是要在理论中全面地考虑这些项，将出现大量的非线性项，理论将变得非常冗长。因此下面仅从满足刚体检验的要求出发，考察式(7.32)应该补充哪些项。

有一点非常值得说明：为什么这么在意刚体检验？这要从在杆系结构中如何理解 U.L. 格式下的式(12.13)说起。文献[1]曾提到欧拉应力 σ_{ij}^E 在杆系结构中应用不合适，如果将三维空间实体中欧拉应力 σ_{ij}^E 的定义在杆系结构中理解为在当前坐标系下定义的截面内力，就可以在杆系结构中得到应用。在当前坐标系下定义内力和节点力的方向和大小，可称为"欧拉内力"和"欧拉节点力"。

但是如何在杆件问题中理解式(12.2a)中的 $\sigma_{ij2-1} = \sigma_{ij1}^E + \Delta^*\sigma_{ij}$，首先 σ_{ij2-1} 的方向，由童根树(2005)的第 14 章知道，它是以变形后的纤维方向定义的。参考式(12.2a)，往前一步求解得到 C_2 状态，计算 C_2 的应力（在杆系结构中可以是内力，节点力）时，C_1 状态的应力(内力,节点力)可以直接带过去,即 σ_{ij1}^{E} 也变成了变形后的纤维方向的,仿佛是 σ_{ij1}^{E} 在 C_1 到 C_2 的过程中发生了刚体转动似的。因此在将式(7.32)应用于本章时,要注意式中的内力都是在变形后的纤维(或称变形后轴线)的方向定义的。

单元刚度矩阵可以表示为

$$([k] + [k_G])\{\delta_e\} = \{F_e\} \tag{12.14}$$

式中 $[k]$ 是单元的物理刚度矩阵,$[k_G]$ 是单元的几何刚度矩阵。$\{F_e\}$ 是与单元内应力平衡的杆端力,并且 $\{F_e\}$ 中各个元素的方向是与 $\{\delta_e\}$ 中各个元素的方向是一致的。

式(12.14)中,假设单元在一组力作用下初始处于平衡状态,让单元发生刚体位移 $\{\Delta\delta_e\}$,则物理刚度矩阵的性质要求

$$([k])\{\Delta\delta_e\} = \{0\}$$

但是 $([k_g])\{\Delta\delta_e\} = \{\Delta F_e\}$ 将不等于0。由于单元两端截面上的力是内力,单元发生刚体转动时,这个内力也要发生刚体转动。记 $\{F_e\}_1$ 为刚体转动前的节点力列阵(欧拉节点力列阵),$\{\Delta F_e\}$ 是因为刚体位移而产生的附加节点力向量。刚体转动本不应产生附加节点力向量,但是导得的几何刚度矩阵与刚体位移向量相乘就会得到 $\{\Delta F_e\}$,这个 $\{\Delta F_e\}$ 要满足什么条件,或往上反推,几何刚度矩阵 $[k_G]$ 应该满足什么条件,就是刚体检验所关心的。注意这两个列阵的元素都是对应于相同的变形前的 C_1 坐标系的,因而是可以直接相加的:相加后的结果记为 $\{F_e\}_{2-1}$,表示 C_2 状态以 C_1 状态坐标系方向计量的节点力向量:

$$\{F_e\}_{2-1} = \{F_e\}_{1-1} + \{\Delta F_e\} \tag{12.15}$$

因为是刚体位移,单元截面上原本存在的应力也发生了刚体转动,将转动后的杆件切开,得到的内力等效节点力,以 C_2 坐标系的方向计量,记为 $\{F_e\}_{2-2} = \{F_e\}_2$,它应该和 C_1 状态以 C_1 状态坐标系方向计量的等效节点力向量 $\{F_e\}_{1-1} = \{F_e\}_1$ 完全相同,即在数学上下面两式相等:

$$\{F_e\}_2 = \{F_e\}_1 \tag{12.16}$$

将 C_1 坐标系下的 $\{F_e\}_{2-1}$,即式(12.15)往 C_2 坐标系投影(即转换),设转换矩阵为 T_{1-2},如果满足

$$\{F_e\}_1 = [T_{1-2}]\{F_e\}_{2-1} \tag{12.17}$$

则说几何刚度矩阵满足刚体检验,进行非线性分析时 $\{F_e\}_1$ 可以直接地(即无需转换地)带入 C_2 状态,将 $\{F_e\}_1$ 看成是 C_2 状态以 C_2 坐标系方向计量的节点力的一部分。因此,刚体检验不仅是保证计算结果收敛于正确解的需要,同时也给几何非线性分析带来极大的方便。以后只要将单元位移分解成刚体位移和非刚体位移两部分,只计算非刚体位移部分产生的内应力和附加等效节点力并加以转换就可以了,在杆系结构中还有这个方便:将非刚体位移转换到新坐标系直接按新的 C_2 坐标系计算应力、内力(是更新了的欧拉应力、"欧拉内力"),为下一步计算做好了准备。

12.3.3 UL 格式的非线性分析采用的应变能

在 Ritz 法中,我们知道,假设的位移函数必须满足几何边界条件。几何边界条件称为必要边界条件。而力的边界条件称为自然边界条件。

通常采用虚功原理来推导有限单元法的刚度矩阵,得到的刚度方程是平衡微分方程和自然边界条件的有限单元法表示,而几何边界条件是通过修改刚度矩阵和荷载列阵的元素

400

来强制实现的。即有限元法中自然边界条件是无需另外考虑的。有限元法结果的误差是一种格式误差，可以通过增加单元数量加以缩小。

有限元法的刚度方程，实际上表示了节点力和节点位移的关系。另外一方面，对虚功方程进行分部积分，最终可以得到平衡微分方程和自然边界条件，自然边界条件表示的也是节点力和节点位移的关系。有限元的刚度方程中，节点位移和节点力分成边界部分和内部节点部分，通过缩聚运算得到边界节点力和边界节点位移之间的刚度方程，这个方程可以看成是边界条件的有限元表示。特别是，在一个杆件一个单元的情况下，单元刚度方程就是杆件边界条件的有限元表示。

理解了上述两者的等价性，就可以将几何刚度矩阵进行的刚体检验，采用对自然边界条件的刚体检验来代替。

对式(7.32)的虚功原理用式(12.13)的形式来表示和理解。假设单元内部没有分布荷载，没有集中力，则式(7.32)的内力虚功部分变为

$$\delta U_{\mathrm{I}} = \int_0^L \left\{ \begin{aligned} &\dot{N}\delta w' - \dot{M}_y \delta u'' - \dot{M}_x \delta v'' - \dot{B}_\omega \delta \theta'' + \dot{T}_{\mathrm{st}}\delta\theta' + Nu'\delta u' + Nv'\delta v' + W_{\sigma z}\theta'\delta\theta' \\ &- (M_x - Ny_0)\delta(u'\theta') + (M_y - Nx_0)\delta(v'\theta') - Q_y\delta(u'\theta) + Q_x\delta(v'\theta) + W_\tau\delta(\theta'\theta) \end{aligned} \right\} \mathrm{d}z$$

$$\begin{aligned} \delta U_1 = &\left[\dot{M}_y' + Nu' - (M_x - Ny_0)\theta' - Q_y\theta \right]\delta u \Big|_0^L + \left[\dot{M}_x' + Nv' + (M_y - Nx_0)\theta' + Q_x\theta \right]\delta v \Big|_0^L \\ &+ \left[\dot{T}_{\mathrm{st}} + \dot{B}_\omega' + W_{\sigma z}\theta' - (M_x - Ny_0)u' + (M_y - Nx_0)v' + W_\tau\theta \right]\delta\theta \Big|_0^L + \dot{M}_y(-\delta u') \Big|_0^L \\ &+ \dot{M}_x(-\delta v') \Big|_0^L + \dot{B}_\omega(-\delta\theta') \Big|_0^L + \dot{N}\delta w \Big|_0^L - \int_0^L \dot{N}'\delta w \mathrm{d}z \\ &- \int_0^L \left\{ \dot{M}_y'' + (Nu')' - \left[(M_x - Ny_0)\theta' \right]' - (Q_y\theta)' \right\}\delta u \mathrm{d}z \\ &- \int_0^L \left\{ \dot{M}_x'' + (Nv')' + \left[(M_y - Nx_0)\theta' \right]' + (Q_x\theta)' \right\}\delta v \mathrm{d}z \\ &- \int_0^L \left\{ \dot{T}_{\mathrm{st}}' + \dot{B}_\omega'' + (W_{\sigma z}\theta')' - \left[(M_x - Ny_0)u' \right]' + \left[(M_y - Nx_0)v' \right]' \right. \\ &\left. + Q_y u' - Q_x v' - W_\sigma'\theta + (W_\sigma\theta)' \right\}\delta\theta \mathrm{d}z \end{aligned} \tag{12.18}$$

平面内分析中，只考虑一个方向的屈曲，即 y 方向，对应横向位移为 v，压杆屈曲前，按平截面假定，截面上任一点的位移为

$$\bar{w} = w - yv', \quad \bar{v} = v$$

按有限变形理论，纵向应变（Green 应变）精确式为：

$$e_z = \frac{(\mathrm{d}s)^2 - (\mathrm{d}z)^2}{2(\mathrm{d}z)^2} = w' - yv'' + \frac{1}{2}(v'^2 + w'^2 - 2yw'v'' + y^2 v''^2)$$

横向应变和剪应变的线性部分为零。即线性部分为：

$$\varepsilon_z = w' - yv'', \varepsilon_{zy} = 0, \varepsilon_{yy} = 0$$

非线性纵向正应变为：$\eta_z = \frac{1}{2}(v'^2 + w'^2 - 2yw'v'' + y^2 v''^2)$

非线性剪应变：$\eta_{zy} = \frac{1}{2}(-w'v' + yv'v'')$

横向非线性正应变为：$\eta_{yy} = \frac{1}{2}v'^2$

式（12.18）采用的应变能公式在应变的计算公式中：纵向非线性应变忽略了 $\frac{1}{2}\left(\frac{\partial \overline{w}}{\partial z}\right)^2$，

非线性剪应变忽略了 $\frac{\partial \overline{w}}{\partial z}\frac{\partial \overline{w}}{\partial s}$，横向非线性应变忽略了 $\frac{1}{2}\left(\frac{\partial \overline{w}}{\partial s}\right)^2$，对应于平面内屈曲的非线

性应变相当于忽略了

$$\Delta \eta_z = \frac{1}{2}(w'^2 - 2yw'v'')，\Delta \eta_{zy} = \frac{1}{2}(-w'v')$$

平面内所得的总应变能变分推导所得的边界条件能通过刚体检验，因而在平面外的屈曲中应该增加以上被忽略项，同时考虑另一方向即 x 方向对应的忽略项。

$$\frac{1}{2}\int_V \sigma_z w'^2 \mathrm{d}V - \int_V \sigma_z(yw'v'' + xw'u'')\mathrm{d}V = \frac{1}{2}\int_0^L Nw'^2 \mathrm{d}z - \int_0^L (M_x u''w' + M_y v''w')\mathrm{d}z$$

$$(12.19a)$$

$$-\int_V \tau_{zs}(w'v'\sin\alpha + w'u'\cos\alpha)\mathrm{d}V = -\int_0^L (Q_x u'w' + Q_y v'w')\mathrm{d}z \qquad (12.19b)$$

考虑到平面外屈曲中纵向位移为 $\overline{w} = w - yv' - xu' - \omega\theta'$，上面的增加项中只涵盖有两个方向的位移，纵向位移中的最后一项并没有计入，应该进行补充：

$$-\int_V \sigma_z \omega w'\theta'' \mathrm{d}V = -\int_0^L B_\omega \theta''w'\mathrm{d}z \qquad (12.19c)$$

与上式对应还有剪应力的一项

$$-\int_0^L T_\omega \theta'w'\mathrm{d}z \qquad (12.19d)$$

在忽略掉的剪应力非线性应变能中，存在如下的项（见本章附录 B）

$$\int_0^L \left[\frac{1}{2}T_{st}(v'u'' - u'v'') - T_\omega u'v'' - B_\omega u''v''\right]\mathrm{d}z \qquad (12.19e)$$

上式的自由扭转部分对任意的开口和闭口薄壁截面均成立，第二项的翘曲扭转部分仅对强轴为 x 轴的工字形截面成立。如果工字形截面转了 90 度，则应该改为

$$\int_0^L \left[\frac{1}{2}T_{st}(v'u'' - u'v'') + T_\omega v'u'' + B_\omega u''v''\right]\mathrm{d}z \qquad (12.20a)$$

对于矩形钢管，因为式（2.22a，b），可以得到翘曲扭矩的二阶效应项为

$$\int_0^L \left[(T_{\omega w} + 0.5T_{st})u''v' - (0.5T_{st} + T_{\omega f})u'v'' + W_{xy}u''v''\right]\mathrm{d}z$$

$$= \int_0^L \left[\left(0.5T_\omega - \frac{bt_w}{ht - bt_w}T_\omega\right)u''v' - \left(0.5T_\omega + \frac{ht}{ht - bt_w}T_\omega\right)u'v'' + W_{xy}u''v''\right]\mathrm{d}z \qquad (12.20b)$$

对于闭口方钢管截面，圆钢管截面，只保留自由扭转部分即可。下面如果涉及约束扭转项，就指工字形截面强轴为 x 轴的约束扭转，即式（12.19d）。

还有来自横向正应力 σ_s 影响的项是

$$\frac{1}{2}\int_0^L (q_x a_y + q_y a_x - T'_\omega)v'u'\mathrm{d}z \qquad (12.19f)$$

综合式（12.19a~e，12.19h）得到需要补充的非线性应变能：

$$U_3 = \frac{1}{2}\int_0^L Nw'^2 \mathrm{d}z - \int_0^L (M_x u'' + M_y v'' + B_\omega \theta'' + Q_x u' + Q_y v' + T\theta')w'\mathrm{d}z$$

$$+ \int_0^L \Big[\frac{1}{2} T_{st}(v'u'' - u'v'') - T_\omega u'v'' - B_\omega u''v'' \Big] dz + \frac{1}{2} \int_0^L (q_x a_y + q_y a_x - T_\omega') v'u' dz$$

$$(12.21)$$

对式(12.21)变分并分部积分得到

$$\delta U_3 = \big[(Nw' - M_y u'' - M_x v'' - B_\omega \theta'' - Q_x u' - Q_y v' - T\theta') \delta w \big]_0^L$$

$$+ \big[(M_y w')' + (B_\omega v'')' - Q_x w' - (0.5 T_{st} v')' - (0.5 T_{st} + T_\omega) v'' + 0.5(q_x a_y + q_y a_x - T_\omega') v' \big] \delta u \big|_0^L$$

$$+ \big\{ (M_x w')' + (B_\omega u'')' - Q_y w' + \big[(0.5 T_{st} + T_\omega) u' \big]' + 0.5 T_{st} u'' + 0.5(q_x a_y + q_y a_x - T_\omega') u' \big\} \delta v \big|_0^L$$

$$+ \big[M_x w' + B_\omega u'' + (0.5 T_{st} + T_\omega) u' \big] (-\delta v') \big|_0^L + (M_y w' + B_\omega v'' - 0.5 T_{st} v') (-\delta u') \big|_0^L$$

$$+ B_\omega w' (-\delta \theta') \big|_0^L + \big[(B_\omega w')' - Tw' \big] \delta \theta \big|_0^L$$

$$+ \int_0^L \big[-(Nw')' + (M_y u'')' + (M_x v'')' + (B_\omega \theta'')' + (Q_x u')' + (Q_y v')' + (T\theta')' \big] \delta w \, dz$$

$$+ \int_0^L \big\{ \big[(0.5 T_{st} + T_\omega) v'' \big]' + (0.5 T_{st} v')'' + (Q_x w')' - (M_y w')'' - (B_\omega v'')'' - 0.5 \big[(q_x a_y + q_y a_x - T_\omega') v' \big]' \big\} \delta u \, dz$$

$$+ \int_0^L \big\{ (Q_y w')' - (M_x w')'' - (B_\omega u'')' - (0.5 T_{st} u'')' - \big[(0.5 T_{st} + T_\omega) u' \big]' - 0.5 \big[(q_x a_y + q_y a_x - T_\omega') u' \big]' \big\} \delta v \, dz$$

$$+ \int_0^L \big[(Tw')' - (B_\omega w')'' \big] \delta \theta \, dz$$

$$(12.22)$$

式(12.18)和式(12.22)合并得到：

$$\delta U_1 + \delta U_2 + \delta U_3 = \delta U_{边界项} + \delta U_{单元内部}$$

$$(12.23)$$

$$\delta U_{边界项} = \big[\dot{N} + Nw' - M_y u'' - M_x v'' - B_\omega \theta'' - Q_x u' - Q_y v' - T\theta' \big] \delta w \big|_0^L$$

$$+ \begin{bmatrix} \dot{M}_y' + Nu' - (M_x - Ny_0)\theta' - Q_y \theta + (M_y w')' \\ + (B_\omega v'')' - Q_x w' - Tv'' + 0.5(q_x a_y + q_y a_y - T')v' \end{bmatrix} \delta u \big|_0^L$$

$$+ \begin{bmatrix} \dot{M}_x' + Nv' + (M_y - Nx_0)\theta' + Q_x \theta + (M_x w')' \\ + (B_\omega u'')' - Q_y w' + Tu'' + 0.5(q_x a_y + q_y a_x + T')u' \end{bmatrix} \delta v \big|_0^L$$

$$+ \big[\dot{T}_{st} + \dot{B}_\omega' + W_{\sigma z} \theta' - (M_x - Ny_0)u' + (M_y - Nx_0)v' + W_\tau \theta + (B_\omega w')' - Tw' \big] \delta \theta \big|_0^L$$

$$+ \big[\dot{M}_x + M_x w' + B_\omega u'' + (0.5 T_{st} + T_\omega) u' \big] (-\delta v') \big|_0^L$$

$$+ \big[\dot{M}_y + M_y w' + B_\omega v'' - 0.5 T_{st} v' \big] (-\delta u') \big|_0^L$$

$$+ \big[\dot{B}_\omega + B_\omega w' \big] (-\delta \theta') \big|_0^L$$

$$(12.24a)$$

$$\delta U_{单元内部} = \int_0^L \big[-\dot{N}' - (Nw')' + (M_y u'')' + (M_x v'')' + (B_\omega \theta'')' + (Q_x u')' + (Q_y v')' + (T\theta')' \big] \delta w \, dz$$

$$+ \int_0^L \begin{Bmatrix} \{ -\dot{M}_y'' - (Nu')' + \big[(M_x - Ny_0)\theta' \big]' + (Q_y \theta)' \} + (Q_x w')' \\ - (M_y w')'' - (B_\omega v'')'' + (Tv'')' - 0.5 \big[(q_x a_y + q_y a_x - T')v' \big]' \end{Bmatrix} \delta u \, dz$$

$$+ \int_0^L \begin{Bmatrix} \{ -\dot{M}_x'' - (Nv')' - \big[(M_y - Nx_0)\theta' \big]' - (Q_x \theta)' \} + (Q_y w')' \\ - (M_x w')'' - (B_\omega u'')' - (Tu'')' - 0.5 \big[(q_x a_y + q_y a_x + T')u' \big]' \end{Bmatrix} \delta v \, dz$$

$$- \int_0^L \begin{Bmatrix} \dot{T}_{st}' + \dot{B}_\omega'' + (W_{\sigma z} \theta')' - \big[(M_x - Ny_0)u' \big]' + \big[(M_y - Nx_0)v' \big]' \\ + Q_y u' - Q_x v' + W_\tau' \theta + (B_\omega w')'' - (Tw')' \end{Bmatrix} \delta \theta \, dz$$

$$(12.24b)$$

403

注意到 $\delta U_{\text{边界项}}$，$\delta U_{\text{单元内部}}$ 的表达式中，扭矩在两个弯矩中的分量分别是 $0.5T_{\text{st}} + T_{\omega}$ 和 $0.5T_{\text{st}}$，并不是截面上完整的扭矩 $T = T_{\text{st}} + T_{\omega}$。这是由于自由扭转力矩是一种半切线扭矩造成的。

12.3.4 荷载功

单元内部的分布荷载功：

$$\delta W_1 = \int_0^L (q_x \delta u + q_y \delta v + m_z \delta \theta) \mathrm{d}z \tag{12.25}$$

式中 q_x，q_y，m_z 是通过剪切中心和绕剪切中心的荷载。如果在单元的当前坐标系建立式（12.24），则必须注意它与整体固定坐标系不同。实际上因为要集合到整体坐标系才能求解，在不断移动的单元坐标系上建立荷载矩阵是不必要的。在整体坐标或在 C_0 坐标系中建立单元荷载列阵更加方便，但此时要注意式（12.24）的 u，v，θ 是按照 C_0 坐标计量的，与 U. L. 法建立单元刚度矩阵的现时（updated）坐标系不同，现时坐标系即拖动坐标系，（convected coordinates）。下面对端部截面上的荷载的讨论也一样。但是为了针对单元来建立刚度方程，下面是在现时坐标系下讨论的。

C_1 状态杆端截面上作用有：p_x，p_y（剪力似的）和 p_z（纵向），因为要求荷载在变形过程中保向（这是与应力不同的，应力的方向是随时随刻随动的），则这些端截面上的分布力的功为

$$R_{2-1} = \int_A (p_x \delta \overline{u} + p_y \delta \overline{v} + p_z \delta \overline{w}) \mathrm{d}A \tag{12.26}$$

因为 $\overline{u} = u - (y - y_0)\theta$，$\overline{v} = v + (x - x_0)\theta$，$\overline{w} = w - u'x - v'y - \theta'\omega$，所以其非变分形式是

$$W_2 = \int_A (p_x \overline{u} + p_y \overline{v} + p_z \overline{w}) \mathrm{d}A$$

$$= \int_A \{ p_x [u - (y - y_0)\theta] + p_y [v + (x - x_0)\theta] + p_z [w - u'x - v'y - \theta'\omega] \} \mathrm{d}A$$

$$= P_x u + P_y v + P_z w + \int_A \{ [p_y(x - x_0) - p_x(y - y_0)]\theta - p_z[u'x + v'y + \theta'\omega] \} \mathrm{d}A$$

$$W_2 = P_x u + P_y v + P_z w + \widetilde{M}_z \theta + \widetilde{M}_y(-u') + \widetilde{M}_x(-v') + \widetilde{B}_\omega(-\theta') \tag{12.27}$$

注意式中引用的量的方向：

$$P_z = \int_A p_z \mathrm{d}A \text{ 因 } p_z \text{ 保向，所以指向变形前 } C_1 \text{ 的 } z \text{ 方向上，与 } w \text{ 方向一致；} \tag{12.28a}$$

$$P_x = \int_A p_x \mathrm{d}A \text{ 因 } p_x \text{ 保向，所以指向变形前 } C_1 \text{ 的 } x \text{ 方向上，与 } u \text{ 方向一致；} \tag{12.28b}$$

$$P_y = \int_A p_y \mathrm{d}A \text{ 因 } p_y \text{ 保向，所以指向变形前 } C_1 \text{ 的 } y \text{ 方向上，与 } v \text{ 方向一致；} \tag{12.28c}$$

$$\widetilde{M}_x = \int_A p_z y \mathrm{d}A \text{ 绕转动后的 } x \text{ 轴，与 } -u' \text{ 方向不一致} \tag{12.28d}$$

说明：p_z 因扭转角 θ 而改变了位置，按照这个式子计算的弯矩，应理解为是绕扭转后的 x 轴计算的弯矩，是 C_2 状态以 C_2 状态的坐标系计算的量，与 $-v' C_2$ 状态以 C_1 坐标方向不一致。

$$\widetilde{M}_y = \int_A p_z x \mathrm{d}A \text{ 同理，是绕转动后的 } y \text{ 轴，与 } -u' \text{ 方向不一致} \tag{12.28e}$$

$$\widetilde{M}_z = \int_A [p_y(x - x_0) - p_x(y - y_0)] \mathrm{d}A \tag{12.28f}$$

说明：由于扭转后 p_x，p_y 作用点位置的移动，C_2 状态以 C_1 状态的坐标系计算的扭矩是

$$\widetilde{M}_{z2} = \int_A \{p_y[(x - x_0) - (y - y_0)\theta] - p_x[(y - y_0) + (x - x_0)\theta]\} \mathrm{d}A$$

C_2 状态以 C_2 状态的坐标系计算的扭矩是

$$\widetilde{M}_{z2,2} = \int_A [(p_y - p_x\theta)(x - x_0) - (p_x + p_y\theta)(y - y_0)] \mathrm{d}A$$

因此式(12.28f)这个扭矩在数值上是 C_1 状态以 C_1 状态的坐标系计算的量。

$$\widetilde{B}_\omega = \int_A p_z \omega \mathrm{d}A \tag{12.28g}$$

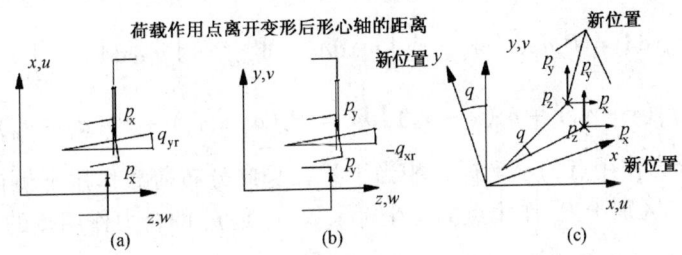

图 12.3　荷载保向下的变形

在式(12.28d, e)中，虽然 p_z 保向，但是其位置转动了(图 12.3c)，因此两弯矩 $\widetilde{M}_x$，$\widetilde{M}_y$ 是绕变形后的 x 和 y 轴，与 $-v'$ 和 $-u'$ 方向不一致，它们是绕变形前的 x，y 轴；式 (12.28f)的 M_z，因为 p_x，p_y 保向，所以仍指向变形前的 z 方向上，但是因为 p_x，p_y 的位置移动，可能产生新的扭矩增量，见图 12.3c。

同时由于截面绕 x，y 轴弯曲，p_x，p_y 离开形心轴 y 和 x 分别有一个纵向距离，见图 12.3(a)，(b)。

式(12.27)外力功的力矩项，要使得弯矩和扭矩的方向和大小与节点位移的方向一致，均要达成 C_2 状态按照 C_1 坐标系计算，则弯矩和扭矩要做如下修改。

变形前的点 $(x, y, 0)$ 在扭转后，仍以原来的坐标系 (C_1) 来确定，新的坐标系为 $(\bar{x}, \bar{y}, \Delta\bar{z})$，则

$$\bar{x} = x_0 + (x - x_0)\cos\theta - (y - y_0)\sin\theta \approx x - y\theta + y_0\theta \tag{12.29a}$$

$$\bar{y} = y_0 + (x - x_0)\sin\theta + (y - y_0)\cos\theta \approx y + x\theta - x_0\theta \tag{12.29b}$$

$$\Delta\bar{z} = -xu' - yv' - \omega\theta' \tag{12.29c}$$

定义如下 C_2 状态绕 C_1 形心坐标轴和剪心轴的弯矩和扭矩：

$$\widetilde{M}_{x2} = \int_A (p_z\bar{y} - p_y\Delta\bar{z}) \mathrm{d}A = \left[\int_A p_z(y + x\theta - x_0\theta) - p_y(-xu' - yv' - \omega\theta')\right] \mathrm{d}A \tag{12.30a}$$

$$\widetilde{M}_{y2} = \int_A (p_z\bar{x} - p_x\Delta\bar{z}) \mathrm{d}A = \int_A [p_z(x - y\theta + y_0\theta) - p_x(-xu' - yv' - \omega\theta')] \mathrm{d}A \tag{12.30b}$$

$$\widetilde{M}_{z2} = \int_A [p_y(\bar{x} - x_0) - p_x(\bar{y} - y_0)] \mathrm{d}A$$

$$= \int_A [\{p_y[(x - x_0)\cos\theta - (y - y_0)\sin\theta]\} - \{p_x[(y - y_0)\cos\theta + (x - x_0)\sin\theta]\}] \mathrm{d}A$$

$$= \widetilde{M}_z \cos\theta - \theta \int_A [p_y(y - y_0) + p_x(x - x_0)] dA \tag{12.30c}$$

式中 $W_{\tau p} = \int_A [p_y(y - y_0) + p_x(x - x_0)] dA$ ，类似于剪应力的 Wagner 效应。

对以上各式进行化简

$$\widetilde{M}_{x2} = \widetilde{M}_x + (\widetilde{M}_y - P_z x_0)\theta + W_{pyx}u' + W_{pyy}v' + W_{py\omega}\theta' \tag{12.31a}$$

$$\widetilde{M}_{y2} = \widetilde{M}_y - (\widetilde{M}_x - P_z y_0)\theta + W_{pxx}u' + W_{pxy}v' + W_{px\omega}\theta' \tag{12.31b}$$

$$\widetilde{M}_{z2} = \widetilde{M}_z - W_{\tau p}\theta \tag{12.31c}$$

式中

$$W_{pxx} = \int_A p_x x dA = P_x a_x, \quad W_{pxy} = \int_A p_x y dA, \quad W_{px\omega} = \int_A p_x \omega dA, \quad \int_A p_x dA = P_x$$

$$W_{pyy} = \int_A p_y y dA = P_y a_y, \quad W_{pyx} = \int_A p_y x dA, \quad W_{py\omega} = \int_A p_y \omega dA, \quad \int_A p_y dA = P_y$$

$$W_{\tau p} = \int_A [p_y(y - y_0) + p_x(x - x_0)] dA = P_y(a_y - y_0) + P_x(a_x - x_0)$$

式中 a_y 是 p_y 的合力作用点的 y 坐标，相当于梁在竖向分布荷载作用下侧向弯扭失稳时的荷载作用点高度，区别于 P_x 作用点的 y 坐标 y_{px}。a_x 是 p_x 的合力作用点的 x 坐标。记：

$$\int_A p_y(x - x_0) dA = M_{zpy}, \quad -\int_A p_x(y - y_0) dA = M_{zpx}, \tag{12.32a,b}$$

则 $\widetilde{M}_z = M_{zpx} + M_{zpy}$

$$\int_A p_y x dA = M_{zpy} + P_y x_0, \quad \int_A p_x y dA = -M_{zpx} + P_x y_0 \tag{12.32c,d}$$

在双轴对称工字形截面 x 是强轴、p_{sz} 按照弯曲和约束扭转剪应力那样分布时，$p_x = p_{sz} \cos\alpha$，$p_y = p_{sz} \sin\alpha$，$\int_A p_x x dA = \int_A p_y y dA = 0$，$\int_A p_x \omega dA = -P_y I_\omega/I_x$，和 $\int_A p_y \omega dA = 0$。$\int_A p_y(x - x_0) dA = 0$

$-\int_A p_x(y - y_0) dA = T_\omega$，$W_{\tau p} = 0$。弯矩和扭矩化为

$$\widetilde{M}_{x2} = \widetilde{M}_x + \widetilde{M}_y\theta \tag{12.33a}$$

$$\widetilde{M}_{y2} = \widetilde{M}_y - \widetilde{M}_x\theta - T_\omega v' - P_y I_\omega/I_x \theta' \tag{12.33b}$$

$$\widetilde{M}_{z2} = \widetilde{M}_z \tag{12.33c}$$

双力矩可以看成是一对方向相反的弯矩构成，这一对弯矩因扭转或弯曲而产生的附加分量总是相互抵消的，这样双力矩对哪个轴都是不变的，即

$$\widetilde{B}_{\omega2} = \int_A p_z \overline{\omega} dA = \int_A p_z \omega dA \tag{12.33d}$$

从式 (12.31a~c) 求出 $\widetilde{M}_x$ 和 $\widetilde{M}_y$，回代到式 (12.27)，并写成从 C_1 到 C_2 的增量变分形式，并考虑到单元有两端：

$$R_{2-1} = [P_x \delta u + P_y \delta v + P_z \delta w + \widetilde{M}_z \delta\theta + \widetilde{M}_y(-\delta u') + \widetilde{M}_x(-\delta v') + \widetilde{B}_\omega(-\delta\theta')]_0^L$$

$$= [P_{x2}\delta u + P_{y2}\delta v + P_{z2}\delta w + (\widetilde{M}_{z2} + W_{\tau p}\theta)\delta\theta + \widetilde{B}_{\omega2}(-\delta\theta')]_0^L$$

$$+ [\widetilde{M}_{y2} + (\widetilde{M}_x - P_z y_0)\theta - (-M_{zpx} + P_x y_0)v' - P_x a_x u' - W_{px\omega}\theta'](-\delta u')\big|_0^L$$

$$+ [\widetilde{M}_{x2} - (\widetilde{M}_y - P_z x_0)\theta - (M_{zpy} + P_y x_0)u' - P_y a_y v' - W_{py\theta}\theta'](-\delta v')\big|_0^L \tag{12.34}$$

这里需要说明，为什么要将式 (12.27) 的简单形式写成式 (12.34) 的形式？这是由能量

计算决定的，在应变能的计算中，有 $\dfrac{1}{2}\displaystyle\int_V \sigma_{ij}\varepsilon_{ij}\mathrm{d}V$，是因为 σ_{ij} 的方向与 ε_{ij} 的方向永远一致且应力随应变线性增加。而虚功的计算 $= F_i\delta u_i$ 也是力和虚位移的一致。式(12.24a，b)那些括号中的量与虚位移的乘积，表明括号中的量的方向与虚位移的方向一致，都是 C_2 状态以 C_1 坐标系的方向计量(定义)的力、弯矩和双力矩。这样式(12.27)中的量也需要按照这个规矩来改写成式(12.34)。

$$R_{1-1} = \left[\, P_x\delta u + P_y\delta v + P_z\delta w + \widetilde{M}_z\delta\theta + \widetilde{M}_y(-\delta u') + \widetilde{M}_x(-\delta v') + \widetilde{B}_\omega(-\delta\theta')\,\right]_0^l$$

(12.35)

12.3.5 刚体检验

将式(12.34)，式(12.35)应用到式(12.13)，只取边界项得到如下边界条件项：

$$
\begin{aligned}
R_{2-1} - R_{1-1} = &\left[(P_{x2} - P_x)\delta u + (P_{y2} - P_y)\delta v + (P_{z2} - P_z)\delta w \right]_0^L \\
&+ \left[\widetilde{M}_{y2} - \widetilde{M}_y + (\widetilde{M}_x - P_z y_0)\theta - (-M_{zpx} + P_x y_0)v' - P_x a_x u' - W_{px\omega}\theta' \right](-\delta u')\big|_0^L \\
&+ \left[\widetilde{M}_{x2} - \widetilde{M}_x - (\widetilde{M}_y - P_z x_0)\theta - (M_{zpy} + P_y x_0)u' - P_y a_y v' - W_{py\theta}\theta' \right](-\delta v')\big|_0^L \\
&+ \left[(\widetilde{M}_{z2} - \widetilde{M}_z + W_{\tau p}\theta)\delta\theta + (\widetilde{B}_{\omega 2} - \widetilde{B}_\omega)(-\delta\theta') \right]_0^L
\end{aligned}
$$

(12.36)

由式(12.24a)和上式得到边界条件如下：

δw：$\quad P_{z2} - P_{z1} = \dot{N} + Nw' - M_y u'' - M_x v'' - B_\omega\theta'' - Q_x u' - Q_y v' - T\theta'$ (12.37a)

δu：$\quad P_{x2} - P_{x1} = \dot{M}_y + Nu' - (M_x - Ny_0)\theta' - Q_y\theta + (M_y w')' + (B_\omega v'')'$
$\qquad\qquad\qquad - Q_x w' - Tv'' + 0.5(q_x a_y + q_y a_x - T')v'$ (12.37b)

δv：$\quad P_{y2} - P_{y1} = \dot{M}_x + Nv' + (M_y - Nx_0)\theta' + Q_x\theta + (M_x w')' + (B_\omega u'')'$
$\qquad\qquad\qquad - Q_y w' + Tu'' + 0.5(q_x a_y + q_y a_x + T')u'$ (12.37c)

$\delta u'$：$\quad \widetilde{M}_{y2} - \widetilde{M}_{y1} = \dot{M}_y - (\widetilde{M}_x - P_z y_0)\theta + M_y w' + B_\omega v''$
$\qquad\qquad\qquad + (-M_{zpx} + P_x y_0 - 0.5T_{st})v' + P_x a_x u' + W_{px\omega}\theta'$ (12.37d)

$\delta v'$：$\quad \widetilde{M}_{x2} - \widetilde{M}_{x1} = \dot{M}_x + (\widetilde{M}_y - P_z x_0)\theta + M_x w' + B_\omega u''$
$\qquad\qquad\qquad + (M_{zpy} + P_y x_0 + 0.5T_{st} + T_\omega)u' + P_y a_y v' + W_{py\theta}\theta'$ (12.37e)

$\delta\theta$：$\quad \widetilde{M}_{z2} - \widetilde{M}_{z1} = \dot{T}_{st} + \dot{T}_\omega + W_{\sigma z}\theta' + (M_y - Nx_0)v' - (M_x - Ny_0)u'$
$\qquad\qquad\qquad + W_\tau\theta + (B_\omega w')' - Tw' - W_{\tau p}\theta$ (12.37f)

$\delta\theta'$：$\quad \widetilde{B}_{\omega 2} - \widetilde{B}_{\omega 1} = \dot{B}_\omega + B_\omega w'$ (12.37g)

下面讨论一下刚体位移和刚体转动下边界条件项的变化及其物理意义。

如果仅发生轴向平移：$w = w_r$，横向平移：$u = u_r$ 或 $v = v_r$，则

$P_{z2} - P_{z1} = 0$，$P_{x2} - P_{x1} = 0$，$P_{y2} - P_{y1} = 0$，

$\widetilde{M}_{y2} - \widetilde{M}_{y1} = 0$，$\widetilde{M}_{x2} - \widetilde{M}_{x1} = 0$，$\widetilde{M}_{z2} - \widetilde{M}_{z1} = 0$，$\widetilde{B}_{\omega 2} - \widetilde{B}_{\omega 1} = 0$

如果是刚体转动，设在 C_1 状态下的杆端力为 P_{z1}，P_{x1}，P_{y1}，M_{z1}，M_{x1}，M_{y1}，$B_{\omega 1}$，然后单元产生如下的刚体位移

（1）$w = w_r$，$u = u_r + z\theta_{yr}$，$u' = \theta_{yr}$，$\theta = 0$，$\theta' = 0$，$v = 0$，$v' = 0$，由于是刚体位移，所以

$$\dot{N} = 0，\quad \dot{M}_x = \dot{M}_y = \dot{M}_z = 0，\quad \dot{B}_\omega = 0$$

407

图 12.4 给出了刚体检验的要求，从图上看，

$$P_{x2} = P_{x1} + P_{z1}\theta_{yr}, \qquad P_{z2} = P_{z1} - P_{x1}\theta_{yr}, \qquad M_{x2} = M_{x1} + (M_{z1} + P_{y1}x_0)\theta_{yr},$$

$$M_{z2} = M_{z1} - (M_{x1} - P_{z1}y_0)\theta_{yr}$$

上面最后一个式子是因为 P_{z1} 产生 x 方向的分量 $P_{z1}\theta_{yr}$ 对剪切中心的扭矩。注意到 $N = P_{z1}$，将刚体位移代入式(12.37a ~ g)得到

$$P_{z2} = P_{z1} - P_{x1}\theta_{yr} (通过) \tag{12.38a}$$

$$P_{x2} = P_{x1} + P_{z1}\theta_{yr} (通过) \tag{12.38b}$$

$$\widetilde{M}_{z2} = \widetilde{M}_{z1} - (M_{x1} - P_{z1}y_0)\theta_{yr} (通过) \tag{12.38c}$$

$$\widetilde{M}_{x2} = \widetilde{M}_{x1} + (M_{zpy} + 0.5T_{st} + T_\omega + P_y x_0)\theta_{yr} (通过, M_{z1} = 0.5T_{st} + T_\omega + M_{zpy}) \tag{12.38d}$$

$$P_{y2} = P_{y1}, \quad \widetilde{M}_{y2} = \widetilde{M}_{y1}, \quad \widetilde{B}_{\omega2} = \widetilde{B}_{\omega1} \tag{12.38e,f,g}$$

因此通过了刚体检验。

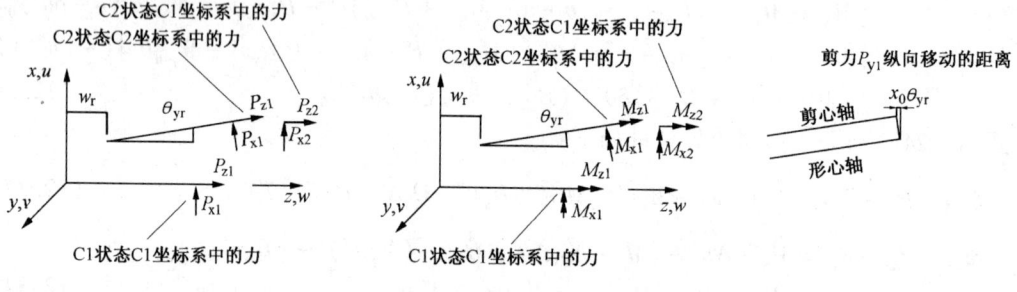

图 12.4　刚体检验 1

（2）下面作如下的刚体变形（图 12.5）

$$w = w_r, \quad v = v_r - z\theta_{xr}, \quad v' = -\theta_{xr}, \quad \theta = 0, \quad \theta' = 0, \quad u = 0, \quad u' = 0,$$

从图 12.5 可以看出，要满足刚体检验，应该出现如下的表达式

$$P_{z2} = P_{z1} + P_{y1}\theta_{xr}, \quad P_{y2} = P_{y1} - P_{z1}\theta_{xr}, \quad M_{y2} = M_{y1} + (M_{z1} - P_{x1}y_0)\theta_{xr},$$

$$M_{z2} = M_{z1} - (M_{y1} - P_{z1}x_0)\theta_{xr}$$

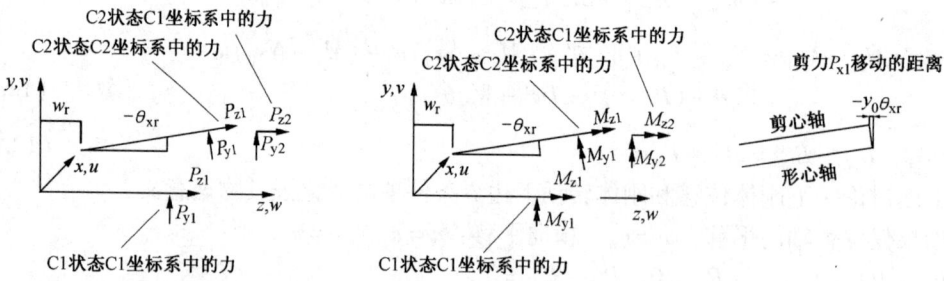

图 12.5　刚体检验 2

将刚体位移代入式(12.37a ~ g)得到

$$P_{z2} = P_{z1} + P_{y1}\theta_{xr} (通过) \tag{12.39a}$$

$$P_{y2} = P_{y1} - P_{z1}\theta_{xr} (通过) \tag{12.39b}$$

$$\widetilde{M}_{z2} = \widetilde{M}_{z1} - (M_{y1} - P_{z1}x_0)\theta_{xr} (通过) \tag{12.39c}$$

$$\tilde{M}_{y2} = \tilde{M}_{y1} + (M_{zpx} + 0.5T_{st} - P_x y_0)\theta_{xr} \ (\text{通过}, \tilde{M}_{z1} = M_{zpx} + 0.5T_{st}) \qquad (12.39d)$$

$$P_{x2} = P_{x1}, \ \tilde{M}_{x2} = \tilde{M}_{x1}, \ \tilde{B}_{\omega 2} = \tilde{B}_{\omega 1} \qquad (12.39e,f,g)$$

因此也能够通过刚体检验。

（3）如果出现刚体扭转角 θ_r，则按照图 12.6，应该出现如下的结果

$$P_{x2} = P_{x1} - P_{y1}\theta_r, \ P_{y2} = P_{y1} + P_{x1}\theta_r, \ M_{x2} = M_{x1} + (M_{y1} - P_{z1}x_0)\theta_r,$$

$$M_{y2} = M_{y1} - (M_{x1} - P_{z1}y_0)\theta_r$$

按照式（12.20a～g），可以得到

$$P_{z2} - P_{z1} = 0, \ P_{x2} = P_{x1} - Q_y\theta, \ P_{y2} = P_{y1} + Q_x\theta, \ \tilde{M}_{y2} = \tilde{M}_{y1} - (\tilde{M}_x - P_z y_0)\theta$$

$$\tilde{M}_{x2} = \tilde{M}_{x1} + (\tilde{M}_y - P_z x_0)\theta, \ \tilde{M}_{z2} - \tilde{M}_{z1} = W_\tau\theta - W_{\tau p}\theta = 0, \ \tilde{B}_{\omega 2} = \tilde{B}_{\omega 1}$$

因此三种刚体转动下均通过了刚体检验。

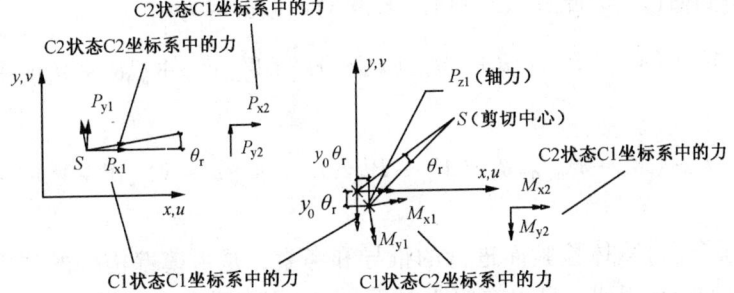

图 12.6　刚体检验 3

下面讨论一下刚体检验的物理意义：在本书的推导中均认为，变形后应力是要改变方向的。即以下内应力合力均是在变形后的坐标方向的：

$$N = \int_A \sigma_z \mathrm{d}A \qquad \text{在变形后的 } z \text{ 方向上，即 C2 状态，C2 坐标系方向；}$$

$$Q_x = \int_A \tau_{zx} \mathrm{d}A \qquad \text{在变形后的 } x \text{ 方向上，即 C2 状态，C2 坐标系方向；}$$

$$Q_y = \int_A \tau_{zy} \mathrm{d}A \qquad \text{在变形后的 } y \text{ 方向上，即 C2 状态，C2 坐标系方向；}$$

$$M_x = \int_A \sigma_z y \mathrm{d}A \qquad \text{绕变形后的 } x \text{ 轴，切向弯矩，即 C2 状态，C2 坐标系方向；}$$

$$M_y = \int_A \sigma_z x \mathrm{d}A \qquad \text{绕变形后的 } y \text{ 轴，切向弯矩，即 C2 状态，C2 坐标系方向；}$$

$$M_z = \int_A [\tau_{zy}(x - x_0) - \tau_{zx}(y - y_0)] \mathrm{d}A, \text{其方向随自由扭转力矩和约束扭转力矩比例而}$$
不同，因为自由扭转力矩是半切线扭矩，约束扭转力矩对工字形截面是两种准切线力矩之一，对矩形钢管截面是两种准切线扭矩的混合。

但是式（12.37a～g）各个式子前面对应的位移是 C_1 坐标系方向的。因此对应的力（括号中的项）也应该是 C_1 坐标系方向的。例如式（12.37b）中的 Nu' 和 $-Q_y\theta$，播放器正是将上述变形后的坐标方向的力（C2 坐标系）向变形前坐标方向（C1 坐标系方向）投影的结果。非线性分析理论如果不能满足刚体检验，表明对变形后内力向变形前坐标系投影不正确。

特别考察式（12.38d）和式（12.39d）的扭矩项：

$$M_{z1} = 0.5T_{st} + T_\omega + M_{zpy}, \quad \widetilde{M}_{z1} = M_{zpx} + 0.5T_{st}$$

在杆端截面上，首先假设 p_x，p_y 仿佛是自由扭转产生的剪应力那样分布的荷载，则 $M_{zpy1} = M_{zpx1} = 0.5\widetilde{M}_{z1}$，此时当然有 $M_{\omega1} = 0$，并且 $T_{st} = M_{z1}$，因此

$$0.5T_{st1} + M_{\omega1} + M_{zpy1} = 0.5\widetilde{M}_{z1} + 0 + 0.5\widetilde{M}_{z1} = \widetilde{M}_{z1}, \quad 0.5T_{st1} + M_{zpx1} = \widetilde{M}_{z1}$$

因此式（12.38d）和式（12.39d）能够通过刚体检验。

其次假设 p_x，p_y 仿佛是翘曲扭转产生的剪应力那样分布的荷载，对于强轴是 x 轴的工字形截面，翼缘中面平行于 x 轴，因此 $p_y = 0$，$M_{zpy} = 0$，$M_{zpx} = \widetilde{M}_{z1}$，此时有 $T_{st} = 0$，$T_\omega = \widetilde{M}_{z1}$，因此

$$0.5T_{st1} + T_{\omega1} + M_{zpy1} = 0 + \widetilde{M}_{z1} + 0 = \widetilde{M}_{z1}, \quad 0.5T_{st1} + M_{zpx1} = \widetilde{M}_{z1}$$

因此这种荷载分布也能够通过刚体检验。可以进一步对其他的荷载分布进行刚体检验，同样可以得到通过，因此式（12.38d，12.38b）可以简写为

$$\widetilde{M}_{x2} - \widetilde{M}_{x1} = \dot{M}_x + (\widetilde{M}_{y1} - P_{z1}x_0)\theta + (M_{z1} + P_{y1}x_0)u' + W_{pyy}v' + W_{py\theta}\theta' + M_x w' + B_\omega u'' \tag{12.40a}$$

$$\widetilde{M}_{y2} - \widetilde{M}_{y1} = \dot{M}_y - (\widetilde{M}_{x1} - P_{z1}y_0)\theta - (M_{z1} - P_{x1}y_0)v' + W_{pxx}u' + W_{px\omega}\theta' + M_y w' + B_\omega v'' \tag{12.40b}$$

上述这种为了通过刚体检验而进行的推导和考察，是由薄壁构件的如下特点所引起的：一个扭矩有两部分组成，自由端扭矩等于 0，并不表示自由扭转力矩为 0，而自由扭转力矩和翘曲扭转力矩的性质又是不同的，它们分别是半切向扭矩和准切向扭矩。

12.3.6 弹塑性大变形分析的虚功原理

推导有限元公式必须从虚功原理出发，根据上面论述，本章的有限元方法依据下面的虚功原理：

$$\delta U_1 + \delta U_2 + \delta U_3 = \delta W_1 + \delta W_2 + \delta W_j \tag{12.41}$$

式中

$$\delta U_1 = \int_0^L \{ \dot{N}\delta w' - \dot{M}_y \delta u'' - \dot{M}_x \delta v'' - \dot{B}_\omega \delta\theta'' + \dot{T}_{st}\delta\theta' \} \, dz \tag{12.42a}$$

$$\delta U_2 = \int_0^L \left\{ \begin{array}{l} N(u'\delta u' + v'\delta v') + W_{\sigma z}\theta'\delta\theta' - (M_x - Ny_0)\delta(u'\theta') + (M_y - Nx_0)\delta(v'\theta') \\ - Q_y\delta(u'\theta) + Q_x\delta(v'\theta) + W_\tau\delta(\theta'\theta) + [q_y(a_y - y_0) + q_x(a_x - x_0) + W_\tau']\theta\delta\theta \end{array} \right\} dz$$
$$+ \sum_i \{ [P_{yi}(a_{yi} - y_0 - \beta_x) + P_{xi}(a_{xi} - x_0 - \beta_y)]\theta_i\delta\theta_i \}_{z=z_i} \tag{12.42b}$$

$$\delta U_3 = \int_0^L Nw'\delta w' \, dz - \int_0^L (M_y u'' + M_x v'' + B_\omega \theta'')\delta w' \, dz - \int_0^L (M_y \delta u'' + M_x \delta v'' + B_\omega \delta\theta'')w' \, dz$$
$$- \int_0^L [Q_x\delta(w'u') + Q_y\delta(w'v') + T\delta(w'\theta')] \, dz + \int_0^L [0.5T_{st}\delta(v'u'') - (0.5T_{st} + T_\omega)\delta(u'v'')] \, dz$$
$$- \int_0^L B_\omega\delta(u''v'') \, dz + \frac{1}{2}\int_0^L (q_x a_y + q_y a_x - T_\omega')\delta(v'u') \, dz \tag{12.42c}$$

$$\delta W_1 = \int_0^L (q_x\delta u + q_y\delta v + m_z\delta\theta) \, dz \tag{12.42d}$$

$$\delta W_2 = [(P_{x2} - P_{x1})\delta u + (P_{y2} - P_{y1})\delta v + (P_{z2} - P_{z1})\delta w + (\widetilde{M}_{z2} - \widetilde{M}_{z1})\delta\theta]\big|_0^L$$
$$+ [(\widetilde{M}_{y2} - \widetilde{M}_{y1})(-\delta u')]_0^L + [(\widetilde{M}_{x2} - \widetilde{M}_{x1})(-\delta v')]_0^L + [(\widetilde{B}_{\omega2} - \widetilde{B}_{\omega1})(-\delta\theta')]_0^L \tag{12.42e}$$

$$\delta W_j = \left[(\tilde{M}_{y1} - P_{z1}x_0)\theta + (M_{zpy1} + P_{y1}x_0)u' + W_{pyy}v' + W_{py\theta}\theta' \right]\delta v'\Big|_0^L$$
$$+ \left[-(\tilde{M}_{x1} - P_{z1}y_0)\theta + (-M_{zpx1} + P_{x1}y_0)v' + W_{pxx}u' + W_{px\omega}\theta' \right]\delta u'\Big|_0^L + W_{\tau p}\theta\delta\theta\Big|_0^L$$

$$(12.42f)$$

本章的虚功原理和第 7 章的能量原理的区别在于，本章的能量原理能够通过刚体检验，能够用于大变形的分析，而第 7 章的理论适宜用于小变形和构件屈曲分析。在 12.3.2 小节论述了刚体检验的必要性及其在 U.L. 格式的非线性数值增量计算方法中带来的方便。

第二个区别是第 7 章的理论是建立在变形后的位置上的平衡，相当于 Euler 格式的非线性分析方法。这种方法不同于 T.L. 格式（以 C_0 坐标系作为参照系）的方法，也不同于 U.L. 格式（以 C_1 坐标系作为参照系）的方法，Euler 格式的方法是以 C_2 状态的坐标系建立能量原理和数值方法的，这一点在假想荷载法的推导中体现得特别明显。

为了使得理论能够通过刚体检验，要求剪力在变形后，在 C_1 坐标系的轴向分量在推导的公式系统中得到反映。这个分量在研究屈曲问题时是不重要的。为什么？因为屈曲是由压应力引起的，所以屈曲问题中压力是决定性的（图 12.7a），剪力本身很小或者没有，当然这种分量就更小，其影响也就完全可以忽略。

但是在大变形问题的分析中，剪力本来就很大的问题中，例如悬臂柱承受柱顶水平集中力（图 12.7b）。此时只有剪力，要分析其大变形问题，剪力在轴向的分量的影响就很大，此时必须采用使得剪力能够在轴向产生分量的公式系统，此时必须采用式（12.41）。

这样看来，式（12.41）能够适应任何大变形问题的分析，例如图 12.7c 这种剪力和轴力的影响均不能忽略的情况。

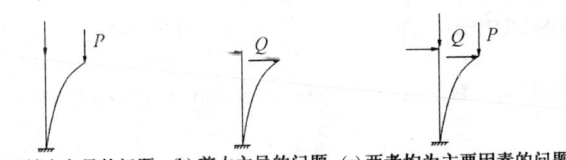

(a) 轴力主导的问题　(b) 剪力主导的问题　(c) 两者均为主要因素的问题

图 12.7　主导因素不同的问题

下面考察，对于悬臂梁端部承受弯矩这个问题，能量原理式（12.41）会给出什么样的边界条件？因为按照本章基于 C_1 坐标系的理论，在屈曲后（C_2 状态），梁的端部将有 C_1 坐标系下的弯矩分量 $\Delta M_y = -M\theta$，即 $\tilde{M}_{y2} - \tilde{M}_{y1} = -M\theta$，而式（12.37d）的右边为

$$\dot{M}_y - (M_{x1} - P_{z1}y_0)\theta - (0.5T_{st1} + M_{zpx1} - P_{x1}y_0)v' = -EI_yu'' - M\theta$$

两边相等得到与式（6.5a）完全相同的边界条件。

而在第 6 章一直强调，保守的弯矩在弯扭屈曲后（C_2 状态），如式（6.5a）那样，没有绕变形后的弱轴（C_2 坐标系）的弯矩分量产生。

因此参考的坐标系不同，最终结果一样，所以两者并不矛盾。

12.3.7　有限元分析的节点位移和节点力的正负号规定和位移模式

图 12.8 示出了有限元分析采用的位移、转角、扭率和对应的力、弯矩、扭矩和双力矩的正负号的规定。其中特别注意第 2 个节点（节点 j）与图 1.25 所示的截面内力的正负号规定的不同。

单元的节点位移列阵是

$$\{d_e\} = \langle w_i, u_i, v_i, \theta_{xi}, \theta_{yi}, \theta_{zi}, \theta_{\omega i}, w_j, u_j, v_j, \theta_{xj}, \theta_{yj}, \theta_{zj}, \theta_{\omega j}\rangle^{\mathrm{T}}$$
$$= \langle w_i, u_i, v_i, -v_i', u_i', \theta_{zi}, \theta_i', w_j, u_j, v_j, -v_j', u_j', \theta_{zj}, \theta_j'\rangle^{\mathrm{T}} \tag{12.43}$$

这样定义节点位移,位移和转角都有坐标转换的便利。这里特别引进 θ_ω 代表扭率 θ_z',$\theta_x = -v'$,$\theta_y = u'$,使得转角按照右手螺旋法则大拇指指向坐标正方向。对应的节点力是

$$\{F_e\} = \langle N_i, Q_{xi}, Q_{yi}, M_{xi}, M_{yi}, M_{zi}, B_{\omega i}, \quad N_j, Q_{xj}, Q_{yj}, M_{xj}, M_{yj}, M_{zj}, B_{\omega j}\rangle^{\mathrm{T}} \tag{12.44}$$

注意,为了和节点位移的正方向定义一致,M_y 和 B_ω 的正方向与图 1.25 的截面内力的正方向的规定相反。为了在有限元分析中不易引起混淆,在总势能或者虚功的式子中,将截面内力的正负号按照有限元分析的第 2 个节点的节点力的正负号来定义。这要求前面按照图 1.25 规定的截面内力正方向约定推导的总势能公式中的 M_y 和 B_ω 改变符号。这样

$$M_x = -EI_x v'', \quad M_y = EI_y u'', \quad B_\omega = EI_\omega \theta'', \quad Q_x = -M_y', \quad Q_y = M_x', \quad T_\omega = -B_\omega' \tag{12.45}$$

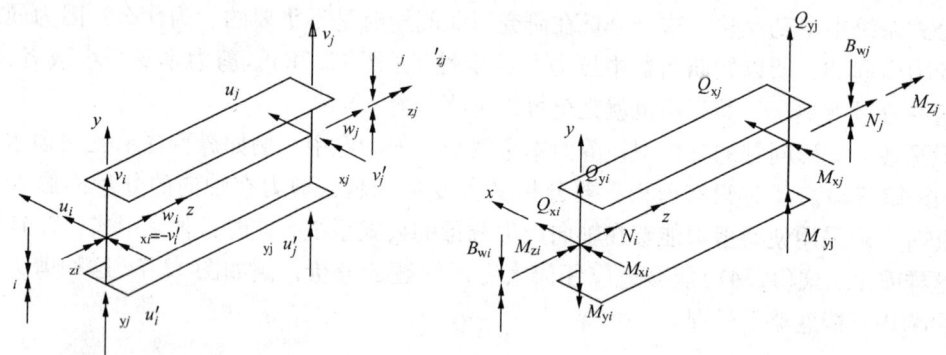

有限元分析的位移及其转角的正方向　　　　　　有限元分析的节点力的正方向

图 12.8　有限元分析采用的位移和节点力的正负号规定

$$\delta U_1 = \int_0^L \{\dot{N}\delta w' + \dot{M}_y \delta u'' - \dot{M}_x \delta v'' + \dot{B}_\omega \delta\theta'' + \dot{T}_{st}\delta\theta'\}\,\mathrm{d}z$$
$$= \int_0^L \{EAw'\delta w' + EI_y u''\delta u'' + EI_x v''\delta v'' + EI_\omega \theta''\delta\theta'' + GJ\theta'\delta\theta'\}\,\mathrm{d}z \tag{12.46a}$$

$$\delta U_2 = \int_0^L \left\{ \begin{array}{l} N(u'\delta u' + v'\delta v') + W_{\sigma z}\theta'\delta\theta' - (M_x - Ny_0)\delta(u'\theta') - (M_y + Nx_0)\delta(v'\theta') \\ - Q_y\delta(u'\theta) - Q_x\delta(-v'\theta) + W_\tau\delta(\theta'\theta) + [q_y(a_y - y_0) + q_x(a_x - x_0) + W_\tau']\theta\delta\theta \end{array} \right\}\mathrm{d}z$$
$$+ \sum_i \{[P_{yi}(a_{yi} - y_0 - \beta_x) + P_{xi}(a_{xi} - x_0 - \beta_y)]\theta_i\delta\theta_i\}_{z=z_i} \tag{12.46b}$$

$$\delta U_3 = \int_0^L Nw'\delta w'\mathrm{d}z - \int_0^L (-M_y u'' + M_x v'' - B_\omega \theta'')\delta w'\mathrm{d}z - \int_0^L (-M_y\delta u'' + M_x\delta v'' - B_\omega\delta\theta'')w'\mathrm{d}z$$
$$- \int_0^L [Q_x\delta(w'u') + Q_y\delta(w'v') + T\delta(w'\theta')]\mathrm{d}z + \int_0^L [0.5T_{st}\delta(v'u'') - (0.5T_{st} + T_\omega)\delta(u'v'')]\mathrm{d}z$$
$$+ \int_0^L B_\omega\delta(u''v'')\mathrm{d}z + \frac{1}{2}\int_0^L (q_x a_y + q_y a_x - T_\omega')\delta(v'u')\mathrm{d}z \tag{12.46c}$$

$$\delta W_1 = \int_0^L (q_x\delta u + q_y\delta v + m_z\delta\theta)\mathrm{d}z \tag{12.46d}$$

$$\delta W_2 = [(P_{x2} - P_{x1})\delta u + (P_{y2} - P_{y1})\delta v + (P_{z2} - P_{z1})\delta w + (\widetilde{M}_{z2} - \widetilde{M}_{z1})\delta\theta]\big|_0^L$$

$$+ \left[(\tilde{M}_{y2} - \tilde{M}_{y1}) \delta u' \right]_0^L + \left[(\tilde{M}_{x2} - \tilde{M}_{x1}) (-\delta v') \right]_0^L + \left[(\bar{B}_{\omega2} - \bar{B}_{\omega1}) \delta\theta' \right]_0^l \qquad (12.46e)$$

$$\delta W_j = \left[(\tilde{M}_{y1} + P_{z1}x_0) \theta - (M_{zpy1} + P_{y1}x_0) u' + W_{pyy}(-v') - W_{py\omega}\theta' \right] (-\delta v') \big|_0^L$$
$$+ \left[-(\tilde{M}_{x1} - P_{z1}y_0) \theta + (M_{zpx1} - P_{x1}y_0)(-v') + W_{pxx}u' + W_{px\omega}\theta' \right] \delta u' \big|_0^L + W_{\tau p}\theta\delta\theta \big|_0^L$$

$$(12.46f)$$

在有限元分析过程中，需要将薄壁构件沿纵向划分为多个首尾相接的单元，在每个单元内，任意一点的位移用单元的节点位移来表示，因此必须假定位移在单元内的变化规律，即位移函数。对于薄壁构件来说，横向位移和转角一般采用三次多项式，而轴向位移通常采用一次多项式进行插值：

$$w = a_1 + a_2 z \qquad (12.47a)$$

$$u = a_3 + a_4 z + a_5 z^2 + a_6 z^3 \qquad (12.47b)$$

$$v = a_7 + a_8 z + a_9 z^2 + a_{10} z^3 \qquad (12.47c)$$

$$\theta = a_{11} + a_{12} z + a_{13} z^2 + a_{14} z^3 \qquad (12.47d)$$

如令单元的节点位移向量为：

$$\{d_e\}_{tmp} = \langle \{w\}^T, \{u\}^T, \{v\}^T, \{\theta\}^T \rangle^T \qquad (12.48)$$

其中：

$$\{w\} = \langle w_i, \ w_j \rangle^T \qquad (12.49a)$$

$$\{u\} = \langle u_i, \ u_i', \ u_j, \ u_j' \rangle^T \qquad (12.49b)$$

$$\{v\} = \langle v_i, v_i', v_j, v_j' \rangle^T \qquad (12.49c)$$

$$\{\theta\} = \langle \theta_i, \ \theta_i', \ \theta_j, \ \theta_j' \rangle^T \qquad (12.49d)$$

式中的下标表示单元的两个节点 i 和 j 处的位移。将节点处的位移作为边界条件代入式（12.47a~d），可得单元内任意一点的位移为：

$$w = \langle n_1 \rangle \{w\}, \ u = \langle n_3 \rangle \{u\}, \ v = \langle n_3 \rangle \{v\}, \ \theta = \langle n_3 \rangle \{\theta\} \qquad (12.50a,b,c,d)$$

其中：

$$\langle n_1 \rangle = \langle 1 - \beta, \ \beta \rangle \qquad (12.51a)$$

$$\langle n_3 \rangle = \langle 1 - 3\beta^2 + 2\beta^3, \ (\beta - 2\beta^2 + \beta^3)L, \ 3\beta^2 - 2\beta^3, \ (-\beta^2 + \beta^3)L \rangle \qquad (12.51b)$$

式中 L 为单元的长度，$\beta = z/L$。所以：

$$\langle n_1 \rangle' = \frac{1}{L} \langle -1, 1 \rangle \qquad (12.52a)$$

$$\langle n_3 \rangle' = \frac{1}{L} \langle -6\beta + 6\beta^2, (1 - 4\beta + 3\beta^2)L, 6\beta - 6\beta^2, (-2\beta + 3\beta^2)L \rangle \qquad (12.52b)$$

$$\langle n_3 \rangle'' = \frac{1}{L^2} \langle -6 + 12\beta, (-4 + 6\beta)L, 6 - 12\beta, (-2 + 6\beta)L \rangle \qquad (12.52c)$$

节点位移采用了式(12.48)和式(12.49a~d)等形式，是为了下面的推导方便。在形成单元最后形式的刚度矩阵时，还要变换成式(12.43)的形式。

12.3.8 单元刚度矩阵和等效节点力的积分表达式

U.L. 格式的增量虚功方程式(12.13)也可用下面的矩阵形式来表示：

$$\delta\{\Delta d_e\}^T ([K_{Le}] + [K_{Ge}]) \{\Delta d_e\} = \delta\{\Delta d_e\}^T (\{F_e\} - \{F_{inte}\}) \qquad (12.53)$$

式中 $[K_{Le}]$ 和 $[K_{Ge}]$ 分别为单元的线性刚度矩阵和几何刚度矩阵，$\{\Delta d_e\}$ 为位移向量的增量，且：

$$\delta\{\Delta d_e\}^T[K_{Le}]\{\Delta_e\} = \int_{V_1} C_{ijkl}\Delta^*\varepsilon_{ij}^L\delta(\Delta^*\varepsilon_{kl}^L)\mathrm{d}V_1 \qquad (12.54\mathrm{a})$$

$$\delta\{\Delta d_e\}^T[K_{Ge}]\{\Delta_e\} = \int_{V_1} \sigma_{ij1-1}\delta\Delta^*\varepsilon_{ij}^N\mathrm{d}V_1 \qquad (12.54\mathrm{b})$$

$$\delta\{\Delta d_e\}^T\{F_{inte}\} = R_{1-1} = \int_{V_1} \sigma_{ij1-1}\delta(\Delta^*\varepsilon_{ij}^L)\mathrm{d}V_1 \qquad (12.54\mathrm{c})$$

式(12.53)右边的向量$\{F_e\}$和$\{F_{inte}\}$为单元的节点力，其中$\{F_{inte}\}$为内力等效节点力，$\{F_e\}$为实际施加的节点荷载，两者之差为不平衡力。

与式(12.48，12.49a～d)的节点位移向量相应的单元节点力的向量为（以$\{F_e\}$为例）：

$$\{F_e\}_{tmp} = \langle N_i, N_j, Q_{xi}, M_{yi}, Q_{xj}, M_{yj}, Q_{yi}, -M_{xi}, Q_{yj}, -M_{xj}, M_{zi}, B_{\omega i}, M_{zj}, B_{\omega j}\rangle^T \qquad (12.55)$$

与需要的节点力向量式(12.44)有差别。注意节点力的正方向与对应坐标轴的正方向一致（图12.8），且轴力和弯矩均对应于截面的形心，剪力和扭矩相对于截面的剪心。在节点位移中采用了v'而不是$-v'$，所以弯矩M_x要加负号。

将式(12.54a～c)应用于三维薄壁构件单元时，得：

$$\delta\{\Delta d_e\}^T[K_{Le}]\{\Delta d_e\} = \int_V (E_t\Delta\varepsilon_z^L\delta\Delta\varepsilon_z^L + G_t\Delta\gamma_{st}\delta\Delta\gamma_{st})\mathrm{d}V \qquad (12.56\mathrm{a})$$

$$\delta\{\Delta d_e\}^T[K_{Ge}]\{\Delta d_e\} = \int_V (\sigma_z\delta\Delta\varepsilon_z^N + \tau_{zs}\delta\Delta\gamma_{zs}^N + \sigma_s\delta\Delta\varepsilon_s^N)\mathrm{d}V \qquad (12.56\mathrm{b})$$

$$\delta\{\Delta d_e\}^T\{F_{inte}\} = \int_V (\sigma_z\delta\Delta\varepsilon_z^L + \tau_{st}\delta\Delta\gamma_{st})\mathrm{d}V \qquad (12.56\mathrm{c})$$

上式中的所有变量均参考C_1构形，应变和位移均为从C_1构形到C_2构形的增量，应力均为C_1构形的已知应力，E_t和G_t为任意点材料的切线模量。

12.3.9 单元刚度矩阵

在推导单元刚度矩阵之前，首先对 U. L. 格式的应变增量的表达式进行说明。根据 Green 应变的定义，在t时刻，任意点的 Green 应变为：

$$\varepsilon_{ij} = \frac{1}{2}\left(\frac{\partial u_i}{\partial x_j} + \frac{\partial u_j}{\partial x_i} + \frac{\partial u_k}{\partial x_i}\frac{\partial u_k}{\partial x_j}\right) \qquad (12.57)$$

式中u表示位移，x表示坐标，所有量均参考C_1构形。假定从t_k时刻到$t_k + \Delta t_k$时刻，应变增量和位移增量分别为$\Delta\varepsilon$和Δu，得到$t_k + \Delta t_k$任意点的 Green 应变为：

$$\varepsilon_{ij} + \Delta\varepsilon_{ij} = \frac{1}{2}\left[\frac{\partial(u_i + \Delta u_i)}{\partial x_j} + \frac{\partial(u_j + \Delta u_j)}{\partial x_i} + \frac{\partial(u_k + \Delta u_k)}{\partial x_i}\frac{\partial(u_k + \Delta u_k)}{\partial x_j}\right] \qquad (12.58)$$

由式(12.54)与式(12.53)之差，可得应变增量$\Delta\varepsilon_{ij}$的表达式：

$$\Delta\varepsilon_{ij} = \frac{1}{2}\left(\frac{\partial\Delta u_i}{\partial x_j} + \frac{\partial\Delta u_j}{\partial x_i} + \frac{\partial u_k}{\partial x_i}\frac{\partial\Delta u_k}{\partial x_j} + \frac{\partial\Delta u_k}{\partial x_i}\frac{\partial u_k}{\partial x_j} + \frac{\partial\Delta u_k}{\partial x_i}\frac{\partial\Delta u_k}{\partial x_j}\right) \qquad (12.59)$$

在 U. L. 格式中，在计算从t_k时刻到$t_k + \Delta t_k$时刻各变量的增量时，参照的是C_1构形，所以t_k时刻的初位移u等于零，则：

$$\Delta\varepsilon_{ij} = \frac{1}{2}\left(\frac{\partial\Delta u_i}{\partial x_j} + \frac{\partial\Delta u_j}{\partial x_i} + \frac{\partial\Delta u_k}{\partial x_i}\frac{\partial\Delta u_k}{\partial x_j}\right) \qquad (12.60)$$

比较式(12.60)与式(12.57)，可以发现只需将位移替换成相应的增量即可得到 U. L. 格式中增量形式的 Green 应变的表达式，这一点与 T. L. 格式不同，在 T. L. 格式中应变增

414

量应直接采用式(12.59)。

为了下面的推导方便，对弹塑性阶段的截面的切线刚度进行定义：

$$E_\mathrm{T}A = \int_A E_\mathrm{t}\mathrm{d}A \ , \qquad E_\mathrm{T}S_\mathrm{y} = \int_A E_\mathrm{t}x\mathrm{d}A \ , \qquad E_\mathrm{T}S_\mathrm{x} = \int_A E_\mathrm{t}y\mathrm{d}A \ , \qquad E_\mathrm{T}S_\omega = \int_A E_\mathrm{t}\omega\mathrm{d}A$$

$$E_\mathrm{T}I_\mathrm{y} = \int_A E_\mathrm{t}x^2\mathrm{d}A \ , \qquad E_\mathrm{T}I_\mathrm{xy} = \int_A E_\mathrm{t}xy\mathrm{d}A \ , \qquad E_\mathrm{T}I_\mathrm{x} = \int_A E_\mathrm{t}y^2\mathrm{d}A \qquad (12.61)$$

$$E_\mathrm{T}I_\omega = \int_A E_\mathrm{t}\omega^2\mathrm{d}A \ , \qquad E_\mathrm{T}I_\mathrm{x\omega} = \int_A E_\mathrm{t}x\omega\mathrm{d}A \ , \qquad E_\mathrm{T}I_\mathrm{y\omega} = \int_A E_\mathrm{t}y\omega\mathrm{d}A$$

为了更加精确地计算弹塑性阶段截面的刚度，本章假定在单元内部截面性质沿长度按线性变化，如以轴向刚度为例，有：

$$E_\mathrm{T}A = E_\mathrm{T}A_i + (E_\mathrm{T}A_j - E_\mathrm{T}A_i)\beta \qquad (12.62)$$

式中下标 i 和 j 分别表示单元的两个节点，其他的截面刚度以此类推。

12.3.9.1 单元的物理刚度矩阵

薄壁构件的单元线性刚度矩阵，来自 δU_1，由式(12.56a)得到，将各应变增量的表达式代入，得：

$$\delta\{\Delta d_\mathrm{e}\}_\mathrm{tmp}^\mathrm{T}[K_\mathrm{Le}]\{\Delta d_\mathrm{e}\}_\mathrm{tmp} = \int_V E_\mathrm{t}[\Delta w' - x\Delta u'' - y\Delta v'' - \omega\Delta\theta'']\cdot$$

$$\delta[\Delta w' - x\Delta u'' - y\Delta v'' - \omega\Delta\theta'']\mathrm{d}V + \int_V G_\mathrm{t}2n\Delta\theta'\delta(2n\Delta\theta')\mathrm{d}A\mathrm{d}Z \qquad (12.63)$$

将上式等号右边的各项分别积分，可得到单元的线性刚度矩阵。首先对第一个积分表达式进行求解，将应变表达式代入，展开，得：

$$\int_V E_\mathrm{t}(\Delta w'\delta\Delta w' - x\Delta w'\delta\Delta u'' - y\Delta w'\delta\Delta v'' - \omega\Delta w'\delta\Delta\theta'')\mathrm{d}V$$

$$+ \int_V E_\mathrm{t}[-x\Delta u''\delta\Delta w' + x^2\Delta u''\delta\Delta u'' + xy\Delta u''\delta\Delta v'' + x\omega\Delta u''\delta\Delta\theta'']\mathrm{d}V$$

$$+ \int_V E_\mathrm{t}[-y\Delta v''\delta\Delta w' + xy\Delta v''\delta\Delta u'' + y^2\Delta v''\delta\Delta v'' + y\omega\Delta v''\delta\Delta\theta'']\mathrm{d}V$$

$$+ \int_V E_\mathrm{t}[-\omega\Delta\theta''\delta\Delta w' + x\omega\Delta\theta''\delta\Delta u'' + y\omega\Delta\theta''\delta\Delta v'' + \omega^2\Delta\theta''\delta\Delta\theta'']\mathrm{d}V \qquad (12.64)$$

对式(12.64)中的积分项分别进行求解，利用 $\mathrm{d}V = \mathrm{d}A\mathrm{d}z$，得：

1. $\displaystyle\int_L\!\!\int_A E_\mathrm{t}\Delta w'\delta\Delta w'\mathrm{d}A\mathrm{d}z = \frac{1}{L}\int_0^1\!\!\int_A E_\mathrm{t}\delta\{\Delta w\}^\mathrm{T}\{n_1\}'[n_1]'\{\Delta w\}\mathrm{d}A\mathrm{d}\beta$

$$= \delta\{\Delta w\}^\mathrm{T}L\int_0^1\!\!\int_A E_\mathrm{t}\{n_1\}'[n_1]'\mathrm{d}A\mathrm{d}\beta\{\Delta w\}$$

$$= \delta\{\Delta w\}^\mathrm{T}L\int_0^1\{[E_\mathrm{T}A_i + (E_\mathrm{T}A_j - E_\mathrm{T}A_i)\beta]\{n_1\}'\langle n_1\rangle'\}\mathrm{d}\beta\{\Delta w\}$$

$$= \delta\{\Delta w\}^\mathrm{T}\left[\frac{E_\mathrm{T}A_i}{L}K_{11}^{110} + \frac{E_\mathrm{T}A_j - E_\mathrm{T}A_i}{L}K_{11}^{111}\right]\{\Delta w\} \qquad (12.65)$$

式中 $[K_{ij}^{uvw}] = \displaystyle\int_0^1\langle n_i^{(u)}\rangle^\mathrm{T}\{n_j^{(v)}\}\beta^w\mathrm{d}\beta$，具体形式见本章附录 A。根据同样的步骤，可得其他几项的积分结果：

2. $-\displaystyle\int_L\!\!\int_A E_\mathrm{t}x\Delta w'\delta\Delta u''\mathrm{d}A\mathrm{d}z = \delta\{\Delta u\}^\mathrm{T}\left[-\frac{E_\mathrm{T}S_{yi}}{L^2}K_{31}^{210} - \frac{E_\mathrm{T}S_{yj} - E_\mathrm{T}S_{yi}}{L^2}K_{31}^{211}\right]\{\Delta w\} \qquad (12.66a)$

3. $-\iint_{L}\int_{A}E_{t}y\Delta w'\delta\Delta v''\mathrm{d}A\mathrm{d}z = \delta\{\Delta v\}^{\mathrm{T}}\left[-\dfrac{E_{\mathrm{T}}S_{xi}}{L^{2}}K_{31}^{210} - \dfrac{E_{\mathrm{T}}S_{xj} - E_{\mathrm{T}}S_{xi}}{L^{2}}K_{31}^{211}\right]\{\Delta w\}$ (12.66b)

4. $-\iint_{L}\int_{A}E_{t}\omega\Delta w'\delta\Delta\theta''\mathrm{d}A\mathrm{d}z = \delta\{\Delta\theta\}^{\mathrm{T}}\left[-\dfrac{E_{\mathrm{T}}S_{\omega i}}{L^{2}}K_{31}^{210} - \dfrac{E_{\mathrm{T}}S_{\omega j} - E_{\mathrm{T}}S_{\omega i}}{L^{2}}K_{31}^{211}\right]\{\Delta w\}$ (12.66c)

5. $-\iint_{L}\int_{A}E_{t}x\Delta u''\delta\Delta w'\mathrm{d}A\mathrm{d}z = \delta\{\Delta w\}^{\mathrm{T}}\left[-\dfrac{E_{\mathrm{T}}S_{yi}}{L^{2}}K_{13}^{120} - \dfrac{E_{\mathrm{T}}S_{yj} - E_{\mathrm{T}}S_{yi}}{L^{2}}K_{13}^{121}\right]\{\Delta u\}$ (12.66d)

6. $\iint_{L}\int_{A}E_{t}x^{2}\Delta u''\delta\Delta u''\mathrm{d}A\mathrm{d}z = \delta\{\Delta u\}^{\mathrm{T}}\left[\dfrac{E_{\mathrm{T}}I_{yi}}{L^{3}}K_{33}^{220} + \dfrac{E_{\mathrm{T}}I_{yj} - E_{\mathrm{T}}I_{yi}}{L^{3}}K_{33}^{221}\right]\{\Delta u\}$ (12.66e)

7. $\iint_{L}\int_{A}E_{t}xy\Delta u''\delta\Delta v''\mathrm{d}A\mathrm{d}z = \delta\{\Delta v\}^{\mathrm{T}}\left[\dfrac{E_{\mathrm{T}}I_{xyi}}{L^{3}}K_{33}^{220} + \dfrac{E_{\mathrm{T}}I_{xyj} - E_{\mathrm{T}}I_{xyi}}{L^{3}}K_{33}^{221}\right]\{\Delta u\}$ (12.66f)

8. $\iint_{L}\int_{A}E_{t}x\omega\Delta u''\delta\Delta\theta''\mathrm{d}A\mathrm{d}z = \delta\{\Delta\theta\}^{\mathrm{T}}\left[\dfrac{E_{\mathrm{T}}I_{x\omega i}}{L^{3}}K_{33}^{220} + \dfrac{E_{\mathrm{T}}I_{x\omega j} - E_{\mathrm{T}}I_{x\omega i}}{L^{3}}K_{33}^{221}\right]\{\Delta u\}$ (12.66g)

9. $-\iint_{L}\int_{A}E_{t}y\Delta v''\delta\Delta w'\mathrm{d}A\mathrm{d}z = \delta\{\Delta w\}^{\mathrm{T}}\left[-\dfrac{E_{\mathrm{T}}S_{xi}}{L^{2}}K_{13}^{120} - \dfrac{E_{\mathrm{T}}S_{xj} - E_{\mathrm{T}}S_{xi}}{L^{2}}K_{13}^{121}\right]\{\Delta v\}$ (12.66h)

10. $\iint_{L}\int_{A}E_{t}xy\Delta v''\delta\Delta u''\mathrm{d}A\mathrm{d}z = \delta\{\Delta u\}^{\mathrm{T}}\left[\dfrac{E_{\mathrm{T}}I_{xyi}}{L^{3}}K_{33}^{220} + \dfrac{E_{\mathrm{T}}I_{xyj} - E_{\mathrm{T}}I_{xyi}}{L^{3}}K_{33}^{221}\right]\{\Delta v\}$ (12.66i)

11. $\iint_{L}\int_{A}E_{t}y^{2}\Delta v''\delta\Delta v''\mathrm{d}A\mathrm{d}z = \delta\{\Delta v\}^{\mathrm{T}}\left[\dfrac{E_{\mathrm{T}}I_{xi}}{L^{3}}K_{33}^{220} + \dfrac{E_{\mathrm{T}}I_{xj} - E_{\mathrm{T}}I_{xi}}{L^{3}}K_{33}^{221}\right]\{\Delta v\}$ (12.66j)

12. $\iint_{L}\int_{A}E_{t}x\omega\Delta v''\delta\Delta\theta''\mathrm{d}A\mathrm{d}z = \delta\{\Delta\theta\}^{\mathrm{T}}\left[\dfrac{E_{\mathrm{T}}I_{x\omega i}}{L^{3}}K_{33}^{220} + \dfrac{E_{\mathrm{T}}I_{x\omega j} - E_{\mathrm{T}}I_{x\omega i}}{L^{3}}K_{33}^{221}\right]\{\Delta v\}$ (12.66k)

13. $-\iint_{L}\int_{A}E_{t}\omega\Delta\theta''\delta\Delta w'\mathrm{d}A\mathrm{d}z = \delta\{\Delta w\}^{\mathrm{T}}\left[-\dfrac{E_{\mathrm{T}}S_{\omega i}}{L^{2}}K_{13}^{120} - \dfrac{E_{\mathrm{T}}S_{\omega j} - E_{\mathrm{T}}S_{\omega i}}{L^{2}}K_{13}^{121}\right]\{\Delta\theta\}$ (12.66l)

14. $\iint_{L}\int_{A}E_{t}x\omega\Delta\theta''\delta\Delta u''\mathrm{d}A\mathrm{d}z = \delta\{\Delta u\}^{\mathrm{T}}\left[\dfrac{E_{\mathrm{T}}I_{x\omega i}}{L^{3}}K_{33}^{220} + \dfrac{E_{\mathrm{T}}I_{x\omega j} - E_{\mathrm{T}}I_{x\omega i}}{L^{3}}K_{33}^{221}\right]\{\Delta\theta\}$ (12.66m)

15. $\iint_{L}\int_{A}E_{t}y\omega\Delta\theta''\delta\Delta v''\mathrm{d}A\mathrm{d}z = \delta\{\Delta v\}^{\mathrm{T}}\left[\dfrac{E_{\mathrm{T}}I_{y\omega i}}{L^{3}}K_{33}^{220} + \dfrac{E_{\mathrm{T}}I_{y\omega j} - E_{\mathrm{T}}I_{y\omega i}}{L^{3}}K_{33}^{221}\right]\{\Delta\theta\}$ (12.66n)

16. $\iint_{L}\int_{A}E_{t}\omega^{2}\Delta\theta''\delta\Delta\theta''\mathrm{d}A\mathrm{d}z = \delta\{\Delta\theta\}^{\mathrm{T}}\left[\dfrac{E_{\mathrm{T}}I_{\omega i}}{L^{3}}K_{33}^{220} + \dfrac{E_{\mathrm{T}}I_{\omega j} - E_{\mathrm{T}}I_{\omega i}}{L^{3}}K_{33}^{221}\right]\{\Delta\theta\}$ (12.66o)

单元的线性刚度矩阵中，还有一项与自由扭转相关，由式(12.63)，得：

$$\int_{V}G_{t}\Delta\gamma_{\mathrm{st}}\delta\Delta\gamma_{\mathrm{st}}\mathrm{d}V = \delta\{\Delta\theta\}^{\mathrm{T}}\left[\dfrac{G_{\mathrm{T}}J_{i}}{L}K_{33}^{110} + \dfrac{G_{\mathrm{T}}J_{j} - G_{\mathrm{T}}J_{i}}{L}K_{33}^{111}\right]\{\Delta\theta\}$$ (12.67)

由式(12.65 ~ 12.67)可得到单元线性刚度矩阵的显式表达式，$\delta\{\Delta d_{i}\}^{\mathrm{T}}[K]\{\Delta d_{j}\}$ 的 $[K]$ 矩阵在刚度矩阵中的位置，由 $\delta\{\Delta d_{i}\}^{\mathrm{T}}$ 确定所在的行，$\{\Delta d_{j}\}$ 确定所在的列。

12.3.9.2 单元的几何刚度矩阵1

单元的几何刚度矩阵1来自于 δU_{2}，由下式得到：

$$\delta\{\Delta d_{\mathrm{e}}\}_{\mathrm{tmp}}^{\mathrm{T}}[K_{\mathrm{Ge1}}]\{\Delta d_{\mathrm{e}}\}_{\mathrm{tmp}} = \int_{V}(\sigma_{z}\delta\Delta\varepsilon_{z}^{\mathrm{N}} + \tau_{zs}\delta\Delta\gamma_{zs}^{\mathrm{N}} + \sigma_{s}\delta\Delta\varepsilon_{s}^{\mathrm{N}})\mathrm{d}V$$

将各应变增量的表达式代入上式，得：

$$\int_V \sigma_z \delta \Delta \varepsilon_z^N dV = \int_V \sigma_z \delta \left[\frac{1}{2} (\Delta u'^2 + \Delta v'^2 + \rho^2 \Delta \theta'^2) - \Delta u' \Delta \theta' (y - y_0) + \Delta v' \Delta \theta' (x - x_0) \right] dV$$

$$(12.68a)$$

$$\int_V \tau_{zs} \delta \Delta \gamma_{zs}^N dV = \int_V \tau_{zs} \delta \left[(\Delta u' \sin\alpha - \Delta v' \cos\alpha - r_n \Delta \theta') (-\Delta \theta) \right] dV \qquad (12.68b)$$

$$\int_V \sigma_s \delta \Delta \varepsilon_s^N dV = \int_V \sigma_s \delta \left(\frac{1}{2} \Delta \theta^2 \right) dV \qquad (12.68c)$$

首先对式(12.68a)进行求解,令截面内力在单元长度方向线性变化,得:

1. $\int_L N (\Delta u' \delta \Delta u' + \Delta v' \delta \Delta v') dz$

$$= \delta \{\Delta u\}^T \left[\frac{N_i}{L} K_{33}^{110} + \frac{N_j - N_i}{L} K_{33}^{111} \right] \{\Delta u\} + \delta \{\Delta v\}^T \left[\frac{N_i}{L} K_{33}^{110} + \frac{N_j - N_i}{L} K_{33}^{111} \right] \{\Delta v\}$$

$$(12.69a)$$

2. $\int_L W_{\sigma z} \Delta \theta' \delta \Delta \theta' dz = \delta \{\Delta \theta\}^T \left[\frac{W_{\sigma zi}}{L} K_{33}^{110} + \frac{W_{\sigma zj} - W_{\sigma zi}}{L} K_{33}^{111} \right] \{\Delta \theta\} \qquad (12.69b)$

3. $\int_0^L (-M_x + N y_0) (\Delta u' \delta \Delta \theta' + \Delta \theta' \delta \Delta u') dz$

$$= \delta \{\Delta \theta\}^T \left[\frac{N_i}{L} y_0 K_{33}^{110} + \frac{N_j - N_i}{L} y_0 K_{33}^{111} \right] \{\Delta u\} + \delta \{\Delta \theta\}^T \left[-\frac{M_{xi}}{L} K_{33}^{110} - \frac{M_{xj} - M_{xi}}{L} K_{33}^{111} \right] \{\Delta u\}$$

$$+ \delta \{\Delta u\}^T \left[\frac{N_i}{L} y_0 K_{33}^{110} + \frac{N_j - N_i}{L} y_0 K_{33}^{111} \right] \{\Delta \theta\} + \delta \{\Delta u\}^T \left[-\frac{M_{xi}}{L} K_{33}^{110} - \frac{M_{xj} - M_{xi}}{L} K_{33}^{111} \right] \{\Delta \theta\}$$

$$(12.69c)$$

4. $\int_0^L -(M_y + N x_0) (\Delta v' \delta \Delta \theta' + \Delta \theta' \delta \Delta v') dz$

$$= \delta \{\Delta \theta\}^T \left[-\frac{N_i}{L} x_0 K_{33}^{110} - \frac{N_j - N_i}{L} x_0 K_{33}^{111} \right] \{\Delta v\} + \delta \{\Delta \theta\}^T \left[-\frac{M_{yi}}{L} K_{33}^{110} - \frac{M_{yj} - M_{yi}}{L} K_{33}^{111} \right] \{\Delta v\}$$

$$+ \delta \{\Delta v\}^T \left[-\frac{N_i}{L} x_0 K_{33}^{110} - \frac{N_j - N_i}{L} x_0 K_{33}^{111} \right] \{\Delta \theta\} + \delta \{\Delta v\}^T \left[-\frac{M_{yi}}{L} K_{33}^{110} - \frac{M_{yj} - M_{yi}}{L} K_{33}^{111} \right] \{\Delta \theta\}$$

$$(12.69d)$$

式(12.69b)中 $W_{\sigma z} = \int_A \sigma_z \rho^2 dA$,体现截面上正应力的 Wagner 效应。

接下来求解与剪应力和应变相关的项,对式(12.68b)的各项分别求解:

5. $\int_0^L \left[-Q_y (\Delta u' \delta \Delta \theta + \Delta \theta \delta \Delta u') + Q_x (\Delta v' \delta \Delta \theta + \Delta \theta \delta \Delta v') \right] dz$

$$= \delta \{\Delta \theta\}^T \left[-Q_{yi} K_{33}^{010} - (Q_{yj} - Q_{yi}) K_{33}^{011} \right] \{\Delta u\} + \delta \{\Delta u\}^T \left[-Q_{yi} K_{33}^{100} - (Q_{yj} - Q_{yi}) K_{33}^{101} \right] \{\Delta \theta\}$$

$$+ \delta \{\Delta \theta\}^T \left[Q_{xi} K_{33}^{010} + (Q_{xj} - Q_{xi}) K_{33}^{011} \right] \{\Delta v\} + \delta \{\Delta v\}^T \left[Q_{xi} K_{33}^{100} + (Q_{xj} - Q_{xi}) K_{33}^{101} \right] \{\Delta \theta\}$$

$$(12.70a)$$

6. $\int_0^L W_\tau (\Delta \theta' \delta \Delta \theta + \Delta \theta \delta \Delta \theta') dz$

$$= \delta \{\Delta \theta\}^T \left[W_{\tau i} K_{33}^{010} + (W_{\tau j} - W_{\tau i}) K_{33}^{011} \right] \{\Delta \theta\} + \delta \{\Delta \theta\}^T \left[W_{\tau i} K_{33}^{100} + (W_{\tau j} - W_{\tau i}) K_{33}^{101} \right] \{\Delta \theta\}$$

$$(12.70b)$$

其中 $W_\tau = \int_A \tau_{zs} r_n \mathrm{d}A = \int_s \tau_{zs} r_n t \mathrm{d}s$ ，为剪应力的 Wagner 效应项。当截面由平板组成时，W_τ 与 $W_{\sigma z}$ 存在一定关系。因为：

$$\frac{\mathrm{d}\rho^2}{\mathrm{d}s} = 2\left[(x - x_0)\cos\alpha + (y - y_0)\sin\alpha \right] = 2r_n \tag{12.71}$$

根据平衡方程：

$$\frac{\partial \sigma_z}{\partial z} + \frac{\partial \tau_{zs}}{\partial s} = 0$$

可知：

$$\frac{\partial W_{\sigma z}}{\partial z} = \int_A \left(\frac{\partial \sigma_z}{\partial z} \rho^2 \right)\mathrm{d}A = -\int_s \left(\frac{\partial \tau_{zs} t}{\partial s} \rho^2 \right)\mathrm{d}s = \tau_{sz} t \rho^2 \big|_0^B + \int_A \left(\tau_{zs} \frac{\mathrm{d}\rho^2}{\mathrm{d}s} \right)\mathrm{d}A$$

$$= 2\int_A (\tau_{zs} r_n)\mathrm{d}A = 2W_\tau \tag{12.72}$$

其中 O 和 B 为截面的自由边缘。上式也可写成：

$$W_\tau = \frac{1}{2}\frac{\partial W_{\sigma z}}{\partial z} \tag{12.73}$$

在几何刚度矩阵中还应包含与横向正应力和应变相关的项，由式(12.68c)，得：

7. $\int_0^L \left[q_y(a_y - y_0) + q_x(a_x - x_0) + W'_\tau \right]\Delta\theta\delta\Delta\theta\mathrm{d}z$

$$= \delta\{\Delta\theta\}^{\mathrm{T}} \left[\begin{array}{l} \left[W'_\tau + q_x(a_x - x_0) + q_y(a_y - y_0) \right]_i LK_{33}^{000} + \left\{ \left[W'_\tau + q_x(a_x - x_0) \right. \right. \\ \left. \left. + q_y(a_y - y_0) \right]_j - \left[W'_\tau + q_x(a_x - x_0) + q_y(a_y - y_0) \right]_i \right\} LK_{33}^{001} \end{array} \right] \{\Delta\theta\}$$

$$\tag{12.74}$$

根据以上的推导，可得单元的几何刚度矩阵 1 的显式表达式。

12.3.9.3　单元的几何刚度矩阵 2

单元几何刚度矩阵来自 δU_3，它由式(12.46c)得到：

$$\delta U_3 = \delta\{\Delta d_e\}^{\mathrm{T}}_{\mathrm{tmp}} [K_{Ge2}] \{\Delta d_e\}_{\mathrm{tmp}} \tag{12.75}$$

各组成部分为：

1. $-\int_0^L Q_x(\Delta u'\delta\Delta w' + \Delta w'\delta\Delta u')\mathrm{d}z = \delta\{\Delta w\}^{\mathrm{T}}[-Q_{xi}K_{13}^{110} - (Q_{xj} - Q_{xi})K_{13}^{111}]\{\Delta u\}$

$$+ \delta\{\Delta u\}^{\mathrm{T}}[-Q_{xi}K_{31}^{110} - (Q_{xj} - Q_{xi})K_{31}^{111}]\{\Delta w\}$$

$$\tag{12.76a}$$

2. $-\int_0^L Q_y(\Delta v'\delta\Delta w' + \Delta w'\delta\Delta v')\mathrm{d}z = \delta\{\Delta w\}^{\mathrm{T}}[-Q_{yi}K_{13}^{110} - (Q_{yj} - Q_{yi})K_{13}^{111}]\{\Delta v\}$

$$+ \delta\{\Delta v\}^{\mathrm{T}}[-Q_{yi}K_{31}^{110} - (Q_{yj} - Q_{yi})K_{31}^{111}]\{\Delta w\}$$

$$\tag{12.76b}$$

3. $\int_0^L [0.5T_{st}(\Delta u''\delta\Delta v' + \Delta v'\delta\Delta u'')]\mathrm{d}z = \delta\{\Delta v\}^{\mathrm{T}}[0.5T_{sti}K_{33}^{120} + 0.5(T_{stj} - T_{sti})K_{33}^{121}]\{\Delta u\}$

$$+ \delta\{\Delta u\}^{\mathrm{T}}[0.5T_{sti}K_{33}^{210} + 0.5(T_{stj} - T_{sti})K_{33}^{211}]\{\Delta v\}$$

$$\tag{12.76c}$$

4. $-\int_0^L \left[(0.5T_{st} + T_\omega)(\Delta v''\delta\Delta u' + \Delta u'\delta\Delta v'') \right]\mathrm{d}z$

$$= \{\Delta u\}^T \left\{ -(0.5T_{st} + T_{\omega i})K_{33}^{120} - \left[(0.5T_{stj} + T_{\omega j}) - (0.5T_{sti} + T_{\omega i}) \right]K_{33}^{121} \right\}\{\Delta v\}$$

$$+ \{\Delta v\}^T \left\{ -(T_{\omega i} + 0.5T_{sti})K_{33}^{210} - \left[(T_{\omega j} + 0.5T_{stj}) - (T_{\omega i} + 0.5T_{sti}) \right]K_{33}^{211} \right\}\{\Delta u\}$$

$$(12.76d)$$

5. $-\int_0^L T(\Delta\theta'\delta\Delta w' + \Delta w'\delta\Delta\theta')\mathrm{d}z = \delta\{\Delta w\}^T \left[-T_i K_{13}^{110} - (T_j - T_i)K_{13}^{111} \right]\{\Delta\theta\}$

$$+ \delta\{\Delta\theta\}^T \left[-T_i K_{31}^{110} - (T_j - T_i)K_{31}^{111} \right]\{\Delta w\}$$

$$(12.76e)$$

6. $\int_0^L N\Delta w'\delta\Delta w'\mathrm{d}z = \delta\{\Delta w\}^T \left[N_i K_{11}^{110} + (N_j - N_i)K_{11}^{111} \right]\{\Delta w\}$ $\qquad$ $(12.76f)$

7. $\int_0^L M_y(\Delta u''\delta\Delta w' + \Delta w'\delta\Delta u'')\mathrm{d}z = \delta\{\Delta w\}^T \left[M_{yi} K_{13}^{120} + (M_{yj} - M_{yi})K_{13}^{121} \right]\{\Delta u\}$

$$+ \delta\{\Delta u\}^T \left[M_{yi} K_{31}^{210} + (M_{yj} - M_{yi})K_{31}^{211} \right]\{\Delta w\} \quad (12.76g)$$

8. $-\int_0^L M_x(\Delta v''\delta\Delta w' + \Delta w'\delta v'')\mathrm{d}z = \delta\{\Delta w\}^T \left[-M_{xi} K_{13}^{120} - (M_{xj} - M_{xi})K_{13}^{121} \right]\{\Delta v\}$

$$+ \delta\{\Delta v\}^T \left[-M_{xi} K_{31}^{210} - (M_{xj} - M_{xi})K_{31}^{211} \right]\{\Delta w\}$$

$$(12.76h)$$

9. $\int_0^L B_\omega(\Delta\theta''\delta\Delta w' + \Delta w'\delta\theta'')\mathrm{d}z = \delta\{\Delta w\}^T \left[B_{\omega i} K_{13}^{120} + (B_{\omega j} - B_{\omega i})K_{13}^{121} \right]\{\Delta\theta\}$

$$+ \delta\{\Delta\theta\}^T \left[B_{\omega i} K_{31}^{210} + (B_{\omega j} - B_{\omega i})K_{31}^{211} \right]\{\Delta w\} \quad (12.76i)$$

10. $\int_0^l B_\omega(\Delta u''\delta\Delta v'' + \Delta v''\delta\Delta u'')\mathrm{d}z = \delta\{\Delta u\}^T \left[B_{\omega i} K_{33}^{220} + (B_{\omega j} - B_{\omega i})K_{33}^{221} \right]\{\Delta v\}$

$$+ \delta\{\Delta v\}^T \left[B_{\omega i} K_{33}^{220} + (B_{\omega j} - B_{\omega i})K_{33}^{221} \right]\{\Delta u\} \quad (12.76j)$$

11. $\dfrac{1}{2}\int_0^L (q_x a_y + q_y a_x - T_\omega')(v'\delta u' + u'\delta v')\mathrm{d}z$

$$= \delta\{\Delta u\}^T \left[\frac{1}{2}(q_x a_y + q_y a_x - T_{\omega i}')K_{33}^{110} + \frac{1}{2}\left[(q_x a_y + q_y a_x - T_{\omega j}') - (q_x a_y + q_y a_x - T_{\omega i}') \right]K_{33}^{111} \right]\{\Delta v\}$$

$$+ \delta\{\Delta v\}^T \left[\frac{1}{2}(q_x a_y + q_y a_x - T_{\omega i}')K_{33}^{110} + \frac{1}{2}\left[(q_x a_y + q_y a_x - T_{\omega j}') - (q_x a_y + q_y a_x - T_{\omega i}') \right]K_{33}^{111} \right]\{\Delta u\}$$

$$(12.76k)$$

12.3.9.4 杆端力矩和节点力几何刚度矩阵

节点几何刚度矩阵来自于 δW_j，见式(12.46f)。在获得 δW_j 的过程中，利用了端面上作用保向荷载的假定，以便能够写出势能。实际上，单元两端暴露出来的 C_1 状态的应力合力，在增量变形到 C_2 状态的过程中，也可以推导出 δW_j。因此在应用上，式中的弯矩和扭矩等等，是单元节点力。用有限元推导得到

$$\delta W_j = \delta\{\Delta d_e\}[K_{Gc}]\{\Delta d_e\} \qquad (12.77)$$

式中 $[K_{Gc}] = \begin{bmatrix} [k_c]_i & 0 \\ 0 & [k_c]_j \end{bmatrix}$ $\qquad\qquad\qquad$ (12.78)

略去 $W_{px\omega}$，$W_{py\omega}$，为了不与下面进一步的推导混淆，下面将下标 i，j 分别改为 a，b 得到

$$[k_c]_b = \begin{bmatrix} [0]_{3\times3} & & [0]_{3\times4} & & \\ & W_{pyy,b} & -(M_{zpy1}+P_{y1}x_0)_b & (M_{y1}+P_{z1}x_0)_b & 0 \\ [0]_{4\times3} & (M_{zpx1}-P_{x1}y_0)_b & W_{pxx,b} & -(M_{x1}-P_{z1}y_0)_b & 0 \\ & 0 & 0 & W_{\tau p} & 0 \\ & 0 & 0 & 0 & 0 \end{bmatrix}$$

$$(12.79)$$

$[k_c]_a$ 只要将上式下标换成 a 即可得到。

注意到，$[K_{Gc}]$ 是非对称的。下面将说明，在集合成整体刚度矩阵后，节点刚度矩阵贡献的部分也成为对称的。为了简化说明，下面假设截面是双轴对称的。将节点几何刚度矩阵取出与节点转角有关的几个量进行运算推导，此时：

$$[k_c]_b = \begin{bmatrix} 0 & -M_{zpy1} & M_{y1} \\ M_{zpx1} & 0 & -M_{x1} \\ 0 & 0 & 0 \end{bmatrix}$$

将上式表示成对称的 $[S_j]$ 和反对称的 $[A_j]$ 两部分

$$[k_c]_b = [S_c]+[A_c] = \frac{1}{2}\begin{bmatrix} 0 & -(M_{zpy}-M_{zpx}) & M_y \\ (M_{zpx}-M_{zpy}) & 0 & -M_x \\ M_y & -M_x & 0 \end{bmatrix}$$

$$+\frac{1}{2}\begin{bmatrix} 0 & -M_z & M_y \\ M_z & 0 & -M_x \\ -M_y & M_x & 0 \end{bmatrix}$$

式中已经将 $M_z = M_{zpx}+M_{zpy}$ 代入，并省去了下标 1。节点弯矩向整体坐标系转换，设转换矩阵为 $[T]$，$[T]^T[T]=[I]$，整体坐标系下的节点弯矩为

$$\{\bar{M}\}=[T]\{M\}$$

式中 $\{M\}=\langle M_x, M_y, M_z \rangle^T$，$\{\bar{M}\}=\langle \bar{M}_x, \bar{M}_y, \bar{M}_z \rangle^T$。

反对称部分 $[A_c]$ 转换到整体坐标系中去得到

$$[\bar{A}_c]=[T][A_c][T]^T$$

现在假设有 m 个杆件汇交于这个节点，则节点弯矩平衡得到

$$\sum_{k=1}^m \bar{M}_{xk}=0, \quad \sum_{k=1}^m \bar{M}_{yk}=0, \quad \sum_{k=1}^m \bar{M}_{zk}=0 \qquad (12.80a,b,c)$$

下面要证明的是：所有节点矩阵 $[\bar{A}_c]$ 相加得到的是一个 0 矩阵。$[\bar{A}_c]$ 中的元素是

$$\bar{A}_{pq}=t_{pi}A_{ij}t_{jq}(i,j,p,q=1,2,3)$$

式中 t_{pi} 等是转换矩阵 $[T]$ 中的元素，1,2,3 分别对应于 x,y,z。矩阵 $[A_c]$ 的元素采用张量的记号可以表示为

$$A_{ij}=\frac{1}{2}e_{ijk}M_k$$

式中 e_{ijk} 的取值规则如下：如果任意两个下标相同则为 0；如果 ijk 是偶排列则取值为 1，如果是奇排列则取 -1。关于偶排列和奇排列的定义可查阅教学书或网上百度一下。按照这个规则，写出 A_{ij} 的元素如下：

420

$$A_{11}=0, \qquad A_{12}=0.5e_{123}M_z=0.5M_z, \qquad A_{13}=0.5e_{132}M_y=-0.5M_y$$
$$A_{22}=0, \qquad A_{21}=0.5e_{213}M_z=-0.5M_z, \qquad A_{23}=0.5e_{231}M_x=0.5M_x$$
$$A_{33}=0, \qquad A_{31}=0.5e_{312}M_y=0.5M_y, \qquad A_{32}=0.5e_{321}M_x=-0.5M_x$$

e_{ijk} 的取值规则   表 12.1

i	j	k 1	2	3	i	j	k 1	2	3	i	j	k 1	2	3
1	1	0	0	0	2	1	0	0	-1	3	1	0	-1	0
1	2	0	0	1	2	2	0	0	0	3	2	+1	0	0
1	3	0	-1	0	2	3	1	0	0	3	3	0	0	0

$$\bar{A}_{pq}=t_{pi}t_{jq}A_{ij}=\frac{1}{2}t_{pi}t_{jq}e_{ijk}M_k$$

另外一方面有

$$e_{ijk}t_{pi}t_{qj}t_{rk}=e_{pqr}$$

所以 $t_{pi}t_{jq}e_{ijk}=t_{pi}t_{jq}(e_{ijt}\delta_{tk})=t_{pi}t_{jq}(e_{ijt}t_{rt}t_{rk})=e_{pqr}t_{rk}$，从而

$$\bar{A}_{pq}=\frac{1}{2}e_{pqr}t_{rk}M_k=\frac{1}{2}e_{pqr}\bar{M}_r$$

所以

$$\sum_{s=1}^{m}\bar{A}_{pqs}=\sum_{s=1}^{m}\frac{1}{2}e_{pqr}\bar{M}_{rs}=\frac{1}{2}e_{pqr}\sum_{s=1}^{m}\bar{M}_{rs}=0$$

因此节点几何刚度矩阵只剩下对称部分。以后在形成刚度矩阵单元时直接采用对称的节点几何刚度矩阵，并称其为节点平衡几何刚度矩阵：

$$[k_j]_{bsym}=\begin{bmatrix} 0 & 0 & 0 & 0 & 0 & 0 & 0 \\ 0 & 0 & 0 & 0 & 0 & 0 & 0 \\ 0 & 0 & 0 & 0 & 0 & 0 & 0 \\ 0 & 0 & 0 & W_{pyy,b} & \begin{array}{c}0.5(M_{zpx1}-P_{x1}y_0)_b \\ -0.5(M_{zpy1}+P_{y1}x_0)_b\end{array} & 0.5(M_{y1}+P_{z1}x_0)_b & 0 \\ 0 & 0 & 0 & \begin{array}{c}0.5(M_{zpx1}-P_{x1}y_0)_b \\ -0.5(M_{zpy1}+P_{y1}x_0)_b\end{array} & W_{pxx,b} & -0.5(M_{x1}-P_{z1}y_0)_b & 0 \\ 0 & 0 & 0 & 0.5(M_{y1}+P_{z1}x_0)_b & -0.5(M_{x1}-P_{z1}y_0)_b & W_{\tau p} & 0 \\ 0 & 0 & 0 & 0 & 0 & 0 & 0 \end{bmatrix}$$

$$(12.81)$$

但是要注意，在计算单元节点力时，仍然要采用式(12.77, 12.78)，否则就会带来误差。

如果结构的某个节点上作用有弯矩 M_{xF}，M_{yF}，M_{zF}，则式(12.80a, b, c)等式右边不为 0，但是也不是单纯地等于 M_{xF}，M_{yF}，M_{zF}。这时要注意保守弯矩的性质：保守的弯矩在变形后，用 C_1 坐标系的方向计量的话，是要产生二阶分量的，因而会得到与式(12.78, 12.79)和式(12.81)相同的式子，并且式(12.81)对整体几何刚度矩阵的对称性没有影响，此时这些式子中各个力应理解为荷载产生的力和弯矩。实际工程单纯的弯矩荷载很少。

12.3.9.5 内力等效节点力

根据前面的推导，内力等效节点力可由式(12.56c)得到：

$$\delta\{\Delta d_e\}_{tmp}^{T}\{F_{inte}\} = \int_V (\sigma_z\delta\Delta\varepsilon_z^L + \tau_{st}\delta\Delta\gamma_{st})\mathrm{d}V$$

上式中与正应力和应变相关的项为：

$$\int_V \sigma_z\delta\Delta\varepsilon_z^L\mathrm{d}V = \int_V \sigma_z\delta[\Delta w' - x\Delta u'' - y\Delta v'' - \omega\Delta\theta'']\mathrm{d}V \tag{12.82}$$

1. $\displaystyle\int_V \sigma_z\delta\Delta w'\mathrm{d}V = \delta\{\Delta w\}^T\int_V \sigma_z\langle n_1\rangle'\mathrm{d}V = \delta\{\Delta w\}^T\left(N_i\left\{\begin{matrix}-1\\1\end{matrix}\right\} + \dfrac{N_j - N_i}{2}\left\{\begin{matrix}-1\\1\end{matrix}\right\}\right)$ (12.83a)

2. $\displaystyle-\int_V \sigma_z x\delta\Delta u''\mathrm{d}V = \delta\{\Delta u\}^T\int_V [-\sigma_z x\{n_3\}'']\mathrm{d}V$

$$= \delta\{\Delta u\}^T\left(-\frac{M_{yi}}{L}\left\{\begin{matrix}0\\-L\\0\\L\end{matrix}\right\} - \frac{M_{yj} - M_{yi}}{L}\left\{\begin{matrix}1\\0\\-1\\L\end{matrix}\right\}\right) \tag{12.83b}$$

3. $\displaystyle-\int_V \sigma_z y\delta\Delta v''\mathrm{d}V = \delta\{\Delta v\}^T\int_V [-\sigma_z y\{n_3\}'']\mathrm{d}V$

$$= \delta\{\Delta v\}^T\left(-\frac{M_{xi}}{L}\left\{\begin{matrix}0\\-L\\0\\L\end{matrix}\right\} - \frac{M_{xj} - M_{xi}}{L}\left\{\begin{matrix}1\\0\\-1\\L\end{matrix}\right\}\right) \tag{12.83c}$$

4. $\displaystyle-\int_V \sigma_z\omega\delta\Delta\theta''\mathrm{d}V = \delta\{\Delta\theta\}^T\int_V (-\sigma_z\omega\{n_3\}''^T)\mathrm{d}V$

$$= \delta\{\Delta\theta\}^T\left(-\frac{B_{\omega i}}{L}\left\{\begin{matrix}0\\-L\\0\\L\end{matrix}\right\} - \frac{B_{\omega j} - B_{\omega i}}{L}\left\{\begin{matrix}1\\0\\-1\\L\end{matrix}\right\}\right) \tag{12.83d}$$

与自由扭转剪应力和应变相关的项：

$$\int_V \tau_{st}\delta\Delta\gamma_{st}\mathrm{d}V = \delta\{\Delta\theta\}^T\int_V \tau_{st}2n\{n_3\}''\mathrm{d}V = \delta\{\Delta\theta\}^T\left(T_{sti}\left\{\begin{matrix}-1\\0\\1\\0\end{matrix}\right\} + \frac{T_{stj} - T_{sti}}{2}\left\{\begin{matrix}-1\\-L/6\\1\\L/6\end{matrix}\right\}\right) \tag{12.84}$$

上面的推导在计算从 t_k 到 $t_k + \Delta t_k$ 时刻的应变增量时，假定 t_k 时刻的位移为零，这要求在非线性有限元的求解过程中，必须不断地更新各单元的构形，一般需要采用完全的 Newton-Raphson 法进行求解。

修正的 Newton-Raphson 法与完全的 Newton-Raphson 法不同，只是在每个荷载步的开始更新各单元的坐标和位形，而对于荷载步内的各迭代步采用同一参考构形。所以，对于每个荷载步内第一个以后的迭代步来说，存在着初位移的影响，尽管这种影响可以通过减小荷载步的大小而弱化。本章为了提高收敛的效率和计算精度，在计算内力等效节点力时，考虑荷载步内的初位移的影响。

由式(12.59)可知,当考虑初位移的影响时,应变增量应采用下式:

$$\Delta\varepsilon_{ij} = \frac{1}{2}\left(\frac{\partial\Delta u_i}{\partial x_j} + \frac{\partial\Delta u_j}{\partial x_i} + \frac{\partial u_k}{\partial x_i}\frac{\partial\Delta u_k}{\partial x_j} + \frac{\partial\Delta u_k}{\partial x_i}\frac{\partial u_k}{\partial x_j} + \frac{\partial\Delta u_k}{\partial x_i}\frac{\partial\Delta u_k}{\partial x_j}\right)$$

表示成线性和非线性分量,为:

$$\Delta\varepsilon_{ij}^{L} = \frac{1}{2}\left(\frac{\partial\Delta u_i}{\partial x_j} + \frac{\partial\Delta u_j}{\partial x_i} + \frac{\partial u_k}{\partial x_i}\frac{\partial\Delta u_k}{\partial x_j} + \frac{\partial\Delta u_k}{\partial x_i}\frac{\partial u_k}{\partial x_j}\right) \tag{12.85a}$$

$$\Delta\varepsilon_{ij}^{N} = \frac{1}{2}\left(\frac{\partial\Delta u_k}{\partial x_i}\frac{\partial\Delta u_k}{\partial x_j}\right) \tag{12.85b}$$

与 U. L. 格式的应变增量相比,线性应变增量多出了:

$$\Delta\overline{\varepsilon}_{ij}^{L} = \frac{1}{2}\left(\frac{\partial u_k}{\partial x_i}\frac{\partial\Delta u_k}{\partial x_j} + \frac{\partial\Delta u_k}{\partial x_i}\frac{\partial u_k}{\partial x_j}\right) \tag{12.86}$$

所以,当采用修正的 Newton-Raphson 方法时,需要在内力等效节点力的求解过程中,考虑这一应变的影响。对本章所研究的薄壁构件而言,应在式(12.56c)的基础上,加上下面式子得到的等效节点力:

$$\delta\{\Delta d_e\}^T\{\overline{F}_{\text{inte}}\} = \int_V(\sigma_z\delta\Delta\overline{\varepsilon}_z^{L} + \tau_{zs}\delta\Delta\overline{\gamma}_{zs}^{L} + \sigma_s\delta\Delta\overline{\varepsilon}_s^{L})dV \tag{12.87}$$

使用同样的方法对上式的积分形式进行求解。

1. 正应力和应变相关的等效节点力

式 (12.87) 中与正应力和应变相关的项为:

$$\int_V\sigma_z\delta\Delta\overline{\varepsilon}_z^{L}dV = \int_V\sigma_z\left(\frac{\partial\overline{u}}{\partial z}\delta\frac{\partial\Delta\overline{u}}{\partial z} + \frac{\partial\overline{v}}{\partial z}\delta\frac{\partial\Delta\overline{v}}{\partial z}\right)dV \tag{12.88}$$

将位移表达式代入上式,得:

$$\int_V\sigma_z\delta\Delta\overline{\varepsilon}_z^{L}dV = \int_V\sigma_z[u' - (y - y_0)\theta']\delta[\Delta u' - (y - y_0)\Delta\theta']dV$$
$$+ \int_V\sigma_z[v' + (x - x_0)\theta']\delta[\Delta v' + (x - x_0)\Delta\theta']dV \tag{12.89}$$

上式的积分结果如下:

$$\int_V\sigma_z\delta\Delta\overline{\varepsilon}_z^{L}dV = \delta\{\Delta u\}^T\left[\frac{N_i}{L}K_{33}^{110} + \frac{N_j - N_i}{L}K_{33}^{111}\right]\{u\}$$

$$+ \delta\{\Delta u\}^T\left[\frac{N_i y_0}{L}K_{33}^{110} + \frac{(N_j - N_i)y_0}{L}K_{33}^{111}\right]\{\theta\} - \delta\{\Delta u\}^T\left[\frac{M_{xi}}{L}K_{33}^{110} + \frac{M_{xj} - M_{xi}}{L}K_{33}^{111}\right]\{\theta\}$$

$$- \delta\{\Delta\theta\}^T\left[\frac{M_{xi}}{L}K_{33}^{110} + \frac{M_{xj} - M_{xi}}{L}K_{33}^{111}\right]\{u\} + \delta\{\Delta\theta\}^T\left[\frac{N_i y_0}{L}K_{33}^{110} + \frac{(N_j - N_i)y_0}{L}K_{33}^{111}\right]\{u\}$$

$$+ \delta\{\Delta v\}^T\left[\frac{N_i}{L}K_{33}^{110} + \frac{N_j - N_i}{L}K_{33}^{111}\right]\{v\} - \delta\{\Delta v\}^T\left[\frac{N_i x_0}{L}K_{33}^{110} + \frac{(N_j - N_i)x_0}{L}K_{33}^{111}\right]\{\theta\}$$

$$- \delta\{\Delta\theta\}^T\left[\frac{N_i x_0}{L}K_{33}^{110} + \frac{(N_j - N_i)x_0}{L}K_{33}^{111}\right]\{v\} + \delta\{\Delta\theta\}^T\left[\frac{W_{\sigma zi}}{L}K_{33}^{110} + \frac{W_{\sigma zj} - W_{\sigma zi}}{L}K_{33}^{111}\right]\{\theta\}$$

$$+ \delta\{\Delta v\}^T\left[\frac{M_{yi}}{L}K_{33}^{110} + \frac{M_{yj} - M_{yi}}{L}K_{33}^{111}\right]\{\theta\} + \delta\{\Delta\theta\}^T\left[\frac{M_{yi}}{L}K_{33}^{110} + \frac{M_{yj} - M_{yi}}{L}K_{33}^{111}\right]\{v\} \tag{12.90}$$

2. 中面剪应力相关的等效节点力

与中面剪应力和应变相关的项为:

$$\int_V \tau_{zs} \delta \Delta \bar{\gamma}_{zs}^{\perp} dV = \int_V \tau_{zs} \left(\frac{\partial v_n}{\partial s} \delta \frac{\partial \Delta v_n}{\partial z} + \frac{\partial v_n}{\partial z} \delta \frac{\partial \Delta v_n}{\partial s} \right) dV \tag{12.91}$$

将位移表达式代入，积分得：

$$\int_V \tau_{zs} \delta \Delta \bar{\gamma}_{zs}^{\perp} dV = \int_V \tau_{zs} (-v_n \delta \Delta \theta - \theta \delta \Delta v_n) dV$$

$$= \int_V \tau_{sz} [-(u'\sin\alpha - v'\cos\alpha - r_n\theta')\delta\Delta\theta - \theta\delta(\Delta u'\sin\alpha - \Delta v'\cos\alpha - r_n\Delta\theta')] dV$$

$$= \delta\{\Delta\theta\}^T [-Q_{yi}K_{33}^{010} - (Q_{yj} - Q_{yi})K_{33}^{011}]\{u\} + \delta\{\Delta\theta\}^T [Q_{xi}K_{33}^{010} + (Q_{xj} - Q_{xi})K_{33}^{011}]\{v\}$$

$$+ \delta\{\Delta\theta\}^T [W_{\tau i}K_{33}^{010} + (W_{\tau j} - W_{\tau i})K_{33}^{011}]\{\theta\} + \delta\{\Delta u\}^T [-Q_{yi}K_{33}^{100} - (Q_{yj} - Q_{yi})K_{33}^{101}]\{\theta\}$$

$$+ \delta\{\Delta v\}^T [Q_{xi}K_{33}^{100} + (Q_{xj} - Q_{xi})K_{33}^{101}]\{\theta\} + \delta\{\Delta\theta\}^T [W_{\tau i}K_{33}^{100} + (W_{\tau j} - W_{\tau i})K_{33}^{101}]\{\theta\}$$

$$\tag{12.92}$$

3. 与横向正应力和应变相关的项为：

$$\int_V \sigma_s \delta \Delta \bar{\varepsilon}_s^{\perp} dV = \int_V \sigma_s \left(\frac{\partial v_n}{\partial s} \delta \frac{\partial \Delta v_n}{\partial s} \right) dV \tag{12.93}$$

将位移表达式代入，积分得：

$$\int_V \sigma_s \delta \Delta \bar{\varepsilon}_s^{\perp} dV = \int_A \sigma_s \theta \delta \Delta\theta dV = \delta\{\Delta\theta\}^T [LW_{\sigma si}K_{33}^{000} + L(W_{\sigma sj} - W_{\sigma si})K_{33}^{001}]\{\theta\}$$

$$\tag{12.94}$$

式(12.87)还应该加上与式(12.46c)对应的项：

4. 与剪力轴向分力相关的项为

$$\int_0^L [-Q_x(w'\delta\Delta u' + u'\delta\Delta w') - Q_y(w'\delta\Delta v' + v'\delta\Delta w')] dz$$

$$= \delta\{\Delta w\}^T [-Q_{xi}K_{13}^{110} - (Q_{xj} - Q_{xi})K_{13}^{111}]\{u\} + \delta\{\Delta u\}^T [-Q_{xi}K_{31}^{110} - (Q_{xj} - Q_{xi})K_{31}^{111}]\{w\}$$

$$+ \delta\{\Delta v\}^T [-Q_{yi}K_{31}^{110} - (Q_{yj} - Q_{yi})K_{31}^{111}]\{w\} + \delta\{\Delta w\}^T [-Q_{yi}K_{13}^{110} - (Q_{yj} - Q_{yi})K_{13}^{111}]\{v\}$$

$$\tag{12.95a}$$

5. 与自由扭转相关的项为

$$\int_0^L [0.5T_{st}(u''\delta\Delta v' + v'\delta\Delta u'')] dz - \int_0^L [0.5T_{st}(v''\delta\Delta u' + u'\delta\Delta v'')] dz$$

$$= \delta\{\Delta v\}^T [0.5T_{sti}K_{33}^{120} + 0.5(T_{stj} - T_{sti})K_{33}^{121}]\{u\}$$

$$+ \delta\{\Delta u\}^T [0.5T_{sti}K_{33}^{210} + 0.5(T_{stj} - T_{sti})K_{33}^{211}]\{v\}$$

$$+ \delta\{\Delta v\}^T [-0.5T_{sti}K_{33}^{210} - 0.5(T_{stj} - T_{sti})K_{33}^{211}]\{u\}$$

$$+ \delta\{\Delta u\}^T [-0.5T_{sti}K_{33}^{120} - 0.5(T_{stj} - T_{sti})K_{33}^{121}]\{v\}$$

$$\tag{12.95b}$$

6. 与约束扭转相关的项为

$$-\int_0^L [T_\omega(v''\delta\Delta u' + u'\delta\Delta v'')] dz = \delta\{\Delta u\}^T [-T_{\omega i}K_{33}^{120} - (T_{\omega j} - T_{\omega i})K_{33}^{121}]\{v\}$$

$$+ \delta\{\Delta v\}^T [-T_{\omega i}K_{33}^{210} - (T_{\omega j} - T_{\omega i})K_{33}^{211}]\{u\} \tag{12.95c}$$

7. $-\int_0^L T(\theta'\delta\Delta w' + w'\delta\Delta\theta') dz = \delta\{\Delta w\}^T [-T_i K_{13}^{110} - (T_j - T_i)K_{13}^{111}]\{\theta\}$

$$+ \delta\{\Delta\theta\}^T [-T_i K_{31}^{110} - (T_j - T_i)K_{31}^{111}]\{w\} \tag{12.95d}$$

424

8. $\int_0^L N\Delta w' \delta \Delta w' \mathrm{d}z = \delta\{\Delta w\}^{\mathrm{T}}[N_i K_{11}^{110} + (N_j - N_i)K_{11}^{111}]\{w\}$ （12.95e）

9. $\int_0^L M_{\mathrm{y}}(u''\delta\Delta w' + w'\delta\Delta u'')\mathrm{d}z = \delta\{\Delta w\}^{\mathrm{T}}[M_{\mathrm{y}i}K_{13}^{120} + (M_{\mathrm{y}j} - M_{\mathrm{y}i})K_{13}^{121}]\{u\}$

$\qquad + \delta\{\Delta u\}^{\mathrm{T}}[M_{\mathrm{y}i}K_{31}^{210} + (M_{\mathrm{y}j} - M_{\mathrm{y}i})K_{31}^{211}]\{w\}$ （12.95f）

10. $-\int_0^L M_{\mathrm{x}}(v''\delta\Delta w' + w'\delta v'')\mathrm{d}z = \delta\{\Delta w\}^{\mathrm{T}}[-M_{\mathrm{x}i}K_{13}^{120} - (M_{\mathrm{x}j} - M_{\mathrm{x}i})K_{13}^{121}]\{v\}$

$\qquad + \delta\{\Delta v\}^{\mathrm{T}}[-M_{\mathrm{x}i}K_{31}^{210} - (M_{\mathrm{x}j} - M_{\mathrm{x}i})K_{31}^{211}]\{w\}$ （12.95g）

11. $\int_0^L B_{\omega}(\theta''\delta\Delta w' + w'\delta\theta'')\mathrm{d}z = \delta\{\Delta w\}^{\mathrm{T}}[B_{\omega i}K_{13}^{120} + (B_{\omega j} - B_{\omega i})K_{13}^{121}]\{\theta\}$

$\qquad + \delta\{\Delta\dot\theta\}^{\mathrm{T}}[B_{\omega i}K_{31}^{210} + (B_{\omega j} - B_{\omega i})K_{31}^{211}]\{w\}$ （12.95h）

12. $\int_0^L B_{\omega}(u''\delta\Delta v'' + v''\delta\Delta u'')\mathrm{d}z = \delta\{\Delta u\}^{\mathrm{T}}[B_{\omega i}K_{33}^{220} + (B_{\omega j} - B_{\omega i})K_{33}^{221}]\{v\}$

$\qquad + \delta\{\Delta v\}^{\mathrm{T}}[B_{\omega i}K_{33}^{220} + (B_{\omega j} - B_{\omega i})K_{33}^{221}]\{u\}$ （12.95i）

13. $\dfrac{1}{2}\int_0^L (q_{\mathrm{x}}a_{\mathrm{y}} + q_{\mathrm{y}}a_{\mathrm{x}} - T'_{\omega})(v'\delta\Delta u' + u'\delta\Delta v')\mathrm{d}z$

$$= \delta\{\Delta u\}^{\mathrm{T}}\left[\begin{array}{l}\dfrac{1}{2}(q_{\mathrm{x}}a_{\mathrm{y}} + q_{\mathrm{y}}a_{\mathrm{x}} - T'_{\omega i})K_{33}^{110} + \dfrac{1}{2}\big[(q_{\mathrm{x}}a_{\mathrm{y}} + q_{\mathrm{y}}a_{\mathrm{x}} - T'_{\omega j}) \\ - (q_{\mathrm{x}}a_{\mathrm{y}} + q_{\mathrm{y}}a_{\mathrm{x}} - T'_{\omega i})\big]K_{33}^{111}\end{array}\right]\{v\}$$

$$+ \delta\{\Delta v\}^{\mathrm{T}}\left[\begin{array}{l}\dfrac{1}{2}(q_{\mathrm{x}}a_{\mathrm{y}} + q_{\mathrm{y}}a_{\mathrm{x}} - T'_{\omega i})K_{33}^{110} + \dfrac{1}{2}\big[(q_{\mathrm{x}}a_{\mathrm{y}} + q_{\mathrm{y}}a_{\mathrm{x}} - T'_{\omega j}) \\ - (q_{\mathrm{x}}a_{\mathrm{y}} + q_{\mathrm{y}}a_{\mathrm{x}} - T'_{\omega i})\big]K_{33}^{111}\end{array}\right]\{u\}$$ （12.95j）

单元内力的等效节点力的显式表达式已经求解完毕。

12.3.9.6 外荷载的等效节点力

假设单元上存在分布荷载 q_{x}、q_{y} 和 m_{z} 的作用，同时在单元的节点上存在集中荷载 P_{z}、P_{x}、P_{y}、$\widetilde{M}_{\mathrm{x}}$、$\widetilde{M}_{\mathrm{y}}$、$\bar{B}_{\omega}$ 和 $\widetilde{M}_{\mathrm{z}}$ 的作用，则式（12.46d）中外荷载对应的项 $\delta\{\Delta d_{\mathrm{e}}\}^{\mathrm{T}}\{F_{\mathrm{e}}\}$ 为：

$$\delta\{\Delta d_{\mathrm{e}}\}^{\mathrm{T}}_{\mathrm{tmp}}\{F_{\mathrm{e}}\} = \int_0^L (q_{\mathrm{x}}\delta\Delta u + q_{\mathrm{y}}\delta\Delta v + m_{\mathrm{z}}\delta\Delta\theta)\mathrm{d}z$$

$$+ [P_{\mathrm{z}}\delta\Delta w + P_{\mathrm{x}}\delta\Delta u + P_{\mathrm{y}}\delta\Delta v - \widetilde{M}_{\mathrm{y}}\delta\Delta u' - \widetilde{M}_{\mathrm{x}}\delta\Delta v' + \widetilde{M}_{\mathrm{z}}\delta\Delta\theta - \bar{B}_{\omega}\delta\Delta\theta']_i^j$$

$$= \delta\{\Delta w\}^{\mathrm{T}}\left\{\begin{array}{c}P_{\mathrm{z}i} \\ P_{\mathrm{z}j}\end{array}\right\} + \delta\{\Delta u\}^{\mathrm{T}}\left(q_{\mathrm{x}}\left\{\begin{array}{c}L/2 \\ L^2/12 \\ L/2 \\ -L^2/12\end{array}\right\} + \left\{\begin{array}{c}P_{\mathrm{x}i} \\ -\widetilde{M}_{\mathrm{y}i} \\ P_{\mathrm{x}j} \\ -\widetilde{M}_{\mathrm{y}j}\end{array}\right\}\right)$$

$$+ \delta\{\Delta v\}^{\mathrm{T}}\left(q_{\mathrm{y}}\left\{\begin{array}{c}L/2 \\ L^2/12 \\ L/2 \\ -L^2/12\end{array}\right\} + \left\{\begin{array}{c}P_{\mathrm{y}i} \\ -\widetilde{M}_{\mathrm{x}i} \\ P_{\mathrm{y}j} \\ -\widetilde{M}_{\mathrm{x}j}\end{array}\right\}\right) + \delta\{\Delta\theta\}^{\mathrm{T}}\left(m_{\mathrm{z}}\left\{\begin{array}{c}L/2 \\ L^2/12 \\ L/2 \\ -L^2/12\end{array}\right\} + \left\{\begin{array}{c}\widetilde{M}_{\mathrm{z}i} \\ -\bar{B}_{\omega i} \\ \widetilde{M}_{\mathrm{z}j} \\ -\bar{B}_{\omega j}\end{array}\right\}\right)$$ （12.96）

至此，薄壁构件非线性有限元法所需的单元刚度矩阵和内力等效节点力的显式表达式已经给出，有限元非线性方程组的具体求解过程可参见第 15 章。

12.3.9.7 向形心坐标系的转换

上面在推导单元刚度矩阵时，节点位移列阵和节点力列阵分别为 $\{d_e\}_{tmp}$ 和 $\{F_e\}_{tmp}$，而希望采用的节点位移和节点力列阵是式（12.43，12.44），两者之间需要先进行转换。记转换后的刚度矩阵为 $[k_e]$，$[k_g]$，则单元刚度方程为

$$([k_e] + [k_g] - [k_c])\{d_e\}_s = [k]_s\{d_e\}_s = \{F_e\}_s \tag{12.97}$$

式中下标 s 表示剪切中心。这个公式的一个不方便是，轴向位移是形心处的（或全截面平均位移），而横向的位移是剪切中心的，扭转角也是绕剪切中心的。这种推导方法，得到的刚度矩阵用于研究单个构件，并没有什么不便。但是在研究结构时，不同构件的剪切中心轴有可能不相交（虽然相当多的情况是相交的），因此在将单元刚度矩阵向整体转换之前，需要对刚度矩阵进行处理，不同杆件在相交处有一个共同的节点位移列阵。下面假设不同杆件的形心轴是相交的，因此以形心轴的交点作为共同的标准。

因为 $\bar{u} = u - (y - y_0)\theta$，$\bar{v} = v + (x - x_0)\theta$，所以形心的位移为 $u_c = u + y_0\theta$，$v_c = v - x_0\theta$，$u'_c = u' + y_0\theta'$，$-v'_c = -v' + x_0\theta'$。于是得到

$$\begin{Bmatrix} w \\ u_c \\ v_c \\ -v'_c \\ u'_c \\ \theta \\ \theta' \end{Bmatrix} = \begin{bmatrix} 1 & 0 & 0 & 0 & 0 & 0 & 0 \\ 0 & 1 & 0 & 0 & 0 & y_0 & 0 \\ 0 & 0 & 1 & 0 & 0 & -x_0 & 0 \\ 0 & 0 & 0 & 1 & 0 & 0 & x_0 \\ 0 & 0 & 0 & 0 & 1 & 0 & y_0 \\ 0 & 0 & 0 & 0 & 0 & 1 & 0 \\ 0 & 0 & 0 & 0 & 0 & 0 & 1 \end{bmatrix} \begin{Bmatrix} w \\ u \\ v \\ -v' \\ u' \\ \theta \\ \theta' \end{Bmatrix} \tag{12.98}$$

即 $\{d_e\}_c = [T_{cs}]\{d_e\}_s$

节点力也要平移到形心，记此时的节点力列阵为

$$\{F_e\} = \langle N_i, Q_{xi}, Q_{yi}, M_{xi}, M_{yi}, M_{zci}, B_{\omega ci}, \quad N_j, Q_{xj}, Q_{yj}, M_{xj}, M_{yj}, M_{zcj}, B_{\omega cj} \rangle^T \tag{12.99}$$

因力的平移大小不变，弯矩本来就是绕形心轴的，节点列阵变化的就只有扭矩和双力矩。扭矩很好计算：

$$M_z = M_{zc} + F_x y_0 - F_y x_0$$

但是"双力矩" $B_{\omega c}$ 的物理意义需要展开讨论。因为要求

$$\{F_e\}_s^T\{d_e\}_s = \{F_e\}_c^T\{d_e\}_c = \{F_e\}_c^T[T_{cs}]\{d_e\}_s$$

所以

$$\{F_e\}_s = [T_{cs}]^T\{F_e\}_c \tag{12.100}$$

$$\begin{Bmatrix} N_i \\ Q_{xi} \\ Q_{yi} \\ M_{xi} \\ M_{yi} \\ M_{zi} \\ B_{\omega i} \end{Bmatrix} = \begin{bmatrix} 1 & 0 & 0 & 0 & 0 & 0 & 0 \\ 0 & 1 & 0 & 0 & 0 & 0 & 0 \\ 0 & 0 & 1 & 0 & 0 & 0 & 0 \\ 0 & 0 & 0 & 1 & 0 & 0 & 0 \\ 0 & 0 & 0 & 0 & 1 & 0 & 0 \\ 0 & y_0 & -x_0 & 0 & 0 & 1 & 0 \\ 0 & 0 & 0 & x_0 & y_0 & 0 & 1 \end{bmatrix} \begin{Bmatrix} N_i \\ Q_{xi} \\ Q_{yi} \\ M_{xi} \\ M_{yi} \\ M_{zci} \\ B_{\omega ci} \end{Bmatrix}$$

从上式得到

$$B_\omega = B_{\omega c} + M_y y_0 + x_0 M_x$$

纵向线性应力采用形心位移表示后得到

$$\sigma_z = E\varepsilon_z = E\left[w' - x u_c'' - y v_c'' - (\omega - x y_0 + x_0 y)\theta'' \right]$$

定义 $B_{\omega c} = \int_A \sigma_z (\omega - x y_0 + x_0 y)\,\mathrm{d}A$，则

$$M_x = -EI_y(u_c'' - y_0\theta''), \quad M_y = -EI_x(v_c'' + x_0\theta'')$$

$$B_{\omega c} = EI_y y_0 u_c'' - EI_x x_0 v_c'' - E(I_\omega + y_0^2 I_y + x_0^2 I_x)\theta'' = B_\omega + y_0 M_y + x_0 M_x$$

注意到 $\omega - x y_0 + x_0 y = \omega_c$ 是以形心为极点的扇性坐标，因此 $B_{\omega c}$ 是以形心为极点的"双力矩"。这样刚度矩阵 $[k]_s\{d_e\}_s = \{F_e\}_s$ 变换为

$$\{F_e\}_c = [T_{cs}]^{-T}\{F_e\}_s = [T_{cs}]^{-T}[k]\{d_e\}_s = [T_{cs}]^{-T}[k][T_{cs}]^{-1}\{d_e\}_c = [k]_c\{d_e\}_c$$

式中

$$[k]_c = [T_{cs}]^{-T}[k][T_{cs}]^{-1} \tag{12.101}$$

12.4 弹性屈曲问题—特征值法

涉及弹性屈曲问题，形成刚度矩阵后，采用特征值法求解。这种方法无需计算变形而能够直接求出稳定临界荷载。由于特征值法简单、有效，所以被广泛应用于研究结构和构件的弹性稳定特性，特别是对于理想结构和构件。本节主要利用特征值法来研究单个薄壁构件的弹性稳定，以备其他相关章节的应用，因此为了满足刚体检验而增加的部分无需考虑。

12.4.1 特征值法的基本原理

由最小势能原理，对于任何平衡状态，必须满足总势能的一阶变分等于零，可得任一单元的平衡方程：

$$\{F_e\} = ([K_{Le}] + [K_{Ge}])\{d_e\} \tag{12.102}$$

将构件的所有单元的刚度矩阵组集，得：

$$\{F\} = ([K_L] + [K_G])\{d\} \tag{12.103}$$

式中 $\{F\}$ 为构件的整体荷载向量，$[K_L]$ 和 $[K_G]$ 为构件的整体线性和几何刚度矩阵，$\{d\}$ 为构件的整体位移向量。假定屈曲前构件的变形与屈曲时产生的变形是不耦合的，即不考虑屈曲前位移对屈曲荷载的影响，而且在屈曲过程中，外荷载保持不变，有：

$$([K_L] + \lambda[K_G])\{d\} = 0 \tag{12.104}$$

式中 λ 为荷载因子，$\{d\}$ 特指屈曲时的位移。由数学原理可知，要使上式有非平凡解，必须满足：

$$|[K_L] + \lambda[K_G]| = 0 \tag{12.105}$$

满足式(12.105)的荷载因子 λ 即为所需求解的未知量，其中最小的 λ 值对应第一阶屈曲荷载。

目前存在多种求解荷载因子 λ 的有效方法，比如 Sub Space 和 Block Lanczos 法，具体求解过程可参考相关文献。

12.4.2 弹性阶段的单元刚度矩阵

在弹性阶段，截面常数 S_x、S_y、S_ω、I_{xy}、$I_{x\omega}$ 和 $I_{y\omega}$ 均等于零，且对于等截面构件来说，

截面常数沿长度方向不变，不再需要进线性行插值。所以，薄壁构件单元在弹性阶段的单元刚度矩阵为：

1. 单元线性刚度矩阵

$$[K_{Le}] = \begin{bmatrix} [\bar{k}_{ww}]_{2\times2} & 0 & 0 & 0 \\ 0 & [k_{uu}]_{4\times4} & 0 & 0 \\ 0 & 0 & [k_{vv}]_{4\times4} & 0 \\ 0 & 0 & 0 & [k_{\theta\theta}]_{4\times4} \end{bmatrix} \tag{12.106}$$

其中：

$$[k_{ww}]_{2\times2} = \frac{EA}{L}K_{11}^{110} \tag{12.107a}$$

$$[k_{uu}]_{4\times4} = \frac{EI_y}{L^3}K_{33}^{220} \tag{12.107b}$$

$$[k_{vv}]_{4\times4} = \frac{EI_x}{L^3}K_{33}^{220} \tag{12.107c}$$

$$[k_{\theta\theta}]_{4\times4} = \frac{GJ}{L}K_{33}^{110} + \frac{EI_{\omega}}{L^3}K_{33}^{220} \tag{12.107d}$$

2. 单元几何刚度矩阵

$$[K_{Ge}] = \begin{bmatrix} 0 & 0 & 0 & 0 \\ & [g_{uu}]_{4\times4} & 0 & [g_{u\theta}]_{4\times4} \\ 对 & & [g_{vv}]_{4\times4} & [g_{v\theta}]_{4\times4} \\ & 称 & & [g_{\theta\theta1}]_{4\times4} + [g_{\theta\theta2}]_{4\times4} \end{bmatrix} \tag{12.108}$$

其中 $[g_{uu}]_{4\times4} = \dfrac{N_i}{L}K_{33}^{110} + \dfrac{N_j - N_i}{L}K_{33}^{111}$ \hfill (12.109a)

$$[g_{vv}]_{4\times4} = \frac{N_i}{L}K_{33}^{110} + \frac{N_j - N_i}{L}K_{33}^{111} \tag{12.109b}$$

$$[g_{\theta\theta1}]_{4\times4} = \frac{W_{\sigma zi}}{L}K_{33}^{110} + \frac{W_{\sigma zj} - W_{\sigma zi}}{L}K_{33}^{111} \tag{12.109c}$$

$$[g_{u\theta}]_{4\times4} = \frac{N_i}{L}y_0 K_{33}^{110} + \frac{N_j - N_i}{L}y_0 K_{33}^{111} - \frac{M_{xi}}{L}K_{33}^{110} - \frac{M_{xj} - M_{xi}}{L}K_{33}^{111} - Q_{yi}K_{33}^{100} - (Q_{yj} - Q_{yi})K_{33}^{101}$$
$$\tag{12.109d}$$

$$[g_{v\theta}]_{4\times4} = -\frac{N_i}{L}x_0 K_{33}^{110} - \frac{N_j - N_i}{L}x_0 K_{33}^{111} + \frac{M_{yi}}{L}K_{33}^{110} + \frac{M_{yj} - M_{yi}}{L}K_{33}^{111} + Q_{xi}K_{33}^{100} + (Q_{xj} - Q_{xi})K_{33}^{101}$$
$$\tag{12.109e}$$

$$[g_{\theta\theta2}]_{4\times4} = -W_{\tau i}K_{33}^{010} - (W_{\tau j} - W_{\tau i})K_{33}^{011} - W_{\tau i}K_{33}^{100} - (W_{\tau j} - W_{\tau i})K_{33}^{101} + \frac{W_{\sigma zi}}{L}K_{33}^{110}$$
$$+ \frac{W_{\sigma zj} - W_{\sigma zi}}{L}K_{33}^{111} + LW_{\sigma si}K_{33}^{000} + L(W_{\sigma sj} - W_{\sigma si})K_{33}^{001} \tag{12.109f}$$

式中的截面内力可根据截面积分得到。

利用式(12.106)的线性刚度矩阵和式(12.108)的几何刚度矩阵，使用特征值法就可

428

以得到薄壁构件的弹性屈曲荷载。

12.4.3 算例验证

下面将用算例对本节提出的薄壁构件的弹性屈曲问题有限元方法的精度进行验证。采用两端简支的工字形截面梁，将本节有限元的结果 M_{crb} 与第五章中采用板壳单元有限元法计算的屈曲弯矩 M_{crs} 进行比较，见表12.2。

表12.2给出了图12.9中示出的四种截面的简支梁在两种典型的荷载形式下，弹性屈曲荷载与板壳单元有限元法的结果，两者非常接近。而且，对轴心受压和压弯构件的屈曲问题也有相似的结论(未列出)，说明本节提出的有限元方法来计算薄壁构件的弹性屈曲荷载具有很高的精度。

有限元方法的精度　　　　　　　　　　　　　　　　　　表 12.2

截　　面	荷载形式	荷载作用点	长度(mm)	$M_{crb}(kN \cdot m)$	$M_{crs}(kN \cdot m)$	$\dfrac{M_{crb}}{M_{crs}}$
图12.9(a)	跨中集中荷载	上翼缘	1600	0.22	0.22	99.55%
		下翼缘	1600	0.55	0.54	101.10%
	均布荷载	上翼缘	1600	0.20	0.20	100.60%
		下翼缘	1600	0.41	0.41	100.82%
图12.9(b)	跨中集中荷载	上翼缘	1800	0.19	0.19	99.48%
		下翼缘	1800	0.31	0.30	101.64%
	均布荷载	上翼缘	1800	0.17	0.17	100.93%
		下翼缘	1800	0.24	0.24	101.17%
图12.9(c)	跨中集中荷载	上翼缘	5500	69.70	69.80	99.86%
		下翼缘	5500	135.00	132.00	102.27%
	均布荷载	上翼缘	5500	61.80	61.50	100.49%
		下翼缘	5500	107.72	105.92	101.70%
图12.9(d)	跨中集中荷载	上翼缘	1600	0.32	0.32	99.07%
		下翼缘	1600	0.46	0.46	100.65%
	均布荷载	上翼缘	1600	0.28	0.28	100.08%
		下翼缘	1600	0.38	0.38	100.40%

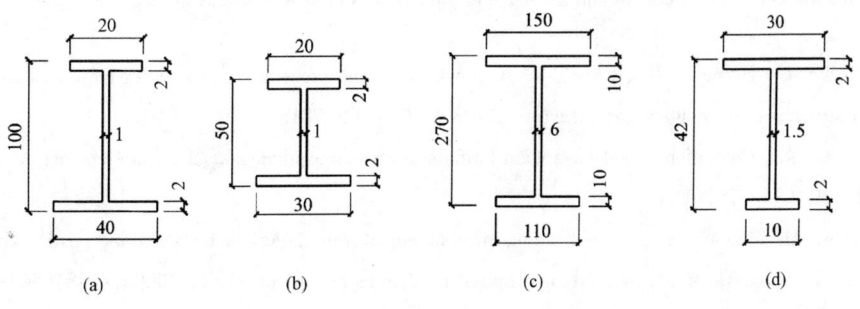

图 12.9　算例的截面尺寸（mm）

参 考 文 献

［1］童根树. 钢结构的平面内稳定. 北京：中国建筑工业出版社，2005.

［2］丁浩江，何福保，谢贻权，徐兴. 弹性和塑性力学中的有限单元法. 北京：机械工业出版社，1981.

［3］吕烈武，沈世钊，沈祖炎，胡学仁. 钢结构构件稳定理论. 北京：中国建筑工业出版社，1983.

［4］殷有泉. 固体力学非线性有限元引论. 北京：北京大学出版社，清华大学出版社，1987.

［5］Attard M. M., Lateral buckling analysis of beams by the FEM, Computers and Structures, 1986, 23（2）：217-231.

［6］Barsoum R. S., Gallagher R. H., Finite element analysis of torsional and torsional-flexural stability problems, International Journal for Numerical Methods in Engineering, 1970, 2：335-352.

［7］Battini J. M., Pacoste C., Co-rational beam elements with warping effects in instability problems, Computer Methods in Applied Mechanics and Engineering, 2002, 191：1755-1789.

［8］Bathe K. J., Bolourchi S., Large displacement analysis of three-dimensional beam structures, International Journal for Numerical Methods in Engineering, 1979, 14：961-986.

［9］Chan S. L., Kitipornchai S., Geometric nonlinear analysis of asymmetric thin-walled beam-columns, Engineering Structures, 1987, 9（10）：243-254.

［10］Chen G., Trahair N. S., Inelastic nonuniform torsion of steel I-beams, Journal of Constructional Steel Research, 1992, 23（3）：189-207.

［11］Chen H., Blandford G. E., Thin-walled space frames. I：lateral-deformation analysis theory, Journal of Structural Engineering, ASCE, 1991, 117（8）：2499-2519.

［12］Conci A., Large displacement analysis of thin-walled beams with generic open section, International Journal for Numerical Methods in Engineering, 1992, 33：2109-2127.

［13］Conci A., Gattass M., Natural approach for geometric non-linear analysis of thin-walled frames, International Journal for Numerical Methods in Engineering, 1990, 30：207-231.

［14］El-Zanaty M. H., Murray D. W., Nonlinear finite element analysis of steel frames, Journal of Structural Engineering, ASCE, 1983, 104（5）：353-368.

［15］Fafard M., Beaulieu D., Dhatt G.., Buckling of thin-walled members by finite elements, Computer & Structures, 1986, 25（2）：183-190.

［16］Gattass M., Abel J. F., Equilibrium considerations of the updated Lagrangian formulation of beam-columns with natural concepts, International Journal for Numerical Methods in Engineering, 1987, 24（11）：2119-2141.

［17］Hsiao K. M., Horng Y. R., Chen, Y. R., A Corotational procedure that handles large rotations of spatial beam structures, Computers and Structures, 1987, 27：769-781.

［18］Hsiao K. M., Corotational total Lagangian formulation for three-dimensional beam element, AIAA Journal, 1992, 30（3）：797-804.

［19］Hsiao K. M., Lin W. Y., A co-rotational finite element formulation for buckling and postbuckling analysis of spatial beams, Computer Methods in Applied mechanics and Engineering, 2000a, 188：567-594.

［20］Hsiao K. M., Lin W. Y., A co-rotational formulation for thin-walled beams with monosymmetric open section, Computer Methods in Applied mechanics and Engineering, 2000b, 190：1163-1185.

430

[21] Izzuddin B. A. , Smith D. L. , Large‐displacement analysis of elasto‐plastic thin‐walled frames. I: Formulation and implementation, Journal of Structural Engineering, ASCE, 1996a, 122 (8): 905‐914.

[22] Izzuddin B. A. , Smith D. L. , Large‐displacement analysis of elasto‐plastic thin‐walled frames. II: Verification and application, Journal of Structural Engineering, ASCE, 1996b, 122 (8): 915‐925.

[23] Laudiero F. , Zaccaria D. , A consistent approach to linear stability of thin‐walled beams of open section, International Journal of Mechanical Science, 1988a, 30 (8): 503‐515.

[24] Laudiero F. , Zaccaria D. , Finite element analysis of stability of thin‐walled beams of open section, International Journal of Mechanical Science, 1988b, 30 (8): 543‐557.

[25] Pai P. F. , Anderson T. J. , Wheater E. A. , Large‐deformation tests and total‐Lagrangian finite‐element analyses of flexible beams, International Journal of Solids and Structures, 2000, 37: 2951‐2980.

[26] Pi Y. L. , Trahair N. S. , Nonlinear inelastic analysis of steel beam‐columns. I: Theory, Journal of Structural Engineering, ASCE, 1994a, 120 (7): 2041‐2061.

[27] Pi Y. L. , Trahair N. S. , Nonlinear inelastic analysis of steel beam‐columns. II: Applications, Journal of Structural Engineering, ASCE, 1994b, 120 (7): 2062‐2084.

[28] Teh L. H. , Clarke M. J. , Co‐rotational and Lagrangian formulations for elastic three‐dimensional beam finite elements, Journal of Constructional Steel Research, 1998, 48: 123‐144.

[29] Turkalj G. , Brnic J. , Prpic‐Orsic J. , Large rotation analysis of elastic thin‐walled beam‐type structures using ESA approach. Computers and Structures, 2003, 81: 1851‐1864.

[30] Waldron P. , Stiffness analysis of thin‐walled girders, Journal of Structural Engineering, ASCE, 1986, 112 (6): 1366‐1384.

[31] Yang Y. B. , McGuire, W. , Stiffness matrix for geometric nonlinear analysis, Journal of Structural Engineering, ASCE, 1986, 112 (4): 853‐877.

附录 A 刚度矩阵中的系数矩阵

$$K_{11}^{110} = \begin{bmatrix} 1 & -1 \\ -1 & 1 \end{bmatrix}, \quad K_{11}^{111} = \begin{bmatrix} 1/2 & -1/2 \\ -1/2 & 1/2 \end{bmatrix},$$

$$K_{13}^{120} = \begin{bmatrix} L & 0 & 0 & -L \\ -L & 0 & 0 & L \end{bmatrix}, \quad K_{13}^{121} = \begin{bmatrix} -1 & 0 & 1 & -L \\ 1 & 0 & -1 & L \end{bmatrix},$$

$$K_{31}^{210} = \begin{bmatrix} 0 & 0 \\ L & -L \\ 0 & 0 \\ -L & L \end{bmatrix}, \quad K_{31}^{211} = \begin{bmatrix} -1 & 1 \\ 0 & 0 \\ 1 & -1 \\ -L & L \end{bmatrix}$$

$$K_{33}^{110} = \begin{bmatrix} 6/5 & L/10 & -6/5 & L/10 \\ L/10 & 2L^2/15 & -L/10 & -L^2/30 \\ -6/5 & -L/10 & 6/5 & -L/10 \\ L/10 & -L^2/30 & -L/10 & 2L^2/15 \end{bmatrix},$$

$$K_{33}^{220} = \begin{bmatrix} 12 & 6L & -12 & 6L \\ 6L & 4L^2 & -6L & 2L^2 \\ -12 & -6L & 12 & -6L \\ 6L & 2L^2 & -6L & 4L^2 \end{bmatrix}$$

$$K_{33}^{221} = \begin{bmatrix} 6 & 2L & -6 & 4L \\ 2L & L^2 & -2L & L^2 \\ -6 & -2L & 6 & -4L \\ 4L & L^2 & -4L & 3L^2 \end{bmatrix},$$

$$K_{33}^{111} = \begin{bmatrix} 3/5 & L/10 & -3/5 & 0 \\ L/10 & L^2/30 & -L/10 & -L^2/60 \\ -3/5 & -L/10 & 3/5 & 0 \\ 0 & -L^2/60 & 0 & L^2/30 \end{bmatrix}$$

$$K_{33}^{101} = \begin{bmatrix} -13/70 & -3L/70 & -11/35 & 2L/35 \\ -L/105 & -L^2/210 & -31L/420 & L^2/84 \\ 13/70 & 3L/70 & 11/35 & -2L/35 \\ -11L/420 & -L^2/210 & 23L/210 & -L^2/210 \end{bmatrix}$$

$$K_{33}^{010} = \begin{bmatrix} -1/2 & L/10 & 1/2 & -L/10 \\ -L/10 & 0 & L/10 & -L^2/60 \\ -1/2 & -L/10 & 1/2 & L/10 \\ L/10 & L^2/60 & -L/10 & 0 \end{bmatrix},$$

$$K_{33}^{100} = \begin{bmatrix} -1/2 & -L/10 & -1/2 & L/10 \\ L/10 & 0 & -L/10 & L^2/60 \\ 1/2 & L/10 & 1/2 & -L/10 \\ -L/10 & -L^2/60 & L/10 & 0 \end{bmatrix}$$

$$K_{33}^{011} = \begin{bmatrix} -13/70 & -L/105 & 13/70 & -11L/420 \\ -3L/70 & -L^2/210 & 3L/70 & -L^2/210 \\ -11/35 & -31L/420 & 11/35 & 23L/210 \\ 2L/35 & L^2/84 & -2L/35 & -L^2/210 \end{bmatrix}$$

$$K_{33}^{000} = \begin{bmatrix} 13/35 & 11L/210 & 9/70 & -13L/420 \\ 11L/210 & L^2/105 & 13L/420 & -L^2/140 \\ 9/70 & 13L/420 & 13/35 & -11L/210 \\ -13L/420 & -L^2/140 & -11L/210 & L^2/105 \end{bmatrix}$$

$$K_{33}^{001} = \begin{bmatrix} 3/35 & L/60 & 9/140 & -L/70 \\ L/60 & L^2/280 & L/60 & -L^2/280 \\ 9/140 & L/60 & 2/7 & -L/28 \\ -L/70 & -L^2/280 & -L/28 & L^2/168 \end{bmatrix}$$

附录 B 薄壁构件非线性分析的总势能补充项的推导

1. 忽略轴向位移的非线性部分时的总应变能为

$$
\begin{aligned}
U_1 + U_2 = \frac{1}{2}\int_0^L \big[& EAw'^2 + EI_y u''^2 + EI_x v''^2 + EI_\omega \theta''^2 + GJ\theta'^2 + N(u'^2 + v'^2) \\
& - 2(M_x - Ny_0)u'\theta' + 2(M_y - Nx_0)v'\theta' - 2Q_y u'\theta + 2Q_x v'\theta \\
& + (Nr_0^2 + 2M_x\beta_x + 2M_y\beta_y + B_\omega\beta_\omega)\theta'^2 + 2(Q_x\beta_y + Q_y\beta_x + T_\omega\beta_\omega)\theta'\theta \\
& + q_y(a_y - y_0 - \beta_x)\theta^2 + q_x(a_x - x_0 - \beta_y)\theta^2 + T'_\omega\beta_\omega\theta^2 \big]\mathrm{d}z
\end{aligned}
\tag{B.1}
$$

其中 U_1 是线性部分，U_2 是非线性部分。

2. 下面补充上式中被忽略的纵向非线性应变能部分：

$$
\begin{aligned}
U_{a1} &= \int_A \sigma_z \frac{1}{2}\Big(\frac{\partial \overline{w}}{\partial z}\Big)^2 \mathrm{d}A = \frac{1}{2}\int_V \sigma_z (w' - u''x - v''y - \theta''\omega)^2 \mathrm{d}V \\
&= \frac{1}{2}\int_0^l \left\{ \begin{array}{l} \big[(Nw' - 2M_y u'' - 2M_x v'' - 2B_\omega\theta'')w' + 2W_{xy}v''u'' \big] \\ + W_{yy}u''^2 + W_{xx}v''^2 + W_{\omega\omega}\theta''^2 + 2(W_{\omega x}u'' + W_{\omega y}v'')\theta'' \end{array} \right\}\mathrm{d}z
\end{aligned}
\tag{B.2}
$$

式中 $W_{\omega\omega} = \int_A \sigma_z \omega^2 \mathrm{d}A = \int_A \Big(\frac{N}{A} + \frac{M_x}{I_x}y + \frac{M_y}{I_y}x + \frac{B_\omega}{I_\omega}\omega\Big)\omega^2 \mathrm{d}A$

$$W_{xx} = \int_A \sigma_z x^2 \mathrm{d}A = \int_A \Big(\frac{N}{A} + \frac{M_x}{I_x}y + \frac{M_y}{I_y}x + \frac{B_\omega}{I_\omega}\omega\Big)x^2 \mathrm{d}A$$

$$W_{yy} = \int_A \sigma_z y^2 \mathrm{d}A = \int_A \Big(\frac{N}{A} + \frac{M_x}{I_x}y + \frac{M_y}{I_y}x + \frac{B_\omega}{I_\omega}\omega\Big)y^2 \mathrm{d}A$$

$$W_{xy} = \int_A \sigma_z xy\mathrm{d}A = \int_A \Big(\frac{N}{A} + \frac{M_x}{I_x}y + \frac{M_y}{I_y}x + \frac{B_\omega}{I_\omega}\omega\Big)xy\mathrm{d}A$$

$$W_{x\omega} = \int_A \sigma_z x\omega\mathrm{d}A = \int_A \Big(\frac{N}{A} + \frac{M_x}{I_x}y + \frac{M_y}{I_y}x + \frac{B_\omega}{I_\omega}\omega\Big)x\omega\mathrm{d}A$$

$$W_{y\omega} = \int_A \sigma_z y\omega\mathrm{d}A = \int_A \Big(\frac{N}{A} + \frac{M_x}{I_x}y + \frac{M_y}{I_y}x + \frac{B_\omega}{I_\omega}\omega\Big)y\omega\mathrm{d}A$$

弹性计算需要如下新的截面性质 $\int_A \omega^3 \mathrm{d}A$，$\int_A \omega^2 y\mathrm{d}A$ 和 $\int_A \omega^2 x\mathrm{d}A$，$\int_A x^2 \omega\mathrm{d}A$，$\int_A x^2 y\mathrm{d}A$，$\int_A x^3 \mathrm{d}A$，$\int_A y^3 \mathrm{d}A$，$\int_A y^2 \omega\mathrm{d}A$，$\int_A y^2 x\mathrm{d}A$，$\int_A yx\omega\mathrm{d}A = I_{xy\omega}$。在双轴对称截面时，特别是在工字形截面时，因为 $\omega = -xy$，因此 $I_{xy\omega} = -I_\omega$。此时

$$W_{xx} = NI_y/A, W_{yy} = NI_x/A, W_{\omega\omega} = NI_\omega/A, W_{xy} = -B_\omega,$$
$$W_{x\omega} = -M_x I_\omega/I_x, W_{y\omega} = -M_y I_\omega/I_y$$

因此对双轴对称工字形截面(附图 B.1a)

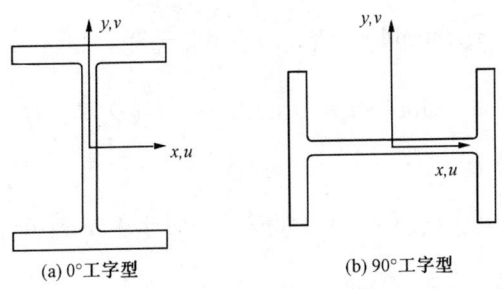

(a) 0°工字型　　　　　　(b) 90°工字型

附图 B.1　两种工字形截面

$$U_{a1} = \frac{1}{2}\int_0^L \left\{ \begin{array}{l} \left[(Nw' - 2M_y u'' - 2M_x v'' - 2B_\omega \theta'') w' - 2B_\omega v'' u'' \right] + \\ + N(i_y^2 u''^2 + i_x^2 v''^2 + i_\omega^2 \theta''^2) - 2I_\omega (M_x u''/I_x + M_y v''/I_y) \theta'' \end{array} \right\} \mathrm{d}z \qquad (\text{B.3})$$

如果工字形截面转了 90°（附图 B.1b），则

$$W_{xy} = B_\omega,\ I_{xy\omega} = I_\omega,\ W_{x\omega} = M_x I_\omega/I_x,\ W_{y\omega} = M_y I_\omega/I_y,$$

$$W_{\omega\omega} = NI_\omega/A,\ W_{xx} = NI_y/A,\ W_{yy} = NI_x/A$$

公式形式会变化，因此简化的方程依赖于截面和坐标系。同时注意，新引进的量是有物理意义的，例如 Wagner 效应项与它们有关：

$$W_{\sigma z} = \int_A \sigma_z \rho^2 \mathrm{d}A = \int_A \sigma_z \left[(x - x_0)^2 + (y - y_0)^2 \right] \mathrm{d}A = W_{xx} + W_{yy} - 2x_0 M_y - 2y_0 M_x + N(x_0^2 + y_0^2)$$

3. 剪应力部分

$$\gamma_{sz}^N = \frac{\partial \overline{w}}{\partial \overline{s}} \frac{\partial \overline{w}}{\partial z} = -(w' - u''x - v''y - \theta''\omega - nv''_n)(u'\cos\alpha + v'\sin\alpha + r_s\theta' + n\theta')$$

$$v_n = u\sin\alpha - v\cos\alpha - r_n\theta$$

$$\overline{w} = w - u'x - v'y - \omega\theta' - n(u'\sin\alpha - v'\cos\alpha - r_n\theta')$$

$$v_s = u\cos\alpha + v\sin\alpha + (r_s + n)\theta$$

非线性剪应变展开：

$$\gamma_{sz}^N = \gamma_{sz}^{N1} + \gamma_{sz}^{N2}$$

$$\gamma_{sz}^{N1} = -(w' - u''x - v''y - \theta''\omega)(u'\cos\alpha + v'\sin\alpha + r_s\theta')$$

$$\gamma_{sz}^{N2} = \gamma_{sz1}^{N2} + \gamma_{sz2}^{N2} + \gamma_{sz3}^{N2}$$

$$\gamma_{sz1}^{N2} = -n(w' - u''x - v''y - \theta''\omega)\theta'$$

$$\gamma_{sz2}^{N2} = n(u'\cos\alpha + v'\sin\alpha + r_s\theta')(u''\sin\alpha - v''\cos\alpha - r_n\theta'')$$

$$\gamma_{sz3}^{N2} = n^2\theta'v''_n$$

上式中第 1 部分的非线性剪应变 γ_{sz}^{N1} 对应的非线性应变能为

$$U_{a2}^N = \int_0^L \int_A \tau_{sz} \gamma_{zs}^{N1} \mathrm{d}A\mathrm{d}z$$

$$= -\int_0^L \int_A \tau_{sz} \left[(w' - u''x - v''y - \theta''\omega)(u'\cos\alpha + v'\sin\alpha + r_s\theta') \right] \mathrm{d}A\mathrm{d}z$$

$$= \int_0^L \int_A \tau_{sz} \left[-w'(u'\cos\alpha + v'\sin\alpha + r_s\theta') + u''x(u'\cos\alpha + v'\sin\alpha + r_s\theta') \right.$$

$$\left. + v''y(u'\cos\alpha + v'\sin\alpha + r_s\theta') + \theta''\omega(u'\cos\alpha + v'\sin\alpha + r_s\theta') \right] \mathrm{d}A\mathrm{d}z$$

因为 $\int_A \tau_{sz}\cos\alpha dA = Q_x$，$\int_A \tau_{sz}\sin\alpha dA = Q_y$，$\int_A \tau_{sz}r_s dA = T_\omega$

所以 $\int_0^L \int_A \tau_{sz}[-w'(u'\cos\alpha + v'\sin\alpha + r_s\theta')]dAdz = -\int_0^L (Q_x u' + Q_y v' + T_\omega \theta')w'dz$。

另一方面

$$T_\omega = \int_A \tau_{zs}r_s tds = \int_A \tau_{zs}[(x - x_0)\sin\alpha - (y - y_0)\cos\alpha]tds$$

$$= \int_A \tau_{zs}(x\sin\alpha - y\cos\alpha)tds - Q_y x_0 + Q_x y_0$$

$$\int_A \tau_{sz}x\cos\alpha dA = \tau_{sz}t\frac{1}{2}x^2\Big|_0^B - \frac{1}{2}\int_A \frac{\partial\tau_{sz}t}{\partial s}x^2 ds = \frac{1}{2}\int_A \frac{\partial\sigma t}{\partial z}x^2 ds = \frac{1}{2}\frac{\partial}{\partial z}\int_A \sigma x^2 tds = \frac{1}{2}W'_{xx}$$

同理 $\int_A \tau_{sz}y\sin\alpha dA = \frac{1}{2}W'_{yy}$，$\int_A \tau_{sz}\omega r_s dA = \frac{1}{2}W'_{\omega\omega}$。

$$\int_A \tau_{sz}(y\cos\alpha t - x\sin\alpha)tds = -T_\omega - Q_y x_0 + Q_x y_0$$

$$W'_{xy} = \int_A \frac{\partial\sigma_z}{\partial z}xytds = -\int_A \frac{\partial\tau_{zs}t}{\partial s}xyds = -(\tau_{zs}t)xy\Big|_0^B + \int_A \tau_{zs}\left(y\frac{\partial x}{\partial s} + x\frac{\partial y}{\partial s}\right)tds$$

$$= \int_A \tau_{zs}(y\cos\alpha + x\sin\alpha)tds$$

所以 $\int_A \tau_{zs}x\sin\alpha tds = \frac{1}{2}(W'_{xy} + T_\omega + Q_y x_0 - Q_x y_0)$

$$\int_A \tau_{sz}y\cos\alpha tds = \frac{1}{2}(W'_{xy} - T_\omega - Q_y x_0 + Q_x y_0)$$

$$\int_A \tau_{sz}(v''u'y\cos\alpha + v'u''x\sin\alpha)dA = \frac{1}{2}(v''u' - v'u'')(-T_\omega - Q_y x_0 + Q_x y_0) + \frac{1}{2}W'_{xy}(v'u')'$$

又：$W'_{x\omega} = \int_A \frac{\partial\sigma_z}{\partial z}x\omega dA = -\int_A \frac{\partial\tau_{sz}}{\partial s}x\omega dA = -\tau_{sz}tx\omega\Big|_0^B + \int_A \tau_{sz}\left(xr_s + \omega\frac{dx}{ds}\right)dA$

$$= \int_A \tau_{zs}(xr_s + \omega\cos\alpha)tds，$$

定义 $W_{sx} = \int_A \tau_{sz}xr_s tds$，则

$$\int_A \tau_{sz}\omega\cos\alpha tds = W'_{\omega x} - \int_A \tau_{sz}xr_s tds = W'_{\omega x} - W_{sx}$$

则 $\int_A \tau_{sz}(\theta'u''xr_s + \theta'u'\omega\cos\alpha)tds = \theta'u''W_{sx} + \theta'u'(W'_{\omega x} - W_{sx}) = (\theta'u'' - \theta'u')W_{sx} + \theta'u'W'_{\omega x}$

同样地：

$$W'_{y\omega} = \int_A \frac{\partial\sigma_z}{\partial z}y\omega dA = -\int_A \frac{\partial\tau_{sz}}{\partial s}y\omega dA = -\tau_{sz}ty\omega\Big|_0^B + \int_A \tau_{sz}\left(yr_s + \omega\frac{dy}{ds}\right)dA$$

$$= \int_A \tau_{zs}(yr_s + \omega\sin\alpha)tds$$

定义 $\quad W_{sy} = \int_A \tau_{sz}yr_s tds$

$$\int_A \tau_{sz}\omega\sin\alpha tds = W'_{\omega y} - \int_A \tau_{sz}yr_s tds = W'_{\omega y} - W_{sy}$$

则
$$\int_A \tau_{sz}(\theta'v''yr_s + \theta''v'\omega\sin\alpha)tds = \theta'v''W_{sy} + \theta''v'(W_{\omega y} - W_{sy})$$

$$= (\theta'v'' - \theta''v')W_{sy} + \theta''v'W_{\omega y}$$

这部分非线性剪应变能汇总

$$U_{a2} = \int_0^L \left\{ \begin{array}{l} [0.5(v''u' - v'u'')(Q_x y_0 - Q_y x_0 - T_\omega) + 0.5(v'u')'W_{xy} - (Q_x u' + Q_y v' + T_\omega \theta')w'] \\ + 0.5(W_{xx}'u'u'' + W_{yy}'v'v'' + W_{\omega\omega}'\theta'\theta'') + \theta''(u'W_{\omega x} + v'W_{\omega y}) \\ + (\theta'u'' - \theta''u')W_{sx} + (\theta'v'' - \theta''v')W_{sy} \end{array} \right\} dz$$

(B.4)

在放双轴对称截面(附图 B.1-a)的情况下，$W_{sx} = 0$，$W_{sy} = 0$，$W_{x\omega}' = -Q_y I_\omega/I_x$，$W_{y\omega}' = -Q_x I_\omega/I_y$，$W_{xy}' = \left(\int_A \sigma_z xy dA\right)' = -B_\omega' = -T_\omega$，所以

$$U_{a2} = \int_0^L \left\{ \begin{array}{l} (-Q_x w'u' - Q_y w'v' - T_\omega w'\theta' - T_\omega v''u') \\ + 0.5N'(i_y^2 u'u'' + i_x^2 v'v'' + i_\omega^2 \theta'\theta'') - I_\omega(Q_y u'/I_x + Q_x v'/I_y)\theta'' \end{array} \right\} dz$$

(B.5)

第二部分非线性剪应变为 γ_{sz}^{N2}，其中的 γ_{sz1}^{N2}，γ_{sz2}^{N2}，因为包含 n 线性项，中面剪应力与之相乘、沿着板厚积分后为 0，所以 γ_{sz1}^{N2}，γ_{sz2}^{N2} 和自由扭转剪应力相乘的部分才是不等于 0 的。设有 k 块板件，第 i 板件上自由扭转剪应力为 $\tau_{sti} = \dfrac{T_{sti}}{J_i}(2n)$。

$$\int_A \tau_{st}\gamma_{sz2}^{N2}dnds = \sum_{i=1}^k \int_0^{bi} \int_{-t_i/2}^{ti/2} \frac{T_{sti}}{J_i}(2n)n(u'\cos\alpha + v'\sin\alpha + r_s\theta')(u''\sin\alpha - v''\cos\alpha - r_n\theta'')dnds$$

$$= \sum_{i=1}^k \frac{1}{2}T_{sti} \left[\begin{array}{l} u'u''\cos\alpha_i\sin\alpha_i + v'u''\sin^2\alpha_i + (r_{si}\sin\alpha_i)\theta'u'' \\ - u'v''\cos^2\alpha_i - v'v''\sin\alpha_i\cos\alpha_i - (r_{si}\cos\alpha_i)\theta'v'' \\ - \frac{1}{2}(u'\cos\alpha_i + v'\sin\alpha_i + r_{si}\theta')(r_{ni,end} - r_{ni,start})\theta'' \end{array} \right]$$

(B.6)

式中 r_{ni} 是剪切中心到第 i 块板件中心的法线的垂直距离，x_i，y_i，ω_i，α_i 是第 i 板件的形心坐标、翘曲坐标和对 x 轴的倾角。对附图 B.1(a) 工字形截面，腹板在 y 轴上，

$$\int_A \tau_{st}\gamma_{sz2}^{N2}dnds = \frac{1}{2}T_{stw}v'u'' - \frac{1}{2}(T_{stf1} + T_{stf2})u'v'' + \frac{1}{2}(T_{stf1}h_{s1} - h_{s2}T_{stf2})\theta'v'' - \frac{1}{2}T_{stw}(h_{s1} - h_{s2})\theta'v'$$

(B.7)

$$\int_A \tau_{st}\gamma_{sz1}^{N2}dA = -\int_{A_i} \frac{T_{sti}}{J_i}2n^2(w' - u''x - v''y - \theta''\omega)\theta'dnds$$

$$= -\frac{1}{2}\sum_{i=1}^k T_{sti}(w'\theta' - \theta'u''x_{0i} - \theta'v''y_{0i} - \theta'\theta''\omega_{0i})$$

$$= -\frac{1}{2} \left[\begin{array}{l} T_{stf1}(w'\theta' - h_1 v''\theta') + T_{stf2}(w'\theta' + h_2\theta'v'') \\ + T_{stw}\left(w'\theta' - \frac{1}{2}(h_1 - h_2)\theta'v''\right) \end{array} \right]$$

$$= -\frac{1}{2}T_{st}w'\theta' + \frac{1}{2}\left(T_{stf1}h_1 - h_2 T_{stf2} + \frac{1}{2}(h_1 - h_2)T_{stw}\right)v''\theta'$$

(B.8)

积分 $\int_A \tau_{st}\gamma_{sz3}^{N2}dA$ 则因为 γ_{sz3}^{N2} 包含了 n^2，只有中面剪应力与之相乘积分才会非零，因此

$$\int_A \tau_{st}\gamma_{sz3}^{N2}\mathrm{d}A = \int_A \tau_{zs}n^2\theta'v_n''\mathrm{d}A = \int_A \tau_{zs}n^2\theta'(u''\sin\alpha - v''\cos\alpha - r_n\theta'')\mathrm{d}n\mathrm{d}s$$

$$= \frac{1}{12}t^3\int_A \tau_{zs}(u''\theta'\sin\alpha - v''\theta'\cos\alpha - r_n\theta'\theta'')\mathrm{d}s$$

$$= \frac{1}{12}t^3\int_A (u''\theta'\tau_{zs}\sin\alpha - v''\theta'\tau_{zs}\cos\alpha - \tau_{zs}r_n\theta'\theta'')\mathrm{d}s$$

$$\int_0^L \int_A \tau_{st}\gamma_{sz3}^{N2}\mathrm{d}A\mathrm{d}z = \frac{1}{12}\int_0^L \sum_{i=1}^k t_i^2(Q_{yi}u'' - Q_{xi}v'' - W_{\tau i}\theta'')\theta'\mathrm{d}z$$

这一项是与次翘曲对应的，通常要略去。纵向正应力也略去了 $\frac{1}{2}\int_V \sigma_z n^2 v_n''^2\mathrm{d}A\mathrm{d}z$ 这一项

非线性自由扭转剪应力的非线性功还包括 $\int_A \tau_{st}\gamma_{nz}^N\mathrm{d}n\mathrm{d}s$。从第 1 章知道，在 n 方向的自由扭转剪应力对自由扭转力矩的贡献为 $\frac{1}{2}T_{st}$。在非线性剪应变能的贡献：

$$\gamma_{zn}^N = \frac{\partial \overline{w}}{\partial n}\frac{\partial \overline{w}}{\partial z} + \frac{\partial v_s}{\partial n}\frac{\partial v_s}{\partial z} + \frac{\partial v_n}{\partial n}\frac{\partial v_n}{\partial z} = \frac{\partial \overline{w}}{\partial n}\frac{\partial \overline{w}}{\partial z} + \frac{\partial v_s}{\partial n}\frac{\partial v_s}{\partial z}$$

$$\gamma_{zn}^N = -(u'\sin\alpha - v'\cos\alpha - r_n\theta')[w' - xu'' - yv'' - \omega\theta'' - n(u''\sin\alpha - v''\cos\alpha - r_n\theta'')]$$
$$+ [u'\cos\alpha + v'\sin\alpha + (r_s + n)\theta']\theta$$

对单轴对称工字形截面，附图 B.2a：

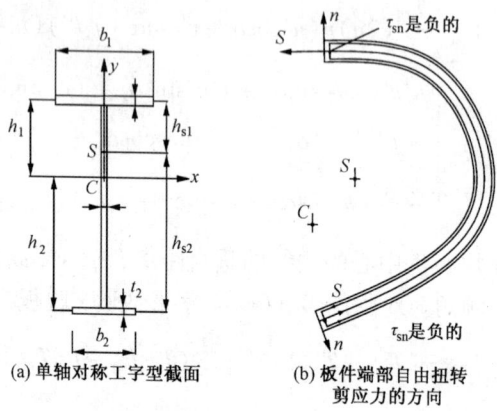

(a) 单轴对称工字型截面   (b) 板件端部自由扭转剪应力的方向

附图 B.2

下翼缘左侧边（ $\alpha = 0, x = -0.5b_2$ ）
$$\gamma_{zn,f2,\text{left}}^N = -(-v' + 0.5b_2\theta')(w' + h_2v'' + 0.5b_2u'' + 0.5b_2h_{s2}\theta'') + (u' + h_{s2}\theta')\theta$$

下翼缘右侧边（ $\alpha = 0, x = 0.5b_2$ ）
$$\gamma_{zn,f2,\text{right}}^N = -(-v' - 0.5b_2\theta')(w' + h_2v'' - 0.5b_2u'' - 0.5b_2h_{s2}\theta'') + (u' + h_{s2}\theta')\theta$$

翼缘端部板厚方向的剪力是 $\frac{T_{stf2}}{2b_2}$，因此

$$\int_{A_{f2}} \tau_{st}\gamma_{nz}^N\mathrm{d}A_{f2} = \frac{T_{stf2}}{2b_2}(\gamma_{zn,f2,\text{left}}^N - \gamma_{zn,f2,\text{right}}^N) = -\frac{1}{2}T_{stf2}(w'\theta' + h_2\theta'v'' - u''v' - h_{s2}v'\theta'')$$

上翼缘左侧边（ $\alpha = 180^o, x = -0.5b_2$ ）

$$\gamma^{\mathrm{N}}_{\mathrm{zn,fl,left}} = -(v'-0.5b_1\theta')(w'-h_1v''+0.5b_1u''-0.5b_1h_{\mathrm{s1}}\theta'')+(-u'+h_{\mathrm{s1}}\theta')\theta$$

上翼缘右侧边($\alpha=180^{\circ}, x=0.5b_2$)

$$\gamma^{\mathrm{N}}_{\mathrm{zn,fl,right}} = -(v'+0.5b_1\theta')(w'-h_1v''-0.5b_1u''+0.5h_{\mathrm{s1}}b_1\theta'')+(-u'+h_{\mathrm{s1}}\theta')\theta$$

翼缘端部板厚方向的剪力是$\dfrac{T_{\mathrm{stfl}}}{2b_1}$,因此

$$\int_{A_{\mathrm{fl}}}\tau_{\mathrm{st}}\gamma^{\mathrm{N}}_{\mathrm{nz}}\mathrm{d}A_{\mathrm{fl}} = \frac{T_{\mathrm{stfl}}}{2b_1}(\gamma^{\mathrm{N}}_{\mathrm{zn,fl,right}}-\gamma^{\mathrm{N}}_{\mathrm{zn,fl,left}}) = -\frac{1}{2}T_{\mathrm{stfl}}(-u''v'+h_{\mathrm{s1}}v'\theta''+\theta'w'-h_1\theta'v'')$$

腹板($\alpha=90^{\circ}$)厚度方向非线性剪应变

$$\gamma^{\mathrm{N}}_{\mathrm{zn,w}} = -(u'-r_{\mathrm{n}}\theta')[w'-yv''-n(u''-r_{\mathrm{n}}\theta'')]+(v'+n\theta')\theta$$

上下边缘剪应变

$$\gamma^{\mathrm{N}}_{\mathrm{zn,w,upper}} = -(u'-h_{\mathrm{s1}}\theta')(w'-h_1v'')+v'\theta$$

$$\gamma^{\mathrm{N}}_{\mathrm{zn,w,lower}} = -(u'+h_{\mathrm{s2}}\theta')(w'+h_2v'')+v'\theta$$

因此$\displaystyle\int_{A_{\mathrm{w}}}\tau_{\mathrm{zn}}\gamma^{\mathrm{N}}_{\mathrm{zn}}\mathrm{d}A_{\mathrm{w}} = \frac{T_{\mathrm{stw}}}{2h}(\gamma^{\mathrm{N}}_{\mathrm{zn,w,lower}}-\gamma^{\mathrm{N}}_{\mathrm{zn,w,upper}}) = -\frac{T_{\mathrm{stw}}}{2}(u'v''+w'\theta')-\frac{T_{\mathrm{stw}}}{2}\frac{(h_{\mathrm{s2}}h_2-h_1h_{\mathrm{s1}})}{h}\theta'v''$

合并后

$$\begin{aligned}\int_{A}\tau_{\mathrm{zn}}\gamma^{\mathrm{N}}_{\mathrm{zn}}\mathrm{d}A = {}& -\frac{T_{\mathrm{stw}}}{2}u'v''+\frac{1}{2}(T_{\mathrm{stfl}}+T_{\mathrm{stf2}})u''v'-\frac{T_{\mathrm{st}}}{2}w'\theta'\\ & -\frac{1}{2}v''\theta'\Big[T_{\mathrm{stw}}\frac{(h_{\mathrm{s2}}h_2-h_1h_{\mathrm{s1}})}{h}+T_{\mathrm{stf2}}h_2-T_{\mathrm{stfl}}h_1\Big]-\frac{1}{2}v'\theta''(T_{\mathrm{stfl}}h_{\mathrm{s1}}-T_{\mathrm{stf2}}h_{\mathrm{s2}})\end{aligned}$$

$$(\mathrm{B.9})$$

这样自由扭转部分是

$$U_{\mathrm{a3}} = \int_0^L\Big(\int_A\tau_{\mathrm{zn}}\gamma^{\mathrm{N}}_{\mathrm{zn}}\mathrm{d}A+\int_A\tau_{\mathrm{st}}\gamma^{\mathrm{N2}}_{\mathrm{zs1}}\mathrm{d}A+\int_A\tau_{\mathrm{st}}\gamma^{\mathrm{N}}_{\mathrm{sz2}}\mathrm{d}n\mathrm{d}s\Big)\mathrm{d}Z$$

$$= \int_0^L\left\{\begin{aligned}&\frac{1}{2}T_{\mathrm{st}}(v'u''-u'v'')-T_{\mathrm{st}}w'\theta'\\ &+\frac{1}{2}\theta'v''\left[\begin{aligned}&T_{\mathrm{stw}}\Big(\frac{h_1-h_2}{2}-\frac{h_{\mathrm{s2}}h_2-h_1h_{\mathrm{s1}}}{h}\Big)\\ &+T_{\mathrm{stfl}}(2h_1+h_{\mathrm{s1}})-T_{\mathrm{stf2}}(2h_2+h_{\mathrm{s2}})\end{aligned}\right]\\ &-\frac{1}{2}v'\theta''[T_{\mathrm{stfl}}h_{\mathrm{s1}}-T_{\mathrm{stf2}}h_{\mathrm{s2}}+T_{\mathrm{stw}}(h_{\mathrm{s1}}-h_{\mathrm{s2}})]\end{aligned}\right\}\mathrm{d}z \qquad (\mathrm{B.10a})$$

在双轴对称工字形的情况下

$$U_{\mathrm{a3}} = \int_0^L\Big[\frac{1}{2}T_{\mathrm{st}}(v'u''-u'v'')-T_{\mathrm{st}}w'\theta'\Big]\mathrm{d}z \qquad (\mathrm{B.10b})$$

除了与式(B.10)相同的项外,式(B.10a)中包含了很多相互抵消部分的项,本来自由扭转项的影响就小,这些项在一般理论中就忽略了,只保留式(B.10b)这一部分。

4. 横向正应力部分的非线性

$$U_{\mathrm{a4}} = \frac{1}{2}\int_0^L\int_A\sigma_{\mathrm{s}}\Big(\frac{\partial\overline{w}}{\partial s}\Big)^2\mathrm{d}A\mathrm{d}z = \frac{1}{2}\int_0^L\int_A\sigma_{\mathrm{s}}(-u'\cos\alpha-v'\sin\alpha-r_{\mathrm{s}}\theta')^2\mathrm{d}A\mathrm{d}z$$

$$= \frac{1}{2}\int_0^l\int_A\sigma_{\mathrm{s}}(u'^2\cos^2\alpha+v'^2\sin^2\alpha+r_{\mathrm{s}}^2\theta'^2+2v'u'\cos\alpha\sin\alpha+2v'\theta'r_{\mathrm{s}}\sin\alpha+2\theta'u'r_{\mathrm{s}}\cos\alpha)\mathrm{d}A\mathrm{d}z$$

439

因为 $\int_0^B \sigma_s \cos^2 \alpha t ds = \sigma_s t \dfrac{dx}{ds} x \Big|_0^B - \int_A \left(x \dfrac{\partial \sigma_s}{\partial s} \dfrac{dx}{ds} + \sigma_s \dfrac{d^2 x}{ds^2} \right) ds$

$$= q_x a_x + \int_A x \dfrac{\partial \tau_{sz} t}{\partial z} dx = q_x a_x + \dfrac{\partial}{\partial z} \left[\tau_{sz} t \dfrac{1}{2} x^2 \Big|_0^B - \dfrac{1}{2} \int_A x^2 \dfrac{\partial \tau_{sz} t}{\partial s} ds \right]$$

$$= q_x a_x + \dfrac{1}{2} \dfrac{\partial}{\partial z} \left[\int_A x^2 \dfrac{\partial \sigma_z t}{\partial z} ds \right] = q_x a_x + \dfrac{1}{2} \dfrac{\partial^2}{\partial z^2} \left[\int_A x^2 \sigma_z t ds \right]$$

即得到 $\quad \int_0^B \sigma_s \cos^2 \alpha t ds = q_x a_x + \dfrac{1}{2} W_{xx}''$

同理 $\quad \int_0^B \sigma_s \sin^2 \alpha t ds = q_y a_y + \dfrac{1}{2} W_{yy}''$

$$\int_A \sigma_s \cos\alpha \sin\alpha t ds = \dfrac{1}{2} (q_y a_x + q_x a_y) + \dfrac{1}{2} W_{xy}''$$

$$\int_A \sigma_s r_s^2 t ds = \sigma_s t r_s \omega \Big|_0^B + \dfrac{1}{2} W_{\omega\omega}'' = q_s r_{sq} \omega_q + \dfrac{1}{2} W_{\omega\omega}''$$

$$\int_A \sigma_s r_s \cos\alpha t ds = \sigma_s t \cos\alpha \cdot \omega \Big|_0^B + (W_{\omega x}'' - W_{sx}') = q_x \omega_q + (W_{\omega x}'' - W_{sx}')$$

$$\int_A \sigma_s r_s \sin\alpha t ds = \sigma_s t \sin\alpha \cdot \omega \Big|_0^B + W_{\omega y}'' - W_{sy}' = q_y \omega_q + (W_{\omega y}' - W_{sy}')$$

所以

$$U_{a4} = \dfrac{1}{2} \int_0^L \left\{ \begin{array}{l} \{(q_x a_y + q_y a_x + W_{xy}'')v'u'\} + (0.5 W_{xx}'' + q_x a_x)u'^2 \\ + (0.5 W_{yy}'' + q_y a_y)v'^2 + (0.5 W_{\omega\omega}'' + q_s r_{sq}\omega_q)\theta'^2 \\ + [2(W_{\omega y}' - W_{sy}') + 2 q_y \omega_q]v'\theta' + [2(W_{\omega x}'' - W_{sx}') + 2 q_x \omega_q]\theta'u' \end{array} \right\} dz$$

(B. 11)

双轴对称截面时有 $W_{xy}'' = -T_\omega'$，$W_{x\omega}'' = -Q_y' I_\omega / I_x = q_y I_\omega / I_x$，$W_{y\omega}'' = -Q_x' I_\omega / I_y = q_x I_\omega / I_y$，所以

$$U_{a4} = \dfrac{1}{2} \int_0^L \left\{ \begin{array}{l} \{(q_x a_y + q_y a_x - T_\omega')v'u'\} + (0.5 W_{xx}'' + q_x a_x)u'^2 \\ + (0.5 W_{yy}'' + q_y a_y)v'^2 + (0.5 W_{\omega\omega}'' + q_s r_{sq}\omega_q)\theta'^2 \\ + 2(q_x I_\omega / I_y + q_y \omega_q)v'\theta' + 2(q_y I_\omega / I_x + q_x \omega_q)\theta'u' \end{array} \right\} dz$$

(B. 12)

5. 总应变能及其取舍说明

总应变能为

$$U = U_1 + U_2 + U_3$$

(B. 13)

式中 $U_3 = U_{a1} + U_{a2} + U_{a3} + U_{a4}$

从上面各个式子看，要在薄壁构件的非线性分析理论中包括所有项，将是非常复杂。经验表明也是没有必要的。但是保留的项要相互协调，不要出现那些本应相互抵消的项没有相互抵消。综合考虑，式(B. 10b)和式(B. 11)、(B. 4)、(B. 2)中带{ }号的部分要加以考虑，即

$$U_3 = \int_0^L \left[\begin{array}{l} 0.5 N w'^2 + 0.5 T_{st}(v'u'' - u'v'') - T_{st}w'\theta' + 0.5(v'u')'W_{xy}' + W_{xy}v''u'' \\ + 0.5(q_x a_y + q_y a_x + W_{xy}'')v'u' + 0.5(v''u' - v'u'')(Q_x y_0 - Q_y x_0 - T_\omega) \\ - (Q_x u' + Q_y v' + T_\omega \theta')w' - (M_y u'' + M_x v'' + B_\omega \theta'')w' \end{array} \right] dz$$

(B. 14)

440

在双轴对称工字形截面的情况下：

$$U_3 = \int_0^L \left[\begin{array}{l} 0.5 N w'^2 + 0.5 T_{st}(v'u'' - u'v'') - T_\omega v''u' - B_\omega u''v'' + 0.5(q_x a_y + q_y a_x - T_\omega')v'u' \\ - (Q_x u' + Q_y v' + T\theta')w' - (M_y u'' + M_x v'' + B_\omega \theta'')w' \end{array} \right] dz$$

(B.15)

并且对应不同的截面，翘曲扭矩项的表达式有所不同，必须重新推导式(B.14)或式(B.15)。

被忽略的部分如下

$$U_4 = \frac{1}{2}\int_0^L \left(\begin{array}{l} W_{yy}u''^2 + W_{xx}v''^2 + W_{\omega\omega}\theta''^2 + 2(W_{\omega x}u'' + W_{\omega y}v'')\theta'' + W_{xx}'u'u'' + W_{yy}'v''v' + W_{\omega\omega}'\theta'\theta'' \\ + (0.5W_{xx}'' + q_x a_x)u'^2 + (0.5W_{yy}'' + q_y a_y)v'^2 + (0.5W_{\omega\omega}'' + q_s r_{sq}\omega_q)\theta'^2 \\ + [2(W_{\omega y}'' - W_{sy}') + 2q_y\omega_q]v'\theta' + [2(W_{\omega x}'' - W_{sx}') + 2q_x\omega_q]\theta'u' + 2\theta''(u'W_{\omega x}' + v'W_{\omega y}') \\ + 2(\theta'u'' - \theta''u')W_{sx} + 2(\theta'v'' - \theta''v')W_{sy} \end{array} \right) dz$$

(B.16)

在双轴对称工字形截面的情况下

$$U_4 = \frac{1}{2}\int_0^L \left\{ \begin{array}{l} + N(i_y^2 u''^2 + i_x^2 v''^2 + i_\omega^2 \theta''^2) - 2I_\omega(M_x u''/I_x + M_y v''/I_y)\theta'' \\ + N'(i_y^2 u'u'' + i_x^2 v'v'' + i_\omega^2 \theta'\theta'') - 2I_\omega(Q_y u'/I_x + Q_x v'/I_y)\theta'' \\ (0.5N''i_x^2 + q_x a_x)u'^2 + (0.5N''i_y^2 + q_y a_y)v'^2 + (0.5N''i_\omega^2 + q_s r_{sq}\omega_q)\theta'^2 \\ + 2(q_x I_\omega/I_y + q_y\omega_q)v'\theta' + 2(q_y I_\omega/I_x + q_x\omega_q)\theta'u' \end{array} \right\} dz$$

(B.17)

弯矩以第一象限受拉为正。

第13章 翘曲位移在标准梁柱节点的传递

13.1 引　言

薄壁构件有限元分析时，考虑翘曲位移时的节点位移数是 7 个。对于薄壁构件组成的空间框架进行有限元分析时，三个正交方向汇交的节点，如果考虑翘曲位移，目前所有通用有限元软件也都认为节点位移数是 7 个，其中翘曲变形对应的位移是柱子扭转角的导数 θ'_z。实际上，两个正交方向的梁也会扭转，它们的扭转角分别为 θ_x，θ_y，对应的导数为 θ'_x，θ'_y。因此如果考虑梁和柱子的翘曲位移的不同，则一个节点应该有 9 个自由度。目前只考虑 7 个自由度，隐含了这样一个假定：$\theta'_x = \theta'_y = \theta'_z$。这个假定反映在梁单元刚度矩阵从局部坐标向整体坐标转换时，转换矩阵中与 $\theta'_x(\theta'_y)$ 对应的对角线位置上的元素为 1，也即无需转换，梁刚度矩阵中翘曲对应的元素直接与柱子刚度矩阵中翘曲对应的元素相加。如果一个节点的自由度数量多于 7 个，比如取 9 个，则出现新的问题，比如节点左右两根梁的 θ'_x 是否一样？翘曲自由度是否与节点构造有关，三个翘曲自由度 θ'_x，θ'_y，θ'_z 之间是否存在一定关系？本章就是要解决这个有限元分析中的难点问题。

这个问题之所以称之为难点问题，在于一个构件的翘曲会导致垂直相交构件的截面歪曲（Distorsion），即截面形状不再保持不变。这超出了经典薄壁构件理论的范围。如图 13.1 所示。

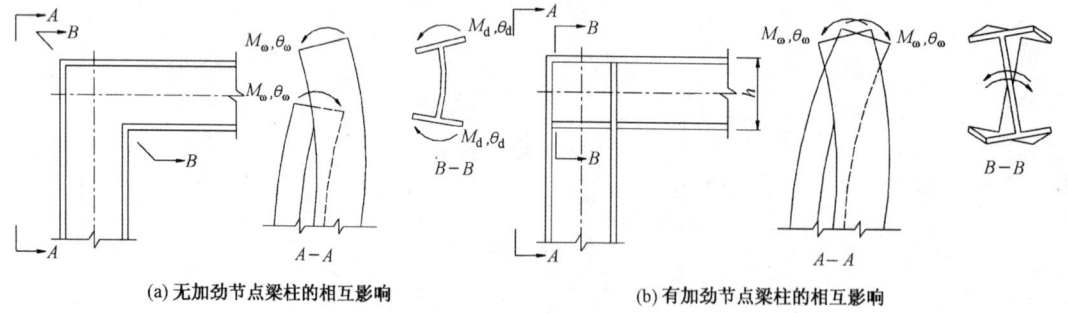

(a) 无加劲节点梁柱的相互影响　　　　　　　(b) 有加劲节点梁柱的相互影响

图 13.1　翘曲变形在梁柱连接节点中的传递

现有文献在框架的分析中遇到需要处理节点的翘曲问题时，大部分都将节点翘曲位移当做连续来处理，即隐含地假定 $\theta'_x = \theta'_y = \theta'_z$。Wongkaew & Chen（2002）对考虑平面外屈曲的平面框架的设计进行了研究，在处理翘曲自由度从单元的局部坐标系转换到整体坐标系时，也意识到了节点形式的不同对翘曲位移传递以至分析结果存在着影响，但仍然对节点简单地采用了翘曲连续（Warping continuous），翘曲自由（Warping not restrained，$\theta'' = 0$）和翘曲完全约束（Warping restrained，$\theta' = 0$）的边界条件以简化分析，如图 13.2 所示，其中后两

442

种条件的处理方法是直接将翘曲未知量缩聚掉。但是在钢框架结构中,在工字形截面的柱子上梁翼缘对应部位设置水平加劲肋,这种节点形式最为常用,下面把这种节点简称为翼缘延伸加劲节点,如图 13.3 所示。本章对这种框架中常用的节点加劲形式进行分析,提出了新的翘曲传递系数,并得出处理这种加劲形式节点翘曲位移传递的一种简单方法。

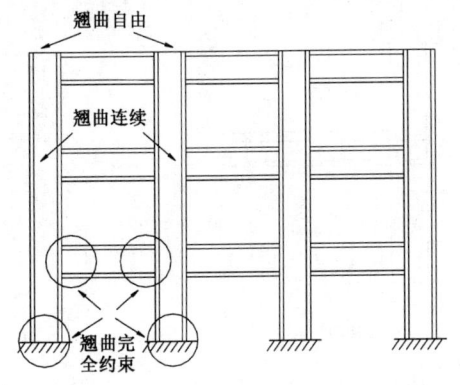

图 13.2　Wongkaew & Chen（2002）中
的框架结构

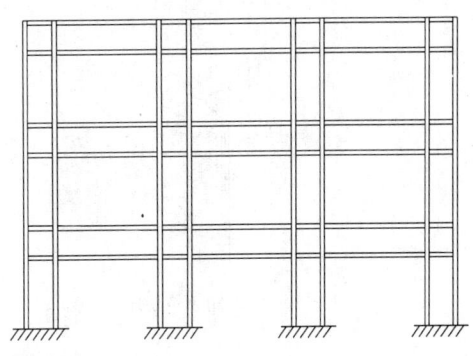

图 13.3　常用框架结构

13.2　梁与柱强轴相连时节点的翘曲位移传递分析

下面取图 13.3 框架中的梁柱角节点,边节点和中柱节点,利用四节点的弹性薄壁壳单元进行扭转分析,考察翘曲内力和变形是如何通过节点影响垂直相交薄壁构件的变形的。

13.2.1　翘曲双力矩作用下梁柱截面扭转变形分析

节点 1 是梁柱角节点,有限元网格划分和荷载如图 13.4 所示,梁柱长均取 4m,截面为工字形,截面尺寸为 H300×150×6×8,柱下端固支,梁端自由,梁柱节点刚接,梁自由端作用双力矩大小为 $2.04 \times 10^7 \mathrm{N} \cdot \mathrm{mm}^2$,节点所有加劲肋与梁柱截面的翼缘厚度相等为 8mm。选取近节点处的梁柱一个划分单位长度来观察梁柱截面扭转变形的情况,即图 13.4（a）中的 1—1,2—2 截面,变形显示比例取为 1:1000,梁从右往左看,柱从上往下看,截面的扭转变形如图 13.4(c),(d)所示。

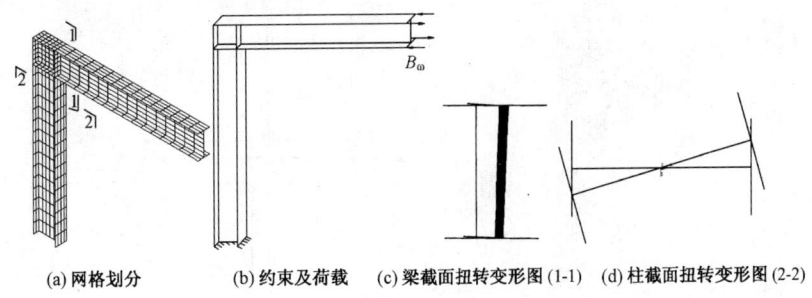

(a) 网格划分　　(b) 约束及荷载　　(c) 梁截面扭转变形图(1-1)　(d) 柱截面扭转变形图(2-2)

图 13.4　节点 1:梁柱角节点

节点 2 是边柱节点,有限元网格划分和荷载如图 13.5 所示,上柱、下柱及梁的长度均取 4m,截面为工字形,截面尺寸为 H300×150×6×8,柱远离节点端固支,梁端自由,梁柱刚接，梁自由端作用双力矩大小为 $2.04 \times 10^7 \mathrm{N \cdot mm^2}$。选取近节点处的梁柱一个划分单位长度来观察梁柱截面扭转变形情况，即图 13.5a 中的 1—1，2—2，3—3 截面，变形显示比例取为 1:7000，梁从右往左看，柱从上往下看，截面的扭转变形如图 13.6 所示。

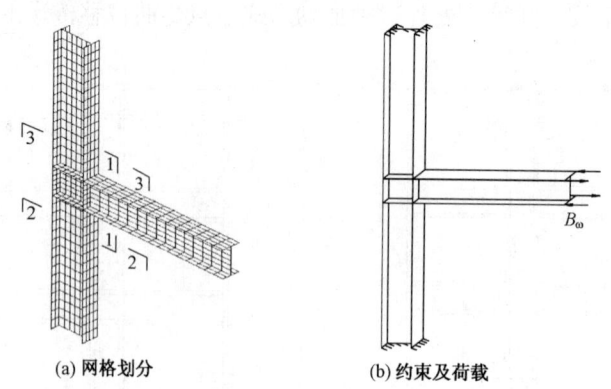

(a) 网格划分　　　　　(b) 约束及荷载

图 13.5　节点 2：边柱的梁柱连接

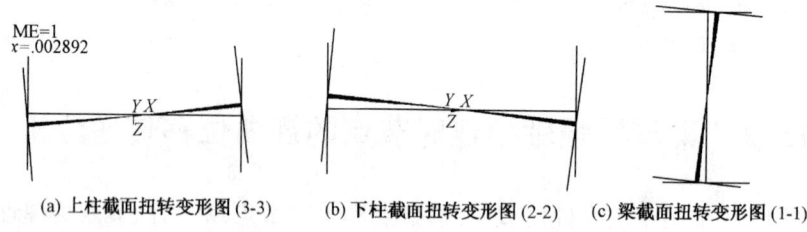

(a) 上柱截面扭转变形图 (3-3)　　(b) 下柱截面扭转变形图 (2-2)　　(c) 梁截面扭转变形图 (1-1)

图 13.6　节点 2 梁柱截面的扭转变形图

节点 3 是中柱的梁柱连接，有限元网格划分和荷载如图 13.7 所示，上柱、下柱及左梁，右梁的长度均取 4m，截面为工字形，截面尺寸为 H300×150×6×8，柱上下端固支，梁左端固支，梁右端自由，梁柱刚接，梁自由端作用双力矩大小为 $2.04 \times 10^7 \mathrm{N \cdot mm^2}$。选取近节点处的梁柱一个划分单位长度来观察梁柱截面扭转变形情况，即图 13.7(a) 中的 1—1，2—2，3—3，4—4 截面，变形显示比例取为 1:10000，梁从右往左看，柱从上往下看，截面的扭转变形如图 13.8 所示：

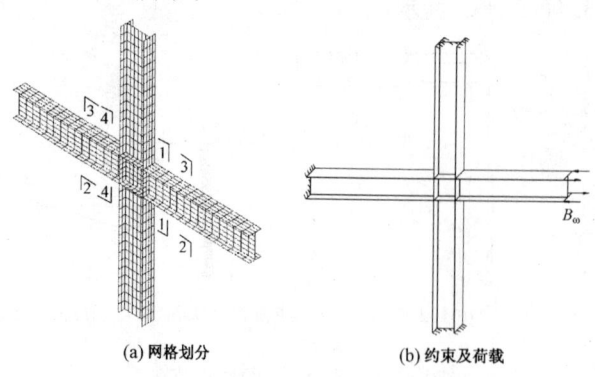

(a) 网格划分　　　　　(b) 约束及荷载

图 13.7　节点 3：梁柱中柱连接节点

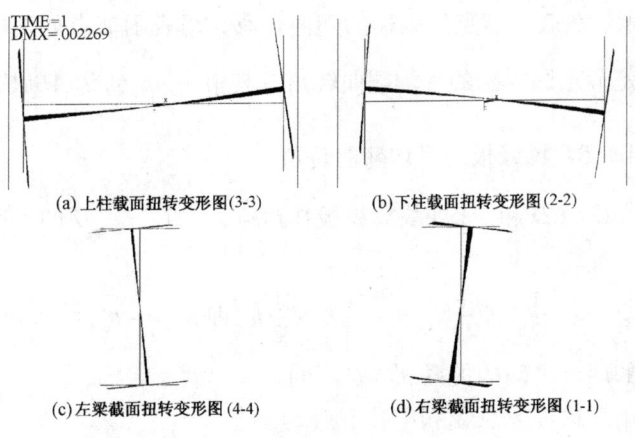

(a) 上柱截面扭转变形图(3-3)　　　(b) 下柱截面扭转变形图(2-2)

(c) 左梁截面扭转变形图(4-4)　　　(d) 右梁截面扭转变形图(1-1)

图 13.8　结构 3 梁柱截面的扭转变形图

　　从上述梁柱截面扭转变形图可以看出，上述三种节点在梁端翘曲双力矩的作用下，只产生了梁柱绕纵轴的扭转和平面外位移，横截面上基本不存在腹板的歪曲(distorsion)变形，而选取的近节点处截面应该是腹板截面歪曲变形最大的地方，所以从上述结果可以得出翼缘延伸加劲节点在分析中可以忽略腹板歪曲变形的影响。

13.2.2　节点翘曲位移传递的处理方法

　　对于这种翼缘延伸加劲节点的翘曲位移传递，Krenk & Damkilde (1991)对节点 1 在不同的梁柱交角下的翘曲位移传递进行过分析，他们利用转角矢量分解，同时考虑节点处腹板截面歪曲变形的影响，得到了一种近似的解决办法。但是考虑截面腹板歪曲应变能的影响会使得这种方法在实用中复杂得多，而从上面的板壳单元有限元法分析得到的截面变形图中可以看出，腹板截面的歪曲变形很小，可以忽略不计。

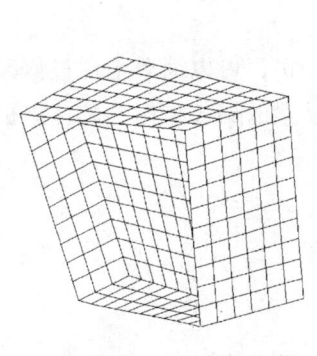

图 13.9　节点 1 的节点
区域变形图

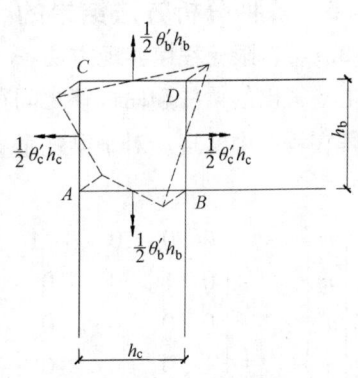

图 13.10　节点区翼缘转角
及平面外变形

　　节点 1 整个节点区域的变形如图 13.9 所示，可以看出结构变形后节点区域柱翼缘和梁翼缘在相交角点处的平面外位移相同，梁柱翼缘的交线和边线变形后仍然保持直线。将

445

翼缘转角用垂直于转角平面的矢量来表示，则节点 1 节点区域翼缘的翘曲转角和变形可以表示为图 13.10 所示，θ'_b 表示节点处梁端的翘曲位移，θ'_c 表示节点处柱端的翘曲位移，图中表示出来的矢量是节点区翼缘的平均翘曲转角。其中：$\frac{1}{2}h_b\theta'_b$ 为 AB, CD 翼缘板的平均翘曲转角，$\frac{1}{2}h_c\theta'_c$ 为 AD, BC 翼缘板的平均翘曲转角。

由节点处 AB、BC、CD 和 DA 四块翼缘板在角点 A，B，C，D 的平面外位移连续的要求，可得：

$$\frac{1}{2}h_c\theta'_c\frac{1}{2}h_b = -\frac{1}{2}h_b\theta'_b\frac{1}{2}h_c \quad 即 \quad \theta'_b = -\theta'_c \tag{13.1}$$

这与传统方法隐含的两者之间的关系 $\theta'_b = \theta'_c$ 不同。

上述推论也适用于边柱节点 2 和中柱节点 3。

式 (13.1)这样一个关系，也可以从图 13.11 得到。图 13.11 中，假设梁的翘曲未知量 θ'_b 为正，则工字形截面的四个翼缘边 A,B,C,D 位移到 A',B',C',D'，位移是 $0.5h\theta'_b \times 0.5b = 0.25bh\theta'_b$，这样的位移，上翼缘相对于下翼缘的转动角是 $\Delta\theta_c = -\frac{0.25bh\theta'_b \times 2}{b} \times 2 = -h\theta'_b$，注意这个转角变化，相对于柱子的右手坐标系，$CD$ 相对于 AB 是往负的方向的，所以有负号。这样扭率是 $\theta'_c = \frac{\Delta\theta_c}{\Delta z} = \frac{-h\theta'_b}{h} = -\theta'_b$。

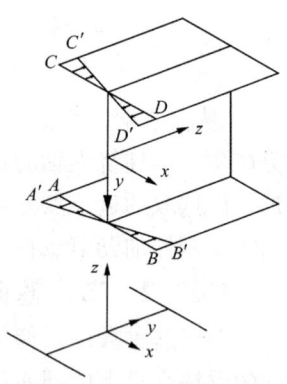

图 13.11　另一种方法

注意这种相等相反的关系，是依赖于坐标系的选择的，在目前广泛采用的梁的坐标系纵向是从左到右，柱子的坐标系纵向是从下到上的情况下，相等相反关系成立。如果柱子是从下到上，而梁是从右到左的坐标系，则应该是直接相等的关系。

13.2.3　各种分析方法结果的比较

13.2.3.1　有限元程序实现方法

对于上述得到的梁柱翘曲位移之间存在的关系 $\theta'_b = -\theta'_c$，可以简单地通过修改梁的坐标转换矩阵在程序中实现。对于梁柱垂直连接的结构，从梁的局部坐标到整体坐标的转换矩阵如下：

$$
\begin{Bmatrix} w \\ u \\ u' \\ v \\ v' \\ \theta \\ \theta' \end{Bmatrix}_{整体}
=
\begin{bmatrix}
0 & 0 & 0 & -1 & 0 & 0 & 0 \\
0 & 1 & 0 & 0 & 0 & 0 & 0 \\
0 & 0 & 0 & 0 & 0 & 1 & 0 \\
1 & 0 & 0 & 0 & 0 & 0 & 0 \\
0 & 0 & 0 & 0 & 1 & 0 & 0 \\
0 & 0 & -1 & 0 & 0 & 0 & 0 \\
0 & 0 & 0 & 0 & 0 & 0 & 1
\end{bmatrix}
\begin{Bmatrix} \overline{w} \\ \overline{u} \\ \overline{u}' \\ \overline{v} \\ \overline{v}' \\ \overline{\theta} \\ \overline{\theta}' \end{Bmatrix}_{梁局部}
$$

由式(13.1)，修改坐标转换矩阵如下：

$$\begin{Bmatrix} w \\ u \\ u' \\ v \\ v' \\ \theta \\ \theta' \end{Bmatrix}_{\text{整体}} = \begin{bmatrix} 0 & 0 & 0 & -1 & 0 & 0 & 0 \\ 0 & 1 & 0 & 0 & 0 & 0 & 0 \\ 0 & 0 & 0 & 0 & 0 & 1 & 0 \\ 1 & 0 & 0 & 0 & 0 & 0 & 0 \\ 0 & 0 & 0 & 0 & 0 & 1 & 0 \\ 0 & 0 & -1 & 0 & 0 & 0 & 0 \\ 0 & 0 & 0 & 0 & 0 & 0 & -1 \end{bmatrix} \begin{Bmatrix} \overline{w} \\ \overline{u} \\ \overline{u}' \\ \overline{v} \\ \overline{v}' \\ \overline{\theta} \\ \overline{\theta}' \end{Bmatrix}_{\text{梁局部}}$$ (13.2)

可表示为：

$$\{\delta_e\} = [B']\{\overline{\delta_e}\}$$ (13.3a)

因此对于这种节点加劲形式的框架梁，采用 $\theta'_b = -\theta'_c$ 的翘曲位移传递关系时，梁的单元刚度矩阵，结点位移和内力通过下面的处理从局部坐标转换为整体坐标：

$$\{F_e\} = [B']\{\overline{F_e}\} = [B'][k]\{\overline{\delta}\}_e = [B'][\overline{K_e}][B']^{-1}\{\delta\}_e = [K_e]\{\delta\}_e$$ (13.3b)

$$[K_e] = [B'][\overline{K_e}][B']^{-1}$$ (13.3c)

梁的刚度矩阵转换到整体坐标后，与柱子的刚度矩阵迭加。形成总体刚度矩阵。相应地，节点位移是整体坐标系下的节点位移，荷载矩阵相应地是整体坐标系下的节点荷载矩阵。

在下面的 Γ 形框架算例中，在节点处并未施加双力矩荷载，因此与梁柱节点翘曲位移未知量的方程实际上是合成如下的方程：

$$-B_{\omega c} + B_{\omega b \text{整体}} = 0$$

注意上式采用 $-B_{\omega c}$ 是式(1.38a)所要求的。从上式得到

$$B_{\omega c} = B_{\omega b \text{整体}} = -B_{\omega b}$$ (13.4)

即按照内力正负号的规定，节点处梁和柱的双力矩也存在相等相反的关系。

13.2.3.2　建议模型和板壳有限元方法结果的比较

对图 13.12 所示模型 1，使用自编薄壁梁单元的考虑上述翘曲位移传递关系的有限元程序的结果和利用板壳有限元法的计算结果进行比较。图 13.12 中节点处的加劲肋厚度与翼缘厚度相同，柱端 R 固支，梁端 S 铰支，在柱中间高度处施加 $T = 3.212\text{kN} \cdot \text{m}$ 的扭矩，加力处加由薄膜单元组成的加劲肋以减小局部变形的影响，同时去除此加劲肋对柱子翘曲位移的约束。自编程序分为每个节点考虑六个自由度时的情况和考虑七个自由度的情况。考虑七个自由度时分两种情况：节点处梁柱翘曲自由度 $\theta'_b = \theta'_c$（传统隐含方法）和 $\theta'_b = -\theta'_c$（本章方法）。并把板壳单元有限元法的计算结果作为比较的标准。

图 13.13 对算例 1 采用梁单元的结果与板壳单元有限元法的计算结果进行比较，主要针对梁和柱的平面外位移（即 x 方向）和沿轴向的扭转角。可以看出，对于图 13.12 所示的算例 1，如果认为节点处翘曲位移连续，即采用 $\theta'_b = \theta'_c$ 的翘曲位移传递关系，得到的梁的扭转角与 FEM 结果是相反的，只考虑六个自由度时，柱的翘曲不能传递到梁上，梁的扭转角接近零，而柱的转角比实际转角大很多。从梁的平面外位移图也可以看出采用 $\theta'_b = \theta'_c$ 的翘曲位移传递关系和考虑六个自由度时得到的位移都比 FEM 的要大，而采用上面的 $\theta'_b = -\theta'_c$ 的关系，各个位移结果都符合得很好。这也说明了目前方法隐含的关系 $\theta'_b = \theta'_c$ 是不对的，在实际结构的分析中可能会引起较大的误差。

对图 13.12 所示的算例 2 和算例 3 进行计算，在柱的中间加 8.212kN·m 的扭矩，对柱端 R1 采用固支，其他端部采用铰支。我们分析对于图中所示的节点用 $\theta'_b = -\theta'_c$ 的翘曲位移传递关系和通常采用的 $\theta'_b = \theta'_c$，及考虑六个自由度时的差别，并与 FEM 壳单元的计算结果比较如下(对于模型 3，柱平面外位移接近于零，不进行比较，图中柱的位移结果为柱下端到柱上端，梁的位移结果为梁左端到梁右端)。

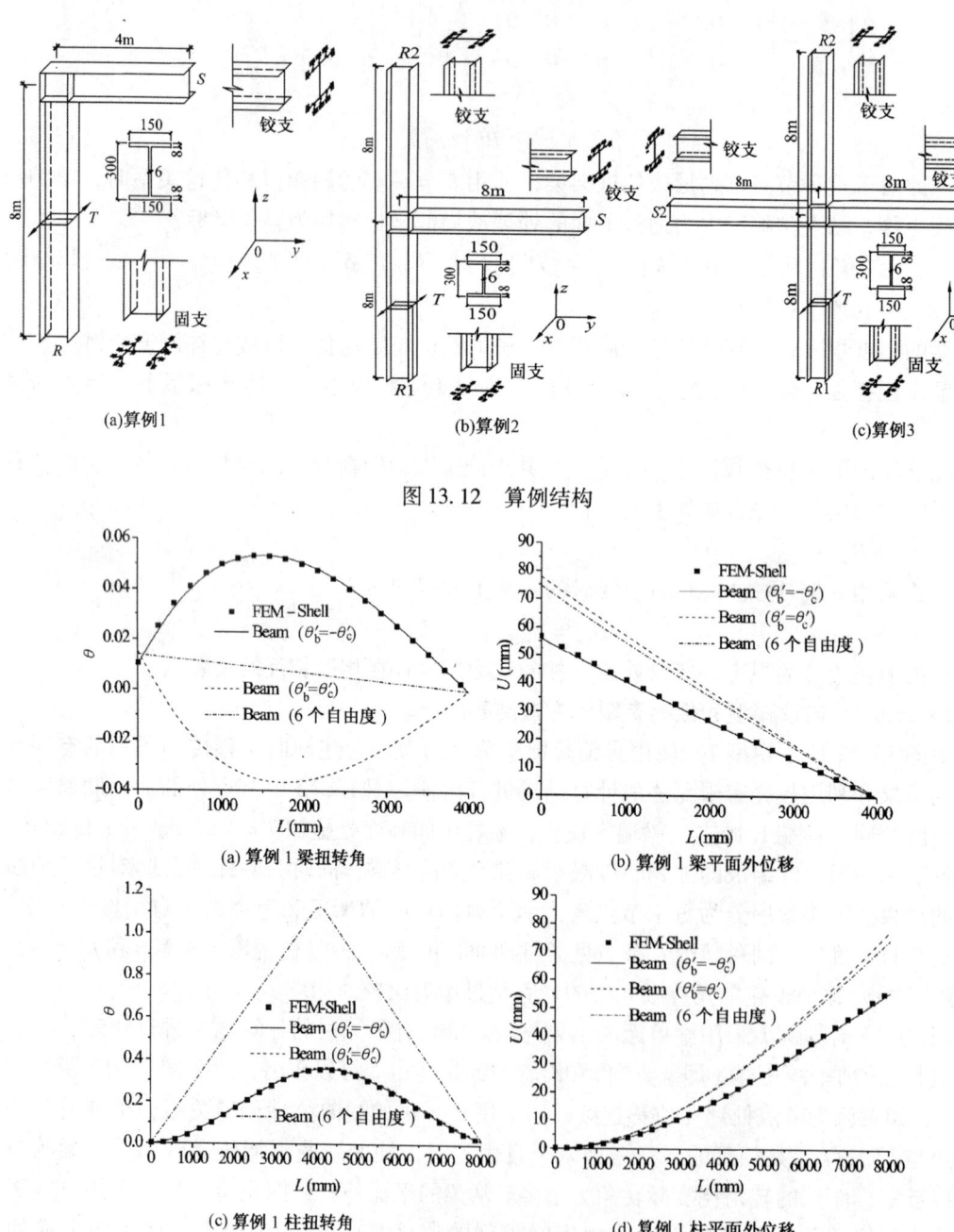

(a)算例1   (b)算例2   (c)算例3

图 13.12   算例结构

(a) 算例 1 梁扭转角

(b) 算例 1 梁平面外位移

(c) 算例 1 柱扭转角

(d) 算例 1 柱平面外位移

图 13.13   算例 1 梁柱位移比较

448

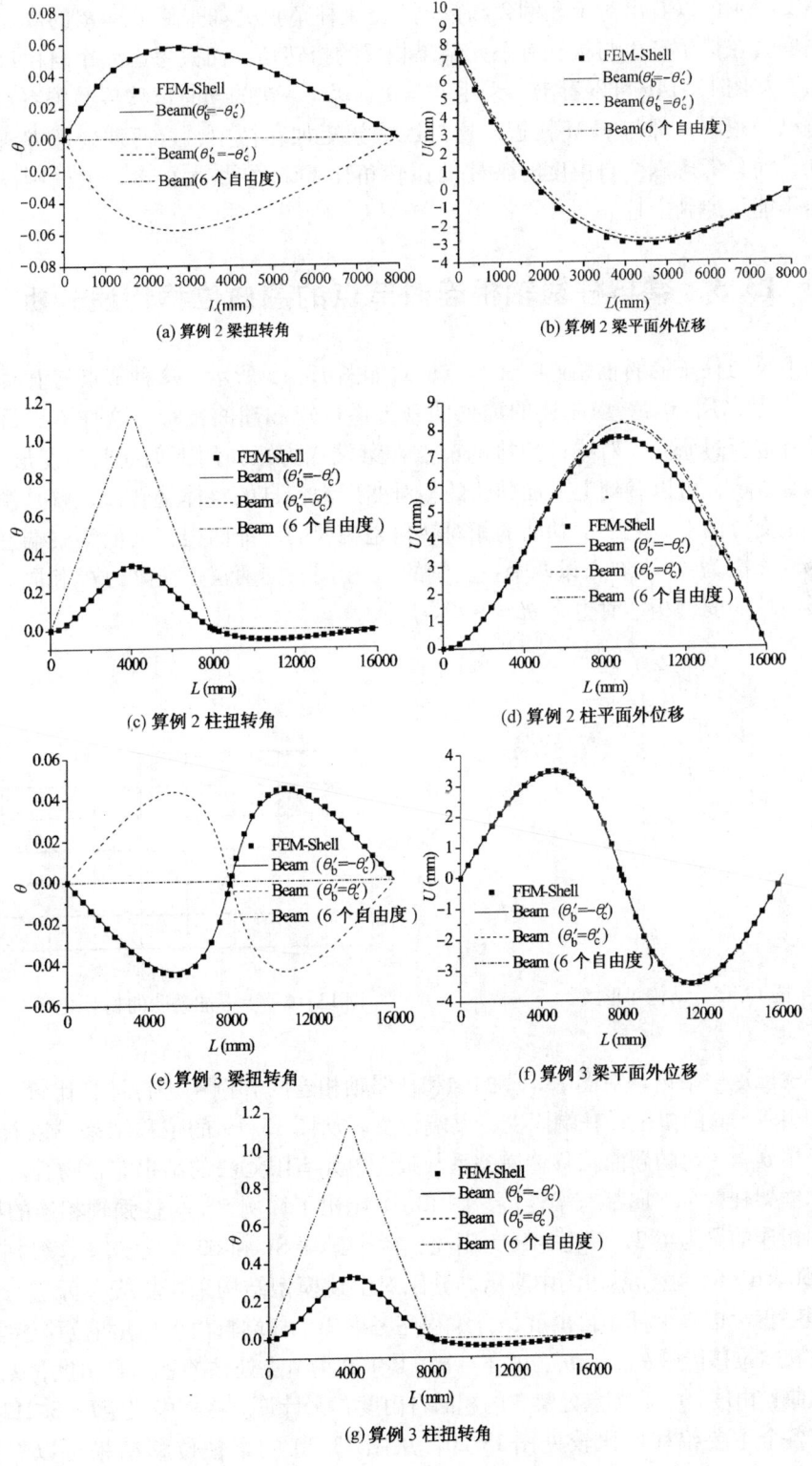

(a) 算例 2 梁扭转角　　　　　　　　(b) 算例 2 梁平面外位移

(c) 算例 2 柱扭转角　　　　　　　　(d) 算例 2 柱平面外位移

(e) 算例 3 梁扭转角　　　　　　　　(f) 算例 3 梁平面外位移

(g) 算例 3 柱扭转角

图 13.14　算例 2、3 梁柱位移比较

从图 13.14 可以看出对于算例 2 和算例 3，梁柱节点处如采用 $\theta_{\rm b}' = \theta_{\rm c}'$ 的翘曲位移传递关系，同样会在梁中产生与板壳有限元结果相反的扭转角，而只考虑六个自由度时梁中没有扭转角。从图 13.14g 可以看出，采用 $\theta_{\rm b}' = \theta_{\rm c}'$，$\theta_{\rm b}' = -\theta_{\rm c}'$ 的翘曲位移传递关系对柱的扭转角的影响已经很小，都与 FEM 接近，这是因为扭矩加在柱中，这两种处理方法对柱端的约束相同，而只考虑六个自由度时下柱的扭转角比 FEM 结果大很多，上柱则没有扭转变形，翘曲不能传递到上柱。

13.3　梁与柱弱轴相连时节点的翘曲位移传递分析

当水平梁与柱子的弱轴相连时，节点形式如图 13.15 所示。这种节点与上面的节点 1，2，3 相似，都采用与梁翼缘相连的加劲肋来传递弯矩和翘曲位移。这种节点目前的文献中都还没有进行过研究。对梁柱角接的节点在梁端双力矩作用下加劲肋的变形进行分析，如图 13.16 所示，可以看到上下加劲肋的相对变形为各自的整体旋转，也就是说在板平面内的两个正交方向上，上下加劲肋的相对转角是相同的，即两根正交的梁梁端上下翼缘的转角 ψ 相同，因为 $\psi = h_{\rm b}\theta'$，设两个正交梁的 $h_{\rm b}$ 相同，则两根正交梁的 θ' 相同。因此可以推论，梁与柱的弱轴相连时也有 $\theta_{\rm b}' = -\theta_{\rm c}'$。

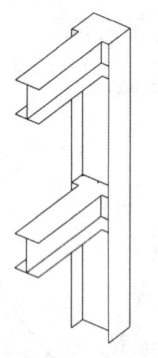

图 13.15　结构 4 形式

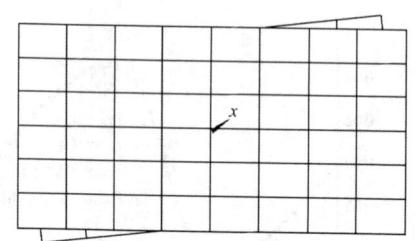

图 13.16　上下加劲肋的相对变形

为了验证这一结论，对图 13.17 的梁和柱弱轴相连的算例 4 进行计算比较，在柱的中间加 8.212kN·m 的扭矩，柱端固支，梁端铰支。从图 13.19 的位移结果可以看出，梁柱节点处采用 $\theta_{\rm b}' = -\theta_{\rm c}'$ 的翘曲位移传递关系与板壳单元有限元法的结果非常吻合。

实际框架柱两个方向都有梁连接，图 13.18 示出了算例 5，与柱强轴相连的梁为梁 1，与柱弱轴相连的梁为梁 2，5 柱端 R 为固支，两个梁端 S1 和 S2 皆为铰支，梁柱截面皆为 H300×150×6×8，坐标系如图中所示。分别对上述模型结构采用板壳单元进行分析，以及自编程序仅考虑六个杆端自由度，自编程序考虑 7 个杆端自由度（翘曲位移连续），自编程序考虑翘曲位移传递 $\theta_{\rm b1}' = -\theta_{\rm c}'$，$\theta_{\rm b2}' = -\theta_{\rm c}'$（其中 $\theta_{\rm c}'$ 为节点处柱的翘曲自由度，$\theta_{\rm b1}'$ 为节点处梁 1 的翘曲自由度，$\theta_{\rm b2}'$ 为节点处梁 2 的翘曲自由度）来计算。在柱中扭矩 $T = 3.212$kN·m 的作用下，各个主要位移值比较见图 13.20。从图 13.20 的梁柱位移结果可以看出，如图 13.18 所示的节点形式，梁柱节点处采用 $\theta_{\rm b1}' = -\theta_{\rm c}'$，$\theta_{\rm b2}' = -\theta_{\rm c}'$ 的翘曲位移传递关系与板壳单元有限元法的结果非常吻合，说明对于柱与垂直方向多根梁连接的情况，也应该使用上述得出的翘曲位移传递关系来模拟两者的翘曲位移关系。

还可以推知，箱形柱和工字形钢梁的连接节点，也满足梁柱节点处翘曲未知量相等相反的规律，只是此时箱形柱抗扭刚度大，翘曲未知量比较小。

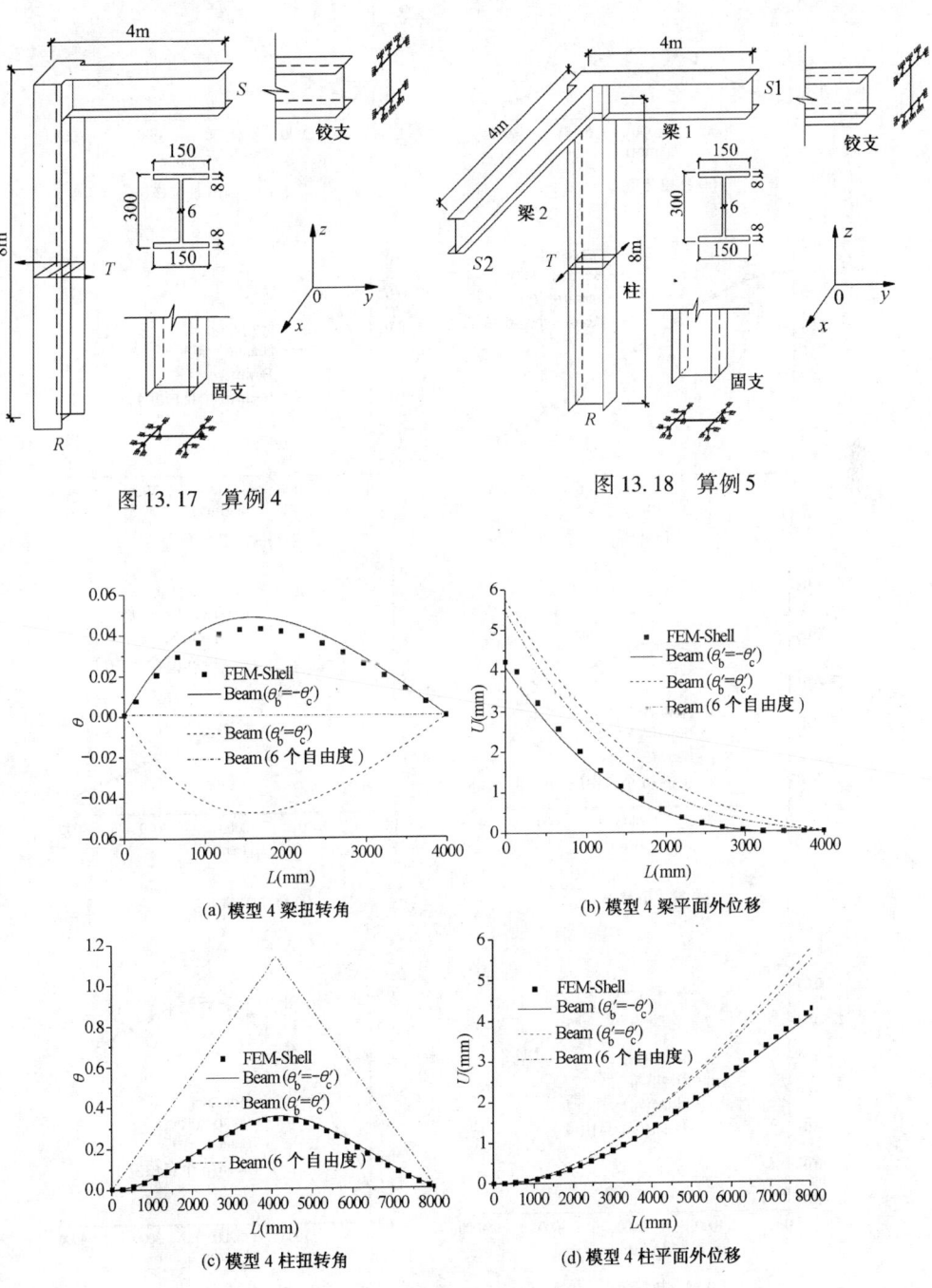

图 13.17　算例 4

图 13.18　算例 5

(a) 模型 4 梁扭转角

(b) 模型 4 梁平面外位移

(c) 模型 4 柱扭转角

(d) 模型 4 柱平面外位移

图 13.19　算例 4 梁柱位移

451

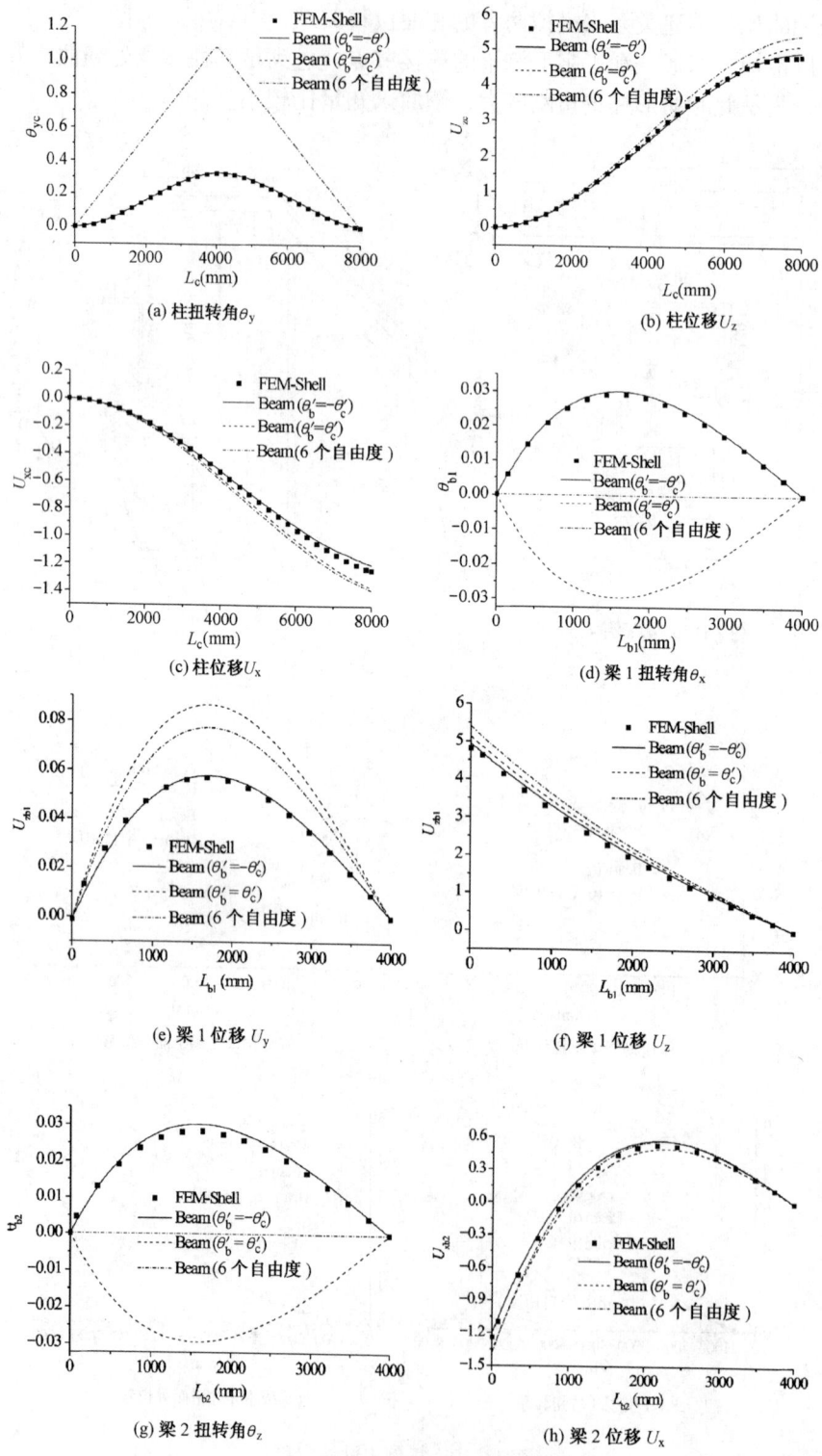

图 13.20　算例 5 的梁柱位移值比较（一）

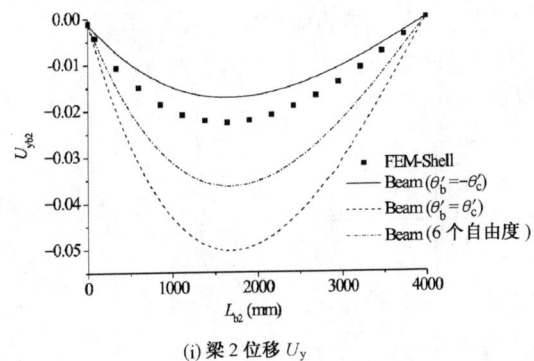

(i) 梁 2 位移 U_y

图 13.20　算例 5 的梁柱位移值比较（二）

13.4　增设斜加劲肋的梁柱节点

13.4.1　梁柱节点翘曲传递的井字梁模型

把工字型梁柱节点看成为一个平面外的井字梁系结构，梁柱节点处的翼缘及加劲肋能够在平面内弯曲和自由扭转，梁段和柱段考虑框架平面外弯曲和扭转及其截面歪扭变形（distorsion）引起的扭矩。首先必须规定坐标方向，建立一套位移内外力相协调的坐标系统，如图－所示。在梁柱节点处梁柱翼缘延伸交点命名为 $ABCD$ 四个角点，每个角点有三个位移分量。例如 C 点的三个位移分量分别为 u_C，θ_{Cc}，θ_{Cb}，u_C 代表 C 点的平面外位移，θ_{Cc} 代表 C 点绕竖向（柱子方向）的转角，θ_{Cb} 代表 C 点绕水平向（梁方向）的转角。对于斜加劲肋的扭转和平面内弯曲角度存在四个位移协调方程

$$\theta_{Cx} = -\theta_{Cb}\cos\alpha + \theta_{Cc}\sin\alpha \tag{13.5a}$$

$$\theta_{Bx} = -\theta_{Bb}\cos\alpha + \theta_{Bc}\sin\alpha \tag{13.5b}$$

$$\psi_C = \theta_{Cc}\cos\alpha + \theta_{Cb}\sin\alpha \tag{13.5c}$$

$$\psi_B = \theta_{Bc}\cos\alpha + \theta_{Bb}\sin\alpha \tag{13.5d}$$

角点及杆端的内外力方向规定如图一所示。例如对于 C 点，Q_{CD} 为 CD 连线 C 点处的平面外剪力，T_{Cb}，T_{Cc} 分别为 C 点梁方向，柱方向自由扭矩。M_{Cb}，M_{Cc} 分别是 C 点绕梁方向，绕柱方向平面外弯矩。其他点如图亦然。M_{Db2}，T_{Db2}，Q_{Db2}，M_{Bb2}，T_{Bb2}，Q_{Bb2}，M_{Bc2}，T_{Bc2}，Q_{Bc2}，M_{Ac2}，T_{Ac2}，Q_{Ac2} 下标带 2 的力对于角点是外力。对于四个角点可以列写出 12 个平衡方程。

A 点平衡：$M_{Ab} + T_{Ac2} + M_{Ab2} - T_{Ac} = 0$ $\tag{13.6a}$

$$M_{Ac2} - T_{Ab} + M_{Ac} + T_{Ab2} = 0 \tag{13.6b}$$

$$Q_{AC} + Q_{AB} + Q_{Ac2} + Q_{Ab2} = 0 \tag{13.6c}$$

B 点平衡：$M_{Bb2} + T_{Bc} - T_{Bc2} + T_{Bx}\sin\alpha - M_{Bx}\cos\alpha - M_{Bb} = 0$ $\tag{13.6d}$

$$M_{Bc} + M_{Bc2} + T_{Bx}\cos\alpha + M_{Bx}\sin\alpha + T_{Bb} - T_{Bb2} = 0 \tag{13.6e}$$

$$Q_{BC} + Q_{BA} + Q_{BD} + Q_{Bb2} + Q_{Bc2} = 0 \tag{13.6f}$$

C 点平衡：$T_{Cc} + M_{Cb} + T_{Cx}\sin\alpha + M_{Cx}\cos\alpha + M_{Cb2} - T_{Cc2} = 0$ $\tag{13.6g}$

$$T_{Cx}\cos\alpha - M_{Cx}\sin\alpha + T_{Cb} - M_{Cc} - M_{Cc2} - T_{Cb2} = 0 \tag{13.6h}$$

$$Q_{CA} + Q_{CB} + Q_{CD} + Q_{Cc2} + Q_{Cb2} = 0 \tag{13.6i}$$

D 点平衡：$M_{Db2} - M_{Db} - T_{Dc} + T_{Dc2} = 0 \tag{13.6j}$

$$-T_{Db} + T_{Db2} - M_{Dc} - M_{Dc2} = 0 \tag{13.6k}$$

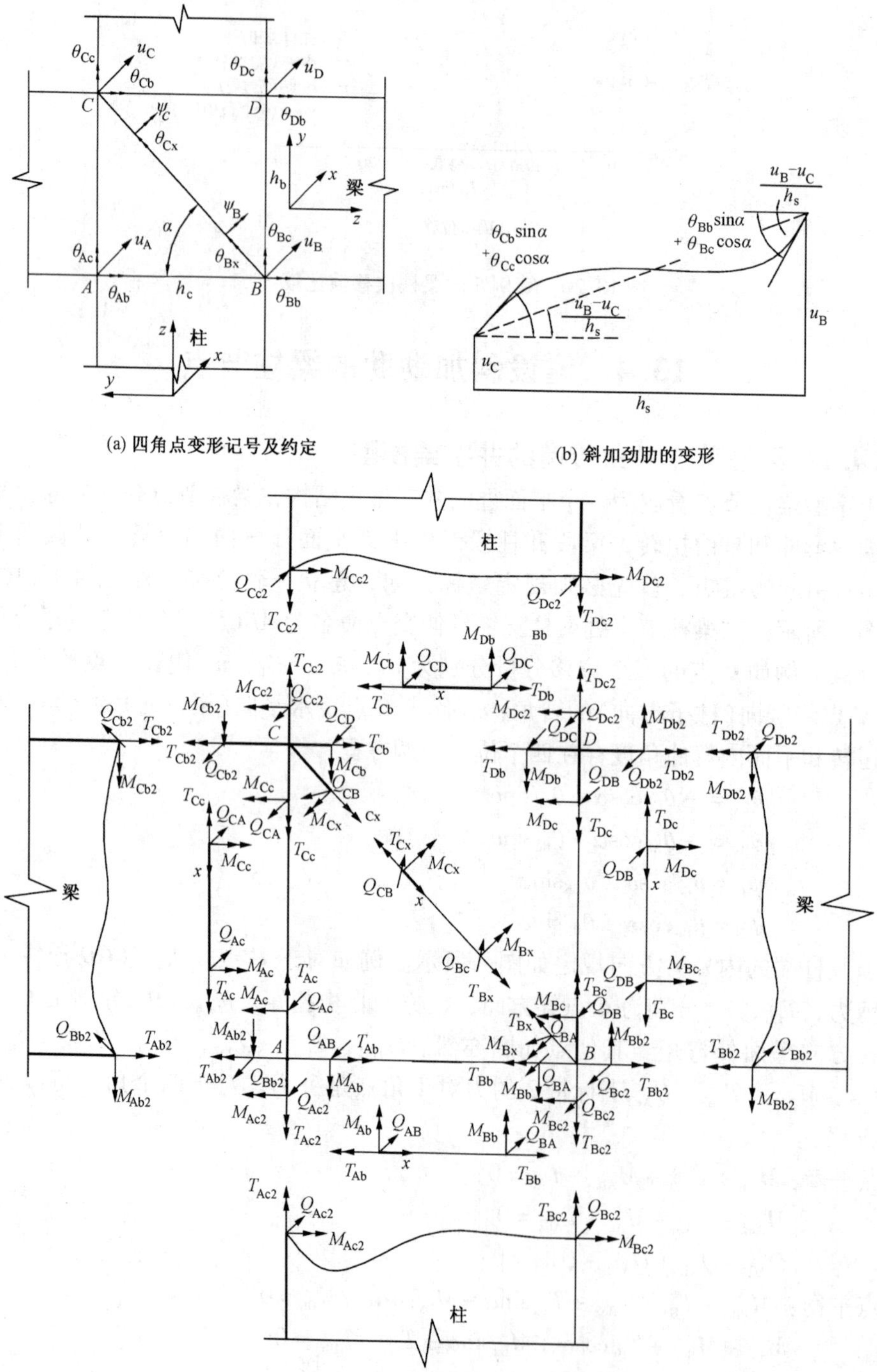

(a) 四角点变形记号及约定

(b) 斜加劲肋的变形

(c) 各板件内力记号和约定

图 13.21 增设斜加劲的节点域翘曲传递分析

454

$$Q_{DC} + Q_{DB} + Q_{Db2} + Q_{Dc2} = 0 \tag{13.6l}$$

这些内力可以用转角位移方程根据所定的坐标系统(图 13.21b)用角点位移(图 13.21a)来表示:

$$T_{Ac} = \frac{GI'_{kfcL}}{h_b}(\theta_{Cc} - \theta_{Ac}) \qquad M_{Ac} = i_{cf}(2\theta_{Cb} + 4\theta_{Ab}) - \frac{6i_{cf}}{h_b}(u_A - u_C)$$

$$T_{Ab} = \frac{GI'_{kfbB}}{h_c}(\theta_{Bb} - \theta_{Ab}) \qquad M_{Ab} = i_{bf}(4\theta_{Ac} + 2\theta_{Bc}) - \frac{6i_{bf}}{h_c}(u_B - u_A)$$

$$T_{Bc} = \frac{GI'_{kfcR}}{h_b}(\theta_{Dc} - \theta_{Bc}) \qquad M_{Bc} = i_{cf}(2\theta_{Db} + 4\theta_{Bb}) - \frac{6i_{cf}}{h_b}(u_B - u_D)$$

$$T_{Bb} = \frac{GI'_{kfbB}}{h_c}(\theta_{Bb} - \theta_{Ab}) \qquad M_{Bb} = i_{bf}(2\theta_{Ac} + 4\theta_{Bc}) - \frac{6i_{bf}}{h_c}(u_B - u_A)$$

$$T_{Cc} = \frac{GI'_{kfcL}}{h_b}(\theta_{Cc} - \theta_{Ac}), T_{Cb} = \frac{GI'_{kfbT}}{h_c}(\theta_{Db} - \theta_{Cb}),$$

$$T_{Dc} = \frac{GI'_{kfcR}}{h_b}(\theta_{Dc} - \theta_{Bc}), T_{Db} = \frac{GI'_{kfbT}}{h_c}(\theta_{Db} - \theta_{Cb})$$

$$M_{Cb} = i_{bf}(4\theta_{Cc} + 2\theta_{Dc}) - \frac{6i_{bf}}{h_c}(u_D - u_C), \qquad M_{Db} = i_{bf}(2\theta_{Cc} + 4\theta_{Dc}) - \frac{6i_{bf}}{h_c}(u_D - u_C),$$

$$M_{Cc} = i_{cf}(4\theta_{Cb} + 2\theta_{Ab}) - \frac{6i_{cf}}{h_b}(u_A - u_C), \qquad M_{Dc} = i_{cf}(4\theta_{Db} + 2\theta_{Bb}) - \frac{6i_{cf}}{h_b}(u_B - u_D)$$

$$Q_{AC} = -\frac{6i_{cf}}{h_b}(\theta_{Ab} + \theta_{Cb}) + \frac{12i_{cf}}{h_b^2}(u_A - u_C), \quad Q_{CA} = -Q_{AC}$$

$$Q_{CD} = \frac{6i_{bf}}{h_c}(\theta_{Cc} + \theta_{Dc}) - \frac{12i_{bf}}{h_c^2}(u_D - u_C), \quad Q_{DC} = -Q_{CD}$$

$$Q_{BD} = -\frac{6i_{cf}}{h_c}(\theta_{Db} + \theta_{Bb}) + \frac{12i_{cf}}{h_b^2}(u_B - u_D), \quad Q_{DB} = -Q_{BD}$$

$$Q_{BA} = -\frac{6i_{bf}}{h_c}(\theta_{Bc} + \theta_{Ac}) + \frac{12i_{bf}}{h_c^2}(u_B - u_A), \quad Q_{AB} = -Q_{BA}$$

$$Q_{BC} = -\frac{6i_s}{h_s}(\psi_B + \psi_C) + \frac{12i_s}{h_s^2}(u_B - u_C), \quad Q_{CB} = -Q_{BC}$$

$$M_{Cx} = i_s(4\psi_C + 2\psi_B) - \frac{6i_s}{h_s}(u_B - u_C), \quad T_{Cx} = \frac{GI_{ks}}{h_s}(\theta_{Cx} - \theta_{Bx}),$$

$$M_{Bx} = i_s(2\psi_C + 4\psi_B) - \frac{6i_s}{h_s}(u_B - u_C), \quad T_{Bx} = \frac{GI_{ks}}{h_s}(\theta_{Cx} - \theta_{Bx})$$

式中 $i_{bf} = \dfrac{EI_{fb}}{h_c}, i_{cf} = \dfrac{EI_{fc}}{h_b}$。从而形成了一个刚度方程

$$\{F\} = [K_{panel}]\{\Delta\} \tag{13.7a}$$

式中 $\{\Delta\} = \langle \theta_{Cb}, \theta_{Cc}, u_C, \theta_{Db}, \theta_{Dc}, u_D, \theta_{Bb}, \theta_{Bc}, u_B, \theta_{Ab}, \theta_{Ac}, u_A \rangle^T$, $\tag{13.7b}$

$$\{F\} = -\langle M_{Cb2} - T_{Cc2}, -(T_{Cb2} + M_{Cc2}), Q_{Cb2} + Q_{Cc2}, M_{Db2} + T_{Dc2}, T_{Db2} - M_{Dc2}, Q_{Db2} + Q_{Dc2},$$

$$M_{Bb2} - T_{Bc2}, T_{Bb2} - M_{Bc2}, Q_{Bc2} + Q_{Bb2}, M_{Ab2} + T_{Ac2}, M_{Ac2} + T_{Ab2}, Q_{Ac2} + Q_{Ab2} \rangle^T \tag{13.7c}$$

$\{F\}$ 对于节点域来说是外力,刚度矩阵 $[K_{panel}]$ 这里不给出。

节点分析中，在计算翼缘圣维南扭矩时，翼缘或者加劲肋连接着腹板，加劲肋和翼缘扭转时，会带动腹板的平面外弯曲，相当于增加了加劲肋和翼缘的扭转刚度。考虑腹板的影响将翼缘自由扭转刚度适当放大，引入等效自由扭转刚度

$$I_{kfcL} = I_{kfc} + \frac{h_c t_{panel}^3}{6}, \quad I_{kfcR} = I_{kfc} + \frac{h_c t_{panel}^3}{6} \tag{13.8a,b}$$

$$I_{kfbT} = I_{kfb} + \frac{h_b t_{panel}^3}{6}, \quad I_{kfbB} = I_{kfb} + \frac{h_b t_{panel}^3}{6} \tag{13.8c,d}$$

I_{kfcL}，I_{kfcR}，I_{kfbT}，I_{kfbB} 分别是节点左侧、右侧、上侧、下侧翼缘的等效自由扭转常数，t_{panel} 为节点域腹板厚度，h_b，h_c 分别是梁高和柱高。α_c 柱子内的水平加劲肋与斜加劲肋的交角。

$$I'_{ks} = I_{ks} + \frac{h_c t_{wc}^3 + h_b t_{wb}^3}{\sin 2\alpha_c} \tag{13.8e}$$

　　节点域与梁和柱连接，分析梁段和柱段需要的是杆端位移。需要将 12 个角点位移与薄壁构件的杆端位移协调。以 Γ 形框架为例，柱顶位移(节点域下边缘)是 u_{c0}，u'_{c0}，θ_{c0}，θ'_{c0}，梁左端(节点域右边缘)u_{b0}，u'_{b0}，θ_{b0}，θ'_{b0}，节点域四个角点的 12 个位移与他们的关系如下

$$u_{b0} = \frac{u_D + u_B}{2}, \theta_{b0} = \frac{u_B - u_D}{h_b}, u'_{b0} = \frac{\theta_{Dc} + \theta_{Bc}}{2}, \theta'_{b0} = \frac{\theta_{Bc} - \theta_{Dc}}{h_b} \tag{13.9a,b,c,d}$$

$$u_{c0} = \frac{u_A + u_B}{2}, \theta_{c0} = \frac{u_B - u_A}{h_c}, u'_{c0} = -\frac{\theta_{Ab} + \theta_{Bb}}{2}, \theta'_{c0} = \frac{\theta_{Ab} - \theta_{Bb}}{h_c} \tag{13.9e,f,g,h}$$

　　将八个杆端位移 θ_{c0}，θ'_{c0}，u_{c0}，u'_{co}，θ_{b0}，θ'_{b0}，u_{b0}，u'_{b0}，作为已知量(即作为梁端和柱端的边界条件)，求解梁段和柱段的微分方程，得到杆端力：梁端 M_{yb}，$B_{\omega b}$，T_{stb}，Q_{xb}；柱端 M_{yc}，$B_{\omega c}$，T_{stc}，Q_{xc}。这些杆端力分解为作用在上下翼缘的力，形成 $\{F\}$。分解的方法如下

右侧梁端：
$$\begin{cases} M_{Db2} = -\frac{M_{yb}}{2} + \frac{B_{\omega b}}{h_b}, \quad M_{Bb2} = -\frac{M_{yb}}{2} - \frac{B_{\omega b}}{h_b} \\[2mm] Q_{Db2} = -\frac{Q_{xb}}{2} + \frac{T_{\omega b}}{h_b}, \quad Q_{Bb2} = -\frac{Q_{xb}}{2} - \frac{T_{\omega b}}{h_b} \\[2mm] T_{Db2} = \frac{T_{stb}}{2} - T_{dis,b(1)}, \quad T_{Bb2} = \frac{T_{stb}}{2} + T_{dis,b(1)} \end{cases} \tag{13.10a,b,c,d,e,f}$$

如果节点域左侧还有梁则

左侧梁端：
$$\begin{cases} M_{Cb2} = -\frac{M'_{yb}}{2} - \frac{B'_{\omega b}}{h_b}, \quad M_{Ab2} = -\frac{M'_{yb}}{2} + \frac{B'_{\omega b}}{h_b} \\[2mm] Q_{Cb2} = \frac{Q'_{xb}}{2} - \frac{T'_{\omega b}}{h_b}, \quad Q_{Ab2} = \frac{Q'_{xb}}{2} + \frac{T'_{\omega b}}{h_b} \\[2mm] T_{Cb2} = \frac{T'_{stb}}{2} - T_{dis,b(r)}, \quad T_{Bb2} = \frac{T'_{stb}}{2} + T_{dis,b(r)} \end{cases} \tag{13.10g,h,i,j,k,l}$$

下柱上端：$M_{Ac2} = \frac{M_{yc}}{2} - \frac{B_{\omega c}}{h_c}, \quad M_{Bc2} = \frac{M_{yc}}{2} + \frac{B_{\omega c}}{h_c}$

$$Q_{Ac2} = \frac{Q_{xc}}{2} - \frac{T_{\omega c}}{h_c}, \quad Q_{Bc2} = \frac{Q_{xc}}{2} + \frac{T_{\omega c}}{h_c} \tag{13.10m,n,o,p}$$

$$T_{Ac2} = \frac{T_{stc}}{2} - T_{dis,c(b)}, \quad T_{Bc2} = \frac{T_{stc}}{2} + T_{dis,c(b)} \qquad (13.10q,r)$$

如果节点域上部还有柱，则

上柱下端：
$$\begin{cases} M_{Cc2} = -\dfrac{M'_{yc}}{2} + \dfrac{B'_{\omega c}}{h_c}, \quad M_{Dc2} = -\dfrac{M'_{yc}}{2} - \dfrac{B'_{\omega c}}{h_c} \\[3mm] Q_{Cc2} = -\dfrac{Q'_{xc}}{2} + \dfrac{T'_{\omega c}}{h_c}, \quad Q_{Dc2} = -\dfrac{Q'_{xc}}{2} - \dfrac{T'_{\omega c}}{h_c} \\[3mm] T_{Cc2} = \dfrac{T'_{stc}}{2} - T_{dis,c(t)}, \quad T_{Dc2} = \dfrac{T'_{stc}}{2} + T_{dis,c(t)} \end{cases} \qquad (13.10s,t,u,v,w,x)$$

其中翼缘的扭矩为杆端自由扭转的一半加上由于梁柱截面翼缘歪扭变形（distorsion）引起的扭矩。其中的扭矩取 $\frac{1}{2}T_{stc}$，$\frac{1}{2}T_{stb}$ 分配给一个翼缘是因为模型未专门考虑腹板的自由扭转，而梁柱腹板的自由扭转力矩必须被传递，所以就把腹板部分也分配给翼缘了。

13.4.2 节点端面的双力矩公式

双力矩是对应于翘曲位移的力素，节点域分析时，针对上述 Γ 形框架算例，在节点域没有平面外侧移约束，因此可以写出节点域整体平衡的三个方程：

$$M_{yb} = -T_{stc} - T_{\omega c} \qquad (13.11a)$$
$$M_{yc} = T_{stb} + T_{\omega b} \qquad (13.11b)$$
$$-Q_{xc} + Q_{xb} = 0 \qquad (13.11c)$$

将式(13.7c)的力向量 $\{F\}$ 的各个力分量用杆端力来表示，略去翼缘畸变上扭矩的影响：

$$\begin{Bmatrix} -M_{Cb2} + T_{Cc2} \\ T_{Cb2} + M_{Cc2} \\ -Q_{Cb2} - Q_{Cc2} \\ -M_{Db2} - T_{Dc2} \\ -T_{Db2} + M_{Dc2} \\ -Q_{Db2} - Q_{Dc2} \\ T_{Bc2} - M_{Bb2} \\ M_{Bc2} - T_{Bb2} \\ -Q_{Bc2} - Q_{Bb2} \\ -M_{Ab2} - T_{Ac2} \\ -M_{Ac2} - T_{Ab2} \\ -Q_{Ac2} - Q_{Ab2} \end{Bmatrix} = \begin{Bmatrix} 0.5M'_{yb} + B'_{\omega b}/h_b + 0.5T'_{stc} \\ 0.5T'_{stb} - 0.5M'_{yc} + B'_{\omega c}/h_c \\ -0.5Q'_{xb} + T'_{\omega b}/h_b + 0.5Q'_{xc} - T'_{\omega c}/h_c \\ 0.5M_{yb} - B_{\omega b}/h_b - 0.5T_{stc} \\ -0.5T_{stb} - 0.5M'_{yc} - B'_{\omega c}/h_c \\ 0.5Q_{xb} - T_{\omega b}/h_b + 0.5Q'_{xc} + T'_{\omega c}/h_c \\ 0.5T_{stc} + 0.5M_{yb} + B_{\omega b}/h_b \\ 0.5M_{yc} + B_{\omega c}/h_c - 0.5T_{stb} \\ -0.5Q_{xc} - T_{\omega c}/h_c + 0.5Q_{xb} + T_{\omega b}/h_b \\ 0.5M'_{yb} - B'_{\omega b}/h_b - 0.5T_{stc} \\ -0.5M_{yc} + B_{\omega c}/h_c - 0.5T'_{stb} \\ -0.5Q_{xc} + T_{\omega c}/h_c - 0.5Q'_{xb} - T'_{\omega b}/h_b \end{Bmatrix} = [K_{panel}]\{\Delta\} \qquad (13.12)$$

对式(13.12)刚度方程进行矩阵变换：

$$(2\,行 - 5\,行) = \left(\frac{T'_{stb}}{2} - \frac{M'_{yc}}{2} + \frac{B'_{\omega c}}{h_c} \right) - \left(-\frac{T_{stb}}{2} - \frac{M'_{yc}}{2} - \frac{B'_{\omega c}}{h_c} \right) = 2\frac{B'_{\omega c}}{h_c} - \frac{T'_{stb}}{2} - \frac{T_{stb}}{2} \qquad (13.13a)$$

$$(8\,行 + 11\,行) = \left(\frac{M_{yc}}{2} + \frac{B_{\omega c}}{h_c} - \frac{T_{stb}}{2} \right) + \left(-\frac{M_{yc}}{2} + \frac{B_{\omega c}}{h_c} - \frac{T'_{stb}}{2} \right) = 2\frac{B_{\omega c}}{h_c} - \frac{T_{stb}}{2} - \frac{T'_{stb}}{2} \qquad (13.13b)$$

$$（10\text{行}-1\text{行}）=\left(\frac{M'_{yb}}{2}-\frac{B'_{\omega b}}{h_b}-\frac{T_{stc}}{2}\right)-\left(\frac{M'_{yb}}{2}+\frac{B'_{\omega b}}{h_b}+\frac{T'_{stc}}{2}\right)=-2\frac{B'_{\omega b}}{h_b}-\frac{T_{stc}}{2}-\frac{T'_{stc}}{2}\tag{13.13c}$$

$$（7\text{行}-4\text{行}）=\left(\frac{T_{stc}}{2}+\frac{M_{yb}}{2}+\frac{B_{\omega b}}{h_b}\right)-\left(\frac{M_{yb}}{2}-\frac{B_{\omega b}}{h_b}-\frac{T'_{stc}}{2}\right)=2\frac{B_{\omega b}}{h_b}+\frac{T_{stc}}{2}+\frac{T'_{stc}}{2}\tag{13.13d}$$

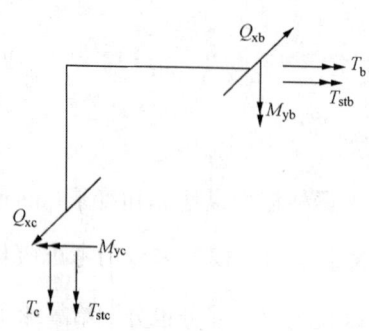

图 13.22 Γ形框架节点的平衡

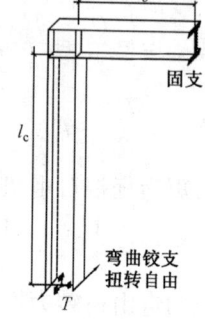

图 13.23 Γ形框架算例

然后进行式(13.13b)－式(13.13a)和式(13.13d)＋式(13.13c)的运算，通过一系列行变换，可以直接得到

$$B_{\omega b}-B'_{\omega b}=(GI_{kfc}+h_b i_{bf})(\theta_{Ac}+\theta_{Dc}-\theta_{Bc}-\theta_{Cc})-3h_b i_s\cos^2\alpha(\theta_{Bc}+\theta_{Cc})$$
$$-1.5h_b i_s\sin2\alpha(\theta_{Cb}+\theta_{Bb})+3i_s(u_B-u_C)\sin2\alpha\tag{13.14a}$$

$$B_{\omega c}-B'_{\omega c}=(GI_{kfb}+h_c i_{cf})(\theta_{Ab}+\theta_{Db}-\theta_{Cb}-\theta_{Bb})-1.5h_c i_s\sin2\alpha(\theta_{Bc}+\theta_{Cc})$$
$$-3h_c i_s\sin^2\alpha(\theta_{Cb}+\theta_{Bb})+3i_s(u_B-u_C)\sin2\alpha\tag{13.14b}$$

把节点中的角点位移转化为杆端位移：

$$\theta'_{b0,right}=\frac{\theta_{Bc}-\theta_{Dc}}{h_b},\qquad\theta'_{b0,left}=\frac{\theta_{Ac}-\theta_{Cc}}{h_b}\tag{13.15a,b}$$

$$\theta'_{c0,bottom}=\frac{\theta_{Ab}-\theta_{Bb}}{h_c},\qquad\theta'_{c0,top}=\frac{\theta_{Cb}-\theta_{Db}}{h_c}\tag{13.15c,d}$$

代入式(13.14a,b)得到

$$B_{\omega b}-B'_{\omega b}=-h_b(GI_{kfc}+h_b i_{bf})(\theta'_{b0,right}-\theta'_{b0,left})-6h_b i_s\theta_{sr}\cos\alpha\tag{13.16a}$$

$$B'_{wc}-B_{\omega c}=h_c(GI_{kfb}+h_c i_{cf})(\theta'_{c0,top}-\theta'_{c0,bottom})+6h_c i_s\theta_{sr}\sin\alpha\tag{13.16b}$$

式中

$$\theta_{sr}=\frac{1}{2}(\theta_{Bc}+\theta_{Cc})\cos\alpha+\frac{1}{2}(\theta_{Cb}+\theta_{Bb})\sin\alpha-\frac{(u_B-u_C)}{h_s}=\frac{1}{2}(\psi_B+\psi_C)-\frac{u_B-u_C}{h_s}\tag{13.17}$$

θ_{sr}的几何意义见图13.21b，$\theta_{Bb}\sin\alpha+\theta_{Bc}\cos\alpha-\dfrac{u_B-u_C}{h_s}=\theta_{sB}=\psi_B-\dfrac{u_B-u_C}{h_s}$是斜加劲肋在 B
点的弯曲转角，$\theta_{Cb}\sin\alpha+\theta_{Cc}\cos\alpha-\dfrac{u_B-u_C}{h_s}=\theta_{sC}=\psi_C-\dfrac{u_B-u_C}{h_s}$是加劲肋在 C 点的弯曲转角，

$$\theta_{sr}=\frac{1}{2}(\theta_{sB}+\theta_{sC})$$

参考图13.23，取斜加劲肋作为隔离体，斜加劲肋作用于梁柱节点域的力约束了节点

域的变形，这些力对节点域的作用相当于施加了双力矩。对柱子的双力矩作用推导如下：

斜加劲肋两端的弯矩可以写为

$$M_{Bx} = 4i_s\theta_{sB} + 2i_s\theta_{sC}$$

$$M_{Cx} = 4i_s\theta_{sC} + 2i_s\theta_{sB}$$

与斜加劲肋的扭矩一起，它们的水平分量和竖向分量为柱子和梁分别提供了双力矩：

$$B'_{\omega c} - B_{\omega c} = \Delta B_{\omega c} = (M_{Bx}\sin\alpha + T_{Bx}\cos\alpha)\frac{1}{2}h_c + (M_{Cx}\sin\alpha - T_{Cx}\cos\alpha)\frac{1}{2}h_c$$

$$= 6i_s(\theta_{sB} + \theta_{sC})\sin\alpha\frac{1}{2}h_c = 3h_c i_s(\theta_{sB} + \theta_{sC})\sin\alpha = 6h_c i_s\theta_{sr}\sin\alpha$$

$$B_{\omega b} - B'_{\omega b} = \Delta B_{\omega b} = -(M_{Bx}\cos\alpha - T_{Bx}\sin\alpha)\frac{1}{2}h_b - (M_{Cx}\cos\alpha + T_{Cx}\sin\alpha)\frac{1}{2}h_b$$

$$= -6i_s(\theta_{sB} + \theta_{sC})\cos\alpha\frac{1}{2}h_b = -3h_b i_s(\theta_{sB} + \theta_{sC})\cos\alpha = -6h_b i_s\theta_{sr}\cos\alpha$$

与梁柱翼缘提供的双力矩约束迭加即得到式 (13.16a,b)。注意 $6h_b i_s\theta_{sr}\cos\alpha = 3i_s h_s\theta_{sr}\sin2\alpha = 6h_c i_s\theta_{sr}\sin\alpha$，即斜加劲肋对梁和柱提供的双力矩作用是相同的。

加劲肋上的剪力 Q_{BC}，Q_{CB}，因为与加劲肋两端的弯矩是平衡的，因此剪力和弯矩一起考虑，不再会对节点域整体施加扭矩。因此斜加劲肋只对梁柱施加双力矩约束。

式(13.16a,b)表明，节点域是一个翘曲弹簧。与翼缘延伸加劲节点相比是一个内部弹簧；而斜加劲肋的存在多了关于斜加劲肋刚度的交叉项。

在没有斜加劲肋的情况下

$$B_{\omega b} - B'_{\omega b} = -h_b(GI_{kfc} + h_b i_{bf})(\theta'_{b0,right} - \theta'_{b0,left}) \tag{13.18a}$$

$$B'_{\omega c} - B_{\omega c} = h_c(GI_{kfb} + h_c i_{cf})(\theta'_{c0,top} - \theta'_{c0,bottom}) \tag{13.18b}$$

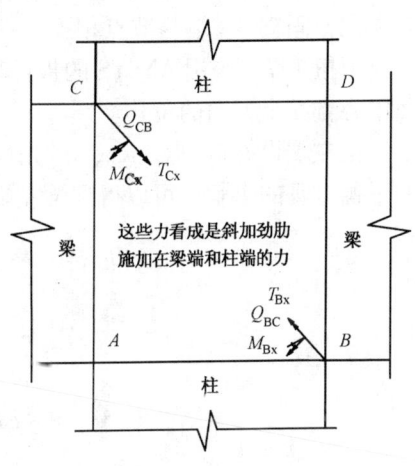

图 13.24　斜加劲肋对梁柱
节点域的翘曲约束

13.4.3　节点内力与梁柱杆端力的连接

柱顶截面的四个内力，在远端约束已知，荷载已知的情况下，可以用柱顶位移 θ_{c0}，θ'_{c0}，u_{c0}，u'_{c0} 与荷载来表示。梁端内力则可以用杆端位移 θ_{b0}，θ'_{b0}，u_{b0}，u'_{b0} 与梁上荷载表示（相当于初参数法）：

$$\begin{Bmatrix} B_{\omega c} \\ T_{\omega c} \\ M_{yc} \\ Q_{yc} \\ T_{stc} \end{Bmatrix} = [K_c]_{5\times4} \begin{Bmatrix} \theta_{c0} \\ \theta'_{c0} \\ u_{c0} \\ u'_{c0} \end{Bmatrix} + \{F_c\}_{5\times1}, \quad \begin{Bmatrix} B_{\omega b} \\ T_{\omega b} \\ M_{yb} \\ Q_{yb} \\ T_{stb} \end{Bmatrix} = [K_b]_{5\times4} \begin{Bmatrix} \theta_{b0} \\ \theta'_{b0} \\ u_{b0} \\ u'_{b0} \end{Bmatrix} + \{F_b\}_{5\times1} \tag{13.19a,b}$$

记$\{F_2\} = \langle M_{Db2}, T_{Db2}, Q_{Db2}, M_{Bb2}, T_{Bb2}, Q_{Bb2}, M_{Bc2}, T_{Bc2}, Q_{Bc2}, M_{Ac2}, T_{Ac2}, Q_{Ac2}\rangle^T$，

利用内力分解条件式(13.10a～c)和位移相容条件式(13.9a～h)，式(13.19a,b)合并，可以写出$\{F_2\}$与节点域四个角点位移$\{\Delta\}$的关系：

$$\{F_m\} = [K_m]\{\Delta\} + \{F_0\} \tag{13.19c}$$

其中$\{F_0\}$取决于作用在梁柱上的外荷载，$[K_m]$决定于与节点域连接的杆件的刚度。

也可以按照$\{F\}$中的各个翼缘力次序和构成来写出下面的式子：

$$\{F\} = [K_m']\{\Delta\} + \{F_0'\}$$

式与(13.7a)联合得到

$$([K_{panel}] - [K_m'])\{\Delta\} = \{F_0'\} \tag{13.19d}$$

从上式可以求出 12 个角点位移，并转化成杆端位移，求得所有的未知量和内力。下面进行$[K_m]$和$\{F_0\}$的推导。

以图 13.23 所示的例子对$[K_m]$和$\{F_0\}$进行推导。梁柱通过翼缘延伸加劲节点连接，梁右端完全固支，左端与节点相连。柱上端与节点相连，下端弯曲为铰支，扭转自由，并作用一集中扭矩T。采用 ANSYS 的板件单元进行线性分析，作为对比。对柱子下端，只约束截面中心点三个方向的位移。

梁左端设θ_{b0}，θ_{b0}'，u_{b0}，u_{b0}'先被看成已知，右端固定。对梁段进行平面外弯曲和扭转的平衡方程的求解，可以得到梁左端截面的杆端力：

$$B_{\omega b} = -EI_{\omega b}\theta_b''(0) = si_{\omega b}\theta_{b0}' - (s+c)i_{\omega b}\frac{\theta_{b0}}{l_b} \tag{13.20a}$$

$$T_{\omega b} = -EI_{\omega b}\theta_b''' = pi_{\omega b}\frac{\theta_{b0}}{l_b^2} + qi_{\omega b}\frac{\theta_{b0}'}{l_b} \tag{13.20b}$$

$$M_{yb} = -EI_{yb}u_b''(0) = \frac{EI_{yb}}{l_b^2}(6u_{b0} + 4l_bu_{b0}') \tag{13.20c}$$

$$Q_{yb} = -EI_{yb}u_b'''(0) = -\frac{6EI_{yb}}{l_b^3}(2u_{b0} + u_{b0}'l_b) \tag{13.20d}$$

$$T_{st,b} = GJ_b\theta_b'(0) = GJ_b\theta_{b0}' \tag{13.20e}$$

式中$k_b = \sqrt{\dfrac{GJ_b}{EI_{\omega b}}}$，$i_{\omega b} = \dfrac{EI_{\omega b}}{l_b}$，$v_b = k_bl_b$；

$$s = \frac{v_b}{\tanh v_b} \cdot \frac{\tanh v_b - v_b}{2\tanh(0.5v_b) - v_b}, \quad c = \frac{v_b}{\sinh v_b} \cdot \frac{v_b - \sinh v_b}{2\tanh(0.5v_b) - v_b}, \quad s+c = -\frac{\tanh 0.5v_b v_b}{2\tanh(0.5v_b) - v_b}$$

$$2(s+c) + v_b^2 = \frac{v_b^2[2\tanh(0.5v_b) - v_b] - 2\tanh 0.5v_b v_b}{2\tanh(0.5v_b) - v_b} = \frac{-v_b^3}{2\tanh(0.5v_b) - v_b}$$

$$p = -[2(s+c) + v_b^2] = \frac{v_b^3}{2\tanh 0.5v_b - v_b} \quad q = -(s+c+v_b^2) = \frac{v_b^2(v_b - \tanh 0.5v_b)}{2\tanh 0.5v_b - v_b}$$

柱子下端弯曲铰支，扭转自由，约束柱底中心节点x，y，z方向的位移，柱顶假设θ_{c0}，θ_{c0}'，u_{c0}，u_{c0}'为已知，柱子扭转平衡微分方程为

$$EI_{\omega c}\theta_c - GJ_c\theta_c = T$$

记$k_c = \sqrt{\dfrac{GJ_c}{EI_{\omega c}}}$，边界条件：$(\theta_c'')_{z=0} = 0$，$(\theta_c)_{z=l_c} = \theta_{c0}$，$(\theta_c')_{z=l_c} = \theta_{c0}'$，记$v_c = k_cl_c$，可得

$$\theta_c = \left[\theta_{c0} - \frac{\tanh v_c}{v_c}l_c\theta'_{c0} - \left(\frac{\tanh v_c}{v_c} - 1\right)\frac{Tl_c}{GJ_c}\right] + \left(l_c\theta'_{c0} + \frac{Tl_c}{GJ_c}\right)\frac{\sinh k_c z}{v_c \cosh v_c} - \frac{Tz}{GJ_c}$$

柱子弯曲：$EI_{yc}u_c^{(4)} = 0$，利用边界条件：$u_{c,z=0} = 0$，$u''_{c,z=0} = 0$，$u_{c,z=l_c} = u_{c0}$，$u'_{c,z=l_c} = u'_{c0}$；因此柱端力写成包含 θ_{c0}，θ'_{c0}，u_{c0}，u'_{c0} 的式子如下

$$B_{\omega c} = -EI_{\omega c}\theta''_c(l_c) = -EI_{\omega c}\left(v_c\tanh v_c \cdot \frac{\theta'_{c0}}{l_c}\right) - \left(\frac{\tanh v_c}{v_c} \cdot Tl_c\right) \qquad (13.21a)$$

$$\frac{T_{\omega c}}{h_c} = \frac{-EI_{\omega c}\theta'''_c(l_c)}{h_c} = -\frac{EI_{\omega c}k_c^2}{h_c}\theta'_{c0} - \frac{T}{h_c} \qquad (13.21b)$$

$$M_{yc} = -EI_{yc}u''_c(l_c) = \frac{3EI_{yc}}{l_c^2}u_{c0} - \frac{3EI_{yc}}{l_c}u'_{c0} \qquad (13.21c)$$

$$Q_{yc} = -EI_{yc}u'''_c(l_c) = -EI_{yc}\frac{3(u'_{c0}l_c - u_{c0})}{l_c^3} \qquad (13.21d)$$

$$T_{st(c)} = GJ_c\theta'_c(l_c) = GJ_c\theta'_{c0} \qquad (13.21e)$$

于是得到

$$\{F_0\} = \left\langle 0 \quad 0 \quad 0 \quad 0 \quad 0 \quad 0 \quad -\frac{\tanh v_c}{v_c} \cdot \frac{Tl_c}{h_c} \quad \frac{T}{h_c} \quad 0 \quad \frac{\tanh v_c}{v_c} \cdot \frac{Tl_c}{h_c} \quad -\frac{T}{h_c}\right\rangle^T$$

$$(13.22)$$

$[K'_m]$ 见附录 A。

13.4.4 Γ形框架无斜加劲肋算例

算例 1：梁长取 4m，柱高分别取 4m、8m（节点中心到支座的距离）。截面皆为 H300×150×6/8，梁柱端节点延伸加劲肋与梁柱截面的翼缘厚度相等为 8mm。扭矩值为 700 h_c。$E = 206\text{kN/mm}^2$，$G = E/2.6$。截面性质如下：

$I_{bf} = I_{cf} = 225 \times 10^4\text{mm}^4$，$i_{bf} = i_{cf} = 1587.3 \times 10^6\text{N} \cdot \text{mm}$，$J_b = J_c = 71648\text{mm}^4$，

$I_{\omega b} = I_{\omega c} = 95922 \times 10^6\text{mm}^6$，$I_{yb} = I_{yc} = 4502412\text{mm}^4$，$I_{kfb} = I_{kfc} = 25600\text{mm}^4$

$D_{wb} = D_{wc} = 407.47 \times 10^4\text{N} \cdot \text{mm}$，$I_{kb} = I_{kc} = 25600\text{mm}^4$，$k_b = k_c = 5.3599 \times 10^{-4}/\text{mm}$

将所有物理参数代入刚度方程式(13.19d)解出 12 个角点位移，再用壳单元模拟框架的有限元分析，提取角点的位移值。与上面的计算模型得到的结果进行对比见表 13.1。

算例 1 的计算结果   表 13.1

角点位移	梁长 4m，柱高 4m			梁长 4m，柱高 8m		
	本章方法	ansys	本章方法/ansys	本章方法	ansys	本章方法/ansys
u_A	−1.548	−1.558	0.994	−1.850	−1.855	0.997
u_B	−0.919	−0.926	0.992	−1.183	−1.180	1.002
u_C	−1.175	−1.184	0.992	−1.392	−1.389	1.002
u_D	−1.406	−1.416	0.993	−1.607	−1.613	0.996
θ_{Ab}	$−1.445 \times 10^{-3}$	$−1.468 \times 10^{-3}$	0.984	$−1.741 \times 10^{-3}$	$−1.790 \times 10^{-3}$	0.973
θ_{Ac}	2.241×10^{-3}	2.211×10^{-3}	1.014	2.373×10^{-3}	2.360×10^{-3}	1.006

角点位移	梁长4m，柱高4m			梁长4m，柱高8m		
	本章方法	ansys	本章方法/ansys	本章方法	ansys	本章方法/ansys
θ_{Bb}	1.855×10^{-3}	1.886×10^{-3}	0.984	1.643×10^{-3}	1.696×10^{-3}	0.969
θ_{Bc}	1.972×10^{-3}	1.953×10^{-3}	1.010	2.100×10^{-3}	2.096×10^{-3}	1.002
θ_{Cb}	-1.188×10^{-3}	-1.229×10^{-3}	0.967	-1.478×10^{-3}	-1.542×10^{-3}	0.959
θ_{Cc}	-8.559×10^{-4}	-8.296×10^{-4}	1.032	-8.029×10^{-4}	-8.001×10^{-4}	1.004
θ_{Db}	1.569×10^{-3}	1.627×10^{-3}	0.964	1.351×10^{-3}	1.428×10^{-3}	0.946
θ_{Dc}	-6.485×10^{-4}	-6.289×10^{-4}	1.031	-5.917×10^{-4}	-5.920×10^{-4}	0.999

可以看出井字梁模型计算的角点位移有较好的精度，求出的梁和柱子的扭转角和平面外位移也非常一致。表13.2给出了上面算例的翘曲未知量的对比。可见 $\theta'_b = -\theta'_c$ 是近似地成立的。

算例1 翘曲未知量的对比　　　　　　　　　　　　　表13.2

项　　目	柱高4m，梁长4m			柱高8m，梁长4m		
	井字梁模型	FEM	比值	井字梁模型	FEM	比值
$\theta'_{b0,right}$	8.974×10^{-6}	8.842×10^{-6}	1.015	9.218×10^{-6}	9.205×10^{-6}	1.001
$\theta'_{b0,left}$	1.061×10^{-5}	1.041×10^{-5}	1.019	1.088×10^{-5}	1.082×10^{-5}	1.005
$\theta'_{b0,平均}$	9.790×10^{-5}	9.628×10^{-5}	1.017	1.005×10^{-5}	1.001×10^{-5}	1.003
$\theta'_{c0,bottom}$	-1.130×10^{-5}	-1.149×10^{-5}	0.984	-1.159×10^{-5}	-1.194×10^{-5}	0.971
$\theta'_{c0,top}$	-9.442×10^{-6}	-9.781×10^{-6}	0.965	-9.688×10^{-6}	-1.017×10^{-5}	0.953
$\theta'_{c0,av}$	-1.037×10^{-5}	-1.063×10^{-5}	0.975	-1.064×10^{-5}	-1.105×10^{-5}	0.962
$\theta'_{b0,平均}/\theta'_{c0,平均}$	-0.944	-0.905	1.043	-0.945	-0.906	1.042

算例2：简图同算例1，梁端固支，柱端弯曲铰支，扭转自由，梁长4m，柱高8m（节点中心到支座的距离）。柱底加扭矩 $700h_c$ N·mm。变化梁柱截面，考察节点域与梁柱连接面的双力矩，见表13.3。其中FEM应力反算的双力矩是根据翼缘中面应力计算的。为了验证梁柱翘曲位移的关系，表13.4给出了节点域四个面的翘曲位移和节点域中心平均的翘曲位移。

$$\theta'_{c0,av} = \frac{1}{2}(\theta'_{c0,top} + \theta'_{c0,bottom}), \quad \theta'_{b0,av} = \frac{1}{2}(\theta'_{b0,left} + \theta'_{b0,right})$$

最后一栏列出了比值，可见 $\theta'_b = -\theta'_c$ 近似成立。随着梁柱高度差的增加，误差增大，这是因为壳单元剪切变形的影响，少量的也可能是截面畸变的影响。

算例2 双力矩的比较 表13.3

梁柱截面	$B_{\omega b}$ ($\times 10^8 \text{N} \cdot \text{mm}^2$)		$B_{\omega c}$ ($\times 10^8 \text{N} \cdot \text{mm}^2$)	
	井字梁	FEM	井字梁	FEM
梁 H200×150×6/8，柱 H300×150×6/8	1.639	1.656	-2.087	-2.070
梁 H300×150×6/8，柱 H300×150×6/8	2.265	2.344	-2.595	-2.562
梁 H400×150×6/8，柱 H300×150×6/8	2.682	2.805	-2.877	-2.838
梁 H500×150×6/8，柱 H300×150×6/8	2.963	3.119	-3.027	-2.985
梁 H300×150×6/8，柱 H200×150×6/8	1.230	1.263	-1.282	-1.261
梁 H300×150×6/8，柱 H400×150×6/8	3.328	3.459	-4.106	-4.041
梁 H300×150×6/8，柱 H500×150×6/8	4.344	4.530	-5.723	-5.600
梁 H300×150×6/8，柱 H600×150×6/8	5.281	5.520	-7.388	-7.192
梁 H300×150×6/8，柱 H700×150×6/8	6.130	6.421	-9.072	-8.787
梁 H300×150×6/8，柱 H800×150×6/8	6.895	7.233	-10.76	-10.37
梁 H300×150×6/12，柱 H300×150×6/8	2.500	2.532	-2.917	-2.916
梁 H300×150×6/8，柱 H500×150×6/12	2.366	2.556	-3.366	-3.303

算例2 翘曲位移量的比较 表13.4

截面		$\theta'_{b0,\text{right}}$	$\theta'_{b0,\text{left}}$	$\theta'_{b0,\text{av}}$	$\theta'_{c0,\text{bottom}}$	$\theta'_{c0,\text{top}}$	$\theta'_{c0,\text{av}}$	$\dfrac{\theta'_{c0,\text{av}}}{\theta'_{b0,\text{av}}}$
梁 H200×150×6/8 柱 H300×150×6/8	井字梁	1.381×10^{-5}	1.658×10^{-5}	1.520×10^{-5}	-1.636×10^{-5}	-1.535×10^{-5}	-1.586×10^{-5}	-1.044
	FEM	1.342×10^{-5}	1.606×10^{-5}	1.474×10^{-5}	-1.652×10^{-5}	-1.561×10^{-5}	-1.607×10^{-5}	-1.090
梁 H300×150×6/8 柱 H300×150×6/8	井字梁	9.217×10^{-6}	1.088×10^{-5}	1.005×10^{-5}	-1.159×10^{-5}	-9.690×10^{-6}	-1.064×10^{-5}	-1.059
	FEM	9.207×10^{-6}	1.082×10^{-5}	1.001×10^{-5}	-1.194×10^{-5}	-1.017×10^{-5}	-1.106×10^{-5}	-1.104
梁 H400×150×6/8 柱 H300×150×6/8	井字梁	6.356×10^{-6}	7.448×10^{-6}	6.902×10^{-6}	-8.951×10^{-6}	-6.135×10^{-6}	-7.543×10^{-6}	-1.093
	FEM	6.418×10^{-6}	7.487×10^{-6}	6.953×10^{-6}	-9.258×10^{-6}	-6.593×10^{-6}	-7.926×10^{-6}	-1.140
梁 H500×150×6/8 柱 H300×150×6/8	井字梁	4.585×10^{-6}	5.352×10^{-6}	4.968×10^{-6}	-7.548×10^{-6}	-3.851×10^{-6}	-5.699×10^{-6}	-1.147
	FEM	4.651×10^{-6}	5.402×10^{-6}	5.027×10^{-6}	-7.782×10^{-6}	-4.245×10^{-6}	-6.014×10^{-6}	-1.196
梁 H300×150×6/8 柱 H200×150×6/8	井字梁	5.151×10^{-6}	5.745×10^{-6}	5.448×10^{-6}	-6.980×10^{-6}	-4.817×10^{-6}	-5.898×10^{-6}	-1.083
	FEM	5.033×10^{-6}	5.580×10^{-6}	5.307×10^{-6}	-7.171×10^{-6}	-5.167×10^{-6}	-6.169×10^{-6}	-1.163
梁 H300×150×6/8 柱 H400×150×6/8	井字梁	1.311×10^{-5}	1.637×10^{-5}	1.474×10^{-5}	-1.643×10^{-5}	-1.476×10^{-5}	-1.559×10^{-5}	-1.058
	FEM	1.327×10^{-5}	1.653×10^{-5}	1.490×10^{-5}	-1.697×10^{-5}	-1.542×10^{-5}	-1.620×10^{-5}	-1.087
梁 H300×150×6/8 柱 H500×150×6/8	井字梁	1.653×10^{-5}	2.184×10^{-5}	1.918×10^{-5}	-2.113×10^{-5}	-1.965×10^{-5}	-2.039×10^{-5}	-1.063
	FEM	1.689×10^{-5}	2.226×10^{-5}	1.958×10^{-5}	-2.188×10^{-5}	-2.053×10^{-5}	-2.121×10^{-5}	-1.083
梁 H300×150×6/8 柱 H600×150×6/8	井字梁	1.936×10^{-5}	2.707×10^{-5}	2.322×10^{-5}	-2.553×10^{-5}	-2.421×10^{-5}	-2.487×10^{-5}	-1.071
	FEM	1.992×10^{-5}	2.781×10^{-5}	2.387×10^{-5}	-2.648×10^{-5}	-2.529×10^{-5}	-2.589×10^{-5}	-1.085

截 面		$\theta'_{b0,right}$	$\theta'_{b0,left}$	$\theta'_{b0,av}$	$\theta'_{c0,bottom}$	$\theta'_{c0,top}$	$\theta'_{c0,av}$	$\dfrac{\theta'_{c0,av}}{\theta'_{b0,av}}$
梁 H300×150×6/8	井字梁	2.160×10^{-5}	3.198×10^{-5}	2.679×10^{-5}	-2.956×10^{-5}	-2.837×10^{-5}	-2.897×10^{-5}	-1.081
柱 H700×150×6/8	FEM	2.234×10^{-5}	3.304×10^{-5}	2.769×10^{-5}	-3.070×10^{-5}	-2.964×10^{-5}	-3.017×10^{-5}	-1.090
梁 H300×150×6/8	井字梁	2.328×10^{-5}	3.652×10^{-5}	2.990×10^{-5}	-3.320×10^{-5}	-3.212×10^{-5}	-3.266×10^{-5}	-1.092
柱 H800×150×6/8	FEM	2.418×10^{-5}	3.794×10^{-5}	3.106×10^{-5}	-3.452×10^{-5}	-3.357×10^{-5}	-3.405×10^{-5}	-1.096
梁 H300×150×6/12	井字梁	6.515×10^{-6}	7.756×10^{-6}	7.135×10^{-6}	-8.635×10^{-6}	-6.520×10^{-6}	-7.578×10^{-6}	-1.062
柱 H300×150×6/8	FEM	6.364×10^{-6}	7.538×10^{-6}	6.951×10^{-6}	-8.803×10^{-6}	-6.828×10^{-6}	-7.816×10^{-6}	-1.124
梁 H300×150×6/8	井字梁	9.448×10^{-6}	1.238×10^{-5}	1.092×10^{-5}	-1.196×10^{-5}	-1.138×10^{-5}	-1.167×10^{-5}	-1.069
柱 H500×150×6/12	FEM	9.448×10^{-6}	1.247×10^{-5}	1.096×10^{-5}	-1.221×10^{-5}	-1.167×10^{-5}	-1.194×10^{-5}	-1.090

13.4.5　Γ形框架斜加劲肋算例

算例 3：Γ形刚架梁长 4m，柱长分别取 4m、8m（节点中心到支座的距离）。截面均为 H300×150×6/8，梁柱端节点延伸加劲肋与梁柱截面的翼缘厚度相等为 8mm。斜加劲肋厚度 8mm。扭矩值为 $700h_c$。截面性质：

$I_s = 225\times10^4\,\text{mm}^4$，$i_s = 1122411914\,\text{N}\cdot\text{mm}$，$I_{ks} = 25600\,\text{mm}^4$，

$n_{b1} = n_{c1} = 15823648.34$，$n_{b2} = n_{c2} = -4239933.794$，

（n 是畸变刚度参数见附录 B）。将所有物理参数代入刚度方程式（13.19d）解出 12 个角点位移，再用壳单元模拟框架约束及受力工况，提取出角点的基本位移值。与井字梁模型的计算结果进行对比见表 13.5，可以看出两者符合很好。图 13.25 给出了节点有斜加劲（8mm）和无斜加劲的梁的扭转角的对比，可以看出，（1）板壳有限元和井字梁模型的结果符合很好，采用 $\theta'_b = \theta'_c$ 的梁单元扭转的方向都相反；（2）加了斜加劲肋之后，极大地减小了梁的扭转，即扭转变形不那么容易传递到相邻杆件。

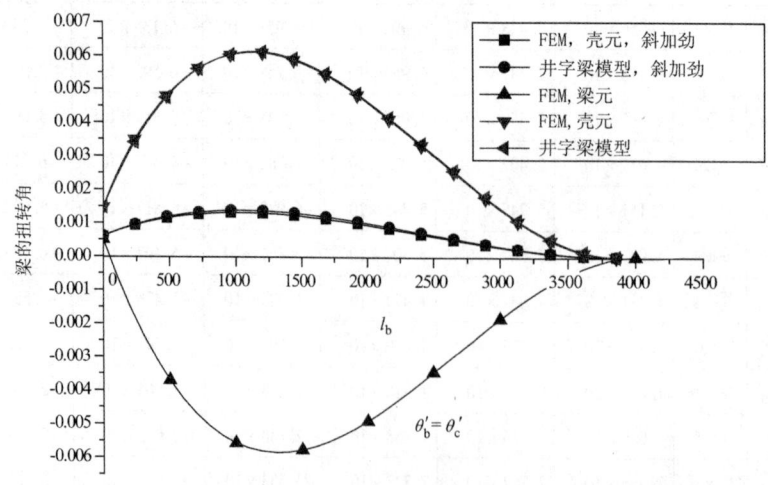

图 13.25　Γ形框架梁扭转角对比（梁长 4m，柱高 4m 算例）

角点位移	梁长 4m，柱长 4m			梁长 4m，柱长 8m		
	井字梁模型	FEM	比值	井字梁模型	FEM	比值
u_A	−1.7782	−1.7861	0.996	−1.8718	−1.8740	0.999
u_B	−1.4123	−1.4223	0.993	−1.4959	−1.4996	0.998
u_C	−1.8226	−1.8356	0.993	−1.8485	−1.8553	0.996
u_D	−1.6494	−1.6578	0.995	−1.6714	−1.6749	0.998
θ_{Ab}	-1.183×10^{-4}	-1.258×10^{-4}	0.941	-3.583×10^{-4}	-3.726×10^{-4}	0.961
θ_{Ac}	1.357×10^{-3}	1.299×10^{-3}	1.044	1.394×10^{-3}	1.336×10^{-3}	1.043
θ_{Bb}	8.972×10^{-4}	9.137×10^{-4}	0.982	6.878×10^{-4}	7.120×10^{-4}	0.966
θ_{Bc}	1.045×10^{-3}	1.025×10^{-3}	1.020	1.074×10^{-3}	1.053×10^{-3}	1.020
θ_{Cb}	3.385×10^{-4}	3.241×10^{-4}	1.044	1.121×10^{-4}	9.693×10^{-5}	1.157
θ_{Cc}	6.555×10^{-4}	6.994×10^{-4}	0.937	6.717×10^{-4}	7.121×10^{-4}	0.943
θ_{Db}	7.693×10^{-4}	7.804×10^{-4}	0.986	5.574×10^{-4}	5.734×10^{-4}	0.972
θ_{Dc}	5.706×10^{-4}	5.959×10^{-4}	0.958	5.829×10^{-4}	6.036×10^{-4}	0.966

算例4：翼缘延伸加劲节点和斜加劲节点翘曲位移对比，均为井字梁模型结果，梁长 4m，柱高 8m。表 13.6 给出来有斜加劲肋 6mm 和无加劲肋的结果的对比。从对比结果可以看出：

（1）设置斜加劲肋后，节点的扭率下降到无斜加劲肋时的 0.2～0.5 倍，斜加劲肋加厚到 12mm，比例继续下降约 0.1。

（2）斜加劲节点 θ'_b 与 θ'_c 之间仍然是反号的，但是如果用相等相反的关系（即 $\theta'_b = -\theta'_c$），近似程度加大了。根据斜加劲肋的厚度，两者的关系约为 $\theta'_b = -(0.65 \sim 0.9)\theta'_c$。

截面	斜加劲	$\theta'_{b0,right}$ $\times 10^{-6}$	$\theta'_{b0,left}$ $\times 10^{-6}$	$\theta'_{b0,av}$ $\times 10^{-6}$	$\theta'_{c0,bottom}$ $\times 10^{-6}$	$\theta'_{c0,top}$ $\times 10^{-6}$	$\theta'_{c0,av}$ $\times 10^{-6}$	$\theta'_{b0,av}/$ $\theta'_{c0,av}$
梁 400×150×6/8 柱 300×150×6/8	无	6.356	7.448	6.902	−8.951	−6.135	−7.543	−0.915
	6mm	1.800	2.474	2.137	−3.877	−1.350	−2.614	−0.818
		0.283	0.332	0.310	0.433	0.220	0.347	
梁 500×150×6/8 柱 300×150×6/8	无	4.585	5.352	4.968	−7.548	−3.851	−5.699	−0.872
	6	1.649	2.219	1.934	−3.925	−1.020	−2.472	−0.782
	比值	0.360	0.415	0.389	0.520	0.265	0.434	
梁 300×150×6/8 柱 300×150×6/8	无	9.217	10.880	10.050	−11.590	−9.690	−10.640	−0.945
	6	2.158	2.946	2.552	−4.088	−1.981	−3.034	−0.841
	比值	0.234	0.271	0.254	0.353	0.204	0.285	

截　　　面	斜加劲	$\theta'_{b0,right}$ $\times10^{-6}$	$\theta'_{b0,left}$ $\times10^{-6}$	$\theta'_{b0,av}$ $\times10^{-6}$	$\theta'_{c0,bottom}$ $\times10^{-6}$	$\theta'_{c0,top}$ $\times10^{-6}$	$\theta'_{c0,av}$ $\times10^{-6}$	$\theta'_{b0,av}/$ $\theta'_{c0,av}$
梁 300×150×6/8 柱 400×150×6/8	无	13.110	16.370	14.740	−16.430	−14.760	−15.590	−0.945
	6	3.209	4.418	3.814	−5.669	−3.497	−4.583	−0.832
	比值	0.245	0.270	0.259	0.345	0.237	0.294	
梁 300×150×6/8 柱 500×150×6/8	无	16.530	21.840	19.180	−21.130	−19.650	−20.390	−0.941
	6	4.677	6.370	5.524	−7.790	−5.663	−6.727	−0.821
	比值	0.283	0.292	0.288	0.369	0.288	0.330	
梁 300×150×6/8 柱 600×150×6/8	无	19.360	27.070	23.220	−25.530	−24.210	−24.870	−0.934
	6	6.417	8.732	7.574	−10.370	−10.040	−10.200	−0.742
	比值	0.331	0.323	0.326	0.406	0.415	0.410	
梁 300×150×6/8 柱 700×150×6/8	无	21.600	31.980	26.790	−29.560	−28.370	−28.970	−0.925
	6	8.271	11.380	9.825	−13.250	−11.370	−12.310	−0.798
	比值	0.383	0.356	0.367	0.448	0.401	0.425	0.863
梁 300×150×6/8 柱 800×150×6/8	无	23.280	36.520	29.900	−33.200	−32.120	−32.660	−0.915
	6	10.160	14.270	12.210	−16.390	−14.640	−15.510	−0.787
	比值	0.436	0.391	0.408	0.494	0.456	0.475	
梁 300×150×6/8 柱 500×150×6/12	无	9.448	12.380	10.920	−11.960	−11.380	−11.670	−0.936
	6	3.374	4.391	3.882	−5.247	−4.217	−4.732	−0.820
	比值	0.357	0.355	0.355	0.439	0.371	0.405	
梁 300×150×6/8 柱 300×150×8/16	无	2.818	3.322	3.070	−3.369	−3.071	−3.220	−0.953
	6	0.985	1.238	1.112	−1.538	−1.021	−1.279	−0.869
	比值	0.350	0.373	0.362	0.457	0.332	0.397	
梁 300×150×8/16 柱 300×150×6/8	无	4.601	5.623	5.112	−6.749	−4.589	−5.669	−0.902
	6	1.651	2.254	1.952	−3.363	−1.334	−2.349	−0.831
	比值	0.359	0.401	0.382	0.498	0.291	0.414	

　　斜加劲肋的存在，梁柱节点处翘曲位移将很小，甚至可以 $\theta'_b=\theta'_c=0$。将 $\theta'_b=\theta'_c=0$ 的条件强行代入刚度矩阵中，得出的梁柱变形曲线与井字梁模型的结果对比如图 13.26 所示。

　　由图 13.26 给出了将翘曲固定（$\theta'_b=\theta'_c=0$），翼缘延伸加劲节点（$\theta'_b=-\theta'_c$），通用梁有限元（$\theta'_b=\theta'_c$）和不同斜加劲肋厚度下的三块加劲肋节点下梁柱变形曲线。可以看出四类处理方法得出梁柱变形曲线都不同。对于三块加劲肋节点，由于斜加劲肋的存在，随着斜加劲肋厚度的增加，变形曲线更靠近翘曲固定（$\theta'_b=\theta'_c=0$）这种处理方法。梁的平面外位移，柱的扭转角和柱的平面外位移与翘曲固定的分析结果几乎相同。而梁的扭转角随着斜加劲肋厚度的增大，逐渐接近于翘曲固定的曲线。直到斜加劲肋厚度增大到 50mm，梁的扭转角曲线确实向翘曲固定的分析结果靠近，却仍然存在差别，因此可以说，要想 $\theta_b' = \theta_c' = 0$，翼缘本身的厚度也需要加厚。对一般厚度的加劲肋，$\theta_b' = \theta_c' = 0$ 仅仅是一个很粗略的近似。

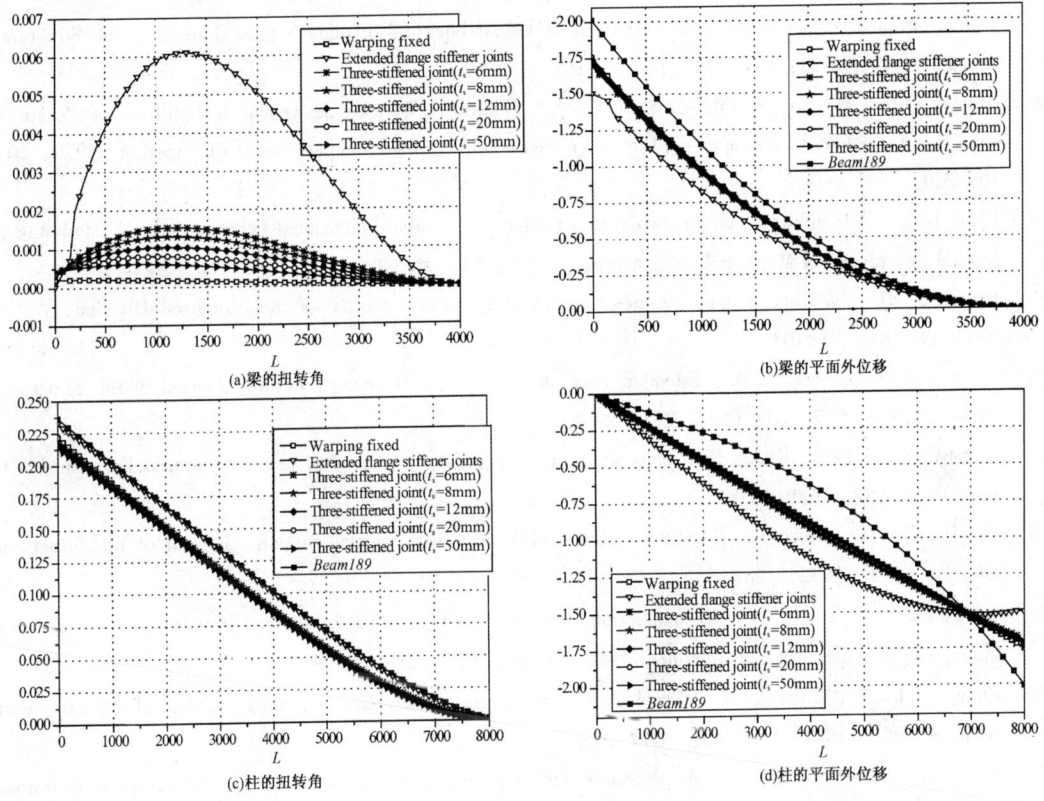

图 13.26　梁柱位移和扭转角对比

参 考 文 献

[1] 郭在田. 薄壁杆件的弯曲与扭转. 北京：中国建筑工业出版社，1989.

[2] 包世华，周坚. 薄壁杆件结构力学. 北京：中国建筑工业出版社，1991.

[3] 李开禧. 弹性薄壁杆件翘曲. 北京：中国建筑工业出版社，1990.

[4] 陈伯真. 薄壁结构力学. 上海：上海交通出版社，1988.

[5] 李明昭，周竞欧. 薄壁杆结构计算. 北京：高等教育出版社，1992.

[6] 童根树，林南昌. 端板缀板加强的工字形钢梁的抗扭性能. 工业建筑，2002，32（9）.

[7] Chaudhary A. B., Generalized stiffness matrix for thin walled beams. Journal of the Structural Division ASCE 1982；108（3）：559-577.

[8] Vacharauittiphan P., Trahair N. S., Warping and distortion at I-section joints. Journal of the Structural Division ASCE 1974；100（3）：547-564.

[9] Pi Y. L., Trahair N. S., Distortion and warping at beam supports. Journal of Structural Engineering, ASCE, 2000；126（11）：1279-1287.

[10] Hartmann AJ, Munse WH. Flexural-torsional buckling of plane frames. Journal of the Engineering Mechanics Division, ASCE 1966; 92 (2): 37-59.

[11] Vacharajittiphan P. , Trahair N. S. , Elastic lateral buckling of portal frames. Journal of the Structural Division, ASCE, 1973; 99 (5): 821-835.

[12] Vacharajittiphan P. , Trahair N. S. , Analysis of lateral buckling in plane frames. Journal of the Structural Division ASCE, 1975; 101 (7): 1497-1516.

[13] Argyris J. H. , Hillbert O. , Malejannakis G. A. , Scharpf D. W. , On the geometrical stiffness of a beam in space—a consistent V. W. approach. Computer Methods in Applied Mechanics and Engineering, 1979; 20: 105-301.

[14] Bathe K. J. , Bolourchi S. , Large displacement analysis of three-dimensional beam structures. International Journal for Numerical Methods in Engineering, 1979; 14: 961-986.

[15] Renton J. D. , Stability of space frames by computer analysis. Journal of the Structural Division, ASCE 1962; 88 (4): 81-103.

[16] Ojalvo M. , Chambers R. S. , Effect of warping restraints on I-beam buckling. Journal of the Structural Division ASCE 1977; 103 (12): 2351-2360.

[17] Heins C. P. , Potocko R. A. , Torsional stiffening of I-girder webs. Journal of the Structural Division ASCE 1982; 105 (8): 1689-1698.

[18] Roeder C. W. , Assadi M. , Lateral stability of I-beam with partial support. Journal of the Structural Division ASCE, 1982; 108 (8): 1768-1780.

[19] Wongkaew K. , Chen W. F. , Consideration of out-of-plane bucking in advanced analysis for planar steel frame design. Journal of Constructional Steel Research 2002; 58: 943-965.

[20] Ettouney M. M. , Kirby J. B. , Warping restraint in three-dimensional frames. Journal of the Structural Division ASCE, 1981; 107 (8): 1643-1656.

[21] Yang Y. B. , McGuire W. , A procedure for analyzing space frames with partial warping restraint. International Journal for Numerical Methods in Engineering, 1984; 20: 1377-1398.

[22] Kwak H. G. , Kim D. Y. , Lee H. W. , Effect of warping in geometric nonlinear analysis of spatial beams. Journal of Constructional Steel Research, 2002; 57: 729-751.

[23] Papangelis J. P. , Trahair N. S. , Hancock G. J. , Elastic flexural-torsional buckling of structures by computer. Computers & Structures, 1998; 68: 125-137.

[24] Morrell P. J. B. , Riddington J. R. , Ali F. A. , Hamid H. A. , Influence of joint detail on the flexural/torsional interaction of thin-walled structures. Thin-Walled Structures, 1996; 24 (2): 97-111.

[25] Sharman P. W. , Analysis of structures with thin-walled open sections. International Journal of Mechanical Sciences, 1985; 27 (10): 665-677.

[26] Krenk S. , Damkilde L. , Warping of joints in I-beam assemblages. Journal of Engineering Mechanics. 1991; 117 (11): 2457-2474.

[27] Baigent A. H. , Hancock G. J. , Structural analysis of assemblages of thin-walled members. Engineering Structures 1982; 4 (3): 207-216.

[28] Baigent A. H. , Hancock G. J. , The stiffness and strength of portal frames composed of cold-formed members. Civil Engineering Transactions, Institution of Engineers. Australian. 1982; CE24 (3); 4 (3): 207-216.

[29] Masarira A. , The effect of joints on the stability behaviour of steel frame beams. Journal of Constructional
468

Steel Research, 2002; 58: 1375‐1390.

[30] Trahair N. S. , Chan S. L. , Out‐of‐plane advanced analysis of steel structures. Engineering Structures 2003; 25: 1627‐1637.

[31] Tong G. S. , Yan X. , X. , Zhang L. , Warping and bimoment transmission through diagonally stiffened beam‐to‐column joints, Journal of Constructional Steel Research, 2005; 61: 749‐763.

[32] 颜潇潇, 童根树, 张磊. 梁柱节点翘曲位移传递分析. 钢结构工程研究 (5), 中国钢协结构稳定与疲劳分会 2004 年 年会论文集, 太原, 2004.

附录A 节点域刚度矩阵$[K_{panel}]$ 和 Γ 形框架刚度矩阵$[K'_m]$

$$[K_{panel}] = \begin{bmatrix} k_{11} & k_{12} \\ k_{21} & k_{22} \end{bmatrix} \tag{A.1}$$

$$k_{11} = \begin{bmatrix}
\left(2i_s - \dfrac{GI_{ks}}{2h_s}\right)\sin2\alpha + 4i_{bf} + 4i_s\cos^2\alpha & \dfrac{GI_{kfc}}{h_b} + \dfrac{GI_{ks}\sin^2\alpha}{h_s} & \dfrac{6i_s\cos\alpha}{h_s} + \dfrac{6i_{bf}}{h_c} & 0 & 2i_{bf} & -\dfrac{6i_{bf}}{h_c} \\[2ex]
\dfrac{GI_{kfb}}{h_c} + \dfrac{GI_{ks}\cos^2\alpha}{h_s} + 4i_{cf} + 4i_s\sin^2\alpha & \left(2i_s - \dfrac{GI_{ks}}{2h_s}\right)\sin2\alpha & \dfrac{6i_s\sin\alpha}{h_s} + \dfrac{6i_{cf}}{h_b} & -\dfrac{GI_{kfb}}{h_c} & 0 & 0 \\[2ex]
\dfrac{6i_s\sin\alpha}{h_s} + \dfrac{6i_{cf}}{h_b} & \dfrac{6i_s\cos\alpha}{h_s} + \dfrac{6i_{bf}}{h_c} & 12\left(\dfrac{i_{cf}}{h_b^2} + \dfrac{i_s}{h_s^2} + \dfrac{i_{bf}}{h_c^2}\right) & 0 & \dfrac{6i_{bf}}{h_c} & -\dfrac{12i_{bf}}{h_c^2} \\[2ex]
0 & -2i_{bf} & \dfrac{-6i_{bf}}{h_c} & 0 & -4i_{bf} - \dfrac{GI_{kfc}}{h_b} & \dfrac{6i_{bf}}{h_c} \\[2ex]
\dfrac{GI_{kfb}}{h_c} & 0 & 0 & -4i_c - \dfrac{GI_{kfb}}{h_c} & 0 & -\dfrac{6i_{cf}}{h_b} \\[2ex]
0 & -\dfrac{6i_{bf}}{h_c} & -\dfrac{12i_{bf}}{h_c^2} & \dfrac{6i_{cf}}{h_c} & -\dfrac{6i_{bf}}{h_c} & \dfrac{12i_c}{h_b^2} + \dfrac{12i_{bf}}{h_c^2}
\end{bmatrix}$$

$$k_{21} = \begin{bmatrix}
-\left(\dfrac{GI_{ks}}{2h_s} + i_s\right)\sin2\alpha & \dfrac{GI_{ks}\sin^2\alpha}{h_s} - 2i_s\cos^2\alpha & -\dfrac{6i_s\cos\alpha}{h_s} & 0 & \dfrac{GI_{kfc}}{h_b} & 0 \\[2ex]
\dfrac{GI_{ks}\cos^2\alpha}{h_s} - 2i_s\sin^2\alpha & -\left(i_s + \dfrac{GI_{ks}}{2h_s}\right)\sin2\alpha & -\dfrac{6i_s\sin\alpha}{h_s} & -2i_s & 0 & -\dfrac{6i_{cf}}{h_b} \\[2ex]
-\dfrac{6i_s\sin\alpha}{h_s} & -\dfrac{6i_s\cos\alpha}{h_s} & -\dfrac{12i_s}{h_s^2} & -\dfrac{6i_{cf}}{h_c} & 0 & -\dfrac{12i_{cf}}{h_b^2} \\[2ex]
0 & \dfrac{GI_{kfc}}{h_b} & 0 & 0 & 0 & 0 \\[2ex]
-2i_{cf} & 0 & -\dfrac{6i_{cf}}{h_b} & 0 & 0 & 0 \\[2ex]
-\dfrac{6i_{cf}}{h_b} & 0 & -\dfrac{12i_{cf}}{h_b^2} & 0 & 0 & 0
\end{bmatrix}$$

$$k_{12} = \begin{bmatrix} \left(\dfrac{GI_{ks}}{2h_s} + i_s\right)\sin 2\alpha & 2i_s\cos^2\alpha - \dfrac{GI_{ks}\sin^2\alpha}{h_s} & -\dfrac{6i_s\cos\alpha}{h_s} & 0 & -\dfrac{GI_{kfc}}{h_b} & 0 \\[12pt] 2i_s\sin^2\alpha - \dfrac{GI_{ks}\cos^2\alpha}{h_s} & \left(\dfrac{GI_{ks}}{2h_s} + i_s\right)\sin 2\alpha & -\dfrac{6i_s\sin\alpha}{h_s} & 2i_{cf} & 0 & -\dfrac{6i_{cf}}{h_b} \\[12pt] \dfrac{6i_s\sin\alpha}{h_s} & \dfrac{6i_s\cos\alpha}{h_s} & -\dfrac{12i_s}{h_s^2} & \dfrac{6i_{cf}}{h_b} & 0 & -\dfrac{12i_{cf}}{h_b^2} \\[12pt] 0 & \dfrac{GI_{kfc}}{h_b} & 0 & 0 & 0 & 0 \\[12pt] -2i_{cf} & 0 & \dfrac{6i_{cf}}{h_b} & 0 & 0 & 0 \\[12pt] \dfrac{6i_{cf}}{h_c} & 0 & -\dfrac{12i_{cf}}{h_b^2} & 0 & 0 & 0 \end{bmatrix}$$

$$k_{22} = \begin{bmatrix} \left(\dfrac{GI_{ks}}{2h_s} - 2i_s\right)\sin 2\alpha & -\dfrac{GI_{kfc}}{h_b} - \dfrac{GI_{ks}\sin^2\alpha}{h_s} & & & & \\ -4i_{bf} - 4i_s\cos^2\alpha & \dfrac{6i_b}{h_c} + \dfrac{6i_s\cos\alpha}{h_s} & 0 & -2i_{bf} & -\dfrac{6i_{bf}}{h_c} \\[12pt] -\dfrac{GI_{ks}\cos^2\alpha}{h_s} - \dfrac{GI_{kfb}}{h_c} & & & & & \\ -4i_c - 4i_s\sin^2\alpha & \left(\dfrac{GI_{ks}}{2h_s} - 2i_s\right)\sin 2\alpha & \dfrac{6i_s\sin\alpha}{h_s} + \dfrac{6i_{cf}}{h_b} & \dfrac{GI_{kfb}}{h_c} & 0 & 0 \\[12pt] -\dfrac{6i_s\sin\alpha}{h_s} - \dfrac{6i_{cf}}{h_c} & -\dfrac{6i_s\cos\alpha}{h_s} - \dfrac{6i_{bf}}{h_c} & 12\left(\dfrac{i_{bf}}{h_c^2} + \dfrac{i_s}{h_s^2} + \dfrac{i_{cf}}{h_b^2}\right) & 0 & -\dfrac{6i_{bf}}{h_c} & -\dfrac{12i_{bf}}{h_c^2} \\[12pt] 0 & -2i_{bf} & \dfrac{6i_b}{h_c} & 0 & -4i_b - \dfrac{GI_{kfc}}{h_b} & -\dfrac{6i_{bf}}{h_c} \\[12pt] \dfrac{GI_{kfb}}{h_c} & 0 & 0 & -4i_{cf} - \dfrac{GI_{kfb}}{h_c} & 0 & \dfrac{6i_{cf}}{h_b} \\[12pt] 0 & \dfrac{6i_{bf}}{h_c} & -\dfrac{12i_{bf}}{h_c^2} & -\dfrac{6i_{cf}}{h_b} & \dfrac{6i_{bf}}{h_c} & \dfrac{12i_{bf}}{h_c^2} + \dfrac{12i_{cf}}{h_b^2} \end{bmatrix}$$

$$[K'_m] = \begin{bmatrix} 0_{3\times 3} & 0_{3\times 9} \\ 0_{9\times 3} & [k_m]_{9\times 9} \end{bmatrix} \tag{A.2}$$

$$[k_{\mathrm{m}}] = \begin{bmatrix} 0 & m+i_{\mathrm{b}} & p+\dfrac{3i_{\mathrm{b}}}{2l_{\mathrm{b}}} & 0 & i_{\mathrm{b}}-m & \dfrac{3i_{\mathrm{b}}}{2l_{\mathrm{b}}}-p & 0 & 0 & 0 \\[2mm] -\dfrac{n_{\mathrm{b}}}{2} & \dfrac{GJ_{\mathrm{b}}}{2h_{\mathrm{b}}} & 0 & \dfrac{n_{\mathrm{b}}}{2} & -\dfrac{GJ_{\mathrm{b}}}{2h_{\mathrm{b}}} & 0 & 0 & 0 & 0 \\[2mm] 0 & a-\dfrac{3i_{\mathrm{b}}}{2l_{\mathrm{b}}} & b-\dfrac{3i_{\mathrm{b}}}{l_{\mathrm{b}}^2} & 0 & -a-\dfrac{3i_{\mathrm{b}}}{2l_{\mathrm{b}}} & -\dfrac{3i_{\mathrm{b}}}{l_{\mathrm{b}}^2}-b & 0 & 0 & 0 \\[2mm] 0 & -m+i_{\mathrm{b}} & \dfrac{3i_{\mathrm{b}}}{2l_{\mathrm{b}}}-p & -\dfrac{GJ_{\mathrm{c}}}{2h_{\mathrm{c}}} & \dfrac{n_{\mathrm{c}}}{2}+i_{\mathrm{b}}+m & p+\dfrac{3i_{\mathrm{b}}}{2l_{\mathrm{b}}} & \dfrac{GJ_{\mathrm{c}}}{2h_{\mathrm{c}}} & -\dfrac{n_{\mathrm{c}}}{2} & 0 \\[2mm] \dfrac{n_{\mathrm{b}}}{2} & \dfrac{GJ_{\mathrm{b}}}{2h_{\mathrm{b}}} & 0 & \dfrac{3i_{\mathrm{c}}}{4}+r-\dfrac{n_{\mathrm{b}}}{2} & -\dfrac{GJ_{\mathrm{b}}}{2h_{\mathrm{b}}} & \dfrac{3i_{\mathrm{c}}}{4l_{\mathrm{c}}} & -r+\dfrac{3i_{\mathrm{c}}}{4} & 0 & \dfrac{3i_{\mathrm{c}}}{4l_{\mathrm{c}}} \\[2mm] 0 & -a-\dfrac{3i_{\mathrm{b}}}{2l_{\mathrm{b}}} & -\dfrac{3i_{\mathrm{b}}}{l_{\mathrm{b}}^2}-b & -\dfrac{3i_{\mathrm{c}}}{4l_{\mathrm{c}}}-q & a-\dfrac{3i_{\mathrm{b}}}{2l_{\mathrm{b}}} & -\dfrac{3i_{\mathrm{c}}}{4l_{\mathrm{c}}^2}+b-\dfrac{3i_{\mathrm{b}}}{l_{\mathrm{b}}^2} & q-\dfrac{3i_{\mathrm{c}}}{4l_{\mathrm{c}}} & 0 & -\dfrac{3i_{\mathrm{c}}}{4l_{\mathrm{c}}^2} \\[2mm] 0 & 0 & 0 & -\dfrac{GJ_{\mathrm{c}}}{2h_{\mathrm{c}}} & \dfrac{n_{\mathrm{c}}}{2} & 0 & \dfrac{GJ_{\mathrm{c}}}{2h_{\mathrm{c}}} & -\dfrac{n_{\mathrm{c}}}{2} & 0 \\[2mm] 0 & 0 & 0 & -r+\dfrac{3i_{\mathrm{c}}}{4} & 0 & \dfrac{3i_{\mathrm{c}}}{4l_{\mathrm{c}}} & \dfrac{3i_{\mathrm{c}}}{4}+r & 0 & \dfrac{3i_{\mathrm{c}}}{4l_{\mathrm{c}}} \\[2mm] 0 & 0 & 0 & q-\dfrac{3i_{\mathrm{c}}}{4l_{\mathrm{c}}} & 0 & -\dfrac{3i_{\mathrm{c}}}{4l_{\mathrm{c}}^2} & -\dfrac{3i_{\mathrm{c}}}{4l_{\mathrm{c}}}-q & 0 & -\dfrac{3i_{\mathrm{c}}}{4l_{\mathrm{c}}^2} \end{bmatrix}$$

式中　$i_{\mathrm{b}}=\dfrac{EI_{\mathrm{yb}}}{l_{\mathrm{b}}}$，$i_{\mathrm{c}}=\dfrac{EI_{\mathrm{yc}}}{l_{\mathrm{c}}}$，$q=\dfrac{EI_{\mathrm{wc}}k_{\mathrm{c}}^2}{h_{\mathrm{c}}^2}$，$v_{\mathrm{b}}=k_{\mathrm{b}}l_{\mathrm{b}}$，$v_{\mathrm{c}}=k_{\mathrm{c}}l_{\mathrm{c}}$

$m=\dfrac{v_{\mathrm{b}}(\sinh v_{\mathrm{b}}-v_{\mathrm{b}}\cosh v_{\mathrm{b}})}{\sinh v_{\mathrm{b}}(2\tanh 0.5v_{\mathrm{b}}-v_{\mathrm{b}})}\cdot\dfrac{EI_{\mathrm{wb}}}{h_{\mathrm{b}}^3}$，$a=\dfrac{v_{\mathrm{b}}^2(v_{\mathrm{b}}-\tanh 0.5v_{\mathrm{b}})}{(2\tanh 0.5v_{\mathrm{b}}-v_{\mathrm{b}})}\cdot\dfrac{EI_{\mathrm{wb}}}{h_{\mathrm{b}}^4}$，

$b=\dfrac{v_{\mathrm{b}}^3}{(2\tanh 0.5v_{\mathrm{b}}-v_{\mathrm{b}})}\cdot\dfrac{EI_{\mathrm{wb}}}{h_{\mathrm{b}}^5}$，$p=-\dfrac{v_{\mathrm{b}}^2\tanh 0.5v_{\mathrm{b}}}{(2\tanh 0.5v_{\mathrm{b}}-v_{\mathrm{b}})}\cdot\dfrac{EI_{\mathrm{wb}}}{h_{\mathrm{b}}^4}$，$r=\dfrac{EI_{\mathrm{wc}}}{h_{\mathrm{c}}^3}v_{\mathrm{c}}\tanh v_{\mathrm{c}}$

附录 B　畸变在翼缘产生的扭矩

畸变公式的详细推导见第 14 章附录。

$$T_{Ddis,b} = n_{b1}\psi_{Db} + n_{b2}\psi_{Bb} = (n_{b2} - n_{b1})\left(\frac{\theta_{Bb} - \theta_{Db}}{2}\right) = -n_b\psi_{Bb} = -T_{dis,b} \tag{B.1a}$$

$$T_{Bdis,b} = n_{b2}\psi_{Db} + n_{b1}\psi_{Bb} = (n_{b1} - n_{b2})\left(\frac{\theta_{Bb} - \theta_{Db}}{2}\right) = n_b\psi_{Bb} = T_{dis,b} \tag{B.1b}$$

$$T_{Adis,c} = n_{b1}\psi_{Ac} + n_{b2}\psi_{Bc} = (n_{c2} - n_{c1})\left(\frac{\theta_{Bc} - \theta_{Ac}}{2}\right) = -n_c\psi_{Bc} = -T_{dis,c} \tag{B.1c}$$

$$T_{Bdis,c} = n_{b2}\psi_{Ac} + n_{b1}\psi_{Bc} = (n_{c1} - n_{c2})\left(\frac{\theta_{Bc} - \theta_{Ac}}{2}\right) = n_c\psi_{Bc} = T_{dis,c} \tag{B.1d}$$

式中：

$$n_{b1} = (\sqrt{3} + 1)\sqrt{\frac{GI_{kb}D_{wb}}{2h_b}}, \quad n_{b2} = (\sqrt{3} - 1)\sqrt{\frac{GI_{kb}D_{wb}}{2h_b}}, \quad n_b = \sqrt{\frac{2GI_{kb}D_{wb}}{h_b}} \tag{B.2a,b,c}$$

$$n_{c1} = (\sqrt{3} + 1)\sqrt{\frac{GI_{kc}D_{wc}}{2h_c}}, \quad n_{c2} = (\sqrt{3} - 1)\sqrt{\frac{GI_{kc}D_{wc}}{2h_c}}, \quad n_c = \sqrt{\frac{2GI_{kc}D_{wc}}{h_c}} \tag{B.2d,e,f}$$

$$\psi_{Ac} = \theta_{Ac} - \frac{\theta_{Ac} + \theta_{Bc}}{2} = \frac{1}{2}(\theta_{Ac} - \theta_{Bc}), \quad \psi_{Bc} = \theta_{Bc} - \frac{\theta_{Ac} + \theta_{Bc}}{2} = \frac{1}{2}(\theta_{Bc} - \theta_{Ac}) = -\psi_{Ac}$$

$$\psi_{Bb} = \theta_{Bb} - \frac{1}{2}(\theta_{Bb} + \theta_{Db}) = \frac{1}{2}(\theta_{Bb} - \theta_{Db})$$

$$\psi_{Db} = \theta_{Db} - \frac{1}{2}(\theta_{Bb} + \theta_{Db}) = -\frac{1}{2}(\theta_{Bb} - \theta_{Db}) = -\psi_{Bb}$$

$$D_{wb} = \frac{Et_{wb}^3}{12\,(1 - \mu^2)}, \quad D_{wc} = \frac{Et_{wc}^3}{12\,(1 - \mu^2)}$$是梁柱腹板的抗弯刚度，I_{kb}，I_{kc}为单块翼缘的自由扭转常数。

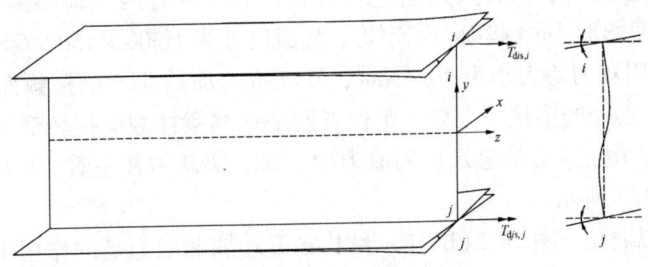

附图 B.1　畸变变形

第14章 翘曲位移在斜向加劲梁柱节点的传递

14.1 引　言

门式刚架轻型厂房钢结构近几年得到了广泛的应用和发展，图14.1所示为常用的门式刚架结构，图中梁柱采用一种加斜向加劲肋的连接节点形式。

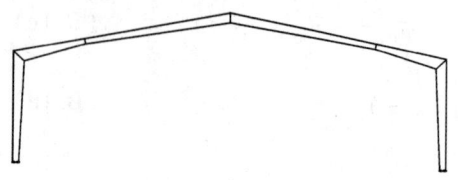

图 14.1　梁柱节点斜向加劲的门式刚架

对梁柱的翘曲位移和内力在这种节点中的传递，Sharman(1985)利用节点处梁柱各相交板件之间的转角变形协调关系，得到了梁柱在节点处的翘曲自由度之间的关系为 $\theta'_B = \theta'_C$（其中 θ'_B 为节点处梁的翘曲自由度，θ'_C 为节点处柱的翘曲自由度）。Krenk & Damkilde(1991)通过假定节点处加劲肋平面内刚度无穷大，即加劲肋在自身平面内弯曲变形为零，得出与 Sharman 相同的结论，他们在研究时同时考虑了节点处腹板截面歪曲变形(distortion)的影响。

对于斜向加劲梁柱连接节点，将局部坐标系中的单元刚度矩阵向整体坐标系转换时，翘曲自由度的转换存在着困难，目前的有限元分析通常简单地在转换矩阵中采用翘曲位移对应的主对角线上的值为1，其他均为零（通常称这种方法为翘曲位移连续），也即等同于上面所述文献中得出的结果。本章对这种斜向加劲梁柱节点的翘曲位移和内力的传递进行分析，考虑了斜加劲肋的平面内弯曲变形，建立了新的计算模型。

14.2　双力矩作用下梁柱截面扭转变形分析

为直观地了解斜向加劲梁柱结构在节点处翘曲位移相互传递时的变形，以图14.2(b)中的节点为例，采用板壳单元有限元法进行分析，节点的有限元模型网格划分如图14.2(a)所示。梁柱长度均取4m，截面为工字形，截面尺寸为 H300×150×6×8，柱下端固支，梁端自由，梁端作用双力矩大小为 20.4Nm^2，节点所有加劲肋与梁柱截面的翼缘厚度相等为8mm。选取近节点处的梁柱一个划分单位长度来观察梁柱截面扭转变形情况，即图14.2(a)中的1—1,2—2截面，变形显示比例取为1:1000，梁从右往左看，柱从上往下看，截面的扭转变形如图14.3所示。

从图14.3可以看出，图14.2(b)所示结构在梁端翘曲双力矩的作用下，产生了梁柱的扭转和平面外位移，也存在截面的歪曲(distortion)变形如图14.3(a)所示，也即斜向加劲肋在自身平面内存在弯曲变形，同时在数值上，斜加劲肋截面的歪曲变形角和节点处翼缘的翘曲转角是同一数量级的量。所以从上述结果可以得出 Krenk & Damkilde(1991)在推导时假定斜加劲肋平面内刚度无穷大与实际结构相比是存在误差的。

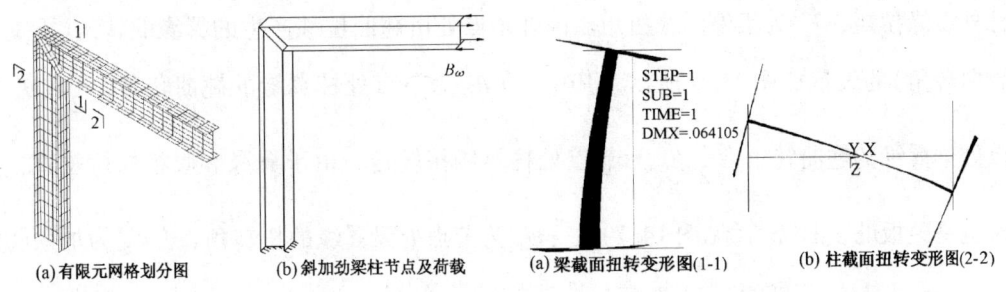

(a) 有限元网格划分图   (b) 斜加劲梁柱节点及荷载

图 14.2　斜加劲节点及有限元网格

(a) 梁截面扭转变形图(1-1)　　(b) 柱截面扭转变形图(2-2)

图 14.3　梁柱截面的扭转变形图

14.3　梁柱节点处双力矩和翘曲自由度关系的推导

下面研究的梁柱均采用工字型截面，截面沿轴线方向无变化，梁柱连接节点处加斜向加劲肋，节点具体形式及尺寸如图 14.4(a)所示。在 A 点处两块翼缘板和加劲肋交接在一起，节点处梁翼缘上的双力矩在纤维 1—2 上产生拉应力，节点处柱翼缘上的双力矩在纤维 1—3 上产生拉应力，由 1 点处的应力平衡，斜加劲肋的纤维 1—4 上产生压应力。由薄壁构件翘曲扭转理论可得，梁柱翼缘内由双力矩产生的翘曲正应力呈线性分布，对双轴对称截面，上下翼缘的应力大小相等且方向相反，由梁柱翼缘板和加劲肋交接处(A, A'两点)的内力平衡，可以得到加劲肋的应力分布如图 14.4(b)所示。在下面的推导中假设汇交于 A 点的各板件的内力和变形与汇交于 A' 点的各板件的内力和变形值相同，可以将下文的内力和变形理解为节点区各板件内力和变形的平均值。

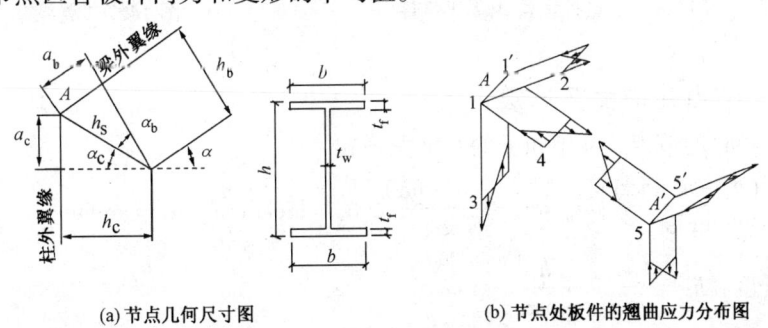

(a) 节点几何尺寸图　　　　(b) 节点处板件的翘曲应力分布图

图 14.4　斜向加劲梁柱节点

下面对所涉及的符号采用统一的下标规定：下标 c、b 和 s 分别表示柱、梁和加劲肋中的值，下标 C、B 和 S 分别表示节点处对应的柱、梁和加劲肋中的值。下面的推导采用适合于有限元方法的方向，图 14.5，14.6 所示的内力和变形的方向均为正方向。

将汇交于外角点 A 的三块板取出，内力平衡如图 14.5 所示，其中 M_S 为加劲肋弯矩，M_C 为柱外翼缘弯矩，M_B 为梁外翼缘弯矩，T_S 为加劲肋扭矩，T_C

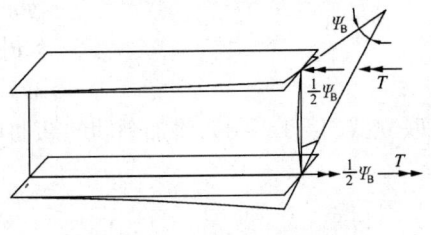

图 14.5　腹板歪曲转角

为柱外翼缘扭矩，T_B 为梁外翼缘扭矩。内外角点处由翘曲位移产生的翼缘的转角（下文简称翘曲转角）的矢量如图 14.6 所示，其中 $\frac{1}{2}h_c\theta'_C$ 为节点处柱翼缘的翘曲转角，$\frac{1}{2}h_b\theta'_B$ 为节点处梁翼缘的翘曲转角，$\frac{1}{2}\psi_C$ 为节点处柱翼缘扭转角，由于翼缘和腹板保持垂直，它同时也是腹板的歪曲转角（见图 14.7）。$\frac{1}{2}\psi_B$ 为节点处梁翼缘的扭转角，$\frac{1}{2}\psi_S$ 为加劲肋的平面内转角，$\frac{1}{2}h_s\theta'_S$ 为加劲肋的扭转角。如图 14.6 所示，节点内翼缘和加劲肋所受的应力方向和外翼缘相反，内翼缘和外翼缘有相同的平衡方程。

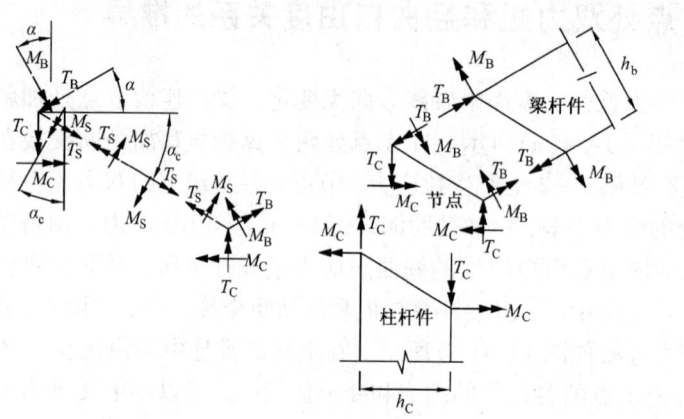
图 14.6　节点外翼缘内力平衡图

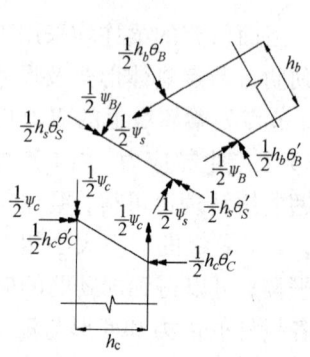
图 14.7　翼缘翘曲转角分解

14.3.1　节点几何关系计算

由图 14.4(a) 的节点，可得如下的几何关系：

$$a_c = \frac{(h_b - h_c\sin\alpha)}{\cos\alpha}, \quad a_b = \frac{(h_c - h_b\sin\alpha)}{\cos\alpha}, \quad \alpha_c = \arctan\frac{a_c}{h_c}, \quad \alpha_b = \arctan\frac{a_b}{h_b}$$

斜加劲肋的长度：$h_s = \dfrac{h_c}{\cos\alpha_c} = \dfrac{h_b}{\cos\alpha_b}$

三个角度之间的关系：$\alpha + \alpha_b + \alpha_c = 90°$。

如图 14.6 所示，由 A 点处梁柱翼缘和斜加劲肋的变形协调条件可得：

$$h_c\theta'_C = h_s\theta'_S\cos\alpha_c - \psi_S\sin\alpha_c \tag{14.1a}$$

$$\psi_C = h_s\theta'_S\sin\alpha_c + \psi_S\cos\alpha_c \tag{14.1b}$$

$$h_b\theta'_b = h_s\theta'_S\cos\alpha_b + \psi_S\sin\alpha_b \tag{14.1c}$$

$$\psi_B = \psi_S\cos\alpha_b - h_s\theta'_S\sin\alpha_b \tag{14.1d}$$

联立式 (14.1a～d)，将加劲肋的翘曲位移和各歪曲转角用节点处梁柱的翘曲位移来表示：

$$\psi_S = \frac{h_c\cos\alpha_b(\theta'_B - \theta'_C)}{\sin(\alpha_b + \alpha_c)} \tag{14.2a}$$

$$\theta'_S = \frac{\theta'_C\cos\alpha_c\sin\alpha_b + \theta'_B\cos\alpha_b\sin\alpha_c}{\sin(\alpha_b + \alpha_c)} \tag{14.2b}$$

$$\psi_C = \frac{h_b \theta'_B - h_c \theta'_C \cos(\alpha_b + \alpha_c)}{\sin(\alpha_b + \alpha_c)} \tag{14.2c}$$

$$\psi_B = \frac{h_b \theta'_B \cos(\alpha_b + \alpha_c) - h_c \theta'_C}{\sin(\alpha_b + \alpha_c)} \tag{14.2d}$$

14.3.2 梁柱翼缘及斜向加劲肋的扭矩值计算

斜向加劲肋的等效扭矩：$T_S = GI'_{ks} \theta'_S$ (14.3)

上述计算公式考虑加劲肋所受的扭矩为圣维南扭矩，并且加劲肋在产生扭转 $\frac{1}{2} h_s \theta'_s$ 的时候，由于节点区腹板和加劲肋保持直角，腹板就会和加劲肋一起产生变形，而节点区腹板周边有梁柱翼缘包围，将阻止加劲肋发生扭转的变形，为了考虑这种作用，引入加劲肋等效自由扭转常数的概念来考虑腹板对加劲肋扭转的约束作用，取加劲肋等效自由扭转常数为如下形式：

$$I'_{ks} = I_{ks} + \frac{1}{3} \chi (h_c t_{wc}^3 + h_b t_{wb}^3) \tag{14.4a}$$

其中：$I_{ks} = \frac{1}{3} b_s t_s^3$，$b_s$，$t_s$ 分别为加劲肋的总宽度和厚度，t_{wb}，t_{wc} 分别为梁柱腹板的厚度，χ 是调整系数，经过拟合发现：

$$\chi = \frac{1.5 \cos\alpha}{\cos\alpha_c \cos\alpha_b} \tag{14.4b}$$

图 14.5 为腹板歪曲转角，产生腹板歪曲的相应的翼缘扭矩的求解见本章附录 A。对于我们计算的节点，节点处柱腹板的歪曲转角为 $\psi_c = \psi_C$，节点处梁腹板的歪曲转角为 $\psi_b = \psi_B$，代入附录 A 中的式(A.18)，可得：

柱外翼缘扭矩：$T_C = \frac{1}{2} \sqrt{\frac{2GI_{kc}D_{wc}}{h_c}} \psi_C$ (14.5a)

梁外翼缘扭矩：$T_B = \frac{1}{2} \sqrt{\frac{2GI_{kb}D_{wb}}{h_b}} \psi_B$ (14.5b)

式中：I_{kc} 为柱翼缘的自由扭转刚度，I_{kb} 为梁翼缘的自由扭转刚度，$D_{wc} = \frac{Et_{wc}^3}{12(1-\mu^2)}$ 为单位宽度柱腹板的抗弯刚度，$D_{wb} = \frac{Et_{wb}^3}{12(1-\mu^2)}$ 为单位宽度梁腹板的抗弯刚度。

14.3.3 梁柱双力矩和翘曲自由度的关系

从图 14.4(b) 加劲肋上下端所受的应力可以看出加劲肋在平面内受的是纯弯，其弯矩如下：

$$M_S = EI_s \frac{\psi_s}{h_s} \tag{14.6}$$

式中：I_s 为加劲肋截面抗弯刚度。由梁柱节点处外翼缘内力的平衡条件：

水平方向的平衡：

$$M_{\mathrm{C}} - T_{\mathrm{B}}\cos\alpha - M_{\mathrm{S}}\sin\alpha_{\mathrm{c}} + T_{\mathrm{S}}\cos\alpha_{\mathrm{c}} + M_{\mathrm{B}}\sin\alpha = 0$$

竖直方向的平衡：

$$T_{\mathrm{C}} + T_{\mathrm{B}}\sin\alpha + M_{\mathrm{S}}\cos\alpha_{\mathrm{c}} + T_{\mathrm{S}}\sin\alpha_{\mathrm{c}} + M_{\mathrm{B}}\cos\alpha = 0$$

可得柱翼缘弯矩 M_{C} 和梁翼缘弯矩 M_{B}：

$$M_{\mathrm{C}} = (M_{\mathrm{S}}\cos\alpha_{\mathrm{b}} + T_{\mathrm{C}}\sin\alpha + T_{\mathrm{B}} - T_{\mathrm{S}}\sin\alpha_{\mathrm{b}})/\cos\alpha \tag{14.7a}$$

$$M_{\mathrm{B}} = (-M_{\mathrm{S}}\cos\alpha_{\mathrm{c}} - T_{\mathrm{C}} - T_{\mathrm{B}}\sin\alpha - T_{\mathrm{S}}\sin\alpha_{\mathrm{c}})/\cos\alpha \tag{14.7b}$$

对于双轴对称截面，由薄壁构件理论可得：

柱端双力矩：$B_{\omega\mathrm{C}} = M_{\mathrm{C}}h_{\mathrm{c}}$ $\tag{14.8a}$

梁端双力矩：$B_{\omega\mathrm{B}} = M_{\mathrm{B}}h_{\mathrm{b}}$ $\tag{14.8b}$

将式(14.3~14.7)代入式(14.8a,b)，得：

柱端双力矩：$B_{\omega\mathrm{C}} = -a_1\theta'_{\mathrm{C}} + a_2\theta'_{\mathrm{B}}$ $\tag{14.9a}$

梁端双力矩：$B_{\omega\mathrm{B}} = a_2\theta'_{\mathrm{C}} - a_3\theta'_{\mathrm{B}}$ $\tag{14.9b}$

其中：a_1，a_2 和 a_3 为与梁柱截面参数及梁的倾角有关的常数：

$$a_1 = h_{\mathrm{c}} \frac{\left[EI_{\mathrm{s}}\cos^2\alpha_{\mathrm{b}}\cos\alpha_{\mathrm{c}} + \sqrt{\dfrac{GI_{\mathrm{kc}}D_{\mathrm{wc}}h_{\mathrm{c}}}{2}}\sin^2\alpha + h_{\mathrm{c}}\sqrt{\dfrac{GI_{\mathrm{kb}}D_{\mathrm{wb}}}{2h_{\mathrm{b}}}} + GI'_{\mathrm{ks}}\cos\alpha_{\mathrm{c}}\sin^2\alpha_{\mathrm{b}} \right]}{\cos^2\alpha} \tag{14.10a}$$

$$a_2 = h_{\mathrm{s}}\cos\alpha_{\mathrm{b}}\cos\alpha_{\mathrm{c}} \frac{\left[EI_{\mathrm{s}}\cos\alpha_{\mathrm{b}}\cos\alpha_{\mathrm{c}} + h_{\mathrm{s}}\sin\alpha\left(\sqrt{\dfrac{GI_{\mathrm{kc}}D_{\mathrm{wc}}}{2h_{\mathrm{c}}}} + \sqrt{\dfrac{GI_{\mathrm{kb}}D_{\mathrm{wb}}}{2h_{\mathrm{b}}}} \right) - GI'_{\mathrm{ks}}\sin\alpha_{\mathrm{b}}\sin\alpha_{\mathrm{c}} \right]}{\cos^2\alpha}$$
$$\tag{14.10b}$$

$$a_3 = \frac{h_{\mathrm{b}}\left[EI_{\mathrm{s}}\cos^2\alpha_{\mathrm{c}}\cos\alpha_{\mathrm{b}} + h_{\mathrm{b}}\sqrt{\dfrac{GI_{\mathrm{kc}}D_{\mathrm{wc}}}{2h_{\mathrm{c}}}} + \sin^2\alpha\sqrt{\dfrac{GI_{\mathrm{kb}}D_{\mathrm{wb}}h_{\mathrm{b}}}{2}} + GI'_{\mathrm{ks}}\sin^2\alpha_{\mathrm{c}}\cos\alpha_{\mathrm{b}} \right]}{\cos^2\alpha} \tag{14.10c}$$

当梁柱直角相连时($\alpha = 0°$)，则：

$$a_1 = h_{\mathrm{c}}\left[EI_{\mathrm{s}}\sin\alpha_{\mathrm{b}}\cos^2\alpha_{\mathrm{b}} + h_{\mathrm{c}}\sqrt{\dfrac{GI_{\mathrm{kb}}D_{\mathrm{wb}}}{2h_{\mathrm{b}}}} + GI'_{\mathrm{ks}}\sin^3\alpha_{\mathrm{b}} \right] \tag{14.11a}$$

$$a_2 = h_{\mathrm{s}}(\cos\alpha_{\mathrm{b}}\cos\alpha_{\mathrm{c}})^2(EI_{\mathrm{s}} - GI'_{\mathrm{ks}}) \tag{14.11b}$$

$$a_3 = h_{\mathrm{b}}\left[EI_{\mathrm{s}}\cos^2\alpha_{\mathrm{c}}\sin\alpha_{\mathrm{c}} + h_{\mathrm{b}}\sqrt{\dfrac{GI_{\mathrm{kc}}D_{\mathrm{wc}}}{2h_{\mathrm{c}}}} + GI'_{\mathrm{ks}}\sin^3\alpha_{\mathrm{c}} \right] \tag{14.11c}$$

当 $\alpha = 90°$ 时，梁柱轴线在一条直线上时，则：

$a_{\mathrm{c}} = a_{\mathrm{b}} = 0$，$\alpha_{\mathrm{c}} = \alpha_{\mathrm{b}} = 0$，

$h_{\mathrm{b}} = h_{\mathrm{c}} = h_{\mathrm{s}}$。

由变形协调条件可得：

$h_{\mathrm{c}}\theta'_{\mathrm{C}} = h_{\mathrm{b}}\theta'_{\mathrm{B}} = h_{\mathrm{s}}\theta'_{\mathrm{S}}$，即：$\theta'_{\mathrm{C}} = \theta'_{\mathrm{B}} = \theta'_{\mathrm{S}}$（翘曲位移连续）。

注意，式(14.9a)$B_{\omega\mathrm{C}}$ 与 θ'_{C} 的关系前面有负号，表示 $B_{\omega\mathrm{C}}$（柱杆件第2端）在节点处的定义是沿用了内力符号的定义：即双力矩以弯矩指向翼缘外侧为正。而 $B_{\omega\mathrm{B}}$（梁杆件第1端）正负号的定义采用了与内力符号相反的定义，所以 θ'_{B} 前面也有个负号。

14.4 解析法和其他分析方法结果的比较

为了解上述节点翘曲位移传递模型的精度，下面通过算例对各种方法之间的结果进行比较。图 14.8 所示的结构，柱下端固支，梁端自由，在梁端作用一双力矩 $B_{\omega 0}$。柱局部坐标系为 $0xyz$，坐标零点位于柱下端，梁局部坐标系为 $0x'y'z'$，坐标零点位于梁柱节点中间。

14.4.1 解析解

柱的约束扭转微分方程为：

$$GJ_c\theta_c' - EI_{\omega c}\theta_c''' = 0$$

式中 J_c 为柱截面抗扭惯性矩，$I_{\omega c}$ 为柱截面翘曲惯性矩。上式的通解为：

$$\theta_c = c_1 + c_2\sinh(k_c z) + c_3\cosh(k_c z) \tag{14.12a}$$

$$\theta_c' = c_2 k_c\cosh(k_c z) + c_3 k_c\sinh(k_c z) \tag{14.12b}$$

$$\theta_c'' = c_2 k_c^2\sinh(k_c z) + c_3 k_c^2\cosh(k_c z) \tag{14.12c}$$

式中 $k_c = \sqrt{GJ_c/EI_{\omega c}}$。代入柱脚扭转固定的条件，并要求柱顶处双力矩为 $-B_{\omega C}$（注意微分方程中的翘曲双力矩相关的量和有限元计算中相关的量在 z 轴的正方向端相差一个负号），可得：

$$z = 0, \theta_c = 0, \theta_c' = 0 \tag{14.13a,b}$$

$$z = l_c, \theta_c = \theta_C, \theta_c' = \theta_C', \quad -EI_{\omega c}\theta_c'' = -B_{\omega C} \tag{14.13c,d,e}$$

由式(14.13a)可得：$c_1 + c_3 = 0$，即 $c_1 = -c_3$， $\tag{14.14}$

由式(14.13b)可得：$c_2 = 0$， $\tag{14.15}$

通解式(14.12a)可化为：$\theta_c = -c_3 + c_3\cosh(k_c z)$

柱节点处的翘曲位移：$\theta_C = -c_3 + c_3\cosh(k_c l_c)$

由边界条件式(14.13d)可得：$c_3 k_c\sinh(k_c l_c) = \theta_C'$，即：$c_3 = \dfrac{\theta_C'}{k_c\sinh(k_c l_c)}$ $\tag{14.16}$

由边界条件式(14.13e)可得：$EI_{\omega c}k_c^2\cosh(k_c l_c)c_3 = B_{\omega C}$ $\tag{14.17}$

将式(14.16)代入式(14.17)可得：

$$\frac{EI_{\omega c}k_c\cosh(k_c l_c)}{\sinh(k_c l_c)}\theta_C' = B_{\omega C} \tag{14.18}$$

梁扭转微分方程为：

$$GJ_b\theta_b' - EI_{\omega b}\theta_b''' = 0$$

式中 J_b 为梁截面抗扭惯性矩，$I_{\omega b}$ 为梁截面翘曲惯性矩。上式的通解为：

$$\theta_b = b_1 + b_2\sinh(k_b z) + b_3\cosh(k_b z) \tag{14.19a}$$

$$\theta_b' = b_2 k_b\cosh(k_b z) + b_3 k_b\sinh(k_b z) \tag{14.19b}$$

$$\theta_b'' = b_2 k_b^2\sinh(k_b z) + b_3 k_b^2\cosh(k_b z) \tag{14.19c}$$

其中 $k_b = \sqrt{\dfrac{GJ_b}{EI_{\omega b}}}$。梁的边界条件为：梁连接端双力矩为 $B_{\omega B}$，自由端双力矩为 $-B_{\omega 0}$，在梁柱连接节点处，$\theta_b = \theta_B = \theta_C\sin\alpha + u_C'\cos\alpha$，$u_C'$ 为柱的平面外弯曲转角。对图 14.8 的结构，柱上始终有 $u_C' = 0$，则梁柱在节点处的扭转角关系可以化简为 $\theta_b = \theta_B = \theta_C\sin\alpha$，因此：

$$z = l_\mathrm{b}, \; -EI_{\omega\mathrm{b}}\theta''_\mathrm{b} = -B_{\omega 0} \tag{14.20a}$$

$$z = 0, \theta_\mathrm{b} = \theta_\mathrm{B} = \theta_\mathrm{C}\sin\alpha \; \theta'_\mathrm{b} = \theta'_\mathrm{B} - EI_{\omega\mathrm{b}}\theta''_\mathrm{b} = B_{\omega\mathrm{B}} \tag{14.20b,c,d}$$

由式(14.20b)可得：$b_1 + b_3 = \theta_\mathrm{C}\sin\alpha, b_1 = \theta_\mathrm{C}\sin\alpha - b_3$ (14.21)

由式(14.20c)可得：$b_2 k_\mathrm{b} = \theta'_\mathrm{B}$，即 $b_2 = \dfrac{\theta'_\mathrm{B}}{k_\mathrm{b}}$ (14.22)

通解式(14.19a)可化为：$\theta_\mathrm{b} = b_1 + \dfrac{\theta'_\mathrm{B}}{k_\mathrm{b}}\sinh(k_\mathrm{b}z) + b_3\cosh(k_\mathrm{b}z)$

由边界条件式(14.20a)可得：$-EI_{\omega\mathrm{b}}\left[\theta'_\mathrm{B}k_\mathrm{b}\sinh(k_\mathrm{b}l_\mathrm{b}) + b_3 k_\mathrm{b}^2\cosh(k_\mathrm{b}l_\mathrm{b})\right] = -B_{\omega 0}$

$$\tag{14.23}$$

由边界条件式(14.20d)可得：$-EI_{\omega\mathrm{b}}b_3 k_\mathrm{b}^2 = B_{\omega\mathrm{B}}$ 即：$b_3 = \dfrac{-B_{\omega\mathrm{B}}}{EI_{\omega\mathrm{b}}k_\mathrm{b}^2}$ (14.24)

将(14.24)代入(14.23)可得：$-EI_{\omega\mathrm{b}}k_\mathrm{b}\sinh(k_\mathrm{b}l_\mathrm{b})\theta'_\mathrm{B} + B_{\omega\mathrm{B}}\cosh(k_\mathrm{b}l_\mathrm{b}) = -B_{\omega 0}$ (14.25)

联立式(14.9)、式(14.18)和式(14.25)可解得 θ'_C，θ'_B 的表达式，代入式(14.14)、式(14.16)、式(14.21)、式(14.22)和式(14.24)可得系数 b_1，b_2，b_3，c_1，c_2，c_3，代入式(14.12a)和式(14.19a)可得梁柱扭转角的表达式。

14.4.2　梁柱等截面垂直相连时的结果比较

取梁柱长度 $l_\mathrm{c} = l_\mathrm{b} = 2\mathrm{m}$，梁柱截面 H300×150×6×8，加劲肋厚8mm，梁柱垂直，梁端作用双力矩 $B_{\omega 0} = 2.04 \times 10^4 \mathrm{kN \cdot mm^2}$，$E = 206\mathrm{kN/mm^2}$，$G = 79.231\mathrm{kN/mm^2}$，将截面参数值代入 θ'_C 和 θ'_B 的表达式得：$\theta'_\mathrm{C} = 4.01 \times 10^{-7}$，$\theta'_\mathrm{B} = 5.40 \times 10^{-7}$。进而可得：$b_3 = 1.41 \times 10^{-3}$，$b_2 = 1.01 \times 10^{-3}$，$b_1 = -1.41 \times 10^{-3}$，再代入式(14.19a)可得梁扭转角方程为：

$$\theta_\mathrm{b} = -1.41 \times 10^{-3} + 1.01 \times 10^{-3} \times \sinh(5.4 \times 10^{-4}z) + 1.41 \times 10^{-3} \times \cosh(5.4 \times 10^{-4}z)$$

同样可得：$c_3 = 5.80 \times 10^{-4}$，再代入式(14.12a)可得柱扭转角方程为：

$$\theta_\mathrm{c} = -5.80 \times 10^{-4} + 5.80 \times 10^{-4} \times \cosh(5.4 \times 10^{-4}z)$$

图 14.9 中示出了板壳单元有限元法、上面的解析法、Krenk & Damkilde 及假定节点处翘曲位移连续这四种方法计算所得的结果，以板壳单元有限元法的结果作为比较的标准。图 14.9b 表示当梁上施加荷载时，通过梁柱节点处传递到柱的扭转变形的大小，可以看出本章模型的结果和板壳单元有限元法的结果非常吻合，Krenk & Damkilde 的方法比仅考虑翘曲位移连续的方法精度略有改善。

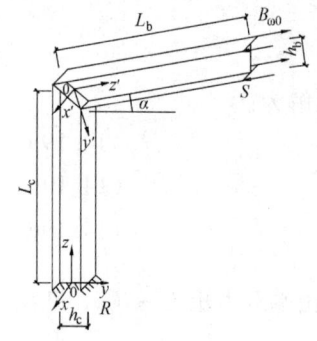

图 14.8　算例 1 的结构图

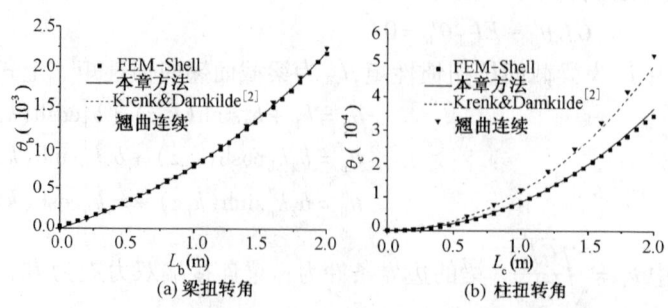

图 14.9　梁柱等截面时不同求解方法梁柱扭转角比较

14.4.3 梁柱不等截面垂直相连时的结果比较

本章模型可以用于梁柱截面不同的情况。同样取图 14.8 所示的算例，取下两组数据：
(a)柱 H450×150×6×8，梁 H300×150×6×8；(b)柱 H300×150×6×8，梁 H150×150×6×8。比较结果如图 14.10 所示。

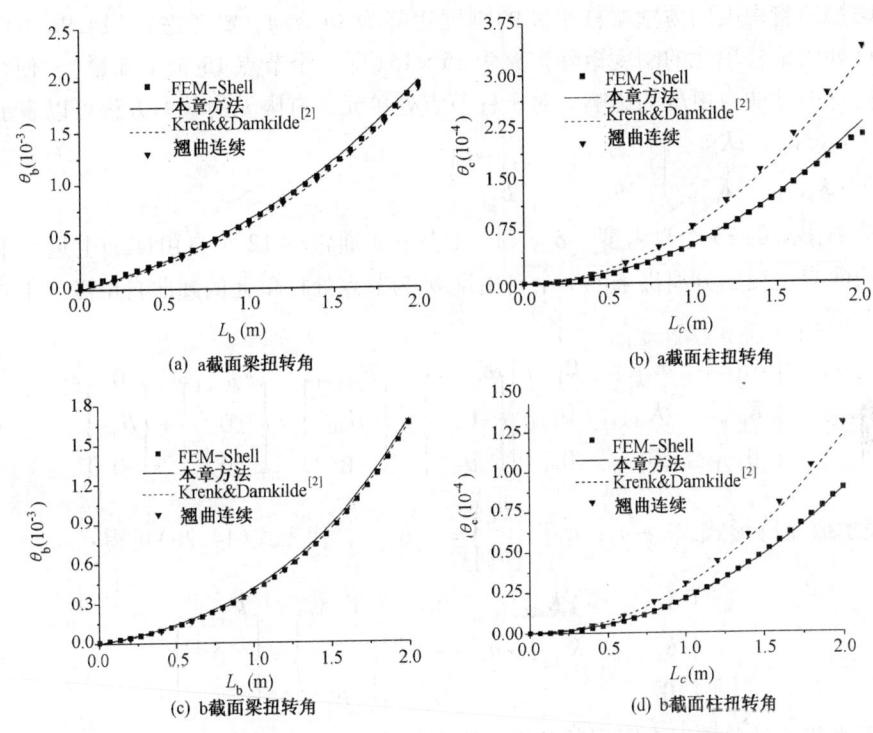

图 14.10 梁柱不等截面时不同求解方法梁柱扭转角比较

14.4.4 梁有倾角时的结果比较

本章模型还适用于梁有倾角时的情况，取梁倾 30 度($\alpha=30°$)的时候，计算结果如图 14.11 所示。

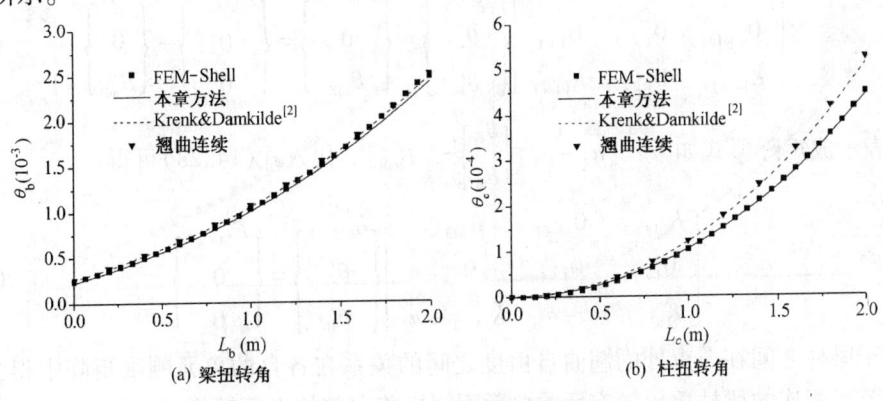

图 14.11 $\alpha=30°$ 时不同求解方法梁柱扭转角比较

481

14.5　程序实现方法

14.5.1　程序处理方法

下面说明如何在有限元分析中实现上面得到的节点传递模型，即式(14.9a,b)。

考虑翘曲自由度的薄壁梁柱单元的刚度矩阵为 14×14，要考虑式(14.9a,b)的关系，需将节点处的梁柱单元的刚度矩阵扩充为 15×15（即一个节点 15 个未知量），使得能够考虑相连构件的翘曲自由度的影响。对于柱节点处单元，有限元的基本方程可以表示如下：

$$\begin{bmatrix} K_{c13 \times 13} & K_{c13 \times 1} \\ K_{c1 \times 13} & K_{c1 \times 1} \end{bmatrix} \begin{Bmatrix} \delta_{c13 \times 1} \\ \theta'_C \end{Bmatrix} = \begin{Bmatrix} F_{c13 \times 1} \\ B_{\omega C} \end{Bmatrix}$$

上式中分离出来的 13 个自由度 $\{\delta_{c13 \times 1}\}$ 代表单元通常的 12 个自由度加上远离节点端的单元的翘曲自由度，分离出来的 1 个自由度 θ'_C 为节点处柱单元的翘曲自由度。上式可以扩充为如下形式：

$$\begin{bmatrix} K_{c13 \times 13} & K_{c13 \times 1} & 0_{13 \times 1} \\ K_{c1 \times 13} & K_{c1 \times 1} & 0_{1 \times 1} \\ 0_{1 \times 13} & 0_{1 \times 1} & 0_{1 \times 1} \end{bmatrix} \begin{Bmatrix} \delta_{c13 \times 1} \\ \theta'_C \\ \theta'_B \end{Bmatrix} = \begin{Bmatrix} F_{c13 \times 1} \\ B_{\omega C} \\ 0 \end{Bmatrix} = \begin{Bmatrix} F_{c13 \times 1} \\ 0 \\ 0 \end{Bmatrix} + \begin{Bmatrix} 0 \\ B_{\omega C} \\ 0 \end{Bmatrix} \tag{14.26}$$

将 $B_{\omega C}$ 表示成矩阵形式：$\begin{bmatrix} -a_1 & a_2 \end{bmatrix} \begin{Bmatrix} \theta'_C \\ \theta'_B \end{Bmatrix} = \{B_{\omega C}\}$，代入式(14.26)可得：

$$\begin{bmatrix} K_{c13 \times 13} & K_{c13 \times 1} & 0_{13 \times 1} \\ K_{c1 \times 13} & K_{c1 \times 1} + a_1 & -a_2 \\ 0_{1 \times 13} & 0_{1 \times 1} & 0_{1 \times 1} \end{bmatrix} \begin{Bmatrix} \delta_{c13 \times 1} \\ \theta'_C \\ \theta'_B \end{Bmatrix} = \begin{Bmatrix} F_{c13 \times 1} \\ 0 \\ 0 \end{Bmatrix} \tag{14.27}$$

对于梁节点处单元，有限元的基本方程可以表示如下：

$$\begin{bmatrix} K_{b13 \times 13} & K_{b13 \times 1} \\ K_{b1 \times 13} & K_{b1 \times 1} \end{bmatrix} \begin{Bmatrix} \delta_{b13 \times 1} \\ \theta'_B \end{Bmatrix} = \begin{Bmatrix} F_{b13 \times 1} \\ B_{\omega B} \end{Bmatrix}$$

它可以扩充为如下形式：

$$\begin{bmatrix} K_{b13 \times 13} & 0_{13 \times 1} & K_{b13 \times 1} \\ 0_{1 \times 13} & 0_{1 \times 1} & 0_{1 \times 1} \\ K_{b1 \times 13} & 0_{1 \times 1} & K_{b1 \times 1} \end{bmatrix} \begin{Bmatrix} \delta_{b13 \times 1} \\ \theta'_C \\ \theta'_B \end{Bmatrix} = \begin{Bmatrix} F_{b13 \times 1} \\ 0 \\ B_{\omega B} \end{Bmatrix} = \begin{Bmatrix} F_{b13 \times 1} \\ 0 \\ 0 \end{Bmatrix} + \begin{Bmatrix} 0 \\ 0 \\ B_{\omega B} \end{Bmatrix} \tag{14.28}$$

将 $B_{\omega B}$ 表示成矩阵形式如下：$\begin{bmatrix} a_2 & -a_3 \end{bmatrix} \begin{Bmatrix} \theta'_C \\ \theta'_B \end{Bmatrix} = \{B_{\omega B}\}$，代入式(14.28)可得：

$$\begin{bmatrix} K_{b13 \times 13} & 0_{13 \times 1} & K_{b13 \times 1} \\ 0_{1 \times 13} & 0_{1 \times 1} & 0_{1 \times 1} \\ K_{b1 \times 13} & -a_2 & K_{b1 \times 1} + a_3 \end{bmatrix} \begin{Bmatrix} \delta_{b13 \times 1} \\ \theta'_C \\ \theta'_B \end{Bmatrix} = \begin{Bmatrix} F_{b13 \times 1} \\ 0 \\ 0 \end{Bmatrix} \tag{14.29}$$

由于梁柱之间在节点处的翘曲自由度之间的关系在各自的单元刚度矩阵中得到考虑，因此与节点相连的梁柱单元扩充后的单元刚度矩阵向整体坐标转换时，转换矩阵就可以采用与 θ'_C，θ'_B 对应的对角线位置上的元素为 1，非对角线元素为零的方法。如果这个单元的

482

另一端不与其他杆件相连，在形成整体坐标系下的刚度矩阵时，另一端的翘曲自由度无需进行转换，对应元素直接组装到整体刚度矩阵中去。如果一个单元的两端都是梁柱节点，则这个单元的刚度矩阵必须扩充为 16×16 的刚度矩阵(即一个节点 16 个未知量)，扩充方法同上。

14.5.2　程序方法算例

为了了解本文有限元处理方法的可行性，本文按照上述思路编写了薄壁杆件空间框架分析程序，对图 14.12 所示结构，将构件有限元的结果与采用板壳单元有限元法、Krenk & Damkilde 的方法以及翘曲位移连续的结果进行了比较。图 14.12 节点处的加劲肋厚度与翼缘厚度相同，柱端 R 固支，梁端 S 铰支，具体约束情况如图所示。在柱的中间加 $204.4\mathrm{N} \cdot \mathrm{m}$ 的扭矩，加力处设置加劲肋，以减小局部变形的影响，此加劲肋由薄膜单元模拟，以去除它对柱子翘曲的约束。从图 14.13 可以看出，上述的有限元方法是正确的，精度非常好。

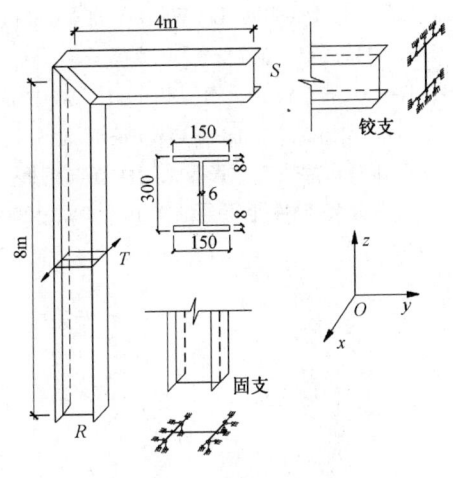

图 14.12　算例 2 的结构图

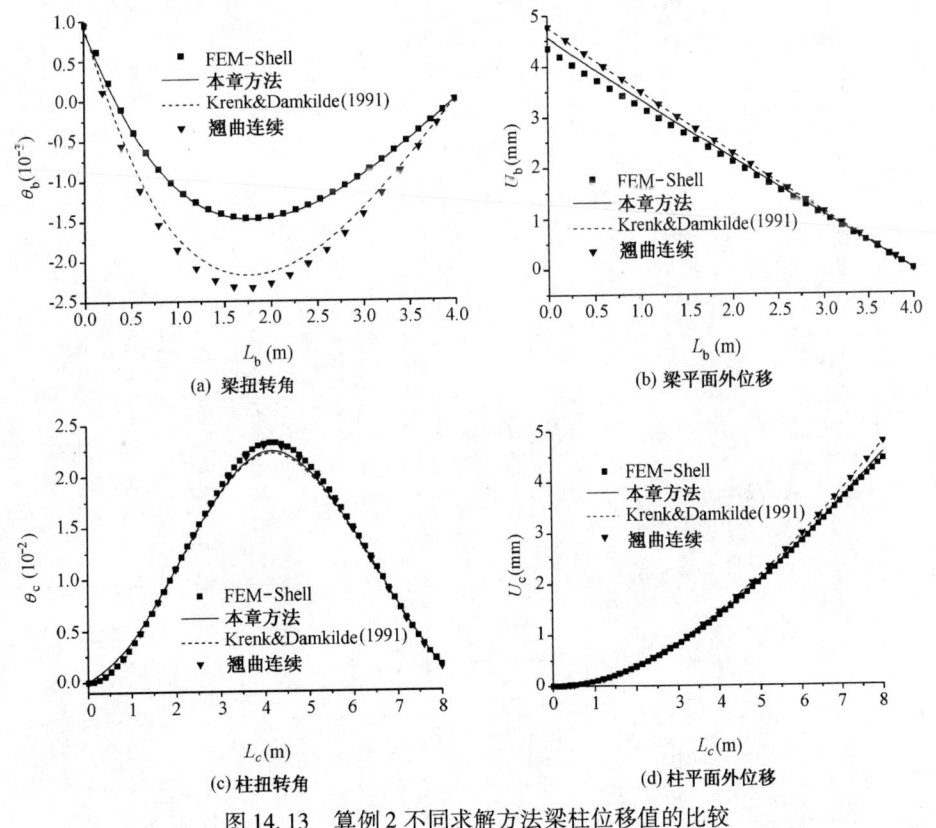

图 14.13　算例 2 不同求解方法梁柱位移值的比较

参 考 文 献

[1] Sharman P. W. , Analysis of structures with thin-walled open sections. International Journal of Mechanical Sciences 1985; 27(10): 665-677.

[2] Krenk S. , Damkilde L. , Warping of joints in I-beam assemblages. Journal of Engineering Mechanics. 1991: 117(11): 2457-2474.

[3] Tong G. S. , Yan X. , X. , Zhang L. , Warping and bimoment transmission through diagonally stiffened beam-to-column joints, Journal of Constructional Steel Research, 2005; 61: 749-763.

[4] 颜潇潇，童根树，张磊. 梁柱节点翘曲位移传递分析. 钢结构工程研究（5），中国钢协结构稳定与疲劳分会 2004 年年会论文集，太原，2004.

附录 A 工字形截面歪曲变形时翼缘的扭矩

如附图 A.1 所示，梁端腹板上下端存在歪曲转角 $\psi_A(z)$ 和 $\psi_B(z)$ 是 z 的函数（即上下翼缘的扭转角），$\psi_A(z)$ 逆时针为正，$\psi_B(z)$ 顺时针为正。腹板沿腹板高度方向的位移函数采用三次多项式进行差值：

$$v = h_w(\beta - 2\beta^2 + \beta^3)\psi_A(z) - h_w(-\beta^2 + \beta^3)\psi_B(z) \qquad (A.1)$$

式中 $\beta = x/h_w$。图 A.1（b）中所示板内力和横向位移的关系为：

$$M_x = -D_w\left(\frac{\partial^2 v}{\partial x^2} + \mu\frac{\partial^2 v}{\partial z^2}\right) \qquad (A.2a)$$

$$M_z = -D_w\left(\frac{\partial^2 v}{\partial z^2} + \mu\frac{\partial^2 v}{\partial x^2}\right) \qquad (A.2b)$$

$$M_{xz} = M_{zx} = -D_w(1-\mu)\frac{\partial^2 v}{\partial x\partial z} \qquad (A.2c)$$

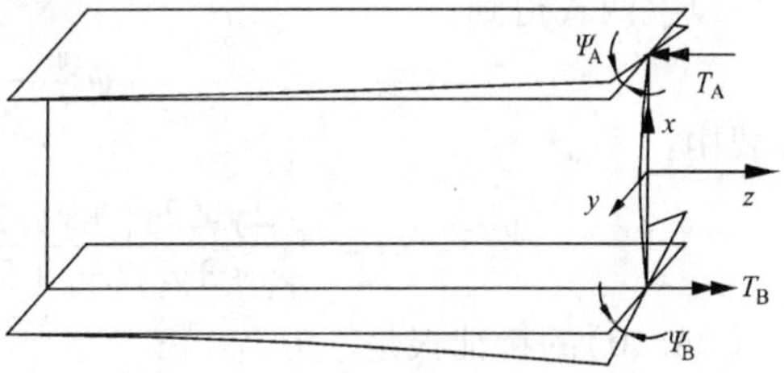

附图 A.1 构件截面歪曲变形

式中：$D_w = \dfrac{Et^3}{12(1-\mu^2)}$ 为单位宽度腹板的抗弯刚度。则板弯曲时的能量方程：

$$U_b = \frac{1}{2}D_w \iint\left\{(\nabla^2 v)^2 - 2(1-\mu)\left[\frac{\partial^2 v}{\partial x^2}\frac{\partial^2 v}{\partial z^2} - \left(\frac{\partial^2 v}{\partial x\partial z}\right)^2\right]\right\}\mathrm{d}x\mathrm{d}z \qquad (A.3)$$

将式（A.1）代入式（A.2），忽略 $\psi_A(z)$、$\psi_B(z)$ 对 z 一阶以上的微分项，则腹板的歪曲变形能：

$$\begin{aligned}
U_b &= \frac{1}{2}D_w\iint\left\{\left(\frac{\partial^2 v}{\partial z^2}\right)^2 - 2(1-\mu)\left(\frac{\partial^2 v}{\partial x\partial z}\right)^2\right\}\mathrm{d}x\mathrm{d}z \\
&= \int_0^z\left[\frac{2D_w}{h_w}(\psi_A^2 + \psi_B^2 - \psi_A\psi_B) + \frac{D_w h_w}{15}(1-\mu)(2\psi_A'^2 + 2\psi_B'^2 + \psi_A'\psi_B')\right]\mathrm{d}z
\end{aligned} \qquad (A.4)$$

从式（A.4）中可以看出：$\dfrac{2D_w}{h_w}(\psi_A^2 + \psi_B^2 - \psi_A\psi_B)$ 是由 M_x 引起的能量部分；

而 $\dfrac{D_w h_w}{15}(1-\mu)(2\psi_A'^2 + 2\psi_B'^2 + \psi_A'\psi_B')$ 则是由 $M_{xz}(M_{zx})$ 引起的能量部分。

上下翼缘的歪曲能量就是分别产生自由扭转角 $\psi_A(z)$ 和 $\psi_B(z)$ 的能量，即为：

$$U_T = \frac{1}{2}\int_0^z GJ_f(\psi_A'^2 + \psi_B'^2)\mathrm{d}z \qquad (A.5)$$

式中：J_f 为单块翼缘板的自由扭转刚度。因此，可以得到梁的歪曲能量为：

$$\begin{aligned}
W_\psi &= U_T + U_b \\
&= \int_0^z\Big[GJ_f(\psi_A'^2 + \psi_B'^2) + \frac{2D_w}{h_w}(\psi_A^2 + \psi_B^2 - \psi_A\psi_B) \\
&\quad + \frac{D_w h_w}{15}(1-\mu)(2\psi_A'^2 + 2\psi_B'^2 + \psi_A'\psi_B')\Big]\mathrm{d}z
\end{aligned} \qquad (A.6)$$

式(A.6)相应的欧拉方程为:

$$(\gamma_1 + 4\gamma_2)\psi''_A + \gamma_2\psi''_B + \gamma_3\psi_B - 2\gamma_3\psi_A = 0 \qquad (A.7a)$$

$$(\gamma_1 + 4\gamma_2)\psi''_B + \gamma_2\psi''_A + \gamma_3\psi_A - 2\gamma_3\psi_B = 0 \qquad (A.7b)$$

式中

$$\gamma_1 = GJ_f, \gamma_2 = \frac{1}{15}(1-\mu)D_w h_w, \gamma_3 = \frac{2D_w}{h_w} \qquad (A.8a,b,c)$$

联立(A.7a,b)两式可得:

$$\psi_B = \frac{2\gamma_1 + 9\gamma_2}{\gamma_1 + 6\gamma_2}\psi_A - \frac{(\gamma_1 + 4\gamma_2)^2 - \gamma_2^2}{\gamma_1\gamma_3 + 6\gamma_2\gamma_3}\psi''_A \qquad (A.9a)$$

$$\psi''_B = \frac{3\gamma_3}{\gamma_1 + 6\gamma_2}\psi_A - \frac{2\gamma_1 + 9\gamma_2}{\gamma_1 + 6\gamma_2}\psi''_A \qquad (A.9b)$$

由以上两式得到:

$$\psi_A^{(4)} - k_1\psi''_A + k_2\psi_A = 0 \qquad (A.10)$$

式中:

$$k_1 = \frac{2\gamma_3(2\gamma_1 + 9\gamma_2)}{(\gamma_1 + 3\gamma_2)(\gamma_1 + 5\gamma_2)}, \ k_2 = \frac{3\gamma_3^2}{(\gamma_1 + 3\gamma_2)(\gamma_1 + 5\gamma_2)} \qquad (A.11a,b)$$

式(A.10)的特征根是

$$\alpha_1 = \frac{1}{\sqrt{2}}\sqrt{k_1 + \sqrt{k_1^2 - 4k_2}} = \sqrt{\frac{3\gamma_3}{\gamma_1 + 3\gamma_2}}, \ \alpha_2 = \frac{1}{\sqrt{2}}\sqrt{k_1 - \sqrt{k_1^2 - 4k_2}} = \sqrt{\frac{\gamma_3}{\gamma_1 + 5\gamma_2}}$$

$$(A.12a,b)$$

式中利用了 $\sqrt{k_1^2 - 4k_2} = \dfrac{2\gamma_3(\gamma_1 + 6\gamma_2)}{(\gamma_1 + 3\gamma_2)(\gamma_1 + 5\gamma_2)}$。解式(A.10)可得:

$$\psi_A = C_1\sinh\alpha_1 z + C_2\cosh\alpha_1 z + C_3\sinh\alpha_2 z + C_4\cosh\alpha_2 z \qquad (A.13a)$$

$$\psi''_A = \alpha_1^2(C_1\sinh\alpha_1 z + C_2\cosh\alpha_1 z) + \alpha_2^2(C_3\sinh\alpha_2 z + C_4\cosh\alpha_2 z)$$

代入式(A.9a)化简得到

$$\psi_B = -C_1\sinh(\alpha_1 z) - C_2\cosh(\alpha_1 z) + C_3\sinh(\alpha_2 z) + C_4\cosh(\alpha_2 z) \qquad (A.13b)$$

代入边界条件:

$$z = 0, \ \psi_A = \psi_{A0}, \ \psi_B = \psi_{B0}; \ z = -\infty, \ \psi_A = 0, \ \psi_B = 0$$

可得:

$$C_2 = C_1 = \frac{\psi_{A0} - \psi_{B0}}{2}, \ C_4 = C_3 = \frac{\psi_{A0} + \psi_{B0}}{2}$$

$$\psi_A = \frac{1}{2}\left[(\psi_{A0} - \psi_{B0})e^{\alpha_1 z} + (\psi_{A0} + \psi_{B0})e^{\alpha_2 z}\right]z \leqslant 0 \qquad (A.14a)$$

$$\psi_B = \frac{1}{2}\left[-(\psi_{A0} - \psi_{B0})e^{\alpha_1 z} + (\psi_{A0} + \psi_{B0})e^{\alpha_2 z}\right]z \leqslant 0 \qquad (A.14b)$$

则梁上下翼缘的扭矩为:

$$T_{A0} = GJ_f\psi'_A\big|_{z=0} = GJ_f(C_1\alpha_1 + C_3\alpha_2) = n_1\psi_{A0} + n_2\psi_{B0} \qquad (A.15a)$$

$$T_{B0} = GJ_f\psi'_B\big|_{z=0} = GJ_f(-C_1\alpha_1 + C_3\alpha_2) = n_2\psi_{A0} + n_1\psi_{B0} \qquad (A.15b)$$

式中:

$$n_1 = \frac{1}{2}GJ_f\left(\sqrt{\frac{3\gamma_3}{\gamma_1 + 3\gamma_2}} + \sqrt{\frac{\gamma_3}{\gamma_1 + 5\gamma_2}}\right), \quad n_2 = \frac{1}{2}GJ_f\left(\sqrt{\frac{\gamma_3}{\gamma_1 + 5\gamma_2}} - \sqrt{\frac{3\gamma_3}{\gamma_1 + 3\gamma_2}}\right)$$

$$（A.16a,b）$$

若不考虑由 $M_{xz}(M_{zx})$ 引起的那部分歪曲能量（$\gamma_2 = 0$）则：

$$n_1 = \frac{1}{2}GJ_f(1 + \sqrt{3})\sqrt{\frac{\gamma_3}{\gamma_1}} = (\sqrt{3} + 1)\sqrt{\frac{GJ_f D_w}{2h_w}}, \quad n_2 = \frac{1}{2}GJ_f(1 - \sqrt{3})\sqrt{\frac{\gamma_3}{\gamma_1}} = (1 - \sqrt{3})\sqrt{\frac{GJ_f D_w}{2h_w}}$$

$$（A.17a,b）$$

下面用一个算例来观察一下是否考虑 $M_{xz}(M_{zx})$ 引起的歪曲能量对系数 n_1、n_2 的影响。对于工字形截面 H300×150×6×8mm，材料泊松比 $\mu = 0.3$，弹性模量 $E = 206\text{kN/mm}^2$，剪切模量 $G = 79.2308\text{kN/mm}^2$，由式（A.16a,b）得到的 $n_1 = 18.051 \times 10^6$，$n_2 = -4.8366 \times 10^6$；而由式（A.17a,b）得到的 $n_1 = 17.760 \times 10^6$（1.6%），$n_2 = -4.8292 \times 10^6$（0.15%），可见 $M_{xz}(M_{zx})$ 引起的歪曲能量对系数 n_1、n_2 的影响很小，因此本章中采用式（A.17a,b）的系数 n_1、n_2 来计算梁歪曲时翼缘的扭矩值。

在 $\psi_{A0} = \psi_{B0} = \psi_0$ 时，翼缘畸变扭矩是

$$T_A = T_B = (n_1 + n_2)\psi_0 = 2\sqrt{\frac{GJ_f D_w}{2h_w}}\psi_0 \tag{A.18}$$

$2\psi_0$ 是截面的总畸变角。对图14.5的歪曲变形，则

$$T_A = T_B = \sqrt{\frac{GJ_f D_w}{2h_w}}\psi_B \tag{A.19}$$

第15章 工字形截面构件的非线性有限元分析

15.1 引　　言

第12章已经得到了任意开口截面薄壁构件的 U. L. 格式的增量有限元方程,利用这一方程能够对薄壁构件的几何和材料非线性问题进行分析。对于理想薄壁构件,第12章利用特征值法编制了求解弹性临界荷载的有限元程序,通过与板壳有限元分析的结果比较,发现程序具有非常好的精度。本章将通过对工字形截面薄壁构件的三维弹塑性大变形有限元分析,来了解第12章有限元方程的适用性。

在薄壁构件的有限元分析中,当同时考虑几何大变形和材料的弹塑性时,除了第十二章提出的有限元方程外,还需解决另外的几个重要问题,比如非线性方程的求解、荷载增量策略的确定、增量弹塑性应力－应变关系的实现以及坐标的空间转换等。本章首先对以上的几个问题进行简要地介绍,并指出本章有限元程序中的处理方法,最后通过几个典型算例来验证程序的可行性。

15.2　几何非线性问题的迭代策略

在非线性分析中,通常需要对结构在加载过程中的响应进行跟踪,这就要求对结构在各个阶段荷载作用下的平衡状态进行求解,对非线性有限元分析来说,则需要求解不同荷载下对应的非线性方程组的数值解。

15.2.1　Newton-Raphson 法的迭代公式

一个最著名的求解非线性方程组的数值方法是 Newton-Raphson 法(图 15.1),下面首先对利用这种方法求解结构平衡状态的迭代过程进行简要说明。设结构的平衡方程:

$$[K]\{d\} - \{F\} = 0 \tag{15.1}$$

由于涉及结构的几何非线性问题,平衡方程必须建立在变形后的位置上,因此结构的刚度矩阵应为位移的函数,即:

$$[K] = [K(\{d\})] \tag{15.2}$$

这样式(15.1)就变为一个非线性方程组:

$$[K(\{d\})]\{d\} - \{F\} = 0 \tag{15.3}$$

如记:

$$\{\psi(\{d\})\} = [K(\{d\})]\{d\} - \{F\} \tag{15.4}$$

$\{\psi\}$ 表示结构内力和外力矢量的总和,当结构处于平衡状态时, $\{\psi\} = 0$。

假设使用 Newton-Raphson 法,经过 n 次迭代,得到方程组式(15.3)的近似解为 $\{d_n\}$。

将函数 $\{\psi(\{d\})\}$ 在 $\{d_n\}$ 附近作一阶 Taylor 展开，得：

$$\{\psi(\{d\})\} = \{\psi(\{d_n\})\} + \left(\frac{\partial\{\psi\}}{\partial\{d\}}\right)_{\{d\}=\{d_n\}}(\{d\} - \{d_n\}) \tag{15.5}$$

因此，非线性方程组 $\{\psi(\{d\})\} = 0$ 在 $\{d_n\}$ 附近的近似方程是线性的：

$$\{\psi(\{d_n\})\} + \left(\frac{\partial\{\psi\}}{\partial\{d\}}\right)_{\{d\}=\{d_n\}}(\{d\} - \{d_n\}) = 0 \tag{15.6}$$

设 $\left(\frac{\partial\{\psi\}}{\partial\{d\}}\right)_{\{d\}=\{d_n\}} \neq 0$，则第 $n+1$ 次迭代得到的近似解为：

$$\{d_{n+1}\} = \{d_n\} - \frac{\{\psi(\{d_n\})\}}{\left(\dfrac{\partial\{\psi\}}{\partial\{d\}}\right)_{\{d\}=\{d_n\}}} \tag{15.7}$$

上式即为 Newton-Raphson 法的迭代公式。令 $\{\Delta d\} = \{d_{n+1}\} - \{d_n\}$，可得：

$$[K_T]\{\Delta d\} = -\{\psi(\{d_n\})\} \tag{15.8a}$$

$$\{d_{n+1}\} = \{d_n\} + \{\Delta d\} \tag{15.8b}$$

式中 $[K_T] = \left(\dfrac{\partial\{\psi\}}{\partial\{d\}}\right)_{\{d\}=\{d_n\}}$ 为切线刚度矩阵。$-\{\psi(\{d_n\})\}$ 为不平衡力矢量，可由式 (15.4) 得到，为所加的节点外荷载与内力等效节点力之差。

Newton-Raphson 法可以分为两种：一种叫完全的 Newton-Raphson 法（图 15.1），它要求在每次迭代过程中均形成 $[K_T]$；另一种叫修正的 Newton-Raphson 法（图 15.2），它只要求在每一个荷载步的开始形成切线刚度矩阵。

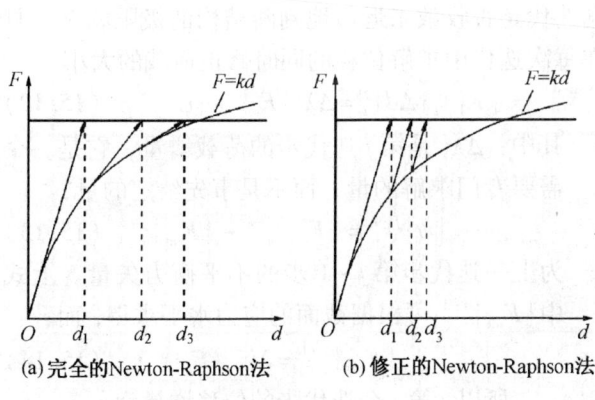 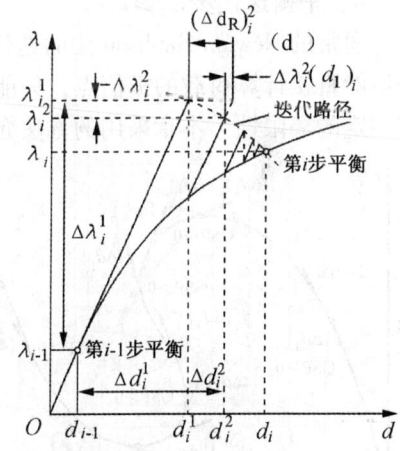

图 15.1　单自由度系统的 Newton-Raphson 法

图 15.2　修正 Newton-Raphson 法的增量—迭代策略

每一步迭代时，如使用完全的 Newton-Raphson 法，计算工作量较大，但是收敛比较快。而使用修正的 Newton-Raphson 法，由于刚度矩阵为常量，所以计算量相对较小，但会使收敛速度降低，迭代次数增加，实用中可针对具体问题进行选择。

15.2.2　增量—迭代策略

对于非线性问题的求解，特别是涉及材料的非线性问题，通常需要将载荷增量法与

Newton-Raphson 法相结合，即把所施加的荷载分成许多小的荷载，在每个荷载内使用 Newton-Raphson 法进行迭代。本章将采用载荷增量法与修正的 Newton-Raphson 法相结合的增量—迭代方法，来求解薄壁构件的非线性问题。

15.2.2.1 基本迭代方法

参考图 15.2，在增量—迭代方法中，每个荷载步都包括初始作用荷载增量和后续的迭代两大部分，其中后续迭代为了保证平衡。在下面，各变量的右下标 i 为荷载步记号，右上标 j 为迭代步记号。在第 i 荷载步内，$j=1$ 迭代步定义荷载在第 i 步的初始增量，平衡迭代从 $j=2$ 步开始，每迭代一次，位移产生变化，而荷载的增量得到一次修正，得到的位移就离真正的平衡位置更加接近一步。在求解第 i 荷载步时，首先应假定第 $i-1$ 荷载步已经求解完毕，所以第 $i-1$ 荷载步的荷载因子 λ_{i-1} 和位移 $\{d\}_{i-1}$ 均为已知，且满足整体平衡。

A：第 1 迭代步，$j=1$

在计算第 i 荷载步时，第 $i-1$ 荷载步已经达到平衡状态。根据前一步末的位移和应力，可计算得到第 i 荷载步的切线刚度矩阵 $[K_T]_i$，所以：

$$[K_T]_i\{d_1\}_i = \{F_s\} \tag{15.9}$$

其中 $\{F_s\}$ 为标准外荷载矢量。第 i 荷载步的初始荷载增量因子 $\Delta\lambda_i^1$ 由特定的荷载增量策略确定，关于 $\Delta\lambda_i^1$ 的计算方法将在下文专门介绍。由式(15.9)和 $\Delta\lambda_i^1$ 可得位移增量，为：

$$\{\Delta d\}_i^1 = \Delta\lambda_i^1\{d_1\}_i \tag{15.10}$$

更新荷载因子：

$$\lambda_i^1 = \lambda_{i-1} + \Delta\lambda_i^1 \tag{15.11}$$

B：平衡迭代步，$j\geq 2$

通常的 Newton-Raphson 法的迭代策略，在不同的迭代步中采用同一荷载水平，这种方法不能直接计算荷载的极值点，只能根据迭代是否收敛来近似地判断结构的极限状态，具有一定的局限性。本章采用的方法允许在每次迭代中求解位移的同时修正荷载的大小：

$$[K_T]_i\{\Delta d\}_i^j = \Delta\lambda_i^j\{F_s\} + \{\psi\}_i^{j-1} \tag{15.12}$$

其中：$\Delta\lambda_i^j$ 是第 j 迭代步的荷载增量，它是一个需要专门求解的量，而不是事先给定的量，

$$\{\psi\}_i^{j-1} = \{F_{ext}\}_i^{j-1} - \{F_{int}\}_i^{j-1} \tag{15.13}$$

为上一迭代步第 $j-1$ 步的不平衡力矢量。上式中 $\{F_{int}\}_i^{j-1}$ 可根据截面的应力水平求得，而：

$$\{F_{ext}\}_i^{j-1} = \lambda_i^{j-1}\{F_s\} \tag{15.14}$$

所以，第 j 个迭代步的位移增量为：

$$\{\Delta d\}_i^j = \Delta\lambda_i^j\{d_1\}_i + \{\Delta d_R\}_i^j \tag{15.15}$$

其中：

$$[K_T]_i\{\Delta d_R\}_i^j = \{\psi\}_i^{j-1} \tag{15.16}$$

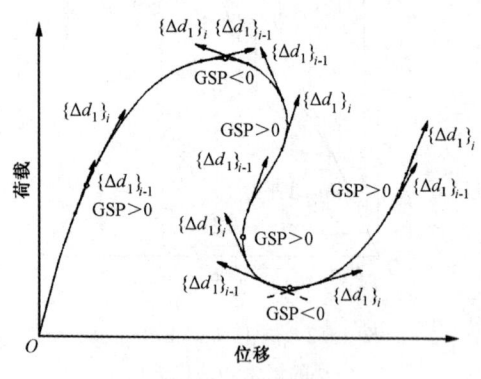

图 15.3　GSP 的特性

更新位移和荷载：

$$\{\Delta d_T\}_i^j = \{\Delta d_T\}_i^{j-1} + \{\Delta d\}_i^j \tag{15.17a}$$

$$\lambda_i^j = \lambda_i^{j-1} + \Delta\lambda_i^j \tag{15.17b}$$

其中，$\{\Delta d_T\}_i^j$ 和 $\{\Delta d_T\}_i^{j-1}$ 分别为第 j 和 $j-1$ 次迭代结束后，第 i 荷载步内到第 j 次迭代和

第 $j-1$ 次迭代为止的总的位移增量。后续迭代步的荷载增量 $\Delta\lambda_i^j$ 可由特定的迭代步荷载增量策略确定，具体的计算方法将在下文专门介绍。

按照上面方法进行迭代，直到满足收敛条件。如果在指定的迭代步数内不能收敛或已经出现发散的情况，该荷载步的初始荷载增量 $\Delta\lambda_i^1$ 需要修正（通常是减半），再重新计算。当第 i 荷载步达到收敛时，可对整体的位移向量进行更新。

15.2.2.2 荷载步和迭代步的荷载增量策略

在非线性有限元分析中，通常需要对结构的屈曲和屈曲后路径进行跟踪。当结构临近屈曲时，结构的刚度矩阵接近奇异，如使用通常的 Newton-Raphson 方法计算会导致收敛失败，而且无法跟踪结构在刚度软化阶段的屈曲后响应。所以，一般需要将 Newton-Raphson 方法与一定的荷载增量策略结合。在选取荷载增量策略时应注意以下两点：

（1）选取合适的初始荷载增量因子 $\Delta\lambda_i^1$，要求分析过程中能够根据非线性程度的变化自动调整每一荷载步的荷载增量水平，过大会导致迭代次数过多甚至不收敛，过小会引起计算量增加；

（2）选择有效的迭代步荷载增量策略以确定 $\Delta\lambda_i^j$，能够在每一荷载步内对荷载增量进行自动调整，从而保证快速地达到平衡。

在过去的几十年中，已经发展了多种有效的荷载增量和迭代策略（Clarke & Hancock，1990；Ricks，1979；Yang & Shieh，1990，童，2005）。本章采用的是其中两种方法的结合体，即在确定每个荷载步的初始荷载增量因子 $\Delta\lambda_i^1$ 时采用 Yang & Shieh(1990) 提出的广义刚度控制法(General Stiffness Parameter，GSP)，而在确定迭代步荷载增量因子 $\Delta\lambda_i^j$ 时采用 Powell & Simons(1981) 提出的最小不平衡位移准则(Minimum Unbalanced Displacement Norm，MUDN)。

Yang & Shieh(1990) 提出用 GSP 法来确定荷载步的初始荷载增量策略（图 15.3）：

$$\Delta\lambda_i^1 = (-1)^n \left| GSP \right|^{\frac{1}{2}} \tag{15.18}$$

其中 GSP 可由下式确定：

$$GSP = \frac{\{d_1\}_1^T \{d_1\}_1}{\{d_1\}_{i-1}^T \{d_1\}_i} \tag{15.19}$$

GSP 是近似地表示当前刚度参数和结构初始刚度的比值。当 $i=1$ 时，GSP $=1$，当 $i>1$ 时：

$$[K_T]_1 \{d_1\}_1 = \{F_s\} \tag{15.20a}$$

$$[K_T]_i \{d_1\}_i = \{F_s\} \tag{15.20b}$$

$$[K_T]_{i-1} \{d_1\}_{i-1} = \{F_s\} \tag{15.20c}$$

式(15.18)中 n 为 GSP 的符号改变次数，在程序编制过程中，可设初始值为零，每当 GSP <0.0，$n=n+1$。对 GSP 方法的更加详细的描述参考 Yang & Shieh(1990) 和童根树(2005)。

MUDN 法由 Powell & Simons(1981) 提出，用以确定迭代步荷载增量因子：

$$\Delta\lambda_i^j = \frac{-\{d_1\}_i^T \{\Delta d_R\}_i^j}{\{d_1\}_i^T \{d_1\}_i} \tag{15.21}$$

通过下文的算例分析可以发现，本章使用的荷载增量策略能够有效地跟踪薄壁构件的屈曲和屈曲后路径。

15.3 应力—应变关系的求解

采用上一节的荷载增量—迭代策略能够成功地分析结构的弹性大变形问题,但是,当求解的问题涉及材料非线性时,还会存在一定的困难。因为塑性分析与加载历史有关,如果在每一个迭代步完成后均更新材料性质,那么当迭代位移出现负值时,就可能出现数值上的弹性卸载。为了避免此类问题,必须对求解过程中的应力和应变关系提出解决办法,童 & 许(2004)对几种典型的方法进行过详细地分析,本节不再进行展开。

15.3.1 截面积分点

在形成单元的线性刚度矩阵时需要用到各单元两端节点截面的各种刚度,在弹塑性阶段,由于截面上各点所处的应力状态不同,可能会使各点对应的材料性质不相同,所以不能使用与弹性阶段相同的方法,而必须通过数值积分得到。

在弹塑性分析中,截面积分点的选择对分析的精度和收敛速度有较大的影响,它应当能够恰当地反映截面上应力的分布和变化。

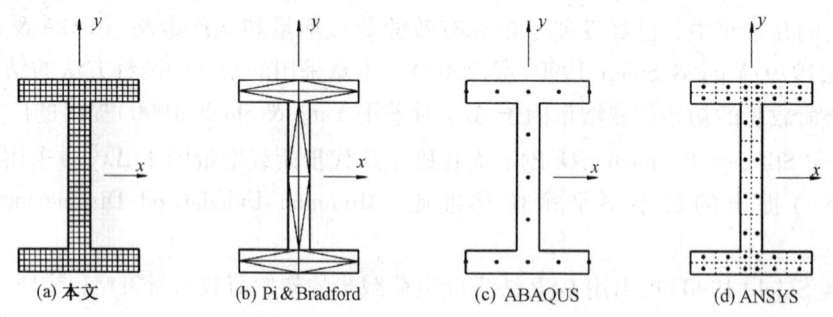

图 15.4 截面上的积分方法

童根树 & 许强 (2004) 对几种工字形薄壁构件采用的截面积分形式进行了介绍(图 15.4a ~ d)。其中,Pi & Bradford(2001b)将截面分为 24 个三角形(图 15.4b),在每个三角形中根据 Nonbias 面积坐标,运用 Guass 积分的方法来计算。图 15.4(c),(d)分别表示通用有限元程序 ABAQUS 和 ANSYS 中的薄壁梁柱单元缺省的截面积分点形式。本章则采用一种常用的方法,将截面划分为很多个面积微元,用每个微元的中心点的应力状态来代表整个微元,通过数值积分的方法来计算截面的各种参数。这种方法计算量稍大,但适用性强,当微元足够多时,能够精确地反映截面各点的应力状态,并能很好地考虑各种残余应力模式。

在本章的有限元分析中,将工字形截面的两个翼缘沿宽度方向划分为 40 个微元,厚度方向划分为 9 个微元,腹板的高度方向划分为 60 个微元,厚度方向划分为 6 个微元。在计算过程中用到的截面的刚度和内力均为这些点上相应量的积分结果,截面的残余应力也通过这些点进行施加。

15.3.2 应力增量的确定

根据已知的应变增量来确定应力增量需要涉及两个方面的问题:(1) 根据给定的应变

增量确定相应的应力增量；（2）确定一个荷载增量步内总的应力增量。下面对已知第 i 个荷载步第 j 次迭代产生的应变增量 $\{\Delta\varepsilon\}_i^j$ 下，如何确定相应的应力增量 $\{\Delta\sigma\}_i^j$ 进行讨论。

1. 给定应变增量确定应力增量

在塑性流动中的应力增量应同时满足塑性流动法则和屈服准则。由于材料的非线性性质，所以应力增量应根据下式计算：

$$\{\Delta\sigma\} = \int_{\{\varepsilon\}}^{\{\varepsilon\}+\{\Delta\varepsilon\}} [D_{ep}(\sigma,k)] d\{\varepsilon\} \tag{15.22}$$

式中 $[D_{ep}]$ 为材料的弹塑性本构关系矩阵，k 为强化系数。在有限单元法中，要精确求解上式存在一定困难，所以一般利用近似的计算方法，本章采用常用的增量切线刚度法（丁浩江等，1992）。

在逐步加载的过程中，塑性区域不断地扩展，根据截面上积分点的应力状态可将截面分为三个区域：①弹性区域，这部分积分点在前一步的平衡状态中处于弹性状态，并且在当前的荷载增量 $\{\Delta F\}$ 作用下，仍为弹性状态；②塑性区域，这部分积分点在前一步的平衡状态中处于塑性状态；③过渡区域，这部分积分点在前一步的平衡状态中也处于弹性状态，但在当前的荷载增量 $\{\Delta F\}$ 下，将进入塑性状态。

对于弹性和塑性区域的应力增量可以直接利用 $[D_{ep}]$ 求得，而对于过渡区域中的积分点，如果简单地按照同样的方法求解，可能会引起相当大的误差。如图 15.5 所示，在荷载增量 $\{\Delta F\}$ 前后，若认为应力从 A 点变化到 B 点，显然得到的 $\{\Delta\sigma\}$ 会有较大的偏差。增量切线刚度法认为，计算过渡区域积分点的应力增量时应按照下面公式：

$$\{\Delta\sigma\} = \int_0^{\{\Delta\varepsilon\}} [D_{ep}] d\{\varepsilon\} = \int_0^{m\{\Delta\varepsilon\}} [D] d\{\varepsilon\} + \int_{m\{\Delta\varepsilon\}}^{\{\Delta\varepsilon\}} [D_p] d\{\varepsilon\} \tag{15.23}$$

式中 $[D]$ 和 $[D_p]$ 分别为材料的弹性和塑性本构关系矩阵。$m\{\Delta\varepsilon\}$ 是首次（或重新）出现塑性变形之前的那部分应变增量。如果用等效应变来表示积分点的应变，为了确定 m 值，首先计算单元应力达到屈服所需的等效应变增量 $\Delta\bar{\varepsilon}_c$，然后估计由这次荷载增量所引起的等效应变增量 $\Delta\bar{\varepsilon}_{es}$，于是有：

$$m = \frac{\Delta\bar{\varepsilon}_c}{\Delta\bar{\varepsilon}_{es}} \quad 0 < m < 1 \tag{15.24}$$

如果荷载增量充分地小，式（15.23）可以近似的写为：

$$\{\Delta\sigma\} = (m[D] + (1-m)[D_{ep}])\{\Delta\varepsilon\} \tag{15.25}$$

所以，当应变增量已知时，过渡区域积分点的应力增量可以由上式确定。

需要说明的是，利用式（15.25）得到的应力增量是近似的，在实用上可与迭代法相结合。

2. 确定荷载增量步上总的应力增量

在第 i 荷载步的第 j 次的迭代结束后，还应知道当前荷载步的总的应力增量，对这个问题，本章采用与童 & 许强（2004）相同的方法。按照 Newton-Raphson 方法，第 i 荷载步内第 j 次迭代后总的应力增量由下式计算：

$$\{\Delta\sigma_a\}_i^j = \sum_{k=1}^j \left(\int [D_{ep}] d\{\varepsilon\} \right)_i^k \tag{15.26}$$

如果直接使用式（15.26），所得到的解答会依赖于计算路径，并对选择的计算策略非常敏感。此外，在迭代过程中会发生虚假数值卸载，尤其用 Newton-Raphson 迭代方法求解几何刚化结构，这种现象更是不可避免的。如果数值卸载被视为不可逆的过程，并按照真实卸载来对待，最终会导致严重错误。此外，有些问题中会出现计算过程在重复加载和卸载之间循环，而导致不收敛。

Nyssen(1981)提出一种很有效的解决方法，其主要特点是假设塑性应变的增量可逆（如图 15.6 所示）。他认为塑性流动过程中，等效塑性应变增量应当非负，如果计算中出现负值，就存在发生卸载的可能（有可能是数值计算引起的）。当采用上面 Nyssen 的塑性增量可逆的假定，如果现在荷载步中总的塑性应变减少到小于上一荷载步收敛时的值，就认为出现弹性卸载，否则还只是塑性卸载。因而在判断是否弹性卸载时，每一次迭代都要检查累加塑性应变增量的符号。

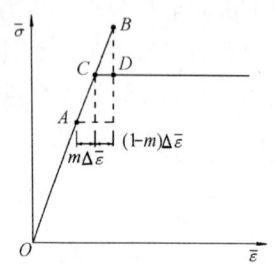

图 15.5　过渡区域应力增量的折算　　　　图 15.6　塑性可逆假定

在这个假设基础上，我们就可以直接应用式(15.26)来计算一个荷载增量上总的应力增量 $\{\Delta\sigma_a\}_i$。这种方法的有效性在于它的计算时间少，此外，采用这个假定可以很容易结合本章采用的荷载增量策略来求解非线性问题。

15.3.3　应力—应变关系的程序实现

童 & 许强（2004）对应力—应变关系的有限元程序求解过程进行了详细介绍，并成功地用于分析薄壁曲梁的非线性问题，本章将参照他的内容。有所不同的是，童 & 许强（2004）采用 T. L. 有限元格式来求解非线性方程组，而本章将采用 U. L. 格式。

第 i 荷载步内，第 j 次迭代得到位移增量后，就可以计算出对应的应变增量 $\{\Delta\varepsilon\}_i^j$。一个荷载步内总的应力增量按下式确定：

$$\sigma_i = \sigma_{i-1} + \sum_{n=1}^{j}\left(\int [D_{ep}]\mathrm{d}\{\varepsilon\}\right)_i^j \tag{15.27}$$

为了避免在迭代过程中，可能会由于虚假卸载而导致的迭代不收敛，本章采用 Nyssen 提出的增量可逆的方法，具体的求解步骤如下：

1. 根据第 j 次迭代得到的位移增量 $\{\Delta d\}_i^j$，可得当前荷载步内总的位移增量为 $\{\Delta d_T\}_i^j = \{\Delta d_T\}_i^{j-1} + \{\Delta d\}_i^j$。然后转化为各单元的节点位移，由此求得单元节点所在截面上各面积微元（或积分点上）的应变增量 $\Delta\varepsilon_i^j = \Delta\varepsilon_{Ti}^j - \Delta\varepsilon_{Ti}^{j-1}$，其中 $\Delta\varepsilon_{Ti}^{j-1}$ 和 $\Delta\varepsilon_{Ti}^j$ 分别为完成第 $j-1$ 和第 j 次迭代后，第 i 荷载步的总的应变增量。

2. 由应变增量 $\Delta\varepsilon_i^j$ 确定应力增量 $\Delta\sigma_i^j$。

Ⅰ. 对已经进入塑性阶段（包括应变硬化）的微元，根据 $\Delta\varepsilon_i^j$ 和 σ_i^{j-1} 做以下的判断：

（1）如果新的应变增量使原有的塑性应变继续增加，确定其在塑性和硬化区域的大

494

小：根据各区域中的应变增量，确定相应的应力增量，并更新现时的屈服强度 σ_{yt}，并计算累计的塑性应变增量 $D\varepsilon_p$。

（2）否则，塑性应变开始减少。假定材料是塑性卸载，按照（1）中的方法，确定其在塑性和硬化区域的大小，计算累计的塑性应变增量 $D\varepsilon_p$。分两种情况：

（a）如果累计的塑性应变增量 $D\varepsilon_p$ 大于荷载步初始时的累计塑性应变增量 $C\varepsilon_p$，则该点仍处在塑性阶段（假定材料塑性卸载正确）。根据各区域中的应变增量，确定相应的应力增量，并更新屈服强度 σ_{yt}；保存现时的累计塑性应变增量 $D\varepsilon_p$。

（b）否则，该应变增量步内即开始弹性卸载，确定弹性卸载部分的应变增量。（对于卸载后可能进入反向屈服的情况，按照下面 Ⅱ 的方法考虑）。根据各区域中的应变增量，确定相应的应力增量；保存卸载时的屈服强度 σ_{yt}，并取累计的塑性应变增量 $D\varepsilon_p$ 等于荷载步初始时的累计塑性应变 $C\varepsilon_p$。转Ⅲ。

Ⅱ．否则，材料仍处于弹性阶段。假定应力增量 $\Delta\sigma_i^j = E\Delta\varepsilon_i^j$，得到一个估算应力：

$$(\sigma_t)_i^j = \sigma_i^{j-1} + E\Delta\varepsilon_i^j$$

检查应力 $(\sigma_t)_i^j$ 是否满足屈服条件 $F = 0$。

（1）如果 $F \leqslant 0$，说明Ⅱ中假定应变全为弹性应变是正确的，估算的应力增量即为实际的应力增量，转Ⅲ。

（2）否则，说明该截面微元处于弹塑性的过渡状态，此次迭代后即进入塑性阶段。假设应变增量中弹性部分为 $m\Delta\varepsilon_i^j$，对应的应力增量为 $m\Delta\sigma_i^j$，m 由下面的方程确定

$$F = \left| \sigma_i^{j-1} + m\Delta\sigma_i^j \right| - \sigma_{yt} = 0$$

塑性部分应变增量为 $(1-m)\Delta\varepsilon_i^j$，用于下一步的计算。

（3）根据塑性部分应变增量 $(1-m)\Delta\varepsilon_i^j$，按照类似于第Ⅰ步中（1）的方法，确定其在塑性和硬化区域的大小；根据各区域中的应变增量，确定相应的应力增量，并更新现时的屈服强度 σ_{yt}、计算累计的塑性应变增量 $D\varepsilon_p$。

Ⅲ．根据上面确定的应力增量 $\Delta\sigma_i^j$，更新应力水平 $\sigma_i^j = \sigma_i^{j-1} + \Delta\sigma_i^j$。按照类似方法确定其余面积微元的应力、应变水平。

3. 返回主程序，检查迭代收敛与否。

对于薄壁构件的弹塑性分析，因为所研究的材料是单向应力状态的屈服情况，而且应力应变关系在每个区域都是线性的，所以计算应力增量时并不需要按照前面的理论划分太多的子增量步，也不需要应用 Runge-Kutta 方法，只需要将应变增量按照区域划分，计算每个区域的应变、应力增量以及累计的塑性应变。因为上述计算都是严格沿着应力应变关系曲线进行的，所以不会发生应力跑到屈服面外的情况，也就不需要进行径向回归的修正。

按照上面的计算步骤，就可以对结构弹塑性变形的全过程进行跟踪，确定出结构在任意时刻实际的工作情况。

15.4 空间坐标转换

在第 12 章中，对薄壁构件单元的单元刚度矩阵和内力等效节点力矢量进行了推导。

在推导过程中，所参考的坐标系为单元坐标系，它的方向由每个单元的位形所确定。采用这样的坐标系，可以得到不同位形单元的统一形式的单元刚度矩阵和内力等效节点力矢量，但是在有限元的求解过程中，必须要求一个统一的整体坐标系统，单元刚度矩阵和内力等效节点力矢量必须转换到这个坐标系才能进行求解和比较。所以，有必要建立一种单元坐标系与整体坐标系之间的转换方法。

假定在第 i 构形 C_i 上的节点，沿单元坐标系 $o-_ix-_iy-_iz$ 的三个轴线方向 $_iz$、$_ix$ 和 $_iy$ 的位移分别为 $_iw$、$_iu$ 和 $_iv$，而在整体坐标系 $o—X—Y—Z$ 中可以用 $_gw$、$_gu$ 和 $_gv$ 来表示，它们之间存在如下关系：

$$\begin{Bmatrix} _iw \\ _iu \\ _iv \end{Bmatrix} = {}_g^i[T] \begin{Bmatrix} _gw \\ _gu \\ _gv \end{Bmatrix} \tag{15.28}$$

其中 ${}_g^i[T]$ 即为从整体坐标系到 C_i 构形的单元坐标系的转换矩阵。根据转换矩阵之间的相互关系，可知：

$$_g^i[T] = {}_0^i[T]{}_g^0[T] \tag{15.29}$$

其中 ${}_g^0[T]$ 为从整体坐标系到单元初始构形（C_0 构形）的单元坐标系的转换矩阵。${}_0^i[T]$ 是从 C_0 构形到 C_i 构形的转换矩阵，可根据下面的关系式得到：

$$_0^i[T] = {}_{i-1}^i[\Delta T]{}_{i-2}^{i-1}[\Delta T]{}_{i-3}^{i-2}[\Delta T]\cdots\cdots{}_0^i[\Delta T] = {}_{i-1}^i[\Delta T]{}_0^{i-1}[T] \tag{15.30}$$

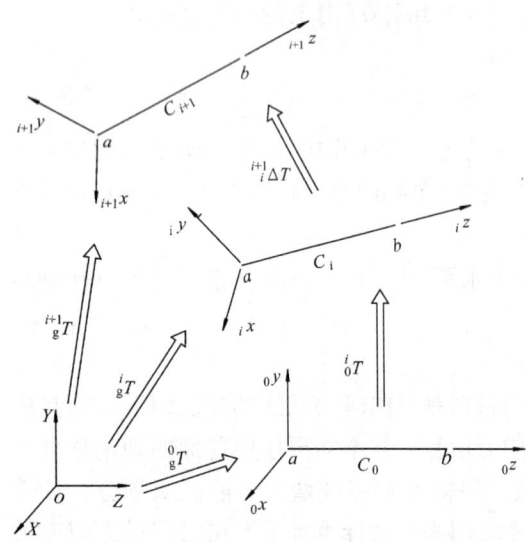

图 15.7　不同构形之间的转换关系

U. L. 格式的非线性有限元方程要求在计算从 t_k 到 $t_k + \Delta t_k$ 时刻的变量时，采用 t_k 时刻的构形作为参考构形，所以，在增量计算过程中必须不停地更新参考构形。如采用修正的 Newton-Raphson 方法，则需要在每个荷载步的开始更新参考构形。假定已知第 i 荷载步达到平衡时单元的构形为 C_i 构形，以及整体坐标系到这一构形的单元坐标系的转换矩阵 ${}_g^i[T]$，在这个构形上求得第 $i+1$ 荷载步达到平衡时的位移增量为 $\{\Delta d\}_{i+1}$，此时单元处于 C_{i+1} 构形，现在需要求解从整体坐标系到 C_{i+1} 构形的转换矩阵 ${}_g^{i+1}[T]$。同样，由转换矩阵之间的相互关系，得：

$$_g^{i+1}[T] = {}_0^{i+1}[T]{}_g^0[T] \tag{15.31}$$

其中：

$$_0^{i+1}[T] = {}_i^{i+1}[\Delta T]{}_0^i[T] \tag{15.32}$$

由式（15.32）可知，只要求解从 C_i 构形到 C_{i+1} 构形的转换矩阵 ${}_i^{i+1}[\Delta T]$，即可明确任意构形与整体构形之间的转换关系。

在求解之前，首先假定单元坐标的轴线方向是单元两个节点 a 和 b 的连线，且节点的翘曲变形和双力矩总是定义在单元坐标系上，即不需要对这两种量进行坐标转换。

通常情况下，根据第 $i+1$ 荷载步达到平衡时的位移增量 $\{\Delta d\}_{i+1}$ 可以很容易确定 C_{i+1}

构形中单元的轴线$_{i+1}z$方向，但是确定截面主轴$_{i+1}x$和$_{i+1}y$方向有一定的困难。所以，本章将单元从C_i构形到C_{i+1}构形的过程分为两步：第一步，首先将单元从$o—_ix—_iy—_iz$坐标系转换到$o—r—s—t$坐标系，其中t轴的方向与C_{i+1}构形中单元的两个节点截面的形心（剪心）的连线方向一致，即$t=_{i+1}z$，r轴在$_ix-_iz$平面上，并且r和s轴位于与t轴垂直的平面上；第二步，将单元从$o—r—s—t$坐标系绕t轴转动到与$o-_{i+1}x-_{i+1}y-_{i+1}z$坐标系重合。这也是空间梁单元转换矩阵的一般求法，下面对这两个步骤中的转换矩阵进行具体求解。

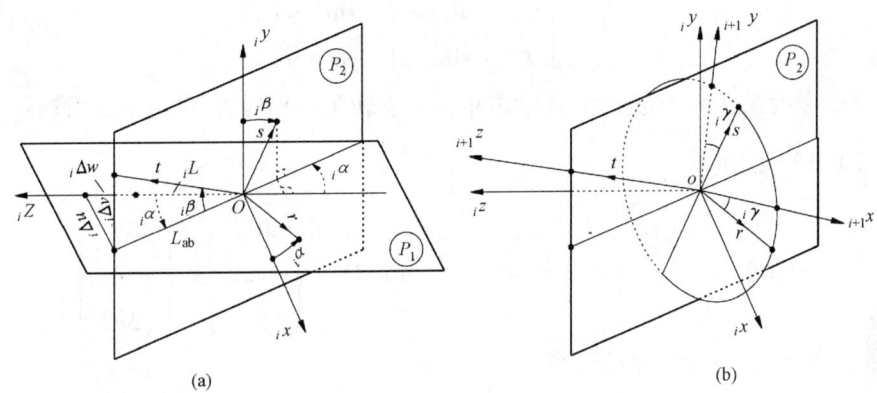

(a)　　　　　　　　　　　　　　　(b)

图 15.8　转换矩阵的形成

1. 第一步转换

在这一步转换过程中，假定单元首先绕$_iy$轴转动$_i\alpha$，然后再绕r轴转动$_i\beta$，如图 15.8a 所示。由 Chen & Blandford(1991) 可得转换矩阵为：

$$_i[T_1]=\begin{bmatrix} \cos_i\beta & 0 & \sin_i\beta \\ 0 & 1 & 0 \\ -\sin_i\beta & 0 & \cos_i\beta \end{bmatrix}\cdot\begin{bmatrix} \cos_i\alpha & \sin_i\alpha & 0 \\ -\sin_i\alpha & \cos_i\alpha & 0 \\ 0 & 0 & 1 \end{bmatrix}=\begin{bmatrix} \cos_i\alpha\,\cos_i\beta & \sin_i\alpha\,\cos_i\beta & \sin_i\beta \\ -\sin_i\alpha & \cos_i\alpha & 0 \\ -\cos_i\alpha\,\sin_i\beta & -\sin_i\alpha\,\sin_i\beta & \cos_i\beta \end{bmatrix}$$

$$(15.33)$$

根据 U. L. 格式的基本规定可知，从第i荷载步到第$i+1$荷载步的位移增量$\{\Delta d_T\}_{i+1}$参考的是C_i构形，如记：

$$_i\Delta w_{ba}=_i\Delta w_b-_i\Delta w_a \qquad (15.34a)$$

$$_i\Delta u_{ba}=_i\Delta u_b-_i\Delta u_a \qquad (15.34b)$$

$$_i\Delta v_{ba}=_i\Delta v_b-_i\Delta v_a \qquad (15.34c)$$

假设在C_i下，单元的长度为$_iL$，根据图 15.8(a)，可知：

$$L_{ab}=\left[\left(_iL+_i\Delta w\right)^2+_i\Delta u^2\right]^{\frac{1}{2}} \qquad (15.35a)$$

$$^{i+1}L=\left[L_{ab}^2+_i\Delta v^2\right]^{\frac{1}{2}} \qquad (15.35b)$$

其中^{i+1}L为单元在C_{i+1}构形下的长度，L_{ab}的定义如图 15.8(a)所示。根据上面的关系，可得：

$$\cos(_i\alpha)=\frac{_iL+_i\Delta w}{L_{ab}} \qquad (15.36a)$$

$$\cos(_i\beta) = \frac{L_{ab}}{^{i+1}L} \tag{15.36b}$$

根据三角函数之间的关系，也可以求得 $\sin(_i\alpha)$ 和 $\sin(_i\beta)$ 的值。

2. 第二步转换

第二步的转换过程可参见图 15.8(b)，这一步的转换可以看作是在图中圆形平面的平面内问题，当转动的角度为 $_i\gamma$ 时，可得转换矩阵：

$$_i[T_2] = \begin{bmatrix} 1 & 0 & 0 \\ 0 & \cos(_i\gamma) & \sin(_i\gamma) \\ 0 & -\sin(_i\gamma) & \cos(_i\gamma) \end{bmatrix} \tag{15.37}$$

式中 $_i\gamma$ 是单元关于 t 轴的转角，通常取单元节点转角的平均值，可由下式求解：

$$_i\gamma = \frac{1}{2}(_t\Delta\theta_a + _t\Delta\theta_b)$$

$$= \frac{1}{2}\begin{bmatrix} \cos(_i\alpha)\cos(_i\beta) & \sin(_i\alpha)\cos(_i\beta) & \sin(_i\beta) \end{bmatrix} \left(\left\{ \begin{array}{c} _i\Delta\theta_a \\ -_i\Delta v'_a \\ _i\Delta u'_a \end{array} \right\} + \left\{ \begin{array}{c} _i\Delta\theta_b \\ -_i\Delta v'_b \\ _i\Delta u'_b \end{array} \right\} \right) \tag{15.38}$$

根据式(15.33)和式(15.37)可得：

$$_i^{i+1}[\Delta T] = _i[T_2]_i[T_1] \tag{15.39}$$

上式结合式(15.31)和式(15.32)，可以确定在增量迭代过程中的单元在各构形间的转换关系。其中初始的构形与整体坐标系之间的转换矩阵 $_g^0[T]$，可以根据许多教科书上的标准方法（丁浩江等，1981；王和邵，1995），本章采用在初始输入文件中给定初始位形的单元各节点的坐标以及各单元的初始转角，由式(15.33)、式(15.37)和式(15.39)确定。

15.5 算法实现的步骤

在这一节中，将给出本章的非线性有限元程序的具体迭代步骤，如下：

1. 选择标准荷载因子 C_s，与外荷载 $\{F\}$ 的乘积可得标准荷载矢量 $\{F_s\}$，即 $\{F_s\} = C_s\{F\}$。

2. 第 $i(=1)$ 荷载步：

Ⅰ. 取增量因子 $\lambda_1^1 = 1$；

Ⅱ. 求解各单元的转换矩阵 $_g^0[T]$；

Ⅲ. 施加残余应力；

Ⅳ. 计算各单元的切线刚度矩阵 $[K_e]$，并转换到整体坐标下，集结得到总体刚度矩阵 $[K_T]_i$。

3. 第 $j(=1)$ 迭代步：

Ⅰ. 施加约束条件，由 $[K_T]_1\{d_1\}_1 = \{F_s\}$，计算得到 $\{d_1\}_1$。

Ⅱ. 根据 15.3.3 的步骤，求解应力应变关系；

Ⅲ. 更新截面上积分点的应力水平和累积塑性应变增量 $D\varepsilon_p$，并作为历史量保留。

4. 第 $j(>1)$ 迭代步：

Ⅰ. 由式(15.13)计算得到不平衡力；

Ⅱ. 施加约束条件，由式(15.16)计算得到$\{\Delta d_R\}_1^j$；

Ⅲ. 由式(15.21)，计算得到$\Delta \lambda_i^j$；

Ⅳ. 由式(15.17a,b)更新位移和荷载；

Ⅴ. 根据15.3.3的步骤，求解应力应变关系；

Ⅵ. 更新截面上积分点的应力水平和累积塑性应变增量$D\varepsilon_p$，并作为历史量保留；

Ⅶ. 检查收敛条件：如果不满足，返回4；否则，跳出。

5. 更新总的节点位移，输出结果。

6. 第$i(>1)$荷载步：

Ⅰ. 记录截面各积分点上的累积塑性应变增量$D\varepsilon_p$作为本荷载步的初始塑性应变增量$C\varepsilon_p$；

Ⅱ. 形成各单元的转换矩阵；

Ⅲ. 更新各节点的坐标；

Ⅳ. 根据式(15.18)计算荷载步的初始荷载增量因子$\Delta \lambda_i^1$；

Ⅴ. 施加约束条件，由$[K_T]_i \{d_1\}_i = \{F_s\}$，计算得到$\{d_1\}_i$；

Ⅵ. 由式(15.10)得到$\{\Delta d\}_i^1$；

Ⅶ. 根据15.3.3的步骤，求解应力应变关系；

Ⅷ. 更新截面上积分点的应力水平和累积塑性应变增量$D\varepsilon_p$，并作为历史量保留。

7. 第$j(\geqslant 1)$迭代步，与第4步相同。

按照上述算法，可以完成整个非线性计算过程。

15.6 算 例 分 析

应用第12章建立的薄壁构件单元和本章的非线性计算方法，本文编制了有限元分析程序，可以用于薄壁构件的几何和材料双重非线性问题的分析。下面将本文有限元的结果与已有的理论解、试验值以及文献结果相比较，以验证程序的有效性。

15.6.1 弹性大变形问题

算例1：轴心压杆的大挠度分析

本章的第一个算例将采用一个经典问题：轴心受压杆件的平面内大挠度分析。在分析中，取半个正弦波作为压杆的初始缺陷，且杆中点的初始位移为$\frac{L}{1000}$。图15.9(b)中的P_E为压杆的欧拉荷载，理论解由大挠度理论得到。从图15.9可以看到，本章有限元的结果与理论解非常吻合，说明本章的有限元方法能够很好地分析薄壁构件的平面内

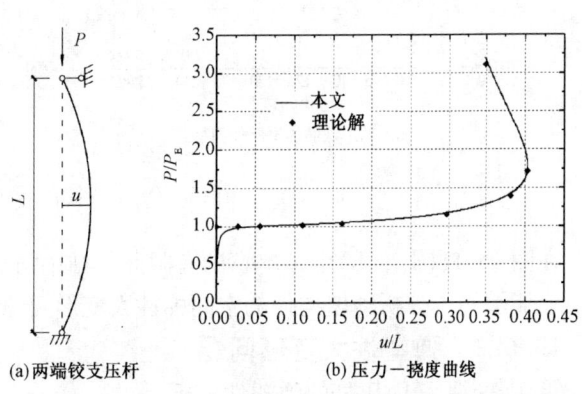

(a)两端铰支压杆　　　(b)压力—挠度曲线

图15.9　大挠度轴心压杆的荷载位移曲线

大变形问题。

算例 2：Williams 平面刚架分析

Williams(1964) 曾对如图 15.10 所示的刚架进行过试验研究，该刚架被认为是检验非线性计算方法跟踪跳跃屈曲(Snap-through)能力的典型算例之一，通常称为"Williams 刚架"。在计算中取材料的弹性模量 $E = 71000\text{N}/\text{mm}^2$，图中未标单位的数值均以 mm 为单位。

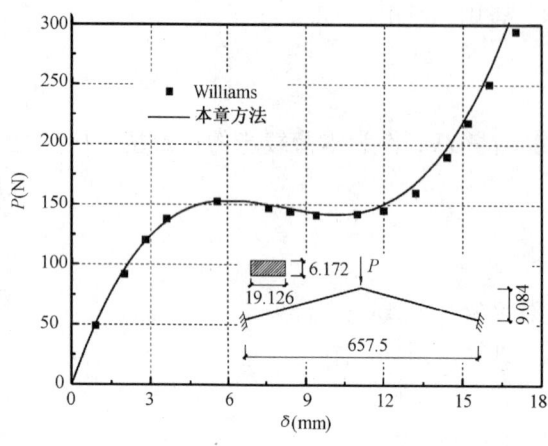

图 15.10　Williams 刚架的荷载位移曲线

从图 15.10 可以发现，有限元的计算结果与 Williams 的试验值吻合良好，而且本章有限元的计算方法能够成功地越过荷载—位移曲线的最高点，而且能够很好地跟踪存在刚度软化和多个极值点结构的屈曲后路径。

算例 3：简支梁的弹性弯扭失稳问题

前两个算例均为平面内的弹性大变形问题，接下来将对承受跨中集中荷载简支梁的弹性弯扭失稳问题进行分析。分析采用的简支梁长度为 12m，截面为 H600×300×6×8。假定材料为理想弹性，弹性模量 $E = 206000\text{N}/\text{mm}^2$，泊松比 $\mu = 0.3$。在分析时，对简支梁按半个正弦波施加平面外初始缺陷，跨中最大的值为跨度的 1/10000。将程序与 ANSYS 中的 BEAM189 单元的计算结果进行比较，如图 15.11，其中 P_{cr} 表示简支梁的弯扭屈曲时的临界荷载。分析中，划分的单元数均为 10 个。

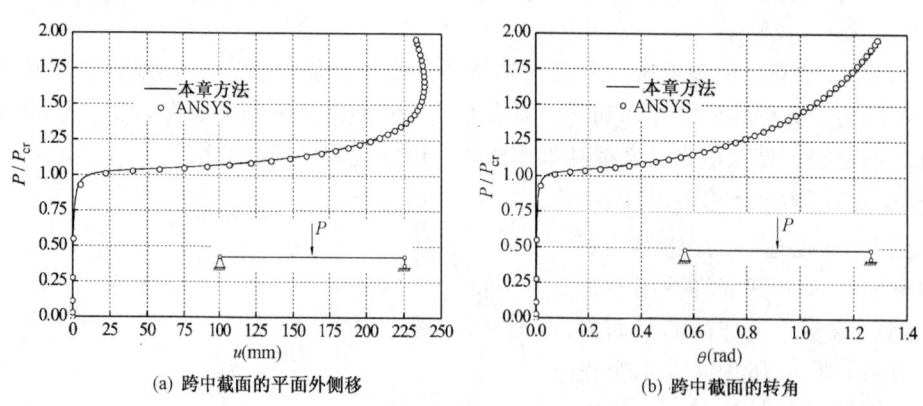

(a) 跨中截面的平面外侧移　　　　　(b) 跨中截面的转角

图 15.11　简支梁的弯扭变形

在图 15.11(a)，(b)中，本章的有限元的结果与 ANSYS 的结果基本重合，说明本章的有限元能够用于分析薄壁构件的空间弹性大变形问题。

15.6.2　弹塑性大变形问题

算例 4：平面内压杆的弹塑性分析

这个例子将对平面内两端铰接压杆的弹塑性大变形问题进行分析。取压杆的长度 $L = $

8m，截面为 H600×300×6×8。采用理想弹塑性材料，其中弹性模量 $E=206000\text{N}/\text{mm}^2$，屈服应力 $\sigma_y=235\text{N}/\text{mm}^2$。在沿弱轴方向，按照半个正弦波施加初始缺陷，并取跨中的最大值为 $L/1000$。比较结果见图 15.12，其中 P_E 为压杆的欧拉临界荷载。

从图 15.12 中可以看出，本文有限元结果与 ANSYS 的计算结果非常吻合，说明本章的有限元程序能够分析薄壁构件的平面内弹塑性大变形问题。

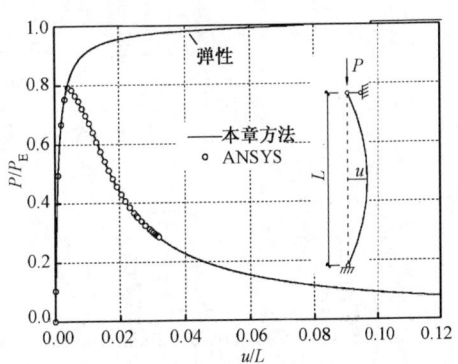

图 15.12　简支压杆绕弱轴的弹塑性荷载—位移曲线

算例 5：简支梁的弹塑性弯扭大变形问题

采用与算例 4 相同的构件和材料，对简支梁的弹塑性弯扭大变形问题进行分析。在跨中作用使截面的强轴受弯的集中荷载，分别运用本章的程序与 ANSYS 的 BEAM189 单元的计算结果进行比较。在这一算例中，还考虑了截面上残余应力对简支梁承载能力的影响，采用的残余应力模式（吕烈武等，1983）可见图 15.13（b），取 $\sigma_{rc}=0.3\sigma_y$。

图 15.13 中对加载过程中简支梁跨中截面的平面外位移和转角进行了跟踪，其中 P_{cr} 为弹性屈曲的临界荷载。从图中的结果可以发现，当无残余应力时，ANSYS 的计算结果与本章有限元的结果吻合。同时，考虑残余应力后，构件的承载能力有所降低。

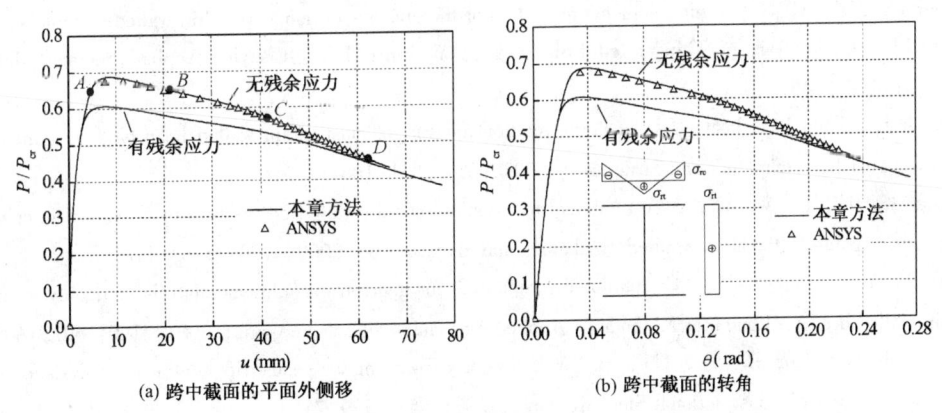

(a) 跨中截面的平面外侧移　　　　　　(b) 跨中截面的转角

图 15.13　简支梁跨中截面的荷载位移曲线

为了对各阶段截面的塑性开展情况有一个直观地了解，图 15.14 显示了当位于图 15.13（a）的荷载位移曲线的各点时，简支梁的跨中截面的塑性开展情况。从图中可以发现，上翼缘的应力要大于下翼缘，最后当上翼缘基本进入全塑性时，下翼缘还处于完全弹性的状态。分析原因，主要是因为简支梁中存在的两种主要变形（侧向弯曲和扭转）引起的翼缘的平面外弯曲，对上翼缘来说是叠加的，而对下翼缘来说是相互抵消的。

以上算例表明，本章有限元程序具有很高的精度，可以用于开口薄壁构件的弹塑性大变形分析。

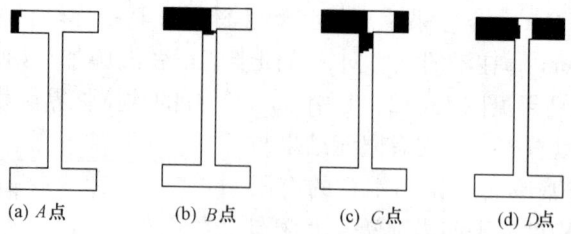

(a) A点　　　　(b) B点　　　　(c) C点　　　　(d) D点

图 15.14　简支梁跨中截面的塑性开展

参 考 文 献

[1] Chan S. L. , Geometric and material non-linear analysis of beam-columns and frames using the minimum residual displacement method, *International Journal for Numerical Methods in Engineering*, 1988, 26: 2657-2667.

[2] Chen W. F. , Atsuta T. , Theory of Beam-columns, Vol. 2, McGraw Hill, New York. 1978.

[3] Clarke M. J. , Hancock G. J. , A Study of incremental-iterative strategies for non-linear analyses, International Journal for Numerical Methods in Engineering, 1990, 29: 1365-1391.

[4] Crisfield M. A. , A fast incremental/iterative solution procedure that handles "snap-through", Computers and Structures, 1980, 13: 55-62.

[5] Gellin S. , Lee G. S. , Finite elements available for the analysis of noncurved thin-walled structures, in Finite Element Analysis of Thin-walled Structures, J. W. Bull, Ed. , Elsevier Applied Science, London, UK, 1988: 1-45.

[6] Goran T. , Josip B. , Jasna P. O. , Large rotation analysis of elastic thin-walled bean-type structures using ESA approach, Computers and Structures, 2003, 81: 1851-1864.

[7] Hsiao K. M. , Lin W. Y. , A co-rotational formulation for thin-walled beams with monosymmetric open section, Computer Methods in Applied Mechanics and Engineering, 2000, 190: 1163-1185.

[8] Lin W. Y. , Hsiao K. M. , Co-rotational formulation for geometric nonlinear analysis of doubly symmetric thin-walled beams, Computer Methods in Applied mechanics and Engineering, 2001, 190: 6023-6052.

[9] Kwak H. G. , Kim D. Y. , Lee, H. W. , Effect of warping in geometric nonlinear analysis of spatial beams, Journal of Constructional Steel Research, 2001, 57: 729-751.

[10] Nyssen, C. , An efficient and accurate iterative method allowing large incremental steps to solve elasto-plastic problems, Computers and Structures, 1981, 13: 63-71.

[11] Pi Y. L. , Bradford M. A. , Effects of approximations in analyses of beams of open thin-walled cross-section-part I: flexural-torsional stability, International Journal for Numerical Methods in Engineering, 2001a, 51: 757-772.

[12] Pi Y. L. , Bradford M. A. , Effects of approximations in analyses of beams of open thin-walled cross-section-part II: 3-D non-linear behavious, International Journal for Numerical Methods in Engineering, 2001b, 51: 773-790.

[13] Pi Y. L. , Trahair N. S. , Prebuckling deflections and lateral buckling I: Theory, Journal of Structural Engineering, ASCE, 1992a, 118 (11): 2949-2966.

[14] Pi Y. L. , Trahair N. S. , Prebuckling deflections and lateral buckling II: Applications, Journal of Struc-

502

tural Engineering, ASCE, 1992b, 118 (11): 2967-2985.

[15] Powell G., Simons J., Improved iteration strategy for nonlinear structures, International Journal for Numerical Methods in Engineering, 1981, 17: 1455-1467.

[16] Ricks, E., An incremental approach to the solution of snapping and buckling problems, International Journal of Solids and Structures, 1979, 15: 524-551.

[17] Trahair N. S., Pi Y. L., Torsion, bending and buckling of steel beams, Engineering Structures, 1997, 19 (5): 372-377.

[18] Turkali G., Brnic J., Prpic-Orsic J., Large rotation analysis of elastic thin-walled beam-type structures using ESA approach. Computers and Structures, 2003, 81: 1851-1864.

[19] Yang Y. B., Shieh M. S., Solution method for nonlinear problems with multiple critical points, AIAA Journal, 1990, 28 (12): 2110-2116.

[20] Yang Y. B., Leu L. J., Force recovery procedures in nonlinear analysis, Computers and Structures, 1991, 41 (6): 1255-1261.

[21] 童根树, 许强. 薄壁曲梁的线性和非线性分析理论. 北京: 科学出版社, 2004.

[22] 童根树. 钢结构的平面内稳定. 北京: 中国建筑工业出版社, 2005.

[23] 吕烈武, 沈世钊, 沈祖炎, 胡学仁. 钢结构构件稳定理论. 北京: 中国建筑工业出版社, 1983.

[24] Chen, H, Blandford, G. E., Thin-walled space frames. I: lateral-deformation analysis theory, Journal of Structural Engineering, ASCE, 1991, 117 (8): 2499-2519.

第16章 楔形工字钢梁的弹性弯扭屈曲

16.1 楔形变截面构件的应力

楔形构件在门式刚架轻钢结构中广泛应用，由于它的截面变化形式与弯矩分布相对应，可有效地节约材料，减轻自重，使得结构形式更合理。楔形构件作为门式刚架的斜梁（rafter），其弯矩作用平面外的稳定性一般通过设置隔撑来保证。但是在图16.1所示纵向抽柱的情况下，这时托梁也经常使用变截面梁，托梁的变截面跨的稳定性必须通过计算来保证。

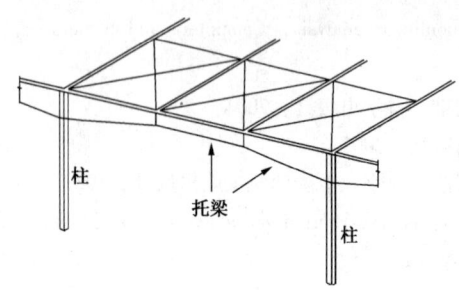

图 16.1 须计算稳定性的变截面梁

变截面梁弯扭失稳的理论非常复杂。简单地将变截面分成多个等截面的梁，采用有限元方法来计算，得到的结果并不一定能收敛到正确解。因此本章对其进行推导。

16.1.1 坐标系

如图16.2所示，对于一般的楔形变截面构件，以小端截面为坐标原点，取距离小端 z 处的截面，截面的全高为 $h(z)$，则该处的截面形心离上翼缘中面的距离如下式表示：

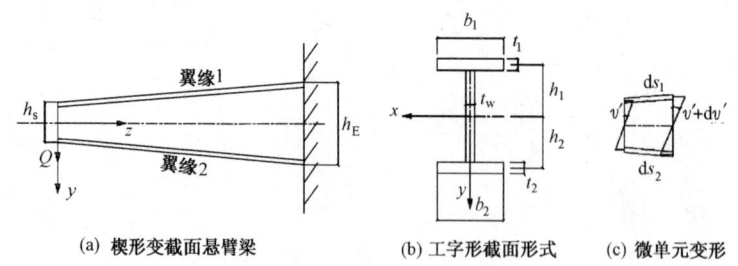

(a) 楔形变截面悬臂梁 (b) 工字形截面形式 (c) 微单元变形

图 16.2 楔形截面尺寸

$$h_1 = \frac{b_2 t_2 \cos^3 \alpha_2 + 0.5 h_w t_w}{A} h \tag{16.1}$$

$$A = b_1 t_1 \cos^3 \alpha_1 + b_2 t_2 \cos^3 \alpha_2 + h t_w \tag{16.2}$$

式中 $h(z) = h_S + (h_E - h_S)\dfrac{z}{L}$ 是上下两个翼缘中面的距离，h_S，h_E 是楔形变截面构件小端和大端截面的高度。$h_w(z) = h(z) - (t_1 + t_2)/2$ 是腹板高度，是线性变化的，t_w 腹板厚度，b_1，

t_1，b_2，t_2 分别为上下翼缘的宽度和厚度，α_1 和 α_2 分别是上翼缘和下翼缘中心线和形心线之间的夹角。从式（16.1）看，h_1 的变化不是线性的，使下面的推导出现困难。小端和大端截面形心连线离开上翼缘中面的距离为

$$h_{1a} = h_{1S} + (h_{1E} - h_{1S}) \frac{z}{L} \tag{16.3}$$

式中 h_{1S}，h_{1E} 是小端和大端截面形心离开上翼缘形心的距离。下面比较式（16.1）和式（16.3）的差别。

第 1 根变截面梁采用 H400～800×6×300×12/150×12，长度为 4m，计算结果为：比值 $(h_1 - h_{1a})/h_1$ 在 0～0.0072 变化，$\frac{\mathrm{d}h_1}{\mathrm{d}z}$ 的变化范围为 0.042～0.0453，$\frac{\mathrm{d}h_{1a}}{\mathrm{d}z} = 0.0439 \approx \frac{\mathrm{d}h_1}{\mathrm{d}z}$。第 2 个例子是 H300～900×6×300×12/200×10，长度 5m，比值 $(h_1 - h_{1a})/h_1$ 在 0～0.0151 变化，$\frac{\mathrm{d}h_1}{\mathrm{d}z}$ 的变化范围为 0.0502～0.0555，$\frac{\mathrm{d}h_{1a}}{\mathrm{d}z} = 0.0534 \approx \frac{\mathrm{d}h_1}{\mathrm{d}z}$。因此采用直线代替曲线带来的近似完全可以接受，下面就认为截面的形心轴是一条直线。

记 h_2 是下翼缘中心到截面形心的距离，$h_2 = h - h_1$。下列式子满足

$$b_2 t_2 h_2 \cos^3 \alpha_2 - b_1 t_1 h_1 \cos^3 \alpha_1 + \frac{1}{2} t_w (h_2^2 - h_1^2) = 0 \tag{16.4a}$$

求导一次得到

$$(A_2 \cos^3 \alpha_2 + t_w h_2) \tan\alpha_2 = (A_1 \cos^3 \alpha_1 + t_w h_1) \tan\alpha_1 \tag{16.4b}$$

而剪切中心轴离上翼缘中面的距离 h_{s1} 为：

$$h_{s1} = \frac{I_{y2} \cos^3 \alpha_{s2}}{I_{y1} \cos^3 \alpha_{s1} + I_{y2} \cos^3 \alpha_{s2}} h(z) \tag{16.5a}$$

$$h_{s1} I_{y1} \cos^3 \alpha_{s1} = h_{s2} I_{y2} \cos^3 \alpha_{s2}$$
$$I_{y1} \cos^3 \alpha_{s1} + I_{y2} \cos^3 \alpha_{s2} = I_y \tag{16.5b}$$

因此如果上下翼缘保持不变，只改变腹板高度，则剪切中心轴是一条直线，弯扭失稳是以剪心的位移为准的，上下翼缘与剪切中心轴的夹角分别记为 α_{s1} 和 α_{s2}。

16.1.2 正应力及其合力

如图 16.2（a）所示，楔形变截面构件大端固定，小端自由且在自由端受集中荷载 Q，截面形式如图 16.2（b）所示。仍然采用平截面假定，从梁中截取长为 $\mathrm{d}z$ 的微段 abcd（图 16.2c），两个横截面分别绕中性轴旋转 v' 和 $v' + \mathrm{d}v'$ 的角度。变形前翼缘微段长为

$$\mathrm{d}s_1 = \sqrt{(\mathrm{d}z)^2 + (\mathrm{d}h_1)^2} \tag{16.6}$$

记 w 和 v 分别为上翼缘中面截面上任意一点的纵向和横向位移，变形后上翼缘的长度变为

$$\mathrm{d}s_1' = \sqrt{(\mathrm{d}w + \mathrm{d}z)^2 + (\mathrm{d}v - \mathrm{d}h_1)^2} \tag{16.7}$$

故上翼缘自身中面平面内的纵向应变为

$$\varepsilon_1 = \frac{\mathrm{d}s_1' - \mathrm{d}s_1}{\mathrm{d}s_1} = \frac{\mathrm{d}w}{\mathrm{d}s_1} \cdot \frac{\mathrm{d}z}{\mathrm{d}s_1} - \frac{\mathrm{d}v}{\mathrm{d}s_1} \cdot \frac{\mathrm{d}h_1}{\mathrm{d}s_1} + \frac{1}{2} \left(\frac{\mathrm{d}w}{\mathrm{d}s_1}\right)^2 + \frac{1}{2} \left(\frac{\mathrm{d}v}{\mathrm{d}s_1}\right)^2 \tag{16.8}$$

其中后两项是非线性项，在线性理论中忽略不计，故

$$\varepsilon_1 = \frac{\mathrm{d}w}{\mathrm{d}s_1} \frac{\mathrm{d}z}{\mathrm{d}s_1} - \frac{\mathrm{d}v}{\mathrm{d}s_1} \frac{\mathrm{d}h_1}{\mathrm{d}s_1} = \left(\frac{\mathrm{d}z}{\mathrm{d}s_1}\right)^2 \frac{\mathrm{d}w}{\mathrm{d}z} - \left(\frac{\mathrm{d}z}{\mathrm{d}s_1}\right)^2 \cdot \frac{\mathrm{d}h_1}{\mathrm{d}z} \cdot \frac{\mathrm{d}v}{\mathrm{d}z} = \cos^2 \alpha_1 (w' - \tan\alpha_1 v') \tag{16.9}$$

式中 $\tan\alpha_1 = \dfrac{\mathrm{d}h_1}{\mathrm{d}z}$，$\cos\alpha_1 = \dfrac{\mathrm{d}z}{\mathrm{d}s_1}$，$\mathrm{d}s_1$ 是上翼缘自身形心线方向的微元长度，$(\quad)'$ 是对 $\mathrm{d}z$ 求导数。上翼缘纵向位移用截面形心上的纵向位移 w_c 表示为（上翼缘的 y 坐标为 $-h_1$）

$$w = w_c + h_1 v' \tag{16.10}$$

代入式(16.9)可得

$$\varepsilon_1 = \cos^2\alpha_1 \left[(w_c' + h_1'v' + h_1 v'') - \tan\alpha_1 v' \right] = \cos^2\alpha_1 (w_c' + h_1 v'') \tag{16.11a}$$

同样可得下翼缘应变式（$\tan\alpha_2 = \dfrac{\mathrm{d}h_2}{\mathrm{d}z}$，$\cos\alpha_2 = \dfrac{\mathrm{d}z}{\mathrm{d}s_2}$，$\mathrm{d}s_2$ 是下翼缘自身形心线方向的微元长度）：

$$\varepsilon_2 = \cos^2\alpha_2 (w_c' - h_2 v'') \tag{16.11b}$$

腹板部分的应变可以由平截面假定得到

$$\varepsilon_w = w_c' - v''y \tag{16.11c}$$

由胡克定律可得上下翼缘和腹板的应力为

$$\sigma_1 = E\varepsilon_1 = E\cos^2\alpha_1 (w_c' + h_1 v'') = \cos^2\alpha_1 \left(\frac{N}{A} - \frac{M}{I_x} h_1 \right) \tag{16.12a}$$

$$\sigma_2 = E\varepsilon_2 = E\cos^2\alpha_2 (w_c' - h_2 v'') = \cos^2\alpha_2 \left(\frac{N}{A} + \frac{M}{I_x} h_2 \right) \tag{16.12b}$$

$$\sigma_w = E\varepsilon_w = E(w_c' - v''y) = \frac{N}{A} + \frac{M}{I_x} y \tag{16.12c}$$

任一截面的轴向力

$$N = N_1\cos\alpha_1 + N_2\cos\alpha_2 + N_w$$

将式(16.12a,b,c)代入，利用式(16.2)和式(16.5)得到（$A_1 = b_1 t_1$，$A_2 = b_2 t_2$）

$$N = EAw_c' \tag{16.13a}$$

$$A = A_1\cos^3\alpha_1 + A_2\cos^3\alpha_2 + ht_w \tag{16.13b}$$

对形心的弯矩为（以使下翼缘受拉的弯矩为正）

$$M = \int_A \sigma y\mathrm{d}A = -N_1\cos\alpha_1 h_1 + N_2\cos\alpha_2 h_2 + \int_{-h_1}^{h_2} \sigma_w y t_w \mathrm{d}y$$

经过整理得到

$$M_x = -EI_x v'' \tag{16.14a}$$

式中

$$I_x = A_1 h_1^2 \cos^3\alpha_1 + A_2 h_2^2 \cos^3\alpha_2 + \frac{1}{3} t_w (h_2^3 + h_1^3) \tag{16.14b}$$

16.1.3　横向荷载作用下的剪应力

取图 16.3 所示上翼缘 $efgh$ 与腹板交界处的微单元进行分析。由于翼缘上两截面的正应力大小不等，分别为 σ_1 和 $\sigma_1 + \mathrm{d}\sigma_1$，翼缘与腹板交界处存在剪应力 τ_{fl}。由受力分析可知

$$\tau_{fl} t_w = A_1\cos\alpha_1 \sigma_1' - q\sin\alpha_1 \cos\alpha_1$$

因为 $\sigma_1' = E\cos^2\alpha_1 [w_c'' + (h_1 v'')']$，所以

$$\tau_{fl} t_w = EA_1\cos^3\alpha_1 [w_c'' + (h_1 v'')'] - q\sin\alpha_1 \cos\alpha_1 \tag{16.15a}$$

式中 q 是分布荷载，作用在上翼缘，垂直于形心轴，在上翼缘形心线方向的分量为

$$(q\mathrm{d}z)\sin\alpha_1 = q\sin\alpha_1 \cos\alpha_1 \mathrm{d}s_1$$

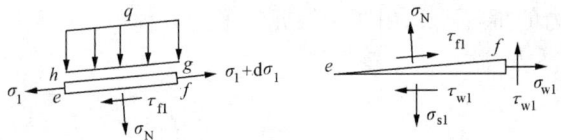

图 16.3   变截面梁单元

上翼缘法线方向的平衡得到

$$\sigma_N t_w = -q\cos^2\alpha_1 \tag{16.15b}$$

对交界处的腹板微元，由平面问题中一点的应力状态可知

$$\tau_{f1} = 0.5\sin2\alpha_1(\sigma_{s1}-\sigma_{w1}) - \cos2\alpha_1\tau_{w1} \tag{16.16a}$$

$$\sigma_N = \sin^2\alpha_1\sigma_{w1} + \sigma_{s1}\cos^2\alpha_1 + \tau_{w1}\sin2\alpha_1 \tag{16.16b}$$

由此可得腹板在交界处的横向应力 σ_s 和剪应力为

$$\sigma_{s1} = \tan^2\alpha_1\sigma_{w1} + 2\tan\alpha_1\tau_{f1} + \frac{\cos2\alpha_1}{\cos^2\alpha_1}\sigma_N \tag{16.17a}$$

$$\tau_{w1} = -\tan\alpha_1\sigma_{w1} - \tau_{f1} + \sigma_N\tan\alpha_1 \tag{16.17b}$$

经过简化可以发现，σ_{s1} 中有 q 的部分变为 $-q$，τ_{w1} 中有 q 的部分是 0。

重新记剪应力表达式中没有 q 的部分为

$$\tau_{f1} t_w = EA_1\cos^3\alpha_1[w_c'' + (h_1 v'')'] \tag{16.18a}$$

$$\sigma_{w1} = E(w_c' + h_1 v'') \tag{16.18b}$$

则式(16.17a,b)成为

$$\sigma_{s1} = \tan^2\alpha_1\sigma_{w1} + 2\tan\alpha_1\tau_{f1} - q/t_w \tag{16.19a}$$

$$\tau_{w1} = -\tan\alpha_1\,\sigma_{w1} - \tau_{f1} \tag{16.19b}$$

腹板微元的平衡条件如下

$$\frac{\partial\sigma_w}{\partial z} + \frac{\partial\tau_w}{\partial y} = 0, \quad \frac{\partial\tau_w}{\partial y} = -\sigma'_w = -E(w_c'' - yv''')$$

积分得到

$$\tau_w t_w = C_0 - E(A_{wx}w_c'' - S_{wx}v''')$$

式中 $A_{wx} = \displaystyle\int_{-h_1}^y dA_w$，$S_{wx} = \displaystyle\int_{-h_1}^y y dA_w$，常数 C_0 由条件 $y = -h_1$ 时 $\tau_w = \tau_{w1}$ 给出，最后得到

$$\tau_w t_w = -Ew_c' t_w\tan\alpha_1 - EA_x w_c'' - Ev''(A_1\cos^3\alpha_1 + h_1 t_w)\tan\alpha_1 + ES_x v''' \tag{16.20a}$$

或用截面内力表示为

$$\tau_w t_w = -\frac{N}{A}t_w\tan\alpha_1 - A_x\left(\frac{N}{A}\right)' + \frac{M_x}{I_x}(A_1\cos^3\alpha_1 + h_1 t_w)\tan\alpha_1 - \left(\frac{M_x}{I_x}\right)'S_x \tag{16.20b}$$

式中

$$S_x = -A_1 h_1\cos^3\alpha_1 + 0.5t_w(y^2 - h_1^2) \tag{16.20c}$$

$$A_x = A_1\cos^3\alpha_1 + (y + h_1)t_w \tag{16.20d}$$

因为 $\displaystyle\int_{-h_1}^{h_2} S_x dy = -I_x$，腹板剪应力的合力为

$$Q_w = -Eht_w\tan\alpha_1 w_c' - EAh_2 w_c'' - Ev''(A_1\cos^3\alpha_1 + h_1 t_w)h\tan\alpha_1 - EI_x v''' \tag{16.21}$$

507

上翼缘内的剪应力的推导要利用翼缘微元的平衡方程：

$$\frac{\partial \sigma_1}{\partial s_1} + \frac{\partial \tau_1}{\partial x} = 0$$

改写为 $\dfrac{\partial \tau_1}{\partial x} = -\dfrac{\partial \sigma_1}{\partial z}\cos\alpha_1$，因为

$$\sigma_1' = E\cos^2\alpha_1\left[w_c'' + (h_1 v'')'\right]$$

所以

$$\frac{\partial \tau_1}{\partial x} = -E\cos^3\alpha_1\left[w_c'' + (h_1 v'')'\right]$$

积分得到：

$$x<0 \text{ 时}: \tau_1 = -E(0.5b_1 + x)\cos^3\alpha_1\left[w_c'' + (h_1 v'')'\right]$$
$$= -(0.5b_1 + x)\cos^3\alpha_1\left[\left(\frac{N}{A}\right)' - \left(\frac{M_x h_1}{I_x}\right)'\right]$$

$$x>0 \text{ 时}: \tau_1 = E(0.5b_1 - x)\cos^3\alpha_1\left[w_c'' + (h_1 v'')'\right]$$
$$= E(0.5b_1 - x)\cos^3\alpha_1\left[\left(\frac{N}{A}\right)' - \left(\frac{M_x h_1}{I_x}\right)'\right]$$

对于下翼缘，可以得到

$$x<0 \text{ 时}: \tau_2 = -E(0.5b_2 + x)\cos^3\alpha_2\left[w_c'' - (h_2 v'')'\right]$$
$$= -(0.5b_2 + x)\cos^3\alpha_2\left[\left(\frac{N}{A}\right)' + \left(\frac{M_x h_2}{I_x}\right)'\right]$$

$$x>0 \text{ 时}: \tau_2 = E(0.5b_2 - x)\cos^3\alpha_2\left[w_c'' - (h_2 v'')'\right]$$
$$= (0.5b_2 - x)\cos^3\alpha_2\left[\left(\frac{N}{A}\right)' + \left(\frac{M_x h_2}{I_x}\right)'\right]$$

上下翼缘板由于与水平方向呈一角度，板件中面方向轴向力产生竖直方向的分力：

$$Q_1 = EA_1\sin\alpha_1\cos^2\alpha_1(w_c' + h_1 v'')$$
$$Q_2 = EA_2\cos^2\alpha_2\sin\alpha_2(w_c' - h_2 v'')$$

注意到式(16.4b)以及：

$$I_x' = 2A_1 h_1\sin\alpha_1\cos^2\alpha_1 + 2A_2 h_2\sin\alpha_2\cos^2\alpha_2 + h_1^2 t_w\tan\alpha_1 + h_2^2 t_w\tan\alpha_2$$

截面总剪力为

$$Q = Q_w - Q_1 + Q_2 = -Eh_2 t_w w_c'(\tan\alpha_2 + \tan\alpha_1) - EAh_2 w_c'' - E(I_x v'')' \tag{16.22}$$

对于梁，则 $N = EA w_c' = 0$，$w_c' = 0$，$w_c'' = 0$，因此下式成立：

$$Q = -E(I_x v'')' = \frac{\mathrm{d}M_x}{\mathrm{d}z} \tag{16.23}$$

因为

$$S_x' = -(A_1\cos^3\alpha_1 + h_1 t_w)\tan\alpha_1$$
$$A_x' = t_w\tan\alpha_1$$

腹板上的剪应力式(16.20)也可以表示为

$$\tau_w t_w = -\left(\frac{NA_x}{A}\right)' - \left(\frac{M_x S_x}{I_x}\right)' \tag{16.24}$$

508

16.1.4 横向正应力

本书的弯扭屈曲理论需要知道横向正应力。在上翼缘，$x < 0$ 时板元平衡条件为

$$\frac{\partial \sigma_{s1}}{\partial x} = -\frac{\partial \tau_1}{\partial z}\cos\alpha_1$$

利用 τ_1' 的表达式可以得到

$$\sigma_{s1} = 0.5E\cos^4\alpha_1\left[w_c''' + (h_1 v'')''\right](x + 0.5b_1)^2 = 0.5\cos^4\alpha_1\left(\frac{N}{A} - \frac{M_x h_1}{I_x}\right)''(x + 0.5b_1)^2$$

$$(16.25a)$$

同理可以得到 $x > 0$ 时：

$$\sigma_{s1} = 0.5\cos^4\alpha_1\left(\frac{N}{A} - \frac{M_x h_1}{I_x}\right)''(0.5b_1 - x)^2 \tag{16.25b}$$

在下翼缘

$$x < 0 \text{ 时：} \sigma_{s2} = 0.5E\cos^4\alpha_2\left[w_c''' - (h_2 v'')''\right](x + 0.5b_2)^2$$

$$= 0.5E\cos^4\alpha_2\left(\frac{N}{A} + \frac{M_x h_2}{I_x}\right)''(x + 0.5b_2)^2 \tag{16.25c}$$

$$x > 0 \text{ 时：} \sigma_{s2} = 0.5\cos^4\alpha_2\left(\frac{N}{A} + \frac{M_x h_2}{I_x}\right)''(0.5b_2 - x)^2 \tag{16.25d}$$

腹板上，板元的平衡条件为 $\dfrac{\partial \sigma_{sw}}{\partial y} = -\dfrac{\partial \tau_w}{\partial z}$，定义

$$D_x = A_1\cos^3\alpha_1(y + h_1) + \frac{1}{2}t_w(y + h_1)^2 \tag{16.26a}$$

$$P_x = \left(\Lambda_1 h_1\cos^3\alpha_1 + \frac{1}{2}t_w h_1^2\right)(y + h_1) - \frac{1}{6}t_w(y^3 + h_1^3) \tag{16.26b}$$

则有

$$D_x' = A_1\cos^3\alpha_1\tan\alpha_1 + t_w(y + h_1)\tan\alpha_1 \tag{16.27a}$$

$$D_x'' = t_w\tan^2\alpha_1 \tag{16.27b}$$

$$P_x' = \tan\alpha_1\left[A_1\cos^3\alpha_1 h_1 + (A_1\cos^3\alpha_1 + h_1 t_w)(y + h_1)\right] \tag{16.27c}$$

$$P_x'' = \tan^2\alpha_1\left[2A_1\cos^3\alpha_1 + (y + 2h_1)t_w\right] \tag{16.27d}$$

横向正应力可以表示为

$$\sigma_{sw}t_w = -q + ED_x''w_c' + 2ED_x'w_c'' + ED_x w_c''' + EP_x''v'' + 2EP_x'v''' + EP_x v''''$$

$$= -q + E(D_x w_c')'' + E(P_x v'')'' = -q + \left(\frac{ND_x}{A}\right)'' - \left(\frac{MP_x}{I_x}\right)'' \tag{16.28}$$

16.2 楔形变截面构件弯扭失稳时的线性应变能

变截面梁扭转是绕剪切中心轴进行的，因此下面采用的是剪切中心轴作为轴线，它是一条直线，上下翼缘相对于剪切中心轴的角度为 α_{s1} 和 α_{s2}，剪切中心坐标系带下标 s，以示区别。下面对屈曲位移的求导是相对于剪切中心轴。

16.2.1 变截面梁的自由扭转

截面绕剪切中心轴的扭转角为 θ 时，上翼缘的扭转角为 $\theta\cos\alpha_{s1} + u'\sin\alpha_{s1}$，如图 16.4(a)

所示，绕上翼缘自身形心线的扭率为$\dfrac{\mathrm{d}\theta\cos\alpha_{s1}}{\mathrm{d}s_1}+\dfrac{\mathrm{d}u'\sin\alpha_{s1}}{\mathrm{d}s_1}=\cos^2\alpha_{s1}\theta'+u''\sin\alpha_{s1}\cos\alpha_{s1}$，下翼缘的扭转角是$\theta\cos\alpha_{s2}-u'\sin\alpha_{s2}$，绕自身形心线的扭率是$\cos^2\alpha_{s2}\theta'-u''\sin\alpha_{s2}\cos\alpha_{s2}$。记$J_1=\dfrac{1}{3}b_1t_1^3$，上翼缘扭矩为$GJ_1(\cos^2\alpha_{s1}\theta'+u''\sin\alpha_{s1}\cos\alpha_{s1})$，指向上翼缘自身轴线方向。同时截面还会产生大小为$\theta\sin\alpha_{s1}$的翼缘平面内的弯曲变形，曲率是$\dfrac{\mathrm{d}}{\mathrm{d}s_1}(\theta\sin\alpha_{s1})=\sin\alpha_{s1}\cos\alpha_{s1}\theta'$，但是这个部分在下面翘曲位移的推导中会自然得到。

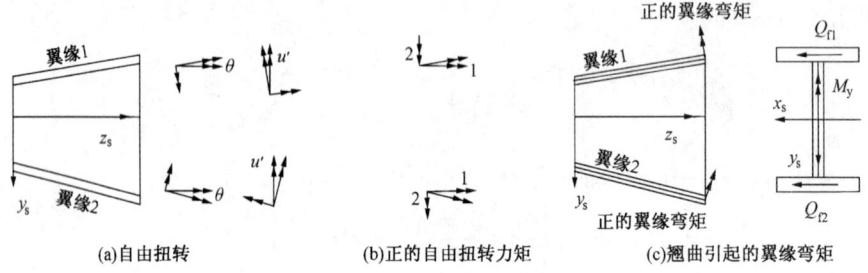

图16.4　自由扭转和翘曲扭转

上下翼缘的自由扭转应变能为

$$\frac{1}{2}\int_0^L GJ_1(\cos^2\alpha_{s1}\theta'+u''\sin\alpha_{s1}\cos\alpha_{s1})^2\mathrm{d}s_1 = \frac{1}{2}\int_0^L GJ_1\cos\alpha_{s1}(\cos\alpha_{s1}\theta'+u''\sin\alpha_{s1})^2\mathrm{d}z_s$$

$$\frac{1}{2}\int_0^L GJ_2(\cos^2\alpha_{s2}\theta'-u''\sin\alpha_{s2}\cos\alpha_{s2})^2\mathrm{d}s_2 = \frac{1}{2}\int_0^L GJ_2\cos\alpha_{s2}(\cos\alpha_{s2}\theta'-u''\sin\alpha_{s2})^2\mathrm{d}z_s$$

记$J_2=\dfrac{1}{3}b_2t_2^3$，$J_w=\dfrac{1}{3}ht_w^3$，

$$J = J_1\cos^3\alpha_{s1} + J_w + J_2\cos^3\alpha_{s2} \tag{16.29a}$$

因此由于扭转而产生的总应变能为

$$\begin{aligned} U_{st} = \frac{1}{2}G\int_0^L \big[& J\theta'^2 + 2(J_1\cos^2\alpha_{s1}\sin\alpha_{s1} - J_2\cos^2\alpha_{s2}\sin\alpha_{s2})\theta'u'' \\ & + (J_1\cos\alpha_{s1}\sin^2\alpha_{s1} + J_2\cos\alpha_{s2}\sin^2\alpha_{s2})u''^2 \big]\mathrm{d}z_s \end{aligned}$$

式中后面两部分，因为包含了正弦的平方以及上下翼缘相减，使得结果是个小量而在下面的推导中可以忽略。因此

$$U_{st} = \frac{1}{2}\int_0^l GJ\theta'^2\mathrm{d}z_s \tag{16.29b}$$

上下翼缘的扭矩向剪切中心轴线方向分解，和腹板上的扭矩相加得到截面的扭矩

$$T_{st} = G(J_1\cos^3\alpha_{s1} + J_2\cos^3\alpha_{s2} + J_w)\theta' + G(J_1\sin\alpha_{s1}\cos\alpha_{s1} - J_2\sin\alpha_{s2}\cos\alpha_{s2})u'' \tag{16.30a}$$

略去后面一项得到

$$T_{st} = GJ\theta' \tag{16.30b}$$

16.2.2　变截面梁的翘曲扭转

记上翼缘中面内纵向位移为$\overline{w}_{s1}$，x方向的位移为$\overline{u}$，$\overline{u}=h_{s1}\theta$。采用中面剪应变为零的假定得到：

$$\gamma_{s_1x} = \frac{\partial w_{s1}}{\partial x} + \frac{\partial \overline{u}}{\partial s_1} = 0$$

$$\frac{\partial w_{s1}}{\partial x} = -\cos\alpha_{s1}\frac{\partial \overline{u}}{\partial z_s} = -\cos\alpha_{s1}(h_{s1}\theta' + \tan\alpha_{s1}\theta)$$

设上翼缘中面上在 z_s 和 y_s 方向上的位移为 w 和 v，则

$$w_{s1} = w\cos\alpha_{s1} - v\sin\alpha_{s1}$$

$$\frac{\mathrm{d}w_{s1}}{\mathrm{d}x} = \frac{\mathrm{d}w}{\mathrm{d}x}\cos\alpha_{s1} - \frac{\mathrm{d}v}{\mathrm{d}x}\sin\alpha_{s1} = -h_{s1}\theta'\cos\alpha_{s1} - \theta\sin\alpha_{s1}$$

从上式可知

$$\frac{\mathrm{d}w}{\mathrm{d}x} = -h_{s1}\theta', \frac{\mathrm{d}v}{\mathrm{d}x} = \theta$$

$$w = -xh_{s1}\theta', v = x\theta$$

$$w_{s1} = -x\cos\alpha_{s1}(h_{s1}\theta' + \tan\alpha_{s1}\theta) \tag{16.31a}$$

上式中的第 2 项 $-x\tan\alpha_{s1}\cos\alpha_{s1}\theta$ 即为前面讲述自由扭转时提到的弯曲分量。上翼缘纵向应变为

$$\varepsilon_{s1} = \frac{\mathrm{d}w_{s1}}{\mathrm{d}s_1} = -x\cos^2\alpha_{s1}(h_{s1}\theta'' + 2\tan\alpha_{s1}\theta') \tag{16.31b}$$

上翼缘绕对称轴的弯矩：

$$M_{f1} = \int_{-b_1/2}^{b_1/2}\sigma x\mathrm{d}A = -Et_1\cos^2\alpha_{s1}\int_{-b_1/2}^{b_1/2}x^2(h_{s1}\theta'' + 2\tan\alpha_{s1}\theta')\mathrm{d}x，即$$

$$M_{f1} = -EI_{y1}\cos^2\alpha_{s1}(h_{s1}\theta'' + 2\tan\alpha_{s1}\theta') \tag{16.31c}$$

剪力：$$Q_{f1} = \frac{\mathrm{d}M_{f1}}{\mathrm{d}s_1} = -EI_{y1}\cos^3\alpha_{s1}(h_{s1}\theta''' + 3\tan\alpha_{s1}\theta'') \tag{16.31d}$$

对下翼缘得到（引用了 $\tan\alpha_{s2} = h'_{s2}$）：

$$w_{s2} = x\cos\alpha_{s2}(h_{s2}\theta' + \tan\alpha_{s2}\theta) \tag{16.31e}$$

$$\varepsilon_{s2} = \frac{\mathrm{d}w_{s2}}{\mathrm{d}s_2} = x\cos^2\alpha_{s2}(h_{s2}\theta'' + 2\tan\alpha_{s2}\theta') \tag{16.31f}$$

$$M_{f2} = EI_{y2}\cos^2\alpha_{s2}(h_{s2}\theta'' + 2\tan\alpha_{s2}\theta') \tag{16.31g}$$

剪力：$$Q_{f2} = \frac{\mathrm{d}M_{f2}}{\mathrm{d}s_2} = EI_{y2}\cos^3\alpha_{s2}(h_{s2}\theta''' + 3\tan\alpha_{s2}\theta'') \tag{16.31h}$$

扭转时剪力的合力为

$$Q_x = Q_{f2} + Q_{f1} = E(I_{y2}h_{s2}\cos^3\alpha_{s2} - I_{y1}h_{s1}\cos^3\alpha_{s1})\theta'''$$
$$+ 3E(I_{y2}\cos^3\alpha_{s2}\tan\alpha_{s2} - I_{y1}\cos^3\alpha_{s1}\tan\alpha_{s1})\theta''$$

因为剪切中心的位置由式（16.5）确定，所以下式成立

$$I_{y2}h_{s2}\cos^3\alpha_{s2} = I_{y1}h_{s1}\cos^3\alpha_{s1} \tag{16.32a}$$

对上式关于 z_s 求导得到

$$I_{y2}\tan\alpha_{s2}\cos^3\alpha_{s2} = I_{y1}\tan\alpha_{s1}\cos^3\alpha_{s1} \tag{16.32b}$$

因此纯扭转时 $Q_x = 0$。

翼缘上的弯矩 M_{f1} 分解为 $M_{f1}\cos\alpha_{s1}$ 和 $M_{f1}\sin\alpha_{s1}$，弯矩 M_{f2} 分解为 $M_{f2}\cos\alpha_{s2}$ 和 $M_{f2}\sin\alpha_{s2}$。

$M_{f1}\cos\alpha_{s1}$ 和 $M_{f2}\cos\alpha_{s2}$ 是绕弱轴的弯矩，合成为 0。$M_{f1}\cos\alpha_{s1}$ 和 $M_{f2}\cos\alpha_{s2}$ 合成为双力矩：

$$B_\omega = M_{f1}\cos\alpha_{s1}h_{s1} - M_{f2}\cos\alpha_{s2}h_{s2}$$

记 $I_\omega = I_{y1}h_{s1}^2\cos^3\alpha_{s1} + I_{y2}h_{s2}^2\cos^3\alpha_{s2}$ （16.33a）

$I_\omega' = 2I_{y1}h_{s1}\sin\alpha_{s1}\cos^2\alpha_{s1} + 2I_{y2}h_{s2}\sin\alpha_{s2}\cos^2\alpha_{s2}$ （16.33b）

$I_\omega'' = 2I_{y1}\tan^2\alpha_{s1}\cos^3\alpha_{s1} + 2I_{y2}\tan^2\alpha_{s2}\cos^3\alpha_{s2} = 4I_{y1}\tan^2\alpha_{s1}\cos^3\alpha_{s1}$ （16.33c）

则双力矩可以表示为

$$B_\omega = -EI_\omega\theta'' - EI_\omega'\theta' = -E(I_\omega\theta')' \tag{16.34}$$

由翼缘剪力构成的翘曲扭矩为

$$M_{\omega 1} = Q_{f1}h_{s1} - Q_{f2}h_{s2}$$

$$= -E(I_{y2}h_{s2}^2\cos^3\alpha_{s2} + I_{y1}h_{s1}^2\cos^3\alpha_{s1})\theta''' - 3E(I_{y2}h_{s2}\cos^2\alpha_{s2}\sin\alpha_{s2} + I_{y1}h_{s1}\cos^2\alpha_{s1}\sin\alpha_{s1})\theta''$$

翼缘的弯矩分量 $M_{f1}\sin\alpha_{s1}$ 和 $M_{f2}\sin\alpha_{s2}$ 对于整个截面来说是扭矩：

$$M_{\omega 2} = -M_{f1}\sin\alpha_{s1} + M_{f2}\sin\alpha_{s2}$$

$$= E(I_{y2}h_{s2}\cos^2\alpha_{s2}\sin\alpha_{s2} + I_{y1}h_{s1}\cos^2\alpha_{s1}\sin\alpha_{s1})\theta'' + 2E(I_{y2}\sin^2\alpha_{s2}\cos\alpha_{s2} + I_{y1}\sin^2\alpha_{s1}\cos\alpha_{s1})\theta'$$

因此总的翘曲扭矩为

$$M_\omega = M_{\omega 1} + M_{\omega 2} = -E(I_\omega\theta'')' + EI_\omega''\theta' \tag{16.35}$$

下面求翘曲扭转时的应变能：

翼缘的应变为式(16.31b,f)，可以得到

$$U_\omega = \frac{1}{2}\int_V E\varepsilon^2 dV = \frac{1}{2}E\int_0^L (I_\omega\theta''^2 + 2I_\omega'\theta''\theta' + 2I_\omega''\theta'^2)dz_s \tag{16.36}$$

所以，扭转问题的总应变能为

$$U_\theta = \frac{1}{2}\int_0^L \left[(GJ + 2EI_\omega'')\theta'^2 + EI_\omega\theta''^2 + 2EI_\omega'\theta''\theta'\right]dz_s \tag{16.37}$$

上式的一次变分为

$$\delta U_\theta = \int_0^L \left\{\left[(GJ + 2EI_\omega'')\theta' + EI_\omega'\theta''\right]\delta\theta' + (EI_\omega\theta'' + EI_\omega'\theta')\delta\theta''\right\}dz_s$$

$$= (EI_\omega\theta')'\delta\theta'\big|_0^l + \int_0^L \left\{\left[(GJ + 2EI_\omega'')\theta' + EI_\omega'\theta'' - (EI_\omega\theta')''\right]\right\}\delta\theta' dz_s$$

$$\delta U_\theta = (EI_\omega\theta')'\delta\theta'\big|_0^l + \left[(GJ + 2EI_\omega'')\theta' + EI_\omega'\theta'' - (EI_\omega\theta')''\right]\delta\theta\big|_0^l$$

$$- \int_0^L \left[(GJ + 2EI_\omega'')\theta' + EI_\omega'\theta'' - (EI_\omega\theta')''\right]'\delta\theta dz_s$$

如果梁上作用均布扭矩 m_z，则扭转微分方程为

$$(GJ\theta')' - \left[EI_\omega\theta''' + EI_\omega'\theta'' - EI_\omega''\theta'\right]' = -m_z \tag{16.38}$$

边界条件为：

简支端和自由端 $(EI_\omega\theta')' = -B_\omega$ （16.39a）

固定端 $\theta' = 0$ （16.39b）

自由端 $GJ\theta' - EI_\omega\theta''' - EI_\omega'\theta'' + EI_\omega''\theta' = T$ （16.39c）

简支端和固定端 $\theta = 0$ （16.39d）

16.2.3 绕弱轴的弯曲

截面剪心在弱轴方向的位移为 u，则在上下翼缘内产生的弯矩为

512

$$M_{f1} = -EI_{y1}\frac{\mathrm{d}^2 u}{\mathrm{d}s_1^2} = -EI_{y1}\cos^2\alpha_{s1}\frac{\mathrm{d}^2 u}{\mathrm{d}z_s^2} = -EI_{y1}\cos^2\alpha_{s1}u''$$

$$M_{f2} = -EI_{y2}\frac{\mathrm{d}^2 u}{\mathrm{d}s_2^2} = -EI_{y2}\cos^2\alpha_{s2}\frac{\mathrm{d}^2 u}{\mathrm{d}z_s^2} = -EI_{y2}\cos^2\alpha_{s2}u''$$

绕弱轴的弯矩为

$$M_y = M_{f1}\cos\alpha_{s1} + M_{f2}\cos\alpha_{s2} = -EI_y u'' \tag{16.40}$$

$$I_y = I_{y1}\cos^3\alpha_{s1} + I_{y2}\cos^3\alpha_{s2} \tag{16.41}$$

总应变能为

$$U_u = \frac{1}{2}\int_0^L E(I_{y1}\cos^3\alpha_{s1} + I_{y2}\cos^3\alpha_{s2})u''^2\,\mathrm{d}z_s = \frac{1}{2}\int_0^L EI_y u''^2\,\mathrm{d}z_s$$

弯扭变形时总的线性应变能为

$$U = \frac{1}{2}\int_0^L \left[EI_y u''^2 + (GJ + 2EI''_\omega)\theta'^2 + EI_\omega\theta''^2 + 2EI'_\omega\theta''\theta'\right]\mathrm{d}z_s \tag{16.42}$$

与平面外弯曲有关的翼缘的自由扭转已经略去。

16.3　楔形变截面梁弯扭屈曲时的非线性应变能

本节要推导的非线性应变能是梁在强轴平面内的弯曲以及轴向压缩产生的应力在平面外的弯扭变形过程中所做的内功。在 16.1 节中我们采用了形心坐标系，而在 16.2 节又采用了剪心坐标系，因此需要在推导过程中随时加以注意，必要时进行简化。

下面将以剪心坐标系推导各块板件上的非线性应变。应变计算时采用剪心坐标系，应力计算时采用了形心坐标系。

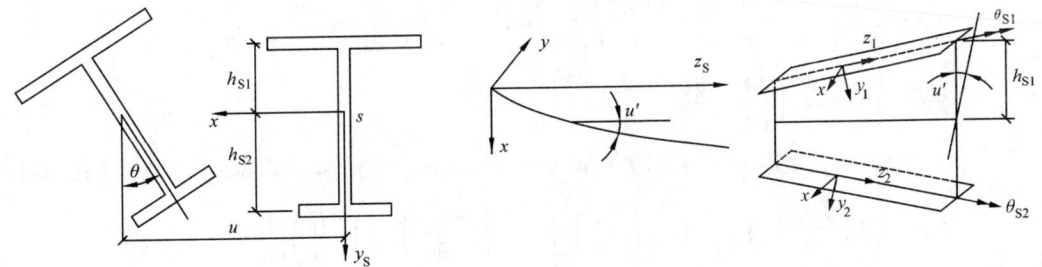

图 16.5　屈曲位移

16.3.1　非线性应变

在上翼缘中面上的位移：x 方向位移为

$$\bar{u} = u + h_{s1}\theta \tag{16.43a}$$

y_s 方向的位移是

$$v = x\theta$$

因为上下翼缘的截面仍然满足自身的平截面假定，所以上翼缘的中面在 z_s 方向的位移仍然是

$$w = -x(u' + h_{s1}\theta')$$

上述位移转换到上翼缘在坐标系 $x - y_1 - z_1$ 方向，即纵向 s_1，法向 y_1 的位移为

$$w_{s1} = -x\cos\alpha_{s1}(u' + h_{s1}\theta') - x\theta\sin\alpha_{s1} \tag{16.43b}$$

$$v_{y1} = -x\sin\alpha_{s1}(u' + h_{s1}\theta') + x\theta\cos\alpha_{s1} \tag{16.43c}$$

$$w_{s1}' = \frac{\mathrm{d}w_{s1}'}{\mathrm{d}z_s} = -x\cos\alpha_{s1}(u'' + h_{s1}\theta'' + \tan\alpha_{s1}\theta') - x\theta'\sin\alpha_{s1}$$

$$\frac{\partial w_{s1}}{\partial x} = -\cos\alpha_{s1}(u' + h_{s1}\theta') - \theta\sin\alpha_{s1}$$

$$v_{y1}' = -x\sin\alpha_{s1}(u'' + h_{s1}\theta'' + \tan\alpha_{s1}\theta') + x\theta'\cos\alpha_{s1} = -x\sin\alpha_{s1}(u'' + h_{s1}\theta'') + x\theta'\frac{\cos 2\alpha_{s1}}{\cos\alpha_{s1}},$$

$$\frac{\partial v_{y1}}{\partial x} = -\sin\alpha_{s1}(u' + h_{s1}\theta') + \theta\cos\alpha_{s1}$$

$$\bar{u}' = u' + h_{s1}\theta' + \tan\alpha_{s1}\theta, \quad \frac{\partial \bar{u}}{\partial x} = 0$$

$$\varepsilon_1^{\mathrm{N}} = \frac{1}{2}\left[\left(\frac{\partial w_{s1}}{\partial s_1}\right)^2 + \left(\frac{\partial \bar{u}}{\partial s_1}\right)^2 + \left(\frac{\partial v_{y1}}{\partial s_1}\right)^2\right] = \frac{1}{2}\cos^2\alpha_{s1}\left[\left(\frac{\partial w_{s1}}{\partial z_s}\right)^2 + \left(\frac{\partial \bar{u}}{\partial z_s}\right)^2 + \left(\frac{\partial v_{y1}}{\partial z_s}\right)^2\right]$$

$$= \frac{1}{2}\cos^2\alpha_{s1}\{x^2(u'' + h_{s1}\theta'' + \tan\alpha_{s1}\theta')^2 + (x\theta')^2 + (u' + h_{s1}\theta' + \tan\alpha_{s1}\theta)^2\}$$

$$= \frac{1}{2}\cos^2\alpha_{s1}\{x^2(u'' + h_{s1}\theta'')^2 + 2x^2(u'' + h_{s1}\theta'')\tan\alpha_{s1}\theta' + (u' + h_{s1}\theta' + \tan\alpha_{s1}\theta)^2\} + \frac{1}{2}x^2\theta'^2$$

忽略非线性应变中的二次导数项，因为等截面梁的研究表明这两项的影响很小；

$$\varepsilon_1^{\mathrm{N}} = \frac{1}{2}x^2\theta'^2 + \frac{1}{2}\cos^2\alpha_{s1}(u' + h_{s1}\theta' + \tan\alpha_{s1}\theta)^2 \tag{16.44a}$$

$$\gamma_{s1}^{\mathrm{N}} = \frac{\partial v_{y1}}{\partial x} \cdot \frac{\partial v_{y1}}{\partial s_1} + \frac{\partial \bar{u}}{\partial x}\frac{\partial \bar{u}}{\partial s_1} + \frac{\partial w_{s1}}{\partial x}\frac{\partial w_{s1}}{\partial s_1} = \cos\alpha_{s1}\left[\frac{\partial v_{y1}}{\partial x} \cdot \frac{\partial v_{y1}}{\partial z_s} + \frac{\partial w_{s1}}{\partial x} \cdot \frac{\partial w_{s1}}{\partial z_s}\right]$$

$$\gamma_{s1}^{\mathrm{N}} = \frac{1}{2}x\cos\alpha_{s1}\left[\frac{\partial\theta^2}{\partial z_s} + \frac{\partial(u' + h_{s1}\theta')^2}{\partial z_s}\right]$$

$$= x\cos\alpha_{s1}[\theta\theta' + (u' + h_{s1}\theta')(u'' + h_{s1}\theta'' + \tan\alpha_{s1}\theta')] \approx x\theta\theta'\cos\alpha_{s1} \tag{16.44b}$$

$$\varepsilon_{x1}^{\mathrm{N}} = \frac{1}{2}\left[\left(\frac{\partial w_{s1}}{\partial x}\right)^2 + \left(\frac{\partial \bar{u}}{\partial x}\right)^2 + \left(\frac{\partial v_{y1}}{\partial x}\right)^2\right] = \frac{1}{2}\left[\left(\frac{\partial w_{s1}}{\partial x}\right)^2 + \left(\frac{\partial v_{y1}}{\partial x}\right)^2\right]$$

$$\varepsilon_{x1}^{\mathrm{N}} = \frac{1}{2}[(u' + h_{s1}\theta')^2 + \theta^2] \approx \frac{1}{2}\theta^2 \tag{16.44c}$$

对下翼缘，位移及其导数为：$v = x\theta$

$$w_{s2} = -x\cos\alpha_{s2}(u' - h_{s2}\theta') + x\theta\sin\alpha_{s2} \tag{16.45a}$$

$$v_{y2} = x\sin\alpha_{s2}(u' - h_{s2}\theta') + x\theta\cos\alpha_{s2} \tag{16.45b}$$

$$\bar{u} = u - h_{s2}\theta \tag{16.45c}$$

$$\bar{u}' = u' - h_{s2}\theta' - \tan\alpha_{s2}\theta, \quad \frac{\partial \bar{u}}{\partial x} = 0$$

$$w_{s2}' = -x\cos\alpha_{s2}[u'' - (h_{s2}\theta'' + \tan\alpha_{s2}\theta')] + x\theta'\sin\alpha_{s2}$$

$$v_{y2}' = x\sin\alpha_{s2}[u'' - (h_{s2}\theta'' + \tan\alpha_{s2}\theta')] + x\theta'\cos\alpha_{s2}$$

$$\frac{\partial w_{s2}}{\partial x} = -(u' - h_{s2}\theta')\cos\alpha_{s2} + \theta\sin\alpha_{s2}, \frac{\partial v_{y2}}{\partial x} = (u' - h_{s2}\theta')\sin\alpha_{s2} + \theta\cos\alpha_{s2}$$

$$\varepsilon_2^N = \frac{1}{2}\cos^2\alpha_{s2}\{x^2(u'' - h_{s2}\theta'')^2 + 2x^2(u'' - h_{s2}\theta'')\tan\alpha_{s2}\theta' + (u' - h_{s2}\theta' - \tan\alpha_{s2}\theta)^2\} + \frac{1}{2}(x\theta')^2$$

$$= \frac{1}{2}\left[(x\theta')^2 + (u' - h_{s2}\theta' - \tan\alpha_{s2}\theta)^2\cos^2\alpha_{s2}\right] \tag{16.46a}$$

$$\gamma_{s2}^N = \frac{1}{2}x\cos\alpha_{s2}\left[\frac{\partial\theta^2}{\partial z_s} + \frac{\partial(u' - h_{s2}\theta')^2}{\partial z_s}\right] \approx x\theta\theta'\cos\alpha_{s2} \tag{16.46b}$$

$$\varepsilon_{x2}^N = \frac{1}{2}\left[(u' - h_{s2}\theta')^2 + \theta^2\right] \approx \frac{1}{2}\theta^2 \tag{16.46c}$$

腹板上，$\overline{u} = u - (y_s - y_0)\theta$，$\overline{w} = 0$，$\overline{v} = 0$(注意 $y_0 = h_{s1} - h_1$，$\rho^2 = x^2 + (y_s - y_0)^2$)

$$\varepsilon_{zw}^N = \frac{1}{2}\left[u'^2 + \rho^2\theta'^2 - 2(y - y_0)u'\theta'\right] \tag{16.47a}$$

$$\gamma_{zsw}^N = \frac{\partial\overline{v}}{\partial y_s}\frac{\partial\overline{v}}{\partial z_s} + \frac{\partial\overline{u}}{\partial y_s}\frac{\partial\overline{u}}{\partial z_s} + \frac{\partial\overline{w}}{\partial y_s}\frac{\partial\overline{w}}{\partial z_s} = \frac{\partial\overline{u}}{\partial y_s}\frac{\partial\overline{u}}{\partial z_s} = -\theta[u' - (y_s - y_0)\theta'] \tag{16.47b}$$

$$\varepsilon_{sw}^N = \frac{1}{2}\left(\frac{\partial\overline{u}}{\partial y}\right)^2 = \frac{1}{2}\theta^2 \tag{16.47c}$$

其中剪切中心坐标是

$$y_0 = h_{s1} - h_1 = \frac{I_{y2}\cos^3\alpha_{s2}}{I_{y1}\cos^3\alpha_{s1} + I_{y2}\cos^3\alpha_{s2}}h - \frac{A_2\cos^3\alpha_2 + 0.5t_wh}{A_1\cos^3\alpha_1 + A_2\cos^3\alpha_2 + ht_w}h$$

上面进行的简化，一方面是基于从等截面杆得到经验，也来自如下判断：如式(16.46c)中略去 $\frac{1}{2}(h_{s2}\theta')^2$，是因为屈曲波长远大于 h_{s2}，使此项仅为 $\frac{1}{2}\theta^2$ 的 $\left(\frac{h_{s2}}{l}\right)^2$ 倍，是很小的量。

16.3.2 纵向应力的非线性正应变能

因为变截面，精确的推导将出现大量的项，因此有必要进行一定的简化。考察一下角度的正弦余弦，图 16.6 所示为两个变截面梁按照 1:1 画出的形心轴和剪切中心轴的位置及其斜角。表 16.1 给出了各个角度的余弦和正弦的值。

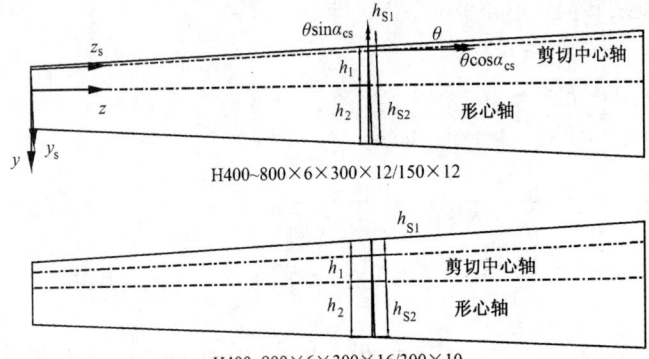

图 16.6 剪切中心轴和形心轴的对比

变截面梁，$l=4\text{m}$	小端 h_1	大端 h_1	小端 h_{s1}	大端 h_{s1}	α_1	α_2	α_{s1}	α_{s2}	α_{cs}	$\cos\alpha_{cs}$
H400~800×6×300×12/150×12	143.8	318.5	41.8	86.2	2.50	3.22	0.64	5.08	1.86	0.9992
H400~800×8×300×16/300×10	155.8	337.2	143.8	297.7	2.60	3.13	2.20	3.52	0.39	0.9996
H300~900×6×300×12/150×12	102.8	364.0	30.7	97.3	3.74	4.84	0.95	7.59	2.78	0.9988
H300~900×8×300×16/300×10	112.3	383.8	105.4	336.2	3.88	4.69	3.30	5.27	0.58	1.0

	α_1	α_2	α_{s1}	α_{s2}	α_{cs}
$\cos^4\alpha$	0.996198	0.993688	0.99975	0.98438	0.997894
	0.995889	0.994054	0.997055	0.992475	0.999907
	0.991508	0.985806	0.99945	0.965412	0.995301
	0.990863	0.986646	0.993384	0.983199	0.999795
$\sin\alpha$	0.043619	0.056224	0.01117	0.088547	0.032457
	0.045363	0.054568	0.038388	0.061397	0.006807
	0.065229	0.084393	0.01658	0.132083	0.048501
	0.067667029	0.081849	0.057564	0.091849	0.010123
$\sin^2\alpha$	0.001902651	0.003161	0.000125	0.007841	0.001053
	0.002057801	0.002978	0.001474	0.00377	0.0000463
	0.004254818	0.007122	0.000275	0.017446	0.002352
	0.004578827	0.006699	0.003314	0.008436	0.000102

从表 16.1 给出的值看，可以取余弦及其四次方为 1.0，而正弦只需要保留正弦的一次式，正弦的平方及其以上的项均可以略去。推导时做以下约定：

（1）只考虑弯矩项，不研究轴力项；因为本章推导的是变截面梁的弯扭失稳。

（2）下面的积分回到形心坐标系，因为平面内弯曲的应力是在形心坐标系下建立的。因此腹板上的非线性应变要转换到形心坐标系下，即

（3）楔形变截面梁存在如下关系

$$\frac{h_1}{\tan\alpha_1} = \frac{h_2}{\tan\alpha_2} = \frac{h_{s1}}{\tan\alpha_{s1}} = \frac{h_{s2}}{\tan\alpha_{s2}} = \frac{y_0}{\tan\alpha_{cs}}$$

$$U_{\sigma z} = \int_0^L \int_{A_1} \sigma\varepsilon_1^N \mathrm{d}A_1 \mathrm{d}s_1 + \int_0^L \int_{A_2} \sigma\varepsilon_2^N \mathrm{d}A_2 \mathrm{d}s_2$$

$$+ \int_0^L \int_{-h_1}^{h_2} \sigma t_w (\varepsilon_{zw}^N \cos^2\alpha_{cs} + \varepsilon_{sw}^N \sin^2\alpha_{cs} - \gamma_{zsw}^N \sin\alpha_{cs}\cos\alpha_{cs}) \mathrm{d}y\mathrm{d}z$$

$$= -\frac{1}{2}\cos\alpha_1 \int_0^L \frac{Mh_1}{I_x} [(u' + h_{s1}\theta' + \tan\alpha_{s1}\theta)^2 A_1 \cos^2\alpha_{s1} + I_{y1}\theta'^2] \mathrm{d}z$$

$$+ \frac{1}{2}\cos\alpha_2 \int_0^L \frac{Mh_2}{I_x} [(u' - h_{s2}\theta' - \tan\alpha_{s2}\theta)^2 A_2 \cos^2\alpha_{s2} + I_{y2}\theta'^2] \mathrm{d}z$$

$$+ \frac{1}{2}\int_0^L\int_{A_w} \frac{M}{I_x} y[u'^2 + \rho^2\theta'^2 - 2(y - y_0)u'\theta']\cos^2\alpha_{cs}\mathrm{d}A_w\mathrm{d}z$$

$$+ \int_0^L\int_{-h_1}^{h_2} \frac{M}{2I_x} yt_w(\theta^2\sin^2\alpha_{cs} + \theta[u' - (y - y_0)\theta']\sin2\alpha_{cs})\mathrm{d}y\mathrm{d}z$$

将各个量代入，得到

$$U_{\sigma z} = \frac{1}{2}\int_0^L \frac{M}{I_x}(2I_x\tilde{\beta}_x\theta'^2 - 2\tilde{I}_x u'\theta')\mathrm{d}z + U_{\sigma zr} \tag{16.48a}$$

$$U_{\sigma zr} = \int_0^L \frac{M}{2I_x}[A_2 h_2^2\cos\alpha_2\sin2\alpha_{s2} - A_1 h_1^2\cos\alpha_1\sin2\alpha_{s1} - \frac{1}{3}(h_2^3 + h_1^3)t_w\sin2\alpha_{cs}]\theta'\theta\mathrm{d}z$$

$$- \int_0^l \frac{M}{2I_x}[A_2 h_2\cos\alpha_2\sin2\alpha_{s2} + A_1 h_1\cos\alpha_1\sin2\alpha_{s1} - \frac{1}{2}(h_2^2 - h_1^2)t_w\sin2\alpha_{cs}](u' + y_0\theta')\theta\mathrm{d}z$$

$$\tag{16.48b}$$

式中

$$\tilde{\beta}_x = \frac{1}{2I_x}\begin{bmatrix}(I_{y2}h_2 + A_2 h_2^3\cos^2\alpha_{s2})\cos\alpha_2 - (I_{y1}h_1 + A_1 h_1^3\cos^2\alpha_{s1})\cos\alpha_1 + \frac{t_w}{4}(h_2^4 - h_1^4)\cos^2\alpha_{cs} \\ -2y_0\left(A_1 h_1^2\cos^2\alpha_{s1}\cos\alpha_1 + A_2 h_2^2\cos^2\alpha_{s2}\cos\alpha_2 + \frac{1}{3}t_w(h_2^3 + h_1^3)\cos^2\alpha_{cs}\right) \\ +y_0^2\left(-A_1 h_1\cos^2\alpha_{s1}\cos\alpha_1 + A_2 h_2\cos^2\alpha_{s2}\cos\alpha_2 + \frac{1}{2}t_w(h_2^2 - h_1^2)\cos^2\alpha_{cs}\right)\end{bmatrix} \approx \beta_x$$

$$\tag{16.49}$$

上式实际上和第 5 章附录 A 的式 (A.7) 对应。

$$\tilde{I}_x = A_1 h_1^2\cos\alpha_1\cos^2\alpha_{s1} + A_2 h_2^2\cos\alpha_2\cos^2\alpha_{s2} + \frac{1}{3}(h_2^3 + h_1^3)t_w\cos^2\alpha_{cs} = I_x$$

推导的过程也利用了如下的简化

$$\frac{1}{2}\int_0^L \frac{M}{I_x}[(A_2 h_2\cos\alpha_2\sin^2\alpha_{s2} - A_1 h_1\cos\alpha_1\sin^2\alpha_{s1} + \frac{1}{2}t_w(h_2^2 - h_1^2)\sin^2\alpha_{cs}]\theta^2\mathrm{d}z$$

$$+ \int_0^L \frac{M}{I_x}[A_2 h_2\cos\alpha_2\cos^2\alpha_{s2} - h_1 A_1\cos\alpha_1\cos^2\alpha_{s1} + \frac{1}{2}t_w(h_2^2 - h_1^2)\cos^2\alpha_{cs}]u'(u' + y_0\theta')\mathrm{d}z \approx 0$$

16.3.3 剪应力的非线性应变能

上翼缘内剪应力的非线性应变能为

$$U_{\tau 1} = \int_0^L\int_{A_1}\tau_{fl}x\cos\alpha_{s1}\theta\theta'\mathrm{d}A_1\mathrm{d}s_1 = \int_0^L\int_{-0.5b_1}^0 (0.5b_1 + x)\cos^3\alpha_1\left(\frac{Mh_1}{I_x}\right)'x\cos\alpha_{s1}\theta\theta't_1\mathrm{d}x\mathrm{d}s_1$$

$$- \int_0^L\int_0^{0.5b_1} (0.5b_1 - x)\cos^3\alpha_1\left(\frac{Mh_1}{I_x}\right)'x\cos\alpha_{s1}\theta\theta't_1\mathrm{d}x\mathrm{d}s_1$$

$$= -\frac{1}{2}\int_0^L I_{y1}\left[\left(\frac{M}{I_x}\right)'h_1 + \frac{M}{I_x}\tan\alpha_1\right]\cos^2\alpha_1\cos\alpha_{s1}\theta\theta'\mathrm{d}z$$

同理得到下翼缘中面剪应力的非线性应变能

$$U_{\tau 2} = \frac{1}{2}\int_0^L I_{y2}\left[\left(\frac{M}{I_x}\right)'h_2 + \frac{M}{I_x}\tan\alpha_2\right]\cos^2\alpha_2\cos\alpha_{s2}\theta\theta'\mathrm{d}z$$

在形心坐标系下腹板上的非线性剪应变是

$$\gamma_w^N = -2(\varepsilon_{sw}^N - \varepsilon_{zw}^N)\sin\alpha_{cs}\cos\alpha_{cs} + \gamma_{zsw}^N(\cos^2\alpha_{cs} - \sin^2\alpha_{cs})$$
$$= -(\varepsilon_{sw}^N - \varepsilon_{zw}^N)\sin2\alpha_{cs} + \gamma_{zsw}^N\cos2\alpha_{cs}$$

腹板上剪应力的非线性应变能为

$$U_{\tau w1} = \int_0^L \int_{A_w} \tau_w \gamma_{zsw}^N \cos2\alpha_{cs} dA_w dz = \int_0^L \int_{-h_1}^{h_2} \left[\left(\frac{M}{I_x}\right)'S_x + \frac{M}{I_x}S_x'\right]\left[u'\theta - (y-y_0)\theta'\theta\right]\cos2\alpha_{cs} dydz$$

$$U_{\tau w2} = -\int_0^L \int_{A_w} \tau_w(\varepsilon_{sw}^N - \varepsilon_{sz}^w)\sin2\alpha_{cs} dA_w dz$$

$$= -\int_0^L \int_{-h_1}^{h_2}\left[\left(\frac{M}{I_x}\right)'S_x + \frac{M}{I_x}S_x'\right]t_w\left(\frac{1}{2}\theta^2 - \frac{1}{2}\left[u'^2 + \rho^2\theta'^2 - 2(y-y_0)u'\theta'\right]\right)\sin2\alpha_{cs} dydz$$

截面性质的积分如下

$$S_x = -A_1 h_1 \cos^3\alpha_1 + 0.5t_w(y^2 - h_1^2)$$

$$S_x' = -(A_1\cos^3\alpha_1 + h_1 t_w)\tan\alpha_1$$

$$\int_{A_w} S_x dy = -A_1 h_1 h\cos^3\alpha_1 + 0.5t_w\left[\frac{1}{3}(h_2^3 + h_1^3) - hh_1^2\right] = -I_x$$

$$\int_{A_w} S_x(y-y_0)dy = -\frac{1}{2}A_2 h_2^3\cos^3\alpha_2 + \frac{1}{2}A_1 h_1^3\cos^3\alpha_1 - \frac{t_w}{8}(h_2^4 - h_1^4) + y_0 I_x$$

$$\int_{A_w} S_x(y-y_0)^2 dy = -\frac{1}{3}(A_1 h_1\cos^3\alpha_1 + 0.5t_w h_1^2)(h_2^3 + h_1^3) + \frac{t_w}{10}(h_2^5 + h_1^5)$$
$$+ \left[(A_1 h_1\cos^3\alpha_1 + 0.5t_w h_1^2)(h_2^2 - h_1^2) - \frac{1}{4}t_w(h_2^4 - h_1^4)\right]y_0$$
$$+ \left[\frac{t_w}{6}(h_2^3 + h_1^3) - (A_1 h_1\cos^3\alpha_1 + 0.5t_w h_1^2)h\right]y_0^2$$

$\int_{-h_1}^{h_2} S_x'dy$，$\int_{-h_1}^{h_2} S_x'(y-y_0)dy$，$\int_{-h_1}^{h_2} S_x'(y-y_0)^2 dy$ 等的积分需要仔细推敲：先微分再积分是否会丢失某些项？因此在下面的推导中采用了两种方法，一种是直接把 S_x' 代入积分，一种是把 $\int_{-h_1}^{h_2} S_x dy$，$\int_{-h_1}^{h_2} S_x(y-y_0)dy$，$\int_{-h_1}^{h_2} S_x(y-y_0)^2 dy$ 微分，倒推出所需要的积分。两种方法的结果是一样的。因此

$$\int_{-h_1}^{h_2} S_x'dy = -(A_1\cos^3\alpha_1 + t_w h_1)h\tan\alpha_1$$

$$\int_{-h_1}^{h_2} S_x'(y-y_0)dy = \frac{1}{2}(A_1\cos^3\alpha_1 + h_1 t_w)\tan\alpha_1(h_1^2 - h_2^2) + y_0\left[(A_1\cos^3\alpha_1 + t_w h_1)h\tan\alpha_1\right]$$

$$\int_{-h_1}^{h_2} S_x'(z)(y-y_0)^2 dy = -(A_1\cos^3\alpha_1 + t_w h_1)\tan\alpha_1\left[\frac{1}{3}(h_2^3 + h_1^3) - (h_2^2 - h_1^2)y_0 + hy_0^2\right]$$

因此

$$U_{\tau w1} = -\int_0^L\left(\left(\frac{M}{I_x}\right)'I_x + \frac{M}{I_x}(t_w h_1 + A_1\cos^3\alpha_1)h\tan\alpha_1\right)(u' + y_0\theta')\theta\cos2\alpha_{cs} dz$$
$$+ \frac{1}{2}\int_0^L \left\{ \begin{array}{l} \left(\frac{M}{I_x}\right)'\left[A_2 h_2^3\cos^3\alpha_2 - A_1 h_1^3\cos^3\alpha_1 + 0.25t_w(h_2^4 - h_1^4)\right] \\ + \frac{M}{I_x}(A_1\cos^3\alpha_1 + t_w h_1)(h_2^2 - h_1^2)\tan\alpha_1 \end{array} \right\}\theta'\theta\cos2\alpha_{cs} dz$$

$$U_{\tau w2} = \frac{1}{2}\int_0^L\left[\left(\frac{M}{I_x}\right)'I_x + \frac{M}{I_x}(t_wh_1 + A_1\cos^3\alpha_1)h\tan\alpha_1\right](\theta^2 - u'^2)\sin2\alpha_{cs}\mathrm{d}z$$

$$-\int_0^L\left\{\begin{array}{l}\left(\dfrac{M}{I_x}\right)'\left[\dfrac{1}{2}A_1h_1^3\cos^3\alpha_1 - \dfrac{1}{2}A_2h_2^3\cos^3\alpha_2 - \dfrac{t_w}{8}(h_2^4 - h_1^4) + y_0I_x\right] \\ + \dfrac{M}{I_x}\left(\dfrac{1}{2}(A_1\cos^3\alpha_1 + t_wh_1)(h_1^2 - h_2^2)\tan\alpha_1 + y_0(A_1\cos^3\alpha_1 + t_wh_1)h\tan\alpha_1\right)\end{array}\right\}u'\theta'\sin2\alpha_{cs}\mathrm{d}z$$

$$+\frac{1}{2}\int_0^L\left[\begin{array}{l}\left(\dfrac{M}{I_x}\right)'\left\{\begin{array}{l}\dfrac{t_w}{10}(h_2^5 + h_1^5) - \dfrac{t_w}{4}(h_2^4 - h_1^4)y_0 + \dfrac{t_w}{6}(h_2^3 + h_1^3)y_0^2 \\ + (A_1h_1\cos^3\alpha_1 + 0.5t_wh_1^2)\left[-\dfrac{h_2^3 + h_1^3}{3} + (h_2^2 - h_1^2)y_0 - hy_0^2\right]\end{array}\right\} \\ + \dfrac{M}{I_x}(A_1\cos^3\alpha_1 + h_1t_w)\tan\alpha_1\left(-\dfrac{1}{3}(h_2^3 + h_1^3) - hy_0^2 + (h_2^2 - h_1^2)y_0\right)\end{array}\right]\theta'^2\sin2\alpha_{cs}\mathrm{d}z$$

积分得到 $U_{\tau w} = U_{\tau w1} + U_{\tau w2}$，与两个翼缘的剪应力的非线性应变能相加得到

$$U_\tau = U_{\tau 1} + U_{\tau 2} + U_{\tau w1} + U_{\tau w2} = \int_0^L\left(\frac{M_x}{I_x}\right)'(\beta_x\theta\theta' - u'\theta)I_x\cos2\alpha_{cs}\mathrm{d}z + U_{\tau r} \tag{16.50a}$$

$$U_{\tau r} = \frac{1}{2}\int_0^L\frac{M}{I_x}\left[\begin{array}{l}I_{y2}\sin\alpha_2\cos\alpha_2\cos\alpha_{s2} - I_{y1}\cos\alpha_1\sin\alpha_1\cos\alpha_{s1} \\ + (A_1\cos^3\alpha_1 + t_wh_1)(h_2^2 - h_1^2)\tan\alpha_1\cos2\alpha_{cs}\end{array}\right]\theta\theta'\mathrm{d}z$$

$$-\int_0^L\left(\frac{Mh}{I_x}(t_wh_1 + A_1\cos^3\alpha_1)\tan\alpha_1\right)\cos2\alpha_{cs}(u' + y_0\theta')\theta\mathrm{d}z$$

$$-\int_0^L\left\{\frac{1}{2}\left(\frac{M}{I_x}\right)'\left[A_1h_1^3\cos^3\alpha_1 - A_2h_2^3\cos^3\alpha_2 - \frac{t_w}{4}(h_2^4 - h_1^4) + 2y_0I_x\right]\right\}u'\theta'\sin2\alpha_{cs}\mathrm{d}z$$

$$+\frac{1}{2}\int_0^L\left[\left(\frac{M}{I_x}\right)'\left\{\begin{array}{l}\dfrac{t_w}{10}(h_2^5 + h_1^5) - \dfrac{t_w}{4}(h_2^4 - h_1^4)y_0 + \dfrac{t_w}{6}(h_2^3 + h_1^3)y_0^2 \\ + (A_1h_1\cos^3\alpha_1 + 0.5t_wh_1^2)\left[-\dfrac{h_2^3 + h_1^3}{3} + (h_2^2 - h_1^2)y_0 - hy_0^2\right]\end{array}\right\}\right]\theta'^2\sin2\alpha_{cs}\mathrm{d}z$$

$$+\frac{1}{2}\int_0^L\left(\frac{M}{I_x}\right)'I_x(\theta^2 - u'^2)\sin2\alpha_{cs}\mathrm{d}z \tag{19.50b}$$

式中

$$\beta_x = \frac{I_{y2}h_2\cos^2\alpha_2\cos\alpha_{s2} - I_{y1}h_1\cos^2\alpha_1\cos\alpha_{s1}}{2I_x\cos2\alpha_{cs}} + \frac{A_2h_2^3\cos^3\alpha_2 - A_1h_1^3\cos^3\alpha_1 + 0.25t_w(h_2^4 - h_1^4)}{2I_x} - y_0$$

并且略去了如下项

$$\frac{1}{2}\int_0^L\frac{M}{I_x}\left[\begin{array}{l}\left((h_2 - h_1)y_0 - \dfrac{1}{3}(h_2^2 - h_1h_2 + h_1^2) - y_0^2\right)\theta'^2 \\ - (h_1 - h_2 + 2y_0)u'\theta' + \theta^2 - u'^2\end{array}\right]h(A_1\cos^3\alpha_1 + t_wh_1)\sin2\alpha_{cs}\tan\alpha_1\mathrm{d}z$$

16.3.4　横向正应力的非线性应变能

上翼缘内横向正应力的非线性应变能为

$$U_{s1} = \int_0^L\int_{A_1}\sigma_{s1}\varepsilon_{x1}^N\mathrm{d}A_1\mathrm{d}s_1 = \int_0^L\theta^2\int_{-0.5b_1}^0 0.5\cos^3\alpha_1\left(-\frac{Mh_1}{I_x}\right)''(x + 0.5b_1)^2t_1\mathrm{d}x\mathrm{d}z$$

所以

$$U_{s1} = -\frac{1}{4}\int_0^L I_{y1}\cos^3\alpha_1\left(h_1\frac{M}{I_x}\right)''\theta^2\mathrm{d}z$$

$$= -\frac{1}{4}\int_0^L I_{y1}\cos^3\alpha_1\left[2\tan\alpha_1\left(\frac{M}{I_x}\right)' + h_1\left(\frac{M}{I_x}\right)''\right]\left[(u' + h_{s1}\theta')^2 + \theta^2\right]\mathrm{d}z$$

下翼缘上的横向正应力的非线性应变能为

$$U_{s2} = \int_0^L\int_{A_1}\sigma_{s2}\varepsilon_{s2}^N\mathrm{d}A_2\mathrm{d}s_2 = -\frac{1}{4}\int_0^L I_{y2}\cos^4\alpha_2\left(-\frac{Mh_2}{I_x}\right)''\theta^2\mathrm{d}z$$

$$= \frac{1}{4}\int_0^L I_{y2}\cos^3\alpha_2\left[2\tan\alpha_2\left(\frac{M}{I_x}\right)' + h_2\left(\frac{M}{I_x}\right)''\right]\left[(u' - h_{s2}\theta')^2 + \theta^2\right]\mathrm{d}z$$

腹板上形心坐标系下的非线性横向正应变是(略去正弦二次方及以上的项)

$$\varepsilon_s^N = \varepsilon_{sw}^N\cos^2\alpha_{cs} + \varepsilon_{zw}^N\sin^2\alpha_{cs} + \gamma_{zsw}^N\sin\alpha_{cs}\cos\alpha_{cs} \approx \varepsilon_{sw}^N\cos^2\alpha_{cs} + \gamma_{zsw}^N\sin\alpha_{cs}\cos\alpha_{cs}$$

在腹板内横向正应力可以表示为

$$\sigma_{sw}t_w = -q - \left(\frac{MP_x}{I_x}\right)''$$

其中

$$P_x = \left(A_1h_1\cos^3\alpha_1 + \frac{1}{2}t_wh_1^2\right)(y + h_1) - \frac{1}{6}t_w(y^3 + h_1^3)$$

$$P_x' = \tan\alpha_1\left[A_1\cos^3\alpha_1 h_1 + (A_1\cos^3\alpha_1 + h_1t_w)(y + h_1)\right]$$

$$P_x'' = \tan^2\alpha_1\left[2A_1\cos^3\alpha_1 + (y + 2h_1)t_w\right] \approx 0$$

$$\int_{-h_1}^{h_2} P_x\mathrm{d}y = \frac{1}{2}\left(A_1h_1\cos^3\alpha_1 + \frac{1}{2}t_wh_1^2\right)h^2 - \frac{1}{6}t_w\left[\frac{1}{4}(h_2^4 - h_1^4) + h_1^3h\right]$$

$$\int_{-h_1}^{h_2} P_x'\mathrm{d}y = h\tan\alpha_1\left[A_1h_1\cos^3\alpha_1 + \frac{1}{2}(A_1\cos^3\alpha_1 + h_1t_w)h\right]$$

$$\int_{-h_1}^{h_2} P_xy\mathrm{d}y = \left(A_1h_1\cos^3\alpha_1 + \frac{1}{2}t_wh_1^2\right)\left[\frac{1}{3}(h_2^3 + h_1^3) + h_1\frac{1}{2}(h_2^2 - h_1^2)\right]$$

$$- \frac{t_w}{6}\left[\frac{1}{5}(h_2^5 + h_1^5) + \frac{1}{2}h_1^3(h_2^2 - h_1^2)\right]$$

$$U_{sw1} = \int_0^L\int_{A_w}\sigma_{sw}\varepsilon_{sw}^N\cos^2\alpha_{cs}\mathrm{d}A_w\mathrm{d}z$$

$$= -\frac{1}{2}\int_0^L\left[\left(\frac{M_x}{I_x}\right)''\int_{-h_1}^{h_2} P_x\mathrm{d}y + 2\left(\frac{M_x}{I_x}\right)'\int_{-h_1}^{h_2} P_x'\mathrm{d}y + qh\right]\cos^2\alpha_{cs}\cdot\theta^2\mathrm{d}z$$

$$U_{sw1} = -\frac{1}{2}\int_0^L\left[\left(\frac{M_x}{I_x}\right)''\left\{\frac{1}{2}\left(A_1h_1\cos^3\alpha_1 + \frac{1}{2}t_wh_1^2\right)h^2 - \frac{t_w}{6}\left[\frac{1}{4}(h_2^4 - h_1^4) + h_1^3h\right]\right\} + qh\right]\cos^2\alpha_{cs}\cdot\theta^2\mathrm{d}z$$

$$- \int_0^L\left(\frac{M_x}{I_x}\right)'h\tan\alpha_1\left[A_1h_1\cos^3\alpha_1 + \frac{1}{2}(A_1\cos^3\alpha_1 + h_1t_w)h\right]\cos^2\alpha_{cs}\cdot\theta^2\mathrm{d}z$$

$$U_{sw2} = \int_0^L\int_{A_w}\sigma_{sw}\gamma_{zsw}^N\sin\alpha_{cs}\cos\alpha_{cs}\mathrm{d}A_w\mathrm{d}z = \frac{1}{2}\int_0^L\int_{-h_1}^{h_2}\left[\left(\frac{MP_x}{I_x}\right)'' + q\right]\theta[u' - (y - y_0)\theta']\mathrm{d}y\cdot\sin2\alpha_{cs}\mathrm{d}z$$

$$U_{sw2} = \frac{1}{2}\int_0^L\left[\left(\frac{M_x}{I_x}\right)''\left[\frac{h^2}{2}(A_1h_1\cos^3\alpha_1 + \frac{1}{2}t_wh_1^2) - \frac{t_w}{6}\left(\frac{h_2^4 - h_1^4}{4} + h_1^3h\right)\right] + qh\right]\theta(u' + y_0\theta')\sin2\alpha_{cs}\mathrm{d}z$$

$$-\frac{1}{2}\int_0^L\left[\begin{matrix}\left(\dfrac{M_x}{I_x}\right)''\left[\left(A_1h_1\cos^3\alpha_1+\dfrac{1}{2}t_wh_1^2\right)\left[\dfrac{h_2^3+h_1^3}{3}+\dfrac{h_1(h_2^2-h_1^2)}{2}\right]\right]\\-\dfrac{t_w}{6}\left(\dfrac{h_2^5+h_1^5}{5}+\dfrac{h_1^3(h_2^2-h_1^2)}{2}\right)\\+0.5q(h_2^2-h_1^2)\end{matrix}\right]\theta\theta'\sin2\alpha_{cs}\mathrm{d}z$$

可以验证下式：

$$(y_0+\beta_x-h_2)I_x=\frac{1}{2}I_{y2}h_2\cos^3\alpha_2-\frac{1}{2}I_{y1}h_1\cos^3\alpha_1-\frac{1}{2}\left(A_1h_1\cos^3\alpha_1+\frac{1}{2}t_wh_1^2\right)h^2\cos^2\alpha_{cs}$$

$$+\frac{t_w}{6}\left[\frac{1}{4}(h_2^4-h_1^4)+h_1^3h\right]\cos^2\alpha_{cs}$$

四部分相加得到

$$U_{\sigma s}=U_{s1}+U_{s2}+U_{sw1}+U_{sw2}$$

$$=-\frac{1}{2}\int_0^L\left\{(h_2-\beta_x-y_0)I_x\left(\frac{M}{I_x}\right)''+qh\cos^2\alpha_{cs}\right\}\theta^2\mathrm{d}z+U_{\sigma sr}\tag{16.51a}$$

$$U_{\sigma sr}=+\frac{1}{2}\int_0^L\left(\frac{M}{I_x}\right)'\left\{\begin{matrix}I_{y2}\cos^3\alpha_2\tan\alpha_2-I_{y1}\cos^3\alpha_1\tan\alpha_1\\-h\tan\alpha_1\left[2A_1h_1\cos^3\alpha_1+(A_1\cos^3\alpha_1+h_1t_w)h\right]\cos^2\alpha_{cs}\end{matrix}\right\}\theta^2\mathrm{d}z$$

$$+\frac{1}{2}\int_0^L\left\{\left(\frac{M_x}{I_x}\right)''\left[\frac{h^2}{2}\left(A_1h_1\cos^3\alpha_1+\frac{1}{2}t_wh_1^2\right)-\frac{t_w}{6}\left(\frac{h_2^4-h_1^4}{4}+h_1^3h\right)\right]\\+qh\end{matrix}\right\}\theta(u'+y_0\theta')\sin2\alpha_{cs}\mathrm{d}z$$

$$-\frac{1}{2}\int_0^L\left[\begin{matrix}\left(\dfrac{M_x}{I_x}\right)''\left[\left(A_1h_1\cos^3\alpha_1+\dfrac{t_w}{2}h_1^2\right)\left(\dfrac{h_2^3+h_1^3}{3}+\dfrac{h_1(h_2^2-h_1^2)}{2}\right)\right]\\-\dfrac{t_w}{6}\left(\dfrac{h_2^5+h_1^5}{5}+\dfrac{h_1^3(h_2^2-h_1^2)}{2}\right)\\+0.5q(h_2^2-h_1^2)\end{matrix}\right]\theta\theta'\sin2\alpha_{cs}\mathrm{d}z$$

$$\tag{16.51b}$$

16.4　楔形变截面梁段的弯扭失稳

16.4.1　弯扭屈曲的总应变能

弯扭屈曲时的应变能汇总如下

$$U=U_L+U_N+U_{\sigma zr}+U_{\tau\tau}+U_{\sigma sr}\tag{16.52}$$

U_L 线性部分的应变能，由式(16.42)给出，而 U_N 是屈曲前应力在屈曲变形上产生的应力能的主要部分，其余是与角度正弦有关的部分。

$$U_N=\frac{1}{2}\int_0^L\frac{M}{I_x}(2I_x\tilde{\beta}_x\theta'^2-2\tilde{I}_xu'\theta')\mathrm{d}z+\int_0^L\left(\frac{M_x}{I_x}\right)'(\beta_x\theta\theta'-u'\theta)I_x\cos2\alpha_{cs}\mathrm{d}z$$

$$-\frac{1}{2}\int_0^L\left\{(h_2-\beta_x-y_0)I_x\left(\frac{M}{I_x}\right)''+qh\cos^2\alpha_{cs}\right\}\theta^2\mathrm{d}z$$

$$U_N=\frac{1}{2}\int_0^L\left[2(\beta_x\theta'-u')\left[M_x\theta'+\left(\frac{M_x}{I_x}\right)'\theta I_x\right]-\left[(h_2-\beta_x-y_0)I_x\left(\frac{M}{I_x}\right)''+qh\right]\theta^2\right]\mathrm{d}z$$

$$\tag{16.53}$$

在截面是双轴对称的情况下，得到

$$U_N = -\frac{1}{2}\int_0^L \left[2M_x u'\theta' + 2\left(\frac{M_x}{I_x}\right)' u'\theta I_x + 2\frac{M_x}{I_x}I_x' \cdot u'\theta + \left[\frac{1}{2}hI_x\left(\frac{M}{I_x}\right)'' + \left(\frac{M}{I_x}\right)' I_x'h + qh \right]\theta^2 \right] dz$$

(16.54)

此时 $U_r = U_{\sigma zr} + U_{\tau r} + U_{\sigma sr} = -\int_0^L \frac{M}{I_x}I_x' \cdot u'\theta dz - \frac{1}{2}\int_0^L \left(\frac{M}{I_x}\right)' I_x'h\theta^2 dz$ 已经含在 U_N 里面。

16.4.2 楔形变截面梁段的弯扭失稳计算

《门式刚架轻型房屋钢结构技术规程》CECS102：2002 中给出了变截面柱平面外稳定计算公式，它以下式计算楔形梁弯扭失稳的稳定系数 $\phi_{b\gamma}$

$$\phi_{br} = \frac{4320}{\lambda_{y0}^2} \cdot \frac{A_0 h_0}{W_{x0}} \sqrt{\left(\frac{\mu_s}{\mu_\omega}\right)^4 + \left(\frac{\lambda_{y0}t_0}{4.4h_0}\right)^2}\left(\frac{235}{f_y}\right)$$

(16.55)

式中 A_0，h_0，W_{x0} 分别为小端截面的面积，截面高度和抵抗矩，t_0 是小端截面受压翼缘的厚度，

$$\mu_s = 1 + 0.023\gamma\sqrt{lh_0/A_f}$$

(16.56a)

$$\mu_\omega = 1 + 0.00385\gamma\sqrt{l/i_{y0}}$$

(16.56b)

A_f 是受压翼缘面积，l 为楔形梁长度，i_{y0} 是受压翼缘与受压腹板 1/3 高度组成的截面绕 y 轴的回转半径，$\gamma = (h_1 - h_0)/h_0$ 是楔形变截面构件的楔率，$\lambda_{y0} = \mu_s l/i_{y0}$。

上述公式存在很大问题，因为式（16.56a，b）来自美国的研究（Lee.，Morrell & Ketter，1972），这两式本不是同时出现在一个公式中的，而是分别用于翘曲刚度较大和自由扭转刚度较大的构件中。本章利用得到的变截面梁的总势能，建立变截面构件弯扭屈曲分析的有限元刚度矩阵，采用特征值问题的有限元求解方法，求出大端弯矩的临界值。

变截面梁的楔率为 $\gamma = \dfrac{h_E - h_S}{h_S}$，楔形变截面工字钢梁的 I_y 沿着梁轴全长基本不变，截面的扇性惯矩

$$I_\omega(z) = \frac{I_{yT}I_{yB}}{I_y}h^2 = I_{\omega 0} \cdot \left(1 + 2\gamma\frac{z}{l} + \gamma^2\frac{z^2}{l^2} \right),$$

(16.57a)

圣维南常数

$$J(z) = J_0\left(1 + d_k\frac{z}{l} \right), \quad d_k = \frac{h_S t_w^3}{3J_0}\gamma,$$

(16.57b)

下标"0"表示小端截面。

假设弯矩线性变化，变化范围为 $-\dfrac{W_{x0}}{W_{x1}} \leqslant \dfrac{M_0}{M_1} = k \leqslant \dfrac{W_{x0}}{W_{x1}}$。$k = \dfrac{W_{x0}}{W_{x1}}$ 时梁内各个截面的最大压应力基本相同，称为应力均匀的弯矩分布。先以能量法求解，设构件屈曲时的位移函数为 $u = A\sin\dfrac{\pi z}{L}$，$\theta = B\sin\dfrac{\pi z}{L}$，代入总势能方程，利用里兹法得到临界弯矩的近似计算式，然后进行有限元法的分析，对式中的系数进行订正。最后得到

$$M_{cr} = C_1\frac{\pi^2 EI_y}{L^2}\left[\beta_{x0}(1+0.5\gamma) + \sqrt{[\beta_{x0}(1+0.5\gamma)]^2 + \frac{I_{\omega 0}}{I_y}\left[1+\gamma+0.5\gamma^2 + \frac{GJ_0(1+0.5d_k)L^2}{E\pi^2 I_{\omega 0}} \right]} \right]$$

(16.58)

522

C_1 采用式(5.44b)计算。

有限元计算采用的变截面梁大端截面分别为 H600×200(100)×8/10，H600×250(125)×6/10，H600×300(150)×5/10，小端截面高度从 150～600 变化，梁跨度为 4m，6m 和 8m 三种。

对于应力纯弯的弯矩分布，首先将式(16.58)、按照式(16.55)得到的临界弯矩 $M_{cr1} = \phi_{br}W_{x1}f_y$ 与有限元方法的结果进行了对比，结果表明，式(16.55)计算的临界弯矩偏大 15%～45%。这种偏大的结果是在预料之中的。

对双轴对称截面和单轴对称楔形变截面梁，取 $k = \dfrac{M_0}{M_1} = \dfrac{W_{x0}}{W_{x1}}, \dfrac{W_{x0}}{2W_{x1}}, 0, -\dfrac{W_{x0}}{W_{x1}}, -\dfrac{W_{x0}}{2W_{x1}}$ 等弯矩变化规律的情况下，式(16.58)与有限元结果的对比，对所有的情况，误差均小于 10%，且大部分情况偏安全。

表 16.2a，b 给出式(16.58)与有限元结果在双轴对称截面楔形梁，跨度为 4m 的情况下的比较，表 16.3 给出单轴对称截面楔形梁跨度为 4m 的情况下的比较。由这些表格可见，式(16.58)有很高的精度，只有在楔率为 3 的极个别情况，出现大于 5% 的正误差。其他情况都偏安全，误差也很小。

跨度 4m 的双轴对称变截面梁临界弯矩对比（1）　　　　表 16.2a

截 面 尺 寸	$k = W_{x0}/W_{x1}$			$k = 0.5W_{x0}/W_{x1}$			$k = 0$		
	M_{cr}	M_e	误差	M_{cr}	M_e	误差	M_{cr}	M_e	误差
H150 - 600×300×5/10	1956.3	1852	5.63	2107.2	2039	3.34	2270.8	2251	0.88
H200 - 600×300×5/10	1915.6	1830	4.68	2123.8	2071	2.55	2357.9	2359	-0.05
H300 - 600×300×5/10	1828.9	1799	1.66	2146.4	2135	0.53	2534.3	2576	-1.62
H400 - 600×300×5/10	1760.1	1772	-0.67	2175.0	2190	-0.69	2737.2	2786	-1.75
H150 - 600×200×8/10	629.2	615	2.31	671.6	669	0.40	717.2	728	-1.49
H200 - 600×200×8/10	616.9	603	2.30	676.5	673	0.53	742.7	754	-1.50
H300 - 600×200×8/10	587.6	583	0.79	681.6	683	-0.20	794.4	811	-2.05
H400 - 600×200×8/10	560.1	565	-0.86	686.2	693	-0.98	853.7	870	-1.88
H150 - 600×250×6/10	1159.9	1111	4.40	1245.4	1218	2.25	1337.8	1338	-0.02
H200 - 600×250×6/10	1136.2	1094	3.86	1254.9	1232	1.86	1387.7	1395	-0.52
H300 - 600×250×6/10	1083.9	1069	1.39	1266.8	1264	0.22	1488.9	1516	-1.79
H400 - 600×250×6/10	1039.7	1047	-0.70	1280.9	1291	-0.78	1605.4	1635	-1.81

跨度 4m 的双轴对称变截面梁临界弯矩对比（2）　　　　表 16.2b

截 面 尺 寸	$k = -0.5W_{x0}/W_{x1}$			$k = -W_{x0}/W_{x1}$		
	M_{cr}	M_e	误 差	M_{cr}	M_e	误 差
H150 - 600×300×5/10	2447.0	2487	-1.61	2635.9	2740	-3.80
H200 - 600×300×5/10	2617.7	2692	-2.76	2903.4	3051	-4.84

截面尺寸	$k = -0.5W_{x0}/W_{x1}$			$k = -W_{x0}/W_{x1}$		
	M_{cr}	M_e	误差	M_{cr}	M_e	误差
H300 – 600×300×5/10	2992.6	3122	–4.14	3521.4	3685	–4.44
H400 – 600×300×5/10	3446.8	3569	–3.42	3931.1	4256	–7.63
H150 – 600×200×8/10	765.7	793	–3.44	817.4	863	–5.28
H200 – 600×200×8/10	815.3	847	–3.74	894.4	947	–5.56
H300 – 600×200×8/10	925.9	967	–4.25	1076.2	1132	–4.93
H400 – 600×200×8/10	1062.5	1099	–3.32	1226.0	1312	–6.55
H150 – 600×250×6/10	1436.9	1470	–2.25	1542.9	1613	–4.34
H200 – 600×250×6/10	1534.5	1584	–3.12	1695.4	1787	–5.13
H300 – 600×250×6/10	1750.2	1826	–4.15	2050.5	2150	–4.63
H400 – 600×250×6/10	2013.3	2084	–3.39	2305.7	2487	–7.29

跨度 4m 的单轴对称变截面梁临界弯矩对比　　　　表 16.3

截面尺寸	$k = W_{x0}/W_{x1}$			$k = 0.5W_{x0}/W_{x1}$			$k = 0$			$k = -0.5W_{x0}/W_{x1}$		
	M_{cr}	M_e	误差	M_{cr}	M_e	误差	M_{cr}	M_e	误差	M_{cr}	M_e	误差
H150 – 600×300(150)×5/10	1746	1708	2.21	1872	1885	–0.70	2008	2083	–3.61	2154	2293	–6.07
H200 – 600×300(150)×5/10	1709	1712	–0.19	1884	1934	–2.58	2080	2187	–4.90	2296	2444	–6.05
H300 – 600×300(150)×5/10	1658	1707	–2.89	1934	2014	–3.97	2269	2385	–4.88	2661	2701	–1.48
H400 – 600×300(150)×5/10	1620	1688	–4.02	1993	2073	–3.84	2494	2572	–3.03	*3122*	*2845*	*9.73*
H150 – 600×200(100)×8/10	586.9	579	1.36	622.1	626	–0.63	659.5	677	–2.58	699.2	730	–4.22
H200 – 600×200(100)×8/10	568.7	573	–0.75	618.5	634	–2.45	673.1	702	–4.12	732.5	773	–5.24
H300 – 600×200(100)×8/10	542.9	558	–2.71	624.2	648	–3.68	720.3	755	–4.59	831.3	856	–2.89
H400 – 600×200(100)×8/10	521.0	541	–3.70	634.1	657	–3.49	782.0	806	–2.98	*964.9*	*916*	*5.33*
H150 – 600×250(125)×6/10	1054	1038	1.56	1125	1135	–0.84	1202	1242	–3.23	1284	1354	–5.20
H200 – 600×250(125)×6/10	1027	1034	–0.68	1127	1158	–2.71	1237	1298	–4.70	1358	1439	–5.62
H300 – 600×250(125)×6/10	989.8	1020	–2.96	1148.5	1196	–3.97	1338.8	1406	–4.78	1560.8	1590	–1.84
H400 – 600×250(125)×6/10	960.8	1001	–4.01	1177.4	1224	–3.81	1465	1510	–2.98	*1823.8*	*1684*	*8.30*

注：表中斜体字表示 $k < -I_{yB}/I_{yT}$，式(16.58)不适用了。

16.5　楔形变截面梁的弹塑性弯扭失稳

16.5.1　计算公式的构建

式(15.58)是弹性临界弯矩,而实际受弯构件因存在初始缺陷,残余应力等影响,弯扭失稳已经是极值点失稳问题。对于受弯构件的设计,目前国内的做法是将理论分析的临界弯矩转换为整体稳定系数,再进行必需的弹塑性折减,然后引入设计公式。

CECS102:2002 关于楔形变截面梁弯扭失稳的计算存在不少的问题。下面介绍 Ansys 有限元软件对变截面受弯构件在考虑初始缺陷和残余应力的情况下进行弹塑性分析,得到其极限弯矩,将极限弯矩与以大端为计算截面,考虑塑性开展的屈服弯矩的比值作为稳定系数,通过对大量构件的计算拟合得到形式简单的变截面受弯构件的稳定系数计算公式。

梁的弹塑性稳定系数,考虑弯矩线性变化影响的方法有三种:

(1)仅在正则化长细比的计算中考虑等效弯矩,由正则化长细比直接计算弯扭失稳的稳定系数,我国对梁的稳定系数是这种方法(GB50017,GB50018,美国 AISI 2000,ECCS 的公式);

(2)正则化长细比按照纯弯计算,稳定系数是弹性等效弯矩系数与纯弯时的弹塑性稳定系数的乘积,但乘积的结果不大于 1(美国 AISC-LRFD 2005,英国 BS 5900-2000,澳大利亚 AS4100-1998);

(3)正则化长细比按照纯弯计算,稳定系数是等效弯矩系数与纯弯时的稳定系数的乘积,乘积的结果可以大于 1,我国对偏压杆的计算是这种方法;

(4)在正则化长细比计算中考虑弯矩的线性变化,稳定系数的计算中也考虑弯矩线性变化(日本 AIJ98,EC3 的两种方法)。

因此世界各国平面外稳定的计算方法特别是等效弯矩系数的考虑差距非常大,上述第(3)种方法,仅我国有,偏于不安全。

考虑到强度计算和稳定计算的衔接,构造如下的公式:

$$\frac{1}{M_u^n} = \frac{1}{M_{cr}^n} + \frac{1}{(\gamma_x M_y)^n} \tag{16.59}$$

其中,M_{cr} 是弹性弯扭屈曲临界弯矩,由式(16.58)计算;M_y 是边缘纤维屈服弯矩;γ_x 是截面塑性开展系数;$\gamma_x M_y$ 是强度极限状态的弯矩;M_u 是弹塑性分析得到的极限弯矩。n 越大,表示缺陷的影响越小。

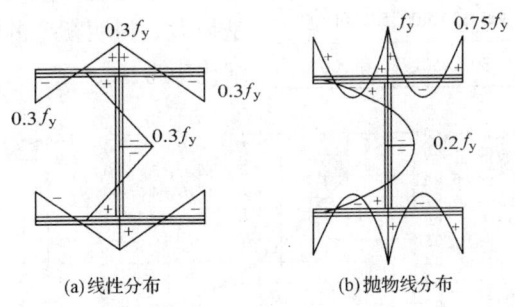

图 16.7 残余应力分布

定义 $\bar{\lambda} = \sqrt{\dfrac{\gamma_x M_y}{M_{cr}}}$ 为正则化长细比,$\phi_b = \dfrac{M_u}{\gamma_x M_y}$ 为梁弯扭失稳的稳定系数,则

$$\phi_b = \frac{1}{(1 + \bar{\lambda}^{2n})^{1/n}} \tag{16.60a}$$

指数 n 随着 $\bar{\lambda}$ 变化:

$$n = \frac{b}{\lambda^a} \qquad (16.60b)$$

a，b 为常数，根据弹塑性有限元分析结果对这两个常数进行拟合。

等截面梁两端受相同弯矩时，两端截面应力相同。对于变截面构件，当两端截面最大压应力相同时，可看作类似于等截面构件均匀受弯。因此定义两端应力比

$$K_\sigma = \frac{\sigma_{0max}}{\sigma_{1max}} = \frac{M_0/W_{x0}}{M_1/W_{x1}} = k\frac{W_{x1}}{W_{x0}} \qquad (16.61)$$

其中 $k = M_0/M_1$ 是两端弯矩比。

研究 $K_\sigma = 1.0$ 的情况，得到类似于等截面均匀弯矩作用下的稳定系数 ϕ_{b1}，再研究构件在 K_σ 为 -1.0、-0.5、0 和 0.5 的稳定系数 ϕ_b。回归公式时引进修正系数 η_b，使得 $\phi_b = \eta_b\phi_{b1}$，得到可适用于等截面和变截面在非均布弯矩作用下的稳定系数。

16.5.2 直线型残余应力

取三种截面，表 16.4 所示。初始缺陷 $u_0(0) = \frac{H}{1000}\sin\frac{\pi z}{H}$，残余应力模式为直线型（图 16.7a），楔率 $\gamma = (h_1 - h_0)/h_0$，h_0、h_1 分别为小端和大端截面高度。材料为理想弹塑性，屈服强度 $f_y = 235N/mm^2$，弹性模量 $E = 206kN/mm^2$，泊松比 $\mu = 0.3$，计算 $K_\sigma = 1$ 时的非线性弹塑性临界荷载。

对计算结果进行拟合得到：

$$\phi_{b1} = \frac{1}{(1 + \lambda^{2n})^{1/n}} \leqslant 1.0, \quad n = 2.33\bar{\lambda}^{0.1}\sqrt{\frac{b}{h}} \qquad (16.62a，b)$$

算例截面　　　　　　**表 16.4**

截面	大端截面	小端截面高度
1	H400×160×8/12	160、200、250、300 和 400
2	H700×200×8/12	300、350、400、500 和 700
3	H900×250×8/14	300、450、750 和 900

式(16.62)和有限元计算结果进行对比如图 16.8 所示。在正则化长细比 $\bar{\lambda} = 0.4$ 附近，楔率越大，稳定系数越小，但是差别不是很大。说明楔率的影响可以采用正则化长细比来考虑。

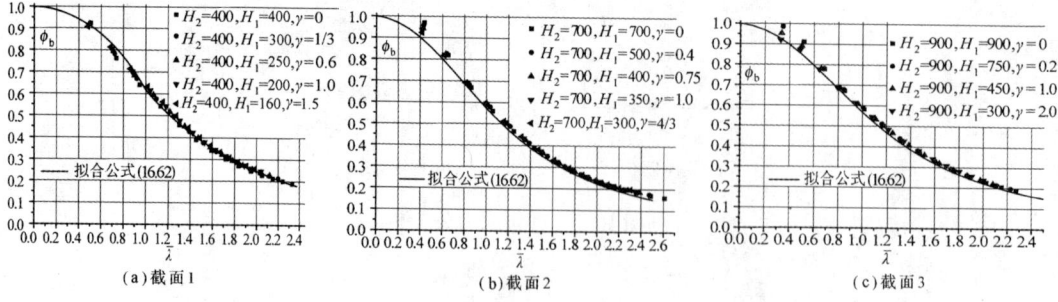

(a)截面1　　　　　　(b)截面2　　　　　　(c)截面3

图 16.8　式(16.62)与有限元弹塑性分析结果比较

同样分析 K_σ 为 -1.0、-0.5、0 和 0.5 的情况，以 H400～400×160×8×12 为例，比较不同 K_σ 下的稳定系数，如图 16.9 所示。从图中可知，纯弯构件的临界弯矩值最低，而

作用有相等弯矩但产生双向曲率的临界弯矩最高，K_σ越接近于-1.0，弹塑性临界弯矩越逼近弹性临界弯矩。文献[4]也用有限单元法计算了等截面杆端弯矩的比值从-1.0至1.0的两端简支的受弯构件的弹塑性弯扭屈曲临界弯矩，得出的结果类似。随着K_σ变化至-1.0，构件的长细比较小时，临界弯矩已经使构件的最大弯矩截面处达到了塑性铰弯矩。可以推断，当$K_\sigma = -1.0$时，实际上，除了在构件端部最小范围内开展塑性处，其余大部分仍处在弹性状态，因此临界弯矩值很高，曲线紧靠图 16.9 中的弹性曲线。

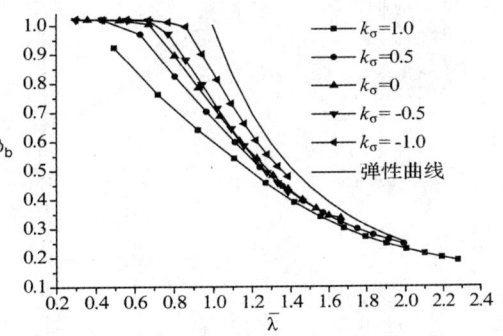

图 16.9　H400~400×160×8×12
不同K_σ下的稳定系数

对于$K_\sigma \neq 1$的情况的稳定系数的计算，引入修正系数η_b，经过大量数据的拟合，得到

$$\phi_b(K_\sigma \neq 1) = \eta_b \phi_b(K_\sigma = 1) \leqslant 1.0, \tag{16.63a}$$

$$\eta_b = 1 + \frac{\beta_\sigma^{-\sqrt{\beta_\sigma}} - 1}{1 + \bar{\lambda}^{0.25} + 0.25\bar{\lambda}^5}, \ \beta_\sigma = 0.65 + 0.35k_\sigma \tag{16.63b}$$

式中的$\bar{\lambda}$为两端实际弯曲的正则化长细比，即计算M_{cr}时需要考虑等效弯矩系数C_1，

对三种截面形式在不同楔率下的受弯构件进行分析，Ansys 得到的稳定系数与公式（16.63a，b）的结果对比如图 16.10，从图中可看出，Ansys 分析结果与拟合公式（16.63a，b）的计算结果比较接近。

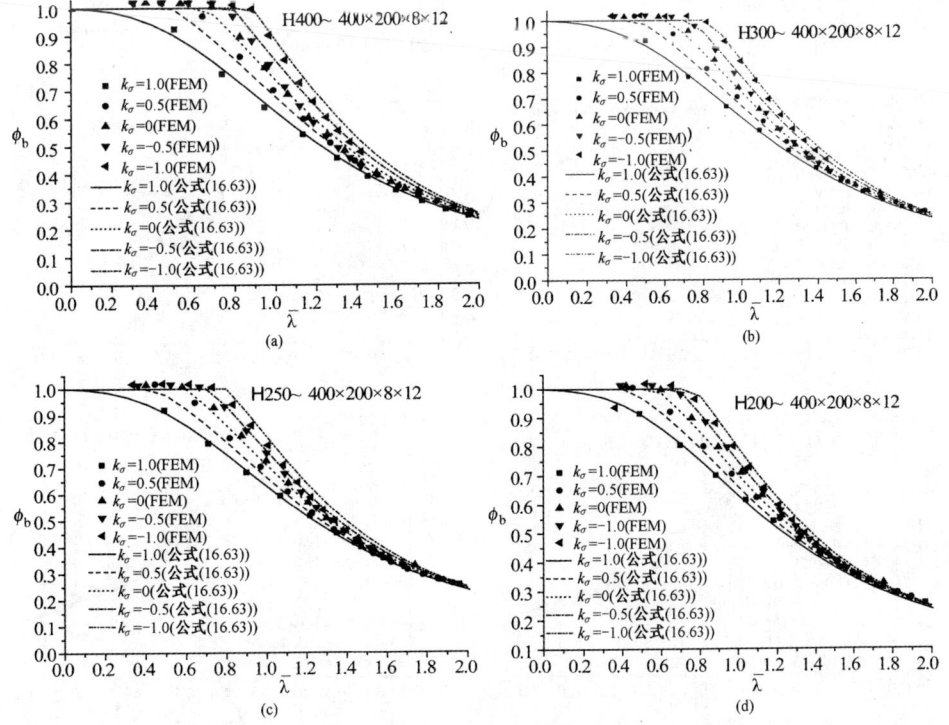

图 16.10　Ansys 计算的稳定系数与公式(16.63a,b)的对比(一)

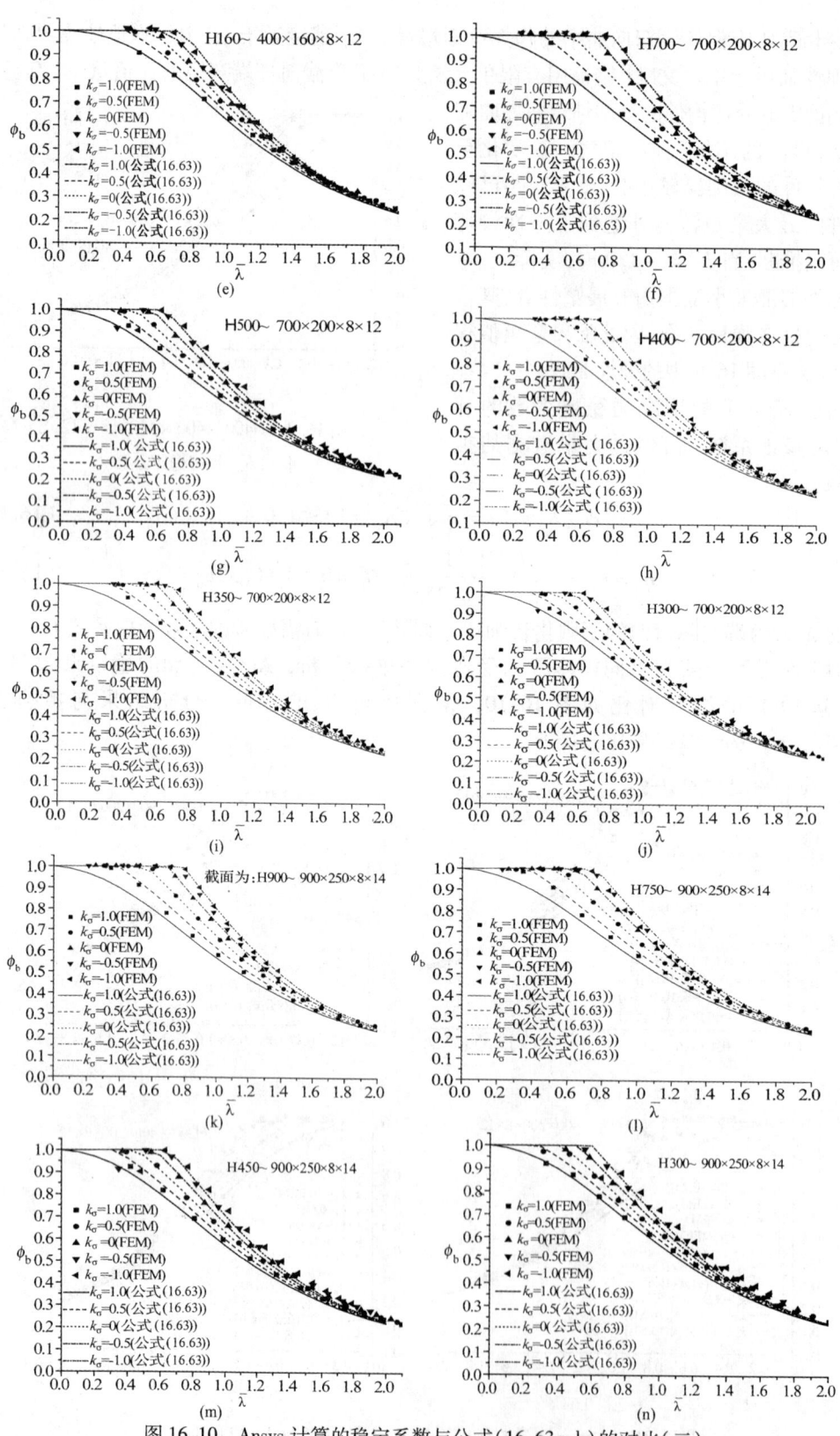

图 16.10　Ansys 计算的稳定系数与公式(16.63a,b)的对比(二)

16.5.3 抛物线型残余应力

取初始几何缺陷 $y_0(0) = \dfrac{H}{1000}\sin\dfrac{\pi z}{H}$，残余应力模式为抛物线型(图 16.7b)，计算 $K_\sigma = 1$ 的非线性弹塑性临界荷载，如图 16.11 所示。拟合公式为:

$$\phi_b = \frac{1}{(1 + \overline{\lambda}^{2n})^{1/n}} \leq 1.0, \quad n = \frac{1.51}{\overline{\lambda}^{0.1}}\sqrt[3]{\frac{b}{h}} \tag{16.64}$$

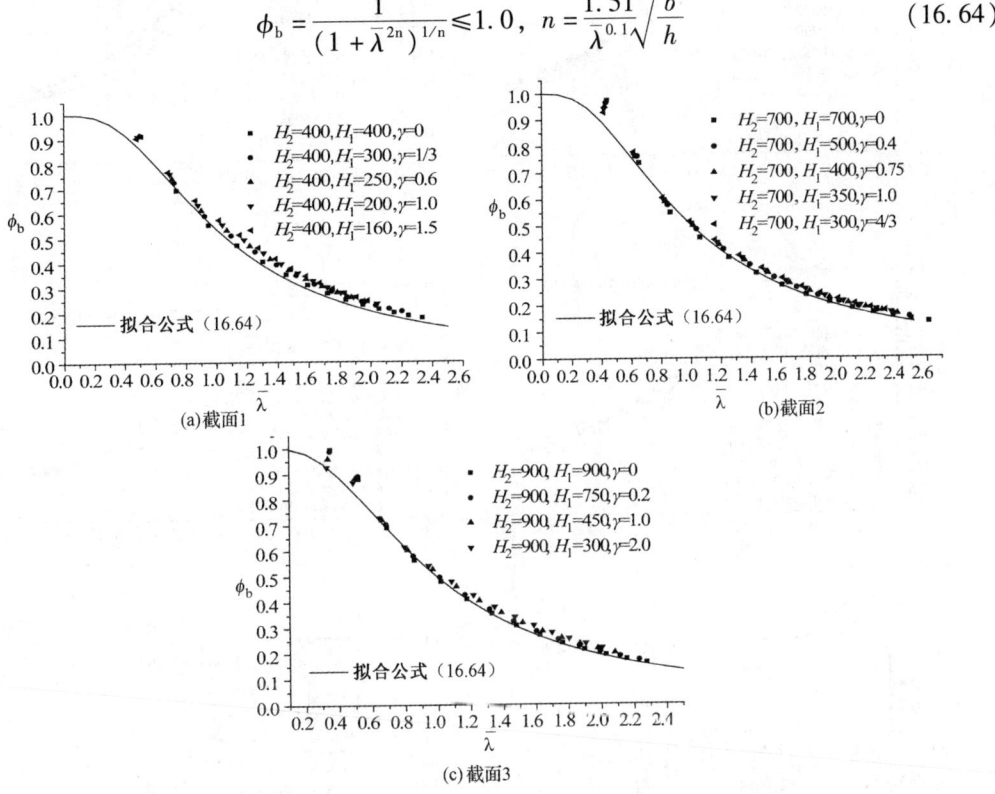

图 16.11　式(16.64)与有限元弹塑性分析结果比较

对于 $K_\sigma \neq 1$ 的情况的稳定系数的计算,经过大量数据的拟合,发现式(16.63b)仍然适用。

对三种截面形式在不同楔率下的受弯构件进行分析,Ansys 得到的稳定系数与式(16.64)的结果对比如下图 16.11,从图中可看出,Ansys 分析结果与拟合式(16.64)的计算结果比较接近。

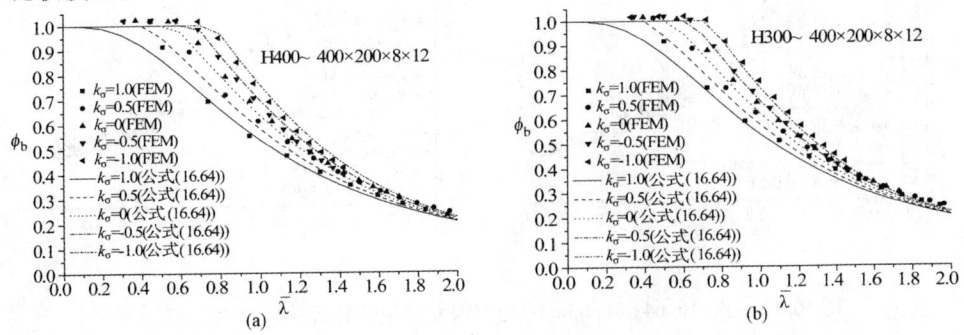

图 16.12　式(16.64,16.63a,b)与有限元弹塑性分析结果对比(一)

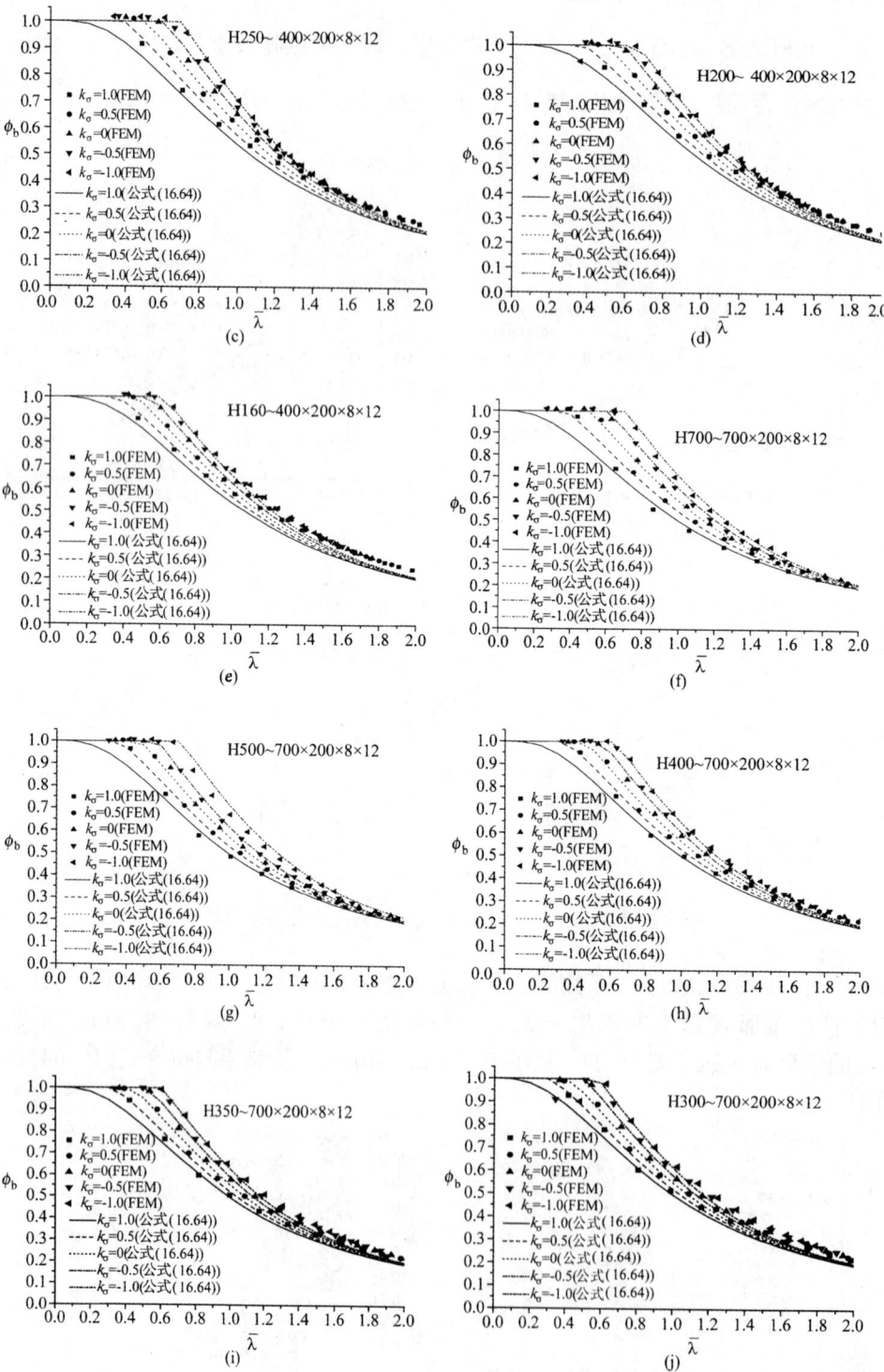

图 16.12　式(16.64, 16.63a,b)与有限元弹塑性分析结果对比(二)

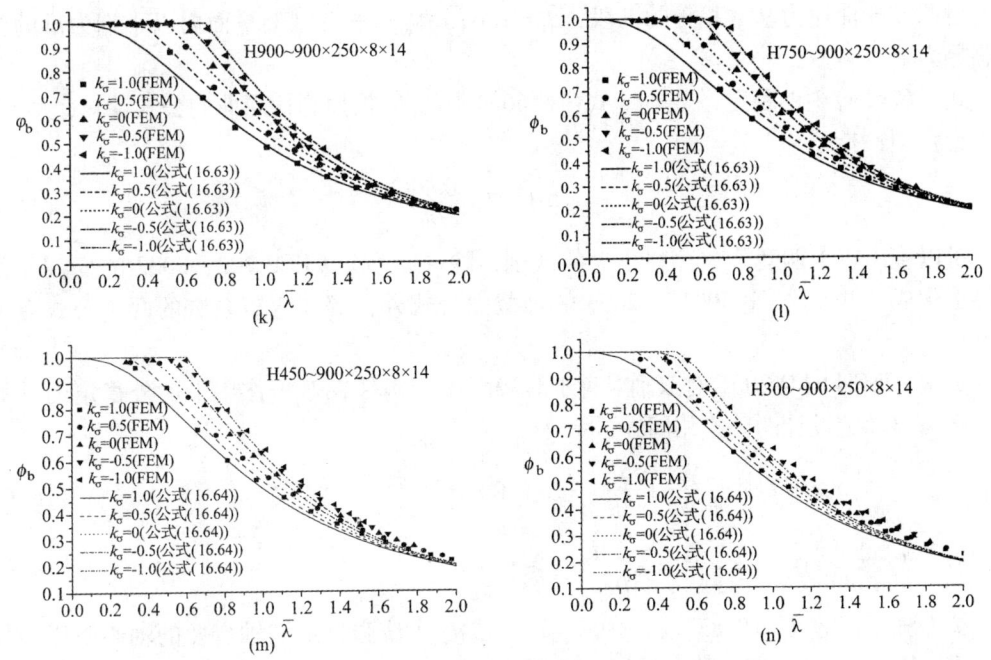

图 16.12　式(16.64,16.63a,b)与有限元弹塑性分析结果对比(三)

16.6　楔形变截面压弯杆弯矩作用平面外稳定

16.6.1　各种压弯杆平面外稳定验算公式对比

《钢结构设计规范》GB 50017—2003 中等截面压弯构件平面外弯扭失稳验算公式为：

$$\frac{N}{\phi_y A}+\frac{\beta_{tx}M_x}{\phi_b W_{1x}}\leqslant f \qquad (16.65a)$$

式中 N 是轴力，A 是压杆截面面积，ϕ_y 轴压杆绕弱轴弯曲或弯扭失稳的稳定系数，ϕ_b 是工字形截面纯弯发生弯扭失稳的稳定系数，M_x 是较大弯矩，W_{1x} 是受压边缘纤维的抵抗矩。β_{tx} 是弯矩沿杆长线性变化时的等效弯矩系数，

$$\beta_{tx}=0.65+0.35\frac{M_{small}}{M_x} \qquad (16.65b)$$

"规程"（CECS 102：2002）中规定了变截面压弯柱平面外稳定性的验算公式：

$$\frac{N_0}{\phi_y A_{e0}}+\frac{\beta_t M_1}{\phi_{br} W_{el}}\leqslant f \qquad (16.66a)$$

式中 ϕ_y——轴心受压构件弯矩作用平面外的稳定系数，以小端为准，按现行国家标准"规范" GB 50017—2003 的规定采用，计算长度取纵向柱间支撑点间的距离。若各段线刚度差别较大，确定计算长度时可考虑各段间的相互约束。ϕ_{br}——均匀弯曲楔形受弯构件的整体稳定系数；N_0——所计算构件段小头截面的轴压力；M_1——所计算楔形变截面构件大端弯矩；β_t——等效弯矩系数，对一端弯矩为零的区段：

$$\beta_t=1-\frac{N}{N_{Ex0}}+0.75\left(\frac{N}{N_{Ex0}}\right)^2 \qquad (16.66b)$$

对两端弯曲应力基本相等的区段: $\beta_t = 1.0$; N_{Ex0}——在刚架平面内以小端为准的柱欧拉临界力。

式(16.65a)中的稳定系数 ϕ_b，式(16.66a)中的 ϕ_{br} 按照弹性屈曲的公式计算，大于0.6时进行弹塑性折减：

$$\phi_b = 1.07 - \frac{0.282}{\phi_b} \tag{16.67}$$

可以看出以上两套公式存在很大的区别，除"规程"CECS 102: 2002的变截面公式不能退化成"规范"GB 50017—2003的等截面公式外，等效弯矩系数的两个公式有本质差别。

美国 AISC LRFD 2005 对双轴对称 I 形截面压弯构件在弯矩作用平面外稳定的计算公式与平面内稳定设计的公式相同：

$$当 \frac{N}{\phi_c N_u} \geqslant 0.2 时 \quad \frac{N}{\phi_c N_u} + \frac{8M_{x,II}}{9\phi_b M_{ux}} \leqslant 1.0 \tag{16.68a}$$

$$当 \frac{N}{\phi_c N_u} < 0.2 时 \quad \frac{N}{2\phi_c N_u} + \frac{M_{x,II}}{9\phi_b M_{ux}} \leqslant 1.0 \tag{16.68b}$$

式中抗力分项系数 $\phi_c = 0.85$，$\phi_b = 0.9$，$N_u = \phi A f_y$ 为绕强轴或弱轴弯曲的轴心受压构件的最小承载力，M_{ux} 为受弯构件弯扭屈曲的临界弯矩，$M_{x,II}$ 是考虑了二阶效应的弯矩。M_{ux} 等于等效弯矩系数乘以纯弯时弹塑性弯扭屈曲承载力，但是要求相乘后 $M_{ux} \leqslant M_P$。

日本 AIJ98 压弯构件平面外的稳定计算需同时满足以下两式：

$$\frac{M_x}{\phi_b M_{ux}} \leqslant 1.0, \frac{N}{\phi_c N_{uy}} + 0.85\frac{M_x}{\phi_b M_{ux}} \leqslant 1.0 \tag{16.69a,b}$$

式中抗力系数 ϕ_b 和受弯构件的弯扭屈曲临界弯矩 M_{ux} 与梁的参数 $\bar{\lambda}_p = 0.6 - 0.3M_2/M_1$ 和正则化长细比 $\bar{\lambda}$ 有关，正则化长细比本身又与弯矩的线性变化有关。

欧洲规范 EC3 对等截面的压弯杆稳定计算有两套公式，第 1 套公式异常复杂，第 2 套公式相对简单。对等截面弯矩线性变化的压弯杆，第 2 套公式中的平面内稳定性公式为：

$$\frac{N}{\phi_x N_y} + k_{xx}\frac{M_x}{M_{Px}} \leqslant 1 \tag{16.70a}$$

$$k_{xx} = (0.6 + 0.4k)\left(1 + 0.6\bar{\lambda}_x \frac{N}{\phi_x N_y}\right) \leqslant (0.6 + 0.4k)\left(1 + 0.6\frac{N}{\phi_x N_y}\right) \tag{16.70b}$$

式中 k 是弯矩比，平面外稳定的计算公式是：

$$\frac{N}{\phi_y N_y} + k_{yx}\frac{M_x}{\phi_b M_{Px}} \leqslant 1 \tag{16.71}$$

对塑性截面：

$$\bar{\lambda}_y \geqslant 0.4: k_{yx} = 1 - \frac{0.1\bar{\lambda}_y}{(0.6 + 0.4k) - 0.25} \times \frac{N}{\phi_y N_y} \geqslant 1 - \frac{0.1}{(0.6 + 0.4k) - 0.25} \times \frac{N}{\phi_y N_y}$$

$$\bar{\lambda}_y < 0.4: k_{yx} = 0.6 + \bar{\lambda}_y \leqslant 1 - \frac{0.1\bar{\lambda}_y}{(0.6 + 0.4k) - 0.25} \times \frac{N}{\phi_y N_y}$$

$$0.6 + 0.4k \geqslant 0.4$$

取 $\lambda_y = 70$，$k = -0.5$，则 $\bar{\lambda}_y = 0.753$，$k_{yx} = 1 - 0.512\frac{N}{\phi_y N_y}$，式(16.71)成为

$$\frac{N}{\phi_y N_y} + \left(1 - 0.512\frac{N}{\phi_y N_y}\right)\frac{M_x}{\phi_b M_{Px}} \leqslant 1 \qquad (16.72)$$

在 ϕ_b 的计算上，EC3 对工字形截面也规定了两种方法，第 1 种方法只在通用长细比的计算中考虑弯矩线性变化的影响，第二种方法则是在正则化长细比以及稳定系数的公式中考虑，但是稳定系数大于 1 时取 1。但是注意到 EC3 的式（16.71）中的 k_{yx} 有弯矩线性变化的影响，因此可以将 EC3 理解为同时采用两种方式综合考虑弯矩线性变化的影响。

图 16.13 示出了美国、日本、EC3 和我国的平面外稳定计算轴力和弯矩相关公式，其中我国的曲线仅适用于纯弯的情况，而其他三条曲线对线性变化的弯矩也是成立的。从图可见，不谈 ϕ_b 的计算上的巨大差别，从无量纲的相关曲线的形状上，各国的差别也还是不小。对于 $\lambda_y = 70$，$m = -0.5$ 的压弯杆，我国"规范"GB 50017—2003 因为不限制 ϕ_b/β_t 的值小于 1，因此会出现在给定轴力下 $M > \gamma_x M_y$ 的情况，此时实际上是依赖强度计算公式来对构件的安全把关，图 16.14 示出了此时的相关曲线。

我们注意到，仅我国不限制 ϕ_b/β_t 的值小于等于 1，这值得在研究中进一步考虑。可以说，即使对等截面构件，我国"规范"GB 50017—2003 对弯矩线性变化的压弯杆，目前的平面外稳定计算公式也还是有改进的余地，例如，在 $M_小/M_大 = -1$ 时，$\beta_{tx} = 0.3$，对弯矩折减很大，此时轴力大时平面外稳定公式起控制作用；而弯矩大时，强度公式起控制作用，即强度公式和平面外稳定计算公式构成的轴力—弯矩相关作用曲线是折线形状的。

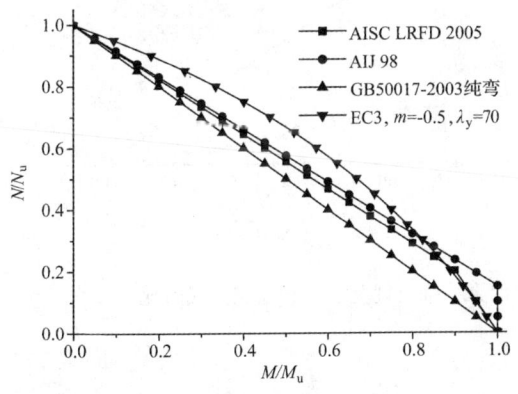

图 16.13　四本规范平面外稳定相关公式对比

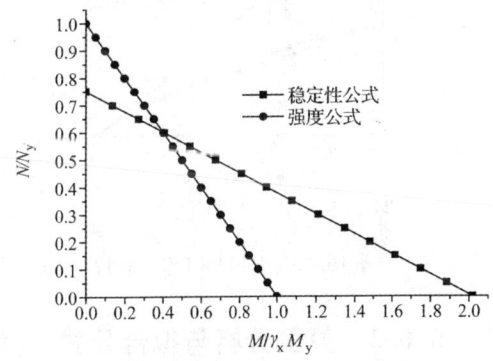

图 16.14　我国对平面外稳定的控制

16.6.2　有限元弹塑性分析结果与规范公式的对比

选取算例：等截面柱 H400×160×8/12，柱高 2m，4m，6m，初始缺陷 $u_0(0) = \dfrac{H}{1000}\sin\dfrac{\pi z}{H}$，残余应力取直线型，荷载为轴压和弯矩作用的叠加，弯矩作用形式为：一端为 0 另一端为 M，Ansys 中分两个荷载步进行计算，算出一定弯矩 M 作用下，构件的极限荷载 N 值。"规范"GB 50017—2003 中的强度公式为：

$$\frac{N}{A_n} \pm \frac{M_x}{\gamma_x W_{nx}} \pm \frac{M_y}{\gamma_y W_{ny}} \leqslant f \qquad (16.73)$$

内平面外稳定式（16.65），将 Ansys 弹塑性分析的结果与"规范"GB 50017—2003 中的强度公式和平面外稳定公式进行对比，如图 16.15 中所示，其中 $N_y = Af_y$，$M_y = W_x f_y$。

从图 16.15 可知，强度公式和平面外稳定计算公式构成的轴力—弯矩相关作用曲线是折线形状的：轴力大时平面外稳定公式起控制作用；而弯矩大时，强度公式起控制作用；当长细比大时，稳定公式起控制作用。平面外稳定公式在弯矩线性变化时的等效弯矩系数 $\beta_{tx} = 0.65 + 0.35 M_{\text{小}}/M_{\text{大}}$，这个系数对弯矩折减很大，即增大了临界弯矩值，例如本例中 $\beta_{tx} = 0.65$，则 $M_{cr} = \phi_b W_x f / 0.65 = 1.54 \phi_b W_x f$，增大了 50% 左右。与有限元弹塑性分析结果对比可以发现，规范公式在有些区域是偏不安全的。

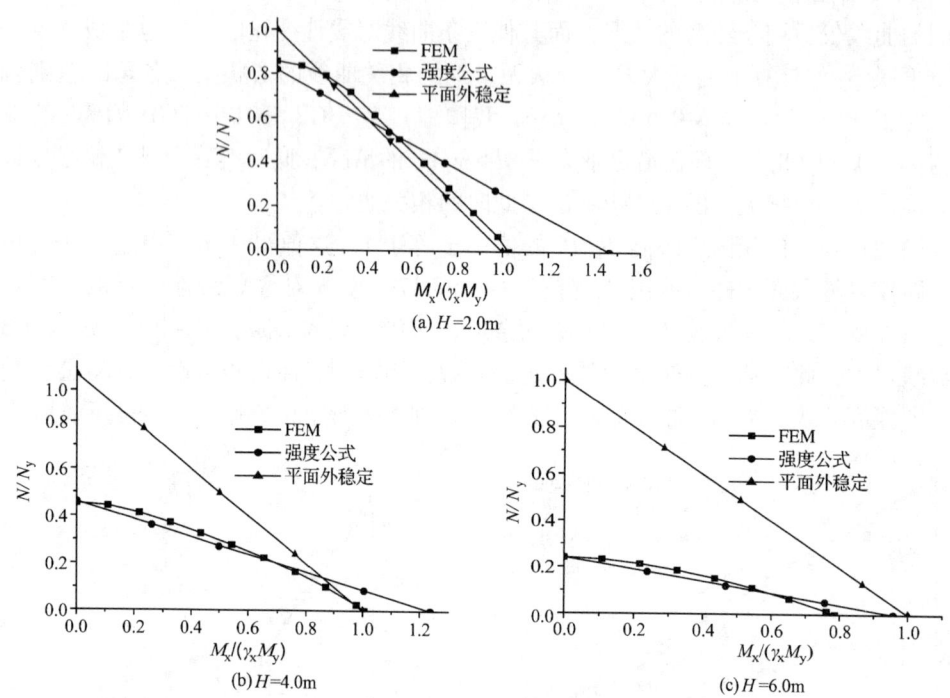

图 16.15　H400×160×8/12，Ansys 压弯计算结果与规范强度和稳定公式对比

16.6.3　算例分析与拟合公式

对三种变截面梁进行分析：梁 1 的大端截面为 H400×160×8/12，小端截面高度为 160，200，250、300 和 400；梁 2 是 H350~700×200×8/12；梁 3 是 H450~900×250×8/14。压弯杆两端弯矩比值 $k = M_0/M_1$，取小端截面和大端截面的最大应力比值 $K_\sigma = \dfrac{\sigma_{0\max}}{\sigma_{1\max}} = \dfrac{M_0/W_{x0}}{M_1/W_{x1}} = k\dfrac{W_{x1}}{W_{x0}}$，$K_\sigma$ 分别取 -1.0、-0.5、0、0.5 和 1.0。利用有限元程序分析压弯杆的弹塑性弯扭失稳承载力。

16.6.3.1　直线型残余应力

通过对计算结果的分析，提出光滑的轴力—弯矩相关作用曲线，构建新的平面外稳定验算公式：

$$\frac{N}{\varphi_y N_{y1}} + \left(\frac{M}{\varphi_b \gamma_x M_{y1}}\right)^{1.3 - 0.3 K_\sigma} = 1 \tag{16.74}$$

534

其中压杆绕弱轴屈曲的稳定系数 φ_y 和受弯构件弯扭屈曲的整体稳定系数 φ_b 均取自有限元的分析结果，$N_{y1} = A_1 f_y$，$M_{y1} = W_{x1} f_y$，均为大端截面计算值。FEM 计算结果与式 (16.74) 的对比如图 16.16 所示。从图 16.16 中可以看出：

（1）压力和弯矩相关关系曲线受应力比 K_σ 影响最大。$K_\sigma = 1$ 时相关关系接近直线，$K_\sigma = -1$ 时相关关系外凸，接近二次抛物线。

（2）随通用长细比变化不大。但是细微的分析仍然能够看出，长细比大的，曲线上凸稍大。

（3）变截面压弯构件的楔率对压弯关系曲线的影响也不是很大；

虽然楔率 γ、正则化长细比 $\overline{\lambda}_y$ 的影响均很小，但是更加精确的指数公式是

$$\chi = 1.3 - 0.06\gamma + 0.26\overline{\lambda}_y - 0.3K_\sigma \tag{16.75}$$

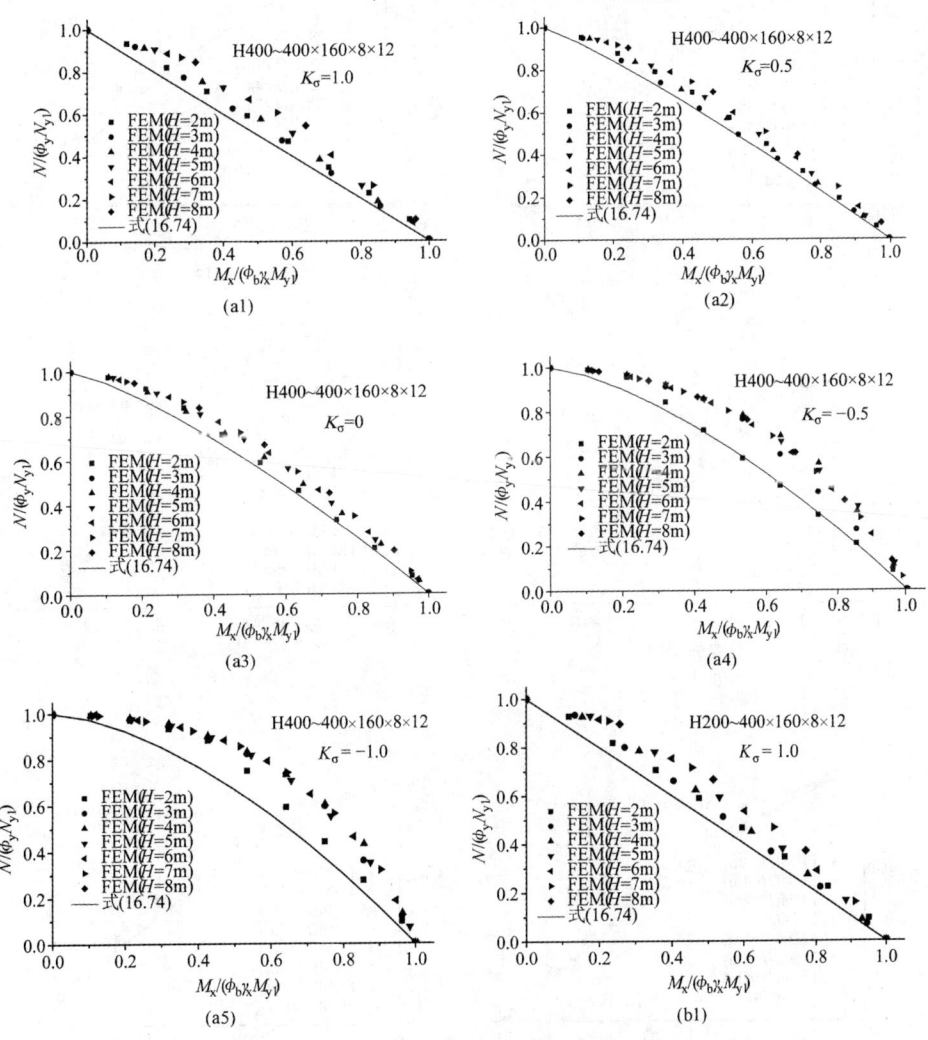

图 16.16　Ansys 分析的压弯关系曲线与公式 (16.74) 的对比（一）

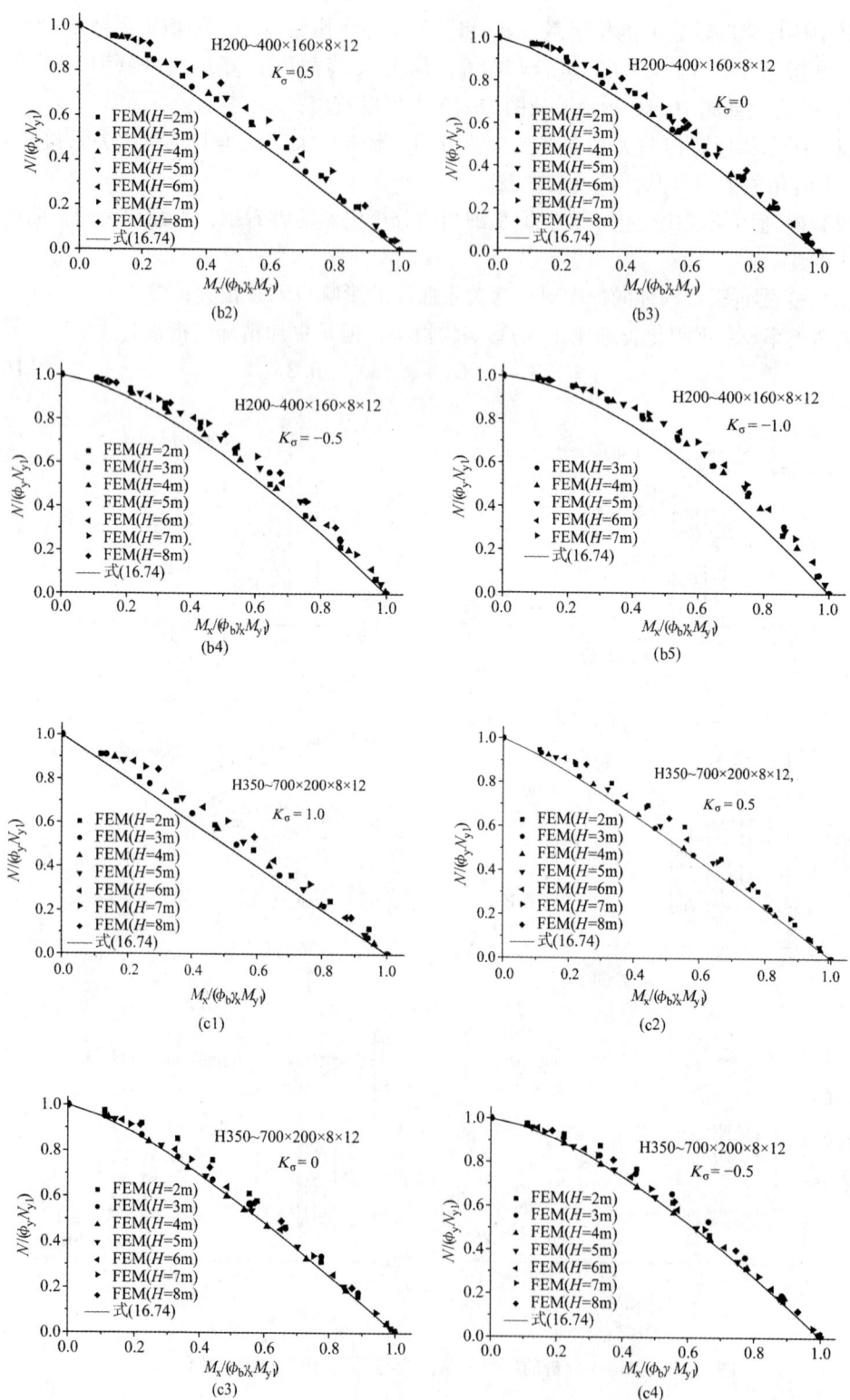

图 16.16 Ansys 分析的压弯关系曲线与公式(16.74)的对比(二)

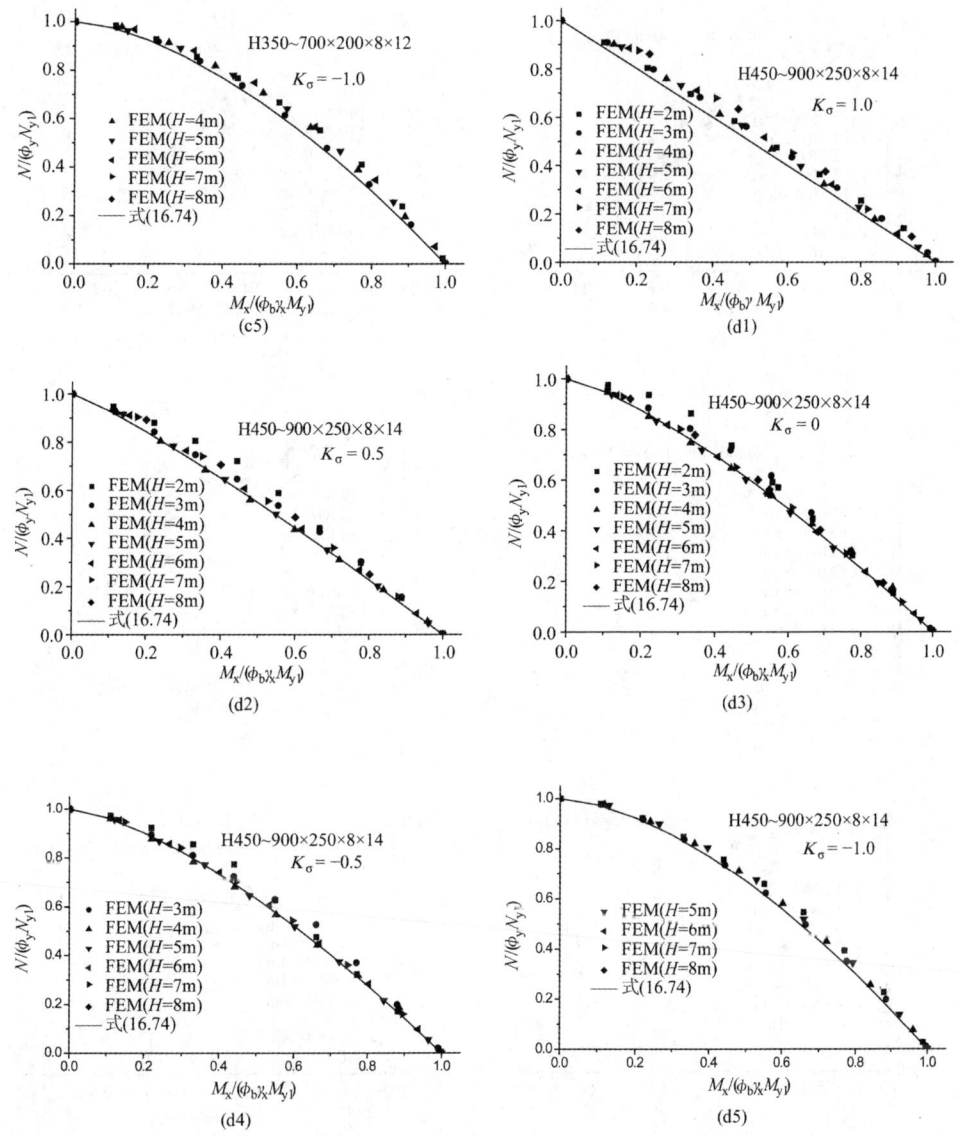

图 16.16 Ansys 分析的压弯关系曲线与公式(16.74)的对比(三)

16.6.3.2 抛物线型残余应力

对抛物线型残余应力的压弯构件进行计算，通过对大量数据结果的分析，拟合得到的平面外稳定验算公式仍然是(16.74)，FEM 结果与公式的对比如图 16.17 所示。

与图 16.16 对比发现，残余应力模式为抛物线型时，抛物线型的残余应力对临界荷载的降低程度比直线型稍大。其弯矩项的指数，更加合理的式子是

$$\chi = 1.3 - 0.2\gamma + 0.4\bar{\lambda}_y - 0.3K_\sigma \qquad (16.76)$$

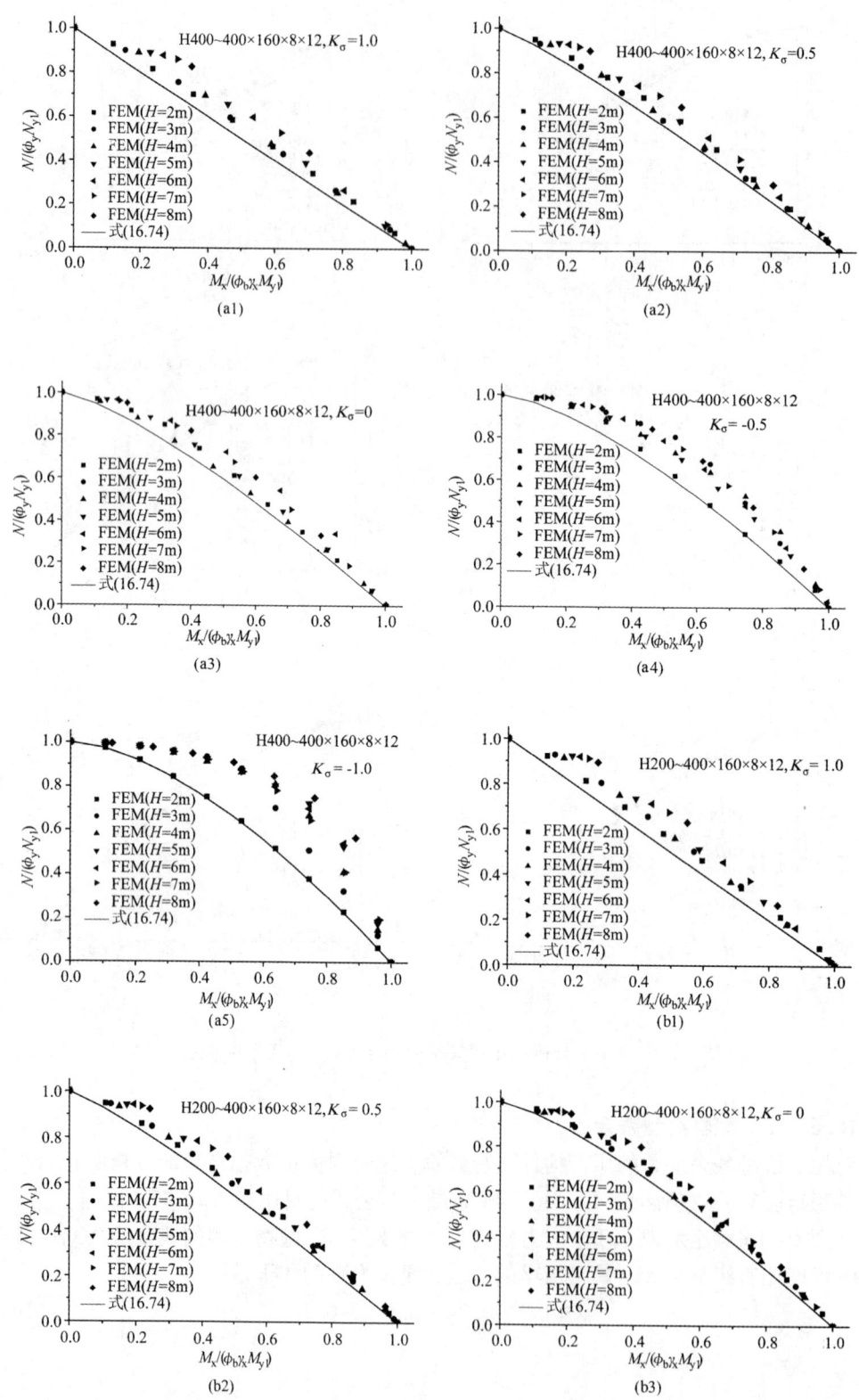

图 16.17　式(16.74)与有限元弹塑性分析结果对比(一)

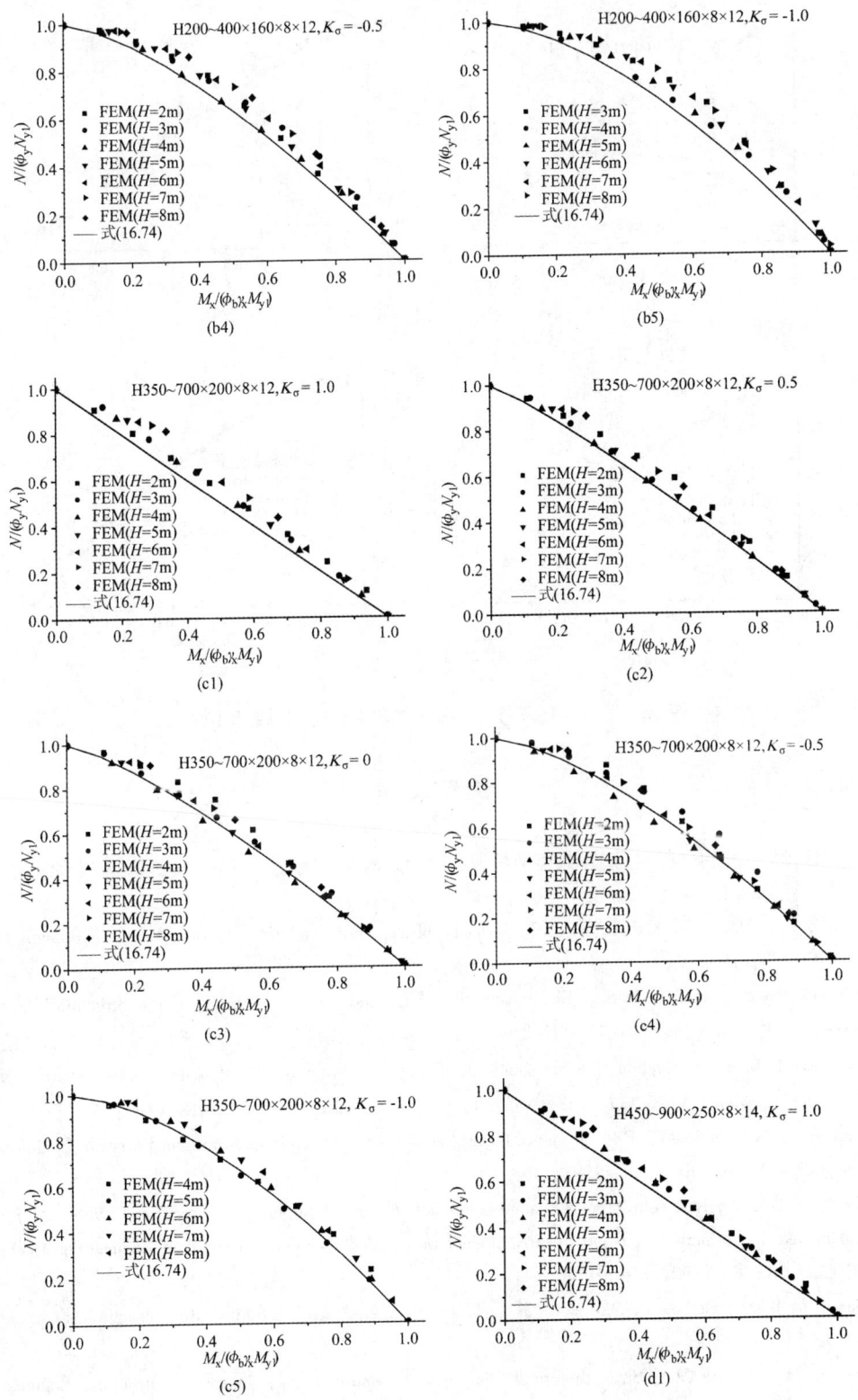

图 16.17　式(16.74)与有限元弹塑性分析结果对比(二)

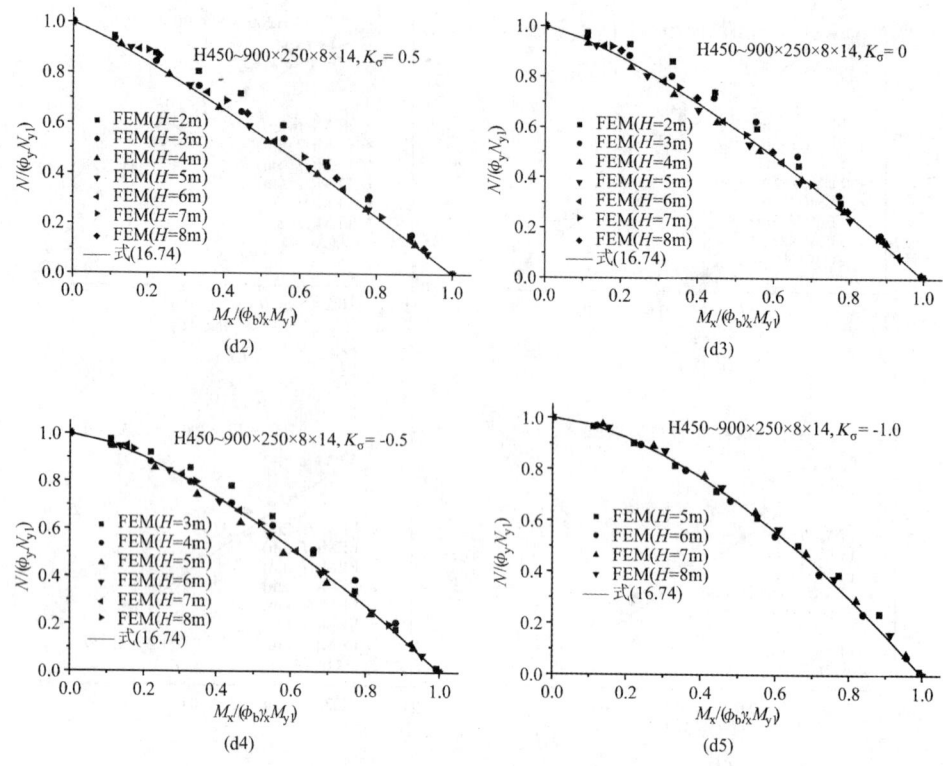

图 16.17　式(16.74)与有限元弹塑性分析结果对比(三)

参 考 文 献

［1］中国建设标准化协会标准.《门式刚架轻型房屋钢结构技术规程》CECS 102：2002. 北京：中国计划出版社，2002.

［2］Lee G. C. , Morrell M. L. , Ketter R. L. , Design of Tapered Members, Welding Research Council Bulletin, No. 173, 1972.

［3］Kitipornchai S. , Trahair N. S. , Elastic stability of tapered I-beam, Journal of the Structural Division, ASCE, 1972, 98 (3): 713-728.

［4］Nethercot, D. A. and Trahair, N. S. , Inelastic Lateral Buckling of Determinate Beams, Journal of the Structural Division, ASCE Vol, 102, No. St 4, Proc. Paper 12020, 1976, 701-717.

［5］Baptista A. M. , Muzeau J. P. , Design of tapered compression members according to Eurecode 3, Journal of Constructional Steel Research, 1998, 46.

［6］Smith W. G. , Analytic solutions for tapered columns buckling, Computers & Structures, 1988, 28 (5) .

［7］Takabatake H. , Cantilevered and linearly tapered thin-walled members, Journal of Engineering Mechanics Division, ASCE, 1990, 116 (4) .

［8］Salter J. B. , Anderson D. , May I. M. , Tests on tapered steel columns, the Structural Engineering, 1980, 58 (6) .

［9］Shiomi H. , Kurata M. , Strength formula for tapered beam-columns, Journal of Structural Engineering, ASCE 1984, 110 (7) .

［10］Chong K. P. , Swanson W. D. , Shear Analysis of Tapered Beams, Journal of the Structural Division,

ASCE, 1976, 102 (9).

[11] Davies G., Lamb R. S. Snell C., Stress Distribution in Beams of varying depth, the Structural Engineer, 1973, 51 (11).

[12] Lee G. C., Chen, Y. C., Hsu T. L., Allowable Axial Stress of Restrained Multi-Segment Tapered Roof Girders, Welding Research Council Bulletin No. 248, 1979.

[13] 朱群红，童根树. 简支楔形工字钢梁的弹性弯扭屈曲. 建筑结构，2006, 36 (1): 31-34.

第17章 框架梁负弯矩区下翼缘的屈曲

17.1 引　　言

由于上翼缘混凝土楼板的约束，多层和高层框架主梁的侧向稳定性计算，与钢结构设计规范规定的梁的弯扭失稳计算有很大的不同。框架主梁的稳定性主要是负弯矩区的下翼缘的侧向失稳，而上翼缘因为混凝土楼板的刚性铺板作用，基本上没有侧向变形，这是一种畸变屈曲(distortional buckling)，即截面形状不再保持不变的屈曲。钢—混凝土连续组合梁的负弯矩区也发生这种屈曲。

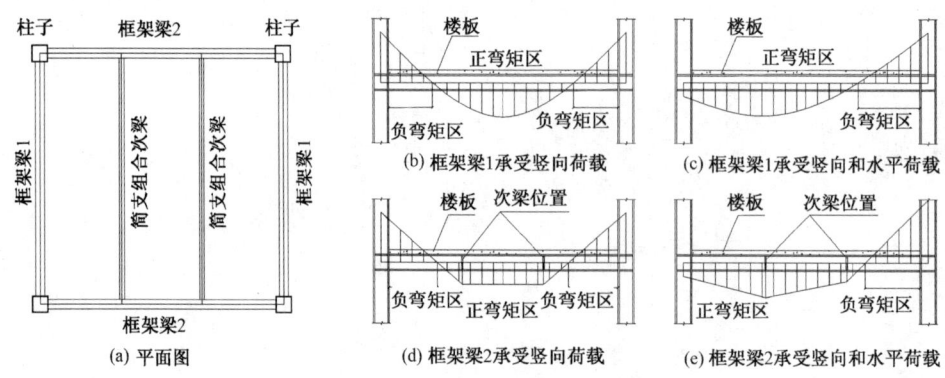

图 17.1　框架梁负弯矩区的部位

我国的组合结构相关设计方法主要在《钢结构设计规范》GB 50017—2003 中表述，对于其侧向失稳的验算参考规范第 9 章对塑性设计的规定：在构件出现塑性铰的截面处，必须设置侧向支承。该支承点与其相邻的支承点间构件的长细比 λ_y 应符合下列要求：

$$\text{当} -1 \leqslant \frac{M_1}{M_p} \leqslant 0.5 \text{ 时：} \lambda_y \leqslant \left(60 - 40\frac{M_1}{M_p}\right)\sqrt{\frac{235}{f_y}} \tag{17.1a}$$

$$\text{当} 0.5 < \frac{M_1}{M_p} \leqslant 1.0 \text{ 时：} \lambda_y \leqslant \left(45 - 10\frac{M_1}{M_p}\right)\sqrt{\frac{235}{f_y}} \tag{17.1b}$$

式中 M_p 是截面的塑性弯矩，M_1 是另一端的弯矩，比值 M_1/M_p 在梁段单曲率弯曲时为正。

在非塑性设计的钢梁中，钢结构设计规范没有特别说明此时的弯扭失稳计算方法，如果忽略楼板的作用，则应该按照如下的计算方法来计算稳定性：

（1）计算弹性临界弯矩 M_{cr}。此时要考虑截面形状和弯矩分布的影响。在双轴对称截面的情况下，计算公式为式(5.43)，式中的 C_1 由式(5.44d)计算；

（2）计算稳定系数 $\phi_b = M_{cr}/M_y$，M_y 是受压纤维初始屈服弯矩；

（3）根据 ϕ_b 的大小进行弹塑性折减，得到 ϕ_b'；

（4）验算稳定性 $M < \phi_b M_y$。

但是在目前的工程实践中，并没有按照上述步骤进行稳定性的计算，而是直接参照式（17.1a，b）的规定进行长细比的限制。此时 M_p 改为梁段内较大的弯矩。

不管是式（17.1a，b）还是按照上述步骤验算稳定性，均没有考虑混凝土楼板的约束作用[2]，不仅结果过于保守，而且反映的也不是钢梁真正的屈曲破坏模式。

美国的 2005 版的 LRFD 规范对塑性设计的梁，形成塑性铰的区段的长度限值为

$$\lambda_y \leqslant 171.8 \left(0.612 - 0.388 \frac{M_1}{M_p}\right) \frac{235}{f_y} \tag{17.2}$$

比式（17.1a，b）放宽了很多。

欧洲的组合结构设计规范 EC4 给出了连续组合梁负弯矩区的畸变屈曲的设计有具体的规定。通过倒 U 形框架模型计算其弹性临界荷载，求得正则化长细比，进而求得弹塑性的抗弯承载力，具体公式如下。

EC4 的计算模型如图 17.2 所示，考虑混凝土楼板和钢梁腹板的弯曲对下翼缘侧向位移的约束，建立倒 U 型框架模型。根据 Johnson & Fan(1991)，纯弯时的弹性临界弯矩的公式为：

$$M_{cr} = \frac{k_c}{l}\left(\pi^2 \sqrt{\chi} + \frac{1}{\sqrt{\chi}}\right)\sqrt{\left(GJ_f + \frac{k_s l^2}{\pi^2}\right)EI_f} \tag{17.3}$$

式中 $\chi = \dfrac{EI_f h_w^2}{(GJ_f + k_s l^2/\pi^2)l^2}$，$k_c = \dfrac{I_x}{I_{ax}}\left[1 + \dfrac{A_a z_c(A - A_a)}{A h_w I_{ay}}\left(0.25 h_w^2 + \dfrac{I_{ax} + I_{ay}}{A_a}\right)\right]^{-1}$，$l$ 是梁长，EI_f 是下翼缘绕 y 轴的抗弯刚度，GJ_f 是下翼缘的自由扭转刚度。A_a，I_{ax}，I_{ay} 分别是钢梁截面的面积、绕强轴惯性矩、绕弱轴惯性矩，A，I_x 分别是组合截面换算成钢截面的面积和绕强轴的惯性矩。k_s 为下翼缘侧向约束等效弹簧刚度，与 k_1 和 k_2 有关

$$\frac{1}{k_s} = \frac{1}{k_1} + \frac{1}{k_2} = \frac{a}{2EI_2} + \frac{4(1 - \mu^2)h_w}{Et_w^3} \tag{17.4}$$

EI_2 是开裂后的正弯矩区楼板单位长度上的弯曲刚度，a 是梁与梁的间距，μ 是钢材的泊松比。

假设混凝土为 C25，板厚 100mm，钢梁腹板高 600mm，翼缘厚度为 14mm，腹板厚度为 8mm，翼缘宽度为 250mm，梁长为 4800mm，钢梁间距为 3000mm，则

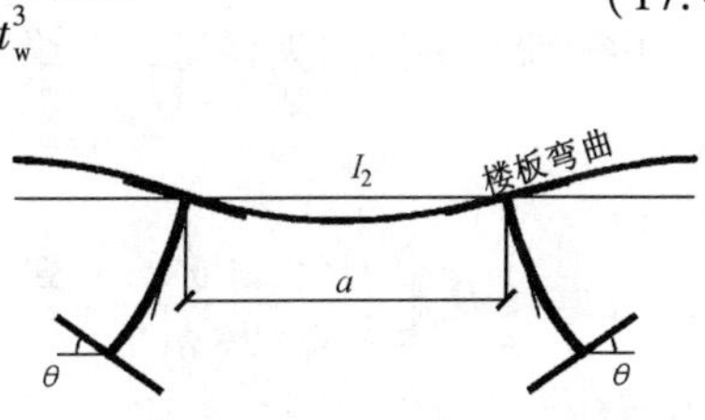

图 17.2　组合梁上部混凝土变形图

$$k_1 = 2EI_2/a = 2 \times 28000 \times \frac{100^3}{12 \times 3000} \times \frac{1}{3} = 5.1852 \times$$

$10^5 \text{N} \cdot \text{mm/mm}$（开裂抗弯刚度取未开裂的 1/3）

$$k_2 = \frac{Et_w^3}{4(1 - \mu^2)h_w} = \frac{206000 \times 8^3}{4(1 - 0.3^2)600} = 4.8293 \times 10^4 \text{N} \cdot \text{mm/mm}$$

可见一般情况下 k_1 是 k_2 要大 10 倍多，从而在研究中可以假设上翼缘是完全约束，不能侧向变形和扭转。

求出弹性临界弯矩后计算极限承载力为：

$$M_d = \chi_{LT} M_p \tag{17.5}$$

χ_{LT}是根据正则化长细比查 EC3 的压杆稳定系数曲线 c 得到的弹塑性稳定系数。正则化长细比为

$$\overline{\lambda}_{LT} = \sqrt{M_p / M_{cr}} \tag{17.6}$$

EC4 公式考虑的因素较多，计算复杂，不便于工程应用。Svensson[4] 及陈世鸣[5] 等先后提出了变轴力弹性地基梁模型的设计方法。并且分析指出轴力变化的影响是不能忽略的重要因素。

对于我国的工程实际应用来说，急需在一些可行的假定下找出弹性临界荷载更为简单的表达形式。本章通过能量方法和有限元模拟在这个问题上进行了初步的尝试。得到了考虑多半波失稳情况下的弹性临界荷载的表达式，并对支座约束与弯矩变化对弹性临界荷载的影响做了相关研究。

17.2　弹性畸变屈曲

17.2.1　纯弯下的弹性临界荷载

图 17.3(a)所示的简支梁承受纯弯的负弯矩。上翼缘因为和楼板连成整体，不会发生侧移，而扭转变形也忽略不计。

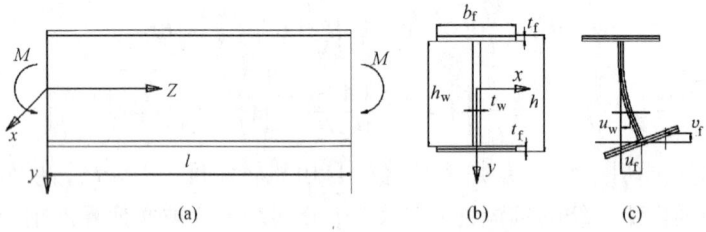

图 17.3　模型坐标系和截面的畸变屈曲

下翼缘发生侧向失稳时，翼缘和腹板中的应变能为

$$U_f = \frac{1}{2}\int_0^L (EI_{fy}u_f'' + GJ_f\phi_f') \, dz \tag{17.7a}$$

$$U_w = \frac{1}{2}D_w\int_0^L\int_{-h_w/2}^{h_w/2} \left\{ \left(\frac{\partial^2 u_w}{\partial y^2} + \frac{\partial^2 u_w}{\partial z^2}\right)^2 - 2(1-\mu)\left[\frac{\partial^2 u_w}{\partial y^2}\frac{\partial^2 u_w}{\partial z^2} - \left(\frac{\partial^2 u_w}{\partial y \partial z}\right)^2\right] \right\} dydz \tag{17.7b}$$

应力势能为

$$V_f = -\frac{1}{2}\int_0^L (Pu_f'^2 + Pr_0^2\phi_f'^2) \, dz \tag{17.8a}$$

$$V_w = -\frac{1}{2}t_w\int_0^L\int_{-h_w/2}^{h_w/2} \sigma_z\left(\frac{\partial u_w}{\partial z}\right)^2 dydz \tag{17.8b}$$

其中 $r_0^2 = \dfrac{I_{fx} + I_{fy}}{A_f} = \dfrac{1}{12}(b_f^2 + t_f^2)$，$D_w$ 是腹板的弯曲刚度，I_{fy}，I_{fx}，J_f 分别是受压下翼缘绕自身形心轴的惯性矩及自由扭转惯性矩。A_f 为下翼缘的面积，P 是下翼缘应力的合力。总势能为

$$\Pi = U_f + U_w + V_f + V_w \tag{17.9}$$

544

由于本文研究的是畸变屈曲，因此不能指望下翼缘对腹板提供约束，因此腹板就像一根固定于受拉上翼缘的一边自由板，腹板在受压下翼缘端的侧移 u_B 和转角 ϕ_B 关系可以按照一端固定一端自由的悬臂柱在顶部作用水平力时的侧移和顶部转角的关系来描述，即

$$u_B = \frac{2}{3}h\phi_B, \phi_B = 1.5\frac{u_B}{h} \tag{17.10}$$

假设下翼缘的位移为：

$$u_f = u_B\sin\frac{m\pi z}{L}, \phi_f = \frac{3u_B}{2h}\sin\frac{m\pi z}{L} \tag{17.11a,b}$$

腹板的位移假设为三次曲线的形式：

$$u_w = u_B(0.3125 + 1.125\bar{y} + 0.75\bar{y}^2 - 0.5\bar{y}^3)\sin\frac{m\pi z}{L} \tag{17.12}$$

式中 $\bar{y} = y/h$。上式满足腹板和上下翼缘的位移和转角连续的条件。将式(17.11a,b,17.12)代入总势能表达式，令其对于 u_B 的一阶变分为零，得到临界应力的表达式如下：

$$\sigma_{cr} = \frac{\frac{m^2\pi^2}{l^2}h_w^2(EI_{fy} + 0.236D_wh_w) + \frac{3D_wl^2}{m^2\pi^2h_w} + 1.5D_wh_w + 2.25GJ_f}{b_ft_f(h_w^2 + 2.25r_0^2) + 0.148h_w^3t_w} \tag{17.13}$$

令含 m 的前后两项相等，得到

$$m = \frac{l}{\pi h_w}\sqrt[4]{\frac{3}{\gamma + 0.236}} \approx \frac{l}{\pi h_w}\sqrt[4]{\frac{3}{\gamma}} \text{ 其中 } \gamma = \frac{EI_{fy}}{D_wh_w} \tag{17.14}$$

上述简化基于 γ 一般均大于 100。当 m 等于式(17.14)的取值时，得到

$$\sigma_{cr} = \frac{D_wh_w[2\sqrt{3(\gamma + 0.236)} + 1.5] + 2.25GJ_f}{b_ft_f(h_w^2 + 2.25r_0^2) + 0.148h_w^3t_w} \tag{17.15}$$

式(17.15)与梁长无关，是式(17.13)的下限。但是，通过试算发现，畸变屈曲的波长经常超出实际钢梁的长度，这样一来，畸变屈曲的半波数经常是 1，在这种情况下用最小值经常过于安全，因此对于这种情况需要修正。修正后的公式为

$$\sigma_{cr} = \frac{D_wh_w\phi_1(2\sqrt{3\gamma} + 1.5) + 2.25GJ_f}{b_ft_f(h_w^2 + 2.25r_0^2) + 0.148h_w^3t_w} \tag{17.16}$$

ϕ_1 推导如下

$$m = 1 \text{ 时}: \sigma_{cr} = \frac{\frac{h_w^2}{l^2}\pi^2EI_{fy} + \left(\frac{3l^2}{\pi^2h_w^2} + 1.5 + 0.236\frac{\pi^2h_w^2}{l^2}\right)D_wh_w + 2.25GJ_f}{b_ft_f(h_w^2 + 2.25r_0^2) + 0.148h_w^3t_w}$$

$$\phi_1 = \frac{\left[\frac{\pi^2h_w^2}{l^2}(\gamma + 0.236) + \frac{3l^2}{\pi^2h_w^2} + 1.5\right]D_wh_w}{D_wh_w[2\sqrt{3(\gamma + 0.236)} + 1.5]} = \frac{\frac{h_w^2}{l^2}\pi^2\gamma + \frac{3l^2}{\pi^2h_w^2} + 1.5}{2\sqrt{3\gamma} + 1.5}$$

$$= \frac{1}{2}\left(\frac{\pi^2h_w^2}{l^2}\sqrt{\frac{\gamma}{3}} + \frac{l^2}{\pi^2h_w^2}\sqrt{\frac{3}{\gamma}} + \frac{1}{2\sqrt{\frac{3}{\gamma}}}\right)$$

分析得知最后一项影响较小，所以偏安全地取

$$\phi_1 = \frac{1}{2}\left[\left(\frac{l_{dis}}{l}\right)^2 + \left(\frac{l}{l_{dis}}\right)^2\right] \qquad \frac{l_{dis}}{l} \leqslant 1 \tag{17.17a}$$

$$\phi_1 = 1.0 \qquad \frac{l_{dis}}{l} > 1 \qquad\qquad (17.17b)$$

$$l_{dis} = \pi h_w \sqrt[4]{\frac{\gamma}{3}} \approx 2.387 h_w \sqrt[4]{\gamma} \qquad\qquad (17.18)$$

上述简单的推导采用了一些假设，其中最关键的假设是腹板和下翼缘之间位移协调，即存在式(17.10)表示的关系。对不同截面，这个关系带来的误差到底多大需要分析。

利用通用有限元程序对于一系列钢梁截面进行弹性屈曲分析。为了实现假设的混凝土楼板的无穷大的侧向和约束扭转，采用限制上翼缘与腹板交接节点的侧向位移，耦合上翼缘同一 z 值的节点的 y 向位移的方法来实现。同时限制支座下翼缘的 y 方向的位移及下翼缘与腹板交接节点的 x 方向位移，及一侧支座这类节点的 z 方向位移来满足两端简支梁的支座条件。截面尺寸为：截面 S1：H400×80×6/8，截面 S2：H600×120×8/10，截面 S3：H800×160×8/12，取 $L=(4\sim20)h_w$，有限元屈曲分析结果与式(17.15)进行对比，如图 17.4 所示。（读者注意到这三个截面非常窄，实际工程中不可能出现。但是如果加宽翼缘，就不可能得到畸变屈曲的临界应力，只能得到局部屈曲的临界应力，这不是本章的目的。下面的研究是为了得到畸变屈曲临界应力计算公式，以便像验算局部屈曲一样对畸变屈曲加以验算。）

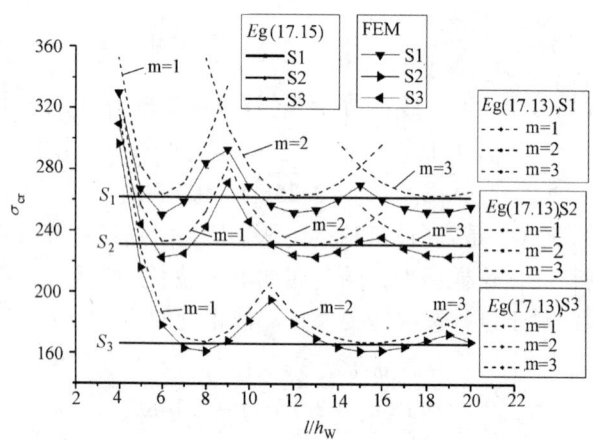

图 17.4　有限元弹性屈曲分析结果和跨高比的关系

从图 17.4 的有限元结果曲线中可以看出，随着跨高比的不断增加，临界荷载趋于平稳，通过观察屈曲模态发现畸变屈曲半波从一个变化为二个甚至多个。随着半波数的增多，临界应力逐渐接近下限值，但在跨高比较小时，其与下限应力相比有明显的增大。这说明了式(17.16)中采用的修正的必要性。

从图 17.4 结果曲线的比较中可以看出用式(17.15)结果作为弹性屈曲应力的下限估计是足够精确的，图中超出下限的结果误差不超过 5%。

除了上面 3 种截面外，本文还选取了截面高度范围为 300~800，翼缘宽度为截面高度的 1/5~4/5，腹板厚 6~12mm，翼缘厚 6~16mm，腹板厚比翼缘厚小 2~6mm，跨高比为 6，12，18 的梁进行了计算。在采用的 1620 个分析样本中，有 790 个发生了畸变失稳，判断发生畸变失稳的标准是受压下翼缘发生的 x 向位移等于腹板平面的最大 x 位移，且远远

大于下翼缘的 y 向位移。

式(17.17)与790个畸变屈曲的结果误差分析表明，绝大多数偏于安全。表17.1给出了一些更加具体的对比。由表可见，式(17.16)有足够的精度。

参考截面的数据及特征物理量　　　　表17.1

截面编号	l(m)	γ	m(17.14)式	ϕ_1	σ_{FEM}	σ_{cr}(17.15)式	σ_{cr}(17.16)式	误差
S1-6	2.4	32.21	0.98（1）	1.000	260.24	262.13	262.13	0.73%
S2-6	3.6	51.12	0.97（1）	1.002	229.88	230.63	231.09	0.53%
S3-6	4.8	109.31	0.78（1）	1.126	183.65	166.78	187.79	2.25%
S2-12	7.2	51.12	1.879（2）	1.000	231.49	230.63	230.63	-0.37%
S2-18	10.8	51.12	2.819（2）	1.000	232.09	230.63	230.63	-0.63%

注：1. 截面编号 $Si-j$ 含义：i 对应截面编号，j 表示 l/h_w。

2. 误差 $= \dfrac{\sigma_{cr} - \sigma_{FEM}}{\sigma_{FEM}} \times 100\%$。

17.2.2　考虑支承条件的修正

为了考察除分析时使用的约束外其他类型约束对于畸变失稳临界荷载的影响。采用截面 S1-6 来进行分析。上翼缘的约束与前面相同，不限制腹板节点位移。下翼缘均先限制 y 向位移和中点 x 向位移，一端 z 向位移。表17.2给出下翼缘侧向弯曲时的三种边界条件下的临界荷载。

从表17.2可以看出，对于这个例子，支座约束的影响是很大的。A，B，C 三种情况得到的临界荷载与公式最小值的比值 μ 与屈曲半波数的关系进行分析发现，支座约束对于临界荷载的影响只在半波数较少时比较大。情况 B 大约是情况 A 的2到4倍，而多半波数的时候，支座约束的影响相对较小。局部失稳和畸变失稳的相互影响比较复杂，不在本章讨论范围之内，具体设计时候两种失稳模式应当分开验算。

三种不同情况的支座约束及弹性结果　　　　表17.2

下翼缘 侧向弯曲约束	（A） 两端简支	（B） 两端固定	$\dfrac{(B)}{(A)}$	（C）一端简支 一端固定	$\dfrac{(C)}{(A)}$
$\sigma_{cr,e}$(MPa)	260.24	581.51	2.2345	361.32	1.3884

为了考虑支座形式的影响，改写 ϕ_1 表达式如下：

$$\phi_1 = \left(\frac{1}{\mu} - \frac{1}{2}\right)\left(\frac{l_{dis}}{l}\right)^2 + \frac{1}{2}\left(\frac{l}{l_{dis}}\right)^2 \qquad (17.19)$$

两端简支 $\mu = 1$，两端固定时 $\mu = 0.5$，大弯矩端固定另一端简支时 $\mu = 0.7$。

17.2.3　弯矩线性变化的修正

实际梁的弯矩都是变化的。假设弯矩线性变化，小弯矩和大弯矩的比值为 $k = M_2/M_1$。则

$$\sigma_w = \frac{M_z}{I_x}\frac{h}{2} = \sigma_z\left[1 - (1-k)\frac{z}{l}\right] \tag{17.20}$$

如果位移曲线仍然采用式(17.11a,b),则纵向应力的势能计算如下:

$$V_{f\beta} = -\frac{1}{2}A_F\int_0^l(\sigma_z u_f' + \sigma_z r_0\varphi_f'^2)\mathrm{d}z = \frac{1}{2}(1+k)V_f \tag{17.21a}$$

$$V_{w\beta} = -\frac{1}{2}t_w\int_0^l\int_{-0.5h_w}^{0.5h_w}\sigma_z u_w'\mathrm{d}y\mathrm{d}z = \frac{1}{2}(1+k)V_w \tag{17.21b}$$

由于弯矩线性变化,腹板上还有剪应力的势能,考虑它的影响,结果将非常复杂。从概念上理解,畸变屈曲近似地看成是钢梁下翼缘的侧向弯曲屈曲。两端简支、轴力线性变化的压杆,以轴力最大值计算的临界荷载为

$$P_{cr} = \beta_m P_E, \beta_m = 1.7 - 1.1k + 0.4k^2 \tag{17.22}$$

上式临界轴力放大系数能否用于钢梁的畸变屈曲,需要采用有限元法进行验证。

有限元分析采用表17.3列出的截面,分析结果如图17.5,图17.6所示。

验证不等端弯矩的截面参数 表17.3

编　号	$h_w \times b \times t_w/t_f$	编　号	$h_w \times b \times t_w/t_f$	编　号	$h_w \times b \times t_w/t_f$
S1	H400×80×6/10	S6	H650×130×6/8	S11	H400×80×8/10
S2	H400×80×8/12	S7	H750×150×8/10	S12	H400×160×6/8
S3	H550×110×6/10	S8	H450×180×8/12	S13	H400×160×8/10
S4	H600×120×6/8	S9	H750×150×8/12	S14	H400×240×8/12
S5	H600×120×6/10	S10	H800×160×8/12	S15	H450×180×6/8

通过观察图17.5和图17.6的下降段曲线上点的屈曲模态可以发现,梁的下翼缘发生了局部屈曲或是在畸变失稳的基础上发生了局部失稳。由于局部屈曲的影响不在本章的考虑范围之内,在拟合公式时仅考虑随着k变小而增大的曲线。

从图中可以看出,在$k = -1$时,β_m的值在1.6到2.4之间。为了简便提出如下的公式:

$$\beta_m = 1.3 - 0.3k, \tag{17.23}$$

这样畸变屈曲的临界弯矩为

$$\sigma_{cr} = \sigma_{cr0}\beta_m \tag{17.24}$$

σ_{cr0}是纯弯时畸变屈曲的临界弯矩,由式(17.16)计算。

当$\beta = -1$时,$\beta_m = 1.5$,从图上看偏于安全。当作用有横向荷载的时候,可以取支座负弯矩至最大正弯矩之间的梁段,计算两端弯矩比值k来计算,参见图17.7。

对于图17.7,可计算弯矩分布系数为$k = M_c/M_b$,负弯矩取正值,正弯矩取负值。对于梁长可取正负弯矩之间的距离。

对于图17.8中的几种荷载情况,通过试算表明,取最大正弯矩与支座负弯矩的比值,并且取梁长为最大正弯矩处与支座的距离,按照本文的式(17.16),式(17.19)和式(17.23)偏于安全。

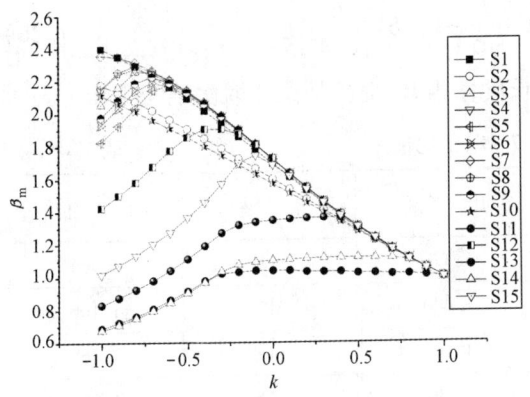

图 17.5　$L=6h_w$ 时临界应力增大系数

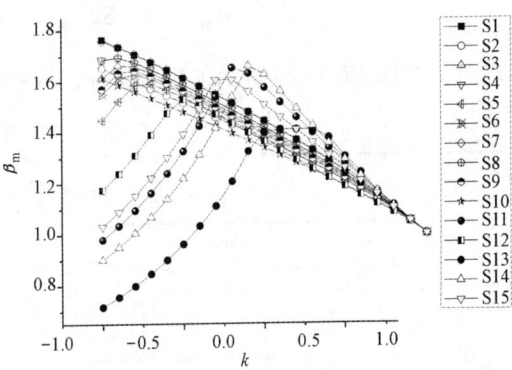

图 17.6　$L=12h_w$ 临界应力增大系数

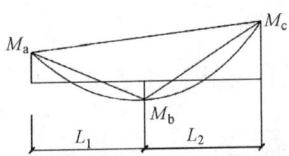

图 17.7　横向荷载的处理和弯矩系数计算

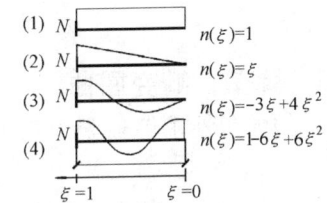

图 17.8　下翼缘轴力分布及函数表示

17.2.4　简化计算

简化计算从几个方面入手。一是模型，假设畸变屈曲是下翼缘的侧向屈曲，腹板对翼缘的侧向屈曲起弹性地基的作用，弹性地基的刚度是

$$k = \frac{3D_w}{h_w^3}$$

参照弹性地基上压杆的屈曲荷载公式得到

$$\sigma_{cr} = \frac{P_{cr}}{b_f t_f} = \frac{2\sqrt{EI_f k}}{b_f t_f} = \frac{2\sqrt{Et_f b_f^3 3Et_w^3}}{\sqrt{12}b_f t_f \sqrt{12(1-\mu^2)h_w^3}} = \frac{E}{2\sqrt{3(1-\mu^2)}}\sqrt{\frac{b_f t_w^3}{t_f h_w^3}}$$

考虑到未能考虑腹板自身的屈曲趋势，上述临界应力肯定偏大，所以分母简化为

$$\sigma_{cr} = \frac{E}{2\sqrt{3}}\sqrt{\frac{b_f t_w^3}{t_f h_w^3}} \tag{7.25}$$

第 2 个要考虑是简化是屈曲波长和支座约束，引入 ϕ_1 系数，取计算长度系数 0.7，得到

$$\phi_1 = 5.0475\frac{h_w^2}{l^2}\sqrt{\frac{b_f^3 t_f}{t_w^3 h_w}} + \left(0.092\frac{l^2}{h_w^2} + 0.454\right)\sqrt{\frac{t_w^3 h_w}{b_f^3 t_f}}$$

取弯矩变化临界应力增大系数 1.4（相当于取跨中正弯矩是支座负弯矩的 1/3），对式 (7.25) 乘以 0.8 以考虑其偏大的影响（因为 S8，S12～S15 这几个宽高比在实用范围内的截面，式(7.25)偏大不到 20%），最后得到

$$\sigma_{cr} = \left[1.682\frac{b_f^2}{l^2} + \left(0.031\frac{l^2}{h_w^2} + 0.151\right)\frac{t_w^3}{h_w A_f}\right]E \tag{7.26}$$

式中，对图 17.1(a)所示的框架梁 1，取一半长度作为 l，对框架梁 2 取次梁间距作为 l。

式(7.25)与式(7.15)的比值　　　　　　　　　　表 17.4

算　例	比　值	算　例	比　值	算　例	比　值
S1	1.178	S6	1.378	S11	1.304
S2	1.189	S7	1.400	S12	1.166
S3	1.228	S8	1.107	S13	1.165
S4	1.369	S9	1.292	S14	1.084
S5	1.240	S10	1.300	S15	1.174

17.2.5　弹塑性畸变屈曲

考虑材料的弹塑性求解极限承载力时，必须考虑实际构件中存在的几何缺陷和残余应力。

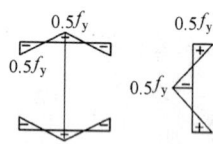

图 17.9　翼缘及腹板残余应力分布

当进行弹塑性分析时，梁采用理想弹塑性材料模型 $f_y = 235\text{N/mm}^2$，将第一阶弹性屈曲模态乘以初始缺陷放大系数来模拟实际构件中的初始几何缺陷。分析中取最大初始挠度为 $h_w/50$。考虑残余应力分布如图 17.9 所示。

对大量工字钢梁的畸变屈曲进行了弹塑性分析，分析结果按照如下的公式整理：$\varphi = \sigma_u/f_y$，σ_u 是弹塑性畸变失稳达到极限承载力时下翼缘的平均应力；长细比 $\lambda = \pi\sqrt{E/\sigma_{cr}}$，式中 σ_{cr} 是截面发生弹性畸变屈曲的临界应力，画出 $\lambda - \varphi$ 关系图线如图 17.10。从图 17.10 可以看出，按照上述方法整理畸变失稳的稳定系数曲线，基本符合 GB50017 规范的柱子稳定系数 b 曲线。但是在小长细比范围内，有一段是畸变屈曲稳定系数等于 1.0 的水平段，保守地取此时为 $0.4\pi\sqrt{E/f_y}$，考虑到畸变屈曲的稳定系数都比较大，可以采用下式计算弹塑性局部屈曲稳定系数

$$\varphi_{dis} = \frac{1}{0.84 + \bar{\lambda}_{dis}^2} \leqslant 1.0 \tag{7.27}$$

通过以上分析稳定得到畸变失稳的验算方法如下

(1)计算弹性屈曲临界应力 σ_{cr}，这一步涉及式(17.16)，式(17.24)和式 17.23)；对框架梁也可以采用式(17.26)；

(2) 计算下翼缘作为压杆的压杆长细比 $\bar{\lambda}_{dis} = \sqrt{\dfrac{f_y}{\sigma_{cr}}}$

(3) 由式(17.27)得到畸变失稳的稳定系数 φ_{dis}

(4) 负弯矩区的最大应力应该满足下式

$$\sigma \leqslant \varphi_{dis} f \tag{17.28}$$

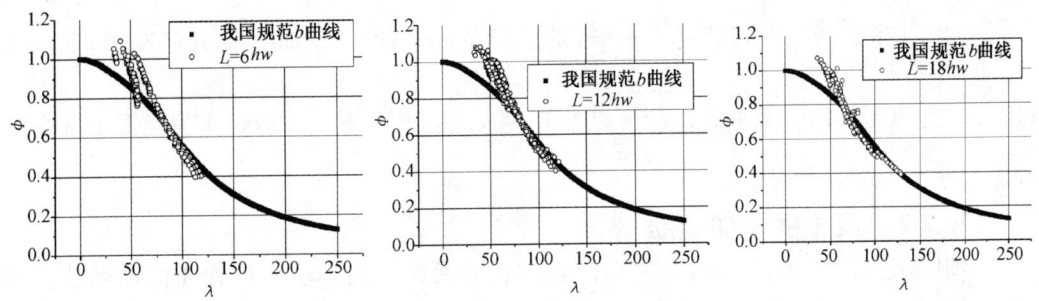

图 17.10　弹塑性畸变屈曲的稳定系数

由 $\bar{\lambda}_{dis} = 0.4$ 可以确定无需验算局部屈曲的截面,为了与长度不发生关系,取 $\sigma_{cr} = \dfrac{E}{\sqrt{3}}$

$\sqrt{\dfrac{b_f t_w^3}{t_f h_w^3}}$,相当于取弯矩变化带来的临界应力增大系数和支座约束使得临界应力的提高,综合取为 2。这样,不验算畸变的截面应满足

$$\frac{b_f/t_f}{(h_w/t_w)^3} \cdot \frac{E^2}{f_y^2} \geqslant 117.2 \qquad (17.29)$$

17.3　阻止畸变失稳的构造措施

17.3.1　欧洲规范 EC4 规定的可以不验算畸变失稳的构造措施

连续组合梁或者采用组合梁的框架,满足下面的条件时可以不采用额外的侧向支撑:

a) 相邻跨中,长跨超出短跨不超过其 25%,为悬臂时,悬臂部分不超过邻跨的 15%。

b) 每跨的荷载都是相似的,且恒载超过总荷载的 40%。

c) 钢梁上翼缘与混凝土板依靠抗剪连接键可靠的连接。

d) 上部的混凝土板由平行的一系列钢梁支撑,以形成倒 U 型框架的模型。

e) 在每一个支座处(梁柱连接处),腹板和下翼缘的侧向位移均得到约束,其他部位的腹板可以是未加劲的。

f) 未外包混凝土的钢梁的高度不超过表 17.5 中限值(即更小的规格更没有问题)。

g) 在两个翼缘之间腹板两侧填混凝土的钢梁,其高度不超过表 17.4 的数值 +200mm。

欧洲规范 EC4 规定不验算畸变失稳的梁高限值　　　　　　　　表 17.5

型 钢 规 格	钢　　　号		
	S235	S275	S355
窄翼缘工字钢系列	IPE600 × 220 × 12 × 19 (86.6)	IPE550 × 210 × 11.1 × 17.2 (68.4)	IPE400 × 180 × 8.6 × 13.5 (55.0)
宽翼缘系列	HE800 × 300 × 17.5 × 33 (94.7)	HE700 × 300 × 17 × 32 (100.5)	HE650 × 300 × 16 × 31 (64.3)

表 17.4 中，括号内的是 $\dfrac{b_{\mathrm{f}}/t_{\mathrm{f}}}{(h_{\mathrm{w}}/t_{\mathrm{w}})^2}\dfrac{E^2}{f_{\mathrm{y}}^2}$ 的值，在 $55\sim100.5$ 之间，而式（17.29）要求达到 117.2，比 EC4 严格，非抗震设计可以参考 EC4，取 $\dfrac{b_{\mathrm{f}}/t_{\mathrm{f}}}{(h_{\mathrm{w}}/t_{\mathrm{w}})^2}\dfrac{E^2}{f_{\mathrm{y}}^2}\geqslant60$ 作为无需采取措施的判定标准。

17.3.2 设置横向加劲肋

要阻止图 17.3c 所示的畸变失稳，其实有非常简单的办法：设置横向加劲肋。如图 17.11 所示。在钢梁腹板的负弯矩区域，沿梁跨长方向设置横向劲肋，使钢梁截面形状保持不变。

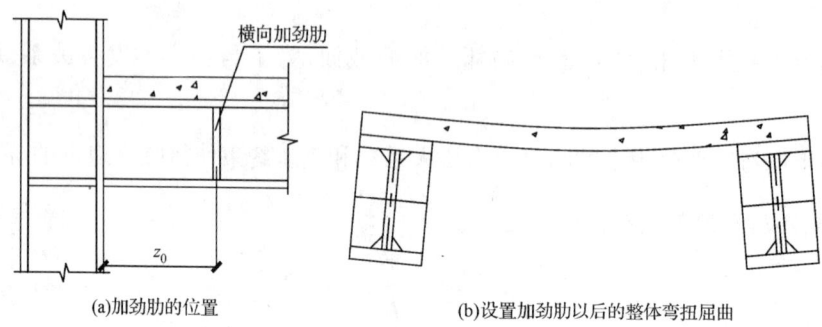

(a)加劲肋的位置　　　　　　　　(b)设置加劲肋以后的整体弯扭屈曲

图 17.11　加劲肋阻止畸变屈曲

假设梁受纯弯，沿梁长度分析均匀布置横向加劲肋，对于不同的高跨比及梁高，腹板厚和翼缘厚的截面进行添加加劲肋后的弹性和弹塑性分析，其中一个算例的结果见图 17.12，图中的 d_{stiff} 是加劲肋之间的距离。可以看到，弹性临界荷载随着加劲肋间距的减小不断增大，但极限荷载的变化趋势比较复杂，但当间距小于 2 时极限荷载都有明显的增加。

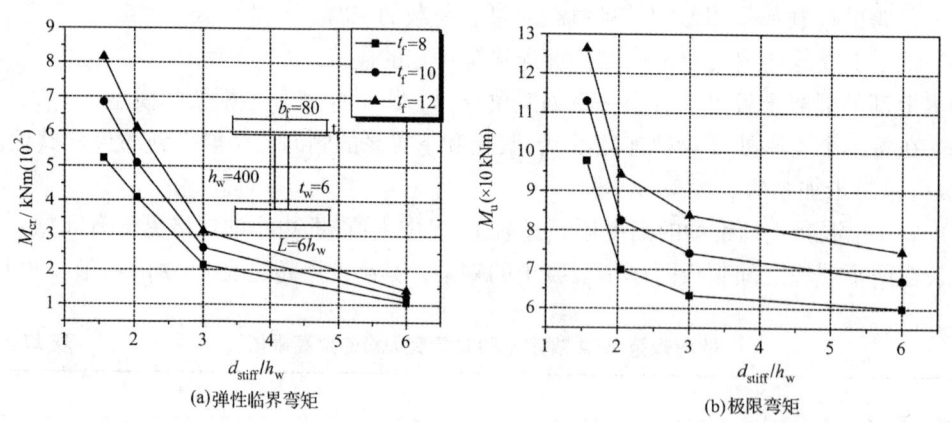

(a)弹性临界弯矩　　　　　　　　(b)极限弯矩

图 17.12　高跨比相同，翼缘厚度不同时，加劲肋的作用

通过大量的数值分析可以发现，当式（17.14）求出的半波数 m 小于 0.5 的时候局部失稳即先于畸变失稳发生，如果要求 $m<0.5$，则无需验算畸变屈曲，只需验算局部屈曲（即满足宽厚比的限值即可）。此时加劲肋到支座面的距离为：

$$\frac{L}{h} < 1.2\sqrt[4]{\gamma} \tag{17.30}$$

实际设计时,加劲肋离开柱子表面的距离 $z_0 = （1 \sim 2）h$。

避免了畸变屈曲后,还需要保证梁不会出现图 17.11b 所示的绕上翼缘和腹板交点的扭转屈曲。参照式(8.68),纯弯时的弯扭屈曲总势能为

$$\Pi = \frac{1}{2}\int_L \left[\left(\frac{1}{4}EI_y h^2 + EI_\omega \right)\theta''^2 + GJ\theta'^2 + M_x h\theta''\theta + k_z\theta^2 \right] dz \tag{17.31}$$

两端简支时假设 $\theta = D\sin\dfrac{m\pi z}{L}$,可以得到临界弯矩为

$$M_{xcr} = \frac{1}{h}\left[GJ + 2EI_\omega\chi + \frac{1}{\chi}k_z \right]$$

式中 $\chi = \left(\dfrac{m\pi}{L}\right)^2$。上式对 χ 求导以求 M_{xcr} 的最小值,得到 $\chi = \sqrt{\dfrac{k_z}{2EI_\omega}}$,并引入考虑弯矩线性变化的等效弯矩因子 C_1 得到

$$M_{xcr} = C_1\frac{GJ + 2\sqrt{2k_z EI_\omega}}{h} \tag{17.32}$$

C_1 的值按照式(17.23)计算,但是两端弯矩的取值应该取:从大端弯矩算起长度为 $L = \pi/\sqrt{\chi}$ 的梁的两端弯矩的比值计算。偏安全则取 1.0。

以截面为 H600 × 220 × 8 × 12 的钢梁为例,$I_\omega = 1.8407 \times 10^{12}\,\mathrm{mm}^6$,$J = 3.5174 \times 10^5\,\mathrm{mm}^4$。这里的 k_z 即为 17.1 节的 k_1,同样取 $k_z = 7.7778 \times 10^5\,\mathrm{N \cdot mm/mm}$。取 $C_1 = 1$ 计算的临界弯矩为 2606kNm,远远超出其屈服弯矩 420kNm(Q235B)或 616kNm(Q345B)。按照 Q345B 计算,$\phi_b = 4.23$,$\phi_b' = 1.00$。如果这根梁位于中间,则约束刚度增加一倍,稳定性还要好。因此基本无需计算这种弯曲失稳。

17.4　有轴力作用的梁

考虑弯矩与轴力共同作用下,在求解翼缘,腹板的荷载势能时,假设腹板和翼缘的应力分布如下式:

$$\sigma_f = \sigma_{f,max}\left[1 - (1 - \beta)\frac{z}{l} \right] \tag{17.33a}$$

$$\sigma_w = \sigma_f\left[1 - (1 - \eta_y)\left(0.5 - \frac{y}{h_w} \right) \right] = \sigma_{f,max}\left[1 - (1 - \eta_y)\left(0.5 - \frac{y}{h_w} \right) \right]\left[1 - (1 - \beta)\frac{z}{l} \right] \tag{17.33b}$$

式中 $\eta_y = \dfrac{\sigma_N - \sigma_M}{\sigma_N + \sigma_M}$ 是上翼缘和下翼缘应力的比值。位移函数仍然取式(17.11),可得到

$$\sigma_{cr,f} = \frac{\kappa_1\left[\dfrac{m^2\pi^2}{l^2}h_w^2(EI_{fy} + 0.236D_w h_w) + \dfrac{3D_w l^2}{m^2\pi^2 h_w} \right] + \kappa_2 1.5D_w h_w + 2.25GI_{fk}}{f(\beta)\left[b_f t_f(h_w^2 + 2.25r_0) + h_w^3 t_w(0.192 + 0.044\eta_y) \right]} \tag{17.34}$$

其中:$\kappa_1 = \dfrac{m\pi - \cos(m\pi)\sin(m\pi)}{m\pi + \cos(m\pi)\sin(m\pi)}$

$$\kappa_2 = \frac{m\pi + 1.24\cos(m\pi)\sin(m\pi)}{m\pi + \cos(m\pi)\sin(m\pi)}$$

当 m 为整数时，$\kappa_1 = \kappa_2 = 1$；当 m 大于 1 时，m 越大，两者均越接近于 1。

$$f(\beta) = \frac{1}{2}(\beta+1) + \frac{\cos^2(m\pi)-1}{2(m\pi)^2}(\beta-1) + \frac{\cos(m\pi)\sin(m\pi)}{m\pi}\beta$$

$(a)\eta_y = -1$ 时，对应组合梁纯弯，但端弯矩不等的状态

$$\sigma_{Mcr} = (1.25 - 0.25\beta)\frac{D_w h_w \phi_1(2\sqrt{3\gamma}+1.5) + 2.25GJ_f}{b_f t_f(h_w^2 + 2.25r_0^2) + 0.148h_w^3 t_w} \tag{17.35}$$

ϕ_1 由式(17.19)计算，式中的 l_{dis} 由式(17.18)计算。

$(b)\beta = 1$，$\eta_y = 1$ 对应轴力单独作用状态：

$$\sigma_{Ncr} = \frac{D_w h_w \phi_1(2\sqrt{3\gamma}+1.5) + 2.25GJ_f}{[b_f t_f(h_w^2 + 2.25r_0) + 0.236h_w^3 t_w]} \tag{17.36}$$

(c)弯矩和轴力共同作用时，则有

$$\frac{\sigma_N}{\sigma_{Ncr}} + \frac{\sigma_M}{\sigma_{Mcr}} = 1 \tag{17.37}$$

或以下翼缘压应力的临界值表示：

$$\sigma_{cr} = (\sigma_N + \sigma_M)_{cr} = (1.3 - 0.3\beta)\frac{\phi_1 D_w h_w(2\sqrt{3\gamma}+1.5) + 2.25GI_{fk}}{[b_f t_f(h_w^2 + 2.25r_0^2) + h_w^3 t_w(0.192 + 0.044\eta_y)]} \tag{17.38}$$

注意此时式中 β 是两端下翼缘的应力比，不是弯矩比。

求得 σ_{cr} 后，按照与纯弯相同的步骤计算等效长细比，查柱子稳定系数曲线 b，然后极限弹塑性畸变屈曲的验算。

同样，在离开弯矩最大端设置（1～2）h 处设置横向加劲肋，就可以避免畸变屈曲，无需验算。如果是轴压的情况，横向加劲肋的间距仍按照式(17.30)确定。

参 考 文 献

［1］ 钢中华人民共和国国家标准．《钢结构设计规范》GB 50017—2003．北京：中国计划出版社，2003．

［2］ 陈世鸣．钢—混凝土连续组合梁的稳定．工业建筑，2002，32（9）．

［3］ 钢结构规范组．钢结构设计例题集．北京：中国计划出版社，2006．

［4］ Svensson S. E.，Lateral buck ling of beams analyzed as elastically supported columns subject to a varying axis force. Journal of Constructional Steel Research，1985，7（5）：179-193．

［5］ 陈世鸣，连续组合梁侧向失稳的弹性地基压杆稳定解，工业建筑，1997，27（2）：29-42．

［6］ Johnson R. P.，Fan C. K. R.，Distortional Lateral buckling of continuous composite beams，Proceeding of institution of Civil Engineering，Part2，1991，91（3）：131-161．

［7］ Weston G.，Nethercot D. A.，Crisfield M. A.，Lateral buckling in continuous composite bridge girgers，The structural Engineer，1991，69（5）．

［8］ 朱傛儒．钢—混凝土组合梁设计原理．北京：中国建筑工业出版社，1989．

［9］ Eurocode 4，Design of Steel composite steel and concrete structures，Part 1-1，General rules and rules for buildings 1994-1-1：2004．

第18章 单向均布受压矩形薄板的弹性 屈曲后强度

18.1 板具有屈曲后强度和刚度的机理

不论是在理论上还是在实际应用上，单向受压薄板屈曲问题非常重要，而这方面的研究也卓有成效，形成了比较精确的理论体系。单向荷载在达到屈曲荷载后，薄板仍旧还有继续承受荷载的能力。研究板的屈曲后强度，对于提高对板的性能的理解和追求更高效的利用率是非常有意义的。下面通过杆系结构说明板件屈曲后强度的来源。

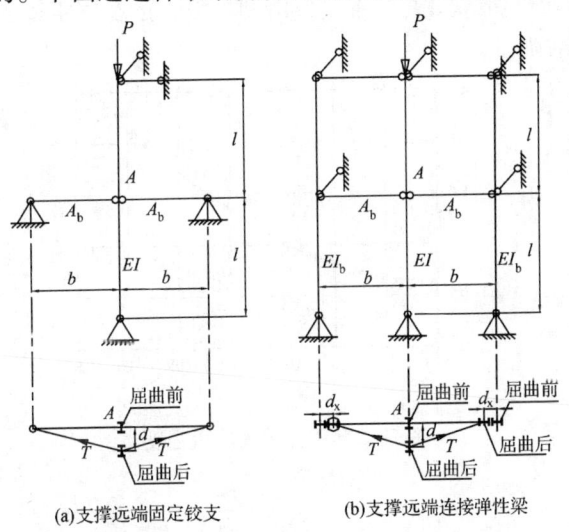

(a)支撑远端固定铰支 (b)支撑远端连接弹性梁

图 18.1 支撑压杆的屈曲后强度

如图 18.1(a) 所示压杆，中间两均有支撑，压杆向垂直于支撑的方向屈曲，压杆屈曲后，撑杆内产生拉力为：

$$T = \frac{EA_b}{b}(\sqrt{b^2 + d^2} - b)$$

该拉力在压杆的屈曲方向施加作用力 F，阻止屈曲变形发展：

$$F = 2T\sin\theta = 2\frac{EA_b}{b}\left(1 - \frac{b}{\sqrt{b^2 + d^2}}\right)d \tag{18.1}$$

即这个压杆，屈曲还是在 $P_E = \frac{\pi^2 EI}{(2l)^2}$ 情况下发生，但是在屈曲后存在着 F 的作用，荷载还可以继续增长，平衡方程是

$$0 \leqslant x \leqslant l: EIy'' + Py = \frac{1}{2}Fx$$

上式的解为($k = \sqrt{P/EI}$，$F = K_b d$，d 是柱中的屈曲位移)：

$$0 \leq x \leq l: \quad y = A\sin kx + B\cos kx + \frac{F}{2P}x$$

利用边界条件和中点对称条件得到

$$0 \leq x \leq l: \quad y = -\frac{F}{2Pk\cos kl}\sin kx + \frac{F}{2P}x$$

$$d = \frac{Fl}{2P}\left(1 - \frac{\tan kl}{kl}\right) \tag{18.2}$$

式中 $kl = \pi\sqrt{\dfrac{P}{P_{EI}}}$。将式(18.1)代入式(18.2)，取 $A/A_b = 5$，$\lambda = 150$，得到

$$\frac{d}{b} = \sqrt{\frac{1}{\left(1 - \dfrac{\pi^2 A}{\lambda^2 A_b}\dfrac{b}{l}\dfrac{P/P_{EI}}{1 - \tan kl/kl}\right)^2} - 1} = \sqrt{\frac{1}{\left(1 - \dfrac{5\pi^2}{150^2}\dfrac{P/P_{EI}}{1 - \tan kl/kl}\right)^2} - 1} \tag{18.3}$$

图 18.2 画出了 $P/P_{EI} \sim d/b$ 关系曲线，由图可见，远端固定铰支的支撑，可以导致柱子具有很可观的屈曲后强度。

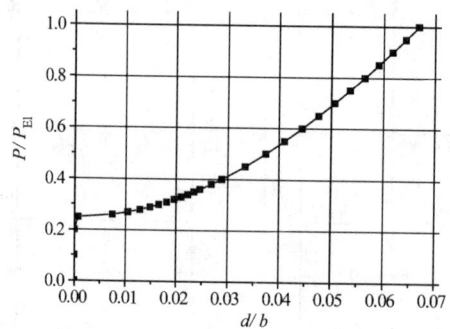

图 18.2　压杆的屈曲后强度

($A/A_b = 5$，$\lambda = 150$)

　　如果在支撑杆的远端并非固定铰支，而是一根梁，如图 18.1(b)所示，其截面水平弯曲刚度是 EI_b，中间压杆弯曲失稳后，因为侧向支撑杆的拉力，在纸平面内产生弯曲，支点水平位移是 d_x，因此

$$T = \frac{EA_b}{b}\left[\sqrt{(b - d_x)^2 + d^2} - b\right]$$

$$d_x = \frac{T\cos\theta(2l)^3}{48EI_{by}} = \frac{A_b l^3 (b - d_x)}{6I_{by}b}\left(1 - \frac{b}{\sqrt{(b - d_x)^2 + d^2}}\right)$$

因为 $\dfrac{1}{\sqrt{1 + d^2/(b - d_x)^2}} \approx 1 - \dfrac{d^2}{2b^2} - \dfrac{d^2}{b^2}\dfrac{d_x}{b}$，所以

$$\frac{d_x}{b} = \left[1 + \frac{A_b l^3}{6I_{by}b}\left(1 - \frac{d^2}{b^2}\right)\right]^{-1}\frac{A_b l^3}{6I_{by}b}\frac{d^2}{2b^2} \tag{18.4}$$

压杆的反力

556

$$F = 2T\sin\theta = 2EA_b\frac{d}{b}\left(1 - \frac{b}{\sqrt{(b-d_x)^2 + d^2}}\right) \approx \frac{2EA_bd}{b}\left(\frac{d^2}{2b^2} - \frac{d_x}{b}\right)$$

$$F = \frac{EA_bd^3}{b^3}\left[1 - \left(1 + \frac{A_bl^3}{6I_{by}b}\left(1 - \frac{d^2}{b^2}\right)\right)^{-1}\frac{A_bl^3}{6I_{by}b}\right] \quad (18.5)$$

$$d = \frac{Fl}{2P}\left(1 - \frac{\tan kl}{kl}\right) = \frac{EA_bl\lambda^2}{2\pi^2 EA}\frac{P_{El}}{P}\left(1 - \frac{\tan\pi\sqrt{P/P_{El}}}{\pi\sqrt{P/P_{El}}}\right)\frac{d^3}{b^3}\left[1 - \left(1 + \frac{A_bl^3}{6I_{by}b}\left(1 - \frac{d^2}{b^2}\right)\right)^{-1}\frac{A_bl^3}{6I_{by}b}\right]$$

上式最后改写为

$$BC\frac{d^4}{b^4} - (B+C)\frac{d^2}{b^2} + 1 + C = 0$$

式中 $B = \dfrac{EA_bl\lambda^2}{2\pi^2 bEA}\dfrac{P_{El}}{P}\left(1 - \dfrac{\tan\pi\sqrt{P/P_{El}}}{\pi\sqrt{P/P_{El}}}\right)$

$$C = \frac{A_bl^3}{6I_{by}b}$$

最后得到荷载位移关系是

$$\frac{d}{b} = \sqrt{\frac{B + C - \sqrt{(B-C)^2 - 4BC^2}}{2BC}} \quad (18.6)$$

图 18.3 示出了取 $\left(A/A_b = 5,\ \lambda = 150,\ \dfrac{\lambda_{by}^2 A_b}{6A_{by}} = 37.5\right)$ 得到的荷载位移曲线，可见体系也有很大的屈曲后强度，只是位移增大了很多。

对于板件，屈曲后强度的来源从上述模型得到解释。如图 18.4 所示，板件的边缘的阴影部分仿佛是板件平面内的一个框架，阻止了板平面外变形的发展，从而使板件获得屈曲后强度。

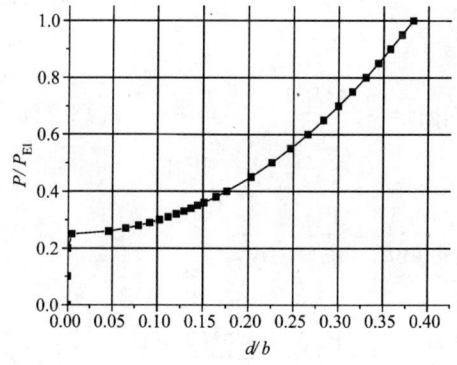

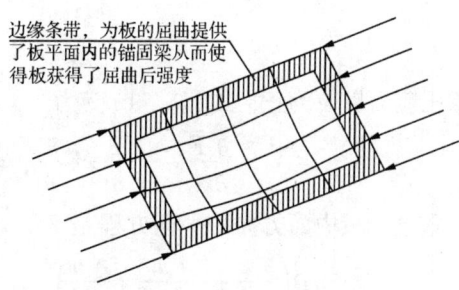

边缘条带，为板的屈曲提供了板平面内的锚固梁从而使得板获得了屈曲后强度

图 18.3　压杆的屈曲后强度

$$\left(A/A_b = 5, \lambda = 150, \frac{\lambda_{by}^2 A_b}{6A_{by}} = 37.5\right)$$

图 18.4　板件出现屈曲后强度的机理

18.2　板大挠度分析理论

在最近的三十年，薄板的屈曲后强度的分析有了很大的发展[5]。单向受压薄板在屈曲

前，各方向位移都是非常小的，中面应力是均匀的，板的弯曲和中面应力可以应用叠加原理，在理论中可以用线性分析。当荷载变为临界荷载的几倍时，出平面的位移将不可忽略，中面会产生薄膜应力且板的弯曲应力会相互影响，需要用非线性分析方法。

对于薄板的屈曲后分析，早在 1910 年，von Karman 已提出了薄板的大挠度方程组，下面进行推导。

板的屈曲后的基本方程的推导，平衡方程与以前一样的，但是屈曲后，板的中面会伸长，因此中面内力不再保持不变。也因此要寻找求解新的中面内力的方法，要用到中面应力应变关系。作为一种近似，可以采用下列的应变位移关系：

$$\varepsilon_x = \frac{\partial u}{\partial x} + \frac{1}{2}\left(\frac{\partial w}{\partial x}\right)^2, \varepsilon_y = \frac{\partial v}{\partial y} + \frac{1}{2}\left(\frac{\partial w}{\partial y}\right)^2, \gamma_{xy} = \frac{\partial u}{\partial y} + \frac{\partial v}{\partial x} + \frac{\partial w}{\partial x}\frac{\partial w}{\partial y} \qquad (18.7a,b,c)$$

消去中面的平面内位移得到如下的协调方程：

$$\frac{\partial^2 \varepsilon_x}{\partial y^2} + \frac{\partial^2 \varepsilon_y}{\partial x^2} - \frac{\partial^2 \gamma_{xy}}{\partial x \partial y} = \left(\frac{\partial w}{\partial x}\frac{\partial w}{\partial y}\right)^2 - \frac{\partial^2 w}{\partial x^2}\frac{\partial^2 w}{\partial y^2} \qquad (18.8)$$

中面的应力应变关系是

$$\sigma_x = \frac{E}{1-\mu^2}(\varepsilon_x + \mu\varepsilon_y), \sigma_y = \frac{E}{1-\mu^2}(\varepsilon_y + \mu\varepsilon_x), \tau_{xy} = G\gamma_{xy} \qquad (18.9a,b,c)$$

$$\varepsilon_x = \frac{1}{E}(\sigma_x - \mu\sigma_y), \varepsilon_y = \frac{1}{E}(\sigma_y - \mu\sigma_x), \gamma_{xy} = \frac{1}{G}\tau_{xy} \qquad (18.10a,b,c)$$

代入应变协调条件得到

$$\frac{1}{E}\left[\frac{\partial^2 \sigma_x}{\partial y^2} + \frac{\partial^2 \sigma_y}{\partial x^2} - 2\frac{\partial^2 \tau_{xy}}{\partial x \partial y}\right] = \left(\frac{\partial w}{\partial x}\frac{\partial w}{\partial y}\right)^2 - \frac{\partial^2 w}{\partial x^2}\frac{\partial^2 w}{\partial y^2} \qquad (18.11)$$

板件中面平面内的平衡条件：

$$\frac{\partial \sigma_x}{\partial x} + \frac{\partial \tau_{xy}}{\partial y} = 0, \frac{\partial \tau_{xy}}{\partial x} + \frac{\partial \sigma_y}{\partial y} = 0 \qquad (18.12a,b)$$

引入应力函数 F 使得

$$\sigma_x = \frac{\partial^2 F}{\partial y^2}, \sigma_y = \frac{\partial^2 F}{\partial x^2}, \tau_{xy} = -\frac{\partial^2 F}{\partial x \partial y} \qquad (18.13a,b,c)$$

注意正应力以拉为正。式(18.11)变为

$$\frac{\partial^4 F}{\partial x^4} + \frac{\partial^4 F}{\partial x^2 \partial y^2} + \frac{\partial^4 F}{\partial y^4} = E\left[\left(\frac{\partial^2 w}{\partial x \partial y}\right)^2 - \frac{\partial^2 w}{\partial x^2} \cdot \frac{\partial^2 w}{\partial y^2}\right] \qquad (18.14)$$

垂直于板中面方向的平衡方程是

$$D\left(\frac{\partial^4 w}{\partial x^4} + \frac{\partial^4 w}{\partial x^2 \partial y^2} + \frac{\partial^4 w}{\partial y^4}\right) = t\left(\frac{\partial^2 F}{\partial y^2}\frac{\partial^2 w}{\partial x^2} - 2\frac{\partial^2 F}{\partial x \partial y}\frac{\partial^2 w}{\partial y \partial x} + \frac{\partial^2 F}{\partial x^2}\frac{\partial^2 w}{\partial y^2}\right) \qquad (18.15)$$

这一组方程就是最先由 Von Karman 得到的研究板件屈曲后强度的基本微分方程。

中面应力应变的应变能是

$$U_m = \frac{1}{2}t\iint(\sigma_x\varepsilon_x + \sigma_y\varepsilon_y + \tau_{xy}\gamma_{xy})\mathrm{d}A = \frac{1}{2E}t\iint_A[\sigma_x^2 + \sigma_y^2 - 2\mu\sigma_x\sigma_y + 2(1+\mu)\tau_{xy}^2]\mathrm{d}A$$

$$U_m = \frac{1}{2}t\iint_A\left\{\frac{1}{E}\left(\frac{\partial^2 F}{\partial x^2} + \frac{\partial^2 F}{\partial y^2}\right)^2 - \frac{1}{G}\left[\frac{\partial^2 F}{\partial x^2}\frac{\partial^2 F}{\partial y^2} - \left(\frac{\partial^2 F}{\partial x \partial y}\right)^2\right]\right\}\mathrm{d}A \qquad (18.16)$$

所做的功是

558

$$W = \sum \int p_x u \mathrm{d}y + \int p_y v \mathrm{d}x + \int q_{xy} v \mathrm{d}x + \int q_{yx} u \mathrm{d}x \qquad (18.17)$$

18.3　四边简支板单向受压的屈曲后分析

式(18.14)一般无法得到解析解(文献[4]),通常使用迦辽金法或能量法等方法来近似的获得既具有一定精度又相对简洁的结果。其后又有很多人对薄板的屈曲后分析(例如,Timoshenko and Gere, 1961; Bulson, 1970; Singer et al. 1998, 2002; Bloom and Coffin, 2000[6])提出了很多新的想法,随着计算机技术的发展,数值分析和有限元分析被应用进来。

要讨论矩形薄板的屈曲后强度,首先就要关心的就是板的四周边界条件。对于不同边界条件下的薄板已经有了很多各自屈曲后强度的表达式。接下去引用已有的成果,给出自己的理论计算结果,最后用 Ansys 进行有限元分析比较,提出精确度良好的修正公式。在这里,假定薄板在屈曲后较长一段时间内,材料都还处于弹性状态,只考虑几何非线性的影响。

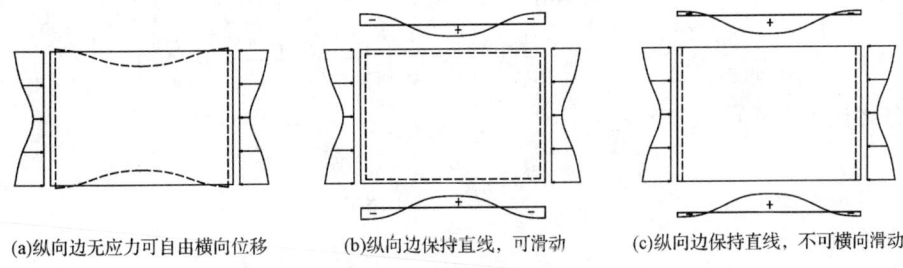

(a)纵向边无应力可自由横向位移　　(b)纵向边保持直线,可滑动　　(c)纵向边保持直线,不可横向滑动

图 18.5　四边简支板的纵向非加载边三种面内位移边界条件

有矩形板,长 a,宽 b,厚度为 t,在两宽边上作用均布荷载。边界条件:

(1) 四边出平面弯曲简支。

(2) 四边发生平面内位移时,板边缘始终保持直线,即刚性边缘。

这个边界条件就是在薄板屈曲后分析中通常所说的四边简支。

假定挠度函数为:

$$w = f \sin \frac{\pi x}{a} \sin \frac{\pi y}{b} \qquad (18.18)$$

代入式(18.14)得到

$$\frac{\partial^4 F}{\partial x^4} + \frac{\partial^4 F}{\partial x^2 \partial y^2} + \frac{\partial^4 F}{\partial y^4} = \frac{\pi^4 E}{2a^2 b^2} f^2 \left(\cos \frac{2\pi x}{a} + \cos \frac{2\pi y}{b} \right)$$

其特解为

$$F^* = \frac{E f^2}{32} \left(\frac{a^2}{b^2} \cos \frac{2\pi x}{a} + \frac{b^2}{a^2} \cos \frac{2\pi y}{b} \right)$$

还需要一个齐次方程

$$\frac{\partial^4 \overline{F}}{\partial x^4} + \frac{\partial^4 \overline{F}}{\partial x^2 \partial y^2} + \frac{\partial^4 \overline{F}}{\partial y^4} = 0$$

的通解，注意特解是一个自相平衡的应力系，因此应该在齐次方程的通解中反映出一个平均应力来，这样可以设定

$$\widetilde{F} = -\frac{1}{2}\sigma_{xav}y^2 - \frac{1}{2}\sigma_{yav}x^2$$

式中引入负号，表示从此开始，应力 σ_{xav}，σ_{yav} 以压为正。因此

$$F = -\frac{1}{2}\sigma_{xav}y^2 - \frac{1}{2}\sigma_{yav}x^2 + \frac{Ef^2}{32}\left(\frac{a^2}{b^2}\cos\frac{2\pi x}{a} + \frac{b^2}{a^2}\cos\frac{2\pi y}{b}\right) \tag{18.19}$$

各个应力分量是

$$\sigma_x = \frac{\partial^2 F}{\partial y^2} = -E\frac{\pi^2 f^2}{8a^2}\cos\frac{2\pi y}{b} - \sigma_{xav}$$

$$\sigma_y = \frac{\partial^2 F}{\partial x^2} = -E\frac{\pi^2 f^2}{8b^2}\cos\frac{2\pi x}{a} - \sigma_{avy}$$

$$\tau_{xy} = -\frac{\partial^2 F}{\partial x \partial y} = 0$$

纵向的相对压缩推导如下

$$\varepsilon_x = -\frac{1}{E}(\sigma_x - \mu\sigma_y) = \frac{1}{E}\left(\frac{\partial^2 F}{\partial y^2} - \mu\frac{\partial^2 F}{\partial x^2}\right) = \frac{\partial u}{\partial x} + \frac{1}{2}\left(\frac{\partial w}{\partial x}\right)^2$$

$$e_x = -\frac{1}{a}\int_0^a \frac{\partial u}{\partial x}dx = -\frac{(u_{x=a} - u_{x=0})}{a} = \frac{1}{a}\int_0^a\left[\frac{1}{E}\left(-\frac{\partial^2 F}{\partial y^2} + \mu\frac{\partial^2 F}{\partial x^2}\right) + \frac{1}{2}\left(\frac{\partial w}{\partial x}\right)^2\right]dx$$

将有关各式代入积分可以得到

$$e_x = \frac{\sigma_{xav} - \mu\sigma_{yav}}{E} + \frac{\pi^2 f^2}{8a^2} \tag{18.20a}$$

同理可以得到

$$e_y = \frac{\sigma_{yav} - \mu\sigma_{xav}}{E} + \frac{\pi^2 f^2}{8b^2} \tag{18.20b}$$

这两个位移，均与坐标无关，说明本节的推导，只适用于四边简支板的周边是保持刚性的情况。

推导到此，式(18.14)已经得到满足。平衡方程式(18.15)则不可能处处得到满足，可以要求在加权的意义上满足，即采用迦辽金方法：

$$\iint X\sin\frac{\pi x}{a}\sin\frac{\pi y}{b}dxdy = 0 \tag{18.21}$$

式中

$$X = D\nabla^4 w - t\left(\frac{\partial^2 F}{\partial y^2}\frac{\partial^2 w}{\partial x^2} - 2\frac{\partial^2 F}{\partial x\partial y}\frac{\partial^2 w}{\partial x\partial y} + \frac{\partial^2 F}{\partial x^2}\frac{\partial^2 w}{\partial y^2}\right)$$

$$= \left[D\left(\frac{\pi^2}{a^2} + \frac{\pi^2}{b^2}\right)^2 - \left(E\frac{\pi^2 f^2}{8a^2}\cos\frac{2\pi y}{b} + \sigma_{xav}\right)\frac{\pi^2 t}{a^2} - \left(E\frac{\pi^2 f^2}{8b^2}\cos\frac{2\pi x}{a} + \sigma_{avy}\right)\frac{\pi^2 t}{b^2}\right]f\sin\frac{\pi x}{a}\sin\frac{\pi y}{b}$$

代入迦辽金方程，利用如下积分

$$\iint\sin^2\frac{\pi x}{a}\sin^2\frac{\pi y}{b}dxdy = \frac{1}{4}ab, \int\cos\frac{2\pi x}{a}\sin^2\frac{\pi x}{a}dx = -\frac{1}{4}a$$

$$\iint\cos\frac{2\pi x}{a}\sin^2\frac{\pi x}{a}\sin^2\frac{\pi y}{b}dxdy = -\frac{1}{8}ab, \iint\cos\frac{2\pi y}{b}\sin^2\frac{\pi x}{a}\sin^2\frac{\pi y}{b}dxdy = -\frac{1}{8}ab$$

560

得到

$$\left[D\left(\frac{\pi^2}{a^2} + \frac{\pi^2}{b^2}\right)^2 \frac{1}{4}ab - t\left(-E\frac{\pi^2 f^2}{8a^2}\frac{1}{8}ab + \sigma_{\mathrm{xav}}\frac{1}{4}ab\right)\frac{\pi^2}{a^2} + t\left(-E\frac{\pi^2 f^2}{8b^2}\frac{1}{8}ab + \sigma_{\mathrm{avy}}\frac{1}{4}ab\right)\frac{\pi^2}{b^2}\right] = 0$$

上式可以化简为

$$\sigma_{\mathrm{xav}}\frac{1}{a^2} + \sigma_{\mathrm{avy}}\frac{1}{b^2} = \frac{\pi^2 D}{t}\left(\frac{1}{a^2} + \frac{1}{b^2}\right)^2 + \frac{E\pi^2 f^2}{16}\left(\frac{1}{a^4} + \frac{1}{b^4}\right) \tag{18.22}$$

设两个纵向边(非加载边)滑移简支,则 $\sigma_{\mathrm{avy}} = 0$,因此

$$\sigma_{\mathrm{xav}} = \sigma_{\mathrm{xcr}} + \frac{E\pi^2}{16}\left(\frac{b^2}{a^2} + \frac{a^2}{b^2}\right)\left(\frac{f}{b}\right)^2 \tag{18.23}$$

式中

$$\sigma_{\mathrm{xcr}} = \frac{\pi^2 D}{tb^2}\left(\frac{b}{a} + \frac{a}{b}\right)^2 \tag{18.24}$$

是板件的屈曲临界应力。式(18.23)的第 2 项代表了屈曲后的强度随横向相对挠度的平方即 $(f/b)^2$ 发展,即宽度越小,屈曲后强度发展越快。

式(18.23)改写

$$\frac{16b^2(\sigma_{\mathrm{xav}} - \sigma_{\mathrm{xcr}})}{(b^2/a^2 + a^2/b^2)E\pi^2} = f^2$$

$$e_{\mathrm{x}} = \frac{\sigma_{\mathrm{xav}}}{E} + \frac{\pi^2 f^2}{8a^2} = \frac{\sigma_{\mathrm{xcr}}}{E} + \frac{\pi^2}{16}\left[\frac{3b^2}{a^2} + \frac{a^2}{b^2}\right]\left(\frac{f}{b}\right)^2$$

$$\sigma_{\mathrm{xav}} = \frac{2\sigma_{\mathrm{xcr}}}{3 + a^4/b^4} + \frac{E(1 + a^4/b^4)}{3 + a^4/b^4}e_{\mathrm{x}} \tag{18.25}$$

上式代表屈曲后强度随纵向相对位移增加的关系,是一个线性的关系,其斜率是板件屈曲后表观弹性模量:

$$\widetilde{E} = \frac{\mathrm{d}\sigma_{\mathrm{xav}}}{\mathrm{d}e_{\mathrm{x}}} = \frac{1 + a^4/b^4}{3 + a^4/b^4}E \tag{18.26}$$

$a/b = 0.7$,1.0,1.3 时,屈曲后的表观弹性模量分别是 $\widetilde{E}/E = 0.383$,0.5,0.658。

沿宽度任意点的表观弹性模量推导如下

$$\sigma_{\mathrm{x}} = \sigma_{\mathrm{xav}} + \frac{2(\sigma_{\mathrm{xav}} - \sigma_{\mathrm{xcr}})}{(1 + a^4/b^4)}\cos\frac{2\pi y}{b} = \sigma_{\mathrm{xav}} + \frac{2(Ee_{\mathrm{x}} - \sigma_{\mathrm{xcr}})}{3 + a^4/b^4}\cos\frac{2\pi y}{b} \tag{18.27}$$

$$\frac{\mathrm{d}\sigma_{\mathrm{x}}}{\mathrm{d}e_{\mathrm{x}}} = \frac{\mathrm{d}\sigma_{\mathrm{av}}}{\mathrm{d}e_{\mathrm{x}}} + \frac{2E}{3 + a^4/b^4}\cos\frac{2\pi y}{b} = \frac{1 + a^4/b^4}{3 + a^4/b^4}E + \frac{2E}{3 + a^4/b^4}\cos\frac{2\pi y}{b} \tag{18.28}$$

注意两个挠度为 0 的纵边的表观弹性模量是没有下降的。

绕板件中间的抗弯刚度是

$$\widetilde{EI} = \int_{-0.5b}^{0.5b}\frac{\mathrm{d}\sigma_{\mathrm{x}}}{\mathrm{d}e_{\mathrm{x}}}y^2 t\mathrm{d}y = \frac{1}{12}\widetilde{E}tb^3 + \frac{2Et}{3 + a^4/b^4}\int_{-0.5b}^{0.5b}y^2\cos\frac{2\pi(y + 0.5b)}{b}\mathrm{d}y$$

$$\widetilde{EI} = \frac{1}{12}\widetilde{E}tb^3 + \frac{2Et}{3 + a^4/b^4}\frac{b^3}{2\pi^2} = \frac{1}{12}\left(\frac{1 + a^4/b^4 + 12/\pi^2}{3 + a^4/b^4}\right)Etb^3 \tag{18.29}$$

$a/b = 0.7$,1.0,1.3 时,屈曲后的表观弹性抗弯刚度分别是 $\widetilde{EI}/EI = 0.6366$,$0.7056$,$0.7989$,即抗弯刚度的下降没有轴压刚度的下降明显,这是因为两个纵边及其附近的纤

维，弹性模量下降小，而这些部分对抗弯刚度的贡献大。

按照有效截面计算，定义有效宽度为

$$P = \int_0^b \sigma_x t \mathrm{d}x = \sigma_{xav} bt = \sigma_{xmax} b_e t$$

$$\sigma_{xmax} = E\frac{\pi^2 f^2}{8a^2} + \sigma_{xav} = \sigma_{xcr} + \frac{E\pi^2}{16}\left(3 + \frac{a^4}{b^4}\right)\frac{f^2}{a^2} = f_y$$

$$\sigma_{xav} = \sigma_{xcr} + \frac{E\pi^2 f^2}{16\ a^2}\left(1 + \frac{a^4}{b^4}\right) = \sigma_{xcr} + \frac{\sigma_{xmax} - \sigma_{xcr}}{(3+\alpha^4)}(1+\alpha^4) = \frac{2}{3+\alpha^4}\sigma_{xcr} + \frac{1+\alpha^4}{3+\alpha^4}\sigma_{xmax}$$

$$\frac{b_e}{b} = \frac{\sigma_{xav}}{\sigma_{xmax}} = \frac{1+\alpha^4}{3+\alpha^4} + \frac{2}{3+\alpha^4}\frac{\sigma_{xcr}}{\sigma_{xmax}} \tag{18.30}$$

极限状态时，边缘应力达到屈服：

$$\frac{b_e}{b} = \frac{1+\alpha^4}{3+\alpha^4} + \frac{2}{3+\alpha^4}\frac{\sigma_{xcr}}{f_y} \tag{18.31}$$

真正的极限状态下的有效宽度，受到初始弯曲和残余应力的影响，公式比这个复杂。

如果纵向边缘不可移简支，则 $e_y = 0$

$$\sigma_{yav} = \mu\sigma_{xav} - E\frac{\pi^2 f^2}{8b^2} \tag{18.32a}$$

$$\sigma_{xav} = \sigma_{xcr2} + \frac{E\pi^2 f^2}{16b^2}\left(\frac{b^2}{a^2} + 3\frac{a^2}{b^2}\right)\left(1 + \mu\frac{a^2}{b^2}\right)^{-1} \tag{18.32b}$$

式中

$$\sigma_{xcr2} = \frac{\pi^2 D}{tb^2}\left(\frac{b}{a} + \frac{a}{b}\right)^2\left(1 + \mu\frac{a^2}{b^2}\right)^{-1} \tag{18.33}$$

是纵向不可滑动对应的屈曲应力。可见，非加载边是否允许移动，对临界荷载也有影响。这是因为，如果横向不能移动，横向也将产生压应力 $\mu\sigma_x$，板件成为双向受压，临界应力下降。

$$e_x = \frac{(1-\mu^2)\sigma_{xav}}{E} + \left(\frac{b^2}{a^2} + \mu\right)\frac{\pi^2 f^2}{8b^2} \tag{18.34}$$

$$\sigma_{xav} = \frac{2(1+\mu\alpha^2)^2}{(1-\mu^2)(1+3\alpha^4)+2(1+\mu\alpha^2)^2}\sigma_{xcr} + \frac{(1+3\alpha^4)}{(1-\mu^2)(1+3\alpha^4)+2(1+\mu\alpha^2)^2}Ee_x \tag{18.35}$$

式中 $\alpha = a/b$，屈曲后的表观弹性模量是

$$\widetilde{E} = \frac{\mathrm{d}\sigma_{xav}}{\mathrm{d}e_x} = \frac{(1+3a^4/b^4)}{(1-\mu^2)(1+3a^4/b^4)+2(1+\mu a^2/b^2)^2}E \tag{18.36a}$$

$a/b = 0.7, 1.0, 1.3$ 时，屈曲后的表观弹性模量分别是 $\widetilde{E}/E = 0.41, 0.57, 0.722$，比非加载边可以滑动的情况的屈曲后的刚度有所增加，但是可以注意到，两者的比值不一定大于 $\frac{1}{1-\mu^2}$。

对中心的抗弯刚度则变为：

$$\frac{\widetilde{EI}}{EI} = \frac{\widetilde{E}}{E} + \frac{12}{\pi^2}\frac{(1+\mu a^2/b^2)}{(1-\mu^2)(1+3a^4/b^4)+2(1+\mu a^2/b^2)^2} \tag{18.36b}$$

18.4 非加载边是其他约束的板件的屈曲后分析

图 18.6 所示矩形板的加载边为简支，非加载边为弹性约束或自由边。假设屈曲波形是

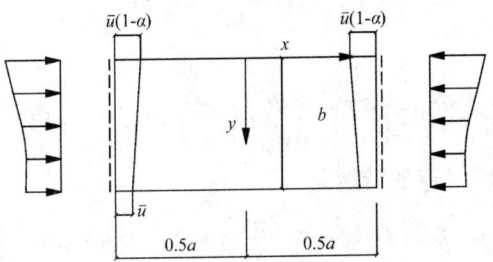

图 18.6 非加载边任意边界条件的板件

$$w(x, y) = A_1 Y(y) \cos \frac{\pi x}{a} \qquad (18.37)$$

式中 a 是半波长，$Y(y)$ 是横向波形函数，它们可以通过小挠度分析获得。代入式(18.14)得到

$$\frac{\partial^4 F}{\partial x^4} + \frac{\partial^4 F}{\partial x^2 \partial y^2} + \frac{\partial^4 F}{\partial y^4} = \frac{\pi^2 E A_1^2}{2a^2} \Big[(YY')' + (YY'' - Y'^2) \cos \frac{2\pi x}{a} \Big] \qquad (18.38)$$

这样，F 可以分为两部分，

$$F(x, y) = F_1(y) + F_2(y) \cos \frac{2\pi x}{a} \qquad (18.39)$$

$F_1(y)$ 满足如下方程

$$\frac{\mathrm{d}^4 F_1}{\mathrm{d}y^4} = \frac{\pi^2 E A_1^2}{2a^2} (YY')'$$

积分两次得到

$$\frac{\mathrm{d}^2 F_1}{\mathrm{d}y^2} = \frac{\pi^2 E A_1^2}{4a^2} Y^2 + K_1 y + K_2$$

设想一下，假设板件没有屈曲，则 $Y = 0$，$\sigma_x = -\dfrac{E}{1-\mu^2} \Big[\dfrac{2\overline{u}(1-\alpha+\overline{\alpha y})}{a} + \mu \varepsilon_y \Big] = \dfrac{\partial^2 F_1}{\partial y^2} = K_1 y + K_2$

ε_y 应根据 y 方向的两个边界条件求出。假设两个边界上 $\sigma_y = 0$，则

$$\sigma_y = \frac{E}{1-\mu^2}(\varepsilon_y + \mu \varepsilon_x) = 0$$

$$\varepsilon_y = -\mu \varepsilon_x$$

所以

$$\sigma_x = -E \frac{2\overline{u}(1-\alpha+\alpha \overline{y})}{a} = \frac{\partial^2 F_1}{\partial y^2} = K_1 y + K_2$$

$$F_1''(y) = \frac{\pi^2 E A_1^2}{4a^2} Y^2(y) - \frac{2E\overline{u}}{a}(1-\alpha+\alpha \overline{y}) \qquad (18.40)$$

$F_1(y)$ 本身无需求出，只要知道其二阶导数就可以了。而 $F_2(y)$ 满足

$$\frac{\mathrm{d}^4 F_2}{\mathrm{d}y^4} - \left(\frac{2\pi}{a}\right)^2 \frac{\mathrm{d}^2 F_2}{\mathrm{d}y^2} + \left(\frac{2\pi}{a}\right)^4 F_2 = \frac{\pi^2 E A_1^2}{2a^2}(YY'' - Y'^2) \tag{18.41}$$

无量纲化，设（Φ 的量纲是长度的平方）

$$F_2(\bar{y}) = \frac{\pi^2 E A_1^2}{2a^2} \Phi(\bar{y}) \tag{18.42}$$

代入式（18.41）得到

$$\frac{\mathrm{d}^4 \Phi}{\mathrm{d}y^4} - 2\left(\frac{2\pi}{a}\right)^2 \frac{\mathrm{d}^2 \Phi}{\mathrm{d}y^2} + \left(\frac{2\pi}{a}\right)^4 \Phi = Y'^2 - YY'' \tag{18.43}$$

上式除了特解外，齐次方程对应的特解是

$$\Phi = (D_1 + D_2 y)\cosh\frac{2\pi y}{a} + (D_3 + D_4 y)\sinh\frac{2\pi y}{a} \tag{18.44a}$$

注意，如果 $w(x,y) = AY(y)\cos\dfrac{m\pi x}{a}$，则特解相应变为

$$\Phi_m = (D_{1m} + D_{2m}y)\cosh\frac{2m\pi y}{a} + (D_{3m} + D_{4m}y)\sinh\frac{2m\pi y}{a} \tag{18.44b}$$

因此可以开展级数求解：

$$w(x,y) = \sum A_m Y_m(y)\cos\frac{m\pi x}{a} \tag{18.45a}$$

$$F(x,y) = \sum \left(F_{1m}(y) + F_{2m}(y)\cos\frac{2m\pi x}{a}\right) \tag{18.45b}$$

$$F''_{1m}(y) = \frac{m^2 \pi^2 E A_m^2}{4a^2} Y_m^2(y), m > 1$$

$$F_1(y) = \frac{\pi^2 E A_1^2}{4a^2} Y_1^2(y) - \frac{2E\bar{u}}{a}(1 - \alpha + \alpha\bar{y}) \tag{18.45c}$$

$$F_{2m}(\bar{y}) = \frac{m^2 \pi^2 E A_m^2}{2a^2} \Phi_m(\bar{y}) \tag{18.45d}$$

以获得精确解。

三个中面应力是

$$\sigma_y = -\frac{4\pi^2}{a^2} F_2 \cos\frac{2\pi x}{a}, \sigma_x = F''_1 + F''_2 \cos\frac{2\pi x}{a}, \tau_{xy} = \frac{2\pi}{a} F'_2 \sin\frac{2\pi x}{a}$$

其中 $(\ )'$ 表示对 y 求导数。中面应变能

$$U_m = \frac{at}{4E} \int_0^b \left\{ \left(F''_2 - \frac{4\pi^2}{a^2} F_2\right)^2 + 2F''^2_1 + \frac{4E\pi^2}{Ga^2}(F_2 F'_2)' \right\} \mathrm{d}y$$

$$U_m = \frac{at}{4E}\left(\frac{\pi^2 E A_1^2}{2a^2}\right)^2 \left[\int_0^b \left\{ \left(\Phi''(\bar{y}) - \frac{4\pi^2}{a^2}\Phi(\bar{y})\right)^2 + \frac{1}{2}Y^4(y) \right\}\mathrm{d}y + \frac{8(1+\mu)\pi^2}{a^2}[\Phi\Phi']_0^b \right]$$

$$\quad - \frac{\pi^2 E A_1^2}{2a^2}\bar{u}t\int_0^b \left\{ Y^2(y)(1 - \alpha + \alpha\bar{y}) \right\}\mathrm{d}y + \frac{bat}{2E}\left(\frac{2E\bar{u}}{a}\right)^2\left(1 - \alpha + \frac{1}{3}\alpha^2\right) \tag{18.46a}$$

弯曲应变能

$$U_b = \frac{1}{4}Da A_1^2 \left[\int_0^b \left(Y'' - \frac{\pi^2}{a^2}Y\right)^2 \mathrm{d}y + 2(1 - \mu)\frac{\pi^2}{a^2}(YY')\,|_0^b \right] \tag{18.46b}$$

如果两个非加载边有弹性转动约束，约束刚度是 k_{x0}，k_{xb}，其中贮存的弹性能是

$$U_3 = \frac{1}{2}\int_{-0.5a}^{0.5a}\left[k_{x0}\left(\frac{\partial w}{\partial y}\right)_{y=0}^2 + k_{x1}\left(\frac{\partial w}{\partial y}\right)_{y=b}^2\right]\mathrm{d}x = \frac{a}{4}A_1^2\left[k_{x0}\left(Y'_{y=0}\right)^2 + k_{x1}\left(Y'_{y=b}\right)^2\right]$$

利用

$$M_{y0} + M_{kz1} = -D\left(\frac{\partial^2 w}{\partial y^2} + \mu\frac{\partial^2 w}{\partial x^2}\right)_{y=0} + k_{x1}y'_0 = 0$$

$$M_{yb} - M_{kz2} = D\left(\frac{\partial^2 w}{\partial y^2} + \mu\frac{\partial^2 w}{\partial x^2}\right)_{y=b} + k_{x2}y'_b = 0$$

弹性约束内的势能可以表示为

$$U_3 = \frac{a}{4}DA_1^2\left\{\left[Y''(0) - \mu Y(0)\right]Y'_{y=0} - \left[Y''(b) - \mu Y(b)\right]Y'_{y=b}\right\} \tag{18.46c}$$

荷载功是

$$W = 2\int_0^b p_x\bar{u}(1 - \alpha + \alpha\bar{y})\mathrm{d}y = 2\bar{u}(1-\alpha)P + \frac{2\alpha\bar{u}}{b}\int_0^b p_x y\mathrm{d}y = 2\bar{u}(1-\alpha)P + \frac{2\alpha\bar{u}}{b}M_z$$

$$\tag{18.46d}$$

式中 $M_z = \int_0^b p_x y\mathrm{d}y$ 是边缘应力绕原点$(0,0)$的弯矩，不是绕形心轴的弯矩。

总势能

$$\varPi = U_b + U_m + U_z - W \tag{18.47}$$

令 $\dfrac{\partial\varPi}{\partial A_1^2} = 0$ 可以得到

$$u = \bar{u}_{cr} + \frac{C_3}{C_1}A_1^2 \tag{18.48}$$

式中

$$u_{cr} = \frac{C_2}{C_1} \tag{18.49}$$

$$C_1 = \frac{\pi^2 Ebt}{4a^2}\int_0^1 Y^2(1 - \alpha + \alpha\bar{y})\mathrm{d}\bar{y} \tag{18.50a}$$

$$C_2 = \frac{1}{8}aD\left\{\int_0^b\left(Y'' - \frac{\pi^2}{a^2}Y\right)^2\mathrm{d}y + \frac{2\pi^2}{a^2}(1-\mu)(YY')\big|_0^b - (Y'' - \mu Y)Y'\big|_0^b\right\} \tag{18.50b}$$

$$C_3 = \frac{\pi^4 Et}{32a^3}\int_0^b\left[Y^4 + 2\left(\varPhi'' - \frac{4\pi^2}{a^2}\varPhi\right)^2\right]\mathrm{d}y + \frac{\pi^6 Et}{2a^5}(1+\mu)\left[\varPhi\varPhi'\right]_0^b \tag{18.50c}$$

应力分布是

$$\sigma_x = \frac{\pi^2 EA_1^2}{4a^2}Y^2(y) - \frac{2E\bar{u}}{a}(1 - \alpha + \alpha\bar{y}) + \frac{\pi^2 EA_1^2}{2a^2}\varPhi''(\bar{y})\cos\frac{2\pi x}{a}$$

$$\sigma_y = -\frac{2\pi^4 EA_1^2}{a^4}\varPhi(\bar{y})\cos\frac{2\pi x}{a}, \quad \tau_{xy} = \frac{\pi^3 EA_1^2}{a^3}\varPhi'(\bar{y})\sin\frac{2\pi x}{a} \tag{18.51a,b,c}$$

平均应力

$$\sigma_{av} = -\frac{1}{b}\int_0^b \sigma_x\mathrm{d}y = \frac{2E}{a}\left(1 - \frac{1}{2}\alpha\right)\bar{u} - \frac{\pi^2 EA_1^2}{4a^2}\int_0^1 Y^2\mathrm{d}\bar{y} \tag{18.52a}$$

对 $(0,0)$ 点的弯矩：

$$M_z = -\int_0^b \left\{ \frac{\pi^2 E A_1^2}{4a^2} [Y^2 y^2 - 2y^2 \Phi''(\bar{y})] - \frac{2E\bar{u}}{a}(1 - \alpha + \alpha\bar{y})y^2 \right\} dy \qquad (18.52b)$$

两端的相对缩短

$$\Delta = \int_0^a \left[\frac{1}{E}\left(-\frac{\partial^2 F}{\partial y^2} + \mu \frac{\partial^2 F}{\partial x^2} \right) + \frac{1}{2}\left(\frac{\partial w}{\partial x} \right)^2 \right] dx = 2\bar{u}(1 - \alpha + \alpha\bar{y})$$

在加载边上只有正应力 σ_x，板屈曲后，各纤维表现出的纵向轴压刚度是

$$\widetilde{E} = -a \frac{d\sigma_x}{d\Delta} \bigg|_{x=a/2} = E - \frac{\pi^2 E}{4a}[Y^2(y) - 2\Phi''(\bar{y})] \frac{dA_1^2}{d\Delta}$$

因为 $\dfrac{dA_1^2}{d\bar{u}} = \dfrac{C_1}{C_3}$，所以

$$\widetilde{E} = \left[1 - \frac{\pi^2 C_1}{8aC_3} \frac{Y^2 - 2\Phi''}{1 - \alpha + \alpha y/b} \right] E \qquad (18.53)$$

平均轴压刚度是

$$E_{\text{tav}} = \frac{1}{b}\int_0^b \widetilde{E} dy = E\left[1 - \frac{\pi^2 C_1}{8aC_3}\int_0^1 \frac{Y^2 - 2\Phi''}{1 - \alpha + \alpha y/b} d\bar{y} \right] \qquad (18.54)$$

对 $(0,0)$ 点的抗弯刚度是

$$\widetilde{EI} = t\int_0^b \widetilde{E} y^2 dy = E\left[\frac{1}{3}tb^3 - \frac{\pi^2 tC_1}{8aC_3}\int_0^1 \frac{Y^2 - 2\Phi''}{1 - \alpha + \alpha y/b} y^2 d\bar{y} \right] \qquad (18.55)$$

四边简支板假设 $Y = \sin\pi\bar{y}$，则

$$\frac{d^4\Phi}{dy^4} - 2\left(\frac{2\pi}{a} \right)^2 \frac{d^2\Phi}{dy^2} + \left(\frac{2\pi}{a} \right)^4 \Phi = Y'^2 - YY'' = \frac{\pi^2}{b^2}\cos^2\pi\bar{y} + \frac{\pi^2}{b^2}\sin^2\pi\bar{y} = \frac{\pi^2}{b^2}$$

记 $\beta = \dfrac{2\pi b}{a}$，通解是

$$\Phi = b^2\left((D_1 + D_2\bar{y})\cosh\beta\bar{y} + (D_3 + D_4\bar{y})\sinh\beta\bar{y} + \frac{\pi^2}{\beta^4} \right)$$

非加载边的零应力要求 $\Phi(0) = \Phi'(0) = \Phi(1) = \Phi'(1) = 0$，代入得到待定系数是

$$D_1 = -\frac{\pi^2}{\beta^4}, D_2 = -D_3\beta, D_3 = \frac{\pi^2}{\beta^4}\frac{(\cosh\beta - 1)}{\beta + \sinh\beta}, D_4 = \frac{\pi^2}{\beta^3}\frac{\sinh\beta}{\beta + \sinh\beta}$$

式 $(18.50a, b, c)$ 三个积分是

$$C_1 = \frac{\pi^2 Ebt}{4a^2}Q_1, C_2 = \frac{aD}{8b^3}Q_2, C_3 = \frac{\pi^4 Ebt}{32a^3}Q_3 \qquad (18.56a,b,c)$$

式中

$$Q_1 = \int_0^1 \sin^2\pi y d\bar{y} = 0.5, Q_2 = \frac{1}{2}\pi^4\left(1 - \frac{1}{4}\beta^2 \right)^2$$

$$Q_3 = Q_{31} + 2Q_{32}, Q_{31} = 0.375$$

$$Q_{32} = \int_0^b \left(\Phi'' - \frac{4\pi^2}{a^2}\Phi \right)^2 dy = \frac{\pi^4}{\beta^4} - 4\frac{\pi^2}{\beta^2}[D_4\sinh\beta + D_2(\cosh\beta - 1)] +$$

$$\beta[D_4^2(\sinh2\beta + 2\beta) + 2D_2D_4(\cosh2\beta - 1) + D_2^2(\sinh2\beta - 2\beta)]$$

$$\widetilde{E} = \frac{\mathrm{d}\sigma_x}{\mathrm{d}e_x} = E - \frac{Q_1}{Q_3} \left[Y^2(y) - 2\Phi''(y) \right] E \qquad (18.57)$$

$$\widetilde{E}_{av} = \frac{1}{b} \int_0^b \widetilde{E}\mathrm{d}y = \frac{0.5 + 8Q_{32}}{1.5 + 8Q_{32}} E \qquad (18.58)$$

当 $b/a = 0.7, 1.0, 1.3$ 时，平均轴压刚度是 0.4778, 0.4083, 0.3710

$$\widetilde{EI} = t \int_0^b E_t y^2 \mathrm{d}y = EI \left[1 - \frac{3Q_1}{Q_3} \int_0^1 (Y^2 - 2\Phi'') \bar{y}^2 \mathrm{d}\bar{y} \right] = EI \left(1 - \frac{0.848 - 24Q_6}{1.5 + 8Q_{32}} \right) \qquad (18.59)$$

$$Q_6 = \frac{1}{\beta} \left[(D_1 + D_2)\sinh\beta + (D_3 + D_4)\cosh\beta + \frac{1 - \cosh\beta}{\beta}D_2 - \frac{\sinh\beta}{\beta}D_4 - D_3 \right] + \frac{\pi^2}{\beta^4}$$

四边简支板的屈曲后轴压刚度   表 18.1

纵向边边界条件	轴压刚度，$a/b =$			抗弯刚度，$a/b =$		
	0.7	1.0	1.3	0.7	1.0	1.3
$\sigma_y = 0, \tau_{xy} = 0$	0.362	0.4083	0.459	0.439	0.502	0.571
刚性，可移动	0.383	0.500	0.658	0.637	0.706	0.799
刚性，不可移动	0.41	0.57	0.694	0.742	0.795	0.860

$$\sigma_{xav} = \sigma_{xcr} + (2Q_{32} + 0.125)\frac{\pi^2 EA_1^2}{2a^2} \qquad (18.60)$$

$$\sigma_{xmax} = \sigma_{xcr} + \left[2Q_{32} + 0.375 + \Phi''(0) \right]\frac{\pi^2 EA_1^2}{2a^2}$$

$$\frac{b_e}{b} = \frac{\sigma_{xav}}{\sigma_{xmax}} = B + (1 - B)\frac{\sigma_{xcr}}{\sigma_{xmax}} \qquad (18.61)$$

式中

$$B = \frac{\sigma_{xav} - \sigma_{xcr}}{\sigma_{xmax} - \sigma_{xcr}} = \frac{Q_3 - 0.25}{Q_3 + \Phi''(0)} = \frac{Q_3 - 0.25}{Q_3 + \beta(\beta D_1 + 2D_4)} \qquad (18.62)$$

当 $a/b = 0.7, 1.0, 1.3$ 时，$B = 0.276, 0.261, 0.257$，最小值是 0.257。与式 (18.31) 相比，有效截面有较大的差别。

18.5　三边简支一边自由的板件的屈曲后分析

这时可以假设

$$Y = \bar{y} + b_3\bar{y}^3 + b_5\bar{y}^5 \qquad (18.63a)$$

这个位移函数满足了简支边的边界条件：

$$Y(0) = 0, Y''(0) = 0$$

b_3, b_5 必须满足自由边的边界条件

$$M_y(b) = -D \left[Y''(b) - \mu\frac{\pi^2}{a^2}Y(b) \right]\cos\frac{\pi x}{a} = 0$$

$$V_y(b) = -D \left[Y'''(b) - (2 - \mu)\frac{\pi^2}{a^2}Y'(b) \right]\cos\frac{\pi x}{a}$$

$$b_3 = -\frac{20(1-2\mu)\omega + 2(2-\mu)\mu\omega^2}{120 + 30\omega - 42\mu\omega + (2-\mu)\mu\omega^2}, b_5 = \frac{6(1-\mu)\omega + \mu\omega^2(2-\mu)}{120 + 30\omega - 42\mu\omega + (2-\mu)\mu\omega^2}$$

$$(18.63\mathrm{b})$$

式中 $\omega = \dfrac{\pi^2 b^2}{a^2}$。代入式(18.43)得到

$$\frac{\mathrm{d}^4\Phi}{\mathrm{d}y^4} - 2\left(\frac{2\pi}{a}\right)^2\frac{\mathrm{d}^2\Phi}{\mathrm{d}y^2} + \left(\frac{2\pi}{a}\right)^4\Phi = \frac{1}{b^2}\left[1 + (3b_3^2 - 10b_5)\bar{y}^4 + 4b_3b_5\bar{y}^6 + 5b_5^2\bar{y}^8\right]$$

上式的解是

$$\Phi(\bar{y}) = b^2\left[(D_1\bar{y} + D_2)\sinh\beta\bar{y} + (D_3\bar{y} + D_4)\cosh\beta\bar{y} + \sum_{k=0}^{4}p_{2k}\bar{y}^{2k}\right] \qquad (18.64)$$

$$\Phi''(\bar{y}) = [2D_3 + \beta(D_1\bar{y} + D_2)]\beta\sinh\beta\bar{y} + [2D_1 + \beta(D_3\bar{y} + D_4)]\beta\cosh\beta\bar{y}$$

$$+ \sum_{k=1}^{4}2k(2k-1)p_{2k}\bar{y}^{2k-2}$$

式中

$$p_8 = \frac{5}{\beta^4}b_5^2, \ p_6 = -\frac{4b_3b_5 + 112\beta^2 p_8}{\beta^4}, \ p_4 = \frac{3b_3^2 - 10b_5 + 60\beta^2 p_6 - 1680p_8}{\beta^4}$$

$$p_2 = \frac{24\beta^2 p_4 - 360p_6}{\beta^4}, \ p_0 = \frac{1 + 4\beta^2 p_2 - 24p_4}{\beta^4}$$

系数 D_1，D_2，D_3，D_4 可以由应力边界条件 $y = 0$，b：$\sigma_y = 0$，$\tau_{xy} = 0$ 即：

$$\Phi(0) = \Phi(1) = 0, \ \Phi'(0) = \Phi'(1) = 0$$

得到

$$D_4 = -p_0, D_3 = -\beta D_2$$

$$D_1 = \frac{(\beta\cosh\beta - \sinh\beta)\sum_{k=1}^{4}2kp_{2k} + \beta\sinh\beta\left(p_0\sinh\beta - \beta\sum_{k=0}^{4}p_{2k}\right)}{\sinh^2\beta - \beta^2}$$

$$D_2 = \frac{p_0\sinh\beta\cosh\beta + \beta p_0 + \sinh\beta\sum_{k=1}^{4}2kp_{2k} - (\sinh\beta + \beta\cosh\beta)\sum_{k=0}^{4}p_{2k}}{\sinh^2\beta - \beta^2}$$

$$\Phi''(\bar{y}) - \frac{4\pi^2}{a^2}\Phi(\bar{y}) = 2\beta D_3\sinh\beta\bar{y} + 2D_1\beta\cosh\beta\bar{y} + \sum_{k=0}^{4}q_{2k}\bar{y}^{2k} \qquad (18.65)$$

式中

$$q_{2k} = (2k+2)(2k+1)p_{2k+2} - \beta^2 p_{2k}, \ k = 0, 1, 2, 3$$

$$q_8 = -\beta^2 p_8$$

已知 Y 和 Φ，可以得到

$$C_1 = \frac{\pi^2 Ebt}{4a^2}Q_1, \ C_2 = \frac{aD}{8b^3}Q_2, \ C_3 = \frac{\pi^4 Ebt}{32a^3}Q_3 \qquad (18.66\mathrm{a,b,c})$$

其中

$$Q_1 = \int_0^1(\bar{y} + b_3\bar{y}^3 + b_5\bar{y}^5)^2(1 - \alpha + \alpha\bar{y})\mathrm{d}\bar{y} = (1-\alpha)Q_{10} + \alpha Q_{11}$$

$$Q_{10} = \frac{1}{3} + \frac{2b_3}{5} + \frac{1}{7}(2b_5 + b_3^2) + \frac{2b_3b_5}{9} + \frac{b_5^2}{11}, \qquad (18.67\mathrm{a})$$

568

$$Q_{11} = \frac{1}{4} + \frac{b_3}{3} + \frac{2b_5 + b_3^2}{8} + \frac{2b_3 b_5}{10} + \frac{b_5^2}{12}$$

$$Q_2 = \frac{1}{3}(6b_3 - \omega)^2 + \frac{2}{5}(6b_3 - \omega)(20b_5 - \omega b_3) + \frac{1}{7}\left[(20b_5 - \omega b_3)^2 - 2(6b_3 - \omega)\omega b_5\right]$$

$$- \frac{2}{9}(20b_5 - \omega b_3)\omega b_5 + \frac{1}{11}\omega^2 b_5^2 + \frac{1-\mu}{2}\beta^2(1 + b_3 + b_5)(1 + 3b_3 + 5b_5) \qquad (18.67b)$$

$$Q_3 = \int_0^b \left[Y^4 + 2\left(\Phi'' - \frac{4\pi^2}{a^2}\Phi\right)^2 \right] dy = Q_{31} + 2Q_{32} \qquad (18.67c)$$

$$Q_{31} = \frac{1}{5} + \frac{4b_3}{7} + 4b_3\left(\frac{1}{11} + \frac{b_5}{15}\right)(3b_5 + b_3^2) + \frac{12b_3^2 b_5 + 4b_5^2 + b_3^4}{13}$$

$$+ \left(\frac{1}{9} + \frac{b_5^2}{17}\right)(4b_5 + 6b_3^2) + \frac{4b_3 b_5^3}{19} + \frac{b_5^4}{21}$$

$$Q_{32} = \beta\left[D_1^2(\sinh 2\beta + 2\beta) + 2D_1 D_3(\cosh 2\beta - 1) + D_3^2(\sinh 2\beta - 2\beta) \right] + q_0^2 + \frac{2q_0 q_2}{3}$$

$$+ \frac{2q_0 q_4 + q_2^2}{5} + \frac{2(q_0 q_6 + q_2 q_4)}{7} + \frac{2q_0 q_8 + 2q_2 q_6 + q_4^2}{9} + \frac{2(q_4 q_6 + q_2 q_8)}{11} + \frac{q_6^2 + 2q_4 q_8}{13}$$

$$+ \frac{2q_6 q_8}{15} + \frac{q_8^2}{17} + 4\beta\left[D_3 \sum_{k=0}^{4} q_{2k} \int_0^1 \bar{y}^{2k}\sinh\beta\bar{y}\,d\bar{y} + D_1 \sum_{k=0}^{4} q_{2k} \int_0^1 \bar{y}^{2k}\cosh\beta\bar{y}\,d\bar{y} \right]$$

其中由如下的递推关系求积分:

$$\int_0^1 \bar{y}^{2k}\cosh\beta\bar{y}\,d\bar{y} = \frac{1}{\beta}\sinh\beta - \frac{2k}{\beta^2}\cosh\beta + \frac{2k(2k-1)}{\beta^2}\int_0^1 \bar{y}^{2k-2}\cosh\beta\bar{y}\,d\bar{y}$$

$$\int_0^1 \bar{y}^{2k}\sinh\beta\bar{y}\,d\bar{y} = \frac{1}{\beta}\cosh\beta - \frac{2k}{\beta^2}\sinh\beta + \frac{2k(2k-1)}{\beta^2}\int_0^1 \bar{y}^{2k-2}\sinh\beta\bar{y}\,d\bar{y}$$

$$\int_0^1 \cosh\beta\bar{y}\,d\bar{y} = \frac{1}{\beta}\sinh\beta, \quad \int_0^1 \sinh\beta\bar{y}\,d\bar{y} = \frac{1}{\beta}(\cosh\beta - 1)$$

$$\int_0^1 \bar{y}\sinh\beta\bar{y}\,dy = \frac{\beta\cosh\beta - \sinh\beta}{\beta^2}, \quad \int_0^1 \bar{y}\cosh\beta\bar{y}\,dy = \frac{1}{\beta^2}(\beta\sinh\beta - \cosh\beta + 1)$$

临界应力可以表示为

$$\sigma_{cr} = \frac{2E}{a}\bar{u}_{cr} = \frac{Da^2}{\pi^2 b^4 t}\frac{Q_2}{Q_1} = \frac{K\pi^2 E}{12(1-\mu^2)}\frac{t^2}{b^2} \qquad (18.68a)$$

其中 K 是屈曲系数

$$K = \frac{4Q_2}{\pi^2 \beta^2 Q_1} \qquad (18.68b)$$

这个屈曲系数解与解析解几乎完全一样。纵向正应力以压为正,在节线上:

$$\sigma_x = \sigma_{cr}(1 - \alpha + \alpha\bar{y}) + \frac{\pi^2 EA_1^2}{4a^2}\left[(1 - \alpha + \alpha\bar{y})\frac{Q_3}{Q_1} - Y^2(y) - 2\Phi''(\bar{y})\cos\frac{2\pi x}{a} \right]$$

因为 $\int_0^1 \Phi''(\bar{y})\,d\bar{y} = \Phi'(1) - \Phi'(0) = 0$,所以平均应力是

$$\sigma_{xav} = \sigma_{cr}(1 - 0.5\alpha) + \frac{\pi^2 EA_1^2}{4a^2}\left[(1 - 0.5\alpha)\frac{Q_3}{Q_1} - Q_{10} \right] \qquad (18.69a)$$

因为 $A_1^2 = \dfrac{C_1}{C_3}(\bar{u} - \bar{u}_{\mathrm{cr}}) = \dfrac{8aQ_1}{\pi^2 Q_3}(\bar{u} - \bar{u}_{\mathrm{cr}})$

$$\sigma_{\mathrm{av}} = \sigma_{\mathrm{cr}}(1 - 0.5\alpha) + E\Big[1 - 0.5\alpha - \dfrac{Q_1}{Q_3}Q_{10}\Big]\dfrac{2(\bar{u} - \bar{u}_{\mathrm{cr}})}{a} \qquad (18.69\mathrm{b})$$

表观弹性模量和表观抗弯刚度分别为：

$$\widetilde{E} = \Big[1 - \dfrac{Q_1}{Q_3}\dfrac{Y^2 - 2\Phi''}{1 - \alpha + \alpha y/b}\Big]E \qquad (18.70\mathrm{a})$$

$$\widetilde{EI} = t\int_0^b \widetilde{E}y^2\mathrm{d}y = E\dfrac{1}{3}tb^3\Big[1 - \dfrac{3Q_1}{Q_3}\int_0^1 \dfrac{Y^2 - 2\Phi''}{1 - \alpha + \alpha\widetilde{y}}\widetilde{y}^2\mathrm{d}\widetilde{y}\Big] \qquad (18.70\mathrm{b})$$

在 $\alpha = 0$ 的情况下

$$\sigma_{\mathrm{xav}} = \sigma_{\mathrm{cr}} + \dfrac{\pi^2 E A_1^2}{4a^2}\Big(\dfrac{Q_3}{Q_{10}} - Q_{10}\Big) = \sigma_{\mathrm{cr}} + E\Big(1 - \dfrac{Q_{10}^2}{Q_3}\Big)\dfrac{2(\bar{u} - \bar{u}_{\mathrm{cr}})}{a}$$

$$\widetilde{E}_{\mathrm{av}} = \Big(1 - \dfrac{Q_1^2}{Q_3}\Big)E, \quad \dfrac{\widetilde{EI}}{EI} = 1 - \dfrac{3Q_1}{Q_3}(Q_{12} - 4Q_4) \qquad (18.71\mathrm{a,b})$$

式中

$$Q_{12} = \int_0^1 Y^2\widetilde{y}^2\mathrm{d}\widetilde{y} = \dfrac{1}{5} + \dfrac{2b_3}{7} + \dfrac{1}{9}(2b_5 + b_3^2) + \dfrac{2b_3 b_5}{11} + \dfrac{b_5^2}{13}$$

$$Q_4 = \dfrac{1}{2}\int_0^1 \Phi''y^2\mathrm{d}\widetilde{y} = \int_0^1 \Phi\mathrm{d}\widetilde{y} = \dfrac{\sinh\beta}{\beta}\Big(D_3 + D_4 - \dfrac{D_1}{\beta}\Big) + \dfrac{\cosh\beta}{\beta}(D_1 + 2D_2)$$
$$\qquad\qquad - \dfrac{2D_2}{\beta} + \sum_{k=0}^4 \dfrac{p_{2k}}{2k+1}$$

有效宽度

$$\dfrac{b_{\mathrm{e}}}{b} = \dfrac{\sigma_{\mathrm{av}}}{\sigma_{\mathrm{max}}} = B + (1 - B)\dfrac{\sigma_{\mathrm{cr}}}{\sigma_{\mathrm{max}}} \qquad (18.72\mathrm{a})$$

$$B = \dfrac{\sigma_{\mathrm{av}} - \sigma_{\mathrm{cr}}}{\sigma_{\mathrm{xmax}} - \sigma_{\mathrm{cr}}} = \dfrac{Q_3 - Q_1^2}{Q_3 + 2Q_1\Phi''(0)} \approx 0.3545 \qquad (18.72\mathrm{b})$$

其中 $\Phi''(0) = 2D_1\beta + \beta^2 D_4 + 2p_2$。当 a/b 在 $2 \sim 6$ 范围内变化时，B 在 $0.3537 \sim 0.3554$ 之间变化。

表 18.2 列出了平均的轴压刚度和对原点抗弯刚度的变化，可见轴压刚度下降到 0.45 倍，但是抗弯刚度下降到仅为原来刚度 4%，可见翼缘发生局部屈曲，对压杆整体的平面外的失稳是致命的，其原因是自由边附近出现了负的切线刚度，提供了负的抗弯刚度。其中在 $a/b = 1$ 时抗弯刚度还出现了负号，表明负切线刚度部分提供的抗弯刚度大于正刚度部分提供的抗弯刚度。

三边简支一边自由板件的屈曲后性能

表 18.2

a/b	$\widetilde{E}_{\mathrm{av}}/E$	$\widetilde{EI}/EI$	B	K
1	0.2637	−0.23	0.2285	1.4166
2	0.4278	0.0045	0.3524	0.6686
3	0.4423	0.0259	0.3551	0.5332
4	0.4468	0.0328	0.3552	0.486
5	0.4487	0.0358	0.3551	0.4642
6	0.4498	0.0375	0.355	0.4524
7	0.4504	0.0384	0.355	0.4453

18.6 局部屈曲后板件的自由扭转刚度

下面以双轴对称十字形界面均匀受压发生扭转屈曲这种现象为线索，探讨板件发生局部屈曲后其自由扭转刚度的变化情况。

局部稳定的十字形压杆扭转屈曲的荷载为

$$P_{E\omega} = \frac{1}{i_0^2}\left(GJ + \frac{\pi^2 EI_\omega}{L^2}\right)$$

式中 $J = \frac{4}{3}bt^3$，$i_0^2 = \frac{1}{3}b^2$，$I_\omega = \frac{1}{9}b^3 t^3$。屈曲应力为

$$\sigma_{cr} = \left(0.4255 + \frac{b^2}{a^2}\right)\frac{\pi^2 E}{12(1-\mu^2)}\frac{t^2}{b^2}$$

十字形截面四块板件受力相同，屈曲时不相互约束，因此可以按照三边简支一边自由来考虑。十字形截面压杆的扭转屈曲与板件的局部屈曲是基本等价的，这种等价性质可用来探讨板件局部屈曲后截面自由扭转刚度的变化情况。

在板件发生局部屈曲后，可以认为该杆件仍然是直的轴压杆，没有发生过整体的扭转变形，杆件中的应力状态是板件屈曲后波形节线处的应力状态，该节线上只有正应力 σ_x 没有剪应力 τ_{xy}，因此这样的应力状态与轴压杆中等效。另一个没有剪应力的截面是波峰截面，但是板件屈曲后波峰处发生位移，与屈曲前所在的位置不重合，因此不宜取波峰处的应力作为该轴压杆的应力状态。该轴压杆的纵向纤维变形模量为 $\bar{E}$，$\bar{E}$ 由式(18.70a)计算。当在整个杆件长度范围内有多个半波出现时，上述替代轴压杆能精确地反映局部屈曲后整个杆件的工作性能。但是对于十字形截面压杆，沿杆长局部屈曲只有一个半波，虽然整个杆件的轴压—缩短的性能是一样的，但是扭转性能会有所不同。

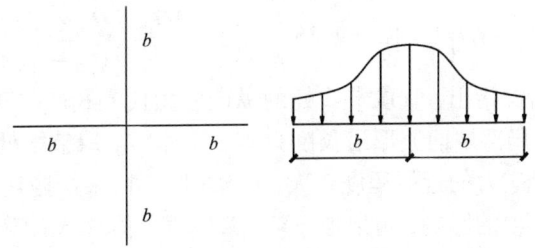

图 18.7　设想一个发生了局部屈曲的杆件再发生整体扭转屈曲

设这样一个替代截面的自由扭转刚度为 $(GJ)_e$，回忆薄壁构件屈曲理论中的 Wagner 效应的推导过程，并考虑次翘曲，可以得到替代截面压杆发生扭转屈曲的控制方程是

$$EI_\omega \theta^{(4)} + \left[\int_A \sigma_x \rho^2 \mathrm{d}A - (GJ)_e\right]\theta'' = 0 \tag{18.73a}$$

式中 ρ 是积分点到形心的距离。θ 是整体扭转屈曲时的扭转角。翘曲刚度仍然与板件屈曲前的一样，这是因为，次翘曲是板件沿厚度方向的一种线性弯曲，属于板件的局部效应，只要板件屈曲后仍然在弹性阶段，都可以设它与屈曲前一样。令

$$i_{0e}^2 = \frac{1}{A} \int_A \frac{\sigma_x}{\sigma_{xav}} \rho^2 dA \qquad (18.73b)$$

$$\sigma_x = \sigma_{cr} + \frac{\pi^2 E A_1^2}{4a^2} \Big[\frac{Q_3}{Q_1} - Y^2(y) - 2\Phi''(\bar{y}) \cos \frac{2\pi x}{a} \Big]$$

$$i_{0e}^2 = \frac{1}{A} \int_A \frac{\sigma_x}{\sigma_{xav}} \rho^2 dA = \frac{\dot{t}}{A\sigma_{xav}} \int_A \sigma_x y^2 dy$$

$$= \frac{\sigma_{cr}}{A\sigma_{xav}} \frac{1}{3} tb^3 + \frac{1}{A\sigma_{xav}} \frac{1}{3} tb^3 \frac{\pi^2 E A_1^2}{4a^2} \Big[\frac{Q_3}{Q_1} - 3Q_{12} - 12\gamma Q_4 \Big]$$

则

$$E_1 I_\omega \theta^{(4)} + \big[P i_{0e}^2 - (GJ)_e \big] \theta'' = 0 \qquad (18.74)$$

式中 $P = \sigma_{xav} A = 4bt\sigma_{xav}$。由上式可以得到替代轴压杆发生扭转屈曲时的荷载是

$$P_{E\omega} = \frac{1}{i_{0e}^2} \Big(GJ_e + \frac{\pi^2 EI_\omega}{L^2} \Big) \qquad (18.75)$$

由上式给出的结果应该与板件屈曲后分析的结果相同，由式(18.69a)和式(18.75)得到

$$(GJ)_e = GJ \Big[1 + \frac{\pi^2}{2}(1 + \mu) \frac{b^2 A_1^2}{a^2 t^2} \Big(\frac{Q_3}{Q_{10}} - 3Q_{12} - 12\gamma Q_4 \Big) \Big] \qquad (18.76)$$

式中 γ 为一系数，由下面给出。由式(18.76)可知，板件屈曲后截面的自由扭转刚度与 b/a 和 A_1/t 有关，当 $A_1/t = 0$ 时 $(GJ)_e = GJ$，与常规的结论符合。下面讨论(18.76)中的第二项的影响。

设板件屈曲后的平均应力达到 $2\sigma_{cr}$，此时有

$$\frac{A_1^2 b^2}{a^2 t^2} \Big(\frac{Q_3}{Q_{10}} - Q_{10} \Big) = \frac{0.4255 + b^2/a^2}{3(1 - \mu^2)}$$

代入式(18.76)后得到，

$$(GJ)_e = GJ \Big[1 + \Big(1 + 2.35 \frac{b^2}{a^2} \Big) \Big(1 - \frac{3Q_{12} - Q_{10} + 12\gamma Q_4}{Q_3/Q_{10} - Q_{10}} \Big) \Big] \qquad (18.77)$$

在计算 i_{0e} 时，前面曾指出，宜取节线处的纵向应力代入式(18.76)计算，此时 $\gamma = -1$。但是对于十字形截面，局部屈曲波形沿长度只有一个半波，取节线处的应力 σ_x 计算 i_{0e}，进而求得扭转屈曲的临界应力的近似程度较大，如对(18.74)采用迦辽金法求解，则可以求得 $\gamma = 0.5$。为了比较这一项的影响，可以取 $\gamma = 0, 1.0$ 两个值代入计算，取 $\gamma = 0$ 相当于在应力 σ_x 中略去应力函数 $\Phi''(y)$ 的影响。取 $\gamma = 1.0$ 相当于取波峰处的应力来计算有效回转半径。

表 18.3 示出取 $\mu = 0.3$ 时 $(GJ)_e/GJ$ 的值，由表可见，所有的比值均落在 0.911 ~ 1.093 的范围内，由此可以推测，Q_5 这一项的影响不大。从 $\gamma = -1.0$ 和 0.5 这两行的数值可以认为，板件屈曲后开口薄壁截面的自由扭转刚度 $(GJ)_e$ 与屈曲前的自由扭转刚度是近似相等的。

$(GJ)_e/GJ$ 表 18.3

γ	a/b				
	2	3	4	5	6
-1	1.017	1.074	1.084	1.087	1.089
0	0.951	1.009	1.021	1.025	1.027
0.5	0.918	0.977	0.989	0.994	0.996
1.0	0.885	0.945	0.958	0.963	0.965

如果在 $Y(y)$ 的表达式中取一项，并且略去应力函数 $\Phi''(y)$ 的影响，则 σ_x 沿杆件长度是不变的，这时 $Q_{10} = \dfrac{1}{3}$，$Q_2 = \dfrac{1}{2}(1-\mu)\beta^2 + \dfrac{1}{48}\beta^4$，$Q_3 = \dfrac{1}{5}$，$Q_{12} = \dfrac{1}{5}$，$\gamma = 0$，从式(18.76)可知 $(GJ)_e = GJ$，即屈曲后自由扭转刚度不变。这一结果表明，当板件的屈曲后变形模式与普通板件发生扭转屈曲时的位移形式相同时，且当板件的平面应力边界条件对板件屈曲后应力分布形式影响不大时，截面在板件屈曲前后其自由扭转刚度基本不变。

将对 $Y(y)$ 取一项和三项的结果加以比较即可发现，屈曲后变形沿横截面变为曲线后（即截面有扭曲），其对自由扭转刚度的影响也不大。由此可以推知，对槽形截面的腹板和工字形截面的腹板来说，其屈曲后与屈曲前的自由扭转刚度也是近似相等的。

研究局部屈曲和整体弯扭屈曲相关关系的文献，目前普遍采用了有效截面来计算屈曲后的截面刚度，包括自由扭转刚度。而有效截面是根据轴压强度等效决定的，这种方法概念上不对，因为计算翘曲刚度的有效截面和计算强度的等效截面是不一样的，而自由扭转刚度，从上面的结论看，无需有效截面。

18.7　板件的弹塑性极限抗压承载力

前面涉及的都是弹性屈曲和弹性屈曲后的行为，作为屈曲后的强度计算，常常以如下原则作为近似准则：边缘最大应力达到屈服。这个近似的准则是以这样的判断作为出发点：边缘屈服了，如图18.4所示的为板件提供屈曲后强度的约束机制开始快速减小，因而板件离开极限状态也就不远了。按照这个原则确定的、板件达到极限状态时的有效宽度是：

纵向边无应力的四边简支板：按照长宽比为1.0作为最不利的计算：

$$\rho = \frac{b_e}{b} = 0.257 + \frac{0.743}{\lambda^2} \tag{18.78a}$$

纵向边无应力的三边简支一边自由板件

$$\rho = 0.3545 + \frac{0.6455}{\lambda^2} \tag{18.78b}$$

式中 $\lambda = \sqrt{f_y / \sigma_{cr}}$。上述两个公式均未考虑钢结构板件中存在的初始弯曲和残余应力，考虑这两个因素之后的分析非常复杂。目前国际上广泛应用公式是

$$\rho = \frac{1}{\lambda}\left(1 - \frac{0.22}{\lambda}\right) \leqslant 1 \tag{18.78c}$$

上述三个式子的对比在图18.8中给出，曲线高出欧拉曲线的部分代表了屈曲后增加的强度。对比可见，式(18.78a)在后期与式(18.78c)非常接近。

式(18.78c)被应用于各种边界条件和受力条件的板件，包括受弯板件的有效截面的计算，只要临界应力采用与各自的受力状态和边界条件对应的公式即可。

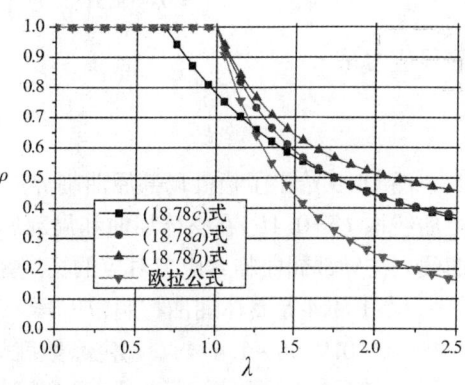

图18.8　板件极限强度稳定系数

18.8 局部屈曲和整体屈曲的相互作用

一个发生了局部屈曲的方钢管，如图18.9所示，接着可能发生整体弯曲失稳，这就存在在局部失稳和整体弯曲失稳的相互作用，也有可能是先发生整体弯曲失稳，然后再发生局部失稳，这后一种失稳不是普通钢结构的设计要求，不是薄壁结构的设计方法。下面主要研究前一种情况。

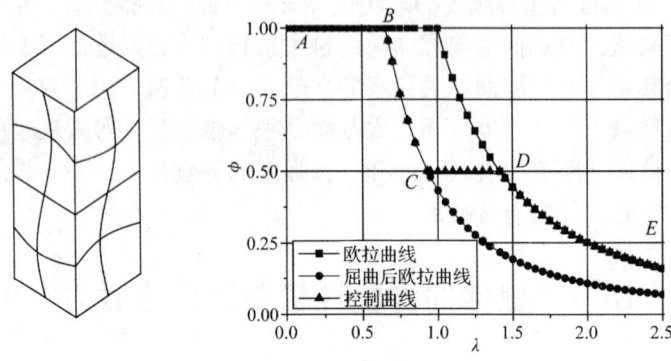

图18.9 局部屈曲影响的整体弯曲失稳

两端简支的情况下，屈曲方程是

$$M - Py = 0$$

处于局部屈曲状态的压杆，给其一个干扰，截面内的弯矩增量是

$$M = -\left(\int_A E_t z^2 \mathrm{d}A\right)y'' = -\left(\int_{A_f} E_t z^2 \mathrm{d}A + \int_{A_w} E_t z^2 \mathrm{d}A\right)y'' = -\left(\widetilde{E}_{av}\frac{1}{2}b^3 t + 2\widetilde{EI}\right)y''$$

其中 E_t 正是前面分析的板件屈曲后的各个纤维的切线模量，方钢管四块板相同，可以利用式(18.57)和式(18.59)。在纵向屈曲波形长度等于宽度的情况下，

$$M = -EI_e y'' \tag{18.79}$$

其中

$$I_e = 0.4083\left(\frac{1}{2}b^3 t\right) + 0.507\left(\frac{1}{6}tb^3\right) = 0.433\frac{2}{3}tb^3 \tag{18.80}$$

临界应力是

$$P_{cr} = \frac{\pi^2 EI_e}{L^2} \tag{18.81}$$

图18.9给出了板件局部屈曲临界应力 $\sigma_{p,cr} = 0.5f_y$ 时的整体稳定系数，其中屈曲后欧拉曲线取 $I_e = 0.4I$，在整体屈曲和局部屈曲后的整体屈曲的稳定系数随长细比变化有两条曲线，在局部屈曲临界应力对应的稳定系数处有一个水平线 $\phi = 0.5$。

$\lambda > 1.414$ 是整体屈曲控制(DE 段)；

$\lambda = (0.9306 \sim 1.414)$，稳定系数就等于局部屈曲对应的稳定系数(CD 段)；

$\lambda < 0.9306$，是局部屈曲后(受到局部屈曲影响)的整体稳定系数(CB 段)。

理想化构件的稳定系数曲线为什么存在一个水平段？设想压杆的长度处在 C，D 两点之间，其稳定系数显然不是整体稳定对应的欧拉曲线（高了），也不是局部屈曲后对应的欧拉曲线（低了），因此从逻辑推理推论出这一段是水平段。

上述的曲线是理想化模型的研究结果，实际上，初弯曲的影响，屈曲后变形对进一步屈曲所产生的影响，使得板件不断软化，即屈曲后各个纵向纤维的切线模量不是常量，而是在局部屈曲临界应力附近出现一个突然的快速下降之后，再经历一个慢慢下降的过程，然后板件还要经历边缘屈服、达到大挠度弹塑性极限状态。稳定系数也就不再是图 18.9 所示的四段具有明确分界的曲线构成，而是圆滑过渡。

那么考虑局部的板件的初始弯曲、整体的初始弯曲和残余应力后，稳定系数曲线将成为什么样？首先分析受压最大板件的以平均应力计算的极限承载力 $\sigma_{u,p}$，这个极限承载力显然可以由有效截面计算，即

$$\sigma_{u,p} = \rho f_y$$

然后，回忆格构式压杆柱肢弯曲屈曲和整体弯曲失稳相互作用中获得的一些结论：

（1）$\sigma_{u,p} = \rho f_y$ 可以作为整个杆件的"屈服应力"来应用，它是承载力的上限；

（2）因此计算杆件的正则化长细比时，应该采用 $\lambda = \sqrt{\dfrac{\rho f_y}{\sigma_E}}$，$\sigma_E$ 是整体屈曲临界应力，按照未屈曲的截面计算。

（3）在弹性局部屈曲临界应力 = 整体弹性屈曲临界应力相等的时候（即图 18.9 中的 D 点），根据近代稳定理论，将存在着非常不利的相互作用，因此在 $\lambda_1 = \sqrt{\dfrac{\rho f_y}{\sigma_{cr,p}}}$ 处，稳定系数会远低于按照弹性计算的数值。

（4）但是也存在着与格构柱中单肢屈曲和整体屈曲不同的情况：板件屈曲后有刚度，而单肢屈曲没有刚度，这增加了构造稳定系数曲线公式的复杂性。

（5）根据图 18.9，似乎稳定系数曲线存在两个阶段：ABC 和 CDE，两个阶段的通用长细比应采用不同的公式计算，这给计算带来了复杂性。考虑到 ABC 阶段的 AB 阶段应该被 $\varphi = \rho$ 的水平段代替，正则化长细比分别是 $\lambda_{ABC} = \sqrt{0.433}\sqrt{\dfrac{\rho f_y}{\sigma_E}}$，$\lambda_{CDE} = \sqrt{\dfrac{\sigma_{cr,p}}{\sigma_E}}$，分两段定义稳定系数：

$$\varphi_{ABC} = \frac{\sigma_{max}}{\rho f_y} = \frac{1}{2}\left[1 + \frac{1 + \alpha_{ABC}(\lambda_{ABC} - \lambda_{0ABC})}{\lambda_{ABC}^2} - \sqrt{\left(1 + \frac{1 + \alpha_{ABC}(\lambda_{ABC} - \lambda_{0ABC})}{\lambda_{ABC}^2}\right)^2 - \frac{4}{\lambda_{ABC}^2}}\right]$$

$$\varphi_{CDE} = \frac{\sigma_{max}}{\sigma_{cr,p}} = \frac{1}{2}\left[1 + \frac{1 + \alpha_{CDE}(\lambda_{CDE} - \lambda_{0CDE})}{\lambda_{CDE}^2} - \sqrt{\left(1 + \frac{1 + \alpha_{CDE}(\lambda_{CDE} - \lambda_{0CDE})}{\lambda_{CDE}^2}\right)^2 - \frac{4}{\lambda_{CDE}^2}}\right]$$

然后以如下方式计算稳定系数

$$\varphi = \left[\varphi_{ABC}^n + \left(\frac{\sigma_{cr,p}}{\rho f_y}\varphi_{CDE}\right)^n\right]^{1/n}$$

式中 n 应是大于 2 较多的数，具体数值可利用 C 点处的稳定系数决定。

作为轴压杆的设计公式是

$$\frac{P}{\varphi A} \leq \rho f$$

上述方法可能太复杂，也可以直接采用一个公式：

$$\varphi = \frac{P_{\max}}{\rho A f_y} = \frac{1}{2}\left[1 + \frac{1 + \alpha(\lambda - \lambda_0)}{\lambda^2} - \sqrt{\left(1 + \frac{1 + \alpha(\lambda - \lambda_0)}{\lambda^2}\right)^2 - \frac{4}{\lambda^2}}\right]$$

式中 $\lambda = \sqrt{\rho}\,\dfrac{l}{i}\sqrt{\dfrac{f_y}{\pi^2 E}}$。其中参数 α 不仅要考虑初始缺陷的大小，也要考虑在 C 点处，$\lambda_C =$

$\sqrt{0.433}\sqrt{\dfrac{\rho f_y}{\sigma_{cr,l}}}$ 时，求得的 φ_C 应满足 $\rho\varphi_C < \dfrac{\sigma_{cr}}{f_y}$。根据 Van der Neut[11]，$CD$ 段的 C 点附近，

屈曲后是稳定的，在 CD 段的靠近 D 点一侧的、占 CD 段大部分的一段、屈曲后是不稳定

的（缺陷敏感的）。这说明 $\rho\varphi_C$ 应该在 $\rho\varphi_C \approx (0.8 \sim 0.9)\dfrac{\sigma_{cr,p}}{f_y}$ 左右。假设 $\varphi_C = \dfrac{0.9\sigma_{cr,p}}{\rho f_y}$，则

可以确定 α 的值是

$$\alpha = \frac{\dfrac{\rho f_y}{0.9\sigma_{cr,p}} + \left(\dfrac{0.9\sigma_{cr,p}}{\rho f_y} - 1\right)\lambda_C^2 - 1}{(\lambda_C - \lambda_0)}$$

在上面的算例中

$$\lambda_c = \sqrt{0.433}\sqrt{\frac{\rho f_y}{\sigma_E}} = \sqrt{0.433\rho}\sqrt{\frac{f_y}{\sigma_E}} = \sqrt{0.433 \times 0.597}\sqrt{2} = 0.719$$

可以求得在 $\lambda_0 = 0.2$ 时 $\alpha = 0.385$。

对于弯扭失稳，可以类似地研究，只要将刚度换成局部屈曲后的刚度即可，其中的翘

曲刚度计算如下

$$(EI_\omega)_e = \int_A E_t \omega^2 \mathrm{d}A \tag{18.82}$$

其中扇性坐标与未屈曲的完全相同。

参 考 文 献

[1] Hancock G J, Interactive buckling in I-section columns, Journal of the Structural Division, ASCE, 1981, 107 (1): 165-179.

[2] Chia Chuen-Yuan, Nolinear Analysis of Plates, McGraw-Hill, New York, 1980.

[3] H. G. Allen, P. S. Bulson. Background to Buckling. Published by Mcgraw-Hill book Company (UK) Limited, 1980.

[4] Sridharan S., Ali MA, Interacitve buckling in thin-walled beam-columns, Journal of Engineering Mechanics, ASCE, 1985, 111 (12): 1470-1486.

[5] Eivind Steen, Eirik Byklum, Jostein Hellesland. Elastic postbuckling stiffness of biaxially compressed rectangular plates. Engineering Structures 30 (2008) 2631-2643.

[6] D. Klepach, M. B. Rubin. Postbuckling response and ultimate strength of a compressed rectangular elastic plate using a 3-D cosserat brick element. European Journal of Mechanics A/Solids 26 (2007) 348-362.

[7] J. Rhodes and J. M. Harvey. The Post-buckling Beahaviour of Thin Flat Plates in Compression with the Unloaded Edges Elastically Restrained Against Rotation. J. Mech. Eng. Sci, vol.13, Institution of mechanical

engineers (london), pp. 82-91, 1971.

[8] Bloom, F. , Coffin, D. Handbook of Thin Plate Buckling and Postbuckling. Chapman and Hall/CRC, Florida 2000.

[9] Dewolf JT, Pekoz T, Winter G. (1974), Local and Overall Buckling of cold-formed steel members, Journal of the Structural Divisions, ASCE, 100 (10): 2017-2036.

[10] Rhodes J. , Harvey JM, Plates in uniaxial compression with various support conditions at the unloaded boundaries. International Journal of Mechanical Sciences, 1971, 13: 787-802.

[11] Van der Neut, The interaction of local buckling and column failure of thin-walled compression members, proc. XII International Congress of Applied Mechanics, Spring Verlag, 1968.

第 19 章　冷弯型钢截面的畸变屈曲

19.1　引　　言

除了第 17 章民用建筑框架梁的负弯矩区工字形截面梁的下翼缘出现畸变屈曲外，轻钢厂房屋面檩条和墙檩也经常出现畸变屈曲控制设计的情况，因此本章对这个问题深入研究。

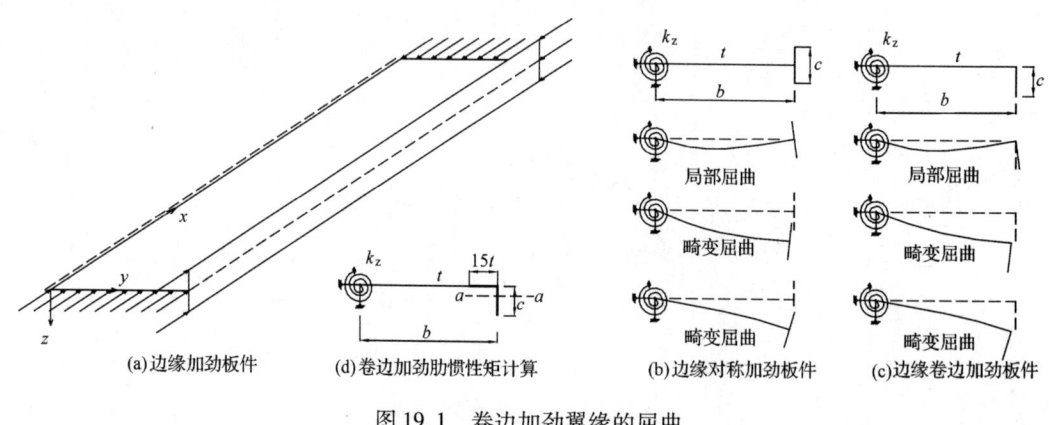

图 19.1　卷边加劲翼缘的屈曲

(a)边缘加劲板件　(d)卷边加劲肋惯性矩计算　(b)边缘对称加劲板件　(c)边缘卷边加劲板件

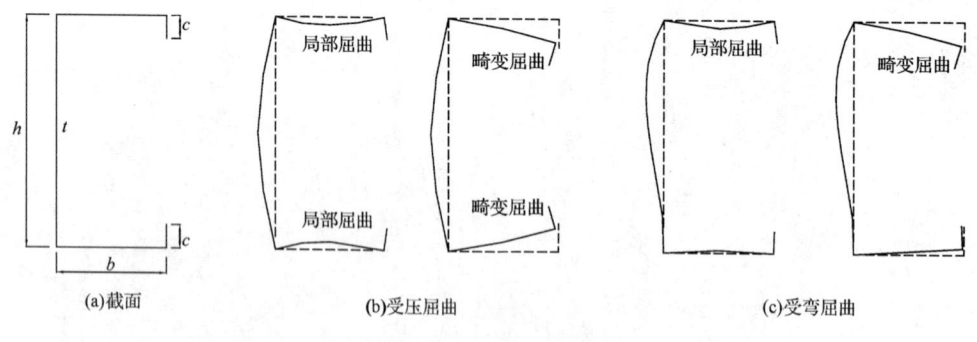

(a)截面　(b)受压屈曲　(c)受弯屈曲

图 19.2　C 形截面的屈曲

19.2　边缘加劲板件的屈曲

19.2.1　边缘加劲肋对称布置

如图 19.1(a),(b)所示，从简单到复杂，先研究边缘对称加劲的板件的屈曲，宽度为 b

厚度为 t 的板件在边缘($y=b$)受到宽度是 c,厚度是 t(也可以与板件不同)的加劲。边缘加劲肋和板件承受相同的应力。在 $y=0$ 这边有转动约束 k_θ。

假设位移函数是

$$w = Y(y)\sin\frac{m\pi x}{a} \tag{19.1}$$

其中位移函数 $Y(y)$ 通解是

$$Y = C_1\cosh\alpha y + C_2\sinh\alpha y + C_3\cos\beta y + C_4\sin\beta y$$

因为 $Y(0)=0$,所以 $C_3 = -C_1$,

$$Y = C_1(\cosh\alpha y - \cos\beta y) + C_2\sinh\alpha y + C_4\sin\beta y \tag{19.2a}$$

$$\frac{\mathrm{d}Y}{\mathrm{d}y} = (\alpha\sinh\alpha y + \beta\sin\beta y)C_1 + C_2\alpha\cosh\alpha y + C_4\beta\cos\beta y \tag{19.2b}$$

$$\frac{\mathrm{d}^2 Y}{\mathrm{d}y^2} = (\alpha^2\cosh\alpha y + \beta^2\cos\beta y)C_1 + \alpha^2\sinh\alpha y C_2 - \beta^2\sin\beta y C_4 \tag{19.2c}$$

$$\frac{\mathrm{d}^3 Y}{\mathrm{d}y^3} = (\alpha^3\sinh\alpha y - \beta^3\sin\beta y)C_1 + \alpha^3\cosh\alpha y C_2 - \beta^3\cos\beta y C_4 \tag{19.2d}$$

式中 α、β 的定义见式(4.14)。

$$\alpha = \sqrt{\frac{m\pi}{a}\left(\frac{m\pi}{a} + \sqrt{\frac{N_x}{D}}\right)}, \quad \beta = \sqrt{\frac{m\pi}{a}\left(\sqrt{\frac{N_x}{D}} - \frac{m\pi}{a}\right)} \tag{19.3a,b}$$

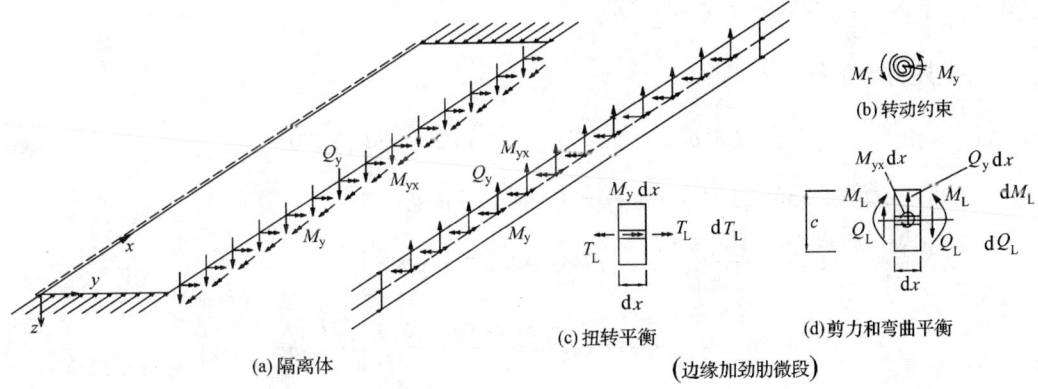

图 19.3 板件边界条件的建立

边界条件:

设 $y=0$ 是弹性转动约束边(图 19.3b),$M_y + M_r = 0$,即 $-D\left(\dfrac{\partial^2 w}{\partial y^2} + \mu\dfrac{\partial^2 w}{\partial x^2}\right) + k_\theta\dfrac{\partial w}{\partial y} = 0$,

因此

$$Y(0) = 0, Y''(0) - \frac{k_\theta}{D}Y'(0) = 0 \tag{19.4a,b}$$

在 $y=b$ 这一边是带有边缘加劲肋的,板边弯矩与边缘加劲肋的扭矩平衡(图 19.3c):

$\mathrm{d}T_L + M_y\mathrm{d}x = 0$,考虑 Wagner 效应,且注意到边缘加劲肋的扭转角 $\theta = \dfrac{\partial w}{\partial y}$,扭率:$\dfrac{\partial\theta}{\partial x} = \dfrac{\partial^2 w}{\partial y\partial x}$,

579

$T_{\mathrm{L}} = (GJ_{\mathrm{LIP}} - P_{\mathrm{L}}i_{\mathrm{L}}^2) \dfrac{\partial^2 w}{\partial x \partial y}$，因此得到

$$\left(GJ_{\mathrm{LIP}} - A_{\mathrm{L}}\sigma i_{\mathrm{L}}^2 \right) \frac{\partial^3 w}{\partial y \partial x^2} - D\left(\frac{\partial^2 w}{\partial y^2} + \mu \frac{\partial^2 w}{\partial x^2} \right) = 0$$

式中 $J_{\mathrm{LIP}} = \dfrac{1}{3}ct^3$, $A_{\mathrm{L}} = ct$, $i_{\mathrm{L}}^2 = \dfrac{1}{12}(c^2 + t^2)$, $I_{\mathrm{LIP}} = \dfrac{1}{12}tc^3$ 。上式化为

$$Y''(b) - \mu \frac{m^2 \pi^2}{a^2} Y(b) + \frac{m^2 \pi^2 i_{\mathrm{L}}^2}{a^2} \frac{(P_{\mathrm{Lcr}} - P_{\mathrm{L}})}{D} Y'(b) = 0 \tag{19.4c}$$

式中 $P_{\mathrm{Lcr}} = GJ_{\mathrm{LIP}}/i_{\mathrm{L}}^2$, P_{L} 是作用在边缘加劲肋上的轴力。

边缘加劲肋的剪力和弯矩平衡是(图 19.3d)：

$$\mathrm{d}Q_L - Q_y \mathrm{d}x = 0$$
$$\mathrm{d}M_{\mathrm{L}} - M_{yx}\mathrm{d}x - Q_{\mathrm{L}}\mathrm{d}x - P_{\mathrm{L}}\mathrm{d}w = 0$$

以上两式合并得到 $\dfrac{\mathrm{d}^2 M_{\mathrm{L}}}{\mathrm{d}x^2} - \dfrac{\partial M_{yx}}{\partial x} - P_{\mathrm{L}} \dfrac{\partial^2 w}{\partial x^2} - Q_y = 0$，将挠度代入

$$D\left[\frac{\partial^3 w}{\partial y^3} + (2 - \mu)\frac{\partial^3 w}{\partial y \partial x^2} \right]_{y=b} - EI_{\mathrm{LIP}}\frac{\partial^4 w(b)}{\partial x^4} - P_{\mathrm{L}}\frac{\partial^2 w(b)}{\partial x^2} = 0$$

即
$$\frac{\mathrm{d}^3 Y}{\mathrm{d}y^3} - (2-\mu)\frac{m^2\pi^2}{a^2}\frac{\mathrm{d}Y}{\mathrm{d}y} - \frac{m^2\pi^2(P_{\mathrm{E,LIP}} - P_{\mathrm{L}})}{a^2}\,\frac{Y}{D} = 0 \tag{19.4d}$$

式中 $P_{\mathrm{E,LIP}} = \dfrac{m^2\pi^2 EI_{\mathrm{LIP}}}{a^2}$ 。

将上述边界条件代入得到

$$(\alpha^2 b^2 + \beta^2 b^2)C_1 - \frac{k_\theta b}{D}(\alpha b C_2 + \beta b C_4) = 0 \tag{19.5a}$$

$$C_1\left[\begin{aligned} &\alpha^2 b^2 \cosh\alpha b + \beta^2 b^2 \cos\beta b - \mu\eta^2(\cosh\alpha b - \cos\beta b) \\ &+ \frac{m^2\pi^2 i_{\mathrm{L}}^2}{a^2}\cdot\frac{(P_{\mathrm{Lcr}} - P_{\mathrm{L}})b}{D}(\alpha b \sinh\alpha b + \beta b \sin\beta b) \end{aligned} \right]$$
$$+ C_2\left(\alpha^2 b^2 \sinh\alpha b - \mu\eta^2 \sinh\alpha b + \frac{m^2\pi^2 i_{\mathrm{L}}^2}{a^2}\frac{(P_{\mathrm{Lcr}} - P_{\mathrm{L}})b}{D}\alpha b \cosh\alpha b \right)$$
$$+ C_4\left(-\beta^2 b^2 \sin\beta b - \mu\eta^2 \sin\beta b + \frac{m^2\pi^2 i_{\mathrm{L}}^2}{a^2}\cdot\frac{(P_{\mathrm{Lcr}} - P_{\mathrm{L}})b}{D}\beta b \cos\beta b \right) = 0 \tag{19.5b}$$

$$C_1\left\{ \begin{aligned} &\alpha^3 b^3 \sinh\alpha b - \beta^3 b^3 \sin\beta b - (2-\mu)\eta^2(\alpha b \sinh\alpha b + \beta b \sin\beta b) \\ &- \eta^2 \frac{b(P_{\mathrm{E,LIP}} - P_{\mathrm{L}})}{D}(\cosh\alpha b - \cos\beta b) \end{aligned} \right\}$$
$$+ C_2\left[\alpha^3 b^3 \cosh\alpha b - (2-\mu)\eta^2 \alpha b \cosh\alpha b - \eta^2 \frac{b(P_{\mathrm{E,LIP}} - P_{\mathrm{L}})}{D}\sinh\alpha b \right]$$
$$+ C_4\left[-\beta^3 b^3 \cos\beta b - (2-\mu)\eta^2 \beta b \cos\beta b - \eta^2 \frac{b(P_{\mathrm{E,LIP}} - P_{\mathrm{L}})}{D}\sin\beta b \right] = 0 \tag{19.5c}$$

式中 $\eta = \dfrac{m\pi b}{a}$ 。令式(19.5a,b,c)的系数行列式等于 0 得到求解临界荷载的方程,可以得到临界荷载。在没有扭转约束、且不考虑边缘加劲肋的自由扭转刚度的情况下,临界方程是

580

$$(\kappa+1-\mu)^2\sqrt{\kappa-1}\cot\beta b+2\frac{b\pi}{a}\left(\frac{EI_y}{Db}-\frac{ct}{bt}\kappa^2\right)\kappa-(\kappa-1+\mu)^2\sqrt{1+\kappa}\coth\alpha b=0 \qquad (19.6)$$

式中 $\kappa=\dfrac{a}{mb}\sqrt{K}$，$K=\dfrac{b^2 N_x}{\pi^2 D}$是屈曲系数，即临界应力表示为

$$\sigma_{cr}=\frac{N_x}{t}=\frac{K\pi^2 Et^2}{12(1-\mu^2)b^2} \qquad (19.7)$$

$$\alpha b=\frac{m\pi b}{a}\sqrt{1+\frac{a}{mb}\sqrt{\frac{b^2 N_x}{\pi^2 D}}}=\frac{m\pi b}{a}\sqrt{1+\frac{a}{mb}\sqrt{K}}=\eta\sqrt{1+\kappa}$$

$$\beta b=\frac{m\pi b}{a}\sqrt{\frac{a}{mb}\sqrt{K}-1}=\eta\sqrt{\kappa-1}$$

$$\alpha^2 b^2-(2-\mu)\eta^2=\beta^2 b^2+\mu\eta^2,\beta^2 b^2+(2-\mu)\eta^2=\alpha^2 b^2-\mu\eta^2$$

引入下列无量纲量：

加劲肋对称：
$$\frac{b(P_{E,LIP}-P_L)}{D}=\eta^2\frac{EI_{LIP}}{Db}-\frac{b}{D}ct\sigma=\frac{c}{b}\left[\eta^2(1-\mu^2)\frac{c^2}{t^2}-\pi^2 K\right] \qquad (19.8a)$$

$$\frac{m^2\pi^2 i_L^2}{a^2}\cdot\frac{(P_{Lcr}-P_L)b}{D}=\eta^2\frac{c}{b}\left[2(1-\mu)-\frac{\pi^2 c^2}{12b^2}\left(1+\frac{t^2}{c^2}\right)K\right] \qquad (19.8b)$$

将转动约束 k_θ 与冷弯卷边 C 型截面或冷弯卷边 Z 形截面的腹板可能对翼缘提供的约束联系起来，即假设 $k_\theta=\psi\dfrac{D}{h}$，$h$ 是截面的高度。则

$$K_z=\frac{k_\theta b}{D}=\psi\frac{b}{h} \qquad (19.9)$$

给定 b，$\dfrac{c}{t}$，$\dfrac{b}{c}$，ψ，$\dfrac{b}{h}$，变化长度 a 和半波数 m，求使得行列式的值等于 0 的 K。图 19.4 给出了一个算例，取 $h=138.3$，$b=48.3$，$c=19.15$，$t=1.7$，$\psi=0$，0.25，0.5，0.75，1，1.5，2，3，4，计算得到。

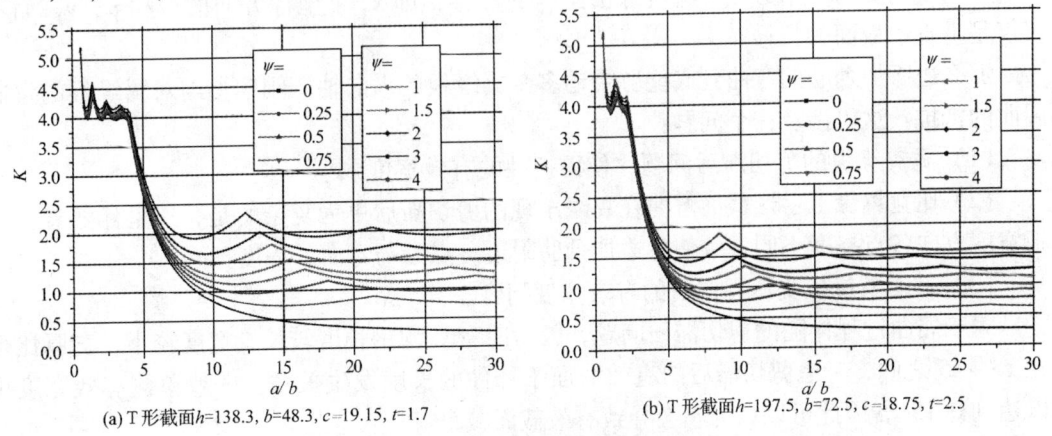

(a) T 形截面 $h=138.3$, $b=48.3$, $c=19.15$, $t=1.7$ (b) T 形截面 $h=197.5$, $b=72.5$, $c=18.75$, $t=2.5$

图 19.4　局部屈曲和畸变屈曲算例

由图 19.4 可见：（1）当冷弯型钢的卷边被假想地关于翼缘板对称放置（翼缘边两侧各 $0.5c$ 宽度），则不会出现局部屈曲波形；（2）在转动约束 $k_\theta=0$ 时，长度越长畸变屈曲系数

越小。(3)从图可见,如果没有转动约束,畸变屈曲总是一个半波。

如果是翼缘对卷边提供约束,则记 $\gamma = \dfrac{m\pi}{a}\sqrt{1 - \dfrac{a}{m\pi}\sqrt{\dfrac{N_x}{D}}}$,通解是

$$Y = (\cosh\alpha y - \cosh\gamma y)C_1 + C_2\sinh\alpha y + C_4\sinh\gamma y \tag{19.10}$$

临界方程由以下三式给出

$$(\alpha^2 b^2 - \gamma^2 b^2)C_1 = \frac{k_z b}{D}(\alpha b C_2 + \gamma b C_4) \tag{19.11a}$$

$$\left[(\alpha^2 b^2 - \mu\eta^2)\cosh\alpha b - (\gamma^2 b^2 - \mu\eta^2)\cosh\gamma b + \frac{m^2\pi^2 i_L^2 b(P_{Lcr} - P_L)}{a^2 D}(\alpha b\sinh\alpha b - \gamma b\sinh\gamma b)\right]$$
$$C_1 + \left[(\alpha^2 b^2 - \mu\eta^2)\sinh\alpha b + \frac{m^2\pi^2 i_L^2(P_{Lcr} - P_L)b}{a^2 D}\alpha b\cosh\alpha b\right]C_2$$
$$+ \left[(\gamma^2 b^2 - \mu\eta^2)\sinh\gamma b + \frac{m^2\pi^2 i_L^2(P_{Lcr} - P_L)b}{a^2 D}\gamma b\cosh\gamma b\right]C_4 = 0 \tag{19.11b}$$

$$\left[\alpha^3 b^3\sinh\alpha b - \gamma^3 b^3\sinh\gamma b - (2 - \mu)\eta^2(\alpha b\sinh\alpha b - \gamma b\sinh\gamma b)\right.$$
$$\left. - \frac{(P_{ELIP} - P_L)b}{D}\eta^2(\cosh\alpha b - \cosh\gamma b)\right]C_1$$
$$+ \left[\alpha^3 b^3\cosh\alpha b - (2 - \mu)\eta^2\alpha b\cosh\alpha b - \frac{(P_{ELIP} - P_L)b}{D}\eta^2\sinh\alpha b\right]C_2$$
$$+ \left[\gamma^3 b^3\cosh\gamma b - (2 - \mu)\eta^2\gamma b\cosh\gamma b - \frac{(P_{ELIP} - P_L)b}{D}\eta^2\sinh\gamma b\right]C_4 = 0 \tag{19.11c}$$

19.2.2　应用于卷边加劲的情况

即图 19.2(c)所示的情况。这种单边加劲与双边对称加劲,在理论上有很重要的差别:加劲肋出现垂直于翼缘板面的弯曲位移(失稳)时,会带动翼缘板的一部分产生中面压(拉)应变,从而精确的理论必须考虑翼缘板面内的位移,即 x,y 坐标方向的位移 u,v,而不仅仅是垂直于板面的位移 w。

那么边缘加劲肋的弯曲到底能够带动多少翼缘板的纵向轴压刚度参与对翼缘板的弯曲屈曲的抵抗?这里涉及三个问题:

(1) 宽翼缘板的剪切滞后问题,使得板件的有效宽度减小;

(2) 比宽翼缘工字形截面弯曲在翼缘出现的剪切滞后更为复杂的是,这里伴随着翼缘板宽度方向各点挠度不同,致使卷边加劲肋附近各点参与弯曲的程度不同;

(3) 还有翼缘板受压屈曲后的有效宽度问题。

对于屈曲过程伴随的剪切滞回问题,因为冷弯 C 型钢长度较长,宽度较小,宽厚比也在 15~45 之间,考虑剪切滞后的有效截面于杆件的长度发生关系,一般单侧有效宽度可以达到 $0.15L$,因此可以认为不会导致有效截面减小。

日本学者编著的《结构稳定手册》中有一个图表,单边加劲的 $\beta = c/b = 0.25$,$\alpha = a/b = 15$,屈曲系数已经达到 4 以上,而对称加劲肋高度放大到 1.6 倍,$\beta = 1.6 \times 0.25 = 0.4$,$\alpha = 16$,屈曲系数才是 3.45,因为放大卷边高度后的对称加劲的惯性矩是 $\dfrac{1}{12}t(1.6c)^3 =$

$\dfrac{4.096}{12}tc^3 \approx \dfrac{1}{3}tc^3 =$ 单侧卷边加劲肋对被加劲板件中面的惯性矩，如果这个结果是精确的话，那么单侧卷边加劲的效果要好于边缘对称加劲、加劲肋高度是单侧卷边高度的 1.6 倍的情况。

下面通过一个算例来计算这种边界条件下，卷边和翼缘板面内刚度提供的抗弯刚度，如图 19.5 所示，三边简支一边卷边的板在卷边上作用均布荷载 q。决定这个抗弯刚度的思路如下：

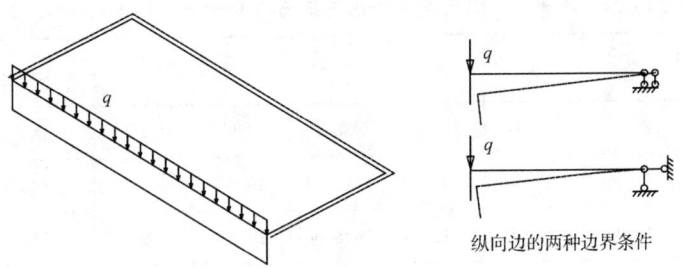

纵向边的两种边界条件

图 19.5　卷边等效抗弯刚度分析

在没有卷边的情况下，可以计算得到板自由边中点的挠度 y_0，换算出翼缘板弯曲刚度 $K_P = q/y_0$。在有卷边的情况下，可以计算得到卷边—翼缘组合体的抗弯刚度 $K = q/y$；q 由卷边和翼缘板弯曲共同抵抗，两部分分担的荷载分别记为 q_P，q_L，两部分产生相同的挠度 $y_L = y_P = y$，所以：

$$q = q_P + q_L = K_P y + K_L y = Ky$$

式中 K_L 是卷边—翼缘面内刚度提供的抗弯刚度。所以

$$K_L = \frac{q_L}{y} = \frac{q - K_P y}{y} = K - K_P = \frac{384 EI_{\text{LIP}}}{5a^4}$$

计算挠度时，简支纵向边的边界条件是：阻止挠度，但不阻止板件平面内的位移。经 SAP2000 计算分析得到表 19.1，卷边加劲肋的等效惯性矩可以近似地表示为

$$I_{\text{LIP}} = \kappa \frac{1}{3}tc^3 = \frac{1}{12}tc_{\text{eq}}^3 \tag{19.12a}$$

式中 $\kappa_{90} = 0.636 - \dfrac{1}{2.85\alpha} + \left[3.015 + 0.525\left(\alpha - 1\right)^2\right]\dfrac{t - 1.5}{1000}$，表 19.1 中 c_{eq} 是等效对称加劲肋的高度。

在计算挠度时，也比较了纵向边的边界条件是完全的固定铰支的情况，见表 19.1 倒数第 2 列的 κ_{FEM2}，此时阻止了钢板的面内弯曲，挠度大幅度减小，特别对长板。这是因为，水平面内不约束的情况下，翼缘和卷边组成的截面的不对称，竖向弯曲和水平弯曲耦合，见式(1.58a,b)，板件在水平平面内有弯曲的趋势。施加水平固定约束阻止了这种位移，使得板件的刚度增大。

因此式（19.12）的 I_{LIP} 实际上是一个等效的刚度，它已经反映了水平弯曲的影响，采用它，分析板件的屈曲时已经不再需要考虑截面不对称性带来的刚度被加强的影响。

假设 $15t$ 的翼缘宽度的面内刚度参与加劲肋的工作，计算绕平行轴的惯性矩 I_x，并换

算得到的等效对称加劲肋高度 $c_{eq} = \sqrt[3]{12I_x/t}$，对于 $b = 60$，$t = 1.5$，2，2.5，3 四个厚度的翼缘—卷边，$c = 19$，得到 c_{eq} 分别是 26.215，26.896，27.375，27.732mm。对比表 19.1 可知，在 $a/b = 10$ 时，c_{eq} 还不到这个数值，因此在卷边的情况下，认为 $15t$ 是翼缘参与卷边加劲肋工作的一个上限。从表 19.1 还可以知道，在 a/b 较小时，翼缘板参与卷边工作的宽度看上去很小，部分原因在于短板时剪切变形影响了刚度，即表 19.1 已包含了剪切变形影响。

卷边—翼缘面内纵向刚度提供的抗弯刚度分析（$b = 60$，$c = 19$）　　　表 19.1

a/b	t	K_P	K	K_L	I_{LIP}	c_{eq}	κ_{FEM}	κ 拟合	κ_{FEM2}	$\dfrac{\kappa_{FEM2}}{\kappa_{FEM}}$
1	1.5	8.63	1205.69	1197.06	980.60	19.87	0.286	0.286	0.286	1.000
1	2	20.46	1622.85	1602.39	1312.64	19.90	0.287	0.288	0.287	1.000
1	2.5	39.96	2052.55	2012.59	1648.66	19.93	0.288	0.289	0.288	1.000
1	3	69.05	2496.88	2427.83	1988.82	19.96	0.290	0.291	0.290	1.000
1	4	163.67	3439.97	3276.30	2683.87	20.04	0.293	0.294	0.294	1.000
2	1.5	1.22	129.48	128.27	1681.14	23.78	0.490	0.462	0.507	1.035
2	2	2.88	174.36	171.48	2247.52	23.80	0.492	0.463	0.509	1.035
2	2.5	5.63	220.68	215.05	2818.55	23.83	0.493	0.465	0.511	1.035
2	3	9.73	268.79	259.06	3395.39	23.86	0.495	0.467	0.513	1.036
2	3.5	15.45	319.01	303.55	3978.63	23.89	0.497	0.469	0.515	1.037
2	4	23.07	371.69	348.62	4569.32	23.93	0.500	0.470	0.518	1.037
3	1.5	0.44	29.74	29.30	1944.12	24.96	0.541	0.520	0.639	1.128
3	2	1.05	40.25	39.20	2600.93	24.99	0.543	0.523	0.641	1.128
3	2.5	2.06	51.27	49.21	3265.07	25.03	0.545	0.525	0.644	1.128
3	3	3.56	62.91	59.35	3938.27	25.07	0.548	0.528	0.647	1.128
4	1.5	0.23	10.03	9.80	2055.13	25.43	0.561	0.549	0.732	1.221
4	2	0.55	13.68	13.13	2754.17	25.47	0.564	0.553	0.735	1.220
4	2.5	1.07	17.59	16.52	3465.08	25.53	0.568	0.557	0.739	1.219
4	3	1.84	21.83	19.98	4190.81	25.59	0.573	0.561	0.744	1.218
5	1.5	0.14	4.27	4.13	2112.78	25.66	0.571	0.567	0.799	1.297
5	2	0.34	5.88	5.54	2838.14	25.73	0.575	0.573	0.804	1.295
5	3	1.13	9.63	8.49	4347.47	25.91	0.589	0.584	0.817	1.289
5	4	2.69	14.34	11.65	5964.86	26.16	0.607	0.595	0.836	1.282

a/b	t	K_P	K	K_L	I_{LIP}	c_{eq}	κ_{FEM}	κ 拟合	κ_{FEM2}	$\dfrac{\kappa_{FEM2}}{\kappa_{FEM}}$
6	1.5	0.10	2.12	2.02	2149.02	25.81	0.579	0.579	0.849	1.354
6	2	0.23	2.96	2.73	2895.26	25.90	0.586	0.587	0.855	1.351
6	2.5	0.45	3.90	3.45	3667.11	26.01	0.594	0.595	0.864	1.346
6	3	0.77	4.98	4.21	4470.99	26.15	0.604	0.603	0.874	1.341
7	1.5	0.07	1.18	1.11	2175.76	25.92	0.585	0.587	0.886	1.396
7	2	0.17	1.66	1.50	2941.38	26.04	0.598	0.598	0.895	1.391
7	2.5	0.32	2.23	1.90	3741.63	26.19	0.606	0.609	0.906	1.384
7	3	0.56	2.89	2.33	4585.22	26.37	0.620	0.620	0.920	1.376
10	1.5	0.03	0.31	0.27	2238.55	26.16	0.601	0.602	0.956	1.464
10	2	0.08	0.45	0.37	3066.27	26.40	0.619	0.625	0.974	1.452
10	2.5	0.16	0.64	0.48	3964.21	26.70	0.642	0.647	0.997	1.437
10	3	0.27	0.87	0.60	4950.32	27.05	0.670	0.670	1.025	1.420

在斜卷边的情况下，可以得到

$$I_{LIP} = \kappa_{\alpha} \frac{1}{3} t c^2 \sin^2 \alpha_L \tag{19.12b}$$

$$\kappa_{45} = 0.556 - \frac{1}{3\alpha} + \left[14.2 + 1.05(\alpha - 1)^2 \right] \frac{t - 1.5}{1000}$$

$$\kappa_{67.5} = 0.59 - \frac{1}{3\alpha} + \left[7.3 + 0.6(\alpha - 1)^2 \right] \frac{t - 1.5}{1000}$$

对于第 3 个因素，则通常的做法是取有效宽度是 $15t\sqrt{235/f_y}$，如图 19.1(d)所示。但是这个是在屈曲之后发生的,式(19.12a、b)作为依据,还不到这个宽度,因此采用(19.12a、b)式。

因此

$$\frac{b(P_{E,LIP} - P_L)}{D} = \eta^2 \frac{EI_{LIP}}{Db} - \frac{b}{D} c t \sigma = \eta^2 \frac{EI_{LIP}}{Db} - \frac{c}{b} \pi^2 K \tag{19.13a}$$

在扭转项,J_{LIP} 的计算不应考虑翼缘板部分,因为这一部分已经在板件中得到考虑。$P_L i_L^2$ 代表的是 Wagner 效应,卷边加劲肋的情况下,$i_L^2 = \frac{1}{3} c^2 + \frac{1}{12} t^2$,因此

$$\frac{m^2 \pi^2 i_L^2}{a^2} \cdot \frac{(P_{Lcr} - P_L) b}{D} = \eta^2 \frac{c}{b} \left[2(1 - \mu) - \frac{\pi^2 c^2}{12 b^2} \left(4 + \frac{t^2}{c^2} \right) K \right] \tag{19.13b}$$

图 19.6(a),(b),(c)给出了此时的算例,由图可见,屈曲系数比相同边缘加劲肋高度对称加劲的有明显的提高,但是此时翼缘已经有发生局部屈曲的可能,在 $\psi \geq 1$ 和 3 时屈曲系数均在 4 以上。

采用 $k_\theta = 0$ 时且不考虑边缘加劲肋自由扭转刚度的临界方程式(19.6),令 $K = 4$ 即可以反推出所需要的加劲肋的刚度。计算表明,只有很短的杆,屈曲系数才有可能达到 4.0。这使得畸变屈曲成为重要的屈曲问题。

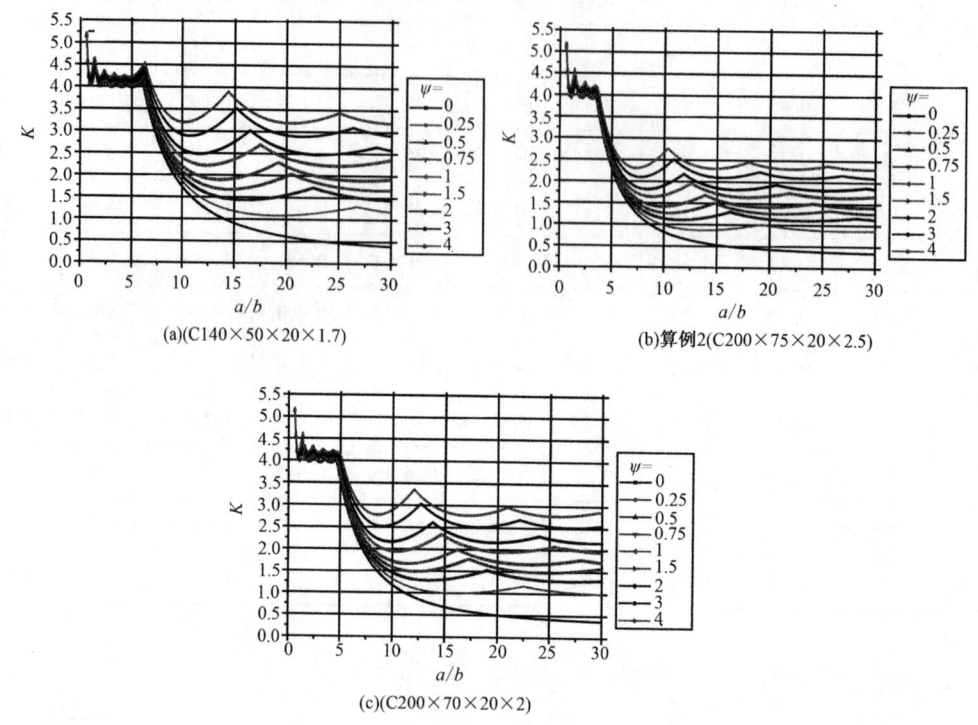

(a)(C140×50×20×1.7)

(b)算例2(C200×75×20×2.5)

(c)(C200×70×20×2)

图 19.6 局部屈曲和畸变屈曲算例

19.3 C 形截面轴心压杆的局部和畸变屈曲

C 形截面轴心受压时的屈曲,存在着腹板和翼缘及卷边之间复杂的相互作用,下面进行分析。

对于腹板,利用对称性,把腹板的 y 坐标 0 点设在中间,此时

$$Y_w = D_1 \cosh\alpha_w y_w + D_3 \cos\beta_w y_w \tag{19.14a}$$

$$\frac{\mathrm{d}Y_w}{\mathrm{d}y_w} = D_1 \alpha_w \sinh\alpha_w y_w - D_3 \beta_w \sin\beta_w y_w \tag{19.14b}$$

$$\frac{\mathrm{d}^2 Y_w}{\mathrm{d}y_w^2} = D_1 \alpha_w^2 \cosh\alpha_w y_w - D_3 \beta_w^2 \cos\beta_w y_w \tag{19.14c}$$

$$\alpha_w = \frac{m\pi}{a}\sqrt{1 + \frac{a}{mh}\sqrt{K_w}} = \frac{m\pi}{a}\sqrt{1 + \frac{a}{mb}\sqrt{K}} = \alpha , \qquad \beta_w = \frac{m\pi}{a}\sqrt{\frac{a}{mh}\sqrt{K_w} - 1} = \beta$$

$$\tag{19.15a, b}$$

在腹板和翼缘交汇处有如下三个条件

$$Y_w(0.5h) = 0, \frac{dY_w}{dy_w} = \frac{dY}{dy}, \frac{d^2Y_w}{dy_w^2} = \frac{d^2Y}{dy^2}$$

$$D_3 = -D_1 \frac{\cosh 0.5\alpha_w h}{\cos 0.5\beta_w h}, D_1 = C_1 \frac{\alpha^2 + \beta^2}{\cosh 0.5\alpha_w h(\alpha_w + \beta_w)}$$

$$C_1 \frac{\alpha^2 + \beta^2}{(\alpha_w + \beta_w)\cosh 0.5\alpha_w h}\left(\alpha_w \sinh 0.5\alpha_w h + \frac{\cosh 0.5\alpha_w h}{\cos 0.5\beta_w h}\beta_w \sin 0.5\beta_w h\right) = (\alpha C_2 + \beta C_4)$$

$$C_1(\alpha^2 b^2 + \beta^2 b^2)(\alpha_w h \sinh 0.5\alpha_w h \cos 0.5\beta_w h + \beta_w h \cosh 0.5\alpha_w h \sin 0.5\beta_w h)\frac{b}{h}$$

$$= (\alpha b C_2 + \beta b C_4)(\alpha_w^2 h^2 + \beta_w^2 h^2)\frac{b^2}{h^2}\cosh 0.5\alpha_w h \cos 0.5\beta_w h \qquad (19.16)$$

由式(19.5b)、式(19.5c)和式(19.16)可以得到临界方程，求出临界荷载和屈曲系数。

对于 β_w 的根号下小于 0 的情况，定义 $\gamma_w = \frac{m\pi}{a}\sqrt{1 - \frac{a}{mh}\sqrt{K_w}} = \gamma$，其解是

$$Y_w = D_1 \cosh\alpha_w y_w + D_3 \cosh\gamma_w y_w$$

同样可以得到

$$C_1(\alpha^2 b^2 - \gamma^2 b^2)(\alpha_w h \sinh 0.5\alpha_w h \cosh 0.5\gamma_w h - \gamma_w h \cosh 0.5\alpha_w h \sinh 0.5\gamma_w h)\frac{b}{h}$$

$$= (\alpha b C_2 + \gamma b C_4)(\alpha_w^2 h^2 - \gamma_w^2 h^2)\frac{b^2}{h^2}\cosh 0.5\alpha_w h \times \cosh 0.5\gamma_w h \qquad (19.17)$$

由式(19.11b)、式(19.11c)和式(19.17)可以得到临界方程，求出临界荷载和屈曲系数。

这样得到的临界荷载随波长的变化情况见图 19.7。图中只画 C140×50×20×(1.7～3)六条 $m=1$ 的曲线，$m=2$ 的曲线相当于把波长减半画出即可。从图可见，C 形截面在波长很短处首先出现局部屈曲，这种局部屈曲是腹板的屈曲，屈曲波长是翼缘宽度的 2.2 倍，接近于腹板的高度，翼缘和卷边对腹板起约束作用，局部屈曲的屈曲系数与板件厚度关系较弱。

在更大的波长处会出现第二个最小值，这个屈曲荷载对应于翼缘和卷边的畸变屈曲，畸变屈曲与板件厚度关系大，板厚小，屈曲系数大，见表 19.2b，c。畸变屈曲的屈曲波长是翼缘宽度的 8～12 倍。

畸变屈曲不控制设计，因此表 19.2 只给出局部屈曲的屈曲系数。从表 19.2 可知，局部屈曲系数取决于 b/h，拟合公式是

$$K = 3.42\frac{b}{h} - 0.51 \qquad (19.18a)$$

知道翼缘的屈曲系数，可求得腹板的屈曲系数是

$$K_w = K\frac{h^2}{b^2} \qquad (19.18b)$$

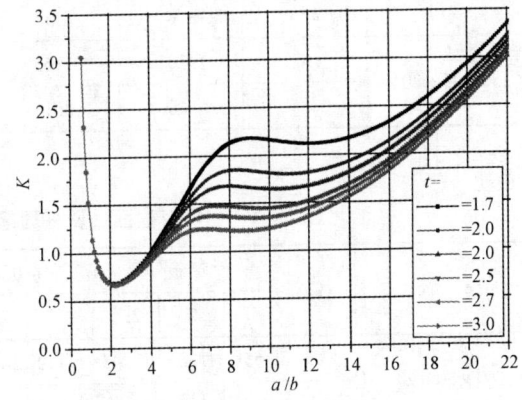

图 19.7　C 形截面轴心压杆的局部屈曲
和畸变屈曲(C140)

C 形截面轴压杆翼缘屈曲系数（局部屈曲）

表 19.2a

截　　面	板　厚						a/b
	1.7	2	2.2	2.5	2.7	3	2.2
C140×50×20	0.685	0.679	0.676	0.670	0.666	0.660	2.2
C160×60×20	0.758	0.752	0.749	0.744	0.74	0.735	2.1
C180×70×20	0.818	0.813	0.809	0.804	0.8	0.795	2.1
C200×75×20	0.763	0.758	0.755	0.751	0.748	0.743	2.1
C220×75×20	0.635	0.631	0.629	0.625	0.622	0.618	2.3
C250×75×20	0.497	0.494	0.491	0.488	0.485	0.482	2.6

斜卷边的 C 形截面的局部屈曲系数比直角卷边的仅下降约 1%~2%。

C 形截面轴压杆翼缘畸变屈曲系数（畸变屈曲）

表 19.2b

截　　面		板　厚（直角卷边）					
		1.7	2	2.2	2.5	2.7	3
C140×50×20	K	1.726	1.491	1.368	1.219	1.37	1.035
	a/b	10.8	9.8	9.3	8.6	8.4	7.9
C160×60×20	K	1.831	1.584	1.454	1.298	1.213	1.106
	a/b	10.2	9.3	8.9	8.2	7.9	7.5
C180×70×20	K	1.899	1.644	1.512	1.351	1.264	1.154
	a/b	9.8	9	8.5	7.9	7.6	7.2
C200×75×20	K	1.773	1.372	1.413	1.265	1.184	1.083
	a/b	9.5	8.4	8.1	7.6	7.3	6.8
C220×75×20	K	1.477	1.281	1.18	1.055	0.99	0.905
	a/b	8.8	8.1	7.7	7	6.8	6.3
C250×75×20	K	1.102	0.965	0.888	0.801	0.743	0.68
	a/b	8.8	8.1	7.7	7	6.8	6.3

C 形截面轴压杆翼缘畸变屈曲系数

表 19.2c

截　　面		板　厚（67°斜卷边）						板　厚（45°斜卷边）					
		1.7	2	2.2	2.5	2.7	3	1.7	2	2.2	2.5	2.7	3
C140×50×20	K	1.558	1.351	1.243	1.112	1.04	0.949	1.215	1.066	0.988	0.892	0.84	0.774
	a/b	10.2	9.2	8.8	8.2	7.8	7.4	8.7	8	7.6	7.1	6.9	6.5
C160×60×20	K	1.654	1.436	1.322	1.485	1.11	1.015	1.291	1.134	1.052	0.952	0.898	0.829
	a/b	9.7	8.8	8.3	7.8	7.4	7	8.3	7.6	7.2	6.8	6.5	6.1

截　　面		板　厚（67°斜卷边）						板　厚（45°斜卷边）					
		1.7	2	2.2	2.5	2.7	3	1.7	2	2.2	2.5	2.7	3
C180×70 ×20	K	1.716	1.492	1.375	1.234	1.157	1.06	1.342	1.18	1.096	0.993	0.938	0.867
	a/b	9.2	8.4	7.9	7.3	7	6.7	7.9	7.3	6.9	6.5	6.2	5.9
C200×75 ×20	K	1.604	1.247	1.288	1.157	1.086	0.997	1.259	0.994	1.031	0.936	0.885	0.82
	a/b	8.7	7.6	7.5	7.1	6.8	6.3	7.6	6.8	6.7	6.3	6	5.7
C220×75×20	K	1.336	1.167	1.074	0.967	0.909	0.836	1.059	0.934	0.869	0.792	0.749	0.697
	a/b	7.9	7.7	6.9	6.5	6.3	5.9	7.4	6.7	6.3	6	5.5	5.2
C250×75 ×20	K	1	0.871	0.803	0.722	0.677	0.624	0.797	0.702	0.656	0.6	0.567	0.527
	a/b	8.5	7.7	7.2	6.6	6.2	5.8	7.3	6.5	6.2	5.8	5.4	4.9

对于货架立柱(upright)，$b/h \approx 0.65 \sim 1.0$ 之间，翼缘的畸变屈曲将先于腹板的局部屈曲。

19.4　畸变屈曲的绕定点扭转屈曲模型

19.4.1　对称加劲

目前国际上广泛采用薄壁构件绕强迫轴扭转屈曲的模型来研究畸变屈曲。对于对称加劲的情况，参考式(7.106)，加上转动约束的势能，得到 T 型截面轴压杆绕腹板端部强迫扭转屈曲的总势能是

$$\Pi = \frac{1}{2}\int_0^L \left[EI'_\omega \theta''^2 + (GJ - Ni_r^2)\theta'^2 + k_\theta \theta^2 \right] \mathrm{d}z \qquad (19.19a)$$

式中 $i_r^2 = i_x^2 + i_y^2 + b_2^2$，$I'_\omega = I_\omega + I_x b^2$ $\qquad\qquad (19.19b)$

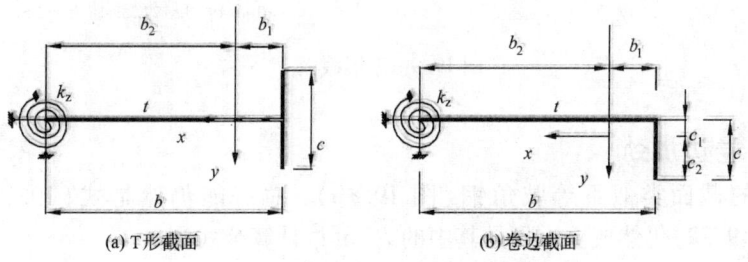

(a) T形截面　　　　　　　　　　　(b) 卷边截面

图 19.8　薄壁构件绕固定点扭转模型

在两端简支的情况下，可以得到临界压力是

$$N_{cr} = \frac{1}{i_r^2}\left(GJ + \frac{m^2\pi^2 EI'_\omega}{a^2} + \frac{k_\theta a^2}{m^2\pi^2} \right) \qquad (19.20)$$

用翼缘板件的屈曲系数表示为

$$K = \frac{12(1-\mu^2)b^2}{\pi^2 EA i_r^2 t^2}\left(GJ + \frac{m^2\pi^2 EI'_\omega}{a^2} + \frac{k_\theta a^2}{m^2\pi^2}\right) \tag{19.21}$$

最小屈曲系数出现时的波长为

$$a^2 = m^2\pi^2\sqrt{\frac{EI'_a}{k_\theta}} \tag{19.22a}$$

屈曲系数为:

$$K = \frac{12(1-\mu^2)b^2}{\pi^2 EA i_r^2 t^2}\left(GJ + 2\sqrt{k_\theta EI'_\omega}\right) \tag{19.22b}$$

在 $k_\theta = 0$,$c = 0$ 时,$i_r^2 = i_x^2 + i_y^2 + b_2^2 = \frac{1}{12}b^2 + \frac{1}{4}b^2 = \frac{1}{3}b^2$,$I'_\omega = \frac{1}{36}b^3 t^3$,$K = \frac{6(1-\mu^2)}{1.3\pi^2} + (1-\mu^2)\frac{b^2}{a^2}$,退化成三边简支一边自由板的屈曲系数。

图 19.9(a),(b)表示出与图 19.4(a),(b)相同的截面,由式(19.21)计算出的屈曲系数。对比图 19.4 和图 19.9,粗看两者曲线走势类似,但是具体数值上差别明显,式(19.21)的最小值偏高 20%。

上述模型可以精确地预测普通焊接 T 形截面作为板或者壳体的加劲肋承受轴压荷载时发生绕强迫轴扭转屈曲的临界荷载。

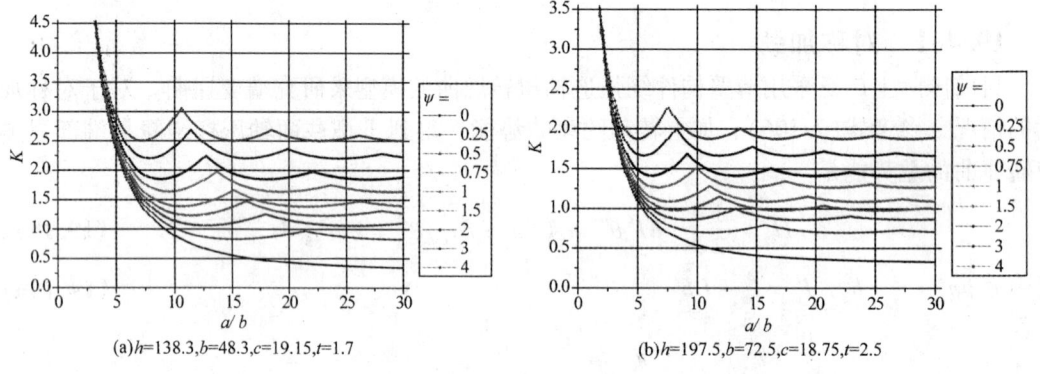

(a)$h=138.3,b=48.3,c=19.15,t=1.7$　　　　(b)$h=197.5,b=72.5,c=18.75,t=2.5$

图 19.9　T 形截面

19.4.2　卷边加劲

卷边加劲的截面类似不等肢角钢(图 19.8b),总势能仍然是式(19.19),因此式(19.20)~式(19.22)仍然成立,只是其中的 I'_ω 和 i_r^2 计算公式为

$$I'_\omega = I_\omega + I_y c_d^2 + I_x b_d^2 - 2I_{xy}c_d b_d = I_\omega + I_x b^2 \tag{19.23}$$

$$b_d = x_A - x_0 = b_2 - (-b_1) = b,\quad c_d = y_A - y_0 = -c_1 - (-c_1) = 0$$

$$i_r^2 = \frac{I_x + I_y}{A} + x_A^2 + y_A^2 = \frac{I_x + I_y}{A} + c_1^2 + b_2^2$$

图 19.10 示出了计算结果。对比图 19.6a,b,在所有的转动约束下都存在扭转屈曲模型的屈曲系数偏高 20% 左右,这是因为薄壁构件模型采用了刚周边假定。

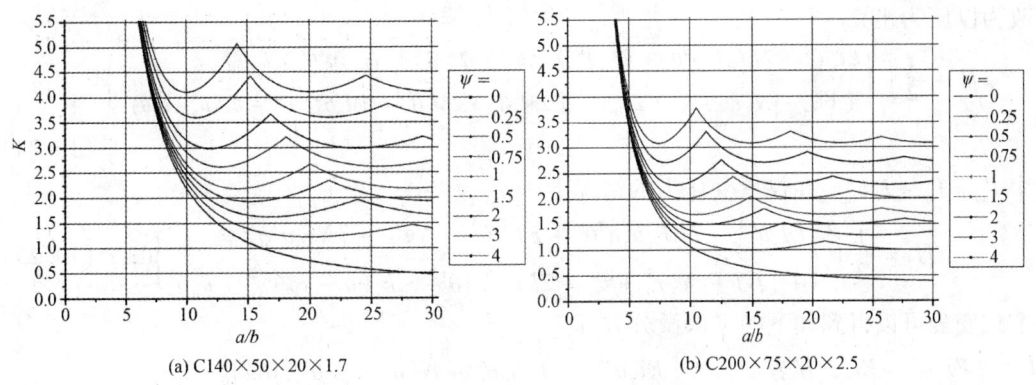

(a) C140×50×20×1.7   (b) C200×75×20×2.5

图 19.10　带卷边翼缘绕定点扭转屈曲模型

19.5　双向弯扭屈曲模型

在槽形截面中,腹板和翼缘的交点处,图 19.11(a),(c)所示,翼缘和卷边组成的部分可能产生侧移,这种侧移产生的原因,在图 19.11(a)所示的情况下,是因为翼缘—卷边截面的不对称,使得双向弯曲 u,v 和扭转 θ 全部耦合,所有的位移都不等于 0,而此时因为上下翼缘的对称性,又没有侧移约束,所以产生了水平位移。在翼缘较宽时(例如用于货架立柱的截面),翼缘—卷边截面的水平刚度比较大,侧移则很小(图 19.11b),但不是没有。在受弯的情况下,也会出现类似的情况,图 19.11(c),(d),但是此时下翼缘可以对上翼缘提供侧移约束并伴随着转动约束,侧移弹性约束用 k_x 表示。

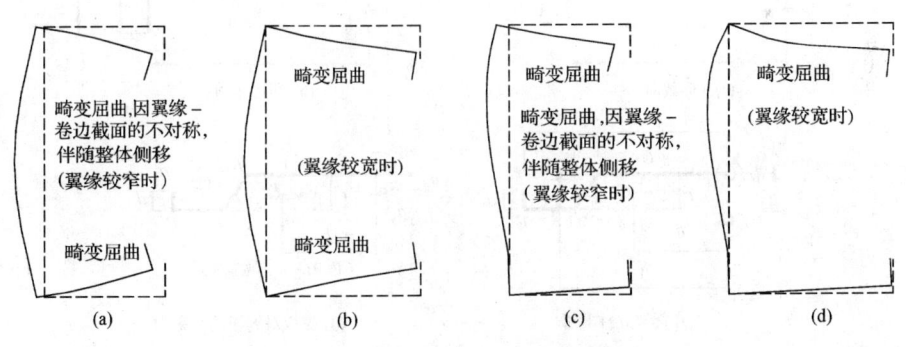

(a)　　　　(b)　　　　(c)　　　　(d)

图 19.11　翼缘和卷边部分的侧移

这样的情况下,图 19.8 所示将腹板—翼缘交点的水平方向作为固定就不合适,此时的薄壁构件模型如图 19.12 所示。图 19.12 的畸变屈曲模型,承受均匀的应力。记 $b_d = x_A - x_0$,$c_d = y_A - y_0$。对这些截面,因为

$$v_A = v + (x_A - x_0)\theta = 0, v = -(x_A - x_0)\theta = -b_d\theta$$

$$u_A = u - (y_A - y_0)\theta = u - c_d\theta$$

在式(7.35)中引入上式,加上弹性支座的弹性能,建立弯扭屈曲的总势能如下(轴力

591

修改为以压为正）

$$\Pi = \frac{1}{2}\int_0^L \left\{ \begin{array}{l} EI_y u''^2 - 2EI_{xy} b_d u''\theta'' + EI'_\omega \theta''^2 - Nu'^2 - 2(M_x + Ny_0)u'\theta' + k_\theta \theta^2 \\ + [GJ - N(r_0^2 + b_d^2 + 2x_0 b_d) + 2M_x\beta_x + 2M_y\beta_y - 2M_y b_d]\theta'^2 + k_x(u - c_d\theta)^2 \end{array} \right\} dz$$

$$(19.24)$$

式中 $I'_{\omega f} = I_{\omega f} + I_{xf} b_d^2$。在仅承受压力的情况下

$$\Pi = \frac{1}{2}\int_0^L \left\{ \begin{array}{l} EI_y u''^2 - 2EI_{xy} b_d u''\theta'' + EI'_\omega \theta''^2 - Nu'^2 - 2Ny_0 u'\theta' \\ + [GJ - N(r_0^2 + b_d^2 + 2b_d x_0)]\theta'^2 + k_x(u - c_d\theta)^2 + k_\theta \theta^2 \end{array} \right\} dz \quad (19.25)$$

对上式变分可以得到如下的平衡微分方程

$$\delta\Pi = (EI_y u'' - EI_{xy} b_d \theta'')\delta u'\big|_0^l - [EI_y u''' - EI_{xy} b_d \theta''' + N(u' + y_0\theta')]\delta u\big|_0^l$$

$$+ [EI'_\omega \theta'' - EI_{xy} b_d u'']\delta\theta'\big|_0^l - [EI'_\omega \theta''' - EI_{xy} b_d u''' - (GJ - Nr_0^2 - 2Nb_d x_0 - Nb_d^2)\theta']\delta\theta\big|_0^l$$

$$+ \int_0^L [EI_y u^{(4)} - EI_{xy} b_d \theta^{(4)} + N(u'' + y_0\theta'') + k_x u - k_x c_d \theta]\delta u\, dz = 0$$

$$+ \int_0^L \left\{ \begin{array}{l} [EI'_\omega \theta^{(4)} - EI_{xy} b_d u^{(4)} + (-GJ + Nr_0^2 + 2Nb_d x_0 + Nb_d^2)\theta'' \\ + Ny_0 u'' + k_\theta\theta + k_x c_d^2\theta - k_x c_d u] \end{array} \right\}\delta\theta\, dz = 0$$

即得到平衡微分方程：

$$EI_y u^{(4)} - EI_{xy} b_d \theta^{(4)} + N(u'' + y_0\theta'') + k_x u - k_x c_d \theta = 0$$

$$EI'_\omega \theta^{(4)} - EI_{xy} b_d u^{(4)} + (-GJ + Nr_0^2 + 2Nb_d x_0 + Nb_d^2)\theta'' + Ny_0 u'' + (k_\theta + k_x c_d^2)\theta - k_x c_d u = 0$$

$$(19.26)$$

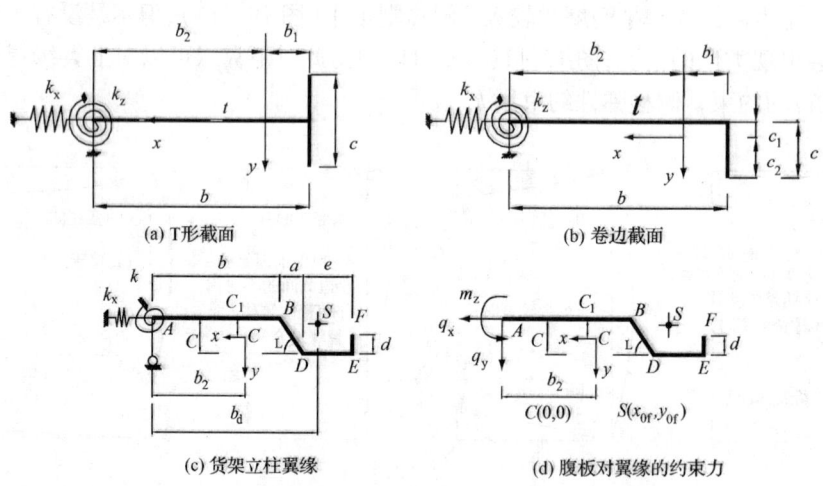

(a) T形截面　　　　　　　　　(b) 卷边截面

(c) 货架立柱翼缘　　　　　　(d) 腹板对翼缘的约束力

图 19.12　畸变屈曲薄壁构件模型

假设 $u = A_1 \sin\dfrac{\pi z}{l}$，$\theta = A_2 \sin\dfrac{\pi z}{l}$，代入平衡方程得到：

$$\left(P_{Eyf} + \frac{k_x l^2}{\pi^2} - P\right)A_1 - \left(Py_{0f} + b_d P_{Exyf} + \frac{k_x c_d l^2}{\pi^2}\right)A_2 = 0$$

$$-\left(Py_{0f} + b_d P_{Exyf} + \frac{k_x c_d l^2}{\pi^2}\right)A_1 + \left[\frac{\pi^2 EI'_{\omega f}}{l^2} + GJ_f + \frac{(k_\theta + k_x c_d^2)l^2}{\pi^2} - P(i_0^2 + b_2^2 - x_{0f}^2)\right]A_2 = 0$$

式中 $P_{Eyf} = \dfrac{\pi^2}{l^2} EI_{fy}$，$P_{Exyf} = \dfrac{\pi^2}{l^2} EI_{fxy}$。$b_d^2 + 2b_d x_{0f} = (b_d + x_{0f})^2 - x_{0f}^2 = b_2^2 - x_{0f}^2$，临界方程

$$\left(P y_{0f} + b_d P_{Exyf} + \frac{k_x c_d l^2}{\pi^2} \right)^2 + \left(P - P_{Eyf} - \frac{k_x l^2}{\pi^2} \right) \left[S_t + \frac{k_x c_d^2 l^2}{\pi^2} - P i_t^2 \right] = 0 \qquad (19.27)$$

式中 $S_t = \dfrac{\pi^2}{l^2} EI'_{\omega f} + GJ_f + \dfrac{k_\theta l^2}{\pi^2}$ \qquad (19.28a)

$$i_t^2 = i_{0f}^2 + b_2^2 - x_{0f}^2 = \frac{I_{xf} + I_{yf}}{A_f} + y_{0f}^2 + b_2^2 \qquad (19.28b)$$

在整个 C 形截面受压的情况下 $k_x = 0$（注意这是 C 形截面翼缘—卷边的畸变屈曲与图 19.8 所示模型的畸变屈曲的根本区别，图 19.8 的模型相当于 $k_x = \infty$），记

$$i_r^2 = i_t^2 - y_{0f}^2 = \frac{I_{xf} + I_{yf}}{A_f} + b_2^2 \qquad (19.28c)$$

求临界荷载的方程简化为

$$i_r^2 P^2 - (S_t + P_{Eyf} i_t^2 + 2 y_{0f} b_d P_{Exyf}) P + S_t P_{Eyf} - b_d^2 P_{Exyf}^2 = 0 \qquad (19.29)$$

临界应力是：

$$\sigma_{cr,d} = \frac{1}{2A_f} \left[P_\omega + P'_{Ey} - \sqrt{(P_\omega + P'_{Ey})^2 - 4\left(P_\omega P_{Efy} - \frac{b_d^2}{i_r^2} P_{Exyf}^2 \right)} \right] \qquad (19.30)$$

式中

$$P_\omega = \frac{S_t}{i_r^2} = \frac{1}{i_r^2} \left(GJ_f + \frac{\pi^2 EI'_{\omega f}}{l^2} \right) + \frac{k_\theta l^2}{\pi^2 i_r^2} \qquad (19.31a)$$

$$P'_{Ey} = \left(1 + \frac{y_{0f}^2}{i_r^2} \right) P_{Eyf} + \frac{2 y_{0f} b_d}{i_r^2} P_{Exyf} \qquad (19.31b)$$

对式（19.29）求导，令 $\dfrac{dP}{dl^2} = 0$ 得到

$$P = \frac{\left(\dfrac{2\pi^2}{l^2} EI'_{\omega f} + GJ_f \right) P_{Eyf} - 2 b_d^2 P_{Exyf}^2}{\dfrac{\pi^2}{l^2} EI'_{\omega f} - \dfrac{k_\theta l^2}{\pi^2} + P_{Eyf} i_t^2 + 2 y_{0f} b_d P_{Exyf}} \qquad (19.32)$$

令上式等于 $P = \sigma_{cr,d} A_f$，可以获得求屈曲波长的一个方程，并进而求得临界荷载和临界应力。

图 19.13 示出了计算的例子，与图 19.10 对比，显著的特点是右侧有一条上限曲线，这条曲线是一个半波的。图 19.13（b）图的最右侧曲线是一个半波的，左边也是一个半波的，中间有一个区间是两个半波的。最右边的曲线实际上是绕图 19.11（b）所示的 y 轴弯曲失稳为主的曲线，因为在式（19.24）中包含了 $\dfrac{1}{2} \displaystyle\int_0^L (EI_y u''^2 - Nu'^2) \, dz$。

第二个差别是，畸变屈曲段的最小值小了 10%~20%。变小的原因在于图 19.5 和表 19.1 显示的纵向边翼缘平面内边界条件的不同带来的卷边有效惯性矩的下降，下降后的惯性矩可以采用式（19.12）计算，作为 I_x，代入式（19.19b）中，即可获得较小的畸变屈曲应力。图 19.14（a），（b）是这样修正后的结果（分别取 $\kappa = 0.608$ 和 0.642），对比图 19.13 可

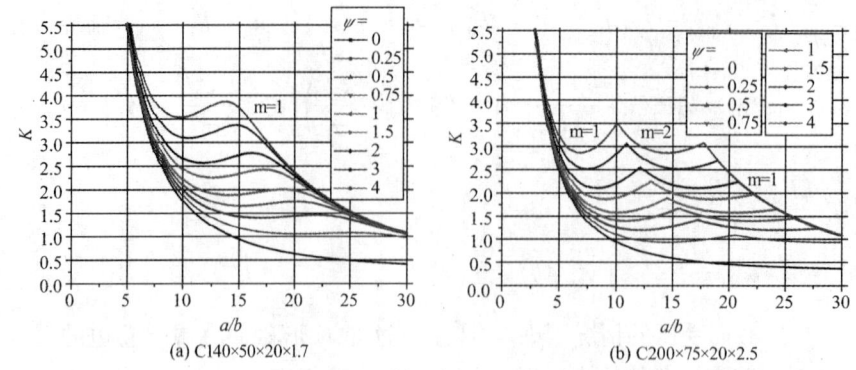

(a) C140×50×20×1.7　　　　　　　　(b) C200×75×20×2.5

图 19.13　$k_x = 0$ 的畸变屈曲

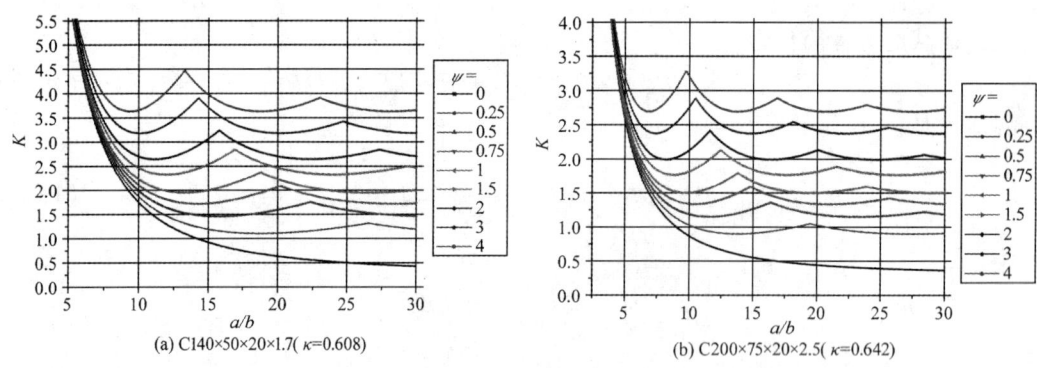

(a) C140×50×20×1.7(κ =0.608)　　　　　(b) C200×75×20×2.5(κ =0.642)

图 19.14　采用修正的 I'_ω 按照绕固定点转动模型的结果

见，两者差距较小，且互有正负，这说明在绕固定点转动的模型中采用考虑了水平位移的修正惯性矩 I_{LIP} 作为 I_x 计算 I'_ω，就可以代替上述复杂的双向弯扭失稳模型。

但是对比图 19.6(a)，(b)，这个修正的绕固定点转动的模型，仍偏大约 15%。

图 19.13 中最右边的下降段是绕 y 轴失稳，是一种整体屈曲，图 19.12（b）所示的模型对预测整体屈曲显然不合适，至少在计算 I_y 时需要改进成如图 19.15 所示的截面，其中整个截面的腹板的一部分参与翼缘和卷边截面的绕 y 轴失稳。参与的高度取 $15t\sqrt{235/f_y}$ 或者 $\frac{1}{6}h$，甚至在轴心受压时取半个腹板高度，而这正是 EC3 对檩条在风吸力作用下的侧向稳定性计算模型。

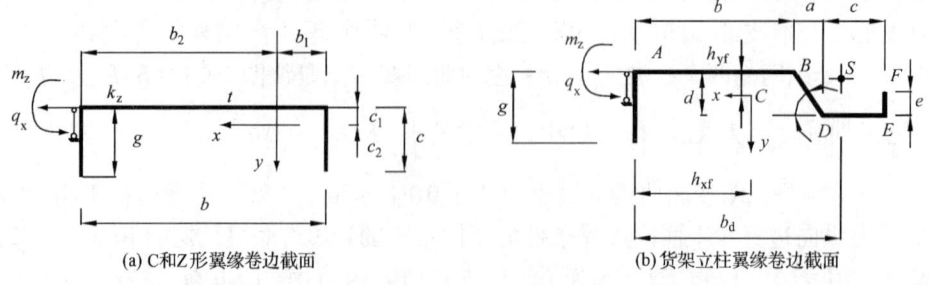

(a) C和Z形翼缘卷边截面　　　　　　　(b) 货架立柱翼缘卷边截面

图 19.15　可以同时考虑截面平面外失稳的畸变屈曲模型

594

19.6 腹板提供的转动和侧移约束

19.6.1 腹板均匀受压时

图 19.12 中的 k_x，k_θ 由 C 形钢的腹板提供。下面对其进行求解。腹板的波形见式 (19.14a)，腹板边的弯矩

$$M_y = -D\left(\frac{\mathrm{d}^2 Y}{\mathrm{d}y^2} - \mu \frac{m^2 \pi^2}{a^2} Y\right)\frac{m\pi x}{a} = k_\theta \theta = k_\theta \left(-\frac{\partial w}{\partial y}\right)_{y=0.5h} = -k_\theta Y' \sin \frac{m\pi x}{a}$$

将 19.3 节有关式子代入推导得到

$$k_\theta = \frac{2D}{h} \cdot \frac{(0.5\alpha_w h)^2 + (0.5\beta_w h)^2}{0.5\alpha_w h \tanh(0.5\alpha h) + 0.5\beta_w h \tan(0.5\beta_w h)} \tag{19.33}$$

其中 $0.5\alpha_w h = \dfrac{m\pi h}{2a}\sqrt{1 + \dfrac{a}{mh}\sqrt{\dfrac{N_x h^2}{\pi^2 D}}} = \dfrac{m\pi h}{2a}\sqrt{1 + \dfrac{a}{mh}\sqrt{K_w}} = \dfrac{\pi}{2}\dfrac{mh}{a}\sqrt{\left[\left(\dfrac{a}{mh}\right)^2 + 1\right]\sqrt{\dfrac{N_x}{N_{w,cr}}} + 1}$

$$0.5\beta_w h = \frac{\pi}{2}\frac{mh}{a}\sqrt{\left[\left(\frac{a}{mh}\right)^2 + 1\right]\sqrt{\frac{N_x}{N_{w,cr}}} - 1},$$

$$N_{w,cr} = \frac{K_w \pi^2 D}{h^2}, \quad K_w = \left(\frac{a}{mh} + \frac{mh}{a}\right)^2$$

如果 $\dfrac{a}{mb}\sqrt{K} - 1 < 0$ 则可以得到

$$k_\theta = \frac{2D}{h}\frac{(0.5\alpha h)^2 - (0.5\gamma h)^2}{0.5\alpha h \tanh(0.5\alpha h) - 0.5\gamma h \tanh(0.5\gamma h)} \tag{19.34}$$

式中 $0.5\beta h = \dfrac{mh\pi}{2a}\sqrt{1 - \dfrac{a}{mb}\sqrt{K}} = \dfrac{\pi}{2}\dfrac{mh}{a}\sqrt{1 - \left(1 + \left(\dfrac{a}{mh}\right)^2\right)\sqrt{\dfrac{N_x}{N_{w,cr}}}}$

在轴力等于 0 时：

$$Y = C_1 \cosh \frac{m\pi y}{a} + C_4 y \sinh \frac{m\pi y}{a}$$

$$k_\theta = \frac{2D}{h} \cdot \frac{2}{\left[1 + \dfrac{2a}{m\pi h}\tanh\dfrac{m\pi h}{2a} - \tanh^2\left(\dfrac{m\pi h}{2a}\right)\right]} = \gamma_0 \frac{2D}{h} \tag{19.35}$$

因为存在着相互的支援，也可能会出现翼缘支持腹板的情况，此时翼缘受到的转动约束是负的。这种情况会出现在翼缘很窄且卷边相对较强的情况。

式 (19.33) ~ 式 (19.35) 统一表示成

$$k_\theta = \gamma \frac{2D}{h} \tag{19.36}$$

γ_0 可以近似表达为

$$\gamma_0 \approx 1 + 1.693\left(\frac{mh}{a}\right)^2 - 0.034\left(\frac{mh}{a}\right)^6 \tag{19.37}$$

γ/γ_0 随临界应力的变化曲线如图 19.16 所示，曲线可拟合为：

$$\left(\frac{\gamma}{\gamma_0}\right)^{1+0.2\frac{mh}{a}} + \left(\frac{\sigma}{\sigma_{w,cr}}\right)^{1+0.2\frac{mh}{a}} = 1 \tag{19.38}$$

可见，约束刚度不是随应力线性下降。

mh/a	γ_0	mh/a	γ_0	mh/a	γ_0
0.1	1.016	0.6	1.614	1.1	3.021
0.2	1.066	0.7	1.839	1.2	3.363
0.3	1.150	0.8	2.097	1.3	3.713
0.4	1.269	0.9	2.383	1.4	4.068
0.5	1.424	1	2.693	1.5	4.423

作为近似，可以采用下式

$$k_\theta = \left[1 + 1.693 \left(\frac{mh}{a} \right)^2 - 0.034 \left(\frac{mh}{a} \right)^6 \right] \frac{2D}{h} \left(1 - \frac{\sigma}{\sigma_{wcr}} \right) \quad (19.39)$$

式中 $\sigma_{w,cr} = \left(\frac{a}{mh} + \frac{mh}{a} \right)^2 \dfrac{\pi^2 D}{h^2 t}$

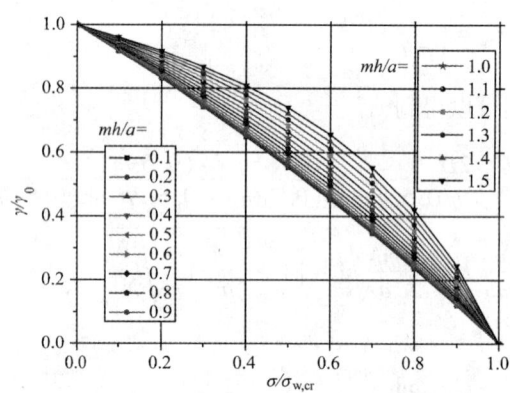

图 19.16　腹板应力对转动约束刚度的影响

19.6.2　C 形截面受弯时腹板对翼缘和卷边的侧移和转动约束

假设位移函数是

$$Y = n_{31}\Delta + n_{32}\theta + n_{34}\theta_2 = \left(n_{31} - \frac{3}{2+\psi}n_{34} \right)\Delta + \left(n_{32} - \frac{1}{2+\psi}n_{34} \right)\theta = m_{31}\Delta + m_{32}\theta$$

$$(19.40)$$

此时无法求得精确解。记 Δ、θ 为腹板上边缘的侧移和转角，θ_2 是下边缘转角，式中 $n_{31} = 1 - 3\bar{y}^2 + 2\bar{y}^3$，$n_{32} = \bar{y} - 2\bar{y}^2 + \bar{y}^3$，$n_{34} = -\bar{y}^2 + \bar{y}^3$，$\bar{y} = y/h$。

$$m_{31} = n_{31} - \frac{3}{\psi}n_{34}，\quad m_{32} = n_{32} - \frac{1}{\psi}n_{34}$$

上述位移函数采取了消去腹板下边缘的转角 θ_2 的策略 ψ 推导如下：下翼缘和卷边绕腹板—下翼缘交点转动的应变能等效成一个边缘弯矩做的功，即

$$\frac{1}{2}\int_0^a \left[EI'_\omega \theta''^2_2 + (GJ_2 + Ni_L^2)\theta'^2_2 \right] dx = \frac{a}{4}\frac{\pi^2}{a^2}\left(\frac{\pi^2 EI'_\omega}{a^2} + GJ_2 + Ni_r^2 \right)\theta_2^2$$

$$= \frac{1}{2}\int_0^a m_y \sin\frac{\pi x}{a}\theta_2 \sin\frac{\pi x}{a}dx = \frac{1}{4}am_y\theta_2 = -\frac{1}{4}aDY''_{y=h}\theta_2 = -\frac{1}{4}aD(6\Delta + 2\theta + 4\theta_2)\theta_2$$

式中 $I'_\omega = I_{yf}b^2$，$J_2 = (b+c)t^3/3$，N 是下翼缘和卷边拉应力的合力，i_r^2 是下翼缘和卷边组成的截面的绕固定点转动的极回转半径的平方。从上式得到

$$\theta_2 = -\frac{3}{\psi}\frac{\Delta}{h} - \frac{1}{\psi}\theta$$

式中 $\psi = 2 + \frac{h\pi^2}{2a^2 D}\left[\frac{\pi^2 EI'_\omega}{a^2} + GJ_2 + Ni_L^2 \right]$。回代得到式(19.40)。

腹板应力分布是 $\sigma(1-2y/h)$。代入总势能公式，

$$\Pi = \frac{1}{4}Da\int_0^h \left\{ \left(Y'' - \frac{\pi^2}{a^2}Y \right)\left(Y'' - \frac{\pi^2}{a^2}Y \right) - \frac{\pi^2}{a^2}\frac{N_{x1}}{D}(1-2\bar{y})Y^2 \right\}dy + 2(1-\mu)\frac{\pi^2}{a^2}\left[YY' \right]_0^h$$

$$(19.41)$$

积分得到

$$\Pi = \frac{Da}{4h^3}\left\{ \begin{array}{l} \left[12\left(\frac{\psi-2}{\psi} + \frac{2}{\psi^2} \right) + \frac{2\pi^2}{\alpha_1^2}\left(\mu + \frac{4+\psi^2}{5\psi^2} \right) + \frac{11\pi^4}{105\alpha_1^4}\left(\frac{1+\psi}{\psi} + \frac{6}{11\psi^2} \right) - \frac{N_{x1}h^2}{35D}\frac{\pi^2}{\alpha_1^2}\left(\frac{4}{3} + \frac{1}{6\psi} - \frac{1}{2\psi^2} \right) \right]\theta h\Delta \\ + \left[12\left(1 - \frac{3}{\psi} + \frac{3}{\psi^2} \right) + \frac{6\pi^2}{5\alpha_1^2}\left(2 - \frac{1}{\psi} + \frac{2}{\psi^2} \right) + \frac{13\pi^4}{35\alpha_1^4}\left(1 + \frac{1}{2\psi} + \frac{3}{13\psi^2} \right) - \frac{N_{x1}h^2}{35D}\frac{\pi^2}{\alpha_1^2}\left(7 + \frac{1}{2\psi} - \frac{3}{4\psi^2} \right) \right]\Delta^2 \\ + \left[4\left(1 - \frac{1}{\psi} + \frac{1}{\psi^2} \right) + \frac{2\pi^2}{15\alpha_1^2}\left(2 + \frac{1}{\psi} + \frac{2}{\psi^2} \right) + \frac{\pi^4}{35\alpha_1^4}\left(\frac{1}{3} + \frac{1}{2\psi} + \frac{1}{3\psi^2} \right) - \frac{N_{x1}h^2}{420D}\frac{\pi^2}{\alpha_1^2}\left(1 - \frac{1}{\psi^2} \right) \right]h^2\theta^2 \end{array} \right\}$$

$$(19.42)$$

式中 $\alpha_1 = \alpha b/h$，$\alpha = a/b$。这个总势能变分，并等效成

$$\frac{\partial \Pi}{\partial \Delta}\delta\Delta + \frac{\partial \Pi}{\partial \theta}\delta\theta = \int_0^a \left(q_x \sin\frac{\pi x}{a}\cdot\delta\Delta\sin\frac{\pi x}{a} + m_z\sin\frac{\pi x}{a}\cdot\delta\theta\sin\frac{\pi x}{a} \right)dx = \frac{1}{2}a(q_x\delta\Delta + m_z\delta\theta)$$

$$(19.43)$$

得到

$$q_x = \frac{D}{h^3}\left\{ \begin{array}{l} \left[12\left(1 - \frac{3}{\psi} + \frac{3}{\psi^2} \right) + \frac{6\pi^2}{5\alpha_1^2}\left(2 - \frac{1}{\psi} + \frac{2}{\psi^2} \right) + \frac{13\pi^4}{35\alpha_1^4}\left(1 + \frac{1}{2\psi} + \frac{3}{13\psi^2} \right) - \frac{N_{x1}h^2}{35D}\frac{\pi^2}{\alpha_1^2}\left(7 + \frac{1}{2\psi} - \frac{3}{4\psi^2} \right) \right]\Delta \\ + \left[6\left(1 - \frac{2}{\psi} + \frac{2}{\psi^2} \right) + \frac{\pi^2}{\alpha_1^2}\left(\mu + \frac{1}{5} + \frac{4}{5\psi^2} \right) + \frac{11\pi^4}{210\alpha_1^4}\left(1 + \frac{1}{\psi} + \frac{6}{11\psi^2} \right) - \frac{N_{x1}h^2}{70D}\frac{\pi^2}{\alpha_1^2}\left(\frac{4}{3} + \frac{1}{6\psi} - \frac{1}{2\psi^2} \right) \right]h\theta \end{array} \right\}$$

$$(19.44a)$$

$$m_z = \frac{D}{h^2}\left\{ \begin{array}{l} \left[6\left(1 - \frac{2}{\psi} + \frac{2}{\psi^2} \right) + \frac{\pi^2}{\alpha_1^2}\left(\mu + \frac{1}{5} + \frac{4}{5\psi^2} \right) + \frac{11\pi^4}{210\alpha_1^4}\left(1 + \frac{1}{\psi} + \frac{6}{11\psi^2} \right) - \frac{N_{x1}h^2}{70D}\frac{\pi^2}{\alpha_1^2}\left(\frac{4}{3} + \frac{1}{6\psi} - \frac{1}{2\psi^2} \right) \right]\Delta \\ + \left[4\left(1 - \frac{1}{\psi} + \frac{1}{\psi^2} \right) + \frac{2\pi^2}{15\alpha_1^2}\left(2 + \frac{1}{\psi} + \frac{2}{\psi^2} \right) + \frac{\pi^4}{35\alpha_1^4}\left(\frac{1}{3} + \frac{1}{2\psi} + \frac{1}{3\psi^2} \right) - \frac{N_{x1}h^2}{420D}\frac{\pi^2}{\alpha_1^2}\left(1 - \frac{1}{\psi^2} \right) \right]h\theta \end{array} \right\}$$

$$(19.44b)$$

先讨论如下的情况：$\theta = 0$。此时相当于图 19.16(a)，(b)所示的板件的屈曲分析。从上式得到临界应力是

$$\sigma_{w,\Delta cr}t = \frac{K_\Delta \pi^2 D}{h^2} \tag{19.45}$$

式中

$$K_\Delta = \frac{\frac{35\alpha_1^2}{\pi^4}12\left(1 - \frac{3}{\psi} + \frac{3}{\psi^2}\right) + \frac{6\pi^2}{5\alpha_1^2}\left(2 - \frac{1}{\psi} + \frac{2}{\psi^2}\right) + \frac{13\pi^4}{35\alpha_1^4}\left(1 + \frac{1}{2\psi} + \frac{3}{13\psi^2}\right)}{(7 + 0.5/\psi - 0.75/\psi^2)} \tag{19.46}$$

$$K_{\Delta,\psi=2} = \frac{1680}{113\pi^2}\left(\frac{\alpha_1^2}{\pi^2} + \frac{4}{5} + \frac{17}{105}\frac{\pi^2}{\alpha_1^2}\right), K_{\Delta,\psi=0,min} = 2.417 \quad at \quad \alpha = 2$$

$$K_{\Delta,\psi=\infty} = \frac{60}{\pi^2}\left(\frac{\alpha_1^2}{\pi^2} + \frac{1}{5} + \frac{13\pi^2}{420\alpha_1^2}\right)\frac{\pi^2 D}{h^2}, K_{\Delta,\psi=\infty} = 3.355, \quad at \quad \alpha = 1.3177$$

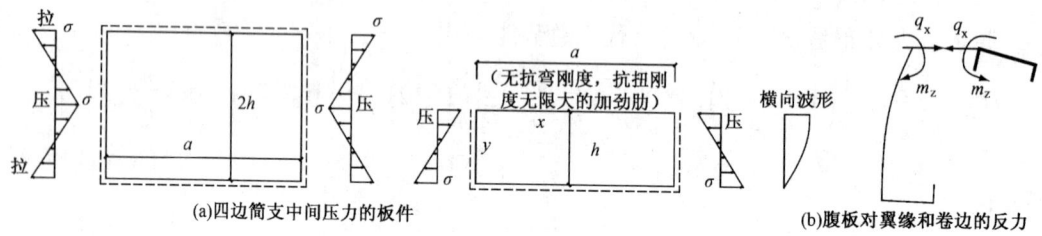

(a)四边简支中间压力的板件   (b)腹板对翼缘和卷边的反力

图 19.17   腹板受拉边作为简支,受压边有侧移无转角的模型

从式(19.44b)右边第二项还可以得到腹板四边简支弯曲失稳的临界荷载,但是得到的结果误差非常大,原因是式(19.40)中的位移函数 m_{32} 对于研究四边简支板受弯时的屈曲,与真正的屈曲波形(见第 4 章)相差远。但是 m_{32} 对于描述长板、腹板不受力或应力较小的变形模式非常好。比较合理的波形是在 m_{32} 与屈曲波形之间形成光滑过渡,但是表达式也复杂。为了简化,将式(19.44b)的第 2 项改造成

$$m_z = \frac{D}{h}\left[4\left(1 - \frac{1}{\psi} + \frac{1}{\psi^2}\right) + \frac{2\pi^2}{15\alpha_1^2}\left(2 + \frac{1}{\psi} + \frac{2}{\psi^2}\right) + \frac{\pi^4}{105\alpha_1^4}\left(1 + \frac{3}{2\psi} + \frac{1}{\psi^2}\right)\right]\left(1 - \frac{\sigma}{\sigma_{w,cr}}\right)\theta$$

$$\tag{19.47}$$

式中 $\sigma_{w,\theta cr}$ 为第 4 章得到的四边简支板受弯时的屈曲应力,

$$\sigma_{w,\theta cr} = \frac{K_2 \pi^2 D}{b^2 t} \tag{19.48a}$$

K_2 由第 4 章给出,但可以非常精确且简单地表示为

$$K_2 = K_{\beta=2} = 11\alpha_1^2 + 14 + \frac{2.2}{\alpha_1^2} \tag{19.48b}$$

式 (19.44a,b)表明,腹板对翼缘和卷边的约束,不能够简单地采用 k_x,k_θ 来表示,而是位移和转角之间有关联。记为

$$q_x = \gamma_{x0}\frac{D}{h^3}\left(1 - \frac{\sigma}{\sigma_{w,\Delta cr}}\right)\Delta - \gamma_{x\theta 0}\left(1 - \frac{\sigma}{\sigma_{w,\Delta\theta}}\right)\frac{D}{h^2}\theta = k_x\Delta - k_{x\theta}\theta \tag{19.49a}$$

$$m_x = -\gamma_{x\theta 0}\left(1 - \frac{\sigma}{\sigma_{w,\Delta\theta}}\right)\frac{D}{h^2}\Delta + \gamma_{\theta 0}\left(1 - \frac{\sigma}{\sigma_{w,\theta cr}}\right)\frac{D}{h}\theta = -k_{x\theta}\Delta + k_\theta\theta \tag{19.49b}$$

$$\gamma_{\theta 0} = 4\left(1 - \frac{1}{\psi} + \frac{1}{\psi^2}\right) + \frac{2\pi^2}{15\alpha^2}\left(2 + \frac{1}{\psi} + \frac{2}{\psi^2}\right) + \frac{\pi^4}{105\alpha^4}\left(1 + \frac{3}{2\psi} + \frac{1}{\psi^2}\right) \qquad (19.50a)$$

$$\gamma_{x0} = 12\left(1 - \frac{3}{\psi} + \frac{3}{\psi^2}\right) + \frac{6\pi^2}{5\alpha^2}\left(2 - \frac{1}{\psi} + \frac{2}{\psi^2}\right) + \frac{13\pi^4}{35\alpha^4}\left(1 + \frac{1}{2\psi} + \frac{3}{13\psi^2}\right) \qquad (19.50b)$$

$$\gamma_{x\theta 0} = 6\left(1 - \frac{2}{\psi} + \frac{2}{\psi^2}\right) + \frac{\pi^2}{\alpha^2}\left(\mu + \frac{1}{5} + \frac{4}{5\psi^2}\right) + \frac{11\pi^4}{210\alpha^4}\left(1 + \frac{1}{\psi} + \frac{6}{11\psi^2}\right) \qquad (19.50c)$$

式中

$$\sigma_{w,\Delta\theta}t = \frac{K_{\Delta\theta}\pi^2 D}{h^2}, K_{\Delta\theta} = \frac{2520(\psi^2 - 2\psi + 2)}{\pi^2(8\psi^2 + \psi - 3)}\left[\frac{\alpha^2}{\pi^2} + \frac{(\mu + 0.2)\psi^2 + 0.8}{6(\psi^2 - 2\psi + 2)} + \frac{(11\psi^2 + 11\psi + 6)}{1260(\psi^2 - 2\psi + 2)} \cdot \frac{\pi^2}{\alpha^2}\right]$$

$$(19.50d)$$

式(19.44b)相对于式(19.39b)的变化是,临界应力采用 $\sigma_{w,\theta cr}$ 代替。

表19.4给出了刚度系数的计算值,表中数据一个特点是,在波长 a 很大时趋向于3.0。

腹板弯曲 $\psi = 2$ 时的转动约束系数　　　　　　　　表19.4

h/a	$\gamma_{\theta 0}$	γ_{x0}	$\gamma_{x\theta 0}$	h/a	$\gamma_{\theta 0}$	γ_{x0}	$\gamma_{x\theta 0}$	h/a	$\gamma_{\theta 0}$	γ_{x0}	$\gamma_{x\theta 0}$
0.01	3.00	3.00	3.00	0.7	5.16	25.97	8.39	1.4	14.30	231.18	48.62
0.05	3.01	3.06	3.02	0.8	5.91	37.54	10.84	1.5	16.58	295.82	60.81
0.1	3.04	3.24	3.07	0.9	6.81	53.23	14.07	1.6	19.19	373.71	75.40
0.2	3.16	4.02	3.29	1	7.88	74.00	18.26	1.7	22.16	466.62	92.70
0.3	3.36	5.52	3.69	1.1	9.14	100.93	23.58	1.8	25.53	576.42	113.03
0.4	3.66	8.00	4.32	1.2	10.61	135.22	30.26	1.9	29.34	705.10	136.75
0.5	4.04	11.88	5.25	1.3	12.32	178.16	38.52	2.0	33.63	854.76	164.22
0.6	4.54	17.66	6.57								

19.7　C形截面受弯时的翼缘和卷边畸变屈曲应力计算

将式(19.34)代入式(19.5a,b,c),就得到求轴压时畸变屈曲临界应力的完整的公式,变化波长得到最小的临界应力就是所求的临界应力。计算表明,这样的方法在计算局部屈曲应力时结果偏大,而计算畸变屈曲应力结果比较精确。但是仍然发现局部屈曲应力大幅度小于畸变屈曲应力。

受弯时,翼缘的局部屈曲应力要大于畸变屈曲应力,所以畸变屈曲变得更为重要。

从图19.13知道,要区分两种 $k_x = 0$ 的情况,第一种是畸变屈曲,此时可以将 I'_ω 用式(19.12)加以修正,然后采用绕固定点扭转失稳模型计算,这种模型称为翼缘—卷边畸变屈曲模型。第二种是整体弯曲屈曲,轴心压杆时应用全截面模型,在弯曲的情况下采用图19.15模型计算,后者称为腹板—翼缘畸变屈曲模型。

翼缘和卷边屈曲模型采用式(19.47b)的 $k_\theta = \gamma_{\theta 0}\left(1 - \dfrac{\sigma}{\sigma_{w,\theta cr}}\right)\dfrac{D}{h}$ 代入式(19.5a,b,c)计算。表19.5给出C形截面受弯时的翼缘屈曲系数,也给出了两种斜卷边的翼缘畸变

屈曲系数。

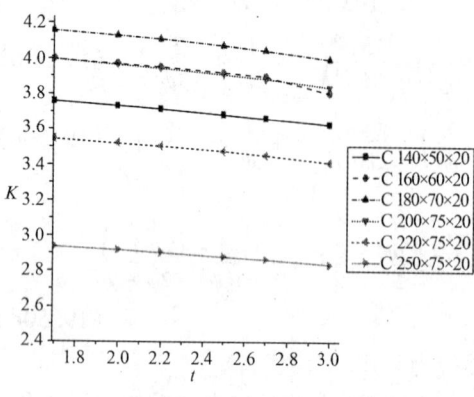

图 19.18　C 形截面受弯时翼缘局部屈曲系数

弯曲时翼缘局部屈曲的屈曲系数均在 3~4 之间，在表 19.5 的右边。画出图形如图 19.18。翼缘的屈曲系数大于 1.247（一边固定一边自由的板件的屈曲系数），则说明翼缘板还得到了卷边的约束。从图 19.18 明显看出两种屈曲模式，在厚度增大时，卷边提供的约束能力急剧下降，翼缘的屈曲系数也下降。

畸变屈曲的屈曲波长是翼缘宽度的 7~12 倍。斜卷边的畸变屈曲系数与直角卷边的畸变屈曲系数的比值，不同截面和板厚变化不大，卷边 45°和 67.5°时。分别约为直角卷边的 0.658~0.700 和 0.861~0.876 倍，可以认为

是常量，经拟合，下列公式精度良好。

$$K_{dis} = \left(4.85 - \frac{h}{1.64b}\right)\left(\frac{1.7}{t}\right)^{0.97-0.5(\alpha-1.21)^2}(1.183 - 1.304e^{-1.25\alpha}) \qquad (19.51)$$

C 形截面梁纯弯曲时翼缘屈曲系数　　　表 19.5a

截　面	畸变屈曲系数，板厚 =						局部屈曲系数，板厚 =					
	1.7	2	2.2	2.5	2.7	3	1.7	2	2.2	2.5	2.7	3
C140×50×20	3.085	2.667	2.449	2.185	2.040	1.859	3.961	3.946	3.934	3.913	3.897	3.863
C160×60×20	3.193	2.760	2.534	2.261	2.112	1.925	3.986	3.969	3.955	3.932	3.915	3.792
C180×70×20	3.255	2.813	2.593	2.305	2.154	1.964	4.003	3.983	3.968	3.941	3.921	3.619
C200×75×20	3.192	2.761	2.536	2.265	2.118	1.932	3.978	3.958	3.941	3.913	3.892	3.477
C220×75×20	3.030	2.624	2.413	2.158	2.019	1.845	3.923	3.901	3.884	3.855	3.787	3.258
C250×75×20	2.787	2.419	2.228	1.997	1.871	1.713	3.858	3.836	3.819	3.789	3.458	2.993

C 形截面梁纯弯曲时翼缘畸变屈曲系数　　　表 19.5b

截　面	45°斜卷边，板厚 =						67.5°斜卷边，板厚 =					
	1.7	2	2.2	2.5	2.7	3	1.7	2	2.2	2.5	2.7	3
C140×50×20	2.150	1.885	1.745	1.576	1.483	1.366	2.779	2.411	2.219	1.986	1.858	1.698
C160×60×20	2.225	1.950	1.806	1.631	1.535	1.415	2.875	2.494	2.295	2.055	1.923	1.758
C180×70×20	2.269	1.989	1.842	1.664	1.567	1.445	2.931	2.542	2.340	2.095	1.962	1.794
C200×75×20	2.231	1.957	1.814	1.641	1.546	1.427	2.877	2.497	2.299	2.061	1.931	1.767

截　　面	45°斜卷边，板厚 =						67.5°斜卷边，板厚 =					
	1.7	2	2.2	2.5	2.7	3	1.7	2	2.2	2.5	2.7	3
C220×75×20	2.127	1.870	1.735	1.572	1.483	1.372	2.733	2.376	2.191	1.966	1.844	1.690
C250×75×20	1.971	1.738	1.616	1.469	1.388	1.287	2.519	2.196	2.027	1.824	1.713	1.574

腹板局部屈曲的最小屈曲系数是 23.9，对应的翼缘屈曲系数是 $23.9\dfrac{b^2}{h^2} = 2.031 \sim$
2.915，如果翼缘屈曲系数大于这个数，表明翼缘得到了腹板的约束。按这个推算，板厚
1.7 的畸变屈曲系数，已经比较接近翼缘腹板局部屈曲对应的系数了，但是核对屈曲系数
随波长变化的曲线发现，还是畸变屈曲控制。

Lau & Hancock(1985)对翼缘和卷边采用薄壁构件模型，其优点是可以考虑 $k_x = 0$。为
了克服薄壁构件模型结果偏大的影响，Lau & Hancock 对上述方法与有限条法求得的结果
对比，对结果加以修正：降低转动约束刚度，使得求得的临界应力减小，以便与有限条方
法的结果吻合。他们发现，转动约束需要采用下式就可以得到比较精确的结果

轴压时　$\quad k_\theta = \dfrac{2D}{h + 0.06a}\Big(1 - \dfrac{\sigma}{\sigma_{w,cr}}\Big)$ （19.52）

但是计算 $\sigma_{w,cr}$ 的计算公式不变。经过这样修改，转动约束下降了。

第 2 个简化是波长：通过观察，发现波长的 20% 误差，仅引起临界应力不到 7% 的误
差。因此他们认为，可以采用 $k_x = \infty$ 时的波长来计算，并且此时取 $k_\theta = 2D/h$，而省去求
最小值的过程。参考式(19.22a)，得到波长是：

$$a = \pi\Big(\dfrac{EI'_\omega h}{2D}\Big)^{0.25}$$ （19.53）

并假设 $k_\theta = 0$，代入式(19.30)求 $\sigma_{cr,d}$。用这个波长计算 $\sigma_{w,cr}$，和求得的 $\sigma_{cr,d}$ 一起代入
式(19.39)计算新的 k_θ，再将这个波长和 k_θ 一起代入式(19.30)求新的 $\sigma_{cr,d}$。即需要一次
迭代以完成计算。

对于 C 形(Z 形)截面受弯的情况，Hancock 采用与轴压相同的模型，$k_x = 0$，受弯腹板
提供的约束是

$$k_\theta = \dfrac{4D}{h + 0.06a}\Big(1 - \dfrac{\sigma}{\sigma_{1w,cr}}\Big)$$ （19.54）

其余的计算与轴压的一样，分两步计算。

19.8　不同斜卷边檩条的局部屈曲和畸变屈曲

19.8.1　有限元数值分析

表 19.6 是采用有限元计算程序的一些计算结果。采用单元为 SHELL181，对加载简支
边翼缘约束 u_y，腹板和卷边约束 u_x，翼缘和腹板以及卷边相接的楞边约束 u_x，u_y。在纵向

边的中点约束 u_z 限制纵向刚体位移。选取截面 I：C200×70×20×2，截面受纯弯矩作用。由表 19.6 看出，ANSYS 计算结果与文献［3］提出的 k_f 取 3 的建议非常接近。

直角卷边槽形截面 C200×70×20×2 屈曲荷载和半波数　　　　　　　表 19.6

构件长度 （mm）	翼缘应力 （N/mm²）	屈曲系数	半波数	构件长度 （mm）	翼缘应力 （N/mm²）	屈曲系数	半波数
200	579	3.81		1200	427	2.81	2
300	573	3.77	局部屈曲	1300	427	2.81	2
400	554	3.64		1400	434	2.86	2
500	459	3.02	1	1500	448	2.94	2
600	427	2.81	1	1600	442	2.91	3
700	435	2.86	1	1700	432	2.84	3
800	467	3.07	1	1800	427	2.81	3
900	496	3.26	2	1900	426	2.80	3
1000	458	3.01	2	2000	429	2.82	3
1100	436	2.87	2	2100	434	2.86	3

19.8.2　直角卷边槽形截面和 Z 形截面屈曲荷载对比

运用有限元方法分别计算直角卷边槽形截面和 Z 形截面檩条屈曲荷载，两种截面的荷载作用如图 19.19 所示。

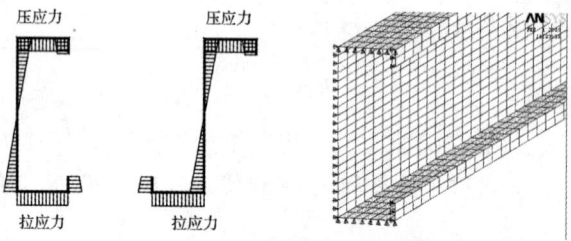

图 19.19　卷边槽钢和 Z 形钢在弯矩作用下的等效荷载

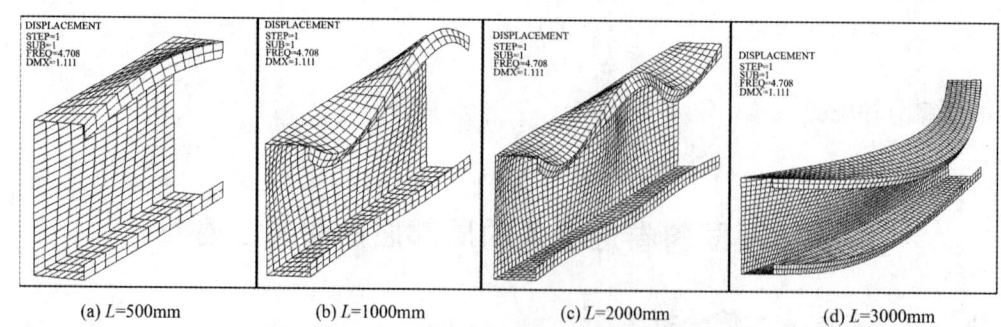

(a) L=500mm　　(b) L=1000mm　　(c) L=2000mm　　(d) L=3000mm
注：(a),(b),(c) 发生畸变屈曲，(d) 发生整体弯扭屈曲

图 19.20　直角卷边槽形截面檩条屈曲波形

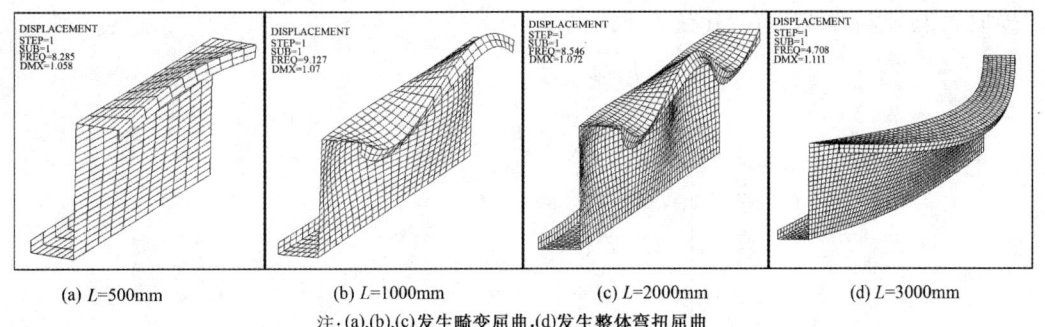

(a) L=500mm　　　(b) L=1000mm　　　(c) L=2000mm　　　(d) L=3000mm

注：(a)、(b)、(c)发生畸变屈曲，(d)发生整体弯扭屈曲

图 19.21　直角卷边 Z 形截面檩条屈曲波形

图 19.18 和图 19.19 分别为卷边槽钢和 Z 形截面构件在不同长度下弯曲屈曲波形，其中(a)、(b)、(c)均为发生畸变屈曲，而(d)为发生整体弯扭屈曲。利用屈曲波形可以直接确定构件的屈曲半波数，以此来确定有限元分析的构件屈曲半波长度。由 ANSYS 计算结果换算出不同长度下两种截面檩条的屈曲弯矩，并对比两者相对误差，见表 19.7：从表列结果看出，在构件较短时，发生畸变屈曲，Z 形截面和槽形截面的屈曲荷载相差很小，不到 1%；在构件较长时，构件发生整体弯扭屈曲，楞边不保持挺直，Z 形截面相对槽形截面屈曲荷载较小，相差 10% 左右。在计算畸变屈曲临界荷载时，对于两种截面可以采用相同方法计算。

直角卷边槽形截面和 Z 形截面屈曲弯矩　　　　　　　　　　表 19.7

长度	屈曲弯矩（KN·M）		相对误差	长度	屈曲弯矩（KN·M）		相对误差
	槽形截面	Z 形截面			槽形截面	Z 形截面	
500	20.44（D）	20.38（D）	0.0033	2500	14.74（FT）	13.38（FT）	0.0923
1000	20.42（D）	20.35（D）	0.0033	3000	10.46（FT）	9.39（FT）	0.1023
1500	19.95（D）	19.98（D）	−0.0011	3500	7.82（FT）	6.98（FT）	0.1083
2000	19.10（D）	19.06（D）	0.0023	4000	6.09（FT）	5.42（FT）	0.1099

注：D 表示畸变屈曲，FT 表示整体弯扭屈曲。

19.8.3　翼缘屈曲系数和卷边角度的关系

选取 3 种截面：截面Ⅰ：C200×70×20×2，截面Ⅰ：C160×60×20×2，截面Ⅲ：C220×75×20×2。用 ANSYS 有限元程序分别计算了各个截面在不同长度和卷边角度下的屈曲系数，包括了三种屈曲形式下的屈曲系数：局部屈曲，畸变屈曲和整体弯扭屈曲，并对结果进行了对比。

由图 19.22 可以看出：在发生扭转屈曲时，卷边角度对 Z 形檩条的翼缘屈曲系数的影响较大，斜卷边的屈曲荷载有较大下降，其中 45 度卷边为直角卷边的 60%～70%，60 度卷边为直角卷边的 75%～85%。在构件长细比较大，发生整体失稳，这时构件的扭转屈曲荷载降迅速降低，如图 19.20b 在构件长度大于 2000mm 的部分。发生整体失稳时卷边角度对屈曲荷载的影响较小，相差均在 10% 以下。对于斜卷边截面，当 α＝60°时，这里建

议 k_f 取 2.3；当 $\alpha = 45°$ 时，建议 k_f 取 1.9。

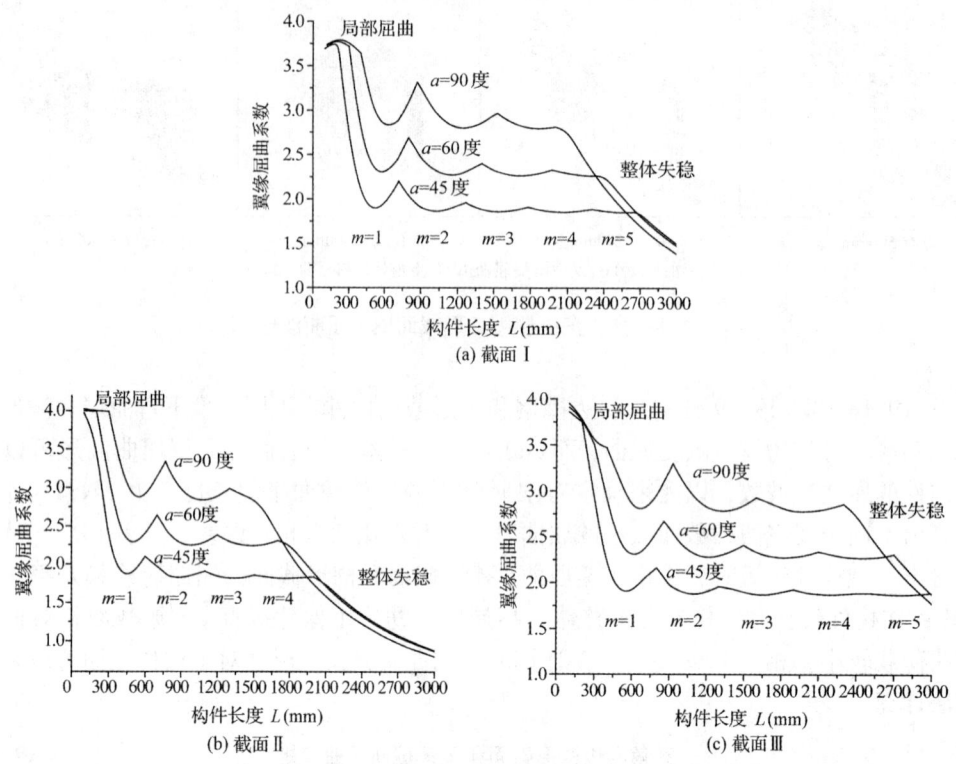

图 19.22　不同斜卷边的屈曲系数

通过对三个截面的分析计算来总结翼缘屈曲系数随卷边角度的变化规律。计算卷边角度从 $0° \sim 90°$ 变化时对应的翼缘屈曲系数，结果在表 19.8，考虑常用截面卷边角度通常在 $45° \sim 90°$，故将计算结果拟合成如下公式：

$$k = 3.2 - 2.62e^{-\alpha^{1.5}} \qquad \alpha \text{ 以弧度记} \qquad (19.55)$$

不同卷边角度下翼缘屈曲系数　　　　　　　　　　　　　表 19.8

卷边角度	ANSYS 结果			拟合公式	卷边角度	ANSYS 结果			拟合公式
	截面 I	截面 II	截面 III			截面 I	截面 II	截面 III	
0	0.58	0.55	0.59	0.580	50	2.01	1.98	2.02	2.041
5	0.63	0.61	0.65	0.647	55	2.17	2.11	2.16	2.177
10	0.76	0.73	0.78	0.764	60	2.32	2.24	2.31	2.303
15	0.91	0.88	0.93	0.908	65	2.44	2.36	2.44	2.417
20	1.08	1.03	1.09	1.068	70	2.54	2.48	2.57	2.521
25	1.23	1.20	1.25	1.236	75	2.62	2.59	2.65	2.614
30	1.40	1.35	1.42	1.406	80	2.69	2.69	2.71	2.697
35	1.57	1.52	1.59	1.575	85	2.76	2.78	2.77	2.770
40	1.71	1.69	1.73	1.738	90	2.81	2.85	2.82	2.834
45	1.86	1.86	1.87	1.894					

19.9 C 形截面受弯时的"腹板和翼缘"畸变屈曲应力计算

而按照 19.6 的分析，此时较为合理的模型图 19.15，屈曲微分方程是

$$EI_y u^{(4)} - EI_{xy} b_d \theta^{(4)} + N(u'' + y_0 \theta'') + k_x u - (k_x c_d + k_{x\theta}) \theta = 0$$

$$EI'_\omega \theta^{(4)} - EI_{xy} b_d u^{(4)} + (-GJ + Nr_0^2 + 2Nb_d x_0 + Nb_d^2) \theta'' + Ny_0 u'' - (k_x c_d + k_{x\theta}) u$$
$$+ (k_\theta + k_{x\theta} c_d + k_x c_d^2) \theta = 0$$

只考虑 $c_d = 0$ 的情况。假设 $u = A_1 \sin \dfrac{\pi z}{l}$，$\theta = A_2 \sin \dfrac{\pi z}{l}$，代入平衡方程得到：

$$\left(P_{Eyf} + \frac{k_x l^2}{\pi^2} - P \right) A_1 - \left(Py_{0f} + b_d P_{Exyf} + \frac{(k_x c_d + k_{x\theta}) l^2}{\pi^2} \right) A_2 = 0$$

$$- \left(Py_{0f} + b_d P_{Exyf} + \frac{(k_{x\theta} c_d + k_{x\theta}) l^2}{\pi^2} \right) A_1$$

$$+ \left[\frac{\pi^2 EI'_{\omega f}}{l^2} + GJ_f + \frac{(k_\theta + k_{x\theta} c_d + k_x c_d^2) l^2}{\pi^2} - P(i_0^2 + b_2^2 - x_{0f}^2) \right] A_2 = 0$$

临界方程

$$\left(Py_{0f} + b_d P_{Exyf} + \frac{(k_{x\theta} + k_x c_d) l^2}{\pi^2} \right)^2 + \left(P - P_{Eyf} - \frac{k_x l^2}{\pi^2} \right) \left[S_t + \frac{(k_{x\theta} c_d + k_x c_d^2) l^2}{\pi^2} - P i_t^2 \right] = 0$$

$$(19.56)$$

采用图 19.15 的模型，因为腹板上的应力的影响已经在转动和侧移约束中考虑，仅在 I_y 的计算中需要考虑腹板，轴力及其二阶效应只应考虑来自翼缘和卷边的部分。

参 考 文 献

[1] Sammy C. W. Lau, Gregory J. Hancock. Distortional Buckling Formulas for Channel Columns. J Struct Eng ASCE 1987; 113: 1063-78.

[2] J. G. Teng, J. Yao, Y. Zhao. Distortional buckling of channel beam-columns. Thin-Walled Structures 41 (2003) 595-617.

[3] 陈绍蕃. 卷边槽钢的局部相关屈曲和畸变屈曲. 建筑结构学报. (2002) 01-0027-05.

[4] 吕烈武，沈世钊，沈祖炎，胡学仁. 钢结构构件稳定理论. 北京：中国建筑工业出版社，1983.

[5] GB 50018—2002《冷弯薄壁型钢结构技术规范》.

[6] Column Research Committee of Japan, Handbook of Structural Stability, Corona Publishing Company, Ltd, Tokyo, 1971.

[7] Kloppel, K., U Schiedel, E, Beulwerte der dreiseitig gelenkt gelagerter, am freien Rand versteiften Rechteckplatten mit beliebig verteilter Randspannung, Stahlbau, Nr. 12, S. 372-379 (1968).